電子物性・材料の事典

編集

森泉 豊栄
岩本 光正
小田 俊理
山本 寛
川名 明夫

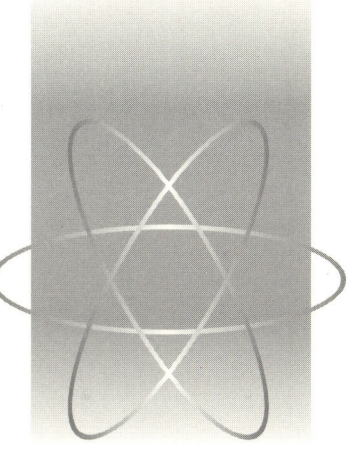

朝倉書店

序

　電子工業の発展は集積回路の微細化，高集積化，高機能化において顕著である．すなわち，線幅は数十 nm，素子数は 10^7 を超え，高度なシステムをチップ上に集積する SoC (System on Chip) の時代に突入した．微細加工技術は MEMS (Micro Electromechanical System) を生み出し，さらに化学やバイオ分野への応用が期待される集積化学回路 (μTAS : Micro Total Analytical System または Lab-on-Chip) も注目されている．記憶装置の分野ではテラビットメモリーの時代に突入しつつあり，方式も面内記憶から垂直記憶へ移行しつつある．ディスプレイの分野ではフラットパネルの時代になり，液晶，プラズマディスプレイが高品位 TV の美しい画像を提供している．あらゆるデバイス，電子装置が高度化されてきたが，その基礎を支えているのは材料技術，製造プロセス技術，特性・性能を生み出し支える物理・化学などの基礎科学である．

　このような電子工学の高度化，分野の広がり，進歩のスピードを考え，分野を広く俯瞰し，新たな進歩を生み出すために知識の蓄積と反芻の機会が欲しいとの声を聞いた．そのようなわけで，種々の電子材料の基礎と応用分野を網羅し総合的に解説を加え，多数の索引を完備した事典を企画するに至った．多数の著者の先生方にご協力いただき，ここに本書を出版することになったが，あらためて電子・情報工学分野の広大な広がりに驚かされる．驚かされるばかりではない．本事典により，各分野を担当する技術者は，分野の知識を系統的に眺めていただくことができる．また，日々の勤務，激しい競争，急速な進歩に追いまくられてはいるが，なんらかのブレークスルーが欲しいと思われる技術者も多いであろう．本事典により他分野の知識を知り，知識を組み合わせ新製品の開発などに生かしていただければ幸せである．

21世紀はバイオの時代と言われる．確かにバイオは大きな可能性を秘めている．しかし，電子・情報工学は本事典のような広大な基礎知識を吸い上げながら，今後とも10～20年の間は進歩し続けるであろう．その先は，電子工学ともつかず，バイオとも言えない不思議な人工物が実用化されているかもしれない．本事典をまとめた安心感からくる夢物語である．

最後になってしまったが，本事典の完成は朝倉書店編集部の御奮闘なしにはあり得なかったことを強調し，序文とさせていただく．

2006年8月

森 泉 豊 栄

編集委員

森泉 豊栄　東京工業大学名誉教授
岩本 光正　東京工業大学大学院理工学研究科教授
小田 俊理　東京工業大学量子ナノエレクトロニクス研究センター教授
山本 寛　　日本大学理工学部教授
川名 明夫　拓殖大学工学部教授

執筆者

阿部 正紀	東京工業大学大学院理工学研究科	
生田 幸士	名古屋大学大学院工学研究科	
石橋 隆幸	東京農工大学大学院共生科学技術研究院	
石原 顕光	横浜国立大学大学院工学研究院	
岩堀 健治	松下電器産業(株)	
岩本 光正	東京工業大学大学院理工学研究科	
臼井 博明	東京農工大学大学院共生科学技術研究院	
江間 健司	東京工業大学大学院理工学研究科	
大熊 哲	東京工業大学極低温物性研究センター	
大嶋 重利	山形大学工学部	
太田 健一郎	横浜国立大学大学院工学研究院	
大森 裕	大阪大学先端科学イノベーションセンター	
梶川 浩太郎	東京工業大学大学院総合理工学研究科	
梶川 武信	湘南工科大学学長	
加地 範匡	名古屋大学大学院工学研究科	
春日 正伸	山梨大学大学院医学工学総合研究部	
加藤 景三	新潟大学大学院自然科学研究科	
川勝 英樹	東京大学生産技術研究所	
川人 祥二	静岡大学電子工学研究所	
工藤 一浩	千葉大学工学部	
黒澤 実	東京工業大学大学院総合理工学研究科	
纐纈 明伯	東京農工大学大学院共生科学技術研究院	
越田 信義	東京農工大学大学院共生科学技術研究院	
腰原 伸也	東京工業大学フロンティア創造共同研究センター	
菰田 卓哉	松下電工(株)	
小山 二三夫	東京工業大学精密工学研究所	
佐々木 昌	オムロン(株)	
佐藤 勝昭	東京農工大学副学長	
下出 浩治	旭化成(株)	
杉原 宏和	松下電器産業(株)	
杉村 明彦	大阪産業大学工学部	
鈴木 孝治	慶應義塾大学理工学部	
鈴木 仁	情報通信研究機構	
筒井 一生	東京工業大学大学院総合理工学研究科	
綱島 滋	名古屋大学大学院工学研究科	
東松 剛	北海道大学エネルギー変換マテリアル研究センター	

執筆者

戸叶 一正	物質・材料研究機構
徳光 永輔	東京工業大学精密工学研究所
年吉 洋	東京大学生産技術研究所
鳶島 真一	群馬大学工学部
内藤 裕義	大阪府立大学大学院工学研究科
中川 茂樹	東京工業大学大学院理工学研究科
中島 健介	弘前大学理工学部
中村 貴義	北海道大学電子科学研究所
中本 高道	東京工業大学大学院理工学研究科
馬場 俊彦	横浜国立大学大学院工学研究院
馬場 嘉信	名古屋大学大学院工学研究科
半那 純一	東京工業大学大学院理工学研究科
平野 敏樹	Hitachi Global Storage Technologies
平本 俊郎	東京大学生産技術研究所
古屋 一仁	東京工業大学大学院工学研究科
真下 正夫	弘前大学理工学部
松井 真二	兵庫県立大学高度産業科学技術研究所
松本 和彦	大阪大学産業科学研究所
丸山 健一	慶應義塾大学理工学部
水谷 孝	名古屋大学大学院工学研究科
宮﨑 照宣	東北大学大学院工学研究科
宮原 裕二	物質・材料研究機構
村岡 雅弘	大阪工業大学工学部
村上 修一	大阪府立産業技術総合研究所
毛利 佳年雄	名古屋大学名誉教授
森迫 昭光	信州大学工学部
森田 清三	大阪大学大学院工学研究科
山木 準一	九州大学先導物質化学研究所
山下 一郎	松下電器産業(株)
山田 明	東京工業大学量子ナノエレクトロニクス研究センター
山本 寛	日本大学理工学部
横山 士吉	情報通信研究機構
吉野 淳二	東京工業大学大学院理工学研究科
和田 隆博	龍谷大学理工学部

(五十音順)

目　　次

1. **基 礎 物 性** ··· 1
   1.1 電 子 輸 送 ·· 1
       1.1.1 金属の電子輸送 ··(山田　明)··· 1
       1.1.2 半導体の電子輸送 ··(德光永輔)··· 10
       1.1.3 絶縁体・誘電体の電子輸送 ··(岩本光正)··· 31
   1.2 光　物　性 ··(梶川浩太郎)··· 45
       1.2.1 質量の光物性とオプティクス ·· 45
       1.2.2 物質の光物性とフォトニクス ·· 59
   1.3 磁　　　性 ··(阿部正紀)··· 67
       1.3.1 磁性の基礎理論 ··· 67
       1.3.2 磁性の分類 ··· 70
       1.3.3 磁気異方性 ··· 72
       1.3.4 強磁性体の磁区と磁化過程 ··· 75
   1.4 熱　物　性 ··(吉野淳二)··· 77
       1.4.1 格子振動と熱伝導 ·· 78
       1.4.2 電子輸送と熱伝導 ·· 87
       1.4.3 熱電効果 ·· 95
   1.5 物質の機械的性質 ··(江間建司)··· 100
       1.5.1 物質の結晶構造・変形 ·· 100
       1.5.2 固体の弾性的性質 ·· 105
       1.5.3 液晶の弾性体的性質 ··· 110

2. **評価・作製技術** ··· 113
   2.1 電気特性評価 ·· 113
       2.1.1 キャリヤ輸送測定 ···(大熊　哲)··· 113
       2.1.2 分極測定 ·· 120
           a. 誘電体 ··(岩本光正)··· 120
           b. 液晶など ··(村上修一・内藤裕義)··· 126
   2.2 光学特性評価 ··(腰原伸也)··· 130

- 2.2.1 反射・吸収分光法 …………………………………………… 130
- 2.2.2 偏光解析(エリプソメトリー) ………………………………… 133
- 2.2.3 各種外場による変調およびストレスモジュレータを用いた偏光変調分光法 ……………………………………………… 133
- 2.2.4 発光(ルミネッセンス)測定法 ……………………………… 141
- 2.2.5 光伝導 …………………………………………………… 144
- 2.3 磁気特性評価 ………………………………(佐藤勝昭・石橋隆幸)… 146
  - 2.3.1 磁化測定 ………………………………………………… 146
  - 2.3.2 磁気異方性の測定 ………………………………………… 152
  - 2.3.3 磁気付随現象の測定 ……………………………………… 154
  - 2.3.4 磁区観察 ………………………………………………… 159
- 2.4 分析技術 ……………………………………………(真下正夫)… 160
  - 2.4.1 形態・構造分析 …………………………………………… 163
  - 2.4.2 元素分析 ………………………………………………… 168
  - 2.4.3 状態分析 ………………………………………………… 170
- 2.5 マクロプロセス ……………………………………………………… 171
  - 2.5.1 結晶成長 …………………………………………(春日正伸)… 171
  - 2.5.2 結晶成長における諸現象 …………………………………… 175
  - 2.5.3 有機プロセス ……………………………………(臼井博明)… 179
- 2.6 ミクロプロセス ……………………………………………………… 186
  - 2.6.1 無機薄膜形成技術 ………………………………(繩舩明伯)… 186
  - 2.6.2 有機薄膜形成技術 ………………………………(臼井博明)… 194
- 2.7 ナノプロセス ………………………………………………………… 203
  - 2.7.1 トップダウン法 …………………………………(松井真二)… 203
  - 2.7.2 ボトムアップ法(セルフアセンブラなど):バイオナノプロセス
    ……………………………(村岡雅弘・岩堀健治・山下一郎)… 213
  - 2.7.3 SPM加工 ………………………………………(森田清三)… 220

3. 電子デバイス …………………………………………………………… 229
- 3.1 ダイオードとトランジスタの基礎 …………………………(筒井一生)… 229
  - 3.1.1 ダイオード ………………………………………………… 229
  - 3.1.2 バイポーラトランジスタ …………………………………… 237
  - 3.1.3 電界効果トランジスタ ……………………………………… 241
- 3.2 ヘテロ接合デバイス ………………………………………(水谷 孝)… 244
  - 3.2.1 ヘテロ接合 ………………………………………………… 244
  - 3.2.2 ヘテロ接合バイポーラトランジスタ ………………………… 246
  - 3.2.3 HEMT …………………………………………………… 251

3.2.4　ひずみ Si MOSFET ………………………………… 256
　3.3　微細 MOS 集積回路デバイス ……………………（平本俊郎）… 256
　　3.3.1　MOS トランジスタの微細化 ……………………… 256
　　3.3.2　10 nm 級トランジスタの構造 ……………………… 260
　　3.3.3　新材料・新物理導入による特性向上 ……………… 262
　3.4　単電子デバイス ………………………………（松本和彦）… 264
　　3.4.1　クーロンブロッケード ……………………………… 264
　　3.4.2　単電子論理デバイス ………………………………… 271
　　3.4.3　単一電子メモリ ……………………………………… 272
　3.5　量子効果デバイス（電子波デバイスの基礎）……（古屋一仁）… 276
　　3.5.1　量子効果デバイス ── 電子波デバイス ── …… 276
　　3.5.2　結晶中の非熱平衡電子波伝搬の基礎 ……………… 277
　　3.5.3　結晶中の非熱平衡電子波伝搬の実証 ……………… 286

4. 光デバイス ……………………………………………………… 291
　4.1　レ　ー　ザ …………………………………（小山二三夫）… 291
　　4.1.1　光増幅のしくみ ……………………………………… 291
　　4.1.2　半導体材料とレーザ共振器 ………………………… 292
　　4.1.3　面発光半導体レーザ ………………………………… 294
　　4.1.4　ナノ構造半導体レーザと低次元量子井戸レーザ … 297
　4.2　ディスプレイデバイス ………………（越田信義・菰田卓哉）… 299
　　4.2.1　発光ダイオード ……………………………………… 299
　　4.2.2　EL ディスプレイ …………………………………… 300
　　4.2.3　液晶ディスプレイ …………………………………… 304
　　4.2.4　プラズマディスプレイ ……………………………… 306
　　4.2.5　電子励起型ディスプレイ …………………………… 308
　4.3　太　陽　電　池 ………………………………（和田隆博）… 312
　　4.3.1　太陽電池開発の歴史 ………………………………… 312
　　4.3.2　太陽エネルギー ……………………………………… 314
　　4.3.3　太陽電池の原理と変換効率 ………………………… 314
　　4.3.4　太陽電池の理論効率と損失過程 …………………… 316
　　4.3.5　太陽電池の種類 ……………………………………… 316
　　4.3.6　結晶シリコン太陽電池 ……………………………… 317
　　4.3.7　化合物太陽電池 ……………………………………… 323
　　4.3.8　その他の太陽電池 …………………………………… 325
　4.4　撮像デバイス …………………………………（川人祥二）… 328
　　4.4.1　撮像デバイス概論 …………………………………… 328

4.4.2　CCDイメージセンサ ……………………………………………… 331
　　　4.4.3　CMOSイメージセンサ …………………………………………… 336
　　　4.4.4　機能集積撮像デバイス …………………………………………… 344
　　　4.4.5　赤外線撮像デバイス ……………………………………………… 351
　4.5　フォトニック結晶 ………………………………………（馬場俊彦）… 355
　　　4.5.1　基礎理論 …………………………………………………………… 356
　　　4.5.2　計算技術 …………………………………………………………… 359
　　　4.5.3　作製技術 …………………………………………………………… 360
　　　4.5.4　応　用 ……………………………………………………………… 362

5. 磁性・スピンデバイス ……………………………………………… 371
　5.1　磁 性 材 料 ………………………………………………（中川茂樹）… 371
　　　5.1.1　磁性薄膜 …………………………………………………………… 371
　　　5.1.2　薄　帯 ……………………………………………………………… 384
　　　5.1.3　粉末・微粒子 ……………………………………………………… 384
　5.2　センサ磁性材料 …………………………………………（毛利佳年雄）… 386
　　　5.2.1　磁性によるセンサ ………………………………………………… 386
　　　5.2.2　磁気センサの要件 ………………………………………………… 387
　　　5.2.3　携帯電話電子コンパス用高感度マイクロ磁気センサ(MIIC) ……… 388
　5.3　磁気メディア ………………………………………………………………… 392
　　　5.3.1　磁気記録技術 …………………………………（森迫昭光）… 392
　　　5.3.2　光磁気記録材料・ヘッド ……………………（綱島　滋）… 398
　5.4　スピンデバイス …………………………………………（宮﨑照宣）… 405
　　　5.4.1　トンネルスピンデバイス ………………………………………… 405
　　　5.4.2　磁性半導体デバイス ……………………………………………… 412

6. 超伝導デバイス ……………………………………………………… 417
　6.1　超伝導体の物性 …………………………………………（山本　寛）… 417
　　　6.1.1　超伝導現象の基礎 ………………………………………………… 417
　　　6.1.2　超伝導理論 ………………………………………………………… 420
　6.2　超伝導材料 ………………………………………………（戸叶一正）… 428
　　　6.2.1　薄　膜 ……………………………………………………………… 428
　　　6.2.2　線材・テープ ……………………………………………………… 432
　　　6.2.3　バルク結晶 ………………………………………………………… 436
　6.3　超伝導応用機器 …………………………………………（大嶋重利）… 438
　　　6.3.1　超伝導配線 ………………………………………………………… 438
　　　6.3.2　無線通信用超伝導フィルタ ……………………………………… 439

6.3.3　超伝導マグネット …………………………………… 443
　6.4　ジョセフソン接合デバイス ……………………………（中島健介）… 446
　　6.4.1　ジョセフソン接合 …………………………………… 446
　　6.4.2　ジョセフソン接合の電圧-電流特性 ………………… 448
　　6.4.3　高周波応用 …………………………………………… 448
　　6.4.4　磁束ゲート機能と超伝導量子干渉デバイス (SQUID) …… 449
　　6.4.5　ジョセフソン接合の種類 …………………………… 450
　6.5　超伝導ディジタルエレクトロニクス ……………………（山本　寛）… 452
　　6.5.1　SFQ 素子 ……………………………………………… 453
　　6.5.2　SFQ 集積回路 ………………………………………… 454

7. 有機・分子デバイス　457

　7.1　有機絶縁・誘電・圧電材料 …………………………（加藤景三）… 457
　7.2　有機導電性材料 ………………………………………（中村貴義）… 459
　　7.2.1　分子性導体 …………………………………………… 460
　　7.2.2　導電性高分子 ………………………………………… 464
　7.3　有機半導体材料とデバイス ……………………………（工藤一浩）… 467
　　7.3.1　有機半導体材料 ……………………………………… 467
　　7.3.2　機能性有機材料のデバイス応用 …………………… 470
　7.4　有機ディスプレイ材料とデバイス ……………………（大森　裕）… 473
　　7.4.1　有機 EL の発光原理と素子構造 …………………… 474
　　7.4.2　有機 EL 材料の種類と特徴 ………………………… 476
　　7.4.3　今後の展開 …………………………………………… 478
　7.5　記　録　材　料 ………………………………………（半那純一）… 480
　　7.5.1　情報と記録 …………………………………………… 480
　　7.5.2　記録と記録材料 ……………………………………… 481
　　7.5.3　ハードコピー技術 …………………………………… 482
　　7.5.4　リライタブル記録 …………………………………… 488
　7.6　液晶材料と液晶デバイス ………………………………（杉村明彦）… 491
　　7.6.1　液晶材料 ……………………………………………… 491
　　7.6.2　液晶デバイス ………………………………………… 494
　7.7　センサ材料とデバイス …………………………………（中本高道）… 497
　　7.7.1　センサの基本構造 …………………………………… 497
　　7.7.2　水晶振動子ガスセンサの動作原理 ………………… 498
　　7.7.3　匂いセンサの基本的な測定系 ……………………… 499
　　7.7.4　センサ応答の予測 …………………………………… 500
　7.8　分子エレクトロニクス ………………………………………………… 503

7.8.1 LB，自己組織化膜 ……………………………………（横山士吉）… 503
7.8.2 バイオ材料(DNA，タンパク質など)………………（鈴木　仁）… 506

8. バイオ・ケミカルデバイス ………………………………………………… 511

8.1 ガスセンサ ……………………………………………（中本高道）… 511
 8.1.1 半導体ガスセンサ ……………………………………………… 511
 8.1.2 固体電解質式ガスセンサ ……………………………………… 512
 8.1.3 絶縁体ガスセンサ ……………………………………………… 513
 8.1.4 圧電体ガスセンサ ……………………………………………… 513
 8.1.5 光ファイバガスセンサ ………………………………………… 514

8.2 イオンセンサ ……………………………………（鈴木孝治・丸山健一）… 515
 8.2.1 イオン選択性電極に求められる条件 ………………………… 516
 8.2.2 イオン選択性電極の分類 ……………………………………… 516
 8.2.3 イオン感応膜物質 ……………………………………………… 516
 8.2.4 イオノフォア分子 ……………………………………………… 519
 8.2.5 各種イオン選択性電極 ………………………………………… 520

8.3 マイクロ化学デバイス ………………………………（宮原裕二）… 522
 8.3.1 マイクロ TAS ………………………………………………… 522
 8.3.2 電気泳動チップ・DNA チップ ……………………………… 524
 8.3.3 ナノバイオデバイス …………………………………………… 527
 8.3.4 バイオ医用マイクロデバイス …………………（下出浩治）… 529

8.4 バイオセンサ …………………………………………（杉原宏和）… 532
 8.4.1 バイオセンサの原理 …………………………………………… 532
 8.4.2 酵素センサ ……………………………………………………… 533
 8.4.3 微生物センサ …………………………………………………… 536
 8.4.4 免疫センサ ……………………………………………………… 537

8.5 DNA，プロテインデバイス ………………（加地範匡・馬場嘉信）… 541
 8.5.1 DNA，プロテインの電子物性 ……………………………… 541
 8.5.2 DNA，プロテインデバイスへの応用 ……………………… 544
 8.5.3 人口 DNA，プロテインデバイス …………………………… 546

9. 熱電デバイス ……………………………………………………………… 549

9.1 ペルチエ素子と冷却ユニット ………………………（東松　剛）… 549
 9.1.1 ペルチエ素子の用途と特徴 …………………………………… 549
 9.1.2 ペルチエ素子の原理 …………………………………………… 549
 9.1.3 ペルチエモジュールの構造 …………………………………… 550
 9.1.4 ペルチエ素子の基本式 ………………………………………… 551

9.1.5	ペルチェ素子の諸特性	551
9.1.6	冷却ユニット	553
9.1.7	カスケードモジュール	554
9.1.8	ペルチェ素子用熱電材料	554
9.1.9	ペルチェ素子用熱電材料の製造方法	555

9.2 熱電素子と排熱利用 ……………………………………(梶川武信)… 557
   9.2.1 排熱利用熱電発電 …………………………………………… 557
   9.2.2 発電用熱電素子 ……………………………………………… 560
   9.2.3 排熱利用熱電発電モジュール ……………………………… 561
   9.2.4 都市廃棄物焼却熱利用熱電発電 …………………………… 564
   9.2.5 自動車排熱利用熱電発電 …………………………………… 570

10. 電気機械デバイス …………………………………………… 573

10.1 MEMSマイクロプローブ ………………………………(川勝英樹)… 573
   10.1.1 背　景 ……………………………………………………… 573
   10.1.2 カンチレバー変位の計測手法 …………………………… 573
   10.1.3 カンチレバーの運動制御 ………………………………… 574
   10.1.4 MEMSマイクロプローブの例 …………………………… 576
   10.1.5 最近の傾向 ………………………………………………… 578

10.2 光MEMS ………………………………………………(年吉　洋)… 589
   10.2.1 MEMS技術と微小光学の整合性 ………………………… 589
   10.2.2 MEMSによる光学変調方式 ……………………………… 590
   10.2.3 MEMS技術の応用例（分類と具体例）…………………… 590

10.3 MEMS高周波デバイス …………………………………(佐々木　晶)… 597
   10.3.1 MEMS高周波デバイスのアプリケーション …………… 597
   10.3.2 MEMS高周波スイッチ …………………………………… 598
   10.3.3 MEMS高周波キャパシタ ………………………………… 604
   10.3.4 MEMS高周波レゾネータ ………………………………… 606

10.4 圧電アクチュエータ ……………………………………(黒澤　実)… 608
   10.4.1 逆電圧効果と材料 ………………………………………… 608
   10.4.2 圧電アクチュエータ ……………………………………… 609

10.5 静電アクチュエータ ……………………………………(平野敏樹)… 615
   10.5.1 静電アクチュエータの駆動原理 ………………………… 615
   10.5.2 回転モータ ………………………………………………… 618
   10.5.3 静電アクチュエータの応用分野 ………………………… 619

10.6 形状記憶合金 ……………………………………………(生田幸士)… 620
   10.6.1 形状記憶効果 ……………………………………………… 620

10.6.2　形状記憶効果の発現原理と熱弾性型マルテンサイト変態 …………… 621
　10.6.3　擬弾性効果とその他の特性 ………………………………………… 621
　10.6.4　形状記憶合金の応用研究 …………………………………………… 622
　10.6.5　アクチュエータ応用 ………………………………………………… 624
　10.6.6　まとめと展望 ………………………………………………………… 625

11. 電気化学デバイス ………………………………………………………… 627
11.1　電池の電気化学………………………………（太田健一郎・石原顕光）… 627
　11.1.1　電気化学システム …………………………………………………… 627
　11.1.2　ファラデーの法則と理論電気量 …………………………………… 629
　11.1.3　理論起電力とネルンストの式 ……………………………………… 630
　11.1.4　過電圧と電圧損失 …………………………………………………… 632
11.2　一 次 電 池 ………………………………………………（鳶島真一）… 640
　11.2.1　乾電池 …………………………………………………………………… 642
　11.2.2　空気電池 ………………………………………………………………… 646
　11.2.3　リチウム電池 …………………………………………………………… 647
11.3　二 次 電 池 ………………………………………………（山木準一）… 649
　11.3.1　鉛蓄電池 ………………………………………………………………… 650
　11.3.2　リチウムイオン電池 …………………………………………………… 651
　11.3.3　ナトリウム-硫黄電池 ………………………………………………… 653
　11.3.4　レドックスフロー電池 ………………………………………………… 655
11.4　燃 料 電 池 ………………………………………………（太田健一郎）… 656
　11.4.1　燃料電池総論 …………………………………………………………… 656
　11.4.2　リン酸形燃料電池 ……………………………………………………… 659
　11.4.3　溶融炭酸塩形燃料電池 ………………………………………………… 659
　11.4.4　固体酸化物形燃料電池 ………………………………………………… 661
　11.4.5　固体高分子形燃料電池 ………………………………………………… 661
　11.4.6　直接メタノール形燃料電池 …………………………………………… 663
　11.4.7　アルカリ型燃料電池 …………………………………………………… 663

索　　引 …………………………………………………………………………… 665

1

基 礎 物 性

1.1 電子輸送

1.1.1 金属の電子輸送

a. 金属の自由電子モデル

典型的な金属中には,表 1.1.1 に示すように $10^{22} \sim 10^{23}$ cm^{-3} 台の自由電子が存在する.本項では,この電子の取り扱いについて解説する.はじめに金属中の自由電子モデルとして,無限に深い井戸型ポテンシャルに閉じ込められた電子について説明し,フェルミエネルギーおよび状態密度について解説する.次に,金属中の電子統計として,フェルミ-ディラック統計を解説する.

はじめに以下の議論の見通しを示すため,固体中の電子状態について,その概略を説明する.金属中には原子が存在し,陽イオンが周期的なポテンシャルを形成している.おのおのの陽イオンはクーロンポテンシャルを形成し,表面では原子の周期性が途切れている.したがって,金属外部の電子(真空準位)からは,金属内部のポテンシャルが低く見える.これに対し金属内部の電子からは,内部から外部に向かって高いポテンシャル障壁が存在しているように見える.すなわち,電子は金属中に閉じ込められていることになる.この様子を,図 1.1.1 に模式的に示した.固体中の電子のエネルギー状態は,よく知られているようにバンド(帯)を形成している.固体中の電子にとって,エネルギー的に占有できるバンドを許容帯,許されないバンドを禁制帯と呼び,電子はエネルギーの低い許容帯から順に占有していく.絶縁体や半導体では,最もエネルギーが高い許容帯がすべて電子で占有されており(価電子帯),その上に電子が占有できない禁制帯および電子が占有していない許容帯(伝導帯)が存在す

表 1.1.1 金属の自由電子濃度 (n), フェルミエネルギー ($E_f{}^0$) およびフェルミ速度 (v_f)

金属	n ($\times 10^{22}$ cm^{-3})	$E_f{}^0$ (eV)	v_f ($\times 10^8$ cm/s)
Al	18.1	11.6	2.03
Cu	8.47	7.03	1.57
Ag	5.86	5.50	1.39
Au	5.90	5.52	1.39

る．半導体では，禁制帯のエネルギー幅が小さいため，室温で価電子帯から伝導帯まで電子が熱励起され，自由電子(価電子帯には正孔)が生じる．これに対して金属の場合には，電子が占有している最も高い許容帯の途中のエネルギーまで電子が占有し，これら電子が自由電子を形成し，電気伝導などの金属の電気的性質を決めている．ここでは，金属の伝導帯の底のポテンシャルエネルギーを原点，表面における伝導帯の底から真空準位までの有限のポテンシャル障壁を無限大と近似することにより，金属中の自由電子の電子状態を取り扱うことにする(図1.1.1参照)．

1次元の井戸型ポテンシャルの幅をL(金属の1辺の長さ)とすると，定常時における井戸中の電子の状態は，以下のシュレーディンガー(Schrödinger)方程式を解くことにより求められる．ここで，Eは電子のエネルギー，$\varphi(x)$は電子の波動関数を表す．

$$-\frac{\hbar^2}{2m}\frac{d^2}{dx^2}\varphi(x)=E\varphi(x), \qquad 0\leq x \leq L \tag{1.1.1}$$

この微分方程式を解くと，

$$\varphi(x)=\exp(jkx), \quad \exp(-jkx), \qquad k=\sqrt{\frac{2mE}{\hbar}} \tag{1.1.2}$$

と二つの解が得られる．このうち$\exp(jkx)$は，x軸の正の方向に運動量$\hbar k$をもって運動する電子を，一方$\exp(-jkx)$は，x軸の負の方向に運動量$-\hbar k$をもって運動する電子を表している．このことは，古典的速度と運動量との関係式，$mv=\hbar k$を用いて，上記のエネルギーの式を変形すると，

$$E=\frac{\hbar^2 k^2}{2m}\left(=\frac{1}{2}mv^2\right) \tag{1.1.3}$$

と表されることからも理解される．シュレーディンガー方程式の解は，上記二つの解

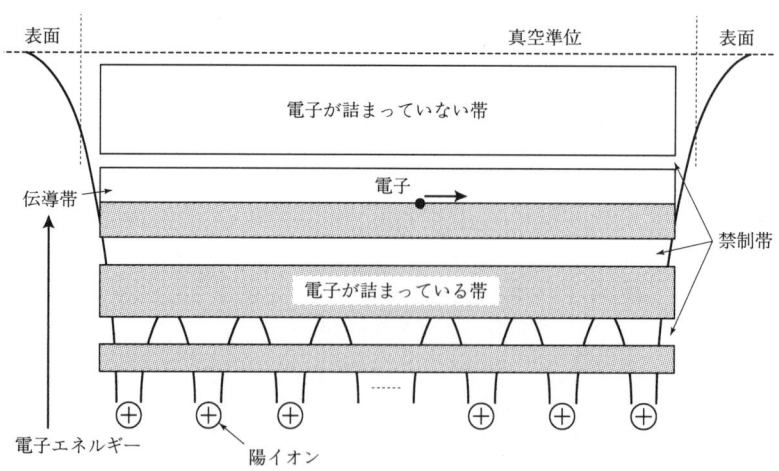

図1.1.1　周期ポテンシャル中の固体のバンド構造の概念図

の線形結合で与えられる．ここでは，それと等価の $\sin(kx)$, $\cos(kx)$ の和で与えることにする．$\cos(kx)$ は，上記指数関数の和で表されることから，同じ運動量をもって，右に進む電子と左に進む電子の状態和と解釈することができる．未定定数を，A および B と書くと，波動関数は

$$\varphi(x) = A\sin(kx) + B\cos(kx) \tag{1.1.4}$$

と表される．電子は，0 から L の範囲に閉じ込められているため，境界条件として $\varphi(0) = \varphi(L) = 0$ が要請される．この条件のもと，未定定数を決めると $B = 0$ が得られる．また，取り得る波数（運動量）またはエネルギーに以下の制限が課せられる．

$$k = \frac{\pi}{L}n, \quad E = \frac{\hbar^2}{2m}\left(\frac{\pi}{L}\right)^2 n^2 \quad n = 1, 2, 3, \cdots \tag{1.1.5}$$

すなわち，電子が有限の領域に閉じ込められたため，取り得るエネルギーは離散的になる．残りの未定定数 A は，波動関数の規格化条件より決定され，$\sqrt{2/L}$ で与えられる．

以上は 1 次元での扱いであったが，3 次元の場合には各方向独立にシュレーディンガー方程式を解くことができ，1 辺 L の立方体状の金属に電子が閉じ込められたとすると，電子の波動関数およびエネルギーは，

$$\begin{cases} \varphi(x,y,z) = \left(\frac{2}{L}\right)^{3/2}\sin(k_x x)\sin(k_y y)\sin(k_z z) \quad k_x = \frac{\pi}{L}n_x, \quad k_y = \frac{\pi}{L}n_y, \quad k_z = \frac{\pi}{L}n_z \\ E = \frac{\hbar^2}{2m}\left(\frac{\pi}{L}\right)^2 (n_x^2 + n_y^2 + n_z^2) \quad n_x, n_y, n_z = 1, 2, 3, \cdots \end{cases}$$
$$\tag{1.1.6}$$

と表される．最もエネルギーの低い状態は，n_x, n_y, n_z がすべて 1 のときに与えられる．この値は，たとえば 1 辺の長さを 1 cm とすると，1.1×10^{-14} eV となる．図 1.1.1 に示した金属内部の障壁の高さは，たかだか数 eV 程度である．したがって，このエネルギーの分離幅はきわめて小さい．電子は，伝導帯にある非常に密に詰まったこのエネルギー準位を，エネルギーの低いほうから順に，自由電子個数分まで詰めていくことになる．

それでは，自由電子は，伝導帯の底から測ってどの程度のエネルギーまで詰まっているのであろうか．上記のエネルギーの式から，n_x, n_y, n_z が張る空間を考えると，この空間の原点を中心とした球の表面が，等エネルギー面になっている（図 1.1.2 参照）．さらに，n_x, n_y, n_z がそれぞれ 1 変化した状態は，新しい状態に対応する．このことから，この空間の単位体積につき，一つの状態が存在することになる．したがって，原点から半径 R で示される球の体積を求めることで，電子状態の個数，すなわち自由電子の個数（N）を求めることができる．すなわち，N と R との間には，以下の関係式が成り立つ．

$$\frac{4}{3}\pi R^3 \times \frac{1}{8} \times 2 = N \tag{1.1.7}$$

ここで，左辺の 1/8 は，n_x, n_y, n_z が 1 以上の値しかとらないため，この空間の第

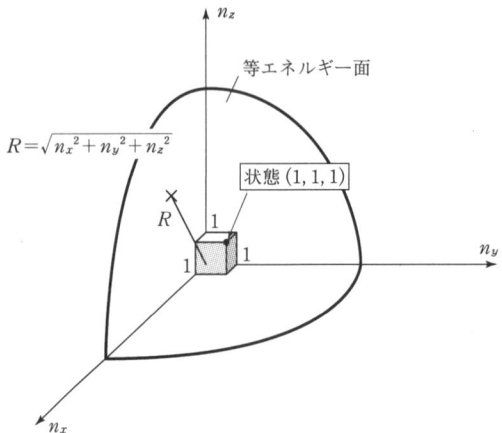

図 1.1.2 等エネルギー面

1象限,すなわち球の8分の1であることを示している.また,2は,一つの準位にスピン上向き,下向きと二つの電子が占有することを示している.ここで,自由電子のもつ最大エネルギーを E_f^0 とすると,半径 R と E_f^0 との関係は,

$$R=\sqrt{n_x^2+n_y^2+n_z^2}=\sqrt{\frac{2mE_f^0}{\hbar}}\times\frac{L}{\pi} \tag{1.1.8}$$

より与えられるため,電子濃度 ($n=N/L^3$) と最大エネルギー E_f^0 との間には,

$$E_f^0=\frac{\hbar^2}{2m}(3\pi^2 n)^{\frac{2}{3}} \tag{1.1.9}$$

の関係が存在する.このエネルギー E_f^0 をフェルミエネルギーと呼ぶ.金属の自由電子濃度を $10^{23}\,\mathrm{cm}^{-3}$ とすると,フェルミエネルギーは $7.8\,\mathrm{eV}$ 程度となる.すなわち,自由電子のうち最もエネルギーが高い電子は,$7.8\,\mathrm{eV}$ 程度の運動エネルギーを有していることになる.このエネルギーを速度(フェルミ速度)に換算すると,$1.6\times 10^8\,\mathrm{cm/s}$ (光速度の 0.5%) に相当する.表 1.1.1 には,典型的な金属のフェルミエネルギー,フェルミ速度が示されている.

このとき,重要な概念に状態密度 ($g(E)$) がある.これは,伝導帯中で単位体積,単位エネルギー当たり,いくらの状態数が含まれているかという量である.状態密度の定義より,

$$\int_0^{E_f^0} g(E)dE=n \tag{1.1.10}$$

の関係式が成立する.したがって,状態密度 $g(E)$ は,電子濃度とフェルミエネルギーとの関係式を微分することで,

$$g(E) = \frac{1}{2\pi^2} \times \frac{(2m)^{\frac{3}{2}}}{\hbar^3} \sqrt{E} \qquad (1.1.11)$$

と求められる．

ここまでは，電子はエネルギーの低い準位から占有すると考え，占有率を0と1として扱ってきた．有限の温度では，電子があるエネルギー準位を占める割合は，0と1の2値ではなく，0と1の間の値をとる．この確率をエネルギーの関数として表したものを，フェルミ-ディラックの分布関数 ($f(E, T)$) と呼ぶ．あるエネルギー E_i に，電子が取り得るエネルギー準位が g_i 個あり（この準位には，電子がたかだか一つしか占有できないとする），このエネルギー状態を n_i 個の電子が占有しているとする．電子の総数 N と，電子の内部エネルギー U が一定であるという条件のもと，フェルミ-ディラックの分布関数を求める．求める $f(E, T)$ は，n_i/g_i で与えられる．この系の自由エネルギーを F とすると，F は U，温度 T およびエントロピー S を用いて，

$$F = U - TS \qquad (1.1.12)$$

と表される．また，電子の個数と内部エネルギーが定まっているという条件は，

$$\begin{cases} \sum n_i = N \\ \sum n_i E_i = U \end{cases} \qquad (1.1.13)$$

で与えられる．これより，i 番目の準位を占める電子数の変化 (δn_i) に対して，

$$\begin{cases} \sum \delta n_i = 0 \\ \sum E_i \delta n_i = 0 \end{cases} \qquad (1.1.14)$$

の関係が満たされていることになる．また，自由エネルギー F の電子数に対する変化量 (δF) は，

$$\delta F = \sum \frac{\partial F}{\partial n_i} \delta n_i \qquad (1.1.15)$$

で与えられる．この量は，熱平衡状態で系が自由エネルギー最小の状態にあることから，0となる．例として，二つの状態 p と q で，電子をやり取りしている特別の場合を考える．すると，

$$\begin{cases} \delta n_p + \delta n_q = 0 \\ \dfrac{\partial F}{\partial n_p} \delta n_p + \dfrac{\partial F}{\partial n_q} \delta n_q = 0 \end{cases} \qquad (1.1.16)$$

が成立する．したがって，この場合，

$$\frac{\partial F}{\partial n_p} = \frac{\partial F}{\partial n_q} \qquad (1.1.17)$$

の関係式が成り立つことがわかる．この一定値は，化学ポテンシャルと呼ばれ，μ と表される．化学ポテンシャルは，熱平衡状態において，ある状態から電子が一つ移動するのに必要な自由エネルギーを意味している．式 (1.1.17) は，この化学ポテンシャルが熱平衡状態で，すべての状態にわたって等しいということを示している．あ

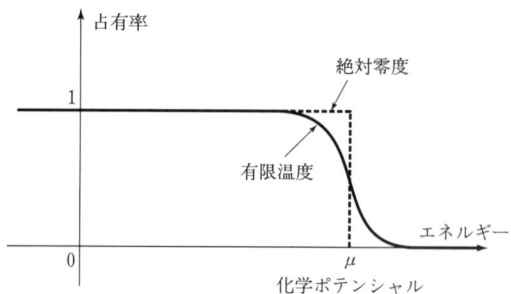

図 1.1.3 フェルミ・ディラックの分布関数

る状態で μ が小さいとすると，その状態への電子の移動が生じ，電子状態の再分配が起きる．熱平衡状態では，状態間での電子移動に関し，自由エネルギーの損得がないため，化学ポテンシャルは一定値となる．次に，エントロピー S を求める．g_i 個の準位に，n_i 個の電子を分配する仕方は，

$$\frac{g_i!}{n_i!(g_i-n_i)!} \tag{1.1.18}$$

で与えられる．総分配数は，おのおのの分配数の積となる．また，エントロピーは，総分配数の対数とボルツマン定数との積，

$$S = k\sum[\log(g_i!) - \log(n_i!) - \log\{(g_i-n_i)!\}] \tag{1.1.19}$$

で与えられる．スターリングの式 ($\log(n!) = n\log(n) - n$) を用いると，自由エネルギー F は，U および S の式を用いて，

$$F = \sum[n_i E_i - kT\{g_i \log g_i - n_i \log n_i - (g_i-n_i)\log(g_i-n_i)\}] \tag{1.1.20}$$

となる．この式を，電子の個数で微分し，化学ポテンシャルを使って書き表すと，

$$\mu = \frac{\partial F}{\partial n_i} = E_i + kT\{\log n_i - \log(g_i-n_i)\} \tag{1.1.21}$$

となる．これより，フェルミ-ディラックの分布関数は，

$$f(E, T) = \frac{n_i}{g_i} = \frac{1}{1+\exp\left(\dfrac{E-\mu}{kT}\right)} \tag{1.1.22}$$

で与えられる．図 1.1.3 に，フェルミ-ディラックの分布関数のグラフを示す．占有率は，化学ポテンシャル付近で変化し，それ以下ではほぼ 1，化学ポテンシャル以上ではほぼ 0 となっている．また，温度が低いほど占有率の変化は急峻で，絶対零度でステップ関数状に変化する．金属のフェルミエネルギーとは，伝導帯の底から化学ポテンシャルまでのエネルギーである．また半導体では，化学ポテンシャルをフェルミ準位と呼んでいる．通常の状態では，半導体のフェルミ準位は伝導帯より上に存在せず，禁制帯内にある．

b. 金属の電気伝導

はじめに金属の電気伝導について，自由電子が電界 (F) により加速され，速度に

比例した抵抗力を受けるというモデル，ドルーデ(Drude)のモデルを用いて説明する．このモデルにおいて電子の運動方程式は，有効質量を用いて古典的に，

$$m^* \frac{dv}{dt} = -qF - \frac{m^*}{\tau} v \qquad (1.1.23)$$

と表される．ここで，電子の素電荷を q，有効質量を m^* とした．電界が働いていないときの電子速度の式からわかるように，抵抗力として導入した τ には，緩和時間という物理的な意味がある．電界が働いて，定常状態に達したときの速度 (v_d) を求めると，定常時には時間微分項が 0 となるため，左辺を 0 とおき，

$$v_d = -q \frac{\tau}{m^*} F \qquad (1.1.24)$$

と求められる．この速度のことをドリフト速度と呼ぶ．ドリフト速度は，電界に比例するという重要な結論が得られる．また同じ電界でも，緩和時間が長いほど，有効質量が軽いほどドリフト速度は速くなる．この結論は重要なため，比例係数を

$$\mu = q \frac{\tau}{m^*} \qquad (1.1.25)$$

と書き表し，μ のことを移動度と呼んでいる．

上記の結果より，電界の印加により，電子はドリフト速度で走行することが示された．電流密度は単位時間，単位面積を通過する電荷量で表される．これより，電界印加時の金属の電流密度を求めることができる．図 1.1.4 に示すように断面積 S の金属の棒があり，また，その電子密度を n とする．電界の印加により，定常状態で電子はすべてドリフト速度で運動していると近似できる．したがって，Δt 時間のうちに断面積 S を通過する電子の個数は，$v_d \Delta t \times S \times n$ と求められる．これより，電流密度 j と電界との間には，

$$j = \frac{v_d \Delta t S n \times (-q)}{S \times \Delta t} = -qnv_d = qn\mu F \qquad (1.1.26)$$

の関係式が成り立つ．これは，電流密度が電界に比例するという，オームの法則である．この関係式は，重要であるため，比例係数を

$$\sigma = qn\mu \qquad (1.1.27)$$

と表し，導電率と呼んでいる．抵抗率 (ρ) は，導電率の逆数として表される．ここで，緩和時間を決めるのは，格子散乱，不純物散乱などである．緩和時間が短ければ，移動度が低下し，導電率も低下する．散乱は，緩和時間が短いものからの寄与のほうが大きい．そこで，それぞれの散乱で決まる緩和時間 τ_i の逆数の和，

$$\frac{1}{\tau} = \sum_i \frac{1}{\tau_i} \qquad (1.1.28)$$

をもって，金属の全緩和時間 τ が与えられる．これをマチーセン (Mathiessen) の規則と呼んでいる．

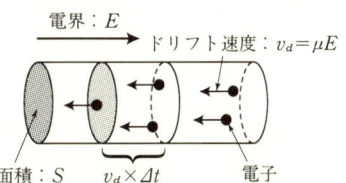

図 1.1.4 金属のオームの法則のモデル図

次に，より詳細な議論により，上記のオームの法則を導くことにする．ここで使用するのは，前項で説明した電子の分布関数である．電子を，ある時刻 (t) にある場所 (r)，ある波数 (k)（運動量：$\hbar k$）に見いだす確率を $f(r, k, t)$ と表す．定義により，熱平衡状態で $f(r, k, t)$ は，フェルミ-ディラックの分布関数に等しい．電子が電界により力 ($-qF$) を受けて運動しているとすると，位相空間上 (r, k, t) に存在している電子は，Δt 秒前には ($r-v\Delta t, k+qF/\hbar\Delta t, t-\Delta t$) に存在していたことになる．ここで電子の速度を v とし，電界が加わった場合の電子の運動方程式，$-qF=\hbar\dot{k}$ を用いた．したがって，

$$f(r, k, t) = f\left(r - v\Delta t, k + \frac{qF}{\hbar}\Delta t, t - \Delta t\right) \tag{1.1.29}$$

の関係式が成り立つ．上記は電子が散乱されない場合であり，電子が散乱されるとすると時間当たりの散乱率は $\partial f/\partial t|_{\text{coll}}$ と表されるので，上式は，

$$f(r, k, t) = f\left(r - v\Delta t, k + \frac{qF}{\hbar}\Delta t, t - \Delta t\right) + \left.\frac{\partial f}{\partial t}\right|_{\text{coll}} \tag{1.1.30}$$

と表される．右辺をテイラー (Taylor) 展開し，整理すると，

$$\frac{\partial f}{\partial t} + v\cdot\nabla_r f - \frac{qF}{\hbar}\cdot\nabla_k f = \left.\frac{\partial f}{\partial t}\right|_{\text{coll}} \tag{1.1.31}$$

となる．これが，ボルツマン (Boltzmann) の輸送方程式として知られている式である．右辺の散乱項は扱いが難しいため，緩和時間近似により扱われることが多い，この場合，

$$\left.\frac{\partial f}{\partial t}\right|_{\text{coll}} = -\frac{f - f_0}{\tau} \tag{1.1.32}$$

と表される．ここで f_0 は熱平衡時における分布関数である．上式は，熱平衡時から電子分布がずれていると，緩和時間 τ に従って指数関数的に電子分布が熱平衡に戻ることを意味している．

金属中での電子の運動を求めるために，上記のボルツマンの輸送方程式を解くことにする．オームの法則に対応するものを示すのが目的であるため，空間的に一様で，定常状態を扱うことにする．また簡単のため，金属のエネルギーバンドは球対称でパラボリックとし，有効質量近似が成り立つとする．したがって，電子のもつエネルギー (E) は，有効質量 (m^*) と波数 (k) を用いて，$E = \hbar^2 k^2/2m^*$ と表される．このとき，電子速度は $m^* v = \hbar k$ で与えられる．この条件下でボルツマンの輸送方程式は，

$$-q\frac{F}{\hbar}\cdot\nabla_k f = -\frac{f - f_0}{\tau} \tag{1.1.33}$$

となる．熱平衡状態からのずれが小さい ($f \ll f_0$) として，整理すると，

$$f = f_0 + q\tau\frac{F}{\hbar}\cdot\nabla_k f_0 \tag{1.1.34}$$

が得られる．この式は，電界 F が小さい場合に，

$$f = f_0\Bigl(r,\ k - q\tau\frac{F}{\hbar},\ t\Bigr) \tag{1.1.35}$$

とみなすことができる．すなわち，電子が電界により一様に波数 $-q\tau F/\hbar$ を得たものとみることができる．したがって，電子のドリフト速度は，

$$v_d = \frac{1}{m^*} \times \hbar \times \Bigl(-\frac{q\tau F}{\hbar}\Bigr) = -q\frac{\tau}{m^*}F \tag{1.1.36}$$

と求められ，ドルーデのモデルと同じ結論が得られる．

次に，ボルツマンの輸送方程式を実際に積分することにより，電流密度と電界の式を導くことにする．電界は z 方向に加わっているとすると，

$$f = f_0 + q\tau\frac{F_z}{\hbar}\frac{\partial f_0}{\partial k_z} \tag{1.1.37}$$

となる．ここで，電流密度の z 方向成分は，

$$j_z = -q\sum_k v_z f \tag{1.1.38}$$

と表される．したがって，電流密度は，

$$j_z = -qn\frac{\int v_z\Bigl(f_0 + q\tau\frac{F_z}{\hbar}\frac{\partial f_0}{\partial k_z}\Bigr)d^3k}{\int f_0 d^3k} \tag{1.1.39}$$

で与えられる．式 (1.1.39) を求めるのに和を積分に置き換え，$n = \int f_0 d^3k$ の関係を用いた．ここで，

$$\frac{\partial f_0}{\partial k_z} = \frac{\partial f_0}{\partial E}\frac{\partial E}{\partial k_z} = \frac{\partial f_0}{\partial E}\frac{\hbar^2 k_z}{m^*} = \frac{\partial f_0}{\partial E}\hbar v_z \tag{1.1.40}$$

の関係式を用いると，電流密度の式は，

$$j_z = -q^2 n F_z \frac{\int v_z^2 \tau \frac{\partial f_0}{\partial E}d^3k}{\int f_0 d^3k} = -q^2 n F_z \frac{\frac{1}{3}\int v^2 \tau \frac{\partial f_0}{\partial E}d^3k}{\int f_0 d^3k} \tag{1.1.41}$$

と表される．式 (1.1.41) を求めるのに，f_0 の対称性から $\int v_z f_0 d^3k = 0$，および $v^2 = v_x^2 + v_y^2 + v_z^2$ を用いた．最終的な式は，k の方向に寄らないため，d^3k は $4\pi k^2 dk$ で置き換えられる．また，以下のエネルギーと波数との関係，フェルミ-ディラックの分布関数の性質より，

$$\begin{cases} 4\pi k^2 dk = 4\pi\dfrac{\sqrt{2}m^{*3/2}}{\hbar^3}\sqrt{E}\,dE \\ \dfrac{\partial f_0}{\partial E} = -\delta(E - E_f^0) \\ \dfrac{1}{2}m^* v^2 = E \end{cases} \tag{1.1.42}$$

電流密度の式は，

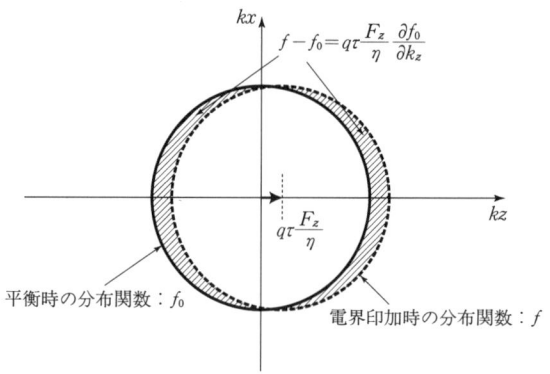

図 1.1.5 電子の分布関数 (k_z-k_x 断面)

$$j_z = \frac{2}{3} \frac{q^2 n F_z}{m^*} \frac{\int \tau \delta(E-E_f^0) E\sqrt{E}\,dE}{\int f_0 \sqrt{E}\,dE} \tag{1.1.43}$$

と変形される．ここで，金属を仮定すると，

$$f_0(E) = \begin{cases} \cong 1 & E < E_f^0 \\ \cong 0 & E > E_f^0 \end{cases} \tag{1.1.44}$$

であるため，分母は $(2/3)E_f^{0(3/2)}$ と計算できる．したがって，最終的に電流密度と電界との間に

$$j_z = q \times q \frac{\tau(E_f^0)}{m^*} \times n F_z \tag{1.1.45}$$

の関係があることが示される．すなわち，電流密度が電界に比例するというオームの法則が得られる．また，ドルーデのモデルと比較を行うと，移動度が

$$\mu = q \frac{\tau(E_f^0)}{m^*} \tag{1.1.46}$$

で与えられ，緩和時間としてフェルミ面での値 ($\tau(E_f^0)$) が重要であることが示される．これは，電流密度を求める式が，最終的に $q\tau(F_z/\hbar)(\partial f_0/\partial k_z)$ の積分に依存しており，この部分は図 1.1.5 に図示したように，フェルミ面付近のみで値をもつからである．換言すれば，金属中の電子伝導には，フェルミ面付近の電子のみが寄与していると結論できる．　　　　　　　　　　　　　　　　　　　　〔山田　明〕

1.1.2 半導体の電子輸送
a. バンド理論と物性

導体，絶縁体，半導体は一般に室温における電気抵抗の値によって分類され，半導体は，$10^{-2} \sim 10^9$ Ω·cm 程度の幅広い抵抗率の値をもつ．金属，絶縁体，半導体の電

気伝導の違いは，バンド理論を用いて明快に説明することができる．固体中の電子のエネルギー状態はバンドを形成している．電子がエネルギー的に占有できる状態のバンドを許容帯と呼び，その間には電子が入れないエネルギー領域(禁制帯)が存在する．電子はエネルギーの低い許容帯から，電子のもつ最大エネルギーまで順次満たされていくが，この場合，図1.1.6に示すように二つの場合が考えられる．① 電子が許容帯を完全に満たし，そのすぐ上の許容帯には電子が存在しない状態(空帯)となっている場合，および② 許容帯の途中まで電子が満たされている(半満帯)場合である．このような電子の最大エネルギー近傍のバンドの電子の占有状態が，電気的特性に大きく寄与する．①の電子が許容帯を完全に満たしてそのすぐ上の許容帯には電子が存在しない状態では，図1.1.7(a),(b)に示すように，電界を印加した場合でも電子が動くことができず，電流は流れない．一方，図1.1.7(c)に示すように，金

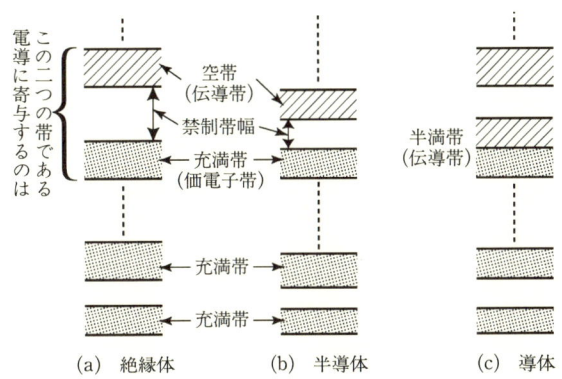

図1.1.6 絶縁体・半導体・導体のエネルギー帯構造

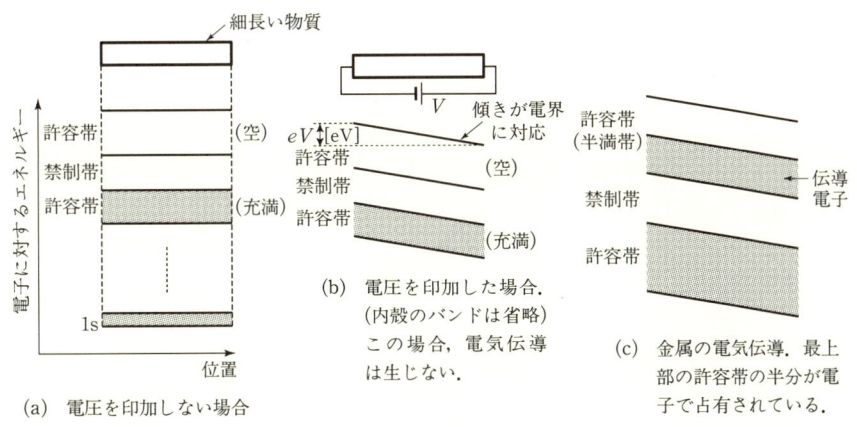

図1.1.7 電気伝導

属のように許容帯中に電子が途中まで満たされ半満帯の状態であると，電界を印加したときにこの半満帯中の電子は簡単に動くことができ，電流が流れる．すなわち，このようなバンド構造の場合には導体となる．バンド図では電子に対するエネルギーが高いほうを上向きに書いてあるため，正電圧を印加した端を引き下げた形となる．

　許容帯が完全に電子で満たされている場合には絶縁体か半導体となり，そのどちらになるかは，そのすぐ上の許容帯までのエネルギー差，すなわち禁制帯幅(バンドギャップ)によって決まる．許容帯が完全に電子で満たされていると，たとえ電界を印加してもなかの電子は動くことができず，電流は流れない．しかし，バンドギャップがたとえば1eV程度と比較的小さい場合，室温の熱エネルギー($kT = 0.026$ eV)によって電子がエネルギー的に上のバンドに励起され，さらに同時にいままで完全に満たされていた許容帯に若干の電子の「孔」ができる(正孔の概念は後述)ので，ある程度の電流が流れる状態となる．このような固体が半導体となる．したがって，絶対零度においては電子が励起されないため，大部分の半導体結晶は絶縁体になる．一方，バンドギャップがたとえば6eV以上と大きい場合には，室温の熱エネルギーではほとんど電子が励起されず，電子は下の許容帯を満たしたままなので，電流は流れずに絶縁体の性質を示す．バンドギャップがどの程度のものを半導体・絶縁体とそれぞれ呼ぶかについての区別はあまりはっきりしていないようである．たとえば，バンドギャップが6eVもあるダイヤモンドは通常絶縁体として扱われるが，ドーピングにより半導体としてトランジスタなども作製されている．また，不揮発性メモリに用いる強誘電体などは絶縁体として扱われているが，バンドギャップは3.4eV程度で，ワイドバンドギャップ半導体と呼ばれるZnOやGaNとさほど変わらない．

b. 半導体のバンド構造と有効質量

　代表的な半導体はシリコン(ケイ素，Si)やゲルマニウム(Ge)である．これらの半導体は図1.1.8に示すようなダイヤモンド構造という結晶構造をとる．個々の原子はそれぞれ四つの他原子と1個ずつ電子を出しあって共有結合している．結合に寄与するのは原子の最外殻の電子(価電子)である．この様子を平面で模式的に示したのが図1.1.9である．絶対零度では，すべての価電子が原子間結合に使用されており，自

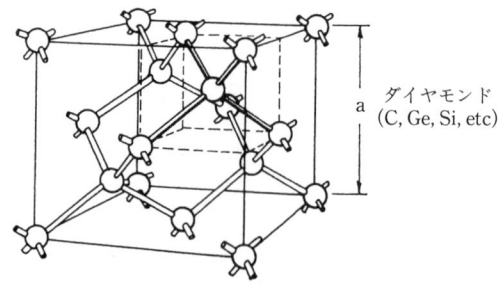

図1.1.8 シリコンの結晶構造

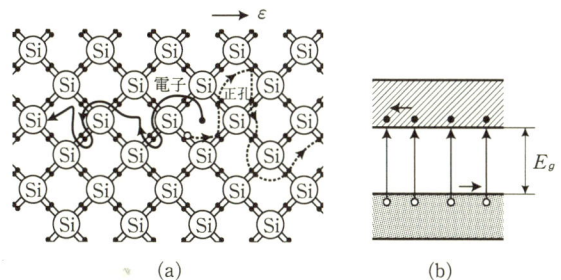

図 1.1.9 真性電導の説明図

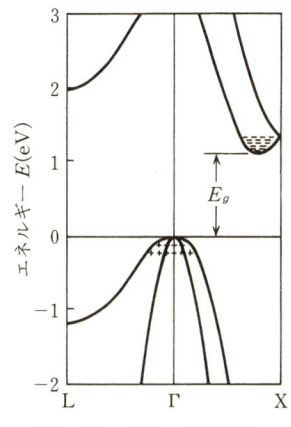

(a) 簡略化された Si のバンド構造

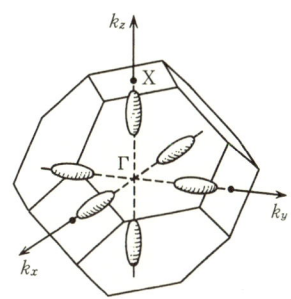

(b) Si の伝導帯の底付近の等エネルギー面. 回転楕円体となる.

図 1.1.10 エネルギー構造とバンド構造 (1)

由に動くことのできる電子は存在しない.すなわちこれは価電子帯が電子で満たされ,伝導帯には電子が存在しない状態を表しており,電気は流れない.室温になると,熱エネルギーによって若干数の電子が伝導帯に励起され,さらに同時にいままで完全に満たされていた許容帯に正孔ができ,ある程度の電流が流れる状態となる.このような電気伝導機構を真性伝導という.これを模式図で示すと,原子間結合に使用されていた電子(負の電荷をもつ)が結合を離れ電界とは逆方向に移動し,また同時に生成された正孔(正の電荷をもつ)が電界方向に移動することに対応している.

図 1.1.10～図 1.1.12 は, Si, Ge, GaAs のエネルギーバンド構造と第一ブリュアンゾーン (Brillouin zone) を示したものである.バンド構造の図はエネルギー E と波数 k の関係を示したもので, k 空間または E-k 曲線とも呼ばれる. k 空間の原点を Γ 点, ⟨001⟩ 方向で第一ブリュアンゾーンと交わる点を X 点, ⟨111⟩ 方向で第一ブリュアンゾーンと交わる点を L 点と呼び,図 1.1.10 では右側に Γ 点から X 点まで,左

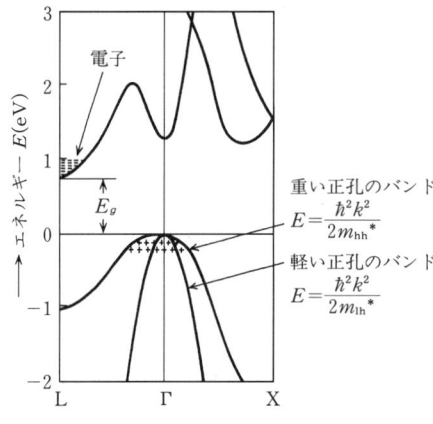

(a) 簡略化された Ge のバンド構造

(b) Ge の伝導帯の底付近の等エネルギー円. 回転楕円体を半分に切った形になっている. 伝導帯の底は L 点

図 1.1.11 エネルギー構造とバンド構造 (2)

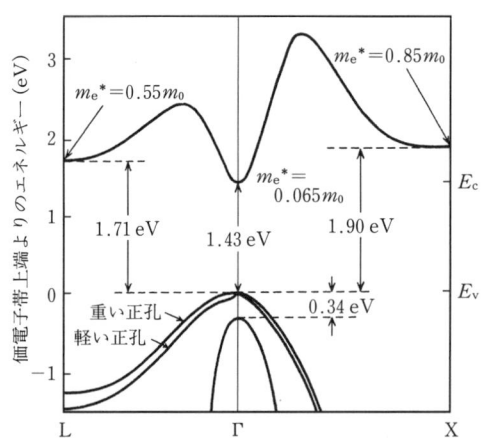
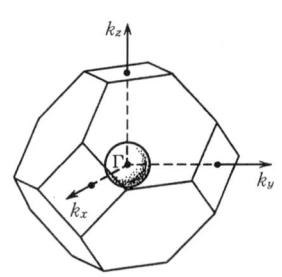

(a) 簡略化された GaAs のバンド構造. L 点, X 点の m_e^* は導電率有効質量

(b) GaAs の伝導帯の底付近の等エネルギー面

図 1.1.12 エネルギー構造とバンド構造 (3)

側に Γ 点から L 点までの電子の取り得るエネルギーが k の関数として描かれている.

1) 有効質量

半導体のバンド構造や電気伝導を細かく議論する前に, 有効質量について述べておく. 固体内の電子伝導を考える際, 有効質量という概念がよく用いられる. 固体中では, たとえば電界が印加された場合, 電子は電界という外力以外に結晶の周期ポテンシャルによる影響を受けながら運動する. このとき, 電子の質量を有効質量に置き換

えると，固体内であっても，近似的に真空中と同様の運動方程式を用いることができる．これは電子の質量が実際に変化したのではなく，電子が受ける周期ポテンシャルによる影響を有効質量として換算しているにすぎない．詳しい導出は省略するが，有効質量 m^* は次式で与えられ，電子は固体の周期ポテンシャル中では，あたかも質量 m^* をもっている古典粒子であるかのように振る舞う．

$$m^* = \frac{\hbar^2}{\frac{\partial^2 E}{\partial k^2}} \tag{1.1.47}$$

3次元の場合には一般にテンソルとなり，次式で与えられる．

$$m_{i,j}^* = \frac{\hbar^2}{\frac{\partial^2 E(\vec{k})}{\partial k_i \partial k_j}} \quad (i, j = x, y, z) \tag{1.1.48}$$

したがって，k 空間でのエネルギーバンドの形が電子の有効質量を決定し，電子の運動に関して重要な意味をもっている．

2) 正孔の概念

半導体の電気伝導を理解するうえで，もう一つの重要な考え方が正孔である．図1.1.13(a)のように，すべての準位が電子で満たされた1次元の価電子帯を考えよ

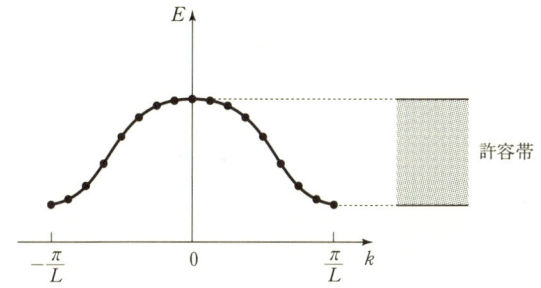

(a) すべての準位が電子で占有されている

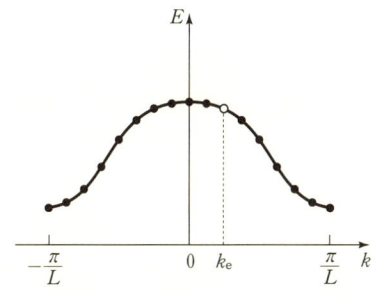

(b) 価電子帯で，$k = k_e$ の電子を1個取り除いた状態

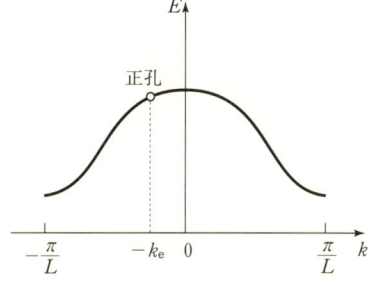

(c) (b)の残りの電子すべての k を加えたものは，$k = -k_e$ をもつ正孔の動きと等しい

図 1.1.13 正孔の k の考え方

う．この価電子帯による電流密度 J は次式のように書ける．

$$J = -q\sum_k v(k) \tag{1.1.49}$$

$v(k) = -v(-k)$ であるから，波数 k をもつ電子と $-k$ をもつ電子による電流は打ち消しあい，電子で満たされた価電子帯では $J = -q\sum_k v(k) = 0$ となり，電流は流れない．電界が印加されたときも同様である．次に，この価電子帯から波数 k_e をもつ電子を一つ抜いた状態を考える（図 1.1.13 (b)）．このときの電流は，

$$J = -q\sum_{k \neq k_e} v(k) \tag{1.1.50}$$

となるが，k_e にも電子が詰まっていたときには $J=0$ であったから，

$$-q\Big\{\sum_{k \neq k_e} v(k) + v(k_e)\Big\} = 0 \tag{1.1.51}$$

が成り立つ．したがって，波数 k_e をもつ電子を一つ抜いた場合の電流は，

$$J = +qv(k_e) \tag{1.1.52}$$

と表される．これは正電荷 $+q$ をもつ粒子が電流に寄与していることを意味している．また，電子で満たされた価電子帯では，ブリュアンゾーンの対称性から $\sum k = 0$ となる．したがって波数 k_e の電子を抜いた場合，残りの電子の波数の和は $-k_e$ となり，これが正孔の波数とみなすことができる（図 1.1.13 (c)）．

以上を要約すると，電子で満たされた価電子帯から電子を一つ抜いて孔をつくると，残った電子による電流は $+q$ の正電荷をもつ一つの粒子が電子と逆方向に運動すると考えた場合の電流に等しいと解釈できる．このような考え方で考えられた正の電荷をもつ粒子が正孔の概念であり，単なる電子の抜けた孔ではないことに注意する必要がある．

ここで，もう一度図 1.1.10～図 1.1.12 を見てみよう．シリコンの価電子帯を見てみると，$k=0$ の Γ 点で縮退しており，それぞれのバンドの曲率が異なることに気づく．有効質量は式 (1.1.47) で表されるので，これらのバンドでは有効質量が異なることになる．曲率の大きいほうが有効質量は小さく，これを軽い正孔，他方を重い正孔と呼ぶ．一方，伝導帯のほうを見てみると，Γ 点と X 点の間にエネルギーの最も低い谷があることがわかる．熱エネルギーや光によって価電子帯の電子は，この谷に励起されることになる．価電子帯からこの伝導帯までのエネルギー差がバンドギャップの値となる．ブリュアンゾーンにこの伝導帯の谷を描くと，図に示すように等エネルギー面は回転楕円体となる．回転楕円体の中心を $k' = 0$ とし，回転軸方向を z 方向とすると，等エネルギー面は次式で表される．

$$E = \hbar^2\Big(\frac{k_x'^2 + k_y'^2}{2m_t^*} + \frac{k_z'^2}{2m_l^*}\Big) \tag{1.1.53}$$

ここで，m_t^* および m_l^* は，それぞれ横方向，縦方向の有効質量と呼ばれる．また，Si の場合，伝導帯の谷が Γ 点と X 点の間に位置しているので，図に示すように，等価な谷は第一ブリュアンゾーンの中に 6 箇所存在する．

次に Ge のバンド構造を見てみよう．価電子帯は Si と同様な構造であるが，伝導

帯の谷は Si とは異なり，L 点の端にあることがわかる．この場合も等エネルギー面は回転楕円帯となり，Si と同様に横方向，縦方向の有効質量が定義できる．Ge では，伝導帯の谷が〈111〉方向の L 点の端にあるために，等価な谷は 8 箇所存在する．

一方 GaAs のバンド構造は，価電子帯は Si や Ge と同様な構造であるが，伝導帯の谷が $k=0$ の Γ 点にあり，等エネルギー面は球面となる．また，伝導帯の谷の曲率が大きいことに気づくであろう．これは GaAs の電子の有効質量が小さいことを示しており，これが GaAs で電子移動度が大きい理由である．また GaAs では，L 点や X 点の伝導帯の谷は，Γ 点とエネルギー的にそれほど離れていない．したがって，高電界印加時には電子がこれらの谷にも入り，電気伝導に影響を及ぼす．

また，GaAs のように伝導帯の谷と価電子帯の上端がともに $k=0$ にある半導体を直接遷移半導体，Si や Ge のように伝導帯の谷が $k=0$ 以外のところにあるものを間接遷移半導体と呼ぶ．

c. 外因性半導体（n 形半導体，p 形半導体）

前述したように，室温においた半導体では，価電子帯の電子の一部が熱エネルギーにより伝導帯に励起される．これにより伝導帯には電子が，価電子帯には正孔が生成され，これらが電気の運び手（キャリヤ）によって電流が流れる．電子濃度を n，正孔濃度を p とすると，不純物を含まない真性半導体ではこれらは等しく，さらに後述する真性キャリヤ濃度 n_i に等しくなる．この場合の原子結合の平面図とエネルギーバンド図はすでに図 1.1.9 に示した．

半導体の大きな特徴は，不純物を添加する（ドーピングという）ことによって，その電気的性質を大きく変化させることができる点にある．図 1.1.14 に示すように，たとえば Si 原子のごく一部を As 原子で置き換えたとすると，Si が 4 価であるのに対し，As が 5 価であるので，As の電子が一つ余る．この過剰電子は，低温では As 原子に弱く束縛されているが，室温付近以上になると As から離れて伝導電子となる．電子が離れると As 原子はイオン化して As$^+$ となる．このような不純物を，電子を「与えるもの」という意味でドナーと呼ぶ．これをエネルギーバンド図で表すと，

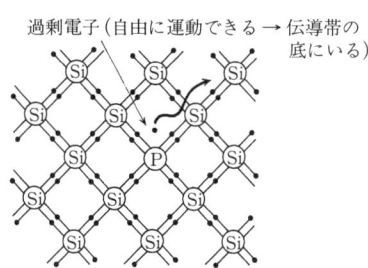

(a) Si に V 価の不純物 P をドーピングした場合の様子

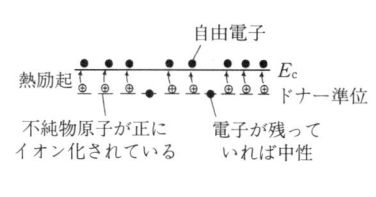

(b) n 形半導体のエネルギー準位
E_c：伝導帯の下端
E_v：価電子の上端

図 1.1.14　n 形半導体の考え方

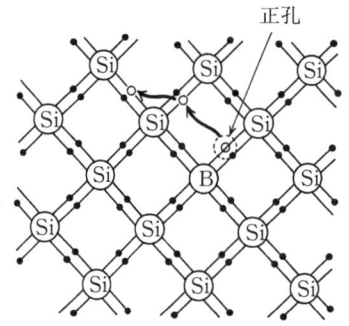
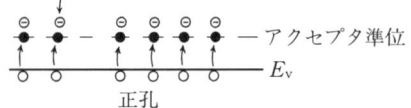

(a) SiにIII価原子Bをドーピングした場合の正孔の発生の様子

(b) p形半導体のエネルギー準位

図 1.1.15　p形半導体の考え方

低温では電子は As 原子に束縛されているから，伝導帯から少しエネルギーの低いエネルギー準位（ドナー準位）に入っていて動くことができない．温度が上がると，熱エネルギーによりドナー準位から伝導帯へと励起され伝導電子となり，電気伝導に寄与する．これとは対照的に，Si原子の一部を3価のたとえばBで置換すると，図1.1.15に示すように，電子が1個不足する．エネルギーバンド図で説明すると，価電子帯のすぐ上にB原子によるエネルギー準位（アクセプタ準位）が形成され，低温では空である．温度が上がると，価電子帯から電子がアクセプタ準位に励起され，価電子帯に正孔が生成される．前と同様に，低温では正孔はB原子に束縛されており，温度が高くなるとB原子を離れて価電子帯にはき出されると考えてよい．またこのときB原子はイオン化してB^-となる．したがってB原子のような不純物のことを，電子を「受け入れる」ものという意味でアクセプタと呼ぶ．

ドナーをドープした半導体では，負（negative）電荷をもった電子が伝導帯に励起され，これがおもに電気伝導に寄与する．このため，このような半導体を n 形半導体と呼ぶ．一方，アクセプタをドープした半導体では，キャリヤは正孔であり，これは正（positive）の電荷をもっている．したがって，このような半導体を p 形半導体と呼ぶ．ドナーやアクセプタを含む半導体を外因性半導体，不純物を含まない半導体を真性半導体と呼ぶ．

半導体では，一般に伝導帯中の電子と価電子帯中の正孔の両方が電気伝導に寄与する．電子，正孔の濃度と移動度をそれぞれ n, p, μ_e, μ_h とすると，導電率 σ は以下の式で表される

$$\sigma = q(n\mu_e + p\mu_h) \tag{1.1.54}$$

通常，電子か正孔どちらか一方が支配的である場合が多いが，濃度の大きいほうのキャリヤを多数キャリヤ，少ないほうを少数キャリヤと呼ぶ．すなわち，n 形半導体

では電子が多数キャリヤで正孔が少数キャリヤ,逆にp形半導体では電子は少数キャリヤで正孔が多数キャリヤとなる.このように半導体の電気伝導においては,特殊な場合を除き,キャリヤ濃度と移動度が重要なパラメータである.

d. 半導体のキャリヤ濃度

1) 真性半導体

半導体の伝導帯の電子濃度は,伝導帯の状態密度と分布関数の積を伝導帯の全領域にわたって積分すれば求めることができる.同様に正孔濃度も価電子帯の状態密度と分布関数より計算できる.伝導帯の底および価電子帯の上端付近の状態密度は次式となる.

$$g_c(E) = \frac{1}{2\pi^2}\left(\frac{2m_{de}^*}{\hbar^2}\right)^{\frac{3}{2}}(E-E_c)^{\frac{1}{2}} \tag{1.1.55}$$

$$g_v(E) = \frac{1}{2\pi^2}\left(\frac{2m_{dh}^*}{\hbar^2}\right)^{\frac{3}{2}}(E_V-E)^{\frac{1}{2}} \tag{1.1.56}$$

ここで,m_{de}^*,m_{dh}^*は,電子,正孔の状態密度有効質量である.Siのように伝導帯の谷の等エネルギー面が回転楕円体となる場合には,横方向と縦方向の有効質量m_t^*およびm_l^*が定義される.さらに図1.1.10からわかるようにSiでは等価な伝導帯の谷が六つ存在するので,状態密度を与える式中の状態密度有効質量m_{de}^*はこの谷の数M_cも含めて考え,次式となる.

$$m_{de}^* = (m_l \cdot m_t^2)^{\frac{1}{3}} \times M_c^{\frac{2}{3}} \tag{1.1.57}$$

Siの場合,$m_t^*=0.19m_0$,$m_l^*=0.97m_0$,$M_c=6$を代入すると$m_{de}^*=1.08m_0$となる.また,Geの場合には伝導帯の谷は8箇所あるが,谷がL点の端にあるため$M_c=4$となり,$m_t^*=0.081m_0$,$m_l^*=1.57m_0$を代入すると,$m_{de}^*=0.55m_0$となる.この状態密度有効質量は導電率有効質量とは異なり,導電率有効質量は次式となるので注意を要する.

$$\frac{1}{m_{ce}^*} = \frac{1}{3}\left(\frac{1}{m_l^*} + \frac{1}{m_t^*}\right) \tag{1.1.58}$$

一方,価電子帯においては,重い正孔(m_{hh}^*)のバンドと軽い正孔(m_{lh}^*)のバンドがあり,これらの和がキャリヤ濃度を与えるので,状態密度有効質量は以下の式で計算する.

$$(m_{dh}^*)^{\frac{3}{2}} = (m_{lh}^*)^{\frac{3}{2}} + (m_{hh}^*)^{\frac{3}{2}} \tag{1.1.59}$$

ここで,伝導帯の電子濃度を計算してみよう.エネルギーは図1.1.16のようにとることにする.電子濃度nは,状態密度$g_c(E)$とフェルミ-ディラック分布関数$f_c(E)$の積を,伝導帯の底E_cから伝導帯の上端E_{ct}まで積分すれば求められる.

$$n = \int_{E_c}^{E_{ct}} g_c(E) \cdot f_e(E) dE$$

$$= \int_{E_c}^{E_{ct}} \frac{1}{2\pi^2}\left(\frac{2m_{de}^*}{\hbar^2}\right)^{\frac{3}{2}}(E-E_c)^{\frac{1}{2}} \cdot \frac{1}{\exp\left(\frac{E-E_F}{kT}\right)+1} dE \tag{1.1.60}$$

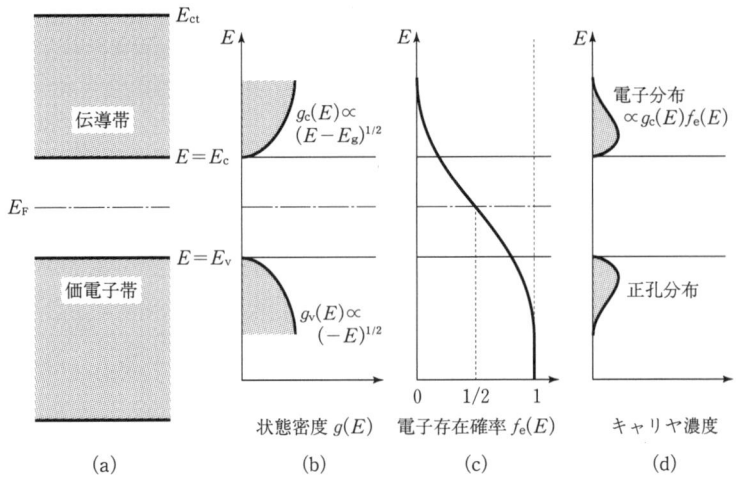

図 1.1.16 伝導帯の電子濃度の算出法
図には正孔分布も示されている（図は真性半導体に対するものであるが，不純物をドーピングした場合も考え方は同じ）

この積分を実行するために，エネルギーが大きくなると，図1.1.16に示すように，フェルミ-ディラック分布関数は急に小さくなるので，積分範囲を伝導帯の上端までから無限大として差し支えない．また，フェルミ準位が伝導帯から十分離れている場合には，フェルミ-ディラック分布関数の分母の1を無視してボルツマン分布に置き換えるという近似を行うと，

$$n = \int_{E_c}^{\infty} \frac{1}{2\pi^2} \left(\frac{2m_{de}^*}{\hbar^2}\right)^{\frac{3}{2}} (E-E_c)^{\frac{1}{2}} \cdot \exp\left(-\frac{E-E_F}{kT}\right) dE$$
$$= N_C \cdot \exp\left(-\frac{E_C - E_F}{kT}\right) \tag{1.1.61}$$

ここに，

$$N_C = 2\left(\frac{2\pi m_{de}^* kT}{h^2}\right)^{\frac{3}{2}} \tag{1.1.62}$$

であり，N_Cは有効状態密度と呼ばれる．式(1.1.61)は，伝導帯の底のみにN_Cの数のエネルギー状態が存在し，電子濃度はN_Cに存在確率を掛ければ求まることを示している．ただし，高ドープ半導体でフェルミ準位が伝導帯に近い場合，あるいは伝導帯中にある場合には式(1.1.61)の近似は悪くなるので注意する必要がある．

同様に価電子帯の正孔濃度も計算できて，以下の式となる．

$$p = \int_{-\infty}^{E_V} \frac{1}{2\pi^2} \left(\frac{2m_{dh}^*}{\hbar^2}\right)^{\frac{3}{2}} (E_V-E)^{\frac{1}{2}} \cdot \frac{1}{\exp\left(\frac{E_F-E}{kT}\right)+1} dE \tag{1.1.63}$$

$$= N_V \cdot \exp\left(-\frac{E_F - E_V}{kT}\right)$$

$$N_V = 2\left(\frac{2\pi m_{dh}^* kT}{h^2}\right)^{\frac{3}{2}} \tag{1.1.64}$$

N_V は価電子帯の有効状態密度である．

不純物のない真性半導体では，伝導帯の電子と価電子帯の正孔は等しく，$n=p$ となる．したがって，

$$N_C \cdot \exp\left(-\frac{E_C - E_F}{kT}\right) = N_V \cdot \exp\left(-\frac{E_F - E_V}{kT}\right) \tag{1.1.65}$$

となり，これよりフェルミ準位 E_F は，

$$E_F = \frac{E_C + E_V}{2} + \frac{3}{4}kT \ln\left(\frac{m_{dh}^*}{m_{de}^*}\right) = E_i \tag{1.1.66}$$

で与えられ，E_i を真性フェルミ準位という．右辺第2項は小さく，真性半導体ではフェルミ準位はほぼバンドギャップの中央に位置する．また，真性半導体の電子，正孔の濃度を真性キャリヤ濃度 n_i と呼び，次式で与えられる．

$$n_i = \sqrt{n \cdot p} = \sqrt{N_C \cdot N_V} \exp\left(-\frac{E_g}{2kT}\right) \tag{1.1.67}$$

Si, Ge, GaAs の諸物性値をまとめたのが表1.1.2である．Si の伝導帯，価電子帯の有効状態密度 N_c, N_v はそれぞれ 2.8×10^{19} cm^{-3}，1.04×10^{19} cm^{-3} とされているが，これらの値を式(1.1.67)に代入して計算すると，表に示した 1.5×10^{10} cm^{-3} という

表1.1.2 Ge, Si および GaAs の各種物性値

		Ge	Si	GaAs
禁制帯幅 E_g (eV)		0.67	1.12	1.42
電子の有効質量	m_t^*/m_o	0.081	0.19	
	m_l^*/m_o	1.57	0.92	
	m_e^*/m_o			0.065
正孔	m_{lh}^*/m_o	0.044	0.16	0.074
	m_{hh}^*/m_o	0.28	0.49	0.62
比誘電率 ε_s		16	11.7	13.1
真性キャリヤ濃度 n_i (cm^{-3})		2.4×10^{13}	1.5×10^{10}	9.0×10^6
有効状態密度				
N_c (cm^{-3})		1.04×10^{19}	2.8×10^{19}	4.7×10^{17}
N_v (cm^{-3})		6.0×10^{18}	1.04×10^{19}	7.0×10^{18}
移動度				
μ_e (cm^{2}V^{-1}s^{-1})		3,900	1,400	8800
μ_h (cm^{2}V^{-1}s^{-1})		1,900	500	400

真性キャリヤ濃度にならない．現在でも実験に即した値として 1.5×10^{10} cm^{-3} という値が用いられることが多いが，$n_i=1.1\times10^{10}$ cm^{-3}，$N_V=3.1\times10^{19}$ cm^{-3} を正しい値とすべきという指摘がある[1]．

2) 外因性半導体のキャリヤ濃度

n 形半導体のキャリヤ濃度の温度依存性を図 1.1.17 に示す．絶対零度では，電子は価電子帯かドナー準位に入っており，伝導帯に電子は存在しない．このため電気は流れない．温度が少し上昇すると，ドナー準位から電子が伝導帯に励起されるようになり，ドナー原子はイオン化する．この様子をエネルギーバンド図で模式的に示したのが，図 1.1.18 (a) である．このような領域は，Si では 50～100 K 程度の温度領域で，不純物領域と呼ばれる．詳細は省略するが，このときの電子濃度の活性化エネルギーはほぼドナー準位の深さの半分，$(E_g-E_D)/2$ となる．温度がより上がってくると，電子濃度が一定となる飽和領域となり，通常の半導体素子はこの領域で動作する．この領域では，ドナー原子はすべてイオン化している．すなわち，ドナー準位からすべての電子が価電子帯に放出された状態であり，かつ価電子帯からの電子の励起は無視できる程度の温度なので，$n=N_D$ となる（図 1.1.18 (b)）．この領域は Si では 100～450 K 程度の温度である．より高温になると，価電子帯からの電子の励起が支配的になり，電子濃度は $E_g/2$ の活性化エネルギーで急激に増加する（図 1.1.18 (c)）．この状態は前述の真性半導体と同じであり，この領域を真性領域という．Ge のように Si よりもバンドギャップの小さな半導体では，より低温から真性領域が現れる．同様に p 形半導体の場合も，飽和領域では正孔濃度はアクセプタ濃度に等しく，$p=$

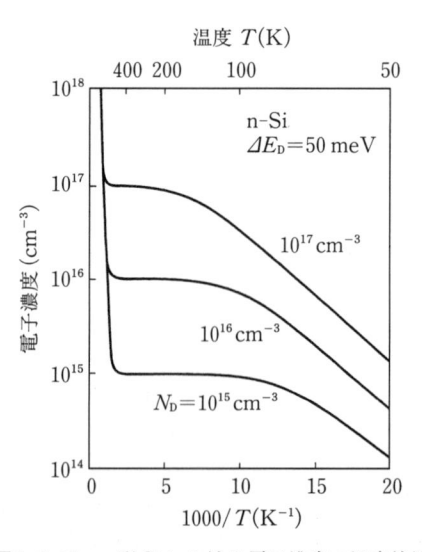

図 1.1.17 n 形 Si における電子濃度の温度特性

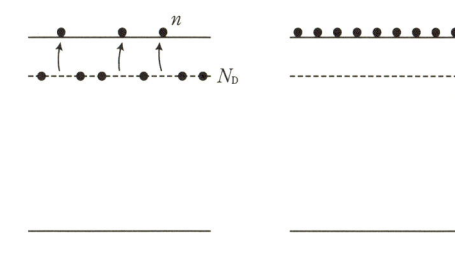

(a) 低温領域（不純物領域）
ドナーから伝導帯へ電子が熱励起される．
$n = N_D^+$

(b) 飽和領域
ほとんどのドナーがイオン化している．
$n = N_D$

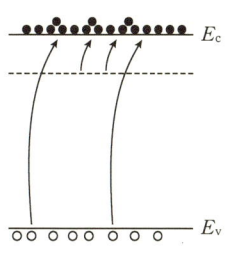

(c) 高温領域
価電子帯からも電子が熱励起され，真性半導体のように振る舞う．
$n \simeq p$

図 1.1.18 n 形半導体のキャリヤ濃度の定性的説明

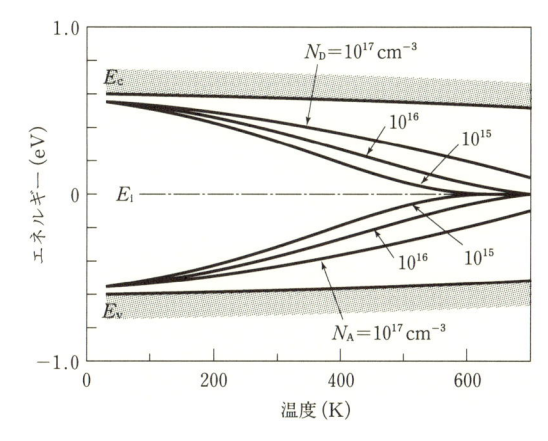

図 1.1.19 ドーピングされた Si のフェルミ準位

N_A が成り立つ．

　フェルミ準位の温度依存性を図 1.1.19 に示す．絶対零度では伝導帯の下端とドナー準位との間にあるが，温度の上昇とともに禁制帯の中央へと移動していく．室温におけるフェルミ準位の位置を図から見てみると，n 形，p 形ともに不純物濃度が低いほどバンドギャップの中央寄りにある．室温の飽和領域では，フェルミ準位は n 形半導体，p 形半導体の場合それぞれ

$$E_C - E_F = kT \ln\left(\frac{N_C}{N_D}\right)$$
$$E_F - E_V = kT \ln\left(\frac{N_V}{N_A}\right) \tag{1.1.68}$$

と表される．したがって，n形半導体の場合，不純物濃度が高くなるにつれ伝導帯に，p形半導体の場合には価電子帯に近づいていき，高濃度に不純物ドーピングされた半導体ではバンドの中にフェルミ準位が入り込む．このような領域では，もはやキャリヤ濃度は式(1.1.61)，式(1.1.63)の最終形では計算できず，ボルツマン近似をせずにフェルミ-ディラック分布を用いて計算(数値積分等)をする必要がある．フェルミ準位が伝導帯や価電子帯の中に入った半導体を縮退半導体という．

式(1.1.61)，式(1.1.63)の電子濃度，正孔濃度を与える式は，外因性半導体においても成り立つ．したがって，電子濃度と正孔濃度の積をつくると，

$$p \cdot n = N_v N_c \exp\left(-\frac{E_g}{kT}\right) = n_i^2 \tag{1.1.69}$$

となり，pn 積は n_i^2 で一定になる．この関係は半導体中のキャリヤ濃度に関する最も重要な式の一つであり，質量作用の法則と呼ばれている．

e. 半導体中のキャリヤの運動

1) 熱速度とドリフト速度，移動度

金属では電子はフェルミ速度 $v_F = \hbar k_F / m \approx 10^8$ cm/s で金属中を運動しており，電界を印加しなければ平均速度は0であり，電流は流れない．半導体では，電子は熱エネルギーをもっているから，

$$\frac{1}{2}m^*(v_x^2 + v_y^2 + v_z^2) = \frac{3}{2}kT \tag{1.1.70}$$

が成り立ち，次式で表すように熱速度 v_{th} の平均値が求められる．

$$v_{th} = \langle v^2 \rangle^{\frac{1}{2}} = \sqrt{\frac{3kT}{m^*}} \tag{1.1.71}$$

$T = 300$ K, $m^* = 0.3\, m_0$ とすると，$v_{th} \sim 10^7$ cm/s である．この場合もたとえば右向きの速度 v をもつ電子もあれば，左向きの速度 $-v$ をもつ電子もあるので，平均すると電流は流れない．

電界 E が印加されると，電子は $-E$ 方向に加速される．電子の有効質量を m^*，素電荷を q として運動方程式が書ける．

$$m^* \frac{dv}{dt} = -qE \tag{1.1.72}$$

半導体結晶中の電子は格子振動や不純物によって散乱され，電界から得た運動量を失う．この効果を緩和時間 τ を導入して次のように書く．

$$m^* \left(\frac{dv}{dt} + \frac{v}{\tau}\right) = -qE \tag{1.1.73}$$

$t = 0$ で電界 E が0になったとすると，$t = 0$ のときの速度を v_0 として

$$m^* v = m^* v_0 \cdot \exp\left(-\frac{t}{\tau}\right) \tag{1.1.74}$$

となる．電子が電界から得た運動量は τ 時間後に $1/e$ に減少する．おおざっぱにいえば，τ は電子とフォノン(格子振動)や不純物との平均の衝突時間と考えることが

できる.

定常状態では，$dv/dt=0$として

$$v=-\frac{q\tau}{m^*}E \qquad (1.1.75)$$

となる．この速度のことをドリフト速度と呼び，熱速度とは異なるので注意する必要がある．電子の速度と電界が比例関係にある（オームの法則）が，この比例係数をμとおいて，移動度またはドリフト移動度と呼ぶ．すなわち

$$\mu=\frac{q\tau}{m^*} \qquad (1.1.76)$$

である．移動度は半導体中のキャリヤの「動きやすさ」を示す指標となる．ただし，速度と電界の比例関係は高電界印加時には成り立たなくなる．

2) 散乱機構

半導体中では，電子（または正孔）はさまざまな散乱を受ける．代表的なものは，格子振動による散乱（音響フォノン散乱，光学フォノン散乱），不純物による散乱（イオン化不純物，中性不純物），格子欠陥（空格子点，格子間原子，転位など）による散乱，電子-電子散乱，また多元化合物半導体では原子の不規則な配列に起因する合金散乱などである．

格子振動による散乱は，温度が高いほどその寄与が大きくなる．煩雑な式になるので詳細は省略するが，音響フォノン散乱で決まる移動度をμ_{ac}とすると，

$$\mu_{ac}\propto (m^*)^{-\frac{5}{2}}\cdot T^{-\frac{3}{2}} \qquad (1.1.77)$$

という関係があり，温度が高くなると散乱が効いて移動度が低下する．また，イオン化不純物散乱によって決まる移動度μ_{ii}は，イオン化不純物の濃度をN_{ii}として，

$$\mu_{ii}\propto (m^*)^{-\frac{1}{2}}\cdot T^{\frac{3}{2}}\cdot N_{ii}^{-1} \qquad (1.1.78)$$

という依存性がある．温度が上がると電子の熱速度が大きくなり散乱されにくくなるため，イオン化不純物散乱は低温で支配的になる．また，イオン化不純物の濃度が高ければそれだけ散乱を受けて移動度は低下する．

全移動度μ_{total}は，これらをマチーセンの規則を用いて次式で計算できる．

$$\mu_{\text{total}}=\left(\frac{1}{\mu_{ac}}+\frac{1}{\mu_{ii}}\right)^{-1} \qquad (1.1.79)$$

散乱機構が多数ある場合も同様に計算でき

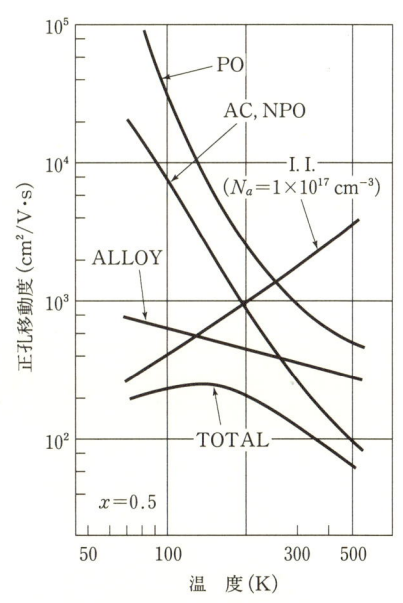

図1.1.20 p形$Al_{0.5}Ga_{0.5}As$の正孔移動度の計算例

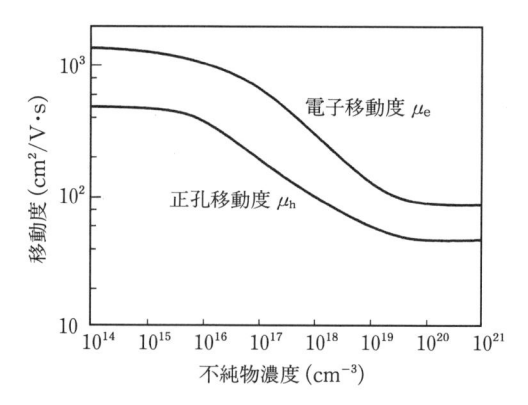

図 1.1.21 Si 中の不純物濃度と室温での移動度の関係

る．図 1.1.20 は p 形 $Al_{0.5}Ga_{0.5}As$ の正孔移動度を計算した例である．高温では音響フォノン散乱が，低温ではイオン化不純物散乱が効いていることがわかる．またこの場合は，比較的温度依存性が緩やかな合金散乱も寄与している．室温における Si の不純物濃度と移動度の関係を示したのが図 1.1.21 である．不純物濃度が高くなるに従い，電子，正孔ともに移動度が減少している．

3) 高電界での挙動

図 1.1.22 は代表的な半導体の電子と正孔のドリフト速度の印加電界依存性を示したものである．電界が小さい場合にはドリフト速度と電界は比例しており，$|v|=\mu|E|$ の関係（オームの法則）が満たされている．また，GaAs の電子移動度は Si や Ge のそれより大きいことがわかる．しかし，電界が大きくなると，Si や Ge では速度が徐々に飽和し，高電界ではほぼ 10^7 cm/s となっている．GaAs ではいったん最大値をとってから減少し，高電界ではやはり 10^7 cm/s 程度の値となる．高電界が印加された場合，電子は大きなエネルギーを電界から受け取り，ドリフト速度が熱速度より大きくなる．言い換えると熱平衡状態では格子温度に等しかった電子温度が，格子温度より大きくなる．このような電子を熱い電子（ホットエレクトロン）と呼ぶ．音響フォノン散乱で移動度が決まる場合，高電界での移動度はオームの法則からずれて，電界の 1/2 乗に比例するという結果が導かれる．さらに高電界になって電子のエネルギーが光学フォノンのエネルギーよりも大きくなると，電子は光学フォノンを放出して電界から得たエネルギーを放出するようになる．すなわち，電子の運動エネルギーの最大値は光学フォノンのエネルギー $\hbar\omega_{op}$ で決定される．

$$E_{max}=\frac{1}{2}m^* v_{max}^2 = \hbar\omega_{op} \tag{1.1.80}$$

電子は初速度 0 から v_{max} まで加速され光学フォノンを放出するという過程を繰り返すので，平均をとって飽和ドリフト速度は $v_{max}/2$ となる．したがって次式となる．

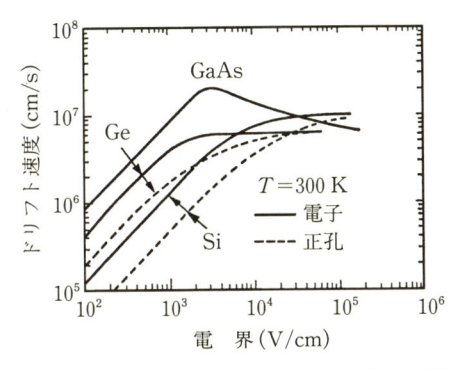

図 1.1.22 代表的半導体中におけるドリフト速度の電界依存性

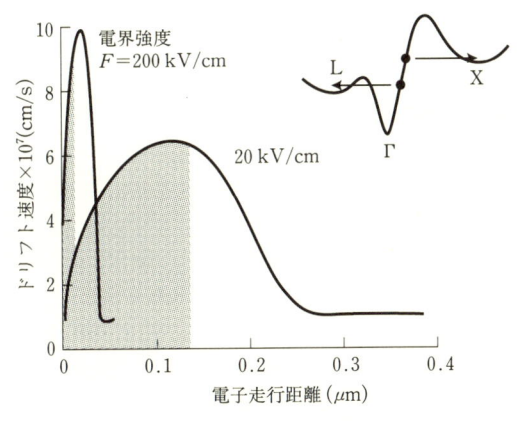

図 1.1.23 モンテカルロシミュレーションで求めた GaAs 中の電子速度プロファイル

シャドウ部分は，走行により電界から得るエネルギーが，Γ谷端/L 谷端間のエネルギー以下の領域[2].

$$v_s = \frac{v_{\max}}{2} = \frac{1}{2}\sqrt{\frac{2\hbar\omega_{op}}{m^*}} \qquad (1.1.81)$$

金属では電子濃度が大きく導電率が大きいので，大きな電界を印加した場合にもオームの法則に沿って大きな電流が流れ，ジュール熱によって温度が上昇するため，このような現象は観測されにくい．

図 1.1.22 に示したように GaAs では，電子のドリフト速度は電界を大きくするに従って，いったん最大値をとってから減少する微分負性抵抗を示す．これは，低電界の場合にはほとんどの電子が有効質量の小さいΓ点に存在するのに対し，高電界では電子がバレー間散乱されて有効質量の大きな L 点にも移るためである．

高電界での電子の挙動で興味深いものに速度オーバーシュート現象がある．いま，高

電界を $t=0$ で印加したとすると，それからごく短い時間の間は電子は飽和速度よりも大きな速度をもつ．これを速度オーバシュートという．図1.1.23はモンテカルロシミュレーションで求めたGaAsの電子速度を電子走行距離の関数として示したものである[2]．電界強度が200 kV/cmの場合，電子速度の最大値は飽和速度の約10倍の 10^8 cm/s程度になっている．しかしこの場合，速度オーバシュートの起こる時間はきわめて短く，すぐに飽和速度に減少している．これに対し，20 kV/cmとある程度電界を弱くした場合には，速度の最大値は $6×10^7$ cm/s程度であるが，より長い範囲で速度オーバシュート現象が起こっている．興味深いのは，このときのほうが200 kV/cmもの高電界を印加した場合よりも，0.3 μmのGaAs中を電子が移動するのに要する走行時間が短いということである．したがって，ある長さの半導体中を，電子をより速く走行させようとした場合，必ずしも高電界を印加することが適切ではなく，最適な電界値が存在することになる．化合物半導体のヘテロ接合バイポーラトランジスタのコレクタ領域では，電子の走行時間を短くするために電界を「弱く」するという一見逆説的なことが報告されている．

f. 半導体の電気伝導機構

1) 電　流

半導体の電気伝導機構には，電界印加により流れるドリフト電流と，キャリヤが濃度の高いほうから低いほうへ拡散で移動することによって生じる拡散電流がある．また，キャリヤが電子の場合の電流を電子電流，正孔の場合を正孔電流という．電界方向を正にとると，電子の移動方向は負方向，すなわち速度は $-v_e$，正孔の移動方向は正方向で速度 v_h となる．したがって，ドリフトで生じる電子電流 J_{de} と正孔電流 J_{dh} は，印加した電界を E，電子と正孔の移動度をそれぞれ μ_e, μ_h として，

$$J_{de} = -qn(-v_e) = qn\mu_e E$$
$$J_{dh} = qpv_h = qn\mu_h E \qquad (1.1.82)$$

となる．

次に拡散電流を求める．キャリヤ濃度が図1.1.24のように x の増加とともに増加する場合を考える．キャリヤは濃度の高いほうから低いほうへ拡散する．すなわち移動する方向は負の方向である．また，単位面積当たり単位時間に通過するキャリヤの数は，濃度勾配に比例する．したがって，電子と正孔に対する比例定数を D_e, D_h とすると，拡散によって流れる電子電流 J_{De}, J_{Dh} は，

$$J_{De} = qD_e \frac{dn}{dx}$$
$$J_{Dh} = -qD_h \frac{dp}{dx} \qquad (1.1.83)$$

となる．

半導体を流れる電流は式(1.1.82)と式(1.1.83)の和となるので，電子電流 J_e と正孔電流 J_h は次式となる．

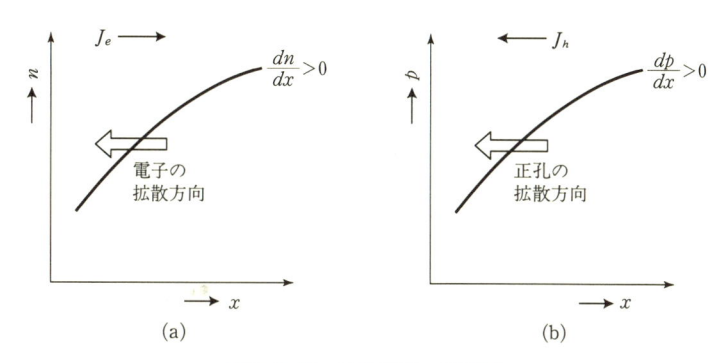

図 1.1.24 拡散電流の説明図

$$J_e = qn\mu_e E + qD_e \frac{dn}{dx} \tag{1.1.84}$$

$$J_h = qn\mu_h E - qD_h \frac{dp}{dx} \tag{1.1.85}$$

電圧が印加されたり，光が照射されたりしてキャリヤ濃度が熱平衡状態の値より大きくなる場合に，熱平衡状態で定義されるフェルミ準位の概念が使用できなくなるが，式(1.1.61)，式(1.1.63)の n, p を過剰キャリヤを含めたキャリヤ濃度と考え，フェルミ準位を擬フェルミ準位 E_{Fn}, E_{Fp} で置き換えると便利である．

$$n = N_c \exp\left(-\frac{E_c - E_{Fn}}{kT}\right) = n_i \exp\left(\frac{E_{Fn} - E_i}{kT}\right) \tag{1.1.86}$$

$$p = N_v \exp\left(-\frac{E_{Fp} - E_v}{kT}\right) = n_i \exp\left(\frac{E_i - E_{Fp}}{kT}\right) \tag{1.1.87}$$

さらに，n と p の積をつくると

$$n \cdot p = n_i^2 \exp\left(\frac{E_{Fn} - E_{Fp}}{kT}\right) \tag{1.1.88}$$

となり，過剰キャリヤが存在しない熱平衡状態では $E_F = E_{Fn} = E_{Fp}$ である．擬フェルミ準位，真性フェルミ準位をそれぞれ電位に書き直すと，$\psi_i = -E_i/q$, $\phi_{Fn} = -E_{Fn}/q$, $\phi_{Fp} = -E_{Fp}/q$ であるから，これらを用いて，式(1.1.86)，式(1.1.87)は

$$n = n_i \exp\left\{\frac{q(\psi_i - \phi_{Fn})}{kT}\right\} \tag{1.1.86}'$$

$$p = n_i \exp\left\{\frac{q(\phi_{Fp} - \psi_i)}{kT}\right\} \tag{1.1.87}'$$

と書ける．また，アインシュタインの関係

$$D_e = \frac{kT}{q}\mu_e \tag{1.1.89}$$

を用いると，式(1.1.84)の電子電流の式は以下のように変形できる．

$$J_e = qn\mu_e E + qD_e \frac{dn}{dx} = q\mu_e \left(nE + \frac{kT}{q} \cdot \frac{dn}{dx}\right)$$

$$= -q\mu_e n \frac{d\psi_i}{dx} + q\mu_e \frac{kT}{q} \cdot \left\{ \frac{qn}{kT} \left(\frac{d\psi_i}{dx} - \frac{d\phi_{Fn}}{dx} \right) \right\} \tag{1.1.90}$$

$$= -q\mu_e n \frac{d\phi_{Fn}}{dx}$$

同様にして

$$J_h = -q\mu_h p \frac{d\phi_{Fp}}{dx} \tag{1.1.91}$$

となる．これらの式は，ドリフト電流と拡散電流からなる電流の式が，擬フェルミ準位とアインシュタインの関係を導入することによって，擬フェルミ準位の傾きのみによって表されることを示している．式(1.1.90)，式(1.1.91)は半導体デバイスの解析などによく用いられる．

2) 少数キャリヤ連続の方程式

半導体に光を照射した場合，または電圧を印加した場合などは，キャリヤ濃度は熱平衡状態の値から変化する．半導体デバイスの動作を理解するためには，この変化分を知る必要がある．少数キャリヤ連続の方程式とは，半導体内の体積要素中の過剰少数キャリヤ濃度の時間的変化の割合を表現したものである．ここではn形半導体を考え，少数キャリヤとなる正孔に対する式を導いてみよう．熱平衡状態の正孔濃度をp_0と添え字の0を付けて表すことにする．光照射などの外的要因によって，単位時間，単位体積当たりgの割合で少数キャリヤが増加すると仮定する（キャリヤの生成）．一方，過剰少数キャリヤは再結合して消失するが，その割合は過剰分の濃度に比例する．したがって再結合の割合は，少数キャリヤ（ここでは正孔）の寿命時間をτ_hとして，$-(p-p_0)/\tau_h$と表せる．生成の項と併せた少数キャリヤの時間変化は

$$\frac{\partial p}{\partial t} = g - \frac{p - p_0}{\tau_h} \tag{1.1.92}$$

となる．電流（ドリフト電流，拡散電流）が流れている場合には，単位体積への流入と流出を考慮する必要がある．これは，以下のように電流J_hを用いて表すことができる．

$$\frac{\partial p}{\partial t} = -\frac{1}{q} \frac{\partial J_h}{\partial x} \tag{1.1.93}$$

したがって，少数キャリヤの全体としての変化分は，これらを併せ電流の式を代入すると次式のようになる．

$$\begin{aligned}\frac{\partial p}{\partial t} &= g - \frac{p - p_0}{\tau_h} - \frac{1}{q} \frac{\partial J_h}{\partial x} \\ &= g - \frac{p - p_0}{\tau_h} - \mu_h \frac{\partial(pE)}{\partial x} + D_h \frac{\partial^2 p}{\partial x^2}\end{aligned} \tag{1.1.94}$$

p形半導体中の電子についても，ドリフト項の符号に注意して同様に次式が得られる．

$$\frac{\partial n}{\partial t} = g - \frac{n - n_0}{\tau_e} + \mu_e \frac{\partial(nE)}{\partial x} + D_e \frac{\partial^2 n}{\partial x^2} \tag{1.1.95}$$

これらの少数キャリヤ連続の方程式は，半導体に光照射した場合の少数キャリヤ濃度分布を求める場合や，pn 接合やバイポーラトランジスタの電流の式を導く場合など，幅広く用いられる．

〔徳光永輔〕

文　献

1) 執行直之：応用物理, **65**, 12, p. 1276 (1996)
2) T. Ishibashi and H. Nakajma : Ext. Abs. 21st Conf. Salid State Devices and Materials, p. 525 (1989)

1.1.3　絶縁体・誘電体の電子輸送

絶縁体・誘電体とは電気の流れを断つ，あるいは蓄積する機能をもつ材料である．理想的な絶縁体・誘電体であれば，外部から電界を加えても，電流が横切って流れ続けることはない．けれども，実際にはごくわずかではあるが，定常的に流れ続ける電流がある．漏れ電流と呼称される電流がそれである．ポリエチレン，空気(真空も含む)，シリコン酸化膜など，電気・電子絶縁体として重要な材料もその例外ではない．絶縁体・誘電体を流れるこのごくわずかな電流は，温度，厚さ，加える電界の大きさに著しい依存性を示す．また，ごくわずかな電流であるので，その電子輸送を理解するためには，電極と絶縁体・誘電体を含む構造体に対する電気伝導機構として扱う必要がある．ここでは，代表的な絶縁体・誘電体の電子輸送の考え方について述べる．

a.　絶縁体・誘電体を流れる電流

絶縁体・誘電体を定常的に流れる電流 I_d はごくわずかではある．巨視的にみると，キャリヤ1個の電気素量を e，キャリヤ密度を n，速度を v として，

$$I_d = env \tag{1.1.96}$$

と記述される．速度 v は，絶縁体・誘電体に加えられた電界 E が小さいときには E に比例し，$v = \mu E$（μ：移動度）となる．したがって，式(1.1.96)より，絶縁体・誘電体の電気伝導機構を理解するためには，キャリヤ密度 n と移動度 μ について，その起原までさかのぼって考えることが必要になる．① キャリヤが電子（正孔）であるのか，それともイオンであるのか，② キャリヤはどのような機構で材料の中を移動するのかなどである．加えて，絶縁体・誘電体に外部電界 E を加えると，絶縁体・誘電体内に誘電分極 P が形成されるので，分極 P が電子輸送にどのように影響を及ぼすかについても知っておく必要がある．こうした目的の達成のためには，電極と絶縁体・誘電体とが一体となった構造として問題を扱うことが重要である．それは，電気伝導にあずかるキャリヤ密度はきわめて小さく，キャリヤが，絶縁体・誘電体内部から供給されるというよりも，むしろ外部より供給されると考えることが適切な場合が多いからである．

b.　キャリヤの起原と空間電荷電界の形成

絶縁体・誘電体にかかわるキャリヤが電子であるとして，ここでは電子輸送機構に

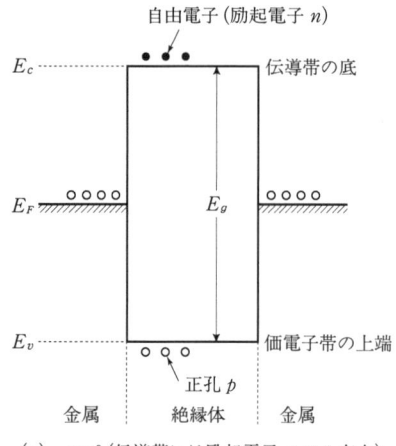

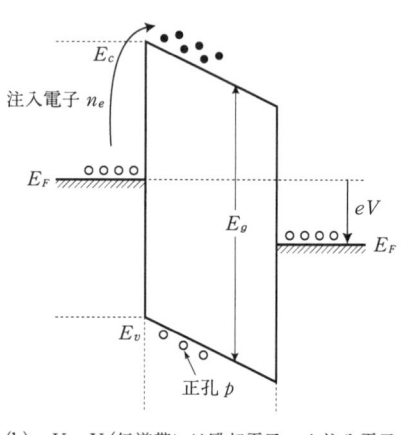

(a) $v=0$（伝導帯には励起電子 n のみ存在）

(b) $V=V$（伝導帯には励起電子 n と注入電子 n_e が存在）

図 1.1.25 絶縁体をエネルギーギャップ E_g の大きな半導体とみなしたときのエネルギー図

ついて考える．まず，理想的な絶縁体・誘電体を2枚の同じ金属電極でサンドイッチし，両電極間には何も電圧を加えないときのエネルギー図を考える（図 1.1.25 (a)）．絶縁体・誘電体を，便宜上，禁制帯幅（エネルギーギャップ）E_g が広い半導体であると仮定し，熱平衡状態で伝導帯に励起されている自由電子密度 n を求めると，

$$n = p = \sqrt{N_c N_v} \exp\left(-\frac{E_g}{2k_B T}\right) \quad (k_B：ボルツマン定数，T：絶対温度) \quad (1.1.97)$$

となる．ただし，p は，価電子帯に存在する正孔密度で，その密度は自由電子密度 n に等しい．また，$N_c = 2(2\pi m_e^* k_B T/h^2)^{3/2}$ は伝導帯の有効状態密度，$N_v = 2(2\pi m_h^* k_B T/h^2)^{3/2}$ は価電子帯の正孔の有効密度で，m_e^* は伝導帯中の電子の有効質量，m_h^* は正孔の価電子帯での有効質量を表す．このように，絶縁体・誘電体で，伝導帯に自由電子が価電子帯から励起によって供給されるときには，必ず電子と正孔とが対をなして発生する．つまり，正負極性の異なるキャリヤが同数存在することになるので，絶縁体・誘電体内で発生した電子と正孔により新たな電界がつくられることはない．

一方，図 1.1.25 (b) のように電極間に電圧 V を加えたときは，電極から絶縁体・誘電体内に過剰な電子が注入される．外部からの電子の注入は，絶縁体・誘電体にとっては余分な電荷の侵入であり，結果として，空間電荷電界が絶縁体・誘電体内に形成される．以上のように，絶縁体・誘電体の電子輸送に寄与する電子には，絶縁体・誘電体内から供給されるものと，電極の外から注入されるものがある．そして，両者の間には，絶縁体・誘電体内部に空間電荷電界の形成の有無に関して決定的な違いがある．

c. 電子輸送と移動度

電子輸送の機構（伝導機構）には種々のものがある．それは，電子輸送が，絶縁体・

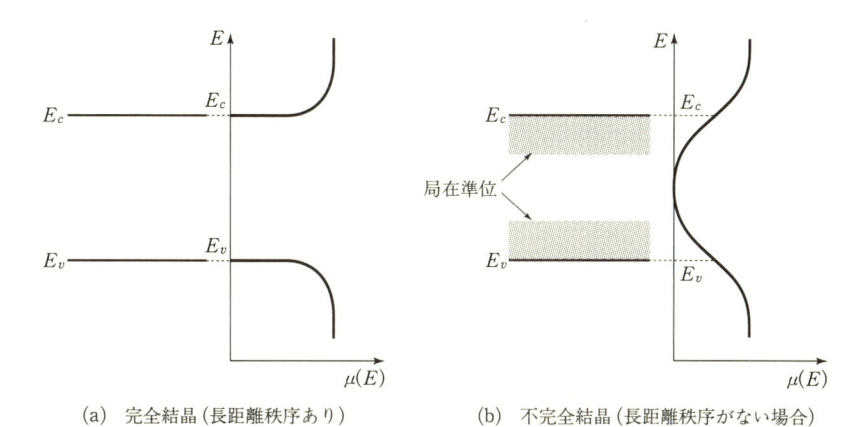

(a) 完全結晶（長距離秩序あり）　　(b) 不完全結晶（長距離秩序がない場合）

図 1.1.26 エネルギー図と移動度のエネルギー依存性

誘電体の構成原子・分子の配列と密接に関係しているためである．代表的なものに，エネルギーバンドモデルとホッピングモデルがある．エネルギーバンドモデルは，結晶性の高い結晶やダイヤモンドなど材料全体にわたり分子や原子の周期的な秩序構造が形成されている場合に適用される（図 1.1.26 (a)）．完全な単結晶であれば伝導帯と価電子帯は明確にエネルギーギャップにより分離していて，電子は伝導帯を移動する．そのため，移動度のエネルギー依存性 $\mu(E)$ も，ギャップを隔てた図に示すような構造となる．

一方，ポリエチレンのような絶縁材料や誘電体の多くは，結晶に見られるような長距離にわたる規則的な構造をもたない．その結果，エネルギー図は，図 1.1.26 (b) に示すようなものとなる．すなわち，長距離秩序が保たれない結果として，伝導帯底の準位に相当するエネルギー準位 E_c 以下にも局在された準位が広がっている．エネルギー準位 E_c と E_v の間に局在された準位が存在するので，電子はこの準位を介して移動するようになる．図には，移動度のエネルギーに対する依存性 $\mu(E)$ を示した．なお，局在準位を介して電子が移動するためには，局在準位間に存在する障壁を越えていかなければならない．この過程がホッピングと呼ばれる機構である．障壁の高さを U とすれば，移動度 μ は $\mu = \mu_0 \exp(-U/k_B T)$ と記述できる．多くの絶縁体・誘電体では，μ は小さく，その電子輸送の機構はホッピングによるとみられている．

d. 電気伝導特性

ここでは，真空，固体の絶縁体・誘電体に分けて，それぞれの電子輸送について整理する．

1) 真　空

キャリヤは電極から真空へと放出され，これが伝導を支配することになる．その代

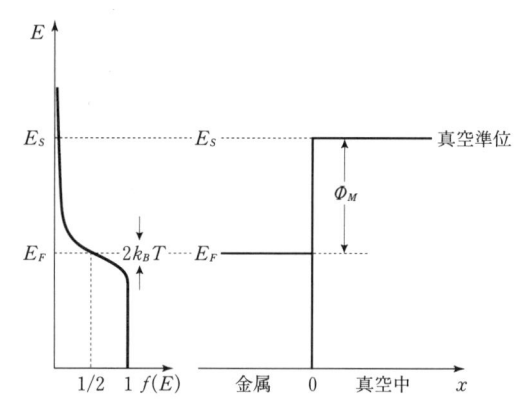

図 1.1.27 金属表面の電子エネルギー図とフェルミ－
ディラックの分布関数 $f(E)$

表的なものに熱電子放出がある．真空中では，飛び出した電子の運動を遮るものはない（平均自由行程は長い）ので，電子は電極から放出されるときにもっていたエネルギーを失うことなく進むことができる．そのため，電子放出によって流れる電流の性質は，電極の性質に強く依存する．

いま，電極金属を高温に加熱すると，金属内の電子は熱エネルギーを吸収し，その電子エネルギーを増大する．金属表面を直交座標系の y-z 平面とすれば，面に垂直な x 方向への電子の運動量を $p_x(=mv_x)$ としたとき，

$$\frac{p_x^2}{2m} > E_s = \frac{p_{x0}^2}{2m} \tag{1.1.98}$$

の条件を満たす電子が，金属表面から飛び出すことになる（図 1.1.27）．放出電流密度 j は，毎秒当たりの放出電子密度に電荷を乗じたものとなる．そこで，$n(p_x)dp_x$ を運動量が p_x と p_x+dp_x の間にある金属の単位体積当たりの電子数とすれば，そのうち電極金属表面に毎秒到達する単位面積当たりの電子数は $(p_x/m)n(p_x)dp_x$ となるから，電流密度は

$$\begin{aligned} j &= \frac{e}{m}\int_{p_{x0}}^{\infty} n(p_x)p_x dp_x \\ &= \int_{-\infty}^{\infty}\int_{-\infty}^{\infty}\int_{p_{x0}}^{\infty} f(E)g(p_x,p_y,p_z)dp_x dp_y dp_z \end{aligned} \tag{1.1.99}$$

となる．ただし，$f(E)$ は，フェルミ－ディラックの分布関数である．いま，$E > E_s$ の範囲を考えるので（図 1.1.27），$E-E_F \gg k_B T$ の条件が十分に成り立ち，$f(E) \approx \exp\{-(E-E_F)/k_B T\}$ と近似式で与えられる．一方，$g(p_x,p_y,p_z)$ は運動量空間 (p_x, p_y, p_z) における状態密度であり，$g(p_x,p_y,p_z)=2/h^3$ である（ただし，係数の 2 は，一つの準位に電子が二つ入り得ることを示す）．そこで，$E=(p_x^2+p_y^2+p_z^2)/2m$ を用いて，これらの関係を，式 (1.1.99) に代入すれば，

$$j=\frac{4\pi me k_B^2 T^2}{h^3}\exp\left(-\frac{\varPhi_M}{k_B T}\right)=AT^2\exp\left(-\frac{\varPhi_M}{k_B T}\right) \tag{1.1.100}$$

が得られる．ただし，$A=1.2\times10^6$ (A/m² deg²)，$\varPhi_M=E_S-E_F$ である．これが金属からの熱電子放出を表す電流の式である．この式は，リチャードソン(Richardson)の式と呼称されている．電流は $\varPhi_M$ と温度に対して著しい依存性を示す．なお，代表的な金属の仕事関数 $\varPhi_M$ の値はCs：1.8 eV，Pt：5.3 eV，W：4.5 eV などである．

2) 固　体

図 1.1.25 を用いて，励起電子密度を n，注入電子密度を n_e として，具体的にどのような電流-電圧特性が現れるか考える．

① **$n>n_e$ の領域**　　材料に加えた電界が小さいときには，外部から注入される電子が少なく，$n>n_e$ であるような場合には，キャリヤ密度は n で近似される．つまりキャリヤは材料内から供給されると考えてよい．電界 $E(=V/d)$ を加えたとき，流れる電流の密度 j は，

$$j=en\mu E \tag{1.1.101}$$

となる．つまり，電界 E と電流 j の間には比例関係（オーム則）がある．ここで，キャリヤ密度 n について考えてみると，外部から注入する電子は無視されるから，絶縁体・誘電体をエネルギーギャップの大きな半導体とみなすなら，キャリヤ密度は，式 (1.1.97) で与えられると考えてよい．

② **$n<n_e$ の領域**　　電界 $E(=V/d)$ が大きくなってくると，電極からの電子の注入が増す．そして，絶縁体・誘電体内で熱的な励起により発生したキャリヤよりも，むしろ電極から注入される電子により絶縁体の電気伝導が支配されるようになる（$n<n_e$）．このような場合，電気伝導特性がどのようなものになるかは，絶縁体・誘電体内への電子の入り方，注入された電子の量，絶縁体・誘電体内での電子の移動速度などと関連が深い．そして，真空中と異なり，絶縁体・誘電体内は，原子や分子で構成されているので，注入電子は格子との散乱により余分な運動エネルギーを急速に失うとみられる．言い換えると，注入電子の平均自由行程は，真空の場合と比較するとはるかに短い．そのため，絶縁体・誘電体内では，注入電子が入り込んだのち，新たな定常状態が形成され，形成された定常的な状態で電子輸送が続くことになる．そして，新たに出現した定常状態では，絶縁体・誘電体内の様子は電子が注入する前の様子とは異なり，いわば擬似的な熱平衡状態である．

電極間に電圧 V を加えたとき，電極より注入される電子が絶縁体・誘電体中を横切って移動するのに必要な時間 τ_d（走行時間）は，電子の速度 $v=\mu E=\mu V/d$ として，

$$\tau_d=\frac{d}{v}=\frac{d^2}{\mu V} \tag{1.1.102}$$

と近似される．ただし，μ は絶縁体・誘電体を移動する電子の移動度である．したがって，時間 τ_d よりも短い時間で絶縁体・誘電体体への電子注入が次々に起こるなら

ば，絶縁体・誘電体内では注入電子の蓄積が発生し，空間電荷が形成される．そして，そのときの電子伝導は，絶縁体・誘電体内を電子が輸送されていく機構で制限されたものとなる (輸送制限)．一方，絶縁体・誘電体内への電子注入が時間 τ_d よりも長い時間間隔で起こり，注入電子の膜内での蓄積が発生しない場合には，電気伝導特性は，絶縁体・誘電体内への電子が注入，ついで，擬似的な熱平衡が形成されていく速度で制限されることになる (注入制限)．式 (1.1.102) で示したように，τ_d は膜厚 d の 2 乗に比例するので，輸送制限は厚い絶縁体に発生しやすく，注入制限は薄膜材料で発生しやすい．輸送制限の代表的なものに空間電荷制限電流がある．一方，注入制限の代表的なものにショットキー電流がある．以下では，この二つの電流について述べる．

i)　空間電荷制限電流

(a)　トラップ準位がない場合　　注入電子は絶縁体・誘電体からみると過剰な電荷であるので，絶縁体・誘電体内に注入電子の蓄積が発生すると，注入電子による空間電荷電界が形成される．また，電極より注入する電子は，障壁の高さ ϕ_S よりも大きな電子エネルギーをもって進入してくるが，先にも述べたように，格子との衝突や散乱によりエネルギーを失って，絶縁体・誘電体内で形成されている擬似的な平衡条件に従ったキャリヤ分布となる．以上のような状況を踏まえると，絶縁体・誘電体内に電子の注入が発生すると，電子注入の発生している電極と絶縁体の界面では，電界が弱められるように電位分布が変化していくとみられる (電界緩和)．そして，この変化は，電極面での電界が零になるところまで進むと考えられる．図 1.1.28 はその様子を示している．仮に同図曲線 a で示すように界面での電界緩和が進み，ここでの電界が $E(0)<0$ となると，絶縁体・誘電体内に注入される電子は，膜内に形成された電

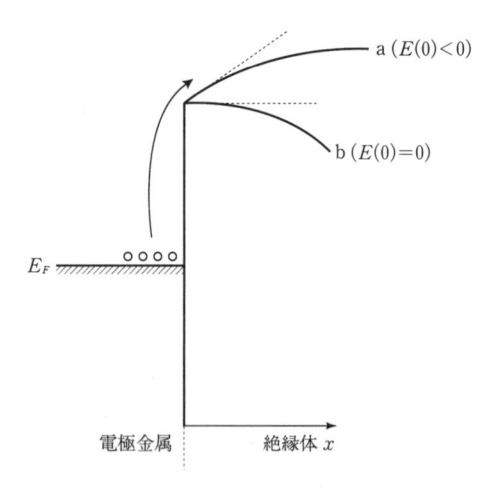

図 1.1.28　空間電荷制限電流が流れるときの電極近傍の様子

界に沿ってふたたび電極面に引き戻されるので，絶縁体・誘電体への電子の注入はこれ以上進まないことになる．つまり，$E(0)=0$ となる状態(曲線 b)が電界緩和の境界条件となる．このような条件で流れる電流が，空間電荷制限電流(space charge limited current：SCLC)と呼ばれるものである．言い換えると，SCLC が流れている状態では，外部からの電子注入が進み，これにより界面の電界が零になっている．電子注入が始まる前は，絶縁体・誘電体内には過剰な電荷はないので，材料全体にわたり $E=V/d$ の大きさの一定の電界が加わっているのに対して，電子注入が進み SCLC が流れている状態では，絶縁体内には過剰な電荷がとどまり，界面では電界 $E(0)=0$ となる．したがって，SCLC 電流が流れる前と後では，界面で電界が V/d から 0 へと変化するのであるから，SCLC が流れている状態では，絶縁体・誘電体内に CV/d (C は静電容量)に相当する電荷が空間電荷となってとどまっているとみてよい．電極系を平板コンデンサで近似すると $C=\varepsilon\varepsilon_0 S/d$ (ただし，ε は材料の比誘電率)であるから，単位体積当たり，

$$n_e = \frac{CV}{eSd} = \frac{\varepsilon\varepsilon_0 V}{ed^2} \qquad (1.1.103)$$

の大きさの注入電子がキャリヤとして存在している．先に触れたように，注入された電子は，絶縁体・誘電体内では新たな擬熱平衡の状態にあるから，電子輸送も式(1.1.101)で記述される関係式を満たすようになる．そこで，式(1.1.101)の n に代えてこの n_e を代入し，$E \cong V/d$ を用いれば，

$$j = \frac{\varepsilon\varepsilon_0 \mu V^2}{d^3} \qquad (1.1.104)$$

が得られる．これが現象論的に導いた SCLC の基本式で，電流は電圧 V の 2 乗に比例し，d の 3 乗に反比例している．このような現象論的な(電子の注入は界面での電界が 0 になるまで進んで止まると考えた)SCLC の式に対して，絶縁体内に注入された電子密度を n_e とし，注入電子が，ポアソンの式で与えられる空間電荷の場を移動すると考え，かつ，境界条件として $E(0)=0$ を代入すれば，解析的に SCLC の式を導くことができる．解析式は，式(1.1.104)の右辺に係数 9/8 を乗じた式として与えられる．

以上，空間電荷制限電流について述べた．ついで，オームの法則に従う電流から空間電荷制限電流に移行する条件について

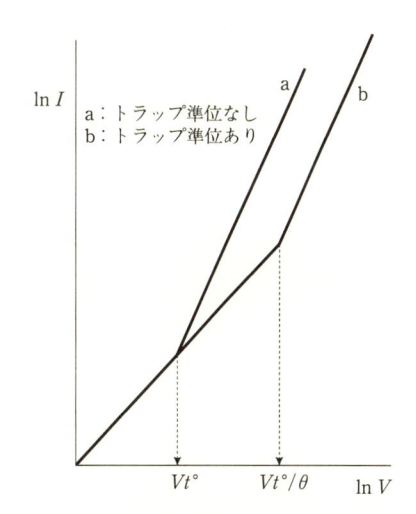

図 1.1.29 空間電荷制限電流が流れる場合の電流-電圧(I-V)特性

(a：トラップ準位なし，b：トラップ準位あり)

考えてみよう．電流特性の移行は，$n > n_e$ の領域の電流-電圧特性と $n < n_e$ の領域での電流-電圧特性が一致する電圧 $V_t(=V_t^0)$ で起きる．そこで，式(1.1.101)と式(1.1.104)が等しいとして，

$$end = \frac{\varepsilon\varepsilon_0 V_t^0}{d} \tag{1.1.105}$$

なる関係式が得られる（図 1.1.29）．右辺は単位面積当たりの平板コンデンサに電圧 V_t^0 の下で蓄えられている電荷量とみることができる．つまり，注入電荷密度 n_e がキャパシタンス充電電荷密度程度になるとき，励起電子密度 n を上回り，SCLC が発生すると考えることができる．

(b) **トラップ準位がある場合** 実際の絶縁体・誘電体では，結晶質と非晶質の界面などいたるところに電子の捕獲準位（トラップ）が存在する．トラップの準位が浅ければ，注入電子はこの準位に捕獲されてしまい，等価的に材料内を動くことのできる電子が減るため，式(1.1.105)で示した2乗特性へと移行する電圧 V_t はもっと高くなる．簡単のため，この様子を浅い単一トラップ電子準位のある場合で以下に考察する．まず図 1.1.30 (a), (b) に示すように，広いエネルギーギャップをもった絶縁体中の伝導帯に近いエネルギー準位 $E = E_t$ に，トラップ準位密度 N_t の準位があるとしよう．電極より注入した電子が，伝導帯およびトラップ準位を，フェルミ統計分布に従ってその位置をしめるとする．そして，そのときの伝導帯のキャリヤ密度を n_0，トラップ準位のトラップ電子密度を n_t とすれば，次のように与えられる．

$$n_0(x) = N_c f(E_c) \approx N_c \exp\left\{-\frac{E_c - E_f(x)}{kT}\right\} \tag{1.1.106}$$

$$n_t(x) = N_t f(E_t) \approx N_t \exp\left\{-\frac{E_t - E_f(x)}{kT}\right\} \tag{1.1.107}$$

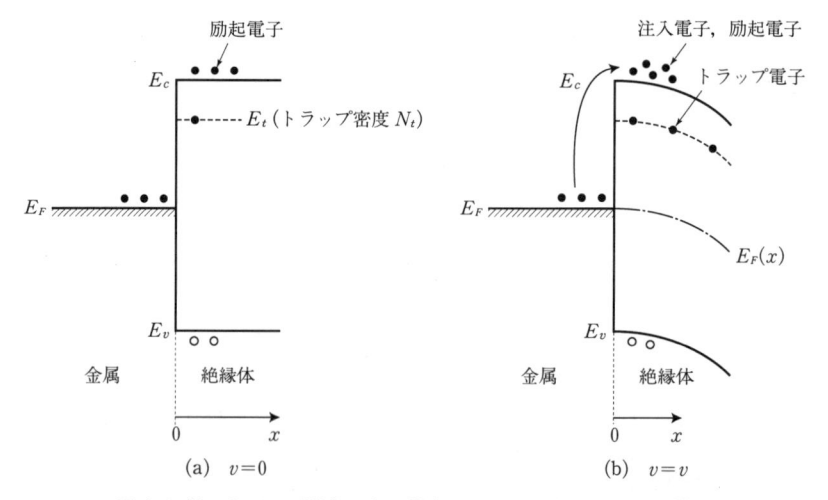

図 1.1.30 トラップ準位がある場合の界面のエネルギー図の様子

ここで，$E_f(x)$ は，擬フェルミ準位で，絶縁体・誘電体内に，電子注入により新たな平衡状態が形成されることを示している．擬フェルミ準位は，その位置における電子の存在確率が 1/2 となるエネルギー位置であって，場所 x の関数である．式(1.1.106)，式(1.1.107) から，

$$n_t(x) \approx \frac{N_t}{N} n_0(x) \quad ただし，\quad N = N_c \exp\left\{-\frac{E_c - E_t}{kT}\right\} \tag{1.1.108}$$

が得られる．つまり，θ を場所 x によらない関数として $n_0(x) = \theta n_t(x)$（ただし，$\theta = N/N_t \ll 1$）が得られる．式(1.1.108) より，電極より注入する電子を $Q_{inj}(=Q_e + Q_t)$（ただし，Q_e は電極より注入して伝導帯にとどまる電子，Q_t は電極より注入してトラップ準位にとどまる電子を表す）とするとき，ほとんどの電子は絶縁体内にトラップされ，たかだか $Q_e(\theta/(1+\theta))Q_{inj} \approx \theta Q_{inj}$ の電子が伝導に寄与するだけであることがわかる．このことは，トラップが存在する場合には，式(1.1.105) で示した条件式は，

$$end = \frac{\theta \varepsilon \varepsilon_0 V_t}{d} \tag{1.1.109}$$

と置き換えられることを示している．つまり，オーミックな電流から空間電荷制限電流への移行は，

$$V_t = \frac{end^2}{\theta \varepsilon \varepsilon_0} = \frac{V_t^0}{\theta} \tag{1.1.110}$$

のところで発生する．図 1.1.29 に示した電流-電圧 ($I-V$) 特性は，こうした状況を示している．

(c) **拡散電流の効果**　これまで，トラップ準位のある場合とない場合について，空間電荷制限電流がどのようなものであるかについて考察した．けれども，電子の輸送過程には，キャリヤの拡散による効果もこれに加わってくる．とくに，電子の注入が生じている電極界面付近では，電界が緩和されているので，拡散の効果は大きい．そこで，以下にトラップのない場合を例にあげ，拡散電流の効果を考察する．絶縁体中を輸送される電流に拡散の効果が加わる場合には，式(1.1.101) は，

$$j(x) = e n_e \mu E(x) - e D_e \frac{\partial n_e}{\partial x} \tag{1.1.111}$$

と修正される．第 2 項が拡散電流で，濃度勾配がキャリヤ輸送の推進力となる．ただし，D_e は拡散定数である．一方，第 1 項は，電界によってキャリヤが輸送される電流であり，ドリフト電流と呼ばれる．そこで，式(1.1.111) にアインシュタイン(Einstein) の関係 $D_e = \mu kT$ を用い，第 1 項のドリフト電流と第 2 項の拡散電流の比を求めてみる．そこで，第 1 項目が，空間電荷制限電流 $j_{drift} = \varepsilon \varepsilon_0 \mu V^2/d^3$ であるとする．また，$\partial n_e/\partial x \approx n_e(0)/d$（ただし，$n_e(d) \approx 0$ と近似）と近似してみると，

$$R = \frac{e\mu kT \dfrac{\partial n_e}{\partial x}}{e n_e \mu E(x)} \approx \frac{e\mu kT \dfrac{n_e(0)}{d}}{j_{drift}} = \frac{kT n_e(0)}{\varepsilon \varepsilon_0 V^2/d^2} \tag{1.1.112}$$

が得られる．式 (1.1.112) の分母は，絶縁体・誘電体内に式 (1.1.103) の電荷密度 n_e に相当する電荷を，注入側電極より対向側電極に運ぶのに必要なエネルギー $e n_e V = \varepsilon \varepsilon_0 V^2 / d^2$ を表している．一方，式 (1.1.112) の分子は，熱エネルギー kT によって，界面電荷密度 $n_e(0)$ の電荷を運ぶに要するエネルギーに相当している．すなわち，ドリフト電流と拡散電流の比とは，電気エネルギーによる電荷の輸送量と熱エネルギーによる電荷輸送量の比である．したがって，$R<1$ が成立する領域では，拡散電流の効果は無視できる．通常，電流 I の特性が電圧 V の2乗となるような領域では，$R<1$ が成立していることが多い．

ii) ショットキー電流　絶縁体・誘電体内への電子が注入されても，次々に電子が外へ掃き出されていくときには，絶縁体・誘電体内には，注入したキャリヤによる過剰な電子の滞留はない．したがって，材料内に空間電荷電界が形成されることはない．一般に，厚さの薄い材料では，キャリヤの走行時間（キャリヤが注入されてから絶縁体中を通り抜けて出るまでの平均時間）が短くなるので，このような状況が発生しやすい．ショットキー電流 (schottky current) は，こうした状況下で発生する．

図 1.1.31 は，金属と絶縁体・誘電体界面のエネルギー図を示している．電界を加えないときには，金属内では金属のフェルミ準位 E_F まで電子で満たされている．一方，金属から絶縁体に向けて電子が放出されていくためには，電子は金属の仕事関数 Φ_M に相当するエネルギーを獲得する必要がある．金属内の自由電子の一部は，熱エネルギーによりこのエネルギーを獲得する．電子は，金属内でフェルミ-ディラックの統計分布に従って分布しているので，金属の仕事関数 Φ_M 以上のエネルギーを獲得した電子だけが，電子放出にかかわることになる．この放出にかかわる電子数は，$\exp(-\Phi_M / k_B T)$ に比例する（式 (1.1.100) 参照）．したがって，金属から絶縁体に放出される電流（熱電子放出電流）j_T は，

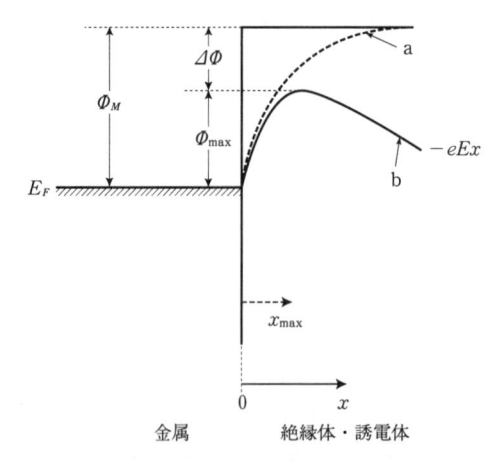

図 1.1.31　金属と絶縁体・誘電体界面のエネルギー図

$$j_T = j_0 \exp\left(-\frac{\Phi_M}{k_B T}\right) \tag{1.1.113}$$

と記述される．ところが，実際には，金属から飛び出る電子に対する電位障壁の高さは Φ_M とは異なってくる．それは，放出電子が負電荷をもっていて，電極から放出されるとき，電極にそれと同じ大きさで逆極性の正電荷を残すためである．つまり，飛び出した電子と電極間にはクーロン力が働く効果が現れる．その力の大きさは，$-e$ の電荷をもつ電子が電極面から距離 x だけ離れた位置にあるとすると，電極面を鏡面として $-x$ の位置に，$+e$ の正電荷があるとしたときに，正負の電荷の間に働く力（鏡像力）と等しくなる．つまり，

$$f(x) = -\frac{e^2}{4\pi\varepsilon\varepsilon_0 (2x)^2} = -\frac{e^2}{16\pi\varepsilon\varepsilon_0 x^2} \tag{1.1.114}$$

のクーロン引力である．言い換えると，電極から放出された電子電荷は，静電ポテンシャル（図1.1.31 の点線 a）の場所に置かれることになる．

$$\Phi_0(x) = -\int_{\infty}^{x} f dx = -\frac{e^2}{16\pi\varepsilon\varepsilon_0 x} \tag{1.1.115}$$

このような状況下で，外部電界 E が加えられると，実際の電位障壁 $\Phi(x) = \Phi_0(x) - eEx$ となる（図 1.1.31 実線 b）．したがって，電位障壁が最大 Φ_{max} となる位置は，$d\Phi(x)/dx = 0$ を満たす位置 $x_m = \sqrt{e/16\pi\varepsilon\varepsilon_0 E}$ となる．その結果，実際の電位障壁 Φ_{eff} は，$\Phi_{eff} = \Phi_M - \Delta\Phi$，$\Delta\Phi = \sqrt{e^3 E/4\pi\varepsilon\varepsilon_0}$ となってしまう．つまり，放出電子の超えるべき障壁の高さは，Φ_M より $\Delta\Phi$ だけ低減したものとなる．つまり，実際に電極から絶縁体へ放出する電流は，式 (1.1.113) の Φ_M に代えて，Φ_{eff} を代入したものとなる．すなわち，

$$j = j_0 \exp\left(-\frac{\Phi_M}{k_B T}\right) \exp\left(\frac{\beta_s \sqrt{E}}{k_B T}\right) \quad \beta_s = \sqrt{e^3 \sqrt{4\pi\varepsilon\varepsilon_0}} \tag{1.1.116}$$

となる．つまり，$\ln j \sim \beta_s \sqrt{E}/k_B T$ となるが，これがショットキー電流と呼ばれる電流である．

ところで，電子放出が真空中に対して行われるように，格子などの衝突がなく，放出電子がそのエネルギーを失うことがなければ，j_0 は，式 (1.1.100) の AT^2（式 (1.1.113)，式 (1.1.116) で与えられる．ただし，電子の質量 m は，有効質量 m_e で置き換えられる．しかし，実際の絶縁体・誘電体への電子放出では，電子は衝突などによりしだいにそのエネルギーを失っている．つまり，絶縁体・誘電体内では，注入する電子による新たな熱平衡状態が形成されている．その結果，式 (1.1.116) の j_0 は，以下で述べるように，AT^2 とは異なっている．

最も単純に，材料に電圧を加えない状態で，$x=0$ の電極面で障壁 Φ_M を超えて進入する電子は，新たな熱平衡状態を形成していると考えてみよう．このような状況では，$x=0$ の界面での絶縁体・誘電体内の自由電子密度は，$n_e(0) \approx N_c \exp(-\Phi_M/kT)$ で与えられ，この電子が，絶縁体・誘電体を半導体と見立てたときの伝導帯に存在し

ていることになる．このような状況において外部から電界を加えると，界面では新たに電界 E が加えられることになるので，この電界によって伝導帯にあるキャリヤが運ばれることになる．つまり，電流 j は，式 (1.1.101) で与えられることになる．

$$j = e n_e \mu E = e N c \exp\left(-\frac{\Phi_M}{kT}\right) \mu E \tag{1.1.117}$$

ここで，電界が加えられたとき，真空の場合と同様に，注入電子と電極との間にクーロン引力が働くとすれば，障壁の高さは電極位置より x_m 離れた位置で最大となり，実質上 $\Phi_{\mathrm{eff}} = \Phi_M - \Delta\Phi$ へと変化する．したがって，電極上の電子が格子との衝突をしながらもこの位置まで進入し，擬熱平衡状態になって定常状態に達していると考えるならば，電流 j は，

$$j = e N c \exp\left(-\frac{\Phi_M}{kT}\right) \exp\left(\frac{\beta_s \sqrt{E}}{k_B T}\right) \mu E \tag{1.1.118}$$

となる．つまり，流れる電流はを表す式は，式 (1.1.116) と似た式となるが，係数は異なる．

ところで，絶縁体・誘電体中の電荷の輸送には，電界 E に加えて拡散の効果も加わるはずである．この効果を含めて，式 (1.1.111) を記述し直すと，

$$j = e \mu k T \left[\frac{\partial}{\partial x}\left\{n_e \exp\left(+\frac{e\varphi}{kT}\right)\right\}\right] \exp\left(-\frac{e\varphi}{kT}\right) \tag{1.1.119}$$

となる．ただし，アインシュタインの関係 $D_e = \mu k T$ および，$E(x) = \partial\varphi/\partial x$ を用いた．また，φ は，材料内のポテンシャルを表している．$x = x_m$ で $e\varphi(x)$ は最大値をとるが，この位置では電界は 0 となる．一方，電流 j の大きさは，絶縁体中を通じて一定であり，このことは $x = x_m$ の位置においても成り立つ．そこで，式 (1.1.119) で，$x = x_m$ のときを考えてみると，$e\varphi = \Phi_M - \Delta\Phi$ であるから，

$$j = e \mu k T \left[\frac{\partial}{\partial x}\left\{n_e \exp\left(+\frac{e\varphi}{kT}\right)\right\}\right]_{x=x_m} \exp\left(-\frac{\Phi_M - \Delta\Phi}{kT}\right) \tag{1.1.120}$$

式が成り立つ．そこで，仮に $\partial/\partial x(n_e \exp(+e\varphi/kT)) = 0$ とすると，$n_e \exp(+e\varphi/kT) = n_e(x_m)\exp(+e\varphi(x_m)/kT)$ が成立していることがわかる．つまり，この条件は電流が流れていない状態で，電極より進入したキャリヤが，ボルツマン分布に従って熱平衡に到達する条件であることがわかる．言い換えると，この平衡条件からのずれが，式 (1.1.120) の電流発生の原因であることがわかる．とくに，$x = x_m$ では電界が零であるから，このキャリヤ輸送は，濃度勾配に基づく拡散力であることがわかる．別の言い方をすれば，$x = x_m$ の近傍では，電位はほぼ一定であるが，濃度勾配が存在するために電子が輸送される．つまり，式 (1.1.120) によれば，ポテンシャル障壁の頂上付近を横切ってキャリヤが輸送されるのは，拡散による効果であり，超えるべきポテンシャルは，ショットキー効果によって予想される電界依存性をもつと解釈される．以上より，電子密度 $n_e(x)$ を決定することが重要であることがわかったが，μ と j が一定の条件のもとで $n_e(x)$ は定められ，結果的に電流の式が導かれる．結果を示すと，電界が低いときには式 (1.1.117) が得られる．一方，電界が高いときには，

$$j = eN_c\mu\left(\frac{kT}{\pi}\right)^{1/2}(4\pi E^3\varepsilon\varepsilon_0)^{1/4}\exp\left(-\frac{\Phi_M}{kT}\right)\exp\left(+\frac{\Delta\Phi}{kT}\right) \quad (1.1.121)$$

が得られる.

以上,代表的な SCLC とショットキー電流をみてきたが,そのほかにも電気伝導にはさまざまなものがある.たとえば,ショットキー電流に似た特性のプールフレンケル型伝導がある.電子がイオン化したトラップから解放される過程が電流を制限する過程となり,解放電子とイオン化したトラップとの間に働くクーロン引力が働くので,電流特性は,$\ln j \sim 2\beta_s\sqrt{E}$ となる.また,ここでは移動度 μ が一定の場合について考察したが,実際の絶縁体・誘電体では μ が電界依存性をもつと考えたほうがよい場合などが多く観測されている.

iii) トンネル電流

(a) トンネル効果とトンネル電流 電子のエネルギーに比べて,電位障壁の高さがそれほど大きくなく,かつ障壁が薄くなると電子はこの障壁を量子力学的なトンネル効果で通過するようになる(図 1.1.32).つまり,絶縁体・誘電体は,本来,電子の移動を遮る働きをするが,厚さが数 nm 以下になるとトンネルにより電子の移動を許容するようになる.電子のエネルギー E_x より大きな電位障壁 $U(x)$ を,電子がトンネル現象により通過する確率 $T(E_x)$ は,

$$T(E_x) = \exp\left\{-\frac{4\pi}{h}\int_{s_1}^{s_2}\sqrt{2m^*(U(x)-E_x)}\,dx\right\} \quad (1.1.122)$$

である.ただし,m^* は電子の有効質量である.したがって,s_1 と s_2 の差,すなわちトンネル層の厚みがきわめて小さいときや,高電界の印加により $U(x)$ の形が変化し,等価的に障壁の厚さが薄くなったとき,トンネル現象が現れる.式 (1.1.122) から明らかなように,$T(E_x)$ は温度に依存しない.そのため,トンネル電流の大きさは一般に温度に依存しない.たとえば,絶縁体や誘電体の両側に金属電極を接触させ,高電界 E を加えたときのトンネル電流の式は,

$$J = AE^2\exp\left(-\frac{B}{E}\right) \quad (1.1.123)$$

となる(A, B:温度に依存しない定数)が,この特性には温度依存性は現れない.な

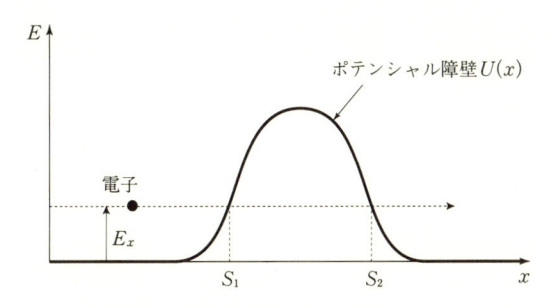

図 1.1.32 電子のトンネリング

お，この式はファウラー-ノルドハイム (Fowler-Nordheim) の式として知られている．

(b) 一つの電子のつくる電界の効果と単一電子トンネル　空間電荷制限電流の項で述べたように，外部より電子が注入されるとこの電子の注入により，材料の内部のポテンシャルが変化する．トンネル電子の輸送に対しても，このような効果を考える必要がある場合がある．図 1.1.33 のように電極 1 と 2 の間に微小な中間電極 M があり，電極 1 と 2 の間に静電容量 C_1 および C_2 が形成されている場合を考える．もちろん，中間電極は薄い絶縁体で取り囲まれているとする．そして，電子は電極 1 より中間電極 M を介してトンネル伝導により電極 2 へ移動すると考えてみる．簡単のため，電極 1 から中間電極へのトンネルにより伝導が制限されるとする．一つの電子が中間電極にあるとき，中間電極の電位 V_M は，

$$V_M = -\frac{e}{C_1 + C_2} \tag{1.1.124}$$

となる．つまり電子が中間電極に移動すると，そこにポテンシャルが発生することになる．このポテンシャルの形成に必要なエネルギーは，電子一つが中間電極に移動するのに必要なエネルギーであり

$$W_M = \int_0^{-e} V_M de = +\frac{e^2}{2(C_1 + C_2)} \tag{1.1.125}$$

で与えられる．したがって，このエネルギーが熱エネルギー $k_B T$ よりも十分に大きいと，電子は外部より熱によってこのエネルギーを獲得できない．したがって，電極 1 に対して電極 2 に加えられるポテンシャルにより，このエネルギー（外部から加える電圧）を獲得しなければならない．電極 2 に電圧 V を加えると，電極 1 より移動する電子は，中間電極までくると，

$$W_e = e \frac{C_1}{C_1 + C_2} V \tag{1.1.126}$$

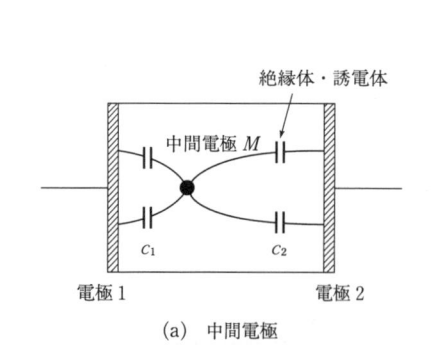

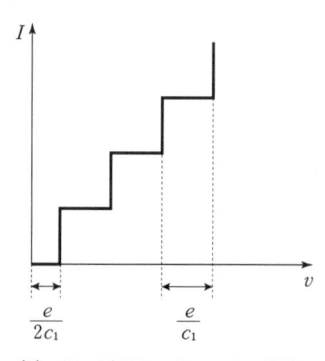

(a) 中間電極

(b) 単一電子トンネルによる電流-電圧特性

図 1.1.33　電子の単一トンネリング

の電気エネルギーを獲得する．したがって，$W_e \geq W_M$ となって，はじめてポテンシャルが発生する効果が補償され，電子がトンネルすることが可能になる．すなわち，$V = e/2C_1$ がその最初の条件になる．同様にして，中間電極に N 個の電子が存在する状態での電極1からのトンネルで律則されるトンネルの条件は，$V = e(N+1/2)/C_1$ となる．図1.1.33には単一トンネル電子伝導による I-V 特性も示されている．

〔岩本光正〕

文　献

1) 岩本光正：電子物性の基礎 ― 量子化学と物性論 ―，朝倉書店 (1999)
2) M. A. Lampert and P. Mark : Current Injection in Solids, Academic Press, New York (1970)
3) H. Meier : Organic Semiconductors, Verlag Chemie, Weinheim (1974)
4) H. Bottger and V. V. Bryksin : Hopping Conduction in Solids, VCH, Berlin (1985)
5) S. M. Sze : Physics of Semiconductor Physics, John Wiley & Sons, New York (1981)
6) M. A. Kastner : The single-electron transistor, *Rev. Mod. Phys.*, **64**, 849 (1992)

1.2　光　物　性

1.2.1　質量の光物性とオプティクス

光は波動性と粒子性の二つの面を有するが，オプティクスの範囲で扱うのはおもに波動としての性質である．この場合，われわれはマクスウェル (Maxwell) の方程式を用いることにより，媒質中における光の振る舞いを正確に記述することができる．本項では，物質中を光が伝搬することにより生じる各種の光学効果をマクスウェルの方程式と古典的なモデルを用いて解説した．

a.　媒質中のマクスウェル方程式

媒質中を光が伝搬するとき，電場 E と磁場 H を記述したマクスウェルの方程式は，真空中の誘電率と透磁率 ε_0, μ_0 と媒質の誘電率と透磁率 ε, μ，電荷密度 ρ，電流密度 J を用いて

$$\nabla \times \boldsymbol{E} = -\mu_0 \frac{\partial \boldsymbol{H}}{\partial t} - \mu_0 \frac{\partial \boldsymbol{M}}{\partial t} = -\mu \frac{\partial \boldsymbol{H}}{\partial t} \tag{1.2.1}$$

$$\nabla \times \boldsymbol{H} = -\varepsilon_0 \frac{\partial \boldsymbol{E}}{\partial t} - \varepsilon_0 \frac{\partial \boldsymbol{P}}{\partial t} + \boldsymbol{J} = -\varepsilon \frac{\partial \boldsymbol{E}}{\partial t} + \boldsymbol{J} \tag{1.2.2}$$

$$\nabla \cdot \boldsymbol{E} = -\frac{1}{\varepsilon_0} \cdot \boldsymbol{P} + \frac{\rho}{\varepsilon_0} \tag{1.2.3}$$

$$\nabla \cdot \boldsymbol{H} + \nabla \cdot \boldsymbol{M} = 0 \tag{1.2.4}$$

と表される．電束密度 D と電場 E の間には以下のような関係がある．

$$\boldsymbol{D} = \varepsilon \boldsymbol{E} = \varepsilon_0 (1 + \chi_e) \boldsymbol{E} = \varepsilon_0 \boldsymbol{E} + \boldsymbol{P} \tag{1.2.5}$$

ここで，P は分極であり，χ_e は電気感受率と呼ばれるテンソル量である．これに対応して，磁束密度 B と磁場 H は

$$B = \mu H = \mu_0(1+\chi_\mathrm{m})H = \mu_0 H + M \tag{1.2.6}$$

のように表される．M は磁化であり，χ_m は磁気感受率と呼ばれるテンソル量である．誘電体では，多くの場合 $\chi_\mathrm{m}=0$ とみなすことができる．また，電場 E が大きいときには式 (1.2.5) に非線形項が生じる．これにより起こる光学現象を非線形光学効果という．金属など媒質に電流が流れる場合には，J と E の関係は導電率 σ を用いて

$$J = \sigma E \tag{1.2.7}$$

と表される．
　さて，光は電場 E，あるいは磁場 H の波動として記述され，

$$\nabla \times (\nabla \times E) + \frac{1}{c^2}\frac{\partial^2 E}{\partial t^2} = -\mu_0 \frac{\partial^2 P}{\partial t^2} - \mu_0 \frac{\partial J}{\partial t} \tag{1.2.8}$$

の波動方程式を満たす．c は真空中の光速である．$J=0$ の誘電体においては

$$\nabla \times (\nabla \times E) + \varepsilon\mu \frac{\partial^2 E}{\partial t^2} = 0 \tag{1.2.9}$$

となる．真空中の光速 c は，真空中の誘電率 ε_0 と透磁率 μ_0 を用いて $c=1/\sqrt{\mu_0\varepsilon_0}$ と記述できるため，

$$\nabla \times (\nabla \times E) + \frac{\varepsilon_\mathrm{r}\mu_\mathrm{r}}{c^2}\frac{\partial^2 E}{\partial t^2} = 0 \tag{1.2.10}$$

と書き直すことができる．ε_r と μ_r はそれぞれ媒質の比誘電率，比透磁率と呼ばれる量であり $\varepsilon_\mathrm{r}=\varepsilon/\varepsilon_0$，$\mu_\mathrm{r}=\mu/\mu_0$ で表される．これを用いて媒質中を進む光の速度 v は

$$v = \frac{c}{\sqrt{\varepsilon_\mathrm{r}\mu_\mathrm{r}}} \tag{1.2.11}$$

と表される．ここで波の角振動数を ω とすると，時刻 t，位置 r における平面波の電場 E は，下記のように記述される．

$$E = E^0 \exp\{i(kr - \omega t)\} \tag{1.2.12}$$

　ここで，E^0 は電場の最大値を与え，ベクトル量として定義される．この電場の方向は偏光（方向）とも呼ばれ，E の成分 (E_x, E_y) は一般に複素数で記述される．k は波数ベクトルと呼ばれ，その方向は波の進行方向を示し，その大きさは ω を位相速度 v で割ったものである．また，真空中の光速 c を媒質中の v で割った値が屈折率 n である．式 (1.2.11) から，$n=\sqrt{\varepsilon_\mathrm{r}}$ であることがわかる．屈折率は物質の光学定数の一つであり，液体などの均一な物質ではどの方向に偏光した光に対しても一定の値をもつ．一方，異方性をもつ固体結晶では，偏光方向に対して異なった屈折率を有する．これを複屈折と呼ぶ．電場と磁場 H の間には

$$\mu H = \frac{k \times E}{\omega} \tag{1.2.13}$$

$$E = -\frac{k \times H}{\varepsilon\omega} \tag{1.2.14}$$

の関係がある．ここで，μ は透磁率と呼ばれる量である．誘電体では一般に透磁率 μ

実際にわれわれが光を観測する場合には，電場 E を観測しているわけではなく，単位時間当たりに単位面積を流れるエネルギーの流れとして「光の強度」を観測している．これは，電場と磁場の外積で定義される量

$$S = E \times H \tag{1.2.15}$$

を用いて記述される．式(1.2.15)から S の時間平均 $\langle S \rangle$ は

$$\langle S \rangle = \frac{1}{2}(E^0 \times H^0) \tag{1.2.16}$$

と表すことができる．自由空間中では，k は E と B につねに垂直であるから，光の強度 I は

$$I = \frac{1}{2}|E^0||H^0| = \frac{n}{2Z^0}|E^0|^2 \tag{1.2.17}$$

と表すことができる．Z_0 は真空のインピーダンスと呼ばれ単位は Ω であり，μ_0 と真空中の誘電率 ε_0 を用いて下記のように表される．

$$Z_0 = \sqrt{\frac{\mu_0}{\varepsilon_0}} = 377\,\Omega \tag{1.2.18}$$

式(1.2.17)でわかるように，光の強度 I は $(E^0)^2$ に比例するので，一般に光の強度は E を 2 乗（平均）したものであるとみなすことが多い．

b. 屈折と反射

屈折率 n は光の屈折により観測することができる．図1.2.1 に示すような屈折率 n_1 の媒質と屈折率 n_2 の媒質が平面状の界面で接している場合を考える．平面波を媒質 1 から入射した場合，屈折と反射が起こる．入射角を θ_1^+ とした場合，反射角 θ_1^- や屈折角 θ_2^+ はスネル(Snell)の法則により次のように示される．

$$n_1 \sin \theta_1^+ = n_1 \sin \theta_1^- = n_2 \sin \theta_2^+ \tag{1.2.19}$$

電場ベクトルの方向，すなわち偏光には，その光の電場ベクトルが入射面に含まれる p-偏光と電場ベクトルの方向が入射面に垂直な s-偏光がある．このほか，光の偏光方向が周期的に変化する楕円偏光や円偏光もあるが，ここでは直線偏光のみを扱うこととする．入射光と反射光の電場をそれぞれ E_1^+, E_1^- と表し，透過した光の電場を E_2^+ と表すことにする．p-偏光を図1.2.1 のように定義すると，磁場に関する符号は入射光と反射光で逆になることに気をつけなければならない．この境界においては，電場と磁場の接線方向成分が保存されることから，入射光が p-偏光のときには

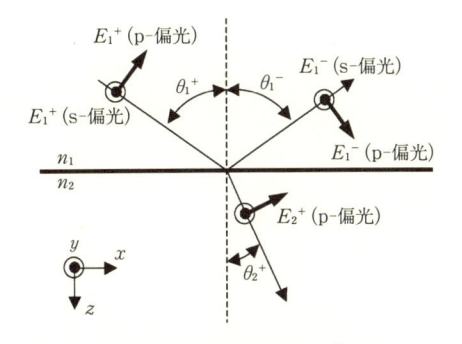

図 1.2.1 光の屈折と反射

$$E_1^+ \cos\theta_1^+ + E_1^- \cos\theta_1^- = E_2^+ \cos\theta_2^+ \tag{1.2.20}$$

$$n_1 E_1^+ + n_1 E_1^- = n_2 E_2^+ \tag{1.2.21}$$

s-偏光のときには

$$E_1^+ + E_1^- = E_2^+ \tag{1.2.22}$$

$$n_1 E_1^+ \cos\theta_1^+ - n_1 E_1^- \cos\theta_1^+ = n_2 E_2^+ \cos\theta_2^+ \tag{1.2.23}$$

の関係が導き出される.入射光電場 E_1^+ と反射光電場 E_1^- の比 r は反射係数と呼ばれる.光が吸収をもつ場合などでは屈折率に虚数が表れるため反射係数は複素数となる.式 (1.2.20),式 (1.2.21) から p-偏光に対する反射係数 r_p を求めると

$$r_\mathrm{p} = \frac{n_1 \cos\theta_2 - n_2 \cos\theta_1}{n_2 \cos\theta_1 + n_1 \cos\theta_2} \tag{1.2.24}$$

同様に,式 (1.2.22),式 (1.2.23) から s-偏光に対する反射係数 r_s を求めると

$$r_\mathrm{s} = \frac{n_1 \cos\theta_1 - n_2 \cos\theta_2}{n_1 \cos\theta_1 + n_2 \cos\theta_2} \tag{1.2.25}$$

となる.入射光電場 E_1^+ と透過光電場 E_2^+ の比は透過係数と呼ばれるが,同様に p-偏光に対する透過係数 t_p を求めると

$$t_\mathrm{p} = \frac{2n_1 \cos\theta_1}{n_2 \cos\theta_1 + n_1 \cos\theta_2} \tag{1.2.26}$$

となる.また,s-偏光に対しては

$$t_\mathrm{s} = \frac{2n_1 \cos\theta_1}{n_1 \cos\theta_1 + n_2 \cos\theta_2} \tag{1.2.27}$$

のようになる.

さて,上述のように,われわれが実測できるのはエネルギーの流れに関する量であるから,それに対応する反射率 R や透過率 T はエネルギーの流れとして考えなければならない.反射率 R は,反射係数を2乗することにより求めることができるのに対して,透過係数は屈折による断面積と光の位相速度を考慮しなければならない.すなわち,R は

$$R = r^* r \tag{1.2.28}$$

と表され,T は

$$T = \frac{n_2 \cos\theta_2^+}{n_1 \cos\theta_1^+} t^* t \tag{1.2.29}$$

と表される.ここで,r^* や t^* は複素共役である.これは,エネルギー保存の法則から求められる $T+R=1$ の関係を自動的に満たしている.$n_1=1$, $n_2=1.5$ の場合における R を入射角 θ_1^+ の関数として図示したのが図 1.2.2 である.s-偏光における反射率はつねに p-偏光のそれより高いが,$\theta_1^+=90°$ では両者とも 1 とな

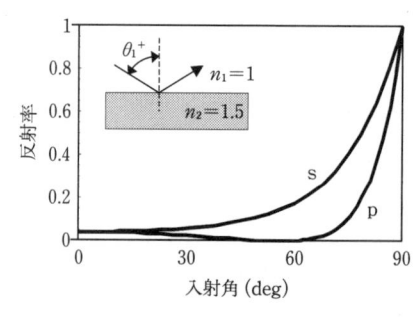

図 1.2.2 反射率

る.透過率 T に関してはその逆であり,つねに p-偏光の透過率のほうが高い.また,p-偏光の反射率は $\theta_1^+=57°$ で 0 になる.これをブルースター (Brewster) 角 θ_B と呼び,

$$\tan \theta_B = \frac{1}{1.5} \tag{1.2.30}$$

の関係をみたす.ブルースター角では透過率は 1 となる.

c. 多層膜における反射と透過

図 1.2.3 のように N 層の多層薄膜における反射や透過を求めてみる.I 層目の膜厚を d_I,屈折率を n_I とする.膜内における z の正の方向へ伝搬する光の波数ベクトルの大きさを k_I^+,負の方向へ伝搬する光の波数ベクトルの大きさを k_I^- とする.透過方向の最後の媒質 N では,k_N^- は存在しない.以下は入射光が s-偏光の場合を考える.p-偏光の場合も同様に計算できる.

ここでは,例として $N=3$ の場合を考えてみる.媒質 1 から入射角 θ_1^+ で波長 λ の光が入射するとする.1 層目と 2 層目の間の境界における連続条件から

$$E_1^+ + E_1^- = E_2^+ \tag{1.2.31}$$

$$n_1 E_1^+ \cos \theta_1^+ - n_1 E_1^- \cos \theta_1^+ = n_2 E_2^+ \cos \theta_2^+ \tag{1.2.32}$$

が得られる.次に,2 層目と 3 層目の間の境界における連続条件は

$$E_2^+ \phi_2^+ + E_2^- \phi_2^- = E_3^+ \tag{1.2.33}$$

$$n_2 E_2^+ \cos \theta_2^+ \phi_2^+ - n_2 E_2^- \phi_2^- \cos \theta_2^- = n_3 E_3^+ \cos \theta_3^+ \tag{1.2.34}$$

と記述できる.ここで,2 層目を伝搬する際に生じる位相差 ϕ_2^+ および ϕ_2^- が生じることに注意する.これらはそれぞれ下記のようになる.

$$\phi_2^+ = \exp(ik_2 \cos \theta_2^+ d_2) \tag{1.2.35}$$

$$\phi_2^- = \exp(-ik_2 \cos \theta_2^+ d_2) \tag{1.2.36}$$

これを解くと,反射係数 r は,$r = E_1^-/E_1^+$ から,透過係数 t は,$t = E_3^+/E_1^+$ から求めることができる.また,反射率 R は式 (1.2.28) から,透過率 T は

$$T = \frac{n_3 \cos \theta_3^+}{n_1 \cos \theta_1^+} t^* t$$

から求めることができる.

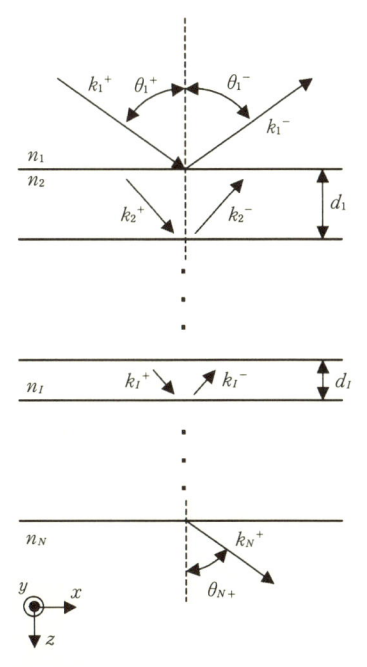

図 1.2.3 多層膜における屈折と反射

d. 全反射

図1.2.4に示すような高い屈折率をもつ媒質から，低い屈折率をもつ媒質に光が入射する場合を考える．スネルの法則から臨界角 θ_c 以上では屈折角 θ_2^+ の正弦は

$$\sin\theta_2^+ = \frac{n_1}{n_2}\sin\theta_1^+ > 1 \qquad (1.2.37)$$

となる．この領域では境界における反射率 $R=1$ となり，この状態を全反射と呼ぶ．この場合，θ_2^+ の正弦は形式的に式(1.2.37)を用いればよい．その結果，θ_2^+ の余弦は虚数となり

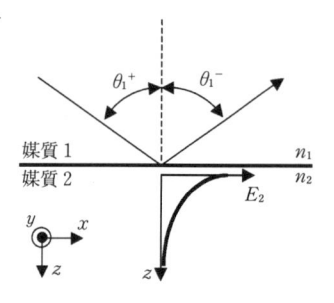

図1.2.4 全反射光学系とエバネッセント場 $E(n_1 > n_2)$

$$\cos\theta_2^+ = \sqrt{1-\left(\frac{n_1}{n_2}\right)^2\sin^2\theta_1^+} = i\sqrt{\left(\frac{n_1}{n_2}\right)^2\sin^2\theta_1^+ - 1} \qquad (1.2.38)$$

と記述できる．式(1.2.37)，式(1.2.38)を使って反射率 $R=rr^*$ を計算すると1となることがわかる．これは，入射した光のエネルギーがすべて反射される状態を示している．一方，入射電場に対する反射係数 r は複素数となり，入射角 θ_1^+ により変化する．これは，反射した光電場の位相が入射角により変化することを示している．また，入射光のすべてのエネルギーが反射されるが透過係数 t は0にならない．すなわち，媒質2の境界近傍には電場が存在することを示している．これをエバネッセント場と呼ぶ．式(1.2.38)から，$z>0$ の領域では，波数ベクトルの z 成分 $k_2\cos\theta_2^+$ が虚数となる．これらを用いて，全反射時の媒質2における入射面内の位置 $P(x,z)$ 光電場を求めると

$$E_2(x,z) = E_2^+ \exp\left(-\frac{n_2}{n_1\sin\theta_1^+}k_1^+\sqrt{\left(\frac{n_1}{n_2}\right)^2(\sin^2\theta_1^+ - 1)}|z|\right)\exp\{i(k_2^+x - \omega t)\} \qquad (1.2.39)$$

となり，界面からの距離に対して指数関数的に減衰していくことがわかる．電場の大きさが界面に比べて $1/e$ となる場所を侵入長 z_d と呼ぶ．これは，

$$z_d = \frac{\lambda}{2\pi\sqrt{n_1^2\sin^2\theta_1^+ - n_2^2}} \qquad (1.2.40)$$

となり，$n_1=1.5$, $n_2=1.0$, $\theta_1^+=45°$ のとき，$z_d=0.45\lambda$ となる．また，波数ベクトルの x 方向成分は真空中のそれよりも大きくなっている．また，$|E_2^+|$ は，入射光の振幅強度 $|E_1^+|$ に比べて数倍大きい．

e. 金属における反射

金属の誘電率は一般に下記のような複素誘電率 $\hat{\varepsilon}$ で近似される．

$$\hat{\varepsilon} = \varepsilon + \frac{\sigma}{\omega}i \qquad (1.2.41)$$

ここで，σ は金属の導電率である．これに対応する複素屈折率 $\hat{n}$ を

$$\hat{n} = n(1+i\kappa) \qquad (1.2.42)$$

とすれば,

$$n^2 = \frac{1}{2}\left(\sqrt{\frac{\mu^2\varepsilon^2}{\mu_0{}^2\varepsilon_0{}^2} + \frac{\mu^2\sigma^2}{\omega^2\mu_0{}^2\varepsilon_0{}^2}}\right) + \frac{\mu\varepsilon}{2\mu_0\varepsilon_0} \quad (1.2.43)$$

$$n^2\kappa^2 = \frac{1}{2}\left(\sqrt{\frac{\mu^2\varepsilon^2}{\mu_0{}^2\varepsilon_0{}^2} + \frac{\mu^2\sigma^2}{\omega^2\mu_0{}^2\varepsilon_0{}^2}}\right) - \frac{\mu\varepsilon}{2\mu_0\varepsilon_0} \quad (1.2.44)$$

となる．金属中を伝搬する光の波数ベクトル $\hat{k}$ は複素数となり

$$\hat{k} = kn(1+i\kappa) \quad (1.2.45)$$

と表される．そのため，金属中の位置 $P(x, z)$ における z 方向に伝搬する光の電場 $E(x, z)$ を求めると

$$E_2(x, z) = E_2{}^+ \exp\left(-\frac{2\pi}{\lambda}n\kappa z\right)\exp i\left(\frac{2\pi}{\lambda}nz - \omega t\right) \quad (1.2.46)$$

となり，z 方向への光の伝搬に従って急激に光電場が減衰していくことがわかる．金属に垂直に入射光電場の振幅が $1/e$ になる深さ z_d を表皮深さといい，$\varepsilon \ll \sigma/\omega$ であることから

$$z_d = \frac{\lambda}{2\pi n\kappa} = \sqrt{\frac{2}{\omega\mu\sigma}} \quad (1.2.47)$$

となる．

金属における反射は，屈折角 $\theta_2{}^+$ が複素数となることに注意すれば，誘電体の場合と同じである．この場合，媒質2における屈折角の正弦と余弦は，媒質2の複素屈折率 $\hat{n}^2$ を用いて

$$\sin\theta_2{}^+ = \frac{n_1}{\hat{n}_2}\sin\theta_1{}^+ \quad (1.2.48)$$

$$\cos\theta_2{}^+ = \sqrt{1 - \sin\theta_2{}^+} \quad (1.2.49)$$

となることに注意する．

f. 誘電体の誘電率のミクロな描像

誘電体の微視的なモデルとして，図1.2.5(a)のような電荷 $-e$ の電子が正の原子核とばね定数 K のばねでつながれているような相互作用をもつようなモデルを考えてみよう．媒質は電気的には中性であり，その中で電子が電場 E によって平衡位置から r だけずれた場合には，分極 P は電子の電荷 e と単位体積当たりの振動子の数（体積数密度）N を使って

$$P = -Ner \quad (1.2.50)$$

と表すことができる．電子がその平衡位置から r だけずれた場合の復元力 $-Kr$ により，運動方程式は

$$m\frac{d^2r}{dt^2} + m\Gamma\frac{dr}{dt} + Kr = -eE \quad (1.2.51)$$

のように表される．ただし，摩擦力に対応する量として減衰項 $m\Gamma(dr/dt)$ を導入した．これは光吸収に対応する．外から加える電場 E の振動数が ω，振幅が E^0 であるとすると式(1.2.51)に $E = E^0\exp(-i\omega t)$ を代入して

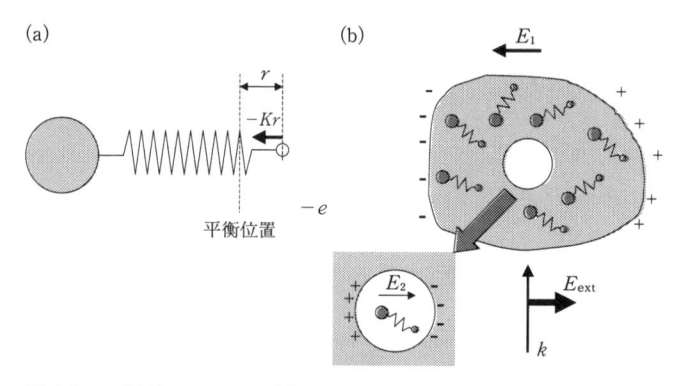

図 1.2.5 振動子のモデル (a) と局所場計算を用いる誘電体モデル (b)

$$(-m\omega^2 - i\omega m\Gamma + K)r = -eE \tag{1.2.52}$$

と表すことができる．その結果分極 P は，式 (1.2.50) を用いて

$$P = \frac{Ne^2}{-m\omega^2 - i\omega m\Gamma + K}E \tag{1.2.53}$$

となる．電場と分極の間を表す係数が感受率であることから，式 (1.2.5) から電気感受率 χ は下記のように記述できる．

$$\chi = \frac{Ne^2/m}{\omega_0^2 - \omega^2 - i\omega\Gamma} \tag{1.2.54}$$

ただし，ばねの式から $\omega_0 = \sqrt{K/m}$ である．これを分極 P の形で波動方程式 (1.2.12) に代入して整理すると

$$\nabla^2 E = \frac{1}{c^2}\left(1 + \frac{Ne^2}{m\varepsilon_0}\frac{1}{\omega_0^2 - \omega - i\Gamma\omega}\right)\frac{\partial^2 E}{\partial t^2} \tag{1.2.55}$$

となる．これを式 (1.2.10)，式 (1.2.12) と比較して複素数屈折率 $\hat{n} = n + i\kappa$ を求めると

$$\hat{n}^2 = (n + i\kappa)^2 = 1 + \frac{Ne^2}{m\varepsilon_0}\frac{1}{\omega_0^2 - \omega - i\Gamma\omega} \tag{1.2.56}$$

となり，これより

$$n^2 - \kappa^2 = 1 + \frac{Ne^2}{m\varepsilon_0}\frac{\omega_0^2 - \omega^2}{(\omega_0^2 - \omega^2)^2 - \Gamma^2\omega^2} \tag{1.2.57}$$

$$2n\kappa = \frac{Ne^2}{m\varepsilon_0}\frac{\Gamma\omega}{(\omega_0^2 - \omega^2)^2 - \Gamma^2\omega^2} \tag{1.2.58}$$

が求まる．吸収ピークより離れている波長領域では，Γ は小さいので固有角振動数 ω_0 が異なる j 種類の振動子に対して

$$\varepsilon = n^2 = 1 + \frac{Ne^2}{m\varepsilon_0}\sum_j\left(\frac{f_j}{\omega_j^2 - \omega^2}\right) = n_\infty + \sum_j\left(\frac{A_j}{\lambda^2 - \lambda_i^2}\right) \tag{1.2.59}$$

と書くことができる．ただし，n_∞ は波長無限大の極限における屈折率であり，A_j は

定数である．吸収がない領域では，屈折率は長波長側で小さく，短波長側で大きくなる．これを正常分散という．式(1.2.59)はセルマイヤー(Sellmeier)の式と呼ばれるが，これはまた下記のように近似することもできる．

$$n = C_1 + \frac{C_2}{\lambda^2} + \frac{C_3}{\lambda^4} + \cdots \tag{1.2.60}$$

ここで，C_i は，実験的に決まる定数であり，コーシー(Cauchy)の式と呼ばれる．

さて，屈折率の起源を微視的なモデルで考えてみよう．各振動子に印加される電場は，局所電場 $\boldsymbol{E}_{\text{loc}}$ と呼ばれ，一般に外部から加えた電場 $\boldsymbol{E}_{\text{ext}}$ と異なる．この様子を図示したのが図1.2.5(b)である．$\boldsymbol{E}_{\text{loc}}$ は次のような式で表される．

$$\boldsymbol{E}_{\text{loc}} = \boldsymbol{E}_{\text{ext}} + \boldsymbol{E}_1 + \boldsymbol{E}_2 + \boldsymbol{E}_3 \tag{1.2.61}$$

$\boldsymbol{E}_1$ は誘電体外部に巨視的な分極 P により誘起された表面電荷による反電場であり

$$\boldsymbol{E}_1 = -\frac{\eta \boldsymbol{P}}{\varepsilon_0} \tag{1.2.62}$$

のように表される．ここで，η は反電場係数と呼ばれ誘電体の形状により異なる量である．たとえば，平板状の誘電体では $\eta=1$ であり，球状の誘電体では $\eta=1/3$ であることが知られている．次に図1.2.5に示した原子や，分子より十分大きいが全体的には十分小さい半径の球の空洞を考える．この空洞中の表面に表れる電荷により生ずる電場が $\boldsymbol{E}_2$ である．空洞を球にとった場合には，

$$\boldsymbol{E}_2 = \frac{\boldsymbol{P}}{3\varepsilon_0} \tag{1.2.63}$$

となる．$\boldsymbol{E}_3$ は空洞内の双極子が中心につくる電場であり，結晶構造に依存する量である．対称性が高い立方晶などではゼロになる．

これらの議論から，局所電場 $\boldsymbol{E}_{\text{loc}}$ を巨視的電場 $\boldsymbol{E}_{\text{mac}} = \boldsymbol{E}_{\text{ext}} + \boldsymbol{E}_1$ で表すと

$$\boldsymbol{E}_{\text{loc}} = \frac{1}{3}\left(\frac{\varepsilon}{\varepsilon_0} + 2\right)\boldsymbol{E}_{\text{mac}} \tag{1.2.64}$$

となる．これより，一般的には局所電場は巨視的電場より大きいことがわかる．

$\boldsymbol{E}_{\text{loc}}$ は振動子が受ける電場とみなすことができるため，電場により生ずる個々の振動子の双極子モーメント p は

$$\boldsymbol{p} = \alpha \boldsymbol{E}_{\text{loc}} \tag{1.2.65}$$

と表すことができる．α は振動子の分極率である．式(1.2.53)から $\boldsymbol{P}$ と $\boldsymbol{p}$ との関係は

$$\boldsymbol{P} = N\boldsymbol{p} \tag{1.2.66}$$

で表されるから，微視的量である分極率 α と巨視的な量である誘電率 ε との関係を次のように書くことができる．

$$\frac{1}{\varepsilon_0}N\alpha = \frac{\varepsilon-1}{\varepsilon+2} \tag{1.2.67}$$

これをクラウジス-モソッティー(Clausius-Mossotti)の式という．等方的な液体や対称性の高い結晶などに適用される．

g. 金属の誘電率のミクロな描像

金属中の自由電子は核に束縛されないので，電場 E が印加されたときの運動方程式は式 (1.2.51) の中で Kr を除いたものである．これは，

$$m\frac{d^2r}{dt^2}+m\Gamma\frac{dr}{dt}=-eE \tag{1.2.68}$$

となる．このモデルをドルーデ (Drude) モデルという．m は電子の有効質量であり，電流密度 J は電子の数密度 N を使って $J=-Nedr/dt$ のように表されるから，式 (1.2.68) は

$$\frac{dJ}{dt}+\Gamma J=\frac{Ne^2}{m}E \tag{1.2.69}$$

のようになる．光電場 E は $\exp(-i\omega t)$ の時間依存性をもつので，式 (1.2.69) は，

$$(-i\omega+\Gamma)J=\frac{Ne^2}{m}E \tag{1.2.70}$$

となる．導電率 σ は $\sigma=\frac{Ne^2}{m}\Gamma^{-1}$ と表され，これを使って

$$J=\frac{\sigma}{1-i\omega\Gamma^{-1}}E \tag{1.2.71}$$

となる．式 (1.2.8) から，波動方程式を求めると下記のようになる．

$$\nabla^2 E=\frac{1}{c^2}\frac{\partial^2 E}{\partial t^2}+\frac{\mu_0\sigma}{1-i\omega\Gamma^{-1}}\frac{\partial E}{\partial t} \tag{1.2.72}$$

これを式 (1.2.10) と比較して複素数屈折率 $\hat{n}=n+i\kappa$ を求めると

$$\hat{n}^2=1-\frac{\omega_p^2}{\omega^2+i\omega\Gamma} \tag{1.2.73}$$

となる．ここで ω_p^2 はプラズマ周波数と呼ばれる．

$$\omega_p=\sqrt{\frac{Ne^2}{m\varepsilon_0}}=\sqrt{\mu_0\sigma c^2\Gamma} \tag{1.2.74}$$

$\tau=\Gamma^{-1}$ で表される τ は電子の緩和時間に対応し，金属では 10^{-13} 秒程度の値である．プラズマ周波数より低い周波数領域では，金属の誘電率は負である．また，プラズマ周波数より高い周波数領域では，電子の運動は光の周波数に追従できず金属というよりはむしろ誘電体的な性質が強くなる．

h. 異方性媒質における屈折率

液体は光学的に等方的であるが，固体結晶や液晶などは光学的に異方性をもち，光の偏光方向により屈折率が異なる．結晶にある方向から入射した光の屈折率は，偏光方向に依存して楕円の中心からの長さで表される．図 1.2.6 に示した屈折率楕円体の長軸を x, y, z とした場合，$n_x=n_y\neq n_z$ の場合を 1 軸性結晶といい，すべての成分が異なる場合を 2 軸性結晶という．

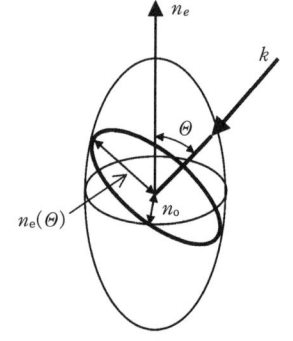

図 1.2.6 屈折率楕円体

1軸性結晶の場合には，z軸方向を光軸と呼び，この方向に進む光は偏光方向によって屈折率が変化しない．この屈折率を常光の屈折率 n_o と呼ぶ．それ以外の方向に進む光の場合には，屈折率は偏光方向に依存する．z軸と k ベクトルとのなす角を Θ とすると偏光方向により屈折率は n_o から屈折率 $n_e(\Theta)$ まで変化する．$n_e(\Theta)$ は k ベクトルの方向により変化し

$$n_e(\Theta) = \frac{n_e n_o}{\sqrt{n_o^2 \sin^2\theta + n_e^2 \cos^2\theta}} \tag{1.2.75}$$

と表される．ここで n_e は，n_z に等しく，$\Theta = \pi/2$ のときの異常光の屈折率である．$n_e > n_o$ の場合に正の1軸結晶，$n_e < n_o$ の場合に負の1軸結晶という．

i. 非線形光学効果

媒質に光電場 $\boldsymbol{E}$ が加わったとき，内部では分極 $\boldsymbol{P}$ が生じる．$\boldsymbol{P}$ と $\boldsymbol{E}$ の間には一般に

$$\boldsymbol{P} = \varepsilon_0 \chi^{(1)} \boldsymbol{E} \tag{1.2.76}$$

のような関係となる．しかし，レーザなど大きな電場が印加された場合には，$\boldsymbol{P}$ と $\boldsymbol{E}$ には非線形な関係が無視できなくなり，

$$\boldsymbol{P} = \varepsilon_0 \chi^{(1)} : \boldsymbol{E} + \varepsilon_0 \chi^{(2)} : \boldsymbol{EE} + \varepsilon_0 \chi^{(3)} : \boldsymbol{EEE} + \cdots \tag{1.2.77}$$

のようにべき乗に展開された形で表される．2項目以降の非線形項との区別のため，線形感受率をとくにここでは，$\chi^{(1)}$ と表記する．第2項目以降の $\chi^{(n)}$ を n 次の非線形感受率と呼び，これにより生じる分極を n 次の非線形分極という．n 次の非線形感受率は $n+1$ 階のテンソルである．このような n 次の非線形分極により生じる光学効果を n 次の非線形光学効果と呼ぶ．非線形光学効果は，基礎的な興味だけでなくレーザの波長変換や光演算，光制御などさまざまな光学素子に応用されている．

表1.2.1と表1.2.2にそれぞれ2次および3次の非線形光学効果をまとめたものを示す．光高調波発生は，入射光の2倍，3倍の振動数の光が発生する現象で，レーザの波長変換などに用いられている．同様に，和周波発生や差周波発生は，和や差に対応する振動数の光が発生する現象である．光整流が起こると，光を照射した際に直流電場が印加された状態となる．実際の応用例は少ないが，基礎的な研究が進められている．電気光学効果は広義には非線形光学効果の一種と考えられ，1次，2次の電気光学効果はそれぞれ2次，3次の非線形光学効果であり，印加された電場に対して，線形および2乗に比例した分極の変化が生じる現象である．実際には，電気光学効果は電場印加による屈折率の変化として現れるため，光エレクトロニクス分野で共振器などと組み合わせて光スイッチや光変調器などに用いられている．4光波混合は，光の強度に応じた屈折率変化が観測される現象である．光自己収束現象，位相共役波発生分光や過渡現象への応用，光メモリや光演算素子としての研究も進められている．

2次の非線形光学効果をはじめとする偶数次の非線形光学効果は，反転対称性のある系では起こらない．そのため，2次の非線形光学結晶は強誘電体などの分極構造をもつものがほとんどである．KDPやLiNbO$_3$をはじめとする無機結晶や尿素などの

表1.2.1 2次の非線形光学効果

周波数	名称	応用分野
$\omega+\omega \to 2\omega$	光第2高調波発生 (Second-Harmonic Generation)	波長変換
$\omega_1+\omega_2 \to \omega_3$	光和周波発生 (Sum-Frequency Generation)	波長変換
$\omega+0 \to \omega$	1次の電気光学効果 (Electrooptics) ポッケルス (Pockels) 効果	光制御, 光変調
$\omega-\omega \to 0$	光整流 (Optical Rectification)	分光

表1.2.2 3次の非線形光学効果

周波数	名称	応用分野
$\omega+\omega+\omega \to 3\omega$	光第3高調波発生 (Third-Harmonic Generation)	波長変換
$\omega_1+\omega_2+\omega_3 \to \omega_4$	光和周波発生 (Sum-Frequency Generation)	波長変換
$\omega+0+0 \to \omega$	2次の電気光学効果 (Electrooptics) カー (Kerr) 効果	光制御, 光変調
$\omega-\omega+\omega \to \omega$	4光波混合, 光双安定性	分光, 光メモリ, 位相共役波

有機結晶, あるいは高分子マトリックス中に非線形光学色素をドープした系が研究, 実用化されている. 一方, 3次の非線形光学効果はすべての媒質で起こるが, 一般にその感受率は小さい. 現在研究が行われているのは, 強相関系物質や π 共役系高分子, 量子井戸などの材料である.

j. 非線形媒質中の光の伝搬

非線形媒質中の光の伝搬は下記の関係を使って考えることができる.

$$\nabla \times \boldsymbol{H} = \varepsilon \frac{\partial}{\partial t} \boldsymbol{E} + \boldsymbol{P}^{\mathrm{NL}} \quad (1.2.78)$$

ここで, $\boldsymbol{P}^{\mathrm{NL}}$ は非線形分極である. これから求められる波動方程式は

$$\nabla^2 \boldsymbol{E} - \varepsilon\mu_0 \frac{\partial^2}{\partial t^2} \boldsymbol{E} = \frac{1}{\varepsilon_0 c^2} \frac{\partial^2}{\partial t^2} \boldsymbol{P}^{\mathrm{NL}} \quad (1.2.79)$$

となる. その非線形媒質に角周波数 ω の光電場 $\boldsymbol{E}_1$ が入射し, z 方向に伝搬しているとする. 光電場の振幅ベクトルを $\boldsymbol{E}_1^0$ とすると, 光電場 $\boldsymbol{E}_1$ は

$$\boldsymbol{E}_1 = \boldsymbol{E}_1^0 \exp\{i(k_1 z - \omega t)\} \quad (1.2.80)$$

と記述することができる. k_1 は基本波の波数であり, n^{ω} は角周波数 ω における非線形媒質の屈折率である. 同様に光第2高調波 (SHG) 電場を以下のように

$$\boldsymbol{E}_2 = \boldsymbol{E}_2^0 \exp\{i(k_2 z - \omega t)\} \quad (1.2.81)$$

と記述する. 非線形分極 $\boldsymbol{P}^{\mathrm{NL}}$ を $\boldsymbol{E}_1$ で表すと

$$\boldsymbol{P}^{\mathrm{NL}} = \varepsilon_0 \chi^{(2)} : \boldsymbol{E}_1^0 \boldsymbol{E}_1^0 \exp\{2i(k_1 z - \omega t)\} \tag{1.2.82}$$

となる．これを式(1.2.79)の左辺に代入して整理すると

$$\nabla^2 \boldsymbol{E}_2 = \frac{d^2}{dz^2} E_2 = \exp\{i(k_2 z - 2\omega t)\}\left(\frac{d^2}{dz^2} E_2^0 + 2ik_2 \frac{d}{dz} E_2^0 - k_2^2 E_2\right) \tag{1.2.83}$$

なので，$\frac{d^2}{dz^2} E_2^0 \ll k_2 \frac{d}{dz} E_2^0$ であるから式(1.2.79)は

$$\frac{d}{dz} E_2^0 = \frac{2i\omega^2}{ck_2} \chi^{(2)} (E_1^0)^2 \exp\{i(2k_1 z - k_2 z)\} \tag{1.2.84}$$

となる．この微分方程式を解くと

$$I_{2\omega} = \frac{2\omega^2}{\varepsilon_0 c^3} \frac{L^2}{n^{2\omega}(n^\omega)^2} (\chi^{(2)})^2 \frac{\sin^2\left(\frac{\Delta k L}{2}\right)}{\left(\frac{\Delta k L}{2}\right)} \left(\frac{I_\omega}{A}\right)^2 \tag{1.2.85}$$

と表される．ここで，I_ω は基本波の強度であり，その断面積を A とした．また，$I_{2\omega}$ は SHG の強度である．Δk は $\Delta k = (2\omega/c)(n^\omega - n^{2\omega})$ であり，基本波の位相速度と高調波の位相速度の差に対応する量である．式(1.2.85)は $\Delta k \ne 0$ のとき，すなわち，位相整合がとれていない状態では媒質中の光路長 L を大きくしても発生した高調波が強くならず，光路長 L に対して振動する．この様子を示したのが図1.2.7の(a)のグラフである．L を大きくしても，媒質内の各場所で発生した高調波が干渉して弱めあうため，これを繰り返して振動するだけである．$L = (\pi/\Delta k)$ となる厚さ L をコヒーレンス長 l_c と呼ぶ．一方，$\Delta k = 0$ のときには，式(1.2.85)は

$$I_{2\omega} = \frac{2\omega^2}{\varepsilon_0 c^3} \frac{L^2}{n^{2\omega}(n^\omega)^2} (\chi^{(2)})^2 \left(\frac{I_\omega}{A}\right)^2 \tag{1.2.86}$$

のようになり，高調波光強度 $I_{2\omega}$ は L に対して2乗で増加する(図1.2.7(b))．この状態を位相整合と呼ぶ．高調波発生を波長変換デバイスとして応用する際には，位相整合をとることが必要である．しかし，媒質は周波数分散があるため，そのままでは位相整合をとることはできない．そこで，非線形光学結晶では複屈折を利用して位相整合をとることが一般的である．図1.2.8に正の1軸性結晶における波長分散を利用した位相整合の様子を示した．図1.2.8(a)に示したように，基本波の角周波数 ω における異常光の屈折率 n_e^ω が高調波の常光の屈折率 $n_o^{2\omega}$ に等しい場合，位相整合が達成できる．これをタイプⅠの位相整合と呼ぶ．一方，図1.2.8(b)に示したように，常光と異常光の屈折率の平均 $(n_o^\omega + n\omega_e)/2$ が $n_o^{2\omega}$ に等しい場合，やはり位相整合が達成できる．これをタイプⅡの

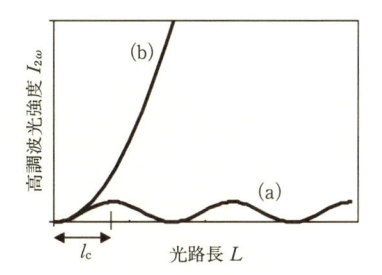

図1.2.7 位相整合がとれない場合の高調波強度(a)と位相整合がとれた場合の高調波強度(b)の光路長 L の依存性

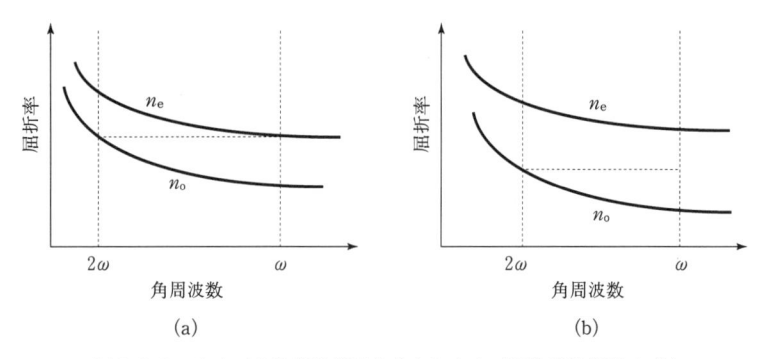

図 1.2.8 タイプ I 角度位相整合 (a) とタイプ II 角度位相整合 (b)

位相整合と呼ぶ．実際には異常光の屈折率を変えるために，結晶への入射角を変えたり，温度を制御して複屈折を制御したりして，位相整合条件を達成する．

k. 非線形光学効果のミクロな描像

式(1.2.51)に非線形項 $m\xi r^2$ を加えて，SHGが起こる微視的な描像を示してみよう．古典的なモデルであるが定常的な理解には十分である．非線形運動方程式は

$$m\frac{d^2r}{dt^2} + m\Gamma\frac{dr}{dt} + Kr - m\xi r^2 = -eE \tag{1.2.87}$$

となる．この微分方程式に入射光電場として

$$E = E_1 \exp(-i\omega t) \tag{1.2.88}$$

を印加した場合，考えられる解として

$$r = \sum_{n=1}^{\infty} a_n \exp\{-i(n\omega)t\} \tag{1.2.89}$$

がある．これを式(1.2.87)に代入して整理する．この中で ω 成分，2ω 成分は

$$-a_1\omega^2 - \Gamma\omega i a_1 + \omega_0^2 a_1 = -\frac{e}{m}E_1 \tag{1.2.90}$$

$$-4a_2\omega^2 - 2ia_2\omega\Gamma + \omega_0^2 a_2 = -\xi a_1^2 \tag{1.2.91}$$

と書くことができる．a_1, a_2 は

$$a_1 = \frac{1}{\omega^2 + \Gamma\omega i a_1 - \omega_0^2 m}\frac{e}{m}E_1 \tag{1.2.92}$$

$$a_2 = \frac{\xi e^2}{m^2}\frac{1}{(4\omega^2 - 2i\Gamma\omega i - \omega_0^2)(\omega^2 + \Gamma\omega i a_1 - \omega_0^2)} \tag{1.2.93}$$

となる．式(1.2.77)の2次の成分を書き出すと

$$P^{NL} = \varepsilon_0 \chi^{(2)} E_1^2 \tag{1.2.94}$$

となるから，これと(1.2.93)を比べることにより

$$\chi^{(2)} = \frac{\xi e^3}{\varepsilon_0 m}\frac{1}{(4\omega^2 - 2i\Gamma\omega i - \omega_0^2)(\omega^2 + \Gamma\omega i a_1 - \omega_0^2)} \tag{1.2.95}$$

1.2 光物性

を得ることができる．実際の系を記述するには摂動を使った量子論的な取扱いが行われる．

1.2.2 物質の光物性とフォトニクス

光と電子との間のエネルギーのやりとりは，フォトニクスの基本となる現象である．これは，半導体，あるいは，色素などの分子で量子論的に説明される．半導体の場合，周期構造からエネルギーバンドが生じ，それに伴うエネルギーギャップに相当するエネルギーをもつ光により電子が励起される．一方，分子では結合性分子軌道と反結合性分子軌道の間のエネルギー差に相当する波長の光を照射すると電子と光の間のエネルギーのやりとりが起こり，さまざまな光学現象が生じる．ここでは，フォトニクス材料として重要な半導体と色素等の分子における光と電子の相互作用について基礎的な解説を行う．

a. 半導体の光物性

電子の波数ベクトル k とエネルギー E の関係を分散と呼び，最も単純な例として1次元の周期構造に由来する半導体の分散曲線を図1.2.9に示す．E と k の間の関係は，伝導帯，価電子帯，それぞれ

$$E_f - E_g = \frac{\hbar^2 k^2}{2m_e^*} \tag{1.2.96}$$

$$E_i - E_v = -\frac{\hbar^2 k^2}{2m_h^*} \tag{1.2.97}$$

のように2次曲線で表される．ここで，m_e^*, m_h^* はそれぞれ電子，正孔の有効質量である．この図の場合には伝導帯のエネルギーの最小値 E_g を与える k は0であり，価電子帯のエネルギーの最大値 E_0 を与える k も0である．よって，エネルギーギャップより大きなエネルギーをもつ光を照射すると，価電子帯の上端から伝導体の底への電子の遷移が起こる．これを直接遷移と呼ぶ．直接遷移が起こるのは光の運動量 $\hbar k$ が格子振動（フォノン）の運動量より1/1万程度と十分小さく，遷移による運動

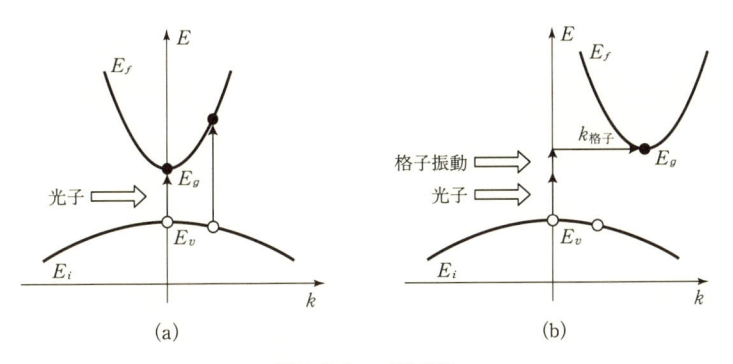

図1.2.9 パラボラ

表 1.2.3　直接遷移型半導体の0Kにおけるバンドギャップ

物質名	バンドギャップ(eV)
InAs	0.35
InSb	0.17
InP	1.29
GaAs	1.53
GaSb	0.81
PbS	0.29
PbSe	0.17
CdS	2.58
CdSe	1.84
CdTe	1.61

（注）理科年表による

表 1.2.4　間接遷移型半導体の0Kにおけるバンドギャップ

物質名	バンドギャップ(eV)
Si	1.206
Ge	0.785
InP	1.29
GaP	2.32
AlSb	1.55

（注）理科年表による

量のやりとりが無視できるためである．直接遷移を起こす半導体を直接遷移型半導体といい，GaAsやInPなどがある．一方，半導体の中には，伝導帯のエネルギーの最小値 E_g を与える k と価電子帯のエネルギーの最大値 E_0 を与える k の値が異なるものがある．この場合には，フォノンを放出したり吸収したりして運動量を受け渡すことにより遷移を起こすことになる．このような遷移を間接遷移といい，これを起こす半導体を間接遷移型半導体という．表1.2.3と表1.2.4にそれぞれ代表的な直接半導体と間接半導体のエネルギーギャップを示す．

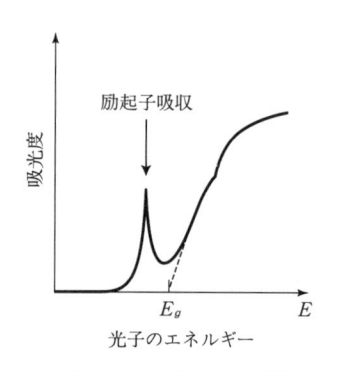

図 1.2.10　エキシトン吸収

光を照射した際に価電子帯から伝導体へ電子が励起されるが，吸収スペクトルや反射スペクトルを測定すると吸収の立上がりのエネルギーは必ずしもエネルギーギャップに一致せず，たとえば，図1.2.10のような鋭い吸収が E_g より数meV～数十eV低エネルギー側に現れる．これを励起子吸収と呼ぶ．励起子は電子と正孔が互いに静電力で束縛された状態にあり，束縛エネルギー

の分だけバンドギャップより低いエネルギーで遷移が起こる．半導体だけでなく，絶縁体でも励起子は生じ，アルカリハライドなどでは，束縛エネルギーは1eVに及ぶものもある．励起子は電子と正孔がペアとなっているため電気的に中性であり，電気伝導には関与しない．そのため，光伝導を測定しても励起子に由来する信号は現れない．励起子と原子の間の相互作用が弱く，比較的自由に結晶中を動き回るモット-ワニエ(Mott-Wannier)励起子と相互作用が強く，一つの原子や分子の近傍に局在するフレンケル(Frenkel)励起子が知られている．前者では，電子と正孔の間の距離は格子定数より大きく，その間の相互作用はクーロンポテンシャルで記述することができる．水素原子との類似性から，そのエネルギーは，真空の誘電率 ε_0 と還元質量 m_r，プランク定数 h を用いて

$$E_n = E_g - \frac{m_r e^4}{8 h^2 \varepsilon_0^2} \frac{1}{n^2} \tag{1.2.98}$$

のように記述される．ここで n は正の整数である．第2項は束縛エネルギー E_{ex} と呼ばれる．また，励起子半径 r_{ex} は水素原子の半径に対応し

$$r_{ex} = \frac{h^2 \varepsilon_0}{\pi m_r^2} n^2 \tag{1.2.99}$$

となる．ここで用いた還元質量 m_r は次のように記述される．

$$\frac{1}{m_r} = \frac{1}{m_e} + \frac{1}{m_h} \tag{1.2.100}$$

$m_e = 0.05\, m_0$，$m_h = 0.1\, m_0$ 程度の値を入れると，$E_{ex} = 5$ meV 程度，$r_{ex} = 10$ nm 程度となり，原子半径に比べて r_{ex} が非常に大きいことがわかる．一方，フレンケル励起子の換算質量はワニエ励起子に比べて重く，その励起子半径は格子程度と小さい．その結果，束縛エネルギーは大きい．フレンケル励起子では，一つの原子内に電子と対をなす正孔が存在する描像がよく用いられる．この場合，隣に移動する際も小さな対をつくって移動することになる．一般にはアルカリハライドなどの絶縁体や分子性結晶で観察される．

b. 光の吸収と放出

N 個の振動子による光の吸収と放出を考えてみよう．振動子は1種類で図1.2.11

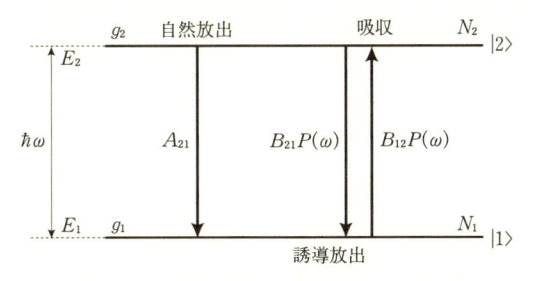

図 1.2.11 2準位系

に示したように E_1 および E_2 の二つのエネルギー状態をもち,その準位 i における縮退度は g_i であるとする.これらの状態間を遷移する際に角振動数 ω の光を吸収または放出するとすると $\hbar\omega=E_1-E_2$ の関係をもつ.$\hbar$ は $\hbar=h/2\pi$ である.エネルギー状態2からエネルギー状態1への遷移には二つの種類がある.一つは,光子のエネルギー密度 $P(\omega)$ に依存しない自然放出と呼ばれる遷移過程である.この過程による単位時間当たりの遷移の割合 R_{A21} は,エネルギー状態2をしめる振動子数 N_2 と定数 A_{21} を用いて $R_{A21}=A_{21}N_2$ と表される.もう一つは,電磁波のエネルギー密度 $P(\omega)$ に依存する誘導放出と呼ばれる遷移過程である.この過程による単位時間当たりの遷移の割合 R_{B21} は,N_2 と定数 B_{21},および $P(\omega)$ を用いて $R_{B21}=BN_2P(\omega)$ と表される.一方,エネルギー状態1からエネルギー状態2への遷移は光吸収に対応し,この過程による単位時間当たりの遷移の割合 R_{B12} は,エネルギー状態1をしめる振動子の数 N_1 と定数 B_{12} および $P(\omega)$ を用いて $R_{B12}=B_{12}N_1P(\omega)$ と表される.熱平衡状態では N_1 と N_2 の比はボルツマン分布 $N_1/N_2=\exp(h\nu/kT)$ に従うので

$$g_1B_{12}=g_2B_{21} \tag{1.2.101}$$

$$\frac{\hbar\omega^3}{\pi^2c^3}B_{21}=A_{21} \tag{1.2.102}$$

となる.これより,自然放出と誘導放出の割合の比は

$$\frac{A_{21}}{B_{21}P(\omega)}=\exp\frac{\hbar\omega}{k_BT}-1 \tag{1.2.103}$$

となる.k_B はボルツマン定数であり T は絶対温度である.温度が高いほど自然放出の割合が低くなることがわかる.また,エネルギーの高い光ほど自然放出の割合が高く,室温において両者の割合が等しくなるのは,波長 70 μm 程度の赤外光である.

c. 分子の光物性

有機分子の構造は多様であり,その性質はさまざまである.また,その状態は階層的であり,孤立した分子から高度に秩序化された集合状態まで考えるべきことはたくさんある.ここではまず孤立状態における量子状態を考える.分子がそれ自身の性質として光を吸収,放出するのは,分子が分子軌道と呼ばれる量子状態を有するためである.いま,ABという分子を考えた場合,その分子軌道 ψ_{AB} は,原子Aの原子軌道 ψ_A と原子Bの原子軌道 ψ_B の線形結合として

$$\psi_{AB}=C_A\psi_A\pm C_B\psi_B \tag{1.2.104}$$

と表される.ここで,C_A, C_B は定数である.原子軌道が線形結合し分子軌道を形成すると,孤立した原子より小さいエネルギーを有する結合性軌道 ψ_{AB}^+

$$\psi_{AB}^+=C_A\psi_A+C_B\psi_B \tag{1.2.105}$$

と孤立した原子より大きいエネルギーを有する反結合性軌道 ψ_{AB}^-

$$\psi_{AB}^-=C_A\psi_A-C_B\psi_B \tag{1.2.106}$$

を形成する.この様子を模式的に示したのが図 1.2.12 (a) である.ψ_{AB}^+ から分子を形成することによりエネルギーが下がることがわかる.ここへ結合性軌道と反結合性軌

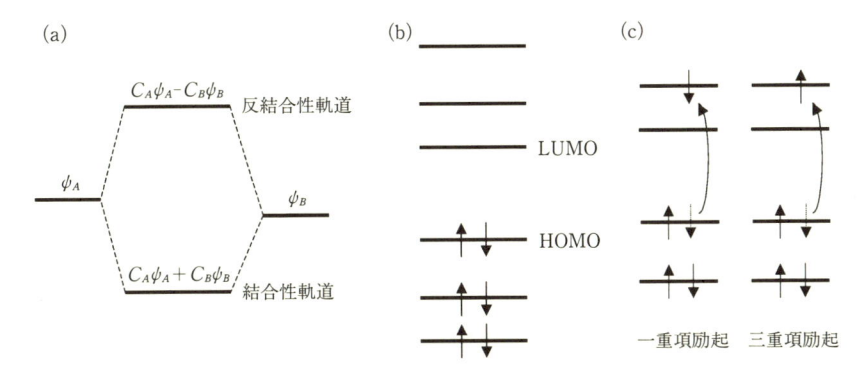

図 1.2.12 2原子分子の分子軌道(a)と多原子分子の LUMO と HOMO (b)および一重項励起と三重項励起(c)

道の差に相当するエネルギーより大きなエネルギーの光を照射すると光遷移が起こる．多数の原子から構成される分子では，図 1.2.12 (b) に示したようにたくさんの状態が存在し，最も高いエネルギーをもつ結合性軌道を HOMO (Highest Occupied Molecular Orbital) と呼ぶ．また，最も低いエネルギーをもつ反結合性分子軌道を LUMO (Lowest Unoccupied Molecular Orbital) と呼ぶ．一般に HOMO から LUMO への遷移は最長吸収帯の立ち上がりに相当する．

また，電子はスピンをもつため，遷移においては不対電子のスピンに組合せが生じる．これには，図 1.2.12 (c) に示すように，スピンの方向が反平行である一重項(S)とそれが平行である三重項(T)の2種類がある．一重項のスピン関数が電子1，電子2に対して

$$\alpha(1)\beta(2) - \alpha(2)\beta(1) \tag{1.2.107}$$

と記述されるのに対して，三重項のスピン関数は

$$\alpha(1)\beta(1) - \alpha(2)\beta(2) \tag{1.2.108}$$

$$\alpha(1)\alpha(2) \tag{1.2.109}$$

$$\beta(1)\beta(2) \tag{1.2.110}$$

のように3種類の状態が縮退していると考えられる．一般に一重項の遷移エネルギーは三重項の遷移エネルギーより大きい．これは，一重項に入る電子は反発が大きいため不安定化されるのに対して，三重項では二つの電子間の反発エネルギーが小さいからである．

分子の電子遷移に関する概念図を図 1.2.13 に示す．実際の分子では図 1.2.12 と異なり，基底状態の準位，あるいは励起状態の準位に重畳した回転や振動による順位も考慮する必要がある．これは，分子の吸収スペクトルが原子のスペクトルに比べて幅が広いことの一つの原因となっている．基底状態 S_0 から光の吸収により励起状態 S_1，S_2 へ電子が遷移するが，一重項から三重項への遷移は禁制であるため，光遷移した

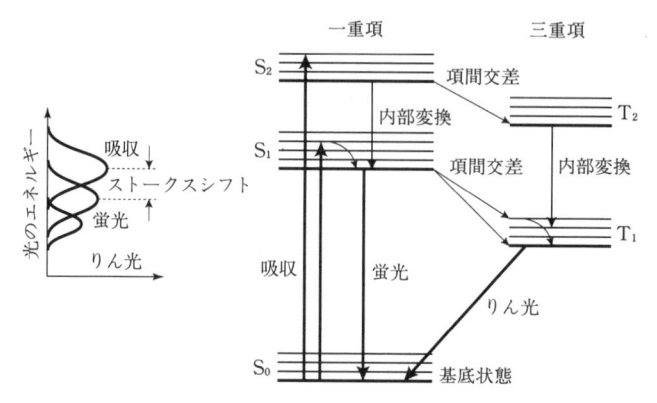

図 1.2.13 遷移の概念図．太線は吸収や放射（発光）過程であり細線は非放射過程である

電子のスピンは一重項のみである．振動準位による非放射遷移や準位間の内部変換を経て S_0 へ遷移する際に光が放出される場合を蛍光 (fluorescence) という．非放射遷移や準位間の内部変換を経ているため，蛍光に対応するエネルギーは励起のエネルギーより小さく，この差をストークスシフトという．また，一重項から項間交差を経て三重項へ移り，そこから S_0 への遷移を燐光 (phosphorescence) という．三重項から一重項への遷移は確率が小さいため，発光の寿命が長いのが特徴である．

d. 分子会合体

d.項では孤立分子における光遷移について述べたが，分子が集合した状態では分子間相互作用により孤立分子とは異なった性質が現れる．たとえば，固体結晶では無機の半導体のようなバンド理論が成り立つが，ここでは数個の分子が集合した会合体について考える．分子が図 1.2.14 (a) のように配列した場合には，吸収スペクトルが低エネルギー（長波長）側にシフトし，鋭いピークとなって現れる．これは J-会合体と呼ばれ，シアニン色素などでよく研究が行われている．一方，分子が図 1.2.14 (b) のように配列した場合を H-会合体と呼び，吸収スペクトルが高エネルギー（短波長）側にシフトし鋭いピークとなって現れる．これらの性質は 2 量体の場合を考えて以下のように説明される．分子 1 と分子 2 が相互作用するほど近い場合，基底状態のハミルトニアン H は分子 1 と分子 2 のハミルトニアン H_1 および H_2 を使って

$$H = H_1 + H_2 + V_{12} \tag{1.2.111}$$

と表される．V_{12} はクーロン相互作用である．対応する波動関数 ψ_g とエネルギー E_g は，孤立分子のエネルギー E_1, E_2 を使って

$$\psi_g = \phi_1 \phi_2 \tag{1.2.112}$$

$$E_g = E_1 + E_2 + \langle \phi_1 \phi_2 | V_{12} | \phi_1 \phi_2 \rangle \tag{1.2.113}$$

のように表される．一方，励起状態の波動関数 ψ_e は，励起状態の各波動関数 ϕ_1^*,

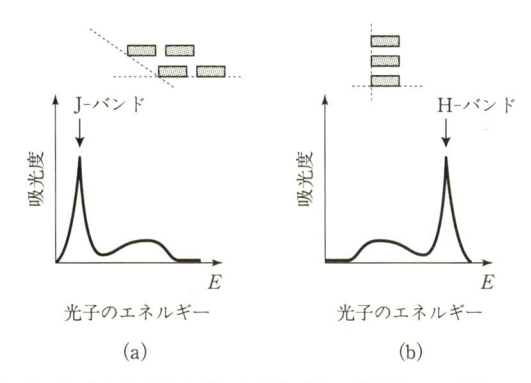

図 1.2.14 J-会合体 (a) と H-会合体 (b) の構造とスペクトルの模式図

$\psi_2{}^*$ を用いて

$$\psi_e = c_1\psi_1{}^*\psi_2 + c_2\psi_1\psi_2{}^* \tag{1.2.114}$$

と表される．分子は等価なので $c_1=c_2=\dfrac{1}{\sqrt{2}}$ である．これよりエネルギー E_e を記述すると

$$E_e = E_1{}^* + E_2 + Q' \pm \beta \tag{1.2.115}$$

となる．ただし，β, Q は，それぞれ共鳴積分，クーロン積分と呼ばれ

$$\beta = \langle \psi_1{}^*\psi_2 | V_{12} | \psi_1\psi_2{}^* \rangle \tag{1.2.116}$$

$$Q = \langle \psi_1{}^*\psi_2 | V_{12} | \psi_1{}^*\psi_2 \rangle \tag{1.2.117}$$

で表される．これを図示したのが図 1.2.15(a) であり，2量体を形成することにより二つのエネルギー準位に分裂することがわかる．図 1.2.15(b) では分子の位置関係と遷移の関係を示した．分子が平行に並んでいる場合には，$V>0$ であり，これは H-会合体でも同様である．この場合には低エネルギー側への遷移は四重極子となり，電気双極子からの放射は禁制となる．そのため，高エネルギー側にシフトした吸収が観察される．また，縦に並んだ場合には，$(V<0)$ となるが，高エネルギー側の遷移が四重極子となり電気双極子からの放射は禁制となる．そのため，吸収は低エネルギー側へシフトする．これは，J-会合体の場合も同様に説明される．また，斜めの配置では，いずれも許容となるため，高エネルギー側と低エネルギー側の二つの吸収が観測される．

このような2量体，あるいは数個〜数百個の分子の J-会合体では，ストークスシフトの小さい蛍光が観測されることが知られている．また，吸収スペクトルが著しく鋭く細くなるのは，励起子の分子への滞在時間が短いため分子振動の影響を受けにくいためである．さらに，J-会合体の振動子強度は著しく大きいため，巨大な非線形感受率の発現も報告されている．これらの性質はフォトニクス材料や光学物性の研究対

$$\psi_- = \frac{1}{\sqrt{2}}(\psi_1^* \psi_2 - \psi_1 \psi_2^*)$$

$$\psi_+ = \frac{1}{\sqrt{2}}(\psi_1^* \psi_2 + \psi_1 \psi_2^*)$$

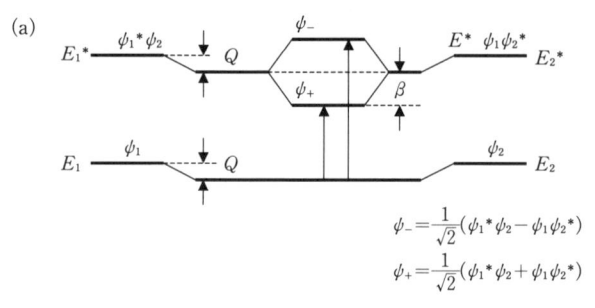

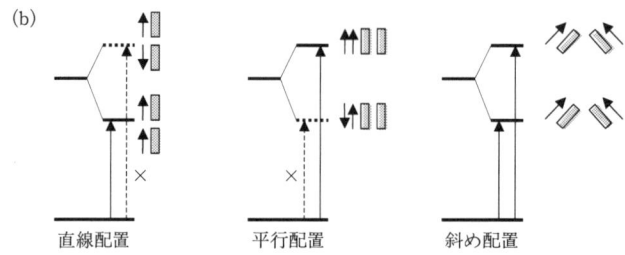

図1.2.15　2量体の電子構造(a)と2量体の構造と電子遷移(b)

象として魅力的なものであり，現在盛んに研究が行われている系となっている．

〔梶川浩太郎〕

文　献

1) G. R. Fowles : Introduction to Modern Optics, Dover Publications, New York (1975)
2) M. Pope and C. E. Swenberg : Electronic Processes in Organic Crystals and Polymers, Oxford Univesity Press, Oxford (1999)
3) J. I. Pankove : Optical Process in Semiconductors, Dover Publications, New York (1971)
4) C. Kittel：固体物理入門 (上), (下), 丸善 (1979)
5) R. Laudon：光の量子論, 内田老鶴圃 (1981)
6) 霜田光一：レーザー物理入門, 岩波書店 (1983)
7) 中沢叡一郎, 鎌田憲彦：光物性・デバイスの基礎, 培風館 (1999)
8) 辻内順平：光学概論 I, II, 朝倉書店 (1979)
9) 小長井誠：半導体物性, 培風館 (1992)
10) 櫛田孝司：光物性物理学, 朝倉書店 (1991)
11) 大河原信, 松岡　賢, 平嶋恒亮, 北尾悌次郎：機能性色素, 講談社サイエンティフィック (1992)
12) 杉森　彰：光化学, 裳華房 (1998)
13) 花村栄一：固体物理学, 裳華房 (1996)

1.3 磁　　　性

1.3.1 磁性の基礎理論
a. 磁性の起源 ― 不完全殻中の電子

物質の磁性の担い手は，電子の軌道運動とスピンである（図1.3.1）．原子（またはイオン）の i 番目の電子がもつ軌道角運動量（ベクトル）を $\hbar l_i$，スピン角運動量（ベクトル）を $\hbar s_i$ とし，それらを合成した原子の軌道各運動量を $\hbar L$，スピン角運動量を $\hbar S$ で表す．すなわち，

$$S = \sum_i s_i \tag{1.3.1}$$

$$L = \sum_i l_i \tag{1.3.2}$$

ここで，$\hbar$ はディラックの定数であり，今後，$\hbar$ を略して L, S を角運動量として扱う．

閉殻を形成する電子では，軌道角運動量が互いに打ち消しあうペアーが必ず存在するので，$L=0$ であり，また各軌道を上向きと下向きのスピンがしめるので $S=0$ になり，ほとんど磁性を生じない（非常に弱い反磁性を生じるが，磁性材料中では重要でないので省略する）．したがって，不完全核をもつ原子（またはイオン）だけが磁性に寄与するといって差し支えない．

さらに，固体中では原子の外側，すなわち外殻を占める電子は，周囲の原子（またはイオン）の電子と，固体を形成するための結合に関与して L と S の両方を失うので，ほとんど磁性に寄与しない．それゆえ，磁性材料では，内殻に不完全殻をもつ原子（またはイオン）が磁性を担う．すなわち，"磁性原子（イオン）"として振る舞う．

3d軌道（主量子数 $n=3$，方位量子数 $l=2$）が不完全殻になっている3d遷移元素(Sc-Cu)は，鉄族元素とも呼ばれ，磁性材料で重要な寄与をしている．とりわけFe, Co, Niは，単体金属が室温で強磁性を示すのでとくに重要であり，これらを鉄族元素または遷移金属と呼ぶこともある．

4f軌道（$n=4, l=3$）に不完全殻をもつ4f遷移元素は，希土類元素とも呼ばれ，鉄族元素についで磁性材料で大事な役割を演じている．

b. 自由原子の磁気モーメント

孤立している自由原子の不完全殻の電子は，基底状態では，フントの法則に従

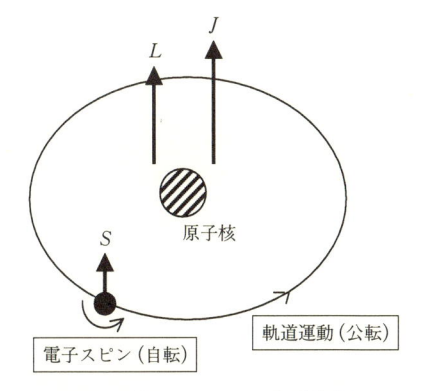

図1.3.1 電子のスピンと軌道角運動に対する古典論的イメージ

い，①合成されたスピン角運動量 S (の量子数 S) が最大になるように占有し，②さらに，パウリの原理を満たす範囲で合成された軌道各運動量 L (の量子数 L) を最大にするようにしめる．

L と S の間には，λLS の形の相互作用，すなわちスピン・軌道相互作用が働くので，合成された全各運動量 J，すなわち

$$J = L + S \tag{1.3.3}$$

の量子数 J がよい量子数となる．そのような固有状態を J 多重項という．J は，電子が不完全殻を占める席の数が半数以下の場合には $L-S$，半数以上の場合には $L+S$ で与えられる．これは λ の符号が半殻を境として逆転するためである．

軌道運動による磁気モーメント μ_l とスピンによる磁気モーメント μ_s は，ボーア磁子 μ_B を用いて

$$\mu_l = -\mu_B L \tag{1.3.4}$$
$$\mu_s = -2\mu_B S \tag{1.3.5}$$

と表される（マイナス符号は，電子の電荷が負であるため）．したがって，原子の全磁気モーメントは，

$$\mu = -m_B(L + 2S) \tag{1.3.6}$$

のように $L+2S$ に比例し，よい量子数 J をもつ全各運動量 J と平行ではない．J の絶対値 $|J|$ が運動の恒量であるから，実際の原子の磁気モーメントには，$L+2S$ の J と平行な成分だけが生き残る．この平行成分を gJ とおくと（図1.3.2），原子の磁気モーメント M は，

$$M = -m_B g J \tag{1.3.7}$$

と表される．右辺に導入された係数 g はランデの g 因子と呼ばれ，

$$g = 1 + \frac{J(J+1) + S(S+1) - L(l+1)}{2J(J+1)} \tag{1.3.8}$$

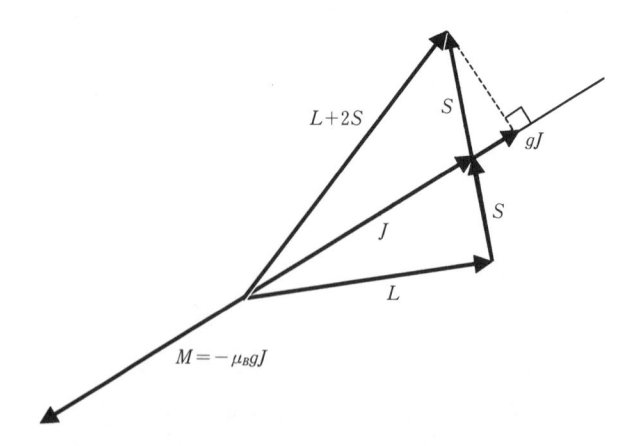

図 1.3.2 電子の角運動量 S, L, J と磁気モーメント M

で与えられる．式(1.3.7)および$|J|=J(J+1)$より，磁気モーメントの大きさは

$$|M|=m_B n_{\text{eff}} \tag{1.3.9a}$$
$$n_{\text{eff}}=g\sqrt{J(J+1)} \tag{1.3.9b}$$

と表され，ここで導入されたn_{eff}を有効ボーア磁子数という．

c. 固体中の原子の磁気モーメント

固体中で磁性に関与する電子は，イオン性結晶中では磁性イオンに局在しているが，金属中では遍歴しており，その磁性はバンド構造に依存している．ここでは，イオン性結晶における磁気モーメントについて説明する．

希土類元素のn_{eff}の実測値は，表1.3.1に示したように，式(1.3.9b)の理論値とよく一致する（ただし，SmとEuは例外．その理由は説明されているが，ここでは省略する）．ところが，鉄族元素では，式(1.3.9b)とは一致せず，むしろ$L=0$とおいて，JをSで置き換えた

$$n_{\text{eff}}=g\sqrt{S(S+1)}=2\sqrt{S(S+1)} \tag{1.3.10}$$

とよく一致する（表1.3.2）．これらの現象は，次のように説明されている．

① 希土類元素の4f電子は，それの外側にある閉殻の5s電子と5p電子によって完全に遮へいされているために，周囲のイオンからの影響をほとんど受けないので，理論によく従う．

② 鉄族元素の3d電子は，その外側の4s電子とともに，周囲の陰イオン（O^{2-}など）と結合するために，軌道角運動量が消滅してしまう（これを「結晶場による軌道角運動量の消滅」という）．

ただし，鉄族元素のイオンであるFe^{2+}，Ni^{2+}，Cu^{2+}，Co^{2+}では，実測値と理論値のずれが比較的大きく，軌道角運動量が完全に消滅していない．このように軌道角運動

表1.3.1 希土類イオンの電子状態と有効ボーア磁子数の実測値

イオン	電子配置	S	L	J	$g\sqrt{J(J+1)}$	n_{eff}の実測値
Ce^{3+}	$4f^1 5s^2 5p^6$	1/2	3	5/2	2.54	2.5
Pr^{3+}	$4f^2 5s^2 5p^6$	1	5	4	3.58	3.6
Nd^{3+}	$4f^3 5s^2 5p^6$	3/2	6	9/2	3.62	3.8
Pm^{3+}	$4f^4 5s^2 5p^6$	2	6	4	2.68	—
Sm^{3+}	$4f^5 5s^2 5p^6$	5/2	5	5/2	0.84	(1.5)
Eu^{3+}	$4f^6 5s^2 5p^6$	3	3	0	0	(3.6)
Gd^{3+}	$4f^7 5s^2 5p^6$	7/2	0	7/2	7.94	7.9
Tb^{3+}	$4f^8 5s^2 5p^6$	3	3	6	9.72	9.7
Dy^{3+}	$4f^9 5s^2 5p^6$	5/2	5	15/2	10.63	10.5
Ho^{3+}	$4f^{10} 5s^2 5p^6$	2	6	8	10.60	10.5
Er^{3+}	$4f^{11} 5s^2 5p^6$	3/2	6	15/2	9.59	9.4
Tu^{3+}	$4f^{12} 5s^2 5p^6$	1	5	6	7.57	7.2
Yb^{3+}	$4f^{13} 5s^2 5p^6$	1/2	3	7/2	4.54	4.5

表1.3.2　鉄族イオンの電子状態と有効ボーア磁子数の実測値

イオン	電子状態	S	L	J	$g\sqrt{J(J+1)}$	$2\sqrt{S(S+1)}$	n_{eff} の実測値
Sc^{2+}, Ti^{3+}	$3d^1$	1/2	2	3/2	1.55	1.73	1.7
Ti^{2+}, V^{3+}	$3d^2$	1	3	2	1.63	2.83	2.8
V^{2+}, Cr^{3+}	$3d^3$	3/2	3	3/2	0.70	3.87	3.8
Cr^{2+}, Mn^{3+}	$3d^4$	2	2	0	0.00	4.90	4.8
Mn^{2+}, Fe^{3+}	$3d^5$	5/2	0	5/2	5.92	5.92	5.9
Fe^{2+}	$3d^6$	2	2	4	6.71	4.90	5.5-5.2
Co^{2+}	$3d^7$	3/2	3	9/2	6.63	3.87	5.2-4.4
Ni^{2+}	$3d^8$	1	3	4	5.59	2.83	3.2
Cu^{2+}	$3d^9$	1/2	2	5/2	3.55	1.73	2.0-1.8

量が生き残っていると,電子軌道の形状が異方的であるために磁気異方性を生じる.とくに Co^{2+} は,強い磁気異方性を与える.

1.3.2 磁性の分類

上記のように,磁性の主たる担い手はスピンであり,軌道からの寄与は2次的である(磁気異方性を与えるのみ)ことから,電子がもつ磁気モーメントをスピンと呼ぶことにする.スピンの配列の仕方によって,物質の磁性は次のように分類される(図1.3.3).

a. 強 磁 性

外から磁界をかけなくても"自発磁化" M_s が存在しているのが"強磁性"である.強磁性は,磁性材料で最も重要な役割を演じているが,これには,(a)すべてのスピンが平行にそろう"フェロ磁性",(b)大きさが異なる2種類のスピンが反平行にそろい,その差に相当する M_s を生じる"フェリ磁性",(c)スピンが反平行からわずかに傾いて弱い M_s を生じる"弱フェロ磁性"がある.

b. 反 強 磁 性

フェリ磁性で,2種類のスピンの大きさが等しいために,打ち消しあって $M_s=0$ となっているのが(d)の"反強磁性"である.

c. 常 磁 性

強磁性と反強磁性におけるスピンの秩序配列は,温度が高くなると熱エネルギーによるゆらぎの効果によって乱され,キュリー温度 T_c およびネール温度 T_N で消滅し $T>T_c$, T_N では常磁性に移る.常磁性とは,図1.3.3(e)に示したように,スピンの方向が熱エネルギーによって高速で揺り動かされるので,時間的にも空間的にも互いの方向の相関が失われ,外磁界 H をかけたときだけ,これに比例する弱い磁性 $M=\chi H$ を生じるものをいい,χ を帯磁率と呼ぶ.

d. 超 常 磁 性

微小な領域内でスピンが強磁性的に整列して M_s を生じ,この M_s が熱ゆらぎに

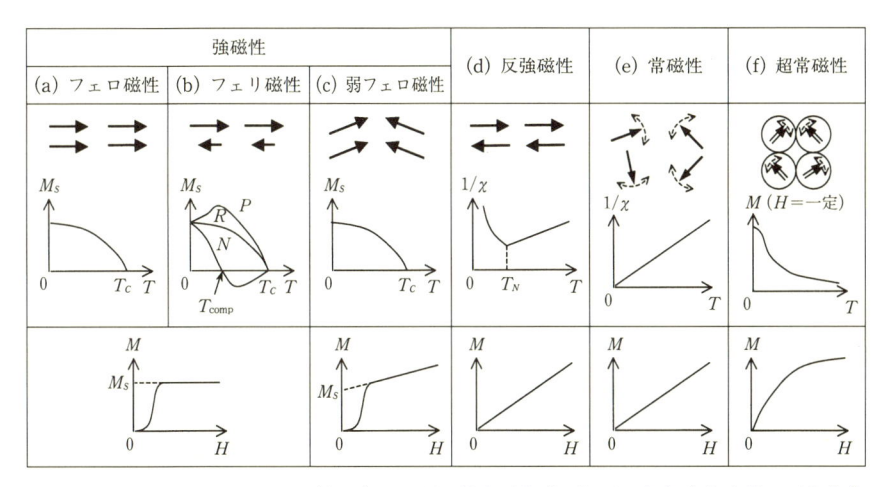

強磁性			(d) 反強磁性	(e) 常磁性	(f) 超常磁性
(a) フェロ磁性	(b) フェリ磁性	(c) 弱フェロ磁性			
→→ →→	←→ ←→	↗↖ ↗↖	←→ ←→	(無秩序矢印)	(円内矢印)
M_s vs T, T_C	M_s vs T, P,R,N, T_{comp}, T_C	M_s vs T, T_C	$1/\chi$ vs T, T_N	$1/\chi$ vs T	$M(H=$一定$)$ vs T
M vs H, M_s	M vs H, M_s	M vs H	M vs H	M vs H	M vs H

図 1.3.3 磁性の分類．スピン（矢印）の配列，飽和磁化（M_s）の温度（T）依存性，磁化曲線（M-H 特性）を示す

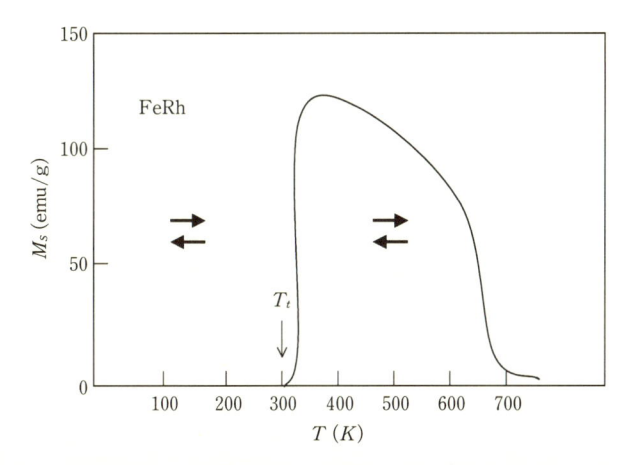

図 1.3.4 反強磁性から強磁性に転移する FeRh

よって無秩序な方向に揺り動かされているのが超常磁性（図 1.3.3 (f)）である．超常磁性の M-H 曲線は非直線的で，飽和に達しない．

フェロ磁性およびフェリ磁性の磁化 M は，磁場 H が強くなると自発磁化 M_s の値に向かって飽和する．反強磁性の M は，常磁性と同じく，H に対して直線的に増加し，$M=\chi H$ で表される．弱フェロ磁性の M-H 曲線は，フェロ磁性と反強磁性の M-H 曲線を重ね合わせた形をしており，強い磁界中でも M は飽和しにくく，H とともに増大する．

磁化の温度 (T) 特性でとくに興味深いのは，フェリ磁性体の M_s-T 曲線である．すなわち，2種類のスピンの温度特性が異なるため，図 1.3.3(b) に示したようなさまざまな型のカーブを描く．とくに N 型といわれるものでは，2種類のスピンの大きさが，たまたまある温度 (T_{comp}：磁気補償温度) で等しくなるため $M_s=0$ となり，T_{comp} を境として M_s の符号が反転する．これを磁気補償 (Magnetic Compensation) という．このようなバラエティに富んだ熱磁気特性は，希土類鉄ガーネット $R_3Fe_5O_{12}$(R=Gd, Tb, Dy, Er, Ho など)，希土類オルソフェライト $RFeO_3$，希土類コバルト系合金 RCo_5 などで実際に観測されている．

さらに興味深いのは，温度によって磁性が変わる物質である．たとえば，FeRh は図 1.3.4 に示すように，$T_t \approx 300$ K 以下では反強磁性体であるが，T_t 以上になると強磁性体に変わり，自発磁化をもつようになる．また $T<T_t$ で反強磁性，$T>T_t$ で弱フェロ磁性として自発磁化をもつようになるものもある (例：α-Fe_2O_3, $T_t=263$ K；$DyFeO_3$, $T_t=\sim 40$ K)．

1.3.3 磁気異方性

磁性材料の中の最も重要な強磁性体では，磁気異方性が重要な役割を果たしている．磁気異方性とは，磁性材料の特定の方向に磁界をかけたときに，磁化をそろえるのが容易 (または困難) であることをさし，その方向を磁化容易軸 (または磁化困難軸) という．

強磁性材料の磁気異方性は，図 1.3.5 に示したとおり，結晶磁気異方性，誘導磁気異方性，形状磁気異方性に大別される．

a. 結晶磁気異方性 (図 1.3.5(a))

結晶磁気異方性は，強磁性体の結晶構造に基づく本質的なもので，電子軌道 (電子

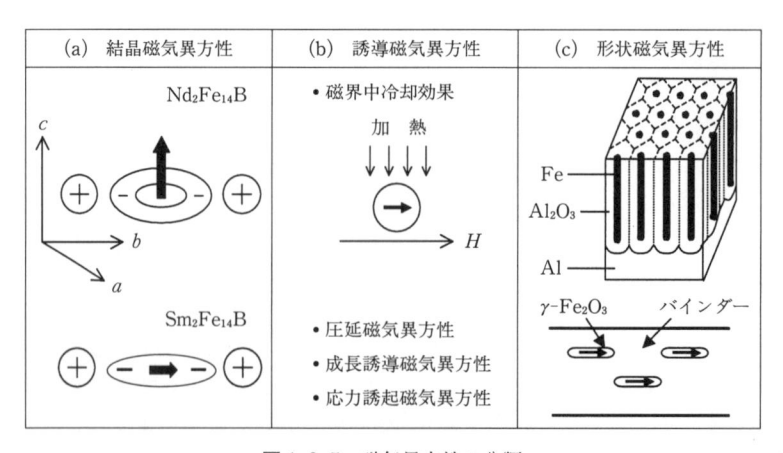

図 1.3.5 磁気異方性の分類

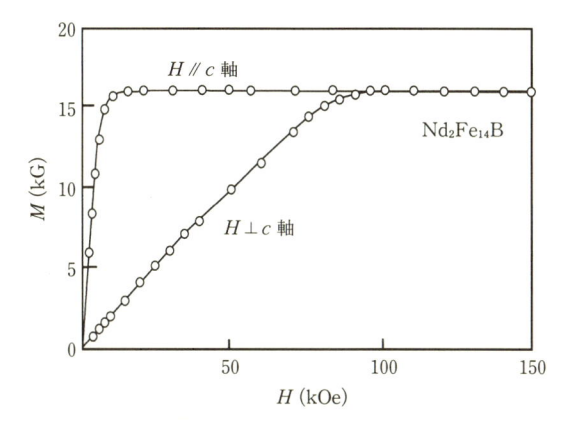

図 1.3.6 最も強力な永久磁石材料 $Nd_2Fe_{14}B$ の磁化曲線

雲)の形が異方的であることに起因する.最先端の永久磁石材料である $Nd_2Fe_{14}B$ を例として説明しよう.この物質は,六方晶系の結晶構造をもち,Nd の 4f 電子軌道が"あんパン型"をしており,スピンはあんパン面と直交している.Nd^{3+} は c 面内に層状に分布しているので,あんパン型の電子軌道(負電荷)は,すぐ隣の Nd^{3+} の正電荷に引かれ c 面内に向けられる.したがって,Nd^{3+} のスピンは c 軸方向に向き,Fe のスピンもそれと平行に整列する.それゆえ $Nd_2Fe_{14}B$ は,c 軸を容易軸とする一軸性の磁気異方性を示す.

図 1.3.6 に示したように,$Nd_2Fe_{14}B$ の磁化容易軸である c 軸方向に磁界をかけたときは,弱い磁界で飽和に達するが,それと垂直方向にかけたときは,飽和させるのにさらに強い磁界を必要とする.

$Nd_2Fe_{14}B$ の Nd を Sm で置き換えた $Sm_2Fe_{14}B$ では,Sm^{3+} の電子雲が"葉巻型"をしており(図 1.3.5(a)),スピンは葉巻の長手方向を向いている.それゆえ,電子雲が隣の Sm^{3+} の正電荷に引かれ c 面内に向けられるとスピンも c 面内を向くので,$Sm_2Fe_{14}B$ の磁化容易軸は c 面内に存在する.

興味深いことに,ある種の強磁性体では,磁化容易軸の方向が温度によって変わる.これを「スピン再配列(Spin Reorientation)」と呼ぶ.希土類遷移金属 R を含む $RFeO_3$(R=Nd, Sm, Gd, Tb, Ho, Er, Tm, Yb),$RCrO_3$(R=Sm, Gd),永久磁石材料 $Nd_2Fe_{14}B$ およびその仲間 $R_2Fe_{14}B$(R=Ho, Er, Tm),金属間化合物 RCo_5(R=Nd, Tb, Dy)などで見いだされている.図 1.3.7 に $DyCo_5$ のスピン再配列を示したが,室温近辺で磁化の方向が六方晶の c 軸方向から 90°回転して c 面内に移る.この現象を利用したモータや発電機が試作されている.

b. 誘導磁気異方性(図 1.3.5(b))

磁性材料に後から加えた操作によって誘起される誘導磁気異方性には,次のような種々のものが知られている.

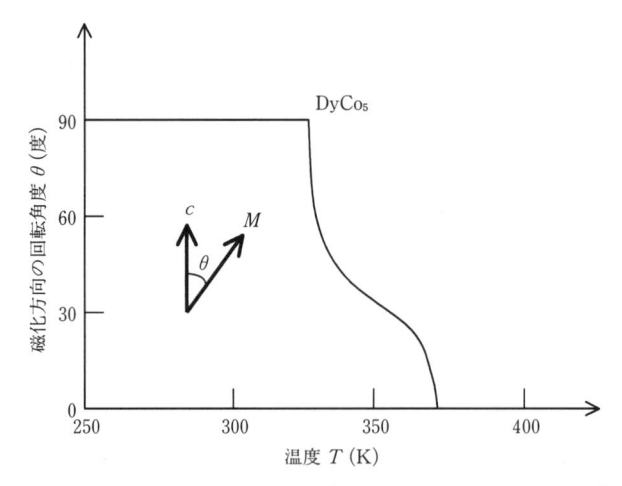

図 1.3.7 DyCo$_5$ のスピン再配列 (磁化容易軸の方向の温度変化)

1) **磁界中冷却効果**

ある種の磁性材料を高温で磁界をかけ，そのまま室温まで冷却すると，磁界方向を磁化容易軸とする一軸性の異方性が誘起される．これは，高温で不純物や結晶粒界が移動し，そのまま室温まで凍結されるためである．

2) **圧延磁気異方性**

特定の金属材料，たとえばパーマロイ (FeNi 合金) をロールによって圧延して薄板にすると，板面内に一軸異方性を生じる．

3) **成長誘導磁気異方性**

磁性材料として結晶や薄膜を成長させたときに，原子や結晶面が特定の秩序を形成することによって磁気異方性が誘起される．たとえば，GGG ($Gd_3Ga_3O_{12}$) 上に液相エピタキシャル (LPE) 法で成長させたある種の希土類鉄ガーネット薄膜では，膜面に垂直な一軸磁気異方性を生じる．これはかつてバブルメモリ材料として用いられた．

4) **応力誘起磁気異方性**

基板上に成長させた磁性薄膜では，通常，基板からの応力が働いているので，磁気ひずみ効果の逆効果によって一軸異方性を生じることがある．

5) **形状磁気異方性** (図 1.3.5 (c))

強磁性体が針，または板 (膜) の形状をしているとき，反磁界の作用で針の長手方向または板 (膜) 面内を磁化容易方向とする異方性を生じる．一例として，図 1.3.5 (c) に陽極酸化法で作製したアルミナ (Al_2O_3) 膜の膜面と，垂直方向にあいている微細孔 (直径：数十〜数百 Å) の中に Fe を電析した複合磁性膜を示した．針の長手方向と垂直な方向に強い反磁界が働くため，膜面に垂直な方向に磁化容易軸をもつ強い磁

気異方性が得られる．また，塗布型の磁気テープでは，強磁性体である $\gamma\text{-}Fe_2O_3$ の針状微結晶を膜面内でテープの走行方向に配列し，この方向を磁化容易方向としている様子をも示した．

1.3.4 強磁性体の磁区と磁化過程

たとえば図1.3.5(c)に示したような針（正確には細長い楕円体）状の強磁性体の長さが数百Å以下と小さい（ただし超常磁性にならない程度以上大きい）と，粒子全体が一方向に磁化され，"単磁区"粒子になる．このとき，図1.3.8に示したように，磁化容易軸（針の長手）方向に磁界 H をかけると，$H=\pm H_c$ で磁化 M が $+M$ と $-M$ の間でスイッチングする．また磁化困難軸（長手方向と垂直）方向にかけると，磁化が H 方向に回転させられ，M は H とともに直線的に増加し，$H=\pm H_c$ で飽和する．このような単磁区粒子に特有の磁化曲線が，実際に磁性超微粒子やそれが分散している薄膜などで観測されている．

しかし，粒子径または結晶粒径の大きな強磁性材料では，磁壁によって磁区に分かれる（図1.3.9）ため，磁化曲線は非線形で複雑な形状となる．

すなわち，図1.3.10に示すとおり，まず $H=0$ で $M=0$ である消磁状態（原点 O）から磁界をかけたとする．このとき得られる曲線 OABC を"初期磁化曲線"と呼ぶ．最初の部分 OA 上では，磁壁が連続的・可逆的に移動し，M はほぼ H に比例して増加する．この領域での $M/H=\chi$ を"初磁化率"という．この領域を超えた AB 上で

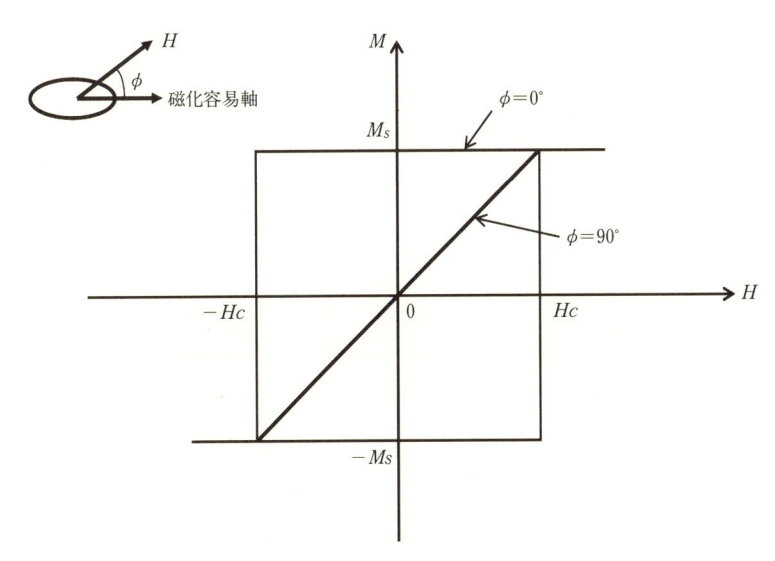

図1.3.8 単磁区粒子（一軸磁気異方性をもつ）の磁化曲線（容易軸と角度 ϕ の方向に磁界を印加）

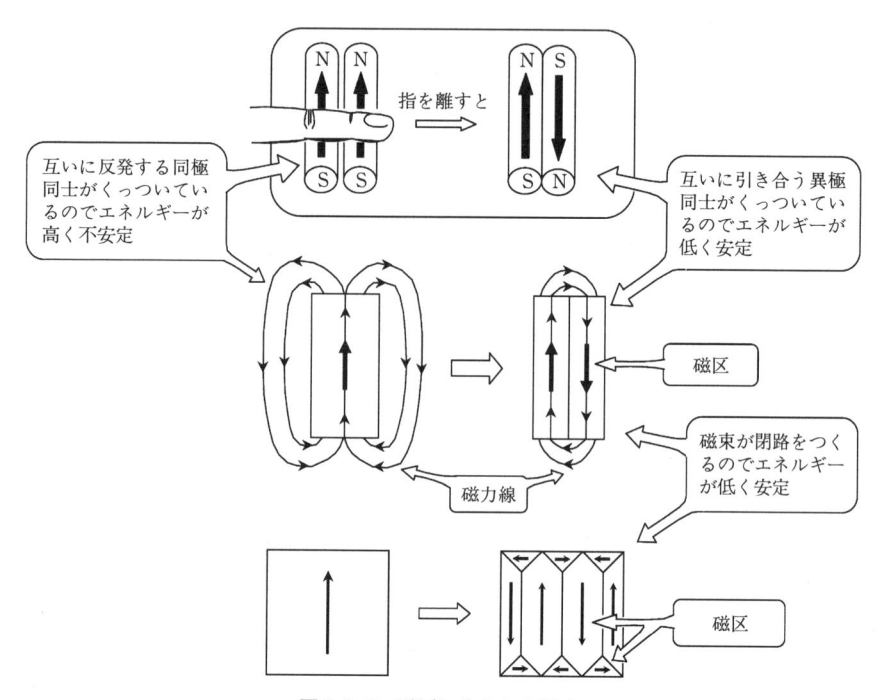

図 1.3.9 磁区に分かれる理由

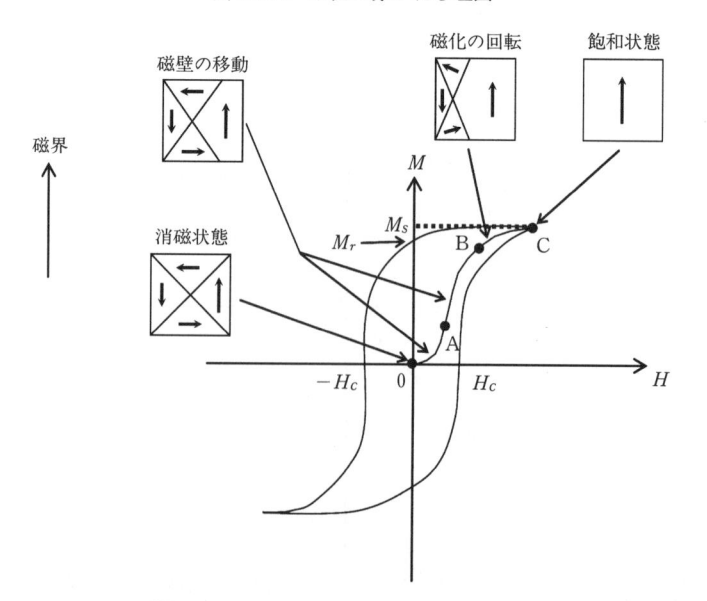

図 1.3.10 強磁性体の磁化曲線と磁区構造

は，磁壁が不連続的・不可逆的に飛んで（これをバルクハウゼン飛躍という）M が急激に増加する．さらに高い磁界をかけた BC の領域では，磁壁が動くとともに磁化の向きが磁界方向に回転させられ，点 C で自発磁化の値 M_s に飽和する．C 点から磁界を減少させ $H=0$ としても磁化が残っている．このときの磁化 M_r を「残留磁化」という．ここで磁界を負方向にかけると $H=-H_c$ で $M=0$ となる．H_c を"保磁力"という．さらに負の磁界を増すと，磁化は $-M_s$ に飽和し，磁界を一巡させると B-H 曲線は原点に対して対称な履歴（ヒステリシス）曲線を描く．

ヒステリシス曲線が囲む面積は，磁界を一巡させたときに，磁性体の中で熱の形で失われるエネルギーを表し，ヒステリシス損と呼ぶ．ヒステリシス損が小さい（したがって H_c が小さく初透磁率が大きい）材料が軟磁性材料（ソフト磁性材料）と呼ばれ，その反対の材料が硬磁性材料（ハード磁性材料）と呼ばれる．　　〔阿部正紀〕

文　献

1) 近角聡信：強磁性体の物理（上），（下），裳華房 (1988)
2) 太田恵造：磁気工学の基礎 I, II, 共立出版 (1977)
3) 近角聡信，太田恵造，安達健五，津屋　昇，石川義和編：磁性体ハンドブック，朝倉書店 (1975)
4) 岡本祥一，近桂一郎：マグネットセラミックス，技報堂 (1985)
5) 内山晋，増田　守：磁性体材料，コロナ社 (1980)
6) 近角聡信，橋口隆吉編集：物質の磁気的性質，朝倉書店 (1968)

1.4 熱物性

高い熱伝導率を示す物質群を思い浮かべると，一つは銅などの金属があり，もう一つはダイヤモンドなど硬い絶縁体がある．金属では，キャリヤが電気伝導と同時に熱伝導を担っているため，電気伝導率と熱伝導率は，ウィーデマン-フランツ (Widemann-Franz) 則により関係づけられている．一方，ダイヤモンドでは，速度の速いフォノンが，熱伝導を担っている．本節では，フォノンとキャリヤによる熱伝導を半古典的な輸送方程式であるボルツマン (Boltzmann) 方程式を用いて取り扱うことにより，固体中の熱伝導を考察する．

1.4.1 格子振動と熱伝導

本項では，フォノンの熱伝導を考える上で基本となるフォノンの分散関係について考える．

a. 格子振動

固体中の電子と原子を含んだ全系の Hamiltonian は，

$$H=\sum_i \frac{p_i^2}{2m}+\sum_j \frac{P_j^2}{2M_j}+\sum_{i,i'} \frac{e^2}{|\bm{r}_i-\bm{r}_{i'}|}+\sum_{i,j} \frac{Z_j e^2}{|\bm{r}_i-\bm{R}_j|}+\sum_{j,j'} \frac{Z_j Z_{j'} e^2}{|\bm{R}_j-\bm{R}_{j'}|} \tag{1.4.1}$$

と記述できる.「ここで $m, M_j, r_i, R_j, Z_j, p_i, P_j$ は,それぞれ,電子の質量,原子核の質量,電子の座標,原子核の座標,原子核の陽子数,電子の運動量,原子核の運動量である.」本来,原子系と電子系は同時に取り扱わなければならないが,原子の質量は,電子の質量と比べ非常に大きく,原子の運動は遅いので,原子が静止しているものとして電子状態を考える(断熱近似).すなわち,原子の座標 R_j をパラメータとして,

$$H_e = \sum_i \frac{p_i^2}{2m} + \sum_{i,i'} \frac{e^2}{|r_i - r_{i'}|} + \sum_{i,j} \frac{Z_j e^2}{|r_i - R_j|}$$

を電子系の Hamiltonian と考える.シュレーディンガー (Schrödinger) 方程式の解を,

$$H_e \Psi(r_1, r_2, \cdots) = E(R_1, R_2, \cdots) \Psi(r_1, r_2, \cdots)$$

と書くと,$E(R_1, R_2, \cdots)$ は,電子系の全エネルギーで,原子座標 R_j をパラメータとして含んでいる.この結果を用いると全系の Hamiltonian,式 (1.4.1) は,

$$H = \sum_j \frac{P_j^2}{2M_j} + E(R_1, R_2, \cdots) + \sum_{j,j'} \frac{Z_j Z_{j'} e^2}{|R_j - R_{j'}|}$$

と表される.したがって,原子間のポテンシャルと電子系の全エネルギーの和,

$$V(R_1, R_2, \cdots) \equiv E(R_1, R_2, \cdots) + \sum_{j,j'} \frac{Z_j Z_{j'} e^2}{|R_j - R_{j'}|}$$

は,原子系に対する有効ポテンシャルとみなすことができる.原子は,この有効ポテンシャルの極小点の周りを運動しているので,$V(R_1, R_2, \cdots)$ をその周りで展開する.単位胞内に複数の原子が存在することも考慮して,l 番目の単位胞内の s 番目の原子の座標を $R_{l,s}$,その平衡点を $R_{l,s}^0$ と表すと,$V(R_1, R_2, \cdots)$ は,

$$V = V_0(R_{1,1}^0, R_{l,s}^0) + \frac{1}{2} \sum_{l,l',s,s',a,a'} u_{l,s}^{(a)} u_{l',s'}^{(a')} \left. \frac{\partial^2 V}{\partial u_{l,s}^{(a)} \partial u_{l',s'}^{(a')}} \right|_{u=0} + \cdots$$

と展開される.ここで,$u_{l,s}^{(a)}$ は,変位 $u_{l,s} = R_{l,s} - R_{l,s}^0$ の α 方向成分である.平衡点の周りで展開しているので1次の項は現れない.$u_{l,s}^{(a)}$ の2次までで近似すると l 番目の単位胞内の s 番目の原子の α 方向に働く力は,

$$F_{l,s}^{(a)} = -\frac{\partial V}{\partial u_{l,s}^{(a)}} = -\sum_{l',s',a'} \phi_{a,a'}(l, s, l', s') u_{l',s'}^{(a')}$$

$$\phi_{a,a'}(l, s, l', s') \equiv \frac{\partial^2 V}{\partial u_{l,s}^{(a)} \partial u_{l',s'}^{(a')}} \tag{1.4.2}$$

と表される.力の定数,$\phi_{a,a'}(l, s, l', s')$ は,R_l と $R_{l'}$ に顕わには依存するわけではなく,その差 $R_{l''} \equiv R_l - R_{l'}$ に依存するので,$\phi_{a,a'}(l'', s, s')$ と書くことにする.したがって,単位胞内の s 番目の原子の質量を M_s とすれば,古典的な原子の運動方程式は,

$$M_s \ddot{u}_{l,s}^{(a)} = -\sum_{l'',s',a'} \phi_{a,a'}(l'', s, s') u_{l+l'',s'}^{(a')} \tag{1.4.3}$$

と表される.この方程式は,任意の $R_{l''}$ の並進に対して不変なので,この解は Bloch 型の,

1.4 熱物性

$$u_{l,s}^{(a)} = \frac{1}{\sqrt{M_s}} u_s^{(a)} e^{i(\boldsymbol{k}\cdot\boldsymbol{R}_l - \omega t)}$$

という形に書ける．これを式(1.4.3)に代入すれば，

$$\omega^2 u_s^{(a)} = \sum_{s'',a'} D_{a,a'}(s, s'; \boldsymbol{k}) u_{s'}^{(a')}$$

$$D_{a,a'}(s, s'; \boldsymbol{k}) \equiv \frac{1}{\sqrt{M_s M_{s'}}} \sum_{l''} \phi(l'', s, s') e^{i\boldsymbol{k}\cdot\boldsymbol{R}_{l''}} \tag{1.4.4}$$

という連立方程式が導かれる．この方程式が意味のある解をもつためには，係数行列式が0となること，

$$|D_{a,a'}(s, s'; \boldsymbol{k}) - \omega^2 \delta_{s,s'} \delta_{a,a'}| = 0 \tag{1.4.5}$$

が，要請される．式(1.4.4)の連立方程式の次元は，単位胞内の原子sの数と座標の方向を表すaの数で決まっているので，単位胞内の原子数をNとするとき$3N$である．したがって，一つの$\boldsymbol{k}$に対してω^2の解は，重根を含めて$3N$個存在する．これらの解は，いくつかのカテゴリーに分類されるが，一般的な話ではわかりにくいので，1次元の簡単なモデルに基づき考える．

b. 格子振動の1次元モデル
1) 1原子1次元格子モデル

図1.4.1のように質量mの原子が，間隔aで1次元的に配列した1次元格子を考える．第p近接原子との間の力の定数をf_pとするとき，s番目の原子の変位u_sに対する運動方程式は，

$$M\ddot{u}_s = \sum_p \{-f_p(u_s - u_{s+p}) - f_p(u_s - u_{s-p})\} = \sum_p f_p(u_{s+p} + u_{s-p} - 2u_s) \tag{1.4.6}$$

と表される．一般的な議論で述べたように，この方程式は格子周期の整数倍の並進に対して不変なので，式(1.4.6)の解はBloch型，

$$u_{s+p} = e^{ikpa} u_s$$

に書ける．時間依存性を$e^{-i\omega t}$として，式(1.4.6)に代入すると，

$$-M\omega^2 u_s = \frac{4}{M} u_s \sum_p f_p \sin^2 \frac{pka}{2}$$

という関係を得る．第1近接原子間の力のみを考慮し，その力の定数をfとすると，

$$\omega = \sqrt{\frac{4f}{M}} \left|\sin \frac{ka}{2}\right|$$

という分散関係が得られる．図1.4.3に一点鎖線でこの関係を示す．長波長極限の$k \to 0$のとき$\omega = \sqrt{f/M}\, ak$となり，ωはkに比例し，位相速度と群速度は一致し，$v = \sqrt{f/M}\, a$となる．これは物質中の音速である．

2) 2原子1次元格子モデル

今度は，図1.4.2のように，質量がM_1とM_2の2種類の原子が，aの間隔で交互に配列した1次元格子を考える．最近接原子間の力のみを考慮すると，古典的な運動

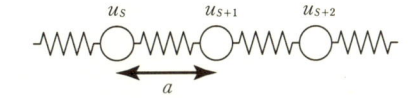

図1.4.1 格子振動の1次元1原子モデル

方程式は，

$$\begin{cases} M_1 \ddot{u}_{1,s} = f(u_{2,s-1} + u_{2,s} - 2u_{1,s}) \\ M_2 \ddot{u}_{2,s} = f(u_{1,s} + u_{1,s+1} - 2u_{2,s}) \end{cases} \quad (1.4.7)$$

となる．方程式の周期性から，この解も Bloch 型，

$$\begin{cases} u_{1,s\pm 1} = e^{\pm ika} u_{1,s} \\ u_{2,s\pm 1} = e^{\pm ika} u_{2,s} \end{cases}$$

に書ける．$e^{-i\omega t}$ の時間依存性を考慮して微分方程式 (1.4.7) に代入すると，$u_{1,s}$ と $u_{2,s}$ に関する連立方程式，

$$\begin{cases} -M_1 \omega^2 u_{1,s} = f(e^{-ika} + 1) u_{2,s} - 2f u_{1,s} \\ -M_2 \omega^2 u_{2,s} = f(1 + e^{ika}) u_{1,s} - 2f u_{2,s} \end{cases} \quad (1.4.8)$$

が得られる．$u_{1,s}, u_{2,s}$ が意味のある解をもつためには，係数行列式に関して，

$$\begin{vmatrix} M_1 \omega^2 - 2f & f(e^{-ika} + 1) \\ f(1 + e^{ika}) & M_2 \omega^2 - 2f \end{vmatrix} = 0$$

が要請される．これより，分散関係，

$$\omega^2 = f \frac{M_1 + M_2}{M_1 M_2} \left\{ 1 \pm \sqrt{1 - \frac{4 M_1 M_2 \sin^2 ka}{(M_1 + M_2)^2}} \right\}$$

を得る．$M_1 = 1.1\ m,\ M_2 = 0.9\ m$ とした場合の分散関係を図 1.4.3 に実線で示す．単位胞内に二つの原子が存在することに対応して，二つのモード（バンド）が存在する．

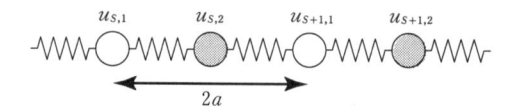

図 1.4.2 格子振動の 1 次元 2 原子モデル

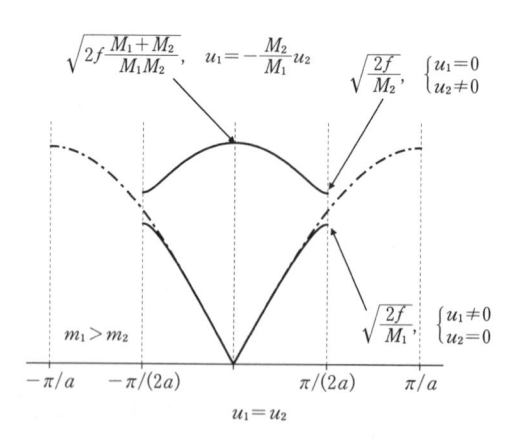

図 1.4.3 格子振動の 1 次元モデルに基づくフォノンの分散
実線が 2 原子モデル．点線が，1 原子モデル．

式(1.4.8)から $k \approx 0$ における変位を求めると，周波数の低いモードでは，$u_1 = u_2$，すなわち単位胞中の2種類の原子は，同位相，同振幅で振動し，固体中を伝搬する音波に対応する．一方，周波数の高いモードでは，$u_1 = -(M_2/M_1)u_2$ となり，単位胞中の2種類の原子は，互いに位相 π ずれた振動を示し，2種類の原子が正負の電荷を有する場合は，電磁波と強い相互作用をもつ．このため，周波数の低いモードを音響モード，高いほうを光学モードと呼ぶ．なお，Brillouin ゾーン端の $k = \pi/(2a)$ では，音響モードでは重いほうの原子のみが，光学モードでは軽いほうの原子のみが振動する．

3次元の一般の結晶では，単位胞内の原子数を N とするとき，$3N$ 個のモードのうち3個が $k \to 0$ で $\omega \to 0$ となる音響モード，ほかは $\omega \neq 0$ の光学モードとなる．ダイヤモンド型構造および閃亜鉛鉱型構造では，単位胞内に2個の原子があるため，3種の音響モードと3種の光学モードが存在する．また，$3N$ 個のモードは，対称性が高い場合には，波数ベクトル $\boldsymbol{k}$ と変位 $\boldsymbol{u}_{l,s}$ が直交する二つのモードと $\boldsymbol{k}$ と $\boldsymbol{u}_{l,s}$ が平行となる一つのモードに分類され，それぞれ横(transverse)モードと縦(longitudinal)モードと呼ばれる．

ところで，図1.4.3の2原子モデルの分散は，1原子モデルの分散を $k = \pi/(2a)$ で折り返したような形状を有している．これは，格子の周期が2倍になったため1ブリュアンゾーンの大きさが半分になり，$\boldsymbol{k}$ 空間の周期性からバンドが，第1ブリュアンゾーン内に還元されることに起因し，この現象はゾーンホールディング(zone folding)と呼ばれている．

c. デバイモデル

上記のように求められる角振動数 ω_i をもつ格子の波動は，それぞれ独立に振る舞い，量子力学的に取り扱うとそれぞれの振幅は量子化されて，エネルギーは，

$$E_n^i = \hbar\omega_i \left(n + \frac{1}{2}\right), \quad n = 0, 1, 2$$

のように離散的となる．そこで，$\hbar\omega_i$ のエネルギーをもつ仮想的な粒子を考え，フォノンと呼ぶ．また，量子化された格子振動の運動方程式は，ボーズ(Bose)粒子と同じ性質をもつことから，フォノンはボーズ-アインシュタイン(Bose-Einstein)分布，

$$f_{BE}(E) = \frac{1}{\exp(\hbar\omega/k_B T) - 1} \tag{1.4.9}$$

に従う．一方，波数空間におけるフォノンの状態密度は，単位体積，1つのモード当たり $(2\pi)^{-3}$ なので，フォノンの内部エネルギー U は，

$$U = \int E(\boldsymbol{k}) f_{BE}\{E(\boldsymbol{k})\} \frac{d\boldsymbol{k}}{(2\pi)^3} \tag{1.4.10}$$

と表せる．ここで，もし方程式(1.4.5)が解けて，すべての $\boldsymbol{k}$ に対して $E(\boldsymbol{k})$ が求まれば，式(1.4.10)の積分を実行することにより内部エネルギーが，さらに比熱 C は，

$$C = \frac{\partial U}{\partial T} \tag{1.4.11}$$

により求められる。しかし、すべての **k** に関する積分を実行することは煩雑であり、固体の熱的特性を概観するうえで不便である。デバイ (Debye) は、簡単なモデルに基づき求めたフォノンの状態密度を用いることにより、固体の比熱の温度依存性をよく再現することに成功した。以下このデバイのモデルに基づき、固体の格子比熱とフォノンによる熱伝導を考える。

等方的な物質を考え、フォノンの単位体積、1モード当たりの状態密度を $\rho(E)$ とすると、

$$\frac{d\boldsymbol{k}}{(2\pi)^3} = \frac{4\pi k^2 dk}{(2\pi)^3} = \frac{k^2}{2\pi^2} dk = \frac{k^2}{2\pi^2} \frac{dk}{dE} dE \equiv \rho(E) dE \tag{1.4.12}$$

と表せる。比熱や熱伝導に大きな寄与を与えるのは、長波長のフォノンであるので、長波長極限の分散、$\omega = vk$ を仮定するとフォノンの状態密度 $\rho(E)$ は、

$$\rho(E) dE = \frac{k^2}{2\pi^2} \frac{dk}{dE} dE = \frac{1}{2\pi^2 \hbar^3} \frac{E^2}{v^3} dE$$

と表せる。v は音速である。速度が v_t の二つの横モードと、速度が v_l の一つの縦モードを考慮すれば、エネルギー状態密度は、

$$\rho(E) dE = \frac{3E^2}{2\pi^2 \hbar^3} \frac{1}{v_0^3} dE \tag{1.4.13}$$

と表される。ここで、v_0 は、

$$\frac{3}{v_0^3} \equiv \frac{2}{v_t^3} + \frac{1}{v_l^3}$$

で定義されるフォノンの平均速度である。この $\rho(E)$ を用いると内部エネルギーは、

$$U = \int E f_{BE}(E) \rho(E) dE \tag{1.4.14}$$

と表せる。式 (1.4.13) の状態密度は単調に増大するが、図 1.4.3 から予測できるように実際のフォノンの振動数 ω は上限があるので、式 (1.4.14) の積分はある上限で止めるべきである。Debye は、単位体積当たりの全モード数が、$3N_0$ に一致するように積分の上限、$E_{\max}$ を決定した。ここで、N_0 は単位体積当たりの原子数である。これより、

$$3N_0 = \int_0^{E_{\max}} \rho(E) dE = \frac{3}{2\pi^2 \hbar^3 v_0^3} \int_0^{E_{\max}} E^2 dE = \frac{E_{\max}^3}{2\pi^2 \hbar^3 v_0^3}$$

したがって、

$$E_{\max} = k_B \Theta = \hbar v_0 (6\pi^2 N)^{1/3}$$

となる。ここで、Θ は、Debye 温度と呼ばれ、Θ を用いるとフォノンの状態密度 $\rho(E)$ は、

$$\rho(E) dE = \frac{9N_0}{(k_B \Theta)^3} E^2 dE \tag{1.4.15}$$

と表せる。この状態密度を用いると、内部エネルギーと比熱は、

$$U=\int E f_{BE}(E)\rho(E)dE=\frac{9N_0}{(k_B\Theta)^3}\int_0^{k_B\Theta}\frac{E^3}{\exp(E/k_BT)-1}dE \tag{1.4.16}$$

$$C=\frac{\partial U}{\partial T}=9N_0k_B\left(\frac{T}{\Theta}\right)^3\int_0^{\Theta/T}\frac{x^4\exp(x)}{\{\exp(x)-1\}^2}dx \tag{1.4.17}$$

と表される.なお,積分変数を $x=E/k_BT$ と変換した.高温と低温の極限では,比熱は,

$$C\approx\begin{cases}3k_BN_0 & \Theta\ll T\\ \dfrac{4\pi^4 N_0 k_B}{15}\left(\dfrac{T}{\Theta}\right)^3 & \Theta\gg T\end{cases} \tag{1.4.18}$$

と近似できる.高温の極限では,1 mole 当りの比熱は $3k_BN_A=3R$ (N_A, R は,それぞれアボガドロ数,ガス定数)に等しくなり,デュロン–プティ(Dulong–Petit)の法則が導かれる.また,低温ではフォノンの準位が離散的であるため,エネルギー等分配の法則が崩れることに起因して,比熱は T^3 に比例する.なお,式(1.4.18)を導出する際,次の関係を用いた.

$$\int_0^\infty\frac{x^4\exp(x)}{\{\exp(x)-1\}^2}dx=\frac{4\pi^4}{15}$$

d. フォノンに対するボルツマン方程式

気体分子運動論に基づく簡単な考察から気体の熱伝導率は,

$$\kappa=\frac{1}{3}Cv_0^2\tau=\frac{1}{3}Cv_0l \tag{1.4.19}$$

と表される.C, v_0, τ, l は,それぞれ,比熱,分子の平均速度,衝突時間,平均自由行程である.フォノンによる熱伝導率も近似的に同様な形で表現できると考えられる.しかし,より正確に理解するためには,フォノンの分布関数を知る必要がある.分布関数は粒子描像の古典的方程式であるボルツマンの輸送方程式,

$$\frac{\partial f}{\partial t}=\left(\frac{\partial f}{\partial t}\right)_{\text{drift}}+\left(\frac{\partial f}{\partial t}\right)_{\text{diffusion}}+\left(\frac{\partial f}{\partial t}\right)_{\text{collision}}=-\frac{1}{\hbar}\boldsymbol{F}\cdot\nabla_k f-\boldsymbol{v}\cdot\nabla_r f+\left(\frac{\partial f}{\partial t}\right)_{\text{collision}}=0 \tag{1.4.20}$$

から求めることができる.∇_r と ∇_k は,実空間と k 空間の勾配で,それぞれ,$\boldsymbol{i}\partial/\partial x+\boldsymbol{j}\partial/\partial y+\boldsymbol{k}\partial/\partial z$ と $\boldsymbol{i}\partial/\partial k_x+\boldsymbol{j}\partial/\partial k_y+\boldsymbol{k}\partial/\partial k_z$ である.式(1.4.20)の右辺の3項は,それぞれ,外力,濃度勾配,散乱による分布関数 $f(\boldsymbol{k},\boldsymbol{r})$ の時間変化を表しており,式(1.4.20)は,それらの要因により $f(\boldsymbol{k},\boldsymbol{r})$ は時間変化するが,全体として定常になっている場合の $f(\boldsymbol{k},\boldsymbol{r})$ を与える方程式である.フォノンの場合,外力に起因するドリフト項はない.また,$f(\boldsymbol{k},\boldsymbol{r})$ の空間依存性が温度勾配のみに起因すると仮定すると,座標に関する微分は,

$$\nabla_r f=\frac{df}{dT}\nabla_r T \tag{1.4.21}$$

と変形できるので,フォノンに対するボルツマン方程式は,

$$\left(\frac{\partial f}{\partial t}\right)_{\text{collision}}=(\boldsymbol{v}\cdot\nabla_r T)\frac{df}{dT} \tag{1.4.22}$$

と簡略化される．衝突に起因する $f(\bm{k})$ の変化に関しては，緩和時間近似，

$$\left(\frac{\partial f}{\partial t}\right)_{\text{collision}} = \frac{f_{BE}(\bm{k}) - f(\bm{k})}{\tau(\bm{k})} \tag{1.4.23}$$

を用いることにする．ここで，$\tau(\bm{k})$ は緩和時間と呼ばれ，平衡状態からずれた分布関数が摂動を受けなくなったとき，熱平衡状態に戻る時定数を表している．ただし，緩和時間近似が使えるのは，衝突が弾性散乱に近い場合に限られる．式(1.4.23)をボルツマン方程式(1.4.22)に代入し，分布関数 $f(\bm{k})$ を熱平衡分布 $f_{BE}(\bm{k})$ と偏差 $g(\bm{k})$ の和，

$$f(\bm{k}) = f_{BE}(\bm{k}) + g(\bm{k}) \tag{1.4.24}$$

として表し，偏差 g が小さいとして，g の温度微分の項を無視すると，g の近似解として，

$$g(\bm{k}) \approx -\tau(\bm{k})(\bm{v} \cdot \nabla_r T) \frac{\hbar\omega}{k_B T^2} \frac{\exp\left(\frac{\hbar\omega}{k_B T}\right)}{\left\{\exp\left(\frac{\hbar\omega}{k_B T}\right) - 1\right\}^2} \tag{1.4.25}$$

を得る．一つのフォノンが運ぶエネルギーは，$E\bm{v}$ であることを考慮すると，熱流密度 $\bm{w}_q$ は，

$$\begin{aligned}\bm{w}_q &= \int f(\bm{k}) E(\bm{k}) (\bm{v}\bm{k}) \frac{d\bm{k}}{(2\pi)^3} \approx \int g(\bm{k}) \hbar\omega(\bm{k}) \bm{v}(\bm{k}) \frac{d\bm{k}}{(2\pi)^3} \\ &= -\int \bm{v}(\bm{k}) \tau(\bm{k}) (\bm{v} \cdot \nabla_r T) \frac{(\hbar\omega)^2}{k_B T^2} \frac{\exp\left(\frac{\hbar\omega}{k_B T}\right)}{\left\{\exp\left(\frac{\hbar\omega}{k_B T}\right) - 1\right\}^2} \frac{d\bm{k}}{(2\pi)^3}\end{aligned} \tag{1.4.26}$$

と表される．等方的な場合には，$\bm{v}(\bm{v} \cdot \nabla_r T)$ の項は，$(v_0^2/3)\nabla_r T$ と表せるので，熱伝導率 κ_L の定義，$\bm{w}_q = -\kappa_L \nabla_r T$ から κ_L は，式(1.4.15)の状態密度を用いて，

$$\kappa_L = 3N_0 k_B \left(\frac{T}{\Theta}\right)^3 v_0^2 \int_0^{\Theta/T} \tau \frac{x^4 e^x}{\{e^x - 1\}^2} dx \tag{1.4.27}$$

と表される．緩和時間 τ が，エネルギーに依存しないと仮定すれば，式(1.4.17)の比熱 C を用いると，気体分子運動論に基づく式(1.4.19)と同じ形，

$$\kappa = \frac{1}{3} C v_0^2 \tau = \frac{1}{3} C v_0 l$$

を得る．ここで，l は，フォノンの平均自由行程で，$l = v_0 \tau$ である．

e. フォノン散乱機構

式(1.4.27)を用いて熱伝導率を求めるためには，フォノンの散乱過程に対する緩和時間が必要となる．表1.4.1に摂動論を用いて求められた代表的なフォノン散乱過程に対する緩和時間のエネルギー依存性を示す．緩和時間は，散乱確率の逆数なので，それぞれの散乱過程が独立である場合，各散乱過程の緩和時間を τ_i とすると，全緩和時間 τ は，

$$\frac{1}{\tau} = \sum_i \frac{1}{\tau_i} \tag{1.4.28}$$

表 1.4.1 代表的フォノン散乱機構と緩和時間

フォノン-フォノン散乱：ウムクラップ過程[a]

$$\frac{1}{\tau_N}=B_N x^2 T^3 e^{-\Theta/3T}, \quad B_N\equiv\frac{\hbar\gamma^2}{Mv_s^2\Theta}\left(\frac{k_B}{\hbar}\right)^2$$

フォノン-フォノン散乱：正常過程（添え字の T と L は，それぞれ横モードと縦モードを表す）[a]

$$\frac{1}{\tau_N^T}=B_N^T x T^5, \quad \frac{1}{\tau_N^L}=B_N^L x^2 T^5, \quad B_N^T\equiv\frac{k_B^4\gamma_T^2 V}{\bar{M}\hbar^3 v_T^5}\left(\frac{k_B}{\hbar}\right), \quad B_N^L\equiv\frac{k_B^5\gamma_L^3 V}{\bar{M}\hbar^2 v_L^5}\left(\frac{k_B}{\hbar}\right)^2$$

キャリヤ散乱[b]

$$\frac{1}{\tau_{ep}}=\frac{E_1^2 m^{*3} v_s}{4\pi\hbar^4\rho_d\phi}\left[x-\ln\frac{1+\exp\{\phi-x_F+x^2/(16\phi^2)+x/2\}}{1+\exp\{\phi-x_F+x^2/(16\phi^2)-x/2\}}\right]$$

合金散乱[c]

$$\frac{1}{\tau_{pd}}=\frac{k_B^4\Gamma V}{4\pi\hbar^4 v_s^3}[\Gamma_m+\varepsilon_s\Gamma_s]x^4 T^4, \quad \Gamma_m=\sum_i c_i\left(\frac{M_i-\bar{M}}{\bar{M}}\right)^2, \quad \bar{M}=\sum_i c_i M_i,$$

$$\Gamma_s\equiv\sum_i c_i\left(\frac{a-\bar{a}}{\bar{a}}\right)^2, \quad \bar{a}=\sum_i c_i a_i$$

粒界散乱

$$\frac{1}{\tau_{gb}}=\frac{v_s}{L}$$

〔記号説明〕

- γ：Grüneisen 定数
- Θ：デバイ温度
- $\bar{M}$：平均原子質量
- V：平均原子体積
- E_1：音響フォノン変形ポテンシャル定数
- ρ_d：物質の密度
- v_s：平均音速
- ϕ：音速で運動するキャリヤの還元エネルギー $m^* v_s^2/(2k_B T)$
- x_F：キャリヤの還元フェルミエネルギー
- M_i, c_i：原子の質量とその原子の濃度
- a_i：原子の体積の 3 乗根
- $\bar{a}$：原子の平均体積の 3 乗根
- ε_s：点欠陥散乱におけるひずみパラメータ
- L：結晶粒径

---
[a] たとえば，M. Asen-Palmer et al,, Phys. Rev. B56, 9431 (1997). D. T. Morelli et al, Phys. Rev. B66, 195304 (2002). などを参照のこと．
[b] J. M. Ziman, Phil. Mag., 1, 191 (1956).
[c] P. G. Klemens, Proc. R. Soc. London, A68, 1113 (1955).

と表せる．

　各散乱過程についての詳細は述べないが，フォノン-フォノン散乱について補足する．結晶中の原子の受ける力が，フック（Hooke）の法則式（1.4.2）に従えば，角振動数 ω のフォノンは，ほかの角振動数のフォノンに変化することはない．しかし，実際には力が変位のより高次に依存する成分をもつため，非線形光学効果と同様に

フォノンのエネルギーが変化する散乱が起きる．とくに，波数 k_1 と k_2 のフォノンが衝突して，k_3 のフォノンが生成される，あるいは逆に波数 k_3 フォノンから，k_1 と k_2 のフォノンが生成される3フォノン過程が重要である．この散乱過程の前後では，波数(結晶運動量)とエネルギーの保存，

$$\begin{cases} k_1 + k_2 = k_3 + G \\ \hbar\omega_1 + \hbar\omega_2 = \hbar\omega_3 \end{cases}$$

が成り立つ．k の保存則には，k が真の運動量でないことに起因して，逆格子ベクトル G の任意性が残る．$G=0$ の場合を正常(N)過程，$G\neq 0$ の場合をウムクラップ(U)過程と呼ぶ．N過程では，エネルギーと k が保存されるので，3フォノン過程の前後でフォノンの運ぶエネルギー Ev の値は変化しない．言い換えると，N過程の散乱はそれ自身ではフォノンの伝導の妨げとはならない．しかし，ほかに運動量を保存しない散乱が共存するとN過程も抵抗を生じる．Callawayは，N過程の熱伝導率への効果を検討し，k を保存しない散乱過程の緩和時間にN過程の緩和時間を加えた，結合緩和時間 τ_C，

$$\frac{1}{\tau_C} \equiv \frac{1}{\tau_N} + \frac{1}{\tau_U} + \frac{1}{\tau_{pd}} + \frac{1}{\tau_{ep}} + \frac{1}{\tau_{gb}} \cdots \tag{1.4.29}$$

を用いて求めた熱伝導率に，通常は小さい補正項が付け加わることを示した[1]．N過程の効果は，式(1.4.29)の緩和時間を用いることでおおよそ考慮されるということである．

図1.4.4にSiの熱伝導率の温度依存性を示す．熱伝導率は，20K近傍に最大値を

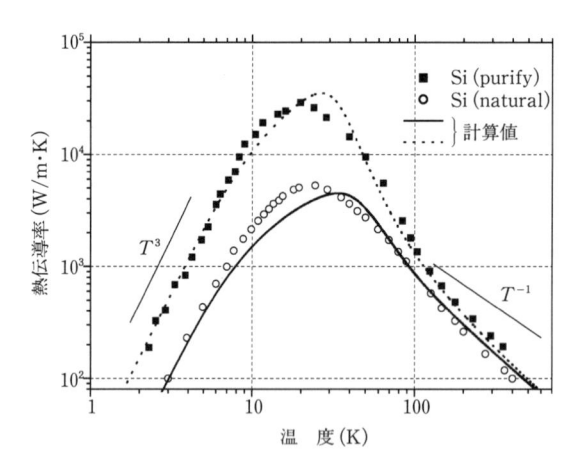

図1.4.4 格子の熱伝導率の温度依存性
■と●は，それぞれ自然界の比率で同位体を含んだSiと，^{28}Siを99.9%まで高濃度化したSiの熱伝導率[2]．実線と点線は，本文中で示したモデルに従って，Siの物質定数を用いて計算により求めた熱伝導率(文献2のSiの熱伝導率より)．

もち，ピークの低温側ではほぼ T^3 に比例し，ピークの高温側では，おおよそ T^{-1} に依存している．これは，低温 $(T=\Theta)$ ではフォノンの緩和時間は，試料の形状に依存する定数，$\tau \approx L/v$ となるため，熱伝導率は，比熱と同じ温度依存性を示すためである．なお，L は試料の大きさである．一方，高温 $(T \geqq \Theta)$ では，フォノン-フォノン散乱，とくに U 過程の散乱が支配的となる．U 過程の緩和時間，$\tau_u^{-1} = B_u x^2 T^3$ のみを考慮して，式(1.4.27)により κ_L を求めると，

$$\kappa_L \approx \frac{k_B^3 (6\pi^2 N)^{1/3}}{2\pi^2 \hbar^2 B_u} \cdot \frac{1}{T}$$

と表され，κ_L が T^{-1} に比例することが導かれる．

また，質量の異なる原子がランダムに配置された合金では，合金散乱のため，熱伝導率が大幅に小さくなる．同位体も同様な効果を与えるため，図1.4.4に示すように同位体を減少させた Si では，とくにピーク近傍の熱伝導率が大幅に上昇する[2]．なお，図1.4.4の実線は，Si の物質定数を用いて，U 過程と N 過程の3フォノン散乱，合金散乱，粒界散乱を考慮して求めた熱伝導率である．

1.4.2 電子輸送と熱伝導

本項では，キャリヤの輸送現象をボルツマン方程式(1.4.20)に基づき考える．フォノン系の場合と異なることは，キャリヤ系では，外力に伴うドリフト項を考慮する必要があること，キャリヤの熱平衡分布が，フェルミ分布関数，$f_F(\boldsymbol{k})$ となることである．

ここでも衝突項，$(\partial f/\partial t)_\text{collision}$ には緩和時間近似，

$$\left(\frac{\partial f}{\partial t}\right)_\text{collision} = \frac{f_F(\boldsymbol{k}) - f(\boldsymbol{k})}{\tau(\boldsymbol{k})} = -\frac{g(\boldsymbol{k})}{\tau(\boldsymbol{k})} \quad (1.4.30)$$

を適用する．また，フォノンの分布関数の場合と同様に分布関数 $f(\boldsymbol{r}, \boldsymbol{k})$ の座標依存性が，温度勾配のみによって生じていることを仮定して，式(1.4.21)の関係を用いる．さらに，分布関数 $f(\boldsymbol{k})$ を熱平衡の分布 $f_F(\boldsymbol{k})$ と補正項 $g(\boldsymbol{k})$ の和として，

$$f(\boldsymbol{k}) = f_F(\boldsymbol{k}) + g(\boldsymbol{k}) \quad (1.4.31)$$

と表し，ボルツマン方程式(1.4.20)に，式(1.4.30)，式(1.4.31)を代入すると，

$$\boldsymbol{F} \cdot \left\{ \boldsymbol{v}(\boldsymbol{k}) \left(-\frac{\partial f_F}{\partial E} \right) + \nabla_r g \right\} + \boldsymbol{v}(\boldsymbol{k}) \cdot \left[\left\{ \frac{E - E_F}{T} \nabla_r T + \nabla_r E_F \right\} \left(-\frac{\partial f_F}{\partial E} \right) + \nabla_r g \right] = \frac{g(\boldsymbol{k})}{\tau(\boldsymbol{k})}$$

を得る．$g(\boldsymbol{k})$ を小さいとして，左辺に現れる $g(\boldsymbol{k})$ の微分の項を無視すると，

$$\boldsymbol{F} \cdot \boldsymbol{v}(\boldsymbol{k}) \left(-\frac{\partial f_F}{\partial E} \right) + \boldsymbol{v}(\boldsymbol{k}) \cdot \left\{ \frac{E - E_F}{T} \nabla_r T + \nabla_r E_F \right\} \left(-\frac{\partial f_F}{\partial E} \right) \simeq \frac{g(\boldsymbol{k})}{\tau(\boldsymbol{k})} \quad (1.4.32)$$

となる．キャリヤに働く力 $\boldsymbol{F}$ として電界 $\boldsymbol{E}$ による力，

$$\boldsymbol{F} = q\boldsymbol{E} = -q\nabla_r \varphi \quad (1.4.33)$$

のみを考慮すると，$g(\boldsymbol{k})$ の近似解として，

$$g(\boldsymbol{k}) = f(\boldsymbol{k}) - f_F(\boldsymbol{k}) = \tau(\boldsymbol{k})\boldsymbol{v}(\boldsymbol{k}) \cdot \left\{ (-\nabla_r \eta) + \frac{E - E_F}{T} (-\nabla_r T) \right\} \left(-\frac{\partial f_F}{\partial E} \right) \quad (1.4.34)$$

を得る．ここで，電気化学ポテンシャル，
$$\eta \equiv q\varphi + E_F \tag{1.4.35}$$
を定義した．なお，q と φ は，それぞれキャリヤの電荷と電位である．一つのキャリヤが運ぶ電荷とエネルギーが，それぞれ $q\boldsymbol{v}$ と $(E-E_F)\boldsymbol{v}$ であることを考慮すると，電流密度 $\boldsymbol{j}$ と熱流密度 $\boldsymbol{w}_q$ は，

$$\begin{cases} \boldsymbol{j} = \int (q\boldsymbol{v}) f(\boldsymbol{k}) \dfrac{2d\boldsymbol{k}}{(2\pi)^3} \simeq \int (q\boldsymbol{v}) g(\boldsymbol{k}) \dfrac{2d\boldsymbol{k}}{(2\pi)^3} \\ \boldsymbol{w}_q = \int \{(E-E_F)\boldsymbol{v}\} f(\boldsymbol{k}) \rho(E) dE \dfrac{2d\boldsymbol{k}}{(2\pi)^3} \simeq \int \{(E-E_F)\boldsymbol{v}\} g(\boldsymbol{k}) \dfrac{2d\boldsymbol{k}}{(2\pi)^3} \end{cases} \tag{1.4.36}$$

と表せる．第2項から第3項への変形は，熱平衡分布 f_F では電流も熱流も生じないので自明であろう．また，フォノンの場合と異なり，$\boldsymbol{k}$ 空間の状態密度に係数2を掛けているのは，スピンの自由度を考慮しているためである．式(1.4.36)にボルツマン方程式の近似解式(1.4.34)を代入すると，電流密度 $\boldsymbol{j}$ と熱流密度 $\boldsymbol{w}_q$ は，

$$\begin{cases} \dfrac{\boldsymbol{j}}{q} = L_{11}(-\nabla_r \eta) + L_{12}\left(-\dfrac{\nabla_r T}{T}\right) \\ \boldsymbol{w}_q = L_{21}(-\nabla_r \eta) + L_{22}\left(-\dfrac{\nabla_r T}{T}\right) \end{cases} \tag{1.4.37}$$

と表されることがわかる．ただし，

$$\begin{cases} L_{11} = K_0 \\ L_{12} = L_{21} = K_1 \\ L_{22} = K_2 \end{cases} \tag{1.4.38}$$

$$K_n \equiv \int \tau(\boldsymbol{k}) \{E(\boldsymbol{k}) - E_F\}^n \boldsymbol{v}(\boldsymbol{k}) \boldsymbol{v}(\boldsymbol{k}) \left(-\dfrac{\partial f_F}{\partial E}\right) \dfrac{2d\boldsymbol{k}}{(2\pi)^3} \tag{1.4.39}$$

を定義した．式(1.4.37)は一般化された輸送方程式，L_{ij} は一般化輸送係数と呼ばれる．一般に L_{ij} は，方向に依存し，それぞれがテンソルとなる．式(1.4.37)において，L_{12} と L_{21} の項は，キャリヤの移動に伴い電荷と同時にエネルギーが運ばれることに起因しており，温度勾配により電流が，また逆に，電位勾配により熱流が，生じる次項で述べる熱電現象の起源となっている．なお，等方的な場合を考えて，キャリヤの状態密度を $\rho(E)dE$ とすれば，式(1.4.39)は，

$$K_n \equiv \int \tau(\boldsymbol{k}) \{E(\boldsymbol{k}) - E_F\}^n \boldsymbol{v}(\boldsymbol{k}) \boldsymbol{v}(\boldsymbol{k}) \left(-\dfrac{\partial f_F}{\partial E}\right) \rho(E) dE \tag{1.4.40}$$

と表せる．

次に，通常用いられる輸送係数である電気伝導率，ゼーベック(Seebeck)係数，ペルティエ(Peltier)係数，キャリアによる熱伝導率と L_{ij} の関係を導いておこう．電気伝導率は，一様な物質を温度一定の条件で測定するので，式(1.4.37)の第1式において，$\nabla_r T = \nabla_r E_F = 0$ とおくと，

$$\dfrac{\boldsymbol{j}}{q} = L_{11}(-\nabla_r \eta) = -L_{11} q \nabla_r \varphi = q L_{11} \boldsymbol{E}$$

という関係が得られる．これより，電気伝導率 σ は，L_{ij} を用いて，

と表せることがわかる．また，ゼーベック係数 α は，式 (1.4.38) の第 1 式において，$\boldsymbol{j}=0$ とおくと，

$$q\nabla_r \frac{\eta}{q} = -\frac{L_{12}}{TL_{11}}\nabla_r T \tag{1.4.42}$$

という関係が得られるので，α は L_{ij} を用いて，

$$\alpha = \frac{L_{12}}{qTL_{11}} \tag{1.4.43}$$

と表される．次に，式 (1.4.37) の 2 式から $\nabla_r \eta$ を消去すると，電流密度と温度勾配を独立変数とする，

$$\boldsymbol{w}_q = \frac{L_{21}}{qL_{11}}\boldsymbol{j} + \frac{L_{11}L_{22} - L_{12}L_{21}}{L_{11}T}(-\nabla_r T) \tag{1.4.44}$$

という関係が得られる．ここで，$\nabla_r T = 0$ と $\boldsymbol{j} = 0$ の場合を考えることにより，ペルティエ係数 Π とキャリヤの熱伝導率 κ_e は，それぞれ，

$$\Pi = \frac{L_{21}}{qL_{11}} = \alpha T \tag{1.4.45}$$

$$\kappa_e = \frac{L_{11}L_{22} - L_{12}L_{21}}{L_{11}T} \tag{1.4.46}$$

と表されることがわかる．

したがって，これらの通常の輸送係数を用いると一般化された輸送方程式 (1.4.37) は，

$$\begin{cases} \boldsymbol{j} = \sigma\left(-\nabla_r \frac{\eta}{q}\right) - \alpha\sigma\nabla_r T \\ \boldsymbol{w}_q = \alpha T \boldsymbol{j} - \kappa_e \nabla_r T = \Pi \boldsymbol{j} - \kappa_e \nabla_r T \end{cases} \tag{1.4.47}$$

と変形できる．ゼーベック係数とペルティエ係数に関連する現象については，次項で取り扱う．なお，ここで考慮されている熱流はキャリヤによるものであるが，通常は前項で述べたフォノンによる熱流も共存する．両者が独立であれば，全熱伝導率 κ は，

$$\kappa = \kappa_e + \kappa_L \tag{1.4.48}$$

と表せる．このフォノンの熱伝導率を加えることにより式 (1.4.47) の第 2 式は，

$$\boldsymbol{w}_q = \alpha T \boldsymbol{j} - \kappa \nabla_r T = \Pi \boldsymbol{j} - \kappa \nabla_r T \tag{1.4.49}$$

となる．

a. 単一キャリヤによる熱伝導率

ここでは，等方的で有効質量が方向に依存せず，エネルギーが，

$$E = \frac{\hbar^2 k^2}{2m} \tag{1.4.50}$$

と表される一つのバンドのキャリヤによる輸送現象を考える．このとき，キャリヤの状態密度は，

と表される．また，キャリヤの群速度は，

$$\rho(E)dE = \frac{1}{2\pi^2}\left(\frac{2m^*}{\hbar^2}\right)^{3/2}\sqrt{E}\,dE \tag{1.4.51}$$

$$v_x = \frac{1}{\hbar}\frac{\partial E(k)}{\partial k_x} = \frac{1}{\hbar}\frac{\hbar^2 k_x}{m} = \frac{\hbar k_x}{m}$$

となる．また，これより，

$$v_x^2 = \left(\frac{\hbar k_x}{m}\right)^2 = \left(\frac{\hbar}{m}\right)^2 \frac{k_x^2 + k_y^2 + k_y^2}{3} = \frac{2E}{3m} \tag{1.4.52}$$

という関係が得られる．

　キャリヤの散乱過程としては，フォノンによる散乱，イオン化した不純物による散乱，混晶散乱などが重要である．摂動論に基づき求められた各散乱機構における緩和時間を表 1.4.2 に示す．複数の散乱機構が存在する場合の全緩和時間 τ は，フォノンの散乱の場合と同様に，式 (1.4.28) で表せる．

　以下では，簡単のため緩和時間が，還元エネルギー $x \equiv E/k_B T$ のべきで，

$$\tau = \tau_0 x^s$$

表 1.4.2 代表的なキャリヤの散乱機構と緩和時間

イオン化不純物散乱

$$\frac{1}{\tau_{ii}} = \frac{N_i Z^2 e^4}{16\sqrt{2}\pi m^{1/2} \varepsilon^2 (k_B T)^{3/2}}\left[\ln\{1+p(x)\} - \frac{p(x)}{1+p(x)}\right]x^{-3/2}, \quad p(x) = \frac{8m\varepsilon(k_B T)^2}{\hbar^2 e^2 n}x$$

音響フォノン変形ポテンシャル散乱

$$\frac{1}{\tau_{ad}} = \frac{\sqrt{2}E_1^2 (mk_B T)^{3/2}}{\pi \rho_d \hbar^4 v_s^2}x^{1/2}$$

ピエゾ電気散乱

$$\frac{1}{\tau_{pe}} = \frac{(eK_{pe})^2 m^{1/2}(k_B T)^{1/2}}{2\sqrt{2}\varepsilon^2 \rho_d v_s^2 \hbar^2}x^{-1/2}$$

混晶散乱

$$\frac{1}{\tau_{al}} = \frac{\sqrt{2}y(1-y)(\varDelta V)^2 m^{3/2}(k_B T)^{1/2}}{N_0 \pi \hbar^4}x^{1/2}$$

〔記号説明〕
　N：イオン化不純物濃度
　Z：イオン化不純物の電荷
　ε：誘電率
　n：キャリヤ濃度
　E_1：音響フォノン変形ポテンシャル定数
　ρ_d：物質の密度
　v_s：平均音速
　K_{pe}：ピエゾ分極定数
　y：合金組成
　$\varDelta V$：バンド端のエネルギー差（$|E_{C1}-E_{C2}|$ or $|E_{V1}-E_{V2}|$）
　N_0：単位体積当たりの原子数

と表される一つの散乱過程のみを考慮する．ちなみに，代表的な散乱機構であるイオン化不純物散乱と音響フォノン変形ポテンシャル散乱に対しては，表1.4.2からわかるように，それぞれ，$s=3/2$，$s=-1/2$ である．また，緩和時間の温度依存性は，τ_0 を通じて現れ，それぞれ $\tau_0 \propto T^{3/2}$ と $\tau_0 \propto T^{-3/2}$ である．$(\tau \propto T^r E^s \propto T^{r+s} x^s)$ のとき，各輸送係数は，式(1.4.41)，式(1.4.43)，式(1.4.46)および式(1.4.38)，式(1.4.39)，式(1.4.51)，式(1.4.52)から，

$$\begin{cases} \sigma = \dfrac{q^2 \tau_0 (2mk_B T)^{3/2}}{3\pi^2 m \hbar^3}\left(s+\dfrac{3}{2}\right) F_{s+1/2}(x_F) \\ \alpha = \dfrac{k_B}{q}\left\{\dfrac{\left(s+\dfrac{5}{2}\right)F_{s+3/2}(x_F)}{\left(s+\dfrac{3}{2}\right)F_{s+1/2}(x_F)} - x_F\right\} \\ L = \left(\dfrac{k_B}{q}\right)^2 \left\{\dfrac{\left(s+\dfrac{7}{2}\right)F_{s+5/2}(x_F)}{\left(s+\dfrac{3}{2}\right)F_{s+1/2}(x_F)} - \left(\dfrac{\left(s+\dfrac{5}{2}\right)F_{s+3/2}(x_F)}{\left(s+\dfrac{3}{2}\right)F_{s+1/2}(x_F)}\right)^2\right\} \end{cases} \quad (1.4.53)$$

と表される．なお，ここでは，キャリヤの熱伝導率 κ_e の代わりに電気伝導率と熱伝導率の比，

$$L \equiv \kappa_e / \sigma T \quad (1.4.54)$$

で定義されるローレンツ数を示した．また，$F_s(x_F)$ はフェルミ積分で，

$$F_s(x_F) \equiv \int_0^\infty \frac{x^s}{e^{x-x_F}+1} dx \quad (1.4.55)$$

と定義される．x_F は，還元フェルミエネルギー，$x_F \equiv E_F/k_B T$ であり，キャリヤ濃度 n と，

$$n = \int_0^{E_F} \frac{\sqrt{2}m^{3/2}}{\pi^2 \hbar^3} f_F \sqrt{E}\, dE = \frac{\sqrt{2}(k_B T m)^{3/2}}{\pi^2 \hbar^3} F_{1/2}(x_F) \quad (1.4.56)$$

のように関連づけられる．図1.4.5に数値計算により求めた，$|\alpha|$ と L の還元フェルミエネルギー依存性を示す．σ に関しては，温度を含んだ係数部分を除いた，フェルミエネルギーに依存する $(s+3/2)F_{s+1/2}(x_F)$ の因子の依存性を示した．これより，ゼーベック係数 $|\alpha|$ は，還元フェルミエネルギーにほぼ線形に依存して増大することがわかる．α の符号は，キャリヤの電荷に依存し，電子ならば負，ホールならば正である．また，ローレンツ数 L の変化は比較的小さく，金属において実験的に得られたヴィーデマン・フランツ則が近似的に成り立つことがわかる．

次に，金属のように E_F が $k_B T$ に比べて十分大きく，$x_F \gg 1$ となる「縮退」している場合を考える．このとき，フェルミ積分，$F_s(x_F)$ は，

$$F_s(x_F) \approx \frac{x_F^{s+1}}{s+1} + \frac{\pi^2}{6} s x_F^{s-1}$$

と近似できるので，各輸送係数は，

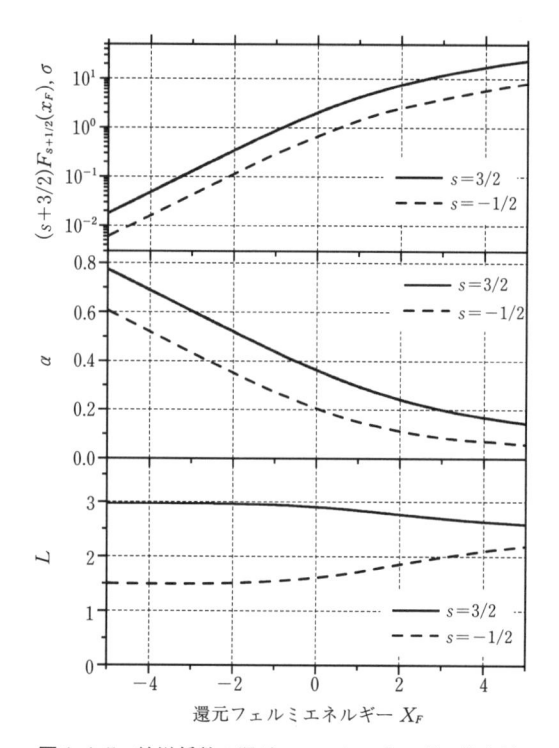

図 1.4.5 輸送係数の還元フェルミエネルギー依存性

$$\begin{cases} \sigma \approx \dfrac{q^2 \tau_0 (2mk_BT)^{3/2}}{3\pi^2 m\hbar^3} x_F{}^{3/2} = \dfrac{q^2 \tau_0 n}{m} \\ \alpha \approx \dfrac{k_B}{q} \dfrac{\pi^2}{3}\left(s+\dfrac{3}{2}\right) x_F{}^{-1} \\ L \approx \left(\dfrac{k_B}{q}\right)^2 \dfrac{\pi^2}{3} \end{cases} \quad (1.4.57)$$

と表される. L は定数となっており, ヴィーデマン-フランツ則が成り立つこと示している. また, 金属では, $x_F \gg 1$ であることを考慮すると, 金属のゼーベック係数 $|\alpha|$ が非常に小さいことが理解できる. なお, x_F はキャリヤ濃度 n と,

$$n \approx \int_0^{E_F} \dfrac{\sqrt{2}m^{3/2}}{\pi^2 \hbar^3}\sqrt{E}\,dE = \dfrac{(2mk_BT)^{3/2}}{3\pi^2 \hbar^3} x_F{}^{3/2} \quad (1.4.58)$$

と関係づけられる.

次に, 高温の半導体に相当するフェルミ分布関数が, マクスウェル分布で近似できる場合(非縮退と呼ぶ)を考える. このとき, フェルミ積分は, ガンマ関数, $\Gamma(z) \equiv \int_0^\infty e^{-x} x^{z-1} dx$ を用いて,

$$F_s(x_F) \approx e^{x_F}\Gamma(s+1)$$

と近似できるので,各輸送係数は,

$$\begin{cases}
\sigma = \dfrac{4q^2\tau_0 n}{3m\sqrt{\pi}}\Gamma\left(s+\dfrac{5}{2}\right) \\
\alpha = \dfrac{k_B}{q}\left\{\dfrac{\Gamma\left(s+\dfrac{7}{2}\right)}{\Gamma\left(s+\dfrac{5}{2}\right)}-x_F\right\} = \dfrac{k_B}{q}\left(s+\dfrac{5}{2}-x_F\right) \\
L = \left(\dfrac{k_B}{q}\right)^2\left\{\dfrac{\Gamma\left(s+\dfrac{9}{2}\right)}{\Gamma\left(s+\dfrac{5}{2}\right)}-\left(\dfrac{\Gamma\left(s+\dfrac{7}{2}\right)}{\Gamma\left(s+\dfrac{5}{2}\right)}\right)^2\right\} = \left(\dfrac{k_B}{q}\right)^2\left(s+\dfrac{5}{2}\right)
\end{cases} \quad (1.4.59)$$

と表される.ゼーベック係数は,還元フェルミエネルギーに線型に依存し,ローレンツ数はやはり定数となり,ヴィーデマン-フランツ則が成り立つことがわかる.なお,キャリヤ濃度 n は,

$$n = \int_0^\infty \dfrac{\sqrt{2}m^{3/2}}{\pi^2\hbar^3}e^{-(x-x_F)}\sqrt{E}\,dE = 2\left(\dfrac{mk_BT}{2\pi\hbar^2}\right)^{3/2}e^{x_F} \quad (1.4.60)$$

と表される.

複数の散乱機構が存在する場合には,式(1.4.28)の全緩和時間を用いて式(1.4.39)の積分を数値的に計算する必要がある.

b. 2キャリヤの場合のキャリヤの熱伝導率

以上の議論では,一つのバンドに存在するキャリヤのみを考慮した.しかし,高温の半導体では,伝導帯の電子と価電子帯のホールの両方が輸送に寄与する.そこで電子とホールの両方が伝導に寄与する場合の輸送現象を考えよう.2種類のキャリヤが互いに影響を及ぼしあわず,それぞれ独立に伝導すると考えると,式(1.4.47)(ここでは,キャリヤの熱伝導のみを考慮する)より,電子とホールの電荷を $q_e=-e$, $q_h=e$ とすると,それぞれのキャリヤに対する電流密度と熱流密度は,

$$\begin{cases}
j_e = \sigma_e\left(\dfrac{d}{dx}\dfrac{\eta_e}{e}\right)+\sigma_e\alpha_e\left(-\dfrac{dT}{dx}\right) \\
w_{qe} = \alpha_e T j_e + \kappa_{ee}\left(-\dfrac{dT}{dx}\right)
\end{cases}
\begin{cases}
j_h = \sigma_h\left(-\dfrac{d}{dx}\dfrac{\eta_h}{e}\right)+\sigma_h\alpha_h\left(-\dfrac{dT}{dx}\right) \\
w_{qh} = \alpha_h T j_h + \kappa_{eh}\left(-\dfrac{dT}{dx}\right)
\end{cases} \quad (1.4.61)$$

と表せる.ここで,添え字の e と h は,電子とホールの輸送係数を表す.ここで,見かけの輸送係数,σ, α, κ を,

$$\begin{cases}
j = j_e + j_h = \sigma\left(-\dfrac{d}{dx}\dfrac{\eta}{q}\right)+\sigma\alpha\left(-\dfrac{dT}{dx}\right) \\
w_q = w_{qe} + w_{qh} = \alpha T j + \kappa_e\left(-\dfrac{dT}{dx}\right)
\end{cases} \quad (1.4.62)$$

と定義する.式(1.4.39)では,バンドの底をエネルギーの原点にとっていたことを考慮すると,電子とホールに対する電気化学ポテンシャルは,同じフェルミエネルギーを用いてそれぞれ $\eta_e=-e\varphi+E_F$, $\eta_h=e\varphi-E_F-E_g$ と表せる.ここで E_g は禁

止帯幅である．これより，式(1.4.61)から全電流密度 j は，

$$j = j_e + j_h = \{\sigma_e + \sigma_h\}\left(-\frac{d}{dx}\frac{e\varphi - E_F}{e}\right) + (\sigma_e \alpha_e + \sigma_h \alpha_h)\left(-\frac{dT}{dx}\right)$$

と表せることがわかる．ここで，温度勾配とフェルミ準位の勾配が0の場合を考えると，見かけの電気伝導率 σ は，

$$\sigma = \sigma_e + \sigma_h \tag{1.4.63}$$

と表せることがわかる．また，$j=0$ の場合を考えることにより，見かけのゼーベック係数，

$$\alpha = \frac{\sigma_e \alpha_e + \sigma_h \alpha_h}{\sigma} \tag{1.4.64}$$

を得る．全熱流密度は，式(1.4.61)より，

$$w_q = w_{qe} + w_{qh}$$
$$= (\sigma_e \alpha_e + \sigma_h \alpha_h)\left(-\frac{d}{dx}\frac{e\varphi - E_F}{e}\right)T + \{(\sigma_e \alpha_e^2 + \sigma_h \alpha_h^2)T + (\kappa_{ee} + \kappa_{eh})\}\left(-\frac{dT}{dx}\right) \tag{1.4.65}$$

と表せる．一方，熱伝導率の測定の条件，全電流密度0，すなわち $j = j_e + j_h = 0$ は，

$$j = j_e + j_h = (\sigma_e + \sigma_h)\left(-\frac{d}{dx}\frac{e\varphi - E_F}{e}\right) + (\sigma_e \alpha_e + \sigma_h \alpha_h)\left(-\frac{dT}{dx}\right) = 0$$

と表される．これらの式により，式(1.4.65)の電気化学ポテンシャルを消去すると，全熱流密度は，

$$w_q = w_{qe} + w_{qh} = \left\{\frac{\sigma_e \sigma_h (\alpha_e - \alpha_h)^2}{\sigma}T + (\kappa_{ee} + \kappa_{eh})\right\}\left(-\frac{dT}{dx}\right)$$

と表される．したがって，見かけのローレンツ数は，

$$L = \frac{\kappa_e}{\sigma T} = \frac{L_e \sigma_e + L_h \sigma_h}{\sigma} + \frac{\sigma_e \sigma_h (\alpha_e - \alpha_h)^2}{\sigma^2} \tag{1.4.66}$$

と表せることがわかる．このローレンツ数の右辺の表現には，一見余分な第2項が現れている．熱伝導の測定条件 $j=0$ では，単一キャリヤの場合には，電流による熱の輸送（ペルティエ効果）は起こらない．しかし，電子とホールが共存する場合，$j_e = -j_h$ であれば $j=0$ がみたされるので，電子とホールの両方が，互いに電流を相殺しつつ高温側から低温側に拡散する両極性拡散（アンバイポーラ拡散）が起こる．電流による熱流の向きは，電子とホールで等しいので，このとき電流により熱が輸送される．式(1.4.66)の第2項は，この効果を表している．式(1.4.66)の電子とホールの輸送係数として非縮退の結果，式(1.4.59)を代入すると，ローレンツ数は，

$$L = \left(\frac{k_B}{q}\right)^2 \left\{\left(s + \frac{5}{2}\right) + \frac{\sigma_e \sigma_h}{\sigma^2}(2s + 5 + x_g)^2\right\} \tag{1.4.67}$$

と表せる．ここで，電子とホールに対する s は等しいとした．真性領域に近い温度域では，$\sigma_e \approx \sigma_h$ で，$x_g = E_g/(k_B T)$ の項が大きくなるので，第2項の寄与が顕著になる．

1.4.3 熱電効果

ゼーベック (Seebeck) は，1821年に図1.4.6(a)のように異種の金属A, Bを接合して，一方の接合を加熱すると1〜4間に電位差が発生することを見いだした．また，ペルティエ (Peltier) は，1934年に図1.4.6(b)のように異種金属の接合に電流を流すと電流の向きに依存して接合の一方が冷却され，他方が加熱されることを見いだした．1855年にケルビン (Kelvin (Thomson)) は，これらの効果を熱力学的に考察することにより，第3の効果，すなわち温度差のある単一の導体に電流を流すと可逆的に熱の吸収と発熱が起こるというトムソン効果の存在を予言した．これら三つの現象は，熱電3現象と呼ばれている．温度測定に用いられる熱電対は，まさにゼーベック効果を利用したものであり，このほかペルティエ効果を利用した精密温度制御など，熱電効果はさまざまな分野に応用されている．また，電気伝導率やホール抵抗率の測定とともに，ゼーベック効果(熱電能)の測定は，有効質量に関する知見を与える重要な測定手段の一つとなっている．前項で述べたとおり，これらの現象の起源は，電荷を運ぶキャリヤが同時にエネルギーを輸送することに起因し，式(1.4.47)および式(1.4.49)をもとに理解することができる．

まず，ゼーベック効果について考える．式(1.4.47)の第1式において，$j=0$ の場合を考えると，

$$\nabla_r \frac{\eta}{q} = -\alpha \nabla_r T$$

となる．両辺を図1.4.6(a)の回路の1, 2, 3, 4に沿った座標 x を考え，x に沿って積分すると，

$$\int \frac{d}{dx}\left(\frac{\eta}{q}\right)dx = -\int \alpha \frac{dT}{dx}dx$$

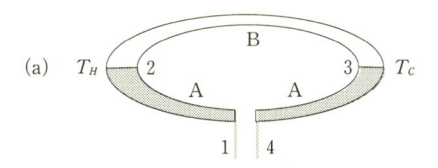

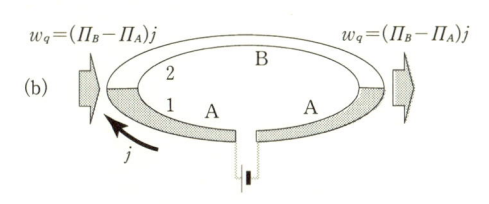

図1.4.6 熱電効果
(a) ゼーベック効果．(b) ペルティエ効果．

という関係を得る。左辺は，1～4間の電気化学ポテンシャルであるが，1と4では物質が等しく，温度も等しいので，1～4間の電位差 $\Delta\varphi$ となる。一方，右辺は，

$$\int \alpha dT = \int_1^2 \alpha_1 dT + \int_2^3 \alpha_2 dT + \int_3^4 \alpha_1 dT = -\int_2^3 (\alpha_1 - \alpha_2) dT$$

なので，1～4間の温度差が小さいとすれば結局，

$$\Delta\varphi = \int_2^3 (\alpha_1 - \alpha_2) dT \simeq (\alpha_1 - \alpha_2)(T_C - T_H) \tag{1.4.68}$$

と変形されるので，接合した二つの物質のゼーベック係数の差と温度差の積が，外部電圧として発生すること，すなわち，ゼーベック効果が導かれる。

次にペルティエ効果とトムソン効果を考えるため，電荷とエネルギーの保存則の式を示しておく。まず，電荷保存則は ρ_e を電荷密度として，

$$\frac{\partial \rho_e}{\partial t} = -\nabla_r \cdot \boldsymbol{j} \tag{1.4.69}$$

と表せる。一方，エネルギー保存則は，エネルギー流密度を $\boldsymbol{w}$，内部エネルギー密度を u，密度を ρ_d として，

$$\rho_d \frac{\partial u}{\partial t} = -\nabla_r \cdot \boldsymbol{w} + \boldsymbol{F} \cdot \frac{\boldsymbol{j}}{q} = -\nabla_r \cdot \boldsymbol{w} + \boldsymbol{E} \cdot \boldsymbol{j} \tag{1.4.70}$$

と表される。右辺第2項は，外力がキャリヤに対してなす仕事である。エネルギー流密度 $\boldsymbol{w}$ には，キャリヤの流出，流入に起因する内部エネルギーの変化が含まれているので，

$$\boldsymbol{w} = \boldsymbol{w}_q + E_F \frac{\boldsymbol{j}}{q} \tag{1.4.71}$$

のように純粋なエネルギーの授受(熱流) $\boldsymbol{w}_q$ とキャリヤの流出，流入の寄与を分離する。式(1.4.71)を式(1.4.70)に代入し，式(1.4.47)の第1式を用いて変形すると，エネルギー保存則は，

$$\rho_d \frac{\partial u}{\partial t} = -\nabla_r \cdot \boldsymbol{w}_q + \frac{j^2}{\sigma} + \alpha \boldsymbol{j} \cdot \nabla_r T + \frac{E_F}{q} \nabla_r \cdot \boldsymbol{j} \tag{1.4.72}$$

と変形される。さらに式(1.4.72)に式(1.4.49)を代入すると，

$$\rho_d \frac{\partial u}{\partial t} = \frac{j^2}{\sigma} - (\nabla_r \Pi) \cdot \boldsymbol{j} + \nabla_r \cdot (\kappa \nabla_r T) + \alpha \boldsymbol{j} \cdot \nabla_r T + \left(\frac{E_F}{q} - \Pi\right) \nabla_r \cdot \boldsymbol{j} \tag{1.4.73}$$

という式を得る。温度勾配がなく ($\nabla_r T = 0$)，定常電流 ($\nabla_r \cdot \boldsymbol{j} = 0$) の場合を考えると，

$$\rho_d \frac{\partial u}{\partial t} = \frac{j^2}{\sigma} - (\nabla_r \Pi) \cdot \boldsymbol{j}$$

という関係が成り立つ。右辺第1項は，ジュール熱，第2項が，ペルティエ熱を表す。右辺の第2項を図1.4.6(b)の回路に沿った座標 x について，界面を挟んで1から2まで積分をすると，

$$\int_1^2 \left(-\frac{d\Pi}{dx} j\right) dx = -j \int_1^2 d\Pi = -(\Pi_B - \Pi_A) j$$

となり，ペルティエ係数の異なる物質の界面を通して電流を流すと，二つの物質のペルティエ係数の差と電流密度の積に比例した熱の発生，吸収が起こること，すなわちペルティエ効果が導かれる．

次にトムソン効果を考える．式(1.4.73)において，$\nabla_r \Pi$ という項が現れるが，一様な物質では Π の変化は温度のみに依存するので，

$$\nabla_r \Pi = \frac{\partial \Pi}{\partial T} \nabla_r T$$

と表せる．これを式(1.4.73)に代入して，定常電流($\nabla_r \cdot \boldsymbol{j}=0$)の場合を考えると，

$$\rho_d \frac{\partial u}{\partial t} = \frac{j^2}{\sigma} + \nabla_r \cdot (\kappa \nabla_r T) - \tau \boldsymbol{j} \cdot \nabla_r T \tag{1.4.74}$$

なる関係が得られる．ここで，トムソン係数，

$$\tau \equiv \frac{\partial \Pi}{\partial T} - \alpha \tag{1.4.75}$$

を定義した．式(1.4.74)の右辺第3項は，温度勾配のある単一物質に電流を流すと温度勾配と電流密度の積に比例する熱の発生，吸収が起こること，すなわちトムソン効果を表している．ここで，式(1.4.45)を代入すると，トムソンの関係式，

$$\tau = T \frac{\partial \alpha}{\partial T} \tag{1.4.76}$$

が得られる．この式は，トムソン効果が α の温度依存性に起因することを表している．

a. 熱電発電および冷却のエネルギー変換効率

ここでは，導かれた輸送方程式(1.4.47)，式(1.4.49)とエネルギー保存則式(1.4.72)をもとに熱電効果を利用した発電と冷却の効率を考察する．図1.4.7のように断面積が一定で長さが l の一様な試料に電流密度 j の電流が流れている場合を考える．左端の温度を T_A，右端の温度を T_B とする．温度勾配を x 軸方向にとると式(1.4.47)の第1式，および式(1.4.49)は，

$$\begin{cases} j = \sigma\left(-\frac{d}{dx}\frac{\eta}{q}\right) - \alpha\sigma\frac{dT}{dx} \\ w_q = \alpha T j - \kappa \frac{dT}{dx} \end{cases} \tag{1.4.77}$$

となる．また，定常状態を考えると，エネルギー保存則(1.4.72)は，

$$-\frac{dw_q}{dx} + \frac{j^2}{\sigma} + \alpha j \frac{dT}{dx} = 0 \tag{1.4.78}$$

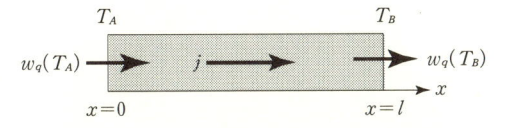

図1.4.7 熱電変換効率を求めるモデル図

と表される. 以下では, 温度差が小さく α, σ, κ は, 温度に依存しないものと仮定する.

左端から試料に流入する熱流密度を $w_q(T_A)$, 右端から流出する熱流密度を $w_q(T_B)$ と表すと, その差, $\Delta w_q \equiv w_q(T_A) - w_q(T_B)$ は, 試料に流入した熱エネルギーを表す. したがって, エネルギー保存則から Δw_q は, 電気エネルギーに変換されたエネルギーとみなすことができる. なお, $\Delta w_q < 0$ の場合は, 電気エネルギーが熱エネルギーに変換されたと考える. 発電のエネルギー変換効率 ζ_g は, $T_A > T_B$ として, 試料に加えたエネルギー $w_q(T_A)$ と変換された電気エネルギー Δw_q の比として,

$$\zeta_g \equiv \frac{\Delta w_q}{w_q(T_A)} \tag{1.4.79}$$

と定義できる. 一方, 冷却の場合の冷却効率 ζ_r は, $T_A < T_B$ として, 加えた電気エネルギー $-\Delta w_q$ と低温端での熱流 $w_q(T_A)$ の比として,

$$\zeta_r \equiv \frac{w_q(T_A)}{-\Delta w_q} \tag{1.4.80}$$

と定義できる. 熱流 $w_q(x)$ は, 温度勾配がわかれば, 式 (1.4.77) の第 2 式から求まる. 温度勾配は, 式 (1.4.77) の第 2 式を x で微分して, 式 (1.4.78) に代入することにより得られる温度のみの微分方程式,

$$\frac{d^2 T}{dx^2} = -\frac{j^2}{\sigma \kappa} \tag{1.4.81}$$

から求められる. 試料の左端と右端の座標をそれぞれ, $0, l$ とすると, 境界条件 $T(0) = T_A$, $T(l) = T_B$ から, 温度分布は,

$$T = -\frac{j^2}{2\sigma\kappa} x^2 - \left\{ \frac{T_A - T_B}{l} - \frac{j^2}{2\sigma\kappa} l \right\} x + T_A \tag{1.4.82}$$

と表される. この結果を式 (1.4.77) の第 2 式に代入することにより,

$$\begin{aligned} w_q(T_A) &= -\frac{l}{2\sigma} j^2 + \alpha T_A j + \frac{\kappa}{l}(T_A - T_B) \\ w_q(T_B) &= \frac{l}{2\sigma} j^2 + \alpha T_B j + \frac{\kappa}{l}(T_A - T_B) \end{aligned} \tag{1.4.83}$$

を得る. 第 1 項は, 試料中で発生したジュール熱の半分ずつが, 左端と右端から流出することを表している. 第 2 項と第 3 項は, それぞれ, ペルティエ効果と熱伝導による熱の授受を表している. 式 (1.4.83) より,

$$\Delta w_q = w_q(T_A) - w_q(T_B) = -\frac{1}{\sigma} j^2 + \alpha j (T_A - T_B) \tag{1.4.84}$$

を得る. 発電と冷却の最大効率を与える電流密度 j は, 式 (1.4.79) の ζ_g と式 (1.4.80) の ζ_r が極値をとる条件, それぞれ, $\partial \zeta_g / \partial j = 0$ と $\partial \zeta_r / \partial j = 0$ により与えられ, 同じ条件,

$$j = \frac{\kappa (T_A - T_B)}{\alpha l \overline{T}} (\pm \sqrt{1 - Z\overline{T}} - 1) \tag{1.4.85}$$

を得る.ここで,平均温度 $\overline{T}=(T_A+T_B)/2$ と性能指数 Z,

$$Z \equiv \frac{\sigma\alpha^2}{\kappa} \tag{1.4.86}$$

を定義した.式(1.4.85)の複合の+のほうの j が,式(1.4.79)の最大値を与え,式(1.4.79)に代入することにより発電の場合の最大効率,

$$\zeta_g{}^{\max} = \frac{T_H-T_C}{T_H}\frac{\sqrt{1-Z\overline{T}}-1}{\sqrt{1+Z\overline{T}}+\dfrac{T_C}{T_H}} \tag{1.4.87}$$

を得る.ここで,$T_A > T_B$ であることを明示するため,$T_A \to T_H, T_B \to T_C$ と書き直した.式(1.4.87)の最初の係数 $(T_H-T_C)/T_H$ は,いわゆるカルノー(Carnot)効率であり,熱電発電の効率は,カルノー効率を超えないことを示している.

一方,式(1.4.85)の複合の-のほうの j が,式(1.4.80)の最大値を与え,式(1.4.80)に代入することにより,冷却の場合の最大効率,

$$\zeta_r{}^{\max} = \frac{T_C}{T_H-T_C}\frac{\sqrt{1+Z\overline{T}}-\dfrac{T_H}{T_C}}{\sqrt{1+Z\overline{T}}+1} \tag{1.4.88}$$

を得る.なお,$T_A \to T_C, T_B \to T_H$ と書き直した.なお,温度差の大きな試料を考慮する場合は,α, σ, κ の温度依存性が無視できないので,輸送方程式(1.4.47)および式(1.4.49)とエネルギー保存則(1.4.72)に戻って考える必要がある.

Z は,温度の逆数の次元をもち,式(1.4.87)に平均温度との積という形で現れるため,ZT は無次元性能指数と呼ばれる.図1.4.8に発電における最大変換効率 $\zeta_g{}^{\max}$ の ZT 依存性を示す.式(1.4.87)および式(1.4.88)からわかるように $\zeta_g{}^{\max}$ および $\zeta_r{}^{\max}$ は,ZT あるいは Z の単調増加関数なので,熱電発電および熱電冷却のいずれにおいても高い変換効率を実現するためには,ZT あるいは Z の大きい材料を探索する必要がある.しかし,長い間 ZT の最大値は,1の近傍にとどまってきた.

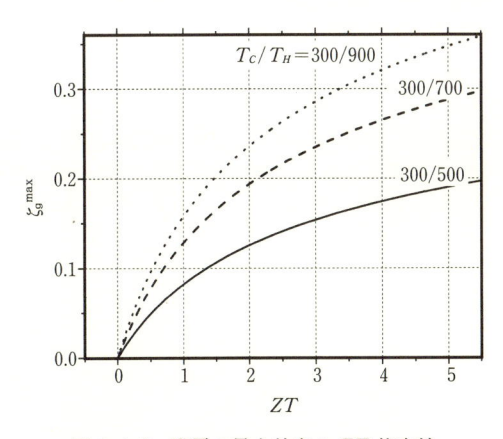

図 1.4.8 発電の最大効率の ZT 依存性

この原因は，Z の定義式 (1.4.86) をみるとわかるように，Z の分子分母にそれぞれキャリヤとフォノンの伝導率が含まれることに起因する．ヴィーデマン-フランツ則，すなわち電気伝導率とキャリヤの熱伝導率が比例関係をもつことを思い出せば，電気伝導率は大きいが熱伝導率は小さいという条件を実現することが，容易ではないことが予測できるであろう．1990 年代に入ってから，スクッテルダイト型構造やクラスレート型化合物のような格子に大きな空隙を有する材料では，稀土類元素などの重原子をその空隙に充てんすることにより大幅な熱伝導の抑制が可能なこと，強相関材料のゼーベック係数は，スピンの内部自由度のため増大し，強相関系の材料において高い性能指数を有する材料が存在する可能性があること，超格子構造にはゼーベック係数の増大や熱伝導率の抑制の効果があることなどが指摘され，新しい観点からの材料探索が精力的に進められている[3]． 〔吉野淳二〕

文　献

1) J. Callaway : *Phys. Rev.*, **113**, 1046 (1959)
2) T. Ruf, et al. : *Sold State. Commun.*, **115**, 243 (2000)
3) T. M. Tritt, ed. : Semiconductors and Semimetals, Vol. 69-71, Academic Press (2001)
4) D. T. Morelli, et al. : *Phys. Rev.*, **B66**, 195304 (2002)
5) P. G. Klemens : *Proc. R. Soc. London*, **A68**, 1113 (1955)
6) J. M. Ziman : *Phil. Mag.*, **1**, 191 (1956)

1.5　物質の機械的性質

　この節では物質の機械的性質について述べる．代表的文献として節末の文献などを参照願いたい．

1.5.1　物質の結晶構造・変形

a．基本格子，格子点，基本ベクトル

　エレクトロニクスの分野で重要な位置をしめるシリコンを含め，通常多くの物質は結晶 (crystal) として存在する．結晶を微視的に眺めると，構成要素である原子や原子団が 3 次元的に[*1]規則的に並んでいる．この規則性は，格子 (lattice) あるいは単位格子 (unit cell) と呼ばれる基本単位が隙間なく繰り返されているものと考えることができる．格子の各頂点を格子点 (lattice point) と呼ぶ．このとき，すべての格子点の位置を一般に

$$R = n_1 a + n_2 b + n_3 c \qquad (1.5.1)$$

と表すことができる．ただし，n_1, n_2, n_3 は整数である．ここで，a, b, c を基本並進ベクトル (fundamental translation vector) あるいは単に基本ベクトルと呼ぶ．
　結晶の構造が定まっても単位格子，したがって基本ベクトルの取り方は一意的では

[*1] 2 次元的あるいは 1 次元的である場合も例外的には存在する．

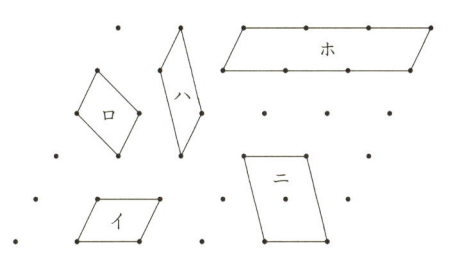

図 1.5.1 格子点と単位格子の選び方

ない．図 1.5.1 に 2 次元の場合についてその様子を示す．この中でイ，ロ，ハの単位格子は面積が同じであり，その中に格子点を 1 個含んでいる[*2]．一方，ニ，ホの格子はそれぞれ 2 個，3 個の格子点を含んでいる．前者を基本単位格子 (primitive unit cell)，それに対して後者を非基本単位格子 (nonprimitive unit cell) と呼ぶ．

b. 結晶系

結晶における原子の配列はさまざまな対称性をもっており，それらは以下で述べる弾性テンソルの対称性にも現れる．このような結晶の対称性を分類する仕方にはいくつかあるが，最も基本的なものとして，単位格子のもつ対称性によって結晶を七つの結晶系 (crystal system)（あるいは単に晶系）に分類することができる．図 1.5.2，表 1.5.1 にそれらを示す．ただし表 1.5.1 で a, b, c は単位格子の各辺の長さ，言い換えれば基本ベクトルの長さであり，α, β, γ はそれぞれ $\boldsymbol{b}$ と $\boldsymbol{c}$, $\boldsymbol{c}$ と $\boldsymbol{a}$, $\boldsymbol{a}$ と $\boldsymbol{b}$ のなす角である．また図 1.5.2 で六方晶系については対称性をわかりやすくするために単位格子の周囲の格子を破線で示してある．

c. ブラベー格子

単位格子として基本単位格子よりも非基本単位格子を用いたほうが格子のもつ対称性がより明らかになる場合がある．このことを 2 次元の場合について示したのが図 1.5.3 である．図のイは基本単位格子であり，$\boldsymbol{a}$ と $\boldsymbol{b}$ のなす角が 90° でない一般の平行四辺形の格子のように見える．一方，ロは非基本単位格子であるが，$\boldsymbol{a}$ と $\boldsymbol{b}$ が直交する長方形の格子となる．どちらも格子は同じだから格子がもつ対称性は同じだが，ロを用いたほうが格子がもっている対称性——すなわちこの場合には，それぞれ $\boldsymbol{a}, \boldsymbol{b}$ を含み紙面に垂直な鏡映面の存在——が明らかになる．このロの格子は長方形の中央（対角線の交点）に格子点を追加した形になっている．

3 次元においても同様な事情が存在する．たとえば立方格子および斜方格子の場合，図 1.5.4 に示すように立方体の頂点にだけ格子点をもつ単純格子 (simple lattice)（図 (a)）に加えて，立方体の中央（対角線の交点）に格子点が追加された体心格子 (body-centered lattice)（図 (b)），各面の中央に格子点が追加された面心格子 (face

---

[*2] 格子点が N 個の格子によって共有される場合にそれを $1/N$ 個として計算する．

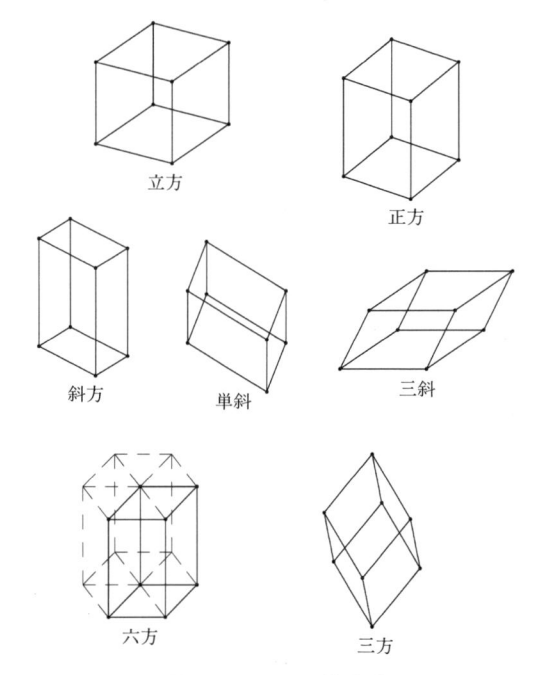

図 1.5.2 七つの結晶系

表 1.5.1 結晶の 7 晶系

結晶系 (system)	辺の長さ	軸角
立方晶 (cubic)	$a=b=c$	$\alpha=\beta=\gamma=90°$
正方晶 (tetragonal)	$a=b\neq c$	$\alpha=\beta=\gamma=90°$
斜方晶 (orthorhombic)	$a\neq b\neq c$	$\alpha=\beta=\gamma=90°$
単斜晶 (monoclinic)	$a\neq b\neq c$	$\alpha=\gamma=90°\neq\beta$
三斜晶 (triclinic)	$a\neq b\neq c$	$\alpha\neq\beta\neq\gamma$
六方晶 (hexagonal)	$a=b\neq c$	$\alpha=\beta=90°,\ \gamma=120°$
三方晶 (trigonal)	$a=b=c$	$\alpha=\beta=\gamma\neq90°,\ <120°$

-centered lattice)(図(c))を含めることができる.また斜方格子,単斜格子では図(d)に示すように互いに向かい合う一組の底面の中心に格子点が追加された底心格子(base-centered lattice)を含めることができる.ほかの晶系については,単斜格子では単純格子と底心格子が,正方格子では単純格子と体心格子が含められる.このような種類を

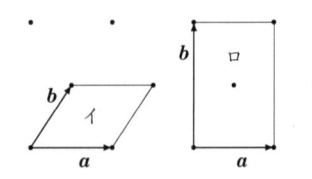

図 1.5.3 非基本単位格子を用いると格子の対称性が明らかになる例

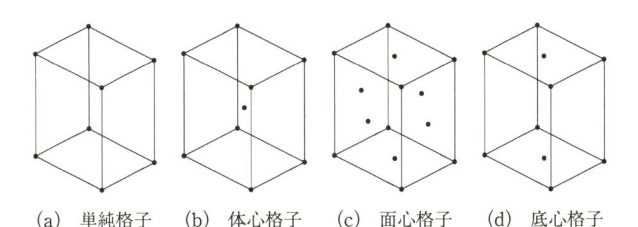

(a) 単純格子　(b) 体心格子　(c) 面心格子　(d) 底心格子

図 1.5.4　単純格子，体心，面心，底心格子

含めると全部で14種類の格子を分類することができ，それらをブラベー格子 (Bravais lattice) と呼ぶ．ここでは紙面の都合でこれ以上の詳細は述べないので，文献2) などを参照するとよい．

d. ひずみテンソル

物質の変形の様子を記述することを考えよう．物質が変形して，変形前に位置 r にあったものが位置 r' に変位したとする．このとき変位ベクトル (displacement vector) は

$$u(r)=r'-r \tag{1.5.2}$$

により与えられる．しかし物質が全体として平行移動したり，回転したりすることは意味がないので，これらを除外して考える必要がある．

$$\varepsilon_{il}=\frac{1}{2}\left(\frac{\partial u_i}{\partial r_l}+\frac{\partial u_l}{\partial r_i}\right) \tag{1.5.3}$$

により与えられるひずみテンソル (strain tensor) を用いると，平行移動と回転を除外したひずみの様子を記述することができる．式 (1.5.3) において $i=l$ の場合には括弧の中の二つの項は互いに等しく，$\varepsilon_{ii}=\partial u_i/\partial r_i$ となることに注意せよ．

上で述べた定義のほかに，$i \neq l$ の場合に係数 $1/2$ を含めないもの，すなわちひずみの成分 e_{il} を

$$e_{ii}=\left(\frac{\partial u_i}{\partial r_i}\right), \quad e_{il}=\left(\frac{\partial u_i}{\partial r_l}\right) \quad (i \neq l) \tag{1.5.4}$$

と定義する方法もある．これはフォークト (Voigt) が用いたもので[3],[4]，文献によってどちらの定義を用いているかに注意する必要がある．ここではとくに断らない限り式 (1.5.3) によるものを用いる．また，式 (1.5.4) の定義によるひずみはテンソルとはならないので，座標変換に際しても注意が必要となる．

e. テンソル

ひずみテンソルについてさらに考える前に，ここでテンソルの定義について述べておく．空間中の一点の座標が (x_1, x_2, x_3) であるとする．原点を中心として座標系 (X_1, X_2, X_3) を回転させたとき，新しい座標系 (X_1', X_2', X_3') でのその点の座標が (x_1', x_2', x_3') であるとすれば，

$$x_i'=\sum_j R_{ij}x_j \quad (i,j=1,2,3) \tag{1.5.5}$$

と表せる．ただし，R_{ij} は X_i 軸と X_j' 軸のなす角の余弦，すなわち方向余弦である．この R_{ij} を用いて，一般に $A_i, B_{ij}, C_{ijk}, \cdots$（ただし $i, j, k=1, 2, 3$）について同様の座標軸回転に伴う変換が

$$A_i' = \sum_j R_{ij} A_j \tag{1.5.6}$$

$$B_{ij}' = \sum_{k,l} R_{ik} R_{jl} B_{kl} \tag{1.5.7}$$

$$C_{ijk}' = \sum_j R_{il} R_{jm} R_{kn} C_{lmn} \tag{1.5.8}$$

...

で表されるとき，A_i, B_{ij}, C_{ijk} をそれぞれ 1 階 (first rank)，2 階，3 階のテンソルであるという．4 階以上のテンソルについても同様に定義される．たとえばすでに述べたひずみは 2 階のテンソルである．

f. 伸びと縮み

ひずみテンソルの対角成分は

$$\varepsilon_{xx} = \frac{\partial u_x}{\partial x}, \quad \frac{\partial u_y}{\partial y}, \quad \frac{\partial u_z}{\partial z} \tag{1.5.9}$$

であり，これらはそれぞれ x, y, z 方向の伸び縮みの度合いを表す．

一例として ε_{xx} だけが 0 でなく，ひずみテンソルのほかのすべての成分が 0 である場合を考える．そのためには位置 $\boldsymbol{r}=(x, y, z)$ における変位が $\boldsymbol{u}(\boldsymbol{r})=(\varepsilon_{xx}x, 0, 0)$ であればよい．そのときの変位の様子は図 1.5.5 (a) に示したようになり，x 方向の伸びが生じていることがわかる．

g. ずれ変形

ひずみテンソルの非対角成分 $\varepsilon_{il} (i \neq l)$ は，ずれ変形 (shear deformation) を表す．例として $\varepsilon_{xy} = \varepsilon_{yx} = \gamma$ の場合を考えよう（一般に $\varepsilon_{il} = \varepsilon_{li} (i \neq l)$ でなければならないので，たとえば ε_{xy} だけが 0 でないようには選べないことに注意せよ）．そのためには，たとえば $\boldsymbol{u}(\boldsymbol{r}) = (\gamma y, \gamma x, 0)$ とすればよい．これに対応する変位の様子は図 1.5.5 (b) に示したとおりである．

一方，$\boldsymbol{u}(\boldsymbol{r}) = (2\gamma y, 0, 0)$ とした場合にも式 (1.5.3) に代入すれば，やはり $\varepsilon_{xy} = \varepsilon_{yx}$

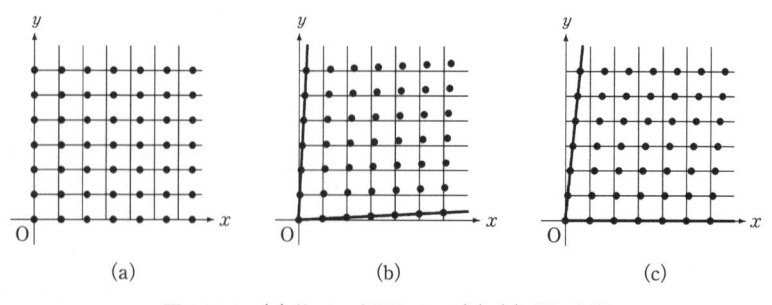

図 1.5.5 (a) 伸びの変形および (b), (c) ずれ変形

= γ を得る．このときの変位の様子は図 1.5.5 (c) のようになる．図 (b) の場合と比較すると，太線の部分に注目すればどちらも同じ大きさのずれ変形が生じているが，(c) の場合はずれ変形とともに右方向への回転も生じている（対角線の方向の変化に注目せよ）．このように，式 (1.5.3) で定義されるひずみテンソルは本質的に意味のある変形だけを記述し，回転については除去されることがわかる．なお，図 1.5.5 (b) のような変形を純粋ずれ (pure shear)，図 (c) のような変形を単純ずれ (simple shear) と呼んで区別することがある．

h. 体 積 変 化

変位に伴う体積変化を考える．体積が δV であった微小部分が変形によって体積が $\delta V'$ となったとき，体積変化率は

$$\frac{\delta V' - \delta V}{\delta V} = \varepsilon_{xx} + \varepsilon_{yy} + \varepsilon_{zz} \tag{1.5.10}$$

で表される．これはひずみテンソルのトレース（跡）である．あるいは変位ベクトル $\boldsymbol{u}$ の発散であるということもできる．

1.5.2 固体の弾性的性質

a. 弾 性 テ ン ソ ル

1 次元のばねについて，自然長からの伸びが x であるときにばねに蓄えられる弾性エネルギーは

$$U = \frac{1}{2} x^2 \tag{1.5.11}$$

である．これを 3 次元の弾性体に拡張し，弾性エネルギーをひずみテンソル ε_{ij} を用いて次のように表すことができる．

$$U = \frac{1}{2} \sum_{ijkl} c_{ijkl} \varepsilon_{ij} \varepsilon_{kl} \tag{1.5.12}$$

ここで定義される c_{ijkl} を弾性テンソル (elastic tensor)，あるいは弾性スティッフネス (elastic stiffness) と呼ぶ．

ひずみテンソルが 2 階のテンソルであることから，弾性テンソルは 4 階のテンソルとなる．ここで考えている 3 次元空間では，添え字 i, j, k, l はそれぞれ 3 個の自由度をもつので，弾性テンソルの成分は $3^4 = 81$ であるが，対称性のために独立な成分はそれより少なくなる．

ひずみテンソルの対称性のために，c_{ijkl} は i と j，あるいは k と l を入れ替えても値は変わらない．また，ij と kl を入れ替えてもやはり値は変わらない．すなわち $c_{ijkl} = c_{jikl} = c_{ijlk} = c_{klij}$ などが成り立つ．このため，独立な成分は 21 個しかない．さらに，いま考えている弾性体を構成する結晶のもつ対称性が高い場合や，弾性体が等方的である場合には，独立な成分の数はこれよりも少なくなる．その点については後で述べる．

b. 応力テンソル

ここで再び1次元のばねについて考え，ばねの弾性エネルギーを伸び x で微分すると

$$\frac{\partial U}{\partial x} = kx \qquad (1.5.13)$$

は，ばねの張力 X を与えることに注意しよう．すなわち

$$X = \frac{\partial U}{\partial x} \qquad (1.5.14)$$

である．この関係を3次元の弾性体に適用することにより

$$\tau_{ij} = c_{ijkl} \varepsilon_{kl} \qquad (1.5.15)$$

と書くことができる．式 (1.5.15) は，ばねについてのフックの法則を一般化したものとみることができる．ここで τ_{ij} は応力テンソル (stress tensor) と呼ばれる2階のテンソルである．弾性テンソルとひずみテンソルの対称性のために，応力テンソルは対称テンソルとなる．応力テンソルの成分は次のような意味をもつ．すなわち，τ_{ij} は x_j 軸に垂直な面の単位面積当たりに働く力の x_i 方向の成分である．図 1.5.6 は原点におかれた立方体に働く応力の様子を x_3 軸方向から見たものである．すでに述べたように，ここでは弾性体の回転は除外して議論しているのであるが，回転が起きないためには図から $\tau_{12} = \tau_{21}$ である必要がある．ほかの成分についても同様であり，この意味からも応力テンソルは対称テンソルとなる．

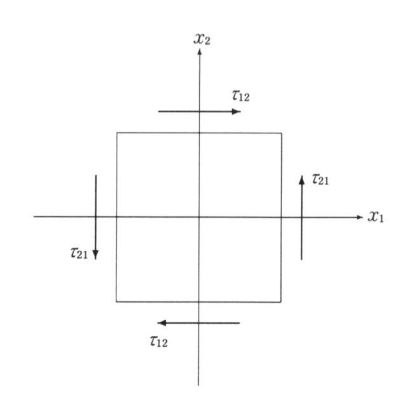

図 1.5.6 弾性体が回転しないためには応力成分は対称となる必要がある

c. 添え字の短縮表現

弾性テンソルは4階のテンソルなので，添え字が4個必要であり何かと煩雑である．そこで次のような添え字の短縮化がしばしば用いられる．

$$(1,1) \rightarrow 1, \quad (2,2) \rightarrow 2, \quad (3,3) \rightarrow 3,$$
$$(2,3),(3,2) \rightarrow 4, \quad (3,1),(1,3) \rightarrow 5, \quad (1,2),(2,1) \rightarrow 6.$$

ひずみテンソル，応力テンソルについても同じように添え字を短縮化することができる．この短縮化により弾性テンソルは (6×6) 行列の形に書くことができる．ひずみテンソル，応力テンソルは6個の成分をもつベクトルの形となる．それらの間の関係は次のようである．

$$\begin{pmatrix} \tau_1 \\ \tau_2 \\ \tau_3 \\ \tau_4 \\ \tau_5 \\ \tau_6 \end{pmatrix} = \begin{pmatrix} c_{11} & c_{12} & c_{13} & c_{14} & c_{15} & c_{16} \\ c_{21} & c_{22} & c_{23} & c_{24} & c_{25} & c_{26} \\ c_{31} & c_{32} & c_{33} & c_{34} & c_{35} & c_{36} \\ c_{41} & c_{42} & c_{43} & c_{44} & c_{45} & c_{46} \\ c_{51} & c_{52} & c_{53} & c_{54} & c_{55} & c_{56} \\ c_{61} & c_{62} & c_{63} & c_{64} & c_{65} & c_{66} \end{pmatrix} \begin{pmatrix} \varepsilon_1 \\ \varepsilon_2 \\ \varepsilon_3 \\ 2\varepsilon_4 \\ 2\varepsilon_5 \\ 2\varepsilon_6 \end{pmatrix} \qquad (1.5.16)$$

ただし，このように書けるからといって c_{pq} が2階のテンソルになったわけではない．また，ひずみの表記として式 (1.5.3) を用いると，ここに示すように後半の三つの成分は係数 2 がかかることにも注意されたい．もしも式 (1.5.4) の定義によるひずみ e_{ij} を用い，同様な短縮表現によれば，式 (1.5.16) は単純な形となり，

$$\tau_p = \sum_q c_{pq} e_q \tag{1.5.17}$$

となる．

なお，短縮化表現された弾性テンソルを (6×6) 行列とみたときの逆行列を弾性コンプライアンス (elastic compliance) と呼び s_{pq} と書く．したがって

$$\sum_r c_{pr} s_{rq} = \delta_{pq} \tag{1.5.18}$$

である．ただし，δ_{pq} はクロネッカーの δ 記号を表す．また，上と同様，ひずみテンソル ε_{ij} によらずにむしろ e_{ij} (の短縮表現) を用いるなら

$$e_p = \sum_q s_{pq} \tau_q \tag{1.5.19}$$

である．

d. 結晶の対称性と弾性テンソル

結晶のそれぞれの晶系における弾性テンソルの形について考えよう．一例として立方晶系においては x, y, z 軸はすべて対等だから，ただちに $c_{11} = c_{22} = c_{33}$，また $c_{44} = c_{55} = c_{66}$ であることがわかる．また，もしも z 軸が 2 回軸であれば z 軸の周りに 180° 回転しても弾性テンソルの成分は不変のはずであり，一方，その際 $x \to -x$，$y \to -y$，$z \to z$ と変換されるので，すでに述べたテンソルの性質により $c_{1123} \to -c_{1123}$ と変換されるから $c_{1123} = 0$，短縮表現では $c_{14} = 0$ であることがわかる．このような考察の結果を各晶系についてまとめたものが表 1.5.2 である．表の見方は自明と思われるが少しだけ説明を加えよう．左端の列は弾性テンソルの成分を表しており，たとえばその中で 33 の行で立方晶系の列の位置に 11 とあるのは，立方晶系では $c_{33} = c_{11}$ であることを示している．さらに 66 の行で右側 3 列は，それらの場合 $c_{66} = \frac{1}{2}(c_{11} - c_{12})$ であることを示す．また，この表は弾性スティッフネスについてのものであるが，弾性コンプライアンスについても次の点を除けば同じ関係が成り立つ．すなわち，式 (1.5.16) で一部に係数 2 が現れたのと同様な事情から，弾性コンプライアンスにおいては表中に示した結果とは一部係数が異なってくる．表の下部に示した脚注の最後の二つに注意すること．なお各晶系についての計算については文献 1) に詳しい．加えて文献 3), 4) も見よ．

e. 等方体の弾性定数

自然界に存在する物質，なかでも固体の多くは理想的状態では結晶であり，多少なりともその結晶の対称性に応じた異方性をもっている．しかし，現実にはいくつかの理由でそのような異方性が失われ，どの方向にも同じ弾性的な (したがって，それ以外のたとえば電気的性質においても) 性質を示す，等方体とみなせるような物質も少なくない．たとえば基本的な構造は結晶であっても，結晶軸がさまざまな方向を向い

た微小な結晶の集合である多結晶状態 (multicrystal state) である場合がある．また，微視的にみても結晶構造をもたない非晶質 (amorphous state)，あるいはガラス状態 (glass state) である物質もある．ここではそのような等方体の弾性的性質について考える．

表1.5.2に示した中で最も対称性の高い立方晶系では，弾性テンソルの独立な成分は c_{11}, c_{12}, c_{44} の三つであった．等方体の場合には座標系をどのようにとっても弾性テンソルは不変のはずであり，このためにさらに $c_{44}=\frac{1}{2}(c_{11}-c_{12})$ なる関係が生じる．したがって独立な成分は2個しかない*．等方体の弾性テンソルにおけるこの二

表1.5.2 結晶の各晶系における弾性テンソル

晶系	立方	正方[*1]	正方[*2]	斜方	単斜[*3]	三斜	六方	三方[*4]	三方[*5]
11	11	11	11	11	11	11	11	11	11
22	11	11	11	22	22	22	11	11	11
33	11	33	33	33	33	33	33	33	33
44	44	44	44	44	44	44	44	44	44
55	44	44	44	55	55	55	44	44	44
66	44	66	66	66	66	66	$\frac{1}{2}(11-12)$[*6]	$\frac{1}{2}(11-12)$[*6]	$\frac{1}{2}(11-12)$[*6]
12	12	12	12	12	12	12	12	12	12
13	12	13	13	13	13	13	13	13	13
23	12	13	13	23	23	23	13	13	13
14	0	0	0	0	0	14	0	14	14
15	0	0	0	0	0	15	0	0	15
16	0	0	16	0	16	16	0	0	0
24	0	0	0	0	0	24	0	-14	-14
25	0	0	0	0	0	25	0	0	-15
26	0	0	-16	0	26	26	0	0	0
34	0	0	0	0	0	34	0	0	0
35	0	0	0	0	0	35	0	0	0
36	0	0	0	0	36	36	0	0	0
45	0	0	0	0	45	45	0	0	0
46	0	0	0	0	0	46	0	0	-15[*7]
56	0	0	0	0	0	56	0	14[*7]	14[*7]

[*1] 4回軸とそれに垂直な2回軸がある場合
[*2] 4回軸のみの場合
[*3] 2回軸を z 軸にとった場合
[*4] 3回軸と2回軸がある場合
[*5] 3回軸のみで2回軸がない場合
[*6] 弾性コンプライアンスについては $s_{66}=2(s_{11}-s_{12})$
[*7] 弾性コンプライアンスについては $s_{46}=-2s_{15}$, $s_{56}=2s_{14}$

* 表1.5.2からわかるように，六方晶系における c_{11}, c_{12}, c_{44} はこの関係をみたす．このことは六方晶系の結晶は z 軸の周りの回転については等方的に振る舞うことを示している．

つの自由度は，ずれ変形を伴わない圧縮に対する弾性率と，体積変化を伴わない純粋なずれ変形に対する弾性率に対応する．

f. ラメの係数

等方体の弾性テンソルはラメの定数 (Lamé's constant) と呼ばれる λ, μ を用いて次のように表される．

$$(c_{pq}) = \begin{bmatrix} \lambda+2\mu & \lambda & \lambda & 0 & 0 & 0 \\ \lambda & \lambda+2\mu & \lambda & 0 & 0 & 0 \\ \lambda & \lambda & \lambda+2\mu & 0 & 0 & 0 \\ 0 & 0 & 0 & \mu & 0 & 0 \\ 0 & 0 & 0 & 0 & \mu & 0 \\ 0 & 0 & 0 & 0 & 0 & \mu \end{bmatrix} \quad (1.5.20)$$

したがって $\lambda = c_{12}, \mu = c_{44}$ である．このうち μ は体積変化を伴わないずれ変形に対する弾性の程度を表す量であり，ずれ弾性率 (shear modulus) あるいは剛性率 (rigidity modulus) と呼ばれる．

g. ヤング率，ポアソン比

等方体でできた棒の単純引張りについて考える．棒の長さ方向に z 軸をとる．棒の両端では単位面積当たり T の大きさで棒を引っ張る力が互いに逆方向に働いており，側面には外力が働いていないとする．すなわち応力は τ_3 を除いてすべて 0 である．まず $\tau_4 = \tau_5 = \tau_6 = 0$ から式 (1.5.16) を用いて $\varepsilon_4 = \varepsilon_5 = \varepsilon_6 = 0$ が得られる．一方，$\varepsilon_1, \varepsilon_2, \varepsilon_3$ は 0 でないが，対称性から $\varepsilon_1 = \varepsilon_2$ であろう．さらに $\tau_1 = \tau_2 = 0$, $\tau_3 = T$ と式 (1.5.16) からは

$$\varepsilon_3 = \frac{\mu(3\lambda+2\mu)}{\lambda+\mu} T, \quad \varepsilon_1 = -\frac{\lambda}{2(\lambda+\mu)} \varepsilon_3 \quad (1.5.21)$$

を得る．これら 2 式はそれぞれヤング率 (Young's modulus) E とポアソン比 (Poisson's ratio) σ が次のように与えられることを示す．

$$E = \frac{T}{e_3} = \frac{\mu(3\lambda+2\mu)}{\lambda+\mu} \quad (1.5.22)$$

$$\sigma = -\frac{e_1}{e_3} = \frac{\lambda}{2(\lambda+\mu)} \quad (1.5.23)$$

一般に棒を引張ると長さ方向には伸びるが，それに伴い横方向には縮む．ポアソン比は長さ方向の伸びに対する横方向の縮みの比を表している．

h. 静水圧のもとでの応力とひずみ，体積弾性率

別の例として等方体にすべての方向から一様な圧力，すなわち静水圧 (hydrostatic pressure) p が働く場合を考えよう．この場合，

$$\tau_1 = \tau_2 = \tau_3 = -p, \quad \tau_4 = \tau_5 = \tau_6 = 0 \quad (1.5.24)$$

式 (1.5.16) を用いれば

$$-p = (\lambda+2\mu)\varepsilon_1 + \lambda\varepsilon_2 + \lambda\varepsilon_3 \quad (1.5.25)$$

$$-p = \lambda \varepsilon_1 + (\lambda + 2\mu)\varepsilon_2 + \lambda \varepsilon_3 \qquad (1.5.26)$$
$$-p = \lambda \varepsilon_1 + \lambda \varepsilon_2 + (\lambda + 2\mu)\varepsilon_3 \qquad (1.5.27)$$

が得られ，これらを加え合わせてさらに $\varepsilon_1 + \varepsilon_2 + \varepsilon_3$ が体積変化率 $\Delta V/V$ に等しいことに注意すれば

$$K = -\frac{p}{\Delta V/V} = \lambda + \frac{2}{3}\mu \qquad (1.5.28)$$

を得る．ここで，K は体積弾性率(bulk modulus)である．

1.5.3 液晶の弾性体的性質

近年，液晶はディスプレイなどに広く応用され，電子物性の分野とのかかわりは大きい．液晶とは巨視的に異方性をもつ液体である．したがって，通常の液体の特徴に加えて異方的な弾性体の特徴を兼ね備えている*．

a. ネマティック液晶

液晶をおおまかにいくつかに分類できる．その中で単純かつ代表的なものはネマティック液晶(nematic liquid crystal)である．ネマティック液晶が通常の液体と異なる点は，分子配向が空間的に異方的であり，平均してある特定の方向を向いていることにある．この特定の方向を向いた単位ベクトルを配向ベクトルあるいはディレクタ(director)と呼び，ここではそれを n と表すことにする．注意すべきこととして，現在知られているネマティック液晶では，ディレクタはある軸方向だけを示すもので，その軸に沿う両方向は物理的に等価である．すなわち，n と $-n$ とは同じ状態である．

b. ネマティック液晶の弾性エネルギー

ネマティック液晶の弾性エネルギーは次のように表される．

$$F = \frac{1}{2}K_1(\text{div}\,\boldsymbol{n})^2 + \frac{1}{2}K_2(\boldsymbol{n}\cdot\text{rot}\,\boldsymbol{n})^2 + \frac{1}{2}K_3(\boldsymbol{n}\times\text{rot}\,\boldsymbol{n})^2 \qquad (1.5.29)$$

ここで K_1, K_2, K_3 はフランクの弾性定数(Frank's elastic constant)と呼ばれる量

(a) 広がり   (b) ねじれ   (c) 曲がり

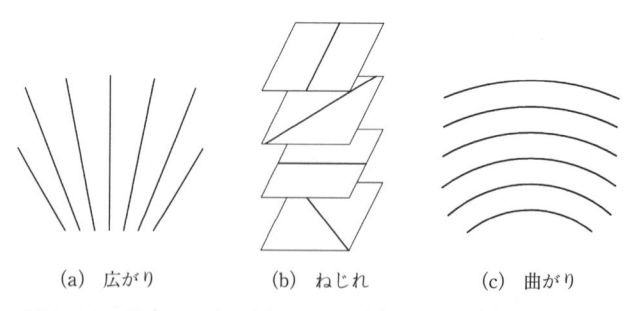

図 1.5.7　液晶における (a) 広がり，(b) ねじれ，(c) 曲がり変形

---
* 液晶の弾性体力学については，たとえば文献 1),5) を見よ．

である．式(1.5.29)右辺の三つの項はそれぞれ広がり(splay)，ねじれ(twist)，曲がり(bend)の変形による弾性エネルギーを表している．それらの様子は図1.5.7に示したとおりである．ただし，各場所におけるディレクタの方向を太い実線で表してある．

c. スメクティック液晶

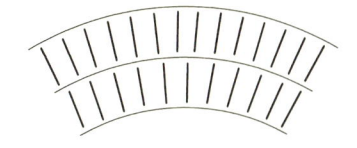

図1.5.8 スメクティック液晶における層の変形はディレクタの広がり変形となる

スメクティック液晶(smectic liquid crystal)はネマティック液晶についてよく知られた液晶の種類である．スメクティック液晶ではネマティック液晶におけるのと同様にディレクタ方向への配向が存在するのに加えて，液晶を構成する分子の存在確率がある軸方向(ここではそれをz軸方向にとる)に沿って周期的に変調され，層状構造(layer structure)となっている．ディレクタがz軸方向を向いており，したがって層に垂直であるものをスメクティックA，傾いているものをスメクティックCと呼ぶ．スメクティックC液晶は強誘電性，反強誘電性がみられる場合を含む興味深い状態であるが，ここでは簡単のため，スメクティックAの場合についてのみ扱う．

d. スメクティック液晶の弾性エネルギー

スメクティックA液晶における変形は層構造のために制限を受け，第一近似として層間隔を一定に保つような変形だけが起こるとみなすことができる．このため，ねじれと曲がりの変形がなく，広がりの項だけが残る．この様子を図1.5.8に示す．分子ないしはディレクタの向きを太い実線で表してあるが，層が厚さを一定に保ちつつ曲がり変形を起こすとき，ディレクタは広がり変形を起こしていることがわかる．さらに詳しい評価のためには，起こりにくいとはいえ存在するであろう層の圧縮も考慮に含める必要がある．このような考察の結果，スメクティックA液晶の弾性エネルギーは次のように表される．

$$F = \frac{1}{2}B\left(\frac{\partial u}{\partial z}\right)^2 + \frac{1}{2}K_1\left(\frac{\partial^2 u}{\partial x^2} + \frac{\partial^2 u}{\partial y^2}\right)^2 \tag{1.5.30}$$

ただし，層の面に垂直な方向への変位をuとした．K_1はネマティック液晶の項で現れたフランクの弾性定数の1番目のものである．またBは層弾性圧縮率(layer compression modulus)と呼ばれる．

〔江間健司〕

文　献

1) ランダウ-リフシッツ：弾性理論，東京図書(1972)
2) C. Kittel : Introduction to Solid State Physics, John Wiley and Sons (1976)
3) Landolt-Börnstein : Numerical data and functional relationships in science and technology, Elastic, Piezoelectric, Piezooptic and Electrooptic Constants of Crystals, Springer Verlag (1969)
4) W. G. Cady : Piezoelectricity, Vol. 1, Dover Publications (1964)

5) P. G. de Gennes and J. Prost : The Physics of Liquid Crystals, 2nd edn., Clarendon Press (1993)

2

評価・作製技術

2.1 電気特性評価

2.1.1 キャリヤ輸送測定
a. 電気抵抗測定
キャリヤ輸送特性の中で最も重要な電気抵抗測定について説明する．
1) 電気抵抗率
単位体積中に n 個の自由電子を含む金属に電場 E をかけると，電流密度 $J = ne^2\tau E/m$ の電流が流れる．ここで電子の電荷 e，質量 m，散乱時間(電場が電子に作用する実効的時間) τ とする．電気抵抗率(electric resistivity) ρ は $E = \rho J$ で定義されるから，$\rho = m/ne^2\tau$ となる．断面積 S，長さ L の棒状の形をした試料の場合，電気抵抗率 ρ は測定した電気抵抗 R から $\rho = RS/L$ と求まる．現実の試料では，試料の形状と電極端子の位置を考慮した補正を要する．物質によっては，表面付近は電流が流れにくいなど，試料内部で電流の流れ方が一様でない場合もありうる．このため，電気抵抗率の正確な値を求めるときには，試料の大きさや電極配置を変えた複数の測定を行うことも必要である．

2) 4端子測定
最も簡単に電気抵抗を測るには，試料に 2 本の測定用導線を付け 2 点間に電流を流し，その間の電圧を測ればよい．これを 2 端子測定という．2 本のプローブをもつ通常のテスターによる測定もこの方式である．ここでは試料の抵抗に加えて，導線自身および導線(あるいはテスタープローブ)と試料間に生じる接触抵抗(contact resistance)も併せて測定することになる．したがって，試料の抵抗が接触抵抗より圧倒的に大きい場合でないと正しい値を得ることはできない．また，接触抵抗の大きさが評価できたとしても，この値は必ずしも一定の値をとるとは限らない．たとえば，試料の抵抗の温度依存性を測定するときには，接触抵抗が温度依存性をもつ可能性があることに注意する．

正しい抵抗の値を求めるには 4 端子法(four-terminal method)を用いる．図 2.1.1 に示すように，電流端子(1, 2)と電圧端子(3, 4)は完全に分離する．試料に電極となる金属が蒸着されている場合，あるいは直接銀ペーストなどを用いて導線が取り付けられている場合，隣接する電流電極 1(または 2)と電圧電極 3(または 4)は重なら

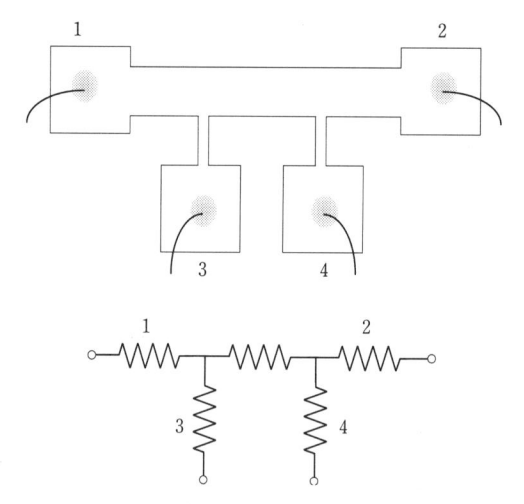

図 2.1.1 4 端子抵抗測定の電極配置と等価回路

ないように注意する．理想的な電圧計には電流は流れないので，3-4 間の電圧 V と試料を流れる電流 I とから抵抗 $R=V/I$ が求まる．

3) 直 流 測 定

最もよく行われる直流 4 端子測定について，その要点を述べる．

電流源は定電流源または定電圧源を用いる．現在では，いずれも市販の電源を用いることが多い．定電流源の条件は，負荷(試料)の抵抗の変動があっても出力電流がつねに一定になることである．このため電源は，試料の抵抗よりも圧倒的に大きい出力抵抗が直列に組み込まれているような動作をする．負荷に供給できる最大のパワーは装置ごとに決まっているので，測定時には電圧のリミット値に注意する．市販の定電流源としては，たとえば，1 pA から 100 mA までの電流を 1 台で出力できるものがある．

一方，定電圧源では，電流の変動に対して出力電圧が一定値を保つように出力抵抗は小さくなっている．この場合には電流のリミット値が決められている．たとえば，50 μV から 10 V の範囲の電圧を出力できる装置が市販されている．最も簡単な定電圧源は電池である．出力抵抗が大きいため，電流(負荷)の変動に対して出力電圧が影響を受ける．ノイズが少ないために，精密測定に適している．

4) 熱 起 電 力

試料と計測器の間に温度差があると途中の導線に熱起電力 (thermoelectric power) が発生する (図 2.1.2 の $E_1 \sim E_4$)．理想的には同一の導線を使用していれば，電圧端子間の熱起電力は打ち消して測定データには現れないはずだが，現実には途中のコネクタの接点の微妙な違いや，試料(電極部)への導線の取り付け方が同じではないと

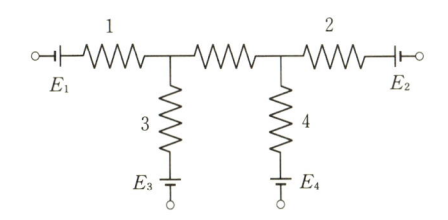

図 2.1.2　4端子抵抗測定における熱起電力

いった理由により，電圧端子間に熱起電力が発生する ($E_3 \neq E_4$)．熱起電力は電流の向きに依存しないので，電流を反転させたデータをとり，平均をとることによって取り除くことができる．

5) 低抵抗測定と高抵抗測定

金属や超伝導体等の低抵抗試料の測定では，接触抵抗の影響を受けないように4端子法を用いることが普通である．測定精度を上げるためには，① 途中の配線自身の抵抗，および試料と導線間の接触抵抗をできるだけ下げること，② 発熱の影響が出ない範囲で十分大きい電流を流すこと，③ 微小電圧が測れる電圧計やプリアンプを用いることなどが必要である．ホイートストンブリッジ (Wheatstone bridge) 回路を組むことや，市販の自動抵抗ブリッジを用いることも有効である．これに対し高抵抗試料の場合には，接触抵抗がそれほど大きくなければ，定電圧源を用いた2端子法で測定ができる．高抵抗測定では，次に述べる微小電流測定技術が求められる．

6) 微小電流測定

微小電流測定では，高感度の電流計 (エレクトロメータ/ピコアンメータ) あるいは電流アンプを用いる．電流計は入力抵抗が小さく，測定時に入力電圧端子間の電位差をゼロに保つような動作をする．10^{-16} A の測定感度をもつ電流計や 10^{-11} A/V の増幅率をもつ高速電流アンプが市販されている．しかし，どんなに性能の良い計測器を用いても，試料に並列に入っている絶縁体に漏れ電流 (leakage current) が流れてしまうと，正しい試料の抵抗値を求めることができない．したがって，配線やスイッチ類の絶縁抵抗が十分に高いことが必要である．絶縁体表面に水分や汚れが付着すると絶縁性が劣化するので注意する．通常は絶縁抵抗の大きい専用のケーブルを用いるが，測定時にケーブルが動いて変形すると，絶縁体の圧電効果 (piezoelectric effect) などによってノイズを発生する．したがって，ケーブルは動かないように固定することが大切である．

b. ホール効果測定

1) 原　　理

電流の流れている板状導体に垂直磁場を印加すると，双方に垂直な方向に電場が生じる．これはキャリヤがローレンツ力によって曲げられことによるもので，この現象をホール効果 (Hall effect) という．図2.1.3上図に示すような幅 w，厚さ t の直方

体の金属(導体)を考え，x方向(縦方向)に電場 E_x をかけ電流密度 J_x の電流を流す．ここで，$J_x=E_x/\rho=ne^2\tau E_x/m$，電流 $I=wtJ_x$ である．この状態で z 方向に磁束密度 B の磁場をかけると，y 方向(横方向)に $E_y=-eB\tau E_x/m$ のホール電場(ホール電圧 $V_y=wE_y$) が現れる．ここで，ホール電圧測定によって求まる量 $R_H=E_y/J_xB=tV_y/IB$ をホール定数(Hall constant)と呼ぶ．また，横方向の電場と縦方向の電場との比 $\tan\theta_H=E_y/E_x$ から定義される角 θ_H をホール角と呼ぶ．

上の $J_x=ne^2\tau E_x/m$ を R_H の式に入れると $R_H=-1/ne$ となるので，これから電子(キャリヤ)の密度が求まる．一般の導体の場合，キャリヤの符号はホール電圧の符号で決まる．キャリヤ濃度の低い半導体では，大きいホール電圧が出るため測定は比較的容易であるが，キャリヤ(電子)濃度の高い金属ではより高い精度の測定が求められる．ホール電場は印加磁場に比例するので，高キャリヤ濃度試料の場合には，高い磁場を印加すると測りやすい．

2) 微小ホール効果の測定

高抵抗率の試料，あるいは縦成分に比べて横成分(ホール電圧)がずっと小さい試料の場合には，対向するホール電圧測定用電極(図 2.1.3 下図の電極 5 と 6)の x 方向のわずかなずれに起因する縦抵抗の影響を強く受ける．この縦抵抗成分は磁場の向きによらないから，磁場を反転させて平均をとることにより取り除くことができる．したがって，ホール電圧を精度良く測定するためには，前述の熱起電力除去のための

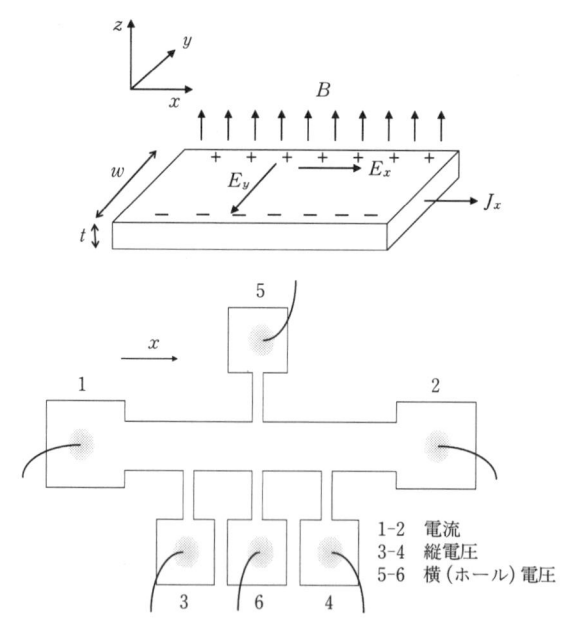

図 2.1.3 ホール効果の概念図と実際の試料における電極配置

電流反転操作($\pm I$)と, ホール電極のずれによる縦抵抗成分除去のための磁場反転操作($\pm B$)の両方を行う. 補正後のホール電圧 V_y^{cor} は,

$$V_y^{cor} = \left\{\frac{V_y(+B, +I) - V_y(+B, -I)}{2} - \frac{V_y(-B, +I) - V_y(-B, -I)}{2}\right\}\bigg/2 \tag{2.1.1}$$

で与えられる. しかし, 実際に超伝導マグネットを用いた測定では磁場反転をすみやかに行うことは難しく, また低温では磁場変化により温度上昇を伴うことが多い. もし, 磁場反転前後の温度がわずかにずれると, 抵抗の温度依存性の寄与がホール抵抗に乗ってしまい, 著しくホール抵抗測定の精度を落とすことになる. したがって測定を楽にするためにも, あらかじめ試料の形はできるだけ高い精度でホールバー形状 (図 2.1.3 下図) に加工し, ホール電極の misalignment の影響が出ないようにすることが望ましい.

ホール電圧が印加磁場に比例することを利用して, マグネットの発生する磁場の絶対値を決定するときにもホール効果測定は用いられる (d. 高磁場測定参照).

c. 極低温測定

1) 極低温の発生

材料や電子デバイスの研究では, 極低温におけるキャリヤ輸送測定を行うことが多い. ここで極低温とは, 液体ヘリウム4 (^{4}He) の1気圧における沸点である 4.2 K 以下の温度域とする. 温度域によって, いくつかの冷却法・冷凍機がある. 1.5 K 程度までは, 液体 ^{4}He の減圧によって簡単に得られる. 装置は, 寒剤である液体ヘリウムを保持するためのデュワー (魔法瓶) と, 液体ヘリウム減圧用のポンプ・排気系などの周辺設備から構成される. デュワーとしてはガラス製のものが古くから用いられてきた. 液体窒素を満たした外デュワーの中に液体ヘリウム用のデュワーを入れ, 外部からの熱流入を抑えている. 低温実験に慣れていない場合には, ステンレス製あるいはアルミニウム合金製デュワーを用いた市販の冷凍機を用いることが現在では一般的である. 液体窒素なしで使えるものが多くなってきた. これらの装置ではいずれも, 液体ヘリウムを液体ヘリウム容器 (liquid-helium vessel) から測定用デュワーに移送して使用する.

ほかの方式として, 液体ヘリウム容器に専用のヘリウムトランスファーチューブ (移送管) を差し込みポンプとつなぐだけで, 液体ヘリウムをデュワーにくむことなく使用できる連続フロー型の冷凍機や, 完全に液体ヘリウムフリーのクローズドサイクル型冷凍機などがある.

1 K 以下の極低温を得るためには, 液体 ^{3}He を減圧する冷凍機や ^{3}He-^{4}He 希釈冷凍機 (dilution refrigerator) を用いる. それぞれ, 0.3 K, 10 mK 程度の温度を得ることができる. 1 K 以下の測定では極低温域特有の測定上の注意があるが, やや専門的になるので, ここでは液体 ^{4}He で到達できる温度域 (300～1.5 K) までにおけるキャリヤ輸送測定上の注意点を述べる. 極低温域では試料の測定だけではなく, 温度を正

しく測ることも重要である．

2) 極低温測定の準備

輸送現象測定では試料あるいは温度センサが置かれた低温部から，計測器が置かれた室温部まで配線がつながれ，この配線を通して試料スペースへ熱が流入するので，この熱をできるだけ抑える必要がある．このためには途中の導線は，① 熱伝導率(thermal conductivity)の悪い材質を選ぶこと，② 細く長くすること，そして ③ 直接試料へ熱が入り込まないように熱を逃がす工夫をすることが重要である．熱伝導率の悪い導線としては，マンガニン線のような高抵抗($10 \sim 100 \, \Omega/m$)の合金線がよく用いられる．線径は $0.1 \, mm\phi$ 程度の細いものを用いる．測定の都合上，低抵抗の導線が要求される場合には，本数が多くなければ線径が $0.05 \, mm\phi$ 程度の銅線を用いることもできる．いずれもホルマル被覆付きのものが扱いやすい．測定によっては，熱伝導率の悪い極細のシールド線や同軸ケーブル($0.6 \, mm\phi$ 程度のものが入手可能)を使用する．いずれの導線も，試料に到達するまでの間に冷凍機の何箇所かの温度ステージに熱接触させることにより，室温部から流入する熱を逃がす．最後は低温部にある熱容量の大きい銅ブロックなど(コールドプレート)に熱接触させ，熱が直接試料あるいは温度計に流入しないようにする．

試料は冷凍機のコールドプレートにグリースなどで張り付け熱接触させるか，あるいは液体ヘリウム中に直接浸す．試料や温度センサ，温度制御用の抵抗ヒータをコールドプレートへ取り付ける場合は，熱接触が十分にとれていることを確認する．試料と温度センサの温度を一致させることは，温度制御を安定化させるうえでも重要である．このためには，試料と温度センサが熱の流れの上に位置しないように注意する．

3) 極低温下での測定

極低温下ではどうしても測定時の発熱を抑える必要があるため，微小電流・微小電圧測定が基本となる．発熱の心配がある場合には，最低限，電流電圧特性の線形性のチェックを行う．前述のように，室温部と試料部の間の大きな温度差により導線に熱起電力が現れるので，直流測定の場合には電流の反転が必要である．交流測定の場合にはこの手間が省ける．

極低温域ではロックインアンプ(lock-in amplifier)を用いた交流測定が多用される．ロックインアンプとは，周波数と位相が既知の信号の振幅を高い精度で測定する増幅器である．この方法ではまず，測定者が指定した周波数の参照信号を試料へ入力し，試料から出た信号をロックインアンプに入力する．ロックインアンプ内では，この信号は参照信号と掛け算して積分されることにより，指定した周波数をもつ信号成分のみが取り出される．このため，ノイズの中に埋もれた微弱な信号でも抽出でき，また，直流測定では不可避である $1/f$ ノイズの影響を低減することができる．測定感度を向上させるためには，プリアンプを用いることも有効である．このときは，クライオスタット(冷凍機)とプリアンプ入力端子の間を結ぶケーブルから侵入するノイズを防ぐため，シールドを強化するか，クライオスタットのコネクタに直接プリア

ンプを取り付けるようにする．試料側と計測器側のグラウンドを切るために，途中に入力トランスを挟むこともある．

d. 高磁場測定
1) マグネットの準備

高磁場の発生にはほとんどの場合，超伝導マグネット（superconducting magnet）が用いられる．大型マグネットを実験室に導入するときには，ダイポールの漏れ磁場がかなり発生することを想定しマグネットの設置場所を検討する．周囲に存在するものは建物の構造物を含め非磁性のものに限る．そばにあるほかの実験装置への影響を配慮することはいうまでもないが，上下の階へ影響が及ぶことも珍しくない．

マグネットの超伝導がなんらかの原因によって壊れることにより，液体ヘリウムが急激に蒸発するクエンチ（quench）時には，大量のヘリウムガスが部屋に充満する恐れがある．このため，窒息事故を防ぐ対策をとっておく必要がある．

マグネットをはじめて導入したときは，各自で磁場の絶対値を測定しておくことが望ましい．試料スペース内の磁場の大きさは，ホール素子を用いて測定することができる．磁場分布は，Oリングシールによって上下に可動できる細いパイプにホール素子を付けると調べやすい．磁場とホール電圧の関係が較正された，GeやInSbのホール素子磁場センサが市販されている．

2) 高磁場下での測定

今日，最もよく用いられている15 T程度までの磁場下における測定上の注意点をあげる．① 磁場中で導線が振動すると誘導起電力を拾う．これを防ぐため，ポンプなどの振動がクライオスタットに入らないように除振対策をしっかりとり，また導線はできるだけ冷凍機内の支柱などに固定する．電流，電圧ラインをそれぞれツイストペアにすることも有効である．② 磁場のかかる試料スペース近くには強磁性物質は置かない．小さなねじや回路素子の材質にも注意する．③ 磁場の上げ下げを頻繁に行う場合には，銅ブロックなどの金属中に渦電流（eddy current）が発生し発熱するので，切込みを入れるなどの設計上の工夫をする．④ いったん励磁すると，電流を切っても超伝導マグネットに残留磁場が残ることがあるので，真のゼロ磁場環境をつくるときには注意が必要である．

3) 磁場中での温度計測

高磁場下では温度計の指示値自体が磁場依存性をもつことが普通で，そのことを考慮しないと正しい温度が得られない．まず，温度・磁場域に応じた適切な温度計を選択する．液体 ^{4}He または ^{3}He の蒸気圧は磁場の影響を受けないので，ヘリウムの蒸気圧が測れる場合にはこれを温度計とすべきである．どうしても抵抗温度計を使いたいのなら，あらかじめヘリウムの蒸気圧温度計を用いて抵抗温度計の磁気抵抗を測定し，高磁場補正用のデータとする．市販されている'較正済み'と称される温度センサでも，経時変化があるので，一定期間ごとにヘリウムの蒸気圧による較正を自ら行うことを薦める．極低温域では実用的に，カーボングラス，Cernox™, RuO_2 抵抗など

が用いられている．

5Kから室温までは，磁場の影響を受けない ^{4}He の気体温度計(gas thermometer)を用いることがベストである．抵抗温度計としては，プラチナフィルム抵抗(>30 K)，カーボングラス，Cernox などが候補である．ほかには，誘電体 $SrTiO_3$ の誘電率が磁場の影響をほとんど受けないことを利用した，キャパシタンス温度計が市販されている．広い温度範囲で使えるが，長期的安定性に欠けるという報告もある．

熱電対(thermocouple)は，氷点あるいは液体 ^{4}He 温度などの温度定点が必要であるため，使いづらいことを除けば，低熱容量で熱応答が速いという利点がある．磁場の影響を受けにくいといわれているが，磁場依存性については途中の線の温度・磁場分布に依存するので，取り立てて優れているわけではないという指摘もある[1]．

〔大熊　哲〕

文　献

1) 大塚洋一，小林俊一編：輸送現象測定，丸善(1999)

2.1.2 分極測定
a. 誘電体
1) 誘電分極と分極の種類

誘電体に外部より電界を加えると，誘電体内の電荷が変位し，誘電体は分極(Polarization)する．分極の形成過程では，過渡的な充電電流(absorption current)が流れるが，分極が形成されてしまうと，もはやこの電流は流れず，漏れ電流(leakage current)だけが定常的に流れる(図2.1.4)．一方，誘電体に加えた電界を取り除くと，誘電体内に形成されていた分極は崩壊する(脱分極，depolarization)．このとき流れる過渡的な電流は，放電電流(desorption current)と呼ばれ，流れる方向は充

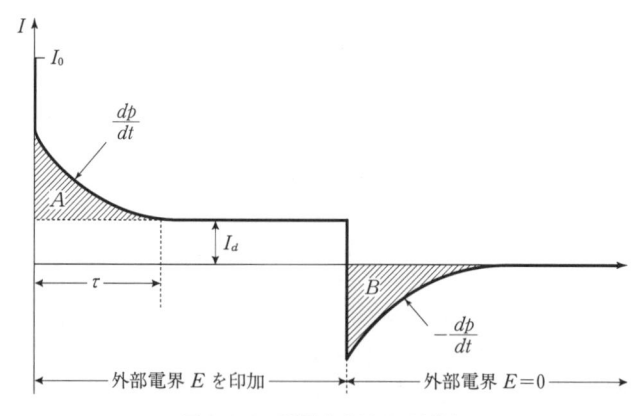

図2.1.4　誘電体を流れる電流

電電流と逆である．したがって，誘電体に形成される分極量は，分極形成過程あるいは脱分極過程で流れる過渡電流(充電電流および放電電流)を計測することにより評価できる．

誘電体の分極の中で，構成原子あるいは分子に由来するものの代表的なものに，① 電子分極(electronic polarization)，② イオン分極(原子分極)(atomic polarization, ionic polarization)，③ 双極子分極(配向分極)(dipolar polarization, orientational polarization)がある．これらの分極は，原子・分子内の電荷の微視的変位と密接にかかわっている．一方，誘電体に外部から電界を加えると，電極から電子(正孔)が注入したり，誘電体中に含まれる構成物質以外の不純物イオンが巨視的に移動したりすることにより，誘電体内に過剰な電荷蓄積が生じて巨視的に広がる電荷分布が形成されることがある．これらは，誘電体固有の分極現象とは異なるが，誘電体の分極現象として扱われている．このような分極の代表的なものに，① 電極から誘電体内に電子(正孔)が注入することによって発生する電子性の空間電荷分極(space charge polarization)，② 誘電体中に含まれる構成物質以外の不純物イオンが巨視的に移動することによって発生するイオン空間電荷分極，そして，③ 異種の物質界面に電荷が蓄積される界面分極(interfacial polarization)がある．

2) 分極量の基本測定

前節1)で述べたように，分極量を計測するためには，過渡的に流れる電流を計測することが基本である．そこで，図2.1.4に示した電流波形をもう少し詳しくみてみよう．二つの電極に挟まれた理想的な誘電体の単位面積当たりに流れる電流は，過渡的な電流(第1項)と，定常的に流れる漏れ電流(第2項)からなり，

$$I = \frac{dD}{dt} + I_d \tag{2.1.2}$$

と記述される．ここで，D は電束を表し，材料内に形成される分極を P，誘電体に加えられる外部電界を E として，$D = \varepsilon_0 E + P$ (ただし，ε_0 は真空誘電率)で与えられる．したがって，式(2.1.2)はさらに，

$$I = \varepsilon_0 \frac{dE}{dt} + \frac{dP}{dt} + I_d \tag{2.1.3}$$

と書き換えられる．式(2.1.3)の第1項は，電極配置によって定まる幾何容量の充電電流であり，誘電体の分極とは関係がない．一方，第2項が電極間に置かれた誘電体の分極によって流れる分極電流(充電電流)である．幾何容量の充電電流 I_0 は，電界を加えたときにだけ一瞬流れるが，分極電流は緩和時間 τ (relaxation time)で減衰する過渡電流となる．分極には，電子分極 P_e，原子分極 P_i，双極子分極 P_d があるので，分極 P は，$P = P_e + P_i + P_d$ と記述できる．しかし，分極 P の形成には，誘電体の構成原子，分子内の電荷の変位が関係するので，その変位に必要な時間 τ (緩和時間)は，変位に関係する電荷(電子，正負イオン原子，双極子)質量や変位の仕方に関係する．一般的には，緩和時間 τ は，電子分極 P_e，原子分極 P_i，双極子分極 P_d

の順に長くなる。電子分極の形成はきわめて短時間の間で発生するので，通常の電気的な測定によりこれを取り出して測定することは難しい。そこで，以下では電気的測定により十分に計測が可能な配向分極 P_d を例にあげ，この分極量の測定について述べる。なお，双極子分極とは，誘電体に電界を加えたときに，誘電体内の双極子が電界方向に向きをそろえることにより発生するもので，永久双極子を含む物質(有極性物質)により構成された誘電体にだけみられる。

いま，単位体積当たり永久双極子能率(permanent dipole moment) μ をもつ N 個の双極子が誘電体中に含まれ，それらが無秩序に並んでいるとすると，単位体積当たりの分極の大きさ P_d は，加える電界の大きさ E に比例し，

$$P_d = N\alpha_p E, \quad \alpha_p = \frac{\mu^2}{3k_B T} \quad (\alpha_p : 配向分極率) \tag{2.1.4}$$

となる。ただし，k_B はボルツマン定数，T は絶対温度である。先に触れたように，この分極の形成には時間(緩和時間) τ を要する。τ は，

$$\tau = \tau_0 \exp\left(\frac{+H}{k_B T}\right) \quad (H : 活性化エネルギー) \tag{2.1.5}$$

と，アレニウス型(Arrhenius type)の関数として与えられ，その大きさは誘電体を構成する物質に依存する。したがって誘電分極の測定では，τ の評価も重要になる。

図 2.1.4 に示した過渡電流の積分値(図の斜線)を電極面積 S で割った値が，式 (2.1.4) で与えられる分極電荷量に対応している。ただし，電子分極 P_e など短時間で形成される分極に関係した電流は，実際の測定では一瞬の間流れる電流 I_0 の中に含まれてしまうとみてよい。

一方，脱分極過程で流れる電流は，式 (2.1.3) で $E = 0$ としたときに流れる電流であり，

$$I = -\frac{dP}{dt} \tag{2.1.6}$$

と記述される。双極子分極の脱分極過程で流れる電流は，分極過程で流れる分極電流と逆方向で，可逆的である。そのため，図 2.1.4 の斜線 B の部分で流れる電流を計測しても，電界 E を加えたときに誘電体内に形成された分極量 P を計測できる。

3) 熱刺激電流による方法

式 (2.1.5) で示したように緩和時間 τ は，物質の温度に依存する(図 2.1.5)。熱刺激電流法ではこの特徴を積極的に利用して，誘電体の分極量や緩和時間が評価される。その手順は，以下のようである

① 比較的高い温度 T_b (緩和時間 τ が短くなる温度)で電界 E_b を印加して，誘電体内に式 (2.1.4) で与えられる分極を形成する。

② ついで，電界 E_b を印加した状態を保持したまま温度 T_0 まで冷却する。そして，電界 E_b を取り去って両電極を短絡する。短絡直後では，誘電体は低温であるので，双極子分極の緩和時間 τ はきわめて長く，双極子分極だけが誘

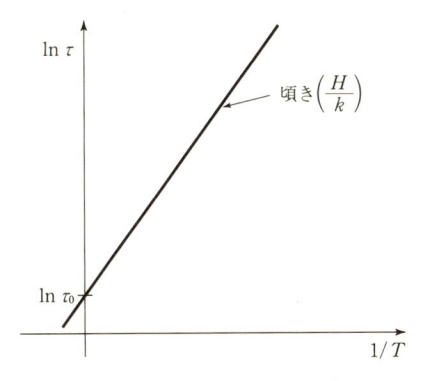

図 2.1.5 緩和時間 τ の温度特性
$\ln \tau = \ln \tau_0 + H/kT$

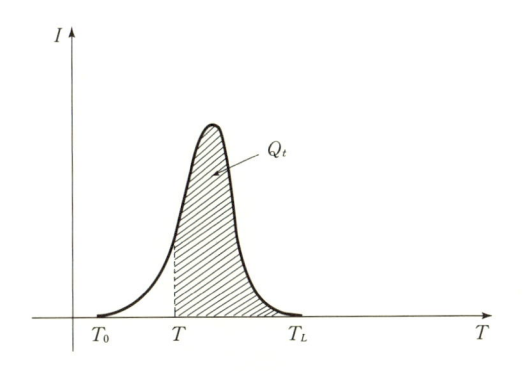

図 2.1.6 熱刺激電流 (TSC)

電体内に残る (分極の凍結).

③ そこで,温度を上昇させ (通常は一定の昇温速度 β (K/min) で計測することが多い),徐々に双極子分極の凍結を解除する.最終的には誘電体内の分極 P は 0 となる.この昇温の過程で閉回路を流れる電流が熱刺激電流 (TSC: thermally stimulated current) であり,図 2.1.6 のような特徴のある波形となって現れる.熱刺激電流 I の積分値は分極電荷量に等しくなる.言い換えると,昇温初期温度 T_0 から最終温度 T_L までの積分値

$$Q_0 = \frac{1}{\beta}\int_{T_0}^{T_1} I dT = P_d S \tag{2.1.7}$$

は,誘電体内に形成された分極電荷量となる.一方,時間 T から最終温度 T_L までの積分値 Q_t は,昇温度過程の温度 T の時点で誘電体内に形成されている電荷量を表す.なお,熱刺激電流法では,この波形を解析して緩和時間 τ

が評価できる．評価の一例を以下に示す．脱分極過程で流れる熱刺激電流 I は分極 $P(t)$ の時間変化であり，$P(t)$ は次の微分方程式を満足する．

$$I = -\frac{d}{dt}P(t) = \frac{P}{\tau} \tag{2.1.8}$$

そこで，$T = T_0 + \beta t$ とすれば，式(2.1.5)を用いて，

$$I = -\beta\frac{dQ_p}{dT} = \frac{SP_d}{\tau_0}\exp\left(-\frac{H}{k_B T}\right)\exp\left\{-\frac{1}{\tau_0\beta}\int_{T_0}^{T}\exp\left(-\frac{H}{k_B T}\right)dT\right\} \tag{2.1.9}$$

が得られる．これが TSC の理論式であるが，温度 T が T_0 に近い温度範囲では分極の凍結はあまり解除されていないとみられ，式(2.1.9)の積分値は 0 に近似できる．よって，熱刺激電流の流れ出す温度領域では，

$$\ln I = \ln\left(\frac{SP_d}{\tau_0}\right) - \frac{H}{k_B T} \tag{2.1.10}$$

が成立し，$\ln I$ は $1/T$ に対して傾き H の直線となる．また，熱刺激電流のピーク温度 T_m では，$dI/dT = 0$ となるが，式(2.1.9)より

$$\tau(T_m) = \tau_0\exp\left(\frac{H}{kT_m}\right) = \frac{k_B T_m^2}{\beta H} \tag{2.1.11}$$

の関係式が成立することがわかる．つまり，熱刺激電流の初期特性より H を求め，式(2.1.1)より τ_0 を定めておけば，式(2.1.5)より，任意の温度における緩和時間 τ が求められる．

4) 空間電荷分極量および界面分極電荷量の測定

図 2.1.4 に理想的な誘電体の誘電分極と電流の関係を示した．一方，実際の誘電体では，① 加える電界が高い領域で，電極から誘電体に電子が注入，② 誘電体中に含まれる不純物イオンなどの移動，③ 異種誘電体界面での電荷の蓄積などが発生する場合がある．このような場合，分極過程で流れる電流と脱分極過程で流れる電流の間

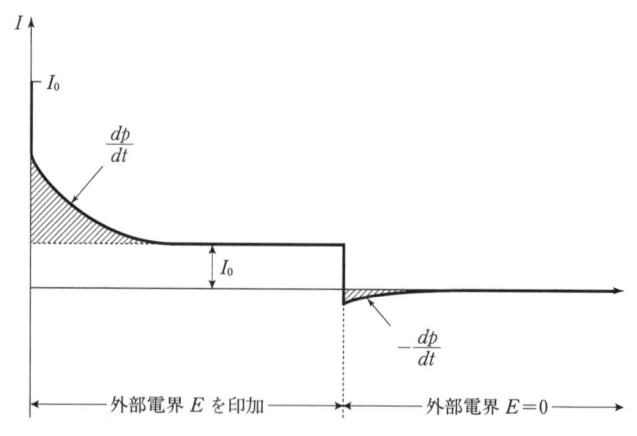

図 2.1.7 誘電体を流れる電流（空間電荷分極がある場合の一例）

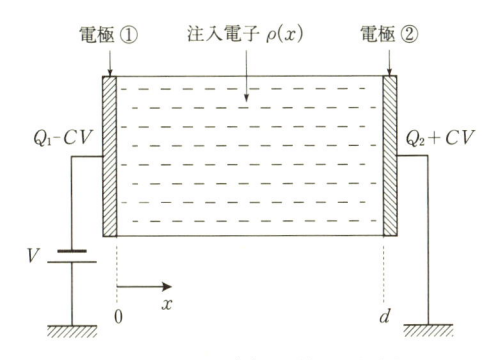

図 2.1.8 注入電子 $\rho(x)$ と電極誘導電荷 Q_1, Q_2

には，必ずしも可逆性はみられない．図 2.1.7 に，このような場合に流れる充放電電流の一例を示した．以下では，①の場合を例として，空間電荷量の測定方法について述べる．

ポリエチレンのような無極性の材料では，双極子による誘電分極はなく，電子注入などによる誘電分極がみられる．図 2.1.8 に示すように，電子注入は負電極 (注入電極と呼ばれる．電極①) 付近で発生するが，注入された電子は誘電体にとっては過剰な電子の侵入となるので，この電子により誘電体内には空間電荷電界が形成される．負電極 (電極①) から x の距離における電荷密度を $\rho(x)$ とすれば，電極①, ② に誘起される電荷量 Q_1, Q_2 は，それぞれ，

$$Q_1 = -\int_0^d \frac{d-x}{d}\rho(x)dx - CV, \qquad Q_2 = -\int_0^d \frac{x}{d}\rho(x)dx + CV \qquad (2.1.12)$$

となる．ただし，$C(=\varepsilon_s\varepsilon_0 S/d)$ (ε_s：比誘電率) は，静電容量である．言い換えると，注入された電子は，電極①, ② に誘導された電荷 Q_1, Q_2 と電気力線を結ぶことになる．このことは，電子注入過程に対して外部回路で観測できる注入にかかわる電荷量 (図 2.1.7 の斜線部分) は，注入総電荷量 $Q_0 = Q_1 + Q_2$ ではなく，Q_2 の第 1 項で示される電荷量であることを意味している．一方，誘電体からみると，電極①, ② に対して電気力線の伸びる方向は逆であるから，短絡状態で注入した電子を解放しようとすると，解放された電子は内部に形成されている電界に沿って移動するので，解放電荷の一部が電極①へ，また残りが電極②へ移動することになる．つまり，解放過程で短絡回路で観測される電荷量は，注入過程で観測されるものと比較すると，一般的には小さなものとなる．

以上から，注入電荷量総量の測定では，電荷 Q_1, Q_2 の両者を測定する必要があることがわかる．測定方法として，熱刺激電流測定法などが用いることができるが，その場合には，Q_1 および Q_2 に相当する電荷を電極に与え，電極②，あるいは電極①の方向にすべての電気力線が向かうようにすればよい．その目的で，外部より電極に加えられる補償電圧は，コレクティング電圧 (collecting voltage) と呼ばれている．

以上のように,外部から入る電荷や不純物イオン,界面電荷による誘電分極では,分極過程と脱分極過程は必ずしも可逆的でないことから,その分極量の測定にあたっては,誘電体内での巨視的な電荷の動きを十分に理解しておくことが必要になる.

〔岩本光正〕

文　献

1) 岩本光正:電子物性の基礎 — 量子化学と物性論 —,朝倉書店 (1999)
2) 電気学会技術報告,194 号,絶縁材料の熱刺激電流
3) G. M. Sessler : Electrets, Springer-Verlag, Berlin Hedelberg (1980 and 1987)

b. 液晶など

異方性液体である液晶も含め,実用上重要な電気絶縁性液体の物性について,まだ解明されていない点が数多く残されている.これは,液体の構造が固体と比較して複雑であり,理論的に取り扱いにくいことと,不純物イオンを取り込みやすいことに起因する.しかしながら,液体の分極測定を行うことにより,双極子分極などの配向分極の過程や,イオン性キャリヤによる空間電荷分極や輸送特性などを明らかにすることが可能である.このような分極特性が,ディスプレイの特性に大きな影響を与えるネマティック液晶について述べることにする.ネマティック液晶の誘電特性には測定周波数域により,次のような分極現象がみられる.

① 高周波数域 (10^3 Hz 以上):液晶分子の回転による配向分極
② 低周波数域 ($10^{-1} \sim 10^3$ Hz):イオンによる空間電荷分極 (電極分極,界面分極)
③ 極低周波数域 ($10^{-6} \sim 10^{-1}$ Hz):イオンによる電気二重層形成に起因する分極

以下では,一例として 4-pentyl-4′-cyan-bipheny (5CB) 液晶の低周波数域と極低周波数域における分極現象について説明する.

1) 低周波数域

キャリヤとしてイオンを含む高分子電解質膜や極性高分子では,高温・低周波数域において誘電率や誘電損失が急増することが知られている[1].これは,電極がブロッキングであるとき,すなわち含まれるイオンが電極界面で電荷のやりとりをすることができず,電界によるイオンの移動によって正電極側の境界面には負イオンが,負電極側には正イオンがそれぞれ分離して集積する一種の分極現象によるものである.この分極は電極分極と呼ばれている.

植村は,① 試料中にイオンが均一に分布していること,② イオン間の静電的相互作用がないこと,③ 電極界面で電荷の注入,イオンの析出はないこと,④ 交流電界の 1 周期内でのイオンの拡散距離は電極間距離より小さいことを前提として,電極分極の誘電率・誘電損失に及ぼす影響を理論的に明らかにした[4].このとき,電極分極に基づく比誘電率 ε',比誘電損失 ε'' は,

$$\varepsilon' = \frac{2nq^2 D_i^{1.5}}{\varepsilon_0 \pi^{0.5} LkT} f^{-1.5} \tag{2.1.13}$$

$$\varepsilon'' = \frac{2nq^2 D_i}{\varepsilon_0 kT} f^{-1} \qquad (2.1.14)$$

と導出される.ここで,n はイオン濃度,q はイオン電荷,D_i はイオンの拡散定数,L は電極間距離,k はボルツマン定数,T は絶対温度,f は測定周波数である.

5 CB 液晶においても同様の現象が報告されている[3,4].2 枚の ITO 基板をスペーサを介してはり合わせ,10 μm 程度の隙間に 5 CB 液晶を真空封入した ITO/5CB/ITO サンドイッチ型セルの低周波数域における誘電特性を,図 2.1.9 に示す.同図より,10 Hz 以下の周波数域において,ε' と ε'' がそれぞれ $f^{-1.5}$,f^{-1} に比例して増加し,式 (2.1.13),式 (2.1.14) に従っていることがわかる.よって,図 2.1.9 の結果は電極分極に起因したものであることが結論づけられる.また,この測定結果と式 (2.1.13),式 (2.1.14) より,イオン性キャリヤの輸送特性を明らかにするうえで重要なイオン濃度 n と拡散定数 D_i は,それぞれ 3.7×10^{13} cm^{-3},1.6×10^{-7} cm^2/Vs と決定できた.

次に,ITO 電極上にポリイミド配向膜を塗布した 5 CB 液晶セルの低周波数域における誘電特性を図 2.1.10 に示す[4].同図より,ε'' が 10 Hz でピークをもつ誘電緩和現象が観察される.ところで,配向膜を有する液晶セルの等価回路を図 2.1.11 のように考えることができる.ここで,C_P,C_{LC},R_{LC} はそれぞれ配向膜の容量,液晶層の容量,抵抗を表す.等価回路より,ε' と ε'' の関係式は,

$$\left\{\varepsilon' - \frac{C_p(2C_{LC}+C_p)}{2C_0(C_{LC}+C_p)}\right\}^2 + \varepsilon''^2 = \left\{\frac{C_p^2}{2C_0(C_{LC}+C_p)}\right\}^2 \qquad (2.1.15)$$

と導出され,ε' と ε'' に関して円の方程式が得られる.ここで,C_0 は液晶セルの幾何容量である.同式に 5 CB 液晶と配向膜の誘電率と厚みから計算した結果を $\varepsilon' \sim \varepsilon''$ 平面上にプロットすると,図 2.1.10 に示す実線となる.さらに,図 2.1.10 に示す低周波数域の ε' と ε'' を同様に $\varepsilon' \sim \varepsilon''$ 平面上にプロットすると同図挿入図の黒丸のよ

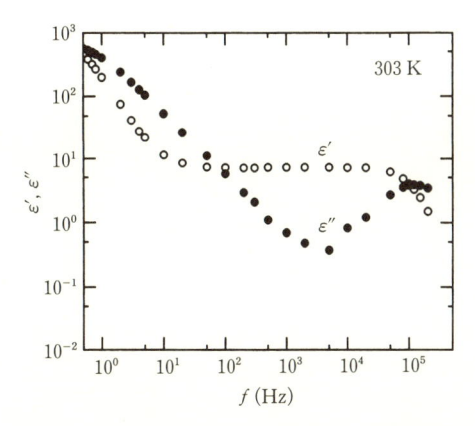

図 2.1.9 配向膜を有しない液晶セルの誘電特性

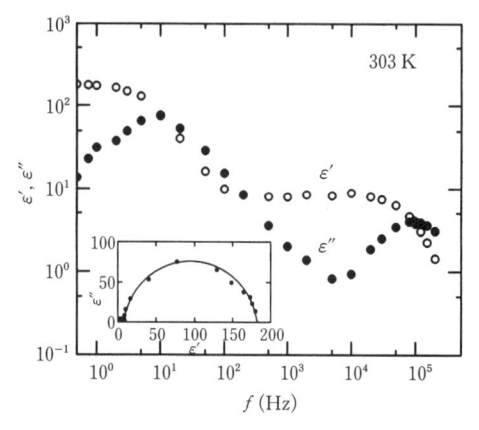

図 2.1.10 配向膜を有する液晶セルの誘電特性.
挿入図はコール-コールプロット

うになり，図 2.1.11 に示す等価回路からの計算結果と実験結果とがよい一致を示すことがわかる．ゆえに，10 Hz 付近でみられた誘電緩和現象は，イオン性キャリヤが液晶・配向膜界面で蓄積されるために生じる界面分極に起因することがいえる．

なお，ε''のピーク周波数 f_p は，図 2.1.11 に示す等価回路から次のようになる．

$$f_p = \frac{1}{2\pi(C_{LC}+C_p)R_{LC}} \tag{2.1.16}$$

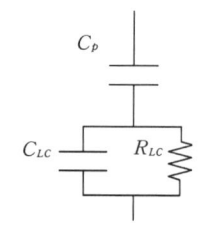

図 2.1.11 配向膜を有する液晶セルの等価回路

測定結果と式 (2.1.16) から R_{LC} が求まり，Time-of-Flight 法から正確に決定した 5CB 液晶におけるイオンのドリフト移動度[5]よりイオン濃度 n を見積もることも可能となる．

2) 極低周波数域

0.1 Hz 以下の極低周波数域では，直流電圧下における吸収電流 $I_d(t)$ を測定し，次式を用いると ε' と ε'' を算出することができる[6]．

$$\varepsilon' - \varepsilon_L = \frac{1}{C_0 V}\int_0^\infty I_d(t)\cos 2\pi ft\, dt \tag{2.1.17}$$

$$\varepsilon'' = \frac{1}{C_0 V}\int_0^\infty I_d(t)\sin 2\pi ft\, dt \tag{2.1.18}$$

ここで，ε_L は十分高い周波数域における比誘電率，V は直流電圧である．図 2.1.12 に，ITO/5CB/ITO サンドイッチ型液晶セルの極低周波数域における誘電特性を示す[7]．同図より，緩和時間 160 sec の誘電緩和現象が観察される．さらに，① 10^{-3}

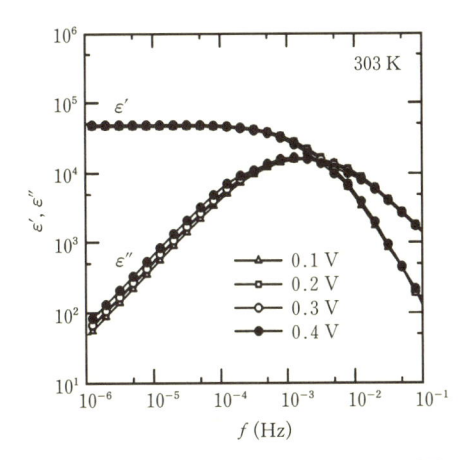

図 2.1.12 配向膜を有しない液晶セルの誘電特性

Hz 以下の ε'（以下，ε_s）が 10^4 オーダときわめて大きいこと，② ε_s が液晶層の厚み L に比例すること，③ ε' と ε'' が印加電圧に依存しないことが測定結果から明らかになり，この誘電緩和現象は上記の電極分極に起因するとは考えにくく[8]，電極上にヘルムホルツの電気二重層が形成されるとすることが妥当であることがわかる．ε_s, L とヘルムホルツの電気二重層の厚み d との関係式は，

$$\varepsilon_s = \frac{\varepsilon_h}{d} L \tag{2.1.19}$$

と導出される[7]．ここで，ε_h は電気二重層内の比誘電率である．同式と測定結果より，d は 0.47 nm と求まり，Time-of-Flight 法から算出したイオン性キャリヤのイオン半径[5]と近い値を示すことが確認できた．したがって，イオンが電極上に吸着して形成された電気二重層に起因する分極現象が，極低周波数域において観測されることがわかる．

〔村上修一・内藤裕義〕

文　献

1) 三川　礼，艸林成和編：高分子半導体，p. 246，講談社 (1977)
2) S. Uemura : *J. Polym. Sci.*, **10**, 2167 (1972)
3) H. Mada and A. Nishikawa : *Jpn. J. Appl. Phys.*, **32**, L1009 (1993)
4) S. Murakami and H. Naito : *Jpn. J. Appl. Phys.*, **36**, p. 2222 (1997)
5) S. Murakami, H. Naito, M. Okuda and A. Sugimura : *J. Appl. Phys.*, **78**, p. 4533 (1995)
6) たとえば，犬石嘉雄，中島達二，川辺和夫，家田正之：誘電体現象論，電気学会，p. 101 (1973)
7) S. Murakami, H. Iga and H. Naito : *J. Appl. Phys.*, **80**, p. 6396 (1996)
8) M. Iwamoto : *J. Appl. Phys.*, **77**, p. 5314 (1995)

2.2 光学特性評価

本節では光物性の基礎的パラメータを評価するための分光実験法として一般的によく使用される,反射・吸収分光法,偏光解析(エリプソメトリー),各種外場(磁場,圧力,光,電場)による変調分光法,発光測定法,光伝導測定法について概説する.磁場変調分光法では,ストレスモジュレータを用いた偏光変調分光法を含めて説明を行う.また,光変調分光法の拡張として,パルス励起光を用いた時間分解分光法についても,光変調法の項で概説する.

2.2.1 反射・吸収分光法

媒質の光学的応答を記述する最も基本的なパラメータは,複素屈折率 $n = n + ik$ もしくはこれを式(2.2.1)で変換した,複素誘電率 $\varepsilon = \varepsilon_1 + i\varepsilon_2$ で

$$\varepsilon_1 = n^2 - k^2 \qquad \varepsilon_2 = 2nk \tag{2.2.1}$$

$$\tilde{r} = \sqrt{R}\exp[i\theta] \qquad R: 反射率 \tag{2.2.2}$$

もしくは位相情報まで含めた複素反射率(式(2.2.2)で定義される)である.各波長における一組の光学定数を実験的に決めることは,さまざまな実際的応用を考える際だけでなく,物質内部の電子状態を知るためにも重要である.これらの値を実験的に決定するには,反射もしくは吸収分光法が最も適している.複素反射率と複素屈折率の関連は

$$\tilde{r} = \frac{\tilde{n}-1}{\tilde{n}+1} \tag{2.2.3}$$

$$n = \frac{1-R}{1+R-2\sqrt{R}\cos\theta} \tag{2.2.4 a}$$

$$k = \frac{2\sqrt{R}\sin\theta}{1+R-2\sqrt{R}\cos\theta} \tag{2.2.4 b}$$

で与えられる[1].さらに,一組の光学定数 (n と k, R と θ, もしくは ε_1 と ε_2) の間には一般的にクラマース-クローニッヒの関係

$$\begin{aligned}n(\omega)-1 &= \frac{1}{\pi}p\int_0^\infty \frac{2\omega' k(\omega')}{\omega'^2 - \omega^2}d\omega' \\ k(\omega) &= \frac{2\omega}{\pi}p\int_0^\infty \frac{n(\omega')-1}{\omega'^2 - \omega^2}d\omega'\end{aligned} \tag{2.2.5}$$

$$\theta(\omega) = -\frac{\omega}{\pi}p\int_0^\infty \frac{\ln\{R(\omega')/R(\omega)\}}{\omega'^2 - \omega^2}d\omega' \tag{2.2.6}$$

$$\begin{aligned}\varepsilon_1(\omega)-1 &= \frac{2}{\pi}p\int_0^\infty \frac{\omega' \varepsilon_2(\omega')}{\omega'^2 - \omega^2}d\omega' \\ \varepsilon_2(\omega) &= -\frac{2}{\pi}\omega p\int_0^\infty \frac{\varepsilon_1(\omega')-1}{\omega'^2 - \omega^2}d\omega'\end{aligned} \tag{2.2.7}$$

ここで,p:コーシーの主値積分

が成立している．一方を実験的に決定すればクラマース-クローニッヒ (K・K) 変換によってもう一方も決定できる[1]．たとえば，単結晶は，電子遷移に共鳴するような波長域では一般的に吸収係数が大きく，超薄膜が得られなければ吸収を直接測定することは困難である．この場合反射スペクトル R を測定し，K・K 変換を用いて θ を決め，さらに前記の関係式を使って n と k または ε_1 と ε_2 を求めることができるのである．ただ，K・K 変換のような積分変換の場合には，積分範囲 (もとにするスペクトルの波長範囲)，とりわけ短波長側をどこまでとるかによって，得られる光学定数のスペクトル形状が大きく変化してしまう場合があり，注意を要する．反射スペクトルとそこから決定された光学定数の例を図 2.2.1 に示す．用いた試料は，非線形光学材料としても注目されている共役ポリマー・ポリジアセチレン (poly-4u3 と略称) ((RC$-$C$\equiv$C$-$CR$'$)$_x$, R, R$'$: (CH$_2$)$_4$OCONH(CH$_2$)$_2$CH$_3$) 単結晶であり，図に示したのはその主鎖方向の偏光反射スペクトルならびにそこから求めた光学定数である[2]．図 2.2.2 には，反射スペクトル測定のための具体的な実験装置配置図を示す．測定系の

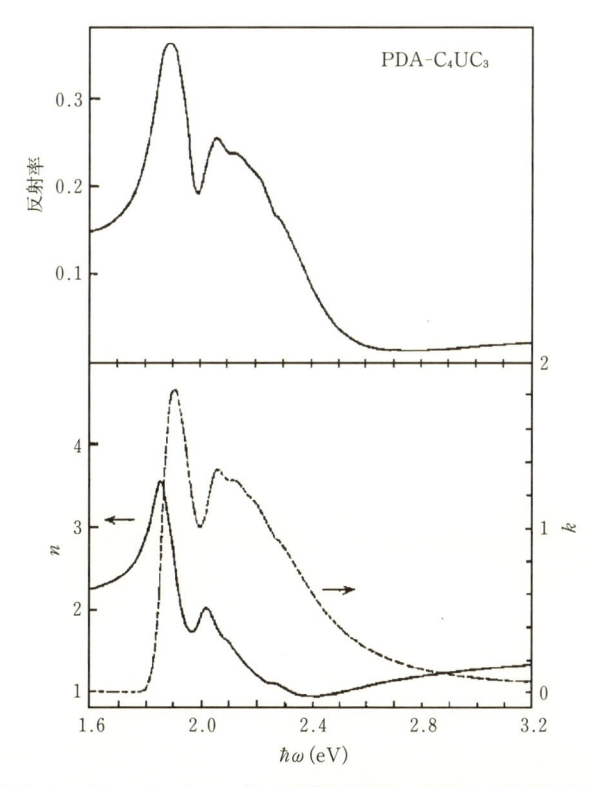

図 2.2.1 ポリジアセチレン (Polr4U3) 単結晶の主鎖方向偏光反射スペクトルならびにそこから $K \cdot K$ 変換で求めた光学定数 (n, k)[2]

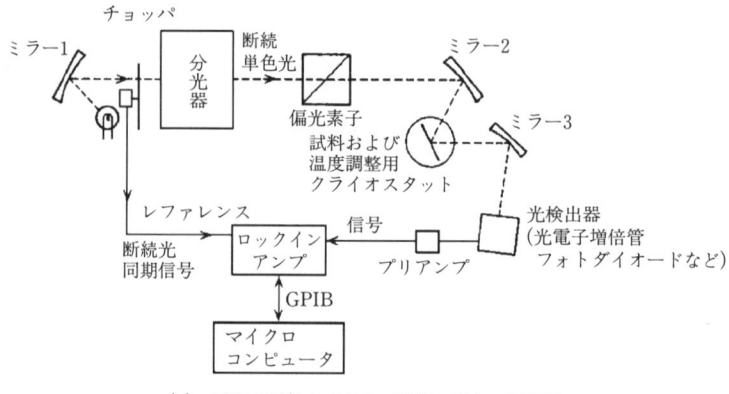

(a) 試料の反射スペクトル測定の場合の配置図

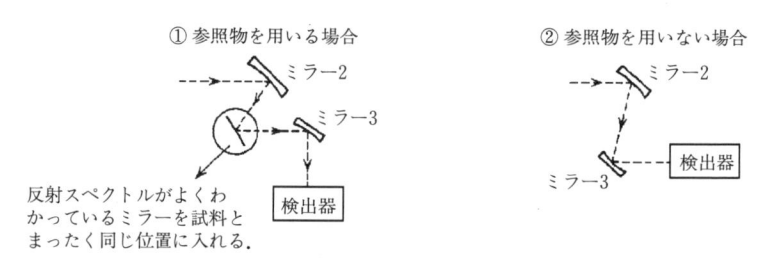

(b) 参照光スペクトル測定の場合
　① 参照物を用いる場合
　　反射スペクトルがよくわかっているミラーを試料とまったく同じ位置に入れる．
　② 参照物を用いない場合

図 2.2.2 反射スペクトルおよび参照スペクトル測定用装置配置図

光学素子は，色収差を防ぐために可能な限りミラーで組むのが望ましい．試料に入射する光をチョッパで断続し，検出器の出力の同周波数成分をロックイン検出すると，試料に当たる光のみが検出され，非常に高精度の測定ができる．測定の際の注意点としては，試料を通さない参照光スペクトルをとる場合に，試料以外の光学系は極力同じに保たねばならないということがあげられる．たとえば，反射率測定の場合には，図 2.2.2(b) に示したように，参照物 (図の場合は反射スペクトルがよくわかっているミラー) の使用の有無にかかわらず，「測定系」で使用するミラーの枚数を同じにして測定を行う必要がある．これは，そのようにしないと測定装置系のミラーの反射率が影響を及ぼすことになるからである．また前述の K・K 変換を行うためには，反射率の絶対値が必要であるが，そのためにはレーザなどビーム収束性の良い光源を使って，数種の波長で反射率を精度良く決定し，それらの値に基づいてスペクトル全体を較正する必要がある．このほかに注意すべき点としては，電気系の取扱いがあげられる．よく行われる S/N 比の上げ方として，電気的プリアンプを検出器とロックインアンプの間に置く，という方法がある．この方法も，プリアンプを検出器のすぐ脇に置く，グランドラインがループをつくらないよう接地線のつなぎ方を工夫するなどの

用心をしないとかえって悪い結果を招く場合がある．

　単結晶や良質の薄膜が得られず，粉末試料から光学常数を得たい場合には，拡散反射率と呼ばれるものの解析となり，事態は多少複雑になる．この場合には，粉末層の中まで入り込んで各粒子表面で乱反射される過程と，粒子内に入って吸収をされながら透過する過程などが複雑に入り混じっており，実測される拡散反射率は，粒子の光学定数だけでなく粒子の大きさにも依存する．拡散反射率から光学常数を決定する方法はいくつか提案されているので，文献を参照されたい[3]．

2.2.2　偏光解析（エリプソメトリー）

　反射光には，反射の際の電磁場の振幅変化と位相角変化の2種の情報が含まれている．ところが前述のような垂直入射に近い光学系での測定法では，振幅変化はわかるが位相変化は直接的には得られず，位相情報を得るにはK・K変換を行うしかない．そこで反射光の偏光解析を行うことで位相情報を得て，光学定数を決定しようというのが偏光解析法（エリプソメトリー）である．具体的には図2.2.3に示すように，まずs,p両偏光成分を等分にもった直線偏光（45°偏光）をつくり，試料面に斜めに（図では角度 ϕ で）入射する．そして検光子を回転させて反射光の偏光角，反射強度を測定し，コンピュータで解析する．この方法は，薄膜等の光学常数を直接的に測定できる手段（多少解析は複雑になるが，積層多層膜にも応用できる）として，そして薄膜の評価や表面状態のモニタ法として大変有用であり，数多くの市販品が発売されている．また最近では，ストレスモジュレータ（後述する）を用いて入射光の偏光偏重を行い，反射光の変調周波数成分（f）およびその2倍高調波成分（2f）を同時測定して光学定数を決定するという少し進んだ測定方法も使用されている[4]．

2.2.3　各種外場による変調およびストレスモジュレータを用いた偏光変調分光法

　物質に種々の外場（①磁場，②圧力，③光，④電場）変調を与えて，それによっ

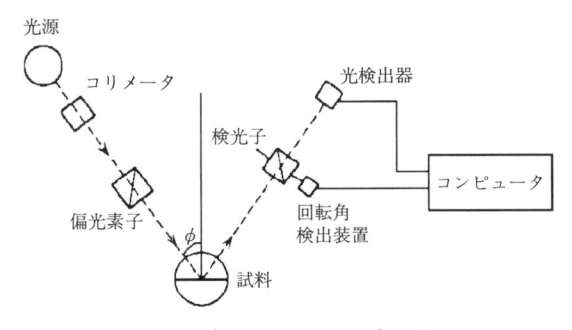

図2.2.3　解析（エリプソメトリー）用装置概略図

て生ずる光学スペクトルの変化を調べる方法は光物性の伝統的手法の一つである．この方法は，なだらかなスペクトルの中に，埋もれたり互いに重なっている構造を分離し，敏感に検出するのに有効な手法である．以下に，上記4種の変調法について（ストレスモジュレータを用いた偏光変調分光法については磁場変調法の項に，パルス光を用いた時間分解分光法については光変調分光法に含める），その特徴や注意点を簡単に述べる．

a. 磁場変調法

ゼーマン効果など種々の光磁気効果の測定に有用な方法である．これによって，磁気量子数に関して縮退している準位が分離できるとともに，有効質量などのバンドパラメータも得られる．通常は静磁場を加えて，測定光をストレスモジュレータによって左円偏光，楕円偏光，直線偏光，楕円偏光，右円偏光という形で変調し，それによる反射・透過率の変調成分を検出する（図2.2.4）．電磁石をパワーアンプに接続して磁場の強さを電気的に変調し，その変調周波数に同期した光学的変化を検出する方法もあるが，変調周波数を高くできないなどの問題点があってあまり使用されることはない．この測定法に関しては種々の文献があるので，詳細はそちらを参照されたい[5]．

b. 圧力変調分光法

バンドの特異点の対称性を調べたり，バンドパラメータの圧力効果を調べるのに有用な方法である．近年種々の形態・振動モードをもったピエゾ素子が安価に市販されており（図2.2.5参照）[6]，試料の形態や加えたい応力の方向に応じて選択することができる．ただし，低温でのピエゾ素子の性能は保証されておらず，また試料との接続を（とくに低温で）どのようにするか，印可させる圧・応力の大きさをどのように見積もるか，試料の変形を防ぐ方法など，いまだかなり多くの困難が伴う測定法である．

c. 光変調分光法

光励起状態での光学スペクトルを得るためには，図2.2.6に示すように励起光強度

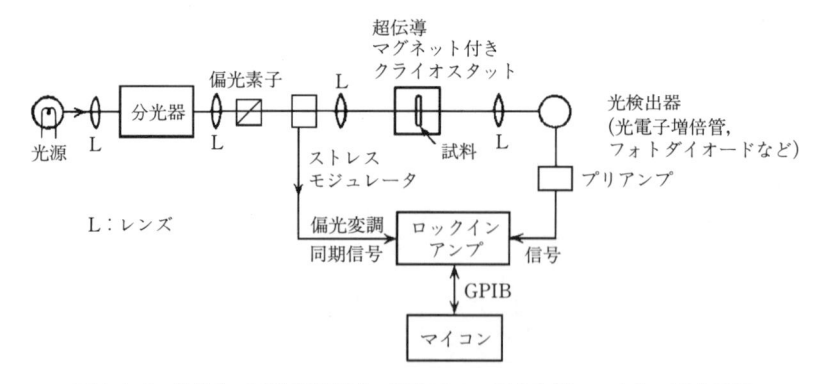

図2.2.4 低温（〜5 K）静磁場（<6 T）下での偏光変調スペクトル測定装置

(a) 厚み方向振動 (b) 径方向振動

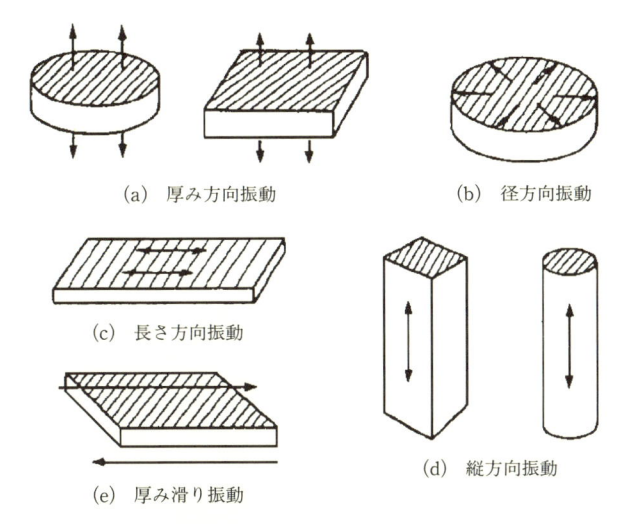

(c) 長さ方向振動

(d) 縦方向振動

(e) 厚み滑り振動

図 2.2.5 各種市販ピエゾ素子の形態と振動モード[6]

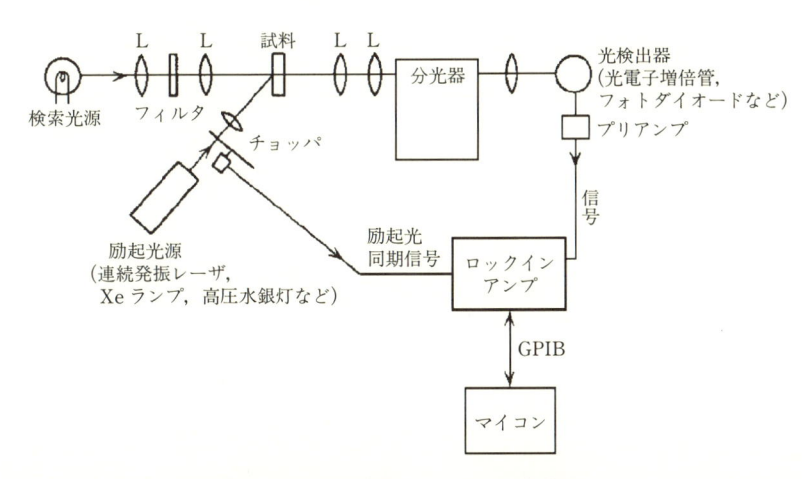

図 2.2.6 光変調スペクトル測定装置

をオプティカルチョッパで変調し，それと同じ周波数成分をもった反射・吸収係数の変化を検出するのが最も基本的かつ簡便である．最近では検出系に FTIR を組み入れたものもよく利用されており，この方法による測定例として，図 2.2.7 に trans-ポリアセチレンの光誘起吸収スペクトル(光励起によって生じたソリトンと考えられている)を示す[7]．このように簡便で有用な方法ではあるが，マイクロ秒より短い寿命の励起種によるスペクトル変化はつかまえることが難しく，励起種のダイナミクスを測定することは原理的にほとんど不可能であるという大きな欠点ももっている．

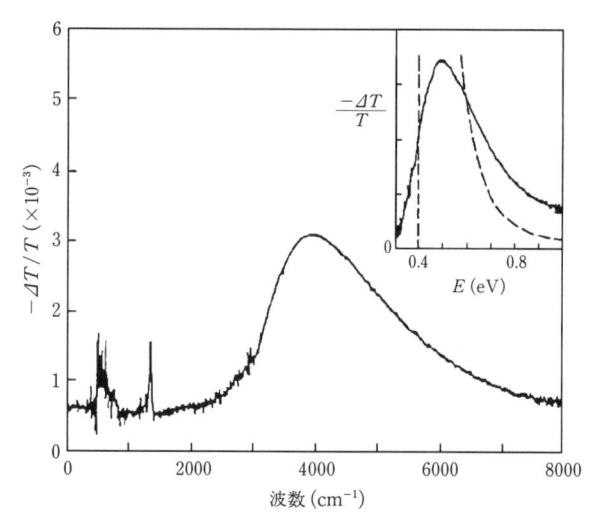

図 2.2.7 FTIR を用いたトランスポリアセチレン光誘起吸収の測定例[7]

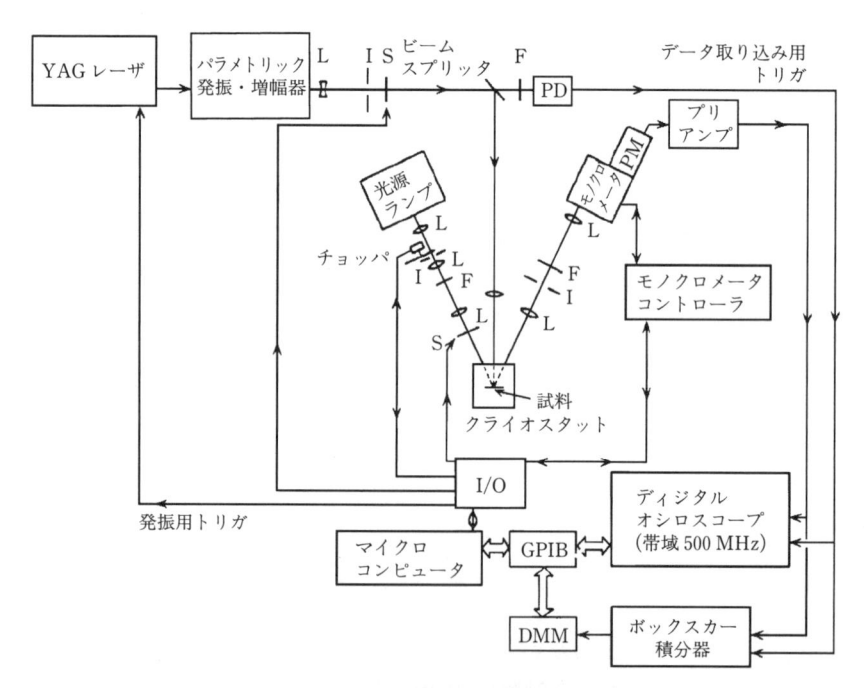

図 2.2.8 ナノ秒時間分解分光装置配置図
DMM：ディジタルマルチメータ，PD：フォトダイオード，I/O：マイクロコンピュータ入出力ポート，L：レンズ，S：電動シャッタ，F：フィルタ．

その点をカバーするのがパルス励起光を用いた時間分解法である．励起光源としては，パルス Xe ランプがよく使われていたが，近年では波長可変パルスレーザやダイオードレーザ，高輝度発光ダイオードが入手しやすくなってきており，盛んに使用されている．図 2.2.8 は 10 ナノ秒程度の時間分解能をもつシステムの概略図である．励起光源としては YAG レーザ第 3 高調波励起のパラメトリック発振・増幅器を用いており，励起波長域は 2500 A-1 μm と非常に幅広いものとなっている．また検索光光源として各種ランプを使用しており，試料を通過または反射した検索光を光電子増倍管 (PM) によって検出後，ディジタルオシロスコープやボックスカー積分器を用いてその強度の時間変化や波長依存性を測定している（この装置を用いる場合，測定したい時間領域に応じて PM の接地抵抗を変化させ，検出電圧を極力高くすることが良好な S/N 比のデータを得るためのこつである）．図の装置の場合，PM に流れる平均電流を減らすために，チョッパによって検索光を励起光が入射する前後の時間のみ通すように断続させている．また検出器として，5 ns 程度の時間幅でゲートのかけられるイメージインテンシファイアー (I.I.)（近年市販品がよく出回っている），CCD などのマルチチャンネル検出器，そしてポリクロメータを組み合わせて用いれば，幅広い波長域のスペクトル変化を 5～10 ns 程度の時間分解能で一気に得られる．さらに励起レーザの超短パルス化によって数 10 fs の時間分解能をもったシステムも，最近では市販されるようになった．ただこのような，1 ns 以下の時間幅をもつようなレーザを励起光源として用いた系においては，検出系の時間分解能をいかにして向上させるかが重要な課題となる．電気的手法によってこの目的を達成する，とくに時間分解能を 1 ns 以下にすることは非常な困難を伴うので，非線形光学的手法（自己位相変調法 (SPM)）を用いて検索光自体を短パルス化するという技法がよく用いられる．このようなシステムの一例として，図 2.2.9 に筆者らのグループで構築している，チタンサファイアレーザアンプシステム (繰り返し 1 kHz) を用いた測定系の概

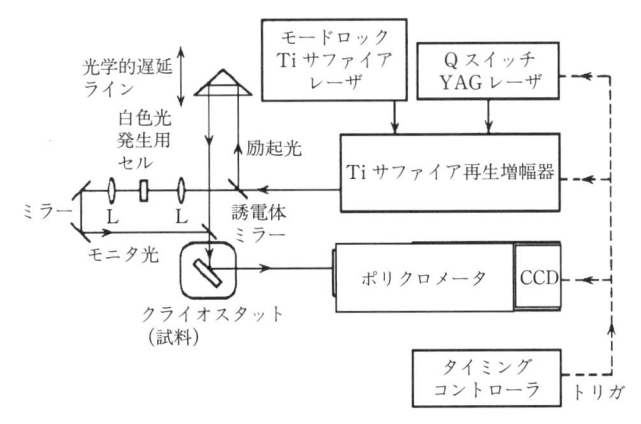

図 2.2.9 Ti：サファイア (Tit S) レーザアンプシステムを用いたポンプ-プローブ測定系

略図を示す．検索用白色光源には水や薄いサファイア結晶板がよく用いられる．このほかに2台のパルスレーザを組み合わせて，一方を励起源，もう一方をラマンプローブ光として使用し，励起状態の振動・構造情報を得る，という実験方法もある[8]．

d. 電場変調分光法

この方法では，試料に数十kHzの交流電場を加え，それに同期した（f 測定モード），もしくはその2倍の周波数に同期して（$2f$ 測定モード）反射率や吸収係数の変化を検出する．この測定法では通常，試料スペクトルのバンド間遷移に起因するフランツ-ケルディッシュ効果やエレクトロリフレクタンス（ER）効果が測定され，そこで

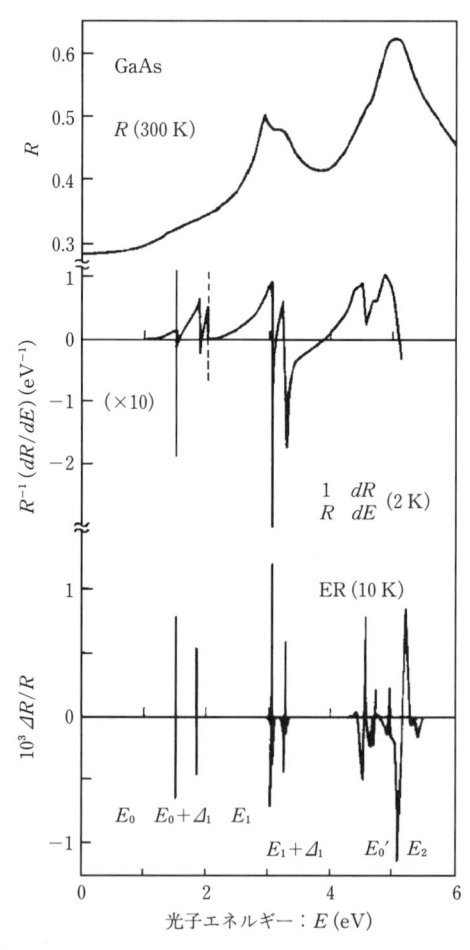

図 2.2.10 GaAsの反射スペクトル，その微分スペクトルならびにエレクトロリフレクタンススペクトル[9]

得られるデータからは，還元質量や特異点のエネルギーなどの反射スペクトルからは得られないバンドパラメータを求めることができる．一例として GaAs の反射スペクトル，その微分スペクトルおよび ER スペクトルを図 2.2.10 に示す[9]．このほかにも，対称性から本来光学禁制遷移であるはずの励起子準位までもが，電場による対称性の変化によって検出が可能となり，2 光子準位の検出等非線形光学効果に関する基礎的データも得ることができる[10]．図 2.2.11 はポリシラン (trans planer 構造をとる Poly (di-n-hexylsilane)，略称 PDHS) における 1 光子ならびに 2 光子吸収とその電場変調スペクトルである[11]．許容遷移である $^1B_{1u}(\nu=1)$ 対称性をもつ励起子のみならず，本来禁制であるはずの ^1A_g 励起子準位に起因する構造も電場変調スペクトルでは明瞭に確認できる．

前述したように変調周波数 f に同期した電場変調信号 (f 測定モード) は 2 次の非線形光学定数 $x(-\omega;0,\omega)$ に対応する応答であり，$2f$ に同期したもの ($2f$ 測定モード) は 3 次の非線形感受率 $x(-\omega;0,0,\omega)$ に対応したものである．さらに，電場変調分光法は，ごく簡単に非線形光学定数の波長分散を測定できる唯一の方法でもある．ただ，電場変調分光法で求められる 3 次の非線形感受率は，光周波数域でのそれ (たとえば $x(-\omega;\omega,-\omega,\omega)$) とは異なっており，いくつかの仮定が成立した場合に前者が後者の指標となり得るわけで，この点は当然注意しなければならない．

測定装置のブロック図と試料部の詳細を図 2.2.12 に示す．電場によるスペクトル

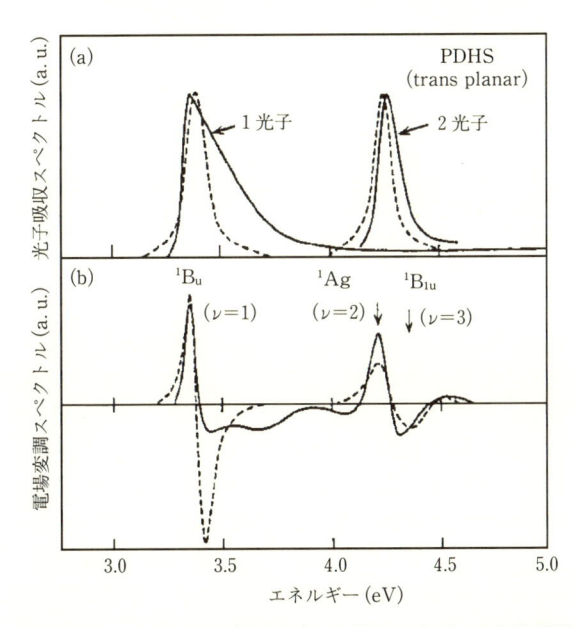

図 2.2.11 ポリシラン (PDHS) における 1 光子・2 光子吸収ならびに電場変調スペクトル (破線は理論計算)[11]

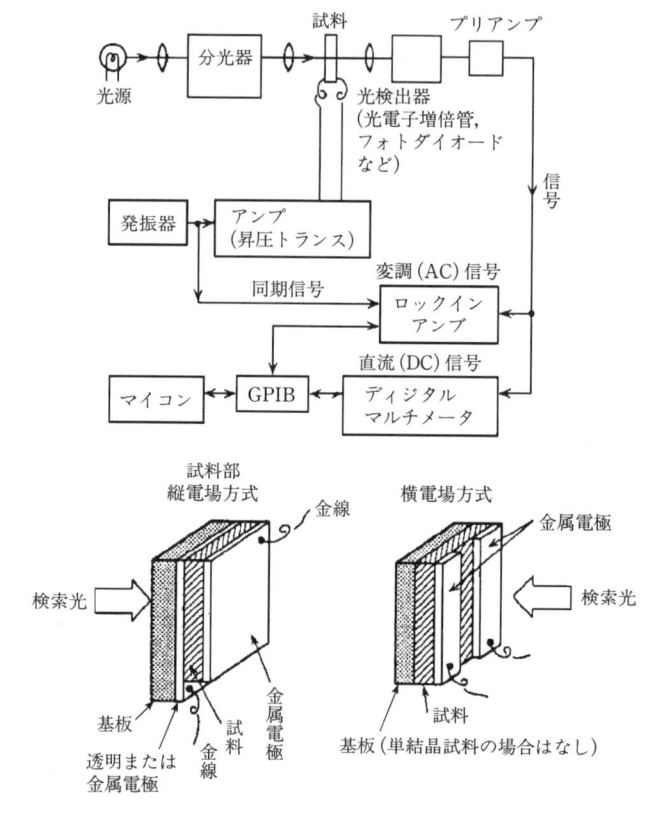

図 2.2.12 電場変調スペクトルの測定装置ならびに試料上の電極の形態

変化は一般に小さいので，極力強い電場(10^3〜10^5 V/cm)を試料に印加する必要がある．そこで試料に付ける電極を工夫したり，昇圧トランスで高電圧を発生させる必要がある．まず電極の付け方には縦・横の2通りがある(図2.2.12下部参照)．縦方式は，透過率の高い薄膜試料に適している．図には，有機薄膜(厚さ 500〜3000 Å 程度)の測定用に実際に使用しているものを例としてあげてある．試料は石英基板上に酸化スズの透明電極を付けたものの上にスピンコートもしくは蒸着してある．この試料の上に適度な透過率をもった厚さの金属(Al, Au, Ag など)電極を蒸着して電場を印加する．この方式の利点は，低い電圧でも強電場を試料に加えることが可能な点である．たとえば 1000 Å 厚の試料の場合，1 V の電圧でも 10^5 V/cm もの強電場が発生することになる．これに対し単結晶試料など透過光測定が不可能な場合には横電場方式を用いるが，この場合電極感覚を 50 μm 以下にすることは困難で，このために高電圧を巻数 1：300 程度の昇圧トランス(なるべく周波数帯域の広いものを用いるが，通常の市販品では数 10^{-1} kHz 程度である)で発生させる必要がある．低インピーダ

ンスの昇圧トランスをドライブするためには，発振器出力を市販のオーディオアンプで1回昇圧・大電力化する必要がある．これを行わないと，発振器出力をオーバーロードによって焼損したり，トランスから十分な出力を得られない恐れがあるので注意を要する．

電場変調分光法の欠点としては，検出可能な大きさの信号（$\Delta R/R$ や $\Delta T/T$ で $10^{-4} \sim 10^{-6}$）を得るためには，前述のように強い電場（$10^3 \sim 10^5$ V/cm）を加えなければならない場合が多く，抵抗の小さな試料や，電極（通常 Au, Al, Ag などが使用される）と試料面との間に大きなショットキーバリヤをつくってしまうような試料では（加えた電場の大部分が試料と電極の接触面にかかってしまうので），測定が困難になる点があげられる．また変調装置という大きな電気的ノイズ源が敏感な光電変換型検出器と同居するために，ノイズシールドをかなり注意深く行う必要がある点，さらに（とくに横電場方式での測定中）試料に加える高電圧に注意を払わなければならない点も欠点といえよう．

2.2.4 発光（ルミネッセンス）測定法

発光スペクトルやその作用スペクトルには電子状態のエネルギー位置，線幅，緩和過程に関する情報が含まれている．発光強度やその時間変化からは，電子状態間の遷移強度や無輻射過程の速さといった重要な情報も得られ，従来から光物性における実験法の中心に位置してきた．また，バックグラウンドがまったくないところから生ずる光を測定するため，非常に S/N 比が高い測定が可能であり，発光素子などへの応用面からもこの実験方法によって得られる情報は重要である．このため種々の測定法が開発され，またおびただしい数の解説書が出版されてきた．そこで本書では，最も一般的かつ基礎的な発光・作用スペクトル測定法ならびにストリークカメラを用いた発光寿命の測定法についてのみ説明する．

図 2.2.13 は，定常光励起による発光スペクトルならびに励起スペクトルを測定するために，筆者らのグループで日常よく使用している系の概念図である．2台のモノクロメータとフォトンカウンタおよび各種ランプを用いて，発光スペクトルと作用スペクトル両方が，同じ系で高感度に測定可能である．また，分光器のうち，発光スペクトル測定側のものはポリクロメータとしても機能するものになっており，CCD などのマルチチャンネルディテクタと組み合わせて，不安定な試料の測定も可能になっている．発光現象，とくに微弱なものの場合，前に説明した光学機器と光学素子の明るさ（f 値）の整合性に注意を払う必要がある．また，測定を容易にしようとして分光器の入・出射スリット幅を不用意に広げると，分光器への入射光の角度を正しく合わせることが不可能となり，かえって検出効率が低下したり，はなはだしい場合波長表示が不正確となってしまう．このようなトラブルを防ぐためには，分光器の出射スリット側から逆向きに水銀灯などの明るい光を入射して，試料上にランプ像が結像されるように光学系を調整することが望ましい．もちろん調整の際には，実際に使用す

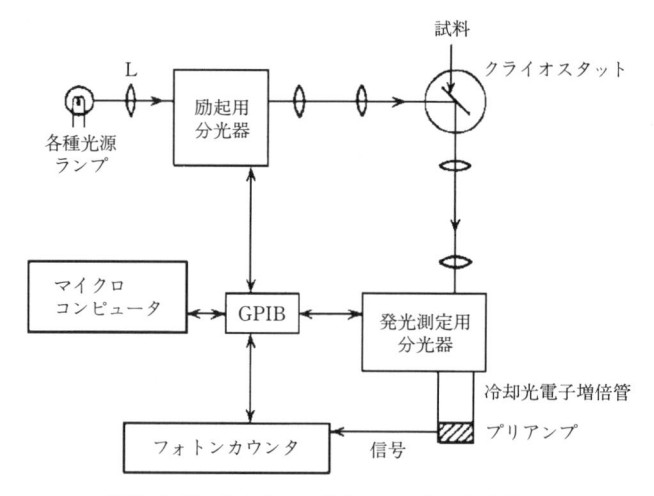

図2.2.13 発光および励起スペクトル測定装置

る光学素子と同じものを用い，水銀灯などからの光やその一部が途中の光学素子によって切られていないことを確認する必要がある．発光の作用のスペクトルを測定するにあたっては，励起光の散乱が発光測定側に入って光電子増倍管などの検出器やアンプを損傷しないように試料表面の取扱い（試料表面が少しでも荒れていると散乱光が非常に増えてしまう），スリット幅の設定，波長スキャン範囲に十分な注意をしなければならない．

次に発光のダイナミクスを測定するための実験系であるが，これにはゲート付きフォトンカウンタ，ゲート付きイメージインテンシファイアー（I.I.），ストリークカメラといったものが用いられる．いずれも励起光にパルス光を用い，検出系にトリガ入力を行って特定遅延時間後の発光強度やスペクトルをデータとして取り込む，という点では共通している．ここではこれらのうち，発光のスペクトルとその時間変化を一度に得ることができるストリークカメラを用いる方法について説明する．図2.2.14にストリークカメラの動作原理を示す[12]．被測定光は，入射横スリットを通過後光電面上に集光され，光電子を発生させる．発生する光電子の数は，光電子放出過程が非常に高速なため，被測定光強度の時間変化に即応して時間変化する．この光電子に縦方向の鋸歯状電場（高繰返し掃引の場合には正弦波を使用：図2.2.14参照）を印可すると，電場印可開始後の遅延時間（t）に応じて電極間の電場強度が変化するため，蛍光面上に光電子が到達した際の縦方向の位置が光電子の発生時間（電場印可開始時からの相対的遅延時間）に応じて変化することになる．この原理を用いて，被測定光の非常に高速な時間変化を蛍光面上での縦方向の位置変化として検出するのがストリークカメラである．図2.2.14からもわかるように，この装置の時間分解能は縦方向の像のぼけ，つまり入射横スリットの幅によって決定される．したがって，被測

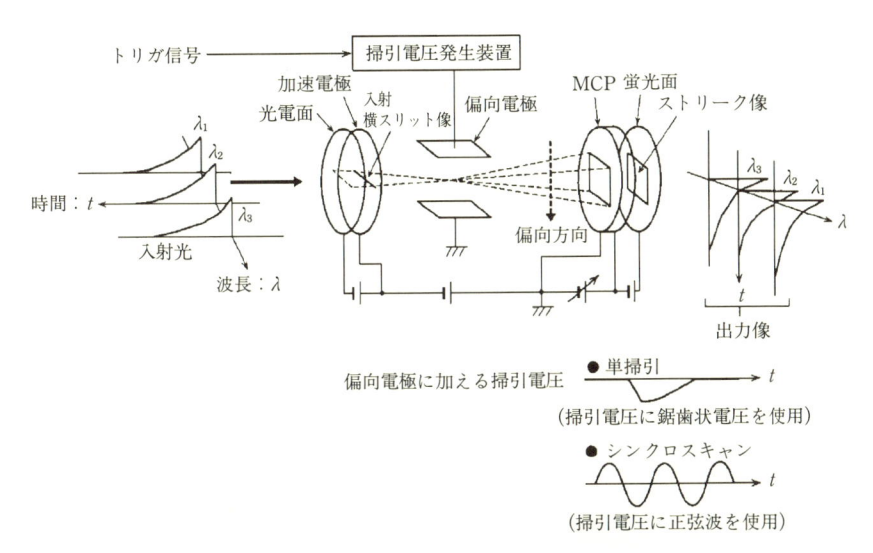

図 2.2.14 ストリークカメラの動作原理[12]

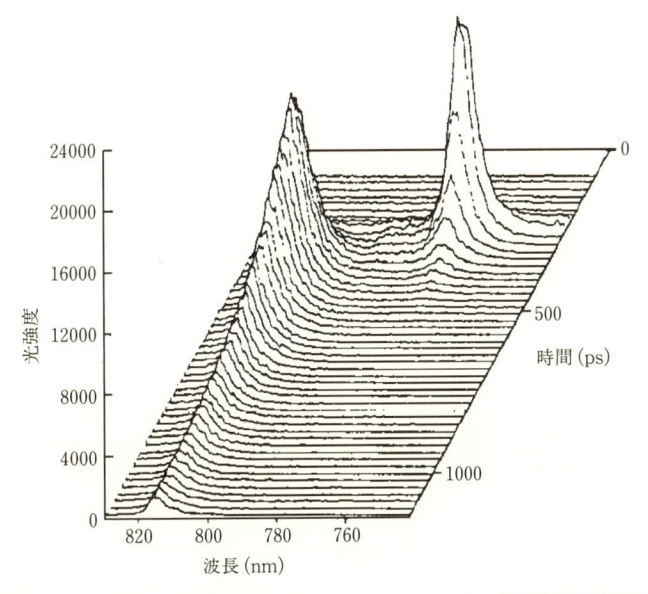

図 2.2.15 GaAlAs のフォトルミネッセンスの波長・時間分解測定例[12]

定光が横スリット上に正しく結像されているか，また入射角が適当であるかどうかに時間分解能ならびにデータの S/N 比が大きく依存するので注意を要する．実際の時

間分解能は，もちろん入射横スリットの幅，被測定光の明るさにもよるが，実用的感度の範囲では1ps程度である．また，光電面は横方向にも広がっているので，ポリクロメータを用いて横方向に波長分散させると，さまざまな波長における光強度の時間変化が一気に測定可能となる．その一例を図2.2.15に示す．現在では，被測定光の繰返し周波数(掃引用鋸波状電場のトリガ周波数)も単発から30 GHzまでユニット交換によって簡単に変化させることができ，高繰返しのモードロックレーザなどに対応可能となっている．また市販されているシステムでは，測定感度を向上させるために鋸歯状電場によって光電子を偏向させたのち，電子数をMCPを用いて増倍させ，さらに検出にも高感度2次元検出器(冷却型CCD)を用いている．したがって過度に強い光が不注意に入射されると，即ストリークチューブや検出器が損傷する．これを防止するために，フィルタなどで十分被測定光を弱くして試しの測定を行ったのち，適当なS/N比が得られる強度まで徐々に強くするとよい．とくに，時間分解能を上げるために入射横スリットを細くしている場合や分光器(ポリクロメータ等)を通して入射している場合には，ちょっとした被測定光の位置のずれによって信号を見失ったり，逆に突然強い光が入射したりする事故が発生しやすいので，注意を要する．

2.2.5 光　伝　導

半導体絶縁体に光を照射すると，光励起によって自由電子-正孔対や緩和励起種(ポーラロン，ソリトン等)などの荷電担体が生成され抵抗が低下する．これが光伝導現象であるが，この光伝導の作用スペクトル(励起波長依存性)を調べれば，個体内部での荷電担体発生にかかわる電子状態の情報(バンドギャップ等)が得られる．またトラップの少ない良好な試料の場合，電極間に印加する電場の極性・強度を変化させながら，短パルス励起光によって発生した荷電担体の電極への到達時間を調べることで，荷電担体の電荷符号や易動度も得ることが可能である．これらの情報は，物質の物理的パラメータとして重要なばかりでなく，光電材料としての応用を考える際にも最も基礎的かつ重要なものである．このため，測定法やデータの解釈について長年にわたって膨大なノウハウの蓄積がなされており，それらについては参考文献を参照されたい[13]．ここでは基本的な，連続微弱光励起による測定法について概説する．図2.2.16はそのための測定系である．まず試料上の電極間(図2.2.17に縦，横，櫛型の各種電極の拡大図を示す)に適当な電圧を印可したうえで，分光器を通した単色光によって試料の電極間(縦電極の場合は電極上)を励起する．この光励起によって試料の伝導度がわずかに増加するが，この伝導度変化に起因する極微弱な電流を，電流-電圧変換器(I-Vコンバータ)で電圧信号として検出する．これが測定原理である．感度を上げるために，励起光を断続し，ロックインアンプを使用して同期した信号を検出することもよく行われる．近年はI-Vコンバータ用の高入力インピーダンスFETオペアンプが多数市販されており，自作のものでもピコアンペア程度まで検出

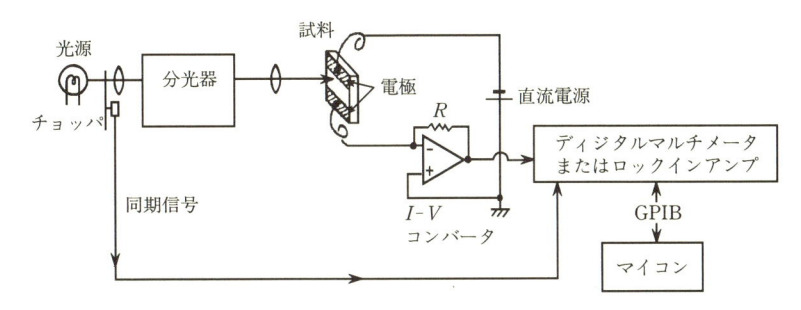

図 2.2.16 光伝導測定装置

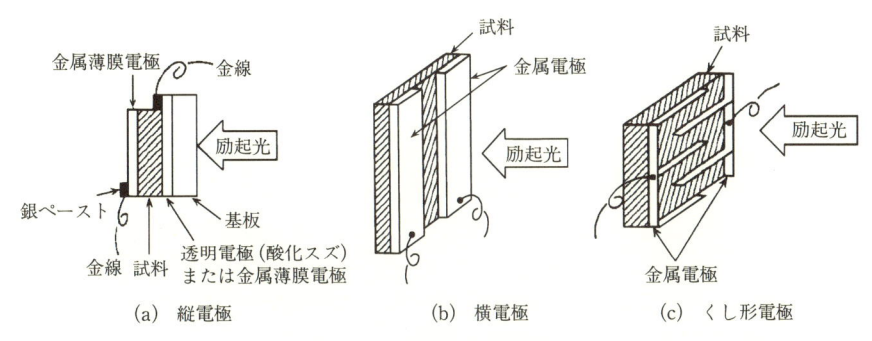

(a) 縦電極　　(b) 横電極　　(c) くし形電極

図 2.2.17 各種電極の取付け形態

可能である．ただ，検出感度を上げるためにI-Vコンバータのゲインを上げると測定周波数の上限が下がり，このためにロックインアンプのS/N比が落ちるという問題がある．また，高ゲインでの測定では外来ノイズに対しても極端に敏感になるので，試料の光伝導度の大きさに応じてI-Vコンバータのゲインを切り替えてやる必要がある．また分光器から出力されてくる励起光強度の波長依存性は平坦ではない．そこで焦電素子や真空熱電対などの分光感度特性が平坦な検出器を用いて較正を行う必要がある．加えて近年では，高価ではあるが，外部同期型高速インピーダンスアナライザを用いることで，Ghz帯域での光伝導の動的応答を測定することも可能となっている．

〔腰原伸也〕

文　　献

1) 小野寺嘉孝：光物性ハンドブック，p.6，朝倉書店 (1999)
2) 金武達郎：博士論文　東大工学部 (1989)
3) P. Kubelka, et al.: *Z. Tech. Phys.*, **12**, p. 593 (1931)
4) P. M. A. Azzam and N. M. Bashara : Ellipsometry and Polarized Light, p. 153, North-Holland, Amsterdam (1986)
5) たとえば，三浦　登：光物性ハンドブック，p. 433，福谷博仁：同，p. 601，朝倉書店

(1999)
6) NECトーキン社カタログ (2003)
7) G. B. Blanchet, et al.: *Phys. Rev. Lett.*, **50**, p. 1938 (1983)
8) 腰原伸也, 小林孝嘉：時間領域から見た生命現象, p. 249, 蛋白質・核酸・酵素　別冊 28, 共立出版 (1985)
9) 西野種夫：光物性ハンドブック, p. 445, 朝倉書店 (1984)
10) D. E. Aspnes: Handbook of Semiconductors, M. Balkanski, ed., Vol. 2, Ch. 4A, North-Holland (1980)
11) Y. Tokura, et al.: *Chem. Phys.*, **85**, p. 437 (1984)
    Y. Tokura, et al.: *J. Chem. Phys.*, **85**, p. 99 (1986)
12) H. Tachibana. et al.: *Phys. Rev.*, **B47**, p. 4363 (1993)
13) 浜松フォトニクス社カタログ (2003)
14) たとえば, 及川　充：光物性ハンドブック, p. 557, 朝倉書店 (1999)
15) R. H. Bube: Photoconductivity of Solids, John Wiley & Sons. New York (1960)

2.3　磁気特性評価

2.3.1　磁　化　測　定[1]

一般に物質に磁界 (magnetic field) を印加したとき, 物質には磁気モーメント (magnetic moment) が誘起される. 磁気モーメントの単位体積当たりの総和を磁化 (magnetization), あるいは, 磁気分極 (magnetic polarization) と呼ぶ. 強磁性体など一部の物質においては, 外部磁界を印加しなくても磁化をもつことがある. これを自発磁化 (spontaneous magnetization) という.

物質の磁気モーメントを測定する装置を磁力計 (magnetometer) という. 磁力計には, 大きく分けて電磁誘導を利用して磁束変化を検出するタイプの装置と, 外部磁界によって物質に生じる力を検出するタイプの装置がある. 磁力計には静的な測定しかできないタイプと, 動的な測定が可能なタイプとがある.

a. 磁束変化を検出する方法

1) 原　　理

測定試料の磁気モーメント $\bm{m}$ (Wbm) がその中心からの位置 $\bm{r}$ (m) につくる磁束密度 $\bm{B}_s$ (Wb/m^2) は,

$$\bm{B}_s = \frac{1}{4\pi}\left\{-\frac{\bm{m}}{r^3} + \frac{3(\bm{m}\cdot\bm{r})\bm{r}}{r^5}\right\} \tag{2.3.1}$$

で表される. $\bm{m}$ や $\bm{r}$ をなんらかの手段で時間的に変化させると, 位置 $\bm{r}$ に置かれた検出コイル (断面積 S, 断面の法線ベクトル $\bm{n}$) に誘導起電力 V が生じる. V は, 次式で与えられる.

$$V = -\frac{\partial(\bm{\Phi}\cdot\bm{n})}{\partial t} = -S\frac{\partial(\bm{B}_s\cdot\bm{n})}{\partial t} \tag{2.3.2}$$

この V を時間積分すると磁気モーメントを求めることができる.

2) 振動試料型磁力計 (vibrating sample magnetometer : VSM)

最もポピュラーな磁力計である. 試料を 0.1～0.2 mm 程度のわずかな振幅 a と 80

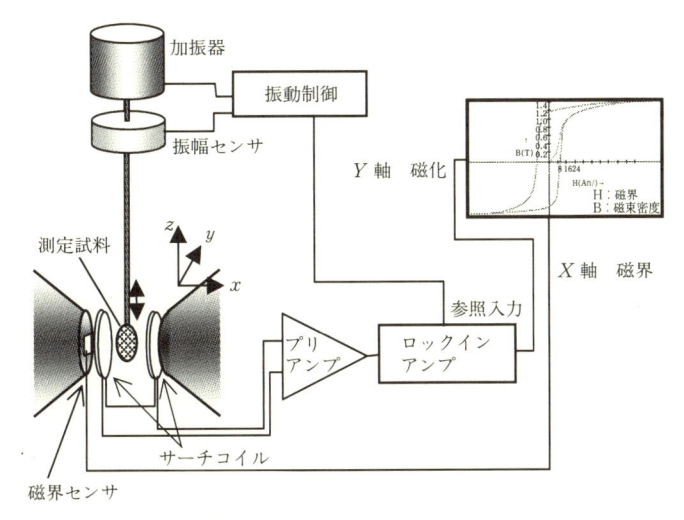

図 2.3.1 VSM 装置のブロック図

Hz 程度の低周波 ω で振動させ，試料の磁化によって生じる磁束の時間変化を，傍らに置いたサーチコイルに生じる誘導起電力として検出するものである．サーチコイルの位置を (X, Y, Z) とし，中心軸を z 軸方向に平行になるように配置すると，試料の磁化 m による誘導起電力は，

$$V(t) = \frac{3ma\omega NSX}{4\pi r^5}\cos \omega t \tag{2.3.3}$$

となる．ここで，N はサーチコイルの巻数，S はコイルの面積である．また，検出コイルの中心軸を x 軸方向に平行に配置した場合には，誘導起電力は次式のようになる．

$$V(t) = \frac{3ma\omega NS}{4\pi}\left(\frac{Z}{r^5} - \frac{5X^2Z}{r^7}\right)\cos \omega t \tag{2.3.4}$$

起電力は試料の磁化に比例し，振動数は ω である．したがって周波数が ω の成分だけをロックイン検出すれば，磁化を高感度に測定することができる．

市販の VSM で測定できる磁化の範囲は，フルスケール 10^{-7}〜10^2 emu(1 emu $= 4\pi \times 10^{-10}$ Wbm) 程度の広い範囲である．

3) 引き抜き法磁力計

検出コイル対を上下 2 段に並べて，コイルの間で試料を往復させて試料から出る磁束を検出する．上下の検出コイルを逆極性にすることにより印加磁界の変動による誘導起電力を打ち消し，試料による磁束変化のみを検出する．

4) SQUID 磁力計

超伝導量子干渉素子 (superconducting quantum interference device : SQUID) を

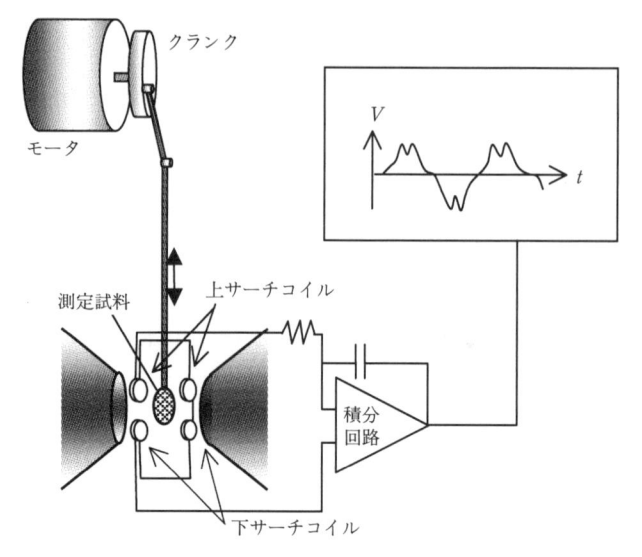

図 2.3.2 引き抜き法磁力計のブロック図

磁束の検出に用いる磁力計である．SQUID は二つのジョセフソン接合を組み合わせた素子で，接合を横切る磁束の本数に応じて位相差が変調されることを利用して，磁束量子を単位として磁束の大きさを測定するものである．磁力計の使い方には，試料固定型と試料移動型がある．前者は，一定磁界のもとで磁束の相対変化を測定するもので，磁束の温度変化や，交流磁化率の測定に向いている．後者は，磁束検出コイル中に試料を出し入れし，そのときの磁束変化から磁化を求めるもので，原理的に引き抜き法磁力計と同じである．SQUID を用いて磁束を直接観測するのは雑音対策が困難であるので，超伝導線を用いた検出コイルで磁束を検出し，磁束トランスによって SQUID に導く．

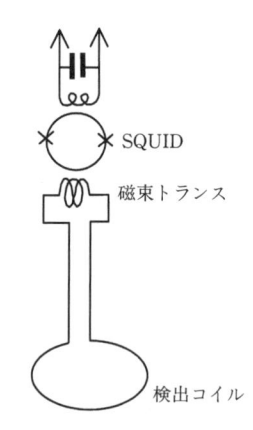

図 2.3.3 SQUID 磁力計の原理図

磁束検出コイルとしては磁束そのものを測るのではなく，一対のコイルを逆極性に接続し，磁束の位置変化の 1 次微分を測定するもの，あるいは，3 個のコイルを用いて 2 回微分を測定するものなどがある．

b. 力を検出する方法

1) 原　　理

磁界 H 中に置かれた磁気モーメント m は，$U=-m\cdot H$ のポテンシャルエネル

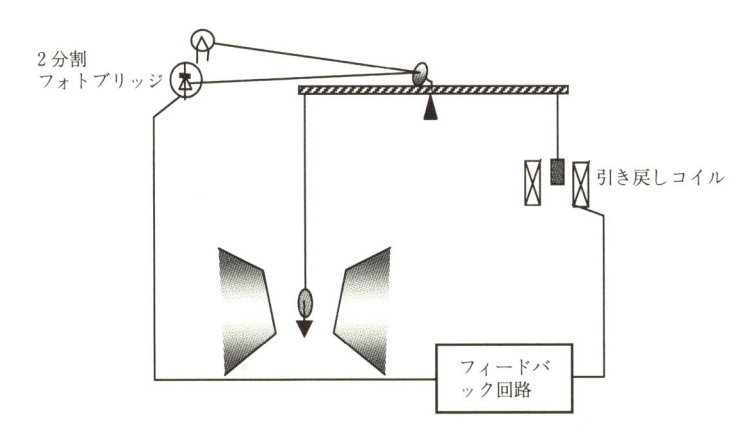

図 2.3.4 磁気天秤のブロック図

ギーをもっている．磁気モーメントに作用する並進力は，次式で与えられる．

$$F = \nabla U = -\nabla(\boldsymbol{m} \cdot \boldsymbol{H}) = (\boldsymbol{m} \cdot \nabla)\boldsymbol{H} \quad (2.3.5)$$

したがって，均一でない磁界中に置かれた磁気モーメントは力を受ける．この力をなんらかの方法で測定することによって磁化を求める．

2) 磁 気 天 秤

磁気天秤 (Faraday balance) 法では，直流的な不均一磁界を用いて力を発生させ，その力を天秤を用いて測定する．不均一磁界をつくるには，上下非対称に加工したポールピースを用いるか，対称的なポールピースの端部付近の磁界勾配が最大になる位

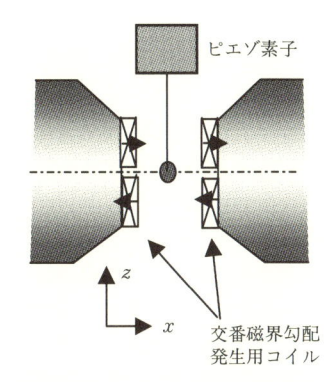

図 2.3.5 AGM 装置の原理図

置に試料を置く．天秤の一つの腕に試料を細線で鉛直につるしポールピースの間に置くことで試料に働く磁気力を，もう一方の腕につるした永久磁石を引き戻しコイルによる磁気力でバランスさせ，コイルに流した電流で試料の磁気モーメントを測定する．天秤のバランスは光学的に検出される．感度は，ナイフエッジの先端の曲率を大きくすることによって，VSM より高くすることができる．

3) 交番力磁力計

交番力磁力計 (alternating gradient magnetometer : AGM)[2] は，ポールピースに補助コイルを付加して，交流的な磁界勾配を発生させている．これにより，試料には磁気モーメントに比例した交番力が生じ加振される．図 2.3.5 に，上下方向 (z 方向) に磁場勾配がある場合を示す．このときの試料は z 方向の力

$$F_z = m_x \frac{\partial h_x}{\partial z} \quad (2.3.6)$$

を受ける．ここで，h_x は補助コイルによる磁場，m_x は x 方向の磁気モーメントである．また，x 方向に磁場勾配がある場合には，x 方向の力

$$F_x = m_x \frac{\partial h_x}{\partial x} \tag{2.3.7}$$

を受ける．磁場勾配の方向によって生じる力の方向は異なるが，いずれの場合も x 方向の磁気モーメント m_x に比例した力が生じるので，この力を測定することによって磁気モーメントを求めることができる．力の検出は Q 値の高いピエゾセンサを用いて検出する．試料とホルダの共振周波数に交流磁界の周波数を合わせることによって大きな信号が得られる．通常 100～1000 Hz の周波数を用い，ロックインアンプを使用するため，非常に高い感度で測定できる．10^{-8} emu の感度をもつものが市販されている．測定はきわめて迅速で，1 試料の測定に数分しか要しない．また，高感度であるため数 μg 程度の試料を測定することも可能である．その半面 2 mm 程度より大きな試料の測定には適さない．また，10 K から常温までの温度範囲で測定できるが，ピエゾ素子を用いているため高温域での測定はできない．

c. 磁化曲線の解析
1) 校　正　法

磁界の校正には，半導体ホール素子を用いたガウスメータ，または，プロトンの核磁気共鳴 (NMR) が用いられる．

一方，磁化の校正には磁化がよく知られた磁性体が標準試料として用いられる．標準試料としては，磁気異方性が小さいため Ni が用いられる．測定試料と同程度の磁気モーメントをもつ標準試料を使うと精度が高い校正を行うことができる．磁気モーメントが大きいときには球状の試料を用い，小さいときには切断した細線試料を用いる．薄膜試料を校正する場合には，Ni 箔を用いる．

常磁性体のように小さい磁気モーメントをもつ試料の測定のための標準試料としては，高純度の常磁性金属 (Al, Pt, Pd)，遷移金属錯塩 (モール塩 $FeSO_4 \cdot (NH_4)_2SO_4 \cdot 6H_2O$ など)，遷移金属化合物 (MnF_2) を用いる．

2) 反磁界の補正[3]

試料が巨視的な磁化 M をもつと，試料表面に磁極が生じることによる反磁界のため，試料に加わる実際の磁界は外部から印加した磁界 H より反磁界の分だけ小さくなっている．このように実際に試料に加わる磁界を有効磁界 H_{eff} という．反磁界係数を N とすると，有効磁界は，$H_{eff} = H - Nm/\mu_0$ で与えられる．図 2.3.6 において，測定された M-H ヒステリシス曲線は点線のように傾いた磁化曲線になっているが，反磁界の補正後の M-H_{eff} ヒステリシスは急峻な

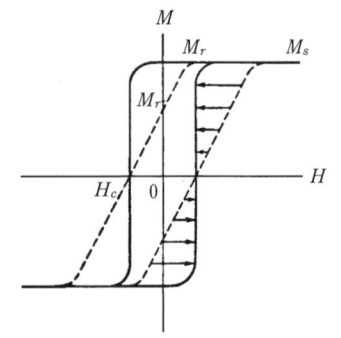

図 2.3.6 磁気ヒステリシス曲線における反磁界の補正

(a) 球　　　　　　　(b) 円柱　　　　　　(c) 薄板

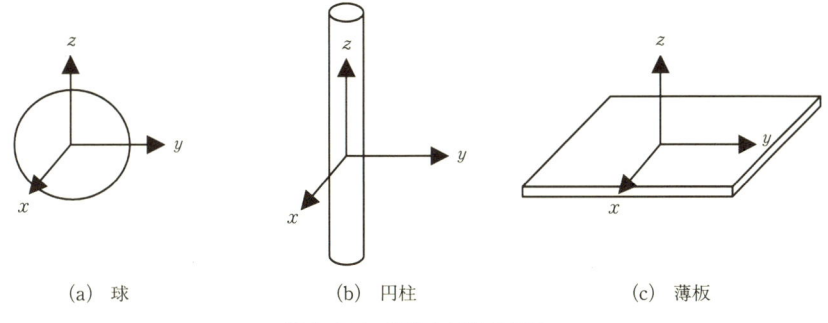

図 2.3.7 形状と反磁界係数

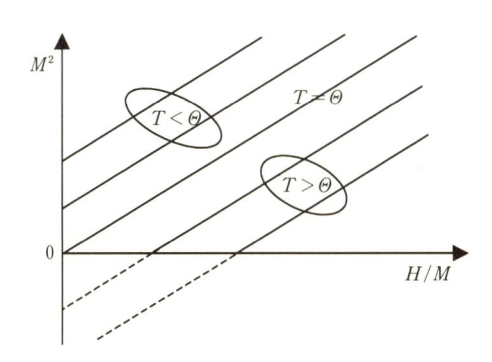

図 2.3.8 アロットプロット

ものになる．

　反磁界係数は形状のみによって決まる無次元量であり，形状および方向によって異なる値をもつ．図 2.3.7 に球，円柱，薄板の場合について例を示す．対称性の良い形状の場合は簡単な形になり，x, y, z 方向の反磁界係数を N_x, N_y, N_z とすると，(a) 球の場合は，$N_x = N_y = N_z = 1/3$，(b) 円柱の場合は，$N_x = N_y = 1/2$, $N_z = 0$，(c) 薄板の場合は $N_x = N_y = 0$, $N_z = 1$ となる．

3) アロットプロット

　強磁性体のキュリー温度を正確に決定する方法として，アロットプロットという手法が知られている．磁気エネルギー E は磁化 M と磁界 H を使って次式のように展開される．

$$E = \frac{a}{2}\left(\frac{T}{\Theta} - 1\right)M^2 + \frac{A}{4}M^4 + \frac{B}{6}M^6 + \cdots - \mu_0 HM \tag{2.3.8}$$

ここで，a, A, B は定数である．磁気エネルギー E を最小とする条件は，6 次以上の項を無視して

$$\frac{\partial E}{\partial M} = a\left(\frac{T}{\Theta}-1\right)M + AM^3 - \mu_0 H = 0 \qquad (2.3.9)$$

となるので，両辺を M で割って，

$$M^2 = \frac{a}{A}\left(1-\frac{T}{\Theta}\right) + \frac{\mu_0}{A}\frac{H}{M} \qquad (2.3.10)$$

という関係を得る．図2.3.8に示すように M^2 を H/M に対してプロットすると直線関係が得られる．このプロットの仕方を，アロットプロットという．直線が縦軸を横切る位置は $(1-T/\Theta)$ に比例する．$T<\Theta$（強磁性領域）であれば，切片の符号が正，$T>\Theta$（常磁性領域）であれば負である．原点を通過するときの T が，キュリー温度である．

そこで，各温度で磁界の強さを変えながら磁化を測定し，アロットプロットを行い内挿によって原点を通る直線の T を求めるとキュリー温度が得られる．

2.3.2 磁気異方性の測定[1]
a. トルク測定
1) 測定原理とトルク計の構成

磁気異方性とは，強磁性体の磁化ベクトルが試料の特定の方向に向こうとする性質である．これは，磁性体の内部エネルギーが自発磁化の方向に依存することによる．

結晶磁気異方性エネルギー E_a は，立方晶の場合，

$$E_a = K_0 + K_1(\alpha_1^2\alpha_2^2 + \alpha_2^2\alpha_3^2 + \alpha_3^2\alpha_1^2) + K_2\alpha_1^2\alpha_2^2\alpha_3^2 + \cdots \qquad (2.3.11)$$

で表される．ここに，α_i は主要結晶軸に関する方向余弦である．一方，六方晶では，

$$E_a = K_{u1}\sin^2\theta + K_{u2}\sin^4\theta + K_{u3}\sin^6\theta + \cdots \qquad (2.3.12)$$

となる．K_i, K_{ui} は磁気異方性定数である．

磁気異方性定数の決定には，磁気トルクの測定が有効である．電磁石のポールピースの間に試料を弾性糸でつり下げ，飽和に至るまで試料を磁化する．試料内部の磁化 M の方向は強制的に外部磁界 H の方向に固定されているので，M の方向が内部の磁化容易方向と異なるならば，容易方向が外部磁界方向に近づこうとして試料は回転し始める．この回転力（トルク）を弾性糸のねじれにより測定する．実際のトルク計では，円柱部の上部にある鏡を用い，光てこの原理で，試料のトルクを打ち消すように鏡と一体になったバランシングコイルに電流を流す．バランスするときの電流値から試料にかかるトルクを求めることが

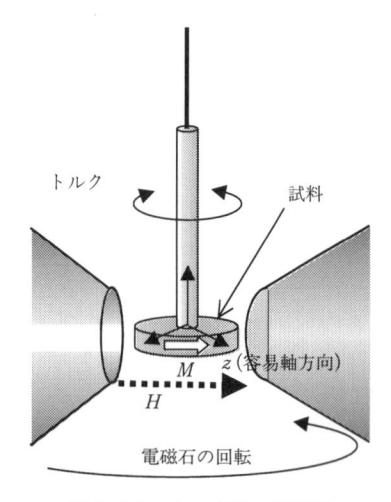

図2.3.9 トルク計の原理図

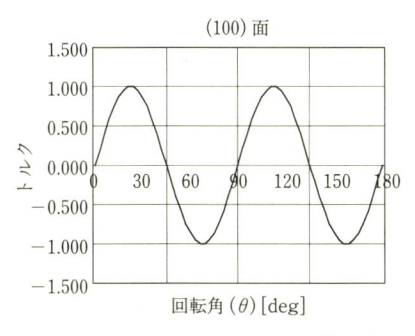

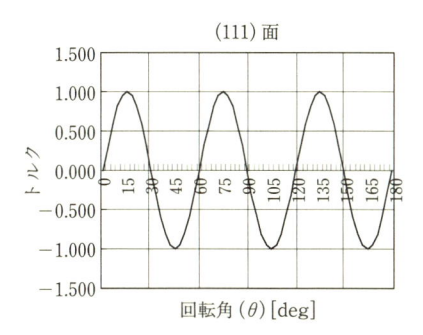

図 2.3.10 トルク曲線

できる．電磁石を回すことによって印加磁界 H の方向を変え，求めたトルクの大きさを電磁石の回転角に対してプロットする．

2) 磁気トルクの解析

体積当たりのトルク L と異方性エネルギー E_a の間には

$$L = -\frac{\partial E_a}{\partial \theta} \tag{2.3.13}$$

の関係がある．いま，立方晶の場合を考えると，(100)面内で磁界を回転させ，[001]軸と磁界の方向のなす角を θ とすると，方向余弦は $\alpha_1 = 0$, $\alpha_2 = \sin\theta$, $\alpha_3 = \cos\theta$ となり，E_a は次式で表される．

$$E_a = K_1 \sin^2\theta \cos^2\theta = \frac{K_1}{8}(1 - \cos 4\theta) \tag{2.3.14}$$

これより，

$$L = -\frac{K_1}{2} \sin 4\theta \tag{2.3.15}$$

となり，180°で2周期の正弦波曲線になる．一方，(111)面内で磁石を回転したときには，

$$L = -\frac{K_2}{18} \sin 6\theta \tag{2.3.16}$$

と表される．

現実のトルク曲線は，図2.3.10のような単純なものではなく複雑な形状になっているので，実験で得られたトルク曲線（L-θ 曲線）をフーリエ解析することによって，$2\theta, 4\theta, 6\theta$ 各成分を求め，これより磁気異方性定数を決めることができる．

磁気異方性が強く磁化が完全に飽和していない場合，困難軸の方位付近でトルクの符号が変わるため，曲線に飛びが生じる．このような場合に異方性定数を決めるには，容易軸から45°傾いた方向に磁界を印加し，トルクの磁界依存性を測定し，$(L/H)^2$ を L に対してプロットすることにより，K_u を決めることができる．

b. 磁化曲線から求める法

試料の磁化容易軸に磁界を印加したときの磁化曲線と，困難軸に磁界を印加したときの磁化曲線は，飽和に至る傾きに違いがある．両磁化曲線を同じグラフに描くと，磁気異方性エネルギーは両曲線の間の面積から求められる．

2.3.3 磁気付随現象の測定
a. 磁気電導現象の測定
1) 磁気抵抗効果

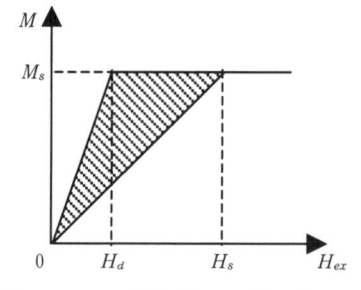

図 2.3.11 磁化曲線から磁気異方性を見積もる方法

物質の磁化の状態によって電気抵抗が変化する現象を磁気抵抗効果(magnetoresistance)という．ゼロ磁場での電気抵抗を $R(0)$，磁場 H を印加したときの電気抵抗を $R(H)$ とすると，磁気抵抗変化率 ΔR は次式で表される．

$$\Delta R = \frac{R(H)-R(0)}{R(0)} \tag{2.3.17}$$

磁気抵抗効果には，多くの遷移金属合金でみられるような異方性磁気抵抗(AMR)のほかにも Fe/Cr 人工格子などでみられる巨大磁気抵抗効果(GMR)，強磁性トンネル接合でみられるトンネル磁気抵抗効果(TMR)などがある．

実際の抵抗測定では，リード線の抵抗や電極端子と試料の接触抵抗および熱起電力の影響を避けるために四探針法で測定することが望ましい．その場合にも電圧測定端子部分での熱起電力が発生するが，電流を正負逆転して抵抗値の平均をとることによってその影響を取り除くことができる．

磁場中における抵抗測定では，磁束密度が時間的に変化すると，リード線に電流が流れてしまう．このことがノイズとなって現れるため，小さな磁気抵抗変化率を測定する場合には，磁場の安定性と振動対策が重要である．

2) 異常ホール効果[4]

磁性体におけるホール効果は，通常の導体試料でみられるような通常ホール効果と強磁性体に特有の異常ホール効果の両方の和となり，ホール抵抗率 ρ_H は次のように表される．

$$\rho_H = R_H H + R_I M \tag{2.3.18}$$

ここで，R_H は通常ホール係数，H は印加磁場，R_I は異常ホール係数，M は磁化である．右辺第1項は通常ホール効果によるもので，磁場の印加方向と電流の方向に垂直な方向に電子が受けるローレンツ力によって起こる．第2項は，異常ホール効果によるもので，電子の進行方向に垂直な方向への磁気的な散乱によって起こる．そのため，その値は磁化の大きさに比例し，試料の磁化曲線と相似形になる．通常の強磁性金属の場合，異常ホール効果は通常ホール効果よりもかなり大きい．

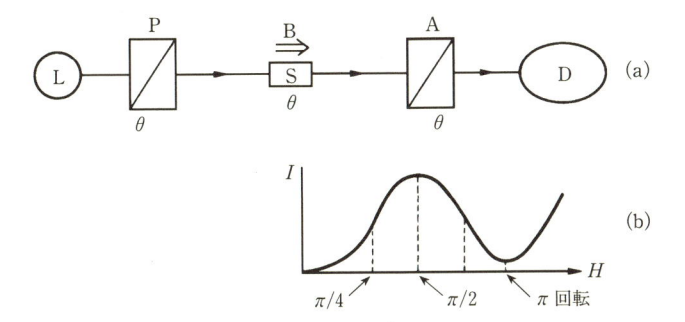

図 2.3.12 クロスニコル法の原理図

b. 磁気光学効果の測定[5]

ファラデー効果は透過光に対する磁気光学効果,磁気光学カー効果は反射光に対する磁気光学効果である.両者は,透過か反射かが違うだけで,直線偏光を入射したとき,透過光または反射光(一般には楕円偏光になっている)の主軸の回転角と楕円率角を測定する点はいずれも同じである.

1) 回転角のみの評価法
i) クロスニコル法 最も簡単に磁気光学効果の回転角を評価する方法は,クロスニコル法と呼ばれる方法である.すなわち,図 2.3.12(a)に示すように偏光子と検光子を直交させて置き,この間に試料をおき,光の進行方向に磁化する.光検出器に現れる出力 I は,ファラデー回転を θ_F として,

$$I = I_0 \cos^2(\theta_P + \theta_F - \theta_A) \qquad (2.3.19)$$

と表される.ここに,θ_P, θ_A はそれぞれ偏光子と検光子の透過方向の角度を表している.直交条件では,$\theta_P - \theta_A = \pi/2$ となるので,この式は

$$I = I_0 \sin^2 \theta_F = (I_0/2)(1 - \cos 2\theta_F) \qquad (2.3.20)$$

となる.θ_F が磁界 H に比例するとき,I を H に対してプロットすると図 2.3.12(b)のようになる.この方法は手軽であるが,回転角を精度よく評価する目的には適していない.このため,以下に述べるようなさまざまな変調法が考案されている.

ii) 振動偏光子法 図 2.3.13 のように偏光子と検光子を直交させておき,偏光子の角 θ を図のように

$$\theta = \theta_0 \sin pt \qquad (2.3.21)$$

小さな角度 θ_0 の振幅で角周波数 p で振動させると,信号出力 I_D は,

$$\begin{aligned} I_D \propto I_0 \sin^2(\theta + \theta_F) &= (I_0/2)\{1 - \cos 2(\theta + \theta_F)\} \\ &= I_0\{1 - J_0(2\theta_0)\cos 2\theta_F\}/2 - I_0 J_2(2\theta_0)\cos 2\theta_F \cdot \cos 2pt \\ &\quad - I_0 J_1(2\theta_0)\sin 2\theta_F \cdot \sin pt \end{aligned} \qquad (2.3.22)$$

となる.ここに,$J_n(x)$ は n 次のベッセル関数である.θ_F が小さければ,角周波数 p の成分が光強度 I_0 および θ_F に比例し,角周波数 $2p$ の成分はほぼ光強度 I_0 に比例す

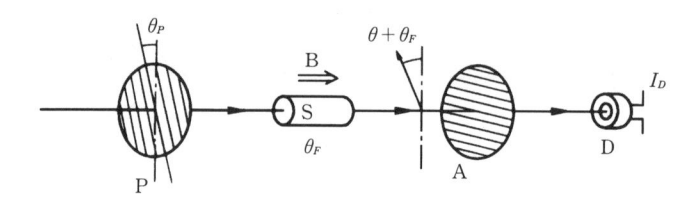

図 2.3.13 振動偏光子法

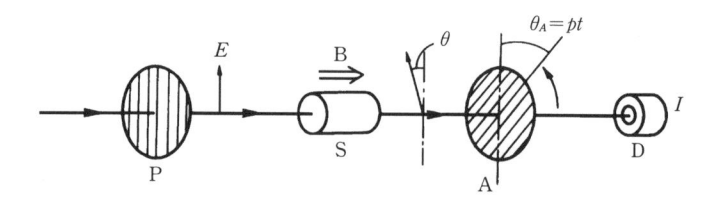

図 2.3.14 回転検光子法の原理図

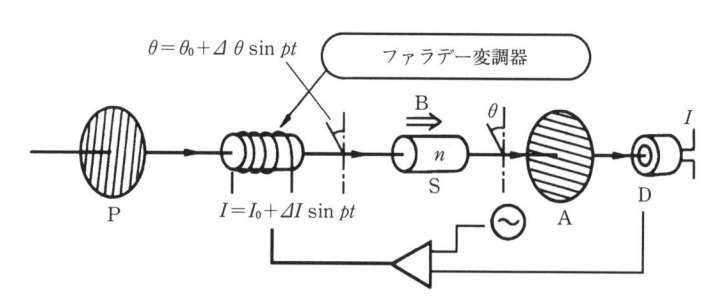

図 2.3.15 ファラデーセル法の原理図

るので，この比をとれば θ_F を測定できる．

iii) 回転検光子法 図 2.3.14 に示すように，検光子が角周波数 p で回転するならば，$\theta_A = pt$ と書けるので，検出器出力 I_D は，

$$I_D = I_0 \cos^2(\theta_F - \theta_A)$$
$$= (I_0/2)\{1 + \cos 2(\theta_F - pt)\} \quad (2.3.23)$$

と表されるので，角周波数 $2p$ の成分の位相のずれを位相検出形のロックインアンプによって測定すれば，θ_F が求められる．フーリエ変換によって位相を求めることもできる．

iv) ファラデーセル法 図 2.3.15 に示すように，ファラデーセルを用い直線偏光に

$$\theta = \theta_0 + \Delta\theta \sin pt$$

だけの回転を与える．ここに，θ_0 は直流成分，$\Delta\theta$ は角周波数 p の交流成分の振幅である．

このとき検出器出力 I_D は，

$$\begin{aligned}
I_D &= I_0 \sin^2(\theta_0 - \theta_F + \Delta\theta \sin pt) \\
&= (I_0/2)\{1 - \cos 2(\theta_0 - \theta_F + \Delta\theta \sin pt)\} \\
&= (I_0/2)\{1 - \cos 2(\theta_0 - \theta_F)\cos(2\Delta\theta \sin pt) + \sin 2(\theta_0 - \theta_F)\sin(2\Delta\theta \sin pt)\} \\
&\approx (I_0/2)\{1 - \cos 2(\theta_0 - \theta_F)J_0(2\Delta\theta)\} + I_0 \sin 2(\theta_0 - \theta_F)J_1(2\Delta\theta)\sin pt \\
&\quad - I_0 \cos 2(\theta_0 - \theta_F)J_2(2\Delta\theta)\cos 2pt
\end{aligned} \qquad (2.3.24)$$

となって，p 成分の強度は $\sin(\theta_0 - \theta_F)$ に比例する．もし，この信号を 0 にするように ($\theta_0 = \theta_F$ となるように) ファラデーセルに流す電流の直流成分にフィードバックすると，この直流成分は回転角に比例する．この方法は，零点法なので精度の高い測定ができるという利点をもつが，コイルに流す直流電流による発熱によって，変調振幅がドリフトすること，試料に加える磁界をファラデーセルが感じること，ヴェルデ定数の波長依存性のため，スペクトルの測定が難しいことなどの欠点もある．

2) 楕円率の評価法

1) に記した方法で楕円率を評価するためには，4 分の 1 波長板 ($\lambda/4$ 板と略称) を用いて楕円率角を回転に変換して測定する．以下にはその原理について述べる．

図 2.3.16 に示すように楕円率角 η (rad) の楕円偏光が入射したとすると，その電気ベクトルは $\boldsymbol{E} = E_0(\cos \eta \boldsymbol{i} + i \sin \eta \boldsymbol{j})$ で表される．($\boldsymbol{i}, \boldsymbol{j}$ はそれぞれ x, y 方向の単位ベクトル) x 方向に光軸をもつ $\lambda/4$ 板を通すと，y 方向の位相は 90° 遅れるので，出射光の電界は

$$\boldsymbol{E}' = E_0\{\cos \eta \boldsymbol{i} + i \exp(-i\pi/2)\sin \eta \boldsymbol{j}\} = E_0(\cos \eta \boldsymbol{i} + \sin \eta \boldsymbol{j}) \qquad (2.3.25)$$

となるが，これは，x 軸から η (rad) 傾いた直線偏光を表している．したがって，入射楕円偏光の長軸の方向に $\lambda/4$ 板の光軸を合わせれば，上に述べた回転角を測定するいずれかの方法で楕円率角を測定できる．$\lambda/4$ 板は，通常結晶の屈折率の異方性を用いているので，原則として波長ごとに変える必要があるが，最近では，屈折率の分散を利用したアクロマティックな $\lambda/4$ 板も市販されている．

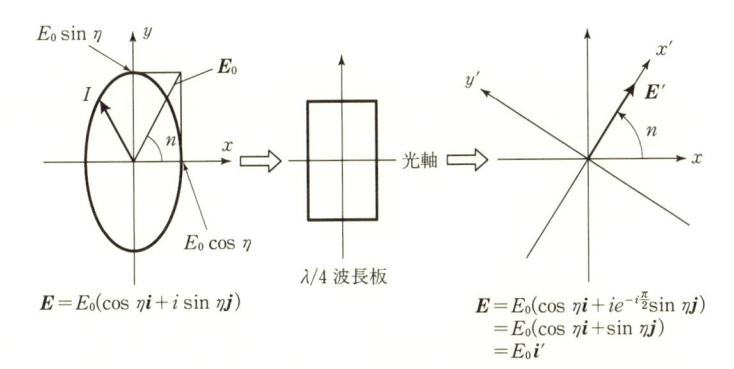

図 2.3.16 楕円率測定の原理図

広い波長範囲で楕円率を測定するには，バビネソレイユ板と呼ばれる光学素子がある．これはくさび形の複屈折素子を2個使って，光路長をネジマイクロメータで調整することによって，位相差の調整ができるようになっているので，波長に合わせて順次マイクロメータを調整すれば，広い波長範囲を追跡できる．

3) 光学遅延変調法：回転角，楕円率角の同時測定

図2.3.17のように偏光子のすぐ後にピエゾ光学変調器(商品名 PEM＝光弾性変調器)を置き，光学遅延(リターデーション)を変調する．偏光子の偏光角は PEM の光学軸と 45° になるように，また，検光子の角度は光学軸と平行になるようにセットする．変調器による光学遅延 δ が

$$\delta = \delta_0 \sin pt$$

となるならば，光検出器の出力 I_D は

$$\begin{aligned}I_D &= (I_0/2)\{1 + 2\eta_K \sin(\delta_0 \sin pt) - \sin 2\theta_K \cos(\delta_0 \sin pt)\} \\ &\approx (I_0/2)\{1 - 2\theta_K J_0(\delta_0)\} + I_0 \cdot 2\eta_K J_1(\delta_0)\sin pt - I_0 \cdot 2\theta_K J_2(\delta_0)\cos 2pt\end{aligned} \quad (2.3.26)$$

となり，p 成分が楕円率に，$2p$ 成分が回転角に比例する．変調器による複屈折の変調振幅を Δn とすると，$\delta_0 = 2\pi \Delta n l / \lambda$ であるから，もし Δn が一定であれば δ_0 は波長依存性をもち，したがって，上式の $J_1(\delta_0)$, $J_2(\delta_0)$ は波長依存性をもってしまう．しかし，PEM では複屈折の変調振幅 Δn を外部から電圧制御できるので，$0.2\,\mu m$ から $2\,\mu m$ の広範囲にわたって，リターデーションの変調振幅 δ_0 を一定に保つことができる．

この方法は，一つのセッティングによって回転角と楕円率の両者のスペクトルを広い波長範囲で測定できるので便利な方法である．

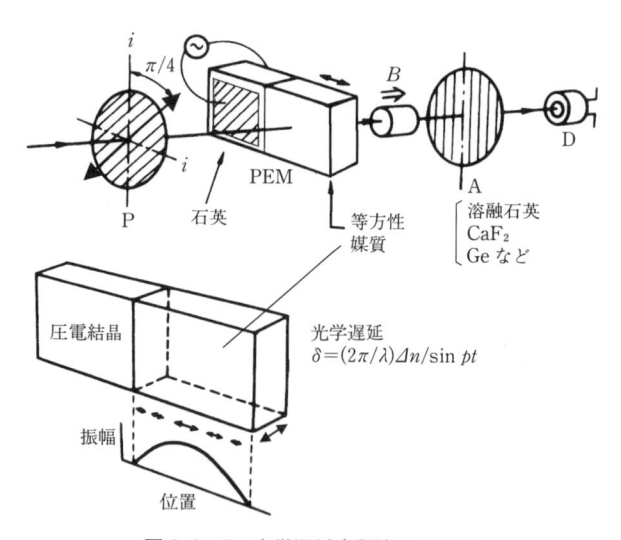

図 2.3.17 光学遅延変調法の原理図

2.3.4 磁区観察[6]
a. 磁気光学効果を用いた観察

磁性体を透過した直線偏光は磁気光学効果による旋光を受ける．磁化の向きが光の進行方向に平行か反平行かで偏光の回転方向が左右逆になる．したがって，検光子の透過方向を適当に設定することにより，磁区の磁化の向きの違いを明暗のコントラストに変換する．

面内磁化の場合は，光の進行方向と磁化が直交するので，極磁気光学効果によっては磁気光学像を得ることができない．この場合は，縦磁気光学効果を用いる必要がある．このためには，対物レンズの半分を用いて入射し反射光をレンズの残りの半分を用いて受光すると，縦磁気光学効果によって旋光がおき，磁区のコントラストが得られる．最近前節に述べた光学遅延変調法を応用し，高感度で磁気光学像を観察できる磁気光学顕微鏡が開発された．これを用いると画像上の任意の位置における磁気光学効果の定量的な測定が可能である[7]．

光学顕微鏡の分解能は回折限界によって制限されるが，走査型レーザ顕微鏡でアパーチャを用い超解像を得る方法が開発されている．近接場光を用いることによって回折限界を超えることができる．ベントファイバをプローブとしたAFMモードの透過型近接場顕微鏡で100 nmの解像度が実現されている[8]．

b. 電子顕微鏡を用いた観察

ローレンツ電子顕微鏡は，磁性体からの磁束によって電子ビームがローレンツ力を受けることによる画像のずれを利用して磁気画像を得るものである．

電子線ホログラフィは，電子線が磁束によって受ける位相変化を干渉により画像化するもので，微小な磁性体の磁気構造についての情報を得ることが可能である．

スピン偏極走査型電子顕微鏡 (SPSEM) は，スピン偏極した2次電子をMott検出器で検出し画像化する．磁束ではなく磁性体の磁化に直接関係した画像を高解像度で得られるという特徴をもつが，Mott検出器が大がかりになるという欠点をもつ．

c. プローブ顕微鏡を用いた観察
1) 磁気力顕微鏡

磁気力顕微鏡 (MFM) は，ナノスケールの分解能で磁気構造を画像化できる走査型プローブ顕微鏡である．通常は，原子間力顕微鏡 (AFM) のプローブチップの先端部を磁性体でコートしたものを探針として用い，探針と磁化との間に働く力を画像化する．探針からの磁束の影響を受けて，磁性体が磁化される場合や，磁性体からの磁束によって探針が磁化を受ける場合があるため，注意が必要である．軟磁性体の磁区観察には，低モーメントチップを供えたMFMを使う必要がある．また，高B_Sをもつ試料の場合には，保磁力の大きな磁性体をコートした探針を用いなければならない．さらに，カンチレバーの振動のQを制御することが重要である．空気のゆらぎによる雑音を抑えるために，真空中での測定が行われる．

2) SQUID 顕微鏡

超伝導量子干渉磁束計(SQUID)は高感度の磁束検出が可能なので，微小領域の磁性体から出る磁束を感度良くとらえることができる．しかし，コイルを用いて磁束を検出するため，分解能がコイルの大きさにより制限される．また，冷却が必要であるため，室温試料の測定には不向きである．

3) ホール顕微鏡[9]

半導体ホール素子をプローブとして用いる顕微鏡である．高感度かつ，プローブが磁化をもたないので，試料の磁性を乱すことがないなどの利点を有するが，試料との距離を一定にするためのフィードバックのためのシステムを別に必要とすることが欠点である．

d. X線MCDによる観察[10]

内殻から伝導帯への光学遷移はX線領域に生じ，X線吸収端と呼ばれている．磁性体においてはその構成元素のX線吸収端のスペクトルは磁気円二色性をもち，その大きさは，その元素がもつ局所的な磁化に比例する．そこで，円偏光放射光を用い微細加工により作製されたフレネルレンズで集光し，元素を特定して磁化をマッピングすることができる．解析によって，軌道磁気モーメントとスピン磁気モーメントの寄与を分離することも可能である．

〔佐藤勝昭・石橋隆幸〕

文 献

1) 近桂一郎，安岡弘志編：磁気測定 I (実験物理学講座6)，丸善 (2000)
2) AGM K. O'Grady, V. G. Lewis and D. P. E. Dickson : *J. Appl. Phys.*, **73**, p. 5608 (1993) ; P. J. Flanders : *J. Appl.*, **63**, p. 3940 (1988)
3) 近角聡信：強磁性体の物理(上)，裳華房 (1978)
4) C. M. Hurd : The Hall Effect in Metals and Alloys, Plenum Press (1972)
5) 佐藤勝昭：光と磁気 (改訂版)，朝倉書店 (2001)
6) A. Hubert and R. Schaefer : Magnetic Domains, Springer (1998)
7) T. Ishibashi, Z. Kuang, Y. Konishi, K. Akahane, X. R. Zhao, T. Hasegawa and K. Sato : *Trans. Magn. Soc. Jpn.*, **4**, p. 278 (2004)
8) T. Ishibashi, T. Yoshida, J. Yamamoto, K. Sato, Y. Mitsuoka and K. Nakajima : *J. Magn. Soc. Jpn.*, **23**, pp. 712-714 (1999)
9) J. K. Gregory, S. J. Bending and A. Sandhu : *Rev. Sci. Instrum.*, **73**, p. 3515 (2002)
10) P. Fischer, T. Eimueller, G. Schuetz, P. Guttmann, G. Schmahl, P. Pruegl and G. Bayreuther : *J. Phys.*, **D31**, p. 649 (1998).

2.4 分析技術

材料科学の今日の発展は物質の構造や組成などについて詳細な知見が得られる分析技術に負うところが大きい．材料の基礎研究により新しい物質がつくられ，新しい機能が生み出され，やがて産業界に応用されていく研究・開発および製造・管理の進展過程において分析技術は不可欠であり，きわめて重要な情報を提供することができ

る.

　分析対象は一般的には物質そのもの(バルク)である．しかし，電子材料など諸々の応用分野においては物質・材料の超薄膜化やミクロ構造化が急速に進んでおり，物質・材料の薄膜としての性質が重要になっている．したがって，表面や界面が分析対象としてより重要度を増している．ここでは薄膜および薄膜結晶を念頭において電子材料の分析技術について述べる[1~3]．

　薄膜技術は作製技術と評価技術から成り立つと考えられる．得られた薄膜に対して目的に適合した評価法が用いられなければ，所望の情報は得られず作製技術の進歩はあり得ない．最近は薄膜作製技術の進歩により，材料の種類は広範におよび，薄膜構造も原子寸法大の精度で制御できるようになった．一方，分析技術も従来からの基本技術に，放射光利用による分析技術や走査プローブ顕微鏡(SPM)など表面機器分析技術の進歩が加わり，ますます多種多様となり，選択の自由度がきわめて大きくなった．

　電子材料の分析技術を概観するためにその目的(対象)と方法の関係を表2.4.1[2]に示す．分析方法の名称および略称は文献1に従った．表中◎は一般的によく使われる手法，○は有効な手法を示す．分析目的は次の三つに大別される．すなわち，① 形態やミクロ構造を分析対象とする形態・構造分析，② 組成や不純物を分析対象とする元素分析，③ 化学結合状態，電子状態，禁止帯内の局在準位などを分析対象とする状態分析である．そこで，表2.4.1の分析方法の中から目的に合った最適な方法を選択することになる．このとき，目的からみた手法の比較・評価が必要になる．たとえば，分析対象が不均一表面であったり，微細な構造をもっているときには，2次元面内および深さ方向の空間分解能は重要な選択基準になる．とくに最表面層の研究には深さ方向の分解能は不可欠となる．このほか，感度や定量性，時間変化にどの程度追従できるかなどが評価される．各手法の検出感度や空間分解能の数値については文献1で一覧表になっているので参照されたい．

　表2.4.1に示される分析の多くは固体表面から必要な情報を得るため，電磁波(光，X線など)，電子，イオン，中性粒子(原子，分子など)をプローブとして表面に当てて，表面層との相互作用の結果，放出された各種の量子や粒子を検出することによって行われる．

　図2.4.1にプローブとして電子，イオン，電磁波をそれぞれ用いたとき，表面で発生する量子や粒子の種類を模式的に示す．応用される分析技術の例を括弧内に示す．表面に電子を入射させた場合，その一部は弾性散乱し，格子による回折などを生じる．ほかは吸着分子や格子の振動励起，さらに価電子や内殻電子の励起などの非弾性散乱の結果，光，2次電子，オージェ電子，X線などを発生する．電子線は数nmまで絞ることも可能で，局所分析や走査による2次元像を得るのに適している．

　イオンを入射させた場合には表面で強く散乱されたり，中性化されながら，一部は真空中へはね飛ばされるが，残りは表面原子を押し込み(ノックオン)，はね飛ばし

表 2.4.1 分析対象と分析方法の関係（◎ 評価によく使われる方法，○ 評価に有効な方法）

分析方法	略号	表面形状(表面粗さ)	膜厚	層構造(量子構造/周期構造)	結晶方位/結晶配向	結晶粒径	格子定数/結晶構造	原子・分子配列	構造欠陥	局所構造	粒界構造	界面構造(表面)	界面構造(バルク)	元素組成/混晶組成(表面)	元素組成/混晶組成(バルク)	元素分布/局所組成(2次元分布)	元素分布/局所組成(深さ方向分布)	微量不純物	化学結合状態	価電子帯構造	局在準位
光学顕微鏡	OM	◎	○																		
エリプソメトリー	ELL		○																		
光干渉		◎	○	○																	
カソードルミネッセンス	CL			○						○	○			○		○					○
フォトルミネッセンス	PL			○						○	○			○				◎			○
光反射・吸収														○							
ラマン散乱	RS			○				○	○					○					○		
フーリエ変換赤外分光	FT-IR									○	○								○		
X線回折	XRD			◎	◎	○	◎							◎							
X線反射率	XRR		○	◎									○								
X線散漫散乱	XDS				○		○														
X線CTR	XCTR	○										○									
表面X線回折	SXRD				○		◎														
X線吸収端微細構造解析	XANES									◎									○		
広域X線吸収微細構造解析法	EXAFS									◎											
全反射蛍光X線	TXRF																◎				
電子プローブ微小部分析法	EPMA													◎	◎						
走査電子顕微鏡	SEM	◎	◎			○						○									
透過電子顕微鏡	TEM		○	○	◎	◎	◎	◎	◎	◎	◎	◎		○							
透過電子回折	TED			○	◎		○	○													
走査透過電子顕微鏡	STEM	○	○		◎	◎	○	◎	◎	◎	◎	◎		○							
反射電子顕微鏡	REM							◎													
反射高速電子回折法	RHEED							◎													
低速電子回折法	LEED							◎													
X線光電子回折	XPED							○											○		
オージェ電子分光法	AES													◎		◎	◎				
X線光電子分光法	XPS													◎		○	○		◎	○	○
真空紫外光電子分光法	UPS																		◎	◎	
光電子顕微鏡	PEEM															○					
電子エネルギー損失分光法	EELS																		○	○	
2次イオン質量分析法	SIMS														○	◎	◎	◎			
飛行時間差SIMS	TOF-SIMS															○	◎	○			

	分析法	略号	1	2	3	4	5	6	7	8	9	10
イオン	低速イオン散乱分光	ISS					○	○				
	直衝突イオン散乱分光	ICISS					○					
	ラザフォード後方散乱分光	RBS		○			○	○		○		
	グロー放電質量分析法	GDMS								◎		
電気	深準位過度分光法	DLTS					○				○	◎
	電子スピン共鳴	ESR				◎	○					
	容量-電圧法	CV						○				
	電気抵抗(四探針法)									○		
	ホール測定(van der Paw法)									○		
探針	触針法		◎	○								
	走査トンネル顕微鏡	STM	○			○						
	原子間力顕微鏡	AFM	◎	○		○						
その他	ICP発光分析	ICP-AES								○		
	ICP質量分析	ICP-MS								○		
	核反応解析法	NRA							○			
	放射化分析法	AA							○			
	核磁気共鳴分光	NMR						○	○	○		

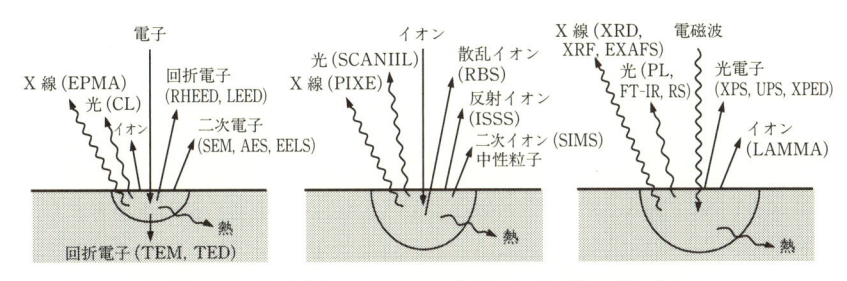

図2.4.1 入射電子,イオン,電磁波と表面層の相互作用

(スパッタ)ながら内部に侵入する.その過程で原子,イオン,クラスタ,光,X線,電子などを放出する.したがって,一般的には試料破壊は免れないが,2次イオンを検出すれば最表面層近傍,とくに低速イオンを用いれば表面第1層のみを観察することもできる.イオンは損傷のほか,表面付近の原子混合(ミキシング)や選択スパッタリングによる表面偏析を引き起こし,組成変化をもたらすので分析上問題である.この問題を軽減するためにイオンエネルギーを低める方法がとられている.

入射電磁波は波長によって異なるが,概して深く侵入する.振動励起,電子励起などの相互作用によって光,光電子,オージェ電子,X線などを放出する.これらのうち,固体内部で発生した光やX線は脱出深さが大きく,バルク評価になる.電磁波は相互作用が小さく非破壊分析の長所がある.ただし,X線の場合には有機物では損傷がみられることもある.以下,分析目的ごとに各種分析技術について述べる.

2.4.1 形態・構造分析

電子材料に限らず身の回りの材料はいずれも表面を有し,材料の諸物性は構造敏感

表 2.4.2 膜厚測定法

分 類	手法，装置など	測定精度 (nm)
段差測定	多重反射干渉法	5
	触針式表面粗さ計	5
	走査プローブ顕微鏡 (AFM, STM など)	0.01
断面観察	光学顕微鏡 (OM)	500
	走査電子顕微鏡 (SEM)	5
	透過電子顕微鏡 (TEM)	0.1
光学特性評価	偏光解析 (ELL)	0.1
	分光特性	0.5
	吸光度	5
X 線分析	X 線反射率 (XRR)	0.1
	高分解能 X 線回折 (XRD)	0.1
深さ方向元素分析	オージェ電子分光 (AES)	1
	2次イオン質量分析 (SIMS)	3
	ラザフォード後方散乱 (RBS)	10

であり，その表面の性状は重要である．表面状態はその凹凸の寸法により，肉眼から光学顕微鏡，電子顕微鏡，さらには原子オーダの分解能を有する原子間力顕微鏡 (AFM) により観察される．とくに，表面粗さの定量的測定には従来からの触針法や AFM が多く用いられ，表面粗さの値は表面の断面形状から数学的に求められるが，その表示法にはいくつかある．

薄膜の特徴は第一に形状が薄いということにあり，そのために表面・界面の存在は薄膜にとって本質的な意味をもっている．その特徴を定量的に示す膜厚は薄膜物性評価の基礎となる重要な物理量である．膜厚は通常，形状的寸法を意味するが，便宜上光学的膜厚や重量膜厚を用いる場合もある．膜厚測定法の分類とその具体的手法や装置を表 2.4.2[2)]に示す．また，参考までにおよその測定精度を付記する．一般的には膜厚分の段差を基板表面に設けて各種方法によって段差測定するか，へき開または研磨によって薄膜/基板の断面構造をつくり，各種方法によって断面観察する方法が用いられる．段差測定のうち，多重反射（繰返し反射）干渉法は膜厚分の段差のついた基板にオプティカルフラットを載せ，その上から一定波長 λ の光を入射させ，反射光の干渉縞のずれから膜厚を測定する方法である．干渉縞の幅 a と段差による干渉縞のずれ b から膜厚 d は

$$d = (b/a)(\lambda/2) \qquad (2.4.1)$$

によって求められる．段差は干渉縞が不連続にならない程度にダレていたほうが測定しやすい．光源には高圧水銀灯 (λ=546 nm) などが用いられ，数 nm 程度の精度まで測定が可能である．

触針式表面粗さ計はダイヤモンド針で表面を走査し，表面の凹凸に対応した針の上

下動を差動トランスの信号に変えて電気的に増幅するもので，基板表面に膜厚分の段差を設けておけば膜厚測定に利用できる．先端の曲率が2～十数 μm 程度の鋭いダイヤモンド針を表面に接触させて段差の高いほうから低いほうへ水平に移動させる．荷重は 1～50 mg が標準とされるが，表面に傷を付けないために薄膜の材質により加減される．市販品の垂直分解能は 1 nm 程度とされるが，表面が塑性変形を起こさないよう針の曲率や荷重に配慮が必要である．

走査トンネル顕微鏡(STM)や AFM は，原子的分解能の得られる触針式表面粗さ計ということができる．STM は金属探針を導電性表面に 1 nm 以内の距離に近づけてトンネル電流を測定し，AFM は絶縁体表面の凹凸を小さなてこ(マイクロカンチレバー)の変形として検出する装置である．

断面観察には断面を作成してその表面を観察する方法と，透過電子顕微鏡(TEM)を用いて断面構造を投影して観察する方法がある．まず，前者の断面観察のためには平坦な断面をつくる必要がある．単結晶基板では原子寸法大で平坦な断面が得られるへき開が用いられる．さらに膜厚を幾何学的に拡大するために断面を斜めに研磨する方法や，薄膜/基板試料を表面から斜めに角度研磨する方法がある．薄膜表面と研磨面とのなす角を θ とすると，膜厚は $(\sin \theta)^{-1}$ 倍に拡大して観察される．光学顕微鏡や走査電子顕微鏡(SEM)で断面観察する場合は，角度研磨技術や断面構造の境界をはっきりさせるために，選択性エッチング液によるステインエッチングが必要に応じて採用される．高分解能 TEM による断面観察のためには薄膜/基板試料を切断，鏡面研磨，Ar^+ イオンエッチングによって 10 nm 程度まで薄くする必要がある．この断面 TEM 試料の作成にはかなりの熟練と技術が必要である．

透明または吸収の少ない薄膜については，薄膜の光学特性を測定することにより膜厚を求めることができる．薄膜試料の透過率 T または反射率 R を分光器を用いて波長の関数として測定すれば，計算により膜厚 d と複素屈折率 $(n-ik)$ が求められる．吸収膜の屈折率が既知ならば，特定波長の吸光度 $\log(T^{-1})$ から膜厚を求めることができる．とくに基板，薄膜ともに透明のときは T, R は簡単な計算式で与えられ，波長 λ に対する振動特性から，薄膜の屈折率 n と膜厚 d を求めることができる．ただし，薄膜および基板の屈折率が測定波長範囲内で一定であることが条件となる．薄膜の n と d，さらに消衰係数 k を分離測定したいときは偏光解析法が用いられる．

X 線による薄膜の分析では X 線の内部へ侵入を少なくして薄膜層の検出感度を上げるために，試料表面に対する X 線の入射角を小さくする微小角入射 X 線回折法や，X 線反射率などが高分解能 X 線回折法とともに用いられ，膜厚などの高精度測定が可能である．

最近の半導体素子は，多くの pn 接合やヘテロ接合を含む空間的に微細な層構造から構成されているものが多い．作製技術や特性解析のうえから，各層の特性とともに層厚や界面の急峻性の分析は重要である．しかも，上で述べた方法では測定困難な局所分析や面内の空間分解能も要求される．このような目的のためには，一般にオー

ジェ電子分光法(AES)と2次イオン質量分析法(SIMS)による深さ方向元素分析が用いられる．深さ方向分析のためにはイオンエッチングが利用される．一般的にSIMSはpn接合など1%以下の微量不純物やドーパントの分布，AESはヘテロ接合など1%以上の組成の分布の分析に適している．両者ともスパッタリングによって表面原子が内部にたたき込まれるノックオン(knock-on)やミキシング(atomic-mixing)効果，選択スパッタリングによる表面の凹凸など深さ方向分解能を劣化させる問題がある．さらに，AESではオージェ電子の脱出深さ(0.5~2nm程度)内の表面層の組成が平均化される効果がる．しかし，SIMSではエッチングと分析を同一ビームで行うため，収束の困難な低エネルギービームが使えず，AESのほうが深さ方向，面内方向ともに分解能は優れている．ラザフォード後方散乱法(RBS)は深さ方向元素分析法としてAESやSIMSと比べて空間分解能は劣るが，非破壊分析，短時間測定，標準試料を要しない定量性などの特長をもっている．

最近はダブルヘテロ(DH)構造や超格子など，多層構造がデバイス応用と基礎研究の両面から盛んに研究されている．しかもそこでは原子層単位の膜厚精度が要求され，層構造評価が電気・光学的特性評価とともに重要となる．表2.4.3[2]に層構造特有の膜厚測定の代表的な方法を示す．DH構造の中間層が量子井戸として働く場合，その層厚は低温フォトルミネッセンス(PL)によって単原子層精度で測定することができる．カソードルミネッセンス(CL)でも同様の測定ができるが，さらにCLでは励起用電子線を数nmに絞ることができるので，SEMと組み合わせることにより面内の層厚分布を2次元的映像として観察することができる．

超格子の場合，一般に原子層レベルの精度が要求されるので，上記の深さ方向元素分析法では分解能として不十分である．上記断面TEM法による格子像は，構造を直接観察できる点で優れている．この方法は試料作成が面倒であるが，それを要しないCAT法[4]と呼ばれるTEM観察法もある．へき開でmm程度のくさび形の試料を作成し，へき開断面に対して45°の方向から電子線を入射させる．電子線は結晶内で多重散乱の結果，結晶内の透過波の強度分布に"うなり"が生じ，TEMの明視野像に明暗の縞(等厚干渉縞)が現れる．等厚干渉縞の周期は物質に依存するので，界面では等厚干渉縞は不連続となる．この不連続間の距離から各層の膜厚を測定することが

表2.4.3 層構造特有の膜厚測定法

層構造	手法	測定精度(nm)
ダブルヘテロ構造	フォトルミネッセンス(PL)	0.3
	カソードフォトルミネッセンス(CL)	0.3
超格子	TEM格子像(断面TEM)	0.07
	TEM等厚干渉縞(CAT法)	0.5
	高分解能X線回折(XRD)	0.01
	ラマン散乱(RS)	0.1

できる．

　超格子構造は構造の周期性に特徴がある．この特徴を利用した膜厚測定法がある．長周期構造に基づく X 線回折の衛星反射（サテライト）回折パターンを解析することによって，超格子の平均的な周期を測定することができる．井戸層厚 t_w とバリア層厚 t_b からなる超格子は，隣接するサテライトピーク間の角度差 $\Delta\omega$ から周期 $T(=t_w+t_b)$ を

$$T = \frac{\lambda|\gamma|}{\Delta\omega \sin(2\theta_B)} \tag{2.4.2}$$

によって求めることができる．λ は X 線の波長，θ_B は基板のブラッグ角，$\gamma=\sin(\theta_B+\alpha-\tau)$ で，α は反射面と結晶表面のなす角，τ は薄膜と基板の方位のずれである．

　超格子を格子振動（フォノン）の面からみると，波数 ($k=2\pi/\lambda$) 空間においてバルクのブリュアンゾーン $2\pi/$(単位胞) が $2\pi/$(超格子の周期) の領域（ミニブリュアンゾーン）に折り返されるゾーンフォールディング効果が現れる．この効果を利用して，超格子特有のラマン散乱から超格子の周期や各層の膜厚を測定することができる．

　結晶欠陥には転位，積層欠陥，点欠陥とその複合体，析出物などがあり，観察には光学顕微鏡，電子顕微鏡，X 線トポグラフなどが用いられる．とくに，転位の種類と分布を調べるには X 線トポグラフと，選択エッチングによるエッチピット観察がよく用いられる．格子不整合系エピタキシャル膜のようにミスフィット転位が非常に高密度にあるときは，X 線トポグラフでは転位像が重なりすぎて評価が難しいのでエッチピット観察のほうが便利である．

　結晶欠陥の評価には X 線回折が種々用いられるが，そのうち回折強度の半値幅による評価法がある．モノクロメータからの X 線を試料結晶に入射させ，ブラッグ角の周りで試料を回転させて X 線強度を記録する，いわゆるロッキングカーブ測定を行う．このとき，欠陥のない完全な結晶の場合の半値幅 $\Delta\theta$ は

$$\Delta\theta = \frac{\lambda^2 e^2 Nf}{\{\pi mc^2 \sin(2\theta)\}} \tag{2.4.3}$$

で与えられるので，この理論値との比較で欠陥の程度，すなわち結晶性を評価することができる．ここで，λ は入射 X 線の波長，e は電子の電荷，N は単位体積の原子数，f は原子散乱因子，m は電子の質量，c は光速度，θ はブラッグ角である．

　しばしば結晶評価のために格子定数を高精度に測定する必要が生じる．この場合，X 線回折によるボンド法が有効である．入射 X 線に対して角度的に対称に ＋ 側と － 側で回折を起こさせておのおののロッキングカーブを測定し，それらのピーク値 (θ_1, θ_2) から試料のブラッグ角 θ を $\theta = 90° - (\theta_1-\theta_2)/2$ により求める方法である．格子定数を測定することにより，それと関連する物理量や物性を評価することができる．たとえば不純物量や格子位置の決定，化合物の化学量論的組成，混晶半導体の混晶組成など直接測定が困難な場合にはとくに有力である．ただし，格子不整合系のエ

ピタキシャル膜の格子定数は，膜中の応力による変形を考慮して測定値を補正する必要がある．

ミクロ構造を分析するには電子顕微鏡による格子像観察が優れている．さらに点欠陥や複合欠陥など格子欠陥を解析するには電子スピン共鳴(ESR)，局在格子振動の赤外分光法，RBSや広域X線吸収微細構造解析(EXAFS)が有効である．ESRは磁場中の電子スピンがもつエネルギー準位間の遷移をマイクロ波吸収量から測定する方法で，検出対象は不対電子である．ESRはこれまでSi中の空孔やその複合体，空孔と不純物原子との複合体などの構造解析に用いられた．赤外分光，ラマン分光など局在振動解析は，Si中の酸素原子など不純物原子の位置を決めるのに有効である．EXAFSは放射光を用いて特定原子の周りの原子の配置(局所構造)を解析するのに用いられる．

2.4.2 元素分析

電子材料の研究開発において，元素分析では10 nm 台までの微小領域分析と10^{15} cm^{-3}程度の不純物に対する感度が要求される．深さ方向分析では単原子(分子)層から数nmの分解能が要求される．これらの要求は現状では必ずしもみたされていない．おもな元素分析法の特徴を表2.4.4にまとめて示す．ただし，表中の数値は比較のためのおよその値で最高値ではない．

元素分析法では，分析できる元素は分析原理，感度あるいは装置設計上の理由から制限がある．SIMSは全元素分析可能であるが，そのほかの方法では表2.4.4にある

表2.4.4 元素分析法

分析法	限界分析元素	得られる情報	分析限界	情報深さ	空間分解能
EPMA	Be	2次元元素分布	100 ppm (WDX) 1% (EDX)	1 μm	1 μm
AES	Li	3次元主成分元素分布	0.1%	1〜3 nm	50 nm
SIMS	H	3次元微量元素分布	ppb〜ppm	1 nm	1 μm
XPS	He	元素分析，化学結合状態	0.1%	1〜3 nm	数 μm
XRF	Be	組成元素	10 ppm	1 μm	0.1 mm
RBS	Li	深さ方向元素分布，格子間原子	1%	1 μm	2〜20 nm
ISS	Li	表面元素，表面原子配列	1%	0.1 nm	0.01〜0.1 mm
FT-IR	H	化学構造	1%	1 μm	数 μm
RS	H	微小領域の化学構造	1%	0.3 nm〜数 μm	1 μm

ように分析対象にならない軽元素が存在する．電子プローブ微小部分析 (EPMA) の検出限界は濃度で 0.01%，X線光電子分光 (XPS)，AES では 0.1%程度に比べ，X線蛍光分析 (XRF) では 10 ppm，SIMS では ppm から ppb に至る高感度が得られる．深さ方向の厚さ感度は低速イオン散乱分光 (ISS) が非常に優れている．分析精度は EPMA，XPS，AES の順で1%から10%程度にあるが，SIMS は感度が試料のマトリックス物質に敏感のためそれらより不利になる．

空間分解能は微小領域の分析にはとくに重要で，横方向については入射ビーム径とビームの試料内拡散に依存する．電子ビームは細く絞ることができるが，イオンビームはそれが比較的困難なため，AES では 10 nm 程度まで横方向分解能が得られるのに対し，通常の SIMS ではサブ μm 程度となる．EPMA では試料内の電子の広がりのため 1 μm 程度である．深さ方向分解能は入射ビームがどの程度深く侵入できるか，またそこで発生したエネルギー種が表面まで到達できるかのいずれかによって決まる．固体内における電子の平均自由行程，すなわち脱出深さはその電子のエネルギーによって図 2.4.2 のように変化する．たとえば，固体内で入射ビームと原子との相互作用によって特定エネルギーの 2 次電子が発生したとき，そのうち表面から脱出できる電子のみ検出されるわけだから，どの深さからの情報であるかを推測することができる．電子やイオンの平均自由行程は短く，nm 程度の深さ方向分解能は得られ，表面層の分析には好都合であるが，X線では平均自由行程が長く，通常の方法では深さ方向分解能は μm 程度となる．

RBS は非破壊で深さ方向の定量分析ができる特徴をもつが，ほかの表面分析法を用いて深さ方向の分析をするには通常イオンエッチングと表面分析を併用する．深さ方向や横方向の元素分布は SIMS と AES が広く用いられている．SIMS は AES に比べて高感度であるが，組成の変化によるマトリックス効果や界面効果など感度が分析面の化学的性質によって変化するので，組成元素や積層構造の定量分析には問題が残る．一方，AES は上記のような問題はないが，バックグラウンドが大きいため微

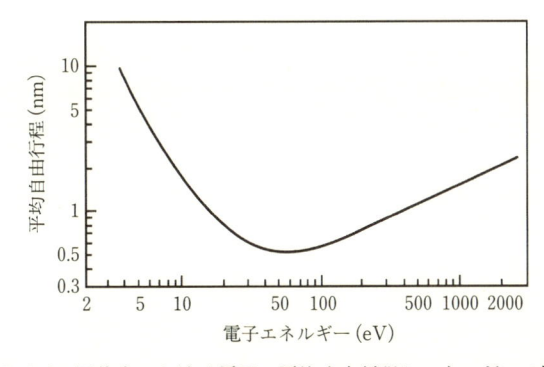

図 2.4.2 固体内における電子の平均自由行程とエネルギーの関係

量元素の分析には好ましくない．したがって，上述のとおり1%以下の微量元素の分析にはSIMS，1%以上の組成分析にはAESを使い分けるのが一般的である．また，空間分解能では深さ方向，横方向ともにSIMSよりAESが優れている．

2.4.3 状態分析

化学結合状態を分析する方法としてはXPSや真空紫外光電子分光(UPS)のほか，AES，フーリエ変換赤外分光(FT-IR)，飛行時間差(TOF)-SIMSなども利用される．XPSでは光電子として放出される内殻電子を測定し，化学結合による化学シフトから化学結合状態を評価する．UPSでは価電子帯やフェルミ端近傍の状態分布や仕事関数など，最外殻電子に関連した諸性質を測定する．状態分析に対し電子材料側からは，単原子層の分解能と10^{17}cm^{-3}台の感度で微量不純物の化学結合状態の分析ができることが要求される．XPSは代表的分析法であるが，このような要求をみたすことはできていない．感度は組成レベルであるし，分解能も深さ方向，面内ともに要求を下まわる．AESは感度はSIMSと同様であるが，分解能の点で改善できる．XPSも放射光を用いることによりさらに高感度かつ高分解能が得られる．しかし，不純物レベルの状態分析についてはFT-IRやEXAFSに頼らざるを得ない．

電子状態のうち，とくに局在準位は電子材料では重要であり，種々の分析法がある．半導体の禁止帯内の局在準位には，pn接合のために添加された不純物原子がバンド端近くにつくる浅い準位と意図しない不純物や，構造欠陥がつくるバンド端から離れた深い準位とがある．とくに後者の深いエネルギー準位はキャリヤのトラップ中心，再結合中心，発光中心，光吸収中心，補償中心などとして働くので，エネルギー準位と密度を測定する必要がる．深いエネルギー準位はPL，CLなどのルミネッセンス，光吸収などのスペクトルから求める方法と，深準位過渡分光(DLTS)などパラメータの温度依存性から得られる活性化エネルギーによる方法とがある．深いエネルギー準位を形成する不純物や欠陥は必ずしも光学的に活性ではないが，もしPLなど深い準位からの発光が得られれば高感度で検出できるので便利である．一方，DLTSは測定法として優れた特長のため広く用いられている．この方法は空乏層容量を測定する方法で，検出感度はキャリヤ密度と深い準位密度の相対値で決まるので，キャリヤ密度の低い結晶でより検出感度は向上する．表面準位や界面準位の測定には局在準位を介する電子遷移を起こさせ，それに必要なエネルギーやそのとき放出されるエネルギーからエネルギー準位を測定する方法が用いられる．具体的にはUPS，XPS，逆光電子分光(IPES)，電子エネルギー損失分光(EELS)，CLなどが用いられる．

〔真下正夫〕

文献

1) 日本表面科学会編：表面分析図鑑，共立出版 (1994)
2) 日本表面科学会編：[図解] 薄膜技術，培風館 (1999)

3) 真下正夫：応用物理, **71**, 83 (2002)
4) H. Kakibayashi and F. Nagata : *Jpn. J. Appl. Phys.*, **24**, L905 (1985)

2.5 マクロプロセス

2.5.1 結晶成長

電子技術を材料の面・ハードな面で支えているのは基本的に結晶性物質である．結晶成長とは，蒸気・溶液・融液・固体といった無秩序な配置の原子群が，規則正しい並進対称性をもった固体(結晶性物質)へと変化(相転移)する現象である．もとの蒸気(気相)，溶液または融液(液相)または固体(固相)を母相または環境相という．

人工的に自由な構造・組成をもった結晶を成長させるのに，超高真空中で原子を一つ一つピンセットでつまんで並べるようなやり方が一つの理想であるが，それには膨大な手間と費用がかかるであろうし，できた結晶が安定に存在し機能する保障もない．そこで，現実には母相の温度・圧力・濃度や基板など，結晶が成長しやすい条件を整え，自然の法則に従って所望の結晶が成長するのを助けるという方法がとられている．とくに，大きい結晶を人工的に成長させる場合「育成」という術語が多用される．

ここでは，まず個々の母相からの成長方法を紹介し，これらに共通する，あるいは基礎となる諸問題を別の角度から概説する．

a. 融液(メルト)の固化による成長

冷凍庫の中で製氷皿の水が凍って氷に変化するような成長様式．この場合，融液(水)が庫壁や冷気に融解熱を奪われるという熱の移動によって，バルク結晶(氷)に1次相転移する．このように熱の輸送が成長を支配する．

融液成長は成長速度が大きいのでバルク結晶の成長に適している．この原理を応用した成長法としては，徐冷法，るつぼ降下法，引き上げ法，帯域溶融法などのバリ

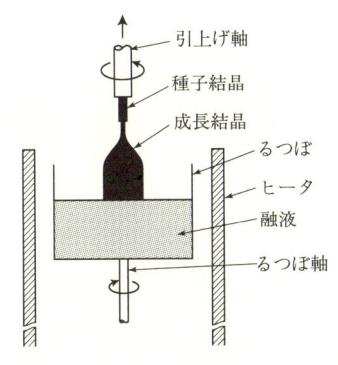

図 2.5.1　シリコン単結晶のCZ法成長　　図 2.5.2　シリコン単結晶のFZ法成長

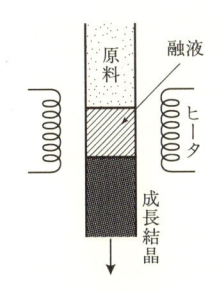

エーションがあり，これらの方法で，Si, Ge, 金属のような元素物質，氷，NaCl，サファイア(αAl_2O_3)，$LiNbO_3$ のような化学的に安定で分解溶融しない化合物を成長させることができる．

ここでは代表例として，Si の引き上げ法と帯域溶融法を述べる．

引き上げ法は考案者の名をとってチョクラルスキー法とも呼ばれ，るつぼ中のメルト(融液)に種子単結晶を鉛直に浸し，るつぼと種子結晶の一方あるいは両方を回転させながら種子結晶を引き上げていくものである(図2.5.1)．温度分布，回転速度，引き上げ速度などのコントロールにより融液の流れと固液界面の形状が変化し，転位の導入やストリエーション(不純物の筋状分布)が変化することが知られている．この方法で2003年現在，最大直径40 cm，長さ100 cmくらいのSi 単結晶が引き上げられ，スライス，研磨，不純物拡散，酸化などの工程を経て集積回路や電力制御用デバイスなどに供されている．

これに対して帯域溶融法(ゾーンメルティング)は，図2.5.2のように，多結晶棒の一端を単結晶棒に突き合わせて，それらの界面をリング状の高周波コイルで溶融させ，この溶融帯を徐々に原料の多結晶側に移動させ，単結晶領域を拡大していくものである．この方法は重力とメルトの表面張力のつり合いで成長結晶の径の上限が決まるので，引き上げ法ほどの大直径は得られないが，るつぼを用いないので高純度の結晶を得ることができる．

融液からの成長は，融解前に分解してしまう物質(分解溶融型物質)には適用できない．すなわち一致溶融型(congruent)の物質に限られる．また，成長後の冷却過程で相転移するような物質も不適当である．さらに，融点付近の高温で蒸気圧の高い物質は特殊な装置を必要とする．このような物質に対しては，以下に述べる溶液あるいは気相からの成長が有効となる場合がある．

b. 溶液からの析出による成長

食塩や明礬(ミョウバン)の濃厚溶液から，溶媒の蒸発や冷却(あるいは加熱)に伴って溶質が析出するような成長様式．とくに分解溶融型，相変態を示す型，融点の高い型の元素物質や化合物に対して有効である．成長を支配するのは物質輸送であり，ガイドラインとして平衡状態図(相図)が欠かせない．

この原理を応用した成長法としては，蒸発法，フラックス法，溶解帯移動(traveling heater method : THM)，液相エピタキシャル成長法(liquid phase epitaxy : LPE)，水熱法などのバリエーションがあり，これらが，YIG ($Y_3Fe_5O_{12}$)のような光学結晶，GaAsの

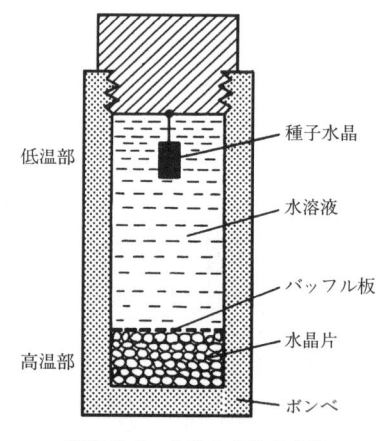

図 2.5.3 水晶の水熱合成法

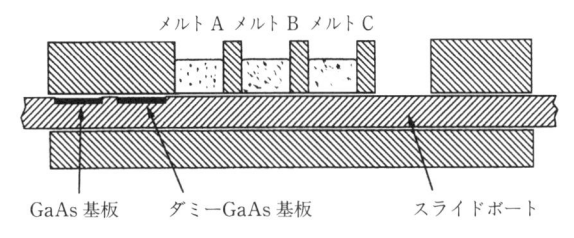

図 2.5.4 液相エピタキシー (LPE)

ような化合物半導体，水晶 (a-SiO_2) などに適用されている．

ここでは代表例として，水晶の水熱（または熱水）合成法を述べる．これは，高温高圧の熱水に物質がよく溶解する性質を利用し，図 2.5.3 のような円筒状密閉容器の中で，溶解，反応，溶質輸送を行わせて水晶を合成，成長させる方法である．棒状の種子結晶を約 1 週間で太らせていく方法で，天然の水晶に比べ均質かつ所望の成長方向がコントロールできるので発振素子，フィルタなど電子機器の応用に適している．なお原料としては天然の水晶片が適している．

液相エピタキシーは，溶液または融液から基板結晶上に基板と同一の結晶方位をもった単結晶を成長させる方法で，ⅢⅤ族半導体の半導体レーザ (InGaAsP, AlGaAs 系)，受光素子 (InGaAs)，発光素子 (AlGaAs, GaP) などに応用される (図 2.5.4)．

c. 気 相 成 長

水蒸気から雪や霜の結晶が生じるような成長様式．これらは気相からの化学変化を伴わない物理的析出であり，工業的には昇華法，真空蒸着，スパッタ法，分子線エピタキシー (molecular beam epitaxy : MBE)，レーザアブレーションなど多くのバリエーションがある．一方，化学反応を伴う気相成長もあり，ハロゲン元素を輸送剤とする化学輸送反応，化学気相成長 (chemical vapor deposition : CVD)，有機金属気相成長 (metal-organic chemical vapor deposition : MOCVD) など，Si, Ge, GaAs, GaP などの半導体や各種金属の成長に採用されている．

気相成長では，拡散，層流などによる物質輸送が基本機構であり，基板や表面におけるアダトム (adsorbed atom) の振る舞いが重要になる．

気相成長は，成長温度が低い，成長時の応力によるひずみが小さい，環境層からの不純物混入が少ないなどの特長があり，薄膜物質，微細加工，ナノテクノロジーというミクロ技術に適しているので，この分野の進展を支えている．

歴史的には，シリコンのエピタキシャル成長反応 (1961 年，Theuerer) が有名である (図 2.5.5)．これは，$SiCl_4$ の水素還元により，Si 単結晶の基板に不純物濃度の"低い" Si 単結晶層を作製するという，当時としては画期的なブレークスルーであり，プレーナ技術の幕あけとなった．これ以後，ⅢⅤ族，ⅡⅥ族化合物半導体の成長へと進展している．

分子線エピタキシーでは，原料は Ga, As_2, As_4 などの原子・分子あるいはそのイオ

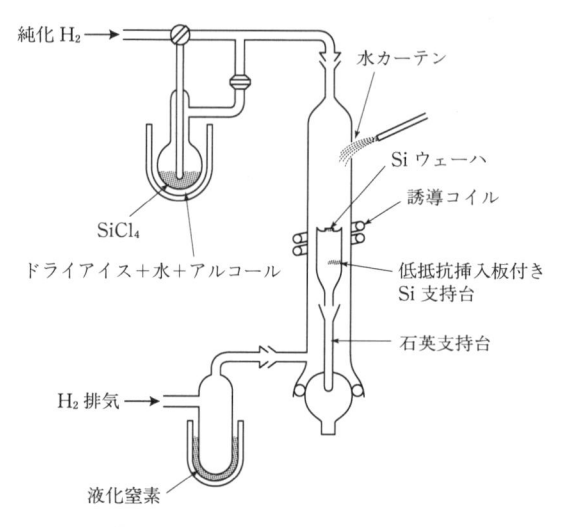

図 2.5.5　Si のエピタキシャル成長

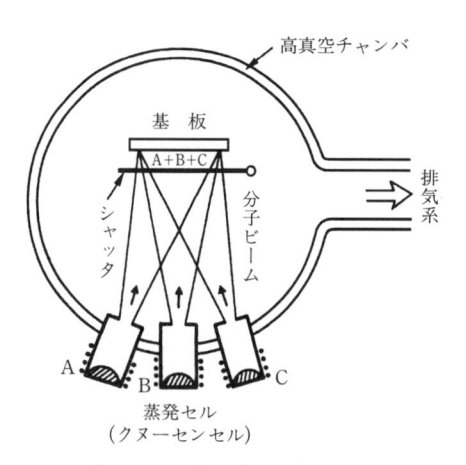

図 2.5.6　分子線エピタキシー

ンの形で蒸発セル (Knudsen cell) から基板に同時供給される (図 2.5.6). 成長装置はベース圧力 $10^{-7} \sim 10^{-8}$ Pa の超高真空まで排気できるように設計されている. 電子線回折, 質量分析器, オージェ分光器などの分析機器で成長過程の観測や, 残留ガスの分析ができる特長がある. 蒸発セルはシャッタで開閉し, 急峻な組成変化や不純物プロファイルが形成できるようになっている.

d. 固相成長

　液相や気相のような流体が介在することなく, 固相またはゲル内を原子・分子が拡

散し，ほとんど位置の変化を伴わない再配列によって成長する方式．ひずみ・焼きなましなどの駆動力によって結晶粒界が移動し，再結晶化によって表面積が減少するなど，結晶全体の自由エネルギーが低下することが駆動力となる．共晶点以上の加熱により，部分的に液相が発生することもある．

YIG($Y_3Fe_5O_{12}$)や各種金属，セラミクス，シリケートなどの多数の例があり，またガラス内析出やゲル内析出のように，非晶質の物質がきわめて高品質の結晶成長を助けるようなケースもある．最近の興味ある研究を三例あげる．

① ZnSe：CVD 法によってつくられた多結晶 ZnSe を Se 雰囲気中で熱処理することにより，cm サイズの単結晶を育成することが可能である (文献 3 の p. 458)．
② MnZn フェライト：種子単結晶に接触・加熱することにより，単結晶を組成変動少なく，低コストで成長できる (同 p. 344)．
③ シリコンの固相エピタキシー：イオン打込みのような破壊層が，絶対温度で，融点 (T_MK) の半分程度の低温で再結晶化成長することが集積回路の結晶性向上に利用されている (同 p. 710)．

2.5.2 結晶成長における諸現象

結晶が成長する際の「自然の法則」を理解するための理論的実験的探求は物質科学の一大分野として，マクロスコピックな段階 ― 熱力学，形態学，現象論 ― から，ミクロスコピックな段階 ― 原子レベルの拡散理論，電子・イオンのかかわる表面操作 ― へと進んできた．

図 2.5.7 は，結晶成長の研究分野のアウトラインを図的に概観したものであり，1990 年代の文部省重点領域研究「原子レベルでの結晶成長機構」から抜粋・改変した．

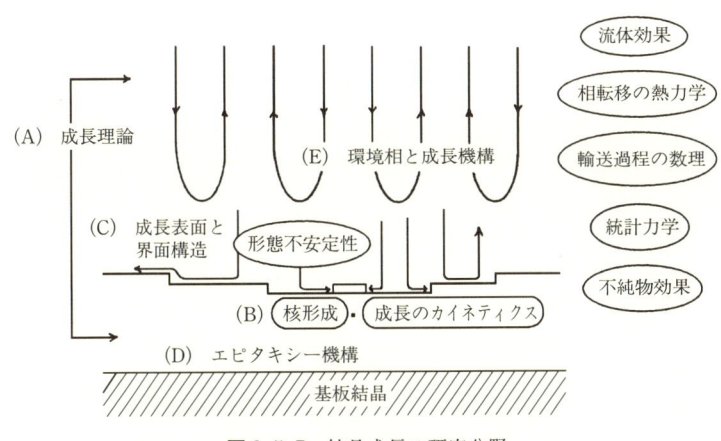

図 2.5.7 結晶成長の研究分野

それぞれの分野でなお未解決の問題が多いが、近年はとくにエピタキシー関連の進展が著しい．

結晶成長の諸現象は多岐にわたり、簡潔に表現することは至難の業であるが、マクロな観点と、ミクロな観点からごく簡単にいくつかの切り口を紹介し、詳細は章末の文献に委ねたい．

a. マクロなとらえ方

1) 結晶成長と熱力学

物質の温度・圧力・体積を与えたときに、どのような相が存在しうるかを示す指標は「自由エネルギーの小さいこと」であり、これを示すガイドライン（チャート）は、平衡状態図（相図）である。相図がわかっていない物質系では、これを作成しながら成長条件を見いだしていかねばならない．

2) 平衡形と成長形

化学反応に平衡論（熱力学）と速度論（カイネティクス）とがあるように、結晶の形にも平衡形と成長形がある．

平衡形とは環境層と平衡の状態で安定に存在する結晶表面であり、表面エネルギーの異方性を反映して、体積一定の結晶の外形が全表面エネルギーを最小にするように決まる。一方 Wulff は「結晶内の1点から表面に下ろした垂線の長さ (h_i) はその面の表面エネルギー密度 (γ_i) に比例する」と表現した（図 2.5.8）。双方の同等性は Laue によって証明された (1944年). 図から明らかなように、表面エネルギー密度の小さい面が平衡形として残る．

一方、成長形は、各面の成長速度が、面の原子配列・界面の荒れ（ラフネス）や不純

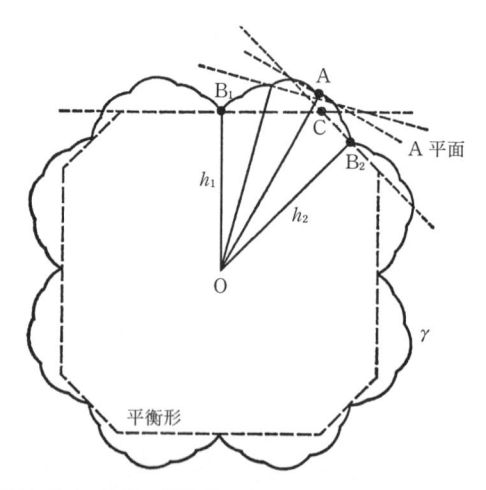

図 2.5.8 結晶の平衡形．表面エネルギー密度の方位依存性（実線）と対応する結晶外形（破線）

物などの環境を敏感に反映する結果として決まり，「結晶内の1点から表面に下ろした垂線の長さはその面の成長速度に比例する」と表現される．この結果，成長速度の遅い面が最終的に表面として残ることになる (図2.5.9)．

3) 輸送を支配する方程式

結晶の成長にかかわる物質・エネルギーの輸送は，一般的には流れ（ドリフト）と拡散のかかわる連続の方程式で与えられ，運動量の輸送はナビエ-ストークスの式で与えられる．結晶と環境相の界面は境界条件を与えるとともに，方程式の解から求められるものなので，自己

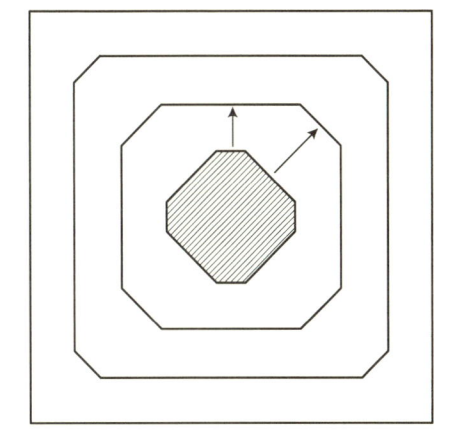

図2.5.9 結晶の成長形

無撞着的に求められる．このように界面も動く問題をステファンの問題といい，解は複雑である．反対に拡散項のみが支配的な場合はラプラスの方程式を解けばよく，たとえばデンドライト（樹枝状結晶）に対する回転放物面のような解が持続解として得られる．

4) 形態不安定性

熱や物質の輸送により，平坦な界面をもつ成長形が不安定になることであり，アダトムの表面拡散による Berg 効果，ステップの上側・下側からのアダトムの非対称供給 (Schwoebel 効果)，組成的過冷却は不安定性をもたらす原因となる．不安定性に関する定量的な解析として Mullins-Sekerka 理論が有名である．

b. ミクロなとらえ方

1) 表面のラフネス

融点 T_M で共存する固体と液面のラフニングに対して2次元イジング模型を適用したジャクソンの理論によると，2次元および3次元の配位数 z', z, 融解熱 L で定義される $\alpha=(z'/z)(L/RT_M)$ が成長界面荒れの度合いを決める．つまり，$\alpha>2$ のときスムーズな面になり，$\alpha<2$ のときラフになると結論した．

2) SOS (solid on solid) モデル

結晶成長を微視的に論ずる際，結晶を単位胞の集合と考え，固体と環境相とを画然と区別するモデル．典型は立方体を仮定した Kossel 結晶モデル (図2.5.10)．この表面上を動き回るアダトムのポテンシャルエネルギーを図2.5.11に概念的に示す．

3) BCF 理 論

Kossel 結晶モデルに基づき，ステップの存在を想定してアダトムの輸送理論を展開したのが BCF (Burton Cabrera Frank) 理論 (1951年) であり，気相成長，溶液成長のスタンダードであるほか，融液成長にもある程度適用できる．ステップが持続的

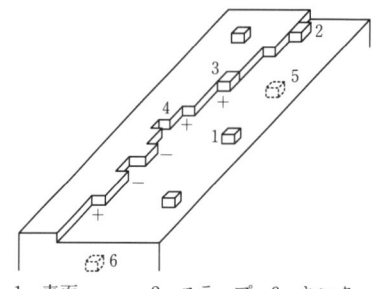

1. 表面 2. ステップ 3. キンク
4. ステップ内 5. 表面内 6. バルク内

図 2.5.10 単純立方格子の表面の原子位置

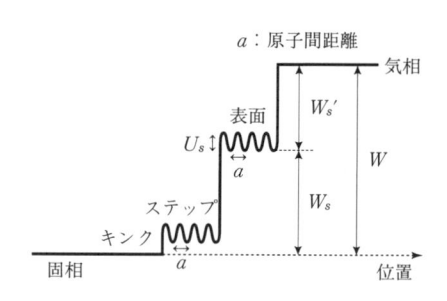

図 2.5.11 結晶表面上のアダトムのポテンシャルエネルギー

に供給されることが絶対に必要で，成長結晶の表面に露出したらせん転位がこれにあたるとした．この理論により，低過飽和度で結晶の成長が可能となる実験事実がはじめて説明された．また，過飽和度 σ が低いときは成長速度が σ^2 に比例し，過飽和度が高いときは σ に比例することを示した．その後らせん転位とそれに基づく渦巻状のステップは，多くの結晶の表面で実際に観察された．

4) 核形成

過飽和あるいは過冷却の気体・液体の中でゆらぎによって多数の原子・分子が集合体を形成し，これがある大きさ(臨界核)を超えると安定的に成長して結晶を形成する．これ以後はステップ成長に発展する．

5) 分子動力学シミュレーション (molecular dynamics simulation)

SOS モデルが独立した単位胞の積み重ねを基本とするのと対照的に，結合した固体や液体をポテンシャルエネルギーや，量子力学的第一原理を用いて，原子の集合体として一体的に扱う方法．融点に近い高温の相転移の時間変化をみることができる．

c. エピタキシー

基板結晶のうえにこれと一定の配向関係をもって結晶が成長することをエピタキシー，あるいはエピタキシャル成長という．自然界では異なる鉱物種間の規則的共生関係として知られていた現象であるが，工業的には気相成長の節で記したように Si のエピタキシーを契機として応用が広がった．

基板物質と膜物質が異なるヘテロエピタキシーの場合，成長原子と基板原子の結合強度が基板原子どうしの場合と異なるため，図 2.5.12 のような 3 種のモードが出現する．成長層が基板を完全に濡らす場合は (a) 層成長 (Frank-van der Merwe：FM 機構)，濡れが不完全な場合は (b) 島成長 (Volmer-Weber：VW 機構) となる．平坦な表面が欲しい場合，層成長が望ましいが，層の厚さが増すにつれ，格子間隔のミスマッチによるひずみエネルギーが蓄積していき，不整合転位が導入されるか，あるいは島成長に変わる．後者を (c) 層-島成長 (Stranski-Krastanov：SK 機構) という．

(a) 層成長(FM機構)　　(b) 島成長(VW機構)　　(c) 層-島成長(SK機構)

図2.5.12　エピタキシャル成長のモード

以上，結晶成長の諸相についてごく概略を示したが，ここでは十分な紙数がないので，より詳しい記述は次の文献を参照されたい．

1) 上羽牧夫：結晶成長のしくみを探る，共立出版(2002)結晶成長の理論・考え方をわかりやすく説明している．
2) 高須新一郎：結晶育成基礎技術(物理工学実験12)，東京大学出版会(1980, 1990年改訂，2004年現在品切れ中)結晶成長の実際について詳細かつ丁寧に述べている．
3) 日本結晶成長学会「結晶成長ハンドブック」編集委員会編：結晶成長ハンドブック，共立出版(1995)発刊時までの到達点が何でも書いてある．調べるのにきわめて便利．

〔春日正伸〕

2.5.3　有機プロセス
a. コーティング法

対象物表面に樹脂被膜を形成するために最もプリミティブな方法は，はけやローラーを用いた手作業の塗装であるが，工業的にはさまざまなコーティング手法が用いられている．コーティングは，小は電子部品から，大は自動車に至るまで必要不可欠な生産技術であり，被膜自体の物性のみならず，複雑な表面への付き回り性，塗料の利用効率，工程のコストと能率，環境対策など，生産性・経済性も重要な課題となる．

1) **ディップコーティング**

ディップコーティングは被塗装物を塗料に浸して引き上げ，乾燥・硬化させる方法で，最も単純な手法ではあるが，今日でも大量生産や大型加工物の全自動コーティングに多く用いられている．被塗装物を塗料に浸漬した状態で真空吸引-加圧サイクルを加える手法は真空含浸と呼ばれ，巻線などのように複雑な凹凸をもつ物体にも完全なコーティングを施すことができる．

2) **フローコーティング**

ベルトコンベアで運ばれる対象物に連続的に塗料を噴射する手法をフローコーティングと呼ぶ．余った塗料は回収・リサイクルする．塗料をスリットを通してフィルム状に連続的に流下させ，対象物をくぐらせる方法はカーテンコーティングと呼ばれる．コーティング後はそのまま加熱炉に運び，乾燥・硬化させる．面積の広い対象物や，ベルトコンベアで連続的に操作するプロセスで利用される．

3) **スプレーコーティング**

　i) **エアスプレー法**　　スプレーコーティングは，塗料を霧状にして塗布する方

法の総称であるが，なかでも圧縮空気流によって塗料を霧化して吹き付ける手法をエアスプレー法と呼ぶ．圧縮空気をノズルから噴射するとノズル先端の気圧が下がるので，これを利用して塗料を吸い上げ，噴出・霧化する．手持ち式のエアスプレーガンを用いる方法は簡便な塗装法としてよく利用される．小型のスプレーガンでは塗料を手元のカップから吸い上げ式，重力式などで供給するが，大型装置ではタンクから圧送する方式も用いられる．塗料の粘度，吹付け空気圧，吹付け距離などによって被膜の性質が左右される．

ⅱ）エアレススプレー法 塗料自体に高い圧力を加え，ノズルから高速で噴射させて霧化する方法をエアレススプレーと呼ぶ．$30\,\mathrm{kg/cm^2}$以上の高圧を必要とするが，エアスプレーと比較して塗装能率が高く，凹部や隅への付着も良く，スプレーミストによる公害も少ない．設備面では塗料加圧用のポンプ，タンク，圧力調整器，ホースなどが必要となるため，エアスプレーに比較して複雑となる．なお，塗料微細化を促進させるためにエアレススプレーに空気噴射を併用する手法をエア・エアレス法と呼ぶ．さらに，これらの手法に塗料の加熱を加える方法，回転式スプレーノズルを用いる方法（サイクロイド法）など，さまざまな派生技術がある．

ⅲ）静電コーティング法 高電圧をかけたノズルから塗料を霧化させ，電界によって被塗装物に付着させる方法を静電コーティングと呼ぶ．その概念を図2.5.13に示す．一般にはスプレーガンに$60\sim90\,\mathrm{kV}$の負電位を与え，被塗装物を接地する．塗料の微粒子化には静電霧化と圧力霧化の2方式がある．前者は塗料を回転ディスク表面に供給して液膜を形成し，電荷の反発力と遠心力によってディスク端部から微粒子化・帯電させるものである．後者はエアスプレーあるいはエアレススプレーで霧化しつつ，高電圧によって塗料粒子を帯電させる方法である（図2.5.13参照）．

静電コーティングでは電界の効果によって霧化した塗料が輸送されるために付き回り性が良く，塗装物の裏側にも被膜を付着させることができる．また，塗料の付着効率が高く損失も少ないので，作業衛生環境上も公害防止にも有効な手法である．一般的なエアスプレーの塗着効率が30％程度であるのに対して，静電コーティングでは

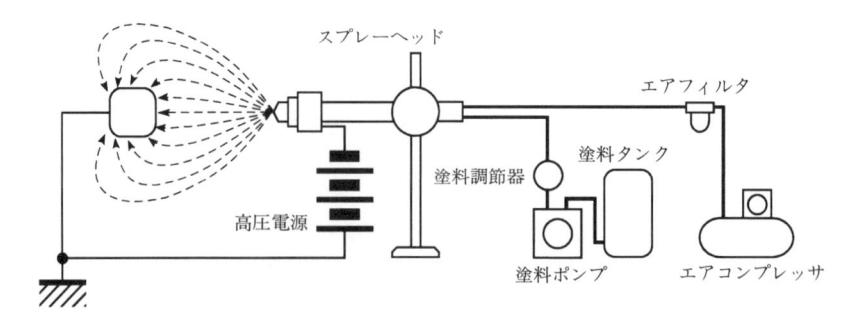

図 2.5.13 静電コーティングの概念

80％程度の効率が得られる．塗料は一般のものを利用できるが，粘度が低いほど塗料が微細化され，帯電効果も高い．塗料にはある程度の導電性が必要であり，極性溶媒がよく用いられる．

4) ロールコーティング

平板あるいはフィルム材料への連続塗布には，ロールコーティングがよく用いられる．これは塗料をアプリケータと呼ばれるロールに付着させ，被塗装物に転写する方法である．図2.5.14にその概念を示す．塗料をピックアップロールを介して塗料槽からアプリケータに移す場合もある．アプリケータの回転方向と被塗装物の送り方向が同じ場合をナチュラルロールコーティング，逆向きの場合をリバースロールコーティングと呼ぶ．前者は塗料中の気泡の影響を受けにくく，粘度の低い塗料を用いて数 μm の薄い膜をコーティングするのに適している．後者は被膜の平坦性に優れ，粘度の高い塗料を用いて 10 μm 以上の厚膜を形成するのに適しているが，長尺シートへのコーティングにのみ用いられる．セルと呼ばれる凹状のパターンをもつロール（グラビアロール）を用いる手法はグラビアコーティングと呼ばれ，アプリケータ自体にグラビアロールを用いる方法と，グラビアロールからオフセットロールと呼ばれるアプリケータに塗料をいったん転写してから被塗装物に塗布する方法があり，後者をオフセットグラビア法と呼ぶ．

被膜の膜厚制御と平滑化を行うためには，ブレードなどを用いて表面を均すことが行われる．ブレード状に噴出する圧縮空気で平坦化する方法をエアドクターコータと呼び，水溶性塗料によく用いられる．膜厚制御・平滑化に丸棒を用いる方法をロッドコータと呼ぶ．ロッドとしては平滑な丸棒を用いることもできるが，ワイヤを密に巻きつけた丸棒を用い，ワイヤの直径で被膜の厚さを制御することも行われる．

5) 粉体コーティング

ⅰ) 粉末スプレー法 以上に述べたコーティング法では溶媒に溶解あるいは分散させた塗料を用いるが，固体の樹脂粉末を直接対象物に付着させて被膜を形成する手法を粉体コーティングと呼び，無溶媒で被膜を形成することができる特徴をもつ．最も簡単な粉体コーティング法は，予熱した対象物にスプレーガンを用いて樹脂粉末をスプレーする方法であり，粉末は加熱された表面に付着して溶解し，一様な被膜を形成する．

ⅱ) 流動浸漬法 樹脂粉末を容器に満たし，容器の底から金網や多孔板を通して気体を送り込むと，粉末が流動化し，あたかも低粘度・低表面張力の液体のように振る舞う．この中に被塗装物を浸漬して表面に粉末を付着させたのち，加熱処理によって樹脂粉末を融解・固化させて被膜を形成する手法を流動浸漬法と呼ぶ．図2.5.15にその概念を示す．粉末を付着させるためには，被塗装物を予熱する，接着プライマーを塗布する，あるいは電圧を加えて帯電させるなどの手法を用いる．流動浸漬法は，粉末の損失が少なく，比較的厚い被膜が容易に得られる特徴がある．

ⅲ) 静電煙霧法 流動浸漬法と静電コーティングを組み合わせた方法であり，

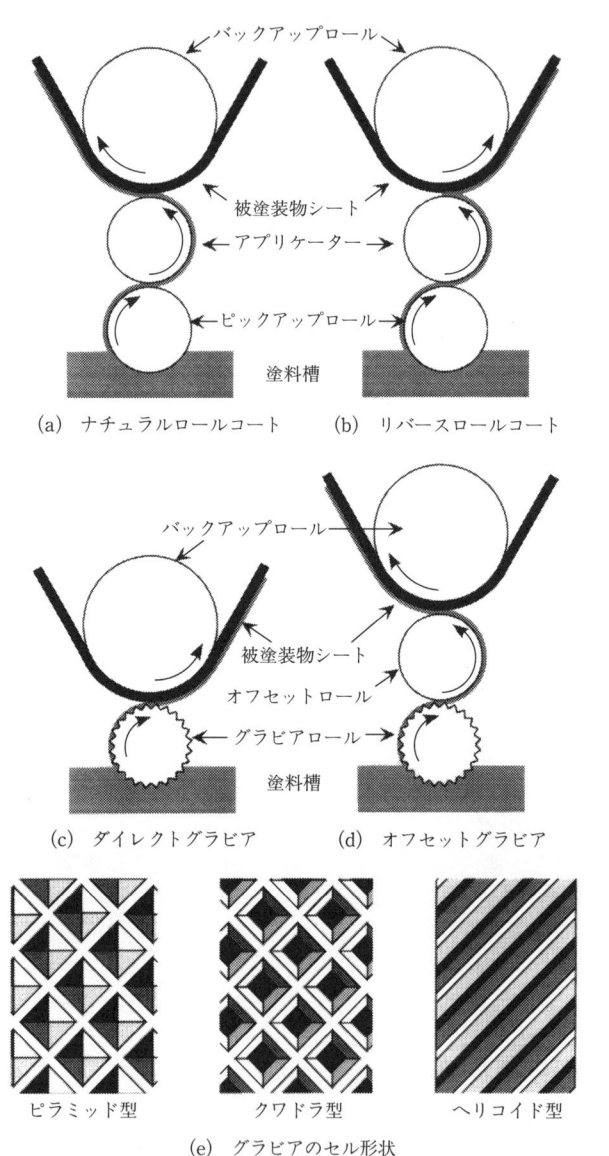

図 2.5.14 ロールコーティングの概念

(a) ナチュラルロールコート
(b) リバースロールコート
(c) ダイレクトグラビア
(d) オフセットグラビア
(e) グラビアのセル形状（ピラミッド型／クワドラ型／ヘリコイド型）

流動層の粉末に 90 kV 程度の負電位を与え，接地した被塗装物をそのうえにつるして静電的に粉末を吸着させる方法を静電煙霧法と呼ぶ．被塗装物の予熱やプライマー塗布が不要であり，流動層中に浸す必要もない．

なお，粉体コーティングではいずれの場合でも後加熱処理によって被膜を形成するため，被塗装物が樹脂の融点以上の加熱に耐えられることが前提となる．

6) 電着コーティング

電着コーティングは，水性樹脂を用いた被膜形成法である．水溶性塗料を固形分8〜20%で水に分散あるいは溶解させ，この中に導電性の被塗装物を浸漬し，100〜300 Vの直流電圧を加えて被膜を析出させる．余分な塗料を水洗，乾燥したのち，加熱硬化させる．塗料分子がカルボキシル基をもつ場合は水溶液中で負電荷を帯び，アニオン電着と呼ばれる．被塗装物を陽極として，その表面でカルボキシル高分子を析出させるが，これと並行して下地金属の溶出が生じる点に注意が必要である．アミノ基をもつ塗料分子は溶液中で正電荷をもち，陰極表面で被膜が形成されるのでカチオン電着と呼ばれる．カチオン電着では被塗装物からの金属の溶出がなく，耐食性に優れた被膜を形成できるため，近年ではほとんどこの手法が用いられる．

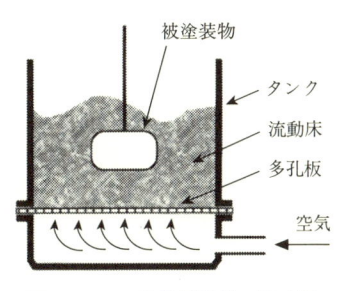

図 2.5.15 流動浸漬法の概念図

電着が進行して表面が絶縁性被膜で覆われると，自然に膜成長が低下するので，膜厚の均一性に優れた被膜を得やすい．電着の進行によって水溶液中のイオンバランスが崩れないような工夫が必要である．一般に電着コーティングは被膜の付き回り性がよく，通電量によって膜厚を容易に制御でき，塗料の利用効率も高いといった特徴がある．有機溶媒を必要としないことも大きな利点である．一方，導電性表面へのコーティングに限られ，積層することが困難といった制限がある．また，電気分解で気泡が発生しつつ被膜が形成されるため，得られる被膜は多孔質となる．そこで電着後に加熱して被膜を平坦化する必要がある．

b. 印　刷　法

印刷法は一般には文字や画像などの原稿をもとに版をつくり，これを媒体として紙その他の対象物にインクを転写して，原稿と同じ像を多数つくる技術であるが，コーティング技術を用いた樹脂薄膜パターン形成法と考えることができる．印刷法では再現性，高速性，大量に複製を作製できることなどが重要な課題となる．代表的な手法として凸版印刷，平板印刷，凹版(グラビア)印刷，孔版(スクリーン)印刷などがあり，それぞれ版から対象物に直接インキを転写するダイレクト印刷と，版から中間媒体に転写し，これを対象物に再転写するオフセット印刷がある．なお，インクジェット法は版をもたず，高速の大量複写を目的とする従来の技術とは概念が異なるが，広義の印刷法と考えることもできる．

1) 凸　版　印　刷

印刷パターンを凸部としてもつ版を形成し，これにインクを付け，対象物に転写す

る方法を凸版印刷と呼ぶ．コントラストの強い印刷ができる点が特徴である．活字を集めて凸版を構築する方法を活版印刷，版材にゴムなどの柔軟性のある材料を使う方法をフレキソ印刷と呼ぶ．繊細な階調の表現には不適であるが，製版が容易で経済的であり，印圧を軽くできるため印刷対象物の選択範囲が広い．

2) 平板印刷

平坦な版に酸処理などによって親水・疎水のパターンを形成し，非転写部には水を付着させてインクの乗りを防ぎ，このうえに親油性インクを乗せて転写する方法を平板印刷と呼ぶ．製版コストが低い特徴がある．版からブランケットと呼ばれるゴムあるいは樹脂に一度転写してから対象物に再転写するオフセット法がよく用いられる．版の複製を容易につくることができるので，一度に数ページを印刷するような用途で用いられる．ただしインクの膜厚は薄くなる．

3) 凹版印刷

凹版印刷は版面にセルと呼ばれる凹部のパターンを形成する方法であり，グラビア印刷とも呼ばれる．版全体にインクを付けた後に余分なインキをぬぐい落とし，セルに残ったインクを転写する．セルの深さあるいは面積によって階調を表現できるので，階調の制御性に優れている．版は，金属シリンダ表面に銅めっき層を形成したのち，研磨，刻版，クロムめっき仕上げなどのプロセスを経て作製するためにコストがかかるが，版の耐久性に優れ，高速・大量印刷が可能である．

4) 孔版印刷

孔版印刷はスクリーン印刷とも呼ばれ，シート状の版に小孔の集合によって印刷パターンを形成し，版の裏側から小孔を通してインクを押し出すことによって印刷する．謄写版はこれと同じ原理である．厚膜印刷に適しているが，微細なパターンの印刷には不向きである．版にはシルク，ナイロンあるいはワイヤメッシュが用いられ，非印刷部分にインクを通さないレジスト被膜を付けてパターンを形成する．

5) インクジェット法

インクジェット法はインクを微小な液滴としてノズルから噴射し，対象物に付着させる方法であり，コンピュータからのデータをその場で直接印刷する用途で急速に普及した．非接触で印刷が可能，一工程で多色印刷が可能，必要なだけのインクを吐出して用いるので省資源かつ環境負荷が少ないなどの特徴をもつ．印字速度が遅く，画像品質，濃度，印字の耐久性などの課題もあるが，改良が進んでいる．オフィス用途では紙への印刷が中心であり，吸収性・水性のインクが用いられるが，産業用途では即乾性のインクを用いてパッケージ・部品・工業製品への印字に利用されている．インクの飛距離を50 mm程度に伸ばすことも可能であり，複雑な表面形状をもち，かつ移動している対象物に印字することもできる．連続噴射型とオンデマンド型の二つの方式に大別される．

i) 連続噴射型 連続噴射型はノズルからインク滴を連続的に噴射させ，これに電荷を与えて静電偏向板で飛行方向を制御して印字する手法である．一つの印字

ヘッドはノズルを一つのみもつ．ノズル先端でインクが詰まるのを防ぐために，印字しない時間もつねにインク噴射させ，これを回収してインクを絶えず循環させる．即乾性が要求される用途で，数 mm 程度の小さな文字を印字するのに適している．1 行の印字なら毎分 300 m 以上で移動する対象物に印字することも可能である．インクの溶剤にはアセトン，アセトン-エタノール，エタノールなどが用いられる．なお，連続噴射型は機構が複雑なため，定期的なメンテナンスが重要である．

ⅱ）オンデマンド型　オンデマンド型では，一つのドットを印字するごとに，一つのノズルから一定の方向にインク滴を噴射する．したがって印字サイズと分解能に対応した数のノズルを印字ヘッドに設ける必要がある．10 mm 以上の大きな文字を印字するためにはオンデマンド型が用いられる．オフィス用プリンタは大部分がこの型である．印字速度は連続噴射型より低く，毎分 100 m 程度である．現在の技術ではインク滴の大きさは最小 2 pl 程度，放出回数は毎秒 2 万回以上である．インク滴を発生させる代表的な方式にはピエゾ式とバブル（サーマル）式がある．ピエゾ式は圧電素子を利用してインク室に圧力を発生させてインク滴を発生させる方式であり，電圧によってインク滴の大きさを制御しやすい利点がある．一方，バブル式ではインクを局所的に加熱し，生じた気泡の圧力でインク滴を発生させる．機構が簡単でノズルの密度を高くしやすいが，ピエゾ式と比較してインク滴の制御性に劣り，インクの熱的安定性にも配慮が必要である．

ⅲ）応用技術　インクジェット法は少量多品種のオンデマンド印刷用にオフィスや産業用途で用いられてきたが，布地の染色をはじめとしてさまざまな応用が考えられている．3 次元造形法への応用を図 2.5.16 に示す．粉体の薄い層をつくり，その表面にバインダをインクジェット印刷して固化させ，これを何層も積層した後に余分な粉末を除去すると，任意の造形物をつくることができる．また，銀のナノ粒子の分散液を印刷して回路配線を形成した例もある．セラミック，蛍光体，有機半導体などもインクジェット印刷でき，大面積平面ディスプレイへの応用も検討されている．なお，ナノ粒子のインクジェットでは，粒子の凝集を防ぐために粒子表面を修飾する必要がある．また，特定の塩基配列をもつプローブ DNA のスポット（直径数十 μm）をインクジェット法で基板表面に形成し，DNA チップを開発した例もある．このよ

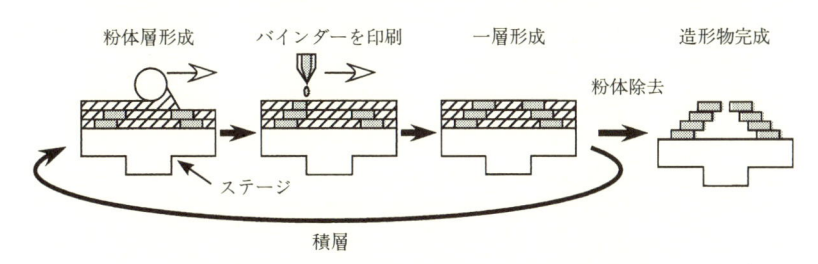

図 2.5.16　インクジェット印刷による 3 次元造形法

うにインクジェット法は，マイクロパターン形成技術としても注目されつつある．

〔臼井博明〕

2.6 ミクロプロセス

2.6.1 無機薄膜形成技術
a. 無機薄膜形成技術の概要

無機固体物質の形成(以後，成長という)は，原料蒸気や溶融液体の冷却に伴う相変化による析出，原料分子の熱分解や気相分子種の化学反応による析出など，多彩な原材料が用いられるとともに多様な成長方法がある．一方，数十ミクロンからナノオーダーの無機固体薄膜の成長は，高機能な光や電子素子材料を目的に成長が行われる．このために，無機固体薄膜のほとんどは結晶であり，とくに高機能素子を目的とする薄膜は，基板結晶の結晶方位と同じ結晶関係で成長するエピタキシャル層が用いられている．さらに，近年の量子効果を利用する新機能素子のためには，薄膜の結晶品質のみならず成長膜厚が原子層レベル(約 0.3 nm)で制御されなければならない．

一般に薄膜は板状の基板(種結晶，基板結晶ともいう)上に図 2.6.1 に示すように成長する．この場合の基板は二つの働きを有している．一つは薄膜の形状維持の働きであり，もう一つは基板最表面の原子配置により結晶情報を薄膜に伝えるという重要な役割を有している．通常，光素子用では直径 2 インチ以上，電子デバイスでは 4 インチ以上の基板結晶が用いられ，その上に高精度に膜厚および組成が制御された薄膜結晶が成長する．

無機薄膜の形成方法にかかわらず，基板上への薄膜の成長は大きく分けて，図 2.6.2 に示すように三つの成長パターンがある．図中の格子模様は簡易的な結晶格子を示し，基板結晶および薄膜をおのおの図の下部および上部に示す．図 2.6.2(a) は基板結晶の結晶方位と薄膜の結晶方位に相関がない薄膜成長パターンを示している．このような成長パターンは，① 基板結晶あるいは薄膜がアモルファスの場合，② 基板結晶と薄膜結晶の結晶構造あるいは格子定数が大きく異なる場合，③ 成長の駆動力が大きく基板表面で無秩序に核が発生する場合，およびこれに加えて原料分子種の基板表面での拡散速度(migration，マイグレーション)が遅い場合，に起こる．

図 2.6.2(b) は基板結晶と薄膜の格子が一致している場合の成長で，薄膜の成長方向および結晶学的な構造も基板結晶と一致する(格子整合系)．基板結晶と同じ物質を薄膜成長する(homo-epitaxy，ホモエピタキシャル成長)場合，あるいは薄膜の格子定数が基板結晶とほぼ一致する異種成長する(hetero-epitaxy，ヘテロエピタキシャル成長)場合に基板-薄膜界面に欠陥が存在しない図のような成長パターンとなる．図からも明らかなように，異種成長では基板と薄膜の格子定数差(成長方向を c 軸とすると，a および b 軸の格子定数差)が薄膜の品質に大きな影響を与えることになる．格子定数差が小さく応力を薄膜のひずみにより吸収できる場合には，図 2.6.2(b) の

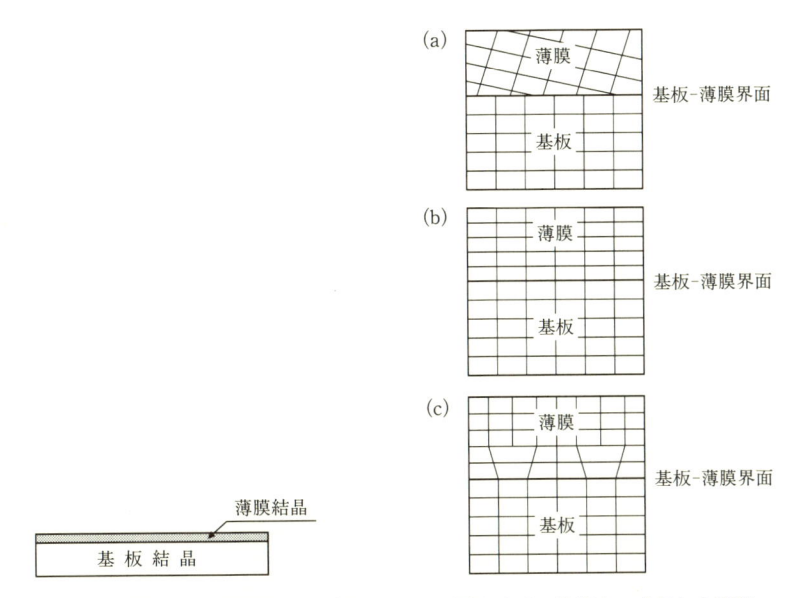

図 2.6.1 基板結晶上への薄膜結晶の成長　　図 2.6.2 基板上へ成長した薄膜

パターンになり，格子定数差が大きく格子ひずみで吸収できない場合は，図 2.6.2 (c) に示した成長パターンとなる．

図 2.6.2 (c) は格子定数差が薄膜結晶の格子ひずみでは吸収できない大きさの場合 (格子不整合系) の成長パターンを示す．前述したが，基板結晶および薄膜結晶の格子定数が大きく異なる場合は，図 2.6.2 (a) の成長パターンになる．この成長パターンでは基盤結晶と薄膜結晶の格子定数差を界面付近の薄膜結晶内にミスフィット転移を含むことにより緩和して，成長方向および結晶学的な構造が基板と薄膜で一致するエピタキシャル成長を実現している．

界面付近の転移などの結晶欠陥は，図 2.6.2 (c) では薄膜上部には伝播しないように描かれているが，実際には薄膜上部に伝播する結晶欠陥も多くある．このために，高品質な薄膜のためには格子定数差が小さく同じ結晶構造をもつ基板結晶の選択が重要になる．例として半導体レーザの場合を述べる．長波長を用いた長距離光通信用レーザ材料は $In_{1-x}Ga_xAs_yP_{1-y}$ 四元混晶薄膜が用いられている．この材料は組成 (III 族組成：x および V 族組成：y) により格子定数と発光波長を独立に制御することができる．この素子は基板結晶として InP が用いられ，InP 結晶に格子整合するとともに目的とする発光波長を有する組成の InGaAsP 四元混晶薄膜を成長することにより，結晶欠陥の少ない高品質薄膜の成長が可能になる．

一方，基板結晶に格子整合するエピタキシャル成長ができない場合には (格子不整合系)，① 基板結晶とエピタキシャル層の間に組成傾斜層を形成する方法，② 二段階

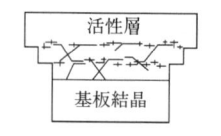

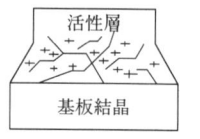

(a) ステップグレード法　　(b) リニアグレード法

図 2.6.3　組成傾斜法を用いた格子不整合系の成長

成長を行う方法，③ ELO (epitaxial lateral overgrowth) 成長する方法などにより，格子不整合界面からのミスフィット転位の発生を防ぐ．組成傾斜 (compositional grading) 法には二つの方法がある．この二つの方法を図 2.6.3(a) および (b) に示す．(a) ステップグレード法は基板結晶上に混晶組成を変化させることにより，その格子定数を基板結晶の値から最終目的の値まで，ステップごとに小さく増加させて成長する方法である．各ステップ界面で高い密度のミスフィット転位 ($\sim 10^{10} cm^{-2}$) が発生するが，適当なひずみのレベルでステップ面に含まれてとどまる．この方法の重要な点は，基板結晶あるいはステップ間で発生して素子層へ伝播していく転位の大部分がそれらが出会うはじめての組成ステップで外側に曲げられ，一番上の素子層では低転位密度になることである．この方法は格子定数を増加させることが必要な場合，InGaAs/GaAs, GaAsSb/GaAs などにおいて有効である．一方，(b) リニアグレード法は，通常，三元混晶層中の格子定数を成長にしたがって減少させるために用いる方法で，基板結晶上の混晶組成を連続的に変化させる．ここで，基板あるいはグレード領域から発生した傾斜転位の密度は組成勾配に比例することが見いだされているので，ゆっくりグレードすることにより，転位密度は素子中で $10^5 \sim 10^6 cm^{-2}$ の値にすることができる．この方法は市販の GaAsP/GaAs 発光ダイオードの作製に用いられている．

二段階成長法 (two step growth) は Si で作製される電子デバイスと化合物半導体で作製される光デバイスを一枚の半導体基板に集積する光電子集積回路などの作製を目的に開発された技術である．たとえば，Si 基板上に GaAs などの化合物半導体を成長する場合，第 1 段階では，低温でバッファ層 (低温堆積層, low temperature buffer layer) と呼ばれる結晶化率の低いアモルファス状の GaAs 薄膜 (~ 200 nm) を堆積し，ついで高温で熱処理を行った後に，第 2 段階として通常の条件下で良質の GaAs の成長層を得る方法である．とくに，この方法は最近注目されている窒化物半導体の成長で大きな成功をおさめている[1,2]．窒化物半導体では適当な基板結晶がないために，格子定数が大きく異なるサファイヤ基板が一般に用いられる．基板結晶として格子定数差が大きなサファイヤを用いた場合，エピタキシャル薄膜中に多くの欠陥が存在する発光素子とは程遠い低品質の GaN エピタキシャル成長しか得られなかった．図 2.6.4 にサファイヤ基板上に GaN 成長する場合の二段階成長プログラムを示す．第一段階として，サファイヤ基板上に AlN あるいは GaN の低温バッファ層を約 500℃の温度で 20～50 nm 成長後，通常の GaN の成長温度である約 1000℃まで

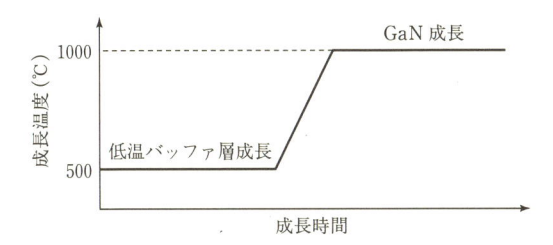

2.6 ミクロプロセス

図 2.6.4 サファイヤ基板上への GaN 成長の 2 段階成長

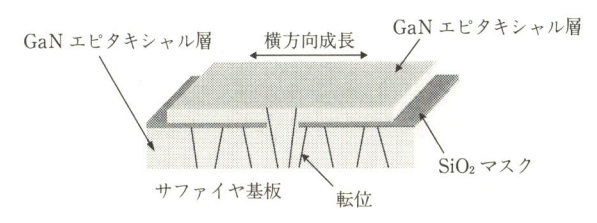

図 2.6.5 マイクロチャンネルエピタキシー概念図

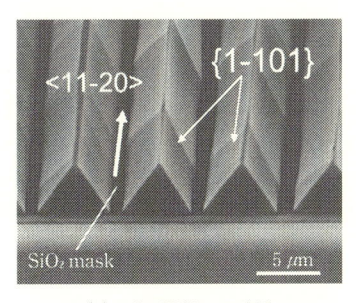

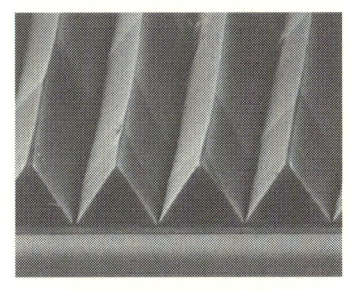

(a) 成長開始 2.5 分後
(b) 成長開始 5 分後
(c) 成長開始 10 分後
(d) 成長開始 30 分後

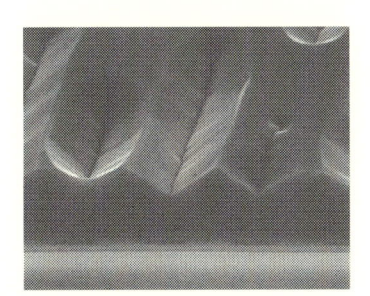

図 2.6.6 横方向成長法を用いたサファイヤ基板上 GaN 成長

昇温し，続いて GaN の成長を行う．この方法による低温バッファ層の導入により，GaN の結晶品質は劇的に向上し青色の発光が可能になり，よく知られているように発光ダイオードを用いた信号機や大型ディスプレーが実現して今日に至っている．

上述のサファイヤ基板上への GaN 成長において，低温バッファ層の導入にもかかわらず基板結晶とエピタキシャル成長層界面から転位が大量に発生する($10^8 \sim 10^{10} cm^{-2}$)．さらなる高品質薄膜のために欠陥密度をより減少させる方法として，MCE (micro-channel epitaxy) 成長法がある（図2.6.5参照）．MCE 成長法[3]は基板結晶上を SiO_2 マスクなどで覆い一部に開口部を設けることにより，基板結晶から結晶情報のみを上部のエピタキシャル成長に伝播させるとともに開口部から横方向へ成長させることにより，格子定数差に支配されない成長を行うことができる．MCE 法の概念を用いた種々の方法がある．この方法を導入した成長により GaN の成長を行うと，欠陥密度が2から3桁減少し平均で $6 \times 10^7 cm^{-2}$ オーダーの高品位結晶が報告されている[4]．図2.6.6に MCE 成長を GaN 成長に適用した場合の表面 SEM 写真の成長時間変化を示す．(0001)サファイヤ基板上に低温バッファ層を用いて約1 μm の GaN の成長させ，その上に SiO_2 でマスク幅1〜4 μm，窓幅7 μm を作製後，GaN の成長を行っている．成長初期に窓部分から断面が三角状のファセット成長が起こり，その後，マスク上を横方向に成長している．

b. 無機薄膜形成技術の今後

光電子素子の発展は，微細化・高集積化の方向で進められこれまで発展を遂げてきたがこの材料の開発方向も限界に近づき，これを克服する新しいデバイス原理が求められてきた．その答えの一つが量子効果である．量子効果を実現させるには，電子のド・ブロイ波長以下の微細構造の形成(ナノ構造)が要求される．このためには，原子レベルの膜厚制御性，原子レベルでの成長面の平坦性，および精密な組成制御性が薄膜成長に必要である．さらに，ヘテロ界面における組成の急峻性も要求される．

エピタキシャル成長において，結晶(あるいは基板結晶)表面に供給された原料分子は，成長表面への拡散，成長サイトへの移動(拡散)，結晶成長反応，副産物の脱離，結晶再表面の再配列(再構成構造)などの過程，すなわち固体表面における原子・分子レベルのダイナミックスが存在する．薄膜成長過程における成長最表面の原子配列構造の測定には反射高速電子線回折(RHEED)，超高真空電子顕微鏡(EM)，反射型電子顕微鏡(REM)，反射型走査電子顕微鏡(SREM)，走査電子顕微鏡(SEM)，走査トンネル顕微鏡(STM)などが，成長中の表面の元素分析あるいは結合状態の測定にはオージェ電子分光(AES)，イオン散乱分光(ISS)，全反射角X線分光(TRAXS)，X線光電子分光(XPS)，反射差分光法(RDS)，表面光吸収法(SPA)，など種々の電子・光分光法が使用されている．このような実験的手法に加えて，理論的なアプローチも電子計算機の進歩に相俟って，近年，急速な発展がみられる．結晶成長過程の計算物理的な方法は，① 第一原理計算による表面構造や表面過程の計算，② 分子動力学計算による表面過程のシミュレーション(古典力学法および第一原理を

用いる方法がある），③ モンテカルロ法による規模の大きな過程のシミュレーション，などがある．

c. 無機薄膜形成技術の実際

無機薄膜の成長方法としては，成長の環境相により固相法，液相法および気相法に大別することができる．固相法は固体-固体反応を利用するもので，熱分解や酸化・還元などであり，おもに酸化物粉末の製法の一つである．液相法は水溶液反応を利用する水溶液法や水熱法および融点以上の温度でそのものの融液を用いる融液法などバルク成長になくてはならない方法である．

ここでは，薄膜成長技術に多用される気相法について述べる．気相法とは目的とする結晶の融点よりも低い温度で結晶成長が行われる．このために，不純物および結晶欠陥が少ない高品位な結晶の成長が可能となる．このために，エレクトロニクス用薄膜に最もよく用いられる技術である．気相法には，物理的成長法（PVD：physical vapor deposition）と化学成長法（CVD：chemical vapor deposition）の二つに大別できる．PVD法は真空容器のなかで薄膜材料をなんらかの方法で気化させ，近くに設置した基板上に薄膜を成長させる方法で，スパッタリング法，イオンプレーティング法やパルスレーザ成長法などがある．

一方，CVD法は薄膜の構成分子種を原料に，基板最表面での化学反応により薄膜を成長する方法である．CVD法には，原料分子種の種類により構成原子の蒸気を用いる分子線法（MBE：molecular beam epitaxy），有機化合物を用いる有機金属気相成長法（MOVPE：metalorganic vapor phase epitaxy）がある．さらに，構成分子種を交互に供給し基板表面への単分子吸着を利用する原子層エピタキシー法（ALE：atomic layer epitaxy または ALD：atomic layer deposition）もCVD法の一種で原子層単位での膜厚制御が可能になる．

1) パルスレーザ成長法

パルスレーザ成長法（PLD：pulsed laser deposition）は物理気相法の一種であり，真空チャンバ内の焼結体ターゲットにパルスレーザを断続的に照射し，ターゲットを蒸発させることにより放出される原料成分（分子，原子，イオン）を対向して配置された基板上に薄膜を成長させる方法である．PLD法の特徴としては，レーザ光を吸収する物質であれば高融点の物質でも容易に薄膜化できることである．さらに，チャンバ内にはターゲットを複数設置することができ，さまざまな組合せによる薄膜の積層を行うことも可能である．PLD法によるTiO_2薄膜の作製を例に説明する．図2.6.7にTiO_2のPLD法成膜装置の概要を示す．光源には波長1064

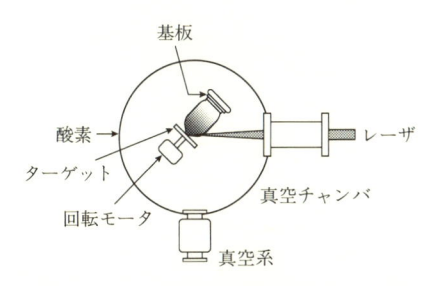

図2.6.7 パルスレーザ成長法（PLD）装置の概略図

nmのNd:YAGレーザの第4次高調波(266 nm)を用いる．チャンバ内に酸素を導入して所定の圧力に制御する．ターゲットは毎分2回転程度の速度で回転させ，一様に蒸発されるようにする．ここで用いるターゲットはTiO_2粉末の焼結体が使用される．ターゲットから50 mm離した位置に基板結晶Si(100)を設置し，0.5～1.0 μm/時程度の成長速度が得られる．

2) 有機金属気相成長法 (MOVPE)

MOVPE法はCVD法の一種で，エレクトロニクス素子の作製に最も多用されている方法である．MOVPE法は1968年にManasevit[5]により開発された成長方法で有機金属化合物(metalorganics, organometallic compounds)を原料に用いているところから，MOCVD (MOCVD: metalorganic chemical vapor deposition) とも呼ばれる．この方法はSiのエピタキシャル成長と同様な基板結晶部のみ加熱するコールドウォール(cold wall)タイプの成長装置を用いることから，多数枚の基板結晶への均一成長が期待できる．さらに，原料部での反応を必要としないことから，すべての原料を気相として供給でき，原料供給の制御やその切替えを容易に行うことができる．このことから，単分子レベルの膜厚の制御や多層構造の作製が可能であるという特長を有する．図2.6.8にGaAsのMOVPE成長装置の概略図を示す．III族原料としてトリエチルガリウム(TEGa)，V族成分としてアルシン(AsH_3)を用いる．基板結晶は回転により均一成長が促進される．V族成分としてV族の水素化物を用いる場合，その有毒性から排ガス処理が非常に重要である．なお，最近では有毒な水素化物の代

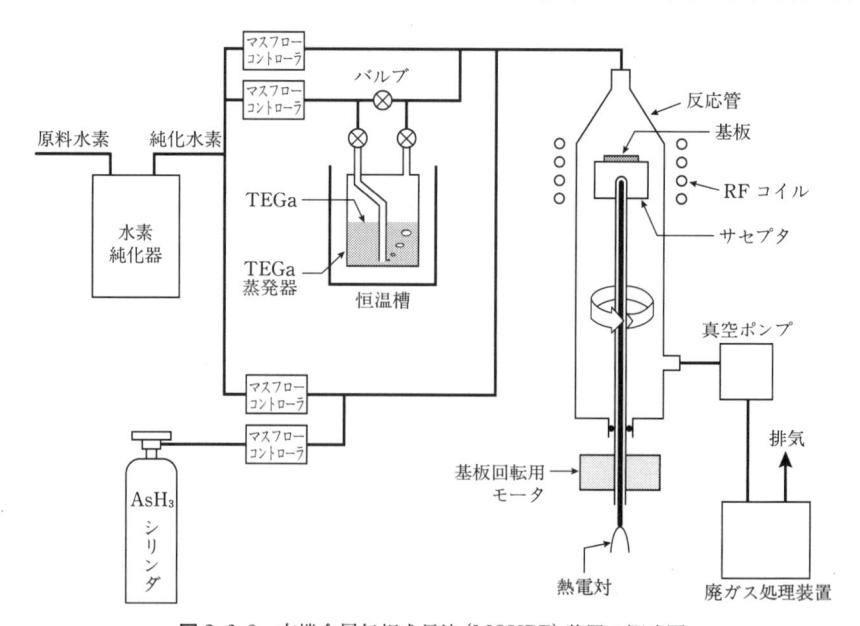

図2.6.8 有機金属気相成長法 (MOVPE) 装置の概略図

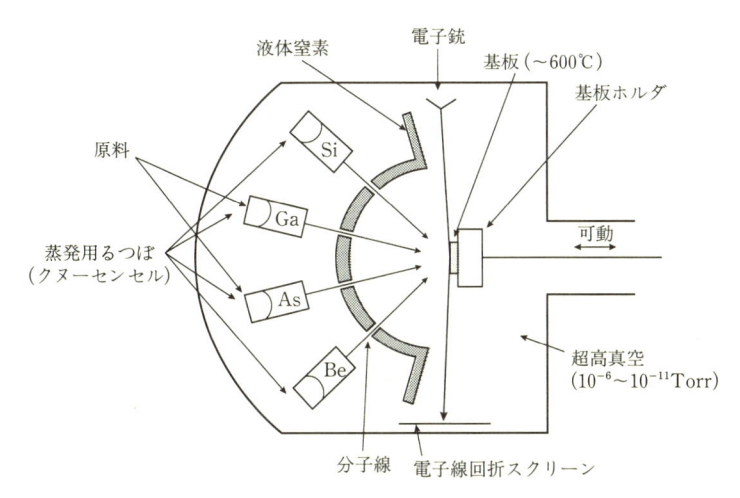

図 2.6.9　分子線法 (MBE) 装置の概略図

替原料として V 族元素の種々の有機化合物が多く用いられている．

3) 分子線法 (MBE)

MBE 法は 1950 年代に開発された三温度法と呼ばれる真空蒸着法に源を発し，1968 年 J. R. Arthur ら[6]により改良され MBE 法と命名された方法である．この方法は，10^{-10} Torr 以下という超高真空環境で結晶成長を行うことを特長としている．目的とする化合物半導体結晶の構成元素そのものを原料として，クヌーセンセルと呼ばれる蒸発セルから各元素の蒸発分子をビーム状にして基板結晶上に供給されるが，原料には構成元素を含む化合物が用いられることもある．非常に希薄な原料供給のために，他の成長方法に比べ成長速度の遅い成長環境が生じ，原子・分子レベルでの結晶成長を可能にしている．さらに，成長が超高真空チャンバで行われるため，各種の表面解析装置の併用が可能となり，成長表面のその場観察をすることができる．図 2.6.9 に MBE 成長装置を示す．図中に示した反射高速電子線回折 (RHEED) などの測定装置により，成長中の表面構造のその場観察も可能になっている．〔纐纈 明伯〕

文　献

1) H. Amano, N. Sawaqki, I. Akasaki and Y. Toyoda : *Appl. Phys. Lett.*, **48**, 353 (1986)
2) S. Nakamura : *Jpn. J. Appl. Phys.*, **30**, L1705 (1991)
3) Y. Ujiie and T. Nishinaga : *Jpn. J. Appl. Phys.*, **28**, L337 (1989)
4) A. Usui, H. Sunagawa, A. Sakai and A. Yamaguchi : *Jpn. J. Appl. Phys.*, **36**, L899 (1997)
5) H. M. Manasevit : *Appl. Phys. Lett.*, **12**, 156 (1968)
6) J. R. Arthur and J. J. Lepore : *J. Vac. Sci. Technol.*, **6**, 545 (1969)

上記以外に総合的な参考書として，西永 頌，宮澤信太郎，佐藤清隆編集：「結晶成長のダイナミックス」シリーズ，共立出版

2.6.2 有機薄膜形成技術
a. ウェットプロセス
1) スピンコート法

スピンコート法は簡便で汎用性のある高分子薄膜形成法として最も広く用いられている。半導体の微細加工技術では，フォトレジストの製膜に必要不可欠なプロセスである。基板表面に材料の溶液を滴下し，これを高速回転させて溶液を平坦化するとともに余分な溶液を振り落とし，加熱乾燥させて被膜を形成する。短時間で再現性良く均質な薄膜を形成することができる。一般に溶媒に可溶な高分子材料の製膜に用いられる。また，不溶な高分子は，その前駆体のスピンコート膜を熱処理するなどの手法で製膜できる場合がある。製膜可能な膜厚は $0.2 \sim 3\ \mu m$ 程度であり，極薄膜あるいは厚膜の形成は容易でない。

良好なスピンコート膜を形成するためには，溶液の粘度(材料の分子量や濃度)と溶媒の種類(揮発性)，溶液の基板への付着性などを最適化する必要がある。製膜に先立って基板の脱脂洗浄を行い，さらに加熱して水分を除くのが望ましい。付着性が不十分な場合には基板表面のプライマー処理を行う必要がある。これはアミノシランやシラザンなどのカップリング試薬に浸漬して表面処理するものであり，基板表面の水酸基をシリルエーテルに置き換えて表面エネルギーを調整する。なお，カップリング試薬は気相法で処理することもできる。コーティング用溶液は微粒子の混入を防ぐために $0.1\ \mu m$ 以下のフィルタでろ過して滴下する。このとき気泡が入らないよう注意が必要である。通常は $1000 \sim 8000\ rpm$ の回転数でスピンを行うが，均質な被膜を得るために回転速度を段階的に変えるなどの工夫をする。一般に膜厚は溶液粘度の 0.36 乗に比例し，回転数の $1/2$ 乗に反比例するが，回転数が高いほうが均一性が良い。膜厚は溶媒の蒸発速度，蒸発潜熱，熱容量によっても左右される。なお，回転によって基板表面に空気が吸い寄せられ，大気中のほこりを表面に拾いやすいので，清浄な環境で製膜することが重要である。

得られた膜は一般に $90 \sim 100℃$ でソフトベークして溶媒を除くが，このときに膜厚が 15% 程度減少する点に注意を要する。ベークには電気炉やホットプレートを用いることができる。電気炉中でベークすると膜表面にバリア性の被膜が形成されて溶媒の蒸発が遅くなるため，$20 \sim 30$ 分の加熱時間が必要である。これに対してホットプレート上では数分でベークを終了できる。加熱温度が高すぎると膜が化学的に変化する場合があるので注意が必要である。なお，フォトレジストの場合は，ソフトベーク後に露光してパターンを形成し，さらにガラス転移点より低い温度で加熱(ハードベーク)して膜を硬化させている。

2) ラングミュア-ブロジェット(LB)法

親水性と疎水性を適度なバランスでもつ両親媒性分子を揮発性溶媒に溶かし，これを水面に展開すると表面で単分子膜が形成され，これをラングミュア膜(L膜)と呼ぶ。L膜を基板表面に移し取って薄膜を形成する方法をラングミュア-ブロジェット

(LB)法と呼ぶ．LB法の起源は1935年にさかのぼるが，常温常圧下で分子レベルで膜の配向と積層を制御できることから，1980年代から単一分子物性の研究に用いられ，分子エレクトロニクスの研究に貢献した[1]．

　図2.6.10(a)に示すように水面上に展開された分子は，単分子当たりの面積が十分に大きいときは2次元の気体状態にあるが，同図(b)のように可動バリアによって展開面積を縮小していくと，分子は水面上で凝縮して固体状の膜になる．この過程は，水の表面積と表面圧の変化を測定した π-A 曲線を描くことによって検出できる．この状態で分子は親水基を水面に，疎水基を空気中に向けて配向する．ただし，親水基の水に対する親和力と疎水基どうしの分子間力のバランスが不適当であると配向が乱れ，表面圧が高すぎても固体膜が崩壊する．

　単分子固体膜が形成された水面に基板を浸漬し，同図(c)のようにその表面にL膜を移し取るとLB膜を得ることができる．通常は水面に垂直に基板を浸漬して膜を累積するが，同図(d)に示すように基板表面の親水・疎水性と基板を上下する手順によって累積される膜構造が異なる．基板の下降時にのみ膜を累積すると，疎水基を基板に向けて分子が配向した膜が得られ，X膜と呼ばれる．逆に上昇時にのみ累積すると親水基を基板に向けて配向したZ膜が累積する．上昇時，下降時ともに累積される膜をY膜と呼び，膜分子は親水・疎水基どうしを交互に向かい合わせて配向するため，安定性が高い．また，基板を水面に平行に付着させて膜を移し取る手法もある．いずれの場合でも浸漬回数によって単分子層単位で膜厚を制御できる点が特徴である．

　LB膜を形成する典型的な両親媒性分子は長鎖脂肪酸であるが，両親媒性分子に

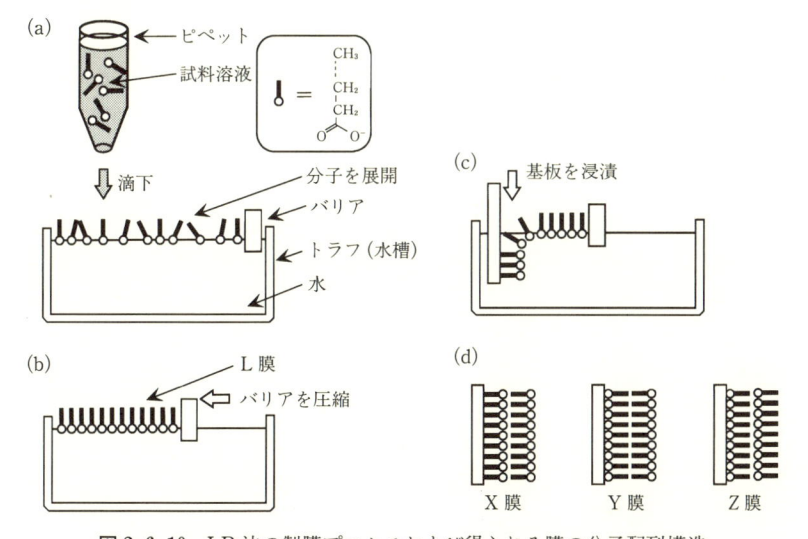

図 2.6.10 LB法の製膜プロセスおよび得られる膜の分子配列構造

光,電気的機能をもつ原子団を組み込み,とくにその配向を利用することによって,累積膜にさまざまな機能をもたせることが可能である.また,高分子薄膜を形成するためには,前駆体のLB膜を作製した後に熱処理などで高分子化する.

3) 自己組織化法

分子間の相互作用によって系のエントロピーが減少し,自発的に秩序構造を形成する現象を自己組織化と呼ぶ.そこで基板と膜分子の特異的な相互作用を利用して,溶液中あるいは真空中の分子を自発的に基板表面に化学吸着させて得られる単分子層を自己組織化(SAM)膜と呼ぶ.たとえば図2.6.11に示すように金基板をアルカンチオール溶液中に浸漬すると,自発的にAu-S結合が形成され,金表面に緻密で秩序正しい単分子膜が得られる[2].自己組織化を用いると,簡単な装置で容易に単分子膜が得られる.前項で述べたL膜も自己組織的に形成された単分子膜であるが,LB膜が基板表面に物理的に吸着しているのに対し,SAM膜は共有結合を介して化学的に吸着しているため,界面の安定性に優れている.

SAM膜を形成する材料としてはチオール以外に,ジスルフィド化合物,スルフィド化合物などが用いられ,基板材料としては金のほかに白金,銀,銅などの金属やGaAs,CdSなどの半導体も用いられる.金の単結晶(111)表面では,アルカンチオール分子が六方晶系的な稠密配列をとることが知られている.このほかに,シリコン,ガラス,マイカなどの基板表面の水酸基にメトキシシラン,エトキシシラン,クロロシランなどの長鎖化合物のSAM膜を形成する手法も知られている.ただしこの系では,分子どうしが酸素を介してネットワークを形成する過程と,分子が基板へ吸着する過程が同時に進行するため,チオール系に比較して製膜の制御が容易でない.自己組織化法は本来単分子膜形成技術であり,1層のSAM膜が形成されるとそれ以上は堆積しない点が特徴ではあるが,末端に適当な官能基を導入し,これと反応する分子の溶液に順次浸漬することによって,多層膜を形成することも可能である.

SAM膜に光・電子機能を付与することも可能であり,たとえば長鎖アルカンチオールの末端にフェロセン,ポルフィリン,アゾベンゼンなど,各種機能性原子団を導入して製膜することが行われている.また,基板表面にSAM膜を形成することによって酵素やDNAなどの吸着を促進することができる.生体分子を基板表面に直接

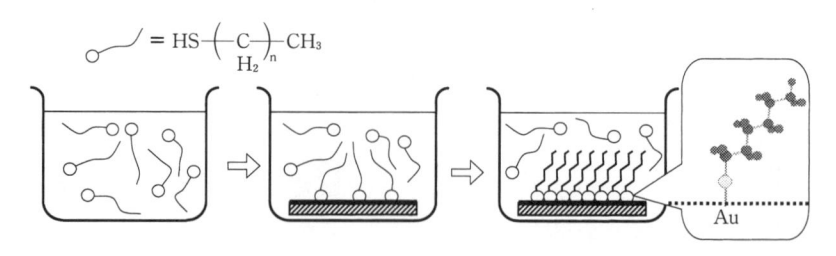

図2.6.11 SAM膜の作製プロセス

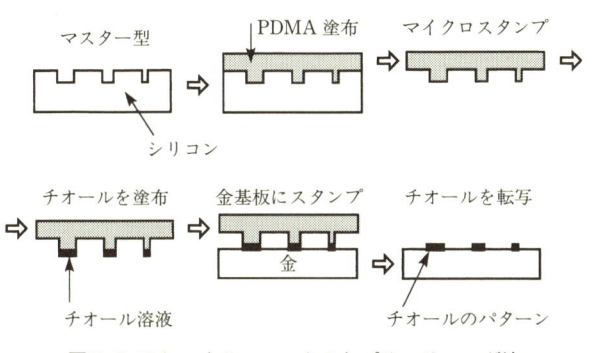

図2.6.12 マイクロコンタクトプリンティング法

吸着させると，分子構造が変化して機能が損なわれることが多いが，SAM膜を介することによってこのような問題を解決できることから，そのバイオインタフェースへの応用が期待されている．

4) マイクロコンタクトプリンティング

SAM膜を微細パターン形成に応用する技術として，マイクロコンタクトプリンティングがある[3]．これは，図2.6.12に示すように，まずリソグラフィー技術でシリコン表面に微細な凹凸パターンを形成し，これを鋳型としてポリジメチルシロキサンなどを流し込んで高分子の微細なスタンプをつくり，このスタンプにチオールなどの化合物をインクのように付着させ，金などの基板上に転写してSAM膜を形成する技術である．マイクロコンタクトプリンティング法を用いると，サブミクロンの微細パターンを容易に複製することが可能であり，たとえば電子ペーパーの有機駆動回路や半導体回路と神経細胞とのインタフェースへの応用が考えられている．また，アミノシランをスタンプした表面は正の電荷をもち，負電荷をもつDNAを吸着するので，マイクロコンタクトプリンティングを応用してDNAのパターンを形成できる．

自己組織化を応用した微細パターン形成のそのほかの方法として，原子間力顕微鏡(AFM)のプローブを「ペン」，アルカンチオールなどの分子を「インク」と見立て，Au表面にパターを書き込む方法も提案されており，ディップペンリソグラフィと呼ばれている[4]．

5) 交互積層法

交互積層法は静電的相互作用を利用した自己組織化膜形成法であり，正・負のポリイオンを基板表面に交互に吸着させることによって薄膜を形成する方法である[5]．図2.6.13(a)に示すように，基板表面に化学修飾を施して電荷をもたせ，これと逆の電荷をもつポリイオンの溶液に浸漬すると，ポリイオンが基板表面に静電的に吸着して電荷を中和するとともに，過剰に吸着して表面電荷の反転・再飽和硯象が起こる．この基板を洗浄したのち，反対電荷のポリイオンの溶液に浸漬すると，先の過程と同様にポリイオンの吸着と基板表面電荷の反転が起こる．これを繰り返すことで，逆符号

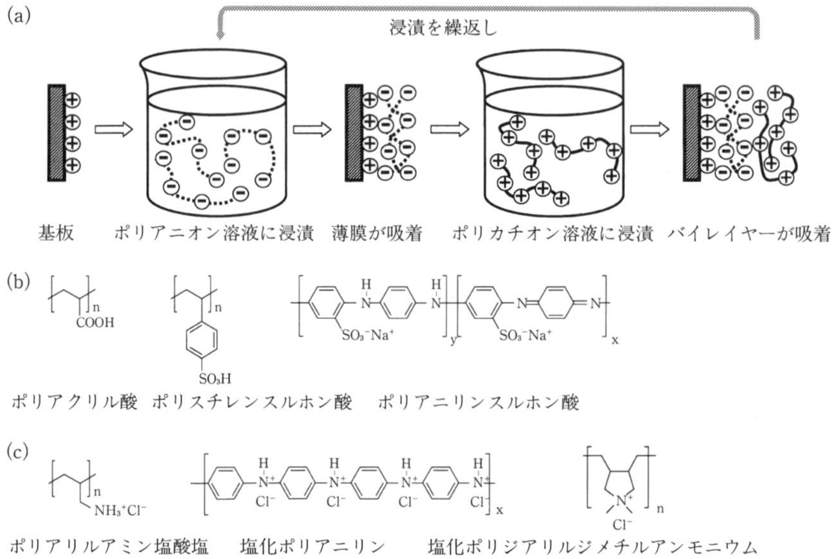
(a)
浸漬を繰返し
基板
ポリアニオン溶液に浸漬
薄膜が吸着
ポリカチオン溶液に浸漬
バイレイヤーが吸着
(b)
COOH
SO3H
SO3⁻Na⁺
ポリアクリル酸
ポリスチレンスルホン酸
ポリアニリンスルホン酸
(c)
NH3⁺Cl⁻
Cl⁻
ポリアリルアミン塩酸塩
塩化ポリアニリン
塩化ポリジアリルジメチルアンモニウム

図 2.6.13　交互積層法 (a) および代表的なポリアニオン (b) とポリカチオン (c)

の電荷をもつポリイオンを交互に積層して，所望の厚さの高分子薄膜を形成する．交互積層法は，分子配向の制御などには不向きであるが，プロセスが簡便であり，膜中の分子が静電的に強く相互作用しているため，物理的安定性の高い薄膜を形成することができる．

製膜材料としては，溶液中で電荷をもつ高分子であればよく，図 2.6.13 (b), (c) に示すようなさまざまなポリイオンを用いることができるが，タンパク質やコロイド粒子などを積層することも可能である．吸着過程では膜厚が増大するとともに電荷が反転して飽和するので，膜厚は自己制限的に制御されるが，各層の厚さやパッキング密度は溶液の pH で制御することができる．弱電解質のポリイオンを用いると多孔質の薄膜を得ることもできる．交互吸着膜はほかの有機薄膜と同様にさまざまな応用が考えられているが，とくに膜が正負の電荷をもつことを利用すると，吸着フィルタや吸着を利用したセンサなどを構築することができる．ガラスなどの平面基板のみならず，繊維やナノ粒子の表面に製膜することも可能であり，ポリスチレンナノ粒子の表面に交互吸着膜を形成したのち，中心のポリスチレンを溶かし去ることで，中空のナノカプセルを作製した例もある．

6) 電 界 重 合

電解重合法はモノマー溶液中に浸した電極表面に，電気化学反応によって高分子薄膜を析出させる手法であり，導電性高分子の薄膜形成で注目を集めた．重合の対象となるモノマーと支持電解質を有機溶媒に溶解し，作用電極 (基板) と対極を浸漬して

モノマーの酸化電位以上の電圧を加えることによって作用電極表面に重合膜を形成する．基板には金属や半導体などの導電性材料を用い，対極には白金やカーボンなどの不活性な材料を用いる．電極の電位を正確に制御するためには，参照電極を用いた3電極系とする．溶媒としては酸化還元反応を受けにくい極性有機溶媒を用いる必要がある．また，溶液中の不純物は重合反応を阻害するので，十分に純度の高い試薬を用いる必要があり，ドライボックスの中で製膜を行うことが望ましい．

多用なモノマーから製膜を行うことができるが，よく知られた例としてアミノ基や水酸基をもつ芳香族，ピロールやチオフェンなどのヘテロ環式化合物，多環式化合物，ビニル化合物などがある．酸化反応により陽極上に高分子薄膜を堆積させる例が多いが，ビニル化合物では酸化，還元いずれの反応でも製膜が可能である．製膜メカニズムは十分には解明されていないが，酸化重合の場合ではモノマーからの電子引き抜きによりカチオンラジカルが生成され，これが開始剤となってカップリングと脱プロトンを繰り返して重合が進むと考えられる．膜の構造や性質は，モノマーが同じであっても製膜条件によって大きく異なる．

一般に電解重合膜は，支持電解質イオンをドーパントとして取り込んで形成され，導電性の高い被膜が得られる．ポリピロールの例では，ピロール環3～4個に1個の割合でアニオンがドープされる．膜中に取り込まれたドーパントは適度な逆電圧を印加することによって脱ドープすることもできる．ドーピング状態は電圧を切っても保持され，メモリ作用がある．なお，ドープ・脱ドープに伴って膜の体積が変化する．これはドーパントイオンの浸入による体積的効果や静電的反発力によるものと考えられるが，これを利用して電圧によって収縮あるいは湾曲するフィルムを形成することができ，アクチュエータとしての利用が期待されている．

b．ドライプロセス
1）真空蒸着法

ドライプロセスとは溶媒を用いずに製膜する手法の総称であるが，一般には真空中での製膜技術を意味することが多く，その代表が真空蒸着法である．真空蒸着法は図2.6.14に示すように製膜材料を高真空中で加熱し，蒸発した分子を基板表面に凝集させる方法である．金属をはじめとする無機材料の薄膜形成に広く用いられているが，蒸発するものであれば有機材料にも適用でき，低分子材料の製膜に多く用いられる．蒸着法では溶媒などの介在物を用いずに高真空中で薄膜を形成するため，高純度の膜を得やすく，単分子層から数 μm に至る範囲で膜厚を制御でき，積層構造の構築やシャドーマスクを用いた微細パターン蒸着なども可能であり，デバイス構築に適している．ただし，熱で分子構造が変化する材料には適用できず，スループットや製造コストなどに課題もある．

一般に真空蒸着は，蒸着槽内の分子の平均自由行程が蒸発源と基板の距離に比較して十分大きな条件，すなわち高真空中で行われ，蒸発した分子はほかの分子や真空槽内壁と衝突することなく直進して基板表面に入射する．ただし，高真空であっても真

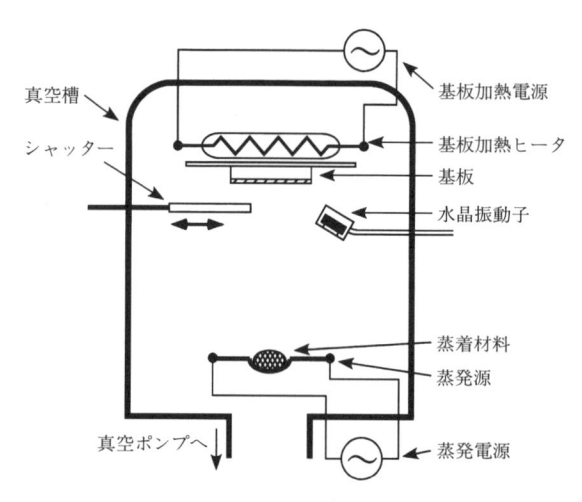

図 2.6.14 真空蒸着法の原理

空槽内には水などの残留分子が存在するため，基板表面や蒸着膜を清浄に保つためにはできるだけ高い真空を用いる必要がある．とくに 10^{-8} Pa 程度の超高真空中で蒸着する手法を分子線蒸着(MBD)あるいは分子線エピタキシー(MBE)と呼び，高い純度と制御性が要求される場合に用いられる．

材料の蒸発はタングステンやタンタル製のボートを通電加熱して行われることが多いが，蒸着速度を精密に制御するためには，小さな蒸発口をもつ密閉型るつぼ(クヌードセンセル)を用いる．昇華性の粉末材料は蒸発時に飛散しやすいので，蒸発源にはチムニー型，輻射加熱型などの工夫が必要である．蒸着速度や膜厚は水晶振動子を用いたモニタを用いて正確に制御することができる．製膜速度は蒸発源からの距離と角度に依存するため，均一な膜厚を得るためには基板を回転させながら蒸着する必要がある．必要に応じて基板に加熱ヒータを設け，蒸着前の基板加熱処理や蒸着中の基板温度制御を行う．

真空蒸着における製膜プロセスは，蒸発した分子が基板表面に到達し，マイグレーション，再蒸発，核形成，核成長，合体などの過程を経て進行する．そのため，薄膜の微視的形態や物性は基板温度，表面での分子の過飽和度(蒸着速度)，基板と材料の表面および界面エネルギー(原子間相互作用)などで大きく左右され，理想的に平坦な膜を成長させることは必ずしも容易でなく，島状に成長した膜となることも多い．清浄な結晶性基板を用い，薄膜と基板の結晶格子の整合がとれる場合は，基板と結晶方位のそろった単結晶薄膜が成長するエピタキシャル現象が観察される．非晶質基板表面では多結晶薄膜が成長するが，特定の結晶面を基板面と平行にして優先配向する例が多い．棒状や平面状の有機分子は分子どうしがスタッキングして優先配向するが，その結晶性や配向性は基板温度と蒸着速度に大きく依存する．

2) 蒸着重合法

　真空蒸着法は多くの低分子化合物に有用な技術であるが，材料を加熱して蒸発させることが必要条件となるため，高分子のように蒸発しない材料の製膜は困難である．図 2.6.15 に物理蒸着法による高分子薄膜形成法のいくつかの概念を示す．同図 (a) のように，ポリエチレンやポリテトラフルオロエチレンなどのように分子間相互作用が小さい化合物であれば蒸着することも不可能ではないが，得られる膜の分子量は低い．そこで高分子薄膜を得るためには，同図 (b) に示すようにモノマー材料を蒸発させて基板表面で重合反応を進行させつつ薄膜を堆積する方法がとられ，蒸着重合法と呼ばれる．その一例としてジアミンとカルボン酸二無水物を共蒸着すると，基板表面での反応によってポリアミド酸薄膜が形成され，これを加熱脱水処理するとポリイミド薄膜が得られる[6]．また，ジアミンとジイソシアナートを共蒸着するとポリ尿素薄膜が得られる．この場合は重付加によって重合が進行するために反応副生成物を生じず，加熱処理も必要としない．このほか，ポリアミド，π 共役ポリマーなどを蒸着重合することも可能である．蒸着重合法は無溶媒で高分子薄膜が得られる点が最大の特徴であり，ポリイミドのように難溶性でスピンコートの困難な材料であっても高純度の均質な薄膜を形成でき，ナノメートルレベルの薄膜も容易に作製できる．

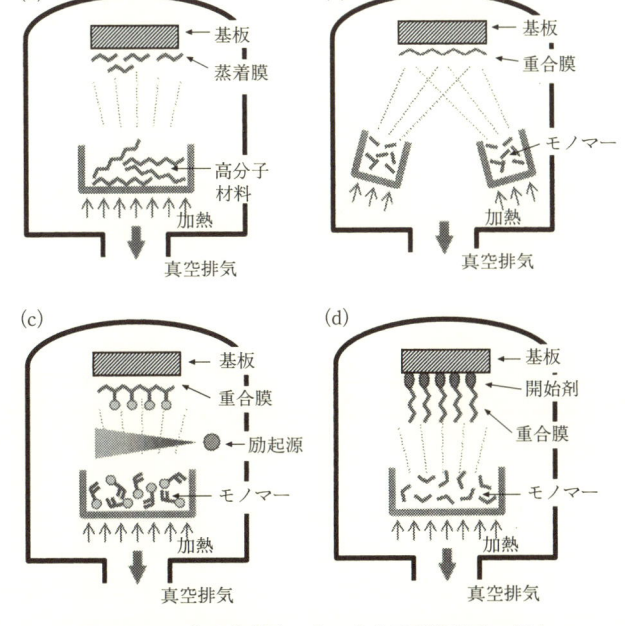

図 2.6.15　物理蒸着法による高分子薄膜形成の概念．
(a) 直接蒸着，(b) 共蒸着型蒸着重合，(c) 単独蒸着型蒸着重合，
(d) 表面開始型蒸着重合．

共蒸着によって遂次的反応で重合させる場合は，重合度を上げるためには両モノマーの供給量を化学量論的に正確に制御する必要がある．そこで図 2.6.11 (c) に示すように，ビニル基などの重合性官能基をもつモノマーを単独で蒸着し，連鎖的反応によって高分子薄膜を得る手法が考えられる．この場合，単純な蒸着では反応は進行しないので，熱輻射，紫外線照射，電子照射などによって重合活性種を形成する必要がある．とくにアクリル酸化合物は容易に重合し，機能性分子のアクリル酸エステルを蒸着すると，機能性部位を側鎖にもつビニルポリマーが得られる[7]．また，特殊な例として，同図 (d) に示すように基板表面に重合開始剤の自己組織化膜を形成しておき，この表面にモノマーを蒸着することによって重合膜を得ることもできる．たとえば，アミノ基をもつ基板表面にアミノ酸 N カルボキシ無水物を蒸着するとポリペプチド薄膜が得られる[8]．一般の蒸着膜は基板表面に物理吸着しているが，このようにして得られた膜は，基板と共有結合しているため，付着強度が高く熱的安定性にも優れている．

3) 化学気相成長法

蒸着重合は真空蒸着法と同様に高真空中で製膜するが，真空槽内を 0.1 Pa 程度以上のモノマーガスで満たし，気相からの析出で重合膜を形成することもできる．高真空中での蒸着重合では，モノマー分子は衝突することなく基板に入射して表面で反応が進行するのに対して，圧力を高くすると製膜槽内の気相で分子衝突が生じ，気相からの化学反応によって基板表面へ析出するので，化学気相成長法 (CVD) に分類される．蒸着法では分子が基板面に直線的に入射するため，複雑な形状をもつ表面に均質なカバレッジを得ることは容易でないが，CVD では均一に被膜を形成できる特徴がある．材料モノマーは気体として供給する必要があるが，共蒸着型の蒸着重合と同様な材料を加熱・気化して供給し，ポリイミドやポリ尿素などの薄膜を形成できる．また，シクロファンのような化合物を熱分解して供給し，開環重合させる熱 CVD 法もある．

4) プラズマ重合法

プラズマ重合法は反応容器内に低圧力のモノマーガスを流し，放電によってプラズマを生成して高分子薄膜を堆積させる手法であり，CVD による高分子薄膜形成法の一種である．通常の CVD 法に比べ，幅広い種類のモノマー分子を重合させることができる．通常はモノマーガスにアルゴン，窒素，酸素，水素などのキャリヤガスを加えて放電させる．モノマーガスやキャリヤガスの種類と流量，圧力，放電方式 (周波数と電極の形状)，放電電力などが蒸着条件を支配し，条件によっては固体膜のほかに油膜状，粒子状などのさまざまな重合物が堆積する．CVD と同様に複雑な形状の表面にも薄膜を堆積することができ，パイプの内面に重合膜を形成した例もある[9]．

重合膜の生成機構は複雑であるが，一般には放電によって気相中で活性種が生成され，基板表面で伝搬および停止反応が生じると考えられている．基板表面がプラズマに直接さらされる場合は，堆積物のアブレージョンが平行して進む．不活性キャリヤ

ガスを用いた場合や，ガス圧力が低い場合はラジカルが反応種となるが，反応性キャリヤガスを用いた場合やガス圧力が100 Pa 程度になると，イオン性反応が生じる．また，ガス流量が大きく，放電電力が小さいと比較的分子構造を特定しやすい鎖状高分子の薄膜が形成されるが，ガス流量が少なく，放電電力が大きいと，高度に架橋した複雑な分子構造の膜が形成される．このような膜は機械的，化学的安定性が高く，保護膜や絶縁膜として利用される．製膜直後のプラズマ重合膜は多量のラジカルを膜中に含むことが多く，時間とともに酸化などによって物性が変化する場合があるので注意を要する．

5) 摩擦転写法

摩擦転写法は溶媒を用いない点ではドライプロセスであるが，真空を利用しない機械的製膜法である．これは高分子固体を基板表面にこすり付けて薄膜を形成する手法である．転写時の基板温度，押付け圧力，摩擦速度，雰囲気などを制御することによって，分子鎖が摩擦方向に配向した厚さ数 nm から数十 nm の薄膜を形成できる．この手法はポリテトラフルオロエチレンの製膜法として開発されたが[10]，π共役高分子，ポリシランなど，さまざまな高分子材料に適用することができる．摩擦転写膜は表面に数十 nm 幅の溝状構造をもつので，これをテンプレートとして，そのうえに真空蒸着法やキャスト法によって配向膜を形成することもできる．　　〔臼井博明〕

文　　献

1) G. Roberts : Langmuir Blodgett Films, Plenum Press, New York (1990)
2) J. Sagiv : *J. Am. Chem. Soc.*, **102**, 92 (1980)
3) J. L. Wilbur, A. Kumar, E. Kim and G. M. Whitesides : *Adv. Mat.*, **6**, 600 (1994)
4) R. D. Piner, J. Zhu, F. Xu, S. Hong and C. A. Mirkin : *Science*, **283**, 661 (1999)
5) G. Decher and J. D. Hong : *Makromol. Chem. Macromol. Symp.*, **46**, 321 (1991)
6) J. R. Salem, F. O. Sequeda, J. Duran, W. Y. Lee and R. M. Yang : *J. Vac. Sci. Technol.*, A, **4**, 369 (1986)
7) H. Usui : *Thin Solid Films*, **365**, 22 (2000).
8) T. M. Fulghum, A. Prussia, A. Katayama, K. Tanaka, H. Usui and R. C. Advincula : *Polymer Preprints*, **43**, 563 (2002)
9) 長田義仁，ほか：プラズマ重合，東京化学同人，p. 66 (1986).
10) J. C. Wittmann and P. Smith : *Nature*, **352**, 414 (1991)

2.7 ナノプロセス

2.7.1 トップダウン法

超微細加工技術の発展は目覚ましく，通常の電子ビームを用いて，10 nm ナノリソグラフィが可能となり，原子・分子操作までも走査型トンネル顕微鏡(scanning tunneling microscope : STM)を用いて可能となってきている[1,2]．電子ビームの最小ビーム径は走査型電子顕微鏡では 1～5 nm である．また集束イオンビーム (focused ion beam：FIB）では5nmである．このように，100～1nmのナノテクノロジーの領域では，電子・イオンビームが用いられる．1～0.1nmのアトムテクノロジーの領域ではSTMが用いられる．それぞれの領域では，ほぼ加工手法が確立されてきている．ここでは，ナノ加工のトップダウン法として，電子ビーム・イオンビームによる超微細加工技術および，ナノパターン転写方法として，ナノインプリント技術について述べる．

a. 電子ビームナノ加工

電子ビーム露光技術は，計算機制御により高速ビーム偏向が可能であるため，CAD（computer-aided design）データに基づいたマスクレス描画機能が特長である．電子ビーム露光は，光露光用マスク作製，少量多品種デバイス作製などに，光露光とともに不可欠の実用リソグラフィ技術である．さらに，電子ビーム縮小転写技術などの高スループット描画方式の装置試作，性能評価が行われ，これまでのマスクパターン描画の役割とともに，光露光の次の70nm以下の有望な量産技術として注目されている[3]．

電子ビームは電界もしくは磁界で偏向できる．磁界偏向は比較的容易に大偏向が可能で，また外来雑音に強いのでSEMや簡易描画装置に使われている．一方露光装置では，高精度で高速度の偏向が可能な電界偏向器が多用されている．大きく偏向するほど偏向ひずみが大きくなるが，最近では偏向ひずみを補正してより大偏向で高精度の描画ができるようになっている．それでも，近年の大面積チップを描画できるほどの偏向幅は得られないので，ステージを移動させることにより，大面積の描画を行うようにしている．このとき，偏向により描画できる領域をフィールドと呼び，このフィールドをステージを移動させることによりつないで描画する．この方式をステップアンドリピートと呼んでいる．フィールドをサブフィールドに分割し，サブフィールド内を高速で偏向し，サブフィールドの中心位置を低速で偏向する方式が採用されている．通常，直接描画用の露光装置では，電子ビームはパターンどおりに偏向され，パターンのないところでは電子ビームはブランキングされている．この方式をベクトル走査と呼んでいる．一方，ラスター走査と呼ばれる方法は，ステージは一定速度で移動させ，電子ビームをテレビの画面走査のように一定間隔を一定速度で走査し，パターンの有無に応じてブランキングによりビームをオンオフ制御する．

図2.7.1に，ポイントビーム露光装置で露光したパターンの一例を示す[4]．図2.7.1（a）は化学増幅型ネガレジスト（住友化学（株）：NEB22A3）で作製したゲート加工用のパターンである．線幅30nm，高さ160nmの高アスペクトのパターンが容易に得られる．図2.7.1（b）は，化学増幅形ポジレジスト（シプレー（株））で作製したコンタクトホール形成用のパターンである．サブ0.1μmで高アスペクト比が得られている．図2.7.2（a）は，高分解能レジスト「カリックスアレン」を用いて形成した線幅10nmのパターンである．図2.7.2（b）は，ネガレジストHSQ（hydrogen silsesquioxane：Dow Corning Co.）を用いて作製した線幅7nmのパターンである[5]．ウイ

2.7 ナノプロセス

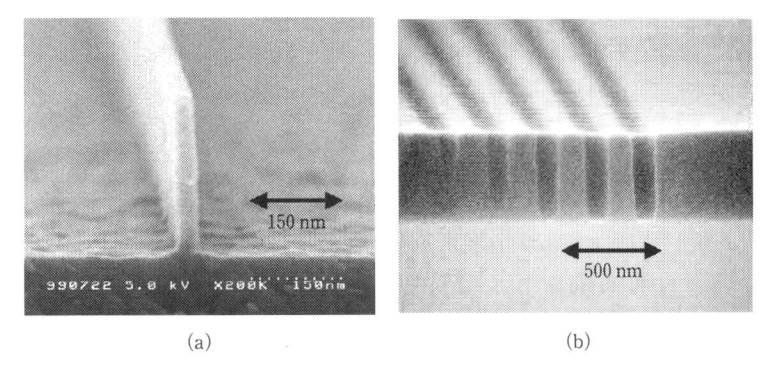

図 2.7.1 電子ビーム露光した微細レジストパターン
(a) 化学増幅型ネガレジスト (NEB 22 A 3), (b) 化学増幅型ポジレジスト (UV 5) による 0.1 μm 径コンタクトホールパターン.

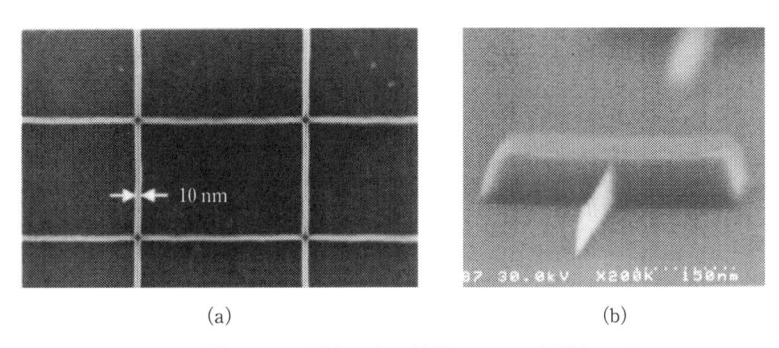

図 2.7.2 電子ビーム露光による線幅 10 nm の超微細パターン
(a) カリックスアレーンレジスト, (b) HSQ レジスト.

ルスの直径が 70 nm 程度であるので, ウイルスの 10 分の 1 の大きさのパターン形成が達成されている. このようにポイント電子ビーム露光では 10 nm オーダーの微細パターンが得られており, マイクロ波デバイスの開発・量産 (ゲート露光), 光デバイスの開発・量産, 先端 CMOS デバイスやナノデバイスの開発に威力を発揮している.

ポイントビーム露光機の重要な応用としてマスク露光がある. マスク露光の要件は, 第一に高精度であること, 第二に高速性 (スループットが高い) である. ベクトル走査方式の露光装置でもマスク描画は可能であるが, ステージがステップアンドリピートのため加減速が頻繁にあり, 偏向電圧も変則的に変動する. それに対してラスター走査では, 露光中のステージの加減速やビームの変則的な偏向がないため, 比較的容易に高精度なパターンを描画できる. 実際のデバイスパターンは, 比較的稠密に配置されている場合が多いので, ラスター走査でも高速描画が可能で, パターンデータにより露光時間に大きなばらつきが出ることもない. またデータ転送速度が速いと

いう利点もある．ポイントビーム露光機の最近の応用としては，光(磁気)ディスクのマスターパターンの露光に用いられている．この場合，試料ステージは回転ステージが用いられ，電子ビームにより高精度に微細なパターンが描画されている[6]．

b. 集束イオンビームによる立体ナノ構造形成

集束イオンビーム技術は，液体イオン源を用いることにより，0.1 μm 以下のビーム径が得られることが，ヒューズ研究所の Seliger らによって示された[7]．集束イオンビームを用いるとマスクレスでのリソグラフィ，エッチング，デポジション，イオン注入，イオンビーム改質，イオンビームミキシングなどの多機能プロセスが可能となる[8]．液体上の金属から電界放出により，イオンビームを生成する液体金属イオン源が集束イオンビームに用いられる．リザーバと呼ばれている金属溜を加熱することにより，液体金属が針の先端に供給される．アノードにカソード(引き出し電極)に対して正の電位を与えると，その液体金属表面には真空中に向かう電界による静電力が働き，逆方向に引き戻す表面張力とつり合う．高電位になるに従って，電界が大きくなり，液体金属がしだいに突出する．電界があるしきい値を超えると，液体面の形状は円錐状で平衡を保ちつつイオンが安定に放出される．このときの円錐をテーラーコーンと呼び，円錐の頂角は 49.3° である．またこのときの電界のしきい値は，約 10^8 V·cm^{-1} である．イオン源寿命および安定性から実用に供するイオン源として，Ga イオン源が一般的に用いられている．現在では，Ga イオン源を用いた集束イオンビーム装置のビーム径は 5 nm を達成している．

集束イオンビーム技術は開発当初，近接効果補正の必要がなく，レジスト感度が高いなどの理由でリソグラフィへの適用研究が行われたが，基板へのイオンビーム照射損傷および低スループット，ビーム径，寿命および安定性などの点から，リソグラフィプロセスとしては，電子ビームリソグラフィより劣ることが明らかとなった．さらに Si, GaAs デバイスなどへの局所ドーピングプロセスの研究が行われたが，低スループットのため汎用デバイス作製には用いられず，量子効果デバイスなどの試作に用いられている．リソグラフィおよびドーピングは実用化しなかったが，集束イオンビームによる局所エッチングおよびデポジションを利用した TEM 試料作製や，デバイス故障解析における試料作成法は不可欠の技術として用いられている．

超微細立体構造製造技術は，10 nm 程度に収束した Ga$^+$ 集束イオンビームを，堆積すべき材料を含んだ原料ガス中で，ビームをナノメートルレベルの精度で立体走査することによって気相反応により，100 nm 以下の超微細立体構造製造を可能にする[9]．ミクロンからナノメートルサイズの高精度かつ任意の超微細立体構造を，ソースガス選定による任意の材料で製造することができる 3 次元ナノテクノロジー技術であり，本超微細立体構造体は，マイクロメカニクス，マイクロ光学，マイクロ磁気デバイス，バイオマイクロ計測などへ，サイズおよび形状の任意性からみて，現状技術を超えた機能素子としての用途展開が可能である．

図 2.7.3 は，集束イオンビームによる 3 次元ナノ構造作製の原理を示している．ま

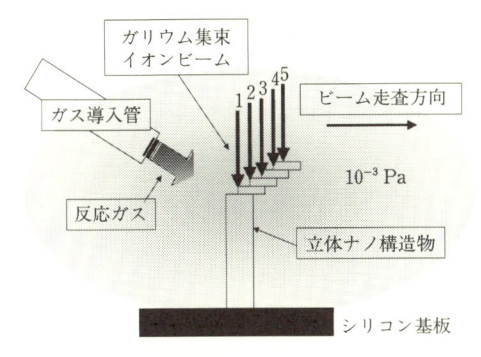

図 2.7.3 集束イオンビーム励起反応による 3 次元ナノ構造作製原理

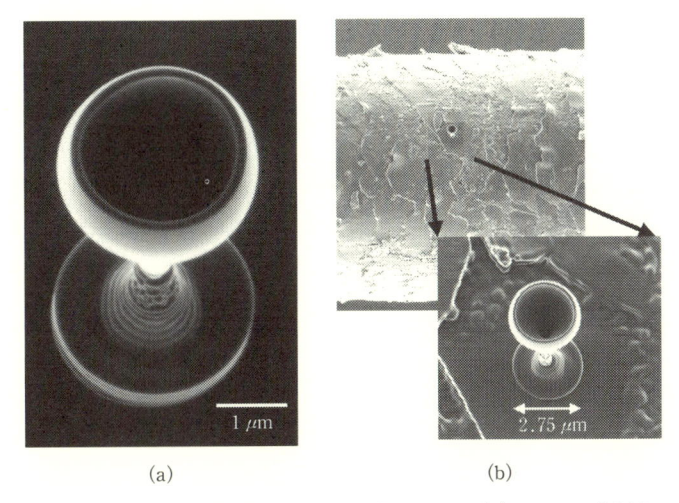

図 2.7.4 集束イオンビーム励起反応によって作製された (a) シリコン基板上,および (b) 髪の毛に作製されたナノワイングラス (外径:2.75 μm,高さ:12 μm)

　ず,基板上にガスを導入しながら,基板に対して垂直に Ga^+ イオンビームを照射することにより,柱状構造 (ピラー) を形成できる.形成したピラー上でピラーの半径よりも小さい量だけビームを移動させ静止し,イオンビームをその位置で照射し続けると 2 次電子の発生により,テラスが形成される (テラス:1).形成されたテラス上にビームを移動させ,静止させることにより,さらにテラスが形成される (テラス:2).このプロセスを繰り返すことにより,空間に 3 次元ナノ構造を形成することができる.

　図 2.7.4 は,ナノ空間における造形芸術の一例として,カーボン系ガス (フェナトレン:$C_{14}H_{10}$) 気相中で,30 kV Ga^+ 集束イオンビーム励起反応により,シリコン基

(a) (b)

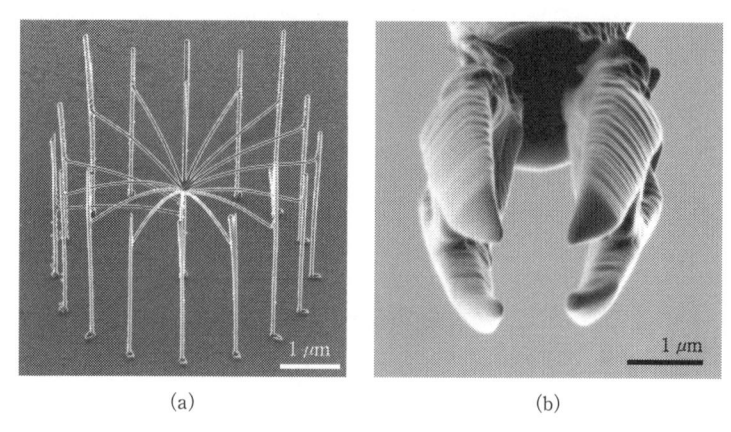

図2.7.5 集束イオンビーム励起反応によって作製された(a)線幅0.1 μmの空中配線，および(b)ナノマニュピュレータ

板上および髪の毛上に作製した外径：2.75 μm, 高さ：12 μm の世界最小のダイヤモンドナノワイングラスである．作製時間は10分であった．実際のワイングラスの2万分の1の大きさである．その造形精度は3次元曲面に示されているようにナノスケールオーダである．図2.7.5は，立体ナノ構造造形例として，線幅0.1 μmの空中配線およびナノマニュピュレータを示す[10]．

c. ナノインプリント技術

ナノインプリントは，光ディスク製作ではよく知られているエンボス技術を発展させ，その解像性を高めた技術であり，凹凸のパターンを形成したモールドを，基板上の液状ポリマーなどへ押し付け，パターンを転写するものである[11〜13]．この技術を半導体素子や光素子あるいは，ナノ構造材料形成など新たな応用へ展開しようとする試みであり，10 nm レベルのナノ構造体を安価に大量生産でき，かつ高精度化が可能となりうる技術として近年注目を浴びている．1995年にプリンストン大学のChou教授が，ポリマーのガラス転移温度付近で昇温，冷却過程により10 nmパターン転写が可能であるナノインプリント技術を発表した[14,15]．その後，米国のテキサス大学，ドイツのアーヘン大学が1996年に紫外光硬化樹脂を用いた，光ナノインプリント技術を発表した[16,17]．ナノインプリント技術が発表される2年前の1993年に，ハーバード大学のWhitesides教授がマイクロコンタクトプリント技術を発表している[18〜20]．これは，ソフトリソグラフィと呼ばれる技術で，レジストパターンなどの原版をPDMS(ポリジメチルシロキサン)に型取りし，マスクとするものである．現状技術としてはこの三つの技術が実用上，重要である．ナノ構造転写技術としてみたときには，装置コストはかなり廉価になるものと期待され，マスクに対応するモールドも1対1であるが，バルクのマスクであることから，比較的容易に製作できるものと考えられる．

1) 熱ナノインプリント技術

Chouらによるナノインプリントでは，熱可塑性樹脂のPMMA（ポリメタクリル酸メチル；ガラス転移温度105℃）を基板に塗布し，PMMAポリマー層のガラス転移温度以上に昇温し，ポリマーを液状とする．その後，モールド（SiO_2/Si基板のSiO_2層にパターン形成）をプレスし，ガラス転移温度以下に冷却後，モールドと基板の引き離しを行う．この方式が熱サイクルインプリントである[14,15]．

転写パターンを作製するプロセスを図2.7.6に示す．

① シリコン基板にレジスト（PMMA）を塗布する．
② PMMAを塗布した基板（シリコン）を120～200℃まで加熱してレジストを軟化させる．
③ モールドをレジストに接触させて5～15 MPa加圧することにより，レジストを変形させる．
④ プレスした状態を保ちつつ，基板温度を冷却しレジストを硬化させ，モールドの凹凸をレジストに転写する．

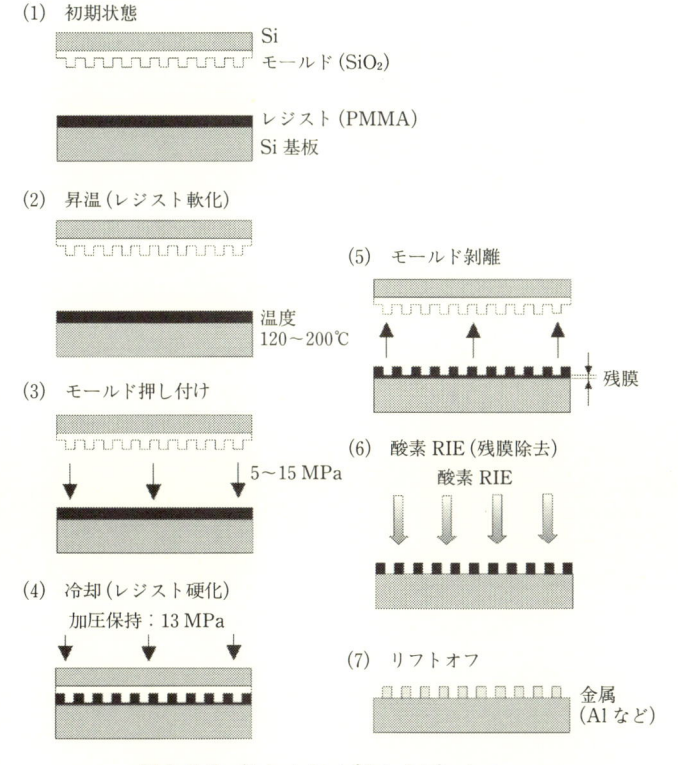

図2.7.6 熱ナノインプリントプロセス

⑤ PMMAが十分硬化したらモールドを離す．このとき，モールドの凸部に相当する部分が，シリコン基板上に薄い残膜として残る．
⑥ 酸素の反応性イオンエッチング(reactive ion etching : RIE)で残膜のレジストを除去し，基板表面を出す．
⑦ その後，レジスト膜をマスクとしてエッチングを行ったり，Alなどのリフトオフを行う．

Chouらの実験により，10 nm以下の転写が可能なことが示され，本技術自体には解像度限界がなく，解像度はモールドの作製精度によって決まることが実証された．現状のフォトマスクと同様に，モールドさえ入手できれば，従来のフォトリソグラフィより簡便に，はるかに安価な装置により，極微細構造が形成できる．図 2.7.7 に

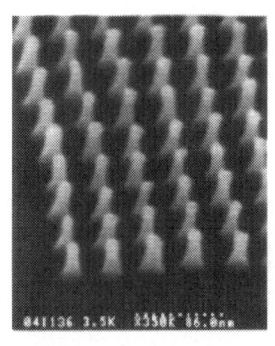

(a) SiO_2/Si モールドパターン　　(b) PMMA への転写パターン

図 2.7.7　熱ナノインプリントで使用された (a) SiO_2/Si モールドパターンと (b) PMMA へ転写された 10 nm 直径，60 nm 高さの突起状パターン

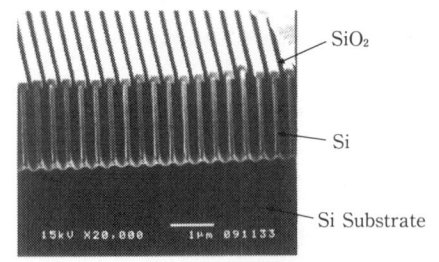

異方性ウエットエッチングで作製した
Si モールド (SiO_2 マスク除去前)
(a)

PMMA パターン
線幅：200 nm，深さ＝1.2 μm
(b)

図 2.7.8　熱サイクルナノインプリントにより形成された高アスペクト PMMA パターン
　　(a) 高アスペクト Si モールド，(b) 高アスペクト PMMA パターン．

Si 基板上の SiO₂/Si モールドを用いて，インプリントされた 10 nm の PMMA 転写パターンを示す．このように，10 nm 以下の解像度パターンが実証されている．モールドと基板は，光学顕微鏡により位置合わせを行い，専用のカセットにより固定するという方法で，ゲートやホールパターンなどの4層をインプリント形成，MOS トランジスタを作製しているが，位置合わせ精度は，0.5 μm 程度である．このように，熱サイクルインプリントは，簡便な装置で，大面積に 10 nm オーダの構造を形成できる量産技術としての可能性を有している．図 2.7.8 は，高アスペクトパターンの PMMA へのパターン転写例を示している．線幅が，200 nm，高さが 1.2 μm の高アスペクト比パターンを一括して作製することができる[21]．さらに，ナノインプリントの転写均一性を測定した例で，4インチウェーハ上で，30 nm の精度が確認されている．

2) **光硬化 (UV) ナノインプリント技術**

オランダのフィリップス研究所 (1996 年)，米国テキサス大学の Wilson 教授が紫外光硬化樹脂を用いた，UV ナノインプリント技術を発表した[16,17]．UV ナノインプリントは，熱で形状が変化する熱可塑性樹脂の代わりに，紫外光で形状が硬化する光硬化樹脂を用いたものである．このプロセスを図 2.7.9 に示す．このプロセスは，粘度の低い光硬化樹脂をモールドで変化させ，その後に紫外光 (300〜400 nm) を照射して樹脂を硬化させ，モールドを離すことによりパターンを得るものである．パターンを得るのに紫外光の照射のみで行えるので，熱サイクルに比べスループットが高く，温度による寸法変化などを防ぐことができる．また，モールドには紫外光を透過する

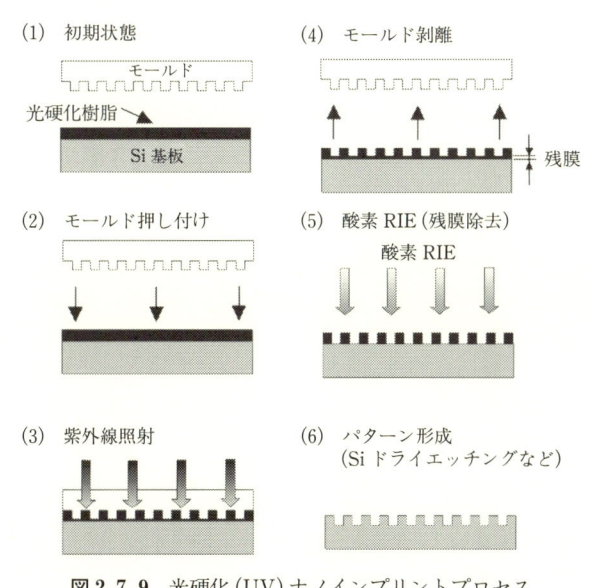

図 2.7.9 光硬化 (UV) ナノインプリントプロセス

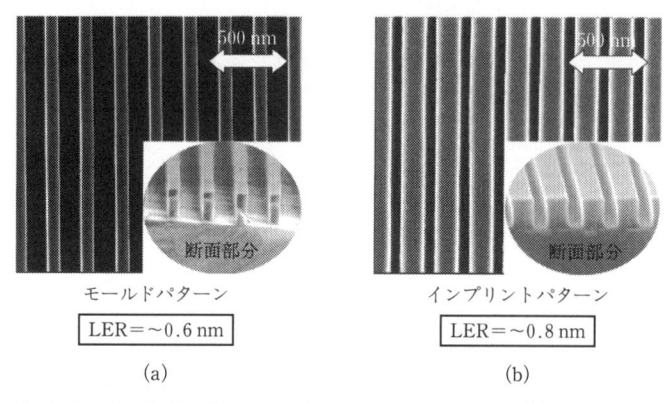

図2.7.10 光硬化(UV)(a)ナノインプリントモールドと(b)転写パターン(PAK-01：東洋合成(株))とのラインエッジラフネスの比較

モールドを使用するので，モールドを透過しての位置合わせが行える利点もある．ステップ&リピートによりウェーハ全面へのインプリントも可能となる．光ナノインプリント用のモールドとして，石英が用いられる．図2.7.10は，UVナノインプリント用光硬化樹脂PAK-01(東洋合成(株))を用いた転写結果を示している[22]．モールドパターンのラインエッジラフネス(LER)が0.6 nmであり，転写パターンのLERは，0.8 nmである．さらに，線幅5 nmの石英ナノインプリントモールドを電子ビーム露光とドライエッチングで作製し，UVインプリントした結果，最小線幅5 nmパターンの転写に成功している[23]．

まとめ

電子ビームの最小ビーム径は5 nmを達成しており，10 nm描画も可能となり，先端デバイスプロセスとして不可欠のものとなっている．集束イオンビームは，エッチングおよびデポジション加工が可能であり，TEMの断面試料作成，半導体集積回路などの故障解析のための断面試料作成，デバイス回路修正などに不可欠な技術となっている．さらに，集束イオンビームを用いた立体ナノ構造形成技術は，マイクロ・ナノシステム製造プロセスへと発展することが期待される．トップダウンのナノ転写技術として，熱ナノインプリントは，重ね精度を問題としない分野で大面積一括転写を可能にし，さらに，光硬化(UV)ナノインプリントは，重ね精度を満足する．今後，ナノインプリントは，機能性材料のパターン創製，微細デバイスの量産に魅力的な市場を開拓していくと期待される．

〔松井真二〕

文献

1) 徳本 巍編著：超微細加工技術(応用物理学シリーズ)，オーム社(1987)
2) 松井真二：電気学会誌，**114**, 6, pp. 361-366 (1994)

3) 松井真二,落合幸徳,山下 浩:応用物理学会誌, **70**, 4, pp. 411-417 (2001)
4) Y. Ochiai, et al.: *Microelectronic Eng.*, **46**, 187 (1999)
5) H. Namatsu, et al.: *J. Vac. Sci. Technol.*, **B16**, 69 (1998)
6) Y. Wada, et al.: *Jpn. J. Appl. Phy.*, **B40**, 1653 (2001)
7) R. L. Seliger, et al.: *Appl. Phys. Lett.*, **34**, 310 (1979)
8) S. Matsui and Y. Ochiai: *Nanotechnology*, **7**, 247 (1996)
9) S. Matsui, K. Kaito, J. Fujita, M. Komuro, K. Kanda and Y. Haruyama: *J. Vac. Sci. Technol.*, **B18**, 3168 (2000)
10) 松井真二:応用物理学会誌, **73**, 4, pp. 445-454 (2004)
11) 古室昌徳:*MATERIAL STAGE*, **1**, 11, pp. 34-37 (2002)
12) 電子ジャーナル:ナノインプリント技術徹底解説 (2004)
13) 特集:脚光を浴びるナノインプリント技術, *O plus E*, **27**, 2, pp. 144-184 (2005)
14) S. Y. Chou, P. R. Krauss and P. J. Renstrom: *Appl. Phys. Lett.*, **67**, 3114 (1995)
15) S. Y. Chou, P. R. Krauss, W. L. Guo and L. Zhuang: *J. Vac. Sci. Technol.*, **B15**, 2897 (1997)
16) J. Haisma, M. Verheijen and K. Heuvel: *J. Vac. Sci. Technol.*, **B14**, 4124 (1996)
17) T. Bailey, B. J. Chooi, M. Colburn, M. Meissi, S. Shaya, J. G. Ekerdt, S. V. Screenivasan and C. G. Willson: *J. Vac. Sci. Technol.*, **B18**, 3572 (2000)
18) A. Kumar and G. M. Whitesides: *Appl. Phys. Lett.*, **63**, 2002 (1993)
19) T. K. Whidden, D. F. Ferry, M. N. Kozicki, E. Kim, A. Kumar, J. Witbur and G. M. Whitesides: *Nanotechnology*, **7**, 447 (1996)
20) G. M. ホワイトサイズ, J. C. ラブ(水谷 亘訳):日経サイエンス, 2001年12月号, pp. 33-41 (2001)
21) Y. Hirai and Y. Tanaka: *J. Photopolymer Sci. Technol.*, **15**, pp. 475-480 (2002)
22) 廣島 洋:光技術コンタクト, **41**, 6, pp. 19-27 (2003)
23) W. Wu and S. Y. Chou, et al.: Abstract of the 48th International Conference on Electron, Ion and Photon Beam Technology and Nanofabrication, pp. 161-162, San Diego, CA, June 1-4 (2004)

2.7.2 ボトムアップ法(セルフアセンブラなど):バイオナノプロセス

ナノメータサイズの構造を作製するためのナノプロセスとして,トップダウンの手法とボトムアップの手法がそれぞれ研究されている.その例をあげると,トップダウンの手法では,X線リソグラフィ,電子ビームリソグラフィ,FIB,SPM探針による描画などがあり,数十ナノメートルから数ナノメートル程度のものまで加工が可能となってきている.一方,ボトムアップの手法は,自己組織化,もしくは自己集合能を利用して,原子そのものや分子を積み上げてナノ構造作製を目指しているもので,化合物半導体の自己集合によるナノドット(Stranski-Krastanov成長モード)が有名である.しかしながら,現状では無機材料のナノプロセスでは,ナノ構造をトップダウンで作製するためには大型の真空装置類などが必要で装置費用が高くなる傾向があり,ボトムアップで作製するには制御性が足りないのが現状であり,これらの壁を打破すべくいろいろな新しい方向の研究が行われている.

以上は半導体を中心とするナノプロセスであるが,バイオの世界に目を転じると,そこはナノメータからのボトムアップの世界である.生物はすべて,遺伝子情報によりつくられたナノメートルから数十ナノメートルサイズのバイオ分子が自己集合し,

自己組織化して，ミクロンからメートルサイズの細胞を構成し，さらには生物個体をつくり上げている．すなわち，バイオ分子はナノメートルオーダの部品を組み合わせてメートルオーダの個体をつくる能力をもっており，ウエット系のボトムアップナノテクノロジーとして学ぶべき点が多い．ここではバイオ分子のもつ能力を，いくつかの例をあげながら解説し，ともするとあやふやと思われるタンパク質の均質性，規格部品としての能力を示し，さらにこれまで無機材料のナノプロセスと無縁と思われてきたバイオ分子を用いたナノ構造作製プロセスを紹介する．

a. 生体分子のナノ構造の実例

生体内のナノ構造物は共有結合で結ばれた生体分子がさらに非共有結合で組み合わさってできたものである．これらを生体超分子と呼ぶ．生体超分子を構築するための設計図にあたるのがDNAである．DNAは基本的にアデニン(A)，グアニン(G)，シトシン(C)，チミン(T)の核酸から構成される幅2nmの二重らせん構造体である．大部分の生物ではDNA情報に基づいて20種類のアミノ酸を結合し，立体構造を構築することでさまざまな機能をもったタンパク質を必要なときに必要なだけ作製し，生体超分子とその集合体を作製している．これらは外からの操作を受けることなくナノ構造をボトムアップ作製していくため，自己集合あるいはセルフアッセンブリーと呼ばれている．生体超分子は自己集合的にさらに緻密に組み上げられ，これらのコンビネーションによって生物は巧妙かつ高度な機能と多様性を実現させている．以下にフェリチンタンパク質の例をあげてその緻密さについて示す．

フェリチン

肝臓，膵臓，骨髄および筋肉組織などほとんどの器官生物に存在する分子量46万の水溶性タンパク質であるアポフェリチン(apoferritin)は，約4000個の3価の鉄と結合したフェリチン(ferritin)をつくる．生体内の総鉄量の約27%がフェリチンとして貯蔵されている．フェリチンは鉄を含む球状の核と，それを囲む24個のサブユニットよりなるタンパク質性の外殻から成り立っている．直径は約12nmで，アポフェリチンの空洞は約7nmである．おのおののタンパク質サブユニットは約145個

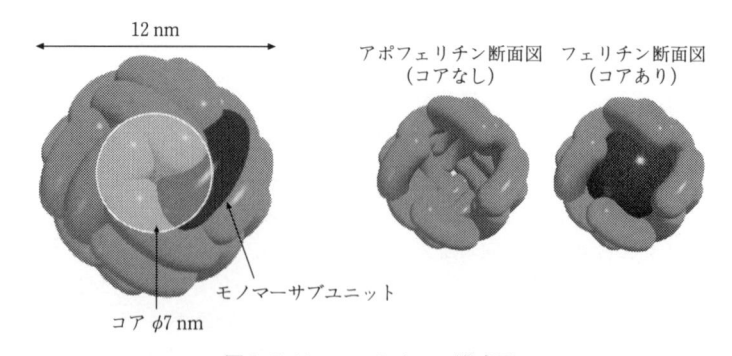

図2.7.11 フェリチンの模式図

のアミノ酸からなる．X線結晶構造解析により，非常に対称性の高い構造をもつことがわかっている．

集合体の内側と外側をつなぐチャンネルが存在し，3回および4回軸に沿っている．4回軸に沿ったチャンネルには疎水性残基が並んでおり，一方，3回軸に沿ったチャンネルには親水性のアスパラギン酸とグルタミン酸残基が並んでいる．この3回軸に沿ったチャンネルが金属の入口であると考えられている．タンパク質殻の内側も親水性残基が並んでいる．一部のサブユニット内にある ferrooxidase center (酸化活性中心) と呼ばれる場所で2価鉄イオンを酸化 (ferrooxidase 活性) したのち，空洞内の内側表面の負電荷領域で核形成を行って約4000個の鉄をフェリハイドライト ($5Fe_2O_3 \cdot 9H_2O$) 結晶の形で保持している．そして生体内の鉄が不足すると保持している鉄を取り崩し，鉄濃度のバランスを保っている．フェリチンの24個のサブユニットには分子量がわずかに異なるL-chainサブユニットとH-chainサブユニットの2種類が存在し，上記のferrooxidase活性はH-サブユニットだけに存在する．L-サブユニットとH-サブユニットの比率は生物種や生物の器官によって異なり，たとえば馬の脾臓にあるフェリチンは90%がL-サブユニット，10%がH-サブユニットであるが，馬の心臓ではその比率が逆転する．

b. ボトムアップ技術に必要なタンパク質のナノテクノロジー

前述のように生物はナノテクノロジーそのものである．とくに，タンパク質は生命が進化の過程で獲得した遺伝子情報を利用して，体内のすべての細胞でまったく同じものが合成されており，生物を構成する規格品といえる．このことから，タンパク質は工業製品の規格部品と同様に組み合わせることで，ナノメートルサイズの構造や複雑で高度機能をもったナノ構造体を作製することが可能であるといえる．この規格品であるタンパク質のナノテクノロジーは幅広いが，その中で無機材料のボトムアップ技術にとくに必要なものとして，自己集積化能があげられる．

自己集積化能

1971年に Fromheltz[1] が脂質二重膜にタンパク質を吸着させて2次元配列を得た．それ以来，透過型電子顕微鏡による構造解析にタンパク質2次元結晶が利用されてきた．古野ら[2] は1989年に，気液界面に張られた合成ポリペプチド (poly-1-benzyl-L-hystidine; PBLH) 膜を使っていくつかのタンパク質を吸着させ2次元結晶を得た．この2次元結晶がSi基板などに転写され，高分解能SEMまたはAFMにより観察された．1990年前半，永山ら[3] はタンパク質を中心にして微粒子2次元結晶を得る方法を研究し，大型の2次元結晶を得ることに成功した．海外では1990年代より，多くの細菌の最表面にあるS-layerと呼ばれるタンパク質膜2次元結晶膜の利用が提唱されている．S-layerは周期的な貫通孔をもったタンパク質2次元結晶膜であり，サブユニットのタンパク質が会合し，対称性をもったうえで2次元膜を構成している．その結晶系は斜方，正方，六方晶と幅広く，格子距離は3〜30 nm，貫通孔の大きさは2〜8 nmである．この膜は最表面で菌体を保護し，数nmの直径の貫通孔

は外部から栄養物や必要な物資が通過できるようになっている。Pumら[4]は、このS-layerの2次元結晶を再構成したバイオ分子固定や、ナノエレクトロニクスデバイス、非線形工学素子の作製を行った。Douglasら[5]は、溶液中でS-layerの親水性と疎水性の表裏を制御しながらシリコン基板に吸着させ、その吸着タンパク質に金属を斜め蒸着したのち、イオンミリングを行い、タンパク質のトップに金属の超微細2次元マスクを実現した。さらに、これを用いた基板の加工やナノ量子ドットの作成を試みている。Johnsonら[6]は、ウィルスの球殻状コートタンパク質が原子オーダで位置が決まっていることを利用して、ウィルス表面に金微粒子を規則的に固定することに成功した。

c. バイオナノプロセスの実例

筆者らの研究グループでは、バイオを利用したナノプロセス、すなわちバイオナノプロセスとして、タンパク質のバイオミネラリゼーションと自己集積化を利用し、ナノドットフローティングゲート型メモリを作製している。具体的には、遺伝子工学を用いてつくったリコンビナントアポフェリチンの直径6 nmの内部空間をナノ反応場として電子材料のナノ粒子をつくり、これを気液界面で2次元結晶化したのち、シリコン基板に転写して、熱処理でタンパク質部分だけを選択除去して、ナノドットだけの配列をつくり、これをフローティングゲートとするメモリデバイスを作製している。以下に四つの要素について記す。

1) アポフェリチンタンパク質への金属の内包

ナノ粒子の作製について鉄を例にして解説する。まずpHを調整したリコンビナントアポフェリチン溶液に2価の鉄イオンを加える。溶液の色ははじめ淡色であるが、ただちに溶液中の酸素と反応してしだいに濃茶褐色に変化し、1時間後にほぼ反応が終わる。アポフェリチンが存在する溶液では、タンパク質の内空で水酸化鉄粒子が構成されるために透明であるのに対して、アポフェリチンが存在しない溶液では、水酸化鉄の微粒子が集まって大きな粒子をつくるために激しく濁る。透過型電子顕微鏡により溶液を観察すると、コアをもったフェリチンがみられ、水酸化鉄コアが内空にできていることを確かめている。

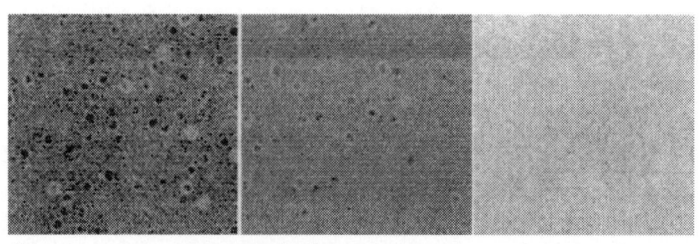

鉄　　　　コバルト　　　　ニッケル

図 2.7.12　アポフェリチンの空洞内の鉄、コバルト、ニッケル化合物のナノ粒子のTEM像

鉄だけではなくアポフェリチンコア内に仕事関数の異なる金属を導入してナノドットを作製することができる．種々の電子順位をもったナノドットは量子効果デバイス設計への応用が大いに期待できる．アポフェリチンの内空にはマンガン，硫化鉄，ウラン，ベリリウム，アルミニウム，硫化カドミニウムといった金属の導入が報告されている．また最近，われわれのグループ[7]ではコバルト，ニッケル，マンガン，クロム，銅の導入に成功している．鉄イオンの導入のときと同様に，pHを調整したリコンビナントアポフェリチン溶液にCo^{2+}を加えて，酸化剤としてH_2O_2を加え，50℃にて一晩攪拌することにより，酸化コバルトのコアを形成することができる．溶液のUV-Visスペクトル測定やコアだけを取り出したX線回折結果により，フェリチンコアの構造はCo_3O_4であることが確認されている．

  2) **配列化・2次元結晶化**

　フローティングゲートメモリでは高密度で均一なナノ粒子の配列が必要である．そこでフェリチン粒子の自己集積化能を用いた2次元結晶化が有効となる．2次元フェリチン配列をシリコン基板上に作製する方法としては古野らが開発したPBLH (poly-1-benzyl-L-histidine, 合成ポリペプチド) を用いる方法に少し変更を加えて行っている．まず，テフロンのトラフに，低濃度 (20〜40 μg/ml) のフェリチンタンパク質溶液を満たす．このタンパク質溶液上にPBLHを静かに展開し，表面に薄膜を作製する．PBLHは中性および弱酸性条件下では正に帯電しており，フェリチンは負に帯電しているため，フェリチンはPBLH膜に静電的に吸着する．室温で放置し吸着が完了した後に，38℃でアニーリングを行い2次元結晶化を促す．作製された2次元結晶膜をあらかじめHMDS (1, 1, 1, 3, 3, 3-hexamethyldisilazane) によって疎水処理したシリコン基板もしくは電顕メッシュに転写する．

　自然界のフェリチンはH-サブユニットとL-サブユニットの混在型である．この混在比が変化することにより，同じタンパク質でも生体内の異なる環境で働くことができるのであるが，この特徴はフェリチンタンパク質をシリコン基板上に2次元に秩序立って並べるというわれわれの目的には問題になる．なぜなら混在型フェリチンは不均質成分であるため，シリコン基板上に均一に並びにくいのである．そこで，われわれはL-サブユニットのDNAのみを大腸菌にクローニングしたフェリチン変異株を作製し，この変異株より生産されるL-リコンビナントフェリチンを用いて2次元結晶の作製を行っている．DNA遺伝情報をもとにした均質なL-リコンビナントフェリチンを用いることにより，大形で結晶性の良い2次元結晶を再現性良く得ている．図2.7.13の電子顕微鏡写真はアポフェリチンのものであるが，空洞まで染色されたほぼ

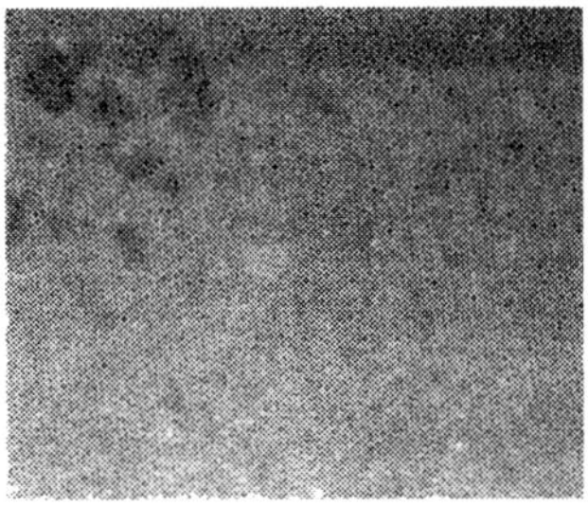

図 2.7.13 リコンビナントアポフェリチンの2次元結晶

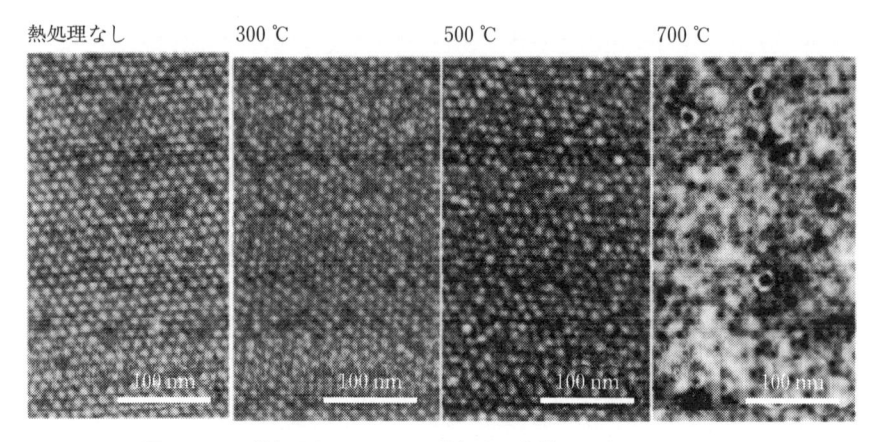

図 2.7.14 熱処理したシリコン基板上の金属ナノ粒子の SEM 像

完全な 6 回対称の 2 次元結晶を観察している．このことは，タンパク質を用いたナノ構造作製では，遺伝子工学的手法による均質なタンパク質を用いることがとくに重要であることを示している．

3) フェリチンタンパク質殻の除去

シリコン基板上のフェリチン 2 次元系結晶から熱処理や UV-オゾン処理法によりタンパク質を除去し，直径 7 nm の無機金属粒子配列をシリコン基板上に作製することが可能である．窒素中で 300℃，500℃でそれぞれ 1 時間熱処理を行った場合，図 2.7.14 の SEM 像はフェリチン内部に形成された鉄に由来するコア粒子のきれいな 2 次元結晶を示した．700℃で行った場合，コアの痕跡がみられるのみで，はっきりとしたドットは観察されなかった．タンパク質の除去は FTIR の観察や重量変化の測定，および XPS 観察結果からも支持されている．さらにこのシリコン基板上のドットは X 線による構造解析から FeO (Wurtzite) であると同定され，導電性であることが示された[8]．

一方，UV-オゾン処理でもシリコン基板上のフェリチンタンパク質殻を除去できる．フェリチンタンパク質の 2 次元結晶が作製されたシリコン基板を 115℃，酸素雰囲気中で 30 分間 UV ozonizer 処理を行ったのち，FTIR によってシリコン基板表面の測定を行ったところ，UV-オゾン処理前にはみられたタンパク質のペプチド結合に由来している Amide I, Amide II のピークが完全に消失していた[9]．以上述べた二つの手法でタンパク質殻を除去することが可能で，直径 7 nm の酸化鉄のドットをシリコン基盤上に配置させることができる．

4) 応用展開—フローティングゲートメモリの作製

フェリチンタンパク質のコア部分に数々の金属を導入してタンパク質を除去することにより種々の量子ドットの作製が可能となっているが，これを用いた電子デバイス

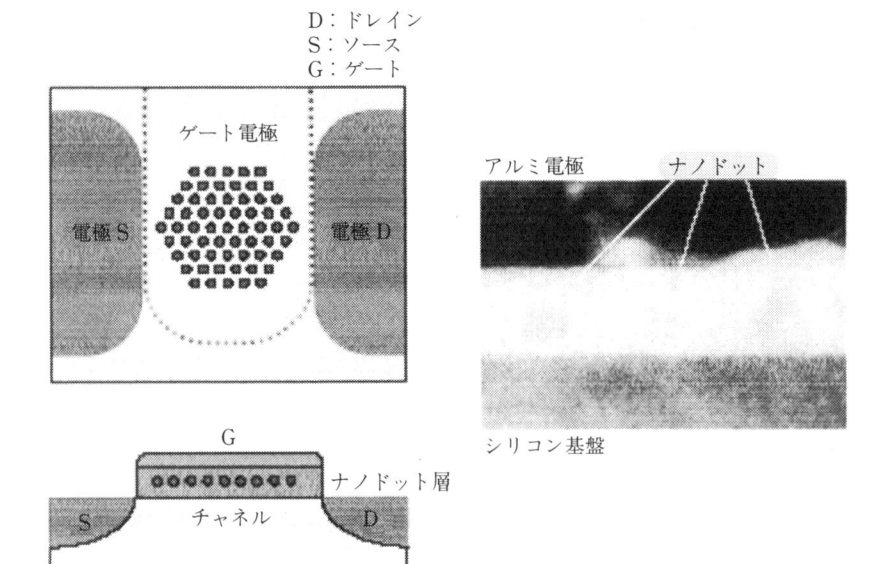

図 2.7.15 フローティングゲートメモリの模式図およびナノドット配列断面 TEM 像

の作製の手始めとしてフローティングゲートメモリの試作を行っている．このデバイスは MOS (metal oxide semiconductor) トランジスタのゲート電極の下に，上記のフェリチンを用いて作製した 50〜100 個程度の数ナノメートルの量子ドットを高密度に配列させメモリを作製しようという試みである．電子はソース電極とドレイン電極の間のチャネルという部分を流れる．ここで上部ゲート電極にプラス電圧を印加すると，チャネルにある電子が量子ドットにトンネルして 1 個ずつ蓄積される．この電荷はゲート電圧をもとに戻しても蓄積されているために，静電的な反発でチャネル部分から電子が追い払われてしまい電流が流れなくなる．これが OFF の状態である．逆にゲート電極にマイナス電圧を印加すると，この量子ドットから電子は追い出される．その結果，ゲート電極をもとに戻してもチャネル部分には電流が流れる．これが ON の状態である．このように量子ドットに電子が蓄積されることによりメモリとして働くことができる．図 2.7.15 の断面 TEM 像は，実際にフェリチン配列から得られたナノドットを酸化物層に埋め込み，上部電極を配置した試料からのものである．この像より，実際にバイオナノプロセスでナノフローティング構造が作製されていることが示された．

ま　と　め

ナノメータサイズの構造を作製する新しいボトムアップ技術としてバイオナノプロセスを紹介した．バイオナノプロセスは，バイオテクノロジーとナノテクノロジーのフロンティアに位置し，その前途は大きく広がっている．もちろんこれから研究開発

を行うべき未知の点も多いが，このプロセスのもつポテンシャルはきわめて大きいと考えられ，今後，ナノ集積技術としてナノテクノロジーの一分野を形成するものと思われる．

〔村岡雅弘・岩堀健治・山下一郎〕

文　献

1) P. Fromheltz : *Nature*, **231**, 267 (1971)
2) T. Furuno, H. Sasabe and K. M. Ulmer : *Thin Solid Films*, **180**, 23 (1989)
3) H. Yoshimura, T. Scheybani, W. Baumeister and K. Nagayama : *Langmuir*, **10**, 3290 (1994)
4) W. Shenton, D. Pum, U. B. Sleytr and S. Mann : *Nature*, **389**, 585 (1997)
5) T. A. Winningham, H. P. Gillis, D. A. Choutov, K. P. Martin, J. T. Moore and T. Douglas : *Surf. Sci.*, **406**, 221 (1998)
6) Q. Wang, T. Lin, L. Tang, J. E. Johnson and M. G. Finn : *Angew. Chem. Int. Ed.*, **41**, 459 (2002)
7) M. Okuda, K. Iwahori, I. Yamashita and H. Yoshimura : *Biotech. Bioeng.*, **84**, 187 (2003)
8) I. Yamashita : *Thin Solid Films*, **393**, 12 (2001)
9) T. Hikono, Y. Uraoka, T. Fuyuki and I. Yamashita : *Jpn. J. Appl. Phys.*, **42**, L398 (2003)

2.7.3　SPM　加　工
a.　走査型プローブ顕微鏡 (SPM)[1]

走査型トンネル顕微鏡 (scanning tunneling microscope : STM) や原子間力顕微鏡 (atomic force microscope : AFM) の発明の結果，これらの新しい顕微鏡を意味する走査型プローブ顕微鏡 (scanning probe microscope : SPM) の一般概念が構築された．図 2.7.16 に示すように，SPM とは小さなプローブを試料表面に接近させて刺激に対する表面の応答を局所的に測定しながら，XY 走査して高分解能画像を得る新しい顕微鏡の概念である．STM では，刺激はトンネル電圧，応答はトンネル電流，プローブは金属探針で，AFM では刺激は原子間力 (斥力測定では荷重)，応答は AFM テコの変形 (反作用)，プローブは小さなテコである．レンズを使わない SPM は，レンズを使う従来型の光学顕微鏡や電子顕微鏡のように，空間分解能がレンズの収差の問題により，波長の 2 分の 1 程度に制限されることはない．したがって，近接場光学顕微鏡 (SNOM : scanning near field optical microscope または NSOM : near field scanning optical microscope) と呼ばれる SPM の概念を利用した光学顕微鏡では波長の数十分の 1 以下の空間分解能も実現されている．

b.　ミクロな局所場をつくる走査型プローブ顕微鏡 ─ 機械的方法と電気的方法 ─

図 2.7.16 に示すように，SPM では小さなプローブを試料表面に接近させて，小さなプローブ先端と試料表面間にミクロな近接場をつくっている．この近接場には，いろいろな物理的，化学的，機械的なミクロ局所場 (ミクロな 3 次元相互作用場) ができる．その結果，このミクロ局所場を利用してさまざまな微細加工や原子・分子操

作が可能となる．ミクロ局所場を利用して微細加工や原子・分子操作を行う代表的な方法を図2.7.17と図2.7.18に示す．図2.7.17では，プローブ先端を短時間機械的に試料表面に近づけている．このとき，STMでは金属探針，AFMではテコ先端探針と試料表面の間隔が急に小さくなり，探針先端と試料表面間にはたらくく引力あるいは斥力相互作用が急激に強くなり，その結果，探針先端の試料表面への押し込みや強い摩擦・磨耗やスクラッチが起こり，試料表面の機械的微細加工や機械的原子・分子操作が可能となる．また，別の方法として，探針と試料表面が接近した状態で，図2.7.18に示すように，探針と試料間に短時間電圧をかける方法がある．その結果，探針と試料間に短時間高電界が発生する．

この高電界を利用して，真空中では電界蒸発や電界刺激脱離，ガス中ではミクロな局所プラズマを発生させて堆積やエッチングあるいは電界刺激局所反応，溶液中では局所陽極酸化のようなミクロな電気化学反応などのさまざまな電気的微細加工や電気的原子・分子操作が可能となる．

探針先端の試料表面への短時間の機械的接近には，通常，Zフィードバックを止めて，図2.7.17のようにZ圧電体への短時間の電圧印加（パルス・矩形波または三角波・ノコギリ波など）を行う．その間，XY走査を止める点加工（または点操作）の方

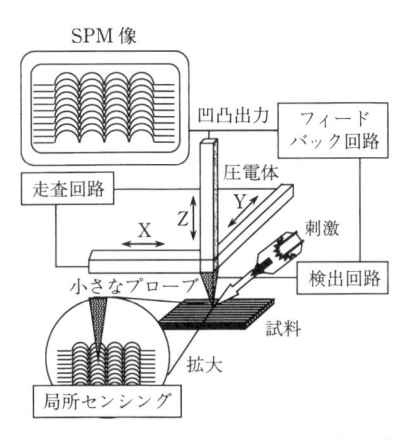

図2.7.16 走査型プローブ顕微鏡（SPM）のモデル図[1]

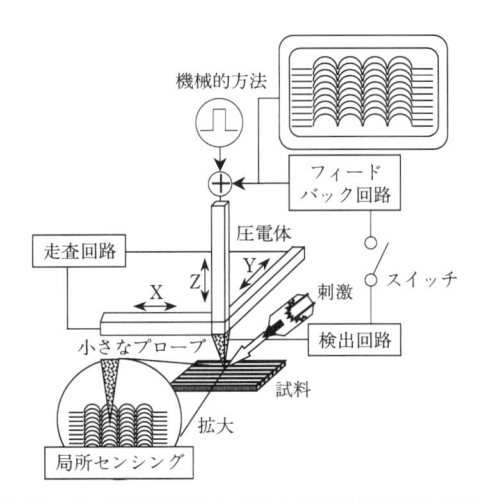

図2.7.17 SPMによる機械的微細加工または機械的原子分子操作のモデル図

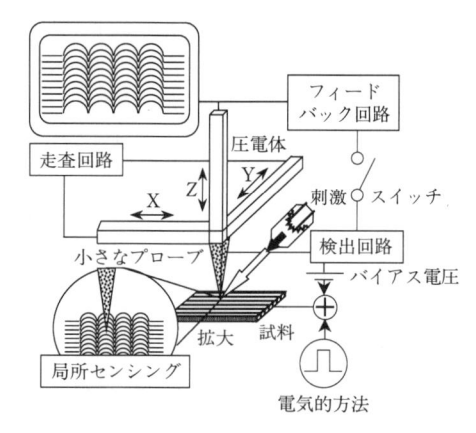

図 2.7.18 SPM による電気的微細加工または電気的原子分子操作のモデル図

法と，Z フィードバックを ON/OFF しながら X 走査または XY 走査を行う線加工（線操作）または面加工（面操作）の方法がある．電気的方法では，通常，Z フィードバックを止めて，図 2.7.18 のように探針先端と試料表面に短時間の電圧印加（パルス・矩形波または三角波・ノコギリ波など）を行う．その間，XY 走査を止める点加工（点操作）の方法と，Z フィードバックを ON/OFF しながら X 走査または XY 走査を行う線加工（線操作）または面加工（面操作）の方法がある．

　SPM による微細加工では，線幅でサブミクロン以下の加工が可能である．しかし，光露光や電子・イオンビーム露光のような従来法との比較・競争を考えた場合，SPM の特徴が生かされるのは，短期的には 10 nm 以下の微細加工，長期的には 1 nm 以下の微細加工と原子分子操作・組立に限られてくる．さらに，1 nm 以下の微細加工では加工精度として加工寸法の数分の 1 以下を要求されるので，その加工精度は 1 個の原子サイズになる．そのため，実際的な SPM 加工は長期的にみた場合，原子分子操作・組立に限られてくると推定できる．つまり，長期的にみた場合，実際的な SPM 加工は原子・分子操作技術を用いた 10 nm レベルの新規ナノ構造体（新規ナノ材料や新規ナノデバイス）の創成や既存の生体高分子・バイオ材料などの原子・分子操作による改造・改修に限られる．したがって，以下では，SPM による原子分子操作・組立について解説する．

c. 個々の原子や分子の観察・識別・操作・組立

　個々の原子や分子を操作するには，図 2.7.19 の概念図に示すように，個々の原子や分子を 3 次元的にみる（3 次元座標を原子レベルで決定できる）原子分解能顕微鏡機能と，個々の原子や分子の種類を識別・判別する原子分解能識別・判別機能と，個々の原子や分子をつかんで動かす原子分解能操作機能が必要となる．その結果，図 2.7.20 の概念図に示すように，原子・分子を操作して新規ナノ構造体（新規ナノ材料や

2.7 ナノプロセス

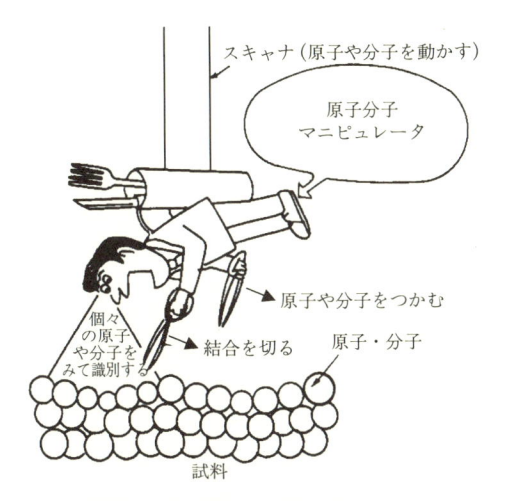

図2.7.19 原子分子操作の概念図[1]

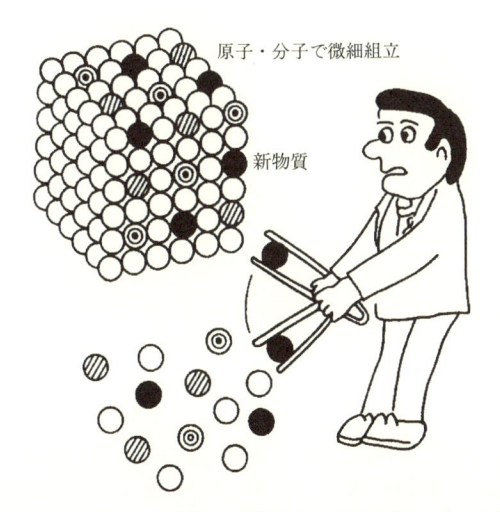

図2.7.20 原子・分子を操作して新規ナノ材料を組み立てる概念図[1]

新規ナノデバイス)を組み立てて創成することや既存の生体高分子などの原子・分子操作による改造・改修が可能となる．

　既存の顕微鏡で，個々の原子や分子を3次元的にみる原子分解能顕微鏡機能をもつのはSTMと非接触(noncontact) AFM (NC-AFM)[2,3]のみである．また，STMやNC-AFMでは，個々の原子や分子の識別・判別も可能になりつつあるが，STMではフェルミ面近傍の電子状態の計測から個々の原子や分子の識別・判別を行うため，結

晶構造やバンド構造に強く依存する限界がある．他方，NC-AFM では探針と試料表面間の原子間力や分子間力の計測から個々の原子や分子の識別・判別を行うため，結晶構造やバンド構造にあまり左右されない利点があるが，それでも，周辺の原子や分子との結合状態や波動関数に依存する限界がある．その結果，STM や NC-AFM でも周辺の原子や分子との結合状態に依存しない個々の原子や分子の絶対的識別・判別は実現していない．最近見いだされた個々の原子や分子の第三の識別方法には，トンネル電子がエネルギーを保存しない非弾性トンネル電流を測定する非弾性トンネル分光法 (STM-IETS: STM inelastic electron tunneling spectroscopy) がある[4]．この方法では，非弾性トンネル電流を用いて，分子振動を計測して分子種を識別する．文献[4]では，8 K の Cu(100) や Ni(100) 基板上に吸着した STM 像では区別が困難な C_2H_2, C_2HD, C_2D_2 同位体分子を STM-IETS 測定して，分子振動の違いから同位体分子の識別を行っている．なお，精密な STM 測定との比較より，C_2HD 分子の重水素 (D) 側が水素 (H) 側より約 0.006 Å (0.6 pm (pico meter)＝600 fm (femto meter)) 低いことや，CH_4 分子の平均的な C-H 結合長が CD_4 分子の平均的な C-D 結合長より 0.003 Å (0.3 pm＝300 fm) 長いことも決定している．また，探針先端に CO 分子や C_2H_4 分子を分子修飾すると分子の識別能力が高くなることも見いだされている．

　原子や分子を操作する方法は，おおまかに分類すると，STM を用いる方法，STM-IETS を用いる方法，NC-AFM に基づいた方法の 3 種類がある．以上の三つの方法の共通点は，空間分解能が非常に高いことである．具体的には，うえで述べた STM-IETS を用いた同位体分子識別のように，空間分解能は 1 pm 以下に到達する．一般的には，原子をみるだけなら原子程度，すなわち，1 Å (0.1 nm) 程度の空間分解能でよいが，原子の識別・判別には原子の 10 分の 1 程度，すなわち，0.1 Å (0.01 nm＝10 pm) 程度の空間分解能が要求される．たとえば，2 種類の原子の識別を原子サイズの相違から区別しようとすると原子の 10 分の 1 以下の空間分解能が必要となる．また，十分制御された再現性の良い原子操作には，原子の 100 分の 1 程度，すなわち，0.01 Å (0.001 nm＝1 pm) 程度の空間分解能が要求される．つまり，制御性良く原子間の結合を切ったり，原子をつかんだり，原子を特定の方向に転がしたりするには原子の 100 分の 1 程度の空間分解能が必要となる．STM や NC-AFM では，水平分解能に比べて垂直分解能は一般に一桁良いので，水平分解能が 1 pm の場合，垂直分解能は 0.1 pm となる．したがって，十分制御された再現性の良い原子分子操作・組立には STM や NC-AFM の高感度化，高分解能化が必要・不可欠である．

d. STM を用いた個々の原子や分子の操作・組立

　「個々の原子や分子を見て，動かして，組み立てる」のは，科学者や技術者の長年の夢であったが，ビニッヒ (G. Binnig) とローラー (H. Rohrer) らによって 1982 年に STM が発明されて 1983 年に Si(111)7×7 構造の原子像が観察され，アイグラー (D. M. Eigler) らによって 1990 年に Ni(110) 上で Xe 原子を動かして IBM という文字が書かれ，これらの夢が実現された[5]．STM は第一世代の原子・分子技術であり，

「21世紀は原子・分子の科学と技術の時代」になると期待される．操作モードは，一般的に，探針と試料表面間で原子が垂直に移動する垂直操作と試料表面上で原子が水平に移動する水平操作に分類できる．STMは，探針と試料表面間に流れるトンネル電流を測定する電気的方法に基づいた原子・分子技術であるが，操作方法としては，図2.7.17と図2.7.18で示した機械的方法と電気的方法の両方が用いられる．たとえば，垂直操作の場合，電界蒸発や電子の移動(電流)の力を用いる方法が主として使われている．他方，水平操作では，電界を用いる方法もあるがファンデルワールス力のような力学的方法が主として用いられる．水平操作では，試料表面上の原子をSTM探針直下のポテンシャルの井戸に捕獲して滑らして動かす方法(sliding)，探針前方のポテンシャルの山で原子を水平方向に押して動かす方法(pushing)，探針後方のポテンシャルの井戸に捕獲して原子を水平方向に引っ張って動かす方法(pulling)の3種類が見いだされている．STMによる原子・分子操作では，原子や分子で文字や絵を描くだけでなく，Cu(111)上にFe原子を円形に並べて電子波を閉じ込める実験や，Ni(110)上のXe原子を探針先端との間で交互に移動させる原子スイッチなどが実現している．STMによる原子操作の利点は，電圧をかけることにより原子の垂直操作に方向性をもたせられることである．他方，電気的方法に基づいたSTMの限界・問題点は，絶縁体に適用できないことと，原子操作の基本となる個々の原子間に働く原子間力を測定できないことである．

e. NC-AFMに基づいた個々の原子や分子の操作・組立

テコ先端の探針と試料表面間の原子間力や分子間力を測定するAFMは，1986年にビニッヒらにより発明され，しばらくの間は，探針と試料間に働く強い斥力を接触領域で測定する顕微鏡(接触AFM)として使用された．しかし，その後，強い斥力が探針先端や試料表面を壊すことが見いだされてから，非接触領域で弱い引力を高感度に測定する顕微鏡(非接触AFM)法が探索された．その結果，AFMテコを機械的に共振させて，探針と試料表面間にはたらく弱い引力による機械的共振周波数の変化(周波数シフト)を測定する周波数変調検出法(FM検出法)が発明されて，1995年にSi(111)7×7やInP(110)へき開面の原子分解能観察が実現した[2]．このFM検出法の空間分解能や探針-試料間距離制御をさらに高めることにより，力学的方法を用いた原子間力やポテンシャルの3次元空間マッピング，個々の原子や分子の力学的識別，さらには，電気的方法による原子操作だけでなく力学的方法による原子操作も1992年に実現した[3]．図2.7.21は，78Kの温度で，Si探針をSi(111)7×7試料表面上の特定のSi原子(図2.7.21(a))に押し込んで，Si原子を力学的に引き抜いて(図2.7.21(b))から，別の既存のSi欠陥にSi原子を埋めて欠陥を修復(図2.7.21(c))した力学的垂直操作の例である．図2.7.22は，78Kの温度で，Si探針をSi(111)7×7試料表面上の特定のSi原子(図2.7.22(a))に押し込んで，Si原子を力学的に引き抜いて(図2.7.22(b))から，原子の引き抜きで人工的につくったSi欠陥にSi原子を埋めて欠陥を修復(図2.7.22(c))してもとに戻した力学的垂直操作の例で

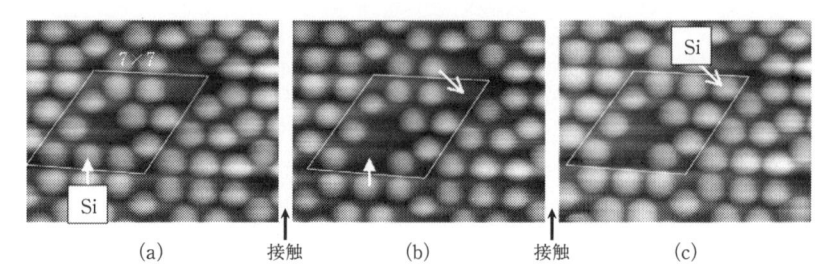

図 2.7.21 AFM による Si 原子の力学的 (a) 引き抜き前, (b) 引き抜き後, (c) 既存欠陥の修復後

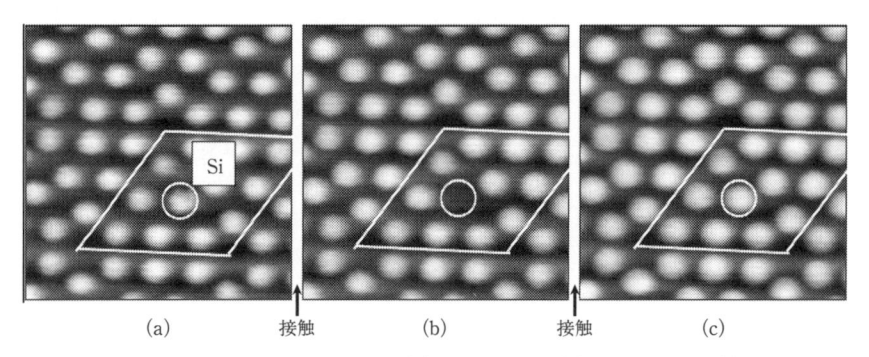

図 2.7.22 AFM による Si 原子の力学的 (a) 引き抜き前, (b) 引き抜き後, (c) 人工欠陥の修復後

ある．この力学的垂直操作の場合，探針と試料間には斥力がはたらいており，非接触 AFM (NC-AFM) ではない．しかし，NC-AFM に基づいた方法で探針-試料間距離を精密に制御しているので，探針先端や試料表面の多原子破壊は起こらない．このような単原子の引き抜きや押し込みが起こる原子の垂直操作は，単原子インデンテーションともいうべきものである．なお，最近は NC-AFM に基づいた方法を用いて，原子の力学的水平操作や単原子のスクラッチングも可能となってきており，さまざまな力学的操作・組立が可能となりつつある．

f. STM-IETS を用いた個々の原子や分子の操作・組立

非弾性トンネル電流を用いて分子振動を計測する STM-IETS を用いた個々の分子の操作では，分子振動を非弾性トンネル電流で励起する方法が用いられる．その結果，分子の振動や回転を励起することが可能となる．さらに，分子振動の励起により O_2 分子を 2 個の O 原子に分解したり，CO 分子と O 原子を反応させて CO_2 分子をつくったり，Fe 原子と CO 分子を反応させて FeCO や $Fe(CO)_2$ 分子をつくることに成功している．つまり，STM-IETS は個々の原子や分子の化学反応を分子振動の励起により操作・制御できる手法である．

〔森田清三〕

文　献

1) 森田清三：はじめてのナノプローブ技術（ビギナーズブックス 18），pp. 1-194，工業調査会 (2001)
2) 森田清三編著：原子・分子のナノ力学，pp. 1-200，丸善 (2003)
3) S. Morita, R. Wiesendanger and E. Meyer (Eds.) : Noncontact Atomic Force Microscopy, pp. 1-439, Springer (2002)
4) B. C. Stipe, M. A. Rezaei and W. Ho : Localization of Inelastic Tunneling and the Determination of Atomic-Scale Structure with Chemical Specifity, *Phys. Rev. Lett.*, **82**, 8, pp. 1724-1727 (1999)
5) 御子柴宣夫，森田清三，小野雅敏，梶村皓二編著：走査型トンネル顕微鏡，pp. 1-164，電子情報通信学会 (1993)

3 電子デバイス

3.1 ダイオードとトランジスタの基礎

3.1.1 ダイオード

　半導体のp形領域とn形領域を接触させたpn接合や，半導体に金属を接触させたショットキー接合など，電気的な性質の異なる材料や領域を接触させた接合構造に対してそれぞれの領域に電極をとった2端子の素子をダイオードと総称する．図3.1.1にそれらの構造と名称をまとめて示す．ダイオードは，電流の整流作用や可変容量キャパシタの機能をもった電子デバイスとして実用上重要であるとともに，その電気的特性から材料の性質を評価するための評価用デバイスとしても有用である．また，光デバイスとして，発光ダイオード，半導体レーザなどの発光素子，フォトダイオードなどの受光素子も実用上重要なダイオードといえる．ここでは，種類の多いダイオードから，おもに電子デバイスあるいはその構成要素に絞り，とくに重要で，かつ，動作機構の大きく異なるものとして，pn接合ダイオードと金属-絶縁体-半導体 (metal-insulator-semiconductor : MIS) ダイオードを中心に述べる．

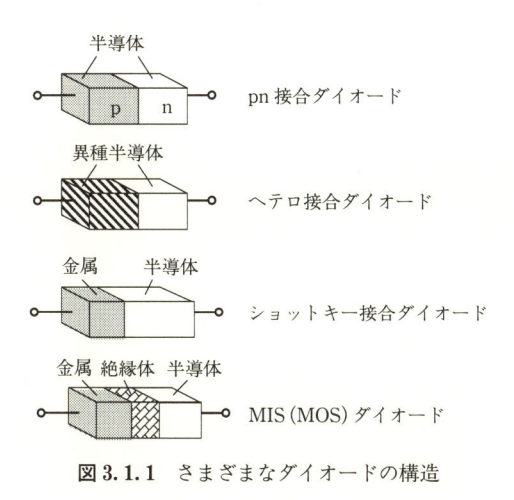

図 3.1.1 さまざまなダイオードの構造

a. pn接合ダイオード
1) 構造と基本特性

不純物ドーピングの制御で半導体の内部にp形領域とn形領域を隣接形成した構造が基本となる。電気的特性としては、図3.1.2のように両端子にかける電圧の向きによって、一方向には大きな電流が流れ、反対方向にはほとんど電流が流れない整流特性を有する。電流の流れる向きを順方向、流れない向きを逆方向と呼ぶ。回路図のシンボルの矢印部はこの方向を表現している。実用デバイスとしては、交流電流を直流化する整流器、高周波に変調された信号をもとに戻す復調器、スイッチ、電圧シフタ、回路保護素子など、単体デバイスから集積回路まで広く使われている。

pn接合ダイオードに電圧をかけない熱平衡状態のエネルギーバンド図を図3.1.3 (a)に示す。この状態では、端子間に正味の電流は流れない。また、p領域とn領域のフェルミレベルは一致している。ここでは、接合界面付近でそれぞれの領域の多数

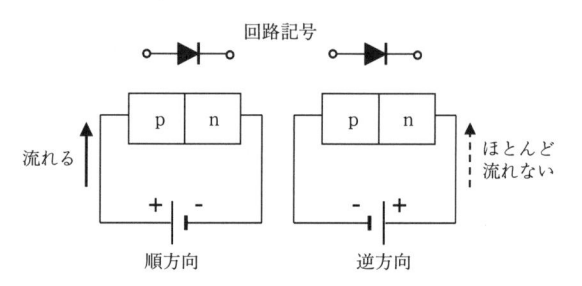

図3.1.2 pn接合ダイオードの整流特性

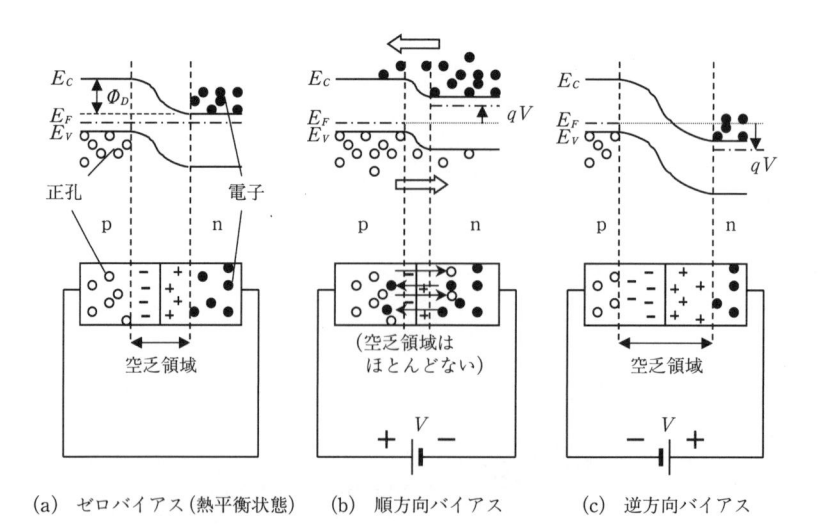

図3.1.3 pn接合ダイオードの整流動作原理

キャリヤにあたる正孔と電子がはき出され，その領域にイオン化されたアクセプタあるいはドナーの不純物が空間電荷を生じさせている．この多数キャリヤがはき出された領域は空乏領域 (depletion region) あるいは空乏層 (depletion layer) と呼ばれる．空乏領域ではイオン化不純物による正負の空間電荷のために内部電場が存在し空乏領域の両端に内蔵電位 (built in potential) Φ_D が生じる．この内蔵電位が，もともと異なっていた p 領域と n 領域のそれぞれのフェルミレベルを一致させている．別の見方をすれば，p 領域と n 領域にそれぞれ多数キャリヤとして大量に存在する正孔あるいは電子が拡散によって反対側の領域に流れ込もうとする流れ(拡散電流成分に相当)と空乏領域の内部電場がそれを押し戻そうとする流れ(ドリフト電流成分に相当)と両者がつり合っている状態ととらえることができる．

この pn 接合ダイオードに，p 領域側に正，n 領域側に負の電圧をかける場合を考える(図 3.1.3 (b))．この状態は順方向バイアス状態になり，大きな電流がダイオードに流れる．その機構は次のようになる．まず，順方向バイアス電圧は，p 領域の正孔および n 領域の電子をそれぞれ空乏領域を越えて相手領域に向かって押し出す方向にかかる．エネルギーバンド図では n 領域側のフェルミレベルが相対的に持ち上がることになる．これは拡散成分をせき止めていた内蔵電位を小さくすることになるので，正孔と電子は空乏領域を越えて相手領域に流れ込む．このようにして n 領域に流れ込んできた正孔，p 領域に流れ込んできた電子は，いずれもそこでは過剰な少数キャリヤになるので電子-正孔対の再結合が生じ消滅していく．一定バイアスをかけている間は，この一連のキャリヤの流れが定常的に続くのでこれが定常電流として流れることになる．

次に，この pn 接合ダイオードに逆方向の電圧をかける場合を考える(図 3.1.3 (c))．この逆方向バイアス状態ではダイオードにほとんど電流は流れない．順方向の場合との対比で考える．まず，逆方向バイアス電圧は，p 領域の正孔および n 領域の電子をそれぞれ接合界面から両端に引き離す方向にかかる．エネルギーバンド図では n 領域のフェルミレベルが相対的に押し下げられる．そのため，もはや多数キャリヤを相手側に流れ込ませることはできなくなり，電流は流れない．ただし，まったくのゼロではない．p 領域, n 領域にはそれぞれ少数キャリヤの電子，正孔が存在し，これらは逆バイアス状態でむしろ加速されるように相手側に吸い出され，これがダイオードに流れる逆方向電流として観測される．少数キャリヤの濃度は多数キャリヤの濃度に比べればきわめて小さいので，逆方向電流は順方向電流に比べれば無視しうるほど小さい．

以上のバイアス電圧に対する電流の流れ方を順方向から逆方向まで両方にわたって描くと図 3.1.4 のようになり，一方向のみ電流を流す整流特性が現れる．ここで述べた定性的な電流機構を，半導体内のキャリヤがフェルミ-ディラック分布をしていることをもとに定量的に扱うことによって，pn 接合ダイオードの電流 I と電圧 V の関係が

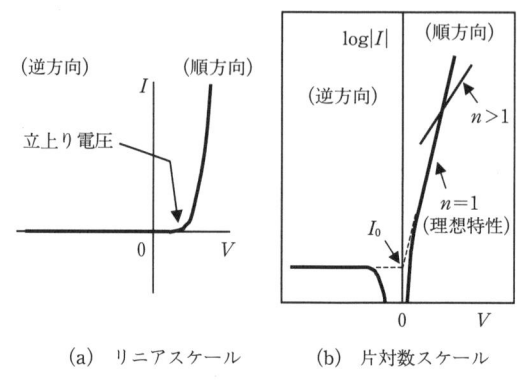

(a) リニアスケール　　(b) 片対数スケール

図 3.1.4 pn 接合ダイオードの電流-電圧特性

$$I = I_0 \left\{ \exp\left(\frac{qV}{kT}\right) - 1 \right\} \tag{3.1.1}$$

と導かれる．ここで，I_0 は逆方向飽和電流（V に依存しない），q は電子の電荷，k はボルツマン定数，T は絶対温度である．この関係は順方向，逆方向いずれにも通して成立する．電流-電圧特性をリニアスケールで描くと，順方向ではある立上り電圧を超えると大きな順方向電流が流れるような形になる．この立上り電圧は，接合の内蔵電位にほぼ相当し，たとえばシリコン（バンドギャップ：1.1 eV）の pn 接合ダイオードでは 0.6〜0.8 V 程度になる．

ところで，接合を流れる電流 I は，電子による電流成分 I_e と正孔による電流成分 I_h が同時に存在し，

$$I = I_e + I_h \tag{3.1.2}$$

の関係にある．そして，これらの電流成分の大きさの比が，

$$\frac{I_e}{I_h} = \sqrt{\frac{D_e}{D_h} \frac{\tau_h}{\tau_e}} \cdot \frac{N_D}{N_A} \tag{3.1.3}$$

となる．ここで，D_e, D_h はそれぞれ少数キャリヤとしての電子および正孔の拡散定数，τ_e, τ_h は同じく少数キャリヤとしての電子および正孔の寿命時間，N_A, N_D はそれぞれ p 領域および n 領域の不純物濃度を表す．この関係は，不純物濃度の観点からみると，たとえば n 領域の不純物濃度が p 領域のそれに比べて非常に大きい場合は全電流のうち大部分が電子電流になることを示している．

バイアス電圧が立上り電圧以下から逆方向全体の範囲では，ダイオードは電圧をかけてもほとんど電流が流れない絶縁状態にある．この状態でも，両端の p 領域，n 領域自体は導電性をもっており，空乏領域が電流を遮断する絶縁領域になっていると考えられる．この構造は，絶縁領域を導電性領域が両側から挟んだ形になっているので，電気的には静電容量をもったコンデンサとみることができる．空乏領域の幅 W

は，この領域のポアソンの方程式を解くことによって，

$$W = \sqrt{\frac{2\varepsilon_S\varepsilon_0}{q}\frac{(N_A+N_D)}{N_A N_D}(\Phi_D - V)} \tag{3.1.4}$$

となることが導かれる．ここで，ε_S は半導体の比誘電率，ε_0 は真空の誘電率をそれぞれ表す．そして，このとき pn 接合の単位面積当たりの静電容量を C とすると，

$$C = S\frac{\varepsilon_S\varepsilon_0}{W} \tag{3.1.5}$$

となる．ここで，S は接合の面積を表す．W, C ともに電圧に依存して変化する．このように，pn 接合ダイオードを電圧で可変の静電容量素子としてとらえることもしばしば重要である．なお，ここで述べた容量成分のほかに，pn 接合には順方向電流を流している状態で交流信号成分に対して拡散容量と呼ばれる別の容量成分が存在するが，ここでは省略する．

2) 材料評価素子としての利用

pn 接合ダイオードの電流-電圧特性は理想的には式 (3.1.1) で表せるが，実際の素子の特性では，

$$I = I_0\left\{\exp\left(\frac{qV}{nkT}\right) - 1\right\} \tag{3.1.6}$$

のようになる場合が多い．ここで，n は良度指数あるいは n 値と呼ばれる係数で，上記のように電流が拡散電流のみで流れる理想状態では式 (3.1.1) に相当する $n=1$ になる．これに対し，結晶欠陥など構造の不完全性などの要因によって n の値は 1 以上になる (図 3.1.4)．たとえば，空乏領域の半導体のバンドギャップ中にキャリヤのトラップ準位があり，ここをなかだちにして電子と正孔が再結合することによって流れる電流 (再結合電流) がある場合，この機構によって流れる電流に対しては $n=2$ となることが理論的に示されている．実際のダイオードで両方の電流成分が重畳している場合，n の値は 1 と 2 の間になる．このように，順方向バイアス領域での n 値の測定は，材料や構造の完全性およびそこを流れるキャリヤの伝導機構の評価に利用できる．

一方，逆方向バイアス条件で流れる逆方向電流は，その大きさが結晶の品質を敏感に反映する．これは，バンドギャップ中にトラップ順位が存在すると空乏領域内での電子-正孔対の発生が促進され，この増大が逆方向電流の増大を引き起こすことによる．

接合に直流バイアス電圧 V とともに微小振幅の交流電圧を重畳させ交流の応答電流を測定する方法で，V に依存する容量 $C(V)$ が測定できる．このような測定で得

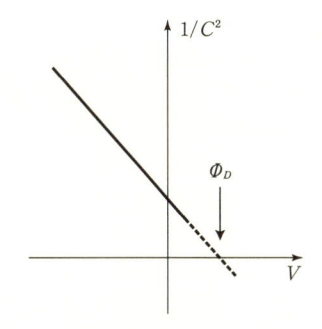

図 3.1.5 接合容量の $1/C^2$-V プロット

られる特性を容量-電圧特性（C-V特性）と呼ぶ．これを $1/C^2$ 対 V でプロットすると，式 (3.1.4) および式 (3.1.5) から N_A, N_D が一定であれば図 3.1.5 のような直線になる．この直線の傾きは不純物濃度によって決まり，とくに N_A と N_D に大きな違いがある場合は低い濃度のほうの不純物濃度が直接求められる．また，V 軸の切片から内蔵電位 ϕ_D がわかる．

また，温度を変えながらステップ状に変化させるバイアスに対する容量の時間応答を測定することから，半導体中のトラップのエネルギー準位と捕獲断面積を評価するDLTS (deep level transient spectroscopy) 法なども知られている．

b. MIS ダイオード

金属-絶縁体-半導体構造の両端に電極をとると，MIS ダイオードになる（図 3.1.1）．MIS ダイオードは，集積回路の内部でキャパシタとして使われることはあるが，そのほかにその機能を単独で利用するデバイスとして使われることは少ない．むしろ，後述の電界効果トランジスタの基本構造として非常に重要である．なお，シリコンの集積回路では絶縁体の材料として二酸化シリコン（SiO_2）がもっぱら使われるので，insulator を oxide に変えて，MOS (metal-oxide-semiconductor) 構造や MOS ダイオードと呼ばれることが多い．MIS と MOS は物理的には同じものと考えてよい．

MIS ダイオードは絶縁体が挟まれているので層構造を貫く縦方向に直流電流が流れることはない．その代わり，バイアス電圧を加えると絶縁体内に電界が発生しこの電界が半導体表面に及んで半導体表面の電気的特性を変化させる．これが電界効果である．以下，半導体が p 形半導体の場合を想定し，バイアス電圧と半導体の表面近傍の状態を四つの典型的な形について述べていく．なお，n 形半導体に対しても，電圧の向きを逆にし，電子と正孔を入れ替えることでまったく同じ説明になる．

① **フラットバンド状態**：金属と半導体の仕事関数が等しい場合，MIS 構造にバイアスをかけない状態におけるエネルギーバンド図は図 3.1.6 (a) のように書ける．ここでは構造内部にどこも電界は存在せず，バンド図はどこも水平である．これをフラットバンド状態と呼ぶ．なお，金属と半導体の仕事関数に違いがある場合も，この違いを補正するバイアス電圧を加えることでフラットバンド状態を実現できる．

② **蓄積状態**：金属側に負のバイアス電圧をかけると，金属のフェルミレベル（E_F）が上方にシフトし，絶縁体のバンドは傾斜する（図 3.1.6 (b)）．この傾斜は絶縁体内に発生した電界に相当する．この電界によって，p 形半導体の表面には多数キャリヤの正孔が引き寄せられ蓄積する．半導体内部は表面付近でわずかにバンドの上方曲がりが生じるが，正孔は容易に高濃度に表面に蓄積できるので電界はここで終端し，半導体内部への電界侵入はほとんどない．この状態が蓄積状態である．

③ **空乏状態**：金属側に正のバイアス電圧をかけると，金属のフェルミレベル

3.1 ダイオードとトランジスタの基礎

(a) $V=0$；フラットバンド状態

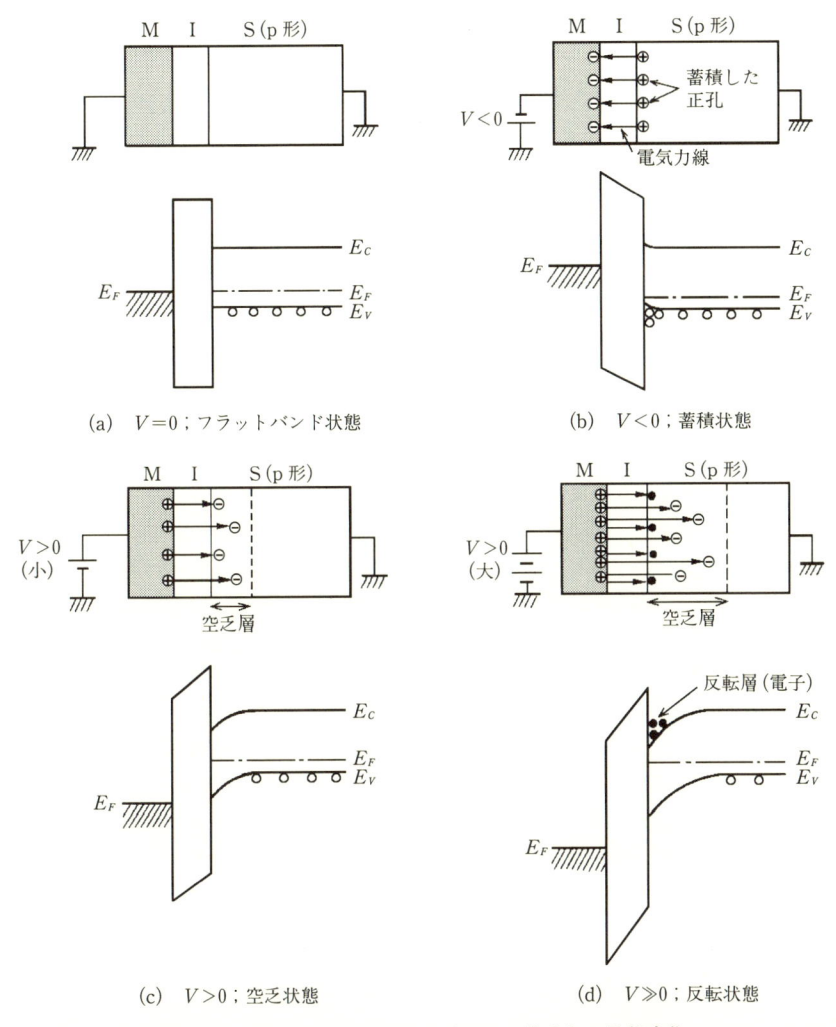

(b) $V<0$；蓄積状態

(c) $V>0$；空乏状態

(d) $V\gg 0$；反転状態

図 3.1.6 MISダイオードのバイアスに依存した状態変化

(E_F)が下方にシフトし，絶縁体のバンドは蓄積状態とは反対に傾斜する（図3.1.6(c)）．絶縁体内の電界は半導体側で負の電荷で終端されるが，この負の電荷はp形半導体の多数キャリヤである正孔を奥にはき出し，イオン化したアクセプタによる空間電荷で供給される．この空間電荷の発生領域では半導体のエネルギーバンドは下方に曲がって引き下げられ，pn接合の空乏領域と同じような状態になっている．空乏領域の空間電荷密度はアクセプタ濃度で決まるのでバイアス電圧を大きくしていくにつれてより多くの負電荷を供給するため空乏領域は奥

に広がり，半導体表面のポテンシャル下降量も大きくなっていく．この状態が空乏状態である．

④ **反転状態**：正バイアス電圧をさらに大きくしていくと，半導体表面のポテンシャルの下降も大きくなり，やがて半導体表面でフェルミレベルが伝導帯端 (E_c) に近づき，この部分のキャリヤ分布が n 形半導体と同じように高濃度の伝導電子が誘導される状態に至る (図 3.1.6(d))．このように半導体表面でもともとの多数キャリヤと少数キャリヤの濃度の関係が逆転した層が生じ，これを反転層と呼ぶ．そして，反転層が形成された状態が反転状態である．いったん反転状態に入ると，そこからさらにバイアス電圧を大きくしていった場合，半導体側の必要な負電荷は反転層の電子が担う．この反転電子は，半導体表面のポテンシャル下降がわずかであっても指数関数的に増加できるので，バイアス電圧の増加に対しても事実上半導体内のバンドの曲がり量はそれ以上増えない．反転層のキャリヤはバンド内の自由キャリヤであるから，反転層は電気伝導性をもつ．このことは，MIS 型電界効果トランジスタの動作に本質的に重要である．

MIS ダイオードは 2 端子素子としてみた場合は，キャパシタである．その静電容量 C はバイアス電圧 V に依存して変化するので，pn 接合の場合と同様に C-V 特性を測定し構造や材料の品質や物性定数を評価することができる．半導体が p 形の場合の理想的な C-V 特性を図 3.1.7 に示す．蓄積状態では，絶縁体部分のみの容量に相当する蓄積容量の一定値を示す．空乏状態では，絶縁体部の容量に半導体の空乏領域の容量が直列に加わった状態になり，C は空乏領域の広がりとともに低下していく．これが進んで反転状態に達すると，状況によって異なる挙動を示す．このときの二つの極限的状態として，高周波特性と低周波特性の 2 本の線を示したが，その間の特性も現れる．C を測定するための交流信号の周波数が高く，反転層の反転電子密度の増減がこの交流信号に追従できない場合，交流電界の終端は反転層ではできずに空乏層の一番奥まで達する．このとき，測定される容量は空乏状態の C と同じで

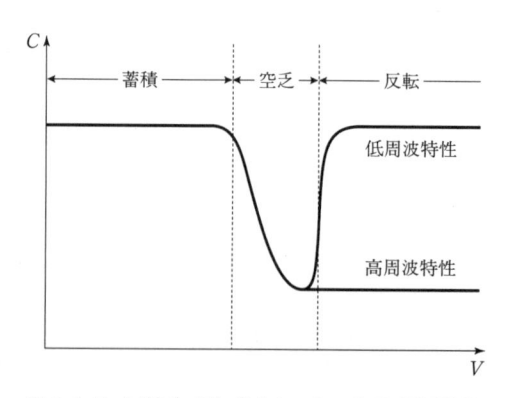

図 3.1.7 MIS (p 形) ダイオードの容量-電圧特性

あるが，反転状態では V が増大しても空乏領域の拡大はほとんど起きないので C は V に依存せず一定となる．これが高周波特性である．一方，交流信号の周波数が十分低く，反転電子密度が交流信号に追従できる場合，交流電界は反転層で終端され，このとき測定される C は蓄積容量と同じである．したがって，この場合は，バイアスが反転状態に入ると C は蓄積容量まで立ち上がり，以後 V に依存せず一定となる．

C-V 特性ではこのように測定周波数も重要なパラメータになる．そして，得られる特性には，絶縁体および半導体の誘電率，絶縁体の厚さ，半導体の不純物濃度，半導体と金属の仕事関数差などの基本的な材料定数のほか，半導体と絶縁体の界面に発生する界面準位や絶縁体中のトラップの帯電状態やその変動状態などの構造欠陥に関する現象もすべて反映される．したがって，適切な条件で測定された MIS ダイオードの C-V 特性を解析することにより，これらのさまざまな情報を測定評価することができる．

3.1.2 バイポーラトランジスタ

トランジスタは，電流信号の増幅やスイッチの機能をもった電子デバイスの基本素子で，エレクトロニクスの根幹を支える最も重要なデバイスであるといっても過言ではない．一方，大規模集積回路 (LSI) の内部に膨大な数が集積されている微細なトランジスタから，大電力を扱う大型ディスクリートトランジスタまで，その形態やスケールは多様である．使われる目的によって，トランジスタに要求される性能もまた多様である．しかし，どのようなトランジスタにも共通でかつ必須の特徴は，三つの端子をもつ3端子デバイスで(四つ以上もあるが三つが基本)，二つの端子間を流れる出力電流をもう一つの入力端子からの入力電気信号によって制御すること，および入

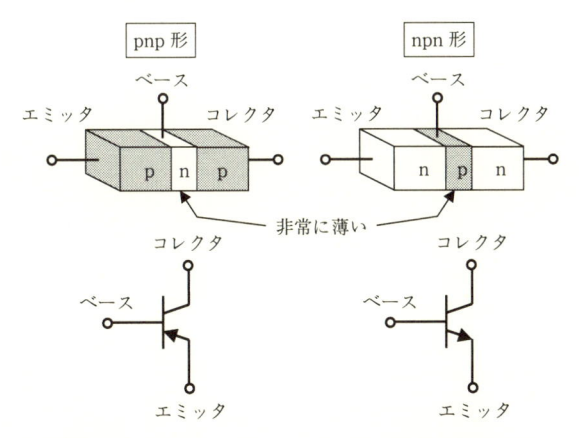

図 3.1.8 バイポーラトランジスタの構造と回路記号

力信号に対して出力信号には電気的エネルギーの増幅作用があることがあげられる．トランジスタは，その構造と動作原理から，バイポーラトランジスタと電界効果トランジスタに大きく分けられる．ここではまず，バイポーラトランジスタから述べる．

バイポーラトランジスタは，図3.1.8のように，半導体のp形/n形/p形，あるいはn形/p形/n形の3層からなる接合にそれぞれ端子をとった構造をもつ．この二つの構造は，それぞれ「pnp形」，「npn形」と呼んで区別されており，電気的にも相対の関係で使われる．三つの端子にはそれぞれエミッタ，ベース，コレクタの名前が付けられ，エミッタとコレクタ間を流れる出力電流をベースに流し込む入力電流で制御する動作をする．この動作のために，構造上最も重要なのは中間のベース層を非常に薄くつくることである．なお，図は原理的な構造を示したものであるが，実際のバイポーラトランジスタは半導体の結晶ウェーハの表面に不純物を多段でドープしたり（図3.1.9），エピタキシャル成長で積層構造を成長するなどの方法でつくられる．

バイポーラトランジスタの電流制御の原理をnpn形を例に説明する．なお，pnp形に対しては，電圧，電流の向きを逆にし，電子と正孔を入れ替えることでまったく同様の説明になる．まず，トランジスタの出力端子に相当するエミッタ-コレクタ間にバイアス電圧 V_{CE} （コレクタ側が正）をかけ，入力端子に相当するベースはオープンにしておく場合を考える．このとき，ベースとコレクタのpn接合は逆バイアスとなるので，エミッタ-コレクタ間に電流はほとんど流れない．トランジスタを電気的なスイッチとみればこの状態はオフ状態である．次に，ベース端子に電源を接続し，ベースとエミッタの間に順方向バイアスをかけた状態を考える．

図3.1.10に示すように，バンド図ではベース領域のポテンシャルが下がり，エミッタからベースに電子の注入，ベースからエミッタへ正孔の注入がそれぞれ起こる．このうち，エミッタからベースに注入された電子は，ベース層が非常に薄く，かつその先には逆バイアスがかかったベース-コレクタ接合が待ちかまえているため，ほとんどベース中で再結合することなくコレクタに吸い出される．このため，エミッタからベースを通過してコレクタに大きな電子の流れが生じる．すなわち出力として大きなコレクタ電流 I_C が流れることになる．このときトランジスタはオン状態にある．ベース-エミッタ間には順方向バイアスがかかっているので，そのぶんの順方向電流に相当する電子および正孔の流れがあるが，そ

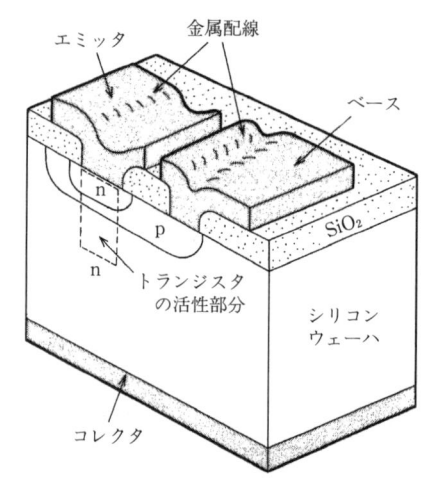

図 3.1.9 シリコンウェーハ上に形成されるバイポーラトランジスタの構造例

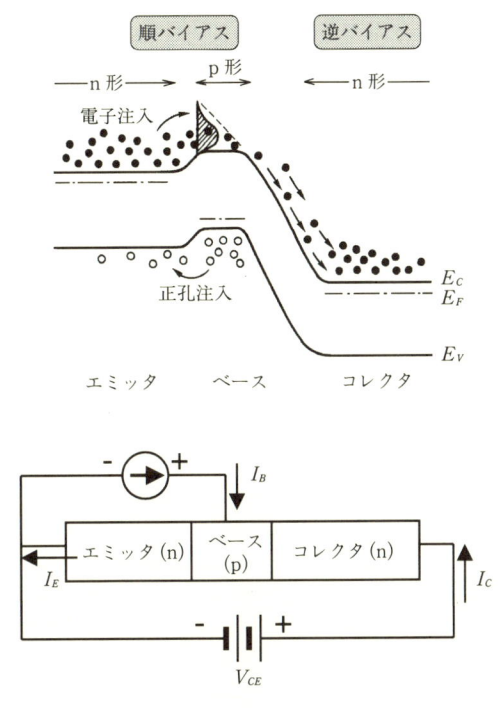

図 3.1.10 npn バイポーラトランジスタにおけるキャリヤ移動と電流

のうちエミッタからベースにきた電子電流成分は大部分がそのままコレクタにいってしまうのでベース電極に流れるベース電流 I_B にならず，ベースおよびエミッタ内で起こるわずかな再結合分のみが I_B となる．通常，バイポーラトランジスタでは，エミッタの不純物濃度をベースのそれよりかなり高くする．その結果，式(3.1.3)の関係から，エミッタ-ベース接合では電子電流成分が大部分をしめるようになり，I_B は I_C に比べると非常に小さくなる．

以上の電子および正孔の流れをまとめたのが図 3.1.11 である（ここではバイアスのかけ方は，ベースを基準とするベース接地回路に相当）．エミッタからコレクタにぬける大きな電子の流れがあり，その伝送率は電流伝送率 α と定義される．α は，エミッタの全電流に対するエミッタ-ベース接合を通過する電子電流の比率であるエミッタ注入効率 (α_E)，ベース領域を電子がどれだけ再結合のロスなくコレクタに到達するかの割合であるベース輸送効率 (α_T)，およびコレクタ領域を電子が通過する効率であるコレクタ効率 (α_C) の積になる．一般のバイポーラトランジスタでは，α の値は 1 に近く（1 よりわずかに小さい），エミッタからコレクタに向かった電子はほとんど損失なく到達する．一方，I_B は，正孔電流成分のみとなり，三つの端子に流れる電流の差引きを考えても $I_B \ll I_C$ となることが明らかである．I_B を入力電流，I_C

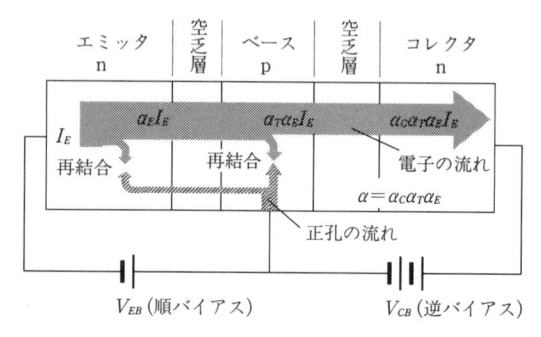

図 3.1.11 npn バイポーラトランジスタ内部の電子の流れと正孔の流れ（電子については電流の向きは矢印と逆向きになる）

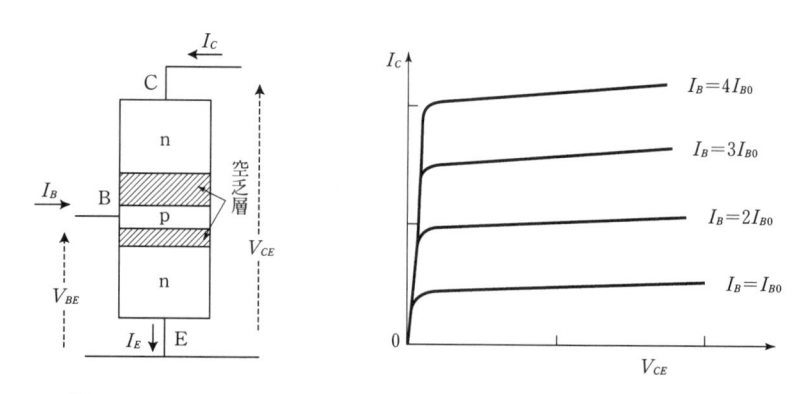

図 3.1.12 npn バイポーラトランジスタのエミッタ接地における出力特性

を出力電流ととらえると，これが電流増幅率 β となる．これは，ほぼ

$$\beta = \frac{I_C}{I_B} = \frac{\alpha}{1-\alpha} \approx \frac{1}{1-\alpha} \tag{3.1.7}$$

の関係にあり，その値は数十から数百になる．

　実際の回路では，図 3.1.12 のようにエミッタを接地するエミッタ接地回路で用いられることが多い．この場合のトランジスタの出力特性を図中に概念的に示した．V_{CE} の広い範囲で I_C は I_B によって決められたほぼ一定値をとる．これは，I_C がエミッタからベースへの電子電流の大きさで決まり，あとはコレクタへはそのままドリフトで流れ込むだけなのでコレクタ側接合にかかる逆バイアスの電圧には依存しないことから理解できる．

　このように，バイポーラトランジスタは，小さな I_B で大きな I_C を流すことができ，式 (3.1.7) に現れているように，I_B と I_C の間に線形関係と大きな電流利得がある電流入力型の増幅素子ととらえることができる．

3.1.3 電界効果トランジスタ

バイポーラトランジスタと並ぶもう一つのトランジスタが電界効果トランジスタ (field effect transistor : FET) である．トランジスタとしての基本的機能は本質的に同じであるが，動作原理はかなり異なる．電界効果トランジスタの動作の基本概念を図 3.1.13 に示す．3 端子デバイスで，出力電流を流す二つの端子とそれを制御する電気信号を入力する一つの端子が存在するのはバイポーラトランジスタと同様であるが，各電極の名称が，ソース，ゲート，ドレインという呼び名になっている．ソースとドレインの間には電流路になるチャネルが形成されるが，このチャネルの形成がゲート電極からの電界で制御される．すなわち，ゲート電極とチャネルはつねに直流的には絶縁されているのが基本であり，ゲートにかける電圧 V_G によってこの絶縁領域内の電界を変化させ，それによってチャネルの形成と消失あるいは導電性の変調を行う．出力電流に対して，バイポーラトランジスタがベースに流す電流で制御するのに対し，電界効果トランジスタではゲートにかける電圧で制御するところが大きく異

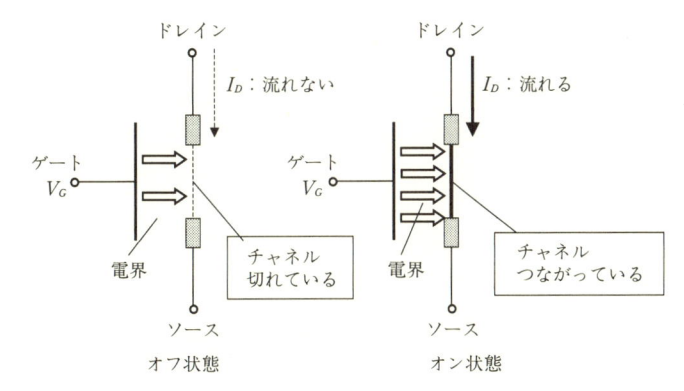

図 3.1.13 電界効果トランジスタの動作概念

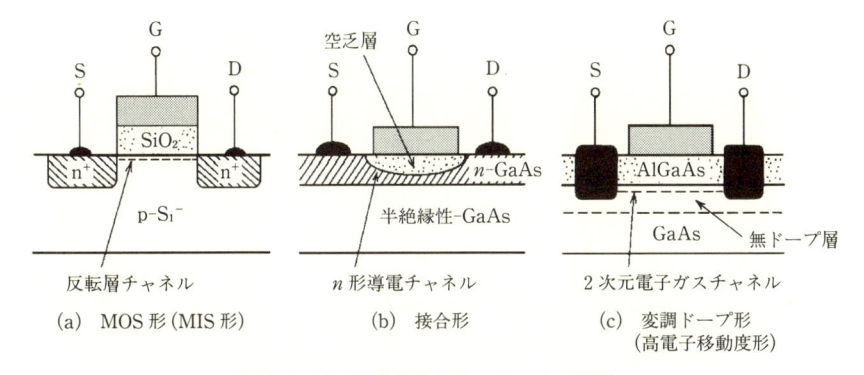

図 3.1.14 電界効果トランジスタの種類

なる点である．

　電界効果トランジスタには構造や材料によってさまざまな種類がある．代表的なものを図3.1.14に示す．MOSトランジスタ(あるいはMISトランジスタ)は，シリコンの大規模集積回路の内部で多用されているトランジスタであるとともに，電力用のトランジスタとしても重要である．3.1.1項で述べたMIS構造がゲート電極からチャネルの部分に用いられており，半導体表面にゲートからの電界で誘導される反転層がチャネルとなる．接合型電界効果トランジスタは，ゲート部分がpn接合あるいは金属-半導体接触によるショットキー接合になっている．ショットキー接合ゲートは，metal-semiconductorの構造名称からMES-FETと呼ばれることもある．これら接合型はとくに絶縁体を挟んでいないようにみえるが，接合に伴う半導体内の空乏領域がゲート絶縁層の役割を果たしている．チャネルはあらかじめ半導体内にドーピングした薄い導電層(ドープトチャネル)としてつくり込んである．ゲートの接合からの空乏領域がゲートにかける逆方向バイアスの増加によってこのチャネルに侵入することになりチャネルの導電性を下げ，やがて全部空乏領域でしめるとトランジスタはオフ状態になる．変調ドープ型トランジスタ(modulation doped FET : MOD-FET)あるいは高電子移動度トランジスタ(high electron mobility transistor : HEMT)は，ゲート電極下にバンドギャップの広い半導体とそれより狭い半導体のヘテロ接合を形成する．この半導体ヘテロ接合の界面が急峻で欠陥のない高品質なものであり，その界面に2次元的にキャリヤを閉じ込めるバンド構造を形成できると，そのキャリヤは2次元電子ガスと呼ばれる状態になり3次元バルク中より顕著に大きな移動度で伝導する．これをチャネルとするトランジスタである．チャネルとゲート電極の間にあるバンドギャップの広い半導体層は事実上絶縁体層として機能するので，MISトランジスタの一種ともいえる．

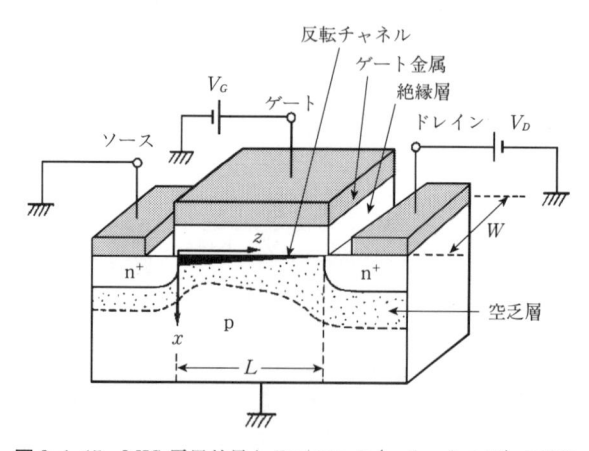

図3.1.15　MIS電界効果トランジスタ(nチャネル形)の構造

3.1 ダイオードとトランジスタの基礎

ここでは，MOSトランジスタを例にして，その動作の原理と基本的な特性について述べる．図3.1.15にMOSトランジスタの構造を示す．この例では，半導体の基板はp形になっており，表面にソース領域とドレイン領域になる高濃度のn形層(n^+層)が形成されている．そして，この間を橋渡しする形で縦方向にMOSダイオードの構造が形成されている．MOSダイオード部の半導体表面がこのトランジスタのチャネル形成領域になる．

実際のトランジスタの動作に則してソースおよび基板を接地し，ゲートおよびドレインにそれぞれV_GおよびV_Dのバイアスをかけている．まず，半導体表面に反転層が形成されていない状況では，ドレイン側のpn接合が逆バイアス状態にあるためソースとドレインの間に導電性はなくドレイン電流は流れない．ここで，V_Gを増大し半導体表面に反転層が形成されると，ソースおよびドレインの電子と反転層の伝導電子が低いポテンシャル領域で伝導可能となり，チャネルが形成されドレイン電流が流れるようになる．反転層が形成され，ドレイン電流が流れ始めるときのV_Gをしきい値(V_T)と呼ぶ．

反転層のチャネルはゲートからの縦方向(x方向)の電界に加えてドレインからの横方向(z方向)の電位分布の影響も受けるので厳密には2次元の解析が必要になるが，x方向に比べてz方向の変化はゆるやかであることを考慮してグラジュアルチャネル近似の考え方が適用できる．これによって導かれるMOSトランジスタのおもな電流-電圧特性を以下に示す．図3.1.16は，V_Gによって流れるI_DとV_Dの関係で出力特性にあたる．一定のV_GにおいてI_DはV_Dとともに増加するが$V_D=V_P$に達すると飽和する．V_Pはピンチオフ電圧と呼ばれ，チャネルの電位がドレインに近いところで上昇する結果，x方向の電界が弱くなり反転層がここで途絶えるピンチオフ状態の成立に対応している．このとき，

$$V_P = V_G - V_T \tag{3.1.8}$$

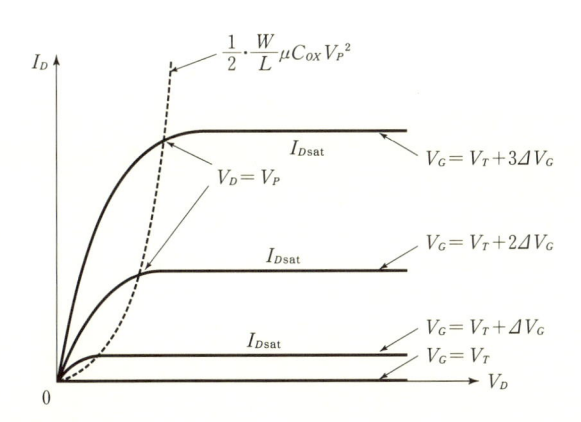

図3.1.16 MOSトランジスタのドレイン電流-ドレイン電圧特性

であり，I_D-V_D 特性の $V_D < V_P$ の領域は，

$$I_D = \frac{1}{2}\frac{W}{L}\mu C_{OX}[2(V_G - V_T)V_D - V_D{}^2] \tag{3.1.9}$$

と導かれる．そして，ピンチオフ後の飽和電流 I_{Dsat} は，

$$I_{Dsat} = \frac{1}{2}\frac{W}{L}\mu C_{OX}V_P{}^2 \tag{3.1.10}$$

となる．ここで，W, L はそれぞれ図 3.1.15 に示すチャネル幅とチャネル長，μ はチャネルの電子移動度，C_{OX} はゲート絶縁層の単位面積当たりの容量を表す．

電界効果トランジスタは電圧入力-電流出力と考えられるので，その利得は相互コンダクタンス g_m で表現するのが適当である．I_D が飽和している領域(飽和領域)での動作時には，

$$g_m = \frac{\partial I_{Dsat}}{\partial V_G} = \frac{W}{L}\mu C_{OX}V_P = \sqrt{2\frac{W}{L}\mu C_{OX} \cdot I_{Dsat}} \tag{3.1.11}$$

となる．g_m はトランジスタの増幅率，負荷駆動能力はもとより，高速・高周波動作のスイッチング速度や動作限界周波数にも直接関係がある．電界効果トランジスタでは重要な性能指数であり，この値を大きくとれるようにすることがデバイスの設計指針の一つである．

図 3.1.15 は基板が p 形であるが，これが n 形でソース・ドレインが p 形の場合もある．これら二つのタイプは，形成されるチャネルの極性で区別する観点から，前者が n チャネル形，後者が p チャネル形と呼ばれている．バイポーラトランジスタの npn 形と pnp 形の場合と同じく，n チャネルと p チャネルは電気的に相対の関係にある．とくにシリコンの MOS トランジスタの場合，p チャネルトランジスタと n チャネルトランジスタを直列に組み合わせて使う相補型 MOS (complimentary MOS : C-MOS)が大規模集積回路の基本構成要素としてきわめて広く使われ重要な技術になっている．

〔筒井一生〕

3.2 ヘテロ接合デバイス

3.2.1 ヘテロ接合

異なる2種類の半導体を積層してつくる接合をヘテロ接合(heterojunction)と呼ぶ．このヘテロ接合は図 3.2.1 に示すように，バンドギャップ(E_g)および電子親和力に着目してタイプ I，II，III の三つに分類される．タイプ I の代表的なものとしては AlGaAs/GaAs (E_g(AlGaAs) > E_g(GaAs))があり，このタイプでは伝導帯どうし，価電子帯どうしが重なっていることから，伝導帯の電子どうし，価電子帯の正孔どうしの相互作用が重要である．この系で量子井戸を形成すると，電子と正孔は同じ半導体層(GaAs)に閉じ込められる．タイプ II の代表的なものとしては GaAsSb/In-GaAs があり，この系で量子井戸を形成すると，電子と正孔はそれぞれ異なる半導体

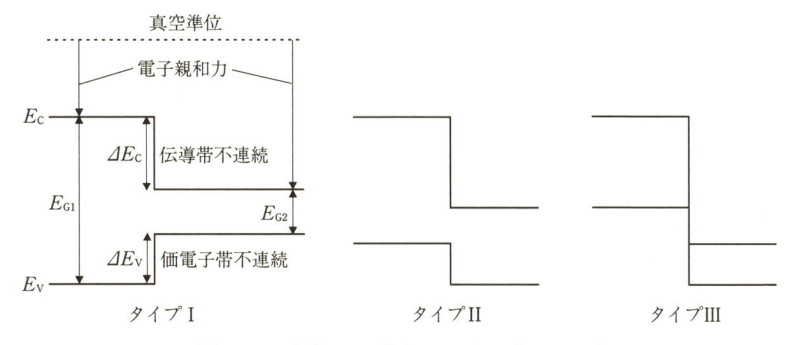

図 3.2.1　各種ヘテロ接合のバンドラインアップ

層に閉じ込められ，空間的に分離される．タイプIIIの代表的なものとしてはGaSb/InAsがあり，InAsの伝導帯とGaSbの価電子帯が重なるため，伝導帯の電子と価電子帯の正孔との相互作用が重要となる．タイプIIIのヘテロ接合薄膜を周期的に積み重ねた多重積層構造(超格子)において，膜厚を厚くしていくと，InAs中の電子の量子準位が下がりGaSb中の正孔の量子準位が上昇して両準位は交差し，半導体から半金属への相転移が起こる．

　n形あるいはp形の半導体からなるヘテロ接合では，接合近傍の電荷の存在によりバンドは曲がる．デバイスでよくみられるヘテロ接合のエネルギーバンド図(階段接合および組成傾斜接合)を，AlGaAs/GaAsを例に図3.2.2に示す．なお組成傾斜とは，たとえばAlGaAsのAl組成を徐々に変化させてバンドギャップをそれに対応して変化させたものである．これらのバンド図は，熱平衡状態ではフェルミエネルギーが一致するとの条件のもと，バンドの曲がりが正電荷では下に凸，負電荷では上に凸となることを使えば容易に描くことができる．階段接合では伝導帯，価電子帯に不連続 ($\Delta E_C, \Delta E_V$) が生じるが，組成傾斜接合では伝導帯，価電子帯に不連続は生じない．このヘテロ接合におけるエネルギーバンド図がデバイスの動作に重要な役割を果たす．

　ヘテロ接合を格子定数の違いとその違いから生じるひずみに着目して分類すると，図3.2.3のように格子整合系(AlGaA/GaAs)と格子不整合系(GaAs/InGaAs, AlGaN/GaN, Si/SiGe)に分類される．格子整合系では積層可能な半導体膜厚に制限はない．一方，格子不整合系は積層膜厚によって二つに分類される．基板との格子定数差が小さく積層される膜厚が薄い場合は，積層された半導体は弾性的に変形するものの，原子間の結合を保ちひずんだまま成長する．これをひずみ格子(pseudomorphic，シュードモルフィック)と呼び，ひずみによりバンド構造やキャリヤの有効質量が変化する．積層膜厚を厚くしすぎると転位を発生することによってひずみを緩和し，本来の格子定数に戻る．この転位が発生する最大の厚みを臨界膜厚と呼ぶ．デバイスのチャネル領域に転位が発生すると転位によるキャリヤ捕獲や散乱が起こるた

真空準位

E_C
ΔE_C
ΔE_V
E_V
n-AlGaAs　　　　　p-GaAs

(a) 階段接合 (n-AlGaAs/p-GaAs)

(c) 傾斜接合 (n-AlGaAs, $x_\mathrm{Al}=0\sim0.3$)
$x_\mathrm{Al}=0$　　　0.3　　　0.3

(b) 傾斜接合 (n-AlGaAs/p-GaAs)

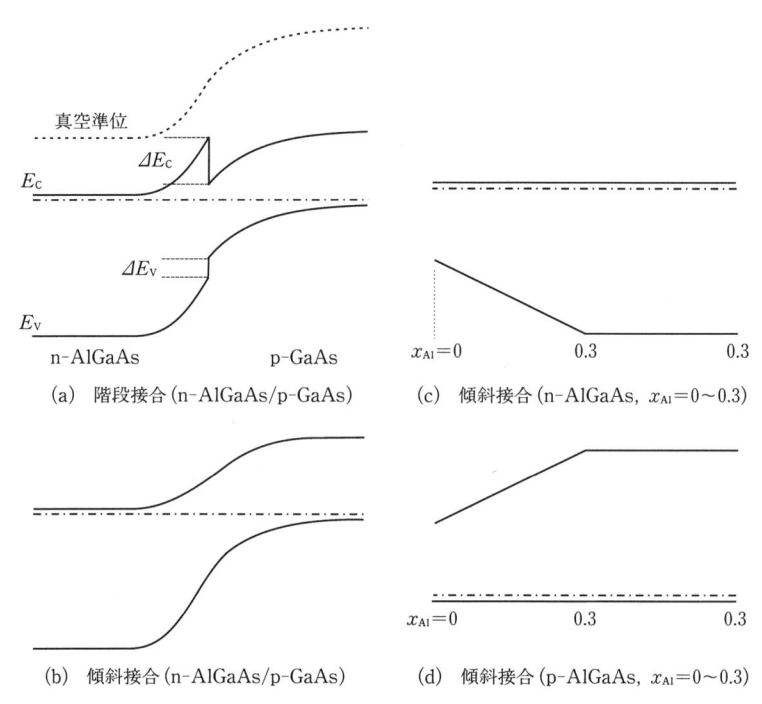

(d) 傾斜接合 (p-AlGaAs, $x_\mathrm{Al}=0\sim0.3$)
$x_\mathrm{Al}=0$　　　0.3　　　0.3

図3.2.2 ヘテロ接合 (階段接合および傾斜接合) のエネルギーバンド図

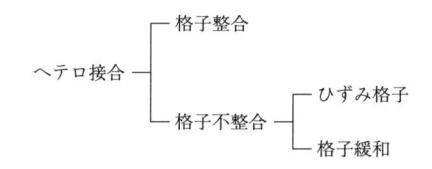

図3.2.3 格子定数の違いによるヘテロ接合の分類

め，一般にデバイス特性は低下する．

　格子不整合系の特殊なものとして，ひずみ緩和 (metamorphic, メタモルフィック) と呼ばれるものがある．これは格子定数が大きく異なる基板上に，所望の半導体層を成長させる技術として生まれたものである．たとえば，GaAs基板上に In 組成の大きな InGaAs を成長させる場合，まず格子緩和した InGaAs バッファ層を厚く積み，このバッファ層の上に目的とする活性層を成長させることが行われている．

3.2.2　ヘテロ接合バイポーラトランジスタ
a.　ヘテロ接合バイポーラトランジスタの特徴

　ヘテロ接合バイポーラトランジスタ (heterojunction bipolar transistor : HBT) は，

エミッタにベースよりもバンドギャップの大きい半導体を用いたバイポーラトランジスタである。HBTの提案は，通常のホモ接合のバイポーラトランジスタが誕生した直後にショックレー(Shockley)によりなされたが，その実現は，分子線エピタキシャル法(MBE)や有機金属気相成長法(MOCVD)などの極薄膜多層結晶成長技術の発展により，はじめて可能となった。代表的なHBTであるAlGaAs/GaAs HBTでは，エミッタとしてバンドギャップの大きいn-AlGaAs，ベースとしてp-GaAs，コレクタとしてn-GaAsを用いている。HBT用半導体としてはこのほか，InP/InGaAs, Si/SiGeなどの種々の組合せがある。

HBTをホモ接合バイポーラトランジスタと比べると以下の特徴を有する。
① ベースからエミッタへの正孔(少数キャリヤ)の逆注入がワイドバンドギャップエミッタのおかげで抑制されるので，エミッタ注入効率が高く，したがって電流利得が高い。
② 高い電流利得を維持したままベース濃度を大きくしてベース抵抗を小さくできるとともに，ベース幅を小さくしてベース走行時間を短くできる。
③ エミッタ濃度を下げることにより，エミッタ-ベース接合容量を小さくすることができ，高速化が可能である。
④ ベース抵抗が小さいため，エミッタクラウディング効果(ベース抵抗によりベース内で電位分布が生じ，電流がエミッタの周辺部のみを流れる現象)が抑制でき，高コレクタ電流動作が可能である。
⑤ 組成傾斜ベースで生じた内蔵電界により電子を加速し，走行時間を大幅に短縮できる。

b. ヘテロ接合バイポーラトランジスタのバンド構造

npn形HBTのバイアス(V_{BE}, V_{CE})印加状態におけるバンド構造を図3.2.4に示す。図(a)の階段接合型エミッタ構造では，エミッタ-ベース接合部にポテンシャルスパイクが生じるため，高エネルギーの電子をベースに注入しその初速度を大きくすることが可能である反面，エミッタ注入効率の低下やエミッタ接地における大きなオフセット電圧などの欠点を有している。最も一般的に用いられているのは図(b)の傾斜接合型エミッタ構造であり，ポテンシャルスパイクをなくしている。図(c)では傾斜接合エミッタに加えてベースに組成傾斜を導入したもので，ベース内に内蔵電界が生じている。

c. ヘテロ接合バイポーラトランジスタ内部の電流成分

HBTの内部を流れる電流成分を概念的に示すと図3.2.5のようになる。エミッタから注入された電子の大部分はコレクタに到達し，コレクタ電流I_Cとなる。一方，ベースから注入された正孔は以下の3通りのいずれかの経過をたどってベース電流I_Bとなる。
① ベース内でエミッタから注入された電子と再結合して消滅する場合(バルク再結合)で，GaAs系化合物半導体で支配的な成分である。

(a) 階段接合型エミッタ

(b) 傾斜接合型エミッタ

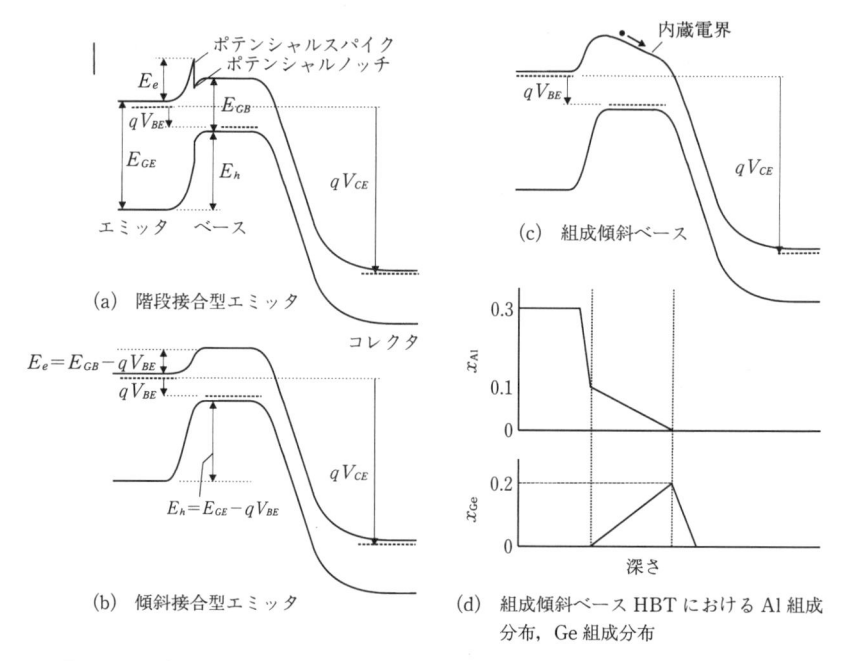

(c) 組成傾斜ベース

(d) 組成傾斜ベース HBT における Al 組成分布，Ge 組成分布

図 3.2.4　各種 HBT のエネルギーバンド図と組成傾斜ベースにおける組成分布

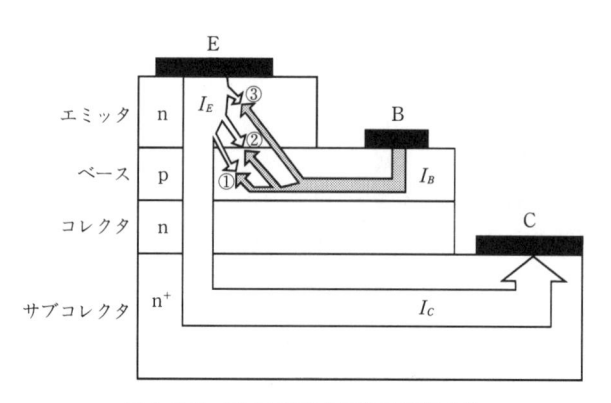

図 3.2.5　HBT 内部を流れる電流成分

② エミッタ-ベース界面で電子と再結合する場合で，結晶成長の不備などで界面近傍に結晶欠陥が多い場合や，ベース露出部の表面保護が不完全な場合にみられ，トランジスタ特性はよくない．

③ 結晶品質が良好な場合で，正孔がベース内およびベース-エミッタ界面で電子と再結合することなくエミッタ電極層に到達する場合であり，Si バイポーラト

ランジスタではこの成分が支配的である．Si では結晶欠陥が少なく間接遷移形半導体であることから，GaAs に比べて小数キャリヤの寿命が約 5 桁も大きく拡散長も桁違いに大きいことが寄与している．

① や ② では理想的な ③ と比べると，電流増幅率は小さくなる．

コレクタ電流 I_C および電流駆動能力を表す相互コンダクタンス g_m は次式で与えられ，I_C が大きいほど g_m は大きい．

$$I_C \approx I_0 \exp\frac{qV_{BE}}{kT} \tag{3.2.1}$$

$$g_m = \frac{\partial I_C}{\partial V_{BE}} \approx \frac{q}{kT} I_C = \frac{1}{r_E} \quad (r_E：エミッタ微分抵抗) \tag{3.2.2}$$

d. 電流増幅率

電流増幅率 β は，上記 ① のバルク再結合電流が支配的な場合には次のように表される．

$$\beta = \frac{2L_B{}^2}{W_B{}^2} \tag{3.2.3}$$

ここで，L_B はベースでの少数キャリヤ（電子）拡散長，W_B はベース層の厚さである．したがって，電流増幅率を大きくするには W_B を薄くすることが有効である．ただし，ベース抵抗を小さく保つためには，ベースのアクセプタ濃度を高くする必要があり，そうなると β が減少してしまうことから，W_B には最適値が存在する．

次に，バルク再結合や界面再結合が無視できる理想的な ③ の場合には，電流増幅率は，

$$\beta = \frac{N_E v_{eB}}{P_B v_{hE}} \exp\left(\frac{\Delta E}{kT}\right), \qquad \Delta E = E_h - E_e \tag{3.2.4}$$

と表される．ここで，N_E はエミッタのドナー濃度，P_B はベースのアクセプタ濃度，v_{eB} はベースのエミッタ側端での拡散とドリフトを考慮した実効電子速度，v_{hE} はエミッタのベース側端での実効正孔速度である．E_e, E_h はそれぞれ電子および正孔に対するエネルギー障壁である（図 3.2.4）．ホモ接合の場合は $\Delta E = 0$ なので，電流増幅率はほぼエミッタのドナー濃度とベースのアクセプタ濃度の比で決まり，ベースのアクセプタ濃度を小さくする必要がある．階段接合型 HBT の場合，ΔE はポテンシャルノッチを無視すれば価電子帯不連続 ΔE_V に等しい．傾斜接合型の場合はバンドがなめらかに接続される結果，エミッタ-ベース界面において ΔE_c に起因するポテンシャルスパイクは生じない．この場合は，ΔE はエミッタとベースのバンドギャップの差 ΔE_g に等しくなる．室温では exp の項は ΔE_g にもよるが，$10^5 \sim 10^6$ と非常に大きな値となる．

ワイドギャップエミッタとして AlGaAs の代わりに InGaP（In 組成 0.5 で GaAs に格子整合）を用いることもある．InGaP には以下のような利点がある．

① 活性な Al 原子を含まず，また結晶成長中に酸素などの不純物を取り込みにくいため高品質な結晶を得やすい．

② InGaP/GaAs 界面におけるキャリヤの界面再結合速度が AlGaAs/GaAs 界面に比べて遅く，HBT の劣化の要因となる再結合を少なくすることができる．
③ InGaP を GaAs ベースの表面保護層として用いることにより，ベース表面での再結合を抑制することができる．
④ AlGaAs/GaAs に比べて価電子帯不連続が大きいのでホール注入抑制の効果が大きい．
⑤ 伝導帯不連続が小さいのでエミッタ接地特性におけるオフセット電圧を小さくでき，低電圧動作に適している．

e. 組成傾斜ベース HBT の層構造

組成傾斜ベース HBT は b 項で述べたとおり，ベースのエミッタ側からコレクタ側に向けてバンドギャップを徐々に小さくすることにより，内蔵電界を発生させている．この構造は図 3.2.4 (d) に示すとおり，GaAs HBT では AlGaAs の Al 組成 x_{Al} を徐々に小さくすることにより，また SiGe HBT では，Ge 組成 x_{Ge} を徐々に大きくすることにより実現される．ベースに注入された電子はこの内蔵電界によって加速されるため(電界ドリフト)，拡散で流れるよりもトランジスタは高速で動作する．内蔵電界の大きさは傾斜組成の程度に依存するが $10～20\,\mathrm{kV/cm}$ にもなり，電子はこの電界で加速される結果，ベース走行時間は均一ベースの数分の 1 になる．なお，SiGe HBT では組成傾斜ベースにするとエミッタ-ベース接合でのバンドギャップ差は小さくなるので，ベースアクセプタ濃度はあまり高くできない．高速のディジタル回路ではおもに組成傾斜ベースが，アナログ応用ではベース抵抗低減が重要であることから，均一ベースにしてベース濃度を高くすることが多い．

f. HBT の等価回路と高周波特性

図 3.2.6 に HBT の大信号等価回路を示す．I_B をコンダクタンス G_{BE}，I_C を電流源 $g_m V_{CBE}$ で置き換えることにより，後述の HEMT と類似の小信号等価回路となる．高周波特性の性能指標である電流利得遮断周波数 f_T，最大発振周波数 f_{max} は図中のパラメータを用いて次式で表される．

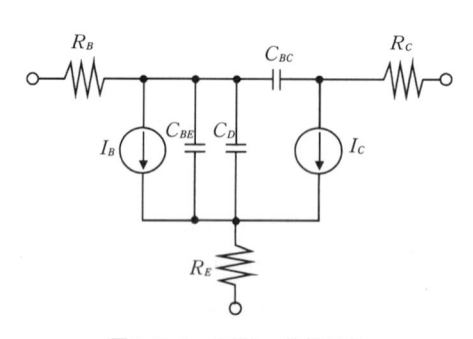

図 3.2.6 HBT の等価回路

$$f_T = \left(\frac{1}{2\pi\tau}\right), \qquad \tau = \tau_E + \tau_B + \tau_C + \tau_{CC}$$

$$\tau_E = \frac{kT}{qI_C}(C_{BE} + C_{BC}) = \frac{C_{BE} + C_{BC}}{g_m}$$

$$\tau_C = \frac{W_C}{2v_e}, \qquad \tau_{CC} = (R_E + R_C)C_{BC} \tag{3.2.5}$$

$$f_{\max} = \sqrt{\frac{f_T}{8\pi R_B C_{BC}}} \tag{3.2.6}$$

ただし，C_{BE}, C_{BC} はベース-エミッタ間容量，ベース-コレクタ間容量，R_B, R_E, R_C はベース，エミッタ，コレクタ寄生抵抗である．f_T を決める各 τ の要因は次のとおりである．τ_E はエミッタ充電時間と呼ばれ I_C に反比例する．したがって f_T を大きくするためには，高電流密度動作にして τ_E を小さくする必要がある．また，HBT ではエミッタドナー濃度低減により C_{BE} を小さくできるため，τ_E は均一ベース Si バイポーラトランジスタの 1/2 から 1/3 である．τ_B はベース走行時間であり，均一ベースでは，エミッタから熱的に注入された電子のベース内拡散で決まり $\tau_B = W_B^2/2D_e$ ($D_e = kT\mu_e/q$：電子のベース中での拡散定数) で与えられ，ベース厚みの 2 乗に比例する．GaAs では Si に比べて移動度が高いので τ_B は Si の 1/3～1/5 に短縮される．ホモ接合 Si バイポーラトランジスタはこの τ_B が支配的であるのに対し，HBT では高濃度・薄層ベースで小さくできるほか，組成傾斜ベースでは内蔵電界加速により，τ_B は $W_B/\mu E$ で与えられ非常に小さくできる．τ_C はコレクタ空乏層の走行時間 $W_C/2v_e$ (係数 2 はコレクタ空乏層を流れる電流が誘導電流であることに起因)，τ_{CC} はコレクタ容量の充電時間である．ベースおよびコレクタ走行時間は，等価回路的には図 3.2.6 の拡散容量 C_D ($C_D = (\tau_B + \tau_C)kT/qI_C$) で置き換えている．$f_{\max}$ 向上のためには f_T を大きくすることはもちろん，損失の原因となるベース抵抗 R_B，出力側からの電力帰還の原因となるベース-コレクタ間容量 C_{BC} の低減が重要である．

3.2.3 HEMT

a. HEMT の基本構造

高移動度トランジスタ (high electron mobility transistor : HEMT) は，3.1.3 項で述べた GaAs MESFET の性能を改善するものとして提案された．GaAs HEMT の断面構造を図 3.2.7 に示す．ソース，ドレインの二つのオーミック電極と，その間にショットキー接合よりなるゲート電極を形成することは，MESFET と同じである．違いはチャネルの構造にある．すなわち HEMT では，半絶縁性 GaAs 基板の上に，高純度の i-GaAs

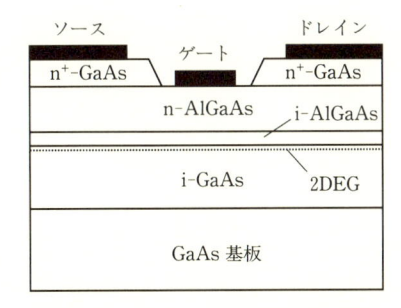

図 3.2.7 GaAs HEMT の断面構造

を成長し(~1 μm), その上にドナー不純物濃度 N_D が高く(~$1×10^{18}$ cm^{-3}) 厚みの薄い(~50 nm) n-AlGaAs 障壁層(電子供給層)を積層した構造となっている. Al 組成は 0.2~0.3 である. このように高純度層と高濃度ドープ層とを積層した構造を変調ドープ構造と呼ぶ. なお, 2次元電子ガス(two-dimensional electron gas: 2DEG)上のアンドープ i-AlGaAs (数 nm) は遠隔不純物散乱を抑制するために挿入されている. また, ソース, ドレイン電極下の n$^+$-GaAs はコンタクト抵抗を下げるために挿入されている.

このような構造では, GaAs と AlGaAs との電子親和力の差のため(GaAs のほうが AlGaAs より約 0.3 eV 大きい), 電子は n-AlGaAs から高純度 GaAs 側に移る. この移った電子の厚みは約 10 nm と非常に薄く, また AlGaAs/GaAs 界面にできた三角ポテンシャルのため界面に垂直方向には動くことができないことから, 2次元電子ガスと呼ばれている. この2次元電子ガスは, 高純度の GaAs 中を走行するため不純物による散乱を受けず, 高い移動度を有し高周波・高速動作が可能である. なお, HBT の場合と同様に, AlGaAs 障壁層を InGaP に置き換えた構造も開発されている. InGaP 障壁層では酸素などの不純物を取り込みにくい, AlGaAs 中で問題となっている DX センターと呼ばれる深い準位がないなどの利点を有している.

b. HEMT のバンド図と動作特性

HEMT ゲート部のエネルギーバンドは図 3.2.8 に示すとおり, 3.1.3 項で述べた Si-MOSFET のバンド図とよく似ている. すなわち, MOSFET の SiO$_2$ ゲート絶縁膜を空乏化した AlGaAs で置き換えたものに対応している. したがって, HEMT の動作原理は Si-MOSFET に類似している. 大きな違いは, 2次元電子の移動度 μ_e が HEMT では高い点である. すなわち, 室温の電子移動度が Si では 400~600 cm^2/V·s であるのに対し, HEMT では 7000~8000 cm^2/V·s である. ドレイン電流 I_D は, Si-MOSFET と同様にゲート長が長く, グラジュアルチャネル近似が成り立つ

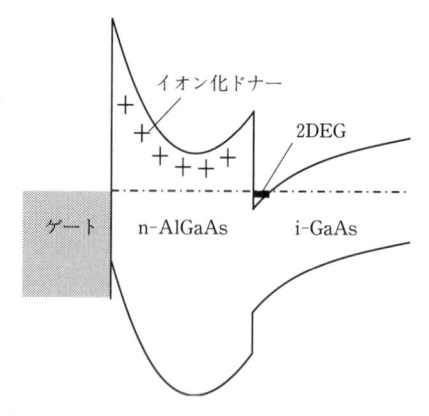

図 3.2.8 GaAs HEMT のエネルギーバンド図

場合には

$$I_D = 2K\left\{(V_{GS}-V_T)V_{DS}-\frac{V_{DS}^2}{2}\right\} \quad : \quad 線形領域 \quad (3.2.7)$$

$$I_D = K(V_{GS}-V_T)^2 \quad : \quad 飽和領域 \quad (3.2.8)$$

で与えられる．ここで，K は $\mu_e \varepsilon W_G/2L_G d$ であり，しきい値電圧 V_T は

$$V_T = \phi_M - \Delta E_C - \frac{qN_D d^2}{2\varepsilon} \quad (3.2.9)$$

で表される．ただし，$\phi_M, L_G, W_G, d, \varepsilon$ はそれぞれショットキー障壁高さ，ゲート長，ゲート幅，AlGaAs 障壁層の厚み，障壁層の誘電率である．

ゲート長が短い領域ではチャネルの電界が高くなりグラジュアルチャネル近似が成り立たなくなる．この場合，ドレイン電流は次式で近似される．

$$I_D = \frac{\varepsilon W_G v_{\text{eff}}}{d}(V_{GS}-V_T) \quad (3.2.10)$$

ただし，v_{eff} は実効電子速度である．したがって，電流駆動能力を表す相互コンダクタンス g_m は次式で表される．

$$g_m = \frac{\partial I_D}{\partial V_{GS}} = 2K(V_{GS}-V_T) \quad （長ゲート） \quad (3.2.11)$$

$$g_m = \frac{\varepsilon W_G v_{\text{eff}}}{d} \quad （短ゲート） \quad (3.2.12)$$

障壁層の厚みが薄いほど g_m は大きい．

c. HEMT の高周波特性

HEMT の等価回路は素子構造図と合わせて図 3.2.9 に示す．ここで，$g_{m0}, R_i,$

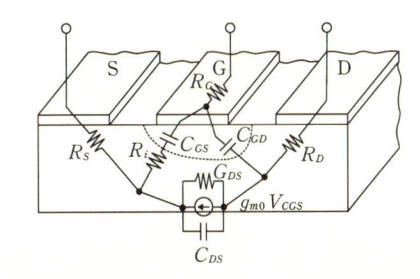

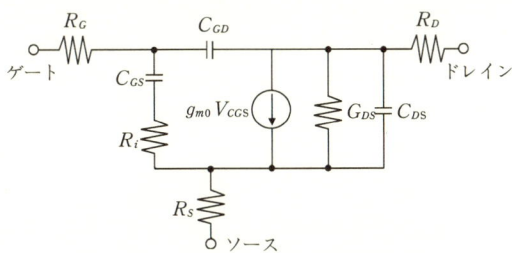

図 3.2.9 HEMT の断面構造と等価回路

$G_{DS}(1/R_{DS})$ は真性相互コンダクタンス，チャネル抵抗，ドレインコンダクタンスである．また，C_{GS}, C_{GD}, C_{DS} はそれぞれゲート-ソース，ゲート-ドレイン，ドレイン-ソース間容量，R_G, R_S, R_D はゲート，ソース，ドレイン寄生抵抗である．電流利得遮断周波数 f_T，最大発振周波数 f_{max} は，これらの等価回路パラメータを用いて近似的に次式で表される．

$$f_T = \frac{1}{2\pi\tau}, \quad \tau = \frac{C_{GS}+C_{GD}}{g_{m0}} + \frac{C_{GS}+C_{GD}}{g_{m0}} \cdot \frac{R_S+R_D}{R_{DS}} + C_{GD}(R_S+R_D) \approx \frac{l}{v_{eff}} \quad (3.2.13)$$

$$f_{max} = \sqrt{\frac{f_T}{4\pi\left\{\frac{(R_S+R_i+R_G)G_{DS}}{\pi f_T}+(R_S+R_i+2R_G)C_{GD}\right\}}} \approx \frac{f_T}{2\sqrt{R_i G_{DS}}} \quad \text{(真性 FET)} \quad (3.2.14)$$

τ の第 1 項は真性遅延時間，第 2 項，第 3 項は寄生抵抗などに起因する遅延時間である．動作速度は移動度に比例するわけではなく，電子の速度に比例するので，f_T には移動度の差ほどの違いはみられないが，MESFET の約 1.5 倍の値が得られている．f_{max} は f_T が大きいほど，またゲート-ドレイン間の帰還容量 C_{GD} や出力コンダクタンス G_{DS} が小さいほど大きい．また，HEMT は移動度が高く f_T が高いので低雑音の特長を有しており，最小雑音指数 F_{min} は経験的に次式で表される．

$$F_{min} = 1 + K\frac{f}{f_T}\sqrt{g_m(R_G+R_S)} = 1 + 2\pi f K C_{GS}\sqrt{\frac{R_G+R_S}{g_m}} \quad (3.2.15)$$

ここで，K はチャネルの質を表すフィッティングパラメータであり 2 程度の値である．g_m が大きく R_G, R_S, C_{GS} が小さいほど低雑音である．

d. ひずみ格子 HEMT

GaAs HEMT の性能を向上させる方法として，GaAs チャネルの代わりに In の組成が 0.15～0.25 程度の InGaAs をチャネルとして用いるひずみ格子 HEMT（シュードモルフィック HEMT：PHEMT）がある．InGaAs チャネルの採用により電子の移動度と飽和速度を 20% 程度向上させることができる．また，AlGaAs 障壁層との伝導帯不連続が大きくなるので，InGaAs に蓄積する電子濃度を高くすることができ，駆動電流の増大，ソース寄生抵抗の低減が可能である．

e. InP HEMT

InP HEMT は図 3.2.10 (a) に示すとおり，GaAs より格子定数の大きな InP を基板とし，その上に成長した InAlAs バッファ層（In 組成 $x_{In}=0.52$ で InP 基板に格子整合）上に成長させた，In 組成の高い InGaAs（$x_{In}=0.53$ で InP 基板に格子整合）をチャネルとして用いる．チャネル InGaAs の In 組成としては 0.8 程度までは転位を発生することなく PHEMT が実現できる．In 組成の増加とともに電子速度が大きくなり高速動作が可能であるが，バンドギャップが小さくなるため耐圧は低下する．障壁層としてはバッファ層と同様に n-InAlAs が用いられる．トランジスタの高速性能指標として用いられる電流利得遮断周波数はこの材料系で最大の値が実現され，ゲート長 25 nm で 562 GHz が報告されている．

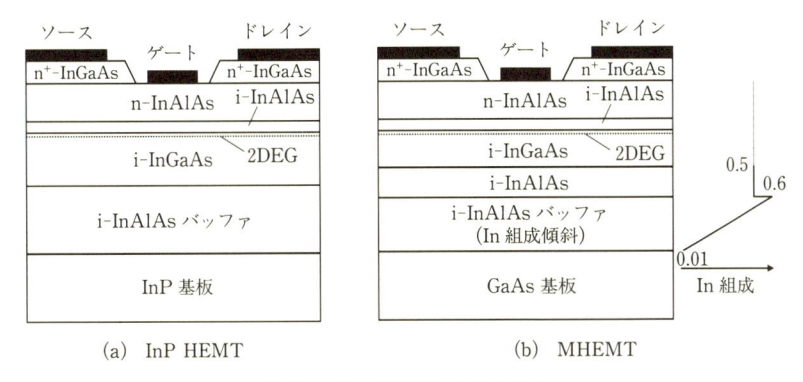

図 3.2.10　HEMT の断面構造

f. MHEMT

InP HEMT は高速性能は優れているが高価な InP 基板を用いる必要があり，商品化した場合の価格競争で不利である．この課題を解決するものとして，GaAs 基板上に InP HEMT と類似のチャネル構造を形成する試みがある．GaAs 基板と InGaAs チャネル (x_{In} 大) との間には大きな格子不整合があるので，転位の発生は避けられないが，図 3.2.10(b) に示すとおり，基板-チャネル間に挿入するバッファ層を工夫することにより，転位の上方への伝搬を抑制している．具体的にはバッファ層の In 組成を基板側から徐々に大きくしバッファ層内での転位の発生と吸収を行っている．バッファ層の終わりごろで In 組成を所望の値よりも大きくしてから下げているのは，格子緩和を強めるとともに，転位をバッファ層に閉じ込める働きをしている．格子ひずみはこのバッファ層での転位の発生によって緩和しているので，メタモルフィック HEMT (metamorphic HEMT：MHEMT) と呼ばれている．

g. GaN HEMT

高出力動作が可能なデバイスとして GaN HEMT がある．GaN はバンドギャップが 3.4 eV と大きいため耐圧が高く，高出力動作，高温動作に適している．一般に窒素などの周期律表第 2 周期の元素を含む半導体は，Si や GaAs に比べて結晶の格子定数が小さく原子間の結合エネルギーが大きい．GaN の大きい熱伝導度，高い電子速度，大きい絶縁破壊電圧などの物性は，この強い原子間結合エネルギーによっている．GaAs HEMT，InP HEMT と異なる点は，ヘテロ界面に分極電荷が存在する点である．このため，AlGaN 障壁層 (Al 組成=0.2〜0.3) に n 形不純物をドープしなくても AlGaN/GaN ヘテロ界面に電子が誘起される．分極の結果，2 次元電子ガス濃度は $1〜2×10^{13}$ cm^{-2} と GaAs HEMT に比べて約 1 桁大きな値が得られる．なお，AlGaN/GaN ヘテロ界面に存在する分極には，結晶の対称性が低いことに起因する自発分極 P_{SP} と，ひずみに起因するピエゾ電気分極 P_{PE} の二つがある．なお，GaN の結晶成長には，絶縁性 GaN 基板がないためサファイアや SiC を基板として用いて

いる．GaN 結晶と基板との格子定数差が大きいので(サファイアで 16.1%，SiC で 3.5%)転位密度は $10^8 \sim 10^9$ cm^{-2} と高い．なお，ピーク速度は 2.8×10^7 cm/s と GaAs 系に比べて高いが，これが得られる電界が 180 kV/cm とほかのIII-V 族半導体に比べて 1 桁以上高いので，チャネル全体にわたって高電界を実現するための構造上の工夫が必要である．

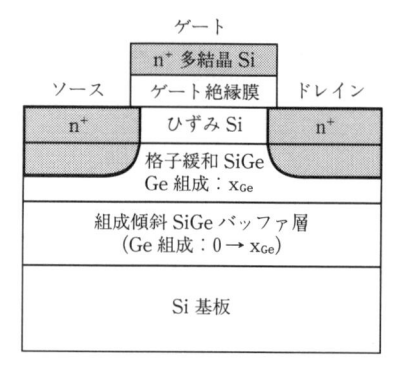

図 3.2.11 ひずみ Si-MOSFET の断面構造

3.2.4 ひずみ Si MOSFET

HEMT ではないが，格子不整合系ヘテロ接合に生じるひずみをうまく利用したデバイスにひずみ Si MOSFET がある．これは図 3.2.11 に素子構造を示すとおり，格子緩和した SiGe 上に成長したひずみ Si をチャネルとして用いている．この系では，Si に導入されたひずみによってキャリヤの移動度が向上している．この移動度の向上は，ひずみ緩和 SiGe の Ge 組成 x_{Ge} に依存するが(Si のひずみ量は x_{Ge} とともに増加)，電子，正孔ともに 1.5～2 倍の移動度増加が得られている．電子移動度の増加機構は以下のように説明される．SiGe の格子定数が Si に比べて大きいため，ひずみ Si は引張応力を受ける．その結果，伝導帯の六つの谷の縮退が解けて二重縮退の谷のエネルギーが四重縮退の谷より低くなり，この谷での電子占有率が高まる．面内の伝導電子の有効質量は二重縮退の谷のほうが小さいので，電子の移動度が大きくなる．また，二つの谷の間のエネルギー差が増大する結果，バレー間散乱が抑制される．

正孔の移動度の増加については，価電子帯のバンド構造が複雑であることから，十分な理解が得られていない部分もあるが以下のように考えられている．すなわち，価電子帯の縮退が解けて軽い正孔バンドが低エネルギー側(上方)に押し上げられるため，軽い正孔による輸送が支配的となり，実効的な正孔移動度が増大する．また，軽い正孔バンドと重い正孔バンドが分離することによるバンド間散乱の減少も移動度の向上に寄与している．また，ひずみによる有効質量の減少も寄与していると考えられている．

〔水 谷 　孝〕

3.3 微細 MOS 集積回路デバイス

3.3.1 MOS トランジスタの微細化
a. シリコンナノエレクトロニクス

MOS トランジスタの進歩は目覚ましい．大規模集積回路 (very large scale inte-

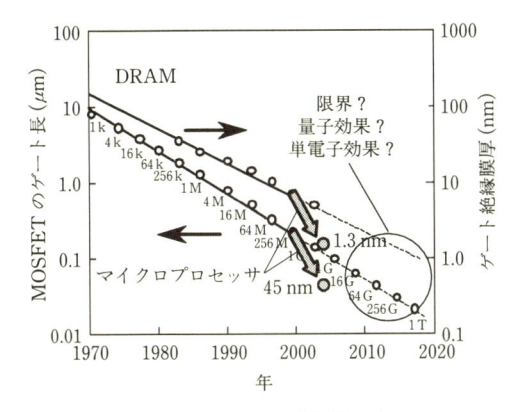

図 3.3.1 MOSFET の微細化のトレンド

grated circuit：VLSI) におけるトランジスタのゲート長は年々微細化され，集積度も飛躍的に向上し，現在では 1 チップに 1 億個以上のトランジスタが集積されている．過去十数年の間に，情報技術 (information technology：IT) は大きな飛躍を遂げたが，ほぼすべての IT 機器の性能は VLSI が決めている．IT を根底で支えているのは紛れもなくシリコン VLSI 技術である．IT は今後も発展を遂げ，私たちの生活様式を大きく変えていくことは確実であるが，これらは VLSI 技術のさらなる発展にかかっている．

VLSI を構成する MOS トランジスタ技術がどのように発展してきたかをみてみよう．図 3.3.1 は，メモリ VLSI の代表であるダイナミックメモリ (DRAM) を例にとり，MOS トランジスタ (MOSFET) の微細化の様子を示したものである．過去ほぼ 30 年にわたって，MOSFET のサイズ (この図ではゲート長) は 3 年で約 0.7 倍という一定のスピードで微細化してきた．最近では，その微細化のスピードに拍車がかかり，マイクロプロセッサにおいては 2005 年現在でゲート長 45 nm の MOSFET が実用化されている．すなわち，「マイクロエレクトロニクス」と呼ばれてきたシリコン VLSI 技術は，すでに「ナノ」の領域に入っているのである．シリコン VLSI 技術はいまや「ナノエレクトロニクス」と呼ばれるべきであり，これは数あるナノテクノロジーのなかで最も社会的波及効果が大きく重要なナノテクノロジーであるといえる．

b. MOS トランジスタの構造とスケーリング則

MOSFET の模式図を図 3.3.2 に示す．p 形シリコン基板中に n 形のソースおよびドレイン電極がそれぞれ形成されている．シリコン基板上にはきわめて薄いゲート絶縁膜を介してゲート電極が形成されている．ゲートに電圧を印加することでシリコンチャネルに反転層が誘起され MOSFET として動作する．MOSFET の動作を決める重要なパラメータは，ゲート長，ゲート絶縁膜厚，ソース・ドレインの接合深さなどである．

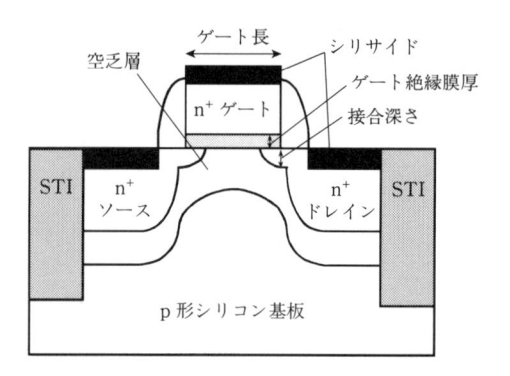

図 3.3.2 最近の微細 MOSFET の断面模式図

表 3.3.1 電界一定のスケーリング則

パラメータ	スケーリング比
チャネル長 L, チャネル幅 W	$1/k$
ゲート絶縁膜厚 t_{ox}	$1/k$
接合深さ x_j	$1/k$
空乏層幅 W_d	$1/k$
基板不純物濃度 N_A	k
電圧 V	$1/k$
電流 I	$1/k$
容量 C	$1/k$
遅延時間 $t=CV/I$	$1/k$
消費電力 $P=VI$	$1/k^2$
集積度(トランジスタ数)	k^2
消費電力密度(チップ消費電力)	1

　MOSFET が微細化される理由は，微細化によりデバイス性能が向上するからである．微細化による性能向上は，スケーリング則と呼ばれる法則としてまとめられている[1]．表 3.3.1 に，デバイス内の電界を一定とした場合のスケーリング則を示す[2]．MOSFET の微細化は，ほぼこのスケーリング則に従って行われてきた．これによると，ゲート長などの横方向サイズ，およびゲート絶縁膜厚や接合深さなどの縦方向サイズをともに $1/k$ に縮小し，チャネルの不純物濃度を k 倍にして電圧を $1/k$ に低くすると，回路の遅延時間は $1/k$ となり(スピードが k 倍となり)，消費電力は $1/k^2$ に減少し，しかも集積度が k^2 倍に向上する．すなわち，デバイスを微細化するだけで集積回路としての性能が飛躍的に向上するのである．

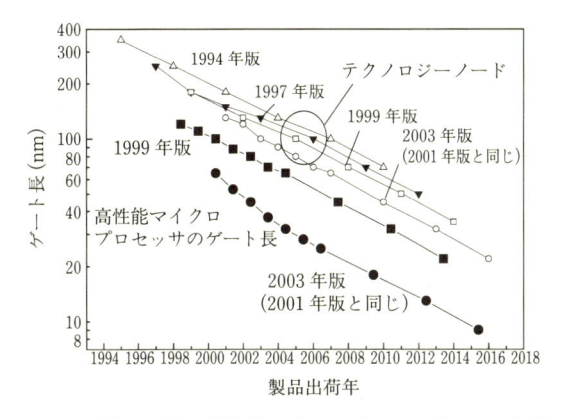

図 3.3.3 ITRS[3] における高性能マイクロプロセッサのゲート長の予測
テクノロジーノードの予測も示している．

c. 半導体技術ロードマップにみる MOSFET 微細化の動向

MOSFET の微細化は,「半導体技術ロードマップ」を抜きに語ることができない．半導体技術ロードマップとは，今後 15 年の半導体 VLSI 技術の将来動向をまとめたものである[3]．ロードマップは 1992 年に最初に米国で作成されたが，最近ではヨーロッパ，日本，台湾，韓国も作成に参加するようになり，ITRS (International Technology Roadmap of Semiconductor) と呼ばれている．ITRS には半導体に関するほぼすべての将来予測が記載されており，実際の開発状況に則してほぼ 2 年おきに改訂される．改訂版では予測値が大きく修正されることが多く，その経緯をみることによって，最近の半導体技術の最新動向をかいま見ることができる．

図 3.3.3 は ITRS における高性能マイクロプロセッサのゲート長の予測値である．参考までにテクノロジーノードの値も示してある．テクノロジーノードとは，リソグラフィ技術で決まる最小のサイズで，DRAM における MOSFET のゲート長に相当する．図より，マイクロプロセッサのゲート長はテクノロジーノードよりも明らかに短く，しかも微細化のスピードが格段に速いことがわかる．とくに 1999 年版と 2001 年版の予測値の差は大きく，この数年で，マイクロプロセッサのゲート長のみが急激に微細化されたことを物語っている．最新の 2003 年版 (2001 年版でも同じく) では，2016 年にマイクロプロセッサのゲート長は 10 nm を切って 9 nm に達することが予測されている[3]．

d. 微細化の問題点

ところが実際のデバイスでは，完全にスケーリング則どおりに微細化が行われてきたわけではない[2]．電圧の低下がスケーリング則どおりに進まなかったこと，あるいはスケーリングしない物理量が存在することなどがその理由である．そのため，さまざまな問題が顕在化してきている．とくに大きな問題は，消費電力の増大，短チャネ

ル効果の発生，特性ばらつきの増大などである．スケーリング則では，チップ全体の消費電力はチップ面積が一定であれば一定値となるはずであるが，実際には電圧のスケーリングが進まず，しかもチップ面積がしだいに大きくなったため，最近ではCMOS 回路といえども高速チップでは消費電力が数十ワットに達している．また，横方向のスケーリングより縦方向のスケーリングは一般に難しい．そのため 2 次元効果により各種短チャネル効果が発生し，サブスレッショルド電流の増大などの問題が起こっている．

e. 短チャネル効果

短チャネル効果とは，ゲート長が短いときにドレイン電界によりゲート電極の影響力が低下するために発生する現象で，横方向のスケーリングに対して縦方向のスケーリングが進まない場合に顕著に現れる．最もよく知られた現象は，しきい値電圧の低下である．また，同時にサブスレッショルド係数も劣化する．したがって，短チャネルデバイスではオフ電流(ゲート電圧が 0 V の場合のサブスレッショルドリーク電流)が急激に増大する．

短チャネル効果を抑制する方法は，ゲート電極のチャネルへの影響力を極力大きくすることである．そのためには，① ゲート絶縁膜厚を薄くしてゲート容量を大きくする，② チャネル不純物濃度を高くして空乏層厚さを薄くする，③ ソース-ドレインの接合深さを薄くする，などの方法がとられる[2]．いずれの方法においても，リーク電流の経路をゲートに近づけ，ゲートの支配力を大きくする方策である．

3.3.2　10 nm 級トランジスタの構造
a. SOI MOSFET

従来のシリコン基板(バルク基板)を用いた MOS トランジスタでは，短チャネル効果の抑制がきわめて困難になると予想されている．バルク MOSFET に代わって将来主流になる可能性を秘めているデバイスが，SOI (silicon-on-insulator) MOSFET である．図 3.3.4 に SOI MOSFET の構造をバルク MOSFET と対比させて示す．SOI 基板は，シリコン基板中に酸化膜が埋め込まれた構造をしている．埋込酸化

(a) バルク MOSFET　　(b) PD SOI MOSFET　　(c) FD SOI MOSFET

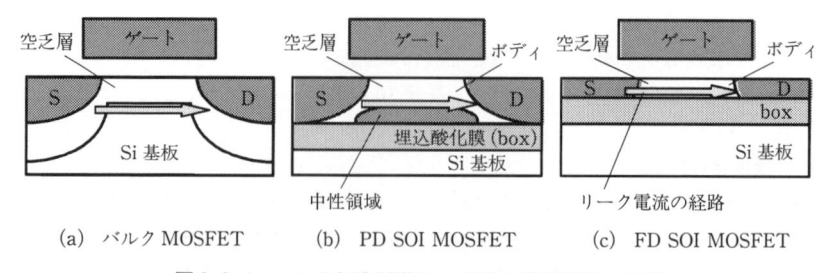

図 3.3.4　バルク MOSFET と SOI MOSFET の比較
SOI MOSFET は PD と FD に分類される．

膜(box)上に単結晶の薄いシリコン層が形成されている．このシリコン層をSOIと呼ぶ．また，MOSFETを作製した場合，ソース-ドレイン間のゲート直下のSOI部分をボディと呼ぶ．

SOI基板上に作成したMOSデバイスは，その動作原理から2種類に分類される．図3.3.4(b)のようにSOI層が比較的厚く，ボディの空乏層がboxに到達していないデバイスは，部分空乏型(partially depleted：PD)SOI MOSFETと呼ばれる．一方，図3.3.4(c)のようにSOI層が比較的薄く，空乏層がboxに到達しボディが完全に空乏しているデバイスは，完全空乏型(fully depleted：FD)SOI MOSFETと呼ばれる．

SOI MOSFETの利点の一つは，寄生容量の低減である．バルクMOSFETでは，ドレインと基板との間にpn接合容量が存在するが，SOIでは埋込酸化膜のため容量が大きく低減され，高速化と低消費電力化が同時に達成できる．また，FD SOIではSOIが薄いためリーク電流の経路がゲートに近くなるので，ゲート電極の支配力が高まり短チャネル効果の抑制が可能である．したがって，FD SOI MOSFETは将来の微細MOS構造として有望であるが，SOIが薄いためにソース-ドレインの寄生抵抗が増大するなどの欠点がある．

b. 新構造トランジスタ

さらにゲート電極の支配力を高めるためには，ゲート電極を上下あるいは左右に配置してチャネルを挟む構造にするとよい．これをダブルゲート構造という．さらにゲート電極数を増やした場合の構造の変化を図3.3.5に模式的に示す．ダブルゲート構造には電子が流れる向きに応じて3種の変形がある．プレーナ型，縦型，FinFET

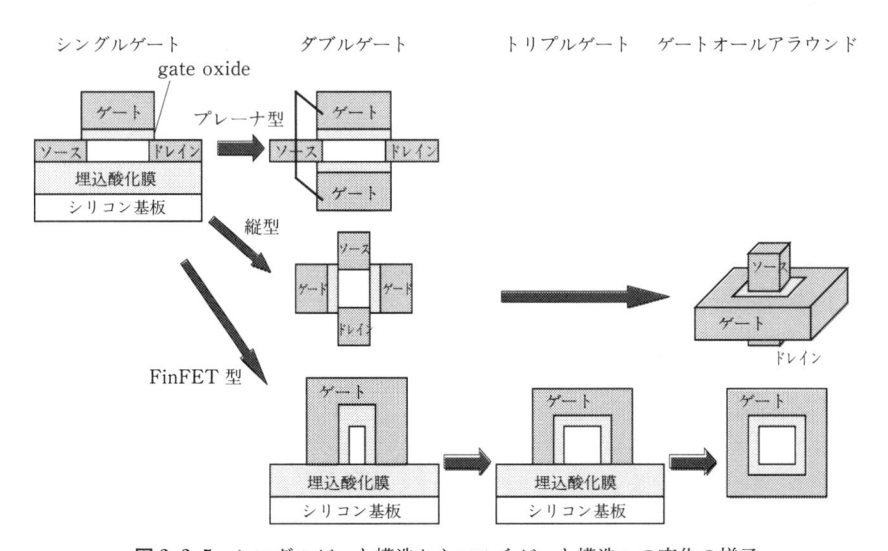

図3.3.5 シングルゲート構造からマルチゲート構造への変化の様子

型である．究極的にはチャネルをゲートで囲んだ構造をもつ gate-all-around 構造が最も短チャネル効果に強いとされている．しかし，この構造は作製がきわめて困難である．準プレーナプロセスでしかもゲートの支配力が強い構造として，最近では FinFET 構造がおおいに注目されており，試作例も多く報告されている．

c. サブ10nmMOS トランジスタの報告

図 3.3.3 に示した ITRS のゲート長は，製品レベルでの値が示されている．研究レベルでは，すでに 10 nm を切るゲート長をもつ MOS トランジスタが試作されている．最初にゲート長 10 nm を切ったのは IBM で，2002 年 12 月に 8 nm の PMOS を報告した[4]．SOI 構造を用いることにより，短チャネル効果を抑制している．続いて，2003 年 12 月に NEC がゲート長 5 nm の CMOS を従来のバルク型 MOS トランジスタを用いて作製した[5]．短チャネル効果抑制のため，チャネル不純物濃度分布に工夫を施している．しかし，これらのデバイスは短チャネル効果の抑制が不十分であり，大きなオフ電流が流れている．また，寄生抵抗も大きいためオン電流が劣化している．一方，2004 年 6 月には台湾 TSMC が FinFET 構造でゲート長 5 nm CMOS を試作した[6]．とくに PMOS で短チャネル効果が抑制されており，チャネルをゲートで囲む方法がきわめて有効であることを示している．

3.3.3 新材料・新物理導入による特性向上

a. ITRS のオン電流予測

これまで，おもに MOS トランジスタの微細化と短チャネル効果について述べてきたが，MOS トランジスタは微細化以外の面でも大きく進歩を続けている．その一例が，新材料・新物理導入によるトランジスタ特性の向上である．図 3.3.6 に ITRS におけるオン電流の予測値を示す．スケーリング則によれば，単位チャネル幅当たりのオン電流は微細化しても一定である．そこで，過去の版ではオン電流は将来的に一定になると予想されてきた．ところが，最近では各種材料や物理現象の導入によりオン電流を向上させる手法が一般化してきた．最新の 2003 年版では，図に示したように順次新材料・新物理が導入され，オン電流が継続的に向上すると予測されている．

b. 新材料導入

今後導入が期待される新材料として代表的なものは，ゲート絶縁膜に用いられる高誘電体材料 (high-k 材料)，およびポリシリコンゲートに代わるメタルゲートである．このうち high-k 材料は，従来のシリコン酸化膜に代わるゲート絶縁膜材料で，高性能トランジスタでは 2007 年，低消費電力トランジスタでは 2006 年に導入されると予想されている．ゲート絶縁膜の厚さは，図 3.3.1 に示したとおりすでに 1.3 nm 程度にまで薄くなっており，従来のシリコン酸化膜ではトンネル電流が流れてしまい，IT 機器のスタンバイ電力を増大させる．そこでゲート容量を低下させずに絶縁膜の物理的膜厚を厚くしてトンネル電流を低減させるために high-k 材料が必須である．これまで長く導入が検討されてきたが，信頼性確保やしきい値電圧制御の困難さが指

摘されてきた．ITRSの予測どおり，まず高性能トランジスタより先に低消費電力トランジスタに導入される可能性が高い．high-k材料が導入されるとゲート容量が今後も増大を続けることになり，特性向上にも大きく寄与する．

一方，メタルゲートが導入されると，ポリシリコンゲートで問題となっているゲート空乏化の問題を回避できる．これは，ポリシリコンゲートが空乏化してゲート容量を劣化させる現象である．メタルゲートでは空乏化が起こらずゲート容量が改善するため，これも特性向上に大きく寄与する．

c. 新 物 理 導 入

一方，新たな物理現象を利用してMOSトランジスタの特性を向上させる手法が大きく注目されている．その代表はひずみSi技術である．MOSトランジスタにひずみを印加すると移動度が向上することは昔から知られていた．従来は，印加されるひずみが一様ではなく特性ばらつきの原因となっていたため，ひずみは極力抑制する手法がとられていたが，ひずみSi技術はこの性質を積極的に利用する．ひずみ印加の方法には，プロセス中に発生するひずみを利用する方法[7]と，Siとは格子定数が異なるSiGeを基板に導入する方法[8]がある．インテルは，プロセス印加ひずみを積極的に利用し，NMOSにはシリコン窒化膜層による引張ひずみを，PMOSにはソース-ドレイン領域にSiGeを埋め込んで圧縮ひずみを加える手法をすでに実用化している[7]．

d. MOSトランジスタの進化

3.3.1項e.で述べた短チャネル効果抑制手法と本項で述べた新材料・新物理導入手法は，現在では別個に議論されているが，今後は両者の組合せが必須となると予想される．また，ここでは詳しく触れないが，ばらつき抑制のためデバイス作製後にパラメータを調整するバックゲート技術も必須の技術である．これらの技術を組み合わせ

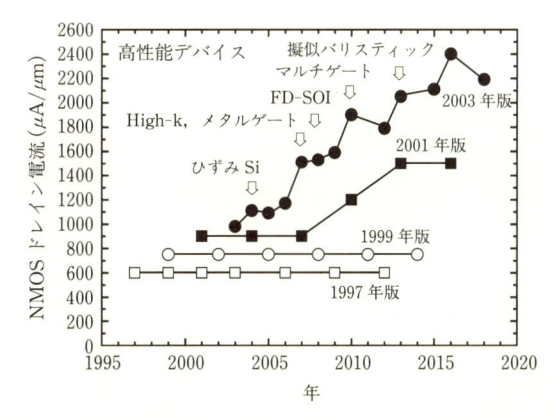

図3.3.6 ITRS[3]におけるMOSトランジスタのオン電流の予測
　　　・新材料・新物理導入時期も示している．

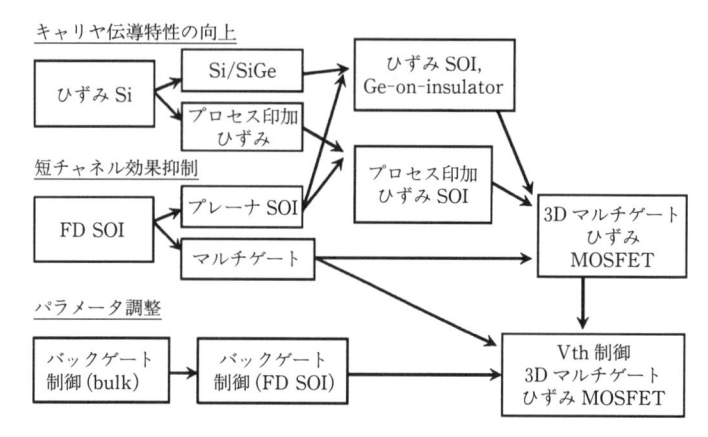

図 3.3.7 新材料・新物理によるキャリヤ伝導特性の向上，マルチゲート構造による短チャネル効果抑制，バックゲート制御によるパラメータ調整の組合せによる MOS トランジスタの進化の様子

た MOS トランジスタの進化の様子を図 3.3.7 に示す．こうして，シリコンデバイスはさらなる特性向上を続け，将来の IT に大きく貢献すると期待される．

〔平本俊郎〕

文　献

1) R. H. Dennard, F. H. Gaensslen, H.-N. Yu, V. L. Rideout, E. Bassous and A. R. LeBlnac : *IEEE J. Solid-State Circuits*, **SC-9**, 256 (1974)
2) 平本俊郎：応用物理, **67**, 571 (1998)
3) International Technology Roadmap for Semiconductors, 2003 Edition. http://public.itrs.net/.
4) B. Boris, et al. : IEEE IEDM Tech. Dig., p. 267 (2002)
5) H. Wakabayashi, et al. : IEEE IEDM Tech. Dig., p. 989 (2003)
6) F.-L. Yang, et al. : VLSI Technology Symposium Tech. Dig., p. 196 (2004)
7) T. Ghani, et al. : IEEE IEDM Tech. Dig., p. 978 (2003)
8) S. Takagi, et al. : IEEE IEDM Tech. Dig., p. 57 (2003)

3.4　単電子デバイス

3.4.1　クーロンブロッケード

電子がトンネル可能な静電容量 C に，蓄えられている 1 個の電子が有する静電エネルギー E_C は，

$$E_C = \frac{e^2}{2C} \tag{3.4.1}$$

で表される．このとき e は 1 個の電子の電荷である．図 3.4.1 に示すように，この

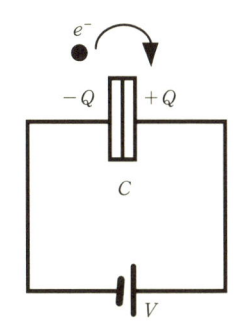

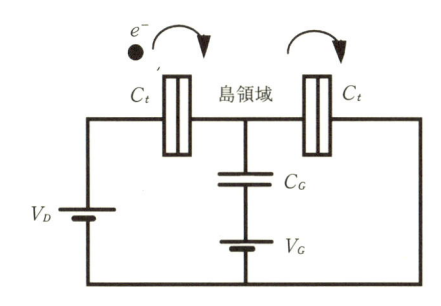

図 3.4.1 クーロンブロッケード効果が生じる回路の説明

図 3.4.2 二つのトンネル容量を直列に接続した単一電子トランジスタ

静電容量 C に印加されている電圧を V，蓄えられている全電荷を Q とする．静電容量 C を介して1個の電子がトンネルした際の全エネルギー変化 ΔE は，

$$\Delta E = \frac{(Q-e)^2}{2C} - \frac{Q^2}{2C} = \frac{-2Qe+e^2}{2C} = E_C - eV \tag{3.4.2}$$

と表される．この1個の電子の，容量を介した移動で，系のエネルギーが上昇することは物理法則に反している．したがって

$$E_C - eV > 0 \tag{3.4.3}$$

なる状態はとりえない．すなわち

$$E_C > eV \quad \text{あるいは} \quad \frac{e}{2C} > V \tag{3.4.4}$$

なる条件では電子の移動が禁止される．同様に反対方向の電子の移動も禁止されるために，

$$\frac{e}{2C} > V > -\frac{e}{2C} \tag{3.4.5}$$

なる条件下では電子の移動が禁止される．これをクーロンブロッケード効果と呼ぶ．通常，配線の容量など浮遊容量が大きいために，1個のトンネル容量において，クーロンブロッケード現象を観察することは困難である．

クーロンブロッケード現象を観察するために，図 3.4.2 に示すように2個のトンネル容量を直列に接続し，二つのトンネル容量の距離を可能な限り小さくする必要がある．この領域を島領域と呼ぶ．この二つのトンネル容量 C_t に電圧 V_D を印加することにより，クーロンブロッケード現象が観察可能になる．さらに島領域の電位を制御するために通常の容量 C_G を介してゲート電圧 V_G を印加できる構造にしたものを単一電子トランジスタと呼ぶ．実際の単一電子トランジスタの構造は図 3.4.3 に示すように，ソース-ドレイン電極の間に微小な島領域を形成する．ソース-ドレイン電極と島領域の間はトンネル可能な容量 C_t，すなわちトンネル接合でつながっている．ま

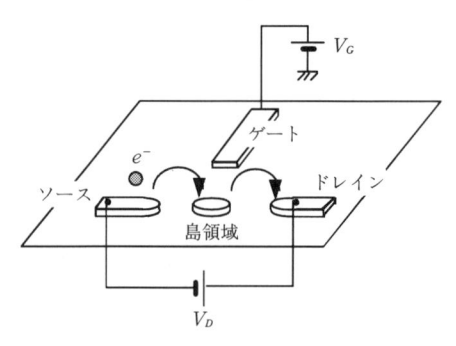

図 3.4.3 単一電子トランジスタの構成図

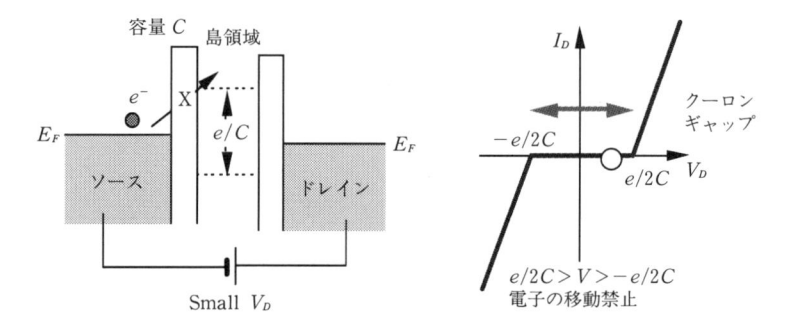

図 3.4.4 単一電子トランジスタに微小なドレイン電圧 ($-e/2C<V<e/2C$) を印加した場合のエネルギーバンド図と，ドレイン電流-ドレイン電圧特性
微小ドレイン電圧では，電子自身のもつクーロン反発力により電子が島領域の中に入れず，電流が流れない．この領域をクーロンギャップと呼ぶ．

た，島領域は通常のゲート容量 C_G を介してゲート電極がつながれ，ゲート電圧が島領域に印加できる構造になっている．この単一電子トランジスタの動作原理を図3.4.4，図3.4.5に示すバンド図と特性を用いて説明する．ソース-ドレイン間に印加する電圧が小さい場合，ソースから1個の電子がトンネル接合をトンネルして島領域に入ろうとする．島領域全体の容量を C_Σ とすると（通常，$C_\Sigma=2C_t+C_G$ で表される），電子は島領域に入ると電子自身のもつ電荷により，フェルミレベルよりも $e/2C_\Sigma$ だけ高いポテンシャルを有することになる．したがって，ソースからの電子はソースのフェルミレベルよりも $e/2C_\Sigma$ だけ高い準位にトンネルしなければならない．印加電圧が $e/2C_\Sigma$ よりも小さい場合，電子は島領域へトンネルすることができない，電流-電圧特性は，電圧を印加しているにもかかわらず，電流が流れない特性を示す．この領域をクーロンギャップと呼ぶ．印加電圧を大きくし，$e/2C_\Sigma<V$，あるいは $V<-e/2C_\Sigma$ なるバイアスを印加すると，図3.4.5に示すように，ソースのフェルミレベルは，島領域のポテンシャルより高くなるため，電子はトンネルして島領域に入

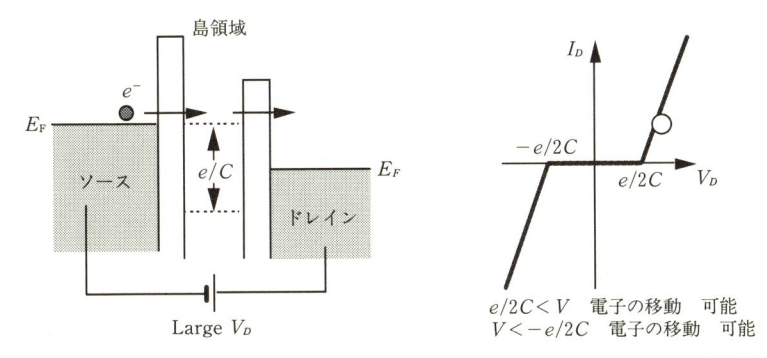

図 3.4.5 単一電子トランジスタに大きなドレイン電圧 ($V<e/2C$, $V<-e/2C$) を印加した場合のエネルギーバンド図と，ドレイン電流-ドレイン電圧特性 大きなドレイン電圧では，クーロン反発力以上の電圧を印加するために，クーロンブロッケード効果が解けて，ドレイン電流が流れ出す．

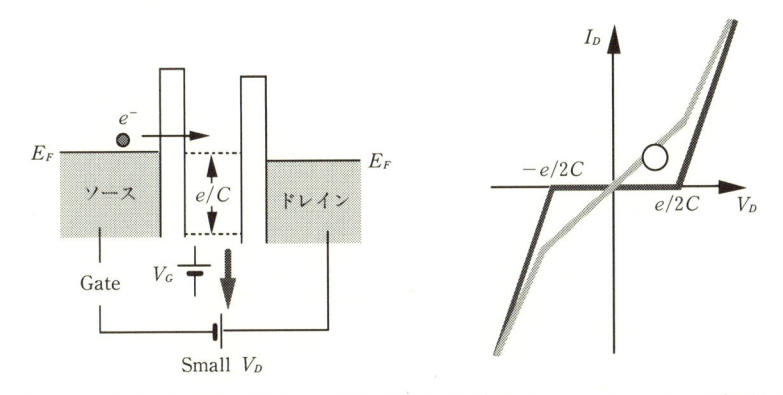

図 3.4.6 小さなドレイン電圧 ($-e/2C<V<e/2C$) でクーロンブロッケード領域に入っている状態において，ゲート電圧を印加し島領域のポテンシャルを引き下げると，電子は島領域内に入ることができ，クーロンブロッケードが解けてドレイン電流が流れる

ることができる，したがって，ソース-ドレイン間に電流が流れる．

次に，ゲートバイアスの効果について述べる．図 3.4.6 に示すように小さなドレイン電圧 ($-e/2C_\Sigma<V<e/2C_\Sigma$) でクーロンブロッケード領域に入っている状態を考える．ゲート電圧を印加し島領域のポテンシャルを引き下げると，電子は島領域内に入ることができ，クーロンブロッケードが解けて図 3.4.6 の右図に示すようにドレイン電流が流れる．さらにゲート電圧を高くしていくと，1 個の電子が島領域内に滞在し，ふたたびクーロンブロッケード状態に入る．このドレイン電流のゲート電圧依存性を図 3.4.7 に示す．ゲート電圧が 0 V 近傍では電流はクーロンブロッケード効果

により流れない．このとき島領域内の電子の数は0個である．ゲート電圧を印加して，島領域のポテンシャルを下げるとクーロンブロッケード効果が解けて電流が流れ，さらにゲート電圧を印加すると，島領域に電子が1個滞在し，ふたたびクーロンブロッケード領域に入り，電流は流れなくなる．このようにドレイン電流はゲート電圧に対して，ピーク状に振動して流れるようになる．これをクーロン振動と呼ぶ．クーロン振動の周期は e/C_G である．クーロン振動の1周期ごとに島領域内の電子の数が1個ずつ変化していく．したがって，クーロン振動のピークの数を数えることで，島領域内の電子の数がわかる．

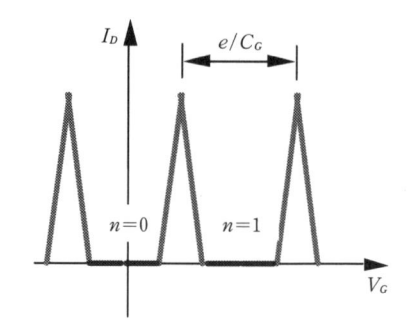

図3.4.7 ドレイン電流のゲート電圧依存性

ドレイン電流はゲート電圧に対して周期 e/C_G で振動し，クーロン振動と呼ばれる．1回の振動ごとに島領域の電子の数が1個ずつ変化する．

以上述べたクーロンブロッケード現象を観察するために必要な条件を示す．

(1) $kT \ll E_c = \dfrac{e^2}{2C}$

(2) $R_T \gg \dfrac{h}{e^2} = R_Q = 26\,\mathrm{k\Omega}$

(1)の条件はクーロンエネルギー $e^2/2C$ が熱エネルギー kT より十分大きな値にできることが必要であることを意味している．もしこの条件が満たされない場合，すなわち熱エネルギーのほうがクーロンエネルギーより大きい場合，図3.4.8に示すように，電子は熱エネルギーで島領域内に入ることができ，クーロンブロッケード効果が働かなくなる．そのため図3.4.8の右図に示すように，熱励起電流により，クーロンブロッケード効果が隠されてしまう．したがって，クーロンブロッケード効果を観察するためには，クーロンエネルギー $e^2/2C$ を熱エネルギーより大きくすることが必要不可欠である．このためには「容量 C をできるだけ小さくすること」が必要である．別の言葉でいい換えれば「島領域のサイズをできるだけ小さくすること」が求められる．

(2)の条件は，島領域に入った電子がトンネル接合をトンネルして島領域の外に流れ出ることを防ぐ条件である．トンネル抵抗を量子抵抗より大きくする必要がある．これはトンネル接合の幅を厚くするだけでよいため，容易に達成できる．

以上述べた単一電子トランジスタの特性をオーソドックス理論を用いて計算した結果を図3.4.9に示す．計算に用いたトンネル接合容量は $C_t = 4 \times 10^{-19}\,\mathrm{F}$，ゲート容量は $C_G = 1 \times 10^{-19}\,\mathrm{F}$ で，温度は10 Kを仮定している．単一電子トランジスタのドレイン電流のドレイン電圧およびゲート電圧依存性を3次元表示している．図3.4.9よ

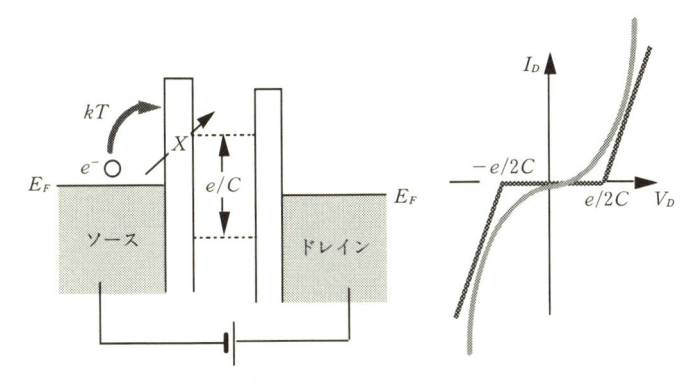

図 3.4.8 熱エネルギー kT とクーロンエネルギーの関係を示すバンド図
熱エネルギーのほうがクーロンエネルギーより大きいと，電子は熱エネルギーで島領域内に入ることができ，クーロンブロッケード効果は働かなくなる．そのため，熱励起電流により，クーロンブロッケード効果が隠されてしまう．

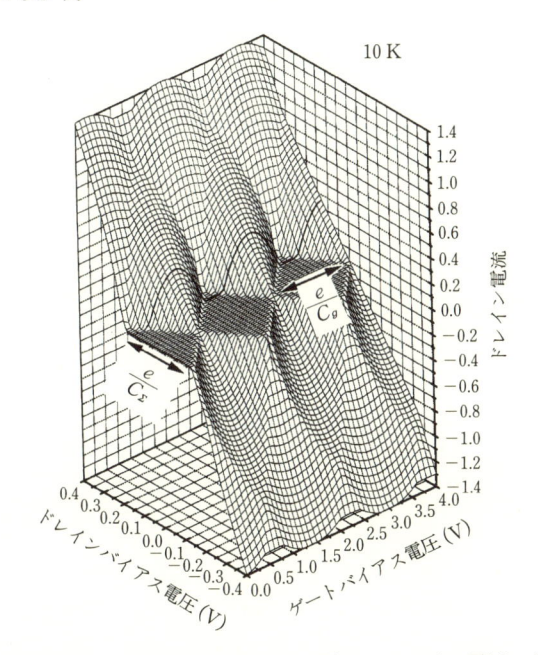

図 3.4.9 単一電子トランジスタのドレイン電流のドレイン電圧およびゲート電圧依存性の 10 K の温度における理論計算値を 3 次元表示したもの　計算に用いたトンネル接合容量は $C_t = 4 \times 10^{19}$ F，ゲート容量は $C_G = 1 \times 10^{19}$ F である．クーロンギャップ，クーロン振動，クーロンダイヤモンド特性が現れている．

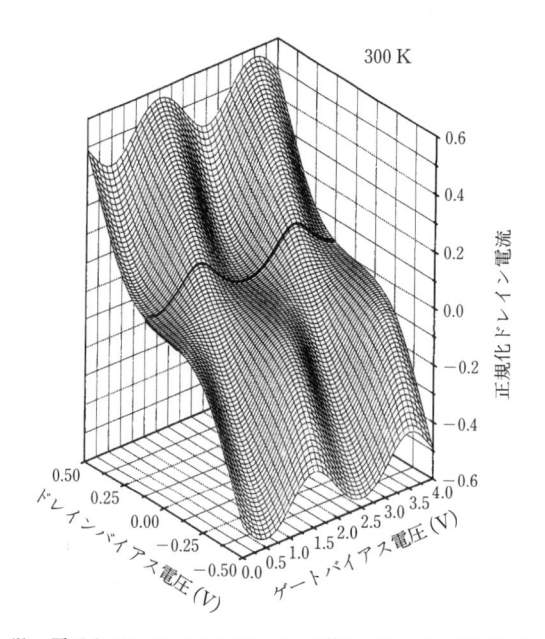

図 3.4.10 単一電子トランジスタのドレイン電流のドレイン電圧およびゲート電圧依存性の 300 K の温度における理論計算値を 3 次元表示したもの 計算に用いたトンネル接合容量は $C_t=5\times10^{-20}$ F, ゲート容量は $C_G=8\times10^{-20}$ F である. 高温のために特性はなまっているが, 小さい容量のおかげでクーロンギャップ, クーロン振動, クーロンダイヤモンド特性が観察できる.

り, ドレイン電圧を印加しているにもかかわらず, ドレイン電流が流れないクーロンギャップ特性が現れており, そのサイズは e/C_Σ に対応する. このクーロンギャップ特性は, ゲート電圧を印加することでそのサイズが小さくなり, ついにはまったくなくなり, ドレイン電流が流れる. さらにゲート電圧を印加するとふたたびクーロンギャップが現れはじめ, 徐々にそのサイズを大きくしていく. このクーロンギャップのゲート電圧依存性がダイヤモンドの形を示すことから,「クーロンダイヤモンド特性」と呼ばれる. ドレイン電流はゲート電圧に対して振動しており, これが図 3.4.7 で模式的に示したクーロン振動特性である.

室温 (300 K) における単一電子トランジスタの理論計算特性を図 3.4.10 に示す. 計算に用いたトンネル接合容量は $C_t=5\times10^{-20}$ F, ゲート容量は $C_G=8\times10^{-20}$ F であり, 図 3.4.9 の場合よりも小さな値を用いている. 高温のために特性はなまっているが, 10^{-20} F オーダーの小さい容量のおかげで, クーロンギャップ, クーロン振動, クーロンダイヤモンド特性が観察できる. 室温のような高温において単一電子トランジスタ特性を観察するには, この計算結果からも明らかなように $C_\Sigma=10^{-19}$ F オーダーの微小な容量を実現することが必要であることがわかる. これを実現するために

は，単一電子トランジスタの島領域のサイズを1～2nm前後にする必要がある．従来の微細加工技術でこのサイズを実現することはほとんど不可能であり，単一電子トランジスタを室温動作させることは非常に困難であった．近年，直径が1～2nmの単層カーボンナノチューブが発見されるにおよび，この単層カーボンナノチューブの微細性を利用して室温で完全に動作する単一電子トランジスタが開発されるようになった．

3.4.2 単電子論理デバイス

　単電子論理デバイスの基本となる単一電子相補型インバータは，イリノイ大学のタッカー教授により提案された．単一電子相補型インバータの構成は，図3.4.11に示すように，二つの単一電子トランジスタ①，②を直列に接続し，さらにそれぞれの単一電子トランジスタに独立にゲートバイアスが印加できる構造になっている．このゲートバイアスは，それぞれの単一電子トランジスタのクーロン振動の位相が180°ずれるように設定して印加する．この二つの単一電子トランジスタ①，②の入力電圧 V_{in} に対するクーロン振動特性と出力特性を図3.4.11の右図に示す．この特性は単一電子相補型インバータをカーボンナノチューブで作成した実験結果の特性であ

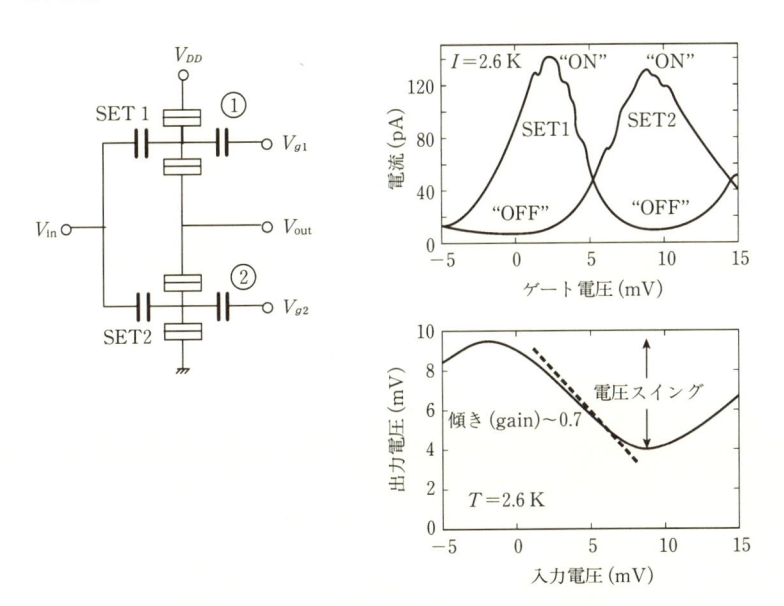

図3.4.11　単一電子相補型インバータの回路図

　図3.4.2に示す単一電子トランジスタを直列に2個つなぎ，それぞれの単一電子トランジスタにゲート電圧を印加して，クーロン振動の位相を180°ずらしている．右上の図は単一電子トランジスタ①，②の周期を180°ずらしたクーロン振動特性と入力電圧 V_{in} の関係を示す図である[1]．また右下の図は，単一電子相補型インバータの出力特性である．

図 3.4.12 カーボンナノチューブ単一電子相補型インバータの電子顕微鏡写真[1]

る[1]．入力電圧 V_{in} が V_{low} の位置にあるとき，単一電子トランジスタ①の電流は通電状態であり，反対に単一電子トランジスタ②の電流は遮断状態である．したがって，出力電圧 V_{out} は V_{DD} の値に等しくなり，高い値になる．また入力電圧 V_{in} が V_{high} の位置にあるとき単一電子トランジスタ①の電流は遮断状態であり，反対に単一電子トランジスタ②の電流は通電状態である．したがって，出力電圧 V_{out} はアースの値と等しくなり，低い値になる．このように，二つの単一電子トランジスタを用いて相補型インバータ動作が可能になる．単一電子相補型インバータ特性は，シリコンの微細構造や，カーボンナノチューブを用いて実証されているが，動作温度は現時点では，いずれも液体ヘリウム温度に近い極低温動作である．図 3.4.12 に，カーボンナノチューブをチャネルに用いた単一電子相補型インバータの電子顕微鏡写真[1]を示す．カーボンナノチューブ内に×印で示す位置に欠陥を導入してトンネル接合とし，二つの単一電子トランジスタを直列に形成している．それぞれの単一電子トランジスタに独立にゲート電圧 V_{g1}, V_{g2} が印加できるようにサイドゲートが形成されている．

3.4.3 単一電子メモリ

電子の個数を1個1個計数しながら蓄積する単一電子メモリの構成は，ニューヨーク州立大学のリカレフ教授らにより提唱された．図 3.4.13 に示すように単一電子メモリは，単一電子メモリ部とセンス部の二つの構成要素からなる．単一電子メモリ部はメモリ容量 C_{gt}，多重トンネル接合容量 C_{tt}，およびこれらにバイアスを印加するメモリバイアス V_{MEM} からなる．電子が蓄積する位置はメモリノードと呼ばれ，その位置の電位を V_t とする．センス部は二つのトンネル接合をつないだ単一電子トランジスタ構造をしており，容量 C_g を介してメモリノードに接続されている．メモリノードには，多重トンネル接合容量を介して電子が1個1個入る．このとき，容量 C_g を介してセンス部の単一電子トランジスタがメモリノードの電位変化をセンスす

3.4 単電子デバイス

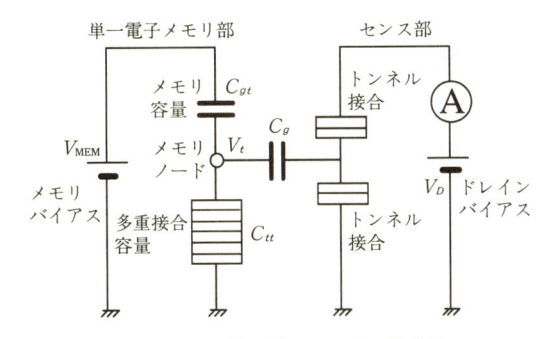

図 3.4.13 単一電子メモリの構成図
単一電子メモリ部とセンス部の二つの構成要素からなる.

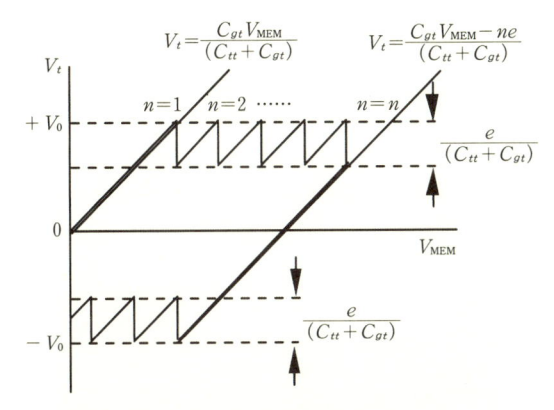

図 3.4.14 単一電子メモリのメモリノードの電位 V_t のメモリバイアス V_{MEM} 依存性
1個1個電子が多重トンネル接合を越えるごとに電位が振動する.

ることにより,いくつの電子がメモリノードに入ったかを計数することができる.

図 3.4.14 を用いてメモリノードに電子が1個1個入る理由を述べる.いま,多重トンネル接合はクーロンギャップを有し,印加電圧が $\pm V_0$ 以内の間,電流は流れず,$\pm V_0$ 以上ではクーロンギャップが解けて電流が流れるとする.メモリバイアス V_{MEM} を印加していくとメモリノードの電位 V_t は,メモリ容量 C_{gt} と多重トンネル接合容量 C_{tt} の分割比で上昇する(センス部の容量は無視できると仮定している).すなわち

$$V_t = \frac{C_{gt} V_{\mathrm{MEM}}}{C_{tt} + C_{gt}} \tag{3.4.6}$$

この電位の上昇は,多重トンネル接合がクーロンギャップ内,すなわち,$-V_0 < V_t < +V_0$ にあるまで続く.このとき,多重トンネル接合は通常の容量としてのみ働き,電子の通過はない.メモリノードの電位 V_t が上昇し,$V_t > +V_0$ になったとす

る．このとき，多重接合はクーロンブロッケード領域を抜け出し，電子を流しうる抵抗となる．したがって，多重接合を介して電子がメモリノードに入ることができる．ところが1個の電子がメモリノードに入ると，メモリノードの電位 V_t はこの1個の電子のために $e/(C_{tt}+C_{gt})$ だけ電位が下がってしまう．このためふたたび $V_t < +V_0$ なる条件になるために多重トンネル接合は，クーロンギャップ領域に入ってしまう．したがって，2個目の電子は多重トンネル接合を通過することができなくなる．このようにして1個の電子をメモリノードに蓄積することができる．さらにメモリバイアス V_{MEM} を増加していくとふたたびメモリノードの電位 V_t が上昇し，$V_t > +V_0$ になり，2個目の電子がメモリノードに入る．以下同様にして1個1個電子をメモリノードに蓄積することができる．逆に，このメモリバイアス V_{MEM} を減少させていくと，1個1個電子が多重トンネル接合を介してメモリノードから抜けていく．電子の出入に伴うノードの電位変化を，センス部の単一電子トランジスタのドレイン電流の変化として検知する．このようにして単一電子メモリは，電子の個数を正確に制御して蓄積することができる．以上が単一電子メモリの動作原理である．

　単一電子メモリを実現するには，クーロンブロッケード効果が顕著に現れる必要があり，3.4.1項で述べたように，素子を微細にする必要がある．図3.4.15は，GaAs（ガリウムヒ素）基板にシリコンを表面から 30 nm 下にデルタドープしてチャネルを形成したものに，電子ビーム露光法を用いてパターニングし，ケミカルエッチングを

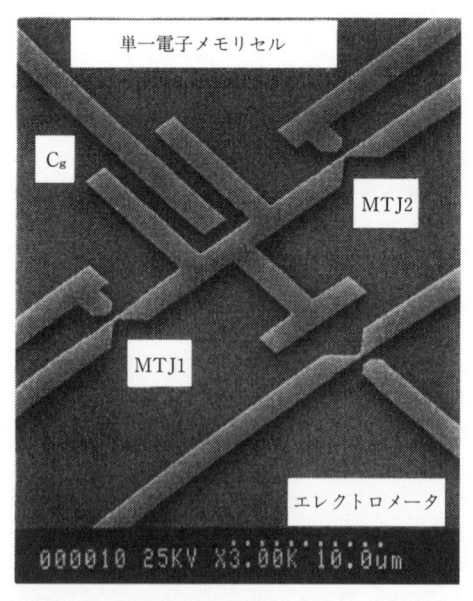

図 3.4.15 デルタドープした GaAs をパターニングして形成した単一電子メモリ　サイドゲートで電子を狭窄して多重トンネル接合を形成している[2]．

用いて単一電子メモリを構成したものである[2]．細線構造の細くくびれたところにサイドゲートが近接して置かれている．サイドゲートに負の電圧を印加すると，細くくびれたところのチャネルの電子が追いやられ，微小な途切れ途切れのチャネルとなる．これを多重接合(multi tunnel junction : MTJ)として用いている．実際の測定にMTJのどちらか一方のみを使用する．電荷計(electrometer)として働くセンス部の単一電子トランジスタもMTJをチャネルとして用いている．この電荷計に近接して形成されたメモリノードに蓄積された電子数を，電荷計に流れるドレイン電流の変化として読み取る．この構造は図3.4.13に示した単一電子メモリの構造を実際の構造にしたものである．

原子間力顕微鏡のカンチレバーを極微細電極として，金属薄膜のカンチレバー直下のみを局所的に陽極酸化して所望の微細構造を作成し，単一電子メモリを作成する方法が開発されている．図3.4.16は，原子オーダーの平坦な絶縁アルミナ基板上に形成された2nm膜厚のチタン金蔵薄膜を，原子間力顕微鏡のカンチレバーで局所的に陽極酸化して形成した単一電子メモリの原子間力顕微鏡像である[3]．図3.4.13に示した単一電子トランジスタの構成図と同様に下方に多重トンネル接合，メモリ容量，その間のメモリノードが形成され，上方にセンス部の単一電子トランジスタが形成されているのがわかる．細い酸化チタン細線はトンネル接合として働く．センス部の単一電子トランジスタに流れるドレイン電流のメモリバイアス依存性を図3.4.17に示す[3]．メモリバイアスの増加に伴って電子がメモリノードに入り，メモリノードの電位が変化する．この電位の変化をセンスしてドレイン電流が図3.4.17のように振動する．これは図3.4.14で示したメモリノードの電位の変化に対応するものである．

以上のように，シリコンの微細構造，あるいは金属薄膜を利用した微細構造を用い

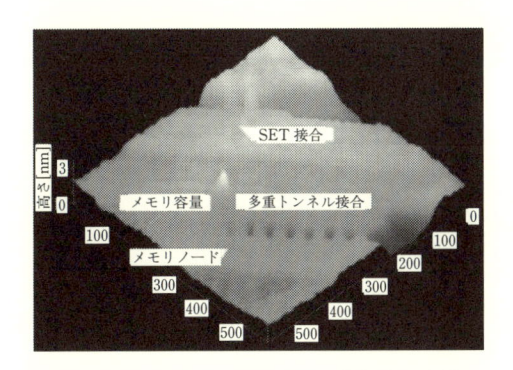

図3.4.16 原子オーダー平坦な絶縁アルミナ基板上に形成された2nm膜厚のチタン金蔵薄膜を，原子間力顕微鏡のカンチレバーで局所的に陽極酸化して形成した単一電子メモリの原子間力顕微鏡像下方に多重トンネル接合，メモリ容量，その間のメモリノードが見え，上方にセンス部の単一電子トランジスタがみえる[3]．

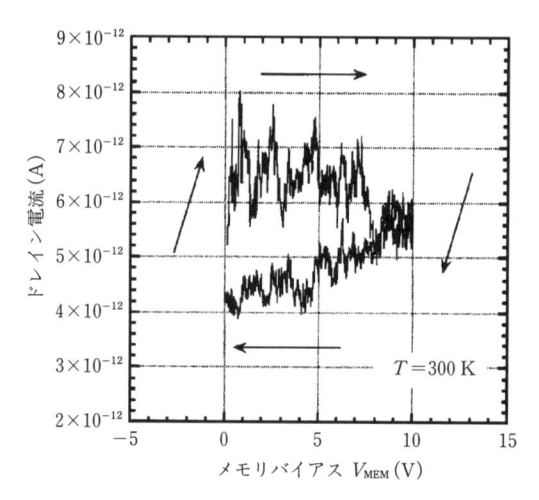

図 3.4.17 単一電子メモリの出力特性

センス部のドレイン電流のメモリバイアス依存性を示す．メモリバイアスの増加に伴い電子がメモリノードに入り，メモリノードの電位を変動させる．この電位の変動をセンス部の単一電子トランジスタがドレイン電流の変化として読み取っている[3]．

て単一電子メモリが作成されている．また，シリコンの MOSFET のゲート酸化膜内にシリコン微粒子を埋め込み，このシリコン微粒子に数個の電子を蓄積させる単一電子メモリや，ポリシリコン微結晶をチャネルとした FET を形成し，ゲート電圧でフェルミレベルを変えることにより，ポリシリコンチャネル近傍に電子を蓄積できるドットをメモリノードとして用いる単一電子メモリも実現されており，いずれも室温動作が可能である．　　　　　　　　　　　　　　　　　　　　　〔松本和彦〕

文　献

1) Tsuya, K. Ishibasi, et. al. : *Appl. Phys. Lett*., **82**, 19, pp. 3307-3309 (2003)
2) K. Nakazato, R. J. Blaikie, J. R. A. Cleaver and H. Ahmed : *Electron. Lett*., **29**, 4, pp. 384-385 (1993)
3) K. Matsumoto, Y. Gotoh, T. Maeda, J. A. Dagata and J. S. Harris : *Appl. Phys. Lett*., **76**, 2, pp. 239-241 (2000)

3.5　量子効果デバイス（電子波デバイスの基礎）

3.5.1　量子効果デバイス ― 電子波デバイス ―

量子効果デバイスについてはすでに優れたレビューが出版されている[1~3]．量子効果デバイスについて広く概観するためにはこれらをお勧めする．一方，レビューにも取り上げられているが，執筆者は固体中の非熱平衡電子の波動性に基づく機能デバイ

スを有望な量子効果デバイスと考えている．

真空中を一方向に飛ぶ電子が結晶に当たり格子構造を反映した回折パターンを現すことがデビッソン(C.J.Davisson)により1927年に観測され「結晶による電子線回折の実験的発見」に対して1937年にノーベル賞が授賞された[4]．真空中での電子のダブルスリット干渉は1961年にイェンソン(C.Jönsson)により観測され，真空中でバイプリズムを用いた干渉により単一電子による干渉縞が徐々に形成されていく様子が外村らにより観測された[5]．真空中での電子波面変調によるフーリエ解析機能は，透過電子顕微鏡やLEEDによる結晶評価，そして電子線ホログラフィーによる微小磁界測定などの計測技術としてすでに実用されている．

一方，固体物理によれば，結晶中を真空中と同じように非熱平衡状態で，電子は方向をそろえ波面を広げた状態で伝搬しうる．固体中の電子波によるフーリエ変換演算(これはTHz信号のリアルタイムスペクトル解析に応用可能)のような波動性に基づく電子機能デバイス創成への道が開かれている．固体中の非熱平衡電子波の回折現象は実証が困難であったところ，2003年にはじめて半導体結晶中の非熱平衡電子によるダブルスリット干渉観測が達成され電子波デバイス実現への道が照らされた[6]．

以下では固体中で電子がなぜ真空中と似た非熱平衡伝搬できるのか，どこまで似ているのか，違いはどう現れるかについて基礎に戻って説明する．そしてナノテクノロジーを駆使した半導体結晶中の非熱平衡状態電子のダブルスリット干渉パターン観測について述べる．

3.5.2 結晶中の非熱平衡電子波伝搬の基礎

a. 電子の不思議な振舞い

固体中では電子・原子核間および電子間で相互作用が行われる．ここではこれらの相互作用をすべて1電子有効ポテンシャルで記述する(独立電子近似)．この1電子有効ポテンシャルは結晶の原子配列の周期性をもつ．

周期ポテンシャル中で電子は奇異な振舞いをする．すなわち，ある範囲のエネルギーをもつ電子が結晶に進入しようとすると反射し結晶中に進入することができない．一方，別の範囲のエネルギーをもつ電子は進入できるばかりかまったく散乱されずに運動し続ける．この周期構造中と真空中とは電子の振舞いにおいて散乱されないという共通点をもつ．散乱源であるイオンが多数存在するにもかかわらず電子が真空中と同じように振る舞うことは奇異である．さらに結晶中では真空中と比べて，典型的な化合物半導体でははるかに小さな質量をもつかのように電子は振る舞う．結晶内で電子に何が起こっているか，基礎から考えてみよう．

b. 結晶中の波動関数 ─ ブロッホ関数 ─

結晶内電子の特徴的振舞いは，ポテンシャルの周期的変化が1方向だけの場合でも現れる．そこで本質を失わない単純化として1次元周期ポテンシャル空間での波動関数を調べよう．

1次元周期ポテンシャル空間内の電子のエネルギー固有状態は，次のシュレーディンガー方程式の固有値 E および固有関数 $\psi(z)$ として決まる．

$$-\frac{\hbar^2}{2m}\frac{d^2\psi(z)}{dz^2}+V(z)\psi(z)=E\psi(z) \tag{3.5.1}$$

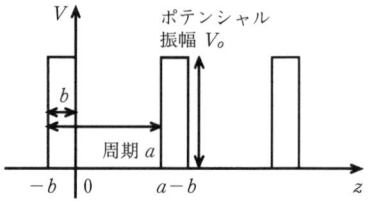

図3.5.1 クローニッヒ-ペニーモデル

ここに，m は電子質量，$\hbar$ はプランクの定数を 2π で割った値．ポテンシャル $V(z)$ は周期関数（$V(z+a)=V(z)$，a は周期ポテンシャルの周期であり格子定数と等しい）である．

$V(z)$ の周期性から $\psi(z+a)$ も同じエネルギーに属する固有関数である．同じようにして任意の整数 n に対して $\psi(z+na)$ はすべて同じ固有値に属する固有関数である．無限個の固有関数が縮退している場合を除けば，互いに他の定数倍になっていなければならない．固有関数は規格化されている．そうすると，この定数の絶対値は1である．定数は実数 h を用いて $\exp(ih)$ と表せる．実数 h を ka と表せば $\psi(z)$ と $\psi(z+a)$ の関係は次のようになっていなければならない．

$$\psi(z+a)=\exp(ika)\psi(z) \tag{3.5.2}$$

式(3.5.1)の解 $\psi(z)$ に対して $u(z)\equiv\psi(z)\exp(-ikz)$ で $u(z)$ を定義するとこれは周期 a の周期関数である．すなわち，周期ポテンシャル中のエネルギー固有関数は次の形のブロッホ関数である．

$$\psi(z)=u(z)\exp(ikz) \qquad u(z+a)=u(z) \tag{3.5.3}$$

量子力学の要請として波動関数 $\psi(z)$ は至る所で滑らかに連続でなければならない．したがって，関数 $u(z)$ も至る所で滑らかに連続でなければならない．

c. クローニッヒ-ペニーモデルでみる前・後進波結合

ポテンシャルを図3.5.1の矩形周期ポテンシャル分布（クローニッヒ-ペニーモデル）として E, k および $u(z)$ を求めよう．

式(3.5.1)のブロッホ関数解を求めると関数 $u(z)$ は次のようになる．

$$\begin{aligned}u(z)&=\{A\exp(i\alpha z)+B\exp(-i\alpha z)\}\exp(-ikz) & (0\leq z\leq a-b)\\ &=\{C\exp(i\beta z)+D\exp(-i\beta z)\}\exp(-ikz) & (-b\leq z\leq 0)\end{aligned} \tag{3.5.4}$$

ここに，$\alpha^2=(2m/\hbar^2)E$，$\beta^2=(2m/\hbar^2)(E-V_0)$ である．$z=0$ の両側および $z=-b$ と $a-b$ において $u(z)$ は滑らかに連続であることと，$A=B=C=D=0$ 以外の解が存在する条件として次の分散(E-k)関係式を得る．

$$\cos(ka)=\cos\{\alpha(a-b)\}\cos(\beta b)-\frac{2E-V_0}{2\sqrt{E(E-V_0)}}\sin\{\alpha(a-b)\}\sin(\beta b) \tag{3.5.5}$$

k を与えて式(3.5.5)を解くと E が複数決まる．各 E に対して関数 $u(x)$ を求めて，1から4の各状態について確率密度分布を描いた（図3.5.2）．

エネルギー E を与えて対応する ka の値を読み取ると，あるエネルギー範囲は値

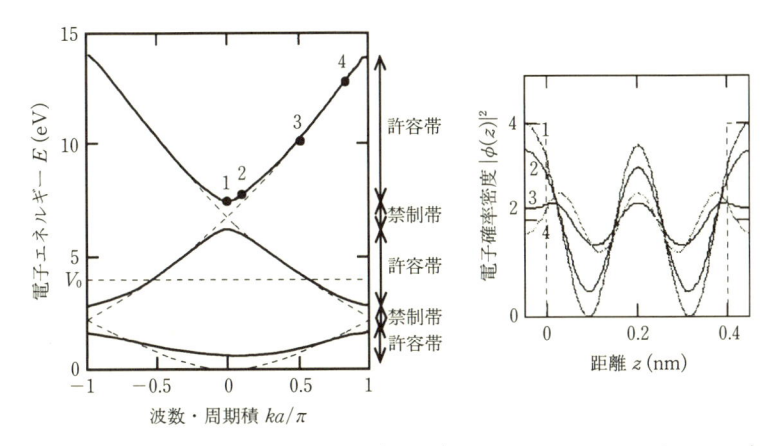

図 3.5.2 E-k 関係および電子確率密度分布 ($V_0=4$ eV, $a=0.5$ nm, $b=0.1$ nm)

(実数値) を読み取ることができ許容帯 (以下バンド) となり，別のある範囲では値が読み取れず，ka は虚数で禁制帯 (以下バンドギャップ) になる．

電子確率密度分布，図 3.5.2 ラベル 1 の曲線で，$z=0.09$ および 0.32 nm で確率密度が零，すなわち電子は二つの面を通過して流れてはいない．二つの面の間，すなわち格子の 1 周期内のさらに狭い範囲内で電子はいったりきたりし，外に流れ出さない．互いに振幅が等しい前進波 $\exp(ik'z)$ と後進波 $\exp(-ik'z)$ とが重なり合って定在波 $\cos k'z$ が立っているときにこの分布が生じる (k' は k とは異なる)．$ka=0$ すなわちバンド底状態では，波動関数は定在波になって電子は移動しない．バンド中央状態 (ラベル 3) では直流成分に小さな振動が重畳した

$$|\exp(ik'z)+R\exp(-ik'z)|^2=(1-R)^2+4R\cos^2 k'z, \qquad R<1 \qquad (3.5.6)$$

となる．このとき電子は一方向に流れる．すなわち，ka を零から増加させると電子は移動するようになる．これは前進波に比べて後進波振幅が減少し，定在波のバランスが崩れたためと想像できる．この検証は後で行う．

図 3.5.2 のポテンシャル周期変動がないときの E-k 曲線 (破線) と比較すると前進波と後進波とのブラッグ反射結合により分散曲線が変化することがわかる．

ここで冒頭で述べた奇異な振舞いの解釈が得られる．簡単のために 1 次元モデルで考えたので散乱は後方のみである．電子が粒子ならば散乱源の一つに衝突しただけで散乱される．しかし波動電子はいくつもの散乱源を同時にみており，すべての散乱源からの散乱波が重なり合った結果として散乱が生じる．散乱源は等間隔で規則的に並んでいる．これらからの後方散乱波が重なり合うと干渉を起こすが，建設的な干渉 (位相が合って振幅が足し合わされる) ならば波動は強めあうが，破壊的な干渉 (位相が 180°ずれていて振幅が引き算される) ならば波動は打ち消しあう．規則的に並んだ散乱体から一定間隔の位相差で散乱波が発生し，これがほぼ均一に加算されるとする

と, 180°に近い位相差をもつ散乱波が存在し, これらは互いに打ち消しあう. このようにして散乱波は全体として打ち消しあって抑制される. これによって結晶中の電子は散乱が抑制される. 散乱が抑制されている状態（散乱が強調されていない状態）では, 原子が多数存在しているにもかかわらず電子は真空中と同様の伝搬をする. ところがすべての散乱波が建設的に干渉する場合があり, 散乱が強調（ブラッグ反射）される状況が起こる. これが奇異な現象の起源である.

もう一つの奇異, 軽い質量について. ブラッグ反射による建設的な干渉が生じると波動関数は定在波になって伝搬しなくなり電子は止まってしまう. 結晶中でブラッグ反射によって動きを止められている電子は, 波長を変化させて建設的干渉を崩してやれば動きだす. この動きだしやすさ（にくさ）が実効的な質量を決める. したがって, 建設的干渉状態がどれほど強固かが実効的な質量を決める. このために軽い質量も起こりうる.

以上の解釈を近似解析理論で確認し定量的議論に発展させるのが次の項の主題である.

d. 前・後進波結合の弱結合解析 ― 反射係数 ―

前項で調べたように, 結晶内で電子の波動関数の波長が格子定数の2倍の整数分の1, すなわち $2a/n$ に近づくと（波数 k が $n\pi/a$ に近づくと）, 前進波と後進波との結合が顕著になり, 前進波項と後進波項とからなるブロッホ関数の $u(z)$ 因子では後進波の振幅が前進波のそれに近づき, $k=n\pi/a$ では両波の振幅が完全につり合って定在波となり, 確率流は零となる. 本節では式(3.5.6)の反射係数 R を解析的に表して, エネルギーの増加とともに前・後進波の振幅つり合いが崩れ, 確率流が増加する様子を調べる. この解析表現を用いて, バンド底付近での電子の振舞いを定量的に説明する. 解析的に表すために導入する弱結合近似が成り立つのはポテンシャル周期変動振幅が十分に小さいときである.

ポテンシャル分布に含まれる波数 $2n\pi/a$ の周期変動成分のみに注目したシュレーディンガー方程式とその解を次のようにおく.

$$\left.\begin{array}{l} -\dfrac{\hbar^2}{2m}\dfrac{d^2}{dz^2}\psi + A\cos(2k_0 z)\psi = E\psi \quad k_0=\dfrac{2\pi}{\lambda_B} \quad \lambda_B=\dfrac{2a}{n} \\ \psi(z) = N(\exp(ik_0 z) + R\exp(-ik_0 z))\exp(ikz) \end{array}\right\} \quad (3.5.7)$$

ここに, A はポテンシャル周期変動振幅, n は自然数, N は規格化定数である. 解を方程式に代入し, 空間高調波 $\exp(i3k_0 z)$ などは近似として無視し, $\exp(ik_0 z)$ および $\exp(-ik_0 z)$ のそれぞれの係数が両辺で等しいとして次式を得る.

$$\left.\begin{array}{l} \dfrac{\hbar^2}{2m}(k_0+k)^2 + \dfrac{A}{2}R = E \quad \dfrac{\hbar^2}{2m}(k_0-k)^2 R + \dfrac{A}{2} = ER \\ \therefore\ R = -\dfrac{2\hbar^2 k_0 k}{mA} \pm \sqrt{\left(\dfrac{2\hbar^2 k_0 k}{mA}\right)^2 + 1} \end{array}\right\} \quad (3.5.8)$$

この式から, $k=0$ とすると, 反射係数は1, および, -1 になり, それぞれで $|\psi|^2=$

$4\cos^2 k_0 z$ および $4\sin^2 k_0 z$ となる．前者ではポテンシャルが高いところで確率密度が高く電子エネルギーは高い．後者は逆で電子エネルギーは低い．それぞれがギャップの上と下の状態であり，ギャップエネルギー $E_g = A$ である．

ギャップ中心より上側の状態に注目しよう．バンド底を基準とするエネルギー E'，有効質量 m^*，規格化二乗波数 F を次で定義する．

$$E' \equiv E - \left(\frac{\hbar^2 k_0^2}{2m} + \frac{E_g}{2}\right) \qquad m^* \equiv \frac{1}{\dfrac{1}{m} + \dfrac{2\hbar^2 k_0^2}{m^2 E_g}} \qquad F \equiv \left(\frac{m}{m^*} - 1\right)^2 \left(\frac{k}{k_0}\right)^2 \quad (3.5.9)$$

このとき分散特性は $k \to 0$ で $E' = \hbar^2 k^2 / 2m^*$ (放物線特性)に漸近する．有効質量は，たとえば，$a = 0.5$ nm, $n = 2$, $E_g = 1$ eV のとき $m^* = 0.04\,m$ である．また，実測値も InP が $0.07\,m$, GaInAs が $0.04\,m$ と m と比べて無視できるほどに小さい．以下では $m^*/m \ll 1$ で成り立つ弱結合近似を用いる．このとき関係式は次となる．

$$m^* = \frac{m^2 E_g}{2\hbar^2 k_0^2} \qquad F = \left(\frac{mk}{m^* k_0}\right)^2 \qquad R = \sqrt{1+F} - \sqrt{F} \qquad F = 4\frac{E'}{E_g}\left(1 + \frac{E'}{E_g}\right) \quad (3.5.10)$$

規格化二乗波数 F が -1 から正の値まで変化すると，規格化エネルギー E'/E_g は約 -0.5 から正の値まで単調変化し，反射係数 R は F が負では絶対値が 1 に固定され位相だけが変化し，正では位相が零に固定され振幅だけが変化する．

式 (3.5.7) の解に対して，波動の伝搬方向を逆にした解も存在し，両者は互いに独立である．そこで微分方程式 (3.5.7) の一般解は伝導帯底付近のバンド内およびギャップ内の両状態ともに次の式で表される．

$$\psi(z) = C u_k(z) \exp(ikz) + D u_{-k}(z) \exp(-ikz) \quad (3.5.11)$$

ここで，C と D は境界条件から決まる定数である．

$$u_k(z) = \frac{1}{\sqrt{(1+|R|^2)a}}\{\exp(ik_0 z) + R\exp(-ik_0 z)\}$$
$$u_{-k}(z) = \frac{1}{\sqrt{(1+|R|^2)a}}\{\exp(-ik_0 z) + R\exp(ik_0 z)\} \quad (3.5.12)$$

ただし，反射係数 R，エネルギー E'，波数 k は式 (3.5.10) で与えられる．

波動関数式 (3.5.11) に対応する単位格子内の平均確率密度および確率流密度はバンド内およびギャップ内状態に対して次式となる．

$$P = \frac{1}{a}\int_0^a |\psi(z)|^2 dz = \frac{1}{a}\left(|C|^2 |e^{ikz}|^2 + |D|^2 |e^{-ikz}|^2 + 4\mathrm{Re}[CD^* e^{i2\mathrm{Re}[k]z}]\frac{\mathrm{Re}[R]}{1+|R|^2}\right) \quad (3.5.13)$$

$$j = \mathrm{Re}\left[\psi^* \frac{\hbar}{im}\frac{d\psi}{dz}\right] = \frac{1}{a}\frac{\hbar k_0}{m}\left((|C|^2 - |D|^2)\frac{1-|R|^2}{1+|R|^2} - 2\,\mathrm{Im}[CD^*]\mathrm{Im}[R^*]\right) \quad (3.5.14)$$

確率流は反射係数 R が 1 から減少することにより生じる．すなわち定在波を構成している前進波と後進波の振幅バランスが崩れることにより電子の流れが生じる．

e. 結晶界面の境界条件 — 確率流連続 —

格子定数 a は共通だが有効質量 m^*, バンド底エネルギー E_c が互いに異なる領域 1 および 2 の界面で成り立つ境界条件を調べよう．それぞれの領域における波動方程式の解は式 (3.5.11) に基づいて次の式で表される．

$$\psi_i(z) = C_i u_{k_i}(z)\exp(ik_i z) + D_i u_{-k_i}(z)\exp(-ik_i z) \qquad (i=1,2)$$

$$k_i = k_0 \frac{m_i^*}{m}\sqrt{F_i} \qquad R_i = \sqrt{1+F_i} - \sqrt{F_i} \qquad F_i = 4\frac{E-E_{ci}}{E_g}\left(1+\frac{E-E_{ci}}{E_g}\right) \qquad (3.5.15)$$

境界の座標を z_2 とする．波動関数連続要件より次式が成り立つ．

$$\frac{1}{\sqrt{1+|R_1|^2}}\{C_1(e^{i(k_0+k_1)z_2} + R_1 e^{-i(k_0-k_1)z_2}) + D_1(e^{-i(k_0+k_1)z_2} + R_1 e^{i(k_0-k_1)z_2})\}$$

$$= \frac{1}{\sqrt{1+|R_2|^2}}\{C_2(e^{i(k_0+k_2)z_2} + R_2 e^{-i(k_0-k_2)z_2}) + D_2(e^{-i(k_0+k_2)z_2} + R_2 e^{i(k_0-k_2)z_2})\} \quad (3.5.16)$$

波動関数の微係数連続要件より $k \ll k_0$ を用いて次式が成り立つ．

$$\frac{1}{\sqrt{1+|R_1|^2}}\{C_1(e^{i(k_0+k_1)z_2} - R_1 e^{-i(k_0-k_1)z_2}) - D_1(e^{-i(k_0+k_1)z_2} - R_1 e^{i(k_0-k_1)z_2})\}$$

$$= \frac{1}{\sqrt{1+|R_2|^2}}\{C_2(e^{i(k_0+k_2)z_2} - R_2 e^{-i(k_0-k_2)z_2}) - D_2(e^{-i(k_0+k_2)z_2} - R_2 e^{i(k_0-k_2)z_2})\} \quad (3.5.17)$$

式 (3.5.16) と式 (3.5.17) の辺々を足し，また引く操作で得た式に，さらに辺々を足し，また引く操作を行って次式を得る．ただし，$i=1$ である．

$$\frac{1+R_i}{\sqrt{1+|R_i|^2}}(C_i e^{ik_i z_{i+1}} + D_i e^{-ik_i z_{i+1}}) = \frac{1+R_{i+1}}{\sqrt{1+|R_{i+1}|^2}}(C_{i+1} e^{ik_{i+1} z_{i+1}} + D_{i+1} e^{-ik_{i+1} z_{i+1}}) \quad (3.5.18)$$

$$\frac{1-R_i}{\sqrt{1+|R_i|^2}}(C_i e^{ik_i z_{i+1}} - D_i e^{-ik_i z_{i+1}}) = \frac{1-R_{i+1}}{\sqrt{1+|R_{i+1}|^2}}(C_{i+1} e^{ik_{i+1} z_{i+1}} - D_{i+1} e^{-ik_{i+1} z_{i+1}}) \quad (3.5.19)$$

式 (3.5.18) の複素共役と式 (3.5.19) を辺々掛け合わせ，式 (3.5.14) を参照すると境界で確率流密度が連続となっている．

f. 弱結合近似から放物線近似へ

$mk/(m^* k_0) \ll 1$ のとき（たとえば $m^*/m=0.1$ の場合に $mk/(m^* k_0) < 0.1$ とするには $k/k_0 < 0.01$）放物線近似が成り立つ．このとき次の近似式が成り立つ．

$$E' \approx \frac{\hbar^2 k^2}{2m^*} \qquad R \approx 1 \qquad 1-R \approx \frac{m}{m^*}\frac{k}{k_0} \qquad \mathrm{Im}[R] \approx -\frac{m\alpha}{m^* k_0}$$

そして確率流密度および境界条件は次のようになる．

$$\begin{aligned}j &= \frac{1}{a}\frac{\hbar k}{m^*}(|C|^2 - |D|^2) & (\text{バンド内}) \\ j &= -\frac{1}{a}\frac{\hbar\alpha}{m^*} 2\,\mathrm{Im}[CD^*] & (\text{ギャップ内})\end{aligned} \qquad (3.5.20)$$

バンド内状態の確率流密度は質量が有効質量にすり替わって $\exp(ikz)$ の因子によって流れが生じているような形をとる．そして境界条件は

$$C_1 e^{ik_1 z_2} + D_1 e^{-ik_1 z_2} = C_2 e^{ik_2 z_2} + D_2 e^{-ik_2 z_2}$$
$$\frac{k_1}{m_1^*}(C_1 e^{ik_1 z_2} - D_1 e^{-ik_1 z_2}) = \frac{k_2}{m_2^*}(C_2 e^{ik_2 z_2} - D_2 e^{-ik_2 z_2}) \tag{3.5.21}$$

となり，これは次式で定義する関数

$$\phi(z) \equiv C \exp(ikz) + D \exp(-ikz) \tag{3.5.22}$$

について，境界でϕと$(1/m^*)d\phi/dz$が連続であると満たされる．すなわち，二つの周期構造界面でψおよび$d\psi/dz$が連続であるためにはϕと$(1/m^*)d\phi/dz$が連続であればよい．ただし，ϕは波動関数ψからu関数を除去した関数である．バンド内状態に対して単位格子内平均確率密度および確率流密度について$\langle|\psi(z)|^2\rangle = |\phi(z)|^2$および$\mathrm{Re}\left[\psi^* \frac{\hbar}{im} \frac{d\psi}{dz}\right] = \mathrm{Re}\left[\phi^* \frac{\hbar}{im^*} \frac{d\phi}{dz}\right]$が成り立ち，$\phi$関数を電子の波動関数とみなし，質量$m$を有効質量$m^*$に置き換えて，確率密度分布および確率流密度の式を適用することによって，1周期内の平均確率密度，確率流密度を計算できる．放物線近似が使える場合にはϕ関数を結晶中の電子の波動関数と呼び，ブロッホ型波動関数を表に出さずに済ますことができる．

g. 真空中と結晶中の電子波 ── 類似と差違 ──

ここで真空中の電子と結晶中の電子(伝導帯内状態)を対比しよう．それぞれの波動関数，分散関係，確率流密度は以下のとおりである．

真空中の電子：$\psi = \exp(ikz)$ 　　 $k = \frac{\sqrt{2mE}}{\hbar}$ 　　 $j = \frac{1}{L} \frac{\hbar k}{m}$

結晶中の電子：$\psi = u_k(z) \exp(ikz)$ 　 $k = \frac{\sqrt{2m^* E'}}{\hbar}\sqrt{1+\frac{E'}{E_g}}$ 　 $j = \frac{1}{a} \frac{\hbar k_0}{m} \frac{1-R^2}{1+R^2}$

ここに，$m^* = \frac{m^2 E_g}{2\hbar^2 k_0^2}$, $R = \sqrt{1 + \left(\frac{m}{m^*} \frac{k}{k_0}\right)^2} - \frac{m}{m^*} \frac{k}{k_0}$，そして$E'$はバンド底を基準としたエネルギーである．結晶中では分散関係は一般には非放物線特性となり真空中電子とは異なる．もう一つ格子振動や電子間相互作用などにより散乱を受けることも大きな違いである．しかし限られた範囲で成り立つ放物線近似のもとでは，分散関係，確率流密度は真空中の式で質量を有効質量に置き換えた式

$$k = \frac{\sqrt{2m^* E}}{\hbar} \qquad j = \frac{1}{a} \frac{\hbar k}{m^*} \tag{3.5.23}$$

となり真空中の電子と類似の形をとる．

h. 行列解析 ── 弱結合近似 ──

一つ一つの層内では有効質量およびバンド底エネルギーが一定であるような層が多数あり，異なる層では格子定数は共通だが，有効質量およびバンド底エネルギーが異なっているとする．このような層が多数接続された多層構造内の電子状態は，上で導き出した均一領域の波動関数と領域界面での境界条件だけで調べることができる．そのための手段として行列法を用いる．

まず層間の境界条件は$i = 0, 1, \cdots, N+1$に拡張して式(3.5.18)，式(3.5.19)で与えられる．いま，

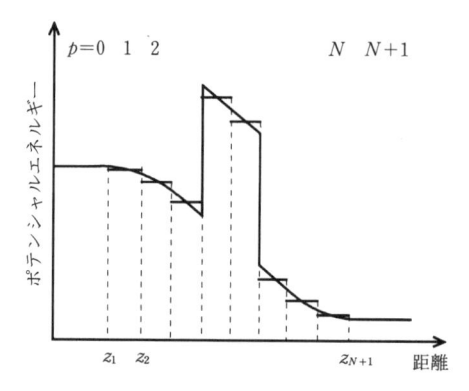

図3.5.3 多層構造

$$V = \frac{1+R_i}{\sqrt{1+|R_i|^2}}(C_i e^{ik_i z} + D_i e^{-ik_i z}) \quad \text{および} \quad I = \frac{1-R_i}{\sqrt{1+|R_i|^2}}(C_i e^{ik_i z} - D_i e^{-ik_i z})$$

とおくと,

$$\begin{pmatrix} V \\ I \end{pmatrix}_{z_{i+1}} = F_i \begin{pmatrix} V \\ I \end{pmatrix}_{z_i} \quad F_i = \begin{bmatrix} \cos k_i d_i & i\frac{1+R_i}{1-R_i}\sin k_i d_i \\ i\frac{1-R_i}{1+R_i}\sin k_i d_i & \cos k_i d_i \end{bmatrix} \quad |F_i|=1$$

(3.5.24)

と表すことができ,これに界面での連続条件を適用すると次式が成り立つ.

$$\begin{bmatrix} \frac{1+R_{N+1}}{\sqrt{1+|R_{N+1}|^2}}(C_{N+1}e^{ik_{N+1}z_{N+1}} + D_{N+1}e^{-ik_{N+1}z_{N+1}}) \\ \frac{1-R_{N+1}}{\sqrt{1+|R_{N+1}|^2}}(C_{N+1}e^{ik_{N+1}z_{N+1}} - D_{N+1}e^{-ik_{N+1}z_{N+1}}) \end{bmatrix}$$

$$= F_N F_{N-1} \cdots F_2 F_1 \begin{bmatrix} \frac{1+R_0}{\sqrt{1+|R_0|^2}}(C_0 e^{ik_0 z_1} + D_0 e^{-ik_0 z_1}) \\ \frac{1-R_0}{\sqrt{1+|R_0|^2}}(C_0 e^{ik_0 z_1} - D_0 e^{-ik_0 z_1}) \end{bmatrix}$$

(3.5.25)

式(3.5.25)は変数 $C_0, C_{N+1}, D_0, D_{N+1}$ についての2本の方程式であり,これらのうちの二つを指定すると残りの変数値を決定でき,すべての層の C, D の値を決めることができ,各層での確率密度分布,確率流密度が決まり,したがって電子状態が決まる.ポテンシャル分布は不連続点を含む任意形状を指定できる.分割を十分に細かくし実質的に連続分布に対する解を得ることもできる.

$z<z_1$ の領域 ($p=0$) と $z>z_{N+1}$ の領域 ($p=N+1$) との間にヘテロ接合や電界印加によるポテンシャル分布 $E_c(z)$ があるとし,$z<z_1$ から平面波が入射し $z>z_{N+1}$ へ通過する場合を考える.このとき次式が成り立つ.

$$\begin{pmatrix} \dfrac{1+R_{N+1}}{\sqrt{1+R_{N+1}{}^2}}te^{ik_{N+1}z_{N+1}} \\ \dfrac{1-R_{N+1}}{\sqrt{1+R_{N+1}{}^2}}te^{ik_{N+1}z_{N+1}} \end{pmatrix} = \begin{pmatrix} M_{11} & M_{12} \\ M_{21} & M_{22} \end{pmatrix} \begin{pmatrix} \dfrac{1+R_0}{\sqrt{1+R_0{}^2}}(1+r) \\ \dfrac{1-R_0}{\sqrt{1+R_0{}^2}}(1-r) \end{pmatrix}$$

$$\begin{pmatrix} M_{11} & M_{12} \\ M_{21} & M_{22} \end{pmatrix} = F_N F_{N-1} \cdots F_2 F_1 \tag{3.5.26}$$

これを解いて,

$$r = \frac{-M_{11}\dfrac{1+R_0}{1-R_0} - M_{12} + M_{21}\dfrac{1+R_{N+1}}{1-R_{N+1}}\dfrac{1+R_0}{1-R_0} + M_{22}\dfrac{1+R_{N+1}}{1-R_{N+1}}}{M_{11}\dfrac{1+R_0}{1-R_0} - M_{12} - M_{21}\dfrac{1+R_{N+1}}{1-R_{N+1}}\dfrac{1+R_0}{1-R_0} + M_{22}\dfrac{1+R_{N+1}}{1-R_{N+1}}} \tag{3.5.27}$$

$$t = \frac{\sqrt{1+R_{N+1}{}^2}}{\sqrt{1+R_0{}^2}}\dfrac{1+R_0}{1-R_{N+1}}\dfrac{2e^{-ik_{N+1}z_{N+1}}}{M_{11}\dfrac{1+R_0}{1-R_0} - M_{12} - M_{21}\dfrac{1+R_0}{1-R_0}\dfrac{1+R_{N+1}}{1-R_{N+1}} + M_{22}\dfrac{1+R_{N+1}}{1-R_{N+1}}} \tag{3.5.28}$$

これより反射確率は $|r|^2$, 透過確率 TT^* は $|t|^2 \dfrac{1+R_0{}^2}{1-R_0{}^2}\dfrac{1-R_{N+1}{}^2}{1+R_{N+1}{}^2}$ となる.

i. 有効質量方程式 ― 放物線近似 ―

放物線近似での境界条件を表現するために定義した関数 ϕ (式(3.5.22)) はどんな方程式の解として得られるか考えよう. 有効質量およびバンド底エネルギーが一定の空間では $\exp(ikz)$ および $\exp(-ikz)$ (ただし $k=\sqrt{2m^*(E-E_c)}/\hbar$) が一般解であって, 確率流密度 $\mathrm{Im}[\phi^*(\hbar/m^*)d\phi/dz]$ が至る所連続である関数 ϕ はどんな微分方程式の解になるか, と探すと次の方程式が見いだされる.

$$-\frac{\hbar^2}{2}\frac{d}{dz}\left(\frac{1}{m^*}\frac{d\phi}{dz}\right) + E_c(z)\phi = E\phi \tag{3.5.29}$$

確率流密度の発散は式 (3.5.29) を用いて確かに零になる.

$$\frac{d}{dz}\left[\mathrm{Im}\left[\phi^*\frac{\hbar}{m^*}\frac{d\phi}{dz}\right]\right] = \mathrm{Im}\left[\frac{\hbar}{m^*}\left|\frac{d\phi}{dz}\right|^2 - \frac{2}{\hbar}(E-E_c(z))|\phi|^2\right] = 0$$

方程式 (3.5.29) を用いるとブロッホ関数で表される結晶内波動関数を用いて得るのと同じ単位格子内平均確率密度および確率流密度が得られる. したがって, 式(3.5.29) をナノ構造中の電子の振舞いを調べるのに用いることができ, これを有効質量方程式と呼ぶ. これの別の導き方として, 前に述べたように結晶中の電子は放物線近似が成り立つ範囲で, 確率密度および確率流密度に関して, 有効質量 m^* をもつ自由電子とみなすことができ, シュレーディンガー方程式において質量を有効質量に換えた式, ただし有効質量が空間的に変化する場合には $(1/m^*)d^2\phi/dz^2$ ではなくて $d/dz(\hbar/m^*)d\phi/dz$ とした式を ϕ が満たすべき方程式とすることができる. 1次元有効質量方程式の拡張として次の3次元有効質量方程式を得る.

$$-\frac{\hbar^2}{2}\nabla\cdot\left(\frac{1}{m^*(\boldsymbol{r})}\nabla\phi(\boldsymbol{r})\right) + E_c(\boldsymbol{r})\phi(\boldsymbol{r}) = E\phi(\boldsymbol{r}) \tag{3.5.30}$$

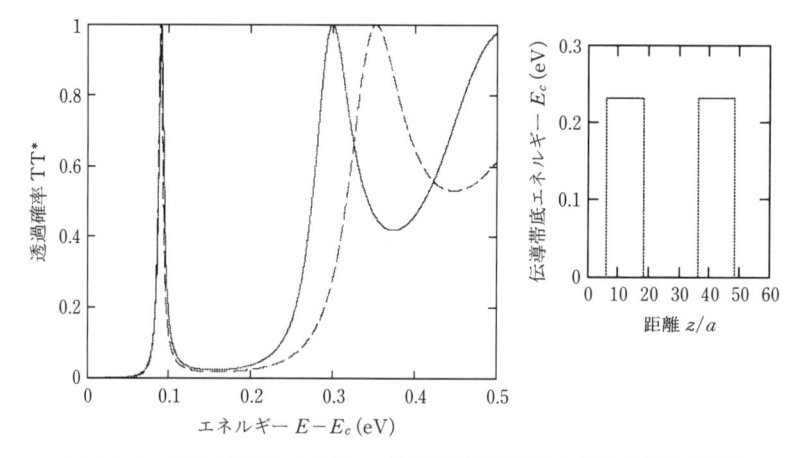

図 3.5.4 非放物線特性の出現．非放物線解析（実線）と放物線解析（破線）

　有効質量方程式は，真空中と同様に，結晶中でも電子波をその伝搬方向をそろえ，したがって波面の広がりを確保して伝搬させることができ，波面を空間変調して波動特有の機能を発揮させることができることを示している．

j． 非放物線特性の出現 ── 放物線近似の妥当範囲 ──

　二重バリア構造の透過特性を5層解析し，両結果を比較した．実線が非放物線解析，破線が放物線近似解析である．二重バリアおよびそれ以外の領域の有効質量/質量比，ギャップエネルギー，伝導帯底エネルギーは，それぞれ0.07と0.04，1.27と0.75 eV，0と0.23 eVである．各層厚は図3.5.4のとおりである．ただし，格子定数aは0.5 nmとした．図から0.1 eV程度までは両者はよく一致するがギャップエネルギーの10%程度以上のエネルギーでは違いが大きく現れる．

　ここではバンド底付近の電子状態が，ある意味とある範囲で真空中電子と似た振舞いをすることについて洞察を深めた．そしてこのような電子波の振舞いを解析する方法として行列法および有効質量方程式を近似理論として述べた．この近似に加え，結晶格子を断ち切ったりつなぎ合わせて構成されるナノ構造の電子状態解析に，本来無限に続く周期構造の理論，ブロッホ関数を基礎として用いることがどこまで適切か，正確かは，個々の原子すべてを直接扱って波動関数を解析する第一原理計算によって精度判定する必要があるかもしれない．しかし，直感や洞察を効かせるためにあえて定量的精度を犠牲にして見通しのよい近似解析を行う価値も高い．魅力ある半導体ナノ構造デバイス概念を，行列解析法あるいは有効質量方程式を用いて創り出した後で定量的性能評価を第一原理計算で行うことは至極適切である．

3.5.3 結晶中の非熱平衡電子波伝搬の実証

　前の項では半導体中非熱平衡電子の波動伝搬を理論的に説明し，真空中と同様に伝

搬方向をそろえて波面に広がりをもたせた電子波伝搬が可能であることを述べた．ここではこれを実証した実験結果[6]を述べる．

二重スリット構造による電子波干渉パターン測定(干渉縞観測)の方法を図3.5.5(a)に示す．まず電子はエミッタから平面波として放射され，二重スリットを通過し，細い電極を配置したコレクタ面に到達する．二重スリットによりコレクタ面上の波動関数$\psi(x)$には干渉縞が現れる．位置xにある微細コレクタ電極が電子を捕そくする確率は$|\psi(x)|^2$に比例することから，複数の微細電極の電流測定から$|\psi(x)|^2$の分布を測定し干渉縞をみることができる．もう一つの方法として，図示の磁束密度Bによるローレンツ力で電子の行路を曲げて干渉縞全体をx軸方向に平行移動させ，

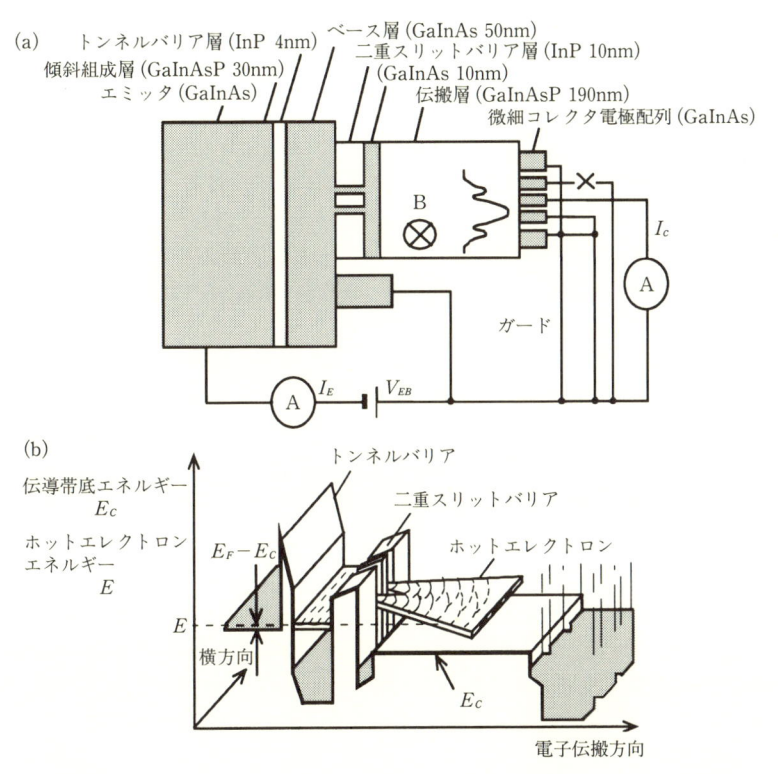

図3.5.5 ホットエレクトロンの二重スリット干渉を観測したデバイス構造
(a)は化合物半導体ヘテロ接合層構造の断面模式図で，紙面に垂直方向には2 μmにわたり均一構造をもつ．電圧V_{EB}がかかるエミッタ-ベース間バリアをトンネル効果で通過した電子が平面波として二重スリット層に入射し，スリットを通過した電子の波動関数に干渉縞が現れる．磁束密度Bにより干渉縞は微細電極上を掃引される．
(b)はヘテロ接合層構造における伝導帯底エネルギーの空間分布とホットエレクトロンのエネルギーを示す．太線はバンドプロファイルである．

一つの微細電極電流 I_c の B 依存性から $|\psi(x)|^2$ の分布，すなわち干渉縞をみることができ，ここではこちらの方法をとった．

ホットエレクトロン生成と伝搬を図 3.5.5 に示す．図 3.5.5(a) の網掛け部は不純物半導体で熱平衡電子が存在し導電層である．エミッタとベースの導電層間に薄いポテンシャルバリア層があり，電圧 V_{EB} が印加されると電子はこのバリア層をトンネル効果で透過し，図 3.5.5(b) に示した電子伝搬方向に急激に加速される．この急加速された電子は熱平衡状態から大きく外れたホットエレクトロンとなり，緩和時間だけ無衝突で高速走行する．

ホットエレクトロンのエネルギー E と半導体の伝導帯底エネルギー E_c との関係を図 3.5.5(b) に示す．E は，ベース電極層でフェルミレベルより 50 meV 以上高く，二重スリットバリア層ではバリアの頂上から 50 meV ほど低く，伝搬層では伝導帯底より 50 meV 以上高い．二重スリットバリア層は十分に厚くトンネル透過はほとんど生じない．

干渉縞が明瞭にみえるよう 2 点が考慮された[7]．第一点として，干渉縞周期に比べて観測用微細電極周期を十分に小さくするために，電子波長 λ，スリット間隔 d，微細コレクタ電極周期 T，伝搬距離 L に対して $dT \leq \lambda L/2$ とした．伝搬距離は電子が位相破壊を受けずに走行できる距離，位相コヒーレント長より短くなければならない．そこで，$\lambda=20$ nm（電子エネルギー 100 meV に対応），$L=200$ nm，$d=25$ nm および $T=80$ nm とした．

第二点として，二重スリットバリアに垂直入射した平面波がつくる干渉縞と，斜め入射した波の干渉縞とが互いに打ち消し合わないように入射角広がりを制限した．このために図 3.5.5(b) に示すようにエミッタ半導体のフェルミレベルと伝導帯底エネルギーとの差 E_F-E_c を小さな値，6 meV にし，図 3.5.5(a) に示すように傾斜組成層を挿入して V_{EB} が印加された状態でエミッタ-ベース間バリアのエミッタ側に電子が蓄積しないようにした．

試料は図 3.5.5(a) に示すように InP，GaInAs および GaInAsP のヘテロ接合層構造をもち，全体が同じ格子定数をもつ単結晶からなる．これを，有機金属気相成長，埋込結晶成長，二重スリットと微細コレクタ電極との 10 nm オーダーでの位置合せ，電子ビームおよび光リソグラフィ，化学エッチング，ドライエッチング，電子銃蒸着，リフトオフの各プロセスを実施して作製した．電子ビームおよび光リソグラフィはそれぞれ 11 および 3 回行った．スリット幅 12 nm，二重スリット中心間隔 25 nm，コレクタ電極幅 40 nm，間隔 40 nm という超微細構造をもつ試料を作製した．

印加磁束密度 B に対する中央コレクタ電流 I_c の変化を測定した（図 3.5.6）．エミッタ-ベース端子間電圧 V_{EB} を 160 mV に固定し，液体ヘリウムに浸して温度を 4.2 K とし，超伝導磁石を用いた．各磁束密度で 7 回測定し中央値をプロットした．挿入図に全データを示す．

図 3.5.6 の実線は量子ビーム伝搬法で求めた二重スリット干渉縞の理論曲線であ

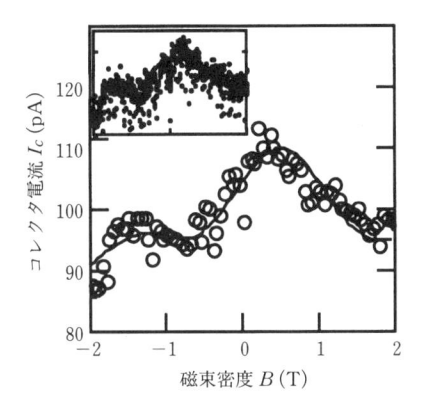

3.5 量子効果デバイス(電子波デバイスの基礎)

図 3.5.6 印加磁束密度に対するコレクタ電流の変調特性 温度 4.2 K, ベース-エミッタ間電圧 160 mV で測定した. 各磁束密度で 7 回測定し,それらの中央値をプロットした. 挿入図は全データを示す. 実線は二重スリットを通過した電子波に磁界が加わったときのコレクタ電流を量子ビーム伝搬法を用いて理論的に求めたものである.

る. 磁界変調特性は干渉縞の理論とよく一致している. 電流値および磁界変調振幅について検討した結果, 電子がエミッタから放射された後, 途中で位相破壊を受けずにコレクタ電極に到達する確率について, 実験では 0.7% であり, これはベース層中の電子電子散乱, 伝搬層中の縦光学 (LO) フォノン散乱を考慮して見積もった理論値と 3 倍以内で一致する.

さまざまな観点で実測結果を検証し, 観測した電流の磁界変調は, その周期, 振幅ともに理論と矛盾しないことから, 二重スリットによる干渉縞である可能性が高い. この固体中人工構造による電子波回折/干渉の達成は, 電子波によるフーリエ変換演算のような, 波動性に基づく新たな電子機能を用いるデバイス創成[8]への道を照らした.

〔古屋一仁〕

文　献

1) 電子情報通信学会編:先端デバイス材料ハンドブック, オーム社(1993), 2 編 1 章 1・9「量子効果 FET」に量子効果の半導体トランジスタへの応用可能性がまとめられている.
2) T. Ando, Y. Arakawa, K. Furuya, S. Komiyama and H. Nakashima, eds.: Mesoscopic Physics and Electronics, Springer (1997), 文部省科学研究補助金重点領域研究「量子位相エレクトロニクス」の研究成果を出版公表し Ch. 5 Quantum-Effect Devices で量子効果デバイスを詳しく論じている.
3) ナノテクノロジーハンドブック編集委員会編:ナノテクノロジーハンドブック, オーム社(2003), III 編 5 章「将来デバイス」で量子効果デバイスに触れている.
4) http://www.nobel.se/physics/laureates/1937/davisson-lecture.html 参照

5) The double-slit experiment, *Physics World*, **15**, pp. 19-20 (2002), 電子のダブルスリット干渉観測の歴史に関する論説がある．http://physicsweb.org/article/world/15/9/1 も参照
6) K. Furuya, Y. Ninomiya, N. Machida and Y. Miyamoto : *Phys. Rev. Lett.*, **91**, 216803-1 (2003)
7) H. Hongo, et al. : *Jpn. J. Appl. Phys.* **33**, 925 (1994), および H. Hongo, Y. Miyamoto, M. Gault, and K. Furuya : *J. Appl. Phys.* **82**, 3846 (1997)
8) K. Furuya : *J. Appl. Phys.*, **62**, 1492 (1987), *J. Crystal Growth*, **98**, 234 (1989) および *Jpn. J. Appl. Phys.*, **30**, 82 (1991)

4

光デバイス

4.1 レーザ

　半導体レーザは,電気・光(EO)変換の光デバイスとして,光エレクトロニクスの分野では必須の能動デバイスである.光ファイバ通信,光メモリ用素子としてこれまで研究開発が行われてきた.光通信システムへの応用の観点からは,低電流動作化(しきい値電流を下げる),高効率化(電気から光への変換効率を上げる),モード制御(発振波長を単一化する),低雑音化,などの点で性能向上が図られてきた.これまで,幹線系応用では,コストよりも性能重視で開発が進められてきたが,最近の各家庭まで光ファイバを敷設しようという状況のなかでは,低コスト化が重要課題としてクローズアップされてきた.ここでは,半導体レーザの仕組みについて解説するとともに,最近の研究開発の話題ついて触れる.

4.1.1 光増幅のしくみ

　半導体レーザは,光を増幅し,伝搬させる活性層とレーザ反射鏡から構成される.図4.1.1は,半導体レーザのおよその大きさを示す半導体レーザの概念図を示している.レーザチップの大きさは,通常幅数百 μm,長さ数百 μm,高さ100 μm程度であるが,中央部に示した光を増幅する活性領域そのものは,薄い板状の構造になっている.

　光増幅は,電子によって形成される振動微小ダイポール(長さが数 Å)と光との相互作用によって生じる.この振動ダイポールは,二つのエネルギーの異なる準位の波

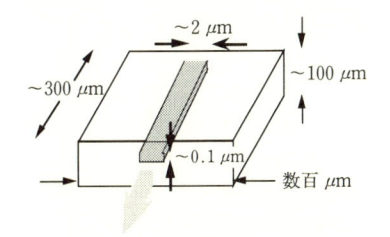

図4.1.1　半導体レーザの概念図

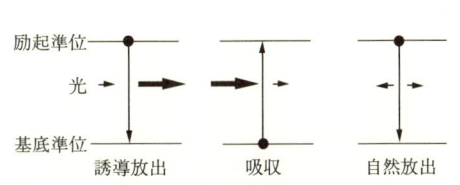

図4.1.2　発光の遷移過程

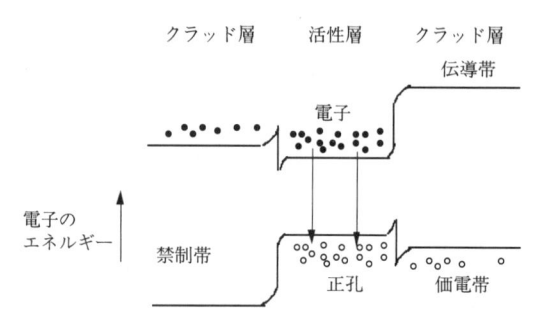

図 4.1.3 2重ヘテロ構造の概念図

動関数のビートとして形成される．図4.1.2は，電子の遷移過程を示している．電子が励起準位から，エネルギーの低い基底準位に遷移して，そのエネルギーで光が増幅される誘導放出，その逆で光を吸収して，基底準位の電子が励起準位に励起される吸収，また，光が存在しなくても，励起準位が基底準位に遷移して，位相の揃っていない光を放射する自然放出，がある．半導体レーザで電流を注入していくと，吸収から，誘導放出へと遷移して，光増幅が起こっていく．これを反転分布という．また，最後の自然放出は，発光ダイオードで用いられる遷移過程である．

実際の半導体レーザは，離散的な2準位間の遷移ではなく，エネルギーバンド間の遷移になる．図4.1.3は，半導体レーザで用いられる2重ヘテロ構造を示している．薄い活性層(通常，0.1 μm 程度以下)がそれよりも禁制帯(バンドギャップ)の大きな材料でサンドイッチされている．さきほどの基底準位が価電子帯，励起準位が伝導帯に相当し，活性領域で電子と正孔を閉じ込めることにより，図4.1.2で説明した反転分布が形成される．2重ヘテロ構造は，電子と正孔の両者に対してエネルギーの障壁を形成して電子と正孔を局所的に閉じ込める役割がある．また，通常，禁制帯の小さなものは屈折率が大きいため，光も活性層の薄い板に閉じ込められることになり，効率よく光増幅が生じる．

4.1.2 半導体材料とレーザ共振器

禁制帯のエネルギー(E_g : eV)と発光波長(λ : μm)には，次の関係がある．

$$E_g = \frac{1.24}{\lambda}$$

禁制帯のエネルギーを変えることにより，いろいろな波長の光を得ることができる．禁制帯の大きさは，活性領域を構成する半導体材料の種類を変えることにより変えることが可能である．図4.1.4は，いろいろな半導体材料に対する発光スペクトルの波長を示している．現在，次世代光ディスクに用いられる青色から，光通信に用いられる近赤外(1.3 μm, 1.55 μm)までが実用化に至っており，緑，青色の短波長帯

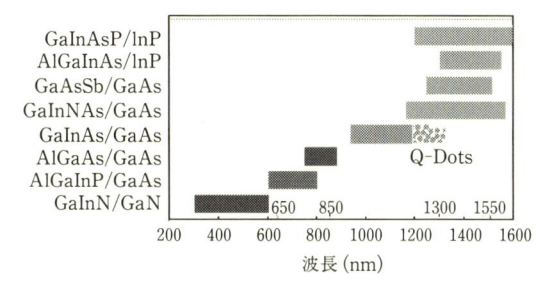

図 4.1.4 化合物半導体材料と発光スペクトル領域

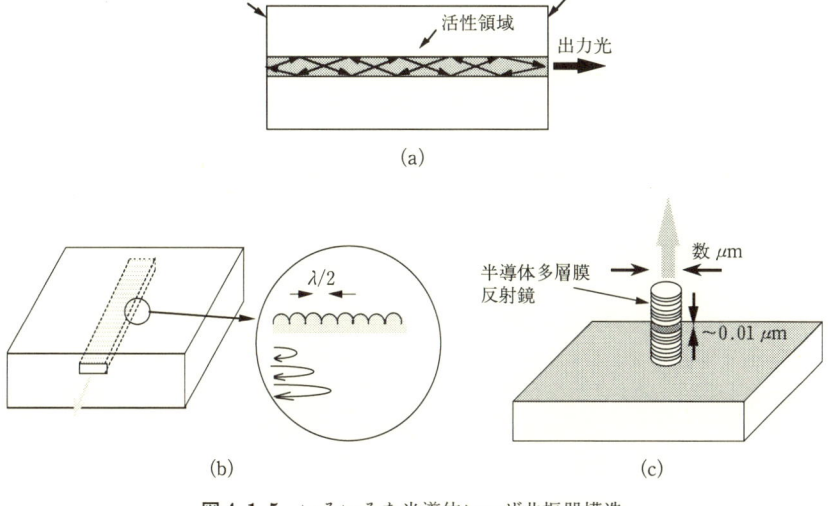

図 4.1.5 いろいろな半導体レーザ共振器構造
(a) ファブリペロー共振器レーザ，(b) 分布帰還型レーザ，(c) 面発光レーザ．

が研究段階である．電子デバイスと異なり，このようなIII V族（周期律表におけるIII族とV族元素からなる）化合物半導体が用いられるのは，これらが直接遷移形であり，発光効率が高いためである．Siは，電流を注入したとしてもほとんど光にはならず，熱になってしまう．

通常の電子回路の発振器と同様に，レーザも増幅器と帰還回路からなる．レーザ共振器が，後者の役割を担う．図4.1.5(a)は，ファブリペロー形のレーザ共振器の概念図を示している．通常，半導体の屈折率が3.5程度であるために，空気との境界で30%程度の反射があり，これをレーザ反射鏡として用いる．化合物半導体の結晶で

は，ある特定の結晶面で割れやすいという特徴があり，原子層オーダで滑らかな反射鏡が簡単に得られる．先ほど述べたように，活性層の屈折率が，それを挟むクラッド層よりも大きいために，光は全反射を繰り返しながら反射鏡の間を増幅されながら伝播する．この光導波の仕組みは，光ファイバとまったく同じである．

別の形式のレーザ反射鏡として，図4.1.5(b)に示す分布帰還形(distributed feedback：DFB)レーザがある．これは，図中にあるように，光の波長の1/2の周期の微小な回折格子が内在している．それぞれの凹凸での反射は1％以下と小さくても，その重ね合せとして大きな反射が生じる．回折格子の周期に相当する特定の波長の光に対して，大きな反射(帰還)が生じるため，このレーザ共振器は大きな波長撰択性がある．長距離光通信の場合には，スペクトル幅の狭い光源が要求されるため，単一波長半導体レーザを実現するために開発された．現在の幹線系光通信用には，すべてこの形式のレーザが用いられている．

いままで説明してきたレーザ共振器は，すべて基板と水平方向にレーザ光が出射される．これに対して，図4.1.5(c)に示すように基板と垂直方向に光を出射する構造を面発光レーザという．この構造は，わが国で発明されたもので，構造が小さいために，(1)低電流動作(μA程度まで)，(2)2次元アレー化容易，(3)ウェハレベルでの性能試験が可能，(4)単一波長動作，(5)光ファイバとの高効率結合，など数々の優れた特徴がある．次に述べるように，光データリンク，光インターコネクション用光源として開発が進められている．

4.1.3 面発光半導体レーザ

光技術も複数のコンピュータやLSIチップ間を結ぶ光インタコネクション，さらには並列光情報処理システムなど，いわば新しい光エレクトロニクスへの展開が期待されている．このような半導体レーザをきわめて多数使用するようなシステムでは，レーザのしきい値電流を低減して，消費電力を大幅な低減が望まれる．このような大規模並列光システムを構築するために，低消費電力，2次元集積性といった特徴をもつ面発光半導体レーザが生み出された．面発光レーザの研究は，世界数十カ所の研究機関で精力的に研究開発が進められ，マイクロアンペアのオーダまで，低しきい値電流化が進められた．

面発光レーザの発明からおよそ四半世紀以上が経過し，いまでは光データリンクなどへの応用で急速にその実用化が進められている[1]．面発光レーザは，半導体基板と垂直方向にレーザ共振器を構成し，光を垂直に出射する．この半導体レーザは，消費電力が小さいなど，従来構造の半導体レーザに比べて多くの利点がある．また，高性能の素子という特徴に加えて，破壊的ともいうべき低コスト化が可能であり，光技術のより広範な応用を加速する素子として期待されている．面発光レーザの研究は，現在でも，世界数十カ所の研究機関で精力的に研究開発が進められ，とくに，ギガビットイーサネットなどの光LAN用の光源として急速に実用化が進められている．

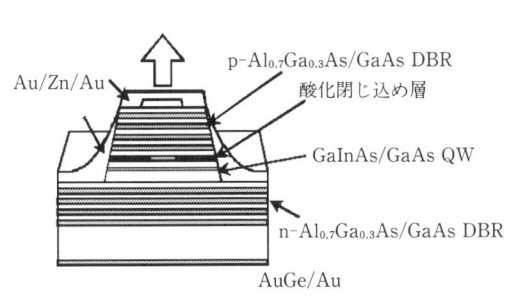

図 4.1.6 面発光レーザの構造図[5]

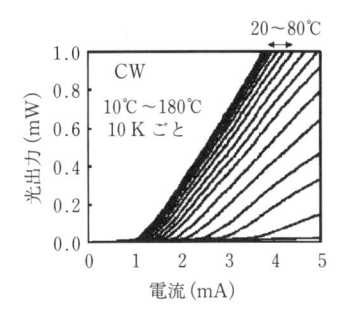

図 4.1.7 GaInAs/GaAs 面発光レーザの温度特性[5]

　GaAs 系面発光レーザは，1977 年に提案され，1978 年に最初のレーザ発振，1988 年に室温連続発振が実現され，低しきい値のマイクロ構造レーザが報告されて加速的に研究が進められた[2~4]．さらに，低しきい値化や高効率化が進められ，1.3，1.55 μm 帯長波長帯素子の室温連続動作も実現された．とくに 0.85 μm 帯素子は，光データリンク用光源として実用デバイスとなっている．図 4.1.6 に面発光レーザの構造図を示す．99 % 以上の高い反射率の半導体多層膜反射鏡で共振器を基板と垂直に形成している．現在では，横方向の光および電流の閉込めには，酸化膜狭窄構造が用いられている．また，偏波面を安定化する方法，単一モード条件を緩和する新しい構造や，単一モード出力を増大させる研究が進められている．また，超高速光データリンクを目指した 10 Gb/s の高速伝送や 1 Gb/s の無バイアス変調による伝送実験が報告され，最大で 25 Gb/s の変調も達成されている．数 mA の微小バイアスで高速化が図れるのが特徴である．アレー化による並列大容量光伝送への展開も期待され，実用規模で 32 チャネル規模のアレイの試作も行われている．

　伝送距離と伝送帯域を拡大するためには，長波長帯の単一モード光ファイバ伝送系が必要である．最近，GaAs 基板上で発光波長 1.2 μm に及ぶ高歪 GaInAs 量子井戸の成長が可能になり，きわめて高性能の波長 1.2 μm 近傍の長波長面発光レーザの実現が可能になった[4,5]．このような新たな波長域の高性能デバイスが実現されれば，単一モード光ファイバを伝送媒体とした次世代の高速データリンクの光源として大いに期待される．図 4.1.7 に 1.1~1.2 μm 帯面発光レーザの温度特性を示す．

　また，1.3 μm 帯面発光レーザの実現を目指して，GaInNAs，GaAsSb 系，GaInAs 量子ドットなどの新材料の研究も盛んに進められている．とくに，GaAs 基板上に長波長帯材料系を形成できる新材料としての GaInNAs/GaAs 系[6]が注目されている．GaAs 基板上での 0.85 μm，0.98 μm 帯の高性能面発光レーザの技術的蓄積を継承できるため，低コストで高性能の単一波長光源の実現が期待されており，波長 1.3 μm での室温発振が得られている．低しきい値の室温連続動作や，GaInNAs/GaAs 面発光レーザを用いて，10 Gb/s での単一モード光ファイバ伝送も報告される

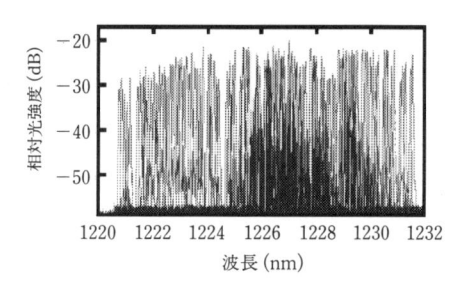

図 4.1.8 多波長集積面発光レーザアレイの発振スペクトル[9]

など，その研究開発の進展も目覚ましく，実用化への進展が期待されている．また，最近では，1.3~1.55 μm 帯 InP 系面発光レーザの性能向上も著しい[7]．

面発光レーザは，極端共振器構造のため，エピタキシャル層の厚さを空間的に変調することによりモノリシックな多波長集積光源の構成が可能である．凹凸のある基板上に減圧 MOCVD 法で面発光レーザを成長することにより，共振波長をウエハ面内で変化させ，多波長集積光源が形成できる[8]．0.8 nm の等間隔で 20 波長集積アレイや，面発光レーザの特徴を活かした高密度に集積したレーザレイも実現可能になり，図 4.1.8 に示すように長さ 2 mm 程度の微小領域に 100 素子規模の大規模集積化も報告されるに至っている[9]．

一方，大容量の波長分割多重(WDM)光通信システムや将来の波長ルーティング機能を活用した光波ネットワークでは，波長可変レーザ，可変光フィルタ，合分波器，分散補償器などの可変機能を有するデバイスが鍵となる．光マイクロマシンにおける機械的な微小変位を活用することで，従来の固体中の屈折率変化を用いた波長可変デバイスの性能を大きく凌駕することが期待できる．たとえば，DFB レーザや DBR レーザを基本とした波長可変レーザでは，連続的に掃引可能な波長幅の制限や，モード跳躍などが課題である．一方，基板と垂直に共振器を形成する面発光レーザは，共振器の長さが波長の数倍の微小共振器であるため，完全な単一縦モードが可能であり，マイクロマシン技術を取り入れることで，大きな連続的な波長掃引幅を可能とする波長可変レーザへの応用が注目されている[10]．

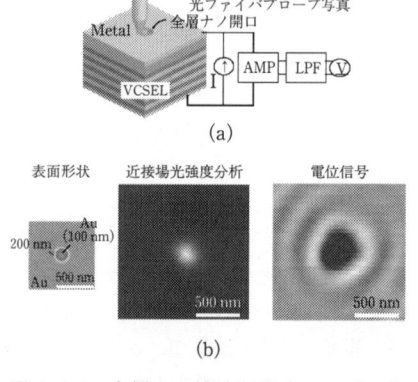

図 4.1.9 金属ナノ構造面発光レーザによる近接場光生成[12]

これまで薄膜中の熱応力を利用することで，温度無依存の光共振器や波長可変レーザ/フィルタが可能であることが示されている[11]．

また，次世代光ストレージ技術として，面発光レーザアレイを用いた近接場光学手法によるテラバイトメモリの研究も行われている．微小共振器による高効率な近接場光の生成が予測され，図4.1.9に示すように，金属微小開口からの近接場光生成が可能になっている[12]．面発光レーザの大規模アレイ化技術と低消費電力特性を利用した高性能な光メモリヘッドやセンサなどへの応用が期待できる．高効率な近接場光生成を目指して，金属の周期構造，複数ナノ開口，ナノ円柱などを含む金属ナノ構造を用いることにより，局在プラズモンを効率よく励振させて，近接場光の局在とその強度増大が検討されてきた．微小電力での大きな光パワー密度の生成が特徴であり，光の回折限界を越えた100 nm以下の局在した近接場光を高効率に生成することが期待できる[12]．

4.1.4 ナノ構造半導体レーザと低次元量子井戸レーザ

レーザ構造の微小化の手法として，半導体と空気の周期構造を利用して極限的な微小レーザを実現しようというフォトニック結晶レーザなどがある．一方で，量子細線や量子ドットなどの半導体のnmオーダの微細構造を制御した低次元量子構造[15]を用いた低しきい値半導体レーザの研究も進められている．

半導体と空気の2次元，あるいは3次元的な周期構造を利用して，光を閉じ込める構造を利用したものがフォトニック結晶レーザである[13]．3次元的に光を最も小さな領域に閉じ込めることが可能であり，実効的に最小のレーザ共振器を実現することができる．図4.1.10は，フォトニック結晶レーザの構造と計算されたモード分布を示している[14]．現在では，低しきい動作の可能性が示されており，世界的に活発に研究が進められている．この構造では，効率的な光取出しと，電流注入でのレーザ発振が課題である．

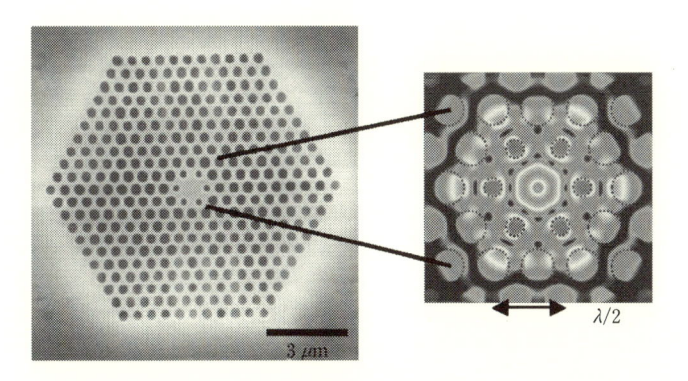

図4.1.10 フォトニック結晶レーザの構造とモード分布[14]

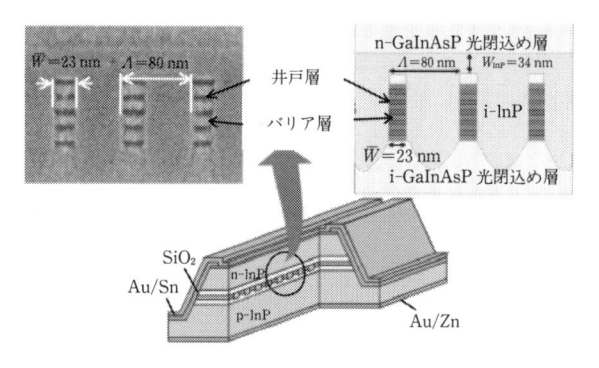

図 4.1.11 量子細線レーザ[16]

量子ドットや量子細線構造などの低次限量子井戸レーザ[15]では,増幅に寄与するキャリアを,nm オーダの微小領域に閉じ込めて,量子効果によって,利得を増大することができる.量子化の次元によって,1次元,2次元,3次元方向にキャリアを閉じ込めた構造を,それぞれ量子薄膜(あるいは単に量子井戸),量子細線,量子ドットという.半導体がバンド構造をしているため,注入したキャリアが広いエネルギーにわたって分布するのに対して,量子ドットでは離散準位にキャリアが存在するため,利得の増大が期待できる.薄膜形成技術の発展により,量子薄膜レーザはすでに実用化になっているが,量子細線,量子ドットレーザは,研究段階である.現状の半導体微細加工技術をもってしても,10 nm 程度の構造を半導体中に作り込むことは容易ではない.図4.1.11 は,半導体の微細加工と再成長を用いて数十 nm の量子細線構造の半導体レーザの構造を示している[16].また,半導体の結晶成長を工夫して,自然に量子構造が形成される自己形成法の研究が盛んである.理論的には,$1\,\mu\mathrm{A}$ 以下の低しきい値も予測されているが,量子効果を十分に発現させるためには,低損失なレーザ共振器の実現が不可欠である.最近では,InAs/GaAs 系の歪みによる自己形成量子ドットレーザの特性改善が進められた.ドット層を近接して多層化することにより,結晶性と利得特性の改善が図られ,低しきい値電流密度での室温連続動作が実現された.また,InP 基板上でも,InAs の自己形成量子ドットのレーザ動作が報告された.量子ドットレーザの課題は,ドットサイズをいかに均一に形成できるかにあり,また,研究の方向の一つとして,ドットサイズの拡大による長波長化,すなわち GaAs 基板上で $1.3\,\mu\mathrm{m}$ 発光の量子ドットレーザが実現されている.〔小山二三夫〕

文　献

1) 伊賀 健一,小山 二三夫編著:面発光レーザーの基礎と応用,共立出版 (1999)
2) F. Koyama, S. Kinoshita and K. Iga : *Appl. Phys. Lett.*, **55**, 3, 17, 221 (1989)
3) J. L. Jewell, S. L. McCall, A. Scherer, H. H. Houh, N. A. Whitaker, A. C. Gossard and J. H. English : *Appl. Phys. Lett.*, No. 55, p. 22 (1989)

4) F. Koyama, D. Schlenker, T. Miyamoto, Z. Chen, A. Matsutani, T. Sakaguchi and K. Iga : *Electron. Lett.*, **35**, 13, p. 1079 (1999)
5) N. Nishiyama, M. Arai, S. Shinada, T. Miyamoto, F. Koyama and K. Iga : *IEEE J. Select. Top. Quantum Electron.*, **7**, 2, p. 242 (2001)
6) M. Kondow, K. Uomi, A. Niwa, T. Kitatani, S. Watahiki and Y. Yazawa : *GaInNAs : Jpn J. Appl. Phys.*, **35**, 1273 (1996)
7) N. Nishiyama, C. Caneau, G. Guryanov, X. S. Liu, M. Hu and C. E. Zah : *Electron. Lett.*, **39**, 5, pp. 437-439 (2003)
8) C. J. Chang-Hasnain, J. P. Harbison, C. E. Zah, M. W. Maeda, L. T. Florez, N. G. Stoffel and T. P. Lee : *IEEE J. Quantum Electron.*, **27**, 6, p. 1368 (1991)
9) Y. Uchiyama, T. Kondo, K. Takeda, A. Matsutani, T. Uchida, T. Miyamoto and F. Koyama : *Jpn. J. Appl. Phys.*, **44**, 6, L214 (2005)
10) C. J. Chang-Hasnain : Tunable VCSEL. *IEEE JSTQE*, **6**, 6, p. 978 (2000)
11) T. Amano, F. Koyama, N. Nishiyama and K. Iga : *IEEE Photon. Technol. Lett.*, **12**, 5, p. 510 (2000)
12) J. Hashizume and F. Koyama : *Appl. Phys. Lett.*, **84**, 17, p. 3226 (2004)
13) E. Yablonovitch : *Phys. Rev. Lett.*, **58**, 2059 (1987)
14) H. G. Park, J. K. Hwang, J. Huh, H. Y. Ryu, Y. H. Lee and J. S. Kim : *Appl. Phys. Lett.*, **79**, 19, pp. 3032-3034 (2001)
15) Y. Arakawa and H. Sakaki : *Appl. Phys. Lett.*, **40**, 939 (1982)
16) H. Yagi, K. Muranushi, N. Nunoya, T. Sano, S. Tamura and S. Arai : *Jpn. J. Appl. Phys.*, **41**, part 2 (2B), L186 (2002)

4.2 ディスプレイデバイス

情報技術のキーデバイスとして，フラットパネルディスプレイ (FPD) の重要性はますます高まっている．その用途は，モバイル機器から，コンピュータ，テレビ，自動車，屋外大型スクリーンなどに至る広い範囲に及び，あらゆる分野で情報アクセスの革新をもたらしている．携帯電話でみられるように，ディスプレイと撮像との融合による画像機能の高度化は著しい．また，テレビでは薄型化が急速に普及し，今後数年の間に，世界市場の主役であったブラウン管の比率は急速に低下すると予測されている．ここでは FPD の代表的なものについて，開発動向をまとめる．

4.2.1 発光ダイオード

発光ダイオード (light emitting diode : LED) は，直接遷移型半導体 pn 接合における電子・ホールの発光再結合を利用した自発光素子である．これまではインジケータや 7 セグメントの数字表示用デバイスへの利用が中心であったが，高輝度化と多色化が飛躍的に進み，交通信号機，携帯電話の液晶のバックライト，さらに屋外の大型ディスプレイに広く応用されるようになった．

LED は当初 GaP 系の材料を用いた緑色のものが市場に出たが，その後 GaAlAs 系の高出力赤色 LED が発表され実用化に弾みがついた．最近は InGaAlP 系の波長帯 555〜650 nm の LED が高輝度光源として使われている[1]．さらに，1990 年代には

GaNを用いた波長470 nm付近の高輝度青色LEDや波長525 nmの純緑色LEDが実用化されて，光の3原色がそろうに至り[2,3]，ディスプレイを実現できることになった．LEDは輝度が高く長寿命であることから，とくに屋外の大型ディスプレイに適している．各種競技場のほか，都市のビルの壁面に設置し，広告，ニュース，天気予報などが表示される．図4.2.1に実際の設置例を示す．

図4.2.1 ビルの壁面に取り付けられたLEDディスプレイの一例

LEDは基本的に点光源であるため，プリント配線板に複数個直接チップ実装して，高精細画素を実現することができる．一般には，いくつかの画素をひとまとめにして1構成単位とし，これをアレイ化してディスプレイを構成している．

標準的な仕様として，① 高輝度（5000 cd/m^{2}以上），② 広視野角（水平±60°，垂直±30°など），③ 耐候性（防水，耐紫外線，耐温度環境など）などがある．

4.2.2 ELディスプレイ

EL (electroluminescence) ディスプレイは，電気的励起による蛍光体の発光を応用したもので，代表的な材料としては，ZnSなどの無機材料とAlqなどの有機材料がある．無機，有機ともに，ガラス基板に蛍光物質を形成する薄膜型ELを主流にディスプレイの研究開発が展開されている．

a. 無機ELディスプレイ

無機EL発光は1930年代に発見され，研究開発の長い歴史をもつ．発光層の材料

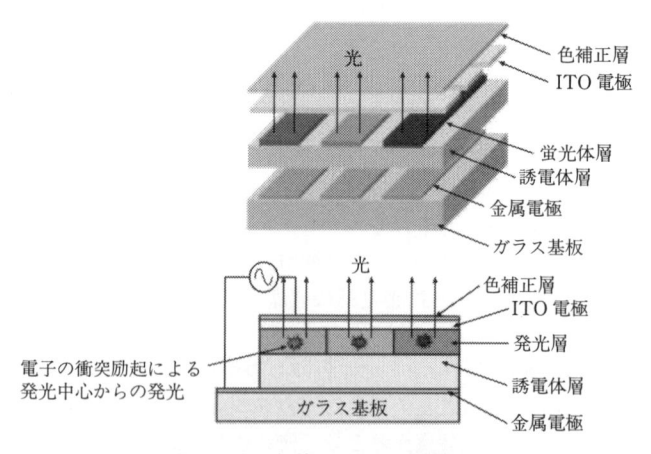

図4.2.2 無機ELの概略構造図

としては，おもに ZnS：Mn をベースとしたものが用いられ，交流電界を印加することにより，橙色に発光する．駆動電力が高いこと，全発光色について十分な輝度特性をもつものが得られなかったこと，長期安定性などから，最近までディスプレイとしての応用には至らなかった．しかし，1990 年代の後半にカナダの iFire 社がセラミック基板上に厚膜の絶縁層と薄膜の発光層とを組み合わせることで輝度が大幅に向上することを発表して以来，無機 EL への関心が再び高

図 4.2.3 iFire 社の 17 インチ無機 EL フルカラーディスプレイ

まっている．発光色の色純度の改善も進み，2002 年の SID では，フルカラー17 インチパネルのデモンストレーションも行われた．消費電力の問題は依然として残るが大型フルカラーディスプレイ開発の可能性も出てきた[4]．図 4.2.2 に iFire 社で開発された無機 EL デバイスの概略構造図を，図 4.2.3 に SID で動態展示された iFire 社の17 インチフルカラーディスプレイを示す[5]．

b. 有機 EL ディスプレイ

1987 年，Eastman Kodak の Tang らにより超薄膜・積層構造の有機 EL が報告されて以来[6]，内外で研究開発が活発に行われてきた．1997 年にはパイオニアが製品化を果たすなど[7]，ディスプレイとして実用化の段階に入ったといえる．有機 EL ディスプレイのおもな特長は，材料・発光色の多様性，薄型，広視野角，高速応答にあり，小型パネルを端緒としながら，将来は PDP，液晶ディスプレイと競合する技術に発展する可能性も秘めている．

1) 有機 EL 素子の基本動作

図 4.2.4 に一般的な有機 EL の構造を示す．基板上の電極（陽極）上に，ホール輸送層，発光層，電子輸送層，陰極が積層された構造を有する．各層の厚さは数十 nm 程度である．電圧を印加すると，電子とホールがそれぞれ最低不占有エネルギーと最高被占有エネルギーの分子軌道に同時注入され，それらのエネルギー差の光子を放出

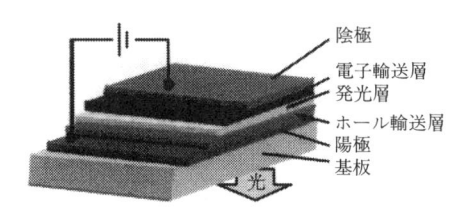

図 4.2.4 有機 EL の構造

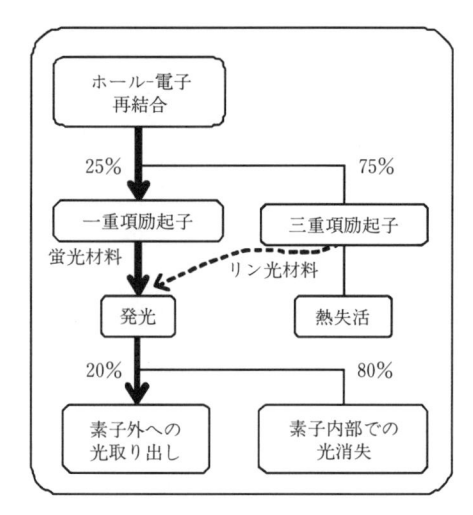

図4.2.5 有機ELの発光プロセス

して再結合する.

　この緩和過程には一重項励起子と三重項励起子が介在するが，発光に関与する前者の割合は一般の有機蛍光体では約25％である．また，素子外部への光取り出し効率は20％程度であり，結果として発光効率は5％程度にとどまってきた（図4.2.5）．しかし最近，光取り出し効率の改善と併せて，三重項励起子からも発光が得られる"リン光材料"が開発され，効率は著しく向上しつつある[8]．

2) 有機ELに用いられる材料

　有機EL材料の例を図4.2.6に示す．電子・ホール輸送および発光の機能を有する材料が設計され，図4.2.4のように積層することで，特性の良いELが実現されている．図4.2.6の発光材料については，発光効率を高めるために母体材料（ホスト）中に微量混合したドーパントの例を示している．

　理論的に100％の電-光変換効率が可能なリン光発光材料は，その種類がいまだ少なく，その性能を十分に引き出すための周辺材料も開発途上であるが，今後の進展が期待される．

　なお，国内での材料研究は現在，低分子系が主流であるが，欧米で研究の盛んな高分子系には，物理的強度が高く，また塗布によって簡便に素子を作製できる利点がある．しかし，材料設計の自由度，発光効率，寿命などを総合し，現実の素子には低分子系材料が用いられることが多い．

3) 有機ELの作製方法

　図4.2.7に有機ELの作製法の一例を示す．低分子材料を用いた有機ELは，一般に真空蒸着法によって作製される．真空中，有機材料を入れた蒸着源（るつぼなど）

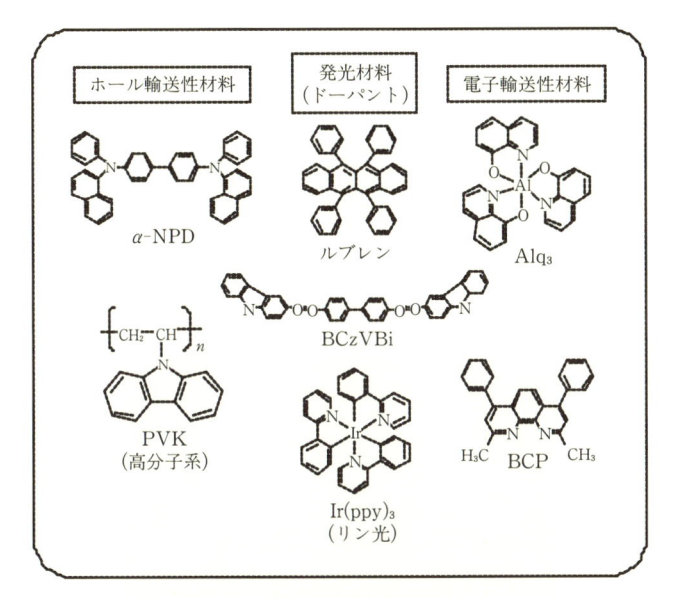

図 4.2.6 有機 EL 材料の例

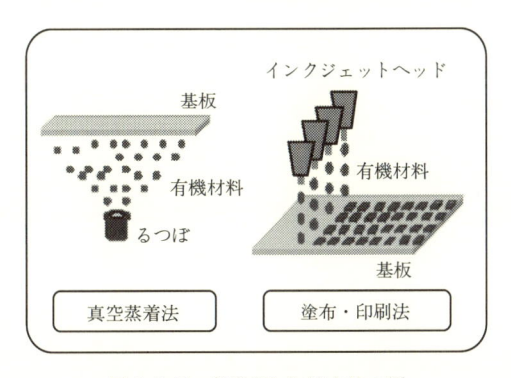

図 4.2.7 有機 EL 作製方法の例

を加熱し，気化させた材料を基板上に成膜する方法である．分子量が変わらず発光効率が低下しないため現在，量産にも本法が用いられており，大面積化，材料利用効率の向上も進んでいる．

　一方，高分子材料を用いた有機 EL は，常圧中，インクジェット法，グラビア印刷法などの塗布・印刷法によって作製される．材料開発の遅れもあり，現在素子性能は低分子系のそれには及ばないが，大面積化が比較的容易であり，材料利用効率が高いのに加え，設備コストが抑えられる利点がある．

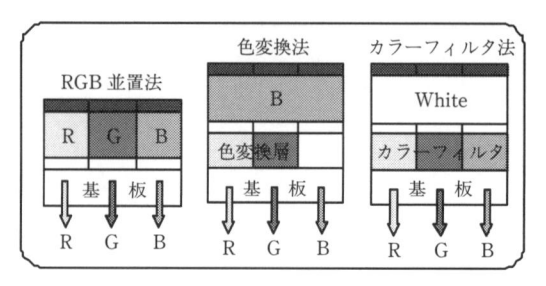

図 4.2.8 カラー化の方法

図 4.2.9 SID'03 で技術発表された有機 EL ディスプレイ

4) **フルカラー有機 EL ディスプレイ**

有機 EL ディスプレイのカラー化には三つの方法が考えられている (図 4.2.8). RGB 並置法がこれまでの主流であるが, 光を有効に利用できる反面, 塗り分けプロセスの複雑さが難点とされている. プロセスの簡素化として, 白色有機 EL によるカラーフィルタ方式が注目されている. 白色有機 EL の高効率化が進めば主流となりうるであろう.

2003 年 5 月, SID'03 で技術発表された対角 24 インチサイズの有機 EL ディスプレイを図 4.2.9 に示す[9].

有機 EL の最大の課題は, 動作の長寿命化にある. 動作寿命は輝度にほぼ反比例するため, 今後のディスプレイ大型化および光源などへの展開にとって, この課題の克服はいっそう重要となる. 高効率かつ安定性の高い材料開発はもちろんのこと, 素子の構造, 作製法を含めた総合的検討が必要となろう.

4.2.3 液晶ディスプレイ

a. 液晶とは

液晶 (liquid crystal) は, 液体の流動性と結晶の秩序性を備えた材料である. 液晶の発見は, 1888 年の Reinitzer にさかのぼり, 翌 1889 年に Lehmann が「液晶」と命

名した．その種類は，ある特定温度領域で液晶相を示すサーモトロピック (thermotropic) 液晶と，水などの溶媒と混合することで液晶相を示すようになるリオトロピック (lyotropic) 液晶に大別される．また，分子の形状や長さによっても，棒状構造と円盤状，低分子液晶と高分子液晶とに分類される．通常の液晶ディスプレイに用いられる液晶は，ネマチックと呼ばれる棒状・低分子のサーモトロピック液晶である．

b. 液晶ディスプレイの原理[10]

ネマチック液晶分子は剛直で，分子の長軸と短軸方向に大きな誘電率・屈折率の異方性が存在する．そのため，外部電界を印加すると，誘電エネルギーがより低い状態に向かって分子配列が変化し，電界をオフすると液晶の弾性的性質により元の配列に戻る．その際，入射光の透過性や反射が変化する．分子配列の変化に伴うこの可逆的な光シャッタ機能を情報表示として応用したのが液晶ディスプレイ (LCD) である．

図 4.2.10 に LCD の基本構造を示す．一般的な方式は TN (twisted nematic)[11] もしくは STN (super-TN) と呼ばれる方式で，ネマチック液晶を数 μm の間隔で対向した 2 枚のガラス基板からなるセルに封入する．その際，基板表面に対して数度の傾斜角で液晶をほぼ水平に配向させ，かつ対向基板に向けて 90°または 270°のねじれを与えておく．直線偏光板を通過した光の偏光方向は液晶のねじれに従って旋光して対向面に達するため，対向面側の偏光板の方向をそれに合わせておくと光はそのまま透過する．ここで交流電界を印加すると，実効電圧のあるしきい値で液晶分子が基板に対して垂直となり，その結果，セルの旋光性が解消されるため光は透過しなくなる．これを画素として，カラーフィルタとともに微細アレイ化して表示を行う．背面の光源としては，冷陰極蛍光管や LED が多く用いられているが，外光を利用した反射型 LCD もある．

c. 液晶ディスプレイの特質

LCD が携帯機器，PC をはじめ多くの用途に広がったのは，以下の特長による．
① 動作電圧が低く LSI 駆動回路との整合性が高い
② 液晶自体の電流消費が少ない
③ 素子の面積に本質的な制約がない
④ 薄型で軽量

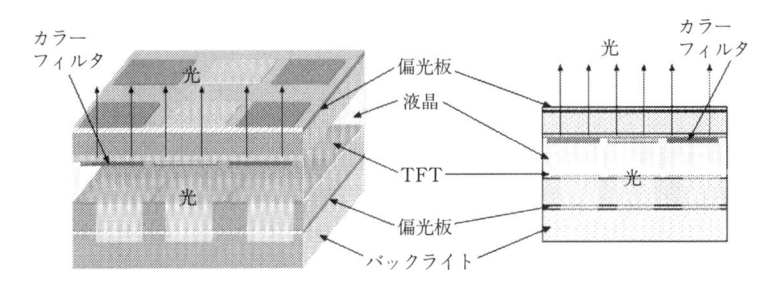

図 4.2.10 LCD の概略構造図

図 4.2.11　市販されている LCD テレビ (シャープ) の一例

一方，応用上の問題とされてきたおもな点は，
a. 応答速度が低い (ms のオーダー)
b. 視野角に限界がある
c. 表示品質が周囲の明るさに影響される

であるが，それぞれ，電子回路や液晶配向などの対策によって実効的に改善されてきた．動作温度範囲が限られる問題は残るが，一定の環境のもとで使用するディスプレイとしては，引き続き中心的な位置をしめていくであろう．

d.　ディスプレイ開発の経緯と動向

液晶のディスプレイへの応用が注目されるようになったのは，1963 年に RCA の Williams によって液晶の電気光学効果が発見されてからである[12]．1973 年，シャープがはじめて電卓用液晶を開発し，翌年にはセイコーが腕時計に応用した．1983 年にはセイコーからフルカラーの液晶テレビの試作品も発表されている．

液晶材料の開発とともに駆動方式も工夫され，1971 年にはアクティブマトリックスによる液晶の駆動方式が，Lechner により提案されている[13]．それを映像応用にまで至らせる原動力になったのは，シリコンによる薄膜トランジスタ技術の進展であった．これにより，液晶テレビの開発も急速に進み，すでに 65 インチの液晶テレビが量産され始めた．図 4.2.11 は現在市販されている LCD テレビの一例である[14]．今後はフレキシブル基板による開発も進むであろう．

4.2.4　プラズマディスプレイ[15]

プラズマディスプレイパネル (PDP) は 1964 年に米国の Illinois 大学から発表された AC 型 PDP に端を発する[16]．1980 年代にはモノクロ PDP が実用化され，1990 年代に入り，フルカラーPDP が商品化された．液晶と並び，壁掛けテレビを実現するデバイスとして注目されてきたが，当初は業務用の大画面モニタとして市場開拓がス

タートした．

　PDPでは，照明に用いられている蛍光灯と同じく，気体電離により発生した紫外線を蛍光体によって可視光に変換して表示をする．図4.2.12にPDPの概略構造を示す．隔壁に囲まれた赤・緑・青に発光する3種類の蛍光体が塗布された部屋(セルと呼ばれる)はそれぞれがいわば小さい蛍光灯であり，内部に封入されているキセノンガスからの紫外線が励起源となる．動作は，まず点灯させたいセルのアドレス電極と放電電極を駆動して内部で放電を誘起し，紫外線を発生させる．3色のセルをまとめて一つのピクセルを形成し，各色の発光強度をたとえば256段階に制御すると，全部で1670万色のフルカラー表示が可能となる．PDPは放電現象を利用しているためLCDとは対照的に応答速度が速い．

　PDPは，画面の大きさにかかわらず奥行き10 cm前後の薄型で，対角100インチを越える大画面も可能である．最近はハイビジョン化も進み，対角50インチでフルスペックハイビジョン対応のものも開発されている．自発光のディスプレイとして動画性能も比較的優れており，視野角も広くまた画質も美しい．これらの特長は，表示が大画面になるほど発揮されていくであろう．図4.2.13に，市販されているPDPテレビの一例を示す[17]．

　PDPにおける最大の技術課題は消費電力の低減にあるが，部分的な焼付けによる表示ムラの発生への対策など，動作のさらなる長期安定化も重要となる．これらの検討が進むとともに，パネル構造に由来する製造コストの低減も加速していくであろう．

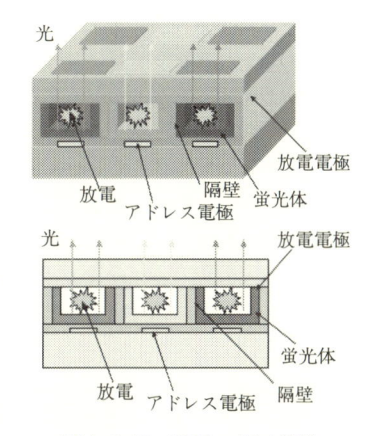

図4.2.12 PDPの概略構造

図4.2.13 市販されているPDPテレビ(松下電器)の一例（CEATEC 2005での展示）

4.2.5 電子励起型ディスプレイ
a. 電子エミッタの種類と特徴

蛍光体を電子励起する方式のFPD構造は，電子源が点放出か面放出かによって大きく変わってくる．前者の代表例は電界放射ディスプレイ (field emission display: FED) で，金属や半導体の突起部からの電界誘起トンネル放出を利用したものである．一般には，1976年に米国のSpindt[18]が発表した，金属円錐とゲートからなるものが最初とされている．ゲートに正電圧を印加すると円錐の尖端に電界が集中し，トンネル効果によって電子が放出される．このエミッタをマトリックス状に配置して，蛍光体を塗布したプレートを対向させれば，CRTと同じ発光原理でディスプレイができる．1986年には，仏のLETIが半導体微細加工技術を活用し，32×32ピクセルのFEDパネルを開発した．日本でも，ソニーや双葉電子により10インチクラスのFEDが開発されてきた．最近は，カーボンナノチューブ (CNT) を電子源に使い，FEDを試作する研究が盛んになってきた．

一方，面放出の電子源は日本を中心に開発されてきた．たとえば，1980～1990年代にMOS (metal-oxide-semiconductor) 型[19]，MIM (metal-insulator-metal) 型[20]と呼ばれるエミッタがそれぞれ東北大，日立から発表された．1995年，ナノ結晶シリコン素子からの電子放出が農工大から報告され[21]，続いて弾道電子放出モデルが示された[22]．この現象を応用し，1999年，松下電工はBSD (ballistic electron surface -emitting display) と呼ばれるフルカラーFPDを発表している．また，1996年にはキヤノンがSCE (surface conduction emitter) と呼ばれる電子源を用いてFEDを試作し[23]，1997年にはパイオニアがMIS (metal-insulator-semiconductor) 型電子源を発表した[24]．そのほか，ダイヤモンド状薄膜 (diamond-like carbon: DLC)，半導体pn接合によるエミッタもある．

FPDにかかわるおもな電子源技術と特徴などを表4.2.1に比較して示した．各方式に共通して，封止やスペーサなど真空にかかわる技術のほか，表示性能の均一化，低電圧用蛍光体の開発，駆動法の確立などが課題となる．

b. 電子励起FPDの開発

表4.2.1のFPDについて，開発の状況をまとめる．

1) **Spindt型FED**

前述したように，円錐状または針状の微細エミッタをアレイ化したものである．長期の研究により，技術的な熟度も高くなってきている．エミッタ材料としては，モリブデン (Mo) やシリコン (Si) などが使われている．図4.2.14に2003年のCEATECで双葉電子が発表したものを示す[25]．Spindtが最初に考案したものから派生していろいろな製法が工夫され，大画面に構成する製法の確立も急がれている．近年，ナノ金型を用いて先端の形状を安定的につくる製法も発表されている．

2) **CNT型FED**[26,27]

CNT先端部からの電子放出を利用してFEDを構成するにはCNTエミッタを制

4.2 ディスプレイデバイス

表 4.2.1 おもな FPD 電子源技術の比較

方式	BSD 型	Spindt 型	SCE (表面伝導エミッタ)	MIM 型	CNT (カーボンナノエミッタ)
基本構造	Si ナノ結晶構造からなる平面構造	マイクロサイズの3次元立体構造	ナノサイズのキャップからなるスリット構造	アルミナ極薄絶縁膜からなる平面構造	カーボンナノチューブからなる平面構造
動作真空度	低真空 (1～10 Pa) まで安定	高真空 (<10^{-6} Pa) 必要	高真空 (<10^{-5} Pa) 必要	高真空不要	高真空 (<10^{-5} Pa) 必要
電子放出直進性 (収束電極)	良好 (収束電極不要)	広がりあり (収束電極必要)	広がりあり (収束電極必要)	良好 (収束電極不要)	広がりあり (収束電極必要)
電子放出形状	面放出 均一	点放出 不均一	線放出 不均一	面放出 均一	点放出 不均一
動作電圧	低い (15～30 V)	やや高い (30～80 V)	低い (15～30 V)	低い (10 V)	高い (数百 V～kV)
コスト面からみた大型化	有利 (ウェット法やLCDから転用可能なプロセスが使える)	困難	可能	可能	可能
オリジナリティと開発主体	・東京農工大/松下電工	・双葉電子が技術導入すでに商品発売(OEMベース)	・東芝/キャノン連合が2007年中の量産化を目指し開発中	・日立が試作機完成を目指し開発中	・日立、三菱、ソニー、伊勢電子、Samsung等多数
その他特徴	・フリッカノイズが少なく安定 ・逆バイアス時に電流が流れにくく、消費電力が低い	・小型モノクロサイズではすでに実績があり、高信頼で長寿命	・インクジェット等の印刷法が使え、作製コストが比較的安いといわれる	・フリッカノイズが少なく安定 ・低温プロセス	・高いエミッション電流が得られる

御性良くアレイ化することが必要となるが，一般にはアーク法で得られたものをバインダと混ぜ印刷によりエミッタを形成する方式が主流である．最近は，基板に直接かつ選択的に成長させるCVD法もULVACなどにより提案されている．

比較的簡単な製造技術でFEDが試作できることから，SID'02ぐらいから，各国の発表が相次いでいる．日本でも平成15年度から3年間の予定で，CNTの国家プロジェクトがスタートした．FEDの例として，2003年のIDWで伊勢電子が発表したパネルを図4.2.15に示す．

3) BSD型

BSD技術は，連結したナノ結晶シリコン構造で弾道伝導が生じ，電子が高エネルギーで放出されることに基づいており，前記FED技術とは基本原理を異にする．表4.2.1に示したように，FED技術では困難とされる低電圧駆動や低真空での動作が可能で，集束電極不要，大面積化が容易，低プロセスコストなどの利点を有する．ガラス基板上に堆積したポリシリコン膜による低温プロセスも開発され，対角7.6インチQVGA対応のFPDが通常のNTSC信号で動画再生できることが確認されている[28]．図4.2.16に，試作したBSDの静止発光パターンを示す．

4) MIM型

MIMは，薄い絶縁物を二つの金属薄膜で挟んだサンドイッチ構造になっていて，電圧を印加すると，電子が薄い絶縁物をトンネルして対向面から放出される．絶縁物には，Al_2O_3などが用いられる．絶縁物をきわめて薄く均一性良く製

図4.2.14　2003年CEATECに参考出展された双葉電子の対角11.3インチSpindt型FEDと対角3インチの縦型FED

図4.2.15　2003年IDWでの伊勢電子のデモ

図4.2.16　BSDの表示パターン例

膜する技術がポイントである．図4.2.17に，2001年のIDWで日立により発表されたMIM型の外観を示す[29]．

5) SCE型

キヤノンが1996年に発表したもので，横方向にトンネル伝導した電子を垂直方向に引き出し蛍光体に向けて加速する．素子構成の詳細は未発表だが，近く，東芝と共同で30インチクラスの画面サイズでFPDを事業化するという予告がなされている．

6) MIS型

MIMと基本構造は似ているが，下部の金属電極の代わりに半導体を用いたものである．パイオニアから発表されたデータによると，この方式で，28%の高効率の電子放出が得られている．中間のI層での電子のホット化が電子放出のカギとみられる．2002年のIDWでパイオニアが発表した例を図4.2.18に示す[30]．　　〔越田信義・菰田卓哉〕

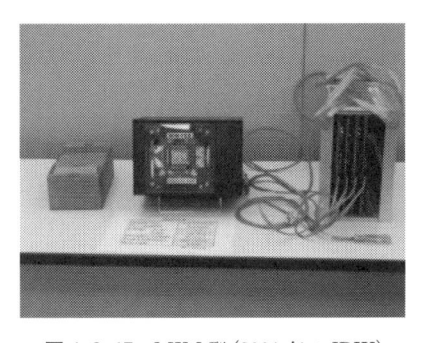

図4.2.17　MIM型（2001年のIDW）

図4.2.18　2002年のIDWで発表されたMIS型パネル

文　献

1) 高橋　望：フラットパネルディスプレイ1999，日経BP，pp. 182-188 (1998)
2) S. Nakamura Y. Harada and M. Senoh : *Appl. Phys. Lett*., **58**, p. 2021 (1991)
3) S. Nakamura T. Mukai and M. Senoh : *Jpn. J. Appl. Phys*., Part 2, **30**, p. L1998 (1991)
4) J. Virginia：フラットパネルディスプレイ2003戦略編，日経BP, pp. 108-111 (2003)
5) D. Seale, L. Rodrigues, C. Werner and D. Irvine : Self-Aligned Phosphor Patterning Techniques for Inorganic EL Displays, SID'02 Digest of Technical papers, **9.4**, p. 109 (2002)
6) C. W. Tang and S. A. Van Slyke : *Appl. Phys. Lett*., **51**, p. 913 (1987)
7) http://www.pioneer.jp/press/release38-j.html
8) 有機EL材料とディスプレイ，シーエムシー (2001)
9) S. Terada, G. Izumi, Y. Sato, M. Takahashi, M. Tada, K. Kawase, K. Shimotoku, H. Tamashiro, N. Ozawa, T. Shibasaki, C. Sato, T. Nakadaira, Y. Iwase, T. Sasaoka and T. Urabe : *SID'03 Digest of Technical papers*, **54, 5L**, p. 1463 (2003)
10) 日本学術振興会第142委員会編：液晶デバイスハンドブック，日刊工業新聞社 (1989)
11) M. Schadt and W. Helfrich : *Appl. Phys. Lett*., **45**, p. 127 (1971)
12) R. Williams : *J. Chem. Phys*., **39**, p. 384 (1963)
13) B. J. Lechner, F. J. Marlow, E. O. Nester and J. Tults : *J. Proc. IEEE*, **59**, p. 1566 (1971)
14) http://www.techon.nikkeibp.co.jp/article/NEWS/20050603/105436

15) 苅谷, 三枝: フラットパネルディスプレイ 2002 戦略編, 日経 BP, pp. 135-148 (2002)
16) B. M. Arora, D. L. Bitzer, H. G. Slottow and R. H. Willson: The Plasma Display Panel-A New Device for Information Display and Storage, *CSL Report*, **R-346**, April (1967)
17) http://www.techon.nikkeibp.co.jp/article/NEWS/20050719/119264
18) C. A. Spindt: *J. Appl. Phys.*, **39**, p. 3504 (1968)
19) K. Yokoo, H. Tanaka, S. Sato, J. Murota and S. Ono: *J. Vac. Sci. Technol.*, **B11**, p. 429 (1993)
20) M. Suzuki and T. Kusunoki: Proc. of IDW'96, p. 529 (1996)
21) N. Koshida, T. Ozaki, X. Sheng and H. Koyama: *Jpn. J. Appl. Phys.*, **34**, p. L705 (1995)
22) N. Koshida, X. Sheng and T. Komoda: *Appl. Surf. Sci.*, **146**, p. 371 (1999)
23) A. Asai, M. Okuda, S. Matsutani, K. Shinjo, N. Nakamura, K. Hatanaka, Y. Osada and T. Nakagiri: *SID'97 Digest of Technical papers*, **10.4**, p. 127 (1997)
24) N. Negishi, T. Chuman, S. Iwasaki, T. Yoshikawa, H. Ito and K. Ogasawara: *Jpn. J. Appl. Phys.*, **36**, L939-L941 (1997)
25) http://www.techon.nikkeibp.co.jp/members/01db/200310/1003496
26) S. Uemura, T. Nagasako, J. Yotani, T. Shimojo and Y. Saito: *SID'98 Digest of Technical papers*, **39.3**, p. 1052 (1998)
27) C. J. Curtin and Y. Iguchi: *SID'00 Digest of Technical papers*, **L-6**, p. 1263 (2000)
28) T. Komoda, T. Ichihara, Y. Honda, T. Hatai, T. Baba, Y. Takegawa, Y. Watabe, K. Aizawa, V. Vezin and N. Koshida: *J. Soc. for Information Display*: **12**, p. 29 (2004)
29) T. Kusunoki, M. Sagawa, M. Suzuki and K. Tsuji: *Proceedings of IDW'01*, **FFD2-5**, p. 1189 (2001)
30) T. Yamada, T. Hata, K. Sakemura, S. Iwasaki, N. Negishi, T. Cuman, H. Satoh, T. Yoshikawa, K. Ogasawara and N. Koshida: *Proceedings of IDW'02*, **FED1-5**, p. 1037 (2002)

4.3 太陽電池

　太陽電池は太陽光エネルギーを直接電気に変換する半導体デバイスである。太陽光発電の最大の特徴は，火力発電や原子力発電のように石油やウランなどの燃料が不要であり，無尽蔵に地球に降り注ぐ太陽エネルギーを用いていることである。太陽電池はその他の発電のように機械エネルギーを介する発電ではないので，(1) 稼働部がなく静かである，(2) 維持が簡単で無人化が容易である，(3) 規模の大小にかかわらず一定の効率で発電する，(4) 量産性に富むプロセスで製造される，などの特徴を有している。しかし，太陽電池には発電が天候に左右される，屋外で使用する場合には夜は発電しない，などの問題点も有する。

4.3.1 太陽電池開発の歴史

　表 4.3.1 に太陽電池開発に関係するおもな出来事を示す。光エネルギーから電気エネルギーへの直接変換は，19 世紀のベクレルによる発見までさかのぼる。それから 100 年以上経過した 1953 年に，トランジスタを発明したベル研究所は，リンを p 形シリコンに拡散した pn 接合形単結晶シリコン太陽電池を発明した。初期の変換効率は 4% と低かったが，1960 年には 14% まで向上した。1958 年には太陽電池は米国の

表 4.3.1 太陽電池に関する主な出来事

年	出来事
1839	フランスのベクレルが電解液に浸した一対の金属電極板の一方に光を当てると金属板間に電気が発生すること（光を電気に直接変換する現象）を発見
1953	米国ベル研究所のシャピン，ピアソン，フーラーらがpn接合型単結晶シリコン太陽電池を発明
1958	米国が太陽電池を搭載した人工衛星を打ち上げ（バンガード1号） 日本ではじめて太陽電池を無線中継局の電源として実用化
1973	オイルショックにより石油価格が急上昇
1974	日本で「サンシャイン計画」がスタートし，太陽電池の開発が本格化
1976	米国のカールソンらがアモルファスシリコン太陽電池を発明
1977	米国で国立太陽エネルギー研究所(SERI)が設立
1980	日本企業がアモルファスシリコン太陽電池の製造を開始し，電卓用電源として応用
1986	日本企業が鋳造法による多結晶シリコン太陽電池の製造を開始
1994	スイスのヌシャテル大が微結晶シリコン太陽電池を開発 日本の「住宅用太陽光発電システムモニター事業」がスタート
1997	世界における太陽電池の年間生産量が100 MWを達成
1998	日本企業が結晶シリコンとアモルファスシリコンのヘテロ接合を用いる単結晶シリコン太陽電池(HIT太陽電池)の製造を開始
2001	日本企業が安定化効率10%のアモルファスシリコン/微結晶シリコン積層型太陽電池(ハイブリッド太陽電池)の製造を開始

人工衛星に搭載され，同じ年，日本でも無線中継基地用電源として使われ始めた．1960年代は米国ではおもに中継局や人工衛星の電源，日本では無人灯台や中継局で用いられた．1973年のオイルショックを契機に，日本ではサンシャイン計画がスタートして太陽電池の開発が政府主導で行われるようになり，米国では国立の太陽エネルギー研究所［現在の再生可能エネルギー研究所(NREL)］が設立された．

1976年には米国のカールソンらにより薄膜型のアモルファスシリコン太陽電池が発明された．その4年後には日本企業がアモルファスシリコン太陽電池の製造を開始し，電卓用の電源として応用した．1980年代には結晶シリコン太陽電池の低コスト化の取組みとして，鋳造（キャスト）法による多結晶シリコン太陽電池の量産が開始された．1994年に日本政府が太陽光発電システムの一般住宅への普及を目的として「住宅用太陽光発電システムモニター事業」をスタートさせた．これは，太陽光発電システムを設置しようとする個人に補助金を支給する制度である．太陽光発電ステムの系統連携が認められ，電力会社が太陽光発電ステムで発電した電力を買い取る制度ができ，「住宅用太陽光発電システムモニター事業」で太陽電池の設置に補助金が支給されることで，太陽光発電システムの一般住宅への普及が大きく進展した．1997年には世界における太陽電池の年間生産量が100 MWに到達し，その後政府主導の普及策がドイツでもはじまり，2004年には世界の太陽電池生産量が1.2 GWに到達した．

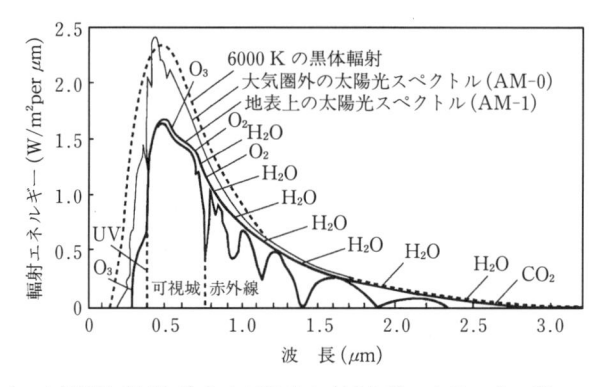

図 4.3.1 大気圏外 (AM-0) および地表上 (AM-1) の太陽エネルギースペクトル

4.3.2 太陽エネルギー

図 4.3.1 に大気圏外と地表面における太陽輻射エネルギースペクトルを示す．細い実線で示した宇宙からの太陽輻射は，大気圏に入って空気に含まれる酸素やオゾンなどによって紫外線や青色光の高エネルギー成分が吸収され，さらに大気中の水蒸気によって赤外線が吸収される．このように太陽輻射エネルギースペクトルは，可視光を中心に波長が $0.3\,\mu m$ 付近の近紫外光から $3\,\mu m$ までの赤外光からなる．太陽から放射される電磁波の単位時間当たりのエネルギーは約 $1.4\,kW/m^2$ で，太陽定数と呼ばれる．地表に到達する太陽光のエネルギーは，大気の吸収により減少する．大気の吸収の効果を考慮するために天頂から垂直に地表に入射する通過空気量を基準にして，これを AM(エアマス)-1 とする．大気圏外では大気を通過しないので AM-0，日本の冬の日中の直射日光は AM-1.5 である．太陽電池の変換効率の測定には，図 4.3.1 に示す太陽光スペクトルを模擬したソーラーシミュレータが用いられ，地上用太陽電池の場合 AM-1.5，エネルギー密度 $1.0\,kW/m^2$ に設定して行う．

4.3.3 太陽電池の原理と変換効率

シリコンのような半導体に光を照射して価電子帯の電子を伝導帯に励起すると，価電子帯には正孔が伝導帯には伝導電子が形成される．もし，このとき半導体内部に内部電界が存在すると，伝導電子はエネルギーの低い領域に，正孔は電子のエネルギーの高い領域に移動する．このように半導体中で伝導電子と正孔の空間的な分離が起きると，その半導体の両端には電位差が生じる．この現象は光起電力効果といわれる．通常，この内部電界は pn 接合によってつくられる．典型的な pn 接合太陽電池の原理を図 4.3.2 に示す．(a) で示したのは出力端子を短絡した状態で，(b) は開放した状態である．光照射により生成した伝導電子と正孔は，pn 接合により左右に分離され，光起電力が発生する．太陽電池に負荷が接続されていると，p 形シリコンから正孔が，n 形シリコンから伝導電子が負荷のほうに移動し，光電流が流れる．このよう

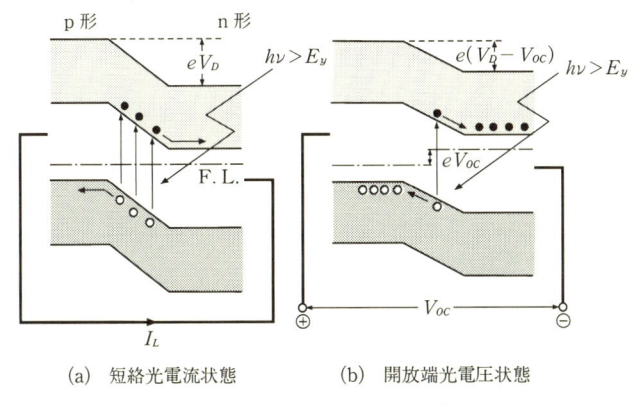

(a) 短絡光電流状態　　(b) 開放端光電圧状態

図 4.3.2 pn 接合における光起電力効果

な原理で，太陽エネルギーが電気エネルギーに変換される．

太陽電池のエネルギー変換効率は，入力となる太陽光エネルギーと太陽電池の電気出力エネルギーの比をパーセントで表したものである．すなわち変換効率，η は以下のような式で求められる．

$$\eta = \frac{\text{太陽電池から得られる電力}}{\text{太陽電池に照射される1秒間当たりの太陽光エネルギー}} \times 100 \, (\%)$$

太陽電池の性能を比較するためには公称変換効率 η_n を定義している．地上用太陽電池の場合，AM-1.5，エネルギー密度 $1.0\,\mathrm{kW/m^2}$ の入力パワーに対して，負荷条件を変えた場合に得られる最大電力 $P_{\max}$ との比をパーセントで表す．典型的な光照射下の太陽電池の電圧-電流特性を図4.3.3に示す．太陽電池の性能を表す重要な特性因子（パラメーター）は，太陽電池の正極と負極の端子を短絡した場合に流れる光電流に相当する短絡光電流密度 J_{sc} と太陽電池の出力端子を開放した状態で端子間に発生する電圧に相当する開放電圧 V_{oc} である．最大電力点 $P_{\max}(V_{\max},\ I_{\max})$ および短絡電流密度 J_{sc} と開放端電圧 V_{oc} が求まると公称変換効率 η_n は，太陽電池の受光面積 $S[\mathrm{cm^2}]$ とすると，

$$\eta_n[\%] = \frac{V_{\max} \cdot I_{\max}}{1.0[\mathrm{kW/m^2}] \cdot S} \times 100$$

$$= \frac{V_{oc} \cdot J_{sc} \cdot FF}{100[\mathrm{mW/cm^2}]} \times 100$$

$$= V_{oc}[\mathrm{V}] \cdot J_{sc}[\mathrm{mA/cm^2}] \cdot FF$$

ただし，FF は曲線因子（フィルファクター）と呼ばれ，

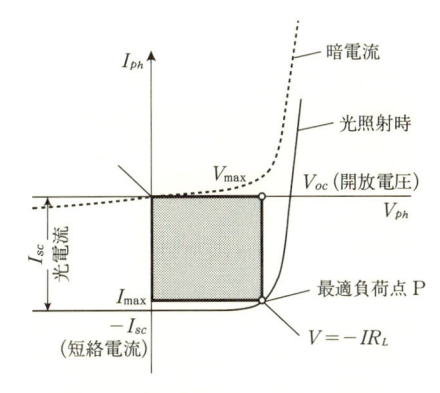

図 4.3.3 太陽電池の電圧-電流特性

$$\mathrm{FF} = \frac{V_{\max} \cdot J_{\max}}{V_{oc} \cdot J_{sc}}$$

で定義される．これは，図4.3.3のグレイの部分の面積を短絡電流密度 J_{sc} と開放端電圧 V_{oc} の積で割ったものに相当する．

4.3.4 太陽電池の理論効率と損失過程

太陽輻射エネルギースペクトルは，可視部を中心に $0.3\,\mu\mathrm{m}$ 付近の近紫外線から $3\,\mu\mathrm{m}$ までの赤外線を含む．これは，光子のエネルギー，$h\nu$ に換算して $0.5\,\mathrm{eV}$ から $4\,\mathrm{eV}$ に相当する．このエネルギー領域の光子を吸収する半導体が太陽電池に用いられる．太陽電池の変換効率を低下させる損失過程を図4.3.4に示す．太陽電池に用いた半導体の禁制帯幅（バンドギャップ）よりエネルギーの小さい光子は，吸収されずにそのまま透過してしまう（透過損失）．禁制帯幅以上のエネルギーをもった光子が半導体に吸収されると，価電子帯の内部から電子を伝導帯の内部に励起する．価電子帯の内部に生成した正孔は余分のエネルギーを熱として放出してエネルギー的に最も安定な価電子帯の最上部に移動し，伝導帯の内部まで励起された伝導電子も余分のエネルギーを熱として放出してエネルギーの低い伝導帯の最下部に移動する（量子損失）．したがって太陽電池から取り出すことのできる理論的な限界電圧は，半導体の禁制帯幅で決まる．それに対して理論的な限界電流は半導体に吸収された光子の数で決まる．地上用太陽電池の場合，禁制帯幅が $1.4\,\mathrm{eV}$ で最高の理論変換効率が得られる．

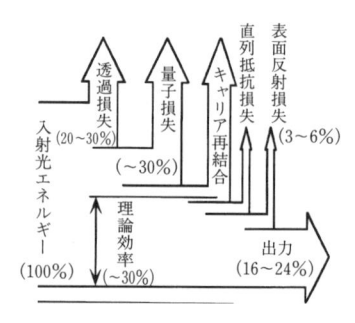

図4.3.4 太陽電池の損失過程

実際の太陽電池では，光照射により生成した伝導電子と正孔が半導体中の格子欠陥などにより再結合することで出力電圧が低下する（キャリア再結合による損失），太陽電池中の内部抵抗によりフィルファクター（FF）が小さくなる（直列抵抗損失），太陽光が表面反射されて半導体に届かないために出力電流が小さくなる，などにより理論限界効率よりもさらに変換効率は低下する．

4.3.5 太陽電池の種類

太陽電池は大別すると，太陽光を降り注ぐそのままの状態で利用する平板型と，太陽光をレンズで集光して太陽電池に入射させる集光型の二つの方式がある．表4.3.2に材料別の太陽電池の分類を示す．図4.3.5に太陽電池に用いられるおもな半導体の光吸収係数の光子エネルギー依存性を示す．シリコンのようなIV族元素半導体には単結晶太陽電池や多結晶太陽電池のバルク型とアモルファス太陽電池や微結晶太陽電池の薄膜型がある．化合物半導体を用いる太陽電池としては，GaAsに代表されるIII-

表 4.3.2 材料別にみたときの太陽電池の種類

IV族元素半導体	結晶シリコン	単結晶シリコン (c-Si)
		多結晶シリコン (p-Si)
	アモルファスシリコン	微結晶シリコン (μc-Si)
		アモルファスシリコン (a-Si)
化合物半導体	III-V族 (単結晶)	GaAs, (AlGa)As, InP
	II-VI族 (多結晶薄膜)	CdTe
	I-III-VI$_2$族 (多結晶薄膜) (カルコパイライト系)	CuInSe$_2$ (CIS) CuInS$_2$
有機半導体	単結晶・薄膜	フタロシアニン, フラーレン
色素増感型		TiO$_2$, ZnO

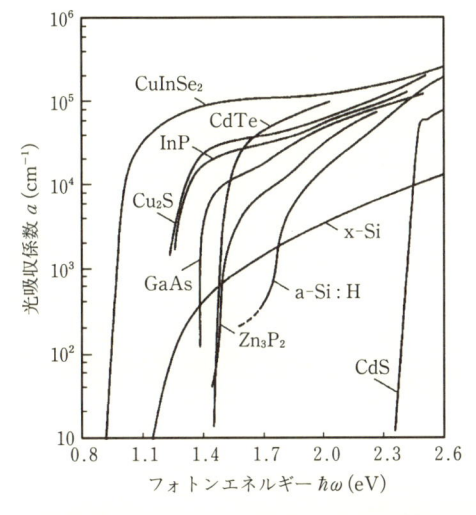

図 4.3.5 太陽電池に用いられる半導体の光吸収係数スペクトル

V族とCdTeのようなII-VI族, CuInSe$_2$(CIS)に代表されるI-III-VI$_2$族系が知られている. そのほかに, 最近は有機半導体薄膜を用いた太陽電池や有機色素と酸化物半導体を用いる色素増感太陽電池の開発も活発である. 以下, おもな太陽電池の製造方法やデバイス構造の特徴について述べる.

4.3.6 結晶シリコン太陽電池

結晶シリコン太陽電池には単結晶シリコン太陽電池と多結晶シリコン太陽電池がある. これらの太陽電池は現在の電力用太陽電池として最も多く製造されている. その

特徴は，

(1) シリコンは地球上に多量に存在することから，資源的な問題が少なく，廃棄の際にも環境負荷が小さい．

(2) 製造技術はエレクトロニクス半導体技術の発展とともに進歩し，成熟域に達している．

(3) 太陽電池用半導体のなかでは密度が小さく，軽量の太陽電池が作製できる．

(4) 信頼性が高く，20年以上の耐久性が保証されている．

欠点としては，シリコンは間接遷移の半導体であるので，可視光の光吸収係数が $10^3 cm^{-1}$ の程度で化合物半導体に比較して小さい．そのため，太陽光を十分に吸収するためには，比較的厚いシリコン基板を用いる必要がある．また，製造の際には単結晶および多結晶にかかわらずシリコンを融解する必要があり，その融点が1412℃と高いことで，エネルギー消費が大きいことが上げられる．

a. 単結晶シリコン太陽電池

単結晶シリコン太陽電池は，チョコラルスキー法によって引き上げられた単結晶インゴットをワイヤーソーでウエハ状にスライスしたp形のシリコン基板を用いる．セル工程は図4.3.6に示すように，(1)光電流の増大目的として反射率の低減のため

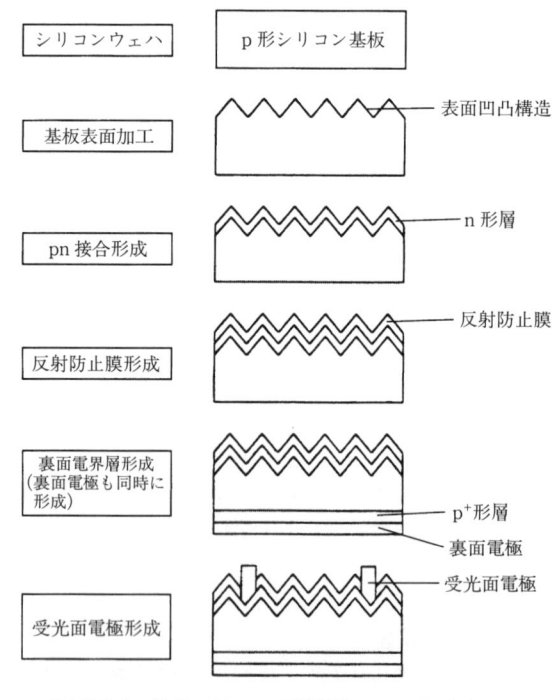

図4.3.6 結晶シリコン太陽電池のセル化プロセス

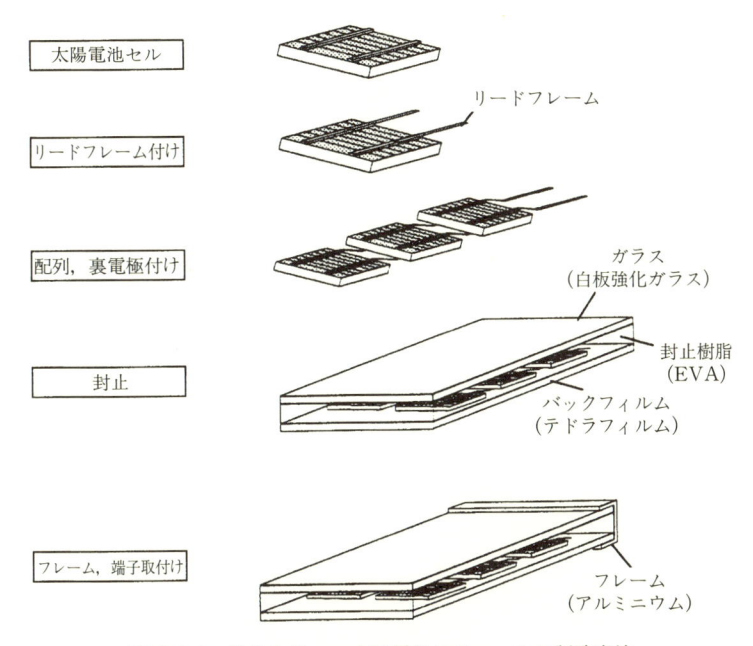

図 4.3.7 結晶シリコン太陽電池モジュールの製造方法

に，基板表面を化学エッチングしてピラミッド状のテクスチャを形成し，(2)次に $POCl_3$ を用いて基板表面にリンを拡散してn形化してpn接合を形成する，(3)さらに，TiO_2 層などの反射防止膜を形成し，(4)p形側にAlペーストをスクリーン印刷・焼成して裏面電界層と裏面電極を同時に形成する，(5)次にn形側にAgペーストをスクリーン印刷・焼成して受光面裏面を形成して，セルは完成する．モジュールの作製は，図4.3.7に示すように，(1)太陽電池セルにリードフレームを付け，(2)それを直列接続して，(3)強化ガラスにエチレンビニルアセテート樹脂(EVA)を用いてセルを挟み，裏面には耐湿性に優れたテドラフィルムをラミネートして封止し，(4)最後にアルミニウム製の枠を取り付けて完成する．

単結晶シリコン太陽電池の特長は変換効率が高いことである．そのためにさまざまなデバイス上の工夫が行われている．一つは，裏面に電界層を設けて裏面におけるキャリアの再結合を低減させるBSF (back surface field)構造である．また，光吸収層に吸収されずに裏面電極まで到達した禁制帯幅以下のエネルギーの光を，裏面で反射させるBSR (back surface Reflector)構造である．通常はこの光は裏面電極で吸収して熱エネルギーになり，素子の温度を上昇させ，太陽電池の変換効率を低下させる．また，図4.3.6に示したセルの製造工程で示したように，反射率の低減のためにテクスチャ構造や反射防止膜が用いられる．図4.3.8に単結晶シリコン太陽電池で約25%の変換効率を達成しているPERL太陽電池の構造を示す．この太陽電池では，

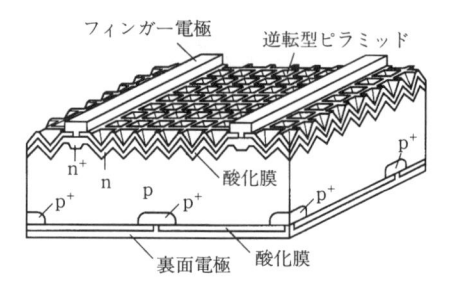

図 4.3.8 PERL (passivated emitter rear locally-diffused) 型太陽電池構造の概念図

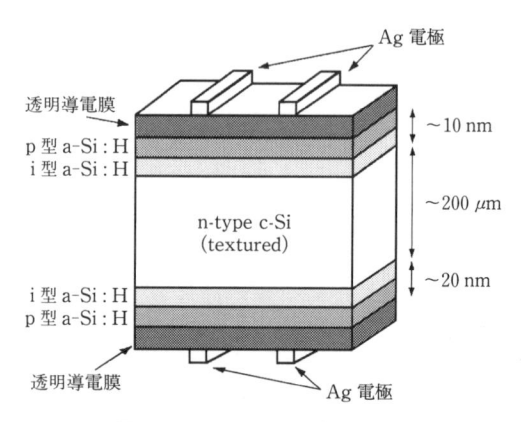

図 4.3.9 HIT 太陽電池の構造

バルクおよび表面・裏面の再結合による損失を極限まで低下させる構造である．

b. 結晶シリコンとアモルファスシリコンのヘテロ接合を用いる単結晶シリコン太陽電池

1990 年代に単結晶シリコン基板を用いる太陽電池の一種として，結晶シリコンとアモルファスシリコンのヘテロ接合を用いる太陽電池が開発された (HIT 太陽電池といわれる)．HIT 太陽電池は，図 4.3.9 に示すように n 形単結晶シリコンを基板に用いて，その両面にプラズマ CVD 法で i 形アモルファスシリコン層および p 形アモルファスシリコン層を形成した構造である．両面に透明導電膜と集電極を形成する．HIT 太陽電池は 200℃ 以下の低温プロセスで製造され，従来の拡散工程で pn 接合を形成する単結晶シリコン太陽電池の熱処理温度である 900℃ と比較して，かなり低い．このように HIT 太陽電池は両面均一構造で低温プロセスで製造されるため，熱処理によるシリコン基板のひずみが少なく，太陽電池の薄型化が容易である．また，HIT 太陽電池は変換効率が高く，温度上昇による変換効率の低下も小さい．デバイス構造上，両面発電が可能なことも特長である．現在市販されている太陽電池のなか

では，セル変換効率としては最も高い．

c. 多結晶シリコン太陽電池

結晶シリコン太陽電池の低コスト化のために，鋳造（キャスト）法で製造された多結晶シリコン基板を用いる太陽電池が1980年代から製造され始めた．多結晶シリコン基板は，図4.3.10に示すように，まず，るつぼに入れたシリコン原料を1400℃以上に加熱して融解後，冷却して多結晶シリコンインゴットを作製する．これを板状にスライスして太陽電池用基板を得る．太陽電池のデバイス構造は，基本的に単結晶シリコン太陽電池と同様である．

多結晶シリコン太陽電池の特長は，セル作製に最適な正方形の基板が容易に得

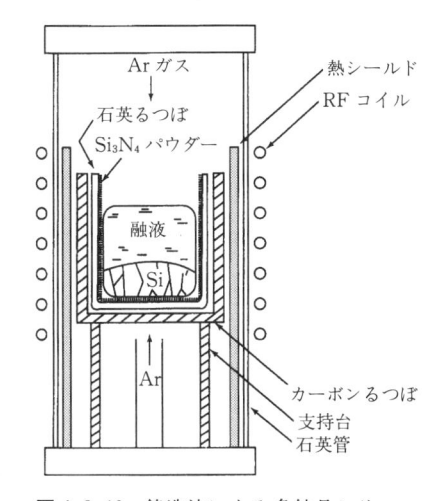

図4.3.10 鋳造法による多結晶シリコンインゴットの製造

られ，モジュールを作製する際の面積利用率が高いことである．また，単結晶シリコンの場合に比較して低コストのシリコンを原料として利用できる，インゴットの大型化が容易で連続製造の可能性もある，インゴットの作製が単結晶に比較して容易である，などがあげられる．これに対して，課題として，結晶粒が一定の方向に配向していないので，化学エッチングによるテクスチャ構造の形成が困難である，単結晶と異なり結晶粒界が存在し，結晶内の欠陥密度も単結晶と比較して大きいなどがある．そのため，多結晶シリコン太陽電池の変換効率は単結晶シリコン太陽電池と比較すると少し低い．それらの課題を克服する多結晶シリコン太陽電池独自の取り組みとして，SiN層による粒界のパッシベーションや反応性イオンエッチング（RIE）法によるテクスチャーの形成がある．

d. アモルファスシリコン太陽電池

アモルファスシリコンは結晶シリコンに比較して可視光領域の光吸収係数が1桁以上大きい．そのため，光吸収層は薄くすることができ，通常の太陽電池では $0.4\,\mu m$ 程度が用いられる．また，禁制帯幅は結晶シリコンに比較して大きく，$1.75\,eV$ 程度であり，水素の含有量によって，制御可能である．しかし，当初はアモルファスシリコンにはダングリングボンドがあるためpn接合の作製は難しいと考えられていた．しかし，1975年になって SiH_4 をグロー放電によって分解・析出させたアモルファスシリコンではダングリングボンドがH原子と結合して他の原子をとらえる作用がなくなり，太陽電池用素材として使えることが見いだされた．アモルファスシリコン太陽電池の通常のデバイス構造は，図4.3.11に示すようなスーパーストレイト型で，pin形の接合構造が用いられる．アモルファスシリコン太陽電池は原料にモノシラン

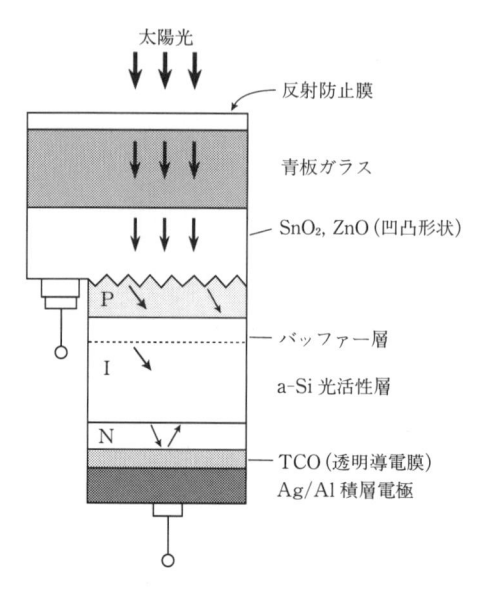

図 4.3.11　アモルファスシリコン太陽電池の構造

ガスを用いるプラズマ CVD 法で製造される．200℃程度の低温プロセスで製造でき，基板としてはガラスだけではなく，ステンレスやプラスチックフィルムも用いられる．

　市販されているアモルファスシリコン太陽電池の変換効率は約 8% と，結晶シリコン太陽電池と比較して少し低く，光照射により変換効率が低下する光劣化の問題も解決されていない．しかし，アモルファスシリコン太陽電池は温度上昇に伴う変換効率の低下が小さく，高温に加熱されることで光劣化が回復することもあり，低コスト太陽電池や透光性をもつシースルー太陽電池などとして用いられている．

e. 微結晶シリコン太陽電池

　微結晶シリコンといわれているのは，モノシラン（SiH_4）と水素混合ガスのプラズマ CVD 法で形成した数十 nm の大きさの結晶シリコン相とアモルファス相の混合物である．微結晶シリコンは，同様のプロセス技術で製造されるアモルファスシリコンに比べて，禁制帯幅が小さいため太陽光を吸収する波長領域が広く，光劣化のない光安定性に優れた太陽電池材料である．微結晶シリコンの太陽電池への応用は比較的新しく，1994 年のスイスのヌシャテル大が最初である．その後，世界的に精力的な研究が行われ，2001 年には日本企業がアモルファスシリコン/微結晶シリコン積層型太陽電池の製造を開始した．

　微結晶シリコン太陽電池はアモルファスシリコン太陽電池と同様に光吸収層（i 層）をp 形およびn 形半導体層で挟んだ pin 接合を基本構造としている．基板から入射

4.3 太陽電池

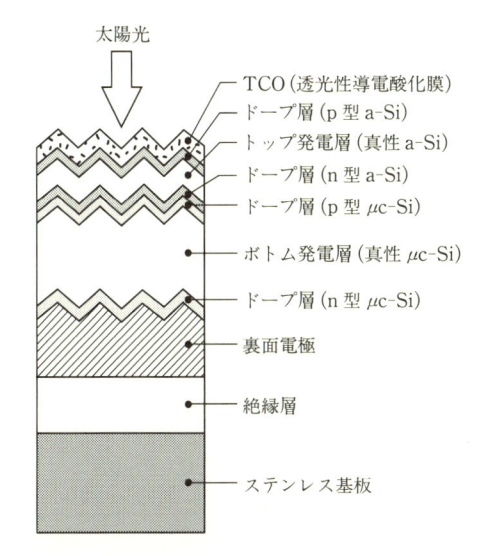

```
太陽光
↓
              TCO（透光性導電酸化膜）
              ドープ層（p型 a-Si）
              トップ発電層（真性 a-Si）
              ドープ層（n型 a-Si）
              ドープ層（p型 μc-Si）
              ボトム発電層（真性 μc-Si）
              ドープ層（n型 μc-Si）
              裏面電極
              絶縁層
              ステンレス基板
```

図 4.3.12 ステンレス基板を用いたアモルファスシリコン/微結晶シリコン積層型太陽電池の構造

する太陽光は透明電極の表面凹凸により散乱され，太陽電池内に閉じ込められるよう工夫されている．しかし，微結晶シリコンはアモルファスシリコンに比較して可視光の光吸収係数は小さいので，十分に太陽光を吸収するためには少なくとも $2\,\mu m$ 以上の膜厚を必要とする．そのため，低コストの微結晶シリコン太陽電池を実現するためには，微結晶シリコン薄膜の高速製膜が求められる．図 4.3.12 にアモルファスシリコン/微結晶シリコン積層型太陽電池のデバイス構造の例を示す．この太陽電池ではステンレス基板が用いられている．絶縁層を挟んで，微結晶シリコン太陽電池とアモルファスシリコン太陽電池が形成され，通常のアモルファスシリコン太陽電池と異なりサブストレイト型である．入射した太陽光は，トップ層のアモルファスシリコン層に吸収され，次にアモルファスシリコン層で吸収されなかった長波長の光がボトム層の微結晶シリコン層で吸収される．このような積層型太陽電池はハイブリッド型といわれる．市販されているハイブリッド太陽電池モジュールで10%以上の安定化後の変換効率が達成されている．

4.3.7 化合物太陽電池

図 4.3.5 に示した太陽電池に用いられるおもな半導体の光吸収係数の光子のエネルギー依存性から，直接遷移型半導体である GaAs，CdTe，$CuInSe_2$(CIS) などは間接遷移型の Si に比較して1桁以上も光吸収係数が大きく，薄膜太陽電池材料として優れていることがわかる．一般的にこれらの化合物を用いた薄膜太陽電池は光電変換

効率が高く，しかも材料的にも安定であることから太陽電池特性が長期間の使用に対して安定であることが知られている．

a. III-V 族太陽電池

III-V 族太陽電池では通常 GaAs や Ge などの単結晶基板が用いられ，その上に III-V 族半導体を MOCVD 法や MBE 法でエピタキシャル成長させる．III-V 族太陽電池では各種 III-V 族化合物の固溶体を用いる事で光吸収層のバンドギャップを広い範囲にわたって変化させることができる．さらに，高効率を目指してバンドギャップの異なる2種以上の化合物半導体を用いる多接合(タンデム)太陽電池を作製することができる．最近では，(In, Ga)P/(In, Ga)As/Ge 系 3 接合セルで 30% 以上の変換効率が達成され，さらに (In, Ga)P[$Eg=1.85\,eV$]/GaAs[$Eg=1.4\,eV$]/(In, Ga)(As, N)[$Eg=1\,eV$]/Ge[$Eg=0.67\,eV$] 系 4 接合セルで 40% 以上の変換効率を目指した取組も行われ始めた．III-V 族太陽電池は太陽電池のなかで最も変換効率が高く，耐放射線性に優れているので，人工衛星などに搭載される宇宙用太陽電池として用いられている．

b. CdTe 太陽電池

CdTe はバンドギャップが約 $1.5\,eV$ で太陽電池の光吸収層として適した材料の一つである．CdTe 太陽電池は，図 4.3.13 に示すガラス基板/透明導電膜/CdS/CdTe/裏面電極からなるスーパーストレイト型構造である．透明導電膜には通常 SnO_2 が用いられる．CdS 層は n 形窓層であり蒸着法や有機金属化合物を原料とする化学堆積 (CVD) 法で作製される．CdTe は蒸着，電着，近接昇華 (CSS) 法などで作製されてきたが，最近の高効率太陽電池ではほとんど CSS 法が用いられている．高効率

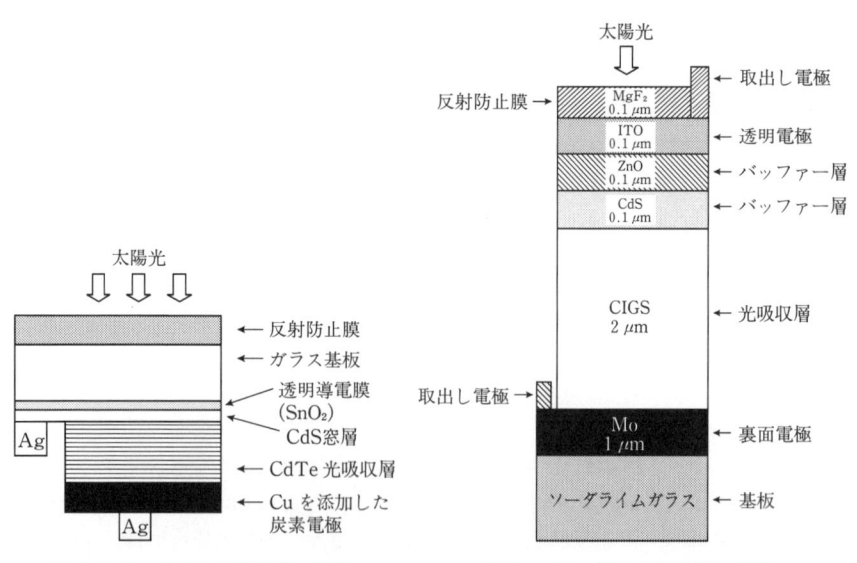

図 4.3.13 CdTe 太陽電池の構造

図 4.3.14 CIS 太陽電池の構造

CdTe 太陽電池を作製するには適当な段階で $CdCl_2$ 処理を行う必要がある．この $CdCl_2$ 処理で CdTe の再結晶を行い，CdTe の結晶粒径を増大させ結晶品質を向上させる．この $CdCl_2$ 処理で CdTe 太陽電池の変換効率は大きく向上する．CdTe 太陽電池は小面積セルで 16.6％，大面積モジュールで 10％前後の変換効率が得られ，欧米の企業が電力用太陽電池として製造している．日本においても 1980 年代中旬から海外にさきがけて電卓用の太陽電池として塗布焼結プロセスを用いて量産化したが，21 世紀に入って Cd などの環境問題のために CdTe 系の電力用太陽電池の開発は中止され，電卓用の太陽電池も製造を停止した．

c. CIS 太陽電池

$CuInSe_2$ (CIS) はバンドギャップが約 1eV であり，太陽電池用の半導体としては少し小さい．そのため高効率太陽電池には $CuGaSe_2$ (Eg＝1.6 eV) との固溶体である $Cu(In, Ga)Se_2$ (CIGS) が用いられる．CIS 太陽電池は図 4.3.14 に示すように，透明導電膜/ZnO/CdS/CIGS/Mo (裏面電極)/ガラス基板からなるサブストレイト型構造である．ガラス基板としては青板ガラス用が用いられ，その上に Mo 裏面電極がスパッタ法で形成される．

高効率太陽電池に用いられる CIGS 膜は 2 種類のプロセスで形成される．一つは，Cu/In (Ga) 金属積層膜をスパッタ法で形成し，その積層膜を H_2Se ガスと反応させて CIGS 膜を得る"セレン化法"である．もう一つは単体元素の Cu, In, Ga, Se を個別に蒸着する蒸着法である．しかし，それぞれの元素を均一に蒸着したのでは高効率太陽電池に用いる CIGS 膜は得られない．高効率太陽電池を作製するためには，まず，(1) 低温で $(In, Ga)_2Se_3$ を堆積し，(2) Cu と Se を堆積して Cu 過剰組成の $Cu(In, Ga)Se_2$ 膜にし，(3) 再び In, Ga, Se を蒸着して最終的な膜組成を少し (In, Ga) 過剰の $Cu(In, Ga)Se_2$ 膜にする．この"3 段階法"では蒸着源の切替のタイミングが重要である．そのため，成長している組成をモニターする各種方法が開発されている．

CdS バッファー層は化学析出 (CBD) 法で，ZnO および透明導電膜はおもにスパッタ法で形成される．従来はバッファー層として CBD 法で形成した CdS 膜を用いないと高効率太陽電池が得られなかった．しかし，最近 CBD プロセスでの CdS 膜の形成過程の詳細が明らかにされたことから，CdS 窓層を ZnO 系化合物層で代替した環境配慮型の CIGS 太陽電池も開発されている．CIGS 太陽電池は小面積で約 20％，大面積モジュールで 12％前後の変換効率が達成されている．CIS 太陽電池は 1998 年から米国で製造がはじまり，現在，米国および欧州の企業が数社製造を行っている．また，日本企業も大量生産に向けて準備を進めている．

4.3.8 その他の太陽電池

a. 色素増感太陽電池

色素増感太陽電池は湿式太陽電池の一種である．単純な湿式太陽電池は二つの電極が電解液に浸された構造である．半導体電極 (負極) に光が照射されると価電子帯に

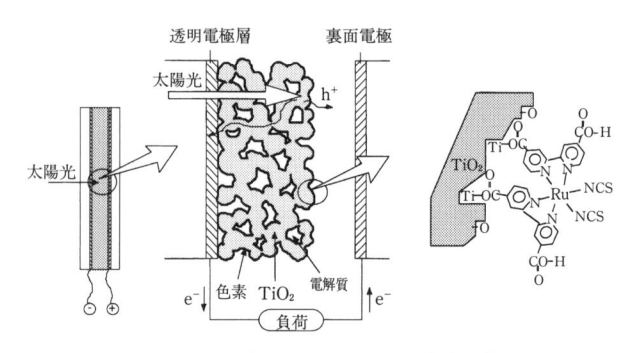

図 4.3.15 グレッツェルセルの構造模式図

正孔を残して電子は伝導帯に励起される．価電子帯の正孔は半導体電極表面の電解質を酸化し，酸化された電解質はもう一方の電極（正極）まで拡散する．伝導帯に励起された電子は外部回路で仕事をしてもう一方の電極（正極）に達し，そこで負極から拡散してきた酸化された電解質を還元し，もとの状態に戻す．このように湿式太陽電池では，価電子帯の正孔で溶液中の電解質を酸化することにより正孔と電子の分離を行う．

電解液中で安定な電極材料として，金属酸化物半導体（負極）と白金あるいは炭素（正極）の組合せが考えられる．電解液中で安定な酸化物半導体は，一般に禁制帯幅が大きく可視光を吸収しない．そこで，色素に可視光を吸収させて電子を励起し，その電子を半導体の伝導帯に注入するという考え方が提案された．これが色素増感太陽電池である．1991年にスイスのローザンヌ工科大学のグレッツェルらは，二酸化チタンのナノ粒子を焼結させた多孔質にRu錯体色素を担持した色素増感太陽電池（グレッツェルセル）を発表した．グレッツェルセルの構造模式図を図4.3.15に示す．グレッツェルセルでは基板の単位面積に対する多孔質膜内部の実表面積の割合が1000を越す広い実効表面積の酸化チタン膜表面に増感色素として光吸収域が広いルテニウム錯体を非常に薄く担持させている．

グレッツェルセルは，原材料が酸化チタン，色素，ヨウ素などで資源的な制約が少ないこと，製造プロセスに高真空や高温を用いる必要がなく省エネルギーであるなどの特長をもつ．そのため，欧州を中心に活発な研究開発が行われ，日本における追試実験においても10%以上の変換効率が実証されている．実用化に向けて，安定化や耐久性確保のために酸化チタン以外の酸化物電極やセルの固体化に関する検討が行われている．

b. 有機薄膜太陽電池

軽量・フレキシブル・大面積化が可能な有機・高分子系材料を用いた太陽電池が注目を浴びている．光合成で知られているように，有機色素が1個の光子を吸収した場合に光キャリアを放出する割合（内部量子効率）は，100%に近い．しかしながら，有

4.3 太陽電池

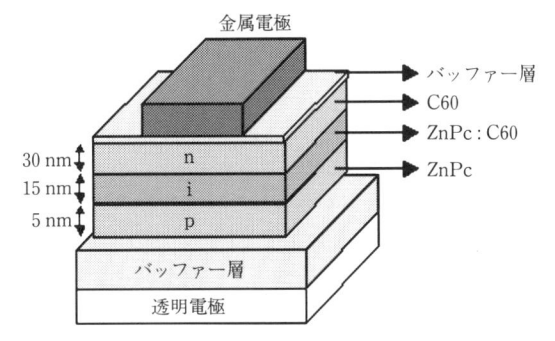

図 4.3.16 n型フラーレン(C60)とp型亜鉛フタロシアニン(ZnPc)にからなる接合界面にZnPcとC60を混合したi層を導入したpin接合型有機薄膜太陽電池

機薄膜太陽電池は，有機半導体で形成されるpn接合の光電変換層の厚みが数nm程度しかないため，従来型の単純積層型太陽電池では光の利用効率が悪く，大きな光電流を取り出すことができなかった．

最近，日本の産業技術総合研究所(産総研)は真空蒸着法で形成したn形有機半導体：フラーレン(C60)とp形有機半導体：亜鉛フタロシアニン(ZnPc)からなるpn接合界面にZnPcとC60を混合したi層を導入したpin接合形有機薄膜太陽電池で4%の変換効率を報告した．そのデバイス構造を図4.3.16に示す．i層は，共蒸着法により体積比で[ZnPc]：[C60]＝1：1となるように制御している．有機半導体層の各層の膜厚は，p層：5 nm，i層：15 nm，n層：30 nmのトータル50 nmである．また，各電極と有機半導体層界面には，コンタクトを良好にするための有機バッファー層を設けている．産総研では有機半導体が分子レベルで3次元的なセミpn接合を形成し，光電変換層が拡大できたと考えている．有機半導体層の全膜厚が50 nmと非常に薄く，今後のプラスチックフィルム太陽電池の開発が期待される．

〔和田隆博〕

文　献

1) 高橋　清：半導体工学 — 半導体物性の基礎 —(森北電気工学シリーズ)，第2版，森北出版(1993)
2) 浜川圭弘・桑野幸徳編著：太陽エネルギー工学 — 太陽電池 —(アドバンストエレクトロニクスシリーズ)，培風館(1999)
3) 濱川圭弘編著：最新・太陽光発電とそのシステム，シーエムシー(2000)
4) 小長井　誠・太陽光発電技術研究組合編著：薄膜太陽電池の基礎と応用 — 環境にやさしい太陽光発電の新しい展開 —，オーム社(2001)
5) その他，個別には記載しないが太陽電池を製造している企業，光技術産業技術振興協会等の財団，(独)産業技術総合研究所等のホームページやそれらの機関から発行している技術報告を参考にさせていただいた．

4.4 撮像デバイス

4.4.1 撮像デバイス概論

撮像デバイスには，撮像管と固体撮像デバイスがある．テレビジョンの創世期に活躍した撮像管は，現在では，HARP撮像管[1]と呼ばれるアバランシェ増倍を用いた撮像管が，超高感度放送用カメラとして活用されているのみで，現在の撮像デバイスのほとんどは，放送用カメラから産業用・民生用に至るまで固体撮像デバイスである．以下では，固体撮像デバイス(1次元アレイのリニアセンサと，2次元アレイのエリアセンサがあるが，ここではエリアセンサを対象とする)について解説する．

固体撮像デバイスとして，これまで数多くの方式が提案されている．それらを信号の読み出し機構によって分ければ，大きくは，CCD (charge coupled device；電荷結合素子) イメージセンサとXYアドレス式イメージセンサに分類することができる．また，XYアドレス式イメージセンサには，受動型画素と能動型画素がある．

固体撮像デバイスにおいて，光の入射からセンサの出力での信号取り出しまでの流れは，図4.4.1に示すいずれかによっている．CCDイメージセンサは，図4.4.1(a)の流れに従っている．受光素子により，光で発生した電子正孔対のうちの電子を受光素子に寄生する容量によって蓄積し，これを垂直方向と水平方向のCCDにより出力まで転送する．出力には電荷を検出する微小用量 C_s があり，電圧に変換されて，バッファアンプ(一般には2段構成のソースフォロワ)を介して出力される．CCDによりほぼ100%の効率で最終出力まで転送できるので，途中の過程でノイズが混入することがなく，低雑音な読み出しができる．

XYアドレス方式で最初に実用化されたのは受動画素型であり，これは図4.4.1(b)の流れに従っている[2]．微弱な信号電荷を大きな寄生容量をもつ信号線に直接流すため，電荷検出時に大きなノイズが発生する．CCDの記述が成熟していなかった1980年代には，CCDイメージセンサと熾烈な開発競争を繰り広げたが，埋め込みフォトダイオードの開発[3]などにより，CCDイメージセンサの性能(高感度化と低雑音化)が飛躍的に向上し，一時期CCDイメージセンサが市場を独占する状況が続いた．

1990年代になるとXYアドレス方式で能動画素型のイメージセンサが注目されるようになった．これは，集積回路技術がCMOS (complementary metal oxide semi-conductor) によって指数関数的な進歩を続けていることを背景として，製造技術としてCMOS工程をベースにすることで，イメージセンサにおいてもCMOS技術のもつ優れた性質を享受できるという考えに基づくもので，一般にはCMOSイメージセンサと呼ばれている[4]．現在，主流となっているCMOSイメージセンサの動作は，図4.4.1(c)の流れに従っている．画素内で1段の電荷転送を行う機構を設けることで，CCDイメージセンサと同等またはそれ以上の感度と低雑音性能を得ている．

4.4 撮像デバイス

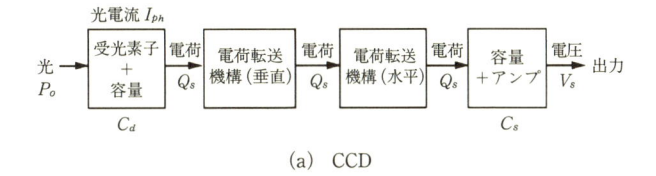

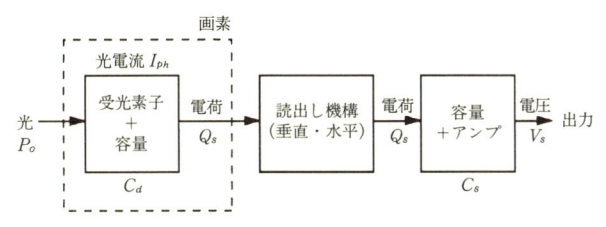

(a) CCD

光 P_o → [受光素子 + 容量] C_d —電荷 Q_s→ [電荷転送機構(垂直)] —電荷 Q_s→ [電荷転送機構(水平)] —電荷 Q_s→ [容量 + アンプ] C_s —電圧 V_s→ 出力

光電流 I_{ph}

(b) XYアドレス，受動画素

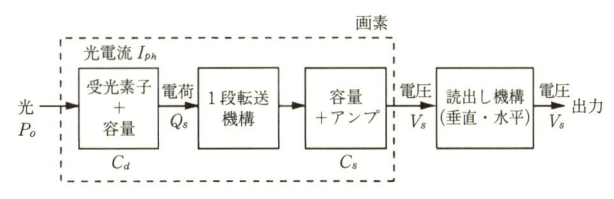

光 P_o → 画素 [受光素子 + 容量] C_d （光電流 I_{ph}） —電荷 Q_s→ [読出し機構(垂直・水平)] —電荷 Q_s→ [容量 + アンプ] C_s —電圧 V_s→ 出力

(c) XYアドレス，能動画素（電荷転送あり）

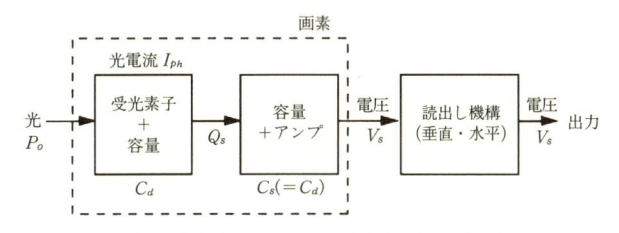

光 P_o → 画素 [受光素子 + 容量 (C_d)（光電流 I_{ph}） —電荷 Q_s→ 1段転送機構 → 容量+アンプ (C_s)] —電圧 V_s→ [読出し機構(垂直・水平)] —電圧 V_s→ 出力

(d) XYアドレス，能動画素（電荷転送なし）

光 P_o → 画素 [受光素子 + 容量 (C_d)（光電流 I_{ph}） —Q_s→ 容量+アンプ $C_s(=C_d)$] —電圧 V_s→ [読出し機構(垂直・水平)] —電圧 V_s→ 出力

図 4.4.1 撮像デバイスにおける信号検出の流れ

なお，低雑音性能を重視しない応用では，図 4.4.1(d) に示すように，フォトダイオードの寄生容量自身で電荷の蓄積と電圧変圧を行い，簡単な構造で実現できる CMOS イメージセンサもある．なお，能動画素は，フォトダイオードに蓄積された微弱な信号の代わりに画素に内蔵したトランジスタの出力電流によって読み出すことによって電流増幅を行っていると考えることができ，増幅型画素と解釈することもできる．これまでイメージセンサの高感度化を目的として，数多くの増幅型画素デバイス (CMD, FGA, BASIS, VMIS など) が開発されている[5~8]．

イメージセンサでどこまで暗くても撮像できるかは，信号とノイズの比 (S/N) で

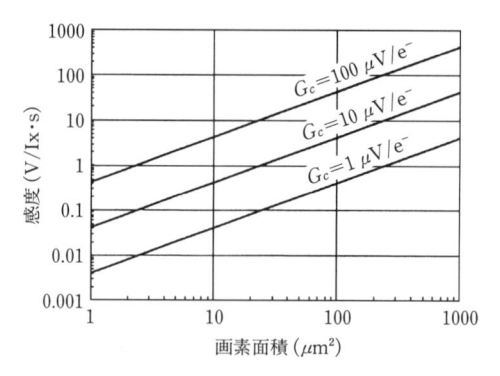

図 4.4.2 イメージセンサの感度（$\eta=1$, $FF=1$, $G_a=1$, 波長 = 555 nm の単色光）

きまる．撮像面での照度に対し，最終的にセンサの出力から電圧として取り出される信号で表したときの感度 S (V/lx-s) は，次式によって表される．

$$S=\frac{V_S}{E_v \times T_a}=K \times G_c \times \eta \times A \times FF \times G_a \qquad (4.4.1)$$

ここで，$G_c=q/C_s$ (μV/e$^-$) は変換利得，T_a は露光時間，η はフォトダイオードの量子効率，A (μm^2) は画素面積，FF (fill factor) は開口率 (画素面積に対する受光面積の比)，G_a はアンプの利得，K は光の波長と人間の眼の視感度で決まる定数である．たとえば，最大視感度をもつ波長 555 nm の単色光では，$K=0.0041$ (1/lx·s·μm^2) である．

図 4.4.2 に，画素面積と変換利得に対する撮像面での感度の関係を示す．$\eta=1$, $FF=1$, $G_a=1$, 波長 = 555 nm の単色光での理想的な場合を示している．なお，白色光の場合，そのスペクトルがわからないと正確な計算はできないが，等エネルギースペクトルに近ければ，およそこの 3 倍と考えてよい．

イメージセンサにレンズを介して結像される際，物体に照射されている光の一部のみがレンズに入射するため，物体面上の照度 (E_o) に対して撮像面上の照度 (E_f) はずっと低くなる．その比は，次式で与えられる．

$$\frac{E_f}{E_o}=\frac{RT_L}{4F_N{}^2(1+m)^2} \qquad (4.4.2)$$

ここで，F_N はレンズの F ナンバー（レンズの口径 D と焦点距離 f の比）$F_N=f/D$，R は物体の反射率，T_L はレンズの透過率，m は倍率である．実際の R, T_L, F_N で考えると，E_f は，E_o の数十分の 1 から 1/100 程度になる．物体面が，たとえば，1000 lx（明るめの室内）とすると，撮像面では，数十 lx である．イメージセンサの感度が 3 V/lx·s であるとすると，毎秒 30 コマで動画撮影をして，撮像面照度 10 lx で，1 V の出力が得られる．

イメージセンサのノイズには，信号に依存しないノイズ部分と，信号に依存する光

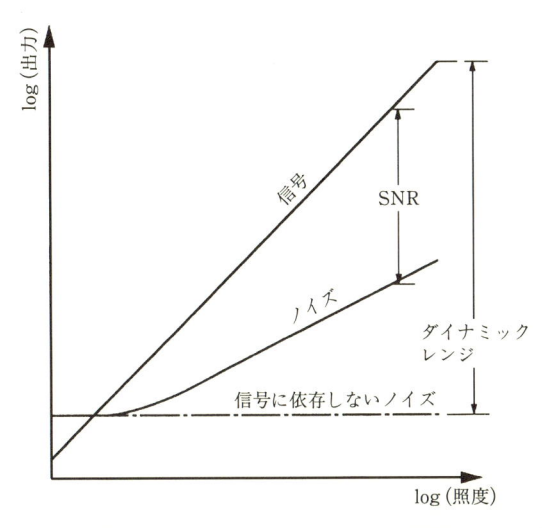

図 4.4.3 ダイナミックレンジと SNR

子ショットノイズがある．光子ショットノイズは，光子の単位時間当たりの到来数がポアソン分布に従うことから，そのノイズ(等価ノイズ電子数)が，蓄積される信号電子数の平方根に等しいという性質がある．二つのノイズ成分を合わせたノイズと信号を撮像面の照度に対して対数プロットすると，図 4.4.3 のような特性が得られる．ある信号レベルにおいて，信号レベルとその中に含まれるノイズレベルとの比を信号対ノイズ比(SNR)と呼んでいる．また，信号出力の飽和レベルと，信号対ノイズ比(SNR)が1になるレベルの比をダイナミックレンジと呼ぶ．これが広いほど，より明暗差の大きいシーンの撮像が行える．SNR は，十分に信号が大きい領域では光子ショットノイズによりノイズが支配される．上述の性質から，その領域では，SNR (dB) は，次式で表される．

$$\mathrm{SNR} = 10 \log_{10} N_s \,(\mathrm{dB}) \tag{4.4.3}$$

つまり，SNR は信号電子数だけで決まり，最大の SNR は，イメージセンサの飽和信号電子数によって定まる．たとえば，飽和信号電子数が2万個であれば，最大のSNR は 43 dB となる．このようにイメージセンサでは，信号を電子数で考えたほうがその性質を理解しやすいため，ノイズについても等価な電子数に換算して表されることが多い．たとえば，暗時のノイズ電子数が 10 個であれば，飽和信号電子数2万個に対するダイナミックレンジは 66 dB である．

4.4.2 CCD イメージセンサ

CCD イメージセンサは，1969 年に，Boyle と Smith によって CCD の基本構造が発明されて以来，30 年以上の歴史をもつ[9]．その基本原理や CCD イメージセンサの

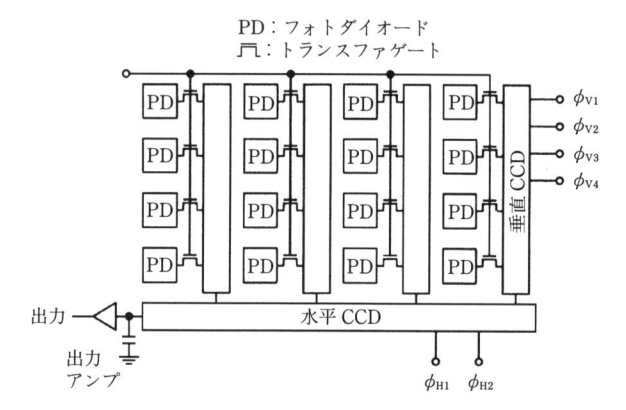

図 4.4.4 インターライン転送型 CCD イメージセンサ

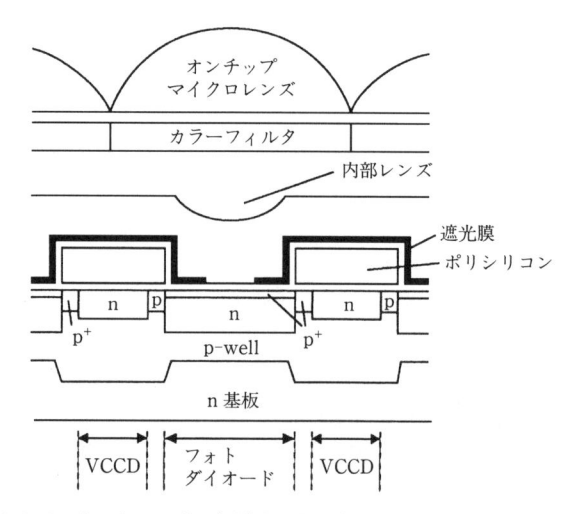

図 4.4.5 インターライン転送型 CCD イメージセンサの画素構造

動作原理については，多くの良書に書かれているため[10,11]，ここでは，高解像度化・高感度化・超高感度化・超高速化の新しい動向について解説する．

図 4.4.4 に，インターライン転送型の CCD イメージセンサのブロック図を示す．

その1画素の断面構造の例を図 4.4.5 に示す．表面には，マイクロレンズがあり，表面から入射した光は，表面のマイクロレンズ，カラーフィルタ，内部レンズを経由して，フォトダイオードの開口部に入射する．フォトダイオードの表面は，暗電流の発生を抑えるため，p^+ 層で覆われ，ホールを界面に蓄積した状態で埋め込まれた n 層中に信号電子を蓄積する[3]．強い光入射に対して，蓄積された電子が CCD にあふれ出さないように，オーバーフロー電荷は n 基板に捨てられるようにしている．こ

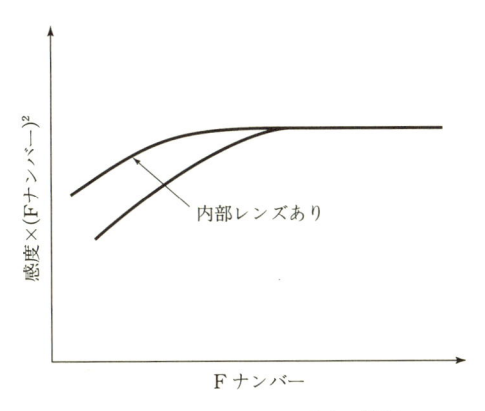

図 4.4.6 Fナンバーと感度の関係

のような構造は，縦型オーバーフロードレインと呼ばれる[12]．信号読み出しは，ポリシリコンの転送ゲートによって垂直CCDに信号電荷が一つ残らず転送される（完全転送）ように，構造の最適化がなされる．つまり，転送ゲートに高い電圧を与えて読み出した際，フォトダイオードのn層のすべての領域が空乏化するようにする．信号電荷が完全に転送されず，フォトダイオードに電荷が残留すると，残像を生じるとともに，その残留量は，熱的なゆらぎによってランダムな値となり，これが次のフレームで読み出されるため，ノイズとなって影響する．この電荷の完全転送の技術によって，CCDのフォトダイオード部で発生するノイズは，きわめて小さい値にコントロールされている．

CCDでは，光がCCD部に漏れ込むことによって生じるスミアが画質の劣化を招くが，これを抑えるため，開口部以外を遮光し，開口部をできるだけ小さくしたい．しかし，その結果，レンズの絞りを開いて（Fナンバーを小さくする）使用する場合，表面のマイクロレンズに対して斜めに入射する成分が増え，そのような斜め入射の光に対して表面のマイクロレンズだけでは，開口部に集光できなくなる．その結果，図4.4.6に示すように，Fナンバーを小さくしたときのセンサの感度が低下する．レンズの明るさも含めたセンサの感度は，理想的には，Fナンバーの2乗に反比例するため，図4.4.6の縦軸は，感度にFナンバーの2乗を乗じた値を示している．斜め入射光に対しても，十分に集光されるよう，カラーフィルタの下に内部レンズを設けている．

CCDイメージセンサのノイズは，最終の出力段のソースフォロワアンプが発生するノイズが支配的な要因となっている．したがって，なんらかの手段で信号電子数を増やすことができれば，アンプノイズの影響を軽減することができる．撮像面の前にイメージインテンシファイアによって，光電子増倍と光-電子-光の変換を介して明るい光学像を得る方法もあるが，光電子増倍をCCDの中で行うことによって，高感度

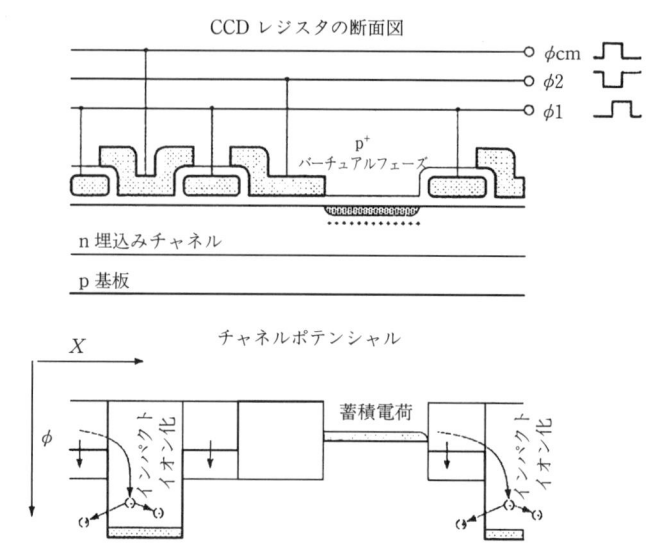

図 4.4.7 CCD 内でのインパクトイオン化による電子増倍の原理

化を図ったイメージセンサが開発されている[13]．これは，水平 CCD の出力を延長し，高電圧で駆動しながら転送することで，インパクトイオン化による増倍を生じさせるものである．

図 4.4.7 にその断面構造とポテンシャル概念図を示す．通常の伝送に必要な ϕ_1 と ϕ_2 ゲートと信号電荷を増倍する ϕ_{CM} ゲートで構成されている．図 4.4.7 において電荷伝送が右から左に向けて行われる際，ϕ_{CM} に高バイアス（15 V 程度）を印可して深いポテンシャルウェルを形成し，そこに信号電荷を送り込むことで，電子を加速してインパクトイオン化を生じさせる．このとき発生した電子正孔対の正孔は基板に流れ，電子のみがウェルに蓄積される．インパクトイオン化の発生確率は非常に低いため，数百段の転送を行うことで所望の増倍率を得ている．このような電子増倍を行うと過剰雑音が発生する．その大きさを示す過剰雑音係数 ENF（excess noise factor）は，次式で定義される．

$$F = \frac{1}{M^2} \frac{\sigma_{\text{out}}^2}{\sigma_{\text{in}}^2} \tag{4.4.4}$$

ここで，M は増倍率，σ_{in} は入力された信号のばらつき，σ_{out} は増倍後のばらつきである．一般に Si フォトダイオードでアバランシェ増倍を行う場合，増倍率を上げると ENF は，10 以上にもなることがある．ENF は，最初にイオン化を引き起こすキャリヤが電子の場合，電子によるイオン化係数と正孔によるイオン化係数の比が大きいほど，過剰ノイズは小さくなる．CCD 内での多段のインパクトイオン化による ENF として，2.2 という低い値が得られている．これは，CCD 内での多段インパク

4.4 撮像デバイス

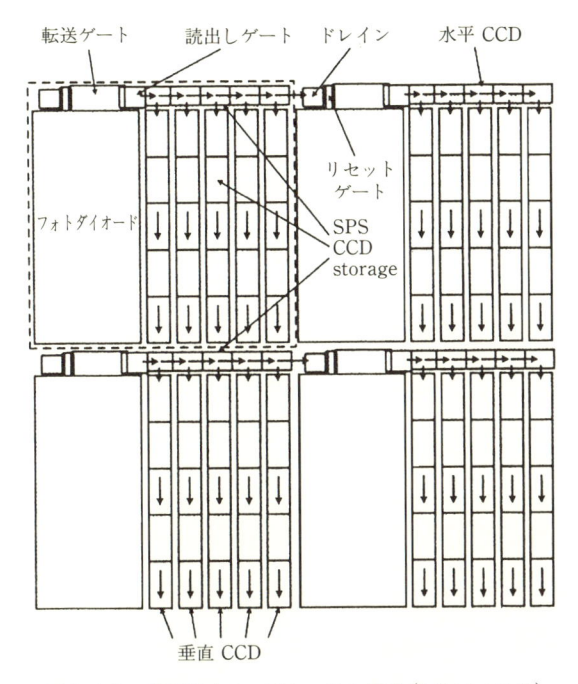

図 4.4.8 超高速イメージセンサの構造（2次元メモリ）

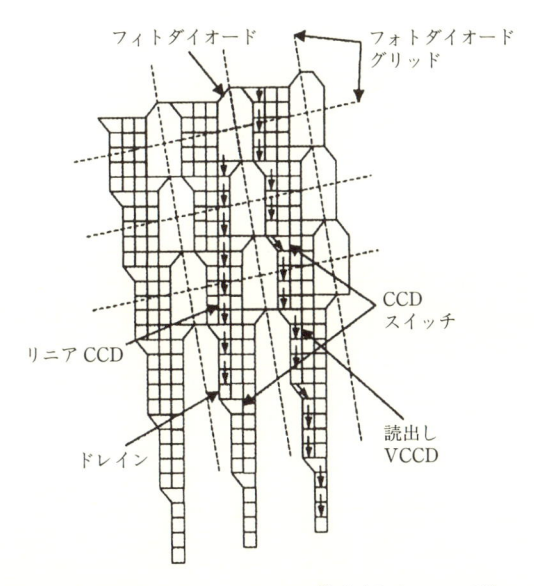

図 4.4.9 超高速イメージセンサの構造（ラインメモリ）

トイオン化の場合は，つねに電子によってイオン化が引き起こされることに起因していると考えられる．

CCDのメモリ機能を有効に活用することによって，きわめて高速の現象を撮像するイメージセンサが実現できる．その一つの方法は，図4.4.8に示すように，各フォトダイオードに対して，複数のフレームにわたる映像信号を垂直転送と水平転送により，CCDによる2次元メモリに蓄積できるようにしたものであり，もう一つは，各フォトダイオードに対して，図4.4.9に示すようにCCDによるラインメモリを接続した構造である[14]．図4.4.9の構造により，103枚までの連続した画像を記憶でき，100万frames/sまでの撮像が可能な高速度イメージセンサが開発されている．

4.4.3 CMOSイメージセンサ

CMOSイメージセンサは，信号読み出しの機構上は，XYアドレス方式の一種であり，その画素の構成として受動画素型も含めてもよいと考えられるが，一般には能動画素型を指していることが多い．能動画素を用いたCMOSイメージセンサの全体の構成を図4.4.10に示す．フォトダイオードで発生した信号電荷を寄生容量によって信号電圧に変換し，画素内のバッファアンプを介して，カラムに設けたノイズキャンセル回路に，行単位で読み出される．

比較のため，受動画素の回路構成を図4.4.11に示す．1個のフォトダイオードと読み出し用のトランジスタからなり，フォトダイオードで蓄積した電荷を直接垂直信号線に送り出す．微弱な信号電荷を，大きな容量をもつ垂直信号線に直接流すため，ランダムノイズが大きくなる．

能動型画素は，画素内になんらかの増幅手段をもち，信号を読み出す際のノイズの

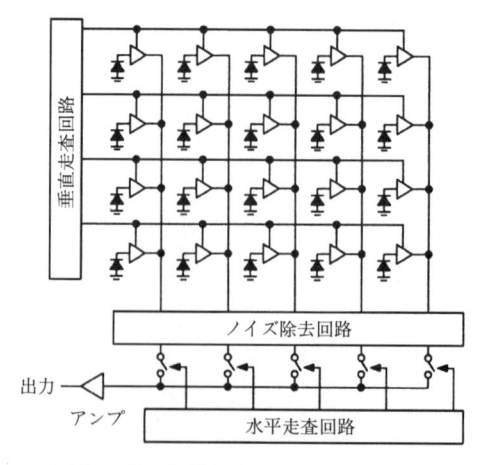

図4.4.10 CMOSイメージセンサの構成

影響を軽減するようにしたものである．これには，画素内で電荷転送を行う方式と，電荷転送は行わずフォトダイオードの電位を直接読み出す方式がある．図 4.4.12 は，後者の画素構造を断面図と回路を組み合わせて描いたものである．R を V_{DD} にして，リセットトランジスタをオン状態にし，浮遊拡散層 (floating diffusion: FD) 部の電位をリセット電位にする．このとき，FD をトランジスタのドレインに与える電位 $V_R < V_{DD} - V_T$ にする場合をハードリセット，V_R を V_{DD} に設定し，FD のリセット電圧を $V_{DD} - V_T$ (V_T は，リセットトランジスタのしきい値電圧) にする場合をソフトリセットと呼ぶ．FD をリセットしたときに，スイッチの熱ノイズが FD 部にサンプリングされることによってノイズが発生する．これはリセットノイズ，または，その二乗平均電荷としての雑音が kTC になることから kTC ノイズとも呼ばれる．ソフトリセットでは，リセットノイズ電圧がハードリセットに比べて $1/\sqrt{2}$ になる．

フォトダイオードでは，光の照射によって発生した電子を蓄積する．これにより FD 部の信号電圧は，

$$V_s = \frac{q}{C_s} \int_0^{T_a} n_s dt = G_c \int_0^{T_a} n_s \, dt \quad (4.4.5)$$

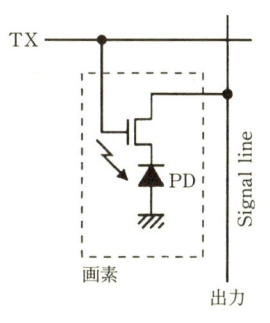

図 4.4.11 受動型画素回路

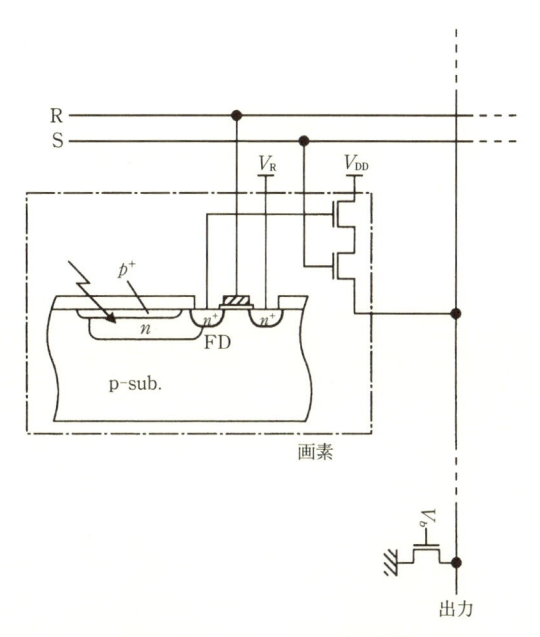

図 4.4.12 トランジスタ能動画素

となる．ここで，n_sは単位時間当たりに発生する電子数である．図4.4.12の構成では，感度を高くするために受光面積，つまりフォトダイオードの面積を大きくすると，フォトダイオードの寄生容量が大きくなり，それが直接C_sに影響するため，変換利得が小さくなり，結果として感度が上げにくい．また，フォトダイオードの空乏層が，半導体と酸化膜の界面に接触するため，暗電流が大きい．また，フレームメモリを用いた特別な処理を用いない限り，リセットノイズ(kTCノイズ)が除去できない．

CMOSイメージセンサにおいて，リセットノイズを除去でき，受光部の面積を大きくしても高い変換利得が得られる方式として，フォトゲートを用いる方式[4]と，フォトダイオードを転送トランジスタを介して分離し，画素内電荷転送を行う方式がある．前者は，ゲートの材料であるポリシリコンによる光の吸収(とくに短波長)がある点や，半導体の表面を用いて電荷の蓄積を行うため，暗電流が大きいという課題があり，高感度・低雑音のCMOSイメージセンサとしては後者が主流となっている．後者は，インターライン転送型CCDイメージセンサの画素部の構造として開発された．つなげる埋め込みフォトダイオード(buried photo diodeまたはpinned photo diode)の構造をとり，フォトダイオードで蓄積された電荷を浮遊拡散層に対して完全転送により検出を行うものである[15~19]．その構造を図4.4.13に示す．フォトダイオード部で蓄積された信号電荷は，浮遊拡散層に転送され，ソースフォロワアンプを

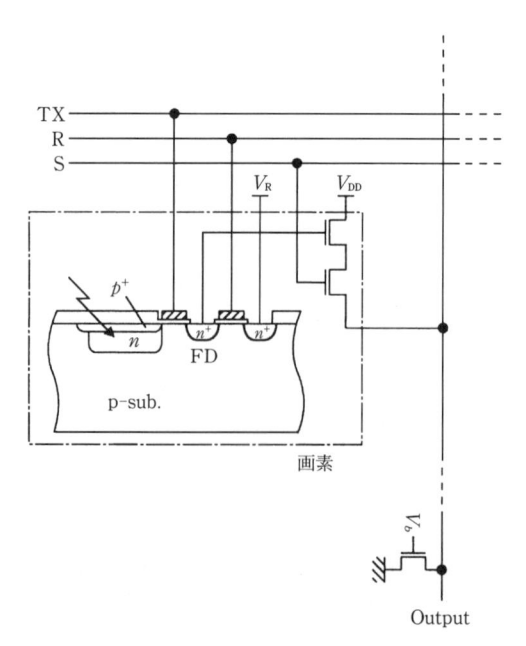

図4.4.13 埋め込みフォトダイオードを用いたCMOSイメージセンサの画素構造と回路

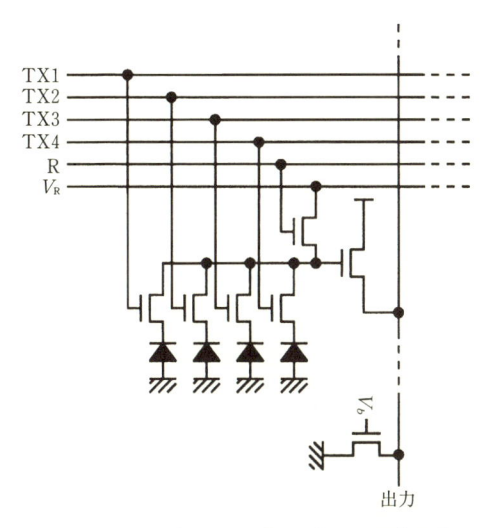

図 4.4.14 画素でアンプを共有した画素回路

介して出力される．フォトダイオードの表面に基板と同極性の p 形領域（ホール蓄積層）を形成することで暗電流が大きく低減できる．また，制御信号 TX によって，転送ゲートを開いたときにフォトダイオード部が完全空乏化するように構造の最適化を図ることで，フォトダイオード部で発生するリセットノイズを原理上なくすことができる．電荷の転送が不完全であると残像が発生するが，完全転送により残像は生じない．また，フォトダイオードと電荷検出部が分離されているため，n^+ 拡散層と読み出し用トランジスタのゲート容量の一部のみによる微小なものとすることができ，大きな変換利得が得られる．このとき変換利得は，フォトダイオードの面積と無関係であり，フォトダイオードの面積を増やすことで直接的に感度を向上させることができる．

このような高感度 CMOS イメージセンサでは，画素内に四つのトランジスタが必要となるため，高解像度化において，CCD イメージセンサに対して不利である．そこで，複数画素でアンプを共有することと，選択トランジスタを削減することで，1 画素当たりのトランジスタ数を少なくする技術が開発されている[20~22]．図 4.4.14 は，その画素回路の構成を示しており，この場合，1 画素当たり 1.5 トランジスタで構成されている．選択トランジスタは削減され，画素内アンプのリセットトランジスタのリセット電圧を制御し，浮遊拡散層の電位が読み出し時以外は低い電圧に保たれてアンプトランジスタがカットオフする条件で動作させることで，画素選択トランジスタの役目を兼ねている．アンプ共有の技術を用いることで，埋め込みフォトダイオードを用いた能動画素方式の CMOS イメージセンサの画素ピッチは，高解像度の CCD イメージセンサと同程度まで縮小することができる．

CMOS イメージセンサでは，カラムにおいて，画素部のノイズをキャンセルする回路が用いられる．カラムにおいて用いられるノイズキャンセル回路の例を，図 4.4.15, 図 4.4.16 に示す．イメージセンサのノイズには，画像上ノイズパターンが時間的に変化しない固定パターンノイズと，時間的に変化するランダムノイズがある．CMOS イメージセンサでは，画素ごとにアンプをもつため，その特性ばらつき (とくに，トランジスタのしきい値電圧ばらつき) によって，固定パターンノイズが発生しやすいが，イメージセンサのカラムに設けた回路で除去処理がなされ，現在では問題のないレベルに抑えられている．画素内で電荷転送を行う図 4.4.13 のような画素デバイスでは，カラムにおいて，リセットノイズのキャンセルもなされ，低ノイズの CMOS イメージセンサが実現されている．図 4.4.15(a) の回路に対するノイズキャンセル動作と垂直・水平方向の読み出しのタイミングを図 4.4.15(b) に示す．選択された行の画素における R を High にして，画素部の FD 部をリセットしたときのレベル画素内のトランジスタと負荷電流源によりソースフォロワ回路を形成して読み出し，これを容量 C_c に記憶する．このとき ϕ_c を High にして，C_c の一端をクランプレベル V_{clamp} にしておく．ϕ_c を Low に戻した後，TX を High にしてフォトダイオードから FD に信号電荷を転送する．その結果，信号レベルが読み出され，これによって，Sample-and-hold 用の容量 C_s がクランプレベルから変化する．このときの C_s の電圧 V_s は，次式で与えられる．

$$V_s = \frac{C_c}{C_c + C_s}(V_{\text{signal}} - V_{\text{reset}}) + V_{\text{clamp}} \tag{4.4.6}$$

すなわち，信号レベルとリセットレベルの差に比例した電圧がクランプレベルを基準として得ることができる．読み出された信号レベルとリセットレベルには FD に記憶された同じリセットノイズ成分が含まれているため，その差を求めることによってリセットノイズをキャンセルすることができる．このような処理は，記憶されているノイズに相関があることを利用してキャンセルするもので，相関二重サンプリング処理 (correlated double sampling : CDS) と呼ばれている．C_s に記憶されている一水平ライン分の各画素の電荷は，順次水平信号線に与えられて読み出される．

図 4.4.16 の場合は，画素部の信号レベルとリセットレベルをそれぞれ別の容量に記憶し，その差分を水平読み出しの後で求めるものである．また，図では信号電荷を直接水平信号線に与えるのではなく，p チャネル MOS トランジスタによるソースフォロワ回路を用いて読み出している．この水平走査用のソースフォロワの特性のばらつきによって縦筋ノイズとなる固定パターンノイズが発生するが，これを除去するため，$DS(i)$ のスイッチがあり，これをオンにしたときとの差分を最終出力において求めることでキャンセルすることができる．

イメージセンサのノイズは画素だけでなく，読み出し回路からも発生する．とくに CMOS イメージセンサでは，画素，カラム，出力に回路があり，それぞれで発生するノイズの影響を受ける．しかし，カラムでの処理を有効に活用すれば，ノイズを低

(a) 回路

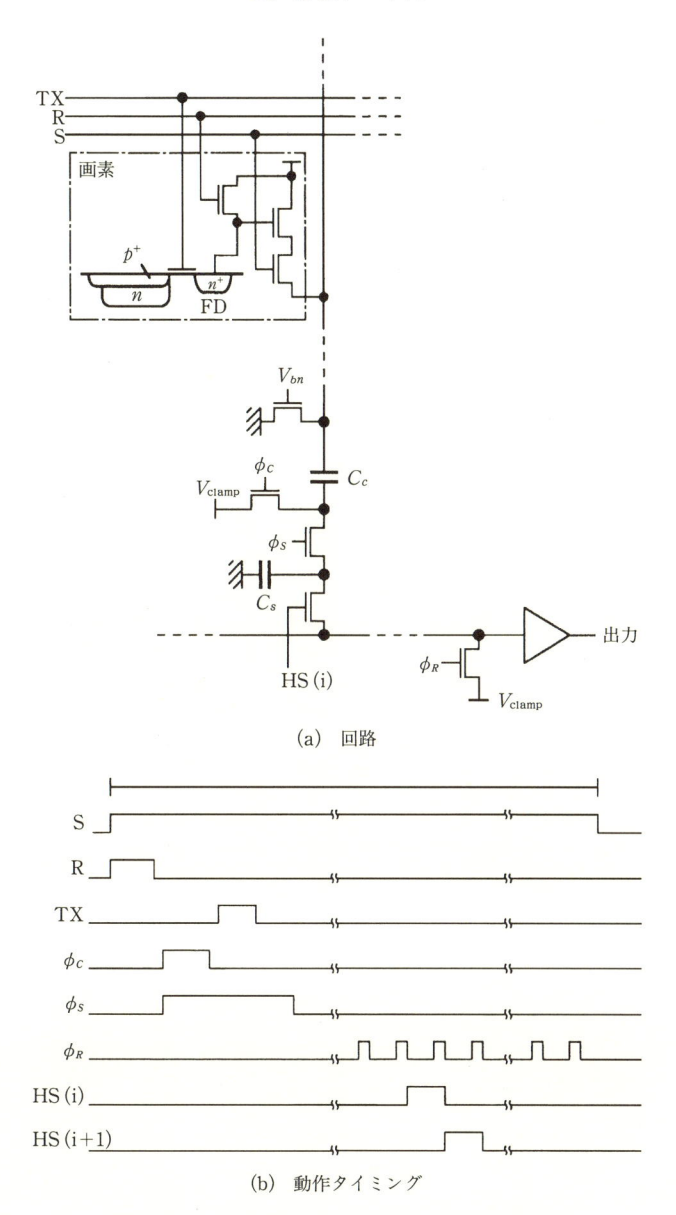

(b) 動作タイミング

図 4.4.15 ノイズキャンセル回路（クランプ方式）

減することが可能となる[23]．その特徴を積極的に活用し，きわめて低ノイズの読み出しを実現する例として図 4.4.17 に示す 2 段構成の高利得のノイズキャンセル回路を

(a) 回路

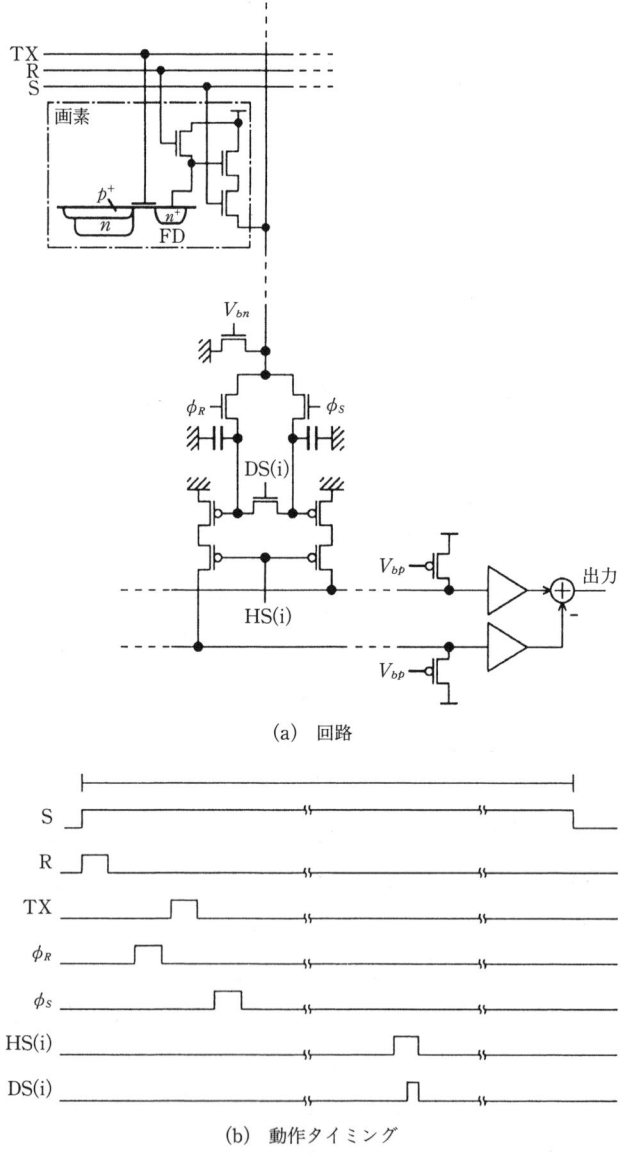

(b) 動作タイミング

図 4.4.16　ノイズキャンセル回路 (DDS)

用いる方法がある[24]．この回路では，初段のノイズキャンセル回路で，画素部で発生する固定パターンノイズとリセットノイズ (kTCノイズ) を除去する．この初段のノ

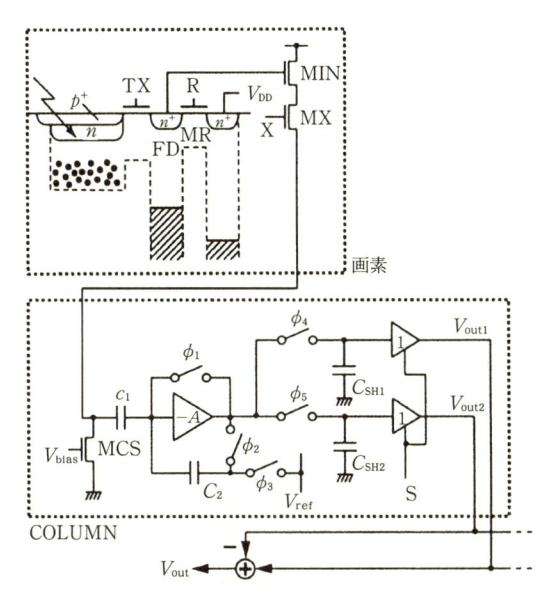

図 4.4.17 2段構成のノイズキャンセル回路

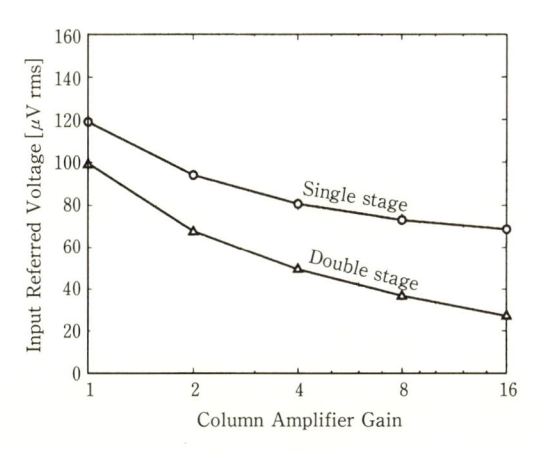

図 4.4.18 初段アンプ利得と入力換算ノイズ(シミュレーション)

イズキャンセル回路は，容量 C_1 と C_2 の比 (C_1/C_2) によって，ノイズキャンセルされた信号を増幅する機能がある．初段のアンプの利得 (C_1/C_2) を大きくすることで，電荷加算ノード (仮想接地点) にサンプリングされるノイズ成分が支配的なノイズ成分となり，これを2段目のノイズキャンセル回路(図 4.4.17 では，二つのサンプル&ホールド回路)によってキャンセルすることで，読み出し回路全体のノイズを大

きく低減することができる．図4.4.18は，$C_1=1\,\mathrm{pF}$，$C_2=C_1/G$（G は利得）としたときの入力換算ノイズとアンプの利得との関係をシミュレーションで求めた結果である．熱ノイズのみをノイズ源とする場合の結果であるが，利得を16倍としたとき，$30\,\mu\mathrm{V_{rms}}$ 以下に低減することができ，これは，変換利得が $30\,\mu\mathrm{V/e^-}$ 以上の場合，等価ノイズ電子数で1電子以下に相当する．

4.4.4 機能集積撮像デバイス

イメージセンサ，とくに CMOS イメージセンサでは，撮像機能だけでなく，処理回路を組み込んだり，特別な機能をもたせたりすることも可能である．以下では，代表的なイメージセンサへの機能組み込みの例を紹介する．

a. A/D 変換器集積化

イメージセンサをディジタル出力とするための A/D 変換器の集積化は，最も基本的で有用であり，これまで多くの試みが報告されている．その組み込みの方法としては，① 画素内 A/D 変換，② カラム A/D 変換，③ 水平走査後の A/D 変換の3通りがある．画素内 A/D 変換としては，発振周波数が，光電流に比例するように構成されたリングオシレータを用いる方法や，画素内に1個のコンパレータを内蔵し，ランプ信号を外部から与えて，ビットシリアル処理で A/D 変換を行う方式[25]などがある．

カラムでの A/D 変換の代表的な方式である積分型 A/D 変換器の例を図4.4.19に

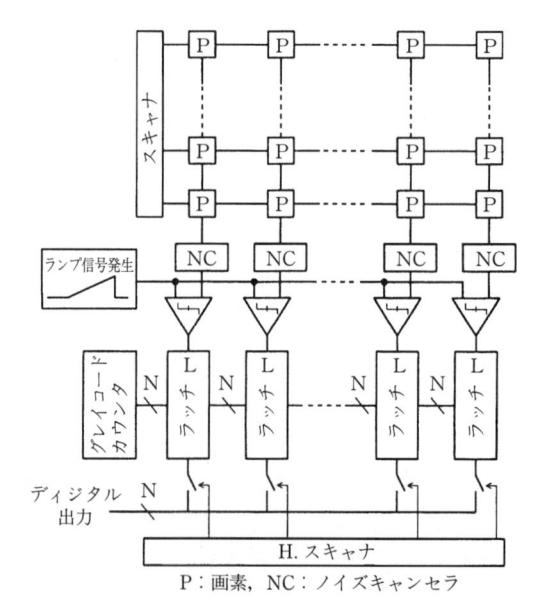

図 4.4.19 カラム並列積分型 A/D 変換器

示す．

　選択された1水平行分の信号に対して，NC(ノイズキャンセラ)においてノイズキャンセルし，その信号をホールドする．その出力は列ごとに設けられた比較器の一方に与えられ，比較器の他方には，共通のランプ信号が接続される．ランプ信号とグレイコードを発生するカウンタとは連動しており，ランプ信号が立ち上がり始めると同時にカウンタが0からカウントを始める．ランプ信号レベルが，画素部からの信号を超えた瞬間に比較器の出力が"0"から"1"に変化し，これによって，ラッチ回路にその瞬間のカウント値を記憶する．記憶されたカウント値は，ランプ信号と連動していることから，画素部の信号レベルをA/D変換していることに相当する．ラッチに記憶された列並列のディジタルデータは，水平走査回路によって逐次読み出される．積分型A/D変換器は，変換速度は遅いものの線形性に優れる．比較器をカラムに並べるため，比較器自体のオフセットバラツキが問題になるが，チョッパ型比較器を用い，比較器のオフセットバラツキを抑え10b精度を実現した例が報告されている[26]．

　そのほか，カラムでのA/D変換器としては，逐次比較器[27]や巡回型A/D変換器をアレイ状に並べる方式[28〜29]もある．これらは，変換速度が速いため，これをアレイ状に並べることによって等価的に非常に高速にA/D変換が行えるため，高速撮像用イメージセンサや，高速読み出しを用いた広ダイナミックレンジイメージセンサなどに用いられている．

b. ダイナミックレンジ拡大

　ダイナミックレンジはイメージセンサの基本特性として，できる限り広いことが望ましい．特別なダイナミックレンジ拡大の手法を用いない場合には，イメージセンサのダイナミックレンジは，ノイズレベルと蓄積される信号電子の飽和レベルとの比で与えられる．この場合，ダイナミックレンジを拡大することは，飽和信号量を増やすか，ノイズレベルを下げることに相当するが，このような単一原理だけでは，極端なダイナミックレンジ拡大は困難である．車載用カメラ，セキュリティカメラ，特殊用途の工業用カメラ(アーク溶接の観察など)などにおいて，非常に広いダイナミックレンジをもったイメージセンサが必要とされてきており，さまざまな工夫を加えてダイナミックレンジを拡大する手法が，これまで数多く提案されてきている．表4.4.1に，その代表的な手法をまとめている．これらは大きく分けると，画素に非線形的な応答をもたせる方法と，複数種類の感度特性をもった信号を合成する方法とに分けることができる．これらには，CCDイメージセンサのみで実現できる方式，CMOSイメージセンサでのみ実現できる方式もあれば，いずれでも実現できる方式もあるが，表4.4.1は，原理的に可能かどうかではなく，実際に開発事例として報告されているものを示している．

　広ダイナミックレンジイメージセンサとして，はじめて実用化された方式は，長短2種類の露光時間の信号を合成するCCDイメージセンサであり[30]．短時間露光信号は，垂直ブランキングの期間に蓄積し，垂直CCD上で，長短2種類の信号電荷を独

表 4.4.1 広ダイナミックレンジ化技術

分類	方式	CCD/CMOS	文献
非線形応答画素	対数応答型画素回路	CMOS	32
	線形応答＋対数応答	CMOS	33
	蓄積量変化	CCD/CMOS	28, 36
複数感度信号合成	フィールド読み出し	CCD	30
	感度特性の異なる複数の PD	CCD	31
	非破壊読み出し・複数露光	CMOS	25, 38
	条件付リセット	CMOS	37
	読出し時間差による複数露光	CMOS	34, 35
	集中読出し複数回露光	CMOS	29
	ブルーミング電荷との合成	CMOS	39, 40

立に転送できるようにしている．また最近，1画素内に2種類の感度特性をもったフォトダイオードをもち，それらの出力を合成することで，約4倍レンジを拡大するディジタルカメラ用の CCD イメージセンサが開発されている[31]．これらは，CCD の高感度・低雑音の特徴を失うことなく，ダイナミックレンジを拡大することに成功している．

通常の 1000 倍以上のきわめて広いダイナミックレンジが必要とされる場合には，その機能性を活用できる CMOS イメージセンサのほうが有利であると考えられる．比較的簡

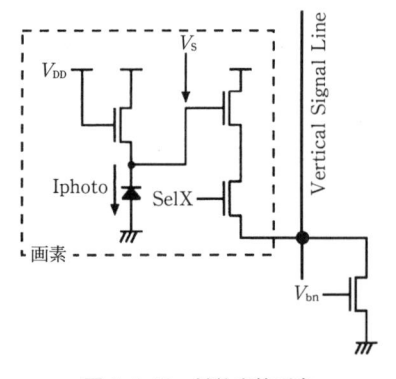

図 4.4.20 対数応答画素

単な構成できわめて広いダイナミックレンジが得られる方式として，画素内に設けたトランジスタの特性により，入射光量に対し，とくに高照度の領域で応答が圧縮されるような非線形の応答特性をもたせる方式がある．一つの方法は，図 4.4.20 に示すような画素回路により，MOS トランジスタのサブスレッショルド領域を利用して対数応答の光電変換特性を有する画素回路を用いるものである[32]．信号検出部 V_S の電圧が光に対して対数的に応答するため，きわめて広いダイナミックレンジが得られる．

対数応答方式では，光電流が小さくなると極端に応答が遅くなり，残像を生じる．残像を除きながら，同様な原理でダイナミックレンジを図るため，低照度領域では線形応答，高照度領域では非線形応答特性をもたせる方式も報告されている[33]．

MOS トランジスタのサブスレッショルド領域を利用する場合には，その入射光量

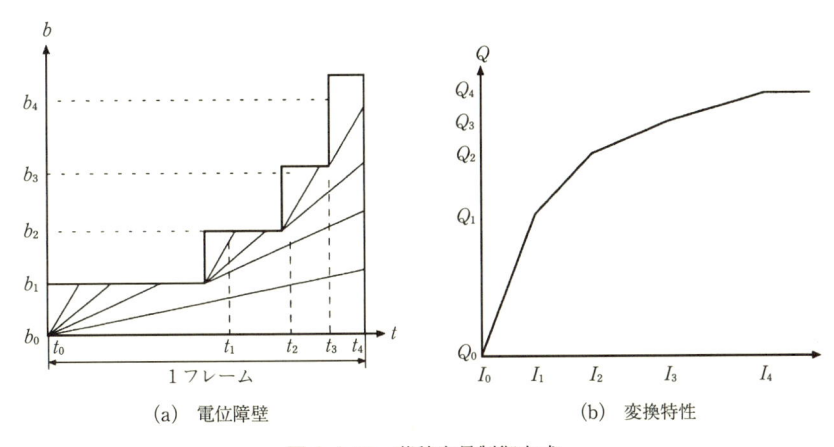

図 4.4.21 蓄積容量制御方式

(a) 電位障壁　(b) 変換特性

と出力電圧の間の変換特性は固定している．その入射光量性を自由設定できる方式として，蓄積容量制御方式がある[28]．これは，図 4.4.12 において，リセットトランジスタのゲート（オーバーフローゲート）電圧を 1 フレーム期間内に変化させることにより電位障壁の高さ，すなわちフローティングディフュージョンのウェル容量を制御し，過剰電荷をドレインに捨てることでダイナミックレンジを拡大する．オーバーフローゲート電位障壁の時間変化を図 4.4.21(a) に，光電変換特性を図 4.4.21(b) に示す．1 フレーム期間内にオーバーフローゲートの電位障壁を図 4.4.21(a) のようにステップ状に変化させた場合，蓄積する電荷量 (Q) は，発生する光電流 (I) に対して，いくつかの線形応答を折れ線で接続して対数的に圧縮する光電変換特性となる．フレーム期間内に N ステップ電位障壁を変化させた場合，N 個の区分的線形応答をもつ．

これらは，画素からの出力の段階で，高照度領域での応答が圧縮されているため，外部（画素アレイエリア外）での特別な処理が不要であり，簡単な構造で広いダイナミックレンジが得られる特徴がある．CMOS イメージセンサを CCD イメージセンサ並みに高感度・低雑音化するためには，埋め込み型フォトダイオードを用いた画素内電荷転送方式の画素構造を用いる必要がある．上記の方法は，いまのところフォトダイオードが埋め込み構造をとれず，低照度側での性能については課題が残されている．なお，電荷蓄積量を変化してダイナミックレンジ拡大を行う方法は，CCD イメージセンサでも開発されている[36]．

複数の露光時間の信号を外部で合成する方式は，一般には画素デバイスに制約がなく，埋め込みフォトダイオードを用いて低照度領域での十分な画質を確保することができる．その代表的な方法として，読み出し時間差を用いた二重露光方式がある[34]．その原理を図 4.4.22 に示す．CMOS イメージセンサのローリングシャッタ動作の読

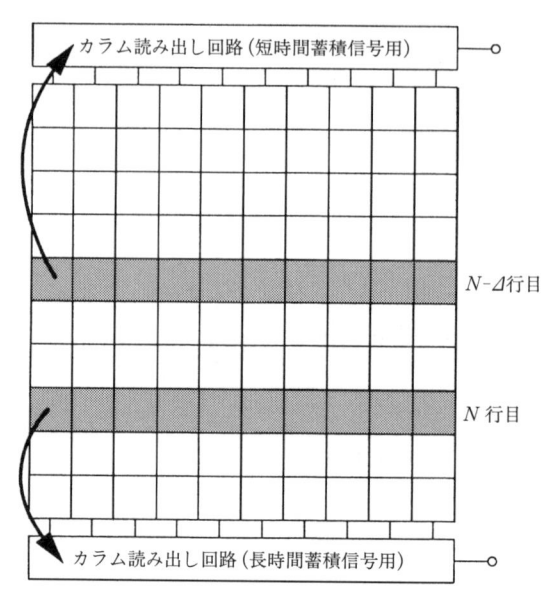

図 4.4.22 読み出し時間差を用いた二重露光方式

み出しにおいて，n 行目のフレーム期間蓄積信号を読み出しているとき，同時に $n-\Delta$ 行目ずれた行の信号を読み出すと，$T \times \Delta/N$ 秒だけの短時間蓄積した信号を読み出すことができる．これにより長時間と短時間蓄積の二つの信号を読み出すことで，高照度方向に N/Δ 倍，ダイナミックレンジを拡大できる．また，この読み出し方法を用いて，短時間露光信号のみ何度も読み出して積分し，長時間露光信号と合成することで長短切り換え時の階調不足を補う方法も提案されている[35]．

　二重露光方式では，長時間蓄積信号から短時間蓄積信号の蓄積時間の比率を大きくすると，画像合成時にその継ぎ目のところで階調が不足し，画質の劣化が顕著になる．3種類以上の蓄積時間の信号を合成する方法として，画素内に A/D 変換機能を設け，高速に信号を読み出すことで複数種類の蓄積時間の信号を読み出して合成する方法がある[25]．蓄積途中の信号を，$T, 2T, 4T, \cdots, 2^{N-1}T$ の蓄積時間ごとに読み出す．ここで T は最小の蓄積時間である．蓄積時間を指数項，各蓄積時間における A/D 変換値を仮数項として浮動小数点表現すると，広いダイナミックレンジと十分な階調を得る．ADC の分解能2ビット，蓄積時間を $T, 2T, 4T$ として，この処理を行った場合の画素部の動作を図 4.4.23 に示す．たとえば $T, 2T, 4T$ の出力値はそれぞれ，00，01，11 の3値に割り当て，それぞれの蓄積時間におけるディジタルコードを 00，01，10，11 の4値に割り当てる．

　4ビットで，0から $2^2 \times 3 = 12$ までの範囲を表現することができる．この例ではあまり得をしていないが，たとえば，蓄積時間の種類を8種類にすれば，固定少数点の

4.4 撮像デバイス

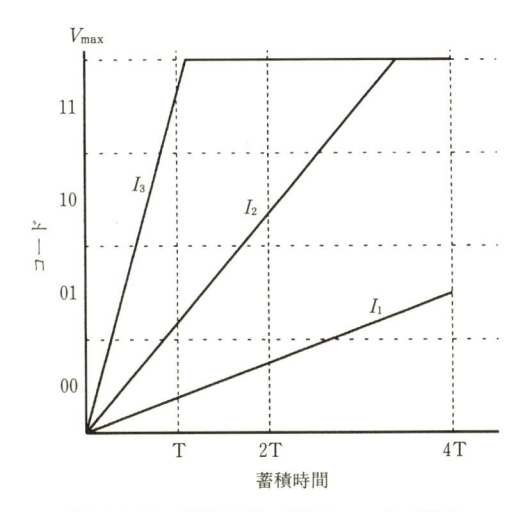

図 4.4.23 蓄積時間・振幅とコードの関係

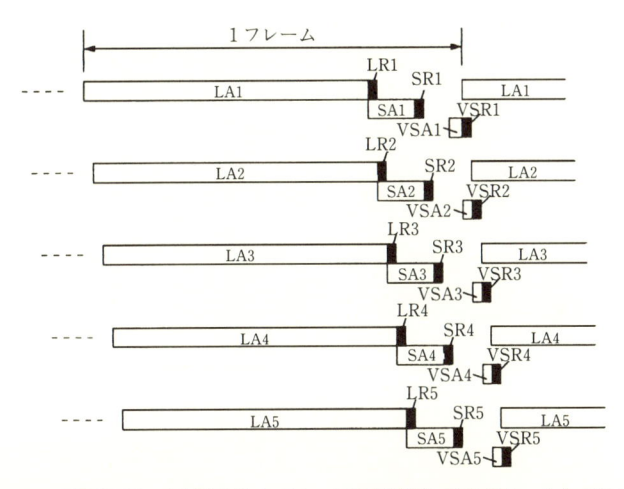

図 4.4.24 BROME の原理図 (LA, SA：長時間蓄積・読み出し，SA, SR：短時間蓄積・読み出し，VSA, VSR：極短時間蓄積，読み出し)

場合，8ビット必要なところを3ビットで済ませることができる．この方式では画素内でのA/D変換を行う点が大変ユニークであり，比較器を4画素で共有することで，1画素当たり6トランジスタで実現できている．転送トランジスタを用いているため，原理的には埋め込みフォトダイオードによる電荷転送方式とすることができるが，非破壊読み出しを原則としているため，現実にはリセットノイズの除去は困難であると考えられる．

もう一つの複数の露光時間を合成する方法として，信号の高速集中読み出しにより1フレーム内で複数の露光時間信号を合成する方法(burst readout multiple exposure：BROME)がある[29]．その原理図を図4.4.24に示す．蓄積された信号を短時間で集中読み出しを行い，その読み出し時間の一部を用いて短時間蓄積時間の信号を読み出す．また，その読み出し時間の一部の時間を用いてさらに短時間蓄積の信号を読み出す．その読み出し条件(撮像条件)は画像全体の情報から判断して適応的に行うことができる．これには，高速で高SNRの読み出しが必要であるが，イメージセンサのカラムに12 b ADCを集積し，高速読み出しを可能にすることでディジタル値としてのダイナミックレンジで約20 b，すなわち120 dBのレンジを得ている．

ここで紹介した方式以外にも多くの手法が提案されている[37〜40]．

c. 距離画像センサ

距離画像センサは，3次元ディジタイズ，ロボットビジョン，仮想キーボード，ジェスチャー認識などへの応用が期待されており，CMOSイメージセンサの機能性を生かした距離画像センサの開発が盛んに行われている．2眼で視差計測を行うCMOSイメージセンサ[41]，光切断法による3次元画像計測をリアルタイムで行うイメージセンサ[42,43]．TOF(time of flight)法による電荷振り分けを用いたイメージセンサなどがある．図4.4.25は，電荷振り分け法によるTOF距離画像センサの1画素の断面構造を示している．近赤外のLEDにより数十MHzの周波数で変調された光を対象物に照射し，その反射光による像を取得する．図中TX1，TX2に与える電位を変調光と同期して変化させることで変調光を復調する．光の飛行時間によって受信光の変調信号の位相が変化するため，その位相の変化を検出することで光の飛行時

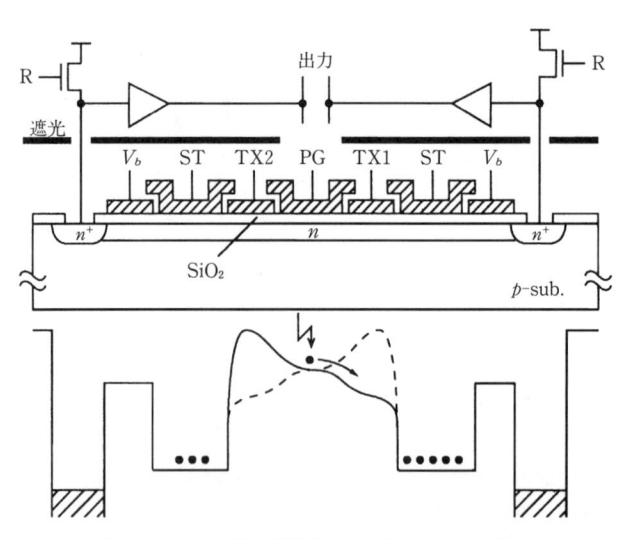

図 4.4.25　TOF 距離画像センサの構造と原理

間を推定し，画素ごとに距離情報を得る．たとえば，TX1 が高い電位のときと光の強度が強いときの位相が合っていれば，信号電荷は右側に転送され，TX2 と合っていれば左側に転送される．したがって，左右の電荷蓄積部の電子数の差は，変調光の位相を反映したものとなる．最終的に左右の浮遊拡散層を経由して読み出し，信号の差から距離を推定する．この原理の距離画素センサは，CCD リニアイメージセンサとして試作されたものが初めてのものであるが[44]，CMOS と CCD の混載プロセスによって2次元の距離画像センサも開発されている[45]．

d. 医療・医学応用

イメージセンサの医療・医学関連分野への応用としては，内視鏡や各種顕微鏡（共焦点顕微鏡，蛍光顕微鏡など）用カメラとして応用されている．新しい試みとして視覚再生のための網膜への埋め込みや，カプセル内視鏡への応用を目指し，パルス変調信号を画素から出力する機能や小型低消費電力のためカメラ機能をワンチップに収めた機能集積イメージセンサなどが開発されている[46,47]．

4.4.5 赤外線撮像デバイス

赤外線の撮像デバイスは，暗視装置，監視装置，リモートセンシングなどに用いられている．その検出原理としては，量子型と熱型がある[48,49]．量子型としては，HdCdTe フォトダイオードや PtSi ショットキーバリヤダイオード，InSb フォトダイオードを用いたものなどがある．PtSi ショットキーバリヤダイオードを用いたものでは最高で 1040×1040 画素の赤外撮像デバイスが開発されている[50]．量子型は，暗電流を低減してノイズを減らすため冷却する必要がある，たとえば，PtSi ショットキーバリヤダイオードを用いた方式では，液体窒素温度まで冷却する．このため，やや取り扱いが不便である．熱型は，非冷却の赤外撮像デバイスであり，マイクロマシニング技術によって急速に進展してきた．デバイスに入射した赤外線を赤外線吸収層によって熱エネルギーに変換し，温度上昇を生じさせる．その温度変化を検出する原

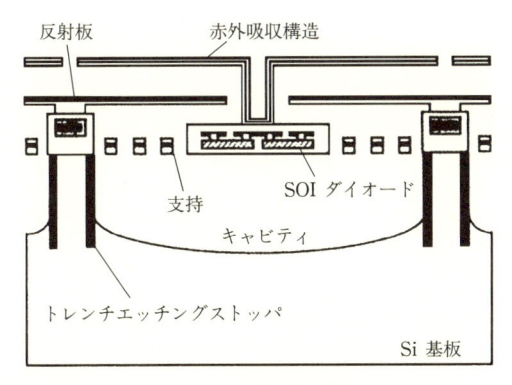

図 4.4.26 SOI ダイオードを用いた非冷却赤外線イメージセンサの画素構造

理として，サーモパイルやボロメータ，焦電材料，SOI (silicon on insulator) ダイオードを用いる方法がある．図 4.4.26 は，SOI ダイオードを用いた非冷却赤外線イメージセンサの画素構造を示している．赤外線吸収層を宙に浮かせて吸収した熱の逃げを抑え効率良く温度を上昇させる．その熱はピラー（柱）を経由して SOI ダイオードに伝えられ，温度変化を検出する．この構造の利点は，温度センサに低雑音の単結晶シリコンによるダイオードを用いていることと，赤外線吸収層が温度センサの上にスタック構造で形成されることから開口率が高くできることである．この構造により，画素サイズ 25 μm，320×240 画素の赤外線イメージセンサが実現されている[51]．

〔川人祥二〕

文　献

1) K. Tanioka, T. Matsubara, Y. Ohkawa, K. Miyakawa, S. Suzuki, T. Takahata and N. Egami : Ultra-high-sensitivity New Super ARP Pickup Tube and Its Camera, *IEICE Trans. Electron.*, **E86-C**, 9. September (2003)
2) N. Koike, I. Takemoto, K. Satoh, S. Hamamura, S. Nagahara and M. Kubo : MOS area sensor : part 1-design consideration and performance of an n-p-n structure 484 ×384 element color MOS imager, *IEEE Trans. Electron Devices*, **ED-27**, pp. 1676-1681 (1980)
3) N. Teranishi, A. Kohno, Y. Ishihara and K. Arai : No image lag photodiode structure in the interline CCD image sensor, Tech. Dig., Int. Electron Device Meeting, p. 324-327 (1982)
4) E. Fossum : CMOS image sensors : Electronic camera on a chip, Tech. Dig., IEEE Int. Electron Device Meeting, pp. 17-25 (1995)
5) T. Nakamura, K. Matsumoto, R. Hyuga and A. Yusa : A new MOS image sensor operating in a non-destructive readout mode, Tech. Dig., Int. Electron Device Meeting, pp. 353-356 (1986)
6) J. Hynecek : A new device architecture suitable for high-resolution and high-performance image sensors, *IEEE Trans. Electron Devices*, **ED-35**, 5, pp. 646-652 (1988)
7) N. Tanaka, et al. : A novel bipolar imaging device with self-noise reduction capability, *IEEE Trans. Electron Devices*, **ED-36**, 1, pp. 31-38 (1989)
8) T. Miida, et al. : A 1.5M pixel imager with localized hole-modulation method, Dig. Tech. Papers, IEEE Int. Solid-State Circuits Conf., pp. 42-43 (2002)
9) W. S. Boyle and G. E. Smith : Charge coupled semiconductor devices, *Bell Sys. Tech. Journal*, **49**, pp. 587-593 (1970)
10) 木内雄二：イメージセンサの基礎と応用，日刊工業新聞社 (1991)
11) 安藤隆男，菰淵寛仁：固体撮像素子の基礎，日本理工学出版会 (1999)
12) Y. Ishihara, E. Oda, H. Tanigawa, N. Teranishi, E. Takeuchi, I. Akiyama, K. Arai, M. Nishimura and T. Kamata : Interline CCD image sensor with antiblooming structure, DIg. Tech. Papers, IEEE Int. Solid-State Circuits Conf., pp. 168-169 (1982)
13) J. Hynecek : Impactron-a new solid state image intensifier, *IEEE Trans. Electron Devices*, **48**, 10, pp. 2238-2241 (2001)
14) G. Etoh, D. Poggemann, A. Ruckelshausen, A. Theuwissen, G. Kreider, H. O. Folkerts, H. Mutoh, Y. Kondo, H. Maruno, K. Takubo, H. Soya, K. Takehara, K. Okinaka, Y. Takano, T. Reisinger and C. Lohmann : ACCD image sensor of 1Mframes/s for continuous image caputring 103 frames, Dig. Tech. Papers, ISSCC, pp. 46-47 (2002)

15) R. M. Guidash, et al. : A 0.6 μm CMOS Pinned Photo Diode Color Imager Technology, IEDM Technical Digest, pp. 927-929 (Dec. 1997)
16) K. Yonemoto, H. Sumi, R. Suzuki and T. Ueno : A CMOS Image Sensor with a FPN Reduction Technology and a Hole Accumulated Diode, Dig. Tech. Papers, ISSCC, pp. 102-103 (Feb. 2000)
17) I. Inoue, H. Nozaki, H. Yamashita, T. Yamaguchi, H. Ishiwata, H. Ihara, R. Miyagawa, H. Miura, N. Nakamura, Y. Egawa and Y. Matsunage : New LV-BPD (Low Voltage Buried Photo-Diode) for CMOS Imager, *IEDM, Technical Digest*, No. 36.5 (Dec. 1999)
18) K. Findlator, R. Henderson, D. Baxter, J. Hurwitz, L. Grant, Y. Cazaux, F. Roy, D. Hrault and Y. Marcellier : SXGA pinned photodiode CMOS image sensor in 0.35 μm CMOS technology, Dig. Tech. Papers, Int. Solid-Sate Circuits Conf., pp. 218-219 (Feb. 2003)
19) A. Krymski, N. Khaliullin and H. Rhodes : A 2e noise 1.3Megapixel CMOS sensor, Proc. IEEE workshop CCD and Advanced Image Sensors, Elmau, Germany (0000)
20) H. Takahashi, M. Kinoshita, K. Morita, T. Shirai, T. Sato, T. Kimura, H. Yuzurihara and S. Inoue : A 3.9 μm pixel pitch VGA format 10b digital image sensor with 1.5-transistor/pixel, Dig. Tech. Papers, Int. Solid-State Circuits Conf., pp. 108-109 (2004)
21) K. Mabuchi, N. Nakamura, E. Funatsu, T. Abe, T. Umeda, T. Hoshino, R. Suzuki and H. Sumi : CMOS image sensor using a floating diffusion driving buried photodiode, Dig. Tech. Papers, Int. Solid-State Circuits Conf., pp. 112-123 (2004)
22) M. Mori, M. Katsuno, S. Kasuga, T. Murata and T. Yamaguchi : A 1/4in 2M pixel CMOS image sensor with 1.75 transistor/pixel, Dig. Tech. Papers, Int. Solid-State Circuits Conf., pp. 110-111 (2004)
23) S. Kawahito, M. Sakakibara, D. Handoko, N. Nakamura, H. Satoh, M. Higashi, K. Mabuchi and H. Sumi : A Column-Based Pixel Gain Adaptive CMOS Image Sensor for Low Light Level Imaging, Dig. Tech. Papers, IEEE Int. Solid-State Circuits Conf., pp. 224-225 (2003)
24) N. Kawai and S. Kawahito : Noise analysis of high-gain low-noise column readout circuits for CMOS image sensors, *IEEE Trans. Electron Devices*, **51**, 2, pp. 185-194 (2004)
25) D. Yang, A. E. Gammal, B. Fowler and H. Tian : A 640×512 CMOS Image Sensor with U1-trawide Dynamic Range Floating-Point Pixel-Level ADC, *IEEE J. Solid-State Circuits*, **34**, 12, pp. 1821-1999 (1999)
26) T. Sugiki, S. Ohsawa, H. Miura, M. Sasaki, N. Nakamura, I. Inoue, M. Hoshino, Y. Tomizawa and T. Arakawa : A 60mW 10b CMOS image sensor with column-to-column FPN reduction, Dig. Tech. Papers, IEEE Int. Solid-State Circuits Conf., pp. 108-109 (2000)
27) Z. Zhou, B. Pain and E. R. Fossum : CMOS active pixel sensor with on-chip successive approximation analog-to-digital converter, IEEE Trans. Electron Devices, **44**, 10, pp. 1759-1763 (1997)
28) S. Decker, R. D. McGrath, K. Brehmer and C. G. Sodini, A 256×256 CMOS Imaging Array with Wide Dynamic Range Pixels and Column-Parallel Digital Output, *IEEE J. Solid-State Circuits*, **33**, 12, pp. 2081-2091 (1998)
29) M. Mase, S. Kawahito, M. Sasaki and Y. Wakamori : A 19.5b dynamic range CMOS image sensor with 12b column parallel cyclic A/D converters, Dig. Tech. Papers, IEEE Int. Solid-State Circuits Conf., pp. 350-351 (2005)
30) H. Komobuchi, et al. : 1/4 inch NTSC format hyper-D range IL-CCD, 1995 IEEE

Workshop CCD and Advanced Image Sensors, SS-1 (Apr. 1995)
31) 小田和也, 小林寛和, 竹村和彦, 竹内 豊, 山田哲生：広ダイナミックレンジ撮像素子の開発 — 第4世代スーパーCCDハニカム—, 映像情学技報, **IPU2003-24**, pp. 17-20, March (2003)
32) D. Scheer, B. Dierickx and G. Meynants: Random addressable 2048×2048 active pixel image sensor, *IEEE Trans. Electron Devices*, **44**, 10, pp. 1716-1720 (Oct. 1997)
33) 角本, 他：FPNキャンセル・積分内蔵対数変換形CMOSイメージセンサ, 映像情報学誌, **57**, 8, pp. 1013-1018 (2003)
34) O. Y. Pecht and E. R. Fossum: Wide Intra-scene Dynamic Range CMOS APS Using Dual Sampling, *IEEE Trans. Electron Devices*, **44**, 10, pp. 1721-1723 (Oct. 1997)
35) M. Sasaki, M. Mase, S. Kawahito and Y. Tadokori: A wide dynamic range CMOS image sensor with multiple short-time exposures, Proc. 3rd IEEE Int. Conf. Sensors, pp. 968-972 (Oct. 2004)
36) Y. Endo, et al.: A photoelectric conversion characteristic control method for interline transfer CCD imager, *IEEE Trans. Electron Devices*, **ED-32**, 8, pp. 1511-1513 (Aug. 1985)
37) O. Y. Pecht and A. Belenky: CMOS APS with autoscaling and customized wide dynamic range, Proc. 1999 IEEE Workshop CCD and Advanced Image Sensors, pp. 48-51 (1999)
38) 島本 洋, ほか：CMDラインセンサを用いた広ダイナミックレンジ化の検討, TV全大, 5-8, pp. 85-86 (1995)
39) R. M. Guidash: Variable collection of blooming charge to expand dynamic range, US Patent, No. 6307195 (2001)
40) S. Sugawa, N. Akahane, S. Adachi, K. Mori, T. Ishiuchi and K. Mizoguchi: A 100dB dynamic range CMOS image sensor using a lateral overflow integration capacitor, Dig. Tech. Papers, IEEE Int. Solid-State Circuits Conf., pp. 352-353 (2005)
41) T. Kato, S. Kawahito, K. Kobayashi, H. Sasaki, T. Eki and T. Hisanaga: A binocular CMOS range image sensor with bit-serial block-parallel interface using cyclic pipelined ADC's, Dig. Tech. Papers, 2002 Symp. VLSI Circuits, pp. 270-271, Honolulu (June 2002)
42) Y. Oike, M. Ikeda and K. Asada: A 375×365 1k frame/s range-finding image sensor with 394.5kHz access rate and 0.2 sub-pixel accuracy, DIg. Tech. Papers, ISSCC, pp. 118-119 (2004)
43) S. Yoshimura, T. Sugiyama, K. Yonemoto and K. Ueda: A 48kframe/s CMOS image sensor for real-time 3-D sensing and motion detection, Dig. Tech. Papers, ISSCC, pp. 94-95 (2001)
44) R. Miyagawa and T. Kanade: CCD-based range-finding sensor, *IEEE Trans. Electron Devices*, **44**, 10, pp. 1648-1652 (1997)
45) R. Lange, P. Seitz, A. Biber and S. Lauxtermann: Demodulation pixels in CCD and CMOS technologies for time-of-flight ranging, *Proc. SPIE*, **3965**, pp. 177-188 (2000)
46) K. Kagawa, T. Furumiya, D. C. Ng, A. Uehara, J. Ohta and M. Nunoshita: A 16×16-pixel retinal prosthesis vision chip with in-pixel digital image processing in a frequency domain by use of a pulse-frequency modulation photosensor, *Proc. SPIC*, **5301**, pp. 51-58 (Jan. 2004)
47) 太田 淳：カプセル型内視鏡, 映像情報学誌, **58**, 10, pp. 1379-1384 (2004)
48) 寺西信一, 小田直樹：赤外線イメージセンサの最近の技術動向, 映像情報学誌, **51**, 2, pp. 156-161 (1997)
49) 木股雅章：非冷却赤外線イメージセンサの最近の動向, 映像情報学技報, **29**, 10, pp. 45-52 (2005)

50) A. Arakiyama, T. Sasaki, T. Seto, A. Mori, R. Ishigaki, S. Itoh, N. Yutani, M. Kimata and N. Tubouchi : 1040×1040 infrared charge sweep device imager with PtSi Schottky barrier detectors, Opt. Eng., **33**, pp. 64-71 (1994)
51) Y. Kosakayama, T. Sugino, Y. Ohta, H. Yagi, M. Ueno, H. Inoue, Y. Nakaki, H. Hata, M. Takeda and M. Kimata : *Proc. SPIE*, **5406**, pp. 504-511 (2004)

4.5 フォトニック結晶

　フォトニック結晶 (photonic crystal, 以下 PC と略す) とは光の波長オーダーの人工的な周期構造のことであり, 従来の回折格子を拡張した概念である. 図 4.5.1 にその実例を示す. 構造を多次元化するとあたかも固体結晶の拡大模型をみている状況になるため, このような名称で呼ばれるようになった. 光波に対する波動方程式には電子に対するシュレーディンガー方程式とある程度の対応関係があるため, 固体結晶中の電子に対して議論されるバンド理論が PC 中の光に対しても議論できる. こうしてフォトニックバンド, フォトニックバンドギャップ (PBG), 欠陥や不純物, 境界面における局在準位などの興味深い概念が生まれた. 結果として, どのような複雑な PC に対しても厳密な特性予測が可能になり, さまざまな光素子へ応用の可能性が広がっている.

　歴史的にみると 1970 年代の大高による先駆的な論文があるが, それとは別に 1980 年代後半から 1990 年代初頭までの間, おもに米国物理学会を中心に議論が行われ,

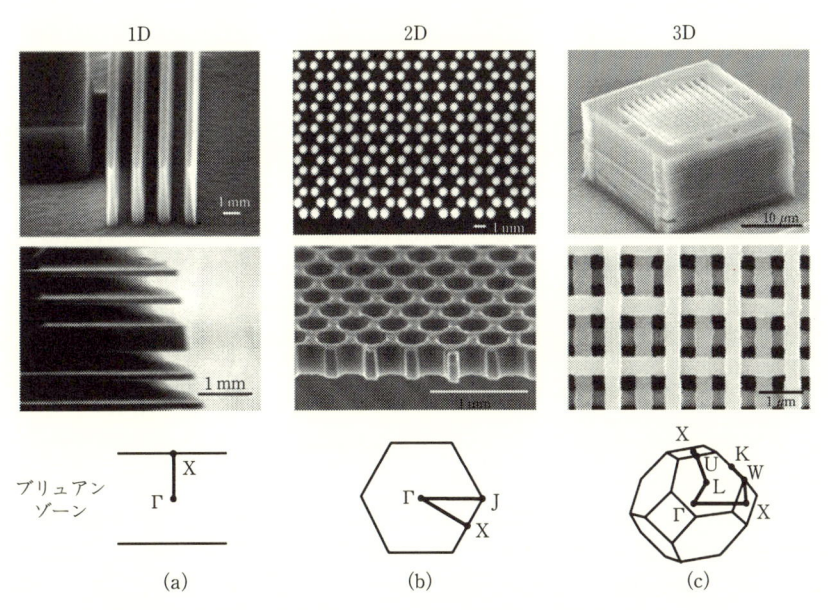

図 4.5.1 さまざまな次元の PC とそれに対応するブリュアンゾーン

上記のような固体結晶との類似性，フォトニックバンド計算の開発，PBGを生む構造の探索が行われた[1,2]．1994年ごろから全世界的に工学応用の研究がはじまり，現在では次世代の光技術の一つとして期待されている．

ここでは，要素技術と応用について，項目別に現状分析と将来展望を行う．なお，図4.5.1(a)に示すような1次元周期構造もPCとして議論されることが多いが，これを含めると話題が拡散してしまう懸念がある．PCはあくまで固体結晶との類似性やフォトニックバンドを基礎として開けてきた分野なので，そのような要素の薄い1次元構造はここでの話題から除き，PCの特徴がより顕著な2次元，3次元周期構造を中心に話を進める．むしろ1次元構造に対する2次元，3次元構造の新規性，優位性がどこにあるのか，何が課題になっているのかについて述べる．なお，ここでの内容の多くは文献3でさらに詳しく述べられている．ここではこれに含まれない最近の研究を中心に文献を引用することをご容赦いただきたい．

4.5.1 基礎理論

フォトニックバンドとは，光の波数kに対する光の規格化周波数$\omega a/2\pi c\,(=a/\lambda)$の関係である．ここで，$\omega$は光の角周波数，$a$はPCの周期，$c$は光速，$\lambda$は波長である．図4.5.2(a)に示す典型的な2次元PCのバンドからわかるように，議論すべき帯域は三つに分けられる．すなわち，バンド曲線が存在しないPBG帯，PBGより高周波数側（構造の周期に対して波長が短い領域），PBGより十分な低周波数側（構造の周期に対して波長が十分に長い領域）である．

a. PBG構造

PBGにバンドが存在しないということは，この帯域の光はPCの中に存在できないことを意味する．外部から光を入れようとしても反射されてしまう．2次元，3次元PCでどのようなPBGが生じるかについては，多くの研究を通じておもだった構造はおよそ計算し尽くされている．図4.5.2(a)，(b)に示すように，2次元では高屈折率をもつ背景媒質に円形の低屈折率媒質を三角格子最密配列させた構造，および低屈折率媒質に円形の高屈折率媒質を三角格子蜂の巣配列させた構造において任意偏波に対する完全PBGが生じる．ただし，前者のPBGのほうが広く，構造の不完全性に強く，素子応用が容易なため，研究例が圧倒的に多い．特定偏波や特定方向に対するPBGについても多くの計算結果があり，現在はこれらをどう利用するかという点に興味が向いている．一方，3次元でははるかに多くのPBG構造が計算される．実は2次元PCよりもブリュアンゾーンの等方性が容易に得られる3次元PCのほうがPBGに関して幅広い可能性をもっている．基本的には，ダイヤモンド構造もしくは非対称性を導入した面心立方構造がPBGを生む．近年は作製しやすい構造に研究が集中しつつあり，図4.5.2(b)に示すように角柱を半周期ずらしながら交互積層するウッドパイル構造（layer-by-layer構造とも呼ばれる）がその代表例である．このように基本構造はおよそ出そろったものの，各パラメータに対してどのような依存性が

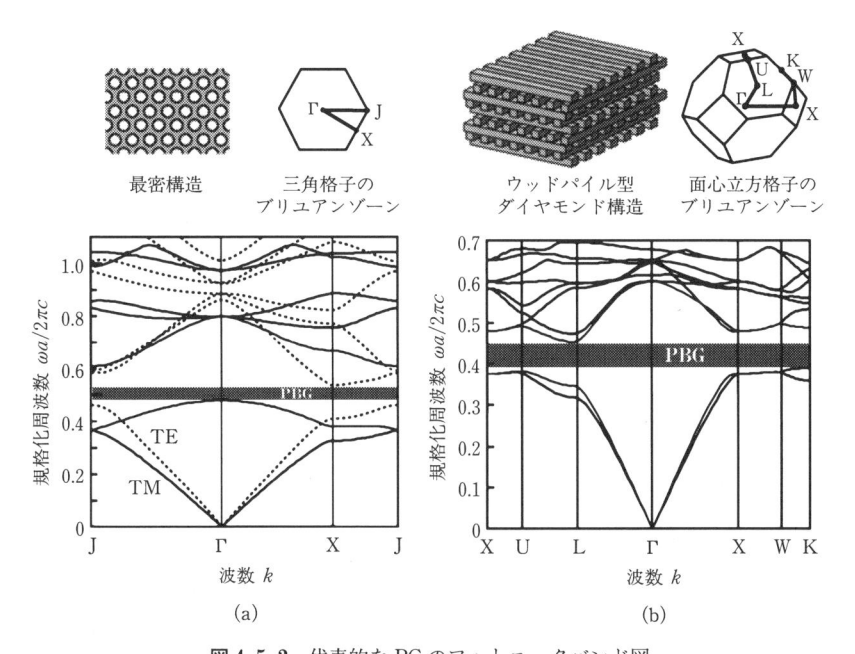

図 4.5.2 代表的な PC のフォトニックバンド図
(a) 円孔三角格子最密配列 2 次元 PC, (b) 位相をずらした角柱の交互積層による 3 次元 PC.

あるかは作製上または応用上重要であり，これらは個々の研究でさらに分析が進められている．2次元，3次元ともに，二つの媒質の屈折率比が 2 以上ないと PBG が生じないことは，応用研究をはじめるときから注意を払うべきである．

b. 透過帯域の諸現象

PBG より高周波数側では複雑なバンドが生じる．つまり基本的には光が透過するが，特異な伝搬特性を示す帯域である．図 4.5.3 のように，このバンドをブリユアンゾーンの中で等高線表示したものは，分散面と呼ばれる．一般にバンドの傾きは光の群速度に対応するため，PC 中で光パワーは分散面の勾配方向に進む．自由空間で分散面は等方的であるが，PC 中では複雑な形状になる．これによって伝搬方向が波長や入射角に強く依存するプリズム効果やほとんど依存しないコリメート効果が生じる．分散面の傾きがほとんどない領域では光の群速度がきわめて小さくなるため，光と物質の相互作用を高めることができる．分散面の 2 階微分は光の分散係数に対応するため，巨大な正負の分散係数，または零分散係数を与える構造設計も可能である．このように興味深いさまざまな特徴が現れるが，これらは相互に関連して複合的に現れることが多い．特定の機能を引き出したいときは，ほかの効果を抑える特別な設計が必要である．たとえば，ブリユアンゾーン中心 (Γ 点) のバンド端では，ブリユアンゾーン中で群速度が負になることに加え，波長や入射角に対する依存性がほとんど

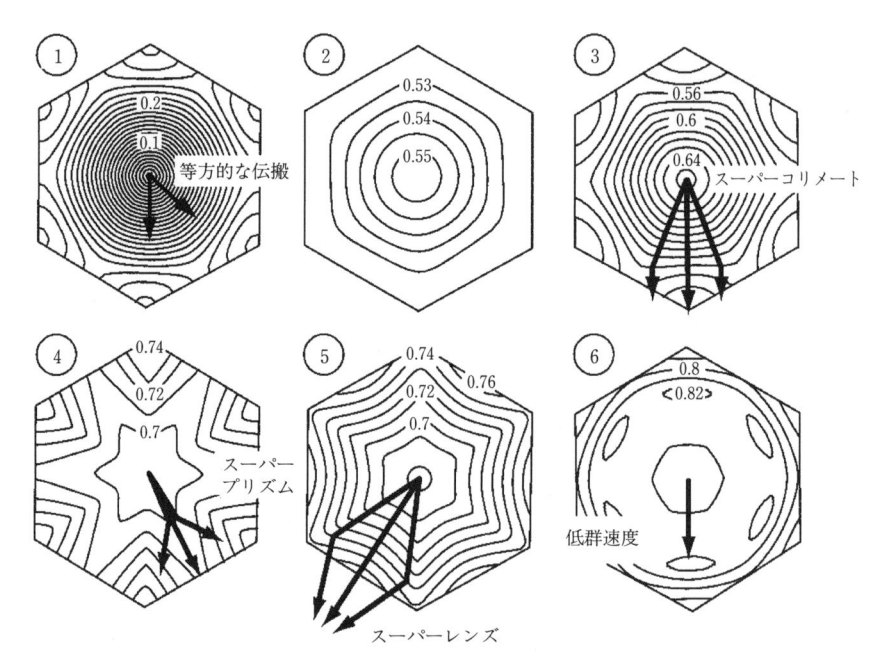

図4.5.3 三角格子円孔最密配列2次元PCに対する分散面
丸印の番号はバンドの番号を表す.

なくなるため，負の屈折と呼ばれる現象が生じる．一般にPBGよりもはるかに高周波数側では，ほとんどの帯域で複数のバンドが重なり合って複合効果が顕著になる．このため応用しやすいのはPBGより上の2～3個のバンドに限定される．

c. 低周波数極限特性

規格化周波数が0に近い領域は，構造周期が波長に対して十分小さな領域である．つまり固体結晶中の原子の周期配列と光学特性の関係のようなものであり，これにより複屈折性が現れることは容易に想像がつくであろう．人工的な周期構造による複屈折は構造複屈折として古典的に知られており，1次元PCに対しては厳密解がある．しかし，通常の光学理論では2次元，3次元PCでの予測は難しい．フォトニックバンドでは周波数0での傾きから正確な予測が可能なため，複屈折が大きくなる構造を設計することができる．

d. スラブ構の下の写真造とライトコーンの問題

図4.5.1(b)の下の写真のように，高屈折率媒質からなるスラブに空孔を2次元配列させた構造をPCスラブと呼ぶ．面内方向にはPCの効果，面垂直方向には屈折率効果によって光を閉じ込めることができるため，さまざまな応用の母体として利用されつつある．この構造に対しては面内に**k**ベクトルを投影したバンドを描く方法が

一般的に用いられる．このようなバンドは，スラブを囲む屈折率 n のクラッド媒質に対して $\omega a/2\pi c = k/(2\pi n/a)$ というライトラインと呼ばれる境界線で二つの領域に隔てられる．これより下の領域はクラッド媒質中で光がエバネッセント波になるため，厳密解として光が PC スラブに閉じ込められる．一方，これより上の領域はライトコーンと呼ばれ，光がクラッド媒質へ漏れ出すことを表す．漏れる量は各バンドの各波数によって異なり，第二バンドの Γ 点のように上下方向への漏れが完全に零になるといった特例もある．ただし，光をスラブに閉じ込めて利用する目的では，一般にライトラインより下を用いる必要がある．

4.5.2 計 算 技 術

PC の設計には長らく簡単な近似理論が待望されてきたが，いまのところ特性予測には種々の計算が欠かせない．具体的には PC の基本特性を知るためのフォトニックバンド計算，および有限大の構造に対して光の振る舞いを定量化するシミュレーション計算である．これらのために，少なくとも以下に述べる平面波展開法と FDTD 法が必須と思われる．

a. 平面波展開法

光伝搬シミュレーションにも適用できるが，おもにフォトニックバンドと分散面の計算に利用される．有限個数(理想的には無限数)の平面波で無限周期の PC 構造を展開し，各波数ベクトルに対する固有周波数を求める手法であり，光のベクトル性を厳密に取り込んだ理論として完成されている．PC の単位セル構造が単純な場合は短時間で正確なバンドが得られる．後述する FDTD を用いたバンド計算と比べて煩雑な作業がないため，分散面の計算も容易である．ただし，セル構造が大きく複雑になると展開に多くの平面波が必要となる．計算量が平面波数の 3 乗に比例するため，ある程度以上の複雑な構造については現実問題として対応できない．

b. FDTD 法

時間領域有限差分 (finite difference time domain : FDTD) 法はマクスウェル方程式を単純に差分化した数値計算法なので，アルゴリズムは簡単な反面，計算機メモリや計算時間が膨大となる．ただし，近年の計算機の高速化，大容量化のおかげで，パソコンレベルでも手軽に利用できるようになってきた．最も一般的なのは有限大の構造中の光波のシミュレーションである．電磁界分布，透過スペクトル，時間応答など一般的な特性のほかに，特殊なアルゴリズムを組み込むことで非線形媒質や分散性媒質，異方性媒質にも適用できる．また，周期境界条件と呼ばれる特殊な条件を用いることで，バンド計算にも利用できる．ここでは時間波形のフーリエ変換，ピーク検出という作業があり，自動化されていない場合は非常に煩雑な労働になる．ただし，セル構造が大きく複雑でも，その程度に比例した計算時間の増加となるため，適用できる構造は平面波展開法よりも幅広い．FDTD 法はもともとアンテナ設計など電波応用向けに発達してきたため，パッケージソフトも多い．近年は PC の研究に便乗した

専用ソフトも販売されている．ただし，それらしい計算結果が容易に得られるだけに，ユーザーが計算精度に対して無頓着になりがちである．実際には十分な精度を短時間で得るために，さまざまなノウハウが必要になる．

c. その他の方法

有限大の PC に対するシミュレーション技術として転送行列法と散乱行列法がある．転送行列法は PC の断面方向に対する有限要素計算と伝搬方向に対する伝達計算を組み合わせた手法であり，透過スペクトルを比較的容易に求めることができる．散乱行列法は円柱関数によって光の電磁界を展開する方法である．実際の 2 次元 PC では，円形構造が周期配列された構造が多い．このような PC に対して厳密な結果を FDTD 法の 1/10 以下の短時間で求めることができる．ただし，さまざまな面で汎用性が高い FDTD 法が利用できるようになってきた現在では，いずれも用いられなくなってきている．

4.5.3 作製技術

人工的な技術と自己組織的な技術，それらの中間的技術がある．人工的な技術は結晶配列，欠陥の導入などが任意に行えるが，高度なプロセス装置を必要とする．自己組織的な技術は結晶構造の自由度が低いが，大面積にわたって簡単に作製できるという利点がある．

a. ドライエッチングによる PC スラブの作製

低屈折率媒質にはさまれた半導体などの高屈折率スラブ上にリソグラフィによって 2 次元パターンを形成し，これを通してエッチングを行う．スラブの厚さは 300 nm 以下と薄いのが一般的なので，現状の技術でも直径 200 nm 程度の円孔が配列された 2 次元 PC の形成は比較的容易である．Si, GaAs に対しては反応性イオンエッチング (RIE) や電子サイクロトロン共鳴プラズマ (ECR) エッチングによる精密な円孔が実現されており，InP 系に対しても化学支援イオンビームエッチング (CAIBE) や誘導結合プラズマ (ICP) エッチングによって徐々に形状が改善されつつある．このような状況から，バンド計算された PBG などの理論特性が実験でよく再現できるようになっている．

b. 化学エッチングによる深い 2 次元 PC の作製

Al の陽極酸化，または Si のポーラスエッチングによって 50～100，あるいはそれ以上の超高アスペクト比エッチングが実現されている．基板表面にほかのエッチングやモールドによってあらかじめ簡単なパターンをつけておけば，深い 2 次元 PC が手軽に自己形成され，理論特性もおよそ実験で再現されている．ただし，深さ方向に対して完璧な均一性が実現されていないことに加え，欠陥を導入しても自己修復してしまう点が利点，欠点の両方になっている．大面積かつ分厚い均一な PC が実現され，バルク光学素子として利用されることが期待されるが，その場合，入射ビーム径 (たとえば数百 μm) を超える深さのエッチングが必要だろう．

c. バイアススパッタによる2次元，3次元PCの作製

浅い1次元または2次元パターンを形成した基板を用意すれば，100層を超える薄膜形成に対しても基板のパターンを維持することが可能になっており，大面積PCの生産に有望である．対応できる構造の制約からPBGが得られない点が残念だが，ドライエッチングを組み合わせれば3次元PBGが得られる可能性も示唆されている．いまのところ，ほかのPC素子とも従来の素子とも異なる独自の応用を目指して研究が進められている．

d. 半導体融着による3次元PCの作製

半導体融着はエピタキシーでは成長できない異種半導体を融合するために研究されてきたが，材料間の線膨張係数の違いから安定した融着が得られず，研究は終息しつつあった．一方，同種半導体をわざわざ融着する必要はないと思われていたが，近年，面内だけでなく面垂直方向にも複雑な構造を組み上げるために利用され，ふたたび注目されつつある．ここでは線膨張の問題がないため，筋がよい技術になるかもしれない．これを利用したウッドパイル構造3次元PCはいまのところ理想的なPBG特性を実証しており，電流注入の可能性を考えると将来有望である．2次元PCレーザにも利用されており，PCの主要技術に発展するかもしれない．

e. 走査露光，干渉露光によるポリマー2次元，3次元PCの作製

紫外線硬化樹脂に紫外線レーザ光を照射，走査させる光造形は古くからPCの形成に利用されてきた．ただし，分解能が数十μmと粗いため，光波よりは電波に対応した構造がおもにつくられている．長波長帯のパルスレーザ光を集光，照射，走査させる2光子吸収露光はサブμmの分解能が得られるため，微細構造形成に適する．干渉露光は，より大面積にわたる2次元，3次元PCを短時間で形成する．4〜5光束を用いることでさまざまな3次元PCが精度良く作製されている．この種の作製法の問題点は，できた構造をその後，何のためにどう扱うか，という点である．ポリマーでは空気に対する屈折率比が小さいため，PBGが生じない．最近では，この構造をほかの高屈折率材料で反転させる試みが行われている．

f. オーパル3次元PCの作製

大量の均一な微小球を液体中に入れて沈殿させると，自己組織的に3次元配列する．液体を蒸発させ，加熱処理することで大規模なオーパル3次元PCが形成される．TiO_2など高屈折率材料を含む溶媒にこれを浸して焼成し，微小球を選択エッチングすれば，空気球が3次元配列された逆オーパルPCができあがる．微小球が沈殿する容器の底面にあらかじめテンプレートを形成しておくことで，多種類のPCが形成されている．これは大規模な3次元PCを手軽な設備で形成する手法として期待されているが，単なるオーパルにはPBGが期待できない．一方，逆オーパルは，反転構造は高周波数側でPBGを生む．最近，プロセスの最適化により均一性が格段に向上し，PBGが観測されつつある．ただし，透過周波数帯を利用する応用が見つかれば，近い将来の実用化につながる．たとえば，顔料に含める特殊な発色剤としての利

用が検討されている．

g. マイクロマニピュレーションによる3次元PCの作製

a.の技術で作製した1次元，2次元構造を電子顕微鏡で観察し，先鋭針からなるマニピュレータでそれらをつまみ上げ，一つ一つ配列，積層させる手法である．現段階では生産には不向きな手法といえるが，任意の構造を組み上げることができるため，理想的な3次元PCを実現する可能性がある．これまでのところ，半導体材料に形成されたストライプ構造を交互に積み上げたウッドパイルが形成され，近赤外でPBGが確認されている．

h. ファイバ

石英ガラスロッドを束ねる，または石英ガラスプレートに孔をあけるなどにより多くの空孔があいたプリフォームを形成し，これを延伸することで2次元PCを形成する技術である．初期には断面方向の透過率が議論されることもあったが，現在はPCファイバとしての議論がほとんどである．詳しくは応用の項を参照されたい．

4.5.4 応　　用

図4.5.4にPCのさまざまな応用をまとめる．現在，議論されている応用のほとんどは2次元PCを用いたものである．さらに，2次元PCの応用はほとんどが面内に光を伝搬させて機能を生むものである．そのため，面垂直方向にどのように光を閉じ込めるか，光をどのように結合させるかが重要な課題となる．3次元PCの場合は比較的簡単に光を入射できるため，より使いやすい素子ができる可能性がある．まだ当面はPC自体の作製がおもな研究であるが，理論的にはさまざまな応用が議論されており，作製法の確立とともに徐々に研究が増えるだろう．

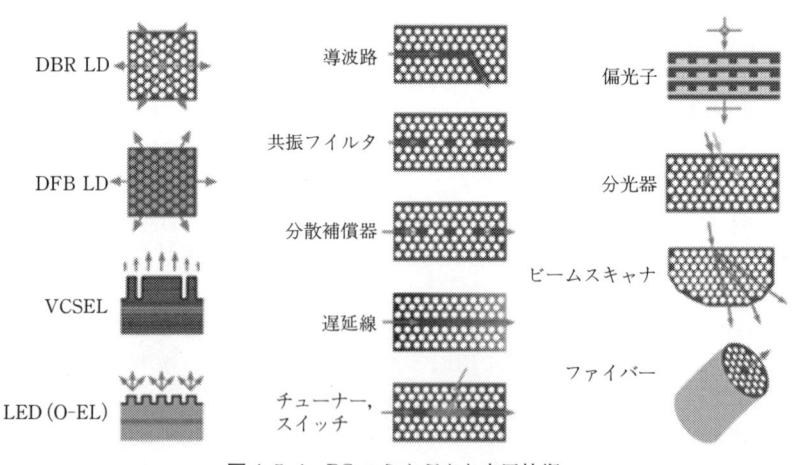

図4.5.4　PCのさまざまな応用技術

a. 発光素子

研究されている素子は4種類に分けられる．すなわち，① 均一な PC に欠陥共振器を導入した微小低しきい値レーザ，② 均一な PC をまるごと利用した高出力レーザ，③ 現行の垂直共振器面発光レーザ (VCSEL) にフォトニック結晶加工を施したモード安定化レーザ，および ④ 均一な PC によって光取り出し効率を向上させた LED である．

① は PC として最初に議論された応用であり，極限的な微小共振器によって自然放出が高効率に利用できるという共振器 QED 効果が大いに注目された．1999 年に Caltech のグループが PC スラブ単一欠陥構造でレーザ発振を実現して話題になったのをはじめ，多くの変形構造で特性の変化が議論されている．また最近，図 4.5.5 のような単一点欠陥共振器において自然放出の桁違いの高速化が実証されている[4]．ただし，構造が非常に小さいので出力が小さく，電流注入が難しいといった制約が多い．いまのところ量子通信用の単一光子光源といった特殊用途が議論されている程度なので，しばらく成り行きを見守りたい研究である．同じく共振器 QED を意識した研究として，均一な PC 全体での自然放出の増強がしばしば議論される．ただし，PBG が生じない PC では，QED 効果はたかだか数倍と予想される．ところで最近，通常のフォトニック結晶とは異なる高次の回転対称性と線対称性を有する準周期フォトニック結晶が注目されつつあり，微小点欠陥や無欠陥構造で実際にレーザ発振が観測されている[5]．このような構造では大面積にわたって強い光局在が起こる可能性があり，上記の QED 効果を使って LED などの応答を速くしたいという用途があれば，有用だろう．

② は既存の分布帰還型 (DFB) レーザの回折格子を2次元化させた構造であり，通常のモード結合理論での理解が容易，作製やレーザ発振が ① に比べて簡単，大面積

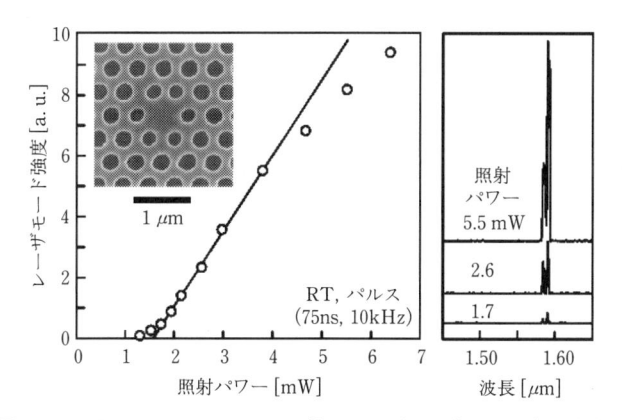

図 4.5.5 GaInAsP フォトニック結晶スラブに形成された単一点欠陥共振器とその室温レーザ発振特性

にわたるコヒーレント発振が可能という特徴がある．さまざまなフォトニックバンド端での発振とそれに対応した遠視野像が実証されており，とくに第二バンドのΓ点では面垂直方向に狭出射ビーム出力が得られる点から，ワット級の単峰ビーム出力が期待されてきた．ただし，大面積なので一般にしきい値が高く，共振方向と光取り出し方向が異なるために効率が低い，といった課題がある．①に比べると実用に向けた展開は早そうだが，今後，既存デバイスとの比較検討が進むだろう．

③は最近登場した話題である．VCSELはすでにLAN光源などで実用化されているが，単峰性出力が3 mW以下と低いことが問題になっている．VCSELを大口径化しても高次横モードを抑制する手法としてPCを形成することが検討されている．すでに10 mW近い単一モード出力が得られており[6]，モード制御機構が明確になれば多くのVCSELに波及する可能性がある．

④はPCの研究者が比較的多くかかわっているテーマである．LEDにおいては，光取り出し効率が全体の効率を制限しており，その高効率化はディスプレイや白色照明などにとって重要な課題である．前述のように，PCスラブにはライトコーンが生じるため，この漏れ特性を積極的に利用した大幅な高効率化が理論，実験の両面で実証されている．ただし，この構造はプロセスが複雑で，本質的に電極形成が困難，非発光が大きいといった問題があるため，低コストも重要な要素であるLEDには利用が難しい．筆者らはLEDの表面に形成する2次元回折格子でも光取り出し効率が半導体の場合で3〜4倍，有機の場合で1.5〜2倍向上できることを実証した[7]．これは構造が浅くてもよい，最適な周期が媒質内波長の4〜5倍と大きい，構造の不完全性に強い，任意の材料に適用可能といった特徴から，現行プロセスに簡単に付加できると考えられ，実用性が高いと思われる．

b. 光導波路

PBGをもつ均一なPCに線欠陥を導入し，光導波路として利用するという概念はMITが最初に提唱し，筆者らがPCスラブを用いて実証に成功した．当初はPBGとライトコーンの関係がはっきりしなかったために幅広い線欠陥でも漏れ損失が大きかったが，ライトコーンを逃れる条件が明確になると単一線欠陥でも理論によく対応した光伝搬が観測されるようになった．SOI基板上に形成した導波路を図4.5.6に示す．伝搬損失は当初，数百dB/cmと大きかったが，多くの技術改良により数年のうちにdB/cmオーダーにまで低減された[8]．また，導波路コアが0.3 μm角程度と極端に小さいため，光ファイバとの接続が難しいことが問題と考えられていた．しかし，これについても，スポットサイズ変換器の開発により，すでに接続箇所あたり損失0.4 dBまで低減されている[8]．初期の研究の最大の関心事であった急峻な接続箇所あたり曲げ，分岐，方向性結合器などの導波路型素子については，さまざまな最適化によって広帯域化，低損失化が図られつつある．ただし，同様な曲げ，分岐などはSi細線などの高屈折率差導波路でも容易に実現できるため，PC導波路を必要な箇所に利用する柔軟な構成も視野に入れたほうがよい．後述するバンド端での超低群速度や

図 4.5.6 SOI 基板上に形成した PC スラブと線欠陥導波路

点欠陥共振器は，PC 導波路独特の利用法として注目される．ところでこの種の導波路は，低損失化のために上下のクラッドが空気となるエアブリッジ構造が必要である．これは機械的脆弱性や機能拡大にとって大きな問題である．最近，アクティブ応用などの特定の用途に対して必ずしもエアブリッジ構造の必要がないことが示された．今後，用途別の最適設計が重要になると思われる．そのような別の例として，PBG をもたない 3 次元 PC に対して線欠陥を導入し，実効屈折率差により光を閉じ込める導波路が研究されている．急激な曲げは難しいものの，特異な分散効果や共振効果が期待されている．

c. 光ファイバ

多くの空孔が形成された石英プリフォームを延伸することで得られるファイバであり，英国バース大の Russell らのグループが精力的な研究を発表，現在，多くの機関が研究を行うとともに市販まではじまっている．コアとして石英が充てんされたタイプと大きめの空孔が配置されたタイプの 2 種類があるが，両者ともに進展著しい．前者は屈折率伝搬を原理としているが，設計により超広帯域あるいはきわめて広範囲のコア径での単一モード伝搬，所望の波長での零分散や巨大分散補償が可能と予測され，徐々に実証されつつある．損失は通常の単一モードファイバの最低損失とほとんど同じ $0.2\,\mathrm{dB/km}$ が数年で達成された[9]．今後，$0.1\,\mathrm{dB/km}$ を下回るようなことになれば，ネットワークインフラ全般に大きなインパクトをもたらすに違いない．

そのほか，偏波保存，希土類添加による増幅，ラマン増幅，4 光波混合など，一通りの研究が行われており，とくにモードや分散を制御した状態で非線形効果が容易に増強できるため，超広帯域のスーパーコンティニューム光発生が高い注目を集めている．逆に，大口径での単一モード伝搬はコア内の光パワー密度を下げるため，非線形効果を抑制し，WDM 通信の多チャネル化に有効と期待されている．この点では後者のタイプに対する期待が大きい．こちらはブラッグ反射を原理としているが，当初は前者に比べて損失がはるかに大きかった．しかし，ごく最近，$2\,\mathrm{dB/km}$ 以下の低

損失化が達成され，展望が開けつつある[10]．従来，伝搬帯域の狭さが問題であったが，これを拡大することも議論されている．さらに光以外の物質(微小球や液体)を光と同時に伝送する，といったこの種のファイバの特長を生かす研究も報告されている．これらの進展はあまりに急なので，しばらくその展開から目を離せない．

d. フィルタ

WDM用の狭帯域波長フィルタとして回折型と共振型の2種類が研究されている．回折型としては，PBGよりも高周波数帯にある特異な分散特性を利用したスーパープリズムフィルタがあげられる．一般に回折格子では分散特性の折り返しが波長に依存した回折光を生むため，フィルタとして利用できる．PCでは多次元周期性によって分散特性がひずみ，適切な設計を行えばより高分解能なフィルタとして利用できる．この設計については最近，筆者らのグループが一つの指針を示した．すなわち分散特性がとくにひずむ条件から少し外れた特性を用いると高性能が得られる．ただし，これまで調査された設計では，結果として現行の石英系アレイ導波路回折格子(AWG)フィルタと同程度の大きさ，同程度の分解能にとどまっている．回折格子やAWGでは回折次数を上げることで高分解能が得られる．一方，スーパープリズムで高次のバンドを利用すると光の分岐現象が起こるため，高い回折効率が得られない．結果として低次のバンドを利用せざるを得ないことが，超高分解能や超小型フィルタにならない原因である．数cmの素子長が必要ということになると，AWGに対する優位性が少ないこと，および伝搬損失を十分に下げないと高効率化が難しい点が問題である．これらを回避する新設計[11]がスーパープリズムの将来を決めるだろう．

共振型フィルタとしては，PC導波路の途中や近傍に点欠陥を導入する方法が検討されている．点欠陥は究極の微小共振器であるため，FSRが広大なフィルタが得られる．光の取り出しには別の導波路を用意する方法が理論計算されているほか，面垂直方向に光を放射させる方法も計算ならびに実証されている．欠陥の大きさを調整すれば幅広い波長選択性が得られるが，この点は共振型フィルタの共通した泣き所でもある．すなわち所望の共振波長を得るには，点欠陥の大きさの絶対値をnmオーダーで制御する必要がある．実際はトリミングなどのポストプロセスが不可欠だろう．現在はQ値や効率を向上させる研究が進み，波長の3乗よりも小さな共振器としては驚くべき100万を超える高Q値[12]や80％を超えるドロップ効率[13]が達成されている．また，フィルタとして重要な箱型スペクトルや多チャンネル化についてもさまざまな工夫が検討されている．

ところで偏光フィルタに関しては，段差基板上にバイアススパッタで形成されたPC偏光分離素子が実用性能に達しており，単体素子の出荷が始まっている．また，面垂直入射が可能，多くの異なる素子を面内に集積化可能といった点が魅力であり，並列光学システムへの導入など新たな展開が模索されている．

e. 分散制御・群遅延制御素子

PCファイバでは，従来のファイバでは得られないさまざまな分散特性(分散係数

の増大・減少，波長特性の平坦化，零分散波長のシフトなど）が可能である．しかもファイバの基礎特性が実用性能に近づいているため，現在の分散補償ファイバの代替だけでなく，現行のファイバすべてを代替する新しい通信線路としての期待が高まっている．一方，微小な PC 線欠陥導波路を最適設計することでも，ファイバよりも桁違いに大きな分散補償係数やチューナビリティを生み出そうとする研究が行われている．点欠陥を連続的に点在させた欠陥結合型導波路に対して比較的広い帯域で ps/nm/mm というきわめて大きな分散補償係数が理論計算され，1 次元構造による基礎実験が行われている．通常の線欠陥導波路においても，フォトニックバンド端では大きな分散が生じる．ただし，波長に対して変化が大きいので，分散補償として単純に利用するのは難しい．むしろバンド端では超低群速度が生じるので，これを利用した群遅延デバイスが興味深い．ここでも，利用できる波長範囲が狭いという共通の問題に加え，光パルスを変形させるという意味で大きな分散がむしろ障害になるが，チャープ構造方向性結合器を利用することで問題が解決されることが理論的に示されている[14]．ここではあらゆる波長が別々の場所で超低群速度となるように導波路の構造パラメータをチャープさせる．さらに，方向性結合器の二つの導波路があらかじめ逆分散をもつように設計する．こうすると，入射された光パルスはスペクトル領域に展開されて超低群速度状態で方向性結合を起こし，しかも二つの導波路の分散が相殺されるので，結果的に短パルスの群遅延デバイスが実現される．遅延時間はチャープ導波路の長さに単純比例し，40 GHz の信号に対して長さ 670 μm で 1 ns 程度の遅延が得られると予測される．もしチャープ長を外部制御できれば，チューナブルな群遅延デバイスが実現できると期待される．

f. 光制御素子

一般的な光素子で，現在，最も待望されているのが光スイッチと波長チューニング素子であろう．また，光増幅器もより広範な利用法が検討されている．しかし，これら光制御素子を PC と絡めた議論は今のところ少ない．光制御には基本的に媒質の屈折率や吸収/増幅の線形的もしくは非線形的変化が必要であるが，この変化はフォトニック結晶と直接，関係がない．ただし，低群速度バンドや点欠陥共振器によって光エネルギーを局在させ，媒質との相互作用を高めることは可能である．この効果はファブリーペローエタロンにもみられるようなもので，PC でさらにどのような付加価値が生まれるかは吟味する必要がある．一般にこのような系では，低群速度や共振器 Q 値の分だけ効果が高められるものの，その裏返しとして利用帯域が限られる．ただし，e.で述べたチャープ構造を用いれば，この問題は解決される可能性がある．単純な点欠陥共振器ではローレンツ型スペクトルの頂点付近でしか透過が得られないため，結合共振器により帯域を適度に広げることが検討されている．より実質的な優位点として，2 次元 PC では光局在領域と入出力導波路を集積化できる点，高密度伝搬光が得られる点，光損失を抑える設計が可能な点があげられるだろう．入出力導波路が結合された点欠陥については，光励起による共振波長チューニングが報告されて

いる[15]．最近では電気ヒータを用いた熱効果によるチューニングやスイッチングも実証されつつある．計算では，上記のような点欠陥と導波路の組み合わせにおいて非線形の増大による双安定動作，全光スイッチングが示されており，実証が期待される．

g. 高調波発生，波長変換

PCファイバでは，従来のファイバよりも小さなコアで強力な光閉じ込め，広帯域の単一モード伝搬が可能なため，非線形の増大が容易なことが実証されている．とくに超広帯域でコヒーレント性の高いスーパーコンティニュウム光を発生できる点がユニークな点としてあげられる．同様の理由で高効率な四光波混合などへの期待も大きい．単体のPCについては，二つの効果により2次高調波発生効率が向上すると期待されている．一つは多次元的な位相整合であり，もう一つは低群速度バンドや局在モードによる内部光の増強である．位相整合を狙うPCの周期は数μmから10μmと大きいので製作しやすく，$LiNbO_3$への導入により複数方向への複数の高調波変換が実証されている．また，位相整合の条件が緩和されることも示されており，原理の解明が行われている最中である．一方，内部光の増強は共振器エタロンと類似の効果であるが，f.で述べたような低群速度バンドや点欠陥共振器を利用する方法もあるだろう．この場合，周期は波長と同程度になるだろう．位相整合と増強が広い帯域もしくは広い許容誤差範囲で実現されるならば，興味深い技術になる可能性がある．3次非線形による波長変換についてはほとんど議論がないが，今後，上記のような大きな光局在を利用した研究が登場することは十分に考えられる．

最近，フォトニック結晶ロードマップの英著版が出版された[3]．改訂にあたり，第一版の技術発展予想が大幅に前倒しされている応用が数多く見られた．ここでは個々の応用に対して問題点を指摘したが，早晩解決されるものばかりではないかという楽観的な見方をしている．研究のさらなる拡大を期待したい． 〔馬場俊彦〕

文　献

1) C. M. Bowden and J. P. Dowling, eds.: Development and applications of materials exhibiting photonic band gaps, *J. Opt. Soc. Am.*, **B10-2**, pp. 283-413 (1993)
2) J. D. Joannopoulos, R. D. Meade and J. N. Winn: Photonic Crystals, Princeton University Press (1995)
3) S. Noda and T. Baba, eds.: Roadmap on Photonic Crystals, Kluwer Academic (2003)
4) T. Baba, D. Sano, K. Nozaki, K. Inoshita, Y. Kuroki and F. Koyama: *Appl. Phys. Lett.* **85**, pp. 3989-3991 (2004)
5) K. Nozaki and T. Baba: *Appl. Phys. Lett.*, **84**, pp. 4875-4877 (2004)
6) A. Furukawa, S. Sasaki, M. Hoshi, A. Matsuzono, K. Moritoh and T. Baba: *Appl. Phys. Lett.*, **85**, pp. 5161-5163 (2004)
7) H. Ichikawa and T. Baba: *Appl. Phys. Lett.*, **84**, pp. 457-459 (2004)
8) E. Kuramochi, M. Notomi, S. Hughes, L. Ramunno, G. Kira, S. Mitsugi, A. Shinya and T. Watanabe: Proc. Pacific Rim Conf. Laser and Electro-Opt., CTuEl-1 (2005)

9) K. Tajima, J. Zhou, K. Kurokawa and K. Nakajima : Tech. Dig. European Conf. Opt. Commun., **PD1-6** (2003)
10) B. J. Managan, L. Farr, A. Langford, P. J. Roberts, D. P. Williams, F. Couny, M. Lawman, M. Mason, S. Coupland, R. Flea, H. Sabert, T. A. Birks, J. C. Knight and P. St. J. Russel : Tech. Dig. Conf. Opt. Fiber Commun., **PDP24** (2004)
11) T. Matsumoto and T. Baba : *Opt. Exp.*, **13**, pp. 10768-10776 (2005)
12) E. Kuramochi, M. Notomi, S. Mitsugi, A. Shinya and T. Tanabe : *Appl. Phys. Lett.*, **88**, pp. 041112 (2006)
13) H. Takano, B. -S. Song, T. Asano and S. Noda : *Appl. Phys. Lett.*, **86**, pp. 241161 (2005)
14) D. Mori and T. Baba : *Appl. Phys. Lett.*, **85**, pp. 1101-1103 (2004)
15) T. Baba, M. Shiga and K. Inoshita : *Electron. Lett.*, **39**, pp. 1516-1518 (2003)

5

磁性・スピンデバイス

5.1 磁性材料

　磁性材料は物質中の各原子の電子のスピン角運動量および軌道角運動量による磁気モーメントの集合体として現れる磁化を利用する．電子間の交換相互作用や超交換相互作用などによりさまざまな磁気秩序（強磁性，反強磁性，フェリ磁性，など）が現れる．また電子軌道（電子雲）の広がりかたの異方性による電子どうしの相互作用や結晶場や配位子場との相互作用による結晶磁気異方性や磁歪現象が現れる．このため磁性材料の開発にはこれらの磁気秩序や磁気異方性の制御が重要な要素となる．また強磁性やフェリ磁性などの自発磁化を有する状態では，磁化が発生する静磁界自体のなかに磁性材料が存在することになる．このため磁性材料のもつ形状や集合の度合いによって磁気異方性が現れたり，静磁エネルギーをなるべく低く抑えるために磁区（ドメイン）構造をとったりする．このため磁性材料の寸法・形状なども重要な要素となる．一方，結晶粒界は交換相互作用力の変化や磁壁のピニングなどを通じて磁化特性に大きく影響を与えるため，材料の微細構造も重要な制御要素となる．このため，磁性材料の真正な特性としては自発磁化の目安となる飽和磁化および磁気異方性定数や磁歪定数などであるが，同一の組成の材料においても作製技術や加工法および形態などで実際の磁化特性が大きく異なることも多い．さまざまな磁性材料とその応用例の一部を表5.1.1にまとめる．磁気特性と磁化特性の関係は多岐にわたるが，以下に磁性薄膜を例にとり磁気特性と磁化特性の関係について述べる．他の形態でも同様の議論ができることが多いので参考とされたい．

5.1.1 磁性薄膜

　磁気記録（magnetic recording）や光磁気記録（magneto-optical recording），磁気バブル（magnetic bubble）や磁気ランダムアクセスメモリ（magnetic random access memory：MRAM）に応用されているのは磁性薄膜（magnetic films）である．磁性薄膜において観測されるおもな現象について以下で概観する．

a. 自発磁化

　磁性薄膜は3次元方向のうち1方向が他の2方向に比較して極端に小さな形態である．このため，自発磁化を生み出す各原子のスピン間に働く交換相互作用は3次元の

表 5.1.1 磁性材料とその応用例

分類	材料	主な用途	特徴
軟磁性材料 1) 金属	結晶質材料 ケイ素鋼板 パーマロイ, センダスト アモルファス合金 Co系薄帯・薄膜 Fe系液体急冷薄帯・薄膜 ナノ結晶ソフト磁性材料 金属・非金属ナノグラニュラーソフト磁性材料	金属質磁心 磁気ヘッド kHz帯, MHz帯高周波磁心 パワートランスヘッド用 磁気ヘッド用 高周波インダクタ, 高周波電源	高飽和磁化, 高透磁率 低保磁力, 低磁歪 結晶異方性がほぼゼロ 液体急冷法やスパッタ法などで作製 液体急冷法やスパッタ法などで作製 スパッタ法による多層膜やアモルファスの結晶化 高透磁率, 高抵抗率
2) 酸化物	スピネルフェライト Mn-Zn系 Ni-Zn系 Fe_3O_4 希土類ガーネット	CRT偏向ヨーク, 高周波トランス, 通信用フィルタ, アンテナコア, 磁気ヘッド, 電波吸収体, 複写機トナー, 磁歪バブル	高電気抵抗. 大量生産により安価に供給 比較的高飽和磁化, 1 MHz以下の領域で使用 高抵抗率, 1〜100 MHz帯で使用 液相エピタキシャル成長単結晶膜
磁気記録媒体用磁性材料	スピネルフェライト γ-Fe_2O_3 Co-FeO_x メタル磁性粉 Co-CoO蒸着膜 Co-Cr-Pt(Ta)系スパッタ膜 Co-Cr-Pt-SiO_x系グラニュラー膜 Tb-Fe-Coアモルファス膜	塗布型磁気テープ 蒸着型磁気テープ ハードディスク(長手)記録層 垂直磁気記録用記録層 光磁気記録用記録層	針状の形状異方性を利用 表層のCo被着層により高保磁力化 針状の形状異方性と高飽和磁化を利用 斜め蒸着による針状粒子の形状異方性を利用 Coの結晶磁気異方性をCr下地層などで面内に向けて使用 Coの結晶磁気異方性を垂直方向に向けて使用 レーザ照射によりキュリー点以上にして書込み. 垂直磁化
硬質磁性材料 1) 金属	アルニコ系 希土類(R)-Co合金系 Nd-Fe-B(N)系	永久磁石, スピーカ, 小型モータ, 発電機, HDDのボイスコイルモータ, 磁気医療診断(MRI)用	Al, Ni, Coの合金 RCo_5, R_2Co_{17}組成の結晶構造 高エネルギー積による強力磁石
2) 酸化物	六方晶フェライト Baフェライト Srフェライト	複写機用マグネットロール, マグネットシール, スピーカ, 電話機, 磁気カード	耐食性に優れ, 大量生産が容易. 磁石としてのバランス性能が良好, 永久磁石生産重量の90%以上を占める

バルク材料とは異なることが予想される．このためごく薄い薄膜においては自発磁化 (spontaneous magnetization) の大きさや自発磁化が消失する温度 (キュリー温度, Curie temperature) が，バルク材料と異なることが予想できる．極薄膜の強磁性についての研究は強磁性の発現機構などの物理的かつ本質的解明に役立つため古くから行われてきた．統計論的なクラスター理論やスピン波理論などではいずれも薄い膜になるほど飽和磁化が減少することを予測しており，実際の実験値もほぼこの予測を裏づけている．最近の磁性薄膜では数ナノメータやサブナノメータレベルの薄膜についての検討が必要なことが多い．多層構造を応用したり界面や表面の磁性を議論したりするためには，上記のような強磁性の発現機構についての理解が必要となる．また実験的には基板面との濡れ性の差などによる薄膜の島状成長と層状成長の違いによる微細構造自体の変化や，極薄膜の酸化や改質などによる磁気特性の変化などと切り分けて実験データを解釈する必要がある．

b. 磁性薄膜の磁気異方性

磁気異方性 (magnetic anisotropy) とは，強磁性体の内部で自発磁化が向く方向によって磁性体の内部エネルギーが変化する現象をいう．また，このような自発磁化の方向に依存するエネルギーを磁気異方性エネルギー (magnetic anisotropy energy) という．磁気異方性は，発生原因の違いによって多種に分類される．

1) 形状磁気異方性

磁性薄膜・薄帯がもつ特徴的な磁気異方性に薄膜形状に起因する形状磁気異方性がある．図5.1.1のように飽和磁化 M_s[T] を有する磁性薄膜が膜面から θ の方向に均一に磁化しているとする．膜の両面に現れる磁荷 $M_s \sin \theta$ による反磁界中に磁化が存在することによって静磁気エネルギー $(1/2)\mu_0 M_s^2 \sin^2 \theta$ が発生し (μ_0 は真空の透磁率)，θ の増加に伴って大きくなる．このことは薄膜や薄帯では法線方向よりも面内方向に磁化が存在しやすい，つまり面内方向が磁化容易軸，法線方向が磁化困難軸となる磁気異方性が生じることを意味している．垂直磁気記録媒体や光磁気記録媒体，また磁気バブル用薄膜などでは膜面に垂直方向に磁化を存在させている．これらの膜では，薄膜の面内磁気異方性に打ち勝つために，飽和磁化の抑制や，のちに説明する結晶磁気異方性や応力誘起の異方性，また薄膜微細構造の制御による垂直方向の磁気異方性を導入することにより，垂直磁気異方性 (perpendicular magnetic anisotropy) を相対的に高くしたものが使用されている．

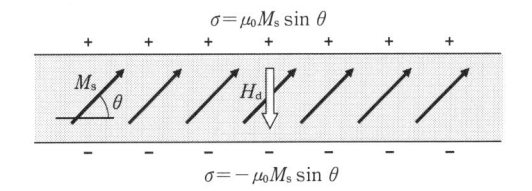

図 5.1.1 磁性薄膜の磁化方向と反磁界

2) 結晶磁気異方性

磁性材料がもつ固有な磁気異方性としては結晶磁気異方性エネルギー（magneto-crystalline anisotropy）がある．電子の磁気モーメントの担い手である電子スピンはスピン-軌道相互作用を通して軌道角運動量と結びついている．結晶磁気異方性エネルギーは軌道（電子雲）が結晶格子の電場と相互作用することや，他原子の電子軌道との重なりにより相互作用することによって生じると考えられる．このため結晶格子の対称性の強い制約を受ける．たとえば，面心立方構造（fcc）を有する Ni 単結晶では，磁化容易軸は $\langle 111 \rangle$ 方向であり，$\langle 100 \rangle$ 方向が磁化困難軸となる．逆に，体心立方構造（bcc）の Fe 単結晶では磁化容易軸は $\langle 100 \rangle$ 方向であり，$\langle 111 \rangle$ 方向は磁化困難軸となる．六方最密構造（hcp）を有する Co 単結晶では，磁化容易軸は c 軸（$\langle 001 \rangle$ 方向）であり，一軸磁気異方性（uni-axial magnetic anisotropy）を示す．これらの金属どうしの合金や他元素との合金化によっては，その磁気異方性エネルギーの大きさや方向までも変化してしまうこともある．また種々の化合物（酸化物，硫化物，金属間化合物など）になった場合にはそれらの結晶場中での磁性イオンとして強い結晶磁気異方性を発現する場合が多い．立方晶系と六方晶系（一軸異方性）の場合の磁気異方性エネルギー E_a のよく使用される表式を次に示す．

$$E_a = K_1(\alpha_1\alpha_2 + \alpha_2\alpha_3 + \alpha_3\alpha_1) + K_2(\alpha_1^2\alpha_2^2\alpha_3^2) \qquad 立方晶系 \qquad (5.1.1)$$

$$E_a = K_{u1}\sin^2\theta + K_{u2}\sin^4\theta \qquad 六方晶系（一軸異方性） \qquad (5.1.2)$$

ここで α_1, α_2, α_3 は立方晶の辺の方向に x, y, z 軸をとった場合の磁化の方向余弦である．また θ は六方晶の c 軸方向あるいは一軸異方性材料の磁化容易軸方向からの磁化の傾き角である．K_1, K_2, K_{u1}, K_{u2} は結晶磁気異方性定数（magneto-crystalline anisotropy constant）と呼ばれる．結晶磁気異方性定数の具体例を表 5.1.2 に示す．

3) 誘導磁気異方性

物質固有の結晶磁気異方性と異なり，なんらかの外部的処理によってその磁気異方性の大きさのみならず，その対称性をも制御できるような事象を誘導磁気異方性（induced magnetic anisotropy）という．磁性薄膜に誘導される一軸磁気異方性の例としては下記のものがある．

表 5.1.2 各材料の結晶磁気異方性定数の例

	結晶磁気異方性定数 (J/m^3)	
立方晶系	K_1	K_2
Fe (bcc)	4.7×10^4	-0.08×10^4
Ni (fcc)	-5.7×10^3	2.3×10^3
一軸異方性	K_{u1}	K_{u2}
Co（六方晶系）	4.5×10^5	1.4×10^5
Ba フェライト（六方晶系）	3.3×10^5	
$Nd_2Fe_{14}B$（正方晶）	4.5×10^6	

(1) 構成原子の原子対の方向性配列効果
(2) 応力誘起などによる逆磁歪効果
(3) 結晶粒,粒界による形状効果
(4) 多層膜や人工格子構造の界面における界面異方性あるいは超薄膜における表面異方性の寄与

(1)の「方向性配列(directional ordering)効果」は,たとえば,パーマロイ合金(Ni-Fe合金)を高温から冷却する際に磁界を印加しておくと,冷却中に起こる原子の配列および組織の変化が磁界により影響を受けて,印加磁界の方向を磁化容易軸とするような一軸磁気異方性を誘起する場合が知られている.図5.1.2はパーマロイ結晶中におけるNi原子(黒丸)とFe原子(白丸)の配列の様子を模型的に示したものである.FeおよびNiがまったくランダムに各格子点を占めるとすれば,隣り合う2原子を対と見なして,Fe-Fe対,Ni-Ni対などの対の方向もランダムに分布することになる.しかし,これら対の配列の仕方に方向性があると双極子相互作用(dipole-dipole interaction)による磁気異方性が現れる.したがって逆に,磁場中成膜などの方法により磁場を印加しながら膜を形成すれば,磁化はつねに磁場の方向を向いているから,それを安定化する方向に各原子対が配列することになる.こうして印加した磁場の方向を軸とする一軸磁気異方性が誘起されると考えられている.

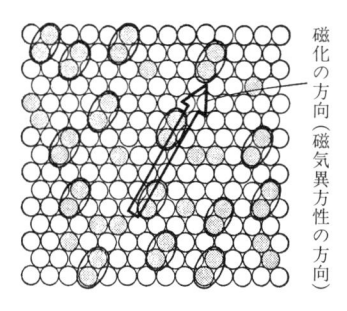

図5.1.2 パーマロイ薄膜における原子対モデル(白丸:Ni原子,黒丸:Fe原子)

すべての磁性合金,化合物の単一の薄膜においては,このような原子の配列変化に伴い生じる誘導磁気異方性のほかに,基板と薄膜の間に働く応力や,結晶粒の集合組織と見なされる薄膜における結晶粒の薄膜面内と法線方向への粒の成長様式の違いなどによる形状効果などで,種々の磁気異方性が誘導される.

(2)の「応力誘起による逆磁歪効果」は後述する磁歪(磁気ひずみ(magnetostrictive effect))現象の逆効果である.磁歪現象は磁性体を磁化した際に磁性体の外形寸法が変化する現象をいう.自発磁化の発生によって磁歪が誘起されるということは,逆に考えれば,なんらかのひずみあるいは応力の印加によって磁化過程が影響を受けることを意味する.材料を弾性体と見なすと,外部から印加された応力 σ によってひずみ $\Delta l/l$ が発生した場合の弾性エネルギー E_σ は $-(\Delta l/l)\sigma$ で表され,後述の等方性材料の磁歪の式を使用すれば次式のように表される.

$$E_\sigma = -\left(\frac{\Delta l}{l}\right)\sigma = -\frac{3}{2}\lambda\sigma\left(\cos^2\theta - \frac{1}{3}\right)$$

この式は定数項を除けば形式的に一軸異方性のエネルギー表式(式5.1.2)の第1項と一致し,異方性定数 $K_1 = (3/2)\lambda\sigma$ の一軸異方性が発現していると解釈できる.これが逆磁歪効果による磁気異方性である.一般に,基板と薄膜物質の熱膨張係数の違いや

格子のミスフィット，あるいは成膜時の高エネルギー粒子の入射や，微細粒間の原子間力などによって，薄膜には内部応力が発生する．この内部応力と逆磁歪効果によって付加的な磁気異方性が誘導されることが多い．このため，本質的に結晶磁気異方性の小さな軟磁性薄膜材料などの応用においては，磁化過程が乱されないように，磁歪の大きさならびに成膜時に生じる残留ひずみ，および応力などに注意が払われなければならない．

薄膜は基本的にその成長様式や成膜法の違いにより微粒子集合体として認識するのが適当な場合がある．この際には特性の均一な膜として取り扱うことができず，微粒子の形状や成長方向，アスペクト比などによる形状異方性が発現することがある．これが(3)の「結晶粒，粒界による形状効果」である．薄膜中では微粒子結晶の成長方向のばらつきによる結晶磁気異方性の分散や微粒子どうしが粒界を隔てて静磁気的相互作用あるいは電子どうしの交換相互作用を通して結合している．結晶粒，粒界による形状効果の評価にはこれらの効果を取り込んだうえで解釈する必要がある．

また，磁性薄膜においては以上のような単層の薄膜で観測される磁気異方性に加えて，薄膜という形状により生じる異方性(2次元性の強調に伴う表面磁気異方性)や，CoとPdなど，異種金属をナノメートルスケールで多層に積み重ねた積層膜で観測される垂直磁気異方性などがある．これが(4)の「多層膜や人工格子構造の界面における界面異方性あるいは超薄膜における表面異方性の寄与」である．

4) 一方向性異方性

スピンエレクトロニクスの研究によって注目を集めてきたのが一方向性異方性(uni-directional anisotropy)である．強磁性体と反強磁性体を接合させた界面では強磁性体の原子と反強磁性体の原子に属するそれぞれの電子が交換相互作用を及ぼし，お互いのスピンを平行あるいは反平行に揃えようとすると考えられる．この結果，強磁性体の磁化方向に合わせて反強磁性体のスピンが図5.1.3(a)のように配列することになる．この交換相互作用の界面の単位面積当たりのエネルギー密度を$J_{ex}[J/m^2]$とする．いま，強磁性体の磁化と逆方向に外部から磁界$H[A/m]$を印加すると強磁性層の磁化$M[T]$は界面の単位面積当たり磁化エネルギー$-Mt \cdot H[J/m^2]$をもつ．ここで$t[m]$は強磁性層の膜厚である．反強磁性体は自発磁化がほぼゼロなので，$H_{ex}=J_{ex}/(Mt)$に相当する磁界を加えなければ磁化が感じる磁界がゼロとはなら

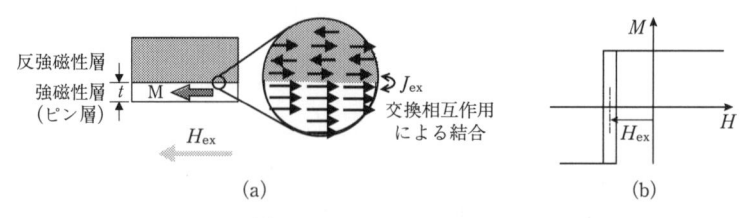

図5.1.3 (a) 反強磁性層と強磁性層の接合界面と
(b) 一方向異方性の磁化特性

ない.これは磁化特性としては図5.1.3(b)のようにあたかもH_{ex}に相当する磁界だけ一方向につねに加えられているようなバイアス磁化特性となる.反強磁性層と接する特定の膜の磁化のみを一方向にバイアスしておくことができるため,MRAM(磁気ランダムアクセスメモリ)や磁気記録用の再生ヘッドに用いられるスピンバルブ(spin valve)構造に使用される.

c. 磁性薄膜の磁歪

自発磁化を有する結晶では,双極子相互作用やスピン相互作用との組合せで結晶がひずむことにより磁気弾性エネルギー(magneto-elastic energy)が発生する.結晶の純弾性エネルギーと磁気弾性エネルギーの総和を最小化する平衡ひずみを磁歪と呼んでいる.等方性物質(微結晶組織のランダム配向集合体なども等方性物質と近似できる場合が多い)では磁化の発生に伴う結晶の伸び率$\Delta l/l$は発生する磁化の方向とθの角度をなす方向で次式のように与えられる.

$$\frac{\Delta l}{l} = \frac{3}{2}\lambda\left(\cos^2\theta - \frac{1}{3}\right)$$

ここでλは磁化と平行方向の伸び率であり磁歪定数(magnetostriction constant)と呼ばれ,多くの場合10^{-5}～10^{-6}程度である.磁歪現象は発生機構からも,結晶磁気異方性の場合と同様,結晶の対称性の強い制約を受ける.立方晶構造や六方晶構造における磁歪定数は物質固有の定数として定義されている.

d. 薄膜の磁区と磁壁

自発磁化を有する材料内では磁気モーメントは基本的には異方性エネルギーが極小となる方向を向きたがる.しかし,それにより自発磁化自身が発生する磁界(反磁界)と磁化が異なる向きに存在するため静磁気エネルギーの高い状態になる.このエネルギーを下げるためには一方向に磁化をそろえるだけでなく,他の等価な容易軸方向(90度や180度など)に磁化を振り分けたほうがエネルギーが低くなり安定化する.このような機構によって現れるのが磁区(magnetic domain)構造である.この際,各磁区どうしの間には磁気モーメントの角度の急激な変化を起こしている領域が存在するはずで,この領域が磁壁(domain wall)と呼ばれている.薄膜の磁壁の例を図5.1.4に示す.ブロッホ磁壁(Bloch wall)は磁区の遷移方向の軸(x軸)につねに直交しながら回転する磁化ベクトル分布を示し,ネール磁壁(Néel wall)は遷移方向の軸に平行な磁化成分をとりながら回転していく形となる.一般にネール磁壁では磁壁幅は厚くなり,その間の各スピン間での交換相互作用エネルギーの総和が大きくなるが,面内磁化膜では膜面に垂直な磁化成分を出さずに磁区を区切ることができる.一方,ブロッホ磁壁では磁壁幅を薄くできるが,面内磁化膜では磁壁内部で膜面に垂直な磁化成分を出すことになり静磁気エネルギーの増加が発生する.このため,一般に面内磁化膜では膜厚の薄い領域ではネール磁壁による磁区構造となり,厚い領域ではブロッホ磁壁による磁区構造になる傾向がある.ブロッホ磁壁からネール磁壁に遷移する膜厚領域では枕木磁壁(cross-tie wall)構造が出現する場合もある.

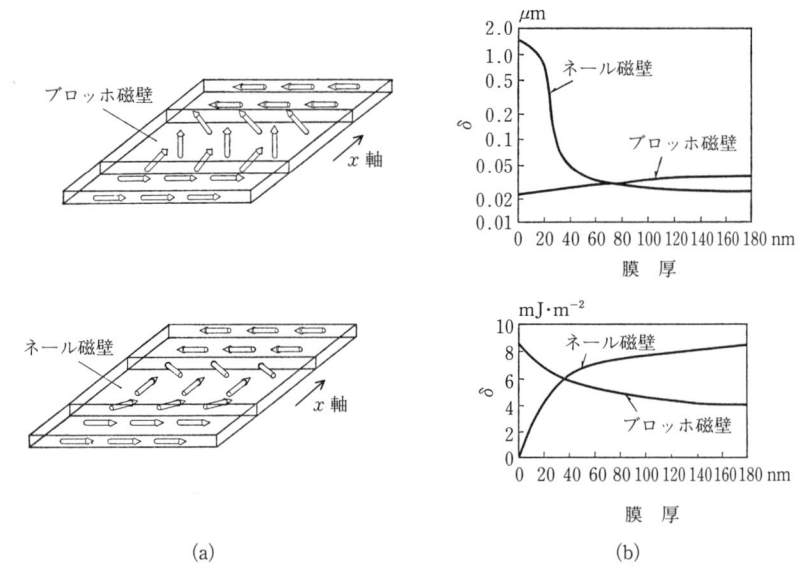

図 5.1.4 (a) ブロッホ磁壁とネール磁壁の構造と，(b) 各磁壁の厚さ (δ) とエネルギー密度 (σ) の膜厚依存性の計算例

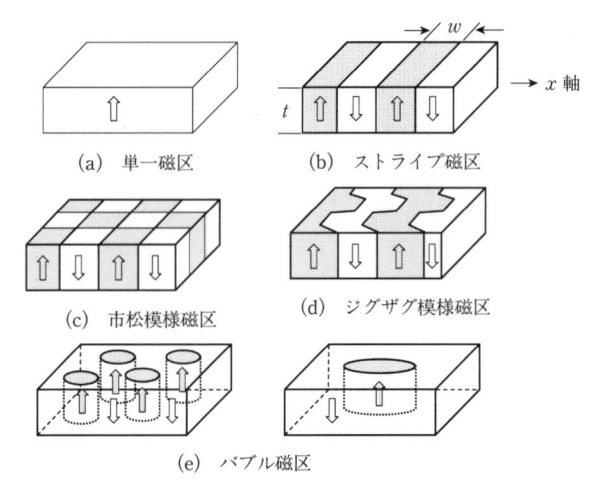

図 5.1.5 垂直磁化膜の磁区構造の例

垂直磁気異方性のある磁性膜の磁区構造

膜面の法線方向に磁気異方性が大きい垂直磁化膜では図 5.1.5 に示すような各磁区構造が現れる可能性がある．(a) は単一磁区 (single domain) 構造で保磁力が大きく

角形比が1のような膜の残留磁化状態，あるいは外部磁界により垂直方向に飽和した場合の磁区構造である．この状態はすべて膜面垂直の磁化になるため大きな静磁気エネルギーが生じていることになる．この静磁気エネルギーを下げるためには(b)のようなストライプ磁区(strip domain)構造や(c)のような市松(checker-board)模様磁区，(d)のようなジグザグ(zig-zag)模様磁区，(e)のようなバブル状などさまざまな磁区構造が考えられる．これらは膜内部の微視的な不均一構造などにより発現するものと解釈できる．これらの磁区は多くの場合はブロッホ磁壁で区切られていると考えられる．ガーネットの単結晶膜などで保磁力の低い膜では(b)のストライプ磁区を基本とする構造の残留磁化状態をとるが，垂直磁界を印加すると(e)のような円柱型の磁区が膜中に散在する構造となり，バブル磁区(bubble domain)と呼ばれている．

均一な垂直磁化膜では膜厚によって磁区幅が変化する．(b)のストライプ磁区構造を仮定すれば，磁区幅 w を決めるのは x 方向の単位長さ当たりの磁壁エネルギー E_w と磁区構造の静磁気エネルギー E_s である．E_w は $E_w = \sigma_w t/w$ と表され，E_s は $E_s = \eta w M_s^2$ で表される．ここで σ_w, t, M_s はそれぞれ磁壁エネルギー密度，膜厚，飽和磁化を表す．η は 1.08×10^5 程度の定数である．$E_s + E_w$ が最小になる条件から $w = (1/M_s)\sqrt{\sigma_w t/\eta}$ が決まる．この式で膜厚 t が減少すれば $E_s + E_w \propto \sqrt{t}$ となる．一方，垂直磁気異方性エネルギーに逆らってすべての磁化を面内方向に向けるためには $E_a = K \cdot t$ で表される垂直磁気異方性エネルギー E_a が必要となるが，ある臨界膜厚 $t_c = \eta M_s^2 \sigma_w/K^2$ 以下では $E_s + E_w > E_a$ となり磁化が面内方向を向いたほうがエネルギーが低くなり面内磁化膜となってしまう．

飽和磁化がある程度大きければ膜は垂直方向の磁気異方性エネルギーを有していても静磁気エネルギーにより面内磁化膜として振る舞う．しかしながら膜厚がある程度大きくなると垂直磁気異方性エネルギーが顕在化する．この場合は図5.1.6(a)に示されるような面内磁化特性を示し，軟磁気特性が劣化する．これは $H_{k\perp}$ で示される面内方向磁界以上ではその方向に磁化は飽和しているものの，$H_{k\perp}$ 以下になると図5.1.6(b)に示されるような磁区に分裂し，磁場の低下に伴って磁区のなかで磁化と膜面のなす角($\pm\theta$)が増加する領域が現れる．この縞の変化方向(x方向)での磁化

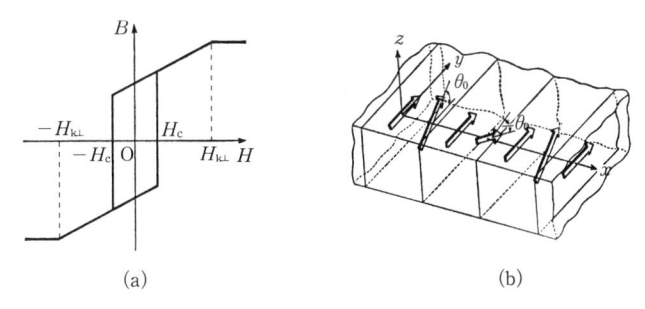

図5.1.6 回転異方性を示す膜の(a)磁化特性と(b)縞状磁区構造

の角度 θ は連続的に揺らいでおり，縞状磁区 (stripe domain) と呼ばれる構造となる．磁界が $-H_c$ になると磁化は縞状磁区を保ったまま面内磁化方向を逆方向に向かって回転させる領域が現れ始める．この膜では面内の任意の方向で印加磁界により飽和させるとその方向が「縞」の方向となり，磁気異方性が面内の中で印加磁界方向に回転してみえることから回転異方性 (rotatable magnetic anisotropy) と呼ばれている．

e. 薄膜内の磁気的相互作用

磁性薄膜あるいは 5.1.2 項に述べる磁性薄帯は，実際の応用においては磁化をもった微粒子の集合体として解釈すべき場合が多くある．磁性微粒子の項でも述べる単磁区構造の臨界半径（粒径）の議論や粒子体積の減少による熱安定性の議論などが薄膜の磁化特性を説明するために適用可能な場合も多くある．

薄膜あるいは薄帯を微粒子の集合体としてみた場合は微粒子どうしの磁化が静磁気的相互作用を通して磁気的に結合することとなる．また粒界が薄く，磁性粒子どうしがほぼ接合していると見なされる場合は，各原子の電子を媒介として磁性粒子どうしの交換相互作用が大きく残り，比較的マクロな範囲で各微粒子の磁化が巨視的な交換相互作用を行っているようにみえる．これらの例を次の f. で例をあげて説明する．

また磁性不純物元素の添加によって電子のスピン偏極の空間的揺らぎが生じる場合があり，RKKY (Ruderman-Kittel-Kasuya-Yoshida) 相互作用と呼ばれている．極薄層の多層膜構造や人工格子構造においてこの RKKY 相互作用が積層方向に現れ，各強磁性層の磁化が強く反平行状態で結合した構造が現れる場合がある．巨大磁気抵抗効果 (GMR: giant magneto-resistance) 多層膜におけるこの相互作用による各層磁化の反平行状態での結合構造の実現はスピンエレクトロニクス分野を開く契機ともなった．

f. 応用面からみた磁性薄膜
1) 軟磁性薄膜

磁気記録用の書込み用磁気ヘッドや薄膜インダクタ・薄膜トランスに使用される磁性薄膜には，透磁率が高く，また材料内に多量の磁束を通すことができるように飽和磁化が大きく，なおかつヒステリシス損失を抑えるためにヒステリシスの小さい材料が基本的に求められる．このような特性を「軟磁性」あるいは「軟磁気特性 (soft magnetic properties)」と呼ぶ．材料の飽和磁化はその材料固有の値であるといってよい．室温で自発磁化を生じる単体元素は Fe, Co, Ni であるが，それらを中心とした合金の飽和磁化は図 5.1.7 のようなスレーター–ポーリング (Slater-Pauling) 曲線に乗ることが知られている．パーマロイと呼ばれる組成を含む Ni-Fe 合金，センダスト合金と呼ばれる組成を含む Fe-Si-Al 合金は軟磁気特性を阻害する要因となる結晶磁気異方性や，磁歪定数がゼロに近くなる物質であり，アモルファス系の軟磁性材料である Co-Zr-Nb 系材料は結晶磁気異方性効果の低減により軟磁性化がもたらされたものと考えることができる．このように軟磁性発現のためには磁歪定数をゼロに

5.1 磁性材料

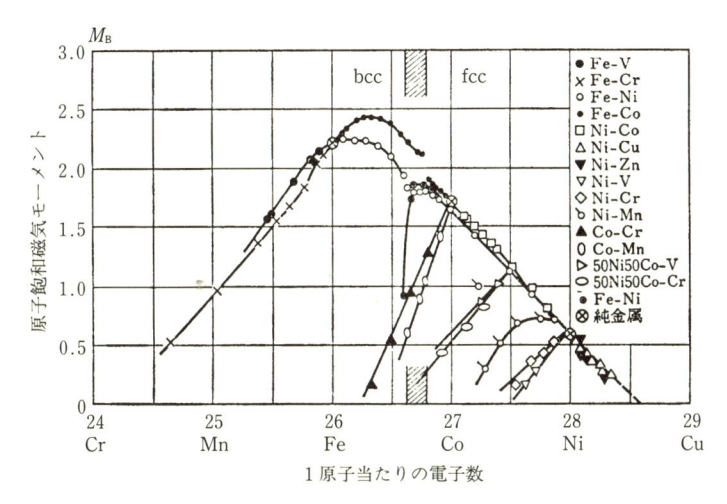

図 5.1.7 スレーター-ポーリング曲線

近づけることや内部応力による弾性ひずみを低減させて，応力誘起の異方性を低減させるのが従来からの基本方針となっていた．

しかしながら，磁性膜の多くは先にも述べたように磁性微粒子の集合体として解釈すべき場合が多い．薄膜中の結晶粒子のサイズはバルク材料と大きく異なり，成膜プロセスによっては数 nm から数十 nm 程度の結晶粒径を得ることも可能である．このため，磁性結晶粒子のサイズ効果によって，従来のバルク材料では実現しえなかった，薄膜固有の新たな磁性の導出が可能となってきた．たとえば Fe などのバルク材料では不可能であった結晶磁気異方性の大きな材料においても，結晶粒間の交換相互作用を積極的に利用した場合には，軟磁気特性を導出することができる．このため，飽和磁化の大きな Fe や Fe-Co 合金などをベースとして種々の元素を添加したり，作製法を工夫したりして微細構造の制御を行い，所望の磁気特性が発現するように調整される．

　Fe の結晶磁気異方性および磁歪は比較的大きいため，従来の古典的な理論では Fe 薄膜に優れた軟磁性を導出することは物理的に不可能とされてきた．しかしながら，純 Fe に代表される結晶磁気異方性が大きな材料でも，すぐれた軟磁性を導出することが可能であることが実験的に明らかとなってきた．これは結晶粒のサイズ効果と粒間の相互作用 (Hoffman のリップル理論が代表例) を考慮することで，ナノメートルサイズの結晶 (ナノ結晶) より構成され，結晶粒間を交換相互作用で磁気的に結合させた微細構造組織をもつ Fe 基ナノ結晶薄膜において実現されている．図 5.1.8 は磁性膜中の磁性粒子の磁化とその磁化の粒間での結合の強さによって周辺の粒子の磁化が結合して振る舞うおおよその範囲 (メッシュ部分：結合距離 L で代表させる) を模式的に示した．(a)のように結晶粒間が比較的離れている場合は結晶粒どうしには静

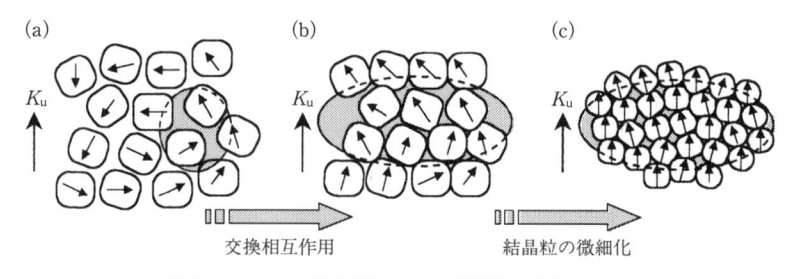

図 5.1.8 ナノ結晶効果による磁化特性変化の概念

磁気的な相互作用のみが主として働き，結晶粒内の磁化は各結晶粒内の結晶磁気異方性(ここでは簡単化のため一軸性を仮定しておく)に沿った磁化方向を示す．このため，膜の磁化特性も比較的大きい磁気異方性を有する粒子の集合体のような特性を示すこととなり軟磁気特性は望めない．しかし，(b)のように粒界において交換相互作用による磁化の結合が生じるように各粒子が接触した場合は，交換相互作用による原子磁気モーメントどうしの直接的な結合が生じる．この粒界における交換相互作用は，交換エネルギーの上昇を避けるため，隣り合う粒子の磁化の角度を極力小さくして磁化を平行にさせようと作用する．したがって交換相互作用による磁化結合が静磁気的相互作用に重畳すると，磁化が結合する領域は飛躍的に広がり，各粒の磁化の方向は個々の粒子の磁気異方性の方向から外れ，徐々に巨視的に薄膜全体に誘導されている一軸磁気異方性の方向を向くようになると考えられる．このような結晶粒間の磁化結合を保持した状態で，結晶粒径がさらに小さくなると粒界の面積が急激に増加し，交換相互作用による磁化結合が非常に強くはたらくため，(c)に示すように各磁性粒内の真性的な結晶磁気異方性は見かけ上，数桁程度低減する(ナノクリスタル効果)，磁化は広い範囲で巨視的に平均として誘導されている一軸磁気異方性の磁化容易軸方向に揃うようになる．以下に簡単な見積もりを示す．結合距離 L は粒間にはたらく交換相互作用定数を A，膜全体の平均の異方性定数を K_{eff} とすると $L \approx \sqrt{A/K_{\text{eff}}}$ 程度で表されると考えられる．結晶粒のサイズを D とすると結合範囲内にある結晶粒子の数 N は $N \approx (L/D)^3$ 程度に見積もられる．各結晶粒の容易軸方向はランダムであるから N が大きいと平均の異方性 K_{eff} はゼロとなるが，N が有限の値をとるならば，各結晶粒内の結晶磁気異方性エネルギーを K_c として K_{eff} は $K_{\text{eff}} \approx K_c/\sqrt{N}$ 程度に低下すると見積もられる．上記の式より L, N を消去して，

$$K_{\text{eff}} \approx \frac{K_c^4}{A^3} D^6$$

の関係式が導かれ，膜全体の異方性定数 K_{eff} は粒径 D が小さくなれば飛躍的に低下する．膜の保磁力 H_c は $H_c \propto K_{\text{eff}}/M_s$ の関係(M_s は飽和磁化)にあるため，軟磁気特性が大幅に向上する可能性があることがわかる．このような微粒子構造による軟磁性薄膜の例としては Fe-Ta-N などが知られている．また最近開発されている軟磁性薄

帯材料にもこのような微細組織を有し，磁性粒間の静磁気的あるいは交換結合的な相互作用を制御して軟磁性化したものといえる．

2) 硬質磁性薄膜

軟磁性膜とは逆に，外部印加磁界によって磁化反転を起こしにくい磁性膜は硬質磁性薄膜と呼ばれる．磁界バイアス印加用などの薄膜永久磁石としても使用されるが，大きな応用分野は磁気記録媒体や光磁気記録媒体，MRAM 記録素子などの情報記録媒体用磁性膜がある．これらの硬質磁性薄膜は結晶磁気異方性などによる磁気異方性を高めて磁化反転を起こしにくくすることが基本となる．永久磁石的な使用法では磁化と逆方向の磁界成分の印加で逆方向の磁区が発生する逆磁区形成磁界(nucleation field) H_n を高めることが必要となる．このためには磁性粒子間の交換相互作用を高くして膜全体が一体の磁化として振る舞うようにすることや，磁壁の移動を妨げるような磁壁ピニングサイトを導入すること，また磁性粒子のなかに磁区をつくらないような単一磁区状態(single domain)とするために微粒子径を微細化することなどが試みられる．また磁性粒の磁気異方性の方向や大きさなどの異方性分散を制御することが重要となる．

磁気記録媒体用の磁性膜では記録磁化として所望の磁化領域を形成し，その磁化遷移領域の乱れがないことが媒体 S/N 比向上のために必要となる．このためには磁性粒子を微細化し，なおかつ磁性粒間の交換相互作用を低減させて磁化反転が各磁性粒子で独立に起こるようにすることが望まれる．このため，磁性粒間の粒界に非磁性に近い物質を析出させたグラニュラー構造がとられる場合が多い．ただし，粒間の交換相互作用や磁性粒の大きさや異方性の分散を制御することなどが必要とされる．磁気記録媒体には記録磁化の膜面に対する方向により，面内(長手)磁気記録媒体と垂直磁気記録媒体に分類される．現在は Co 基合金の一軸性の結晶磁気異方性を有する磁性微粒子で構成されたと見なされる薄膜材料がハードディスク用の面内および垂直磁気記録媒体用材料として用いられている．

3) スピンエレクトロニクス用磁性膜

スピンエレクトロニクス(spin electronics あるいは spintronics とも呼ばれる)においては，磁性材料において伝導キャリアとなるフェルミレベル近傍の電子が，直接あるいは s-d 相互作用などによる間接的な形でスピン状態に依存したキャリアの散乱などの振舞いを示すことが望まれる．このためにはフェルミレベル E_f 近傍で上向きあるいは下向きのスピンに依存した状態密度(それぞれ $D_\uparrow(E_f)$ と $D_\downarrow(E_f)$ する)が大きく異なっている材料が望ましい．フェルミレベル近傍のスピン状態密度の差を示す指標である次式で定義されるスピン分極率 P が大きな材料が求められる．

$$P=\frac{D_\uparrow(E_f)-D_\downarrow(E_f)}{D_\uparrow(E_f)+D_\downarrow(E_f)}$$

このため Fe-Co 合金などの強磁性合金材料，ホイスラー合金などの金属間化合物，マグネタイトなどの酸化物導電性材料，半金属(half metal)，各種化合物などが注目

され，研究開発が活発に行われている．

5.1.2 薄　帯
製造法と応用

トランスやインダクタの鉄心，磁気センサ用の磁性体などには高飽和磁化で高い透磁率を有する材料が必要であり，また渦電流損を抑制するために金属の場合は薄い板状の薄帯を積層して使用することが重要となる．このような金属磁性薄帯としてはアモルファス金

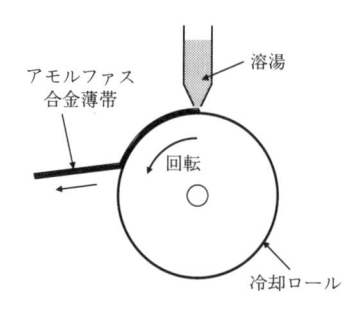

図5.1.9　薄帯作製用ロール吹付け法

属を使用したソフト磁性アモルファス薄帯が実用化されている．アモルファス薄帯を得るには図5.1.9に示されるように溶融させた金属溶湯を高速に回転する冷却ロール上に噴きつけ急冷（約 $10^5 \sim 10^6$ K/s）を行う超急冷法で板厚 $10 \sim 50$ μm 程度のアモルファス薄帯リボンを得ることができる．溶湯としては Fe, Co, Ni の強磁性元素と 20 at.%程度の IIIb～Vb (B, C, Si, P など) または IIIa～Va (Ti, Zr, Nb, Hf, Ta など) のガラス化元素を高温溶解したものが用いられる．Fe 基アモルファス合金薄帯は比較的高い飽和磁化を有し，ヒステリシス損失も低いことから電力トランスへの応用が進んでいる．Co 基アモルファス合金薄帯は，飽和磁化は 1 [T] 以下であるが磁歪がほぼゼロとなる組成において，著しく高い透磁率と低い保磁力が得られるため磁気センサなどへの応用がなされている．

超急冷法で作製されたアモルファス薄帯は加熱により結晶相への相変態により一般に軟磁気特性は劣化する．しかし，Fe-Si-B に Cu と Nb を添加したアモルファス合金を結晶化させることでナノサイズの結晶（ナノ結晶）を析出させたナノ結晶ソフト磁性材料では，Co 基アモルファス合金薄帯に匹敵する著しく優れた軟磁気特性を示すことが見いだされた．また，Fe-M (M=Zr, Nb, Hf など) に B を添加した Fe-M-B 合金も同様に高い軟磁気特性を示す．これらの軟磁気特性の向上メカニズムは「軟磁性薄膜」の Fe 基ナノ結晶薄膜について説明した原理が基本的に成り立つことによるものである．

5.1.3　粉末・微粒子
a. 製造法と応用

磁気テープやフロッピーディスクの記録層には磁性粉末・微粒子が利用されている．記録層用の磁性粉は多くの場合，針状の酸化物あるいは金属微粒子となっており，この針状微粒子の形状磁気異方性を記録磁化の方向に配向させてバインダーとともに均一に分散させながら塗布することにより磁気記録層が形成されている．作製法としては，ゲータイトなどの針状含水酸化物微粒子 (FeOOH) を脱水・還元することによりマグネタイト (Fe_3O_4) 系の針状微粒子を生成する．これをさらに酸化することで

γ-Fe$_2$O$_3$(マグヘマイト)構造としたり,還元処理することで Fe 系の金属微粒子(メタル磁性粉)としたりしている.また γ-Fe$_2$O$_3$ 針状粒子に Co 元素を添加し,Co を表面近傍に分布させた Co 被着 γ-Fe$_2$O$_3$ は結晶磁気異方性定数が通常の Fe$_3$O$_4$ や γ-Fe$_2$O$_3$ に比べて一桁以上に大きくなるため記録層用磁性材料として有用となる.メタル磁性粉はサイズが小さくなるほど体積に対して表面積が大きくなるため,活性度が高く製造工程において空気中で取り扱いにくくなる.このためメタル微粒子表面を緻密に酸化させ,それ以上酸化が進行しないようにして使用している.

数 nm から数十 nm の粒子径を有する磁性微粒子をナノ磁性微粒子などと呼び,近年,さまざまな応用法が指摘され,作製法とともに研究開発が盛んに行われるようになってきた.とくにバイオメディカル(生体・医用)的な応用が注目を集めている.また,次の磁性流体的な分散剤を吸着させたナノ微粒子を自己組織的に基板表面に並べて周期配列構造を作り出し,次世代の磁気記録媒体の形を模索する動向も注目されている.

磁性微粒子に一軸性の異方性エネルギーがある場合には,ある寸法以下では磁区に分割しない単磁区微粒子として振る舞う.粒子径を r とした場合,粒子の異方性エネルギーが r^3 に比例し,磁壁エネルギーがほぼ r^2 に比例していると考えられる.このため,r の小さな領域では磁壁エネルギーが異方性エネルギーに比して大きくなってしまうため磁壁の存在を許さなくするものと解釈できる.単磁区構造となった微粒子は,ほぼ理想的な一軸異方性を有する強磁性体として振る舞うため,一般に,保磁力は粒子径が小さくなれば飛躍的に大きくなる.ただし,体積 V,異方性定数 K をもつ磁性微粒子内の異方性エネルギー KV が熱エネルギー k_BT のオーダーに近づいてくると,ボルツマン因子 $\exp\{-KV/(k_BT)\}$ に比例する確率で磁化が反転することになるため磁化が安定しなくなる.これは粒子の磁化単位のモーメントが多数の粒子磁化の集合体として常磁性のように振る舞うことを意味しており,超常磁性(superparamagnetism)転移と呼ばれている.

b. 磁性流体

磁性流体は図 5.1.10(a)に示されるように磁性超微粒子に分散剤を吸着させて分散媒である液体中に安定に分散させたコロイドである.重力の作用では固液分離は起こらず,液体のままで磁場勾配による力を受け,たとえば図

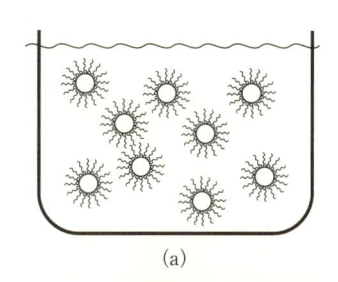

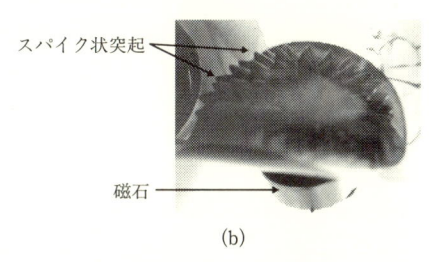

図 5.1.10 磁性流体の(a)構造概念と(b)磁石の近接によるスパイク状突起

5.1.10(b)にみられるようにスパイク状の突起をみせて磁石による磁場に引き寄せられる．磁性超微粒子としてはマグネタイトや MnZn フェライトなどの強磁性酸化物，Fe や Co あるいはその合金などの強磁性金属，さらにそれら金属の耐酸化性を向上させた強磁性窒化金属や強磁性炭化金属などが用いられ，その粒子径は酸化物で 10 nm 程度，金属の場合は数 nm 程度とされる．分散媒としては，長期間メンテナンスを行わない場所の用途などでは揮発しにくい合成潤滑油，活性ガスにさらされるような場所の用途ではフッ素系油，磁性材料の磁区構造を修飾して観察するビッター(Bitter)法に用いられる用途では揮発しやすい水などが用いられる．分散剤は微粒子と分散媒との親和性を高めることと，磁性微粒子どうしの凝集を妨げる役目をもたせるような界面活性剤などが選択されることになる．

〔中川茂樹〕

文　献

1) 近角聡信：強磁性体の物理 (上)(下)，裳華房 (1984)
2) 太田恵造：磁気工学の基礎 (I)(II)，共立出版 (1973)
3) 近角ほか編：磁性体ハンドブック，朝倉書店 (1975)
4) 川西健次，近角聰信，櫻井良文編：磁気工学ハンドブック，朝倉書店 (1988)
5) 島田　寛，山田興治：磁性材料 — 物性・工学的特性と測定法，講談社サイエンティフィク (1999)
6) 桜井由文編：磁性薄膜工学 (磁気工学講座 5)，丸善 (1977)
7) 金原　粲，藤原英夫：薄膜 (応用物理学選書 3)，第 7 章，裳華房 (1979)
8) 白木靖寛，吉田貞史編：薄膜工学，丸善，pp. 211-229 (2003)
9) 逢坂哲彌，山﨑陽太郎，石原　宏編：記録・メモリ材料ハンドブック，朝倉書店 (2000)
10) 宮﨑照宣：スピントロニクス 次世代メモリ MRAM の基礎，日刊工業新聞社 (2004)
11) 柳田博明監修：応用技術 (微粒子工学大系 II)，フジ・テクノシステム (2002)

5.2　センサ磁性材料

5.2.1　磁性体によるセンサ

20 世紀の工業化・情報化社会に対して 21 世紀は知識社会が進展するといわれている．21 世紀の初頭の現在，知識社会の前段階としての知能化社会 (intelligent society) が顕在化しつつあるといわれる．それは，総合科学技術会議の第 2 期科学技術基本計画の理念である「人々が安全，安心で質の高い生活 (QOL) を追求できる社会」であり，科学技術の面では，人々が人工環境および自然環境と情報のやりとりを自由にでき，適切な行動選定のためのデータを得るシステムを構築することが必要である．このためには，情報の取り込みデバイスであるセンサと情報処理デバイスと情報伝達・発信などのデバイスが必要になる．このためのセンサは，情報処理半導体集積回路チップとの組合せや融合による知能化チップを構成することが要求されており，高感度・高速応答・低消費電力のマイクロセンサが基本になる[1]．この知能化チップは，現在携帯電話を中心にディジタルカメラや歩行ナビゲーションシステムなどに急

速に使用が拡大しており，数年先には自動車や情報家電機器，医療機器などに遍く普及していくものと予想されている．これをユビキタス社会と呼ぶ場合がある．

5.2.2 磁気センサの要件

さて，磁性体を用いたセンサは，表 5.2.1 に示すように，磁性体のセンサ機能を用いたセンサであり，磁気センサや加速度を中心とする力学量センサ，温度センサなどである．

磁気センサは，各種センサ（光・赤外線センサ，磁界・磁束センサ，力学量センサ，温度センサ，化学・生化学センサ，放射線センサなど）の中で使用個数が最大（2003 年で約 10 億個，日本電子工業会調べ）である．これはコンピュータ外部記憶の磁気ヘッド（GMR），ディスク回転エンコーダヘッド（MR），回転磁石モータ磁極センサ（ホール素子）が入っているためである．この磁気ヘッドは 2003 年以降は GMR ヘッドが主流になっているが，GMR に関してはほかの節で解説されるため，ここでは，2004 年から急速に使用が立ち上がっている携帯電話用の電子コンパス（地磁気センサによる方位センサ）および使用磁気センサ磁性材料に限定して解説する．

携帯電話の普及数は，2004 年には中国で日本の約 3 倍（約 2 億台）となり，今後急拡大するとともにインドで新たな普及が始まるため，数年後にはパーソナルコンピュータ（PC）の生産台数をはるかに凌駕することになる．すなわち携帯電話は人々の行動の伴侶としてポスト PC の主力携帯端末となる．この携帯電話用の歩行ナビゲーションの原理は，携帯電話の画面上に呼び出した道路地図情報（GIS）内に GPS でユーザの位置を点で表示するとともに，地磁気利用の電子コンパスで東西南北に関するユーザの面方向に地図を回転（heading）するシステムである．

したがって，電子コンパス用の磁気センサは，まず地磁気を高精度・高速応答で安定に検出する必要があり，日本での地磁気約 500 mG（50 μT）の水平成分約 360 mG を 180 度で割った 2 mG/度を安定に検出するために，その分解能は 0.1 mG が必要で

表 5.2.1 磁性体によるセンサ

センサ	磁気効果	磁性材料	用途
磁気センサ	磁気抵抗効果（MR 効果） 巨大磁気抵抗効果（GMR） 磁気光学効果 磁気インピーダンス効果（MI 効果）	NiFe, CoFe 薄膜 NiFe/Cu/CoFe 多層膜 FeCoSiB アモルファスワイヤ	磁気ヘッド 磁気記録ヘッド 高圧電流センサ 電子コンパス 加速度センサ
応力センサ	応力磁気効果（磁歪の逆効果） 応力インピーダンス効果	VFeCo, CoFe 薄膜 CoSiB アモルファスワイヤ	張力センサ 地震計 応力センサ
温度センサ	熱磁気効果	感温フェライト	サーモスタット

表5.2.2 磁気センサの性能比較

磁気センサ	材 料	ヘッド寸法	分解能	応答速度	消費電力
ホール素子	半導体 InSb	10 μm	1 G	1 MHz	10 mW
MR 素子	NiFe, CoFe	10 μm	0.5 G	1 MHz	10 mW
GMR 素子	NiFe/Cu/CoFe	10 μm	0.1 G	1 MHz	10 mW
Fluxgate	NiFe	15 mm	1 μG	10 kHz	200 mW
MI 素子	FeCoSiB アモルファスワイヤ	0.8 mm	1 μG	1 MHz	6 mW

ある．また，携帯電話に搭載されるためには，1辺が3 mm程度以下，厚さ2 mm程度以下の微小寸法のチップである必要があり，また電力消費は数 mW 以下の微小消費電力性が必須条件である[2]．表5.2.2は，磁気センサの性能比較表である[3]．

表5.2.2より，携帯電話用電子コンパスの高感度マイクロ磁気センサに適合できるものは，MI素子のみである．そこで，ここではアモルファスワイヤを用いた MI センサについて，その原理とアモルファスワイヤでなぜ高感度で高能率の磁気インピーダンス効果が現れるのかを中心に，知能化技術時代のセンサ用磁性材料の代表としてのアモルファスワイヤの特性と機能を詳しく述べる．

5.2.3 携帯電話電子コンパス用高感度マイクロ磁気センサ（MIIC）

携帯電話電子コンパス用高感度マイクロ磁気センサの要件を満たす MI センサは，アモルファスワイヤの磁気インピーダンス効果（magneto-impedance effect：MI effect）を利用した新しいセンサであり，1993年に名古屋大学においてその原理が発見され[4,5]，1997年にパルス MI 効果による CMOS センサ回路が発明され[6]，1999-2002年に国の機関の委託開発によって企業が実用化開発を行い，ついで2003年に集積回路チップ[7]に発展させた日本発の独創的産学官連携が実を結んだセンサである．

アモルファス磁性体は，1970年に FePC 超急冷の箔としてカリフォルニア工科大学の Pol Duez 研究室で誕生し，1973年にリボンとして Allied Chemical Co. で市販が開始され，1981年にワイヤとして東北大学増本研究室・ユニチカ中央研究所で開発された非結晶質合金であり，次の四つの特徴をもっている[1]．

① 機械的特性：約95%の弾性率をもち，破断張力（最大抗張力）は線引きワイヤで400 kg/mm²（4 GPa），ビッカース硬度が1000に達する強靱弾性体である．
② 電気的特性：結晶構造がなく電気伝導バンドが狭く，電子移動度が低いため電気抵抗率が高い（130 μm-cm）．金属内の渦電流が小さい．
③ 磁気特性：結晶磁気異方性がないため磁化回転が容易であり，結晶欠陥による磁壁のピン止めがなく保磁力が小さいため，透磁率は磁気ひずみで決定される（磁気ひずみに逆比例）．零磁気ひずみ材料では初透磁率は15万に達する．

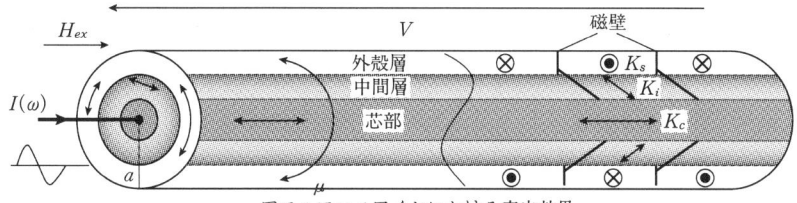

アモルファスワイヤにおける表皮効果

$$\delta = \sqrt{\frac{2\rho}{\omega\mu(H_{ex})}}$$

ω ：通電電流角周波数
μ ：ワイヤ円周方向最大微分透磁率
ρ ：電気抵抗率 (130 $\mu\Omega$-cm)
H_{ex}：印加磁界

アモルファスワイヤのインピーダンス

$$Z = \left(\frac{1}{2}\right) R_{dc} ka J_0(ka)/J_1(ka)$$
$$\approx R_{dc} + j\omega L, \quad L = \mu l/8\pi \quad \text{for} \quad \delta \gg a$$
$$\approx \frac{a}{2\sqrt{\rho}} R_{dc}(1+j)\sqrt{\omega\mu(H_{ex})} \quad \text{for} \quad \delta \ll a$$

外部磁界により μ が変化するために $|Z|$ は大きく変化する

図 5.2.1 零磁気ひずみアモルファスワイヤ（線引き後アニール）の磁区構造モデル

④ 化学的特性：結晶欠陥や結晶粒界などによる静電池がなく，Co 系や零磁気ひずみ材料では耐食性がステンレス合金以上に高い．

なお，アモルファス合金は超急冷による準安定 (metastable) 合金であるため結晶化温度が存在し，高温では微結晶化から結晶化が進展する特性があるため，長期使用にあたっては結晶化温度 (crystallization temperature) から十分低い温度で使用する必要がある．アモルファス磁性合金で結晶化温度が摂氏 500 度程度であれば，センサなどで使用する場合は 200 度以下が安全である．

高感度マイクロ磁気センサを構成する場合，上記①~④の特徴はきわめて重要である．携帯電話電子コンパスで使用されている MI センサ (MIIC) では，直径 20 μm，長さ 0.8 mm の FeCoSiB のほぼ零磁気ひずみのアモルファスワイヤがその強靱弾性，耐食性を生かしてロボットのハンドリングで基板に設置され，高抵抗率と高感度パルス MI 効果により，高感度・高速応答のマイクロヘッドが量産されている．

図 5.2.1 は，線引き後アニールされたわずかに負の磁気ひずみの FeCoSiB アモルファスワイヤの磁区構造モデルである[3]．

アモルファスワイヤは水中超急冷で固化する場合，まず表面層 (殻, shell) が秒速 10 万度の温度勾配で固化したあと内部 (芯部, core) が比較的ゆっくり固化していくので，表面層は円周方向に張力 (長さ方向に圧縮力)，芯部は長さ方向に張力が残留する．わずかに負 (-10^{-7}) の磁気ひずみワイヤに長さ方向に張力を印加してアニール (急熱・急冷処理) すると，表面層の磁化ベクトルは円周方向 (磁化容易方向) へ，芯部は異方性エネルギーが大きいため長さ方向のままで芯部の径は減少し，表層部と芯

の中間に斜め方向の異方性をもつ層(中間層)が存在すると考えられる.

磁気センサをマイクロ化するための最大の課題は,センサヘッド磁性体の反磁界をいかにして小さくできるかである.反磁界 H_{dem} は磁化ベクトル M と反対方向に発生 ($H=-NM$;N は反磁界係数で磁性体端部の磁極に近いほど大きい) し,センサの励磁力を弱めたり外部磁界の磁気力を弱める.したがって,センサヘッドを 1 mm 以下のマイクロヘッドにすると,従来のフラックスゲートセンサのような励磁原理では反磁界の影響が顕著に現れて,低消費電力の高感度センサは原理的に不可能になる.

そこで,マイクロ寸法のセンサヘッドで反磁界を抑制するためには,ヘッドの長さと直角の方向に M を向けることが必要になり,図 5.2.1 の表層部のみを円周方向に励磁することを原理とするセンサが必要になる.これを実現する方法が,ワイヤに高周波電流を通電して表皮効果により表層部のみを励磁する方法である.このとき表皮深さ $d=(2\rho/\omega\mu)^{1/2}$ を表層部の厚さ(半径の約 1/3)程度に設定するが,d は円周方向の最大微分透磁率 μ の $\sqrt{\mu}$ に反比例し,μ は外部磁界によって変化するので,$a \gg \delta$ でワイヤのインピーダンス $|Z|=\left(\dfrac{a}{\sqrt{2}\rho}R_{dc}\sqrt{\omega}\right)\sqrt{\mu}$ が外部磁界によって変化すること

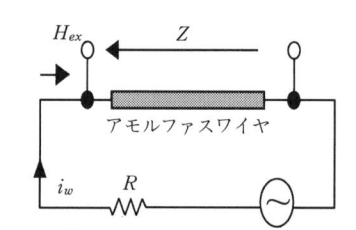

(a) アモルファスワイヤ両端インピーダンス測定回路

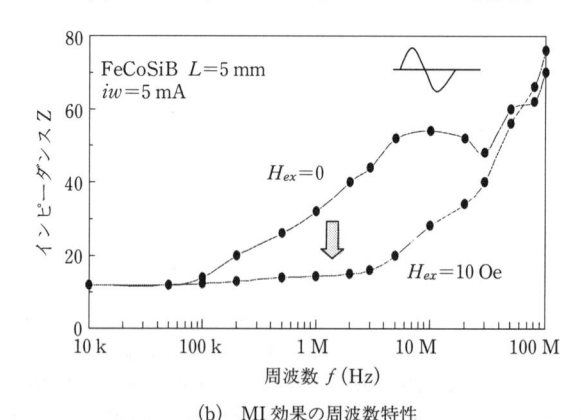

(b) MI 効果の周波数特性

図 5.2.2 アモルファスワイヤの磁気インピーダンス効果の通電周波数特性

になる[7]. この効果を筆者は1993年に見いだし"magneto-impedance effect (MI effect；磁気インピーダンス効果)"と命名した[1]. このアモルファスワイヤにおけるMI効果が高感度・低消費電力のマイクロ磁気センサの新原理となった.

図5.2.2は，磁気インピーダンス効果の通電周波数特性の測定結果である.

30 μm径のアモルファスワイヤに10 mA振幅の正弦波電流を通電して周波数を1 kHzから増加させていくと，100 kHzからワイヤ両端間電圧が急に増加し始め，ここで表皮効果が現れることがわかる. この時点でワイヤ半径と表皮深さが等しいとすると，μの大きさが10万となる. ここで外部直流磁界10 Oeをワイヤ長さ方向に印加すると，μが減少して表皮効果が消失し電圧が高感度に減少する. これが磁界検出の原理である.

しかし，この新原理はいかに画期的(1994年国際応用磁気会議Intermag'94のSeminar session "Magneto-Impedance"の開催)であっても，技術的にはアナログ技術(高周波技術)でありディジタル技術ではないので，企業の技術者の関心を呼ぶものではなかった. そこで，筆者らは，1997年にCMOSFETのマルチバイブレータ回路のパルス電流をアモルファスワイヤに通電する方式(パルスMI効果)を発明し，ディジタル形回路で高感度・超微小消費電力のマイクロ磁気センサを構成した[6]. そしてこれを基礎に1999年にはアナログスイッチによる高感度・高安定・微小消費電力のCMOS型MIセンサを発明し[8]，2003年には愛知製鋼(株)が(独)科学技術振興機構(JST，当時は事業団)の委託開発制度で集積回路型MIセンサ(MIIC)を開発し，2004年から携帯電話用電子コンパス，2005年から方位・モーションセンサへ実用されるようになった[2].

〔毛利佳年雄〕

文　献

1) 毛利佳年雄：アモルファスを中心とした磁性体と磁気効果，センサマグネティクス，磁気センシングとコントロール研究の40年，そして磁気・水分子バイオプロトニクス仮説研究へ，電気学会研究会資料 MAG-04-102, pp. 47-53 (2004)
2) 本蔵義信，森　正樹，青山　均：アモルファス材料のMI効果を利用した方位センサ，ワンチップ電子コンパスICの概要と使い方，トランジスタ技術, pp. 138-142 (2003-12)
3) K. Mohri, T. Uchiyama, L. P. Shen, C. M. Cai, L. V. Panina, Y. Honkura and M. Yamamoto : Amorphous wire and CMOS IC-Based sensitive micromagnetic sensors utilizing magneto-impedance (MI) and stress-impedance (SI) effects, *IEEE Trans. Magn.*, **38**, 5, pp. 3063-3068 (2002)
4) K. Mohri : Application of amorphous magnetic wires to computer peripherals, *Mat. Sci. Eng.*, A-Structural Materials Properties Microstructure and Processing, **185**, 1-2, pp. 141-146 (1994)
5) L. V. Panina and K. Mohri : Magneto-impedance effect in amorphous wires, *Appl. Phys. Lett.*, **65**, 9, pp. 1189-1191 (1994)
6) T. Kanno, K. Mohri, T. Yagi, T. Uchiyama and L. P. Shen : Amorphous wire MI micro sensor using C-MOS IC multivibrator, *IEEE Trans. Magn.*, **33**, 5, pp. 3355-3357 (1997).

7) 毛利佳年雄：磁気センサ理工学，p.33，コロナ社 (1998)
8) N. Kawajiri, M. Nakabayashi, C. M. Cai, K. Mohri and T. Uchiyama : Highly stable MI micro sensor using C-MOS IC multivibrator with synchronous rectification, *IEEE Trans. Magn.*, **35**, 5, pp. 3667-3669 (1999)

5.3 磁気メディア

5.3.1 磁気記録技術

磁気記録技術は1898年，デンマークのPoulsenによって発明されたものである．当時はピアノ線(鋼線)が記録媒体に，そして単磁極型の電磁石のようなものが磁気ヘッドとして用いられていた．その後，現在の磁気ヘッドの原形となるリング型ヘッドの発明(1935年E. Shuller，ドイツ)，磁気テープの発明(1936年F. Fleumer，ドイツ)によって大きく発展してきた．もちろん，音声の記録再生に必要な増幅器に用いられる真空管などの発明も磁気記録の発展に大きく寄与している．

記録媒体に用いられる強磁性体の磁化曲線は，磁界の小さな範囲では，可逆磁化現象により，記録残留磁化が残らない領域がある．そして，入力信号磁界が大きくなると，残留磁化が生じ，飽和残留磁化に達する．このことは，入力信号に対して再生信号の大きさは線形ではなく，ひずみを含んだものとなっている．当初，これを解決するために直流バイアス法が提案されたが，今でも用いられている交流バイアス法(1938年永井，日本)の発明によって画期的な音質の改善がなされた．そしてテープレコーダとして一般に広く普及し，さらには家庭用VTRや磁気カードとして磁気記録技術は身近なものになってきた．これらのアナログ機器に対して，ディジタル機器として，1955年にIBMが世界ではじめてハードディスク(IBM 350 Ramac：24インチ径のディスクが50枚で総記録容量は5メガバイト程度)を製造した．以来，電子計算機の補助記憶装置としてなくてはならない存在となり，高密度・高速化そして大容量化を図りながら発展してきた．

図5.3.1に最近のハードディスクの面記録密度の増加の傾向を示す．とくに近年では，面記録密度は年率60～100%で増加してきている．なお，面記録密度とは，磁気ディスクの半径方向のトラック密度(1インチ当たりのトラック数)と円周方向のトラック上の線記録密度(1インチ当たりの記録ビット数)の積で表す．同図には，現在用いられている長手(面内)記録の限界も示され

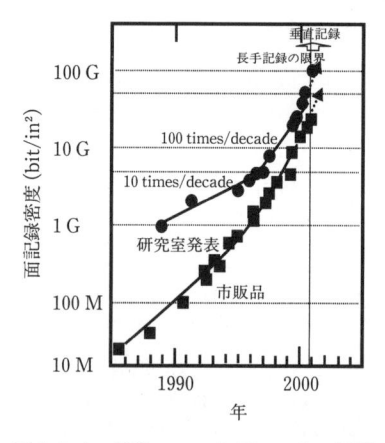

図5.3.1 近年のハードディスクの記録密度の増加

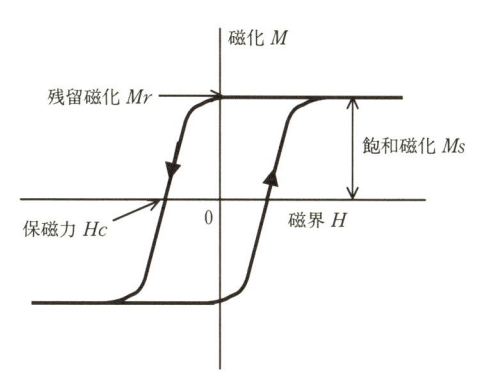

図 5.3.2 磁化曲線 (ヒステリシスループ)

ている．

a. 磁気記録の原理
1) 強磁性体の磁化曲線

図 5.3.2 に強磁性体の磁化曲線 (ヒステリシスループ) を示す．強磁性体を磁界中に置くと，自発磁化が磁界方向にそろい強い磁化を生じるようになる．十分に強い磁界中では，自発磁化がほぼすべて磁界方向に並び，飽和磁化状態となる．そして，磁界を弱めて，零にすると，残留磁化状態となる．磁気記録ではこの残留磁化を記録情報として扱う．磁界を逆方向に大きくすると，第二象限の減磁曲線に沿って，いままで磁化されていた方向と逆向きに磁化が生じる．磁化が零となる磁界を保磁力 H_c と呼び，磁性体の性能を表す重要な値である．基本的には，後述するように，記録媒体に用いられる磁性体の保磁力は高く，そして記録再生磁気ヘッド用材料では，低いことが望まれる．磁界をさらに逆方向に強めていくと，同じく飽和状態となり，磁界を零に戻すと，磁化は，前とは逆の方向で残留状態となる．この正負の二つの残留状態を記録情報として扱う．この残留磁化に対する飽和磁化の比を角形比 $S = M_r/M_s$ で定義する．

2) 記録原理

図 5.3.3 に磁気ヘッド，記録媒体の配置と記録の原理を示す．磁気記録は，紙と鉛筆にたとえると，磁気ヘッドが鉛筆に相当し，紙が記録媒体に相当する．磁気ヘッドのコイルに入力信号である記録電流を流すと，磁気ヘッド先端に設けられた微小空隙 (ギャップ) の部分に漏れ磁界が生じる．これを記録磁界として用いる．記録媒体は磁気ヘッド表面から微小距離を隔てて存在し，磁気ヘッドと相対運動を行う．そして記録磁界によって，記録トラック上に NS の微小な磁石の並びを形成する．ディジタル記録では 1 個の磁石が 1 ビットに相当し，音声などのアナログ記録では半波長となる．

記録ヘッドは記録媒体を十分に飽和できるだけの磁界を発生できることが必要であ

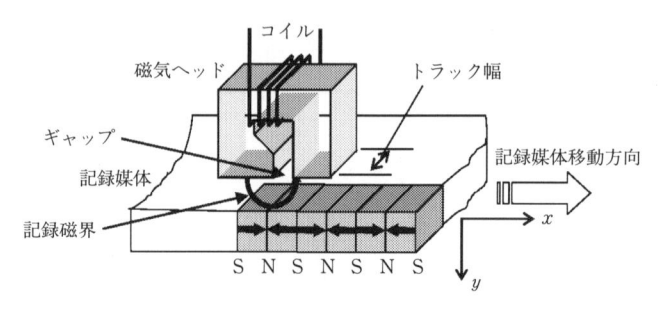

図 5.3.3 磁気記録の原理

り，またその磁界分布は，先鋭な記録を達成するために急峻であることが要求される．

記録磁界の表現する解析的な式に，次式に示す Karlqvist の式と呼ばれるものがある．磁気ヘッド表面の点 $P(x, y)$ における磁界の長手方向成分 H_x と垂直方向成分 H_y は，以下のようになる．

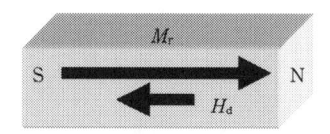

図 5.3.4 記録残留磁化と減磁界

$$H_x = \frac{I_0}{\pi g}\left(\tan^{-1}\frac{\frac{g}{2}+x}{y}+\tan^{-1}\frac{\frac{g}{2}-x}{y}\right) \tag{5.3.1}$$

$$H_y = \frac{I_0}{2\pi g}\log\frac{\left(\frac{g}{2}+x\right)^2+y^2}{\left(\frac{g}{2}-x\right)^2+y^2} \tag{5.3.2}$$

ここで，I_0 はコイルに与える起磁力，g はギャップ長である．

現在用いられている記録方式は，長手（もしくは面内）記録方式であり，基本的には H_x の大きさと，記録が決定される磁気ヘッド後端の磁界の急峻さが重要である．後述する垂直磁気記録方式では H_y の分布が重要となる．

記録された磁化は上述のように，長手記録の場合 N←S，S→N といった細かな磁石の配列になっている．この 1 個の磁石を考えてみると，図 5.3.4 に示すように，記録磁界によって磁化された残留磁化 M_r によって端面には磁荷が生じる．この磁荷によって，記録磁化内部に M_r と逆向きの磁界 H_d が生じる．これを減磁界もしくは反磁界と呼び，高密度記録を阻害する大きな要因である．すなわち，高密度になると記録磁化の長さが短くなるため，減磁界が大きくなる．このため，磁化曲線の第二象限の減磁曲線に沿って残留磁化は低下し，ついには零となる．

この減磁界の影響を少なくするために，記録媒体の薄層化・高保磁力化が必要である．しかしながら，この減磁界は本質的なものであり，高密度記録においてはやはり重大な影響を与える．

この減磁界の影響を緩和し高密度記録が可能な方式として，岩崎俊一教授（東北大

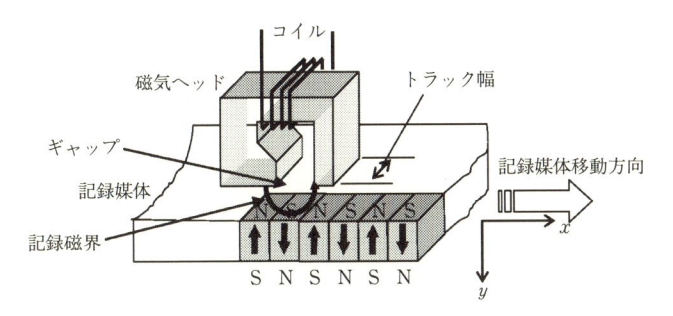

図 5.3.5 垂直磁気記録方式

学)によって垂直記録方式が提案され，これまでさまざまな検討がなされてきた．図5.3.5に示すように記録磁化は垂直に配列し，隣同士はN極とS極の吸引力が作用する形になっており，記録磁化は安定に存在可能となるため，高密度記録に本質的に適した方式である．この方式ではy方向磁界成分の強さと分布形状が重要となる．媒体にはCoCr系の垂直磁化膜が用いられる．この方式の実用化はそう遠くないと考えられる．

3) 再 生 原 理

再生はオーディオ，ビデオなどのアナログ機器では誘導型の再生ヘッドが用いられている．その再生電圧は

$$e = -N\frac{d\phi}{dt} \tag{5.3.3}$$

で与えられる．ここで，ϕは記録残留磁化から発生する漏れ磁束であり，Nは再生ヘッドのコイルの巻き数である．

式(5.3.3)などから，記録信号が音声などの正弦波信号である場合，周波数の高低によって再生電圧が6 dB/octで変化することがわかる．再生分解能を高めるためにはギャップ長を小さくする必要がある．

1991年以降，ハードディスクにおいては，図5.3.6に示す磁気抵抗効果を用いたMRヘッドが再生専用ヘッドとして用いられている．これによって再生感度が飛躍的に増加し高密度記録に大きく貢献してきた．

MR素子にはパーマロイ(Ni-Fe)合金薄膜が用いられ，磁化Mが漏れ磁束によって回転すると素子の電気抵抗Rが変化する．すなわち，センス電流(定電流I)とMR素子の磁化Mがなす角θによって素子の電気抵抗がΔRだけ変化する．これによって素子の両端には$I\Delta R$の信号電圧が検出される．これがMRヘッドの再生原理である．

記録密度が高密度化してくると，記録ビット長ならびにトラック幅が小さくなり，記録情報1個当たりの体積が減少し，それに応じて記録磁化から発生する漏れ磁束の量も減少してくる．パーマロイ薄膜のMR効果は約3%程度であり，より大きな磁気

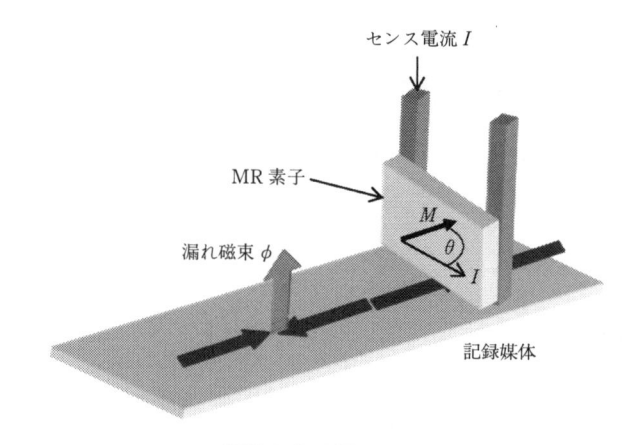

図 5.3.6 MR ヘッド

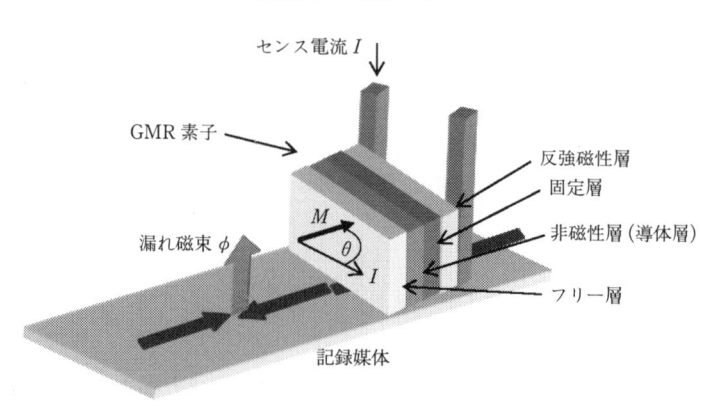

図 5.3.7 GMR ヘッド

抵抗効果を有する材料が必要になってきた．そこで，磁気抵抗効果が 5～10% と大きな GMR (巨大磁気抵抗効果) ヘッドが開発・実用化された．図 5.3.7 に GMR ヘッドの構造を示す．図からわかるように多層構造をとっており，反強磁性層と固定層 (磁性体) 界面における反強磁性結合によって固定層の磁化は一方向を向いている．一方，上部のフリー層は記録磁化からの磁束によって磁化 M は自由に回転できる．

導体を流れる電流は固定層とフリー層の磁化の方向が平行のとき抵抗値は低く，反平行のとき抵抗値が高い．これによって，記録情報を信号電圧として読み取っている．

さらに高密度記録に対応できるヘッドとして，図 5.3.7 に示した非磁性体 (導体層) を非磁性酸化物層 (絶縁物) とし，センス電流電極の片方をフリー層側につけた構造の TMR (トンネル磁気抵抗効果) ヘッドが研究段階にある．さらには，センス電流

を膜面内から膜厚方向に流すことで，さらに高感度化を図る検討もなされている．

b. 磁気記録材料

1) 磁気ヘッド材料

記録電流に応じて強い記録磁界を発生する必要があるため，磁気的にソフトな材料が必要である．要求される特性としては軟磁気磁性である．以下におもな項目を掲げる．

① 高透磁率：記録・再生効率を高くするため
② 高飽和磁化：高保磁力記録媒体を十分に飽和磁化するため
③ 低保磁力・低角形比：磁気ヘッドの帯磁による雑音の減少
④ 電気抵抗が高い：磁気コア内の渦電流損失を抑制し高周波まで使うため
⑤ 磁気ひずみが小さい：磁気ヘッド加工時の応力による磁気特性劣化を防ぐため

そのほか，熱的な安定性や加工性に優れた材料が必要である．
磁気ヘッドコア材料として，次にあげられるものが用いられている．

① 合金金属系：パーマロイ，センダスト，非晶質合金
② フェライト系：Mn-Zn フェライト，Ni-Zn フェライト

2) 記録媒体材料

磁気記録の発展は，古くはピアノ線からはじまる記録媒体材料の発展といっても過言ではない．要求される特性のおもな項目は

① 高保磁力・高角形比：減磁界の影響を減少し，再生出力を確保するため
② 保磁力の値の分散が小さいこと：記録分解能を高めるため
③ 磁化過程が磁壁移動型ではなく回転磁化であること：磁壁による再生時の雑音を抑制
④ 適当な飽和磁化を有すること：減磁界の大きさを低下するため

などである．

最近では，記録分解能の向上と媒体雑音の低下のため，磁性粒子を微細化したものが要求されている．しかし，これは同時に残留磁化の熱的安定性に対して新たな問題となっている．すなわち，記録磁化の緩和減少が問題となってくる．記録媒体材料の磁気異方性の大きさを K_u とし磁性粒子の体積を v とすると，粒子の磁気エネルギーは $K_u v$ で表される．そして周囲の熱エネルギーは $k_B T$ で表される．$K_u v / k_B T > 60$ 程度を目安にして，記録媒体は設計される．この関係は記録の高分解能化と低雑音化のために粒子サイズを減少する場合，磁気異方性の大きな材料を選択する必要があることを意味している．

磁気記録媒体は，$\gamma\text{-}Fe_2O_3$，Fe_3O_4，CoO_2 そして鉄，ニッケル，コバルトなどの合金粉末を用いた塗布型媒体(磁気テープ，フロッピーディスク，磁気カードなど)とコバルトをベースとし，CoCrPtTa 系などのスパッタ薄膜が用いられている．

3) 磁気記録の将来

記録磁化は強磁性体の残留磁化現象を利用したものである．そして高密度記録に対

してはその記録ビットの物理的なサイズの限界が，長手記録および今後実用化される垂直記録方式にもある．この意味では高密度記録に対して避けられない限界はある．しかしながら，磁気記録技術はパーソナルコンピュータも含めた電子計算機用の補助記憶装置として大容量化・高速化を達成しながら今後も発展していくであろう．また，最近のハードディスクを搭載したビデオレコーダなどの開発からも容易に理解できるように，いわゆるディジタル家電の情報記録装置としてますます発展していくであろう．
〔森迫昭光〕

5.3.2 光磁気記録材料・ヘッド
a. 光磁気記録媒体
1) 記録媒体に要求される性質

　光磁気記録では，相変化光記録などと同様，収束したレーザ光により記録媒体を局部的に加熱し，昇温により保磁力の低くなったところの磁化を外部磁界により反転し記録を行う．記録方式には大きく分けて，光変調方式と磁界変調方式の二つがある．光変調方式では，一定の磁界の中でレーザの強度を変調し移動する媒体に磁区を記録する．一方，磁界変調方式では，レーザは一定強度で連続照射し，磁界を磁気ヘッドの電流を信号に従って変化させ磁区を記録する．

　光磁気記録の再生は，磁気光学効果を利用する．磁気光学効果は光子と磁性体中の電子が角運動量のやりとりをする結果として起こるもので，光磁気記録では，直線偏光が媒体で反射した際に偏光方向が磁化方向に依存して回転する現象，すなわち磁気光学カー効果を用いて読み出しを行う．

　以上のような機能を果たすには，まず磁気的な性質として，① 保磁力が高く，レーザ加熱スポットでの温度上昇によって急減すること，② 磁気光学効果が大きいこと，③ 垂直磁気異方性を有し，膜面垂直方向において角形ヒステリシスを示すこと，などが必要であり，そのほかの性質として，④ 適度な光吸収係数と反射率を有すること，⑤ ノイズの原因となる磁気的あるいは光学的不均一性をもたないこと，⑥ 結晶変態，結晶化などに対する熱的安定性，⑦ 酸化，腐食などに対する化学的安定性などが要求される．

　1960年代にはじまる光磁気記録の初期の研究では，垂直磁化を示し磁気光学効果の大きいMnBi多結晶膜が用いられた[1,2]．その後，磁性ガーネット膜，MnBiを改良した多結晶膜などが試みられたが，半導体レーザなど周辺技術の未成熟なこともあって実用化には至らなかった．1970年代に入ると，新材料として希土類-鉄族遷移金属アモルファス合金(RE-TM)膜が現れた．RE-TM膜はアモルファス構造にもかかわらず強い垂直磁気異方性を示し，垂直磁化膜となるため光磁気記録材料として注目された[3~5]．今日では，TbFeCo合金に代表されるRE-TMアモルファス合金膜が実用に供されている．

2) 成　膜　法

希土類-遷移金属アモルファス膜は，真空蒸着あるいはスパッタリング蒸着で成膜が可能である．実際の光磁気ディスクの量産にはスパッタ法が用いられている．RE-TM膜がアモルファス構造となるためには，希土類と遷移金属の原子が同時か，あるいは1nm程度以下の短い周期で順次基板に付着しなければならない．そこで，複合ターゲットあるいは合金ターゲットを用いて，REとTMを一つのターゲットから同時にスパッタリングする方法（一元スパッタリング）と，REとTMの二つのターゲットを同時にスパッタし，その上で基板を回転しREとTMを交互に堆積する方法（二元同時スパッタリング）のいずれかの方法が用いられる．RE-TM膜の磁気特性はREとTMの組成比に敏感であるため，実際のディスク生産では，広い基板上で組成の一様なものが得られるとともに，その組成がつねに再現されなければならない．膜中に酸素が取り込まれると，酸素は活性なREと結び付きその磁化を消失させるため，実効的な組成のずれを生じ，膜の飽和磁化およびそれに反比例する保磁力が変化する．

3) 磁 気 的 性 質

RE-TM合金では，REのスピンとTMのスピンは反平行に結合する．また，多くのREは，スピン磁気モーメントに加えて軌道磁気モーメントを有する．軌道磁気モーメントがスピン磁気モーメントと反平行でかつスピンより大きい軽希土類（LRE）からなるLRE-TM合金はフェロ磁性になり，軌道とスピンが平行になる重希土（HRE）を含む合金は互いに反平行な磁気副格子をもちフェリ磁性を示す．結果として，フェロ磁性で磁化の大きいLRE-TM膜は，反磁界エネルギーのため垂直磁化膜になりにくく，角形比が1となるものは得にくい．光磁気記録媒体に使用されるのは，HREとTMを主体としたもので，RE副格子の磁化M_{RE}とTM副格子の磁化M_{TM}がほぼ打ち消しあう，いわゆる補償組成に近い膜である．そのような膜は反磁界エネルギーが小さいため，比較的小さな垂直磁気異方性でも，角形比1の垂直磁化膜が得られる．このような膜における原子磁気モーメントの様子を図5.3.8に模式的に示す．

飽和磁化の消失する温度，すなわちキュリー温度は光磁気記録媒体において最も重要なパラメータである．RE-TM合金の磁化の温度特性は，各原子間の相互作用の中で比較的大きい値をもつTM-TM間およ

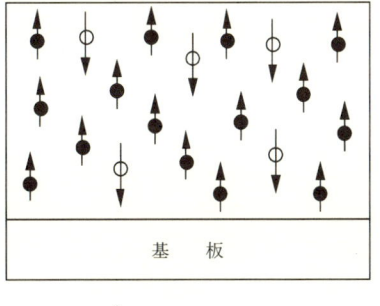

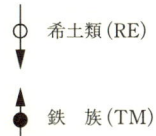

図5.3.8　RE-TMアモルファス合金膜の原子磁気モーメント

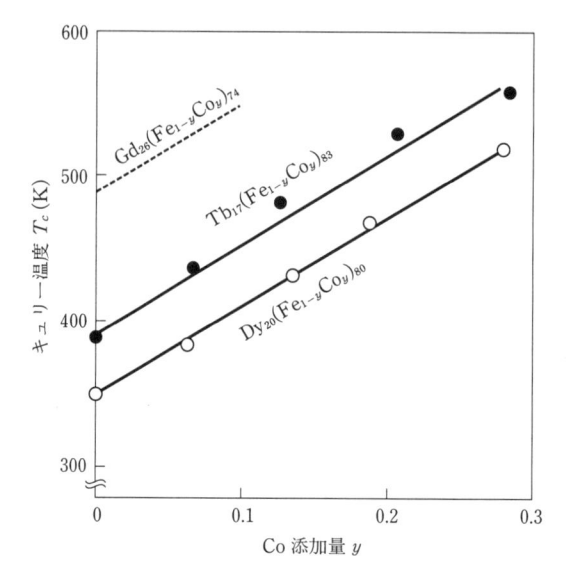

図 5.3.9 RE-$(Fe_{1-y}Co_y)$ アモルファス合金のキュリー温度

び TM-RE 間の交換相互作用でほとんど決まる．アモルファス合金における TM-TM 間の交換力は，Fe ではかなり小さく Co 組成が増えるに従って大きくなる．このため，RE-Fe 膜はキュリー温度 T_c が比較的低く，キュリー点記録に適している．RE-Fe 合金では Fe-Fe 間の交換力が比較的小さいため，RE の種類によってキュリー温度が大きく変化する．TM-RE 間の相互作用は RE のスピン S の大きさに比例すると考えられるので，RE-Fe 合金の中では，RE として S が最大の Gd を含む GdFe の T_c が最も高く，TbFe，DyFe としだいに低くなる．TM として Fe をおもに含む RE-TM 膜では，Co の添加量と RE の種類によって，図 5.3.9[6] に示すように比較的自由に T_c をコントロールすることができる．

　HRE-TM 膜はフェリ磁性であり，飽和磁化 M_s は特異な温度依存性を示し，補償温度 T_{comp} においていったん消失することがある．図 5.3.10 は，室温が T_{comp} となる組成に対して，TM あるいは RE 組成がこれより少し多い，いわゆる TM-rich 膜と RE-rich 膜の (a) 飽和磁化 M_s と (b) 保磁力 H_c の温度変化を示したものである[7]．保磁力は組成や温度などの条件がほぼ同じ場合，M_s に反比例し，補償温度で無限大に発散する．また，M_s に比例する反磁界は，磁化状態や記録過程に大きな影響を与える．

　RE-TM 膜の垂直磁気異方性 K_u はスパッタリング，蒸着など成膜方法に依存して変化することが知られている．また，2元同時スパッタで回転成膜すると厚さ方向に組成変調を伴った構造になり，垂直磁気異方性が増加する．一般に使用される

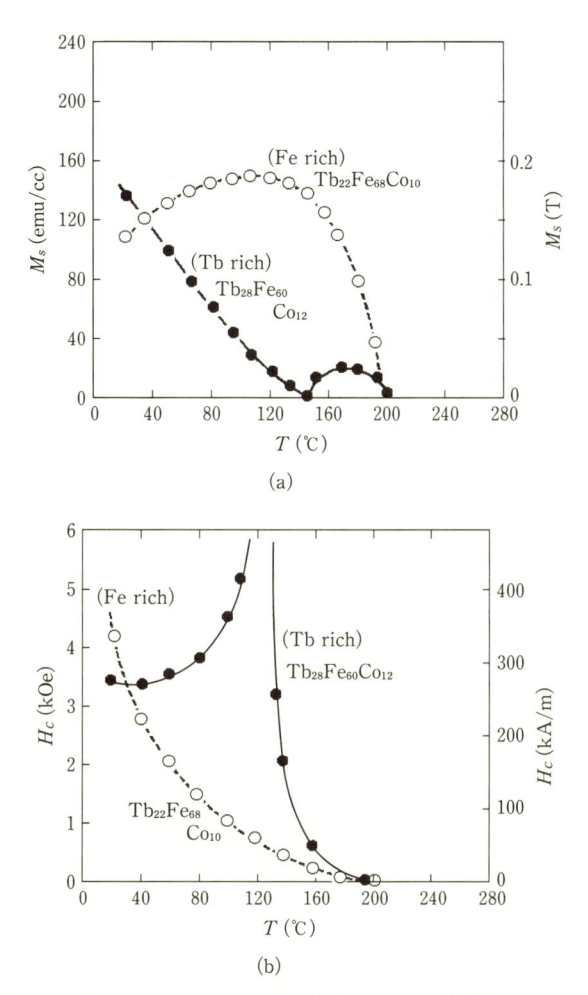

図 5.3.10 TbFeCo アモルファス膜の (a) 飽和磁化と (b) 保磁力の温度特性[7]

TbFeCo 膜の K_u は，10^6 erg/cc 程度で，飽和磁化 M_s が 100 emu/cc ($I_s=0.12$ T) 程度以下の記録媒体では，反磁界エネルギー $2\pi M_s^2$ ($I_s^2/2\mu_0$) よりも十分大きな異方性エネルギーとなる．K_u の起源については，①原子対の方向性配列，② RE の1イオン異方性，③磁気ひずみの逆効果，④柱状構造などがあげられてきた．垂直磁気異方性は 4f 電子雲の異方性の大きな Tb や Dy 合金では大きな値になる一方，4f 電子雲が球形の Gd では小さくなる．このことから，②の1イオン異方性が Gd 系以外の RE-TM 膜の K_u の主因と考えられる．

保磁力 H_c についてはその発現機構が明確でないが，単磁区モデルに従えば H_c と

飽和磁化 M_s の積は K_u に比例し，磁壁移動モデルによれば，保磁力は K_u の勾配（磁壁位置による変化）に比例する．したがって，H_c と M_s の積は K_u と似た組成依存性，温度依存性を示すものと考えられる．

4) 記録密度の向上

光記録では，光の波長とレンズの開口数で決まる最小ビームウエスト径 r_w によって記録密度が制限される．これは，ビット径が r_w 以下になると信号レベルが低下すると同時に，記録マーク間の干渉が強くなるため読み出しが困難になるためである．この困難を克服するためにさまざまな技術が提案・開発されている．以下，各種の技術について簡単に述べる．

i) 磁気超解像再生 磁気超解像(magnetically induced super resolution: MSR)により不要なビットをマスクしマーク間の干渉を避けることができる[8]．このために，マスクの機能をもつ再生層を付加したのが磁気超解像媒体である．

ビームスポットにおける温度プロファイルと磁性膜の磁化や保磁力の温度特性をうまく組み合わせることによって実現している．この技術によって，685 nm のレーザを用いて $7\sim8\,\text{bits}/\mu\text{m}^2$ ($5\,\text{Gbits/in}^2$) の記録密度での再生が可能になっている．超解像技術にはさまざまな方式が提案されているが，記録密度を高めていく際の共通の問題点として，記録ビットが小さくなるとともに信号出力が低下することである．

ii) 磁区拡大再生 磁気超解像のように，記録ビットが小さくなったときに信号出力が低下するのを避けるには，読み出し時に記録マークを拡大すればよい．この考えを進めたのが磁区拡大方式である．磁気超解像と同様，再生層を付加し，ビームスポットの温度プロファイルや外部磁界を利用する．MAMOS (magnetic amplifying magneto optical system)[9]，DWDD (domain wall displacement detection)[10] の二つの方式が提案されている．後者は磁化や保磁力の温度変化ではなく，磁壁エネルギーの温度変化を駆動力にしている点で，いままでにない特徴があり，これによって磁区拡大の動作が安定にノイズを発生することなく行われている．DWDD 方式では $0.1\,\mu\text{m}$ のビット長でも実用レベルの CN 比が得られている．磁区拡大方式がうまくいけば $0.1\,\mu\text{m}$ 以下の小さなマークが読み出せる可能性がある．

iii) 短波長化，ブルーレーザ 光の短波長化によってビームスポット径を小さくすることは，記録密度を向上するための最も正統的な方法である．ブルーレーザはすでに実用化され，ある時期には一気にブルーに移行することも考えられるが，二つほど注意しなければならない点がある．一つは互換性で，多層膜構造で磁気光学効果のエンハンスを図っているため，現行の媒体を波長の非常に異なるブルーレーザで読み出すのは難しい．もう一つの問題は SN 比（信号対雑音比）で，短波長化に伴うフォトン数の減少，検出器の量子効率の低下によってある程度の低下は避けられない．また，現行の TbFeCo 単層媒体は磁気光学特性の点でやや問題がある．400 nm 領域では，Pt/Co 多層膜や Nd 系アモルファス膜が高い性能を示す．とくに前者は耐食性にも優れることから期待される．

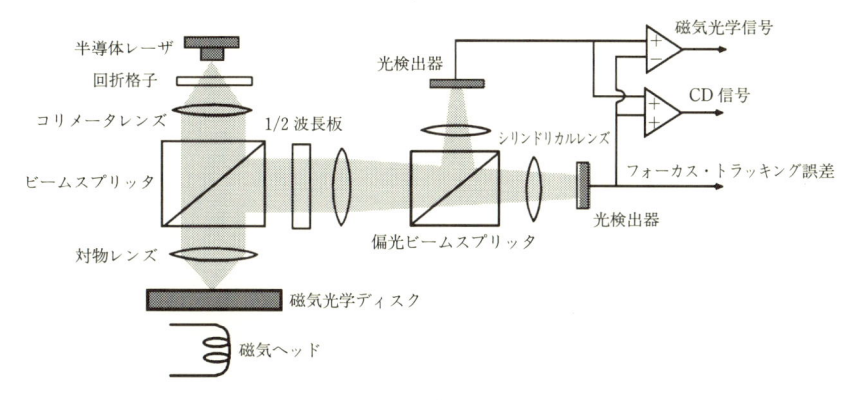

図 5.3.11 磁気光学ヘッド

b. 磁気光学ヘッド

1) 記録再生ヘッド

図5.3.11に光磁気記録の光ヘッドの例を模式的に示す．記録も再生も同一のヘッドで行うが，再生時はレーザ光の強度を下げる．再生はレーザからの直線偏光が磁性膜の表面で反射し偏光方向が変化することを利用する．そのために反射光は偏光ビームスプリッタで二つに分けられる．偏光角の変化はこの二つの光の強度の差として現れる．それぞれの光検出器の出力の和から反射強度信号が，その差から光磁気信号が得られる．

2) 近接場記録とハイブリッド記録

もし，適当な光ヘッドによって光の回折限界を越えた小さな光スポットが実現でき，それによって熱磁気記録と磁気光学再生が可能になれば，きわめて高密度の光磁気記録が可能である．そこで図5.3.12に示すような，SIL (solid immersion lens)や光導波路を浮上ヘッドに搭載した近接場光磁気記録の研究開発が進められている[11,12]．近接場光は伝搬光とはならないため，光ヘッドと媒体は光波長以下に近接させなければならない．したがって，近接場記録方式は媒体可換の光ディスクとしてよりも，むしろハードディスクの高密度化の方向で考えられている．記録の熱安定性の点で限界がみえてきた磁気記録の一つの方向として熱磁気記録あるいは熱アシスト磁気記録で書き込み，巨大磁気抵抗効果ヘッドで読み出しをするハイブリッド記録が検討されている．

記録密度の観点からみれば，磁気記録は磁界の勾配を利用しており，光磁気記録は温度の勾配(それに伴う保磁力の勾配)が重要である．近接場記録やハイブリッド記録においてはいかにして小さな光スポットを発生するかが課題であり，SILのほか，表面プラズモン[13,14]，ボウタイアンテナ[15]，"C"アパーチャ[16]などさまざまな方式の近接場ヘッドが提案されている．これらのヘッドは良導体薄膜に光波長以下の微細加

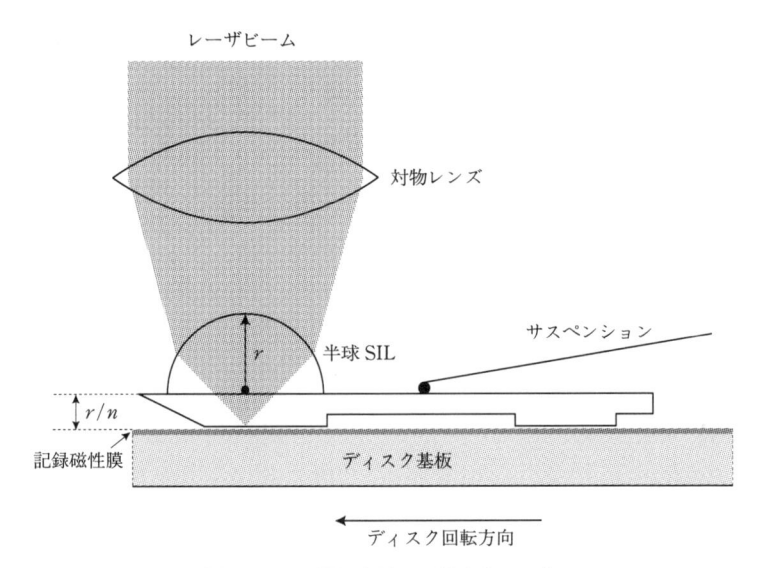

図 5.3.12 SIL を用いた浮上光ヘッド

工を施し，効率良く近接場を放射しようとするものである． 〔綱島　滋〕

文　献

1) H. J. Williams, R. C. Sherwood, F. G. Foster and E. M. Kelley : *J. Appl. Phys.*, **28**, pp. 1181-1184 (1957)
2) D. Chen, J. F. Ready and G. E. Bernal : *J. Appl. Phys.*, **39**, pp. 3916-3927 (1968)
3) P. Chaudhari, J. J. Cuomo and R. J. Gambino : *Appl. Phys. Lett.*, **22**, pp. 337-339 (1973)
4) S. Matsushita, K. Sunago and Y. Sakurai : *Jpn. J. Appl. Phys.*, **15**, pp. 1713-1714 (1976)
5) Y. Mimura, N. Imamura and T. Kobayashi : *Jpn. J. Appl. Phys.*, **15**, pp. 933-934 (1976)
6) 遠藤典仁，桝井昇一，小林　正，綱島　滋，内山　晋：日本応用磁気学会誌，8，pp. 101-104 (1984)
7) 高橋正彦，太田憲雄，高山新司，杉田　愃：電気学会研究会資料，MAG-86-84 (1986)
8) K. Aratani, A. Fukumoto, M. Ohta, M. Kaneko and K. Watanabe : Proc. SPIE 1499, Optical Data Storage, Colorado Springs, 209 (1991)
9) H. Awano, S. Ohnuki, H. Shirai, N. Ohta, A. Yamaguchi, S. Sumi and K. Torazawa : *J. Appl. Phys.*, **69**, p. 4257 (1996)
10) T. Shiratori, E. Fujii, Y. Miyaoka and Y. Hozumi : Proc. Joint MORIS/ISOM'97, Yamagata, Japan, Oct. 27-31 (1997), *J. Mag. Soc. Jpn.*, **22**, Suppl. No. S2, 47 (1988)
11) B. D. Terris, H. J. Mamin, D. Ruger, W. R. Studenmund and G. S. Kino : *Appl. Phys. Lett.*, **65**, pp. 388 (1994)
12) 宮内貞一，山崎　剛，中野　聡，佐々木　智：日本応用磁気学会誌，**20**, p. 912 (1996)
13) T. W. Ebbeson, et al. : *Nature*, **391**, 667 (1998)

14) 大橋啓之, 藤方潤一, 石 勉, 石原邦彦, 柳沢雅広, 中田正文, 横田 均：日本応用磁気学会誌, **28**, 774 (2004)
15) R. D. Grobert, J. Schoelkopf and D. E. Prober : *Appl. Phys. Lett.*, **70**, p. 17 (1997)
16) F. Chen, A. Itagi, J. A. Bain, D. D. Stancil and T. E. Schlesinger : *Appl. Phys. Lett.*, **83**, p. 3245 (2003)

5.4 スピンデバイス

5.4.1 トンネルスピンデバイス

　トンネルスピンデバイスとは，現在のところトンネル磁気抵抗効果を使った電子デバイスである．現在開発中のMRAM (manetoresistive random access memory), HDD用再生磁気ヘッド，方位センサなどに加えて提案の段階のスピンFET，オール金属スピントランジスタ，スピン注入磁化反転などの技術とさまざまである．ここでは，これらのうちで最も注目を浴びているMRAMについての原理と研究開発の現状および問題点について簡単に説明する．

a. 原　　理

　図5.4.1にMRAMの記憶の原理をDRAMのそれと比較して示す．現在開発中のMRAMは1セルと一つのトンネル接合からなり，トンネル接合の抵抗の高い状態を"1"，低い状態を"0"と識別する．DRAMはコンデンサに電荷が溜まっている状態が"1"で，放電状態が"0"である．DRAMでは放電により情報が消失するため充電する必要があり，揮発性のメモリである．それに対してMRAMでは，情報を一度

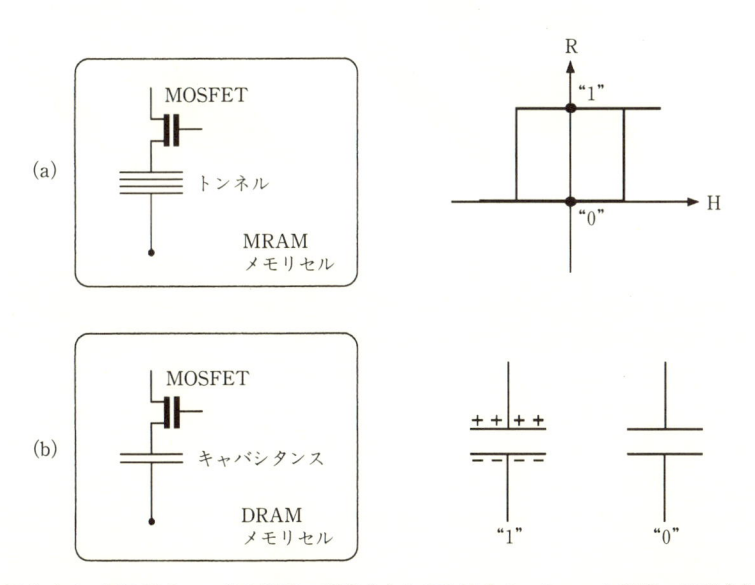

図5.4.1 MRAMメモリと記憶の原理 (a) と DRAMメモリセルと記憶の原理 (b)

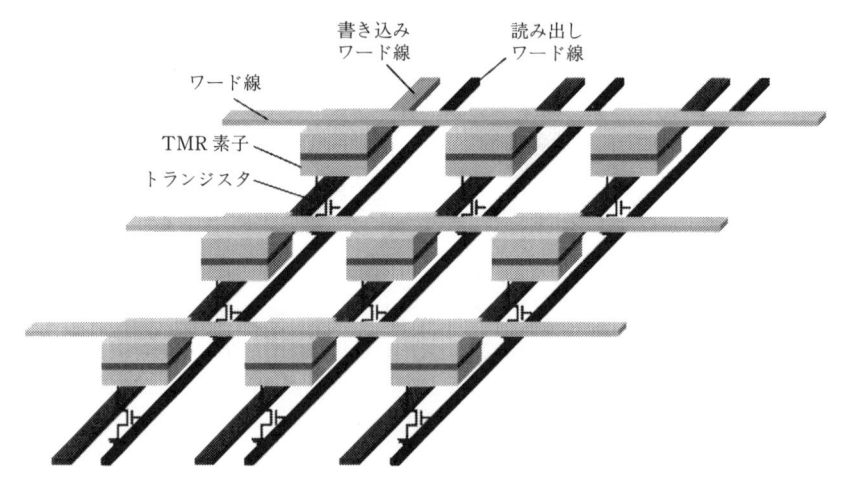

図5.4.2 MRAMアレイの模式図

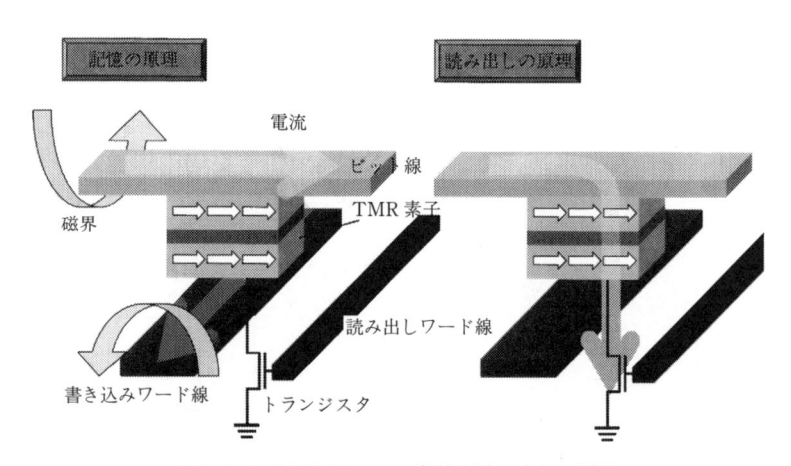

図5.4.3 MRAMセルの記憶と読み出しの原理

記憶すると永久に保持される，不揮発性のメモリである．

　上記の説明はセル一つに書き込み，それを読み出す原理についてである．多くの情報を記憶し，それを読み出すためにはセルをコンパクトに集積化し，それぞれのセルに情報をランダムに書き込んではじめてMRAMとなる．図5.4.2にセルを平面状に集積化し，配線を施した模式図を示す．多くのセルの中の一つに情報を記憶するには，図のビット線とワード線に電流を流すことにより，その交点のセル一つを特定する．図5.4.3はセル一つの部分を拡大して記憶と読み出しの原理をそれぞれ別々に示してある．磁化を反転させるには，ビット，ワード各線のつくる合成磁界による．こ

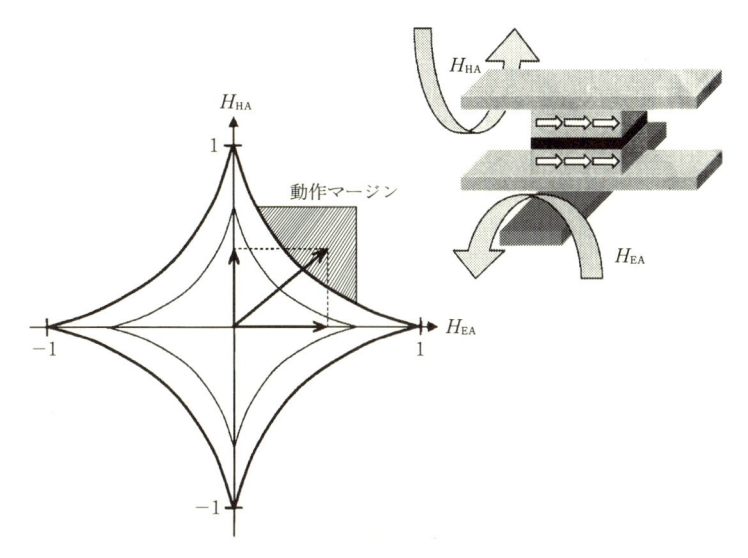

図 5.4.4 アステロイド曲線

れを理解するためのアステロイド曲線を図5.4.4に示す．いま，磁化容易軸方向と，磁化困難軸方向に印加した磁界の合成磁界は図の太いアステロイド曲線の外側になる．これは薄膜の異方性磁界 H_k よりも磁界が大きいことを意味し，磁化が反転することになる．この場合，大切なことはセルごとの H_k のバラツキ（分布）が小さいことが必要である．この分布により磁化を反転するスイッチング磁界の動作マージンが制限され，信頼できるメモリの作製に影響する．たとえば，H_k が図の細いアステロイド曲線と太いそれとに示されるように分布していたとすると磁界の動作マージンは斜線の部分に制限される．

読み出しはビット線からセルとトランジスタを経由して電流を流し，磁化の平行，反平行を反映して，出力電圧の大小により，"1"，"0"状態が識別される．この場合も抵抗の高い状態と低い状態での抵抗のバラツキ（分布）が小さいことが大切である．

b. MRAM 研究開発の現状[1]

MRAM は不揮発メモリとして最近非常に注目されている．ほかのメモリデバイスと比較して MRAM は多くの利点を有している．具体的には高速，高密度，低電圧駆動，高書き換え回数，CMOS デバイスとの高い親和性である．MRAM の研究開発はアメリカが先行し，すでに，1995年から国家プロジェクトがスタートした．1999年には IBM が 1 kbit，Motorola が 512 bit の MRAM を発表した．その後，Motorola は 256 kbit，1 Mbit，2 Mbit MRAM を発表し，2003年末には 4 Mbit のサンプル出荷を行うまでに至っている．また，IBM は Infineon (Siemens の半導体部門) と提携して 2004 年までに 256 Mbit の MRAM を開発すると発表している．こ

表 5.4.1 高機能・超低消費電力メモリの開発要素

開発要求項目	キーテクノロジー
●高出力	●新材料開発
	●高 TMR 比，低バイアス依存性
●高速	●素子構成，サイズ
	●スピンのダイナミクス
●低消費電力	●配線技術
●大容量	●微細加工技術
	●集積化技術
●高信頼性	●耐熱性，耐電圧性

れまでの具体的な MRAM 開発についてはすでに報告[2,3]があるので参照されたい．わが国でも2001年から2,3の企業でMRAM開発の気運が高まり，2002年に経済産業省のプロジェクトとしてメモリデバイスの開発が，文部科学省のプロジェクトとして高機能・超低消費電力メモリの開発がスタートした．前者は2003年からFocus 21として3年以内にMRAMの実用化を目指して開発を行うことになり，研究開発が加速している．しかしながら，これらはいずれもMbitクラスの容量であり，1 Gbitあるいはそれ以上の容量の開発となると種々の要素技術およびデバイス化技術の開発が要求される．表5.4.1には数百MbitからGbitのMRAM開発にあたって要求される項目とそれにかかわるキーテクノロジーをまとめて示した．ここではこれらのテクノロジーのうちでわれわれがかかわっている点について説明し，その他については，現状あるいは達成目標について簡単に記述する．

1) 高信号出力

現在主流のMRAMの動作方式では，1ビットからの出力電圧を基準電圧と比較して"0"または"1"を判別する．基準電圧はビットが高抵抗時の出力電圧 (V_H) と低抵抗時の出力電圧 (V_L) のちょうど中間に設定する．したがって，1ビットの出力は $V=(V_H-V_L)/2$ になる．Gbit程度のMRAMでは $V=100$ mV程度の出力電圧が要求される．しかし，トンネル接合(MTJ)はバイアス電圧の増加に伴いTMR比が減少するため，この値を満たすことは容易ではない．電圧依存性を克服するアプローチとして二重障壁トンネル接合が提案されている．つまり，絶縁層が2枚あるためそれぞれの電圧降下が半減し，低バイアス電圧で高いTMR比を使うことができる．東芝グループは中間の磁性層をフリー層とする二重トンネル接合を作製し，単純な接合に比べ約2倍の V_{half} (TMR比が低バイアス時の最大値の半分になるバイアス電圧) を得ている[4]．もうひとつのアプローチは電圧依存性を改善することである．一例として，われわれのグループで得た結果を紹介する．Si単結晶基板上に成長させたエピタキシャルNi-Fe薄膜を下部電極とするトンネル接合で約50%の大きなTMR比を示し，V_{half} は700 mVである．図5.4.5にはMRAMに用いた場合の出力電圧を算出した結果を示す．エピタキシャルタイプ接合はそれまでのCo-Fe多結晶タイプに

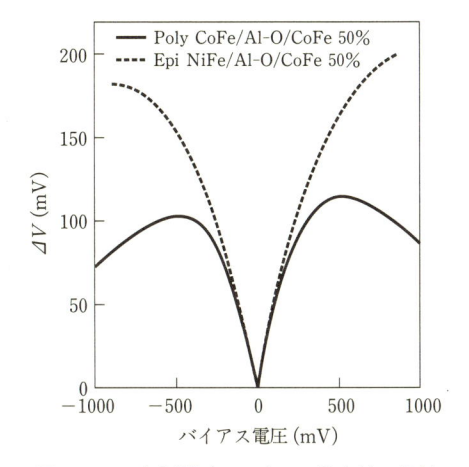

図 5.4.5 出力電圧のバイアス依存性の比較

比べ約2倍の大きな出力電圧を示し，前述の高集積MRAMに求められるV～100 mVに近づいている．

2) 高速書き込み/読み出し

情報の書き込みはトンネルセルにクロスして配線した導体線に流した電流の二つの合成磁界で磁化反転することにより，読み出しは読み出し線に電流を流し，出力電圧の大・小により，高(低)抗状態のいずれの状態であるかを検出する．磁化の反転に要する時間は印加磁界の波形(大きさ，印加時間)などにより若干異なるが，1 ns以下である．しかし，現実に書き込み，読み出し時間を制限するのは全体の回路，すなわちMTJ，電流をオン・オフするトランジスタおよび配線の抵抗，容量からなるローパスフィルタの遮断周波数によって決まり，書き込み，読み出しともに10 ns以下で行えることが見積もられている．実際，Motorolaは512 bitの低い集積度ではあるが，書き込み，読み出しともに10 ns以下のアクセスタイムを実現している．DRAMでは書き込み，読み出しとも10～50 ns，フラッシュメモリでは書き込みに10 μs，読み出しに50 nsかかることと比較すると，MRAMは高速といえる．

3) 低消費電力

前に記述したように2本の導体線に流した電流のつくる合成磁界で磁化を反転する．仮に書き込み電流を1 mA，導体線の中心位置とフリー層の中心位置の距離を200 nmとすると単純計算で1導体線からの磁界は約10 Oe，したがって合成磁界は約14 Oeとなる．14 Oeの磁界はサブミクロンサイズの強磁性体を反転させるには，強度としては十分ではない．電流を増やせば当然消費電力は大きくなる．また，流せる電流の大きさは周辺回路の性能および導体線の特性によって決まり，Gbit MRAMでは0.5 mA程度におさえなければならない．したがって，書き込み電流をいかに低

減するかは,消費電力低減の観点のみならず技術的にも非常に重要である.これを解決するため,次に述べる二つのアプローチが提案されている.

i) 積層フェリ構造をもつ自由層 ビットサイズの減少に伴い反磁界が増大し,磁化の反転に要する磁界強度が増大する.具体的に反転磁界は

$$H_s = aM_s t/W \tag{5.4.1}$$

のように表せる.つまり,磁性薄膜の飽和磁化 (M_s),厚さ (t) に比例し,ビット幅 (W) に反比例する.a はビットの形状で決まる定数である.これに対して,Inomata らは積層フェリ構造をもつ自由層を提案している.Ru を介して二つの磁性層の磁化が反平行に結合するため,見かけ上の磁化が減少する.また,ビットの端部からの漏れ磁束が隣接する磁性層に戻るため,磁束が環状に閉じて安定した構造となり,同時に一軸異方性を生じる.この考えに基づき 1:1 のアスペクト比をもつビットで反転磁界が 500 nm 以上ではサイズに依存しないことを実験的に確認している[5].この方法は反転磁界を低減するのみならず後述する熱ゆらぎに対しても有効と考えられる.

ii) 磁性膜付き導体線による発生磁界の増加 1 本の導体線から発生する磁界を増強する方法として,導体線の外側に強磁性体を付与し磁界を集中させる手法が提案されている (クラッディング法).導体線の外側をパーマロイのような高透磁率強磁性体でコートすると,強磁性体部分に磁束が集中するため磁界強度が増大する.実験およびシミュレーションの結果は約 2 倍の磁界強度が得られている.また,シミュレーションの結果は隣接するビットへの漏れ磁界も大幅に低減することができることを示している.隣接ビットへの漏れ磁界が低減すればビット間距離を縮めることができるため,より集積度を上げる点でもつごうがよい.実際,Motorola の 1 Mbit MRAM ではこの方法が採用されている.

4) 大 容 量 化

現在までに kbit から Mbit の MRAM が試作されているが,1 bit のサイズはいずれも短辺が 0.5 μm 前後で,アスペクト比が 1:2 または 1:3 である.Gbit にまで集積化した場合,ビットサイズは 0.1 μm 前後になると予想される.実際に 2001 年末には 0.1 μm ルールでデザインされた MRAM が NEC から発表されている.このようにビットサイズが小さくなると,絶縁層の均一性に加えて,加工寸法のばらつきも接合抵抗のばらつきに大きく影響する.また,形状のばらつきが磁化過程に影響し,スイッチング磁界のばらつきにも影響すると考えられる.したがって,微細加工プロセスの信頼性が非常に重要になる.

MTJ を磁気ヘッドあるいは MRAM に用いるには,必ずサブミクロンの微細加工プロセスが必要となる.われわれは現在,電子線ビーム,収束イオンビーム (FIB) の各装置を用いた作製プロセスの構築に取り組んでいる[1].たとえば,電子線リソグラフィー,Ar イオンエッチングと伝導性 AFM による評価を組み合わせた簡便な極微小接合作製および評価方法である.伝導性 AFM のチップを接合上部に直接当てて測定するため,上部リード電極の作製が不要で,ミクロンサイズの接合の加工プロセ

スよりも簡便であり，かつ，非常に小さい接合をつくりやすい利点がある．この方法により，最小50 nm×50 nmの接合のTMRカーブを測定することに成功している．また，FIBの局所的なカーボン薄膜堆積機能を利用して，約100 nmエッチングマスクを作製している．

5) 高 信 頼 性

i) 絶縁層の均一性　MTJはわずか1 nm程度の非常に薄い酸化膜をトンネル絶縁障壁として利用し，その特性が信号出力の大きさに直接結び付いている．したがって，薄い絶縁層をいかに均一に広いウェーハ上につくるかということが生産性の観点からは重要である．Motorolaによれば150 mmウェーハ上でMTJの抵抗値とTMRのばらつきは，TMR=34±1.6 %，RA=11±0.5 kΩ·μm^2であった．TMR，接合抵抗ともにばらつきが実用上問題にならないレベルに近づいている．

ii) 耐熱性　MRAMではMTJの下部にあるMOS構造の特性のばらつきを押さえるため400℃のアニールを施す．また，接合作製後，ビット線との間の厚いSiO_2層をCVDによって作製する．CVD中の基板温度は300℃以上になる．したがって，MOSのアニールをMTJ作製後に行う場合にはMTJは400℃，MOSのアニールをMTJ作製前に行う場合にはCVD中の300℃以上の高い基板温度に耐えなければならない．従来の報告では300℃前後の温度でTMRが最大値になり，さらに高温ではTMRが急激に減少していた．TMRの上昇は絶縁層の特性改善によるもの，TMRの減少は非磁性金属層（とくにMn）の拡散によるAl-Oに接している強磁性層の磁化の減少によるものと考えられている．これに対して，上部磁性層第1層に酸化鉄を挿

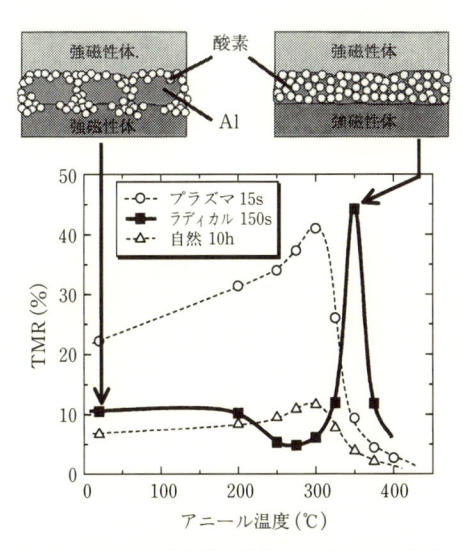

図5.4.6　種々の酸化法で作製したトンネル接合の
TMR比の熱処理温度依存性

入した場合，および，Alをラジカル酸化した場合には350～380℃でTMRが最大を示し(図5.4.6)，要求される条件に近づいている[6]．

iii) 熱揺らぎ ビットサイズの減少に伴い1ビットを担う強磁性体の体積が減少する．非常に小さい強磁性体は熱揺らぎによって磁化が容易に磁化反転し，情報を保持することができない．HDDの記録媒体では$KV/k_BT>60$が熱安定性の目安とされている．同じ議論がMRAMのビットにも適用することができるが，書き込み方法の原理から，選択ビットと同一ライン上に有るビットはすべて半選択状態になる．このときには磁界が印加されるため，小さい熱エネルギーを得て反転しやすくなる．したがって，熱安定性の条件は厳しくなり，$KV/k_BT>100$程度が要求される．たとえば，厚さ5nm，サイズが100nm×200nmとすると$K>2×10^4$ erg/ccとなる．異方性が形状異方性，つまり反磁界からのみ生じると仮定すると，このサイズのビットでは10^6 erg/ccが期待できるため，熱安定性の条件を満たすことができる．ついで，厚さ3nm，サイズが50nm×100nmとすると，$K>3×10^5$ erg/ccが求められるが，反磁界から生じる形状異方性も10^5 erg/ccのオーダーになり，熱安定性の条件ぎりぎりの値または下回る可能性もある．したがって，100nm前後のサイズではビット形状のデザインに熱安定性を考慮する必要がある．これに対し，前述の積層フェリフリー層を用いた場合，非磁性層を挟んだ二つの磁性層が1ビットを担うため体積Vが増加し，また，磁束が閉じるためKを見かけ上増加させる．

5.4.2 磁性半導体デバイス

半導体エレクトロニクスの分野では，電子のスピンは用いられておらず電荷の制御に着目して研究が進展し，DRAMに代表される種々の半導体メモリとしてエレクトロニクス産業に不可欠なものとなっている．半導体エレクトロニクスにおいて電子の電荷のみが用いられてきたのは，たとえばその代表であるSiやGaAsは非磁性半導体であって，電子のスピンはあるものの全体としてはゼロ（磁化がない）であり，スピンに関する現象は現れないからである．ところが，1990年ごろからIII-V族非磁性半導体を磁性体化する試みがなされ，なかには強磁性体化を示すものが現れて，半導体研究の分野でもスピンに着目した研究が興味を引くこととなった．なぜ半導体をあえて磁性体化しようとするのかとの問いについては，これまでの研究から半導体ならではの以下のようないくつかの特徴があげられる．

① ドーピング，光照射などの手段によりキャリヤの濃度を容易に大きく変えられるし，また変えやすい．これにより電子物性を多様に制御できる．

② 半導体の結晶成長技術，とくに薄膜のそれは他分野に比べて進んでいるため，超格子，ヘテロ構造，混晶の作製が容易であり，ある意味で物性制御技術が進んでいる．

③ トランジスタ，メモリはもとより各種センサなどの電子デバイス，光デバイス技術において数多くの実績を有する．

実際に半導体を強磁性体化する手法としては，半導体中にキャリヤを注入することで，局在スピンを平行にそろえる（キャリヤ誘起磁性），あるいは薄膜作製技術（とくに分子線エピタキシー）により，磁性の原子を半導体中に埋め込むかあるいは強磁性金属/半導体からなるヘテロ構造を作製する技術がある．これらにより作製された強磁性を示す半導体は希薄磁性半導体，強磁性金属/半導体ヘテロ構造，グラニュラー構造の三つに大きく分類される．このように半導体にスピンを導入する研究はしばしば半導体スピントロニクスと呼ばれ，最近注目されている研究分野である．半導体の磁性体化は非常に興味がもたれ，種々の取り組みが行われているが，大きな問題点はいかにキュリー温度を上げ，磁化がしっかりした室温強磁性を実現するかである．ここでは報告が最も多い希薄磁性半導体のキュリー温度に関する報告を中心に説明する．

上述のように，希薄磁性半導体(diluted magnetic semiconductors：DMS)とは，半導体中にわずかの磁性原子を組み込んだものをいう．わずかの磁性原子が平行にそろえば強磁性となるが，希薄に磁性原子を含んだ状態では磁性原子間距離は原子の大きさの2～3倍程度あるいはそれ以上となり，局在したスピンは互いに独立で向きはばらばらである．しかしながら，キャリヤ（電子，ホール）を介して局在スピンが平行に並び全体として強磁性となることも考えられる．磁性原子としては Fe, Co, Ni 強磁性元素以外に V, Cr, Mn などがあるが，最も多いのは Mn である．半導体としてはIV属，III-V属をはじめ多くのものが用いられている．試料作製上難しいのは，磁性原子で半導体原子の一部を置換するわけであるが，置換せずに半導体中に磁性原子が析出してしまうことがある．そうすると，本来のDMSの性質ではなく，析出物の磁性をみてしまうことになる．とくに，室温強磁性DMSを得るためには磁性元素濃度をある程度多くする必要があり，試料の作製と物性評価を注意深く行う必要がある．DMSであるか否かは構造解析に加えて，sp-d相互作用が働いているか否かを調べる必要があり，これには，MCD (magnetic circular dichroism) が有効であるとされている．測定原理については文献[7,8]を参照されたい．一方，磁性の評価は磁化測定により行っているが，磁化の絶対値が非常に小さいため，試料ホルダや基板から磁性を拾うので，これらの寄与を除去し，試料本来の磁性を求めることが大切である．とくに，この研究では室温強磁性の実現に興味があるため，キュリー温度の決定は重要である．強磁界を印加して測定した磁化-温度曲線から T_c を決めると誘導磁化のため T_c を高く見積もることになる．現在のところ，アロットプロットで求めるのが最も信頼がある．

表5.4.2には，これまでに報告されている希薄磁性半導体のキュリー温度を母体の半導体のグループごとに示してある．表にみるように，多くのDMSで室温強磁性が実現されていることになるが，MCDでsp-d相互作用の存在を確認しているのは $Zn_{1-x}Cr_xTe$ の結果のみである．

一方，強磁性の発現機構についてはいくつかのモデルが提案されている．たとえ

表 5.4.2 希薄磁性半導体のキュリー温度

グループ	物質	結晶構造	キュリー温度 (K)
IV	$Ge_{1-x}Mn_x$	Diamond	116 ($x=0.033$), 285 ($x=0.06$)
	$SiC+M$ (M=Ni, Mn, Fe)	Zinc-blende	50 (5% Ni), 250 (5% Mn), 270 (5% Fe)
II-VI	$Zn_{1-x}M_xTe$ (M=Mn, Cr)	Zinc-blende	10 ($x=0.019$ Mn), 15 ($x=0.035$ Cr), 300 ($x=0.2$ Cr)
	$Be_{1-x}Mn_xTe$		2.4 ($x=0.1$ Mn)
	$Zn_{1-x}M_xO$ (M=V, Mn, Co)	Wurtzite	>350 ($x=0.15$ V), >350 ($x=0.25$ V), >300 ($x=0.15$ CoFe), 550 ($x=0.05$ Fe+0.01 Cu)
III-V	$Ga_{1-x}Mn_xAs$	Zinc-blende	110 ($x=0.053$), 118 ($x=0.05$), 140 ($x=0.06$), 120 ($x=0.08$)
	$In_{1-x}Mn_xAs$		35 ($x=0.05$), 333 ($x=0.14$)
	$In_{1-x}Mn_xSb$		85 ($x=0.028$)
	$Ga_{1-x}Mn_xP$		250 ($x=0.094$)
	$Ga_{1-x}Mn_xN$	Wurtzite	300 ($x=0.03$)
	$Ga_{1-x}Cr_xN$		280 ($x=0.03$)
	$Al_{1-x}Cr_xN$		>350 ($x=$?)
V_2VI_3	$Bi_{2-x}Fe_xTe_3$	Rombohedral	12 ($x=0.08$)
	$Sb_{2-x}V_xTe_3$		24 ($x=0.03$)
IV-VI	$Pb_{1-x-y}Sn_yMn_xTe$	Rock salt	32.7 ($y=0.72, x=0.12$)
	$Ge_{1-x}Mn_xTe$	Amorphous	150 ($x=0.5$)
II-IV-V_2	$Cd_{1-x}Mn_xGeP_2$	Chalcopyrite	>300 ($x=0.17$)
	$ZnSiN_2$+5% Mn		200〜280 (5% Mn)
	$ZnGeSiN_2$+5% Mn		
II-IV-VI_3	$BaTi_{1-x}Fe_xO_3$	Perovskite	>300 ($x=0.43$)

ば,平均場に基づくモデルでは T_c 以上の磁化率の温度変化は,平均場近似によりキュリー-ワイス則で与えられ,sp-d 相互作用はキャリヤの有効磁場とみなす.このモデルによると高い T_c を得るには磁性原子濃度とキャリヤ(正孔)濃度を増やすことが不可欠である.このモデルからは GaN, ZnO で室温強磁性が実現できることになり,実験結果と矛盾しない.

キュリー温度の違いはともかくとして,強磁性 DMS は実現されるわけであるが,

強磁性だからといって金属の強磁性と同じように磁石による力を使う応用は考えにくい。強磁性 DMS の特徴は，半導体としての性質に加えてスピンを有するわけであるから，スピンを制御して伝導が変化する磁気抵抗効果を利用するような応用が現実的である。また，キュリー温度がキャリア濃度に強く依存するため，光および電界による強磁性の制御といった興味ある現象を観測することができる。これらについて簡単に記述する。

a. 光誘起強磁性[10]

磁性半導体 (In, Mn)As と非磁性半導体 GaSb のヘテロ構造を作製し，それに光を照射する。(In, Mn)As の厚さを 10 nm 程度に薄くしておくと入射光は GaSb で吸収され，電子，正孔対が生成される。内部電界で分離された正孔が表面の (In, Mn)As に蓄積される。(In, Mn)As は正孔誘起強磁性を示すので，この正孔濃度を T_c 直上にあらかじめ設定しておくと，光で生成された正孔の増加により常磁性から強磁性に転移する。これに類似した現象として GaAs 中に Fe の微粒子を人為的に埋め込み，室温で光誘起強磁性を観測したり[11]，グラニュラー MnSb に GaAs をキャップした構造での室温光誘起磁気抵抗効果[12]などが報告されている。

b. 電界制御強磁性[13]

前述の光による磁性の変化ではなく，最近では電圧の印加によって強磁性と常磁性の転移を自在にコントロールできることも報告されている。構造は電界効果トランジスタ構造である。印加電圧 ∓125 V による正孔の変化は±数%，それに伴う T_c は ±1 K である。

c. トンネル磁気抵抗効果[14]

強磁性半導体を用いたトンネル接合 (Ga, Mn)As/AlAs(Ga, Mn)As について大きな磁気抵抗効果が初めて報告された。トンネル障壁は AlAs であり，DMS の保磁力は Mn 濃度の違いにより生じる。このほか，強磁性体 (MnAs) と半導体 (GaAs) のヘテロ構造での磁気抵抗効果[15]が報告されている。　　　　　　　〔宮﨑照宣〕

文　献

1) 宮﨑照宣，安藤康夫，久保田均：固体物理，**38**, pp. 109-124 (2003)
2) 大野英男他：マテリアルインテグレーション，**13**, pp. 1-60 (2000)
3) 猪俣浩一郎，ほか：MRAM 技術，ザイペック (2002)
4) K. Inomata, H. Ogiwara, Y. Saito, K. Yusa and K. Ichihara : *Jpn. J. Appl. Phys.*, **36**, L1380 (1997)
5) K. Inomata, N. Koike, T. Nozaki, S. Abe and N. Tezuka : *Appl. Phys. Lett.*, **82**, p. 2667 (2003)
6) 井浦聡則，久保田均，安藤康夫，宮﨑照宣：日本応用磁気学会誌，**27**, p. 303 (2003)
7) J. K. Furdyna : *J. Appl. Phys.*, **64** (1988)；R29, Diluted Magnetic Semiconductors, Semiconductors and Semimetals Series, Vol. 25, Academic Press, Boston (1988)
8) 安藤功児：電子技術総合研究所 8 号，70 (1993)
9) 宮﨑照宣：スピントロニクス (2004).
10) S. Koshihara, A. Oiwa, M. Hirasawa, S. Katsumoto, Y. Iye, C. Urano, H. Takagi

and H. Munekata : *Phys. Rev. Lett.*, **78**, p. 4617 (1997)
11) S. Haneda, H. Munekata, Y. Takatani and S. Koshihara : *J. Appl. Phys.*, **87**, p. 6445 (2000)
12) H. Akinaga, M. Mizoguchi, K. Ono and M. Oshima : *Appl. Phys. Lett.*, **76**, p. 2600 (2000)
13) H. Ohno, D. Chiba, F. Matsukura, T. Omiya, E. Abe, T. Dietl, Y. Ohno and K. Ohtani : *Nature*, **408**, p. 944 (2000)
14) Y. Higo, H. Shimizu and M. Tanaka : Physica, E10, p. 292 (2001)
15) K. Takahashi and M. Tanaka : *J. Appl. Phys.*, **87**, p. 6695 (2000)

6

超伝導デバイス

6.1 超伝導体の物性

　超伝導を特徴づけるいくつかの顕著な電子物性がある．超伝導状態では直流の電気抵抗は消失し，一度流れはじめた電流は減衰せず，「完全導電性」が実現される．一方，磁場中では超伝導体の表面近傍には磁束が進入し，表面には遮へい電流が流れる．したがって，インダクタンス成分は消失しない．したがって，超伝導体は理想的なインダクタとして機能する．一方，弱い磁場に対して超伝導体は磁束を完全に排除し，内部の磁束密度はつねにゼロとなる．しかし，大きな磁場のもとでは多くの超伝導体はマクロ的にはその中に非超伝導領域を共存させ，磁束を一部取り込む．この種の超伝導体は比較的大きな磁場中でも完全導電性を失わず，応用上重要となる．また，超伝導粒子は量子力学的にコヒーレント（可干渉）であり，弱く結合する超伝導体間には「ジョセフソン効果」と呼ばれる特異な非線形電圧-電流応答が観察される．これはさまざまな機能性電子デバイスへ応用される．

　現在までに，貴金属，強磁性体を除くほとんどの金属，合金，化合物，セラミックス，有機物で超伝導が観察されている．ここでは，超伝導応用機器，デバイスを理解するうえで必要となる最も基本的な超伝導物性をその現象と理論の側面から述べる．

6.1.1 超伝導現象の基礎

　超伝導(superconductivity)という概念は，4.2 K付近で水銀の電気抵抗がほぼ消失することをオネス(Onnes)[1]が発見したことに始まる．

　ゼロ抵抗状態の超伝導リングに流れる電流は，確かに数年にわたる長い期間減衰することなく流れ続けることは実験的にも確認されている．これを永久電流(persistent current)と呼ぶ．この完全導電性は一定の磁場のもとでは消失することも観察される．

　図6.1.1に超伝導体の典型的な電気抵抗率の温度ならびに磁場依存性を示す．温度の低下とともに，電気抵抗はある狭い温度領域で急激に減少し，ゼロとなる．抵抗の消失する温度を臨界温度 T_c (critical temperature)と呼ぶ．なお，抵抗減少が始まる温度を T_c オンセット，ゼロとなる温度を T_c オフセット（ゼロ抵抗）とし，その幅を遷移幅と呼ぶ．一方，磁場中では印加磁場の増大とともに T_c は減少し，遷移幅は広

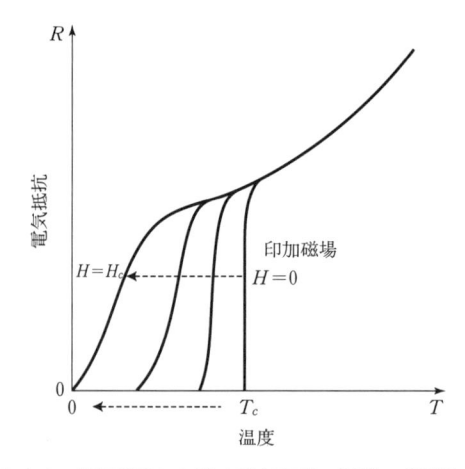

図 6.1.1 超伝導体における電気抵抗の温度・磁場依存性

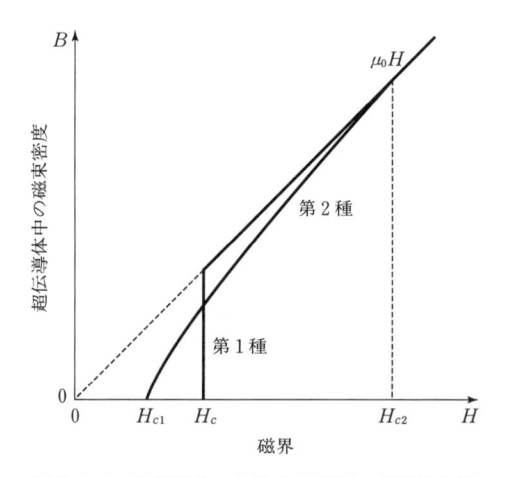

図 6.1.2 超伝導体における2種類の磁気的応答

がる．T_c がゼロとなる磁界を臨界磁界 H_c (critical magnetic field) と呼ぶ．超伝導から常伝導への相転移は $T=T_c$ で，潜熱を伴わない2次の相転移である．

ほとんどの超伝導体は図 6.1.2 に示されるような二つのタイプの磁気的応答を示す．いずれのタイプでも，比較的小さな磁場 ($B \sim 10^{-2}\,T$) 中に置かれた場合，磁場導入のプロセスによらず，超伝導体はつねに磁束を完全に排除し，その内部では $B=0$ の状態となることをマイスナー (Meissner) とオクセンフェルト (Ochsenfeld)[2] は見いだした．これは，完全導電体に期待される通常の電磁気的応答ではなく，むしろ超伝導に固有の性質であるといえる．これをマイスナー効果 (Meissner effect) と呼ぶ．

6.1 超伝導体の物性

比較的大きな磁場 ($B>10^{-1}$ T) に対する応答によって二つのタイプの超伝導体に分類される．第1種超伝導体と呼ばれる超伝導体では，H_c 以下では $B=0$ であり，それ以上の磁場では磁束は侵入し常伝導体へと変化する．こうした超伝導体では永久磁石レベルの磁場によって簡単に超伝導状態は破壊される．これに対し，第2種超伝導体と呼ばれる超伝導体では，H_c より小さな H_{c1} (下部臨界磁界) 以上で超伝導体へ一部磁場が侵入しはじめ (混合状態)，H_{c2} (上部臨界磁界) 以上において超伝導は消失し，常伝導体へ遷移する．一般に H_{c2} は H_c に比べて桁違いに大きく，すでに $\mu_0 H_{c2}$ が 10^2T を超える物質も見いだされている．通常，その大きさゆえに H_{c2} を直接測定することは難しく，印加磁場を増加させて $T_c=0$ への変化を外挿することによって H_{c2} 値は推定されている．

磁場中で第2種超伝導体に通電するとき，超伝導体中には磁場が侵入するが，電流によって磁束は垂直方向に力を受けて移動する．この磁束の流れは電流方向に電圧を誘起するため，見かけ上ゼロ抵抗状態が消失する．そのため，なんらかの力で超伝導体中の磁束の動きを抑制しなくてはならない．これを「ピン」と呼び，材料的な工夫によって十分なピン止め力を導入することによって，一定の電流密度，臨界電流密度 J_c (critical current density) までの通電が可能となる．なお，ピンニングの弱いものでは H_{c2} より小さな H_i (不可逆磁界) でも J_c はゼロとなる．J_c は物質固有値ではないが，応用にあたっては大電流密度を必要とするので重要な材料特性値である．

以上の三つの重要な超伝導パラメータ T_c, H_c, H_i, J_c の関係を図 6.1.3 に示す．ここで，実験的には H_c の温度依存性は次のように表される．

$$H_c(T)=H_c(0)\{1-(T/T_c)^2\} \tag{6.1.1}$$

超伝導体では比熱の異常が観察される．通常の常伝導金属の電子比熱 c^e はフェルミ面近傍の電子のみがエネルギーをやりとりするため，次式のように温度に比例して

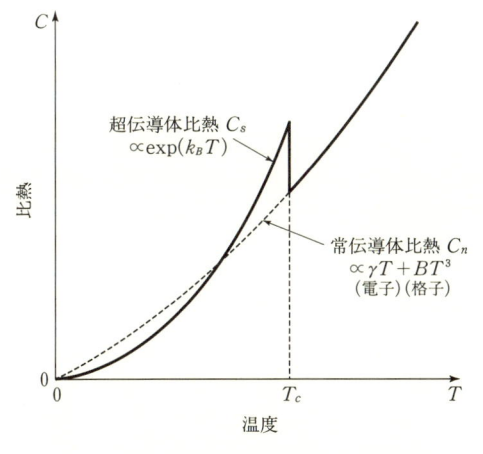

図 6.1.3 超伝導体における比熱の温度依存性

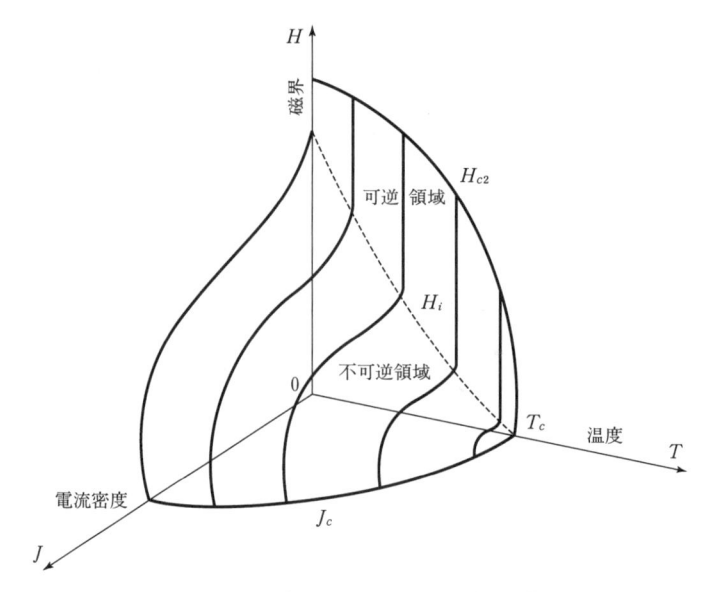

図 6.1.4 臨界温度, 臨界磁界, 臨界電流密度の関係

いる.

$$c^e = \pi^2 N(\varepsilon_F) k_B^2 T/3 = \gamma T \tag{6.1.2}$$

ここで, γ は電子比熱定数と呼ばれ, 比熱測定からは $N(\varepsilon_F)$ が決定できる. 一方, 図 6.1.4 に示すように, 超伝導体において比熱は極低温から指数関数的に立ち上がり, $T=T_c$ において常伝導状態に戻る. この特徴的な比熱温度依存性は, 超伝導体中の電子がフェルミ面近傍にエネルギーギャップ構造をもつために生じる.

6.1.2 超伝導理論

巨視的理論のアプローチとして, 超伝導粒子と電子の共存する 2 流体理論を提案したのはホルター (Gorter) とカシミール (Casimir)[3) である. 物理的描像は不明確ではあったが, 超伝導粒子に関与する電子数 n_s と通常の電子数 n の比を次式のように与えると, 超伝導体の熱的性質が説明できることを示した.

$$\frac{n_s}{n} = 1 - \left(\frac{T}{T_c}\right)^4 \tag{6.1.3}$$

これによって, 臨界磁界 H_c の温度依存性の式 (6.1.1) も導かれる.

ロンドン (London)[4) は超伝導現象に多くの示唆を与える次の二つの電磁気方程式 (ロンドン方程式) を提案した.

$$\frac{\partial (\Lambda \boldsymbol{i})}{\partial t} = \boldsymbol{E} \tag{6.1.4}$$

$$\mathrm{rot}(\Lambda \boldsymbol{i}) = -\boldsymbol{B} \tag{6.1.5}$$

ここで,$\Lambda \equiv m^*/n_s q^{*2}$ (m^*, q^*, n_s は超伝導粒子の質量,電荷,粒子数).式(6.1.4)は抵抗のない粒子の振る舞いから導かれる.いま,静的な磁場中にある超伝導体を考える.マクスウェル方程式と式(6.1.5)を用いれば次式をうる.

$$\nabla^2 \boldsymbol{B} = \frac{1}{\lambda_L} \boldsymbol{B} \tag{6.1.6}$$

ここで,$\lambda_L = \sqrt{\Lambda/\mu_0} \propto \dfrac{1}{\sqrt{n_s}}$ であり,温度に依存する.これを磁場侵入長(magnetic penetration depth)と呼ぶ.

たとえば,半無限超伝導板の深さ方向 x に対して,磁場は $\exp(-x/\lambda_L)$ の形で急激に減少する.金属超伝導体の場合,十分低温で λ_L の値はきわめて小さく,数十 nm オーダとなる.つまり,超伝導体内部では $\boldsymbol{B} = 0$ が実現している.これがマイスナー効果である.このとき,同時に表面近傍では大きな電流が流れていることになる.これは遮へい電流と呼ばれる.

ピパード(Pippard)[5] は磁場侵入長 λ が後に述べるコヒーレント長 ξ より短い超伝導体に対して非局所理論を展開し,λ_L に対して次のような補正が必要であることが示された.

真性コヒーレント長 $\xi_0 (= 0.18\,\hbar v_F / k_B T_c)$ が λ_L に比べて十分大きな場合,

$$\lambda = 0.65\,\lambda_L(\xi_0/\lambda_L)^{1/3} \qquad (\xi^3 \gg \xi_0 \lambda_L^2) \tag{6.1.7}$$

ξ が電子の平均自由行程 l で決定される場合(ダーティリミットと呼ばれる),

$$\lambda \approx \lambda_L(\xi_0/l)^{1/2} \qquad (\xi^3 \ll \xi_0 \lambda_L^2) \tag{6.1.8}$$

いずれの場合も λ は λ_L よりはるかに大きくなることに注意しなければならない.

時間的に変化する電磁応答を考えるために,2流体モデルとロンドン方程式を適用する.

$$\mathrm{rot}\,\boldsymbol{E} = \mathrm{rot}\,\frac{\partial(\Lambda \boldsymbol{i})}{\partial t} = -\frac{\partial \boldsymbol{B}}{\partial t} \tag{6.1.9}$$

$$\frac{1}{\mu_0}\mathrm{rot}\,\boldsymbol{B} = \boldsymbol{i} + \sigma_n \boldsymbol{E} + \frac{\partial \boldsymbol{D}}{\partial t} \tag{6.1.10}$$

つまり,次式によって $\boldsymbol{B}$ は求められる.

$$\nabla^2 \boldsymbol{B} = \frac{\mu_0}{\Lambda}\boldsymbol{B} + \sigma_n \mu_0 \frac{\partial \boldsymbol{B}}{\partial t} + \varepsilon \mu_0 \frac{\partial^2 \boldsymbol{B}}{\partial t^2} \tag{6.1.11}$$

半無限超伝導体に平面波が垂直に入射するとき,電磁界強度を $\exp(-|\gamma|x)$ と表せば,

$$\gamma^2 = \frac{1}{\lambda_L^2} + i\omega\sigma_n\mu_0 - \omega^2 \varepsilon \mu_0 \tag{6.1.12}$$

である.このとき,比較的低い周波数領域では電磁波応答のインピーダンス Z_s は次式で与えられる.

$$Z_s = \frac{i\omega\mu_0}{\gamma} \simeq i\omega\mu_0\lambda_L + \frac{\omega^2 \mu_0^2 \lambda_L^3 \sigma_n}{2} \tag{6.1.13}$$

第2項は損失を表しており,マイクロ波応用では重要な因子となる.

ギンツブルグ(Ginzburg)とランダウ(Landau)[6]は鋭い物理的洞察をもとに,超伝導秩序パラメータ(order parameter) Ψ を導入し,いわゆるGL理論を展開した.これは磁場中での超伝導体の振る舞いを理解するうえで有力な理論である.まず,電子系のギブスの自由エネルギー G を次のようにとらえる.

$$G = \frac{1}{2m^*}\left|\left(\frac{\hbar}{i}\nabla - q^*\boldsymbol{A}\right)\Psi\right|^2 + \frac{1}{2\mu_0}\boldsymbol{B}^2 - \boldsymbol{B}\boldsymbol{H} + \alpha|\Psi|^2 + \frac{\beta}{2}|\Psi|^4 \qquad (6.1.14)$$

ここで,m^* と q^* は超伝導粒子の質量と電荷とし,$\alpha(<0)$ と $\beta(>0)$ は実験との整合をとるために導入された係数である.$\boldsymbol{A}$ は rot $\boldsymbol{A} \equiv \boldsymbol{B}$ で定義されるベクトルポテンシャルである.G の変分がゼロとなる条件より,Ψ は次式,GL方程式をみたすことが要請される.

$$\frac{1}{2m^*}\left(\frac{\hbar}{i}\nabla - q^*\boldsymbol{A}\right)^2\Psi + \alpha\Psi + \beta|\Psi|^2\Psi = 0 \qquad (6.1.15)$$

一方,量子力学的考察より電流 $\boldsymbol{i}$ は次の式で与えられる.

$$\boldsymbol{i} = \frac{q^*}{2m^*}\left\{\Psi^*\left(\frac{\hbar}{i}\nabla - q^*\boldsymbol{A}\right)\Psi + \Psi\left(\frac{\hbar}{-i}\nabla - q^*\boldsymbol{A}\right)\Psi^*\right\} \qquad (6.1.16)$$

いま,式(6.1.16)において,$|\Psi|^2 = n_s e^{i\theta}$ とおくと,

$$\boldsymbol{i} = \frac{n_s q^*}{m^*}(\hbar\nabla\theta - q^*\boldsymbol{A}) \qquad (6.1.17)$$

となる.式(6.1.15)はポテンシャル項を $\alpha + \beta|\Psi|^2$ としたシュレディンガー方程式と同形となっているが,ここでは波動関数 Ψ が電子ではなく,多数の位相 θ をそろえた粒子集団を表現している.

図6.1.5に示されるよう超伝導リングに閉じ込められる磁束 Φ を考える.超伝導体内部のパスでは $\boldsymbol{i}=0$ が成立しているので,式(6.1.17)のパスに沿った周回積分値

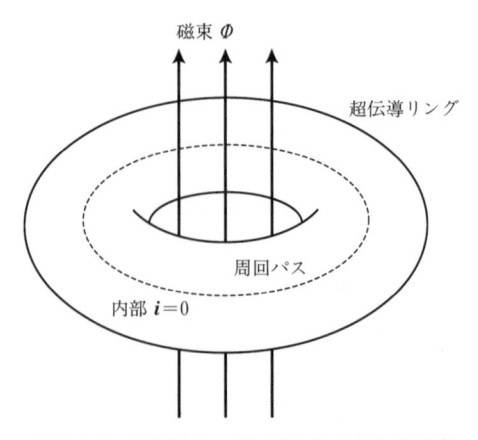

図 **6.1.5** 超伝導リングに閉じ込められる磁束

はゼロとなる．したがって，$\hbar\nabla\theta$ の積分値 nh (n は整数) は q^*A の積分と等しくなる．$\oint Adl$ はパス面内の磁束となるから，次式が成立する．

$$q^*\Phi = nh \tag{6.1.18}$$

つまり，リング内の磁束は $\Phi_0 = \dfrac{h}{2e}$ ($q^* = 2e$ とした) を単位として量子化されることがわかる．このことは，巨視的スケールで量子効果が出現するという意味で興味深い現象である．Φ_0 を磁束量子 (flux quantum) と呼び，超伝導体の磁気的ダイナミクスを議論するうえでしばしば用いられる重要な素量である．

一方，$i=0$ が成立しない十分小さな超伝導体リングでは $\oint \dfrac{m^*}{n_s q^*} i \cdot dl$ の磁束成分が無視できない．この項の時間変化は実効的なインダクタンスを表しており，力学的インダクタンス (kinetic inductance) と呼ばれている．超伝導薄膜デバイスの動作を考える際重要な因子である．

熱力学的考察によれば式 (6.1.15) におけるパラメータ α, β は H_c を用いて次のように表される．

$$\alpha = -\mu_0 H_c^2(T)/|\Psi_0(T)|^2 \tag{6.1.19}$$
$$\beta = \mu_0 H_c^2(T)/|\Psi_0(T)|^4 \tag{6.1.20}$$

また，$A=0$ のもとで Ψ が変動し，$\Psi = \Psi_\infty + \delta\Psi$ と表されるとすると，$\delta\Psi$ は次式に従うことになる．

$$\dfrac{\hbar^2}{2m^*}\nabla^2 \delta\Psi + 2\alpha\delta\Psi = 0 \tag{6.1.21}$$

式 (6.1.21) の 1 次元の解 $\exp(\pm\sqrt{2}x/\xi)$ は，Ψ の微小変動が空間的に ξ のスケールで急激に減衰することを示している．ここで，$\xi_{GL} = \hbar/2m^*(-\alpha)$ をギンツブルグ-ランダウ (Ginzburg-Landau) コヒーレント長と呼ぶ．また，$\lambda(T)$ と $\xi_{GL}(T)$ の比 $\kappa \equiv \lambda(T)/\xi_{GL}(T)$ はギンツブルグ-ランダウパラメータと呼ばれる．

超伝導から常伝導への転移を自由エネルギー G で表せば次のようになる．

$$G_s(H) = G_s(0) = G_n(0) - \dfrac{\mu_0 H_c^2}{2} \tag{6.1.22}$$

つまり，超伝導 (s) は常伝導 (n) に比べて $\mu_0 H_c^2/2$ だけエネルギーが低い状態として理解できる．s/n 界面を考えるとき，超伝導体中に常伝導部分が形成されると界面近傍では ξ オーダで超伝導によるエネルギー減少分が失われる．これに対して，λ_L オーダでは磁場の侵入が許されるため，静磁気エネルギーは低下する．κ をパラメータとして界面のエネルギーを定性的に評する．κ が小さい場合 ($\kappa < \sqrt{2}$)，磁場の存在は系のエネルギーを高めるため磁場は排除される．しかし，κ が大きい ($\kappa > \sqrt{2}$) と，むしろ磁場の存在が界面のエネルギーを低下させることになる．前者のケースが第 1 種超伝導体，後者が第 2 種超伝導体の性質を説明している．

すでに述べたように，第 2 種超伝導体では H_c より小さな H_{c1} で超伝導体の一部に磁場が侵入し，常伝導相が Φ_0 を取り込んで超伝導相と混じった状態をとる．これが

混合状態である．このとき，Φ_0 は三角格子状に配列する，いわゆるアブリコソフ (Abrikosov) 状態となる．H が増し，Φ_0 の間隔が ξ 程度に近づくと系は超伝導相を保てず，常伝導へと転移する．この磁界 H_{c2} が上部臨界磁界である．

高磁場下での第2種超伝導体の混合状態に電流を流すとき，磁束量子 Φ_0 には直交成分に比例するローレンツ力 f_L が働く．一方，超伝導体は内部に欠陥や不純物などを含んでおり，Φ_0 はそうした非超伝導部分に存在するとき，系のエネルギーは低くなる．空間的なエネルギーの不均一性は Φ_0 の動きを止める力をもたらす．これをピン止め力 f_p と呼ぶ．$f_L > f_p$ となると Φ_0 は粘性流体的に運動し，電流方向に電圧が生じるため見かけ上ゼロ抵抗状態は消失する．すでに述べたように，その限界の通電量が臨界電流密度 J_c である．そのため，超伝導応用にあたっては十分大きなピン止め力を材料に導入することが必要となる．

金属超伝導機構の本質は，フォノンを介して弱く相互作用する電子からなる特異な対粒子のボース凝縮状態にあることを明らかにしたのは Bardeen-Cooper-Schrieffer[7] である．それはバーディーン-クーパー-シュリーファー (BCS) 理論と呼ばれ，超伝導の微視的モデルとして最も信頼できる理論である．

理論の基礎となる仮定は，超伝導状態では電子は波数とスピンが逆の電子から形成される対（クーパー対）となって状態を占めるという点にある．ここでは，一定の条件下で対電子間に引力相互作用が生じることをみたのち，BCS 理論の出発である基底状態を簡単に説明し，重要な理論的帰結について述べる．

まず，電子間に働く引力ポテンシャルについて考える．今，伝導電子は格子正イオンと相互に交じり合う流体 (jellium) と仮定する．全電荷密度の摂動 $\delta\rho$ は電子流体の $\boldsymbol{k}$ から $\boldsymbol{k}' = \boldsymbol{k} + \boldsymbol{q}$ への遷移によってもたらされる．媒質の応答を誘電関数 $\varepsilon(q,\omega)$ で表すと，

$$\varepsilon(q,\omega) = \frac{\varepsilon\delta\rho}{\rho_s + \delta\rho}$$
$$= \frac{\omega^2(k_s^2 + q^2) - \omega_{\mathrm{plasma}}^2 q^2}{\omega^2 q^2}\varepsilon \qquad (6.1.23)$$

となる．ここで，$\omega_{\mathrm{plasma}} = (Ze^2 n/M\varepsilon)^{1/2}$ はイオンのプラズマ角周波数である．さらに，$\omega_q^2 \equiv \omega_{\mathrm{plasma}}^2 q^2 /(k_s^2 + q^2)$ とすると，電子間相互作用のフーリエ成分 $V_{kk'}$ は次のように表される．

$$V_{kk'} = \frac{e^2}{4\pi\varepsilon q^2} = \frac{e^2}{4\pi(k_s^2 + q^2)} + \frac{e^2 \omega_q^2}{4\pi(k_s^2 + q^2)(\omega^2 - \omega_q^2)} \qquad (6.1.24)$$

$\omega < \omega_q$ の周波数領域では，イオンによる電子間の相互作用は本来の負電荷間の反発力を上回り，散乱振幅は負となる．つまり，一定のエネルギー条件を満たせば，電子間に引力が働きうることが理解できる．

この対電子間の引力を仮定して，常伝導状態の基底エネルギーとの差，縮約エネルギー (reduced energy) を考える．図 6.1.6 に示されるようなフォノン交換による ($\boldsymbol{k}$,

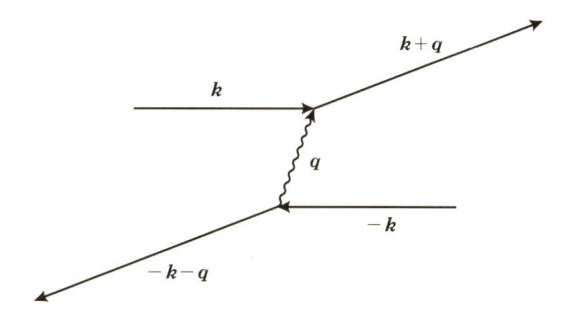

図 6.1.6 フォノン（運動量 $\hbar q$）を介した電子対の状態遷移

$-\boldsymbol{k}$) 電子対から ($\boldsymbol{k}'$, $-\boldsymbol{k}'$) 電子対への遷移を二つの電子の生成・消滅演算子を用いて表すと，縮約ポテンシャルエネルギー (reduced potential energy) は次のように表される．

$$V_{red} = \sum_{kk'} V_{kk'} c^+_{k+q\uparrow} c^+_{-k-q\downarrow} c_{-k\downarrow} c_{k\uparrow} \tag{6.1.25}$$

ただし，$\boldsymbol{k}' = \boldsymbol{k} + \boldsymbol{q}$ とし，↑↓はスピンを表現している．ここで，対を考慮して，

$$\boldsymbol{b}_k^+ = c^+_{k\uparrow} c^+_{-k\downarrow} \qquad \boldsymbol{b}_k = c_{-k\downarrow} c_{k\uparrow} \tag{6.1.26}$$

を新たな演算子として定義すると，V_{red} は次のように変形される．

$$V_{red} = \sum_{kk'} V_{kk'} \boldsymbol{b}_{k'}^+ \boldsymbol{b}_k \tag{6.1.27}$$

さらに，対の運動エネルギー (kinetic energy) を考慮すると，縮約ハミルトニアンは次のように表される．

$$H_{red} = 2\sum_{k<k_F} |\varepsilon_k| \boldsymbol{b}_k \boldsymbol{b}_k^+ + 2\sum_{k<k_F} \varepsilon_k \boldsymbol{b}_k^+ \boldsymbol{b}_k + \sum_{kk'} V_{kk'} \boldsymbol{b}_{k'}^+ \boldsymbol{b}_k \tag{6.1.28}$$

超伝導の基底状態はすべて対状態の占有演算子の積であるとすると，

$$|\Psi\rangle = \prod_k [u_k + v_k \boldsymbol{b}_k^+]|0\rangle \tag{6.1.29}$$

ここで，$|0\rangle$ は真空状態，v_k^2 は対占有確率，$u_k^2 = 1 - v_k^2$ である．そうすると，超伝導基底状態の縮約エネルギーは

$$W = \langle \Psi|H_{red}|\Psi\rangle = 2\sum_{k<k_F} |\varepsilon_k| u_k^2 + 2\sum_{k>k_F} \varepsilon_k v_k^2 + \sum_{kk'} V_{kk'} u_k v_k u_{k'} v_{k'} \tag{6.1.30}$$

となる．

平衡状態での対占有確率は次のように表される．

$$v_k^2 = \frac{1}{2}\{1 - \varepsilon_k/(\Delta_k^2 + \varepsilon_k^2)^{1/2}\} \tag{6.1.31}$$

ここで，Δ_k は次式で定義されるギャップパラメータである．

$$\Delta_k \equiv -\sum_{k'} V_{kk'} v_{k'} u_{k'} \tag{6.1.32}$$

さらに，$E_k \equiv (\Delta_k^2 + \varepsilon_k^2)^{1/2}$ と定義すると，占有確率は

$$v_k^2 = \frac{1}{2}(1 - \varepsilon_k/E_k) \tag{6.1.33}$$

となる．ε_k が Δ_k オーダであるとき，v_k^2 は 0 あるいは 1 から大きくずれている．v_k の新しい表現を用いて Δ_k を見直すと，

$$\Delta_k = -\sum_{k'} V_{kk'} \frac{\Delta_{k'}}{2E_{k'}} \tag{6.1.34}$$

となる．この式を次の仮定のもとで簡潔に解く．

$$\begin{aligned} V_{kk'} &= -V, \quad \Delta_k = \Delta \quad |\varepsilon_k|, |\varepsilon_{k'}| < \hbar\omega_D \\ V_{kk'} &= 0, \quad \Delta_k = 0 \quad |\varepsilon_k|, |\varepsilon_{k'}| > \hbar\omega_D \end{aligned} \tag{6.1.35}$$

状態密度を一定値 $N(0)$ とし，$\sum_{k'}$ の代わりに積分を行うと，

$$\frac{2}{N(0)V} = \int_{-\hbar\omega_D}^{\hbar\omega_D} \frac{d\varepsilon}{[\Delta^2 + \varepsilon^2]^{1/2}} \tag{6.1.36}$$

つまり，$\Delta = \hbar\omega_D / \sinh[1/N(0)V]$ となる．

今，$N(0)V \ll 1$（弱結合近似）とすれば，

$$\Delta = 2\hbar\omega_D e^{-\frac{1}{N(0)V}} \tag{6.1.37}$$

となる．通常の金属超伝導体では Δ は meV オーダとなる．

さて，対の励起を考えると，対を破壊するには二つの励起が必要で，そのため最小限 2Δ のエネルギー（ギャップエネルギー）が必要となる．有限な温度のもとでは，温度依存性をもつ v_k^2 を考慮して Δ_k は次のように表される．

$$\Delta_k = -\sum_k V_{kk'} \frac{\Delta_{k'}}{2E_{k'}} \left[1 - \frac{2}{\exp(E_{k'}/k_B T) + 1} \right] \tag{6.1.38}$$

先に，$T = 0$ で Δ_k を求めたのと同様に近似すると，

$$\frac{1}{V} = \sum_k \frac{1}{2E_k} \tanh \frac{E_k}{2k_B T} \tag{6.1.39}$$

関与する $\boldsymbol{k}$ の範囲で状態密度は $N(0)$ 一定と仮定すると，

$$\frac{1}{N(0)V} = \int_{-\hbar\omega_D}^{\hbar\omega_D} \frac{\tanh\{[\Delta^2 + \varepsilon^2]^{1/2}/2k_B T\}}{2[\Delta(T)^2 + \varepsilon^2]^{1/2}} d\varepsilon \tag{6.1.40}$$

のようになる．これを図示すると図 6.1.7 となる．温度が T_c に近づくと Δ は消滅して常伝導となる．また，$T_c/2$ 以下ではほぼ $\Delta(0)$ 一定となる．この結果は多くの金属の実験結果と良い一致を示す．

T_c 近傍では，

$$\Delta(T) \cong 3.2\, k_B T_c (1 - T/T_c)^{1/2} \tag{6.1.41}$$

式 (6.1.40) に $\Delta(T_c) = 0$ を適用すると，

$$\frac{1}{N(0)V} = \int_0^{\hbar\omega_D} \frac{\tanh(\varepsilon/2k_B T_c)}{\varepsilon} d\varepsilon \tag{6.1.42}$$

となり，$N(0)V \ll 1$ のとき，式 (6.1.42) は次のようになる．

$$k_B T_c = 1.13\, \hbar\omega_D e^{-\frac{1}{N(0)V}} \tag{6.1.43}$$

式 (6.1.37) と式 (6.1.43) を比較すると，次の関係式をうる．

$$2\Delta(0) = 3.52\, k_B T_c \tag{6.1.44}$$

フェルミエネルギー付近の状態密度は，エネルギーギャップを反映して常伝導金属

6.1 超伝導体の物性

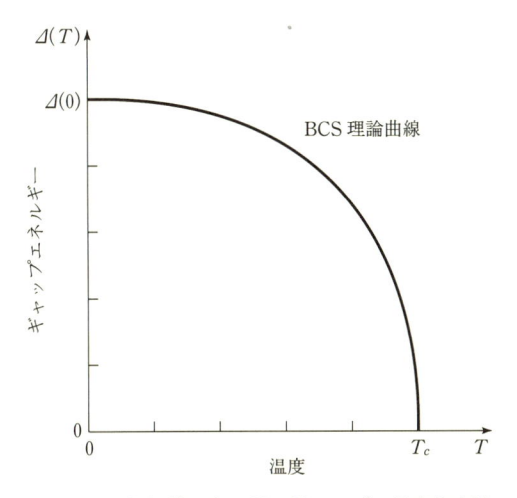

図 6.1.7 超伝導エネルギーギャップの温度依存性

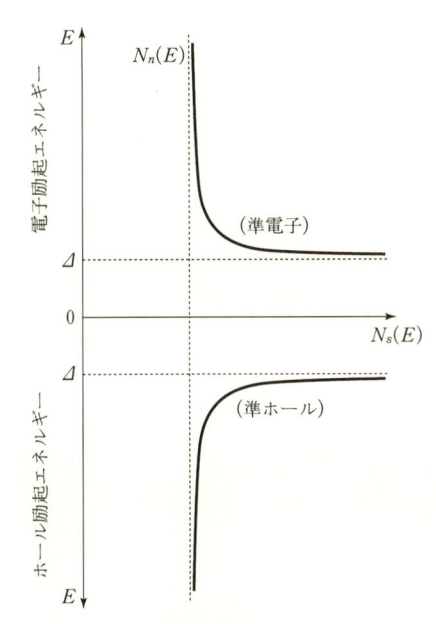

図 6.1.8 「半導体モデル」による超伝導状態密度と準粒子励起エネルギーの関係

におけるほぼ一定値 $N_n(0)$ に比べ，以下のように著しく異なっている．

$$N_s = \frac{N_n(0)E}{(E^2-\Delta^2)^{1/2}} \tag{6.1.45}$$

$N_s(E)$ を直観的に把握するうえで，図6.1.8のようなエネルギーバンド（半導体モデル）の表現が便利である．対が破壊されて生じる準粒子エネルギーは，中央のフェルミエネルギーから上下に対して正にとり，それぞれ準電子，準ホールに対応する状態密度が描かれている．このモデルは後に述べるトンネル現象を定性的に理解するうえで有用である．

〔山本　寛〕

文　献

1) H. K. Onnes : *Leiden Comm.*, **122b**, **124c** (1911)
2) W. Meissner and R. Oschenfeld : *Naturwissenschaften*, **21**, pp. 787-788 (1933)
3) C. J. Gorter and H. B. G. Casimir : *Physica*, **1**, p. 305 (1934)
4) F. London : *Superfluids, Macroscopic Theory of Superconductivity*, **1**, New York, Dover Publications (1960)
5) A. B. Pippard : *Proc. Roy. Soc.* (*London*), **A216**, pp. 547-568 (1953)
6) V. L. Ginzburg and L. D. Landau : *Zh. Eksperim. i Teor. Fiz.*, **20**, p. 1064 (1950)
7) J. Bardeen, L. N. Cooper and J. R. Schrieffer : *Phys. Rev.*, **108**, pp. 1175-1204 (1957)

6.2 超伝導材料

6.2.1 薄　膜
a. 薄膜化技術

超伝導材料をエレクトロニクスに応用するためには，素材を基盤の上に薄膜化するという薄膜化技術の開発が不可欠である[1]．薄膜の作成法は大別して，気相から成長させる方法と液相から成長させる方法があるが超伝導材料では前者がおもに使われている．気相成長法のなかでは蒸着法，スパッタリング法，パルスレーザ蒸着法，化学的気相蒸着 (CVD) 法などが最も一般的に使われている．表6.2.1は主だった超伝

表6.2.1　おもな超伝導材料と薄膜化技術，特性

種類	超伝導体	薄膜化技術	超伝導特性
金属合金	Pb	蒸着	$T_c=7$ K
	Nb	EB 蒸着，スパッタリング	$T_c=9$ K
化合物	Nb$_3$Ge(非平衡)	スパッタリング，CVD	$T_c=23$ K　$H_{c2}(0)=37$ T
	Nb$_3$Si(非平衡)	スパッタリング，CVD	$T_c=6\sim17$ K
	NbN	反応性スパッタリング	$T_c=17$ K　$H_{c2}(0)=47$ T
	MoN(非平衡)	イオンビームスパッタリング	$T_c=14$ K
	MgB$_2$	ポストアニール，PLD，EB 蒸着	$T_c=20\sim41$ K　$H_{c2}(0)=30\sim60$ T
酸化物	Y(Re)Ba$_2$Cu$_3$O$_7$	ポストアニール，反応性蒸着，PLD，スパッタリング，MOCVD	$T_c=87\sim93$ K
	Bi-Sr-Ca-Cu-O	反応性蒸着，スパッタリング，PLD，MOCVD	$T_c=7\sim18$ K(Bi-2201) $T_c=75\sim92$ K(Bi-2212) $T_c=83\sim108$ K(Bi-2223)
	Tl-Ba-Ca-Cu-O	ポストアニール，スパッタリング	$T_c=83\sim121$ K
	Hg-Ba-Ca-Cu-O	ポストアニール	$T_c=93\sim130$ K

材料について適用された蒸着技術と得られている特性を示した．以下，各蒸着技術の特徴を概説する．

1) 蒸　着　法

　真空中で素材を加熱蒸着させ，蒸着粒子を基板上に付着させて薄膜を形成する方法である．加熱には低融点材料に対しては抵抗加熱，高融点材料に対しては電子ビーム蒸着を用いることが多い．また，超高真空中でクヌーセン(K)セル，エヒュージョンセル，電子銃(E-gun)などを用いて構成素材を分子ビーム状に飛び出させて精度よく薄膜を形成させる分子線エピタキシャル(MBE)法もある．酸化物超伝導材料に関しては，酸化雰囲気中で蒸着を行う必要があるため，酸素を導入しながら行う反応性蒸着法が用いられる．その際，なるべく高い真空度をたもつため，分子酸素の代わりに活性酸素(酸素プラズマ，オゾン，原子状酸素など)を用いることが多い．

2) スパッタリング法

　スパッタリング法はアルゴンなどのガスをプラズマ化して得られるイオンを原料であるターゲット材料に衝突させ，たたき出された粒子を基板上に堆積させる方法である．ガスとして通常はアルゴンガスが用いられるが，NbNなどの窒化物超伝導体や酸化物高温超伝導体では，アルゴンガスに加えて窒素ガスや酸素ガスを加えて反応させながら堆積させる．スパッタリングは粒子のエネルギーが大きくかつ活性化されているため低温成長や非平衡相の生成に適すること，成長速度が速いこと，大面積化が容易であるなどの特徴をもっている．

3) パルスレーザ蒸着法

　パルスレーザ蒸着(pulsed laser deposition : PLD)法は，パルスレーザ光を原料であるターゲットに照射し，薄膜を堆積するものである．この方法は，ターゲット組成がそのまま薄膜組成に転写される利点をもつため，近年盛んに用いられている方法である．また，酸化物を対象にした場合は，高酸素分圧下での成膜が可能であるという利点ももつ．レーザ光としては，ArF(193 nm)，KrF(248 nm)，XeCl(308 nm)などのエキシマレーザやNd:YAGレーザ(1063 nm)の3倍高調波などの短波長のものが用いられるが，波長が短いほど原子状に近い状態で蒸着されるため，緻密で良質な膜が得られやすい．PLD法は良好な超伝導特性をもつ薄膜が簡便に得られるという長所をもつ一方，平滑性に劣ることなどの短所もいくつかあることに留意すべきである．また成長プロセスが複雑で，成長機構の解明自体も今後の研究課題である．

4) 化学的気相成長法

　化学的気相成長法(CVD)は，材料のハロゲン化物，硫化物，水素化物などをキャリヤーガス(通常Ar，またはN$_2$)と一緒に反応管に供給し，高温中で熱分解，酸化，還元，重合などの化学反応を起こさせて目的とする超伝導材料を合成しながら，薄膜として基板上に付着させる方法である．酸化物超伝導材料に関しては，通常，有機金属化合物が用いられることが多い(MO-CVD法)．CVD法は，成膜速度が速いこと，大面積化が比較的容易なこと，基板両面の同時蒸着が可能なこと，熱平衡に近いので

良好な結晶性が期待できるなどの利点をもつ. 一方, 短所としては, 適用できる材料が限られていること, 組成の制御が容易ではないこと, ガスの流れによって不均一性が起きやすいことなどの欠点をもっている.

b. 金属系超伝導薄膜

エレクトロニクス応用を目指した場合, 薄膜化の対象になるためには T_c ができるだけ高いこと以外に, 表面層が安定で良好なバリア層が作製でき, かつ膜自身が化学的, 機械的に安定で耐久性に優れることなどの条件が要求される. 数ある金属系の超伝導材料のなかでこれらの条件を満たす物質は非常に数が限られており, 最近まで研究対象は Nb と NbN に限られていた. 当初は Pb 合金系や A15 型化合物の Nb_3Sn, Nb_3Al, Nb_3Ge なども対象とされていたが, Pb 合金系は安定性, 信頼性, 耐久性の欠如により脱落し, A15 型化合物は薄膜作製の困難さにより, Nb_3Ge, Nb_3Si などの非平衡物質合成を除くと, 研究対象としてとりあげられなくなっていた. また, 1986年の酸化物系高温超伝導体の出現も金属系薄膜の研究が停滞する大きな要因となっていたのである.

しかし, 最近 T_c が金属系としては著しく高い MgB_2 超伝導体が発見され金属系薄膜の研究が再び活発化してきている. 2001 年の MgB_2 の発見以来, 短期間の間にその実用性を確認するために薄膜作製や接合形成の研究が非常に数多く行われてきた. しかし, 従来の金属系, 化合物系とは異なる合成の難しさがあることがわかってきており, それを克服するために多くの工夫がなされているのが現状である. 合成の難しさは, Mg と B の融点 (Mg: 650℃, B: 2550℃) が大きく異なること, Mg が蒸発しやすいこと, Mg が非常に酸化しやすいこと, 構造上異方性をもつため方位制御が必要なことなどに起因している.

現在までに MgB_2 薄膜作製の方法の主流は, 高温アニールを用いたいわゆる two-step 法である. この方法では, まず PLD や電子ビーム蒸着などで室温に保持した基板上に Mg-B 合金の非晶質薄膜を形成する. 次にこの膜を数百℃から 1 千℃近くでアニールをして結晶化させて MgB_2 膜とする方法である. このプロセスの過程で多量の Mg が蒸発するため, 最終的に MgB_2 組成を得るためにはあらかじめ Mg 組成を高めておく必要がある. この方法によりバルクと同じ 39 K の T_c を有する結晶性のよい MgB_2 薄膜が得られているが, 高温アニールプロセスは接合やデバイス開発に必要な積層薄膜の作製に大きな困難をもたらしている. デバイス応用のためには, 室温あるいは低い基板温度 (<300℃) で蒸着したまま (as deposition) で MgB_2 の結晶構造をもつ薄膜を形成できることが望ましい. このような as-grown 成長の成功も最近多く報告されており, 良好な素子特性の観察結果も報告されるようになってきている[2].

なお, MgB_2 薄膜の特性として注目されるのは, 図 6.2.1 に示したようにバルク材に比べて H_{c2} が著しく高いことである[3]. 同様の現象は図 6.2.1 に合わせて示したように NbN についても報告されていた[4]. これは, 蒸着によって, 炭素や酸素の置換が原子レベルで起こったためと推定されている. この高 H_{c2} をいかに活用していく

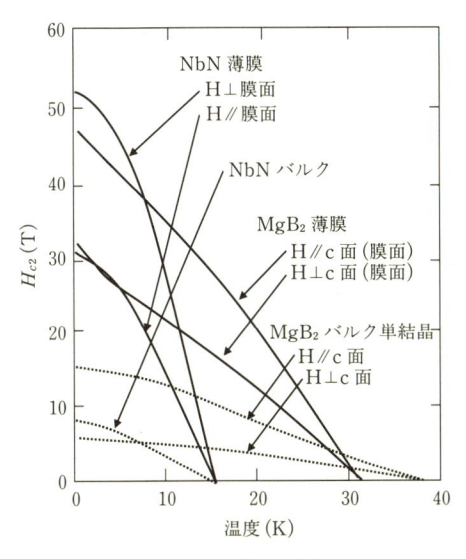

図 6.2.1 MgB$_2$ 薄膜と NbN 薄膜の臨界磁界 H_{c2} の温度特性
バルク材よりも著しく高い H_{c2} をもつ.

かも今後の MgB2 の応用を考えていくうえに重要である．

c. 酸化物系超伝導薄膜

酸化物高温超伝導体の出現は，液体窒素温度(77 K)における超伝導体の素子材料としての実用の可能性を高めた．現在までにいくつかの高温超伝導体が発見されているが，いまのところ Y 系 (YBa$_2$Cu$_3$O$_y$) の研究が圧倒的に多いのが現状である[5].

酸化物高温超伝導体の発見直後，Y 系薄膜がまずポストアニールで作成された．ポストアニール法はまず非晶質膜を生成し，これを酸化雰囲気中で加熱して結晶化させる手法である．特性のよい薄膜の作製が容易に得られる利点をもつが，800℃という高温での加熱となるため，素子作製には適切でない．その後，蒸着のまま (as deposition) で Y 系膜を作製する技術が確立された．蒸着法としては，PLD, スパッタリング，反応性共蒸着法，MO-CVD 法などが用いられている．PLD 法はターゲット組成がそのまま転写されるため，組成制御が容易であることから実験室規模では多く使われている手法であるが，大面積の蒸着には不向きである．

Y 系の T_c は約 90 K であるため，液体窒素温度で使用するには温度的なマージンが少なく，その分熱雑音が生じやすいといわれている．そのため，T_c がより高い Bi 系，Tl 系の薄膜化研究も進められている．Bi 系には Bi-2201 (20 K)，Bi-2212 (86 K)，Bi-2223 (110 K) の類似構造が存在するが，安定で T_c が比較的高い Bi-2212 に関する研究が多い．しかし，Bi-2212 でも Y 系に比べて良質の膜の形成は難しい．その原因は，元素数が多いこと，Bi-2201, Bi-2223 の混在 (intergrowth) を完全に

避けるのがきわめて難しいことなどによる．なお，蒸着法については，Bi系ではPLD法の適用が難しく，MBE法やスパッタリングが多く用いられている．Tl系，Hg系になるとさらに困難になり，ほとんどがポストアニーリングで合成されているのが現状である．

6.2.2 線材・テープ
a. 金属系超伝導線材

金属系超伝導体で現在実用線材として使われているのは，合金系のNb-Tiと金属間化合物であるNb$_3$Snの二つである．現在さらにこれらに加えてNb$_3$Al，および金属間化合物の臨界温度の記録を2001年に大幅に破ったMgB$_2$の線材化の開発が進められている[6]．図6.2.2には代表的な線材のJ_c-H特性を，後述する酸化物線材と一緒に示した．

1) Nb-Ti 線材

Nb-Ti合金系超伝導材料は加工性に富み，安価で取扱いが容易であることから，現在最も広く実用されている．とくに1970年代に入り，Nb-Tiが銅マトリックス中にフィラメント状に埋め込まれた安定性のすぐれた極細多芯線材が製造されるようになり，超伝導線材の利用が急速に進展した．このような極細多芯形式にすることによって，局部的な超伝導状態の破れが周囲に伝播することを防ぎ，安定して使用することができる．また交流損失を低減するために多芯線をさらにひねって(twist)使用

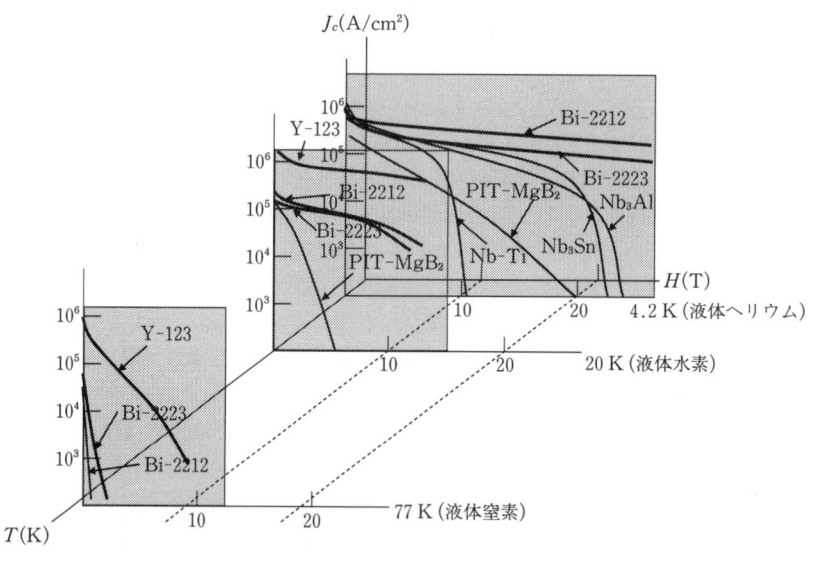

図 6.2.2 代表的な超伝導線材の臨界電流密度(J_c)-磁場(H)特性
液体ヘリウム(4.2 K)，液体水素(20 K)，液体窒素(77 K)の温度についてプロットしてある．

することが多い．通常フィラメント径10〜30 μm，フィラメント数が数百から数万本の線材が使われている．Nb-Ti 合金線材の J_c は，組成，不純物，加工度，熱処理などの製造条件によって著しい影響を受ける．高い J_c は強度な冷間加工を加えて線状にし，さらに低温で時効熱処理することによって転位網に沿って $α$-Ti，$ω$-Ti 相を析出させ，これらを磁束ピン止め点とすることによって達成される．このような Nb-Ti 合金線材を用いて発生磁界が 9 T 近くまでの超伝導磁石の作製が可能であり，また後述する化合物線材に比べて安価で取扱いが容易なため，現在でも実用線材の主流となっている．

2) Nb$_3$Sn 線材

金属間化合物超伝導体は合金材に比べて T_c，H_{c2} の高いものが多いが，きわめて脆いために線材化が困難であった．しかし，1970 年代に拡散法の発明によって A15 型化合物である V$_3$Ga と Nb$_3$Sn があいついで実用線材化された．現在では Ti 添加して高磁界特性が改善された Nb$_3$Sn 多芯線材が実用の主流になっており，Nb-Ti 線材より高磁界が要求される応用機器に使われている．拡散法には種々の方法があるがここでは最も一般的なブロンズ法について説明する（図 6.2.3）．まず Cu-(6〜8 at%) Sn 合金（ブロンズ）インゴットを溶製しそのなかに Nb 棒を挿入した複合体を作製する．これを Nb-Ti のときと同様に多芯線に加工する．その際，ブロンズが加工硬化するために，適宜中間焼鈍を繰り返す必要がある．加工後線材を約 700°C で熱処理すると，複合体中の Nb/Cu-Sn 界面に目的とする Nb$_3$Sn の層が拡散反応で生成される．なお現在 Nb$_3$Sn と同じ A15 型の Nb$_3$Al についても線材化の開発が進められている．Nb$_3$Al は 3：1 の化学量論組成がきわめて高温でのみ安定なため拡散法の適用が難しく，粉末法などによって作製した超微細な複合体や，急熱，急冷などの非平衡的な手段によって線材が試作され，試験が行われている．

3) MgB$_2$ 線材

最近発見された臨界温度 39 K の MgB$_2$ 化合物についても線材化の研究が進められ

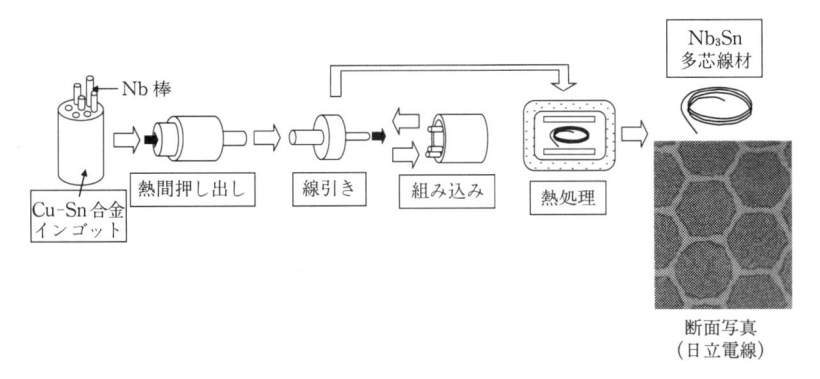

図 6.2.3　Nb$_3$Sn 多芯線材の製造工程

ている[7]．方法としては後述するビスマス系酸化物高温超伝導体と同様に，粉末を金属管に詰めて加工する powder-in-tube (PIT) 法が最も多く試みられている．MgB_2 の PIT 法には，あらかじめ合成した MgB_2 粉末を金属管に封入して線材に加工する *ex-situ* 法と，Mg と B との混合粉末を金属管に封入して線材に加工後熱処理する *in-situ* 法の二つの方法がある．前者は金属管の材質を選ばず，また強加工したままで大きな輸送超伝導電流が流せる利点があるが，磁界中で J_c が急激に低下する問題がある．一方，後者の *in-situ* 法は熱処理を必要とするため金属管が Mg，B と反応しないものに限定される欠点がある反面，高磁界での J_c が *ex-situ* 線材よりもすぐれていること，また SiC などの添加によってピン止め力を高めることも可能である．

b. 酸化物系高温超伝導線材

酸化物高温超伝導体についても発見直後からその線材化の開発は盛んに進められてきた．線材化にあたっての課題は，(1) 酸化物は化合物超伝導体と同様，硬く脆くて直接変形させることは不可能である，(2) 結晶粒界での弱結合の問題を解決するため結晶粒を配向化する必要がある，などである．これらの問題が解決され，現在までに最も開発が進んでいるのは Bi 系の超伝導線材である[8]．一方，Y 系線材に関しては，2 軸配向が必要なため開発が遅れていたが，近年 Coated Conductor の発展が著しく，実用規模の線材が開発され始めている[9]．

1) ビスマス系線材

線材化の手法としては $Bi_2Sr_2Ca_1Cu_2O_x$ (Bi-2212)，$Bi_2Sr_2Ca_2Cu_3O_x$ (Bi-2223) ともに銀管に詰めて加工する銀被覆法 (powder-in-tube method) が最も一般的である (図 6.2.4)．銀管に詰めた後，線引き，圧延などの方法によってテープ状に加工する．Bi 系の場合，板状結晶の面を揃えることが高い J_c を得るために必須である．Bi-2212 の場合は溶融凝固処理を最終的に加えること，また Bi-2223 の場合は圧延と中間鈍

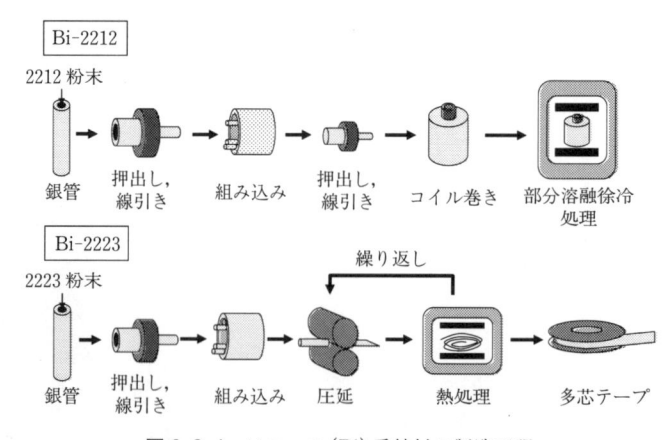

図 6.2.4 ビスマス (Bi) 系線材の製造工程

焼を適宜組み合わせることによって，結晶配向が達成できる．このように作製したBi線材は20 K以下の低温ではきわめて強い磁界までJ_cの落ちがほとんどなく，Nb-Ti，Nb_3Sn線材をしのぐすぐれた磁界特性を示す．したがってBi系線材の一つの利用は，液体ヘリウムあるいは最近進展が著しい冷凍機によって低温に冷却して強磁界発生に用いることである．しかし，Bi系線材の大きな課題は，磁界中のJ_cが温度が高くなると急速に小さくなってしまうことである．したがって現段階では液体窒素温度 (77 K) での利用は，磁界の影響の少ない送電ケーブルやリード線などへの応用に限定されてくる．このようなBi系の高温での磁界特性の悪さは，Bi系の構造的な特徴からくる本質的な問題である．すなわち，超伝導層と絶縁層が積み重なった層状の結晶構造をもつため，混合状態で侵入した磁束線の剛性が弱くなり，ピン止めが効きにくくなるためである．

2) イットリウム系線材

Y系はBi系に比べて二次元性が小さいため高温でのJ_cの落ちはそれほど大きくない．それにもかかわらず線材化の開発が遅れていたのは，粒間弱結合の問題が大きいため，輸送J_cを高めるためにはc軸に加えてa, b軸方向も揃えるいわゆる面内配向 (2軸配向) をさせる必要があるからである．そのため，現在薄膜生成技術を適用したY系超伝導テープの開発が各国で競争的に進められている．基本的にはステンレスなどの金属テープを基板とし，その上にバッファー (中間) 層を介してY系の超伝導膜を形成させるため，Coated Conductor という名前が一般的に使われている．Coated Conductor の作成法には図6.2.5に示したように大別して2種類ある．一つはIBAD (ion beam assisted deposition) 法などの特殊な蒸着技術で中間層自身を面内配向させて，その上にY系超伝導膜をエピタキシャル成長させる方法である．中間層として当初はYSZ (イットリア安定化ジルコニア) が用いられたが，最近では配向性を高めるためにGZO ($Ga_2Zr_2O_7$) を用い，さらにその上にCeOを載せた二重構造とすることが多い．もう一つは，金属基板自身がもつ集合組織を利用してバッファー層

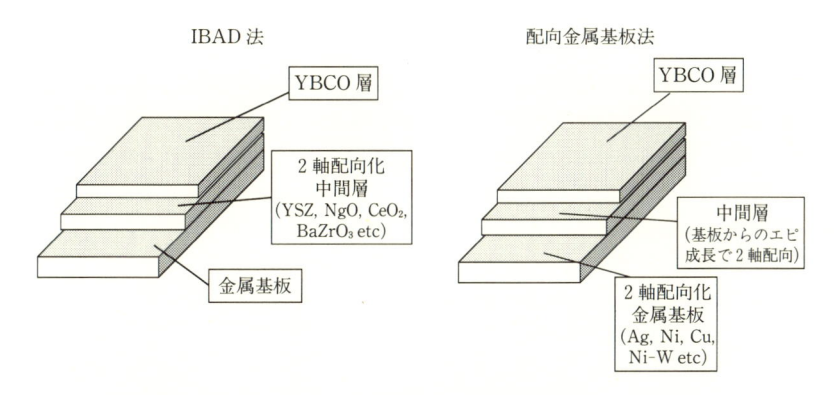

図6.2.5 イットリウム (Y) 系Coated Conductor の模式図

を二軸配向させる配向金属基板(rolling assisted biaxially textured substrate：RABiT)法である．Ni, Cu, Ag などの金属は強圧延と適切な焼鈍を加えることによって三次元的に方位が揃ったいわゆる立方体集合組織を生成させることができる．この配向を利用してその上に二軸配向した中間層を epitaxial 成長によって生成させる方法である．いずれの方法でも得られた中間層上にイットリア系の超伝導層を形成させる必要があるが，方法としてはパルスレーザ蒸着(PLD), MOCVD(有機金属化学気相蒸着法), TFA-MOD(トリフルオロ酢酸を用いた有機金属蒸着法)などが利用されている．現在までに 100 m 以上の線材が試作されているが，今後製造価格をどのように下げていくかが実用化のための課題として残されている．

6.2.3 バルク結晶

従来超伝導体のバルク結晶は物性研究のために作製されていたが，高温超伝導体の出現以降バルク結晶を使った応用展開が進められている．バルク材としての応用が考えられるようになったのは，溶融凝固で作製した Y 系のバルク材が液体窒素温度で非常に強い磁場を捕捉し永久磁石のように振る舞うことがわかってからである[10]．これは結晶粒内部に強い磁束ピンニング力が存在しているためである．すなわち，磁界をかけたときに結晶粒内に生じた遮蔽電流は，超伝導状態では磁界を除去しても流れ続けるため，この還流によってバルク材はあたかも永久磁石のように磁界を発生し続けることになる．その際，電流が還流する領域が広いほどバルク材としての発生磁界は高くなるので，結晶粒サイズはなるべく大きいほうがよい．とくに Y 系の場合は粒間弱結合の問題があるので，なるべく大きな単結晶とすることが望ましい．また，結晶内部に流れうる最大電流，すなわち粒内の臨界電流密度が高いほど発生磁界は高くなるので，結晶粒内の磁束ピン止めを強くするための努力が続けられている．Y 系バルクのピン止め力の起因については，分散する 211 相 ($Y_2Ba_1Cu_1O_5$)，双晶，転位，積層欠陥，酸素欠損などの影響が議論されているが，まだ本質は明らかにされていない．

Y 系のバルク単結晶は図 6.2.6 に示したように種結晶を用いた引上げ法によって作られている．なおバルク結晶の捕捉磁場が強くなっていくと，強い電磁力によってバルク結晶が破壊する問題がある．この点に関しては破壊の要因となる結晶内部のクラックに樹脂や低融点金属を含浸させる方法も開発され，現在では 10 T を超える強い磁場を捕捉できるようになっている．なお，最近，Y を Nd, Sm, Eu などほかの希土類元素(RE)に置き換えた RE 123 系のバルク超伝導体が話題となっている．これらの材料は低酸素分圧下で合成すると RE と Ba の置換が抑制され T_c が Y 123 よりも高くなるばかりでなく，ピン止め力も大幅に改善されることがわかった．したがって，バルク材の応用ではこれらの RE 123 系も実用の対象になっていくものと予想される．Y 系バルク超伝導体の応用は，ピンニング効果によって生じた粒内大電流によって発生する磁場を利用するもので，非接触ベアリング，磁気浮上搬送システム，磁気分離装置などの応用開発が進められている．また，反発力ではないが，磁気

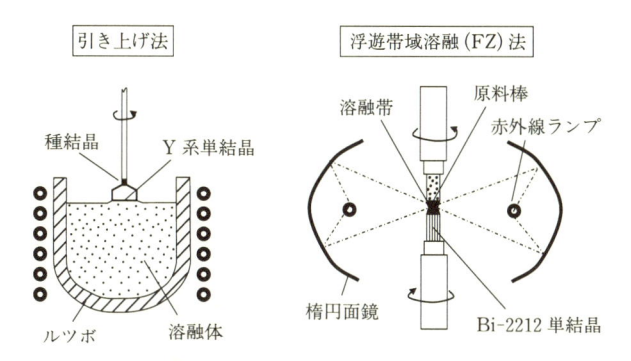

図 6.2.6 イットリウム (Y) 系バルク結晶およびビスマス系 (Bi-2212) 単結晶の製造法

シールドや電流リードでの応用でもバルク材は使われ、その際は Bi 系のバルク材も使われる。

Bi 系のバルク単結晶も物性研究やジョセフソン素子への応用を目指して作製されている。ほとんどが安定に存在する Bi-2212 を対象にしており、手法としては帯域溶融 (floating zone : FZ) 法が圧倒的に多い (図 6.2.6)。Bi-2212 単結晶は、Y 系に比べると元素数が多いため組成制御が難しく、また Bi-2223 等の類似構造の混入 (intergrowth) を完全に防ぐことが難しいため、いかに高品質化を図っていくかが今後の課題である。高品質という点で、最近 Bi 系のひげ状単結晶 (ウィスカー) も注目され始めている[11]。Bi-2212 ウィスカーは、急冷した非晶質バルク材から成長させることができ、条件によっては数センチの長さのものが作製可能である。

〔戸叶一正〕

文　献

1) 伊原英雄, 戸叶一正：超伝導材料 (材料テクノロジーシリーズ 19 巻), 東京大学出版会 (1987)
2) たとえば K. Ueda and M. Naito : *Appl. Phys. Lett.*, **79**, 2046 (2001)
3) A. Guverich, et al. : *Supercond. Sci. Technol*, **17**, 278 (2004)
4) J. R. Gavaler, et al. : *IEEE Trans. on Magn.*, MAG-17, 573 (1981)
5) 内藤方夫著, 応用物理学会編：高温超伝導体 (上) ― 物質と物理 ―, 超伝導分科会スクールテキスト, p. 101 (2004)
6) 長村光造：超伝導材料, 米田出版 (2000)
7) 太刀川恭治, 熊倉浩明：応用物理, **72**, 13 (2003)
8) H. Maeda and K. Togano, eds. : Bismuth-Based High Temperature Superconductors, Marcel Dekker (1996)
9) 甲斐正彦, 和泉輝郎, 塩原　融：応用物理, **71**, 29 (2002)
10) M. Murakami : Melt-processed High Temperature Superconductors, World Scientific (1992)
11) 田中　功, 応用物理学会編：高温超伝導体 (上) ― 物質と物理 ―, 超伝導分科会スクールテキスト, p. 87 (2004)

6.3 超伝導応用機器

このセッションでは，超伝導の大きな特徴であるゼロかきわめて小さい導体損の特徴を利用した応用について述べる．超伝導材料は，直流での電気抵抗はゼロであることはよく知られた事実である．したがって，電気抵抗による損失がない状態で電流を流すことができる．それを利用した応用として，高磁場を発生するマグネット用線材や電力ケーブル，デバイス用配線等があげられる．一方，交流電流のもとでは，超伝導材料といえども有限の抵抗を発生する．その抵抗は周波数の2乗に比例して大きくなり，MHz以上の周波数になると観測可能な値となり，100 GHz以上のミリ波帯では，通常の導電体と同じくらいの抵抗を発生する．しかしながら，現在利用されている携帯電話や無線LANの周波数帯では，まだまだ超伝導体のほうが金属と比較して2桁以上損失が小さい．したがって，その特徴を利用した高性能なデバイスも提案されている．なかでも，携帯電話の基地局用受信フィルタでは，その有効性が実証され，米国で実用化されている．この章では，超伝導体の低損失を利用した直流，交流で動作する超伝導応用機器について述べる．

6.3.1 超伝導配線
a. 素子間配線

通常の銅線に電流を流した場合，発熱をしないで流せる電流はだいたい $10\ \mathrm{A/mm^2}$ までである．これは，銅の電気抵抗から容易に判断できる．しかし，LSIや超LSIの分野では，より過酷な条件で配線に電流を流している．0.15ミクロンルールや，0.13ミクロンルールが適用されるLSIの配線では，その断面積は $0.1\ \mu\mathrm{m}^2$ 以下となる．この配線に，ミリアンペア程度の電流を流し，トランジスタを駆動している．したがって，流している電流の大きさは $10000\ \mathrm{A/mm^2}$ に匹敵することになり，配線の発熱をいかに抑えるかが重要な研究課題になっている．現在は，配線形状や放熱の工夫で，どうにか発熱を防いでいるが，限界である．もしこの配線を超伝導で作製したらどうなるであろうか．金属系超伝導体の臨界電流密度を約 $5\times10^4\ \mathrm{A/mm^2}$ とすると，抵抗ゼロで配線に流せる電流は $5\ \mathrm{mA}$ 程度になる．この値は，LSIの駆動電流として十分機能できる値である．

超伝導配線は，LSIがより微細な構造を必要とするときにその利点が生まれてくる．冷却の問題や超伝導材料の選択，薄膜の製造技術など今後検討すべき課題も多いが，超伝導配線の必要性は今後のシリコン技術の進展とともに浮上してくるものと思われる．

b. MRI用ピックアップコイル

MRI (magnetic resonance imaging) は現在，医療用機器として広く実用化されている．特に，人体や臓器の断層写真を非破壊で，精密に測定できる手段として，医療

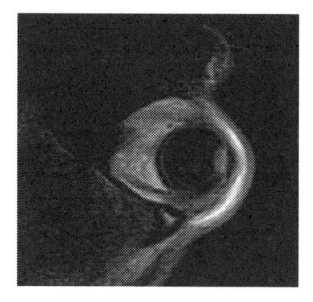

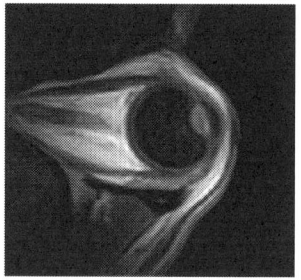

(a) 銅線コイル　　　　(b) 超伝導線コイル

図 6.3.1 眼球の MRI 画像

現場ではなくてはならない診断機器として定着している．MRI の原理は，原子核のもつ核スピンのラーモア周波数に等しいマイクロ波を照射し，そのマイクロ波の吸収を測定するものである．ラーモア周波数は，式 (6.3.1) で表される．

$$f = \gamma H / 2\pi \tag{6.3.1}$$

ここで，f は共鳴周波数，γ は原子固有の定数，H は外部直流磁場である．プロトンの場合は，$\gamma = 2.68 \times 10^8 \, (\mathrm{kg^{-1} \cdot s \cdot A})$ である．医療用 MRI は，体内にたくさん存在するプロトンの吸収を測定するものである．人体の磁場による影響を考慮し，0.2〜0.3 テスラの磁場を用いて観察される．この場合，共鳴周波数は数十 MHz となる．医療現場でのニーズとして，より鮮明な画像を短時間で得られる MRI が要求されている．その解決手法の一つとしてピックアップコイルの超伝導化が検討されている．数十 MHz の交流電流がピックアップコイルに流れたときの超伝導線と銅線の損失を比較すると，超伝導線のほうがはるかに小さい．したがって，ピックアップコイルの Q 値を上げることが可能となる．図 6.3.1 に銅線のピックアップコイル (a) と超伝導線のピックアップコイル (b) を用いて撮影した眼球の MRI 断層画像を示す．(a) と比較して，(b) の断層写真は，より鮮明でコントラストが高いことがわかる．

MRI と同じ原理の NMR も，高分子やタンパク質の構造解析にはなくてはならない分析機器である．特に，分子数の大きいタンパク質の構造解析は，最先端の高分子科学に不可欠である．NMR の分解能を上げるためには，より高い周波数での動作が必要である．現在 900 MHz〜1 GHz で動作する最先端の NMR 装置が検討されているが，そのような NMR 装置では，外部磁場が 21 テスラ以上必要になる．したがって，安定に高磁場を発生できる超伝導マグネットの開発とともに，ピックアップコイルの超伝導化も検討されている．

6.3.2 無線通信用超伝導フィルタ

金属や超伝導体に高周波電流を流したときに発生する抵抗を表面抵抗という．金属の場合 (R_{sn}) は，表皮効果により発生する抵抗で，式 (6.3.2) で表される．また，超

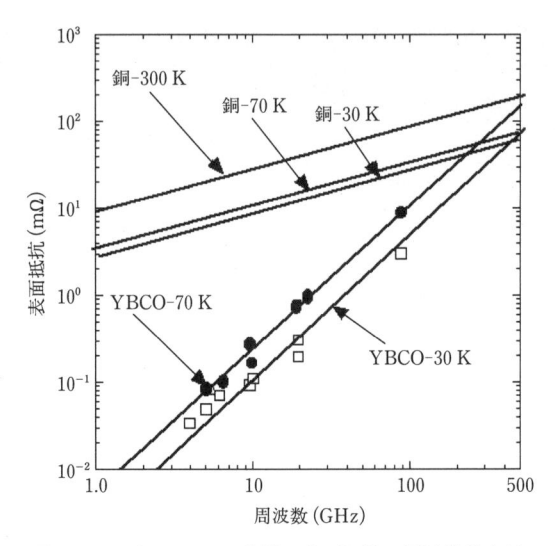

図 6.3.2 銅,YBCO 薄膜の表面抵抗の周波数依存性

伝導体の表面抵抗 (R_{ss}) は,超伝導体中に存在する常伝道電子に起因する損失により生じ,式 (6.3.3) で表される.ここで f, μ, σ, λ はそれぞれ周波数,透磁率,導電率,超伝導体の磁場侵入長を表している.金属の場合は f の2分の1乗に比例し,また σ が大きいほど小さくなる.一方,超伝導体の場合は f の2乗に比例し,λ, σ が大きいほど大きくなる.

$$R_{sn} = (\pi f \mu / \sigma)^{1/2} \tag{6.3.2}$$

$$R_{ss} = 2\pi^2 f^2 \mu^2 \lambda^3 \sigma \tag{6.3.3}$$

図 6.3.2 に超伝導体と銅の表面抵抗 (R_s) の周波数依存性を示す.図中の四角や丸の点は実際に測定した結果である.銅の R_s は式 (6.3.2) を用いて計算したものである.1 GHz 付近の周波数では,超伝導体 (YBCO) の R_s のほうが銅の R_s と比較し3桁以上小さい.このようなきわめて小さい R_s を有する超伝導体を用いれば,従来不可能とされていた平面回路での高性能なフィルタが実現できる.

超伝導フィルタは,現在まで多くの形状が提案され,まだどのパターンが最適であるかの結論は出ていない.現在まで報告されている,代表的な平面回路でのフィルタパターンを図 6.3.3 に示す.

平面型のフィルタは,直線や曲線のストリップ線路の共振器を直・並列に接続してフィルタとして機能させている.その場合,共振器を分布定数線路として取り扱い,C と L を算出するか,インダクタンス L とキャパシタンス C の集中定数として取り扱うかにより,設計指針が大きく異なる.前者を分布定数型,後者を集中定数型フィルタという.代表的な前者のフィルタは,図 6.3.3 に示されているチェビシェフ

(a) ヘアピンフィルタ

(b) くし形フィルタ

(c) クロスカップル型フィルタ

(d) 集中定数型フィルタ

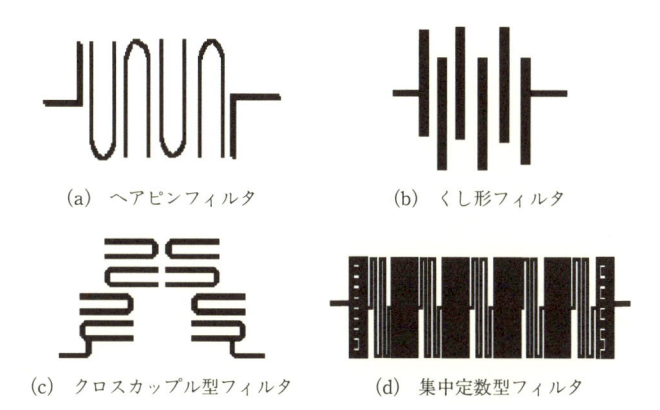

図 6.3.3 平面型フィルタの代表的なパターン

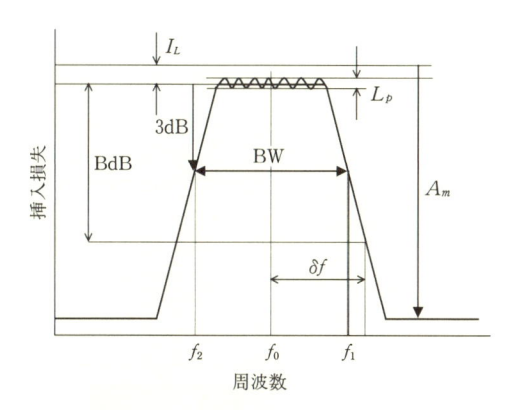

図 6.3.4 バンドパスフィルタの特性

型 (a), (b) や擬楕円関数型フィルタ (c) であり，後者は (d) である．多段の分布定数型フィルタは比較的設計が容易で，特性の優れたフィルタが数多く提案されている．集中型フィルタは，設計が難しいが，小型化に優れており 1 GHz 以下の低周波数フィルタに応用されている．以下に，米国で実用化されている移動体通信用の超伝導バンドパスフィルタを例に，超伝導バンドパスフィルタの特徴および性能について述べる．

a. 超伝導バンドパスフィルタの特徴

バンドパスフィルタは，必要な周波数を通過させ，必要でない周波数を阻止する機能をもつものであり，計測器や携帯電話などに広く利用されている．フィルタの性能は，図 6.3.4 で示されるように，帯域内通過損失 (I_L)，帯域内リップル (L_p)，帯域外遮断特性 (A_m) などで評価される．I_L は材料の表面抵抗に依存する量であり，表面抵抗が小さいと I_L も小さくなる．L_p, A_m はフィルタの段数に依存し，段数が多くな

ると L_p は小さく，A_m は大きくなる．携帯電話の基地局用受信フィルタでは，A_m が 60 dB 以上の性能が要求されている．この要求を満足するフィルタを，通常の金属薄膜で作製した平面型フィルタで実現することは不可能である．一方，超伝導薄膜でフィルタを作製した場合，20 段以上の段数をもつフィルタでも，I_L は 0.1 dB 以下にすることができ，A_m が 80 dB 以上を示すフィルタも報告されている．超伝導バンドパスフィルタの特徴は，低損失，大きい帯域外遮断特性，急峻な阻止特性である．この特徴を生かした応用について次に示す．

b. 携帯電話の基地局用超伝導受信フィルタ

急増する携帯電話の通話品質を向上するために，基地局の受信感度の向上，周波数選択性の向上が要求されている．そのために，受信用超伝導バンドパスフィルタが検討され，米国では実用化が始まっている．携帯電話の基地局の受信用フロントエンドの模式図を図 6.3.5 に示す．受信基地局で使用される超伝導フィルタは，低温低雑音

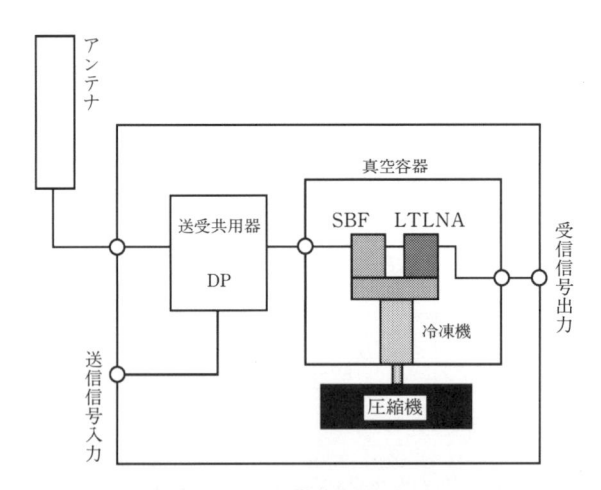

図 6.3.5 超伝導基地局のモデル

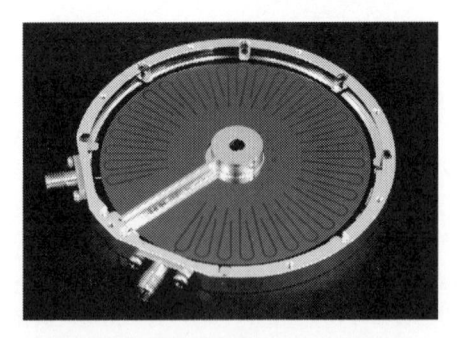

図 6.3.6 32 段の J 型フィルタパターン

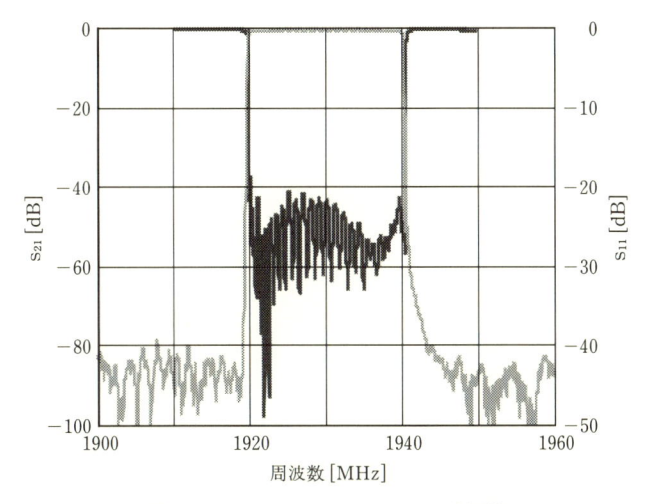

図 6.3.7 図 6.3.6 のフィルタの実測値

増幅器の前段に配置され，ともに小型冷凍機により冷却される．受信感度を向上させ，周波数選択性を上げるためには，図 6.3.4 で示されるバンドパスフィルタの性能で特に L_p を小さくし，A_m を大きくし，かつ帯域端の周波数カット特性（スティープネス）を大きくすることである．現在，さまざまなタイプの超伝導フィルタが提案，試作されているが，そのなかで，最も優れた特性をもつ超伝導バンドパスフィルタの特性とその概観写真を図 6.3.6 に示す．共振器の形状が J に似ているので J 型フィルタと呼ばれている．32 段のチェビシェフ型フィルタである．その特性を図 6.3.7 に示す．A_m が 80 dB 以上，L_p は 0.05 dB 以下，スティープネスは 20 dB/MHz 以上となっている．

このように，超伝導バンドパスフィルタは従来にないきわめて優れたフィルタ特性を示し，基地局の受信フィルタ以外にも，さまざまな応用が検討されている．たとえば，電波天文の受信感度を向上させるためのノイズ除去フィルタやスペクトルアナライザの前段に入れ，信号のモジュレーションを観測するためのフィルタなどが提案されている．

6.3.3 超伝導マグネット

現在，超伝導マグネットの開発・応用は二つの分野に区分けできる．一つは，従来の超伝導体（金属系超伝導体）を用いたマグネット開発であり，液体ヘリウムや極低温冷凍機で冷却して使用するものである．もう一つは，1986 年に発見された高温超伝導体（酸化物超伝導体）を用いた超伝導マグネットである．前者の超伝導マグネットは，安定化や耐久性などの問題はほとんどクリアしており，強磁場発生用やリニア

モーターカー用のマグネットとして実用化されている．後者のマグネットは，現在開発半ばという段階で，Bi-2223銀シーステープや多芯を用いて，数テスラ程度の磁場発生用に開発が進められている．それぞれの特徴や応用について，以下に述べる．

a. 金属系超伝導体

この系の超伝導体で代表的な材料はNb-TiとNb$_3$Snである．強磁場を安定に発生させるためには，数ミクロン程度の線をより線としたファインマルチ線材が用いられる．図6.3.8にNb-Ti線材，図6.3.9にNb$_3$Sn線材の断面SEM写真を示す．数千本以上の細い線が規則正しく配列しているのがわかる．このような配列が可能なのは，それぞれの線の作製に由来する．Nb-Tiのファインマルチ線は，Nb-Tiを芯にしたCuパイプを線引き加工し，それを束ねてまた線引きするということを繰り返すことにより作成できる．また，Nb$_3$Snのファインマルチ線はブロンズ法という手法が開発されて可能となった．Nbを芯としたブロンズ(Cu-Sn)パイプを線引き加工し，それを束ねて線引きを繰り返し，最後に熱処理を施すことにより，Nb$_3$Snのファインマルチ線が完成する．このようなファインマルチ線を用いた超伝導線は，クエンチにも強く，安定に動作できることが確認されている．

金属系超伝導体を用いたマグネットの応用の一つとして，磁気浮上列車(リニアモーターカー)用の超伝導マグネットを紹介する．現在，世界最速の列車として注目されている列車は，JR東海と鉄道総合技術研究所が山梨で試験運転しているリニアモーターカーである．この列車の外観写真および推進・浮上の原理をそれぞれ図6.3.10，6.3.11に示す．リニアモーターカーは，側面に配列されたコイルに誘導される磁場と列車に搭載されている超伝導マグネット間の磁気的な吸引力・反発力により浮上する．また，側面に並べられたコイルに電流を流し，推進用磁場を走行させ，それを列車が追随する形で列車が走行する．レールと車輪の摩擦力を推進力とする従来の鉄道と違い，高速でも推進力が維持される．したがって，空気抵抗を抑えることがで

図**6.3.8** Nb-Tiファインマルチ線の断面(M. Greco, et al.：IEEE Trans., ASC2003.3374)

図**6.3.9** Nb$_3$Snのファインマルチ線の断面(J. A. Parrell, et al.：IEEE Trans., ASC2003.3470)

6.3 超伝導応用機器

図 6.3.10 リニアモーターカーの外観写真

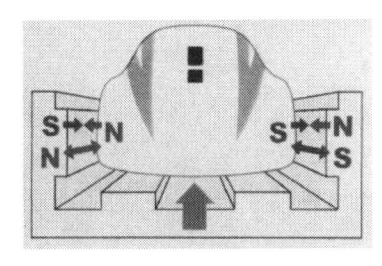

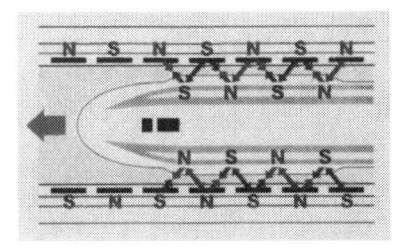

(a) 浮上の原理　　(b) 推進の原理

図 6.3.11 リニアモーターカーの浮上・推進の原理

きれば，超高速列車の低振動，低騒音の「夢の列車」が実現できることになる．すでに有人走行で 580 km/h 以上のスピードを記録している．

b. 高温酸化物超伝導体

現在研究されている高温超伝導体は，ペロブスカイト構造を基本とする銅酸化物である．したがって，もろくて加工性が悪く，金属系超伝導線材のようなファインマルチ線の作製がきわめて難しい．しかしながら，パウダーインチューブ法により，600 本以上のフィラメントを有するマルチ線の作製に成功している．図 6.3.12 に Bi-2212 線材の断面 SEM 写真を示す．このように，マルチ線が容易に作成できれば，金属系超伝導線材に置き換わり，用途が広がるものと思われる．Bi-2212 超伝導線材は，動作温度が高くとれる利点がある．MRI やシリコン単結晶の引き上げ装置の超伝導マグネットに応用が期待されている．図 6.3.13 に，Bi-2212 線材で作製したシリコ

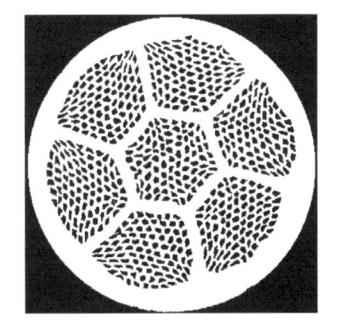

図 6.3.12 Bi-2212 マルチ線の断面 SEM (K. R. Marken, et al : IEEE Trans ASC 2003.3335)

図 6.3.13 シリコン単結晶引き上げ装置用超伝導マグネットの外観((株)東芝提供)

ン単結晶引き上げ装置用の超伝導マグネットの写真を示す．シリコン単結晶をCZ法で引き上げるとき，単結晶の質を高めるためにはシリコン溶液の揺動を抑える必要がある．強い磁場をシリコン溶液に印加することにより，溶液の揺動を抑えることが可能となる．

また，最近冷凍機で動作する超伝導マグネットが普及し始めた．それを可能としたのは冷凍機の性能アップと超伝導電流リードの実用化である．超伝導体は，電気抵抗がゼロになるが，逆に熱伝導は小さいという特徴がある．したがって，超伝導体で電流リードを作製すれば，熱伝導が小さく，導体損がゼロの電流リードが実現できる．特に，高温超伝導材料(YBCO)で製作された電流リードは 77 K 動作が可能で，冷凍機冷却の超伝導マグネット用電流リードに適している．

図 6.3.14 冷凍機で動作する超伝導マグネットの外観

図 6.3.14 に冷凍機で動作する超伝導マグネットの外観写真を示す．このマグネットは，15.1 テスラの磁場を発生できる．この超伝導マグネットの電流リードを通常の銅線で作製すると，そこから侵入する熱のために，超伝導マグネットを冷凍機で動作できなくなる．

〔大嶋重利〕

6.4 ジョセフソン接合デバイス

6.4.1 ジョセフソン接合

電位差と抵抗値によって電流を制御できる常伝導状態とは異なり電位差の発生しない超伝導状態では，電流を担うキャリヤである電子対が巨視的な波動として振る舞

い，超伝導電流は式 (6.4.1) に示されるように電子対波の θ の空間変化 ($\nabla\theta$) と磁界 B の代わりに用いられるベクトルポテンシャル A (B=rot A) とによって決まる．

$$J = \frac{n\hbar e}{m}\left(\nabla\theta - \frac{2eA}{\hbar}\right) \tag{6.4.1}$$

超伝導エレクトロニクスにおいて電流を制御する仕組みとして重要な役割を果たすのが，二つの超伝導体を弱く結合させたときに現れるジョセフソン (Josephson) 効果[1]を利用する超伝導2端子デバイス，いわゆるジョセフソン接合である．ジョセフソン接合では図 6.4.1 のように二つの超伝導電極を弱く結合させ，両電極の電子対の波動関数が干渉することによってわずかに超伝導電流が流れるようになっている．この超伝導電流は，両超伝導電極の電子対の位相差を φ とすると，

$$I_s = I_c \sin\varphi \tag{6.4.2}$$

図 6.4.1 ジョセフソン接合

で与えられる．I_c は，接合を流れることのできる最大の超伝導電流であり接合臨界電流と呼ばれる．接合臨界電流は，接合の構造や材料によって決まり，温度に依存する．

磁束は超伝導閉回路の中に侵入することができないが，接合部分であれば横切って侵入することができる．接合を流れる超伝導電流は非常に小さいことから式 (6.4.1) の左辺を 0 とし，超伝導閉回路に沿って磁束が横切ることのできる接合部分をまたいで積分すれば，接合を横切って回路に侵入した磁束，$\Phi = \int A dl$ と接合部分の位相差，$\varphi = \int \nabla\theta dl$ の間に，$\varphi = 2e\Phi/\hbar = 2\pi\Phi/\Phi_0$ の関係があることがわかる．したがって，式 (6.4.2) は，

$$I_s = I_c \sin 2\pi\frac{\Phi}{\Phi_0} \tag{6.4.2}'$$

とも書くことができる．式 (6.4.2) と式 (6.4.2)' は，φ あるいは Φ が一定ならば電極間に一定の直流超伝導電流が流れることを示している．一方，接合を磁束が通過し続けたとすると，電極間には次で表される電圧 V が発生する．

$$V = \frac{d\Phi}{dt} = \frac{\Phi_0}{2\pi}\cdot\frac{d\varphi}{dt} = \frac{\hbar}{2e}\cdot\frac{d\varphi}{dt} \tag{6.4.3}$$

これは，電極間の位相差が

$$\varphi = \frac{\Phi_0}{2\pi}Vt + \mathrm{const} \tag{6.4.4}$$

のように，時間とともに変化し続けることを意味している．また，式 (6.4.2) と式 (6.4.4) からこのときの接合には，

$$I_s = I_c \sin\left(\frac{2\pi}{\Phi_0}Vt + \mathrm{const}\right) \tag{6.4.5}$$

のように電圧に比例する周波数，

$$f_j = \frac{V}{\Phi_0} = 4.84 \times 10^{14} \, V \quad (\text{Hz}) \tag{6.4.6}$$

の交流電流が流れることがわかる．これが交流ジョセフソン効果である．この効果によって，ジョセフソン接合は量子力学的な $V\text{-}F$ コンバータとして機能する．

6.4.2 ジョセフソン接合の電圧-電流特性

一般にジョセフソン接合の等価回路は，式(6.4.2)で与えられる理想的な $I(\varphi)$ 特性を有するジョセフソン素子(×)と，抵抗 R および静電容量 C によって図6.4.2のような並列回路で表現され，その電圧-電流特性は次式で与えられる．

$$I = I_c \sin \varphi + \frac{V}{R} + C \frac{dV}{dt} \tag{6.4.7}$$

式(6.4.3)を使ってこの式の右辺を位相差 φ で記述し，さらに電流と時間をそれぞれ $i \equiv I/I_c$, $\tau \equiv (2\pi I_c R/\Phi_0) t$ のように規格化すると

$$i = \beta_c \frac{d^2 \varphi}{d\tau^2} + \frac{d\varphi}{d\tau} + \sin \varphi \tag{6.4.7'}$$

が得られる．ここで $\beta_c = 2\pi I_c R^2 C/\Phi_0$ は，接合の特性を決定づける重要なパラメータで，McCumber パラメータ[2]と呼ばれる．β_c の値による接合特性の違いを図6.4.3に示す．$\beta_c \gg 1$ の接合の電圧状態において観測される急峻な電流の立ち上がりは，接合が超伝導エネルギーギャップ $2\Delta/e$ 以上にバイアスされることによって準粒子電流が流れ始めるためである．

6.4.3 高周波応用

6.4.1節で述べたように，電圧状態にある接合には交流ジョセフソン効果によって電圧に比例した周波数の交流超伝導電流が流れているが，周波数がきわめて高い (484 MHz/μV) ために直接観測することは困難である．ところが，外部から接合にマイクロ波帯の交流を印加すると，接合内部の交流ジョセフソン電流と印加した交流が共振することによってその存在を確かめることができ

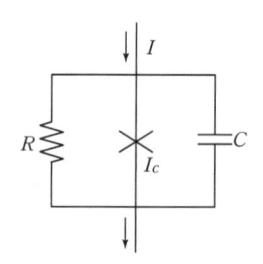

図 6.4.2 ジョセフソン接合の等価回路

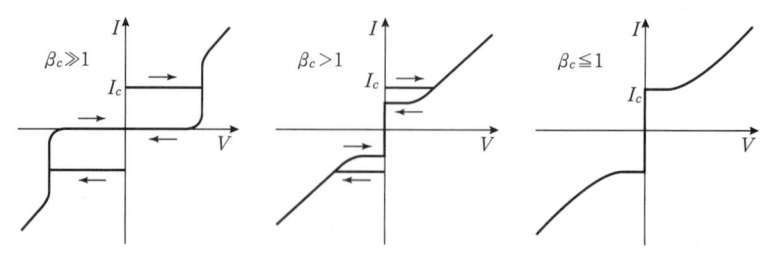

図 6.4.3 McCumber パラメータ β_c によるジョセフソン接合の電流-電圧特性

る。この共振現象は，外部から印加したマイクロ波の周波数を f_{ext} とすると，交流ジョセフソン電流の周波数 f_j が f_{ext} の整数倍となる条件，

$$f_j = \frac{2\pi V}{\Phi_0} = n f_{ext} \quad (n=1,2,3,\cdots) \quad (6.4.8)$$

を満たす電圧

$$V_n = n \times \Phi_0 f_{ext} \quad (n=1,2,3,\cdots) \quad (6.4.9)$$

に接合がバイアスされたとき，図6.4.4のようにシャピロステップ[3]と呼ばれる電流ステップとして観測される。式(6.4.8)からわかるように n 次ステップの電圧と周波数とが物理定数，$\Phi_0 = h/2e$ だけで関係づけられる。この現象を利用して，高精度な周波数源と多数のジョセフソン接合列を組み合わせた電圧標準器が実用化されている[4]。

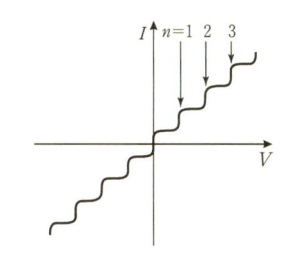

図6.4.4 マイクロ波を印加したジョセフソン接合の電圧-電流特性

ジョセフソン接合は，電圧-電流特性が高周波信号にきわめて敏感に応答し，強い非線形性をもつことからマイクロ波からミリ波，サブミリ波で動作する高感度なビデオ検波器，スペクトル検波器や低雑音ミキサーとして利用される。特にニオブを超伝導電極とし，薄い酸化アルミニウム層をトンネル障壁に用いたトンネル型ジョセフソン接合は，最も低雑音なミキサーとして電波天文学用のマイクロ波受信機などに広く用いられている。

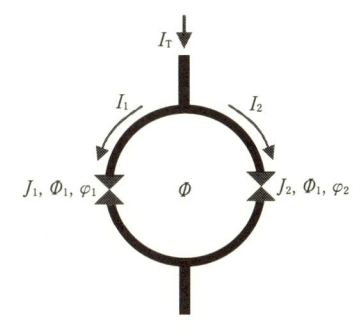

図6.4.5 超伝導量子干渉デバイス

一方，ジョセフソン接合は，一定の直流電圧が加えられたとき式(6.4.6)で与えられる交流電流が流れることから，電圧制御型の発振器としても利用できる。ただし，単一の接合から得られる高周波出力が非常に小さく発振線幅も比較的大きいこと，低インピーダンスのため外部回路との整合が難しいという問題点もある。これらを解決する手段として多数の接合を位相整合動作させる方法や，1次元に長い接合を用いる方法などが考案されている。

6.4.4 磁束ゲート機能と超伝導量子干渉デバイス (SQUID)

式(6.4.2)′はジョセフソン接合が超伝導閉回路を磁束 Φ が横切るためのゲートとして機能することを示している。図6.4.5のように二つのジョセフソン接合 J_1, J_2 をもつ超伝導ループを流れる電流 I_T を考える。二つの接合を図の左から右へ通過した磁束をそれぞれ Φ_1, Φ_2 とすると，接合を流れる電流は，

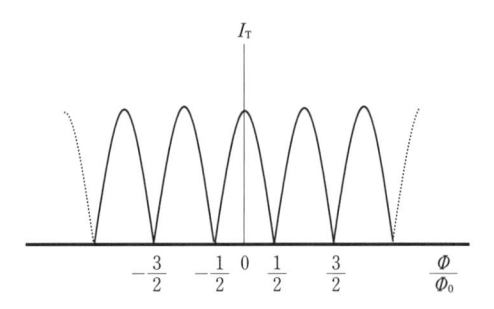

図 6.4.6 dc-SQUID の微小電流波形

$$I_1 = I_C \sin \varphi_1 = I_C \sin 2\pi \frac{\varPhi_1}{\varPhi_0}, \qquad I_2 = I_C \sin \varphi_2 = I_C \sin 2\pi \frac{\varPhi_2}{\varPhi_0} \qquad (6.4.10)$$

したがって，I_T は，

$$I_T = 2I_C \sin\left(\pi \frac{\varPhi_1 + \varPhi_2}{\varPhi_0}\right) \cos\left(\pi \frac{\varPhi_1 - \varPhi_2}{\varPhi_0}\right) \qquad (6.4.11)$$

となる．ループの面積を S，外部から印加する一定の磁束密度を B とすると，ループには一定の磁束，

$$\varPhi = \varPhi_1 - \varPhi_2 = B \cdot S \qquad (6.4.12)$$

が鎖交する．式 (6.4.10) から $\varPhi_1, \varPhi_2$ は任意の値をとることができて，I_T の最大値は，

$$I_T = 2I_C \left|\cos\left(\pi \frac{\varPhi_1 - \varPhi_2}{\varPhi_0}\right)\right| = 2I_C \left|\cos\left(\pi \frac{\varPhi}{\varPhi_0}\right)\right| \qquad (6.4.13)$$

となって，図 6.4.6 のように $\varPhi_0$ を周期として $2 \times I_C$ と 0 の間を振動するようになる．ただし，実際には $B \cdot S$ のほかに超伝導ループの自己インダクタンスと周回電流によって生じる磁束が $\varPhi$ に加わるために I_T の極小値は 0 よりも大きい値に止まる．このようなデバイスは，超伝導量子干渉デバイス (dc-SQUID) と呼ばれ，微弱な磁場の計測や磁束量子を情報担体とする RSFQ (rapid single flux quantum) 論理回路に利用されている．

6.4.5 ジョセフソン接合の種類

ジョセフソン接合として機能するための超伝導弱接合を実現するためには，図 6.4.7 に示すようないくつかの構造が考案されている．いずれの場合も超伝導電極のコヒーレント長 ξ と磁場侵入長 λ が接合の寸法を決める重要なパラメータであり，接合を流れることのできる臨界電流値 (ジョセフソン臨界電流) は，バルクの臨界電流値に比べて 4 桁ほど小さい．金属超伝導体を用いた超伝導エレクトロニクスでは，ほとんどの場合，再現性の高い超伝導体：S/絶縁体：I/超伝導体：S と積層した SIS 型のジョセフソン接合が用いられる．なかでもニオブを超伝導電極とし酸化アルミニウムをトンネル障壁として用いる Nb/AlOx/Nb 接合は，標準的なジョセフソン接合

(a) 点接触型

(b) マイクロブリッジ型, 弱結合型

(c) 超伝導 (S)/絶縁体 (I) 超伝導体 (S); SIS 型

(d) 超伝導体 (S)/常伝導体 (N) 超伝導体 (S); SNS 型

図 6.4.7 ジョセフソン接合の各種構造

(a) 人工粒界接合

(b) ランプエッジ接合

(c) 固有ジョセフソン接合

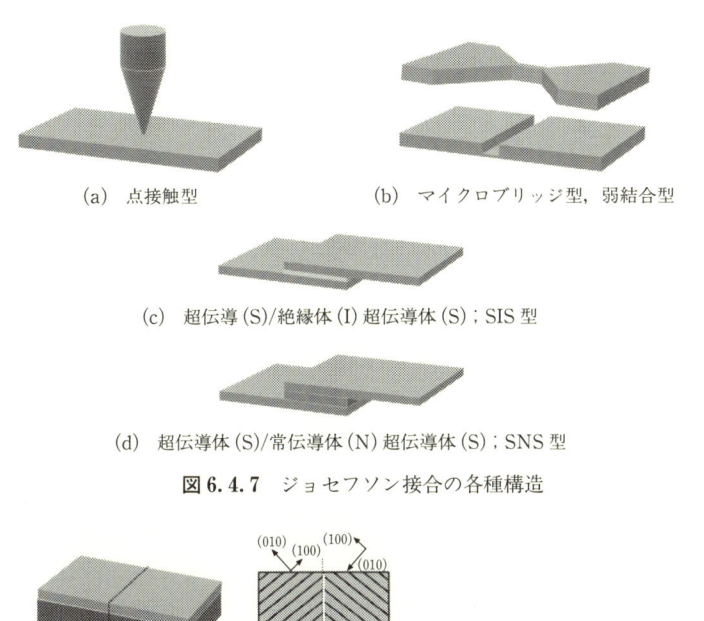

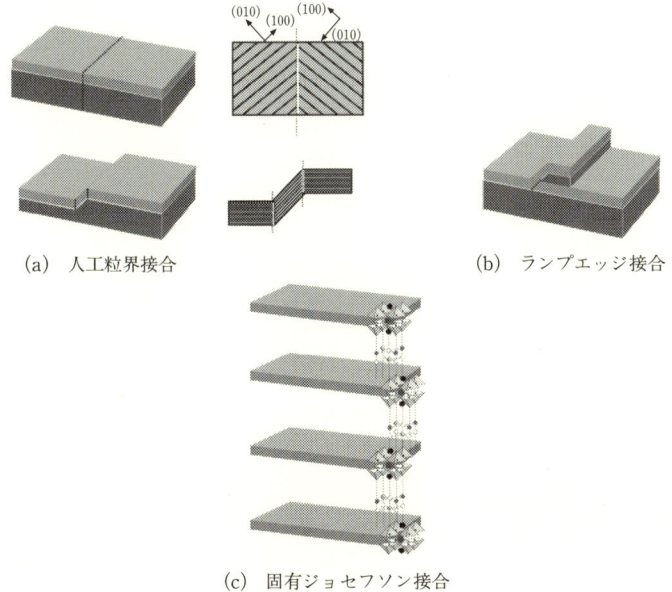

図 6.4.8 高温超伝導体を用いたジョセフソン接合

として広く用いられている. また, より大きなエネルギーギャップを必要とする高周波用途向けなどには, 窒化ニオブを超伝導電極とし酸化マグネシウムや窒化アルミニウムをトンネル障壁に用いる NbN/MgO/NbN, NbN/AlN/NbN 接合の開発も進められている.

一方，高温超伝導体を用いてジョセフソン接合を実現するには，通常得られる薄膜の膜厚方向（c軸）のコヒーレント長が数Åときわめて短いため，図6.4.8に示すように結晶粒界の弱結合性を利用する人工粒界接合（図6.4.8(a)）や，比較的コヒーレント長の長いc軸に垂直な方向の界面を利用するランプエッジ接合（図6.4.8(b)）といった構造が用いられる．また，高温超伝導体の中でも特に異方性の強いBi系高温超超伝導体などでは，結晶の中に超伝導性の結晶面（CuO_2面）が絶縁性の結晶面（BiO面）を挟んでジョセフソン結合した構造をもっていて，結晶そのものが固有ジョセフソン接合[5]（図6.4.8(c)）として機能することが知られている．粒界接合は，比較的構造が単純で再現性が高いことと接合容量が小さく高周波応答特性に優れていることから，SQUIDや高周波検出器など接合数が少なくても構わない小規模のエレクトロニクス応用に多く用いられている．

一方，ランプエッジ接合は，接合位置が自由に選べることに加え界面制御技術の進歩によって再現性も向上しつつあることから，多数の接合を必要とする大規模な超伝導エレクトロニクスへの応用が期待されている．固有接合は，結晶内の多数の接合が自然に積層した形で得られ，高温超伝導体の接合では唯一β_cの大きなトンネル特性を示し，積層接合内をジョセフソン・ボルテックスと呼ばれる量子渦が光速の100分の1近い速度で運動できる特性を利用した高周波発振デバイスなどへの応用が検討されている．

〔中島健介〕

文　献

1) B. D. Josephson : *Phys. Lett.*, **1**, pp. 251-253 (1962)
2) D. E. McCumber : *J. Appl. Phys.*, **39**, pp. 3113-3118 (1968)
3) C. C. Grimes and S. Shapiro : *Phys. Rev.*, **169**, pp. 397-406 (1968)
4) E. Vollmer, J. H. Hinken, J. Niemeyer and W. Meier : 15th Europe Microwave Conf., p. 881 (1985)
5) R. Kleiner and P. Müller : *Phys. Rev. B*, **49**, pp. 1327-1341 (1994)

6.5　超伝導ディジタルエレクトロニクス

超伝導によるディジタル信号プロセッサーを用いたジョセフソンコンピュータの実現は超伝導ディジタルデバイス応用の究極的な目標といえる．1970年代にはIBMを中心としてジョセフソン接合（JJ）によるラッチング回路をベースとした超伝導集積回路が精力的に研究された．JJを用いた論理ゲートとして，SQUIDをベースとした磁気結合型と直接的な過剰電流注入によるスイッチングを利用する直結ゲート型が検討された．いずれもJJの臨界電流I_c以下での零電圧状態とI_cを超えたときに生じる有限電圧レベル間でスイッチングを行い，論理演算を行うものである．しかし，当時用いられた鉛ベース合金を電極とするJJは機械的強度・安定性に乏しく，信頼性ある回路作製ができなかった．これに対し，あらたに見いだされたニオビウムを電極と

し，バリア層にアルミナ(Al$_2$O$_3$)を使用することによって，JJ素子の耐久性は飛躍的に向上した．これによって，わが国では一連のJJ集積回路が構築され，4ビットマイクロプロセッサーの試作にも成功した[1]．しかし，このタイプのゲートファミリーは入出力信号の分離やファンアウトの制限が大きく，集積回路規模が拡大するに伴って回路設計が複雑化するという深刻な問題を内在している．

一方，磁束量子を情報担体としてディジタル信号処理に応用する，単一磁束量子(single flux quantum : SFQ)素子の提案もなされていた．1990年代に入り，Likarevら[2]によって新しいSFQ論理ゲートファミリーが提案され，2000年代に入るとそれを発展させたディジタル集積回路研究が盛んに研究されている．また，材料的には金属だけではなく，酸化物高温超伝導体を用いた界面改質型ランプエッジJJによる40Kレベルの高温で動作する集積回路も作製されつつある．近い将来，高速・低消費電力を特徴とする新しい超伝導ディジタル集積回路の実現が期待されている．ここでは，SFQ論理素子の動作原理と試作された集積回路の例を紹介する．

6.5.1 SFQ 素 子

SFQを用いた素子の基本動作について説明する．図6.5.1に典型的なフリップフロップSFQ回路の構成を示す．セットパルスの入力によりリングのなかに単一磁束量子 Φ_0 を書き込み，リセットパルスの印加により電圧パルスを出力として発生させる．このときパルス電圧は約2mV，パルス幅は約2psとなる．超伝導ループインダクタンス L とJJ臨界電流 I_c の積は Φ_0 オーダーとするが，動作マージンを配慮してループには適当なDCバイアス電流を設定する．このときリセット信号が入力されるまでリングには Φ_0 は零電力消費で保持され，メモリ機能をもった論理素子としても機能する．

Φ_0 を情報担体として用い，パルス電圧をベースとして論理動作を行うのがSFQディジタル回路である．Φ_0 の超伝導ループによる保存と超伝導線路による伝播，トポロジカルな分岐・合成機能を付与することによりさまざまな論理回路が形成できる．論理ゲート遅延はきわめて小さく，10ps級のスイッチングも可能である．さらに，

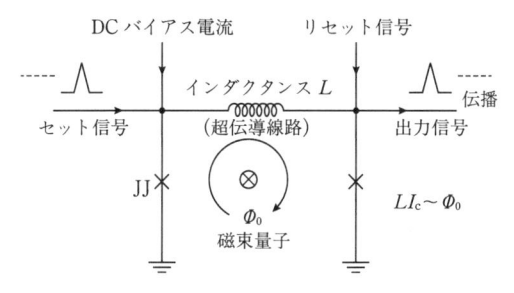

図6.5.1 SFQを用いたセット/リセットフリップフロップ回路の概念図

超伝導線路上ではパルス信号は波形が崩れにくく,しかも光速で伝播するので,100 GHz 級の超高速情報処理が可能となる.また,SFQ 動作に伴う消費電力はきわめて小さく,半導体素子に比べて高密度に素子集積を行えることも特徴である.

6.5.2 SFQ 集積回路

SFQ 集積回路の設計に当たり要素回路のセルベーストップダウン設計法が導入され,セルライブラリを構築することによってきわめて効果的で短時間の集積回路設計が可能となった[3].一方,集積回路を作製するに当たり,JJ 部分を除けば基本的には半導体 C-MOS プロセスが適用できる.図 6.5.2 には典型的な $Nb/Al_2O_3/Nb$ トンネルタイプの JJ を用いたニオビウム 4 層集積回路断面ならびにこのプロセスによる 1000 個の JJ が直列で動作した V-I 特性を示す.接合サイズが $2×2\ \mu m^2$,臨界電流密度 J_c は $2.5\ kA/cm^2$,素子特性のばらつきは 1%程度であり,高いプロセス再現性が確認される.近年,層間絶縁 SiO_2 膜に対する平坦化技術も進歩して多重積層構造も信頼性よく形成できるようになり,ニオビウム 9 層の集積回路も試作されている.

SFQ 回路のスイッチング速度を上げるためには JJ の J_c を高くしなければならないが,素子の臨界電流 I_c は回路構成上一定の適正値に設定したい.したがって,JJ の接合面積 A は可能な限り小さく設定することが望まれる.たとえば $J_c\sim40\ kA/cm^2$,$A\sim0.25\ \mu m^2$ では 100 GHz を越える超高速動作が可能となる.すでに,高速 8 ビットシフトレジスタも試作され,120 GHz の動作も確認されている.また,SFQ 回路の特徴はその高いスループットにあり,それを活かす応用回路として注目されているのは超高速スイッチであり,さらに高速半導体ラインカードと超伝導スイッチカードから構成されるハイブリッドルータなども提案されている[4].

一方,SFQ 回路の超高速性を活かす応用としてコンバータやサンプラなどのアナログ信号とディジタル信号変換を行う回路応用も期待されている.比較的小規模の回路素子数で構成される高温超伝導体を用いた 40 K レベルで 45 GHz の電流波形を観察できるサンプラが試作されており,比較的取り扱いやすい画期的な 200 GHz 級の

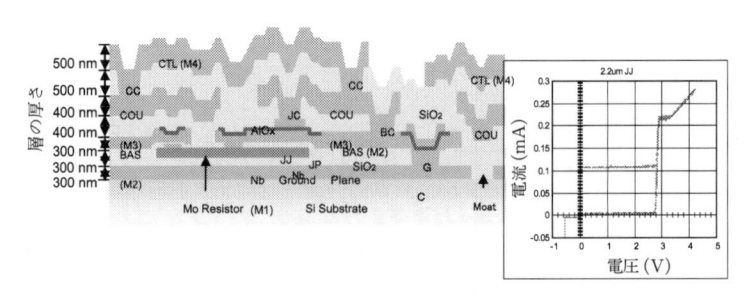

図 6.5.2 標準化プロセスによるニオビウム JJ 集積回路断面と 1000 素子の電流-電圧特性(超電導工学研究所提供)

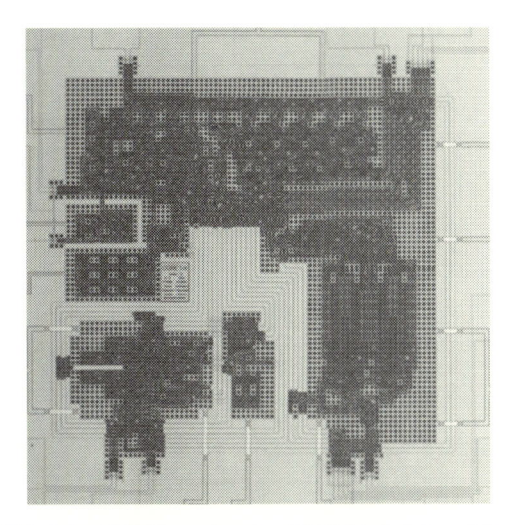

図6.5.3 7220個のニオビウムJJ素子からなるマイクロプロセッサー[5]

サンプリングオシロスコープの実現に期待が寄せられている.

最後に,最新のプロセスによって作製されたニオビウムを用いたJJマイクロプロセッサーの概観を図6.5.3に示す.7720個のJJ素子が21 GHzの周波数で動作することが確認されている[5].開発された集積回路設計ツールの有効性と信頼性の高い作製プロセスが実証されたといえる.近い将来のジョセフソンコンピュータの実現へ向けた研究のさらなる進展が期待される.

〔山本 寛〕

文　献

1) H. Hayakawa : Superconducting Devices, S. T. Ruggiero and D. A. Rudman eds., Academic Press, 101 (1990)
2) K. K. Likharev and V. K. Semenov : *IEEE Trans. Appl. Supercond.*, **1**, 3 (1991)
3) 早川尚夫:応用物理, **72**, 3 (2003)
4) 田辺, 日高:電子情報通信学会誌, **88**, 974 (2005)
5) M. Tanaka, T. Kondo, T. Kawamoto, Y. Kamiya, A. Fujimaki, H. Hayakawa, N. Nakajima, Y. Yamanashi, A. Akimoto and N. Yoshikawa : *IEEE Trans. Appl. Supercond.*, **15**, 400 (2005)

7 有機・分子デバイス

7.1 有機絶縁・誘電・圧電材料

　有機材料は，古くから電気を通さない材料として知られており，エレクトロニクスの分野では絶縁体 (insulator) や誘電体 (dielectrics) として注目され，さまざまな電子回路部品やケーブル材料などに広く使用されてきている．そして現在も，絶縁・誘電材料として有機材料は重要な位置を占めている．

　デバイスに用いられる絶縁材料として重要な特性は，もちろん抵抗率 (resistivity) が高いことである．それ以外に，絶縁耐力，耐熱性，耐薬品性，機械的強度が高いことなども必要とされる．特に，絶縁耐力，すなわち絶縁破壊電圧 (breakdown voltage) が高いことが重要である．その代表的な材料として，ポリエチレン (polyethylene) が古くから知られている．ポリエチレンや架橋ポリエチレンは，抵抗率や絶縁破壊電圧が高く，しかも誘電正接 (dielectric loss tangent) や誘電率 (dielectric constant) が非常に小さくエネルギー損失が少ないことから，通信用や電力用のケーブル材料として広く用いられている．一方，電子回路部品の絶縁材料としては，耐熱性や耐薬品性に優れているポリイミド (polyimide) が広く用いられている．また，ポリイミドは液晶ディスプレイの液晶配向膜などとしても使用されている．

　また，有機材料は軽量でフレキシブルなので，最近の有機デバイスや分子デバイスの研究開発においても有機絶縁・誘電材料がますます重要となっている．そして，この有機・分子デバイスの開発には超薄膜が必要で，上記のポリエチレンやポリイミドをはじめとする種々の有機分子を用いた超薄膜の絶縁・誘電材料が研究されている．

　大規模集積回路 (large scale integration : LSI) に用いられる配線間の絶縁・誘電材料は，その誘電率が低いことが望まれている．すなわち，低誘電率 (Low-k) 材料の開発が必要とされている．LSI は年々集積度を上げながら発展してきたが，これに伴い LSI 内の配線も高密度になるため，配線間容量が増大してきている．そして，これによる信号遅延が LSI の高性能化の妨げになっている．そこで配線間の絶縁材料の誘電率をできるだけ下げることにより，配線間容量を低減することが必須となっている．しかし，材料の誘電率を低くすると，機械強度や長期信頼性が低下する問題が発生し，実用化の大きな障害になっている．この問題を解決する LSI の配線間の

Low-k 有機絶縁材料として，エポキシ樹脂やフッ素樹脂，ポリイミド系樹脂など種々の材料が検討されてきている．また，次世代 LSI で必要とされる低い比誘電率と高い機械強度を同時に達成できる材料として，ボラジン系化合物を用いた Low-k 膜などが注目され研究されている．

有機材料を電界効果トランジスタ (field effect transistor : FET) に使用した有機デバイスの開発研究が盛んに行われている．そして，この有機 FET のゲート絶縁膜としてポリビニルフェノール (poly (vinylphenol)) をはじめ種々の有機分子材料が用いられ研究されている．現状の FET のゲート絶縁膜は二酸化ケイ素 (SiO_2) が用いられてきている．しかし，微細化・集積化が進むにつれて，ゲート絶縁膜の厚さは原子数個分まで薄くなり，量子トンネル効果によって絶縁膜を透過して流れ出てしまう電流が増え，高集積化の問題になっている．この問題を解決するため，厚さがあり，かつ大量の電流を流せる高誘電率 (High-k) 材料が望まれており，このような High-k 膜としての有機材料の開発も行われている．

最近の情報通信機器の高速化・大容量化に伴い，機器の使用周波数が GHz 帯域になると，信号伝送損失が増大することから，従来の有機絶縁材料では対応できない状況になっている．このため，GHz 帯域でも信号伝送可能な絶縁材料の開発も必要とされている．このような信号伝送損失が少ない材料として，フッ素樹脂などが研究開発されている．また，カーボンナノチューブ (carbon nanotube) を使用した研究も行われている．

有機材料に無機のナノ粒子を分散・複合した種々のナノコンポジット (nanocomposite) 材料も研究開発されており，電気絶縁性，耐熱性，機械的強度などの向上が図られている．

誘電材料のなかで，外部電界がなくても電気分極 (electric polarization) を有する材料，すなわち自発分極 (spontaneous polarization) をもつ物質は，強誘電体 (ferroelectrics) と呼ばれる．このような強誘電体材料は，特定の方向に力を加えると，物質の変位とともに電荷も変位して応力に比例した分極が発生する．この機械的ひずみを与えて分極の発生することを圧電効果 (piezoelectric effect) という．また，圧電効果を示す材料は圧電体 (piezoelectrics) と呼ばれる．この圧電体に電界を印加すると，正電荷と負電荷が平衡位置から変位し，電界に比例して伸び縮みの変形やすべり変形が発生する．これは逆圧電効果 (piezoelectric converse effect) とも呼ばれている．このような圧電効果や逆圧電効果を示す圧電材料は，電気エネルギーと機械エネルギーの相互変換を行うものである．そして，このエネルギー変換を利用して，センサ (sensor) やトランスデューサ (transducer)，アクチュエータ (actuator) などとして用いられている．有機圧電材料としては，ポリフッ化ビニリデン (poly (vinylidene fluoride) : PVDF) やフッ素化エチレンプロピレン (fluorinated ethylene propylene : FEP) 共重合体などが使われている．

有機・分子デバイスの開発において，有機分子の永久双極子 (permanent dipole) の

方向を揃えることにより，強誘電性を示す分子膜の開発も行われている．たとえば，ラングミュア-ブロジェット（Langmuir-Blodgett：LB）法で，膜構成分子の分子軸方向に永久双極子モーメントをもつ有機分子を用いて，モーメントの方向を揃えて配列されたZ型やX型と呼ばれる分子膜を作製すれば，分子軸方向に非常に大きな双極子モーメントをもつことになる．したがって，非常に大きな自発分極をもつ強誘電体薄膜の構築も可能である．

　強誘電体には，温度変化によって物質表面に電荷が現れる現象もある．この現象は焦電性（pyroelectricity）と呼ばれ，この焦電性を示す材料を焦電体（pyroelectrics）という．自発分極をもつ強誘電体の分極電荷は，ふつう表面に付着した空気中のイオンなどにより中和されているが，温度を変化させると分極の大きさが変わるため，表面電荷の変化分だけが観測されるものである．このような焦電性を利用した種々のセンサの開発も行われている．

　さらに，強誘電体の分極が保持される性質は，不揮発性メモリー（nonvolatile memory）としても利用できるので，メモリーとしての有機材料の開発も行われている．また，強誘電体の非線形光学効果を利用した種々の光学デバイスのための研究も行われている．

　このように軽量でフレキシブルなさまざまな有機・分子デバイス開発のために，高い特性を有する多様な有機絶縁・誘電・圧電材料の研究が進められている．

〔加藤景三〕

7.2　有機導電性材料

　有機導電性材料はBEDT-TTF系化合物になどに代表される，低分子が集合することにより形成される分子性導体と，ポリアセチレンに代表される導電性ポリマーに大別される．図7.2.1に代表的な物質の構造を示す．前者は単結晶で得られることが多く，その場合，構造物性相関を詳細に検討できる．後で述べるように，分子性導体の電子状態は特異で興味深く，また超伝導体も多く知られており，基礎科学の領域において格好のモデル系を提供する．応用については，コンデンサなどを除きこれまでほとんど例がなかったが，2002年の有機単結晶FET関連の論文捏造事件騒ぎ以来，皮肉なことではあるが有機分子の単結晶を用いたデバイス作製の研究も盛んになりつつある．

　導電性ポリマーは2000年度のノーベル化学賞受賞理由に象徴的に現れているように，基礎科学のみならず，有機EL材料など，さまざまな応用に用いられている．これらの具体例については，7.3節以降に詳しく述べられている．ここでは，分子性導体，導電性ポリマーのそれぞれについて，具体的な化合物系を概観し，これら物質の導電メカニズムについて理論的な基礎を述べる．なお，簡潔な説明のため一部記述の正確さを犠牲にした部分がある．さらに詳細な内容を含む成書を参考書として文末に

分子性導体の構成成分
ドナー (D)

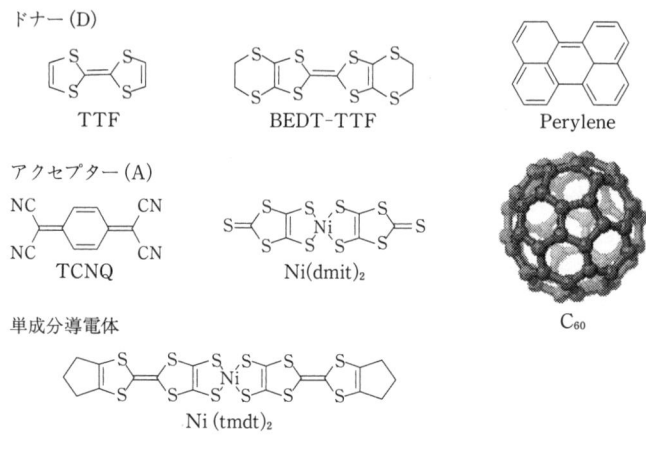

TTF　　　BEDT-TTF　　　Perylene

アクセプター (A)

TCNQ　　　Ni(dmit)$_2$　　　C$_{60}$

単成分導電体

Ni(tmdt)$_2$

導電性ポリマー

ポリアセチレン　　　ポリフェニレン

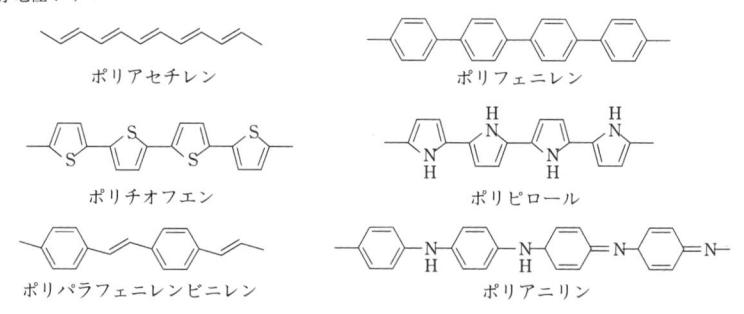

ポリチオフェン　　　ポリピロール

ポリパラフェニレンビニレン　　　ポリアニリン

図 7.2.1　分子性導体および導電性ポリマーの構成成分の例

あげた．

7.2.1 分子性導体
a. 導電性の起源

分子性導体は強相関電子系であり，導電性は通常の強束縛近似で説明が可能である．すなわち，分子性導体が形成されるとき，分子間のトランスファー積分を t とすれば，バンドのエネルギー分散 $E(\boldsymbol{k})$ は

$$E(\boldsymbol{k}) = t_x \cos k_x a + t_y \cos k_y b + t_z \cos k_z c \tag{7.2.1}$$

のように表すことができる（簡単のため，斜方晶を想定して説明している）．ここで，a, b, c は格子定数，$\boldsymbol{k}(k_x, k_y, k_z)$ は波数ベクトルである．通常トランスファー積分は拡張ヒュッケル法程度の近似で十分である．また，分子性導体を形成する分子の分子軌道は異方性がきわめて大きく，それを反映して t にも大きな異方性が存在する．

たとえば，$t_x \gg t_y \sim t_z \approx 0$ の場合では1次元的な導電体となる．分子集合体においてπ電子系がある程度大きな t をもつように接触していれば，式(7.2.1)によりバンドが形成し，電気伝導のための必要条件が一つクリアされたことになる．

式(7.2.1)からわかるように，トランスファー積分の大きさによりバンド幅が決まる．分子性導体においては，t はせいぜい 100 meV 程度であり，したがってバンド幅は 0.5～1 eV 程度になる．$t = 100$ meV を達成するためには，分子間にファンデルワールス (van der Waals) 接触より短い接触が必須である．t によるバンド幅の見積もりは，π電子系のスタックにより伝導を達成している導電性ポリマーなどにも適用できる．たとえば，DNA の塩基対が形成するπ電子系のスタックを考えると，二つの塩基対間には分子が入るほどの隙間があるので，t はほぼ 0 とみなせる．したがって塩基対スタックはπバンドを形成せず，ほかに伝導機構が存在しなければ，電荷が存在したとしても塩基対上に局在化し，金属的な導電性は得られない．

b. ドナー，アクセプター分子から分子性導体の形成

分子集合体がバンドを形成すれば，後はバンドに電荷を注入することで，導電性発現の必要条件は整う．そのためには，分子から電子を一部出し入れすればよいが，分子のフロンティア軌道に電子を出し入れするのは，通常容易ではない．したがって，分子性導体を形成する場合には，電子を与えやすい物質(ドナー)あるいは電子を受け取りやすい物質(アクセプター)を用いる必要がある．ドナーとなる分子は多環芳香族など電子リッチな物質，一方，アクセプターとなる分子は，NO_2 や CN などの電子吸引性基をもつ物質などがあげられる．また，Ni(dmit)$_2$ などの金属錯体も用いられる．ドナー分子は小さなイオン化ポテンシャル(I_p)をもち，アクセプター分子は大きな電子親和力(E_a)を有する．代表的なドナーである TTF は電子を与えることで芳香族性をもち安定となるため，きわめて小さな I_p を示す．同様に，TCNQ は電子を受け取ることでキノイド構造がベンゼノイド構造になり安定化するため，大きな E_a を示す．I_p, E_a の測定は必ずしも容易ではないが，溶液中の電気化学測定により得られる酸化還元電位からある程度見積もることができる．電荷を得た(失った)分子は開殻構造をもったラジカルである．

ドナー分子とアクセプター分子からなる分子集合体が形成されると，ドナー-アクセプター間に電荷移動が起こり，分子上に電荷が生じることで，伝導のための必要条件がクリアされる．このような物質を電荷移動錯体という．代表的な電荷移動錯体である TTF-TCNQ においては，電荷移動量は 1 分子当たり約 0.59 である．分子性導体を得るためには，ドナー-アクセプターの両方が開殻構造をもつ必要はない．分子性導体はドナーあるいはアクセプターと開殻イオンとの組合せでも得られ，これらはラジカル塩と呼ばれる．電荷移動錯体やラジカル塩は混合法，拡散法，電解法などで容易に作製できるが，良質な単結晶を作製するには，高純度の試薬を用いることのみならず，さまざまな工夫が必要になる．

c. オンサイトクーロン反発エネルギーと交換相互作用

分子が余剰の電荷をもつことにより,バンドが不十分に詰まり,金属的な伝導が実現する.後に述べる導電性ポリマーと異なり,分子性導体は単結晶を与えるので,金属的な伝導は実際に直接測定が可能である.式 (7.2.1) から分子等間隔に並んでいる場合,伝導バンドには 1 分子当たり 2 個の電子が収容可能であるが,実際には 1 分子当たり 1 個の電子が入った時点で系は絶縁体となる.これはオンサイトクーロン反発エネルギー (U_{eff} 結晶内での有効値) に起因する.すなわち,分子上に 1 個の電子が乗っているとき,もう 1 個の電子場分子に乗るとクーロン反発が生じ,そのためにギャップが開いて絶縁体となる.理論的にはハバード (Hubbard) モデル

$$H = -t \sum_{<i,j>} (c_{is}^\dagger c_{js} + c_{js}^\dagger c_{is}) + U_{\text{eff}} \sum n_i\uparrow n_i\downarrow \tag{7.2.2}$$

で記述することが可能である.U_{eff} の値は通常 1 eV 程度である.

系は絶縁体となり電子が局在化しても,電子スピン ($S=1/2$) が残っていれば系全体では磁性を示す.このとき,スピン間の磁気交換相互作用 J の値は,t と U_{eff} を用いて,

$$|J| = \frac{4t^2}{U_{\text{eff}}} \tag{7.2.3}$$

により表すことができる.

d. 電荷移動量と中性-イオン性転移

金属的な伝導のためには中途半端な電荷移動が必要である.ラジカル塩の場合は $(D_2)(X^-)$, $(X^+)(A_2)$ などのように,閉殻イオン X に対して分子の数を調整すればよい.ただし,このような塩においても,分子の 2 量化などにより,必ずしも金属的な伝導が得られない場合があることに注意する必要がある.電荷移動錯体の場合は,ドナーの I_p ($I_p(D)$) とアクセプターの E_a ($E_a(A)$) の大きさにより,電荷移動量は経験的に制御することができる.すなわち,電気化学測定から求められるドナー・アクセプターの酸化還元電位をそれぞれ $E(D)$, $E(A)$ とすると,

$$-0.02 \text{ V} \leq E(D) - E(A) \leq 0.34 \text{ V} \tag{7.2.4}$$

の範囲内で,中途半端な電荷移動状態が起こりやすい.

このようにして得られる電荷移動錯体において,1 分子当たり電荷移動量が 0.5 より大きい場合には,分子がカラム状にスタックし,金属的なバンド構造をもつことが多い (次項参照).一方,電荷移動量が 0 に近い場合は,必ずしもカラム構造をとることはなく,DADA と並んだ交互積層型の錯体が得られることがある.このような錯体においては,高い導電性は期待できないが,中性-イオン性転移という興味深い相転移が発現することがある.

結晶の中で,中性状態の錯体 (D^0A^0) とイオン性状態の錯体 (D^+A^+) を考える.このとき,D^0A^0 をイオン化して D^+A^+ 対とするのに必要なエネルギー $I_p(D) - E_a(A)$ とマーデルングエネルギーの利得 M の大きさにより,$I_p(D) - E_a(A) > M$ ならば中性,$I_p(D) - E_a(A) < M$ ならばイオン性が実現することになる.この境界では中性か

らイオン性への相転移が出現する．このような錯体においては，相転移付近でのソリトンの出現や，結晶中でのドメインウォールの移動など興味深い物理現象が次々にみつかっており，現在も盛んに研究が行われている．

e. 次元性とパイエルス転移，超伝導

分子性導体のバンド構造はπ電子系をもつ平面分子の積み重なりの形態により決まるため，きわめて異方性が大きい．TTF, TCNQ はカラム構造を形成し，この方向にπ電子雲が重なるためtが大きく，そのほかの方向にはほとんど$t \fallingdotseq 0$である．したがって典型的な擬1次元導体である．このような擬1次元系導体は低温でパイエルス転移を起こし，絶縁化する．話を簡単にするため，電荷移動量が0.5の場合を考える．分子が1次元に間隔aでスタックしている場合，式(7.2.1)は，

$$E(\boldsymbol{k}) = t_x \cos k_x a \qquad (7.2.5)$$

のように書くことができ $k_x = \pm \pi/a$ を第一ブリュアンゾーンとする1次元バンドが形成する．電子は k_F（k_F はフェルミ波数）まで詰まり，金属的な伝導が起こる．実空間で考えると電子を1個おきに分子上に置くことができる．この系を低温にすると，ある時点で格子の2量化が起こる．すると，2量体を一つのサイトとする1次元格子が生じ，第一ブリュアンゾーンは $k_x = \pm \pi/2a$ と半分になる．このとき，サイト当たり1個の電子が乗っているので，系は絶縁体となる．これをパイエルス転移という．格子のひずみのエネルギー損よりも，電子系の絶縁化によるエネルギー利得のほうが必ず大きくなることが理論的に示されており，1次元電子系においては，パイエルス転移は不可避である．パイエルス転移が起こるのは1次元的なフェルミ面が $2k_F$ の移動により重なる（ネスティングという）ためである．

パイエルス転移は系の次元性を上げることにより回避できる．たとえば超伝導体である $(BEDT-TTF)_2Cu(NCS)_2$ 塩は，2次元的なフェルミ面をもつ．これは，BEDT-TTF に含まれる S 原子が非共有電子対をもち，この軌道を通じて，分子の横方向にも軌道の重なりをもつことができるためである．実際，$(BEDT-TTF)_2Cu(NCS)_2$ 結晶の場合，分子平面の垂直方向と横方向の t はほぼ同じ値をもち，その場合，式(7.2.1)からわかるように2次元的なバンド構造，フェルミ面をもつ．このようにフェルミ面の次元性を上げることができると，パイエルス転移は抑制され，低温まで金属的な状態が保たれる．分子性導体は高温超伝導体と同様に強相関電子系であり，電子-格子相互作用が強い．したがって，低温まで金属的な状態を保つことにより，超伝導転移を起こす可能性が高い．実際，これまでに100種以上の有機超伝導体がみつかっており，高温超伝導体の良いモデル系として重要な位置を占めている．

f. 特殊な分子性導体

C_{60} は弱いアクセプタであり，アルカリ金属イオンなどとアニオンラジカル塩を形成する．C_{60} の LUMO は三重縮退しており，ここに3個の電子が入った K_3C_{60}, Rb_3C_{60} などは金属的な導電性のみならず超伝導転移を示す．超伝導転移温度は通常の分子性導体よりもかなり高い．これは，球状の C_{60} が3次元的に積み重なり，3次

元的なバンド構造を形成するためである.

以上に述べた分子性導体はすべて開殻構造をとっているが,閉殻構造でありながら,導電性を示す物質がある.カウンターイオンなどが不要なため単成分の導電体となる.たとえば Ni(tmdt)$_2$ の HOMO-LUMO ギャップはきわめて小さく,分子集合体を形成することで,HOMO バンドと LUMO バンドの crossing が起こり,フェルミ面が生ずる.その結果,低温まで金属的な導電性が保たれる.また,ドナーやアクセプター,さらには電荷移動錯体単結晶を用い,FET 構造を作製して電荷を注入する試みも行われている.単結晶 FET では一時,高い温度での超伝導が報告されたが,後に根拠のないものとされている.しかしながら,この報告が呼び水となり,単結晶 FET の重要性が認識され,基礎的な研究が進められている.

7.2.2 導電性高分子
a. 導電性の高分子構造と作製

導電性高分子は π 電子系が長くつながった構造をもち,π 電子系が積み重なった構造をもつ分子性導体とは大きく異なる.典型的な導電性ポリマーを図 7.2.1 に示してある.最も単純な導電性ポリマーはポリアセチレンであり,π 電子系としてエチレンを単位としている.エチレン以外の π 系としてベンゼン環(ポリフェレン)や複素環(ポリチオフェン,ポリピロール)を単位とするもの,両方をもつもの(ポリフェニレンビニレン)など,さまざまな分子を設計することができる.π 系として金属錯体を用いた錯体高分子も存在する.ただし,フタロシアニンポリマーのように高分子ではあるが π 電子が積み重なった構造をもつものは,むしろ分子性導体の範ちゅうで考えたほうが物性を理解しやすい.また,通常の高分子鎖に π 電子系をもつ誘導体をペンダントした,ペンダント型のポリマーも知られている.この場合も π 電子系の積み重なりにより伝導が達成されるが,分子性導体と異なり構造の乱れが大きく,高伝導性は望めない.ペンダント型ポリマーは有機 EL 素子の電荷輸送層として用いられることがある.

導電性高分子は,主として触媒による重合法,および電気化学的な重合法により合成される.前者の代表例としてはアセチレンのチーグラー・ナッタ触媒の重合によるポリアセチレンの合成がある.後者はポリチオフェンやポリピロールの合成によく用いられる.電気化学的重合法には,次項で述べるポリマーへのドーピングを重合と同時に行うことができるという利点がある.導電性ポリマーの応用は,分子性導体と異なり多岐に及ぶ.代表的な応用例については 7.3 節以降に詳しく述べられているが,そのほかにもポリマー電池,コンデンサなどにも用いられている.

b. 導電性ポリマーの導電機構

ポリマーは単結晶と異なり乱れを含んでおり,導電機構は複雑である.通常はまずポリマー鎖 1 本の伝導とバルクの伝導を分けて考える.中性のポリアセチレンは結合交替をもち,電気は流さない.炭素が等間隔に並ばず,一重結合と二重結合が交互に

存在するのは，7.2.1項eで述べたパイエルス転移の状態にあると考えてもよい．なお，二重結合周りの幾何異性としてcis体，trans体があるが，図7.2.1ではtrans体のみについて示してある．ドーピングにより二重結合性は低下し，熱力学的に不安定なcis体は最終的にtrans体に変化する．

図7.2.2に示すように，ポリアセチレンにおいては結合交替が一炭素原子分ずれることにより，中性ラジカルを生ずる．これはソリトンと呼ばれ，素励起の一種である．この電子は炭素14個程度にわたって広がっていると考えられている．I_2などの強い酸化剤により中性ソリトンから電子を取り去る（アクセプタードーピング）と，スピンをもたない荷電ソリトンが生じる．また，ドーピングにより二重結合から電子を奪うと，まずポーラロンと呼ばれるイオンラジカル構造が生成する．ポーラロンは，炭素10から20個程度にわたりひずんだ構造を生じさせるが，これらが二つ出合うことで最終的に二つの荷電ソリトンとなる．ポリフェニレンのようなポリマーにおいては，高分子主鎖から電子が取り去られてポーラロンが生成すると，炭素骨格にひずみが起こり，キノイド構造が生ずる．ここからさらに電子が取り去られると，2価でスピンをもたないバイポーラロンが形成する．ポーラロン準位やバイポーラロンの準位はHOMOバンドの直上に生成する（還元剤を用いて電子を与えるドナードーピ

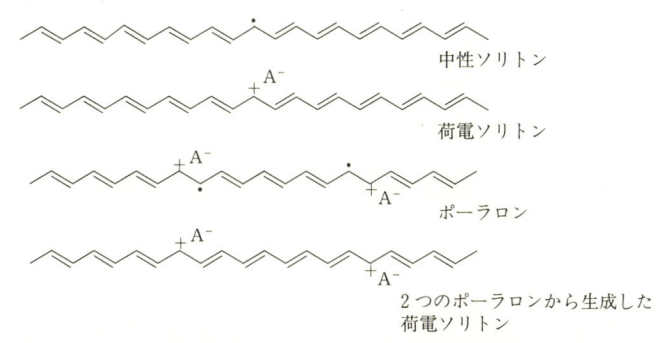

図 7.2.2 導電性ポリマーへのドーピング

ングの場合は，LUMO の直下にこれらの準位が生ずる）。ドーピングをさらに進めることにより，バイポーロン状態が重なることでバンドが形成され，金属的な伝導の必要条件が整う．

　ポリマー鎖1本が独立して存在する場合は，導電性はほとんどないと考えられている．ポリマー鎖が集合することで導電性が発現するが，ポリマーは単結晶のような均一な状態にはなく，高い導電性を示すドメインと，導電性の低いドメインバウンダリーが共存していると考えるのが普通である．バルクポリマー全体の伝導は，伝導度の低いドメインバウンダリーのそれによって規制される．高導電性のドメインの伝導を直接観測することは困難であるが，スペクトル測定などから，たとえばドープしたポリアセチレンではドメイン内では金属的な伝導が起こっていると考えられている．ドメイン間の伝導は通常ホッピングにより達成され，その伝導度の温度依存性は

$$\sigma = \sigma_0 \exp\left(-\frac{\Delta E}{k_B T}\right) \tag{7.2.6}$$

で表される．ここで，ΔE は活性化エネルギーである．また，電荷がホッピングする場合，最近接のサイトよりも遠くてもエネルギー的に近いサイトにホッピングすることがある．これをバリアブルレンジホッピング(VRH)といい，伝導挙動は以下の式に従う．

$$\sigma = \sigma_0 \exp\left[-\left(\frac{T_0'}{T}\right)^{\frac{1}{n+1}}\right] \tag{7.2.7}$$

ここで，n は1~3の整数で，VRH の次元性に対応する．さらに，金属ドメイン間の熱励起トンネリング(thermal fluctuation tunneling)により伝導が行われる場合がある．

$$\sigma = \sigma_0 \exp\left(\frac{-T_1}{T_0 + T}\right) \tag{7.2.8}$$

ここで，T_0，T_1 は金属ドメイン間のトンネリングバリアに関するパラメータである．このような伝導はドメイン構造内で金属的な伝導が実現している，ポリアセチレンにおいて報告されている．ポリマーのバルク伝導度を向上させるためには，ドメイン構造の制御が必要である．最も一般に行われているのは延伸法であり，1軸方向に延伸することにより，ポリマー鎖の向きをそろえ，結晶性を上げる方向に働く．延伸されたポリアセチレンにおいては室温で約 10^5 S/cm の伝導度が観測されている．一方，ポリフェニレンビニレンはドープ後もそれほど高い導電性を示さないが，有機EL 材料として重要な位置を占めている．

c. オリゴマーの伝導

　分子がいくつか結合したオリゴマーも，有機 FET などを中心に応用研究が進んでいる．さらに電極で挟まれたオリゴマー分子など，単一分子を通っての電子伝導についても，分子エレクトロニクスの関連から盛んに研究されるようになった．電極に挟まれた一分子の伝導を考える場合は，電極を含めた全体を一つの系として考えなけれ

ばならない．したがって，単一分子の伝導についてはまだ不明な点が多く，理論実験の両面から精力的に研究が進められている段階にある．

分子の伝導は，金属電極のフェルミ準位と分子のフロンティア軌道エネルギーとの相対位置によりさまざまに変化する．分子軌道のエネルギー準位が電極のフェルミ準位に近い場合は，バイアスをかけたときに量子トンネル効果によるバリスティック（弾道的）な伝導が起こる．このとき，電子伝導のコンダクタンスは $e^2/\pi\hbar$（12.9 kΩに対応）に量子化される．分子軌道のエネルギー準位が電極のフェルミ準位から離れている場合は，分子の長さに対して指数関数的に伝導性が減少する．また，伝導度はHOMO-LUMO ギャップに対しても，ほぼ指数関数的に減少することなどがわかっている．

〔中 村 貴 義〕

文　献

1) 斉藤軍治：有機導電体の化学，丸善 (2003)
2) 鹿児島誠一編：低次元導体，裳華房 (2000)
3) 安西弘行，中辻真一：有機電子物性，培風館 (2001)
4) 吉野勝美編：電子・光機能性高分子，講談社サイエンティフィック (1989)
5) 緒方直哉：導電性高分子，講談社サイエンティフィック (1990)
6) 松重和美，田中一義：分子ナノテクノロジー（化学のフロンティア 6），化学同人 (2002)
7) H. S. Nalwa (ed.) : Handbook of Organic Conductive Molecules and Polymers, John Wiley & Sons, Chichester (1997)
8) H. S. Nalwa, ed. : Handbook of Advanced Electronic and Photonic Materials, Volume 3 : High Tc Superconductors and Organic Conductors, Academic Press, San Diego (2001)

7.3 有機半導体材料とデバイス

電子機能の観点からは絶縁性の有機材料が多いが，最近ではポリアセチレンなどの導電性高分子やドナー性・アクセプター性分子からなる電荷移動錯体では半導体から金属，さらには超伝導に至る有機分子材料が報告され，無機材料に限られた物性はむしろ少なくなったといえる．また，デバイス応用の観点からも，有機半導体を用いた有機発光素子や有機薄膜トランジスタ，さらにはその基礎物性や作製技術を含めた分子エレクトロニクスや分子ナノテクノロジーといった分野の研究が活発に行われるようになった．

7.3.1 有機半導体材料
a. 低分子系半導体材料

低分子系材料ではフタロシアニン，ペンタセン，ペリレン，ナフタセン，C_{60} などを真空蒸着法や塗布法で作製した薄膜の光電子物性，および基礎的デバイス特性が報告されている．

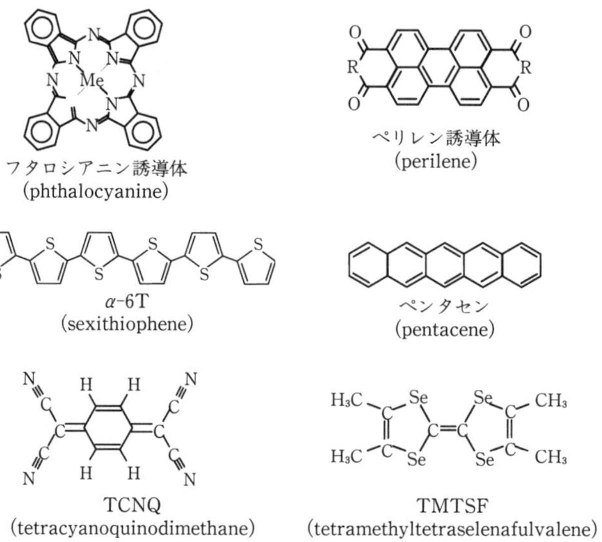

フタロシアニン誘導体
(phthalocyanine)

ペリレン誘導体
(perilene)

α-6T
(sexithiophene)

ペンタセン
(pentacene)

TCNQ
(tetracyanoquinodimethane)

TMTSF
(tetramethyltetraselenafulvalene)

(a) 低分子系有機半導体材料

ポリアセチレン
(polyacetylene)

ポリアニリン
(polyaniline)

ポリチオフエン
(polythiophene)

ポリピロール
(polypyrrole)

PPV
(poly-p-phenylene vinylene)

PVK
(poly-N-vinylcarbazole)

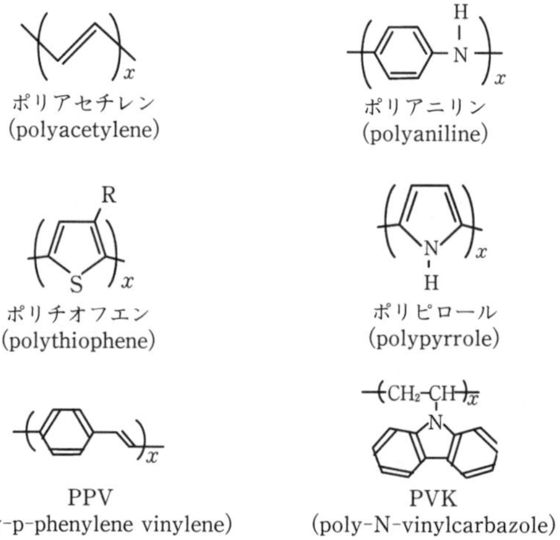

(b) 高分子系有機半導体材料

図 7.3.1 有機半導体材料の分子構造

b. 高分子系半導体材料

高分子系材料としてはポリチオフェン系，ポリアニリン系などの導電性ポリマー薄膜，あるいはそのオリゴマー薄膜を使った光電子デバイスが数多く報告されている．図 7.3.1 (a), (b) にそれぞれ低分子系と高分子系の代表的半導体材料の分子構造を示

す．

c. 電子物性

　低分子系と高分子系ともに数多くの有機半導体材料の電子物性が報告されている．有機半導体材料を電子デバイスに応用する場合，その導電率とキャリヤ移動度がデバイス性能に強く反映する．これまでに報告されている代表的な有機材料の導電率を無機材料と比較したものを図7.3.2に示す．一方，電界効果トランジスタ（field effect transistor：FET）の特性から見積もられる電界効果移動度も，初期のころは$10^{-5} cm^2/Vs$程度であったが，最近では，高純度ペンタセン薄膜FETにおいて1 cm^2/Vsを超えるキャリヤ移動度，電流オン/オフ比10^7以上の性能が報告されるに至っている[1]．

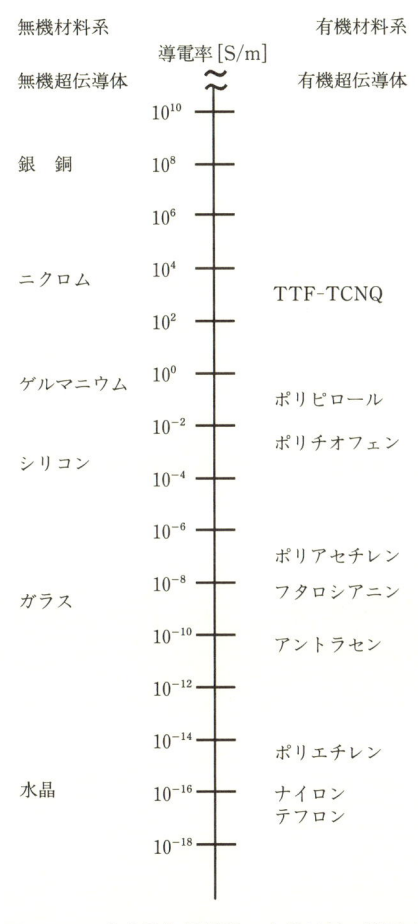

無機材料系	導電率 [S/m]	有機材料系
無機超伝導体		有機超伝導体
	10^{10}	
銀 銅	10^{8}	
	10^{6}	
ニクロム	10^{4}	TTF-TCNQ
	10^{2}	
ゲルマニウム	10^{0}	ポリピロール
	10^{-2}	ポリチオフェン
シリコン	10^{-4}	
	10^{-6}	ポリアセチレン
ガラス	10^{-8}	フタロシアニン
	10^{-10}	アントラセン
	10^{-12}	
	10^{-14}	ポリエチレン
水晶	10^{-16}	ナイロン テフロン
	10^{-18}	

図7.3.2 代表的無機材料と有機材料の導電率

有機半導体薄膜の物性は材料自身の種類以外に，純度，作製手法，作製条件による薄膜状態(アモルファス，結晶，グレインサイズなど)によって特性は大きく異なる．たとえば，有機半導体材料の多くは半導体デバイスで使われているシリコンに比べて純度はあまり高くない．また，有機半導体は薄膜作成中に分解したり，材料や作成条件によってアモルファス，あるいは異なる結晶系が混在した薄膜となる．異なる薄膜状態からなる有機膜の電子物性を評価するにあたっては，各薄膜状態とその境界領域における物性の寄与，さらには不純物や測定雰囲気による影響を考慮する必要がある．

7.3.2 機能性有機材料のデバイス応用
a. 有機感光体

有機半導体や有機色素では高い光導電性(光照射と暗状態との導電率比が大きい)を有するものが数多く報告されており，古くから研究が進められている．有機材料はフィルム成型，高い暗抵抗，無公害，軽量，安価といった特徴を有し，電子写真や光センサデバイスとしての応用が検討されてきた．よく知られた光導電材料としてキャリヤ輸送能の優れたフタロシアニン系低分子材料や，ポリビニルカルバゾール(PVK)などの高分子導電性材料がある．また，ハイブリッド系有機高分子は電子写真用感光材料として実用化され，現在では電子複写機やレーザプリンタの大部分が有機感光体となっている．有機感光体はキャリヤ生成とキャリヤ輸送の機能を分離した積層感光体が主流となっており，この単純な構造と塗布法による低コストプロセスが実用化のポイントとなっている．このような有機材料の特徴を生かした応用例は，今後新しい光電子機能デバイスを開発するうえでも重要な要因になると考えられる．

b. 光電変換素子

光エネルギーを電気エネルギーに変換する光電変換素子としては，図7.3.3に示すように有機半導体薄膜と金属とのショットキー接合[2]，2種類の有機半導体あるいは

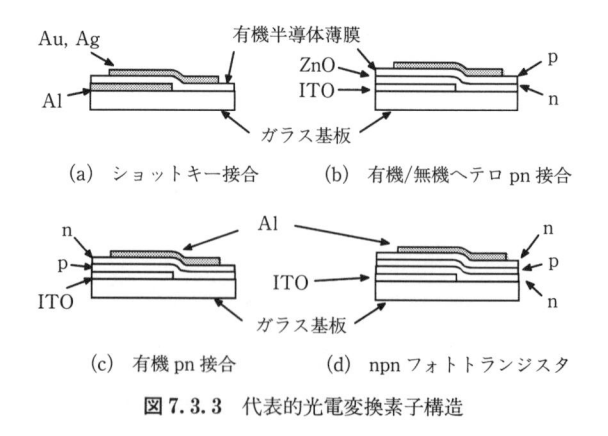

(a) ショットキー接合　　(b) 有機/無機ヘテロpn接合

(c) 有機pn接合　　(d) npnフォトトランジスタ

図7.3.3　代表的光電変換素子構造

有機/無機ハイブリッド系でヘテロpn接合[3,4]を形成した素子が報告されている．また，npnフォトトランジスタ構造素子[5]はスペクトル感度可変のカラーセンサとして報告されている．

　金属と有機半導体薄膜のショットキー接合やpn接合素子の基本的な動作は，半導体結晶におけるエネルギーバンド構造から定性的に説明することができる．しかしながら，ショットキー接合の場合，金属-半導体界面に形成された酸化膜や界面準位の影響により，理想的特性からずれる場合が多い．有機薄膜は低分子系有機半導体材料が多いが，導電性高分子にアクセプタあるいはドナー分子をドープした薄膜，あるいはイオン注入した高分子を用いた例もみられる．薄膜作製法は真空蒸着法，溶液キャスト法，電解重合法により形成したものである．有機半導体にp形が多いためかショットキー接合用電極材料としてはAl電極が多い．しかしながら，これまでに研究されている有機薄膜のほとんどは非結晶性（アモルファス，あるいは結晶性微粒子を含むポリマー）であり，デバイス特性を説明するうえで無機半導体結晶において使われるエネルギーバンド構造を適用するには限度があり，より適切なモデルの研究が進められている．

　無機半導体素子と同様，有機系でもpn接合を形成した素子の報告がなされている．導電性高分子であるポリアセチレンは，ハロゲンなどのアクセプタ分子をドープするとp形，アルカリ金属などのドナーをドープするとn形になる．一方，異なる有機材料を用いたpn接合はp形半導体的性質を有するメロシアニンやフタロシアニン誘導体などの有機薄膜と，n形半導体的性質を示すトリフェニルメタン系色素やペリレン誘導体などの有機薄膜からなり，ヘテロpn接合とみなせる．また，pn接合素子はショットキー接合タイプのものに比べ曲線因子（fill factor：FF）が大きく，太陽光に対する変換効率も1％を超える比較的高い値が得られている．このpn接合の有機膜はおもに真空蒸着法で形成されている．これらの有機pn接合素子は各有機膜の組合せ，膜厚の最適化，材料純度が大きく特性に関与している．

　一方1992年，Sariciftci, Heegerらによって，共役系導電性高分子とC_{60}との間で光電荷分離効率がほぼ100％になることが見いだされ，メタノフラーレン（PCBM）を導電性高分子（MEH-PPV）に均一に分散させたバルクヘテロ接合の概念に基づく有機薄膜太陽電池が太陽光下で，変換効率2.5％以上の特性を示すことが報告されている[6]．今後，プラスチック基板を用いたフレキシブル太陽電池への応用が期待されている．一方，1991年，Gratzelが変換効率10％程度の色素増感型太陽電池を報告した[7]．この電池では，酸化チタン（TiO_2）電極を10～50 nmのナノ粒子で多孔質化し，この表面に有機色素を吸着させることで光吸収効率を向上させている．有機色素としてはルテニウム（Ru）錯体やクマリン系色素，電解液にはヨウ素を含む水溶液や固体電解質が使用される場合が多い．

　植物の光合成や動物の視覚系について考えてみると，光吸収，エネルギー伝達，電荷分離，電荷輸送といったプロセスが巧妙に組み合わさって効率の良い光エネルー

変換が行われている．この光吸収過程から電荷輸送までの過程に着目すると，自然界の理想的光変換素子とみることができる．有機物太陽電池の研究では，緑色植物のもつクロロフィルやカロチンなどの天然色素を用いた研究が古くから試みられている．また，葉緑体の構造を模倣した人工脂質二分子膜，単分子膜や自己組織化膜技術を用いた光電子伝達系の研究は，無機系のものとは異なる光エネルギー変換素子（人工光合成素子）として注目される．

c. 有機トランジスタ

有機材料を用いた電界効果トランジスタ（field effect transistor：FET）の研究が再び活発化している[1]．かなり古くから有機半導体材料を用いた有機トランジスタの報告例があったものの，実際は実用的な電子デバイスよりも電子物性評価としての役割が大きかった[8]．1980年代は日本を中心とした研究グループによって低分子および導電性高分子薄膜のトランジスタ基礎物性について数多く報告[8~10]されたが，実用レベルとの格差が大きく，下火になっていた．しかし，欧米の研究グループによって高性能有機FETが数多く報告されるようになり，最近では有機半導体薄膜を用いた集積回路[11]まで登場している．

図7.3.4にこれまでに報告されている代表的有機FET素子構造を示す．この中で，図中(a),(b)の素子構造は代表的なシリコン系FETと同じ横型FETであるが，図中(c),(d)に示す静電誘導トランジスタ（static induction transistor：SIT）[12]や擬似縦型構造[13]を有する素子が報告されている．この縦型FETは通常の横型FETに比べて短いチャネル長を有し，有効電極面積の広さ，界面の影響が少ないなどの理由から，同じ移動度を有する材料を用いても大電流，高速動作が実現できる．一方，有機トランジスタは軽量，柔軟性，低コストプロセスといった特徴を生かした応用デバイスが注目されている．また，図中(e),(f)に示すドナー・アクセプター性有機分子層，あるいはカーボンナノチューブや有機分子1個を用いた分子ナノトランジスタの

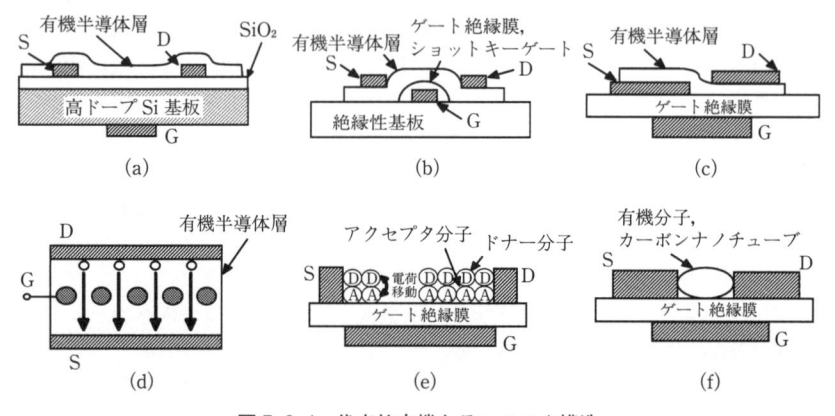

図7.3.4 代表的有機トランジスタ構造

研究は，無機半導体素子とは異なる新機能性を探索する観点から注目される．

一方，印刷法で有機トランジスタの製造が可能となれば，低価格で大量に製造することが可能となり，情報タグ，プラスチックICカード，さらにはウエアラブル情報機器といった新しい商品応用が考えられている．また，種々感応性有機材料を半導体層やゲート電極部に形成することによって，バイオセンサを含む各種センサデバイスとしての応用が期待されている．

まとめ

数多くの有機半導体材料が開発され，種々光電子デバイスへの応用研究が進められている．特に，有機半導体薄膜を用いた発光素子や太陽電池，さらにはトランジスタの特性が急速に向上している．今後，有機半導体材料の機能をデバイスへ応用する場合，特定の機能性分子を特定の位置に配置，あるいは薄膜化させる技術の確立が重要である．また，印刷技術などの薄膜作製技術と薄膜物性評価技術の進展により，有機半導体デバイス分野の新しい展開が期待できる． 〔工藤一浩〕

文献

1) C. D. Dimitrakopoulos and D. J. Mascaro : *IBM J. Res. & Dev*., **45**, 11 (2001)
2) D. L. Morel, et al. : *Appl. Phys. Lett*., **32**, 495 (1978)
3) K. Kudo and T. Moriizumi : *Jpn. J. Appl. Phys*., **20**, L553 (1981)
4) C. W. Tang : *Appl. Phys. Lett*., **48**, 183 (1986)
5) K. Kudo and T. Moriizumi : *Appl. Phys. Lett*., **39**, 609 (1981)
6) C. J. Brabec, F. Padinger, J. C. Hummelen, R. A. Janssen and N. S. Sariciftci : *Synth. Metals*, **102**, 861 (1999)
7) M. Gratzel, et al. : *Nature*, **393**, 583 (1998)
8) K. Kudo, M. Yamashina and T. Moriizumi : *Jpn. J. Appl. Phys*., **23**, 130 (1984)
9) A. Tsumura, H. Koezuka and T. Ando : *Appl. Phys. Lett*., **49**, 1210 (1996)
10) H. Akimichi, K. Waragai, S. Hotta, H. Kano and H. Sakaki : *Appl. Phys. Lett*., **58**, 1500 (1991)
11) H. Park, J. Park, A. K. L. Lim, E. H. Anderson, A. P. Alivisatos and P. L. McEuen : *Nature*, **407**, 57 (2000)
12) K. Kudo, D. X. Wang, M. Iizuka, S. Kuniyoshi and K. Tanaka : *Thin Solid Films*, **331**, 51 (1998)
13) M. Yoshida, S. Uemura, S. Hoshino, T. Kodzawa and T. Kamata : Extended Abstracts, SSDM2002, 204 (2002)

7.4 有機ディスプレイ材料とデバイス

有機材料を用いたパッシブ型のディスプレイとしては，液晶ディスプレイが広く実用化されている．バックライトの白色光をカラーフィルタと液晶を光スイッチとして組み合わせて画面をつくりだすものである．一方，自発光型のディスプレイとしては有機の発光ダイオードを配列した有機EL (electroluminescence) ディスプレイが開

発されている．本節では後者の有機 EL ディスプレイに用いられる材料と有機 EL デバイスを中心に述べる．

有機材料に電圧を印加して発光させることは，古くはアントラセン単結晶に数百～千 V の高電圧を印加して，青色の発光をすでに 40 年以上も前から観測されていた[1]．また，ポリエチレンテレフタレート薄膜に高電圧を印加し可視光を観測することも行われていた[2]が，使用する電圧が高い問題点があった．実用に結び付く報告がなされたのは，1988 年のコダック社のタン (C. W. Tang) などの報告[3,4]による．低分子系の有機材料を薄膜化し，キャリヤ輸送層と発光層とのヘテロ接合を形成することにより低電圧で発光させるものであり，有機材料を用いた発光素子の低電圧駆動化を図ったものである．数 V の乾電池程度の電圧で発光し，しかもディスプレイとしては十分な輝度が得られるものであった．液晶ディスプレイに比べ，応答速度は速く，しかも視野角依存性がないディスプレイとして注目され，ポリマー基板を用いることによりフレキシブルなディスプレイも可能となった．タンなどの報告ののち，低分子系の発光材料のみならず，高分子系の発光材料に関する報告も多く報告され，輝度，寿命ともに実用化レベルに達している．

7.4.1 有機 EL の発光原理と素子構造

有機 EL の発光原理は，陰極から注入された電子と陽極から注入された正孔が有機発光材料中で出合い，励起子，すなわちエキシトン (exciton) を形成し，この励起子の発光再結合により発光が得られる．有機 EL に用いられる材料は，発光材料として，低分子系発光材料と導電性高分子と呼ばれる π 共役高分子などの高分子系発光材料とに大きく分類される．発光の動作原理は低分子系と高分子系ともに基本的には同じであり，最も簡単な有機 EL 素子の構造は，発光層を陽極と陰極の 2 種の電極で挟んだものである．したがって，発光色，すなわち発光エネルギーは励起子が再結合する際のエネルギーであり，有機物質の禁止帯幅である HOMO (highest occupied molecular orbital, 最高被占軌道)–LUMO (lowest unoccupied molecular orbital, 最低空軌道) 間のエネルギー差，すなわちエネルギーギャップ E_g によって決まることになる．

基本的には低分子系と高分子系で構成される素子も素子構造は同じであり，発光の効率を高くするには図 7.4.1 (a) に示すように，キャリヤ輸送層と発光層による積層構造[5]により，電極から注入された電子，正孔が効率良く発光層に注入され高密度の励起子を形成して，効率良く再結合が行われるように工夫されている．一般に低分子系有機 EL 有機分子線蒸着法 (organic molecular beam deposition : OMBD) と呼ばれるドライプロセスで有機薄膜の形成が行われる．一方，高分子系有機 EL は，スピンコート法などのウエットプロセスで薄膜を形成して発光層とし，その上に陰極を形成し有機 EL 素子とすることが行われている．このような単純な構造の素子でも，低分子系の積層構造にも劣らない特性が高分子系で得られる場合がある．

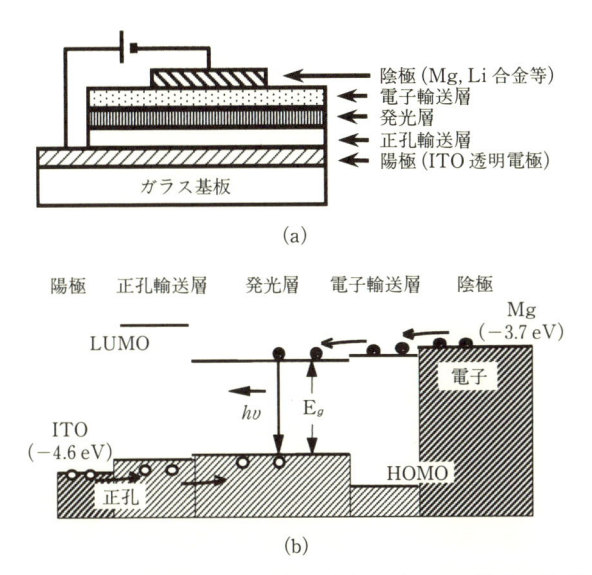

図 7.4.1 有機 EL 素子の素子構造の例とエネルギー構造の模式図

励起子の生成過程と発光過程は，電極から発光層中に注入された電子と正孔はクーロン相互作用により電子-正孔対となり励起子を形成するが，一部は一重項励起子となり，ほかの一部は三重項励起子を形成する．その割合は量子論的に 1：3 の確率で生成されるとされている．したがって，一重項励起子による発光を用いるよりも三重項励起子を用いるほうが高い発光効率を得ることとなるが，一部の有機材料を除いて室温で三重項励起子が発光するものは見いだされていなかった．近年イリジューム錯体などの特殊な金属を含む低分子系の発光材料[6],[7] で，室温において三重項励起子での発光効率が高い材料が見いだされている．しかも，その応答は μsec 程度と比較的早いためにディスプレイへの応用が可能である．これらの三重項励起子からの発光を用いる材料は，特に燐光材料と呼ばれることもある．これらの燐光材料としてイリジューム錯体 (fac tris (2-phenylpyridine) iridium：(Ir (ppy)$_3$)[6] や白金錯体 (2, 3, 7, 8, 12, 13, 17, 18-octaethyl-21H, 23H-porphine platinum：PtOEP)[7] などの重金属を含む発光色素がいままでに報告されている．

これらの発光材料から発せられる発光は内部発光効率と呼ばれるもので，発光体を中心に 360° の方向に光は放射されるので，素子の外部に取り出される外部発光効率はさらに小さくなる．通常の透明電極基板側から光を取り出す有機 EL 素子では，外部に取り出される光は素子内部での吸収や反射により消滅し，20%程度とされている．

低分子系の有機 EL 素子は，有機分子線蒸着法などのドライプロセスより形成されるために積層構造が得やすいが，高分子系で積層構造をウエットプロセスで作製する

場合には，溶媒の種類を選択して下地層との積層構造を保つように，いくつかの工夫がなされている．一般に陽極は光を取り出すためにITO(indium-tin-oxide)透明電極が用いられ，基板にはポリマー基板が用いられることもある．陰極は発光層に効率良く電子を注入するために低仕事関数の金属が用いられるが，マグネシウムの合金，カルシウム，セシウムなどが用いられる．これらの金属は酸化されやすいために，陰極金属が空気中の酸素や水分に直接触れないような工夫が低分子系と高分子系の発光素子も必要で，外気と遮断する素子構成により高効率化と長寿命化が行われる．低分子系発光材料も高分子発光材料ともに空気中の酸素や水分により劣化するので，窒素ガスなどの不活性ガスにより封止し，ガスの侵入を阻止する構造がとられている．

7.4.2 有機EL材料の種類と特徴
a. 低分子系発光材料

低分子系の発光材料は単独で発光層を形成できる材料と，キャリヤ輸送材料にドープして用いる材料があり，図7.4.2に分類して示す．ドープして発光層とする材料は，一般にキャリヤ輸送能に乏しい材料や濃度消光を起こす色素などで，キャリヤ輸送材料に1～10%程度の濃度でドープして用いる．有機ELは無機半導体の発光に比べて発光スペクトルが広いが，この特徴を積極的に利用し白色発光[8]とする試みもな

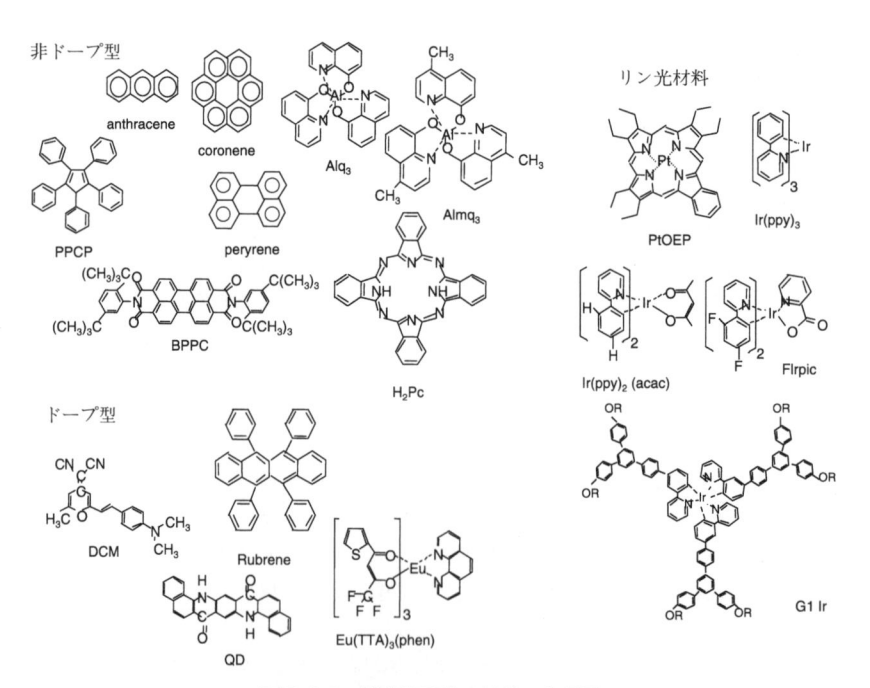

図7.4.2 低分子系発光材料の分子図

されている.

燐光材料に関しての報告は近年増加の傾向にあり, factris (2-phenylpyridine) iridium [Ir(ppy)$_3$] をカルバゾール誘導体 (4, 4'-N, N'-dicarbazole-biphenyl : CBP) にドープしたもの[9], 3-phenyl-4-(1'-naphthyl)-5-phenyl-1, 2, 4-triazole (TAZ) に 5~7%程度ドープしたもの[10]があり, 外部量子効率で 15.4%, 40 lm/W の値が報告[10]されており, 内部量子効率に換算すると 80%に相当するとしている.

CBP に Ir(ppy)$_3$ を中心骨格に設けたデンドリマー (G1-Ir) は, 注入電流が増し輝度が増しても発光効率が低下せず, 100~3000 cd/m^2 の輝度の範囲では 28 cd/A の一定の効率が報告[11]されている.

新たな Ir 錯体を用いた燐光材料としては, bis (2-phenylpyridine) iridium (III) acetylacetonate [(ppy)$_2$Ir(acac)][12] や, 470 nm に発光の中心をもつ青色燐光材料[13] FIrpic (iridium (III) bis [4, 6-di-fluorophenyl]-pyridinonate-N, C$^{2'}$) picolinate) が開発され, CBP 中に 6%程度ドープして発光層とするもの, また新たに開発したホスト材料 (N, N'-dicarbazolyl-3,5-benzene : mCP) 中にドープしたもので外部量子効率は $\eta_{ext}=8\%$, パワー効率は $\eta_p=9$ lm/W 程度が報告[14]されている.

燐光材料も長寿命化が行われ, Ir (ppy)$_3$ などの燐光材料では 1 万時間以上が達成されており, 高効率なディスプレイ材料として今後期待される.

b. 高分子系発光材料

高分子発光材料の特徴は, ウエットプロセスで成膜できることであり, スピンコート法やインクジェット法などの装置を用いて大面積で膜厚の均一な薄膜を比較的容易に製膜できる. また, 高分子系の材料は, 側鎖を選ぶことで発光波長を選択することが可能であり, 側鎖に電気伝導性の異なる基を付与することで単層で高効率の高分子発光材料も期待される.

有機 EL に用いられる高分子系の発光材料の代表的なものは, 図 7.4.3 に示すようにポリパラフェニレンビニレン誘導体 (poly (p-phenylenevinylene) : PPV)[15], ポリアルキルチオフェン誘導体 (poly (3-alkylthiophene) : PAT) 系[16], ポリフルオレン誘導体 (poly (9, 9-dialkylfluorene) : PDAF) 系[17], ポリパラフェニレン誘導体 (poly (1, 4-phenylene) : PPP) 系[18] などに分類される. それぞれの骨格は PPV はオレンジ色の発光を, PAT は赤色, PDAF は青色, PPP は青色の発光を示す.

ポリパラフェニレンビニレン[15]によりポリマーを用いて, 最初に低電圧で黄色の EL が報告されたが, その材料は前駆体を基板上に製膜下後熱処理を行い高分子化する必要があった. その後, 溶媒に可溶な導電性高分子として MEH-PPV (poly (2-methoxy, 5-(2'-ethylhexoxy)-1, 4-phenylenevinylene)[19] が開拓され, PAT[17], PDAF[18] などのポリマー材料を用いた素子が作製された.

特に最初に青色 EL として報告された PDAF[17] は, その後, 高効率のフルオレン誘導体[20]が再び注目を集め, 赤色から紫色の発光を示すフルオレン誘導体[21]が開発されている. それぞれ Poly (9, 9-dihexylfluorenyl-2, 7-diyl) : PDAF は青色, poly

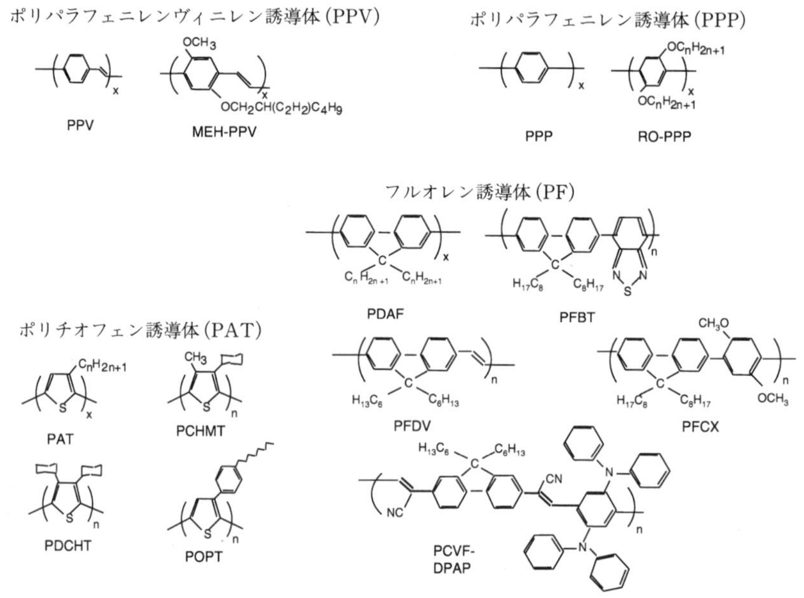

図 7.4.3 高分子系発光材料の分子図

[(9, 9-dihexylfluorenyl-2, 7-diyl)-co-(2, 5-*p*-xylene)]：PFBT は紫色，poly[(9, 9-dihexylfluorenyl-2, 7-divinylene-fluorenylene)]：PFDV は緑色，poly[{9, 9-dihexyl-2, 7-bis (1-cyanovinylene) fluorenylene}-alt-co-{2, 5-bis (N, N′-diphenylamino)-1, 4-phenylene}]：PFCX は赤色，poly[(9, 9-dioctylfluorenyl-2, 7-diyl)-co-(1, 4-benzo-{2, 1′, 3}-thiadiazole)]：PCVF-DPAP は黄色の発光を示す．このように高分子系発光材料は，ポリマー骨格は同じでも側鎖の違いや共重合体を形成することにより発光波長を制御できることにある．

ポリマー材料を用いて積層構造を作製する方法としては，異なる溶媒を用いて下地のポリマーが溶けないようにして積層する必要がある．正孔輸送層に高分子正孔輸送材料として示す水溶性のスルフォン酸 poly (ethylenedioxythiophene)/poly (sulfonic acid)：PEDOT/PSS を用いて，熱処理により架橋し，その上に有機溶媒などで可溶な高分子発光層を積層した積層構造により発光の高効率化が行われている．

7.4.3 今後の展開

有機 EL ディスプレイ用の材料として，低分子系と高分子系の発光材料が開発されている．低分子系の発光材料は，主として有機分子線蒸着法などのドライプロセスにより薄膜形成が行われ，燐光材料などの高効率の発光材料が開発されている．高分子系では，スピンコート法やインクジェット法で薄膜が形成でき，ポリマー骨格に側鎖

を付与したり，共重合体により導電性や発光色の制御などの多様性を付与できる特徴がある．また，高分子系の材料はインクジェット法により，ディスプレイのフルカラー化を行うために部分的に塗り分けることができるために，容易な色分け技術が低分子系にない魅力となっており，ディスプレイへの応用としての実用化レベルの材料開発が行われている．輝度，素子寿命の点でも低分子系，高分子系ともに実用化レベルに達しており，有機ELディスプレイ材料[22]として今後さらに進展が期待される．

〔大森　裕〕

文　献

1) M. Pope, H. P. Kallmann and P. Magnante : *J. Chem. Phys.*, **38**, 2042 (1963)
2) K. Kaneto, K. Yoshino, K. Kao and Y. Inuishi : *Jpn. J. Appl. Phys.*, **12**, 6, 1023 (1974)
3) C. W. Tang and S. A. VanSlyke : *Appl. Phys. Lett.*, **51**, 913 (1987)
4) C. W. Tang, S. A. VanSlyke and C. H. Chen : *J. Appl. Phys.*, **65**, 3610 (1989)
5) C. Adachi, S. Tokito, T. Tsutsui and S. Saito : *Jpn. J. Appl. Phys.*, **27**, L269 (1988)
6) M. A. Baldo, S. Lamansky, P. E. Burrows, M. E. Thompson and S. R. Forrest : *Appl. Phys. Lett.*, **75**, 4 (1999)
7) M. A. Baldo, D. F. O'Brien, Y. You, A. Shoustikov, S. Sibley, M. E. Thompson and S. R. Forrest : *Nature*, **395**, 151 (1998)
8) J. Kido, K. Hongawa, K. Okuyama and N. Nagai : *Appl. Phys. Lett.*, **64**, 815 (1994)
9) T. Tsutsui, M-J. Yang, M. Yahiro, K. Nakamura, T. Watanabe, T. Tsuji, Y. Fukuda, T. Wakimoto and S. Miyaguchi : *Jpn. J. Appl. Phys.*, **38**, L1502 (1999)
10) C. Adachi, M. A. Baldo and S. R. Forrest : *Appl. Phys. Lett.*, **77**, 904 (2000)
11) J. P. J. Markham, S. -C. Lo, S. W. Magennis, P. L. Burn and I. D. W. Samuel : *Appl. Phys. Lett.*, **80**, 2645 (2002)
12) C. Adachi, M. A. Baldo, M. E. Thompson and S. R. Forrest : *J. Appl. Phys.*, **90**, 5048 (2001)
13) C. Adachi, R. C. Kwong, P. Djurvich, V. Adamovich, M. A. Baldo, M. E. Thompson and S. R. Forrest : *Appl. Phys. Lett.*, **79**, 2082 (2001)
14) R. J. Holmes, S. R. Forrest, Y.-J. Tung, R. C. Kwong, J. J. Brown, S. Garon and M. E. Thompson : *Appl. Phys. Lett.*, **82**, 2422 (2003)
15) J. H. Burroughes, D. D. C. Bradley, A. R. Brown, R. N. Marks, K. Mackay, R. H. Friend, P. L. Burns and A. B. Holmes : *Nature*, **347**, 539 (1990)
16) Y. Ohmori, M. Uchida, K. Muro and K. Yoshino : *Jpn. J. Appl. Phys.*, **30**, L1938 (1991)
17) Y. Ohmori, M. Uchida, K. Muro and K. Yoshino : *Jpn. J. Appl. Phys.*, **30**, L1941 (1991)
18) G. Grem, G. Leditzky, B. Ullrich and G. Leising : *Advanced Materials*, **4**, 36 (1992)
19) D. Braun and A. J. Heeger : *Appl. Phys. Lett.*, **58**, 1982 (1991)
20) J. Morgado, Rovisco Pais, R. H. Friend and F. Cacialli : *Appl. Phys. Lett.*, **80**, 2436 (2002)
21) American Dye Source, Inc. カタログデータ (http://www.adsdyes.com/)
22) 大森　裕：応用物理, **70**, pp. 1419-1425 (2001)

7.5 記 録 材 料

7.5.1 情 報 と 記 録

情報は流通過程の中でさまざまな形態で取り扱われる．しかし，情報は表7.5.1に示すように，基本的にエネルギーか物性のいずれかの物理量で表現される[1]．具体的な例として，デジタルカメラで風景を撮影し，これをインターネットで配信し，遠隔地で受信して利用する場合を考えてみよう．まず，撮影される風景という情報は，まず光情報としてカメラのレンズを介して縮小されたのち，CCD素子上で光電変換膜により電荷量に変換され，時系列信号として電流の形で取り出される．この画像信号は，画像データとして半導体チップ上で圧縮などの処理を施されたのち，半導体メモリの素子に電荷の形でデジタル情報として蓄積される．次に，インターネットによる情報の配信では，半導体メモリから電流として読み出された情報は，コンピュータを介してネットワークに送信される．インターネット上では送信された電気信号は，途中，幹線系で半導体レーザにより光信号に変換されたのち，光ファイバを通じて送信され，ふたたび電気信号に変換されたのち，受信者側のサーバに蓄積される．サーバでは，受信された電気信号は画像データとして，ハードディスク上に磁区の分布として記録されている．この情報は，受信者の必要に応じて，ふたたびハードディスクから電気信号として読み出され，再度，ディスプレイ上に2次元の光強度の分布として展開され風景として映し出される．一方，電気信号としてプリンタへ送られた画像データは，2次元の色情報として紙の上に展開される．インクジェットプリンタでプリントする場合を例にとると，画像データとして取得された情報は位置とインクの吐出量の情報に変換され，紙の上に画像として再構成される．このように，情報は光，電荷，電流，磁気，あるいは，色素による光物性の分布などのように，さまざまなエネルギー形態と物性に必要に応じて変換され利用されている．

情報の記録とは，こうした情報を一時的に，あるいは半永久的に必要に応じて読み出しが可能な状態で保持することをいう．記録された情報は，半導体メモリのように電荷としてエネルギーの形態で保持される場合もあるが，一般には磁気ディスクや光ディスクの例のように，磁性や表面の光反射率の違いなどの物性に変換され保持される場合がほとんどである．

表7.5.1 情報を表現する物理量

物理量	例
エネルギー	光，放射線，電気，磁気，熱，音，力
物性	密度，光学特性(吸収，透過，反射，屈折，回折，偏光)，磁性，電気的特性(伝導性，誘電性，分極)，熱的特性，化学反応性，界面物性(ぬれ性，吸着性)など

機械による情報の認識を前提とした記録は，一般に情報の保存の目的とし，一時記憶，あるいはメモリと呼ばれることもある．これに対して，人が情報の受け取り手となる記録は，視覚による情報の認識や保存を目的として行われる．この場合，紙などの媒体に視認可能な状態で情報を恒久的に保持し，かつ，その保持に新たなエネルギーを必要としないものをハードコピーと呼ぶ．この代表的な例には写真，複写や印刷技術を利用した印刷物，プリンタによる印刷物などがある．これに対し，書き換えを前提とした情報の一時的な表示や保持の目的に用いられるものをソフトコピーと呼び，その代表的な例に液晶やCRTなどによる表示がある．

7.5.2 記録と記録材料

情報の記録は，光，電流，磁気，熱などの種々のエネルギー形態で与えられる情報信号を記録媒体のなんらかの物性に変換することによって行われる．したがって，情報の記録には与えられたエネルギーに対して効率的に物性変化を誘起でき，かつ，その変化をなんらかの方法を用いて，非破壊的に効率良く検出可能な材料が用いられることになる．たとえば，光ディスクの記録では，情報によって強度変調されたレーザ光によって書き込みが行われ，材料により吸収されたレーザ光は熱に変換され，その熱によってディスク上では物質の逸散，相変化，あるいは外部磁場の存在下で起こる磁化の反転などが誘起される．これが情報の書き込みである．読み出しには，記録されたディスクにレーザ光を照射し，誘起された変化に基づく光の反射率の変化や偏光面の変化などを検出し，情報として読み出す．また，ハードコピー技術の一つとしてFAXやプリンタなどに用いられる感熱記録では，まず，情報は電気信号として微小な発熱抵抗体からなるサーマルヘッドに送られ，熱に変換される．記録紙では，あらかじめ記録紙にコーティングされた物質の熱による拡散や熱反応による色素の形成，あるいは，記録紙に接触させたインクシート上のインクの溶融や昇華によるインクの記録紙への転写などを利用して記録が行われる．

記録材料には目的別にみると，情報の機械による認識を前提した情報の保存や一時記録に用いるメモリ材料と，人による情報の認識を前提とした情報のプリントアウトを目的とするハードコピー材料に分けることができる．ハードコピー材料の中には，情報の消去や書き換えを可能にしたものもある．これは，リライタブル記録材料と呼ばれ，一時的な情報の記録や表示のために用いられる．

記録にはハードコピーや一時記録などの目的に限らず，均一な大面積の薄膜材料が必要となる．このため，材料の作製には大面積薄膜の作製が容易な真空蒸着やスパッタリング，溶液を用いた湿式のコーティングなどが用いられる．材料は，エネルギーの賦与によって誘起される現象や物性変化の感度と経時安定性，物性変化の検出の容易さなどに加えて，材料の保存安定性，(Shelf-life)，材料作製の容易さや経済性などによって評価される．

コンピュータを利用した情報システムが一般化する以前は，複写，印刷，写真など

の技術分野では,記録技術は光を利用した2次元のアナログ記録が広く利用されていた.そこでは,階調性に優れた感光材料の開発に関心がもたれ,特に高い感度と保存安定性の両立が大きな技術課題であった.コンピュータを利用する情報処理技術が普及するにつれて,記録技術も情報の時系列処理に適したアドレス(位置決め)技術とマーキング(印字)技術を組み合わせたデジタル記録へと技術的な大きな変革を遂げてきている.このため,記録技術も感度よりも情報処理システムと適合性の良いデジタル記録に適した材料や,記録システムの開発に重点が置かれるようになっている.

7.5.3 ハードコピー技術

ハードコピー技術には,インクジェット法や熱記録などのように記録紙上に直接,情報を書き込みハードコピーを得る直接的な方法と,銀塩写真法や電子写真法などのように,記録媒体上にまず記録を行い,転写などを利用して最終記録媒体上にハードコピーを得る間接的な方法とがある.

a. 銀塩写真法[2]

銀塩写真法は感光材料としてハロゲン化銀微結晶をゼラチンに分散した薄膜を用いる光記録技術である.この技術は,後述するようにハロゲン化銀微結晶の示す光電特性と化学的な特性を活用し,光記録技術として最も高感度で高精細,かつ,経済的で完成度の高い記録システムをつくり上げている.X線を利用した医療診断用記録技術としても広く利用される.

銀塩記録に用いる材料は,写真乳剤と呼ばれる$0.1 \sim$数μm程度のハロゲン化銀混晶,AgX($X=Cl, Br, I$)の微結晶をゼラチン水溶液に分散したものをプラスチックシートや紙に塗布,乾燥して作製される.カラーの記録には,色素の吸着によりイエロー(黄),マゼンタ(紅紫),シアン(藍紫)の光に感度をもたせたハロゲン化銀が用いられる.ハロゲン化銀はNaCl型のイオン結晶で,写真乳剤に用いられる微結晶は,図7.5.1に示すように,結晶表面にある欠陥を補償するために,格子内にAgイオンが含まれており,光吸収によって生成された電子や増感色素から注入された電子は最終的に格子間Agイオンと再結合してAg原子を生成する.生成したAgは電子トラップとして作用し,電子の捕獲が起こると,再度Agイオンとの再結合によりAg_2を生成する.光照射による電子の生成が継続的に起こると,このプロセスが繰り返され,潜像と呼ばれるAg_2, Ag_3, Ag_4などのAgクラスタが形成される.形成されたAg_2, Ag_3, Ag_4などのAgクラスタは熱力学的に安定で,ハロゲン化銀微結晶が感光した証として光照射後も長期間にわたって安定に微結晶内に保持される.一方,初期過程で生成するAgは熱力学的に不安定で,継続的な電子とAgイオンの再結合が起こらない条件下では,もとのAgイオンと電子への解離が起こり消滅する.Agの形成は暗所で熱的に生成する電子とAgイオンの再結合によっても起こるが,Agクラスタの形成に至るだけの電子の生成が継続的に起こらないため,生成したAgは解離・消滅する.これが,銀塩写真システムが高感度でありながら保存安定性に優れ

7.5 記録材料

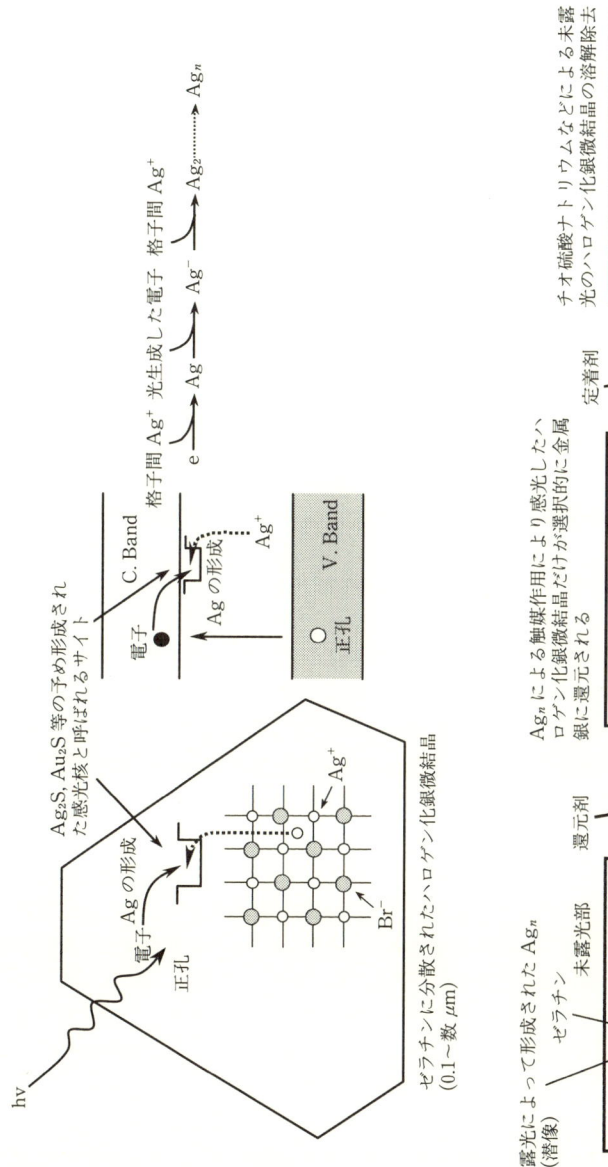

図 7.5.1 ハロゲン化銀微結晶における感光の初期過程(上)と銀塩写真法による記録プロセス(下). ポジ型プリントを得る場合は, ネガをマスクとして印画紙に同様に露光し, 現像, 定着を行う.

た光記録材料として，実用的に広く用いられる理由である．

銀塩写真法では，図7.5.1に示すように感光させた記録媒体を，現像，定着と呼ばれる化学処理によってハードコピーが完成する．現像では，感光したハロゲン化銀微結晶内に形成されたAgクラスタが，現像剤（ハイドロキノンやアミノフェノールなどの弱い有機還元剤を含むアルカリ性溶液）のもとで，AgイオンをAg原子に還元する触媒として作用し，感光したハロゲン化銀微結晶を金属Agに変える．このとき，カラーフィルムであれば，ハロゲン化銀の金属銀への還元に付随して生じる現像剤の酸化体と，感光層中に添加されたカプラーと呼ばれる色素前駆体とが化合して色素の形成が起こる．この現像過程は，Agクラスタによる触媒作用は一種の増幅プロセスで，その増幅率は10^9倍を超える．これが銀塩写真プロセスが高感度である理由である．定着では，未感光のハロゲン化銀を溶解させ，再度光が当たってもハロゲン化銀の黒化が起きないように処理される．カラー写真の場合は，現像によって生成した金属銀を溶解させ，色素のみからなる画像を形成させる．一般的に用いられるカラーフィルムはネガ型であるため，プリントを得るには，再度この操作を繰り返して，ポジ型の画像を印画紙と呼ばれる紙の上に形成する必要がある．印画紙はフィルムと同様に乳剤を紙の上に塗布したもので，現像・定着処理をしたネガフィルムを通して感光させたのち，同様に現像・定着処理によって紙の上に色素を形成させ，プリントが完成する．

銀塩記録材料は，写真撮影用フィルム，医療用X線フィルム，印刷用リスフィルムなどに用いられるが，その目的に合わせてハロゲン化銀の組成，結晶の形とサイズなどが工夫される．高感度の写真用フィルムでは，光吸収を助長するために結晶形を平板型にしたうえで結晶の外周部に構造欠陥を集中させ，生成した電子の再結合を抑制することによって効率良く潜像の形成を行わせる工夫がなされている．X線用のフィルムではX線の吸収を助長するため，塊状の微結晶が用いられる．

銀塩を用いる記録システムは，従来，湿式の現像プロセスによって用途が制限されていた．しかし，近年になって現像プロセスの乾式化と形成された色素の受像シートへの転写を利用して，ハードコピーの作製を乾式化することにより，レーザを光源とする高感度な光記録技術として，プリンタへの利用の道が開かれた．この方式の代表的な技術にピクトログラフィと呼ばれる技術がある．このプロセスでは，まず露光したハロゲン化銀を含む記録紙と現像剤を含む受像シートとを張り合わせ，熱を加えることによって現像剤を記録紙に拡散させ，同時に銀の生成に付随して形成される色素を熱により受像シートに拡散させることによって，受像シート上に画像の形成が行われる．

b．電子写真法

電子写真法は非銀塩プロセスの最も代表的な光記録技術で，ハードコピー技術として，複写やコンピュータ出力のプリントアウトに広く利用される．銀塩写真法がハードコピーの作製に化学プロセスを利用するのに対し，電子写真法はすべて物理的プロ

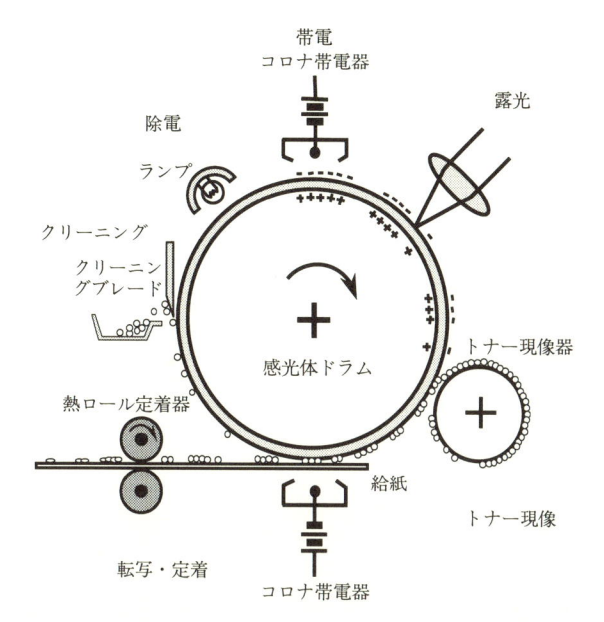

図 7.5.2 電子写真法によるハードコピーの作製プロセス（カールソン法）．レーザプリンタの場合は露光に半導体レーザによる光ビームをスキャンして記録が行われる．

セスを利用した乾式の記録技術である．この方法では絶縁性の高い光伝導体を電極基板上に薄膜状の形成したものを感光体に用いる．図7.5.2に，電子写真法による代表的な画像形成のプロセス（発明者の名をとってカールソンプロセスと呼ばれる）を示す．この方法では，まずコロナ放電や電圧を引加した導電性ローラとの接触などを利用して感光体を帯電させたのち，光照射を行い，光伝導性を利用して感光体上に静電荷パターンを形成する．形成された静電荷パターンを，熱可塑性樹脂と色材からなる帯電した着色微粒子（トナーと呼ぶ）を用いて現像し，最終的に再度コロナ帯電を利用して，現像された感光体上のトナー像を紙へ転写後，加熱によりトナーを紙に定着することによって，紙の上に最終画像が形成される．この後，感光体はブレードによる機械的な残留トナーの除去と交流コロナ放電による除電が行われ，次の記録に備える．レーザプリンタの場合は，記録すべき情報により強度変調された半導体レーザからの光ビームによって露光が行われる．カラーのプリントは，前述のプロセスを4回繰り返すことにより，イエロー，マゼンタ，シアン，ブラックの4色のトナー像を形成し，これを逐次，あるいは一括して紙に転写することによって得られる．カラー複写は，オリジナル画像をいったんスキャナで取り込み，色分解した4色の画像データに，最適な色再現性を実現するためのデータ処理を施したのち，同様にプリントアウトすることにより行われる．この処理技術のおかげで，カラー複写の色再現性は大き

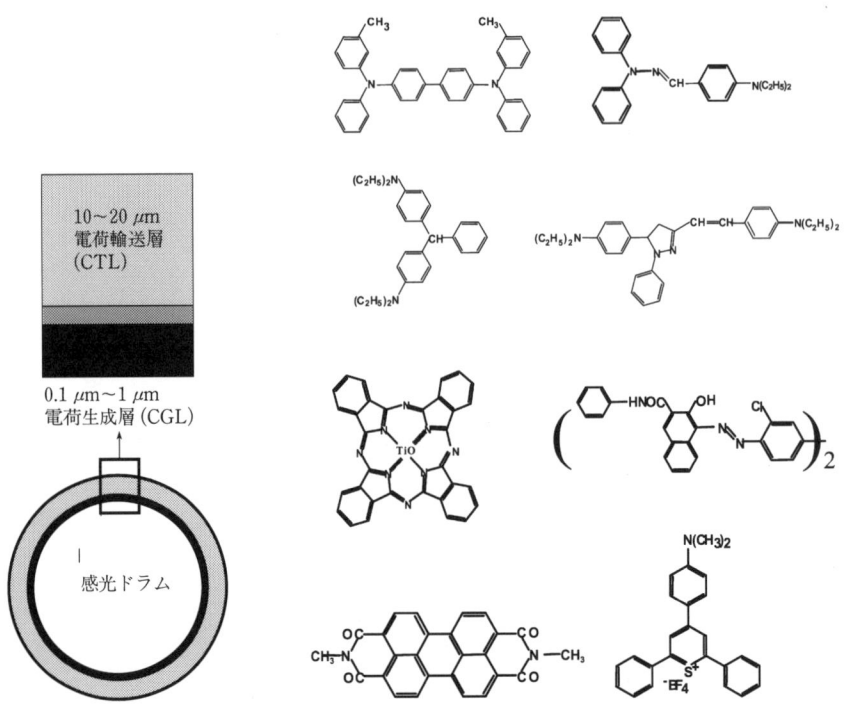

図7.5.3 電子写真感光体の構造と代表的な材料

電子写真感光体はアルミニウムドラムに電荷発生層と電荷輸送層を積層した機能分離型と呼ばれる構造が一般的である．電荷輸送層には，機械的に温度に優れ絶縁性の高いポリカーボネート樹脂に，電荷輸送材料（図右，上粉参照）を数十％程度分散した薄膜が用いられる．電荷発生層にはブチラール樹脂などに有機顔料（図右，下粉参照）を1：1程度に分散した薄膜が用いられる．

く改善された．

　この記録方法では，感光体が帯電されることによって，はじめて感光体が光に対する感度をもつようになるため，従来の感光材料と異なり，高い光感度と保存安定性の両立が原理的に可能で，高感度で信頼性の高い実時間での記録が実現できる．感度は $0.5\,\mu J/cm^2$ 程度（銀塩写真のISO10相当）と高いため，原稿からの反射光による記録が可能で複写に利用できるほか，レーザビームによる書き込みを利用したノンインパクトプリンタとして，コンピュータ出力用のプリンタとして広く利用される．

　感光体材料として最初に実用的に用いられた材料は，無機アモルファス半導体の代表的な材料であるアモルファスセレン（a-Se）である．このほか，無機材料としてはカルコゲナイドガラスも用いられたが，これらの材料は毒性や環境への配慮から用いられなくなった．最近では，光伝導性と硬度に優れたアモルファスシリコンを用いた

感光体も開発されたが，特性には優れるものの，感光体のコスト，量産性の問題から用途は限られている．無機感光体に代わり，現在広く用いられる感光体は有機光伝導体が用いられる．通常，有機感光体は，光電荷生成層と電荷輸送層をアルミドラムなどの導電性基板に湿式のコーティングにより積層した機能分離型と呼ばれる構造が採用され，一般にコロナ帯電により負に帯電させて用いる．

図 7.5.3 に示すように，光電荷生成層には，たとえばブチラール樹脂などにフタロシアニンやビスアゾ顔料を分散した 0.1 μm 程度の薄膜が用いられる．電荷輸送層には，ポリカーボネート樹脂などの機械的強度と絶縁性に優れた樹脂に，トリフェニルアミン誘導体やジフェニルヒドラゾン誘導体などの電荷輸送材料と呼ばれる物質を高濃度に溶解した 10〜20 μm の薄膜が用いられる．

現像には，カーボンブラックや顔料などの色材をアンモニウム塩などの帯電制御剤，ワックスなどの離型剤などとともに熱可塑性樹脂に練り込み，粉砕，分粒した数 μm 程度のトナーと呼ぶ粉体が用いられる．近年，画質改善のためのトナーの小粒化に伴い，合成トナーと呼ばれる懸濁重合を利用した粉砕によらないトナーが採用されるようになってきている．現像剤には，トナーのみを用いる 1 成分現像剤と，キャリヤと呼ぶトナーの帯電と搬送のための鉄粉やフェライト粉をトナーと混合して用いる 2 成分現像剤がある．

c. インクジェット記録[2]

インクジェット記録は，微細な 20〜40 μm 程度のインク吐出口を多数並べたヘッドを移動させながら，必要な場所に微細なインク滴を吐出させて印字するハードコピーの作成法である．代表的なインクの吐出法には，ノズルに連結されたインク室に設置したヒータの加熱により気泡を発生させ，インクを吐出させる方法と，インク室に設置したピエゾ素子に電圧を印加し，素子の変形を利用してインクを吐出させる方法とがある．インクには，水または飽和炭化水素系溶媒を主体とする媒質に発色性の良い染料や微小な顔料を着色材として，溶解または分散したものが用いられる．インクジェット記録の画質は，吐出されるインクの特性ばかりでなく紙などの記録メディアのインクの受容性に強く依存し，高画質の記録を行うためには専用の記録紙を用いる必要がある．

d. 感熱記録[2]

感熱記録は，発熱抵抗体を集積したサーマルヘッドをスキャンしながら，信号に応じて出力される熱を利用して記録紙に記録を行う方法である．具体的な方法には大別すると二つあり，記録紙に塗布されたロイコ色素と顕色剤の接触を熱で助長して色素の形成を行う方法と，インクを塗布したインクシートと記録紙を接触させておき，熱によりインクシートからインクを昇華または溶融により記録紙に転写する方法がある．サーマルヘッドの解像度は発熱素子の集積度で制限されるため，一般には 600 dpi 程度である．熱源にレーザ光を用いて，吸収された光を熱に変換して記録を行う方法では 4000 dpi 程度の高い解像度が実現されている．

発色型の材料にはフルオラン系のロイコ色素と顕色剤としてフェノール系化合物が用いられる．また，インクシートには昇華性インクやワックスに染料や顔料を分散したインクを5～6 μm 程度の厚みをもつポリエステルフィルムなどに塗布したものが用いられる．

7.5.4 リライタブル記録

ハードコピー技術のなかで，消去や書き換えが可能な記録をリライタブル記録と呼ぶ．この記録は，① 紙の消費量の削減，② 更新された情報の表示，③ ディスプレイに代わる視認性の良いペーパーライクな表示の実現などを目的としている．

紙消費の削減や更新された情報の一時的な表示の目的には，消去可能なハードコピーとして，視認性と記録のメモリ性が重要視される．この応用は，記録用の装置と記録媒体とを別にして用いるのが一般的で，記録媒体はリライタブルペーパーと呼ばれることがある．これに対し，CRTや液晶ディスプレイに代わって，紙にプリントアウトされたハードコピーのように視認性が良く，手にとって逐次情報の表示が可能なものはペーパーライクディスプレイ，あるいは電子ペーパーと呼ばれる．

a. リライタブルペーパー[5]

リライタブル記録は，基本的に熱や光などのエネルギーを与えることにより，目視可能な材料の状態変化，たとえば透明-白濁，あるいは無色-有色などの二つの状態を可逆的に形成させ，記録と消去を行う．この方法は，二つの安定状態を利用することでメモリ性をもたせることができ，記録媒体には材料を形成するだけでよいので，情報の一時的なプリントアウト，あるいは磁気カードなどに記録された情報の表示などに用いられる．

透明-白濁状態の変化を利用する代表的な方法には，コントラストを改善するためのAl蒸着膜の上に高級脂肪酸などの長鎖の低分子物質を塩化ビニル-酢酸ビニル共重合体などの熱可塑性樹脂に分散させた薄膜をコートしたものを記録媒体に用いている．樹脂の軟化点と低分子物質の融点前後の温度で加熱・冷却することによって形成される低分子物質の粒径サイズを変えることによって，光散乱の違いによる透明-白濁状態を可逆的に形成する．この方法では，表示色や視認性に制約があるが，サーマルヘッドによりが容易に記録でき．保存安定性に優れるため，カード情報の表示には有効である．

色変化を利用する代表的な方法には，図7.5.4に示すように，加熱による溶融状態からの冷却速度の違いにより生じる結晶状態とアモルファス状態において，色素前駆体（ロイコ色素）と懸色剤との凝集状態の違いにより生じる，可逆的な無色-有色の二つの状態を書き込みと消去に利用するものがある．この方法では，顕色剤として加えたフェノール誘導体が，溶融状態でロイコ色素の色素への構造変化を促進し発色する．これを急冷すると発色状態が維持される．消去には，再度加熱し，溶融状態から徐冷すると結晶状態になり，ロイコ色素と懸色剤とが分離して消色する．この方法は

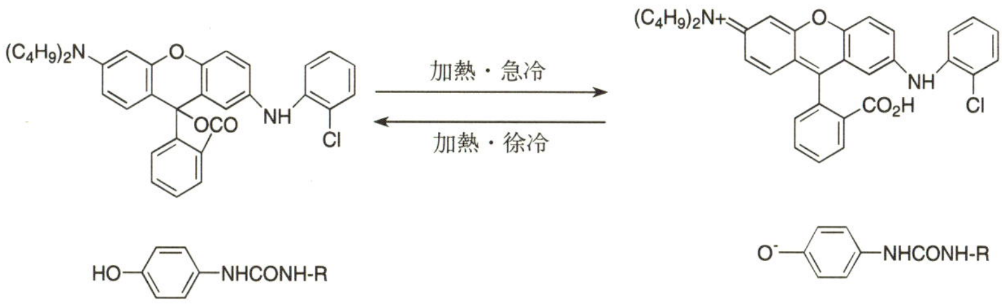

(a) 結晶状態　　　　　　　　　　　　　(b) アモルファス状態

図 7.5.4 リライタブル記録材料の例

視認性が良いため，一時的なプリントアウトのための媒体や記録ボードなどのOA用途が期待されている．

b. 電子ペーパー[5]

電子ペーパーはプリントアウトされた紙のように視認性が良く，持ち運びが容易で手の上に広げて用いることができる表示素子で，ペーパーライクディスプレイと呼ばれることもある．この技術は現在も開発段階にあり，さまざまな原理に基づく方法が提案されている．基本的な原理は，着色した微粒子を印加された電界を利用して移動あるいは回転させるか，あるいは電場による液晶の配向変化を利用してコントラストを得るものが多い．また，有機EL素子を用いる提案もある．

E-inkと呼ばれる代表的な技術では，図7.5.5(a)に示すように，50 μm 程度のマイクロカプセル中に染料で着色した液体と TiO_2 などの微小な白色顔料を封入しておき，電極を利用して電界を印加することにより，マイクロカプセル中の白色顔料微粒子を電気泳動により移動させ表示を行う．トナー方式では，図7.5.5(b)に示すように，着色した液体と白色顔料微粒子の代わりに，白と黒などの色の異なる2種類の着色した粉体(トナー)を用いて，あらかじめ帯電させておいた一方の粉体を電界を印加することによって片側の電極に移動させるか，微小な突起構造を形成した媒体上に電子写真方式を利用してトナー像を未定着の状態で形成し，消去時にはトナーを回収する方式などがある．

ツイストボール方式では，図7.5.5(c)に示すように，微小な絶縁体ボールの半球の一方を着色した導体で覆い，そのボールと液体をマイクロカプセルに封入し，電界を印加することにより生じる電気力を利用してボールを回転させ表示を行う．同様な構造を用いて，磁性ボールを磁場で回転させる方式もある．

液晶を用いる方式には，図7.5.5(d)に示すように，高分子薄膜に2色性色素を含む液晶の微小な液滴を分散した高分子分散液晶と呼ばれる材料を媒体として，電極による電圧の印加やコロナイオンによる帯電を利用して媒体に電界を印加し，液晶の分子配向を制御することによりコントラストを得る方式と，電子写真型感光体と液晶層を積層したものを媒体として，光照射によって形成した電荷を輸送して液晶層に高電

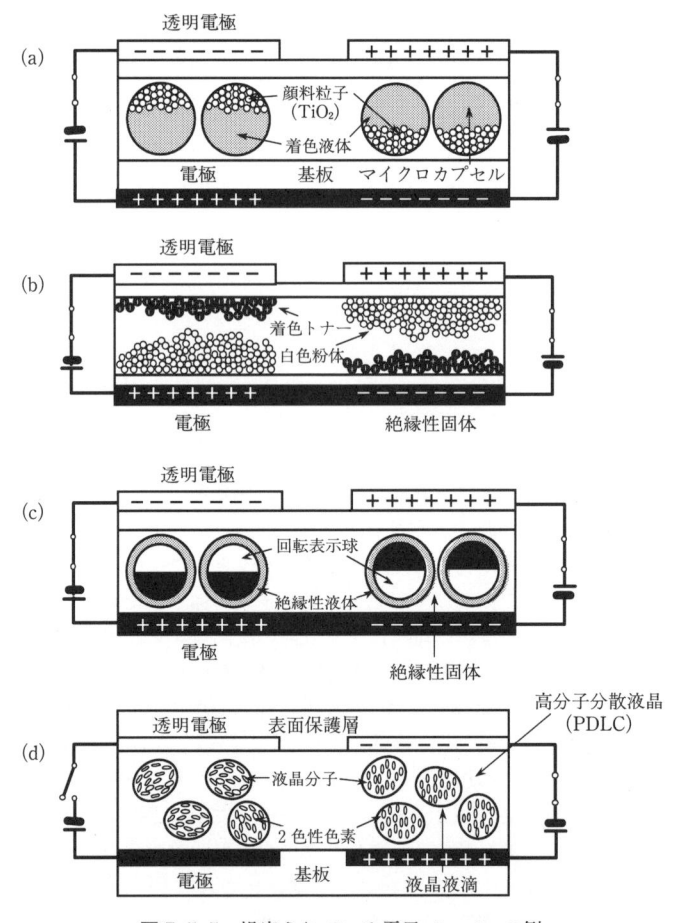

図 7.5.5 提案されている電子ペーパーの例
(a)マイクロカプセル中の着色液体に分散された顔料粒子の電気泳動を利用する系,(b)絶縁性液体中に配置された2色に着色された微小球の電場による回転を利用する系,(c)2色のトナー粒子の電場による移動を利用する系,(d)高分子に分散された2色性色素を含む微小液晶液滴の電場配向を利用する系.

界を印加して液晶の分子配向を変化させ,反射率の変化をコントラストとして利用する方式がある.後者のコレステリック液晶を用いて,電界の印加によって生じるプレーナ配向とフォーカルコニック配向の双安定状態を利用する方式ではメモリ性があり表示状態の保持にエネルギーを必要としないという特徴がある. 〔半那純一〕

文　献

1) 井上英一：印写工学 I，共立出版 (1970)
2) 日本写真学会, 日本画像学会合同出版委員会編：ファインイメージングとハードコピー, コロナ社 (1998)
3) 日本写真学会編：写真工学の基礎, コロナ社 (1978)
4) 電子写真学会 (現日本画像学会) 編：電子写真技術の基礎と応用, コロナ社 (1988)
5) 日本画像学会誌：**38**, 2, pp. 28-60 (1999)

7.6 液晶材料と液晶デバイス

7.6.1 液晶材料

液晶 (liquid crystal) とは，その分子配列にある程度の秩序をもった異方性液体 (anisotropic fluid) である．液晶は，異方性結晶相 (分子は規則的な位置に並んでいて，かつ，向く方向も一様な状態にある) と物質の物理的性質が方向によって異ならない等方性相 (分子は無秩序に並んでいて，かつ，向く方向も無秩序な状態にある) との間に現れるため，中間相 (mesophase) とも呼ばれる．液晶相では，液晶分子の配列には結晶にみられるような規則性はないが，長距離にわたる秩序，すなわち長距離秩序 (long range order) が認められる．この秩序の度合いが，液晶の光学的異方性，電気的異方性 (誘電率，電気伝導率，拡散係数等)・磁気的異方性 (磁化率)，粘性異方性と密接に関係している．

液晶性を有する物質は，温度上昇に伴い，固体と液体との中間相で液晶性を示すサーモトロピック (thermotropic) 液晶と，固体と等方性液体との溶液状態で液晶性を示すリオトロピック (lyotropic) 液晶とに分類される．ここで，等方性液体とは，異方性液体 (液晶) に対する語で，物質の三態の一つである液体状態に対応する．液晶分子配列の基本構造を図 7.6.1 (a)〜(g) に示す．一般に，サーモトロピック液晶性を示す物質は，剛直性棒状分子構造または平板状構造をとり，電気双極子を有する有機分子の構成成分である極性基をもっている．サーモトロピック液晶は，その分子配列の違いにより，ネマチック (nematic, 図 (a))，コレステリック (cholesteric, 図 (b))，スメクチック (smectic, 図 (c), (d))，ディスコチック (discotic, 図 (e)) 液晶に分類されている．一方，リオトロピック液晶性を示す物質は，水との共存が必要なため親水基 (hydrophilic) と疎水基 (hydrophobic) の両方を有する両親媒性 (amphiphilic) 分子である (図 (f), (g))．

a. ネマチック液晶

ネマチック液晶は，図 7.6.1 (a) に示すように，個々の液晶分子の重心位置は空間的に無秩序に分布しているが，その向きは巨視的にみると同一の方向にそろった配向の秩序をもつ．しかし局所的にみると，その向きにずれが認められる．そこで，局所的な配向ベクトルの平均的方向を表すため，"ダイレクタ (n)" が導入されている (図

(a) ネマチック液晶　(b) コレステリック液晶

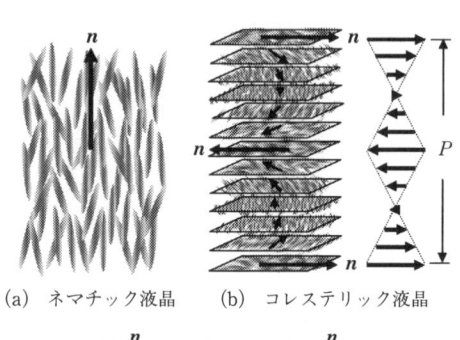

(c) スメクチックA液晶　(d) スメクチックC液晶

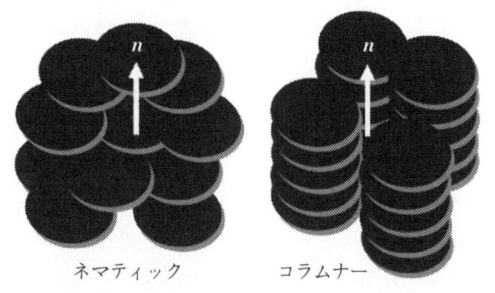

ネマティック　　コラムナー
(e) ディスコチック結晶

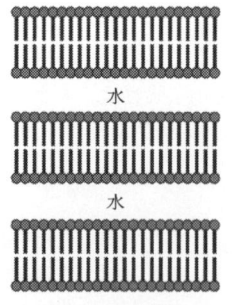

(f) ラメラ構造　　(g) ヘキサゴナル構造

図 7.6.1 液晶の分類と分子配列の基本構造

7.6.1(a)に，ダイレクタが n で示されている）．ダイレクタは，向きを表す単位ベクトルで，液晶の物理的性質は，ダイレクタの分布と密接に関係している．液晶相の特徴である長距離秩序性は，それぞれの分子がダイレクタに沿って配向する度合いを表す配向秩序度 S (order parameter) と呼ばれるパラメータで表現される．図7.6.2 (a)に示すように，すべての分子が同一方向に配向している結晶相の状態を $S=1$，各分子の配向性がなく完全にランダム配向した等方相の状態を $S=0$（図7.6.2(c)）と定義する．したがって，$0<S<1$ の状態が，ネマチック相となる（図7.6.2(b)）．ここで，配向秩序度 S をさらに定式化する．図7.6.2(b)に示すように，微少体積 δV 中の配向ベクトル a（個々の分子の向く方向に沿って定義した単位ベクトル）が z 方向 (n) に沿って配向しているとするとき，S は分子の頭部と尾部に区別がないことを考慮して $(n=-n)$ 次のように定式化される[1)~3)]．

$$S = \frac{3}{2}\langle(n\cdot a)^2\rangle - \frac{1}{2} = \frac{1}{2}\langle 3\cos^2\theta - 1\rangle = \langle P_2(\cos\theta)\rangle \tag{7.6.1}$$

ここで，θ は，配向ベクトルがダイレクタとなす角，$\langle\ \rangle$ は微少体積内のすべての分子に対する平均値を表している．また，$P_2(\cos\theta)$ は，2次のルジャンドル (Legendre) 多項式を表す．なお，図7.6.2(b)中では，分子の向きを模式的に矢印で表している．しかし，分子の頭部と尾部に区別がないので，便宜上，分子が z 方向からなす角度を θ としている．

b. コレステリック液晶

コレステリック液晶は，ネマチック液晶のダイレクタの向きがらせんを巻いた構造である．図7.6.1(b)にダイレクタの配向方向変化の様子を矢印で示している．らせん構造の一周期を表すピッチ P が無限大に伸びた構造は，図7.6.1(a)のネマチック液晶に相当する．すなわち，キラルな分子が，ネマチック相のダイレクタに垂直な方向をらせん軸としてねじれ構造をとったものがコレステリック液晶といえる．コレステリック液晶層の平均屈折率を n とすると，$\lambda = nP$ で表される波長の光は，コレステリック液晶層で選択反射される．ピッチは，温度によって変化するため，コレステ

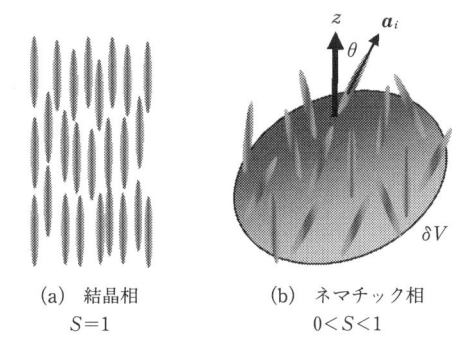

(a) 結晶相　　　(b) ネマチック相　　　(c) 等方性相
　$S=1$　　　　　$0<S<1$　　　　　　$S=0$

図7.6.2 各相における液晶分子配列と配向秩序度

リック液晶は，温度変化に対してさまざまな色を呈する．

c. スメクチック液晶

スメクチック液晶は図7.6.1(c),(d)に示した構造をもっている．個々の分子の重心位置が同一平面内にランダムに分布した層構造をなしている．各層内での分子の配向方向は，層平面に対して平均的にみると一定である．このため，スメクチック液晶は，ネマチック液晶に比べて秩序性が高く，より結晶に近い性質を有し，一般に粘度も高く流動性も低い．スメクチック液晶は，平均的な方向，すなわちダイレクタの方向の違いによりさらに分類されている．図7.6.1(c)のように，ダイレクタが層面に垂直方向に配向した相は，スメクチックA相と呼ばれる．また，図7.6.1(d)のようにダイレクタが垂直方向から一定の方向に傾いている場合は，スメクチックC相と呼ばれる．分子がキラリティをもち，分子長軸に垂直な双極子モーメントを有するスメクチック液晶は，層に垂直な方向を軸とするらせん構造をとる．この液晶は，強誘電性をもち，キラルスメクチックC相と呼ばれる[4,5]．

d. ディスコチック液晶

ディスコチック液晶は，図7.6.1(e)に示すような平板状分子が積層した構造をもっている．分子の平面に垂直な方向が一定方向に配向するとき，液晶相を呈する．平板状分子の重心の位置がランダムで位置の秩序をもたず，平板が積層した構造で配向の秩序をもつとき，ディスコチック液晶のネマチック相と呼ぶ．さらに，分子が位置の秩序を有し，コラムを形成するとき（積層した平板状分子間の距離はランダムである），コラムナー(columnar)ディスコチック液晶と呼ぶ．コラムナーディスコチック液晶は，特異な電子伝導を有することから，近年，液晶半導体としての研究が活発に行われている．

e. リオトロピック液晶

いま，石鹸の分子を考えてみよう．この1個の分子は，親水基と疎水基を有している．このように親水基と疎水基を有する分子を両親媒性分子と呼ぶ．石鹸分子は，水に溶けた状態で両親媒性に基づく特異な分子集合体をつくる．このように，両親媒性を有する物質が，等方性液体との溶液状態でさまざまな集合体構造を呈し，液晶性を示すものをリオトロピック(lyotropic)液晶と呼ぶ．図7.6.1(f),(g)に示したような，ラメラ構造(lamellar phase)やヘキサゴナル構造(hexagonal phase)が知られている．

7.6.2 液晶デバイス

7.6.1項で述べたように，液晶と呼ばれる性質を示す物質は，細長い楕円体形状分子から円盤状の分子までさまざまなものがある．一般に，液晶の基本的性質は，棒状の分子モデルを用いて理解されている．棒状分子では，分子の向く方向に重要な意味があり，多様な液晶性物質の物性と関連している．たとえば，外部から加える電界により，液晶性物質の配列状態は変化する．この変化は液晶層の光学的異方性の変化と

なって現れる．液晶表示デバイスでは，この性質が巧みに活用されている．ネマチック液晶のもつ種々の異方性に基づく電気光学効果の理解には，液晶を連続体として扱う弾性歪理論がその基礎となる[1〜3]．ネマチック液晶は，広範囲な温度領域で液晶相を示し，かつ，多くの機能的な電気光学効果[5]を有することから，エレクトロニクス分野で広範囲なデバイス応用がなされている．

液晶表示素子は，基本的にはガラス基板表面での種々の配向処理により形成された表面ダイレクタと，液晶材料との組合せにより実現されている．ネマチック液晶材料を用いた表示方式は，液晶素子基板表面に一定の配向処理を施し初期ダイレクタ配向分布を決定している．素子への外部電界印加により，初期ダイレクタ配向分布は変化する．これにより，液晶層内での光学的異方性を制御することができる．すなわち，液晶層内でのダイレクタ分布を正確に変化させることにより，液晶表示デバイスの電気光学特性を制御している．

ネマチック液晶材料を用いた表示モードの代表的なものとして，ツイストネマチック(twisted nematic：TN)モードがある．TNモードは，液晶表示モードの中で最も広く用いられている方式である．この方式は，図7.6.3(a)に示すように，基板表面で平行配向処理を施した2枚のガラス基板の相対する基板表面を90°ねじらせたツイスト構造をしている．ここで，正の誘電率異方性を有する液晶材料をガラス間に封入する．この液晶セルがモーガン条件(Mauguin regime)を満足するとき，セルを互いに直交した2枚の直線偏光板の間に置き，外部から電界を印加することにより，液晶層の光学的位相差を制御し，光スイッチング機能を得ている．ここで，ねじれ角を大きくすることにより，液晶表示素子の視野角特性を改善したのが，図7.6.3(b)に示すスーパーツイストネマチック(super-twisted nematic：STN)モードである．

ダイレクタのねじれ構造を利用したTNやSTNモードに比べて，上下ガラス基板での配向方向が等しい配向素子は，電界印加に対して高速応答性を有する．この考えに沿って開発された表示モードが，図7.6.3(c)に示す光学補償複屈折(optically self-compensated birefringence：OCB)モードである．上下ガラス基板の配向処理方向を平行(パラレル構造)にした液晶層内では，ダイレクタのスプレイ変形が生じる．正の誘電率異方性を有する液晶に電界を印加することにより，ダイレクタひずみはベンド変形へ転移する．このとき，液晶層中央部のダイレクタは，基板に対して垂直配向となり，光学的位相差に変化が生じない．印加電界強度を変化させ，基板近傍のベンド変形に伴う液晶層の光学的位相差を制御し，広視野角・高速応答の表示デバイスを実現している．

インプレインスイッチング(in-plain switching：IPS)モードは，OCBモードと同様，近年液晶表示モードとして実用化されている．このモードは，図7.6.3(d)に示すように一方の基板表面に櫛歯電極を設置し，基板に平行な横電界を印加している．電界無印加時は，ダイレクタは櫛歯方向に平行配向している．櫛歯間に電界を印加することにより，正の誘電率異方性を有する液晶ダイレクタは，櫛歯方向に垂直方向に

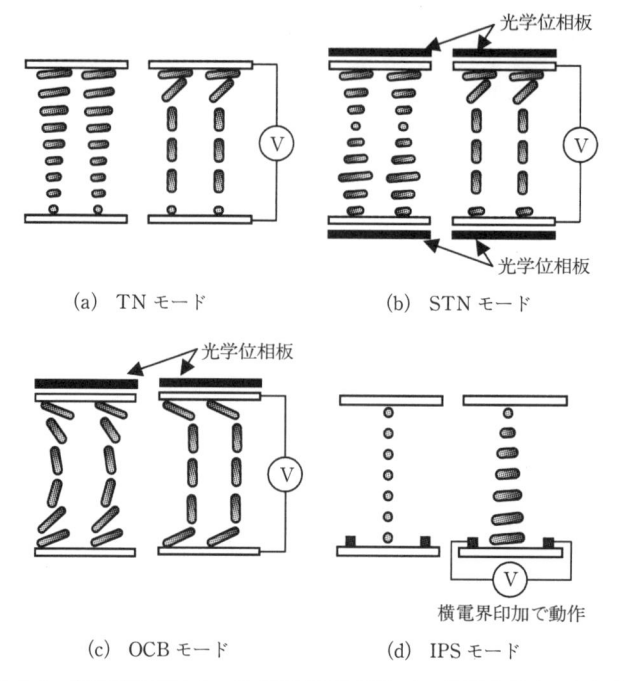

(a) TN モード
(b) STN モード
(c) OCB モード
(d) IPS モード

図 7.6.3　各種液晶表示モードの電界遮断/印加時の素子内ダイレクタ変形

平行配向する.すなわち,電界無印加時と印加時でのダイレクタ配向方向は,基本的に基板に対して平行配向状態である.すなわち,ダイレクタは,基板に平行な面内で回転していることになる.この基本的なダイレクタ回転は,より均一な光学的異方性変化を与える.この回転に伴う液晶層内でのダイレクタ分布は,ひずみが小さくモノドメインに近いため,表示特性としては,視野角が大きくなる特徴を有している.しかし,櫛歯電極を有しない基板表面には電極が存在しないため,基板表面でのダイレクタ配向欠陥(焼き付き現象)が発生しやすい欠点を有している.また,ダイレクタ回転が基板表面内で起こるため,基板表面でのアンカリング効果の影響が大きく,表面誘起ダイレクタ配向のよりいっそうの理解が求められている.

ポリマー分散型液晶 (polymer dispersed liquid crystals : PDLC) は,無偏光板表示モードとして注目されている.そのほかの液晶表示モードとして,多くの方式が提案されている.これらの表示モードは,使用される液晶材料にも依存するが,基本的に基板表面でのダイレクタ配向が液晶表示素子の特性を決定している.各種表示モードの詳細は,文献を一読されたい[5],[6].

そのほかの液晶デバイス応用に向けた液晶電気光学効果として,電傾効果 (electro clinic effect) や自発分極の大きな強誘電性液晶など[4]がある.これらは,外部電界印

加によりマイクロ秒の高速応答性を有する．さらに，液晶性材料の非線形光学効果は，空間光変調素子，光演算，光双安定性などの機能性を有し，光論理デバイスへの応用が試みられている．このほか，液晶性材料の有する種々の機能性を生かした，液晶半導体や液晶磁性体に関する研究も盛んに行われている．　　　　〔杉村明彦〕

文　献

1) D. A. Dumur, A. Fukuda and G. R. Luckhurst, eds.: Physical Properties of Liquid Crystals, Vol. 1: Nematics, Institution of Electrical Engineer, United Kingdom (1999)
2) P. G. de Gennes and J. Prost: The Physics of Liquid Crystals, 2nd ed., Clarendon Press, Oxford (1993)
3) S. Chandrasekhar: Liquid Crystals, 2nd ed., Cambridge University Press (1992)
4) 福田敦夫，竹添秀男：強誘電性液晶の構造と物性，コロナ社 (1990)
5) 吉野勝美，尾崎雅則：液晶とディスプレイ応用の基礎，コロナ社 (1994)
6) L. M. Blinov and V. G. Chigrinov: Electrooptic Effects in Liquid Crystal Materials, Springer-Verlag, New York (1994)

7.7　センサ材料とデバイス

7.7.1　センサの基本構造

　センサを実現するには，対象となる物質をとらえるセンシング部分とそれを電圧，電流，電荷，抵抗変化，周波数変化などの電気信号に変換するトランスジューサの部分の両者をもたなければならない．図7.7.1にその基本的な構造を示す．光センサのようなものは，直接電気信号に変換することができるが，バイオセンサや化学センサの多くはこのような形態をとる．センシング部分には各種の有機膜が用いられることが多いが，それも受容物質と受容物質を固定化する膜（担体）の両者を用いることがバイオセンサなどでは多く用いられる．トランスジューサの部分は無機材料を用いたデバイスがよく用いられる．トランスジューサの例としては，各種の電気化学電極，

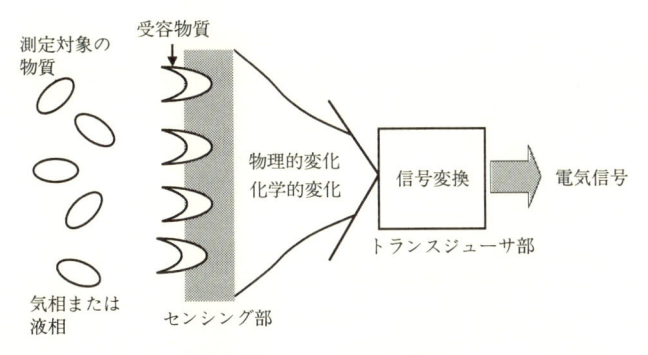

図7.7.1　センサの基本構造

サーミスタ，水晶振動子やSAW (surface acoustic wave) デバイスなどの音響素子があげられる．

7.7.2 水晶振動子ガスセンサの動作原理

センサの基本構造に関して水晶振動子ガスセンサを用いて説明する．図7.7.2に示すように，水晶振動子ガスセンサは，水晶振動子の上に有機膜を塗布したものである[1]．水晶振動子はコルピッツなどの発振回路に接続され，におい分子が有機膜に吸着すると質量負荷効果によりその発振周波数が低下し，その発振周波数の変化分がセンサ出力となる．したがって，センシング部が有機膜でトランスジューサ部が水晶振動子となる．このように，センシング部分に有機膜を使用し，トランスジューサに無機材料を使用するのが多くのセンサにみられる共通の形態である．

水晶振動子としては，その共振周波数は 10～30 MHz のものがよく用いられる．水晶振動子はその発振周波数が安定なために，携帯電話やコンピュータの基準信号を発生させる素子として広く用いられている．水晶振動子は発振回路に接続され，振動子の共振周波数近傍で発振する．この発振回路は簡単なディジタル回路でも実現できるが，近年は1チップICや振動子と発振回路を一体化させた素子を利用するのが便利である．

水晶は圧電性をもち，結晶の切断方位により圧電性や温度特性などの性質が異なる．通常，AT-CUT という温度特性の優れたカットで切断された結晶を用いる．高周波電圧を振動子に印加すると，音波が圧電性により励起され，振動子の厚み方向に多重反射して共振し，AT-CUT では厚みすべり振動により動作する．厚みすべり振動では音波の変位方向が音波の進行方向に対して垂直で振動子表面に平行になる．そのため，液相中でも粘性による損失しか受けないので動作可能である．

においが感応膜に吸着すると，質量負荷効果により吸着した質量に比例して振動子の共振周波数が減少する[2,3]．発振回路出力の周波数変化をセンサ出力として周波数カウンタにより測定する．センサ周辺のにおいが清浄空気に置換されると吸着したにおいが脱着して共振周波数はもとに戻る．そのため，センサは繰り返しにおい応答測定に使用することができる．

水晶振動子に付ける電極材料は銀が用いられることが多い．銀電極は安価で通信用には振動子を気密封止したものが用いられる．しかし，センサとして水晶振動子を使用する際には，必ず大気にさらすために電極が劣化することがあり，長期使用のため

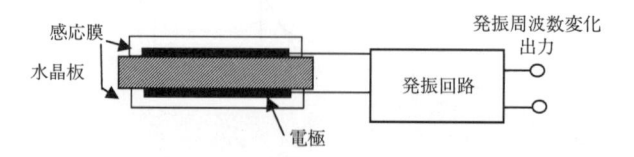

図7.7.2 水晶振動子ガスセンサの構造

には金もしくは白金電極が適している．振動子の形状は 7～8 mm の直径の円板が従来用いられていたが，最近は小型の SMD (surface mounted device) が多く用いられるようになってきた．SMD 型振動子は最小で 2 mm 角程度のものがあり，システムの小型に有効である．

感応膜の塗布方法としては，キャスト法，はけ塗り法，スピナ法，スプレイ法，LB (Langmuir-Blodgett) 法[4]，ディップコーティング，プラズマ重合などの方法がある．いずれの場合も感応膜材料をクロロホルムなどの有機溶媒に溶かして，振動子表面に塗布する．有機溶媒はすぐに揮発するので，感応膜物質のみが振動子の電極表面に成膜される．塗布された感応膜の量は，塗布前後の振動子共振周波数の変化により知ることができる．

塗布する感応膜の膜厚は厚いほど通常感度が向上するが，膜の粘弾性効果による損失も増加し，Q 値 (Q factor) が減少する．Q 値が減少すると発振が不安定になり，最悪の場合は発振回路に接続しても発振しなくなる．そこで，膜塗布前後の Q 値をインピーダンスアナライザにより測定して，安定に発振する範囲に膜塗布量を抑える必要がある．

センサの感度は振動子の共振周波数を上げると向上する．共振周波数を上げるためには，水晶板を薄くする必要があり，薄くすると機械的強度の問題のために従来は 30 MHz が限界であった．しかし，最近は水晶板を部分的にエッチングして薄くし，その上に電極を形成することが可能になり，VUHF 帯で基本波発振する振動子も使用できるようになってきた．水晶板の厚さを変えずに共振周波数を上げる方法に高調波を利用する方法があるが，高調波よりも基本波のほうが同じ周波数であっても質量感度の面で優れている．

センサとしての感度は，デバイスと感応膜の両者により決まる．通常，センサの感度は人間の嗅覚しきい値と相関があり，においが強いものほど高感度になる．たとえば，典型的な 20 MHz 振動子で共振周波数が 20 kHz 変化するようにエチルセルロース膜を塗布して，1 Hz のセンサ応答を検出限界とすると，hexane の限界濃度が 46 ppm（人のしきい値 22 ppm）に対して citral は 10 ppb（人のしきい値 7.4 ppb）となり，においの強いものほど検出限界濃度も低い．ただし，人間のしきい値は文献値である[5]．

7.7.3 匂いセンサの基本的な測定系

においセンサの特性を決めるのはセンサ感応膜である．センサの感度は振動子の共振周波数と感応膜，選択性は感応膜の種類によって決まる．膜材料は，脂質膜，GC (gas chromatograph) 法固定相，セルロースなどの各種高分子材料がある．多数の膜材料があり，対象に合わせて感応膜の組み合わせを選ぶ必要がある．

感応膜の特性を表す最も基本的なパラメータは分配係数である．膜の分配係数 K は

$$K = \frac{C_s}{C_v} \quad (7.7.1)$$

で表される．ここで，C_s (g/ml)は膜内の溶質濃度，C_v (g/ml)は気相中のにおい濃度である．この分配係数は平衡状態における膜の感度係数であり，膜とにおいの種類の組み合わせで決まる．また，分配係数は温度の関数であり，温度が低いほうが大きくなる．

センサ応答 $\varDelta f_v$ を分配係数で表すと，

$$\varDelta f_v = \varDelta f_s K C_v / \rho_s \quad (7.7.2)$$

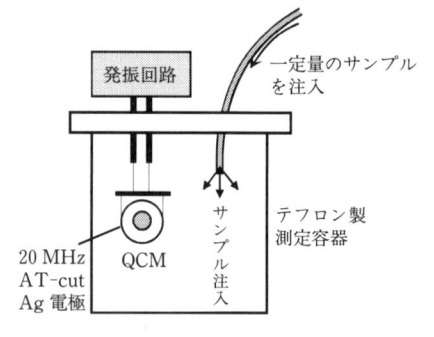

図 7.7.3 測定系原理図

となる．ただし，$\varDelta f_s$ は膜塗布前後の共振周波数変化，ρ_s は膜の密度である．$\varDelta f_s$ はセンサ製作時にわかるので，既知のにおい濃度のもとで $\varDelta f_v$ を測定すれば分配係数を算出することができる．

においセンサの測定系では多くの場合フロー系が用いられるが，分配係数のようなセンサの基本特性を調べるためには定常応答測定系を用いる．この測定系では時間はかかるが，におい濃度が既知のために分配係数を算出することが可能になる．

図 7.7.3 に定常応答測定系の原理図を示す．微少量の液体サンプル($7\mu l$)をチャンバ内に注入して気化させた後の定常応答を測定する．注入する液体の体積は正確である必要があり，FIA (flow injection analysis)で行うようにいったんサンプルループにためた液体をチャンバ内に送り込む方法をとる．チャンバの体積は一定なので，注入した液体の体積とチャンバ体積から気相中の濃度を算出することができる．チャンバは恒温槽内に設置され，一定の温度(27℃)に保たれる．この測定系は最もシンプルであり，センサの基本特性を測定するのに適している[6]．

図 7.7.3 の測定系は原理図であり，実際は試料の注入と測定はすべて自動で行う．本測定系では 8 個のセンサに関して，七つのサンプルをそれぞれ数回にわたって注入して，測定するシーケンスすべてが自動化されている．

7.7.4 センサ応答の予測

上記の研究は実験によりセンサ応答を測定するものであるが，センサ応答を予測する手法も研究されている．しかし，これらの方法はすべてあらかじめ実験を行ってデータベースをつくり，それに基づいて回帰式の係数を決めるなどの作業が必要になる．また，予測したいガスの物性パラメータも必要なために，ガスのデータがないものに関しては予測することができないので，応答予測可能なガスの範囲は限られてくる．

筆者らは予備実験やガス物性データを用いずに，計算化学的手法によりセンサ応答を予測することを行った[6]．ガスと感応膜の化学式のみがわかっていれば，その平衡

状態の吸着量を計算することができる．計算のみでセンサ応答を予測することができれば，感応膜のキャラクタライゼーションが進み，計算だけで対象に適したにおいセンサ用感応膜を選択することが可能になると考えられる．筆者のグループは GC 固定相材料について，アルコール，芳香族，ケトン，エステル，アルカン，そのほかのにおい物質に対する応答を予測し，上述の装置から得た実験値と比較した．

計算に用いた手法は GCMC (grand canonical monte carlo) 法である[7]．この方法ではモンテカルロ法によりガス分子を配置しながら，膜外のガスと膜内のガスの化学ポテンシャルが等しくなるようにする．この研究では市販ソフトウエア (BIOSYM/MSI, Cerius2) を用いた．

スクアラン (squalane) 膜に geranial が吸着している様子をシミュレーションした結果を図 7.7.4 に示す．このように，膜にガスが吸着する様子をシミュレーションすることができる．次にスクアラン膜 (無極性) および PEG (polyethylene glycol) 400 膜 (強極性) に関してケトンおよびほかのにおい物質 (β-ionone, citral) に関してシミュレーションした結果を実験値と比較した結果を図 7.7.5 (a), (b) に示す．

横軸が実験で得た分配係数の対数値，縦軸が計算で得た分配係数の対数値である．45°の方向に引いた実線上にプロットが置かれれば両者の誤差はなく，この線からプロットが離れるほど誤差が大きくなる．同図 (a), (b) より両者の誤差は小さく，本手法によりセンサ応答が予測可能であることがわかった．また，同図のようにアセトンのようににおいが弱いものからシトラールのようににおいの強いものまで，広い範囲でセンサ応答が予測可能であることがわかった．さらに，アルコール，エステル，アルカン，芳香族に関してもシミュレーションを行い，同様の結果を得ることができ

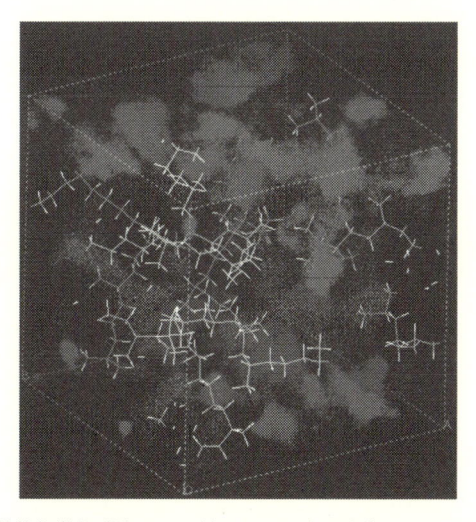

図 7.7.4　計算化学的手法により行ったガス分子吸着シミュレーション結果

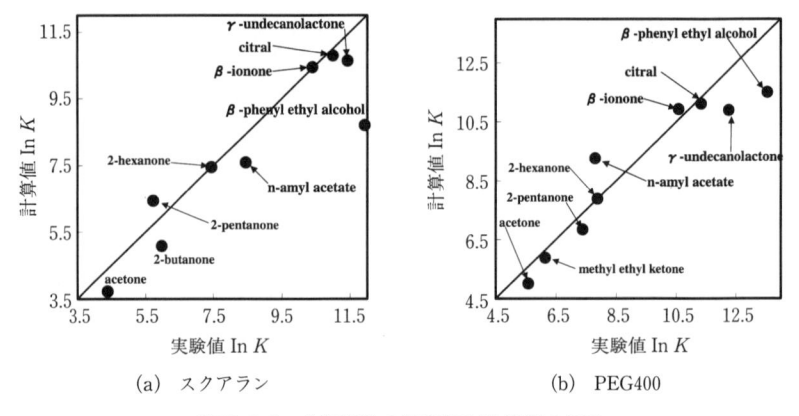

図7.7.5 分配係数の測定値と計算値の比較

た．

　スクアランとPEG 400は液体膜であるが，固体膜であるPEG 1000についてもシミュレーションと実験を行なった．その結果，PEG 1000に関してもほぼ同じ結果が得られた．しかし，酸性ガス，塩基性ガス，アルデヒドに関しては，いずれの膜でも計算値と実験値が一致しなかった．その原因としては，水素結合力が計算に十分に反映されていないことがあげられる．水素結合力の計算精度を向上させれば，これらのガスに関しても計算可能になるであろう．

　以上のように，この節では水晶振動子ガスセンサの動作原理と実験例を紹介した．有機物を使用したセンサはほかにも多くある．物理センサとしては圧力や触覚センサに感圧ゴムや圧電性の高分子膜が用いられるが，やはり化学センサのほうに多く用いられている．ガスセンサやイオンセンサは無機物のセンサも多く使われるが，バイオセンサでは必ずセンシング部分に有機膜が使用される．これらのセンサの詳細は第8章を参照していただきたい．　　　　　　　　　　　　　　　　　　〔中本高道〕

文　　献

1) W. H. King : Piezoelectric sorption detector, *Anal. Chem.*, **36**, p. 1735 (1964)
2) G. Sauerbrey : Verwendung von Schwingquarzen zur Mikrowagung, *Z. Phys.*, **155**, 289 (1959)
3) T. Nakamoto and T. Moriizumi : A theory of a quartz crystal microbalance based upon a mason equivalent circuit, *Jpn. J. Appl. Phys.*, **29**, 1735 (1990)
4) S. Munoz, T. Nakamoto and T. Moriizumi : A comparison between calixarene LB and cast films in odor sensing system, *Sensors Materials*, **11**, pp. 427-435 (1999)
5) K. Nishida, M. Kitagawa, N. Higuchi, T. Higuchi and J. Endo：人の標準化嗅覚閾値, *J. Odor res. Eng.*, **26**, 1, pp. 27-46 (1995)
6) K. Nakamura, T. Nakamoto and T. Moriizumi : Prediction of QCM gas sensor response using the method of computational chemistry, *Sensors Actuators B*, **61**, 6

(1999)
7) M. P.Allen and D. J. Tildesley : Computer Simulation of Liquids, Clarendon Press, Oxford, p. 126 (1987)

7.8 分子エレクトロニクス

7.8.1 LB, 自己組織化膜

　有機分子を用いた超薄膜の研究は長い歴史をもつが，その電子特性を評価するとともに，トランジスタなどの有機材料部品として使う新しい試みは1980年代以降，活発な研究によって展開してきたといえる．特にここでは，バルクとは異なるトンネル電導特性やショットキー効果などを有機分子で見いだすときには，100 nm以下の超薄膜特性の作製が必要であることが提示されている．緻密な分子密度をもつ有機超薄膜を作製するためには，分子どうしを密に充てんした構造を用いることが有効であるが，分子の自己組織化を利用すると緻密な分子膜を得ることができる．自己組織化した分子膜を作製する方法としてラングミュア-ブロジェット法(Langmuir-Blodgett : LB法)や自己組織化膜(またはセルフアッセンブル膜)作製があり，比較的簡便に単分子膜やその積層膜を多様な基板上に作製することができる．LB膜の作製は歴史的にも古く，1930年代にその原型はさかのぼる．そして，1980年代に有機半導体材料の新分野の台頭とともに後日，ふたたび大きな脚光を浴びることとなった．

　LB膜は，両親媒性分子といわれる疎水性基と親水性基の両方の性質をもつ分子を水を張ったトラフ上に展開し，表面圧力を調整することで分子密度などを調整した単分子膜層を形成させる(図7.8.1)．両親媒性物質は，脂肪酸エステル類などが典型的であり，メチレン数が16～22程度のアルキル部分と分子末端にエステル基を有して

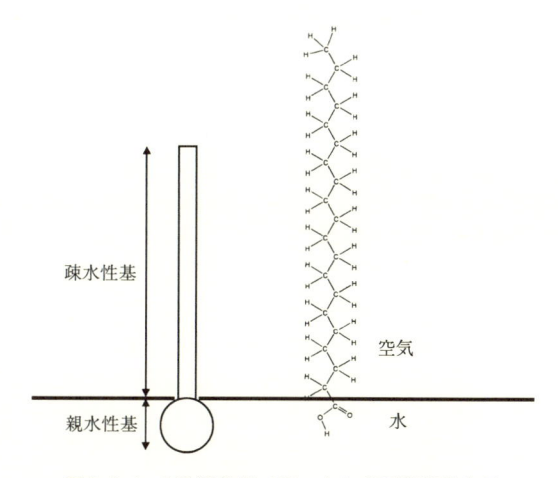

図7.8.1　LB膜作製で用いられる両親媒性分子

いる．メチレン鎖は，疎水性が強く水には反発するが，トラフ上で分子密度が高くなるとファンデルワールス相互作用によって単分子膜層を形成する．一方，エステル基は，大きな極性のため親水性をもち，水と良い親和性を示す．エステル基以外にも多くの親水性基があり，カルボン酸基，アルコール基，アミド基などは，いずれも水との相互作用が強い．両親媒性分子のメチレン数と極性基の種類によって，単分子膜形成の安定性や結晶性などの特性が変わってくる．

トラフを使ったLB膜の作製の典型的なものは，次のようなものである．クロロフォルムのような有機溶媒中に両親媒性分子を溶かし，非常に薄い溶液を水面に落とす．滴下した溶液は，水面上で広がりながら揮発し，分子だけが水面上に残る．トラフの仕切り板を動かし分子の占有面積を小さくしていくと膜は圧縮される（図7.8.2）．

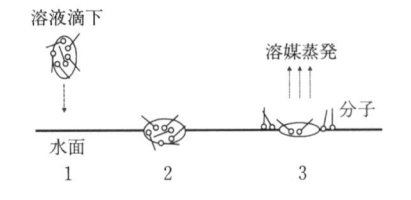

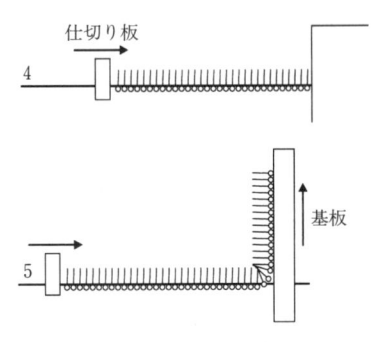

図7.8.2 LB膜の形成過程
1．両親媒性分子の水面上への滴下，2，3．溶媒の蒸発と分子の拡散，4．仕切り板による分子の圧縮，5．基板への転写．

表面圧力を検出しながらさらに圧縮することで単分子膜の形成を調整する．このときの表面圧力と面積の関係を示す曲線は，π–A曲線と呼ばれる．分子を展開した時点では表面圧力は零に近く，仕切り板を動かしていくとしばらく零に近い数値を示したのち，表面圧力が徐々に上昇し始める．さらに膜の圧縮を進めると，表面圧力が急に立ち上がり，ついには膜が壊れる．この急に立ち上がった時点，つまり膜が壊れる限界に近づいたときの分子の占有面積は分子の断面積に相当し，分子が水面に対して単分子状に垂直方向に充てんした構造を形成している．

水上に形成した単分子膜を，固体の基板上に一層ずつ移して重ね積層膜を作製する方法は次のように行う．まず，トラフを用いて水面上に圧縮した単分子膜を形成させる．表面を疎水化処理した基板を準備し，上下移動装置に取り付ける．この基板をゆっくり水中に降下させる．水面上の単分子膜は，疎水性基部分が基板に接触すると基板側に写し取られるため基板に積層される．基板が水中にあるときは，分子の親水性部分が表面に露出しているため，引き続き基板を空気側に上昇させると，単分子膜の親水性部分が基板に接触して積層膜が形成される．結局，基板上には単分子膜の疎水性部分と親水性部分が面と向かった対の層が積層される．親水性に処理した基板を用いるときには，あらかじめ水中に基板を保持して単分子膜を形成し，最初に基板を上昇させるときに分子の親水性部分が基板に接触した単分子膜が最初に写し取られ

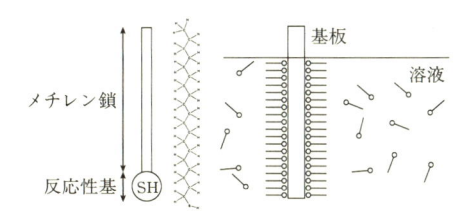

図7.8.3 アルカンチオール分子と溶液中における自己組織化膜の吸着

る．基板に単分子膜が写し取られると表面圧力が低下するので，その分だけトラフの仕切り板を移動することで一定表面圧力の単分子膜を基板に写し取ることができる．基板は，ガラス，金属，およびシリコンウェーハなどの半導体など多様である．

自己組織化膜は，ファンデルワールス力などによる自己組織化によって形成される単分子膜である．LB膜は，両親媒性分子を水面上に浮かべて表面圧力を調整することで単分子膜を形成したが，自己組織化膜は，分子の希薄な溶液中に基板を浸すことによって，分子が基板表面に表面吸着し単分子膜を形成させる（図7.8.3）．LB膜で用いる両親媒性分子と類似の分子としてアルカンチオールは，金基板表面にチオール基が反応しメチレン数18～22個のアルキル基が自己組織化の作用

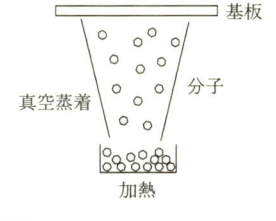

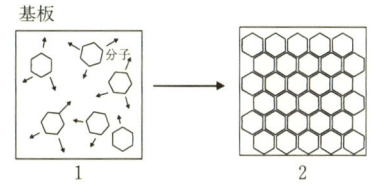

図7.8.4 真空蒸着による自己組織化膜の作製

分子を昇華することで基板に分子薄膜を形成させる．分子の拡散(1)と自己組織化膜の形成(2)を模式的に表した図．

によって細密充てんする．トラフのような装置を必要とせず，簡便な実験器具で単分子膜が形成できる特徴をもつ．また，反応性基の種類は多様であるので，この種類を変えることで金以外の金属や金属酸化物，あるいは無機物質表面上に単分子膜を作製できる．従来，この方法による分子膜の作製は，単分子層の形成に限定されていたが，反応性の化合物を用いることで積層膜の作製が可能になった．

溶液中で自己組織化膜を作製する方法に対して，真空下で分子を昇華し基板上に吸着させる真空蒸着法も電子材料を作製するうえで重要な方法になってきている（図7.8.4）．溶液中に基板などの素子を浸す必要がないため，不純物の吸着による素子の汚染などの問題を回避できる．また，アルカンチオールのように基板と相互作用するための反応性基の導入は不要であり，機能性物質の範囲も広げることができる．蒸着法による自己組織化膜は，分子間に発生するファンデルワールス力や水素結合などの分子間相互作用と，分子と基板の間に発生する吸着相互作用によって形成される．ま

ず，基板表面上で分子密度が低いときには，分子が基板上を自由に拡散することができる．蒸着量の増加と分子間相互作用によって，分子どうしが配列した自己組織化膜が最終的に形成される．また，分子の吸着部位と基板表面の原子配置を考慮することも重要であり，基板の種類によって自己組織化膜の構造が大きく変わり特性も変化する．本手法は，有機分子の蒸着後，金属による電極構造をつくり込むなどのプロセスを一貫して行うことができるため，トランジスタ構造を作製するなど有機エレクトロニクス分野においても広く応用研究がなされている． 〔横山士吉〕

文　献

1) G. G. Roberts: Langmuir-Blodgett Films, Plenum Press, New York (1990)
2) A. Ulmann: An Introduction to Ultrathin Organic Films From Langmuir-Blodgett to Self-Assembly, Academic Press, San Diego, CA (1991)

7.8.2　バイオ材料（DNA，タンパク質など）

　生体内のタンパク質分子などの生物由来の物質は高い機能性や自己組織性を有しているために，工学材料や電子材料としての応用面でも興味をもたれている．このような生体材料の特性を利用できれば，生物のように自己組織的に結合し，自律的，自発的に機能するような電子デバイスを実現できる可能性がある．近年，ナノバイオというキーワードのもとでの工学と生物学との境界領域での研究が活発になってきており，このような生体材料応用の研究はその中心課題の一つとなっている．特に，実際に生物材料（生体分子）を天然のナノメートルサイズの材料として，工学材料としていかに応用するか，という点が注目を集めている．これは，ナノ・マイクロメートルテクノロジーを生物や医学の方向へ応用する方向とは逆に，生物材料を工学に積極的に利用しようとする方向であり，野心的なチャレンジである．現在，この生体分子材料の応用という研究は，個別の生体材料に関して利用方法とその技術課題の解決法を探索している状況である．つまり，数多くの候補の中で「何が」，「どのような目的に適しているか」，「どのように使用するか」という探索を行いながら，知識を蓄積している段階であり，体系化されているわけではない．その意味ではこのバイオ材料の応用という分野には大きなフロンティアが広がっているともいえる．ここでは，この方向での最新の試みのいくつかを紹介し，それらの可能性について言及する．

a.　デオキシリボ核酸（DNA）

　DNA (deoxyribonucleic acid) は，生物細胞の核内部にある遺伝情報を担う繊維状の分子である．リン酸と糖による骨格とそれから突き出した塩基が連なった鎖が2本で対を成して，らせん状の構造をとっている．その繊維の直径は約2 nmで，らせんピッチが3.4 nmである．DNAに存在する塩基は，アデニン (adenine, A)，チミン (thymine, T)，グアニン (guanine, G)，シトシン (cytosine, C) の4種であり，A-T, G-C間の水素結合により2本鎖を構成している．この塩基間の特異的な結合により2

本鎖が互いに相補的な関係を形成している．これらの塩基の配列が遺伝情報となっており，タンパク質分子のアミノ酸配列などを指定している．生物学的には，このDNA塩基配列の解読を基盤として，病気の診断や治療，医薬品開発での利用，遺伝情報の改変による動植物の品種改良などの研究が進められている．

DNAの工学的な応用としては，分子コンピューティングや電子伝導の媒体，ナノ構造形成の骨格などの可能性が検討されてきた．

DNAを用いた分子コンピューティングは，1994年にアドルマン(L. Adleman)が発表した論文[1]が，研究の端緒を開いて以降，すでに数多くの解説書，記事が出版されている[2]．DNAコンピューティングの原理は，大量の分子による並列処理による最適値の検索である．たとえば，トラベリングセールスマンのようなNP完全問題の場合，DNAの塩基配列に問題の条件をコーディングして，それら塩基の相補的な結合反応によって生成された塩基配列の集団の中で，最適解に対応するものを見いだす．つまり，膨大な分子数の組み合わせにより並列演算する．ただし，このような計算はDNA溶液内での結合反応を利用しており，現在の電気信号によるコンピュータと直接接続できたり，置き換え可能なものではない．

DNAの電気伝導性は，塩基間の相補的な結合を利用した自己組織的な電気回路の構築という可能性で多くの研究者の興味を引きつけている．この電気伝導では，塩基対部分に局在するπ電子が塩基対間をホッピングするメカニズムが想定されている．蛍光分子を用いたエネルギー移動の計測や，DNAに対して直接電極を接触させる方法などによって電気伝導率の測定が試みられてきている．残念ながら，測定された電気抵抗の値は数百kΩから無限大(絶縁体)までの広い範囲の報告がされており，統一的な理解に至っていない[3]．塩基の配列に依存して半導体的な振る舞いをするという報告もある[4]．最近では，絶縁体であるとの論文も多くあり，今後のさらなる研究が待たれる[5]．

DNAを構造骨格として利用するためにも，DNAの2本鎖が互いに相補的な塩基対によって特異的に結合することを利用する．特定の塩基配列をもつ短いDNA一本鎖に部品(数ミクロンのブロックからナノメートルの金属微粒子など)を結合させ，その塩基配列と相補的なDNA一本鎖を用意し，それに結合させることでナノメートルレベルの構造を構築することができる．つまり，DNAの塩基配列を「接着剤」として構造を組み立てる．このような方法によって，数ミリの構造体の作製，DNA鎖を金属修飾したワイヤの作製，DNA自体の二，三次元構造の構築などが報告されている[6]．

b. バクテリオロドプシン

バクテリオロドプシン(bacteriorhodopsin)は，塩濃度の高いところに生息する好塩菌であるHalobacterium Halobiumの細胞膜に存在する紫色のタンパク質分子である．分子量は約2.6万であり，その構造が動物の視細胞のタンパク質ロドプシンに似ている．この分子は，視覚物質と同様に光によって内部のレチナールの構造がトラ

ンス型からシス型に異性化する光化学反応を起こし，分子内にプロトン移動を発生する．ただし，ロドプシンと異なり，シス型レチナールは最終的にトランス型に戻る．このタンパク質で特筆すべき特徴は，好塩菌の培養を含めたタンパク質の精製の容易さとタンパク質自体の安定性，頑強さである．これらは生物の扱いに不慣れな工学研究者にとっての大きなメリットである．遺伝子操作によるタンパク質分子構造の改変も試みられており，耐久性の向上などの研究も行われている．このタンパク質をLB膜法や抗原-抗体反応などの手法を用いて電極上に堆積させた素子では，光刺激によるプロトン移動が電極での電位変化として検出されている．これを利用することでイメージ動体検出センサが試作されている[7]．また，タンパク質分子の光異性化を利用したメモリへの応用技術や光学スイッチなどの可能性も指摘されている[8]．

c. フェリチン

フェリチン (ferritin) は生物の体内において鉄を保存するタンパク質で，24個のモノマーサブユニットからなる球状タンパク質であり，その分子量は約46万である．この分子はその内部に直径約6 nmの空洞をもっており，生体内ではその空洞内にフェリハイドライト ($Fe_2O_3 \cdot 9H_2O$) の結晶を蓄えることで鉄の蓄積を担っている．この天然のナノメートルサイズの無機化合物を，ほかの有用な材質 (たとえば，半導体など) で置き換えたり，結晶性を制御できれば，有用なナノ粒子として利用できる．外殻となっているタンパク質分子構造は3，4回の対称性をもっており，それらを利用して規則的な配列構造を基板上に構成することも可能である．さらに，遺伝子改変技術を用いて分子構造を変化させたり，外殻表面を化学修飾することで，特異的な配列構造やほかの物質 (たとえば電極など) とのインタフェース結合機能，自己組織化能などをもたせられる可能性がある．このタンパク質内部に磁性金属，半導体などを導入する技術開発が進められており，高密度記録材料や電子材料，量子ドット，フローティングゲートの電極としての応用などが提案されている[9]．

このような生物のもつ無機物生成作用はバイオミネラリゼーションと呼ばれており，フェリチン以外にもほかのタンパク質分子やウイルスなどを鋳型としてナノメートルサイズの無機構造物を作成する方法も報告されている[10]．また，タンパク質分子の自己組織的な配列機能を利用した半導体ナノ粒子のパターンニング技術の提案もある[11]．

d. モータタンパク質

モータタンパク質は筋肉の収縮や細胞内の輸送現象など，生体内での「動き」に関連するタンパク質分子群である．これらの分子は化学反応からメカニカルな運動へのエネルギーの直接的な変換を行っており，そのメカニズムの解明は生物物理学の中心的課題の一つとして研究されている．このような分子の特性をナノメートルサイズのメカニカルなデバイスとして利用できる可能性が指摘されている．

モータタンパク質分子による運動は，直線運動と回転運動の2種類に分けられる．直線運動に関連するタンパク質は，筋肉の収縮や細胞内の輸送現象などに利用されて

いる．この直線運動ではモータタンパク質とそれと対をなすタンパク質繊維の組合せがアデノシン三リン酸(ATP)を加水分解する過程で力を発生する．この直線運動のタンパク質分子の組合せは，ミオシンとアクチン繊維(myosin-actin filament)，ダイニンと微小管(dynin-microtubule)，キネシンと微小管(kinesin-microtubule)の3組の組合せがよく知られている．たとえば，ミオシンは二つの頭部をもつ双葉状のタンパク質分子で，一つの頭部のサイズが約20 nm程度，アクチン繊維の太さは10 nm程度である．このようなモータタンパク質分子(たとえば，ミオシン)をリソグラフィ技術によって作製したマイクロメートルサイズの円軌道や矢尻構造をもつレール基板上に固定することで，その上で発生するタンパク質繊維(アクチン繊維)の運動の軌道や方向を制御する方法が報告されている[12]．このような制御された動きをするタンパク質分子に機械的なパーツを接続できれば，生体モータを利用したナノ・マイクロメートルサイズのアクチュエータ素子を作製できる可能性がある．

一方，回転運動を発生するモータとしては，細菌の鞭毛基部のタンパク質やATP合成酵素(F_0F_1-ATPase)などがある．これらは水素イオンの透過を利用して回転運動を発生している．たとえば，ATP合成酵素はF_0とF_1という二つのユニットからなっており，回転が確認されているF_1ユニットは5種類のタンパク質からなり，約38万の分子量である．このF_1ユニットを基板上に固定化し，機械的なパーツ(ナノパーティクルやマイクロメートルの長さの棒など)を回転部に固定する技術が開発されており，この回転の周波数などの解析が成されている．この技術を用いて，外部にその回転の力を取り出すことが提案されている[13]．

e. 展　　望

ここでは限られた数のトピックスを紹介したが，ほかにも工学的な応用が検討されていたり，その可能性を期待させる生体分子は数多く存在する．たとえば，光合成においてアンテナとして機能しているライトハーベスト系(LH系)や光合成反応中心(reaction center)なども注目されている．これら多くの分子のもつ機能が具体的な利用法と適合したときに，ブレークスルーとして大きな地位を占める可能性は高い．将来において，このような生体分子は遺伝子工学技術を用いることでバクテリアなどにより大量生産させることができると考えられる．つまり，省エネルギー，低コストで高機能材料を生産できるメリットが期待できる．　　　　　　　　　〔鈴　木　　仁〕

文　献

1) L. Adleman : *Science*, **266**, p. 1021 (1994)
2) DNAコンピューティング―新しい計算パラダイム，シュプリンガー・フェアラーク東京 (1999)．"特集分子コンピューティング"，数理科学，**38** (2000)
3) たとえば，D. Porath, et al. : *Nature*, **403**, p. 635 (2000) ; H. W. Fink, C. Schönenberger : *Nature*, **398**, p. 407 (1999) ; K. H. Yoo, et al. : *Phys. Rev. Lett.*, **87**, p. 198102 (2001) ; H. Watanabe, et al. : *Appl. Phys. Lett.*, **79**, p. 2462 (2001) ; B. Giese, et al. : *Nature*, **412**, p. 318 (2001)

4) K. H. Yoo, et al. : *Phys. Rev. Lett.*, **87**, p. 198102 (2001) ; H. Y. Lee, et al. : *Appl. Phys. Lett.*, **80**, p. 1670 (2002)
5) A. J. Storm, et al. : *Appl. Phys. Lett.*, **79**, p. 3881 (2001) ; D. M. Basko and E. M. Conwell : *Phys. Rev. Lett.*, **88**, p. 098102 (2002)
6) E. Braun, et al. : *Nature*, **391**, p. 775 (1998) ; K. Keren, et al. : *Science*, **297**, p. 72 (2002) ; H. Yan, et al. : *Science*, **301**, p. 1882 (2003) ; E. Winfree, et al. : *Nature*, **394**, p. 539 (1998) など多数
7) T. Miyasaka, et al. : *Science*, **255**, p. 342 (1992) ; K. Koyama, et al. : *Science*, **265**, p. 762 (1994)
8) P. Wu, et al. : *Appl. Phys. Lett.*, **81**, p. 3888 (2002) ; A. Parthenopoulos and P. M. Rentzepis : *Science*, **245**, p. 843 (1989)
9) I. Yamashita : *Thin Solid Films*, **393**, p. 12 (2001) ; 岩堀建治, 山下一郎 : 電子情報通信学会誌, **84**, p, 478 (2001) ; 山下一郎 : 応用物理, **71**, p. 1014 (2002)
10) T. Douglas and M. Young : *Nature*, **393**, p. 152 (1998) ; H. Cölfen and S. Mann : *Angew. Chem. Int. Ed.*, **42**, p. 2350 (2003) : S. W. Lee : *Science*, **296**, p. 892 (2002)
11) K. Douglas, et al. : *Science*, **257**, p. 642 (1992) ; J. Vac. : *Sci. Technol.*, **B7**, p. 1391 (1989) ; D. Pum, et al. : *Nanotechnology*, **2**, p. 196 (1991) ; E. S. Gyoervary, et al. : *Nano Lett.*, **3**, p. 315 (2003)
12) H. Suzuki, et al. : *Biophys. J.*, **72**, p. 1997 (1997) ; Y. Hiratsuka, et al. : *Biophys. J.*, **81**, p. 1555 (2001)
13) H. Noji, et al. : *Nature*, **386**, p. 299 (1997) ; R. Yasuda, et al. : *Nature*, **410**, p. 898 (2001) ; R. Soong, et al. : *Biomed. Microdevices*, **3**, p. 71 (2001) ; R. K. Soong, et al. : *Science*, **290**, p. 1555 (2000)

8 バイオ・ケミカルデバイス

8.1 ガスセンサ

8.1.1 半導体ガスセンサ

現在，都市ガスの検知，アルコールの検知などに広く半導体ガスセンサは使われている[1]．その原理は SnO_2 や ZnO などの酸化物半導体の焼結体を高温に加熱し，導電率の変化を検出するものである．工業的には SnO_2 を使用したものが中心である．図8.1.1にその構造を示す．

セラミクスの絶縁管の上に SnO_2 の焼結体が焼き固められ，その両端には電極が付けられリード線が接続されている．その絶縁管の内部にはヒータ用のコイルが存在し，センサは300℃以上に加熱される．ヒータの消費電力は通常数百mW程度である．センサの表面は300℃であっても絶縁管の大きさは内径0.5 mm, 長さ3 mm程度であり，その熱容量が小さいために表面から離れると温度は急激に減少し，周囲の温度はセンサがないときと比較してもそう変わらない．また，この半導体ガスセンサは熱容量が小さいために熱電対などを接触させて温度を測ると，接触させる前と熱容量が異なるために正確な計測が難しく，赤外線を用いた非接触温度計で温度を測定するのがよい．

ガスにセンサをさらすと，焼結体に付けた電極間の抵抗が変化し，その抵抗変化 R を測定する．しかし，経時変化の影響を受けるために，空気にさらしたときの抵抗 R_{air} (ベース抵抗と呼ばれる) を用いて R/R_{air} をセンサ応答とすることが多い．

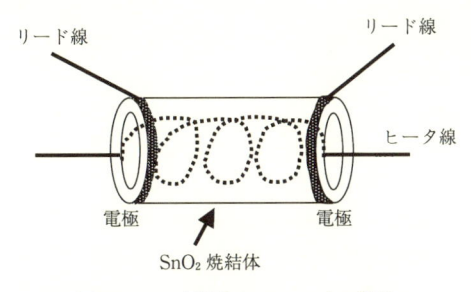

図 8.1.1 半導体ガスセンサの構造

半導体ガスセンサの動作原理を図8.1.2に示す．SnO_2 は単結晶ではなく，微結晶の集合である．この微結晶が粒界を介して同図のように隣の粒子と接触しており，素子全体の抵抗は粒界の影響を強く受ける．センサが空気中にあるときには，微結晶の表面には酸素が負荷電吸着している．そのとき，粒界のエネルギー障壁は大きいために，電極間の抵抗値は大きい．

次にこのセンサを可燃性（還元性）ガスにさらすと，ガスは焼結体表面の O^- と反応し，ガスは酸化されて O^- の濃度は減少する．その結果，粒界のエネルギー障壁は減少し，電子が移動しやすくなって導電率が上昇する．これが半導体ガスセンサの動作原理である．

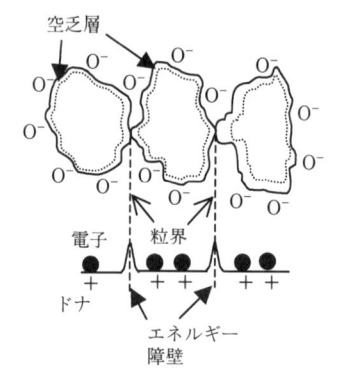

図8.1.2 半導体ガスセンサの動作原理

半導体ガスセンサの場合は，濃度とセンサ応答の関係は非線形となる．一般的には下式のように，濃度 C がある程度大きい場合には濃度に対して指数関数的に抵抗は変化する．

$$\frac{R}{R_{\text{air}}} \propto C^m \qquad (8.1.1)$$

ここで，m は定数である．この半導体ガスセンサの特性は，ドーピングする不純物の種類，センサ温度によって決まる．センサ温度を制御することにより，自律的に特性を変えるセンサシステムも実現することができる[2]．また，図8.1.1の構造以外にもスパッタなどを用いて製作した薄膜型のセンサもある．

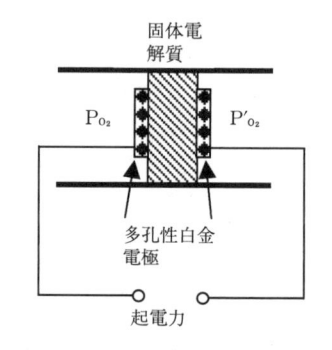

図8.1.3 固体電解質ガスセンサ

8.1.2 固体電解質式ガスセンサ

固体電解質はイオン導電性をもつ固体であり，半導体程度の導電率をもつ．固体電解質としては，ハロゲン化銀，塩化鉛，フッ化カルシウムなどがあるが，安定化ジルコニアを用いた酸素センサが代表的なものである．安定化ジルコニアとは，酸化ジルコニウム ZrO_2 に CaO や Y_2O_3 を固溶させたセラミック材料である[3]．

固体電解質は特定のイオンだけを選択的に透過させる機能をもち，これを隔膜として用いて特定のガスを反応物質とする電気化学式ガスセンサをつくることができる．このセンサの出力は起電力あるいは電流値となる．

代表的な安定化ジルコニア酸素センサの原理を図8.1.3に示す．この固体電解質は，ZrO_2 に CaO や Y_2O_3 の固溶した安定化ジルコニアを隔壁とし，その両側に多孔

性白金電極を取り付けたものである．安定化ジルコニアは酸素イオン導電体となり，その隔壁の両側の酸素分圧 (P_{O_2} および P'_{O_2}) の比に応じた起電力が発生する電池となる．

8.1.3 絶縁体ガスセンサ

このタイプのガスセンサは，図8.1.4に示すように基板上に形成された電極の上に有機膜を塗布し，ガス吸着に伴う電極間の誘電率変化を検出するものが多い．このタイプのガスセンサは湿度センサによく使われる[4]．

容量変化は微小であり，その変化を精度良く求める手法が要求される．容量変化を検出する方法には，最初に一定電圧を印加した後に抵抗を介して放電させて，その時定数から容量変化を算出する方法や，$\Delta\Sigma$ 変調法を使用して高精度に容量変化を測定する方法がある．検出回路とコンデンサ電極の両方を Si チップ上に集積化したセンサが報告されている[5]．

8.1.4 圧電体ガスセンサ

圧電体ガスセンサの代表例としては，水晶振動子ガスセンサと SAW (surface acoustic wave) ガスセンサがある．水晶振動子はコンピュータや通信機器において，安定な基準周波数を発生させる発生源として広く使われている．SAW素子はテレビや無線機器の高周波フィルタとしておもに用いられる．

図8.1.5にSAWガスセンサの構造を示

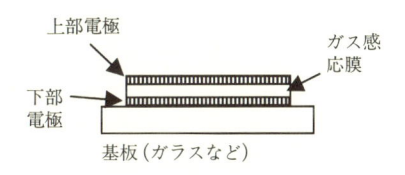

図8.1.4 容量検出型ガスセンサ

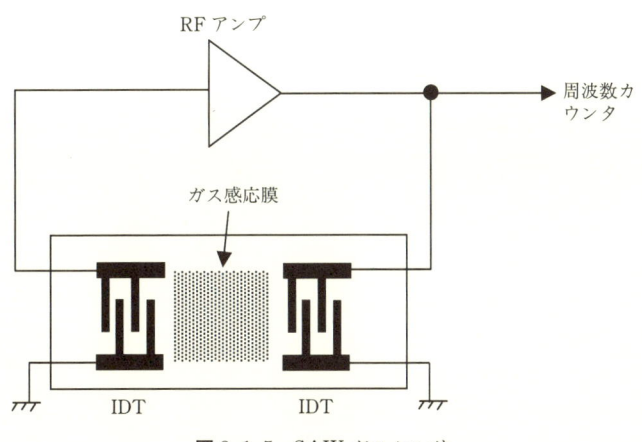

図8.1.5 SAWガスセンサ

す．水晶やLiTaO₃などの圧電基板上の2組の交差指電極（inter digital transducer：IDT）の間にRFアンプを挿入して，発振回路を構成する．このSAWフィルタの周波数帯は100～450 MHz帯の場合が多いが，なかにはGHz帯のものもある．SAWの周波数はIDTの電極間隔によって決まり，電極間隔が狭くなるほどこの周波数も高くなる．

SAWの伝搬面にはガスを吸着する有機膜を塗布しておく．この有機膜がガスを吸着すると質量効果により，SAWの伝搬速度が減少する[6]．SAWの伝搬速度が減少するとIDT間の伝搬遅延が増大し，その結果，図8.1.5の発振回路の発振周波数が減少する．この発振周波数変化がセンサ出力となる．実際のガスセンサは2組のSAW発振回路を用意して，片方のSAW素子の伝搬面には有機膜を塗布し，もう一方にはなにも塗布しない素子を用意して両者の周波数差をRF mixer回路により検出する方法がよく用いられる．これは，発振周波数の温度依存性などの影響を補正するための差動型の検出法である．

SAWガスセンサは7.7節で述べた水晶振動子ガスセンサに比べて発振周波数が高く，同じガス濃度でも大きな発振周波数変化を得ることができる．しかし，発振周波数安定性が必ずしも十分でなく，そのために検出限界があまり低くならないことがある．ポイントはQ（quality factor）[7]を十分に高めることであり，そのために図8.1.5のようなフィルタ型だけでなく2端子の共振器型も用いられる．

8.1.5 光ファイバガスセンサ

光学式のガスセンサも各種存在するが，ここではその代表例として光ファイバを用いたガスセンサを紹介する．図8.1.6に示すように，光ファイバの先端にガスを吸着する色素膜を付けておく．そして，光ファイバに励起光を入力して，先端の色素膜で発生した蛍光をビームスプリッタと励起光をカットするフィルタを通してディテクタで検出する[8]．異なる色素膜を付けた光ファイバを複数本用いれば，その出力をパターン認識してガス識別を行うこともできる．

光ファイバを使った場合は，そのまま遠方まで光ファイバを用いてセンサ出力を送ることができ，電気的な雑音を受けずに光学的に情報を検出できるという特長がある．また，多くのファイバからの情報を画像化し画像認識によりガス種の識別も可能で，大量のセンサ情報を扱う

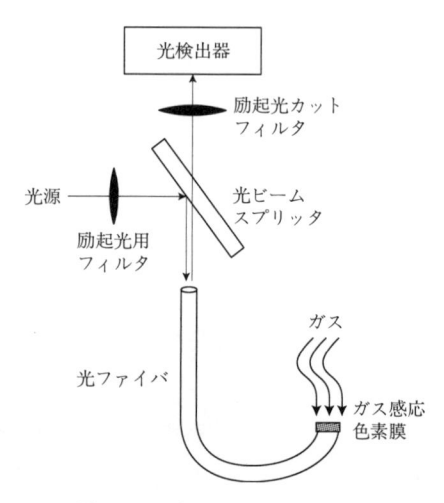

図8.1.6 光ファイバガスセンサ

のに向いている．

以上のように，ここではさまざまなガスセンサを紹介した．　　〔中本高道〕

文　献

1) 山添　昇, 三浦則雄：ハイテクノロジセンサ, 山香英三編, 共立出版, p. 176 (1986)
2) T. Nakamoto, T. Fukuda and T. Moriizumi：*Sensors and Actuators*, **3**, 1 (1991)
3) 山内繁：センサー技術, 多田邦雄編, 丸善, p. 119 (1991)
4) 加藤高広：温度・湿度センサ活用ハンドブック, トランジスタ技術編集部編, CQ 出版社, p. 196 (1988)
5) A. Hierleman, U. Weimar and H. Baltes：Handbook of Machine Olfaction, T. C. Pearce, S. S. Schiffman, H. T. Nagle and J. W. Gardner, eds., Wiley-VCH, p. 213 (2003)
6) 森泉豊栄, 中本高道：センサ工学, 昭晃堂, p. 75 (1997)
7) 熊谷三郎, 榊米一郎, 大野克郎, 尾崎　弘：電気回路 (1), オーム社, p. 60 (1968)
8) J. White, J. S. Kauer, T. A. Dickinson and D. R. Walt：*Anal. Chem.*, **68**, p. 2191 (1996)

8.2 イオンセンサ

　イオンセンサは，特定のイオンに感応する膜を挟んで発生する膜電位を利用して目的イオンを選択的に認識し，そのイオンの濃度（活量）を測定するイオン選択性電極である．イオン選択性電極の開発は，1906 年の Cremer の pH ガラス電極にさかのぼることができる[1]．その後，1930 年代に Kolthoff らの若干の研究があったが，本格的なイオン選択性電極の研究は 1960 年代に至って始まった．これらは Pungor のハロゲン化銀型の難溶性固体膜型電極，Ross らの LaF$_3$ 単結晶を用いるフッ化物イオン選択性電極，液状イオン交換体を用いるカリウムイオン選択性電極などである[2,3]．大環状化合物をセンシング素子とするイオン選択性電極の開発は，1966 年に Simon らのバリノマイシンなどをイオン感応物質としたアルカリ金属イオン選択性電極に始まった[4]．これは当時，生化学者がバリノマイシンをはじめとする一連のイオンキャリヤの機能を生体膜において発見して，その液膜型センサへの応用を Simon が考えついたことによる．それ以前のガラス膜あるいはイオン対液膜型電極に比べ，各種イオン選択性の向上は著しいものがあった．

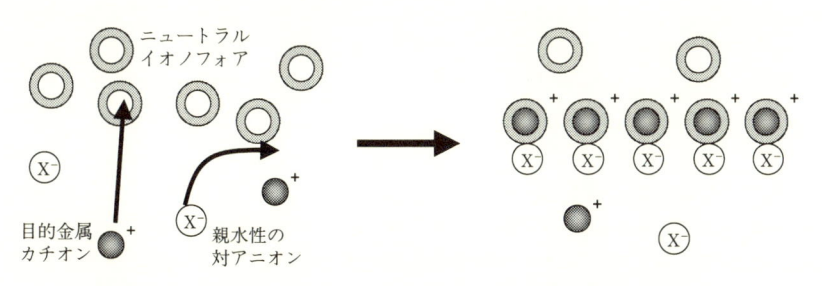

図 8.2.1　ニュートラルキャリヤに基づく ISE 膜の電位応答モデル

元来イオン選択性電極は，目的イオンに対する選択的な膜電位変化に基づいて目的イオンを検出しようとするものである．電気化学的に中性なニュートラルキャリヤ型の感応物質(イオノフォア分子)を用いた液膜型イオン選択性電極の一般的な電位応答モデルを図8.2.1に示す．

電極が試料溶液中に浸されると，液膜(有機相)中のイオノフォア分子が，試料溶液中の目的金属イオンと界面で脂溶性の錯体を形成することにより，目的金属イオンを有機相側に抽出する．一方，親水性の対アニオンはイオノフォア分子と錯体を形成することはないために水槽に残されたままとなり，これによって二相の界面において電荷分離(charge separation)が起こり，膜電位変化が生じる．そしてこの発生した膜電位を電気化学的な全電池を組むことにより測定を行うというのが，イオン選択性電極のイオン濃度(活量)測定の大まかな原理である．現在では各種産業における計測装置，環境や臨床分析への適用など，多岐にわたる応用と開発がなされている．本節では，イオン選択性電極の構造，原理を含め，イオン選択性電極の性能評価法などについて説明する．

8.2.1 イオン選択性電極に求められる条件

Shatkayらは，イオン選択性電極に必要とされる条件を次のようにまとめた[4]．
① 市販品を購入することができるか，あるいは自家製が可能であること．
② 取り扱いが容易なこと．
③ 堅牢で耐久性があり，侵食されないこと．
④ 通常のイオン活量範囲 ($10^{-2} \sim 10^{-4}$ M) で再現性があり，正確な測定値を示す．
⑤ ほかのイオンが共存していても，目的イオンの活量を正しく決定することができる．
⑥ 応答がすみやかで，少なくとも1分以内で安定な起電力を示す．
⑦ 起電力，活量の関係がネルンストの式に従うこと．

8.2.2 イオン選択性電極の分類

イオン選択性電極を感応膜の違いにより分類すると，表8.2.1のように分類される[5]．単独膜とはイオン感応膜だけをもつものであり，複合膜とはイオン感応膜とそれとは機能の異なる膜を組み合わせたものである．また，固体膜型電極ではpH電極などのガラス電極が代表的なものとしてあげられ，液膜型電極ではISE膜に代表されるような可塑化PVC膜があげられる．

8.2.3 イオン感応膜物質

イオンセンサの選択膜であるイオン感応膜はイオン感応物質(イオノフォア分子)，膜材，膜溶媒からなり，カチオン電極の場合は脂溶性アニオンを添加することもある．イオノフォアについては別項にて詳しく述べるので，ここではそのほかの成分に

表 8.2.1　イオン選択性電極の分類

単独型イオン選択性電極 (single membrane type)
　・固体膜型電極 (solid membrane type)
　　① ガラス電極 (glass electrode)
　　② 難溶性無機塩膜電極 (inorganic salts based electrode)
　　③ ポリマー支持膜電極 (dispersed polymer matrix based electrode)
　・液膜型電極 (liquid membrane type)
　　① イオン交換膜電極 (ion-exchanger based electrode)
　　② ニュートラルキャリヤ含有液膜型電極 (neutral carrier based electrode)
複合型イオン選択性電極 (complex membrane type)
　・反応膜型電極 (reaction membrane type)
　　① 酵素電極 (enzyme electrode)
　　② 微生物電極 (microbial electrode)
　　③ 免疫電極 (antibody-antigen electrode)
　・ガス感応型電極 (gas-sensing electrode)

ついて述べる．

a. 膜　材

膜材はイオン感応性物質を溶解した疎水性溶媒を保持するための高分子支持体である．イオン選択性電極の膜材として用いられるのは，ポリ塩化ビニル (PVC)，ポリウレタン，シリコンゴム，エポキシ樹脂などがある．

Simon らのバリノマイシンを用いた電極以来の液膜型電極は，いずれもガラスフリットやミリポア型フィルタディスクなどの多孔性支持体を用いていたため，電極膜界面の性質が固体支持体の影響を受けたり，機械的強度が低いという欠点があった．これに対し，PVCなどの適当な分子に電極膜溶媒を含浸させて作製した膜は弾力性があり，強度に優れた膜を作製することができる．Shatkay らは PVC を含浸液膜電極の支持体としてはじめて用いた．その後，Thomas らは総合的にみて PVC が含浸液膜電極の支持体として優れていることを明らかにした[6]．現在ではほとんどの場合，液膜型電極の支持体として PVC が用いられている．

b. 膜　溶　媒

膜溶媒はイオン感応物質を溶解して均一に分散させ，イオン輸送をスムーズに行わせる働きがある．また，イオン感応膜に弾力をもたせて強度を上げる効果もある．感応膜を可塑化する役割を果たすので可塑剤 (plasticizer) と呼ばれることもある．

膜溶媒に必要な条件には次のようなものがあげられる．
① 膜材 (PVC) との相溶性が良いこと．
② 膜溶媒自体がイオン選択性を示さないこと．
③ 膜溶媒の極性が十分に低く，水相中に溶け出さないこと．

代表的な膜溶媒の構造を図 8.2.2 に示す．

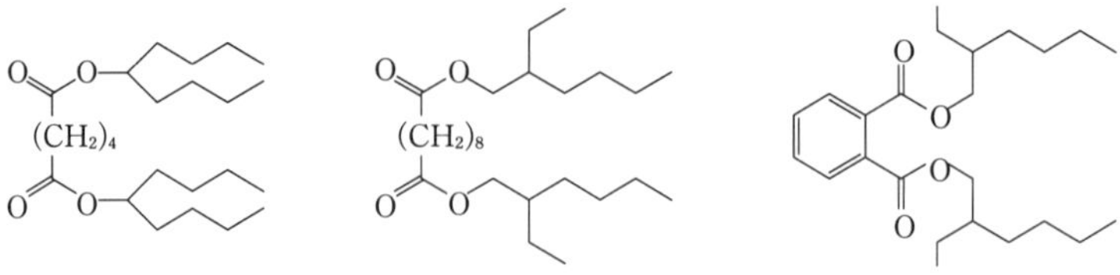

bis (1-butylpentyl) adipate
(BBPA)

di (2-ethylhexyl) sebacate
(DOS)

dioctyl phthalate
(DOP)

図 8.2.2　膜溶媒の構造

potassium tetrakis (4-chlorophenyl) barate
(K-TpCPB)

sodium tetrakis [3, 5-bis (trifluoromethyl)
-phenyl] barate (Na-TFPB)

図 8.2.3　脂溶性アニオン添加剤の構造

c. 脂溶性アニオン添加剤

イオノフォア分子によってカチオンが膜中に抽出されるとき，膜内の電気的中性が崩れないように電子が付随してくる．このとき試料溶液中の目的カチオンは，イオノフォア分子と錯体を形成するため，水溶液-電極海面を自由に移動できるのに対して，親水性のアニオンは電極膜中に入ることができない．これをパームセレクティビティ (permselectivity) と呼ぶ．しかし，対アニオンの脂溶性が高い場合にはこのパームセレクティビティが破られて，ネルンスト式から予想されるカチオン応答を示さない場合がある (アニオン効果)．これを防ぐためにあらかじめイオン感応膜に脂溶性アニオンを添加する．

添加する脂溶性アニオンは特定のカチオンと対になっている状態で膜に加えられ，即提示に対になっているカチオンを放出し，取り込まれた陽イオンによる正の帯電を防ぐ役割をするイオン交換試薬である．放出したカチオンは純水などで洗浄中にイオン交換される．脂溶性アニオンを膜に添加することにより，以下のような効果が得られる．

① アニオン効果を抑制する (アニオン排除剤)．
② イオン感応膜のインピーダンスを低下させる．
③ ②により電位応答速度が速まり，迅速な測定が行える．
④ 二価のカチオン選択性電極の場合は，その性能を高める．

代表的な脂溶性アニオン添加剤の構造を図 8.2.3 に示す．

8.2.4 イオノフォア分子

イオノフォア(イオン輸送担体)は，金属イオンや親水性の有機イオン分子と安定な錯体を形成して有機溶媒に溶けやすくしたり，生体膜，人工膜のような無極性の親油相を通してそれらのイオンを輸送する働きをもつ有機分子のことをいう．1964年にPressmanらによってバリノマイシンがラットの肝臓ミトコンドリア中でアルカリ金属イオンに対して特殊な挙動を示すことが発見され，さらにカリウムイオンと選択的に錯体をつくること，これをミトコンドリア分画に添加すればエネルギー消費を伴いながら濃度勾配に逆らってカリウムイオンが能動輸送されることが明らかとなった．このことから，特定のイオンを選択的に取り込んで生体膜中を輸送する一群の抗生物質が見いだされ，この物質をイオノフォア(ionophore)と呼ぶようになった．その後，金属イオンに対するイオノフォアの特異的な錯形成能が注目され，分離，分析化学への応用が考えられ始めた．また，Simonらはバリノマイシン(図8.2.4)をはじめとする，一連のイオノフォア抗生物質を用いたイオン選択性電極に続いて，1972年に合成非環状ニュートラルキャリヤ型リガンドを用いた，液膜型イオン選択性電極をはじめて報告した．その後，非環状リガンドを感応素子とするイオン選択性電極は，Simonらを中心に精力的な研究が行われた．

クラウンエーテルとカチオンとの錯体の形成は，負に帯電した酸素原子Oとカチオンとの間の静電気的な双極子-イオン相互作用によるものである．このような静電気的引力による結合は，酸素原子が窒素原子や硫黄原子に置換され，負電荷が少なくなるにつれて弱まっていく．

クラウンエーテルの空孔径に適合したイオン径をもつカチオンとクラウンエーテルは安定な1:1錯体を形成し，空孔径よりもサイズの大きいカチオンの場合は安定度が小さく，ドナー原子の配列する平面よりも少し離れた位置にカチオンが存在したり，1:2または2:3錯体(sandwich complex)を形成したりすることがある．また，空孔径よりもサイズ

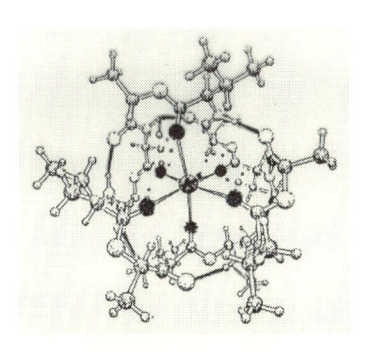

図8.2.4 バリノマイシン

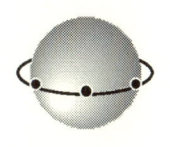

1:1錯体　　1:2錯体　　1:1錯体
　　　　サンドイッチ配置　立体配置

図8.2.5 イオン錯体の模式図

の小さすぎるカチオンでは，クラウン環がコンフォメーションを変えて，カチオンに対しそれぞれのドナー原子が最短距離になるような立体配置（wrapping complex）をとったり，環内に2個のカチオンが取り込まれて2：1錯体を形成したりすることもある（図8.2.5）。

8.2.5 各種イオン選択性電極

イオン選択性電極は医療，環境，工業などさまざまな分野において応用がなされているが，ここでは特に医療分野で用いられるナトリウムイオン選択性電極について紹介する。

a. ナトリウムイオン選択性電極

ナトリウムイオンは動物では体液の浸透圧の維持に不可欠であるが，細胞内には少なく，カリウムの1/10くらいである。繊毛運動，心臓拍動，筋収縮などのいわゆる興奮性の原形質の作用には不可欠であり，神経の刺激伝達にも関係している。

血清中のナトリウムイオン濃度の基準範囲は136～147 mmol/lであり，水，ナトリウムの摂取過多または不足，腎臓での水，ナトリウムの再吸収の亢進または喪失過多のいずれかにより高ナトリウム血症（>150 mmol/l）や低ナトリウム血症（<135 mmol/l）を生じる[7]。

ナトリウムは血中や尿中において腎機能，心肺機能の指標となるため，生体内で測定可能なセンサの開発に対する要望は高い。現在広く実用化されているのはナトリウム選択性ガラス電極であるが，ガラス表面にタンパク質が吸着して測定の妨害となるので，定期的に表面をクリーニングする必要がある。イオノフォアを用いた液膜型イオン選択性電極としては，初期のころにSimonらによってモネンシン（図8.2.6）を用いたものが報告された[8]。この電極はカリウムイオンに対する選択性は$\log K^{pot}_{Na,K}=-1.1$とそれほどよいものではないが，測定環境のpHの影響を受けにくい（$\log K^{pot}_{Na,H}=-2.8$）ので微小電極へも応用された[9]。

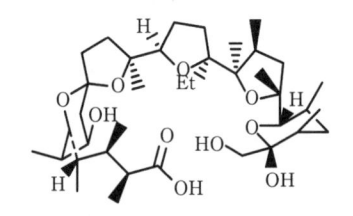

図8.2.6 モネンシン[9]

人工イオノフォアとして非環状のアミド型分子が開発されたが，それほど選択性の良いものは多くない。このタイプのイオノフォアとして選択性の良いものはSimonらによって報告された例がある[10,11]。配位サイトとしてアミド結合のカルボニル酸素を三つとエーテル結合の酸素三つを有しており，合計六つの酸素

[10] R=CH$_3$, R′=C$_7$H$_{15}$
[11] R=R′=C$_4$H$_9$

図8.2.7 [10,11]

図 8.2.8 bis-(12-crown-4) 化合物[12]

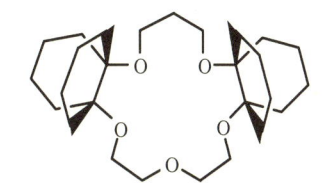

R=R′=CH$_2$C$_6$H$_5$

選択係数		膜構造	
Li$^+$	−3.1	イオノフォア [13]	3.0 wt %
K$^+$	−3.0	KTCPB	10 mol %
NH$_4^+$	−3.3	TEHP	68 wt %
Ca^{2+}	−4.0	PVC	29 wt %
Mg^{2+}	−4.2		

図 8.2.9 イオノフォア (DD16C5)[13]

図 8.2.10 カルシウム選択性イオノフォア[14]

原子によってナトリウムイオンを認識している ($\log K^{\mathrm{pot}}_{\mathrm{Na,K}} = -2.3$[10], -2.6[11]). しかし, リチウムイオンやカルシウムイオンなどに対する選択性は悪く, これらを改善するためにはクラウンエーテル型のイオノフォアの開発を待たなければならなかった.

分子内に二つのクラウン環を有し, ナトリウムイオンとサンドイッチ錯体を形成する bis-(12-crown-4) 化合物 (図 8.2.8) が研究され, リチウムイオンに対する選択性も改善されてきたので, 血清分析などで広く利用されるようになった ($\log K^{\mathrm{pot}}_{\mathrm{Na,K}} = -2.1$, $\log K^{\mathrm{pot}}_{\mathrm{Na,Li}} = -3.5$)[12].

クラウン化合物の中で最も高いナトリウム選択性を有しているのは, 本研究室で開発されたイオノフォア (図 8.2.9)(DD16C5) である[13]. この分子はナトリウムイオンとサイズフィットする 16-crown-5 を基本骨格とし, クラウン環の側鎖にかさ高く堅いデカリノ基を有することによって, 大きな分子とのサンドイッチ錯体の形成や小さな分子とのラッピング錯体の形成を抑制している ($\log K^{\mathrm{pot}}_{\mathrm{Na,K}} = -3.0$, $\log K^{\mathrm{pot}}_{\mathrm{Na,Li}} = -3.1$).

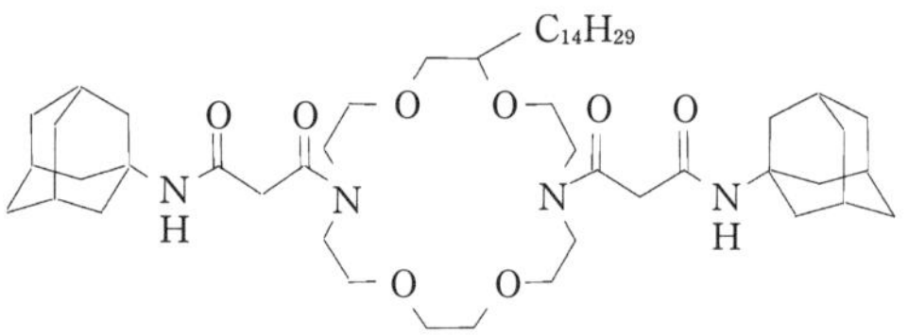

図 8.2.11 マグネシウム選択性イオノフォア[15]

そのほかにもわれわれの研究室では，上記カルシウム[14]また，マグネシウム[15]選択性を有するイオノフォアを開発・販売している（図 8.2.10, 図 8.2.11）．

〔鈴木孝治・丸山健一〕

文　献

1) M. Z. Cremer : *Biol.*, **47**, 562 (1906)
2) M. S. Frant and J. W. Ross : *Science*, 154, 1553 (1966)
3) J. W. Ross : *Science*, **156**, 1378 (1967)
4) A. Shatkay : *Anal. Chem*, **39**, 1056 (1967)
5) 鈴木周一編：イオン電極と酵素電極，講談社 (1981)
6) G. J. Moody, R. B. Oke and J. D. R. Thomas : *Analyst* (*London*), **95**, 910 (1970)
7) 大久保昭行編：実践臨床検査医学，文光堂 (1998)
8) W. K. Luts, H. K. Wipf and W. Simon : *Helv. Chim. Acta*, **53**, 1741 (1970)
9) R. P. Kraig and C. Nicholson : *Science*, **194**, 725 (1976)
10) R. A. Steiner, M. Oehme, D. Ammann and W. Simon. : *Anal. Chem.*, **51**, 351 (1979)
11) R. Kataky, D. Parker and A. Teasdale : *Anal. Chim. Acta*, **276**, 353 (1993)
12) K. Kimura, M. Yoshinaga, K. Funaki, Y. Shibutani, K. Yakabe, T. Shono, M. Kasai, H. Mizufune and M. Tanaka : *Anal. Sci*, **12**, 67 (1996)
13) K. Suzuki, K. Sato, H. Hisamoto, D. Siswanta, K. Hayashi, N. Kasahara, K. Watanabe, N. Yamamoto and H. Sasakura : *Anal. Chem.* **68**, 208 (1996)
14) K. Suzuki, K. Watanabe, Y. Matsumoto, M. Kobayashi, S. Sato, D. Siswanta and H. Hisamoto : *Anal. Chem.*, **67**, pp. 324-334 (1995)
15) H. Hisamoto, K. Watanabe, E. Nakagawa, Y. Shichi and K. Suzuki : *Anal. Chim. Acta*, **299**, pp. 179-187 (1994)

8.3　マイクロ化学デバイス

8.3.1　マイクロ TAS

マイクロ化学分析システム（μ-total analysis system : μTAS）は，図 8.3.1 に示すように半導体微細加工技術により製作される流路・ポンプ・バルブなどの流体制御素子と，分析のための検出部，センサ，エレクトロニクスとを集積化した化学分析システムである[1]．化学，バイオ，医療分野の分析において，試料の前処理から試薬との混合，化学反応，検出など必要とされるすべての機能をワンチップに集積化し，各工程を一貫処理することがその基本的な概念である．このようなシステムは，従来の化

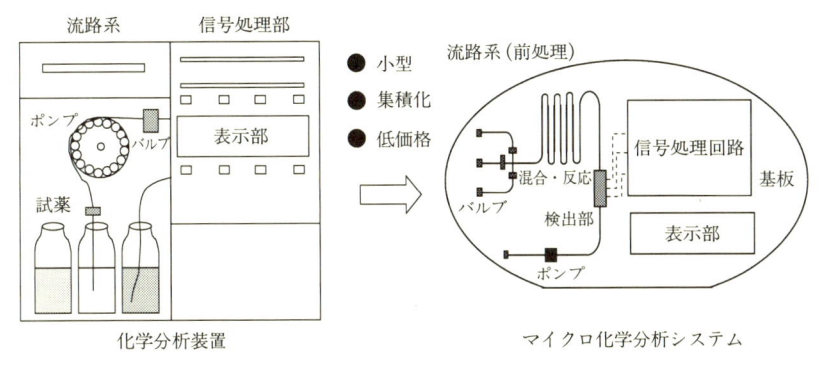

図 8.3.1 マイクロ化学分析システムの概念

学分析装置に比べて ① 小型・低価格，② 試料や試薬の微量化によるランニングコストや環境への負荷の低減，③ 化学反応場の局所化による分析時間の短縮，などの特長を有する．

μTAS を構成する主要な流体制御素子として，マイクロポンプ，マイクロバルブ，マイクロミキサなどが開発されている．マイクロポンプの代表的な例として，ダイアフラムにより体積変化する液室と一方向弁とで構成されたポンプが研究されている[2]．ダイアフラムの駆動には，磁力，ピエゾ材料，熱などが用いられ，一方向弁には高分子薄膜，シリコンカンチレバーなどが利用されている．ダイアフラムと一方向弁を組み合わせたマイクロポンプによる流れは，原理的に圧力駆動であるため脈流となる．このため，2個の逆相ポンプを並列に駆動して脈流を低減する試みも行われている．この方式のポンプのほか，熱や化学反応で発生する気泡の圧力を利用する方式も研究されている．

マイクロバルブには上述の一方向バルブのほか，流れの On/Off 制御，切替え，試料注入などのバルブがある．これらのバルブの駆動力には空気圧，気泡，形状記憶合金，磁力などが用いられる．試料・試薬容量の精密な制御，およびコンタミネーションのない分析を実現するためには，デッドボリュームがきわめて小さくリークのないバルブが求められる．微小流路への疎水性コーティングやゲルを用いる方法など機械的構造変化の伴わない方式が考案されており，高精度，リークフリーの実用的なバルブの開発が期待される．

μTAS における微細流路では，二つの流路を合流させて異なる2液を混合する場合，低レイノルズ数の液体の流れは層流となり，2液の接触界面における拡散のみで混合する．従来のマクロな流路系のような乱流による混合は起りにくい．2液の混合に要する時間は流路の幾何学的形状（接触界面の面積と液層の厚さ）と物質の拡散定数に依存する．迅速な混合および化学反応を実現するために，マイクロミキサは μTAS を構成する重要な要素となり，上記の特徴を生かした方式が考案されている．

混合する2液をそれぞれ分割して交互に隣り合う薄い多層の流れを形成し，成分物質の拡散距離を短くして混合を促進させる方法，試料などが流れる主流路に試薬を導入する際，多数の微小孔を介して試薬を押し出し，微小容積のブロックに分割して試料中に導入することにより，2液の接触面積を増大させて効率的な混合を行わせる方式が開発されている．

μTASの技術開発は，液体試料の送液にポンプやバルブなどの可動部分を必要としないキャピラリー電気泳動やDNAチップの分野で実用化が進められており，また，クロマトグラフ・フローインジェクション・質量分析・免疫分析などをはじめとする，広範な化学分析技術への応用が研究されている．応用分野としては，小型化および信号処理回路との集積化の特徴を生かし，環境物質のオンサイト分析・ベッドサイドにおける臨床検査など新しい利用形態の研究も進められている．

8.3.2 電気泳動チップ・DNAチップ

電気泳動は，荷電粒子の電場中における移動と高分子マトリックスの分子ふるい効果を組み合わせ，移動度の差を利用して異なる荷電粒子を分離する方法である．負の電荷を有するDNAの解析にアガロースやアクリルアミドゲルを用いた蛍光検出方式電気泳動が用いられている．DNAがゲル中を電気泳動する速さは電界強度に比例し，ゲル濃度の二乗にほぼ反比例する．電気泳動速度の高速化を図るため，ジュール発熱の少ないキャピラリー電気泳動が開発され，DNAの塩基配列決定(DNAシーケンシング)に用いられている[3]．図8.3.2に示すように，半導体微細加工技術を利用してガラスや高分子の基板上に数十～数百μmの幅の溝を形成し，ほかの基板と張り合わせてキャピラリーを構成するキャピラリー電気泳動チップが開発されている．電気泳動路として用いる溝を96本集積化し，96サンプルの並列解析が可能なチップも報告されている[4]．電気泳動路への試料の導入はクロスインジェクション法が用いられる．これは電気泳動路と交差して形成された試料導入用の溝の一端に試料を置き，両端に電圧を印加して交差部分に試料を移動させる．次に電圧印加を試料導入用溝から電気泳動路の両端に切り替えると，交差部分に存在する試料が電界に沿って電気泳動路中に導入され分離が行われる．この方式で導入される試料の容積はナノリットル以下のオーダである．DNA断片には蛍光分子が標識され，電気泳動により分離されたバンドを電気泳動路の他端でレーザ励起し，蛍光検出が行われる．分析時間は，DNAの塩基配列解析の場合，400塩基の試料の配列決定に約20分，高い分離能を必要としないDNAフラグメント解析の場合1分以下である．半導体微細加工技術を用いて製作される電気泳動チップの特長の一つは，試料の前処理工程を同一基板に集積化することができる点である．電気泳動分析を行うためには，細胞からのDNAの抽出，ポリメラーゼ連鎖反応(polymerase chain reaction：PCR)による増幅などの工程が必要である．このため，基板にヒータや温度センサを組み込み，温度サイクル制御可能な反応チャンバと電気泳動路を集積化し，PCR増幅後，試料を電気泳動

8.3 マイクロ化学デバイス

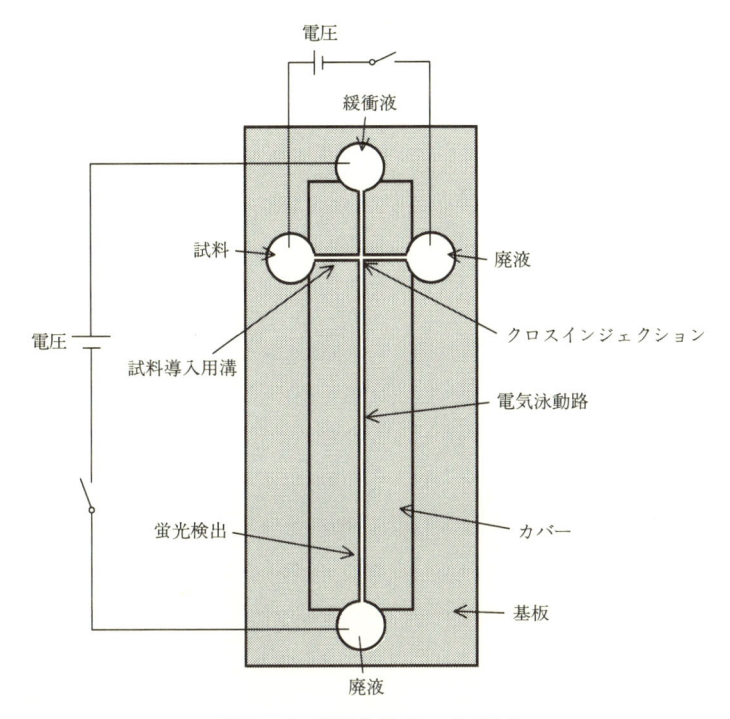

図 8.3.2 電気泳動チップの構成

路に導入可能な一体型電気泳動チップが研究されている．これらの電気泳動チップはDNAフラグメント解析，多型解析，配列解析，マイクロサテライト解析などに応用されている．電気泳動チップはすでにいくつかのタイプが実用化されており，さまざまなアプリケーション開発が行われている．基板に用いる材料は初期にはガラスが多く用いられたが，低価格な高分子材料を用いた電気泳動チップも実現されている．電気泳動チップを用いると簡便・迅速にDNAの解析が可能となるため，ゲノム情報に基づいた医用診断への応用が期待されている．

DNAチップまたはDNAマイクロアレイは，図8.3.3に示すように異なる種類のDNA断片を基板上に並べて固定化し，試料中に含まれる複数のDNAと同時にハイブリダイゼーションを行わせ，蛍光標識，ラジオアイソトープ標識，酸化・還元標識などを用いてハイブリダイゼーションの信号を検出するデバイスである．基板に固定化するDNA断片(DNAプローブ)の塩基配列や反応プロトコルを工夫することにより，複数の遺伝子の発現や多型を並列解析することができる．発現解析の場合，対象とする生物のさまざまな組織を採取してmRNAを抽出し，通常，解析する試料と参照とする試料の2種類を準備してmRNAの発現を比較する．たとえば，がん細胞と健常細胞の比較，薬を投与した細胞としない細胞との比較などである．DNAプロー

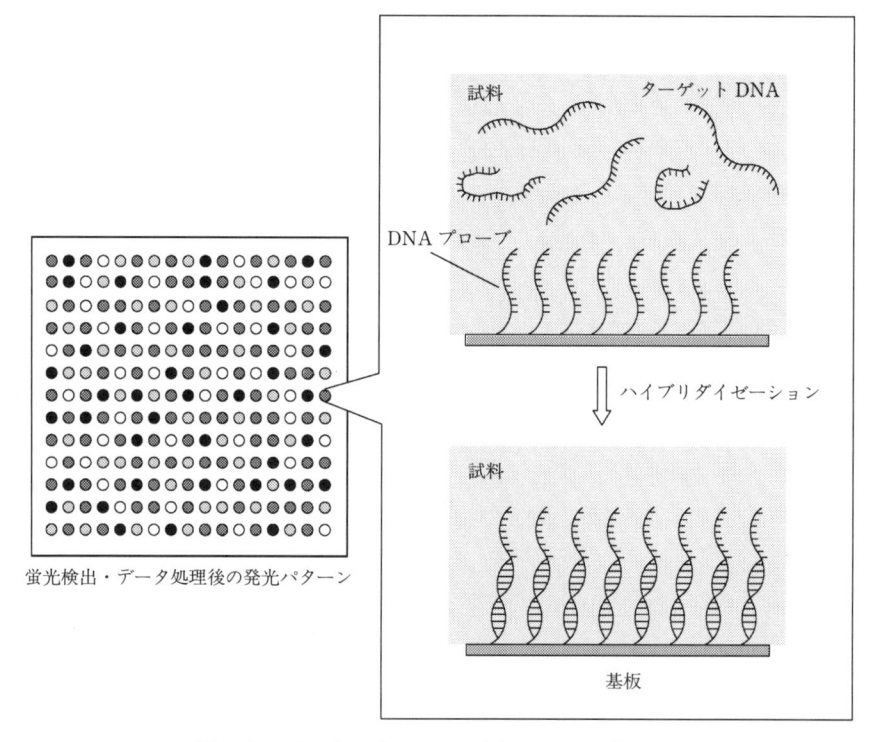

図 8.3.3　DNA マイクロアレイ/DNA チップの概要

ブには解析したい mRNA から作成した cDNA 断片，あるいはデータベースから検索した配列をもとに合成したオリゴヌクレオチドプローブを利用し，ガラス，シリコン，フィルタなどの基板表面をあらかじめ化学修飾してその上に DNA プローブを点着して固定化する．解析試料と参照試料の cDNA にそれぞれ異なる波長の蛍光分子（あるいはラジオアイソトープや酸化・還元分子）をあらかじめ標識し，DNA チップ上に導入してハイブリダイゼーション反応を行わせる．2 種類の蛍光分子の発光パターンと固定化されている DNA プローブの情報とから，解析試料のみで発現している遺伝子，参照試料のみで発現している遺伝子，両試料で発現している遺伝子，どちらでも発現していない遺伝子を並列的に解析することができる．

　DNA プローブの製作にフォトリソグラフィ技術と光重合固相反応を用いるユニークな方法が開発されている[5]．基板上に光感応性保護基を有する分子を高密度に配置し，フォトマスクにより希望する感応基のみに光を当て，保護基を外す．保護基が外れた感応基は反応性に富むため，基板上に導入された塩基と反応・結合する．次に別のパターンのフォトマスクにより異なる位置に異なる塩基を反応させる．この方法により任意のポリヌクレオチドを基板上の所定の位置に化学合成で形成することができ

8.3 マイクロ化学デバイス   527

る．たとえば，塩基長 N のポリヌクレオチドのすべての組合せを有するプローブセット 4^N 個を形成するのに，$4 \times N$ サイクルのフォトリソグラフィ・化学合成工程を行えばよいことになる．高密度 DNA チップでは 1.28×1.28 cm の基板の上に 30 万個のポリヌクレオチドが合成されている．

　一方，上記と異なる方式・用途の DNA チップがいくつか開発されている．DNA が溶液中で負に帯電していることを利用し，SiO_2/Si 基板上に金電極をパターン形成し，電圧印加により所定の金電極近傍に DNA を集めることが可能な DNA チップが開発されている[6]．基板上には高分子ゲルが形成してあり，電圧印加により所定位置の電極上に DNA プローブを固定化したり，ターゲット DNA の濃縮によりハイブリダイゼーション効率を高めたりすることができる．また，ハイブリダイゼーション後，完全相補鎖と 1 塩基ミスマッチ DNA の結合力のちょうど中間の正の電圧を印加すれば，1 塩基ミスマッチの DNA を解離することができ，高精度の測定ができる．実際，本方式を用いて，thiopurine methyl transferase (TPMT) 遺伝子をモデルとして 1 塩基多型 (SNP) 解析が行われている．また，蛍光やラジオアイソトープによる検出方式ではなく，電流検出方式の DNA チップも開発されている．金電極上に DNA プローブを固定化し，ターゲット DNA とハイブリダイズさせたのち，酸化・還元標識（フェロセン）でラベル化されたレポータ DNA をさらにハイブリダイズさせてサンドイッチ構造を形成する．この状態で電極に適切な電圧（フェロセンの酸化・還元電位）を印加することにより，ハイブリダイズしたスポットのみから電流信号が得られる．この電気化学検出方式 DNA チップは現状の蛍光検出方式に比べて装置構成が簡単になるため，医用遺伝子検査を目指して実用化が検討されている．

8.3.3　ナノバイオデバイス

　半導体微細加工技術によるナノメータサイズの科学・技術と，バイオテクノロジーを融合させたナノバイオエレクトロニクスと呼ぶべき分野が形成されつつある．生体分子に特有の物性とナノ構造の特性をうまく組み合わせて，おもに生体分子を高感度に計測する技術が開発されている．特徴的なナノ構造として，柱（ナノピラー），細孔（ナノポア），梁（カンチレバー），間隙（ナノギャップ），薄膜（電界効果）などが利用され，生体分子の特異的反応性，高次構造，電荷，塩基配列などとの相互作用が研究されている．

　基板上に形成されたマイクロからナノメータサイズのアスペクト比の大きい柱状構造体をナノピラーといい，おもに電気泳動や液体クロマトグラフなどの分離分析技術に応用されている．マイクロメータサイズの流路（μfluidics）中にナノピラーを集積化して敷き詰め，生体分子を通過させると，生体分子はその大きさによりふるい分けられる．すなわち，小さい生体分子は速く移動することができ，大きい分子はナノピラーの立体的障害効果により移動速度が遅くなる．ナノピラーの"分子ふるい"効果の結果，試料中の生体分子はその大きさにより空間的に分離される．ナノピラーは従

来の高分子マトリックスなどの分離媒体を必要としない点が特徴であり,長鎖DNAの電気泳動分離などに応用されている.

ナノメータサイズの開口をもつ貫通孔(ナノポア)を薄膜に形成して二つのチャンバーを仕切り,各チャンバに設置した電極間に電圧を印加してナノポアを通過する生体分子を電流値の変化として測定する[7].薄膜材料にリン脂質二重膜を用い,タンパク質であるα-hemolysin(α-HL)の自己組織化を利用してナノポアを形成すると,開口部の直径1.8 nm,長さ5 nmのチャネル(ナノポア)が形成される.DNA分子がナノポアを通過すると,ナノポアを流れる電流がブロックされ,電流値が急激に減少する.DNA分子の通過が終了すると,ふたたびナノポアを流れる電流値が上昇し,もとの値に戻る.電流値の大きさと,電流が減少する時間を解析することにより,DNA分子とナノポアの相互作用,DNA分子の形状(2次構造,長さ,塩基配列)などの情報を取得することができる.

シリコン微細加工技術を利用して梁の厚さをマイクロメータからナノメータレベルまで薄くし,表面にかかる応力に対して敏感にたわむカンチレバー(片持ち梁)が開発されている[8].カンチレバー材料としてはシリコンや窒化シリコン(SiN)がおもに用いられる.カンチレバーの自由端表面に生体関連物質を固定化し,ターゲット分子との複合体形成によるカンチレバーのたわみを光偏向方式で検出する.固定化する生体物質としては1本鎖DNAやタンパク質などが用いられ,相補的DNAとのハイブリダイゼーションや抗原-抗体反応などの特異的反応を利用して生体分子の高感度検出に用いられている.12塩基の1本鎖オリゴヌクレオチドをシリコンのカンチレバー表面に固定化し,相補的オリゴヌクレオチドとハイブリダイゼーションを行わせると,約300 pNの力が作用してカンチレバーがたわむ.二つのカンチレバーを用い,1塩基のみ異なる2種類のオリゴヌクレオチドプローブをそれぞれのカンチレバー表面に固定化して差動測定を行うことにより,ターゲットDNAの一塩基の違いが検出されている.

ナノメータサイズの微小間隙を介して1対の導電性電極が製作され,このナノギャップ電極間に生体分子をトラップして,その電気的特性の解析,高感度生体分子計測などが行われている.20 nmの間隙を有する金のナノギャップ電極を作製し,5000から8600塩基対のDNA分子を電極間に捕そくしてDNAの電気伝導が研究されている[9].アデニン-チミン塩基対のみからなるDNA分子を合成し,真空中または空気中で電極間に5 Vの電圧を印加したところ,室温で電流と電圧との間に直線関係が得られ,100 MΩの抵抗値を示すことがわかった.また,ポリシリコンを材料として50 nmの間隙のナノギャップ電極を作製し,ナノギャップ中に捕そくしたDNA分子の交流特性も解析されている[10].チミンまたはグアニンのみからなる35塩基の1本鎖DNA(poly Tまたはpoly G)をナノギャップ電極表面に固定化し,電極間容量を測定した結果,電極間容量は相補的なDNAとのハイブリダイゼーションにより70%変化することがわかった.これは比較的フレキシブルな1本鎖DNAが

ハイブリダイゼーションにより二重らせん構造となり，実効的な長さや誘電緩和特性が変化するためである．　　　　　　　　　　　　　　　　　　　〔宮原裕二〕

文　献

1) A. Manz, et al : *Sensors and Actuators* B, **1**, p. 244 (1990)
2) R. Woias, R. Linnemann, M. Richter, A. Leistner and Hillerich : Proceedings of Micro Total Analysis System 1998, p. 383 (1998)
3) R. L. St. Clair : *Anal. Chem.*, III, **68**, p. 569R (1996)
4) Y. Shi, et al : *Anal. Chem.*, **71**, pp. 5354-5361 (1999)
5) S. P. A. Fodor, et al : *Nature*, **364**, p. 555 (1993)
6) M. J. Heller : *Electrophoresis 2000*, **21**, p. 157 (2000)
7) A. Meller, L. Nivon and D. Branton : *Phys. Rev. Lett.*, **86**, pp. 3435-3438 (2001)
8) J. Fritz, M. K. Baller, H. P. Lang, H. Rothuizen, P. Vettiger, E. Meyer, H-J. Guntherodt, Ch. Gerber and J. K. Gimzewski : *Science*, **288**, pp. 316-318 (2000)
9) K. H. Yoo, D. H. Ha, J. O. Lee, J. W. Park, J. Kim, J. J. Kim, H. Y. Lee, T. Kawai and H. Y. Choi : *Phys. Rev. Lett.*, **87**, pp. 198102-1-19802-4 (2001)
10) J. S. Lee, S. Oh, Y. K. Choi and L. P. Lee : *Micro Total Analysis System 2002*, **1**, pp. 305-307 (2002)

8.3.4　バイオ医用マイクロデバイス

医用に用いられる小型センサとしては，1970年代より研究されてきた半導体技術を用いるISFET (ion sensitive field effect transistor) が代表的なものである．現在に至るまで，ISFETなどをベースにバイオセンサが開発されてきた (8.4節参照)[1]．

一方，白金，金などを電気化学電極として使用し小型化を図ったものも開発されており，糖尿病患者用の自己血糖値測定装置としてすでに商品化されている[2]．

これら基本的な計測用デバイスに加え，μTASに代表されるMEMS技術を用いた流体デバイスを医用用途に利用する動きが近年活発になってきている．微量液体のハンドリングデバイスと計測用のデバイス，装置とを組み合わせ，試料(検体)の前処理，試薬類との反応から計測までを自動的に行うべく開発が進められている．

これら医療診断用装置類の小型化，簡便化の進展により，医療現場での迅速な「その場診断 (point of care testing : POCT)」の実現が期待できる．

a.　生化学物質測定（血液検査）

医用分野での試料として最も一般的なものは，血液もしくは尿であろう．特に血液には血球だけでなく生体に必要な物質，老廃物などの生化学物質が数多く含まれており，生体内部の様子を知るうえで重要である．デバイスを小型化することにより微量試料であっても生化学物質などを多項目同時に測ることが可能となり，血液分析カートリッジとしてすでに市販されているデバイスもある (図8.3.4)[3]．血球数の計測についてもMEMS (micro electro mechanical system) 技術を用いた小型デバイスの検討が行われている[4]．

また，血液中には臓器などに腫瘍(がん)が形成されている場合，健康時にはほと

んど含まれない特殊なタンパク質や酵素などが放出されることが知られており，腫瘍（がん）マーカと呼ばれる．この腫瘍マーカをマイクロデバイス上で測定する技術も開発されており，従来技術に比べ短時間で測定できることが示されている[5]．

医用のデバイスは患者からの検体（血液，尿，髄液など）が触れるため，汚染の可能性を極力減らす必要がある．そのことから，検査に使用されるデバイスはディスポーザブルが望まれ，焼却処分の容易なプラスチックを用いるのが望ましい．生化学物質測定用のプラスチック製のマイクロ流体デバイス[6]，さらに血液採取用の極細に形成した無痛針も同時に組み合わせたデバイスの開発も行われている[7]（図8.3.5）．

b. DNA 測定

生体のDNAを調べる遺伝子診断は，大きく二つに分けて考えることができる．一つは感染症の原因となる微生物（細菌，ウィルスなど）のDNAを調べることで病原体を特定するものである．もう一つは人体（患者）から得た細胞などの遺伝子を調べるものである．この目的の一つに医薬品の効果や

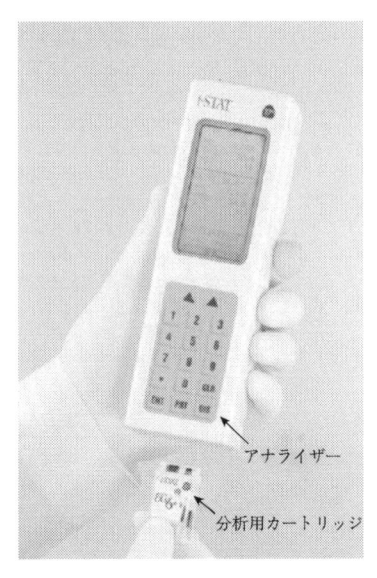

図8.3.4 *i*-STAT社の血液分析チップとアナライザ

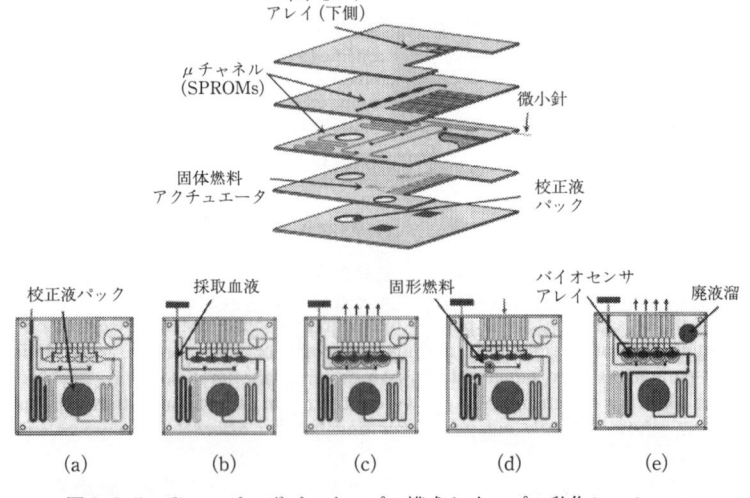

図8.3.5 ディスポーザブルチップの構成とチップの動作シーケンス

副作用を予測することで,効果的で副作用の少ない処方を目ざすこと(テーラーメード医療)があげられる.

病原体,人体とにかかわらず,基本的にDNAの配列を調べるという点では違いはない.デバイスという観点では試料からのDNA抽出,精製といった前処理部分に違いが出ると思われるが,いずれにしろ医療現場での使用に則した,試料の前処理から増幅,シーケンシング(配列解読)まで自動的に行う小型かつ簡便な装置は依然開発途上である.これらは今後遺伝子診断が普及するにつれ市場に出てくるものと思われる(電気泳動,DNAチップについては8.3.3項参照).

c. その他の医用デバイス

医用デバイスのマイクロ化は,おもに診断用途といった検出系への応用が先行してきた.しかし,MEMS技術を利用したDDS(drug delivery system)も無痛針を応用するものをはじめ,非侵襲での治療薬投与などの開発が今後進められていくと思われる.

また,医薬品開発を進めるうえで重要な,タンパク質の活性を調べるためのデバイス[9],細胞をデバイス上で培養し薬剤に対する反応を調べる技術[10]の開発も精力的に行われている.これらは今後医療分野の進歩に大きく貢献していくことが期待される.
〔下出浩治〕

文　献

1) バイオセンサの医療分野への応用については,高井まどか,堀池靖浩:ぶんせき,**10**, pp.587-591(2003)が詳しい
2) 代表的な血糖測定器メーカーとしてテルモ(http://www.terumo.co.jp),アークレー(http://www.arkray.co.jp)などがある
3) K. A. Erickson and P. Wilding : *Clin. Chem*., **39**, pp.283-287 (1993)
4) D. Satake, H. Ebi, N. Oku, K. Matsuda, H. Takao, M. Ashiki and M. Ishida : *Sensors and Actuators B*, **83**, pp.77-81 (2002)
5) K. Sato, M. Tokeshi, H. Kimura and T. Kitamori : *Anal. Chem*., **73**, pp.1213-1218 (2001)
6) K. Shimoide, K. Mawatari, S. Mukaiyama and H. Fukui : Proc. of μTAS 2002, pp.918-921 (2002)
7) M. Takai, S. Shinbashi, H. Ogawa, A. Oki, M. Nagai and Y. Horiike : Proc. of μTAS 2003, pp.403-406 (2003)
8) A. Puntambekar, C. Hong, X. Zhu, R. Trichur, J. Han, S. Lee, J. Kai, J. Do, R. Rong, S. Chilukuru, M. Dutta, L. Ramasamy, S. Murugesan, R. Cole, J. Nevin, G. Beaucage, J. B. Lee, J. Y. Lee, M. Bissell, J. W. Choi and C. H. Ahn : Proc. of μTAS 2003, pp.1291-1294 (2003)
9) J. Kai, Y. S. Sohn and C. H. Ahn : Proc. of μTAS 2003, pp.1101-1104 (2003) など
10) S. R. Rao, Y. Akagi, Y. Morita and E. Tamiya : Proc. of μTAS2002, pp.862-864 (2002) など

8.4 バイオセンサ

8.4.1 バイオセンサの原理

バイオセンサとは生体や生体分子のもつ優れた分子認識能力を利用（または模倣）し，目的物質を選択的かつ高感度に計測するセンサの総称であり，技術的には以下の2項目に分けて考えることができる．

① 生体材料もしくは生体模倣材料による測定対象物質の選択的分子認識技術．
② 上記認識に伴う物理化学的変化を検出可能な信号に変換するトランスデューサ技術．

a. 測定対象物質の選択的分子認識技術

①に関しては，バイオセンサ誕生間もない1960年後半から70年代にかけては分子認識能を有する生体分子として酵素を用いるのが一般的であったが，その後の技術進展に伴いさまざまな材料が用いられるようになっている．現在よく用いられる分子認識材料としては，酵素，抗体，レセプタ，一本鎖DNAなどがあげられる．これらの材料がそれぞれ特定の基質，抗原，リガンド，相補DNAと選択的に結合する性質をセンサとして利用することができる．また，微生物や細胞そのもの，あるいは生体組織・器官の一部を分子認識材料として用いるセンサも開発されている．一般的な測定法としては，上記の分子認識材料を膜や基板上に固定化し，そこに測定試料（多くの場合，液体試料）を導入することで，分子認識材料と試料中の測定対象物質を反応させる．

生体物質を分子認識材料として用いる場合，材料の安定性，再現性，選択性などが問題となる．一般に生体分子は比較的温和な条件下で能力を発揮するので，厳しい測定条件下（低温・高温，低pH・高pH，高塩濃度，有機溶媒その他の阻害物質の共存）では十分な分子認識能力が得られないことがある．また，つねに均質な生体材料を入手することも思いのほか難しく，ロットごとの性能のばらつき，保存に伴う性能劣化などは，測定再現性に大きく影響する．

生体材料のもつこれらの欠点を克服するため，分子認識材料を人工的に創造するというアプローチもとられている．代表例として人工脂質二重膜を用いたセンサがあげられるし，さまざまな人工酵素・人工抗体創造への取り組みもこのアプローチの一環である．さらには，化学物質に対する反応性の異なる既存のセンサ（たとえばイオンセンサやガスセンサ）を複数個組み合わせ，測定試料に対するセンサ群の反応パターンを観察することで高い分子認識能を実現しようとする手法もある．

b. トランスデューサ技術

②のトランスデューサ技術では，分子認識材料が測定対象物質を認識したときに起こる反応（酵素反応，免疫反応，DNAハイブリダイゼーション，微生物の代謝など）を物理化学的変化としてとらえ，さらに電気信号に変換して取り出す．初期のバ

イオセンサでは，酸素電極，過酸化水素電極などをトランスデューサとして利用した．現在でも電極法はバイオセンサにおけるトランスデューサ技術の主流であり，先にあげた電極に加えて電導度電極，イオン電極，酸化還元電位電極などが用いられている．電極の小型化や低コスト化に関する技術開発も盛んに行われており，小型化の面では半導体加工技術を用いたアンペロメトリックな微小酸素電極，微小過酸化水素電極などが開発されている．低コスト化策としては，プラスチック基板上に導電性ペーストで電極パターンを印刷するなどの技術開発が成され，バイオセンサの普及に大きく貢献した．さらには近年のMEMS (micro electro mechanical system) などの超微細加工技術の進展に伴い，より複雑な微細構造を安価に製造することが可能となりつつあり，小型化，低コスト化のみならず，多機能化，高性能化の面でも大きな進歩が期待される．

一方，技術の進歩に伴い電極以外のトランスデューサも数多くバイオセンサに応用されてきた．バイオセンサに用いられる代表的なトランスデューサとして，ISFET (イオン感応性電界効果トランジスタ)，サーミスタ，フォトンカウンタなどの受光デバイス，水晶振動子，SPR (表面プラズモン共鳴) 測定装置，プローブ顕微鏡などがある．

さらには，近年のゲノム，プロテオーム研究の進展に伴い，遺伝子の発現や多型，タンパク質発現を測定するいわゆる「DNAチップ」，「プロテインチップ」が数多く提案されている．これらは原理的にはバイオセンサの範ちゅうに分類されるが，非常に多くの測定項目（時には1万個以上）を同時に測定することで遺伝子やタンパク質の網羅的解析を可能とした点が新しい．

また，マイクロ化学デバイスとバイオセンサ技術を組み合わせることで，従来以上に小型で多項目測定が可能であり，かつ試料の前処理工程（たとえば，血球・血漿の分離や血液からのDNAの抽出など）までも一体化したセンサの開発も進められている（マイクロ化学デバイスに関しては，8.3節を参照のこと）．

8.4.2 酵素センサ

酵素は，特定の化学物質を識別し，温和な条件下で特定の化学反応を促進する性質をもつ．酵素の化学物質識別能（基質特異性という）を選択的分子認識に利用し，反応生成物（または反応消費物）の量をなんらかのトランスデューサを用いて定量できれば，バイオセンサを構成することができる．このようなバイオセンサを酵素センサと呼ぶ．

世界で最初に開発されたバイオセンサは，グルコースオキシダーゼ(GOD)を用いて試料中のグルコースを測定する酵素センサであった．GODは下記に示すβ-D-グルコースの酸化作用を選択的に触媒する．

反応①　GOD：β-D-グルコース$+O_2+H_2O \rightarrow$ グルコン酸$+H_2O_2$

反応消費物である酸素(O_2)濃度の変化を酸素電極で測定したり，逆に反応生成物

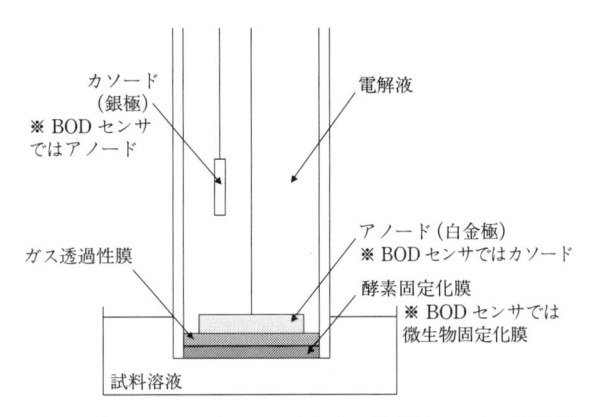

図 8.4.1 グルコースバイオセンサおよび微生物センサの構成例

の過酸化水素(H_2O_2)濃度を過酸化水素電極で測定することにより，試料溶液中のβ-D-グルコース量を定量することが可能である．図 8.4.1 に過酸化水素電極を用いたグルコースバイオセンサの構成例を示す．

酵素固定化膜は，メンブレンフィルタにグルコースオキシダーゼを固定化したものである．固定化処理により酵素の試料溶液中への溶解・拡散を避けることができ，センサの繰返し使用が可能となる．酵素の固定化には，共有結合法，架橋化法，物理吸着法，包括法などが用いられるが，ここでは各方法の詳細は省く．一般には，固定化による酵素活性の失活と固定化強度にはおおむねトレードオフの関係があり（固定化強度が強いほど酵素失活の度合いも大きい），目的に応じて最適な固定化法が選択される．

β-D-グルコースを含む試料溶液中にセンサを浸漬すると，酵素固定化膜では反応①が進行する．反応生成物のH_2O_2は濃度拡散により過酸化水素電極に達する．過酸化水素電極では以下の反応が進行する．

反応② アノード：$H_2O_2 \rightarrow 2H^+ + O_2 + 2e^-$
反応③ カソード：$2H^+ + 1/2 O_2 + 2e^- \rightarrow H_2O$

このときに流れる電流量はH_2O_2量に比例する．一方，反応①をみれば1分子のβ-D-グルコースから1分子のH_2O_2が発生しているので，結局電流値を測定することによってβ-D-グルコース量が定量できることがわかる．

上記には最も基本的なグルコースバイオセンサの構成を示したが，現在では使用目的に応じてさまざまな構成が工夫されている．一例として，糖尿病患者が血糖値（血液中のグルコース濃度）を自己管理するために用いる，ハンディタイプのグルコースバイオセンサについて述べる．

本センサでは，糖尿病患者自身が指先などから血液を採取し，日に 3, 4 回の頻度で血糖値（血液中のグルコース濃度）を測定する．したがって，センサ構成は以下の要

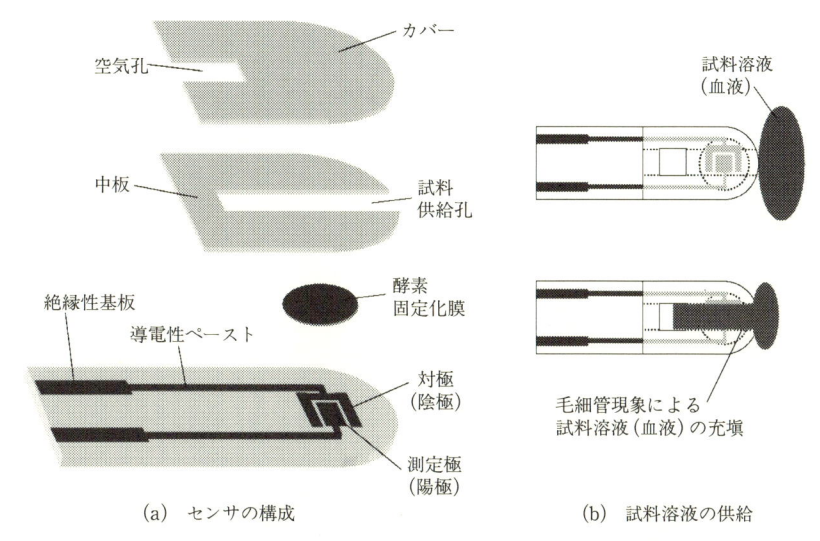

(a) センサの構成 (b) 試料溶液の供給

図 8.4.2 ハンディタイプグルコースバイオセンサの構成例

件を満たす必要がある．
① 微量血液で測定が可能であること．
② 測定操作が容易であること．
③ できるだけ小型であること．
④ 使い捨てタイプであること（血液が付着したセンサの再利用は好ましくない）．
⑤ 大量生産に適した構成であり，かつ十分安価に提供できること．

図 8.4.2 に，上記要件を満たすためのハンディタイプグルコースセンサの構成例を示す．

本構成では，プラスティックなどの絶縁性基板上に導電性ペーストで電極を印刷することで，小型化，生産性およびコスト面からの要求を満たしている．また，キャピラリー状の試料供給孔を設けることで，センサへの試料供給を容易かつ確実なものとしている（センサ先端部を血液に漬けると，毛細管現象によって自動的にキャピラリー内に血液が満たされる）．さらに，測定に必要な試料量はキャピラリー容積によって規定することができる．現在では $1\,\mu l$ 以下の血液で測定が可能なセンサも市販されている．

微量血液を測定試料とする場合，溶存酸素量が酵素反応の律速となり正確なグルコース量を測定できない恐れがある．すなわち，反応 ① においてグルコースに比べて十分な酸素 (O_2) が存在しないため，反応が右に進まないケースが起こり得る．これを避けるため，ハンディタイプのグルコースバイオセンサでは，酵素反応で生成する電子を直接電極で検出する方式をとる．この際に重要になるのがメディエータ（電

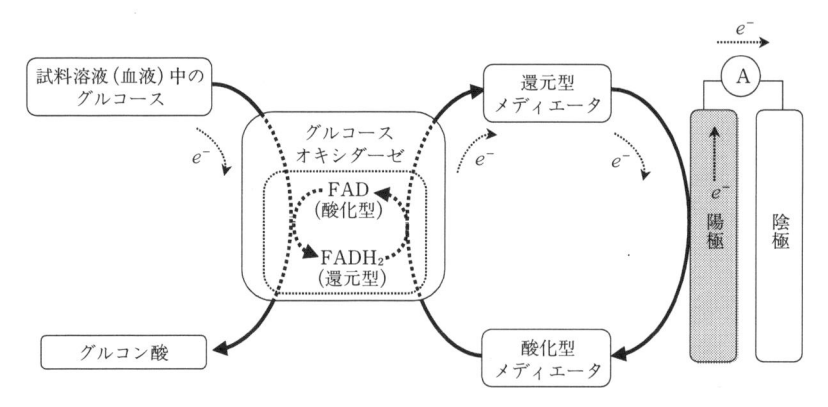

図 8.4.3 ハンディタイプグルコースバイオセンサの測定原理

子授受体)である．

　グルコースオキシダーゼの場合，酵素中に含まれる FAD (フラビン アデニン ジヌクレオチド) という物質が酸化還元されることで電子移動が起こることが知られている．しかし FAD は酵素の奥深くに埋もれているため，直接電極に電子を受け渡すことができない．そこで，「電子の運び屋」としてメディエータを利用する．安定な酸化状態と還元状態をとる化学物質 (たとえば，フェリシアン化カリウムやフェロセンなど) をメディエータとして利用することが可能である．図 8.4.2 の酵素固定化膜上には，グルコースオキシダーゼに加えてメディエータも固定化されている．

　図 8.4.3 にハンディタイプグルコースバイオセンサの測定原理をまとめて示す．

　ここまで代表的な酵素センサの例としてグルコースバイオセンサについて説明してきたが，酵素を変えることによってさまざまな物質を検出することも可能である．現在までに，乳酸，エタノール，尿素・尿酸，コレステロール測定用のセンサをはじめ，多くのセンサが開発，実用化されている．

　また，トランスデューサとして電極以外に ISFET，サーミスタ，受光デバイスなどを用いることも可能である．それぞれ酵素反応に伴う pH 変化，発熱現象，発光や吸収スペクトルの変化を測定することになる．

8.4.3　微生物センサ

　酵素センサの酵素の代わりに，微生物を直接固定化したバイオセンサを微生物センサと呼ぶ．

　これまで述べたように，一般的に酵素は試薬としては高価であり，かつ測定条件によっては変性などの影響で十分な能力を得られないことがある．また，基質特異性が厳格であるため，ある酵素を用いた場合それに対応する物質しか測定できない (グルコースオキシダーゼを用いたバイオセンサでは，グルコースのみしか測定できない)．

これは選択的分子認識には有利である反面，複雑な要素が絡まりあった現象(たとえば，BOD：生物化学的酸素消費量)の測定は非常に困難となる．

微生物は酵素に比べて安定性が高く，比較的厳しい条件下でも機能を失わない．また，培養によって容易に増殖させることができるのでコスト面でも有利である．さらには微生物のもつ複雑な代謝系を測定に利用できるので，複雑な現象を扱うのに適している．以上のような特性から，微生物センサは主として環境計測や工業プロセスの管理に利用されている．

微生物センサは，微生物の代謝に伴って消費される酸素量を測定するものと，二酸化炭素や窒素などの代謝生成物量を測定するものに大別されるが，ここではより一般的な前者のタイプに属するBODセンサを例にとって微生物センサの構成を説明する．ちなみに，BODとは水質汚濁度を示す指標の一つであり，好気性微生物が水中に含まれる有機物を分解するのに要する酸素量(mg/l)で表される．BOD値が高いと水中により多くの有機物が含まれていることになり，汚濁が大きいことを示す．

図8.4.1に典型的なBODセンサの構成例を示した．基本構成は図8.4.1に示した酵素センサと同様であることがわかる．ただし，BODセンサでは膜上に酵素の代わりに好気性微生物である *Trichosporon cutaneum* が固定化されている(微生物固定化膜)．試料溶液中に含まれる有機物を *Trichosporon cutaneum* が代謝・分解するのに要した酸素量が，酸素電極によって定量される(酵素センサの例では過酸化水素電極を用いているので，アノードとカソードが逆になる)．現在では試料採取やセンサへの試料供給，測定後のセンサ洗浄などを完全に自動化したセンサが実用化されており，BODの連続モニタリングが可能となっている．

酵素センサと同様に，異なる種類の微生物を用いることでさまざまな物質を測定する微生物センサを構成することも可能である．*Pseudomonas fluorescens* を用いたグルコース測定，*Trichosporon brassicae* を用いたエタノールや酢酸測定，硝化菌を用いたアンモニア測定など，これまでに多くの微生物センサが報告されている．

また，センサの安定性や選択性を向上させるために，極限状況で生育する微生物(好熱菌や好塩菌など)を用いたり，遺伝子組み替えによって微生物に新たな機能を付加したりする試みも成されている．

8.4.4 免疫センサ

選択的分子認識に抗原-抗体反応を利用したバイオセンサを免疫センサと呼ぶ．抗体は生体の免疫反応の中心的な役割を果たすタンパク質である．生体内に異物(抗原)が侵入すると，それらに特異的に結合する抗体が産生され，異物を無毒化する．抗体が対応する抗原のみを特異的に認識する能力(抗原特異性)は非常に高く，また測定したい物質を実験動物に注射することでその物質を認識する抗体を得ることも比較的容易である．このため，抗体は選択的分子認識材料として広く用いられるようになった．

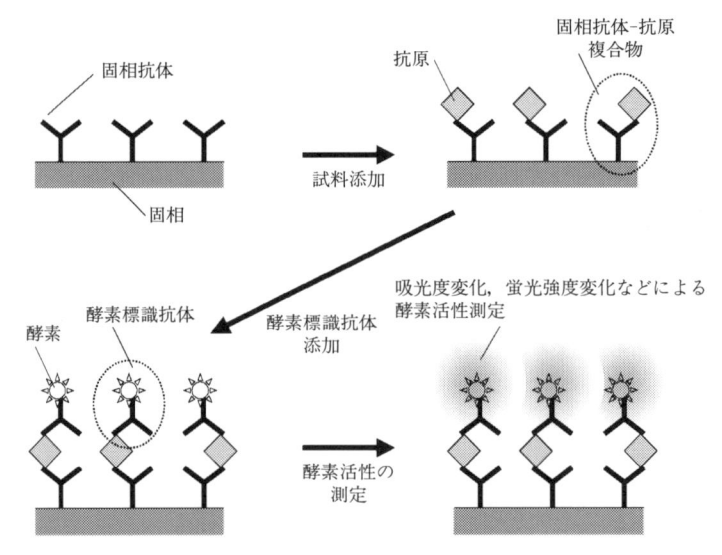

図 8.4.4 EIA(サンドイッチ法)の原理

　反面,一般に抗体は酵素のように化学反応を触媒する機能をもたないので,抗体が抗原に結合したことを検出するにはさまざまな工夫が必要となる.これらの検出法は標識剤を用いる方法と用いない方法に大別される.
　標識剤を用いる方法の代表例として EIA(酵素免疫測定法)があげられる.EIA にも数多くの変法が存在するが,ここではサンドイッチ法と呼ばれる方法を例にとって説明する(図 8.4.4).
　サンドイッチ法では,被測定物質である抗原に特異的に結合する抗体をあらかじめ固相(免疫測定用のタイタープレートやビーズなど)に固定化しておく.ここに抗原を含んだ試料を加えると,固相抗体-抗原複合物が形成される.さらに,酵素標識を施した抗体(これも抗原に特異的に結合する)を加え,固相抗体-抗原-標識抗体複合物を得る.このとき抗原は 2 種類の抗体で挟まれた格好となるが,これがサンドイッチ法の名前の由来である.最後に標識酵素の酵素活性を測定することによって,抗原量を定量することができる.酵素標識としてはペルオキシダーゼ,アルカリホスファターゼ,β-D-ガラクトシダーゼなどが用いられ,酵素活性の測定は酵素反応に伴う吸光度変化や蛍光強度変化を利用して行われることが多い.もちろん酵素センサと同様に,酵素反応生成物を電極を用いて検出することも可能であり,実際にそのようなセンサも開発されている.
　次に,標識剤を用いない方法の代表例として,SPR(表面プラズモン共鳴)を利用した免疫センサについて説明する.
　金属のように自由電子が存在する物質内では,プラズモンと呼ばれる電子の粗密波

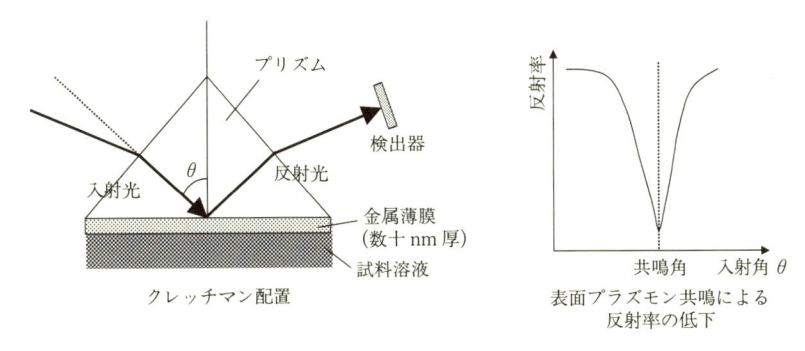

図 8.4.5 クレッチマン配置における SPR

が励起されることが知られている．一般にプラズモンは光とカップリングすることはないが，物質と誘電体との境界で発生する表面プラズモンのみは，エバネッセント光とカップリングし共鳴現象を起こす．この共鳴現象は SPR (表面プラズモン共鳴) と呼ばれる．SPR は物質表面のごく近傍 (数百 nm 以下の範囲) で起こる現象なので，表面物性に強く影響を受ける．

図 8.4.5 に SPR を起こし得る代表的な系であるクレッチマン (Kretschmann) 配置を示す．

クレッチマン (Kretschmann) 配置ではプリズム底面に金，銀などの金属薄膜 (厚さ数十 nm) が形成されており，金属薄膜は試料溶液と接している．入射光はプリズム底面で全反射されるが，このとき金属薄膜表面にエバネッセント光が発生する．適切な入射角で光を照射した場合，エバネッセント光と金属薄膜表面の表面プラズモンとが共鳴を起こして光のエネルギーが表面プラズモン波に移行し，反射率の低下が観察される (このときの光の入射角を共鳴角と呼ぶ)．一方，SPR は金属薄膜表面のごく近傍の誘電率 (または屈折率) にも影響を受けることが知られている．すなわち，誘電率 (または屈折率) 変化に伴って SPR の共鳴角が変化することが知られている．したがって，共鳴角の変化を精密に測定することで，金属薄膜表面 (近傍) 物性の変化をとらえることも可能である．

SPR を利用した免疫センサでは金属薄膜表面に抗体が固定化されている (図 8.4.6)．試料溶液中に含まれる被測定物質 (抗原) が固定化抗体と結合すると，金属薄膜表面 (近傍) 物性の変化に伴い SPR の共鳴角が変化する．この変化から，固相抗体に結合した抗原量を定量する．市販されている SPR 測定装置では 0.001°以下の共鳴角変化が検出可能であり，これは金属薄膜表面上の抗原濃度に換算して約 10 pg/mm^2 以下の高感度検出が可能であることを意味する．また，フローセルを用いて試料溶液を連続的に供給することで，抗原-抗体結合反応の速度論的解析も可能である．現在では光ファイバを用いた小型 SPR 測定装置や多点同時測定が可能な装置も開発されており，これらを利用したより高性能な免疫センサの構築が期待される．

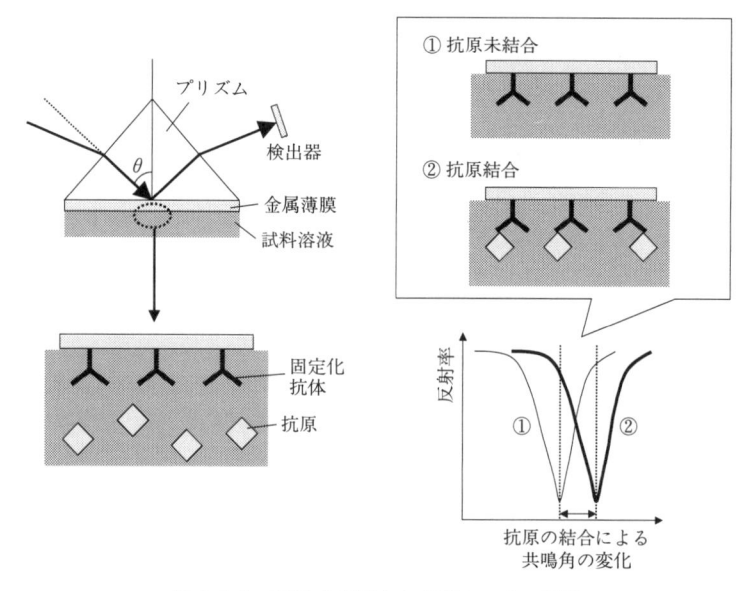

図 8.4.6 SPR を利用した免疫センサの原理

　以上，免疫センサの代表例 2 例に関して説明したが，ほかにもさまざまな方法が開発，実用化されている．標識剤を用いるタイプでは，放射性同位元素を用いる RIA（ラジオイムノアッセイ），蛍光色素標識を用いる蛍光免疫測定法をはじめ，電気化学発光分子，磁性粒子，リポソームなどを用いる方法が提案されている．標識剤を用いないタイプでは，水晶振動子や SAW（表面弾性波）デバイスを用いた方法などがある．

　以上，さまざまなバイオセンサについて駆け足で説明してきたが，不十分な点も多いと思われる．より詳細な情報源としていくつかの参考文献をあげて，本項の結びとしたい．

〔杉 原 宏 和〕

文　献

1) 鈴木周一編：バイオセンサー，講談社サイエンティフィック (1984)
2) 相澤益男：バイオセンサのおはなし，日本規格協会 (1993)
3) 軽部征夫，民谷栄一著：バイオエレクトロニクス，朝倉書店 (1994)
4) 軽部征夫監修：バイオセンサー（普及版），シーエムシー出版 (2002)
5) 六車仁志：バイオセンサー入門，コロナ社 (2003)

8.5 DNA，プロテインデバイス

8.5.1 DNA，プロテインの電子物性
a. DNA の 構 造

遺伝物質である DNA (deoxyribonucleic acid) は，ヌクレオチドを単位とする鎖状高分子である．ヌクレオチドは糖・複素環・リン酸の三つの分子からなり，糖は環状フラノシド型のリボースもしくはデオキシリボースから，複素環はアデノシン・グアノシン・シチジン・チミジンの4種類の塩基から構成される．これらヌクレオチドどうしがホスホジエステル結合により鎖状に重合し，2本の鎖が共通の中心軸の周りにらせん状によじれあった二重らせん構造をとっている．各鎖は，らせんの長軸に直

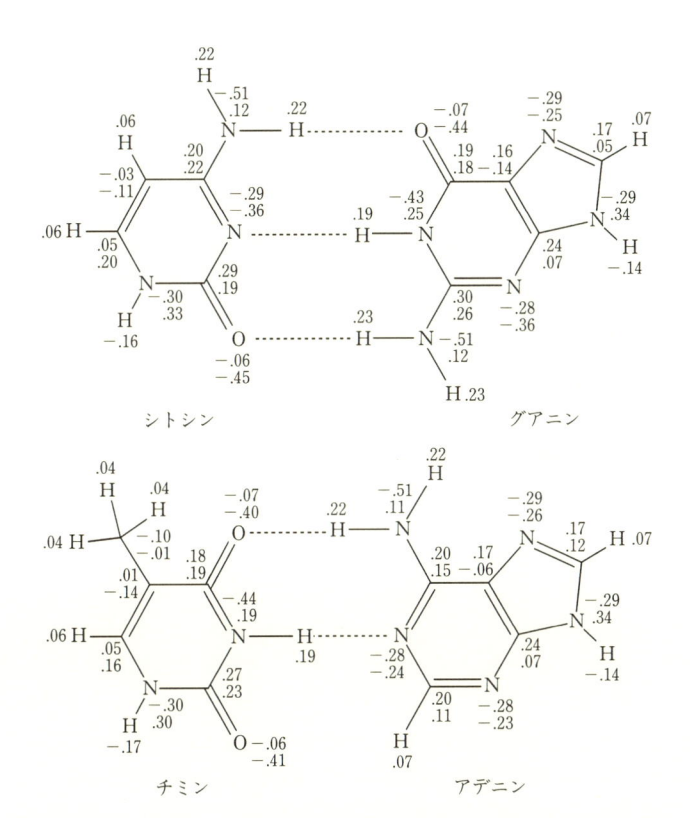

図 8.5.1 ワトソン-クリック (Watson-Crick) 塩基対における水素結合形成箇所と，各ヌクレオチドの電荷密度分布
デルレ法における σ 電荷密度分布（上段）とヒュッケル法による π 電荷密度分布（下段，斜体）．

角な平面上で内側に塩基,外側にリン酸基を向けた状態で,アデニンとチミン,グアニンとシトシンという相補性に基づいた水素結合をつくり,さらに3.4Åの間隔でこれら塩基対がスタッキングすることにより,全体の構造が安定化されている.(図8.5.1)

b. DNAの電子物性

ヌクレオチド上のσ電荷とπ電荷の寄与が,デルレ(Del Re)法やヒュッケル(Hückel)法により計算されている[1].これらにより得られた電荷密度分布から,塩基のアデニン・グアニン・シトシンのアミノ基上の水素原子は,σ電荷$+0.22\,e$をもっており,水素結合の供与体となる.同様に,グアニンのN_1位上の水素原子は,アミノ基上の水素原子よりも少ないが,$+0.19\,e$のσ電荷をもっているので,水素結合の供与体となる.これに対して,アデニンの$N_1 \cdot N_3 \cdot N_7$,グアニンの$N_3 \cdot N_7 \cdot O_6$,チミンの$O_2 \cdot O_4$,シトシンの$N_3 \cdot O_2$はすべて,$-0.47\,e$から$-0.65\,e$の範囲で負電荷をもち,水素結合の受容体となる.安定な塩基対を形成するには,少なくとも二つの水素結合(N-H⋯OもしくはN-H⋯N)が必要であることを考慮すると,同種・異種塩基間で28通りの塩基対形成が可能であるが,このうち,ワトソン-クリック(Watson-Crick)型のプリン-ピリミジン塩基対においては,図8.5.1のような水素結合を形成している.

水素結合によるらせんの長軸に直角な平面上の塩基-塩基会合とともに,塩基はファンデルワールス(van der Waals)距離(約3.4Å)で平行に隣の塩基と積み重なっている.双極子・π電子系・双極子-誘起双極子モーメント,さらには疎水性相互作用が,この垂直なスタッキング形成のドライビングフォースとなっており,塩基対間の水素結合とスタッキング相互作用の全体の寄与が,DNAの二重らせん構造を安定にしている.

c. タンパク質の構造

生物体の主要構成成分であるタンパク質は,20種のL-α-アミノ酸が,そのアミノ基とカルボキシル基の間で縮合して形成されるペプチド結合によりつながったポリペプチド(polypeptide)である.一般的に,ポリペプチドで構成される高分子のうち,分子量が1万以上(アミノ酸約100残基以上)のものをタンパク質といっており,それ以下のものはペプチドといって区別することが多い.また,その構成成分から,アミノ酸のみからなるものは単純タンパク質,アミノ酸以外の構成成分を含む糖タンパク質や核タンパク質,リポタンパク質,ヘムタンパク質,金属タンパク質などは複合タンパク質といわれる.タンパク質は,静電的相互作用やファンデルワールス相互作用,水素結合,疎水性相互作用,ジスルフィド結合のようなさまざまな力により,立体構造が形成されており,その構造は大きく分けて四つの階層からなる.すなわち,タンパク質のポリペプチド鎖のアミノ酸配列をさす1次構造,ポリペプチド鎖の種々の領域が局所的に規則的な構造,たとえばαヘリックスやβシートの形成といった2次構造,そのような構造単位がさらに高度に折り畳まれてできる構造を3次構造,

そしてこのように高度に折り畳まれた複数個のポリペプチド鎖が配列した4次構造である．このような3次および4次構造の形成により，配列上離れているアミノ酸が3次元的に近接して機能領域である活性部位を形成し，タンパク質として種々の機能を発揮する．

d. タンパク質の電子物性

タンパク質の立体構造の形成に寄与する力として，上述した五つの力がある．

1) 静電的相互作用

距離 r 離れて存在する点電荷 q_1 と q_2 の間の静電的エネルギー U_1 は，

$$U_1 = \frac{q_1 q_2}{\varepsilon r} \tag{8.5.1}$$

で与えられ（ε は誘電率），タンパク質の立体構造形成やタンパク質とリガンドとの結合などに大きく寄与する．式(8.5.1)は，実行誘電率の低いタンパク質内部の環境に存在する塩結合がタンパク質の安定化に寄与するのに対して，タンパク質表面に存在する塩結合はほとんど寄与しないということを示しており，これは実験事実ともよく一致している．また，永久双極子 $\boldsymbol{\mu}_1$ と $\boldsymbol{\mu}_2$ が距離 r 離れて存在するときの相互作用のエネルギー U_2 は，次式で与えられる[2]．

$$U_2 = \frac{\boldsymbol{\mu}_1 \boldsymbol{\mu}_2}{\varepsilon |r|^3} \tag{8.5.2}$$

a 式より α ヘリックスにおいて，水素結合距離にある二つのペプチド双極子間の相互作用は，$\varepsilon=4$ の場合 -0.56 kcal/mol，$\varepsilon=40$ では -0.06 kcal/mol と計算される．タンパク質中では，電荷および永久双極子間の異符号電荷間相互作用による安定化と，同符号電荷間相互作用による不安定化の寄与が相殺しあっている．ただ，一般にタンパク質は全体として大きな永久双極子をもっているので（図 8.5.2），酵素と基質が相互作用する際にも，双極子間相互作用が寄与しているものと考えられている．

2) ファンデルワールス相互作用

分子間相互作用を表すレナード-ジョーンズ (Lennard-Jones) ポテンシャル U は，距離の -6 乗に比例する引力項と -12 乗に比例する斥力項の足し合わせにより表される．

$$U(r) = -\alpha r^{-6} + \beta r^{-12} \tag{8.5.3}$$

タンパク質中の原子が占める体積の割合は平均 0.75 であり，一定の半径の球を最密充てんにした場合の 0.74 に近い．ゆえに，タンパク質分子全体では，ファンデルワールス力の大きな寄与が予想されるが，そのエネルギーは距離の 6 乗に反比例するため，実験的に見積もることは現状では困難である．

3) 水素結合

α ヘリックスや β シートなどの 2 次構造の形成には，ポリペプチド主鎖の窒素原子と酸素原子の水素結合が大きく寄与しており，水素結合 1 本で $\Delta G = -1 \sim -3$ kcal/mol と見積もられている[3]．α ヘリックス中において，水素結合はすべて同一の

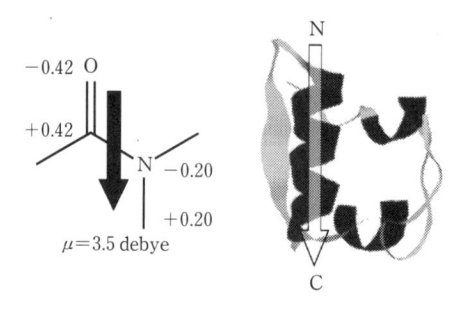

図8.5.2 ペプチド結合(図左)とインスリン中に存在する
αヘリックスの双極子モーメント(図右)

方向に向いているので,各ペプチドはらせん軸に沿って同一の配向をもって並ぶ.その結果,各ペプチド中にあるNH基とC'O基は,異なる極性分子から生じる双極子モーメントがあるので,この双極子モーメントもらせん軸に沿って並ぶことになる(図8.5.2).全体として,αヘリックスはかなりの強さの双極子となり,その両末端で約 $0.5 \sim 0.7\,e$ に相当する双極子モーメントとなる.これは,タンパク質とリガンドとの結合の際に,側鎖には無関係に主鎖のコンフォメーションによる特異的結合を引き起こす力となる.

4) 疎水性相互作用

疎水性相互作用は,疎水性基間のファンデルワールス相互作用と疎水性基の水和エネルギーの寄与からなる.これは,タンパク質の立体構造保持に寄与するだけでなく,タンパク質とリガンドの結合部位が一般に疎水性であることからみても,重要な因子であることがわかる.

5) ジスルフィド結合(–SS–結合)

チオール基(-SH)を有するシステイン残基は,配列的にポリペプチド鎖の離れた部分にあっても3次元的に近接している場合,酸化されてジスルフィド架橋を形成して3次元構造の安定化に寄与する.さらに,異なるペプチド鎖間で架橋して4次構造を形成する場合もある.タンパク質の3次構造への折り畳みの過程において,タンパク質ジスルフィド異性化酵素により,タンパク質内部のジスルフィド結合の交換が触媒され,正しい折り畳み構造へと導かれる例もあり,タンパク質の立体構造形成過程にも重要な役割を果たしている.

8.5.2 DNA, プロテインのデバイスへの応用

a. DNAにより形成される電子回路

エレクトロニクスの立場からみたDNA分子の特徴として,①分子自身が情報・アドレスをもつ点,②集積化が容易な材料である点,③DNA分子の相補性,自己複製機能により,エラーフリーかつ大量合成が可能である点,④低次元物性の観点よ

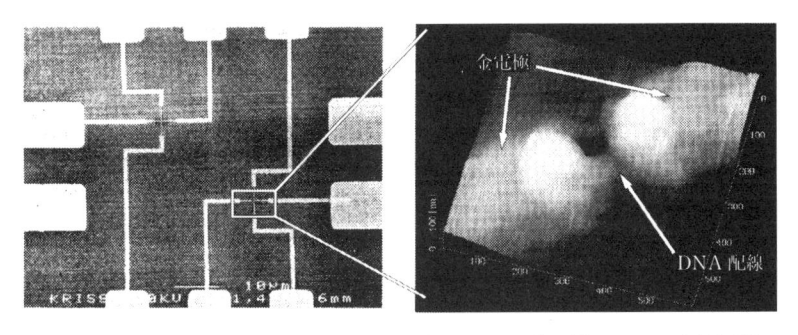

図 8.5.3 シリコン基板上に形成した金電極パターン(図左)および,金電極間 (電極間隔:10 nm)に形成した DNA 配線(図右)

り,塩基配列制御した DNA はポテンシャル制御した1次元超格子とみなせ,量子現象を利用したデバイスの構築が期待できる点などがあげられる.DNA の二重らせんは,リン酸基を外側に向け,内側の塩基のπ電子がスタッキングした構造をとっているため,あたかも被覆線に包まれたナノサイズの導線のような構造をとっている.このため,電子移動媒体としての有効性が示唆されており,1993年に J. K. Barton らにより DNA の電気伝導性が提議されて以来[4],現在も議論が続けられているが,いまだに不明瞭な点が多い.しかしながら,将来,p 形,n 形のコントロールが自由にできるようになれば,世界最小の p-n 接合,論理回路形成も可能となる.実際,微細電極間に組み込んだ DNA 配線において,微小のトランジスタを作製する試みもなされている(図 8.5.3).

b. バイオ素子

半導体集積化過程において培われたシリコンのトップダウン型加工技術は,ナノメートルオーダの領域に突入しているが,その限界を危惧する声もあり,逆のアプローチ,すなわち,原子・分子からナノ構造体を組み上げていくボトムアップ型テクノロジーの開発も進んでいる.バイオ素子(bioelectronic device)は,単独の分子または分子集合体を人為的に制御して組み立てた分子素子の一種で,特に生体高分子のもつ高度な分子組立て機能および自己組織化能を利用した分子デバイスである.このバイオ素子が実現されれば,現在の LSI の数万倍から数億倍の集積度で,熱発生の少ない超微細素子ができるため,種々の基礎研究が積極的に行われている.バイオ素子の材料として,生体の呼吸鎖の電子伝達系に関与するタンパク質,シトクロム c や,光応答性のあるバクテリオロドプシンなどが用いられている[6,7].これらを DNA の3次元配線構造の中に組み込むことにより,従来の電流制御やデジタル信号処理といった半導体デバイスの小型化,高集積化はもちろんのこと,これらの延長線上にはないまったく異なる原理のデバイスの開発が期待されている.

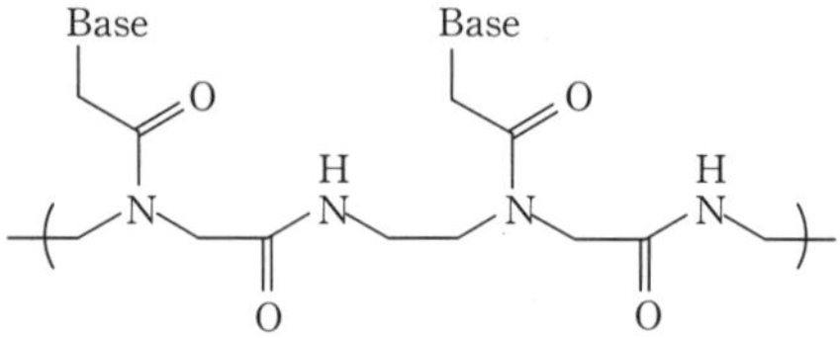

図 8.5.4 ペプチド核酸の構造

8.5.3 人工 DNA，プロテインデバイス
a. ペプチド核酸

ペプチド核酸(peptide nucleic acid : PNA)は，1991年にニールセン(Nielsen)らにより報告された N-(2-アミノエチル)-グリシンが，アミド結合により縮合した核酸アナログである(図 8.5.4)[8]．B型 DNA の構造をもとにコンピュータによるモデリングにより，リボース-リン酸骨格を，グリシンを基本骨格とするアミド結合に置き換えることにより得られた．PNA は，相補的な配列を有する DNA・RNA に結合して，天然型のオリゴマーよりも非常に高い融解温度(T_m : melting temperature)を示すとともに，1塩基の非相補的配列が存在するだけで，その T_m は大きく低下する．このように非常に優れた塩基配列認識能を有するため，特定の遺伝子を検出する in-situ hybridization 法や，特定の遺伝子の発現を阻害するアンチセンス法に応用されている．また，ホモピリミジン PNA は，相補的なホモプリン・ホモピリミジン系 dsDNA (double-stranded DNA : 2本鎖 DNA) に対して，その二重らせん中に割り込み，安定な PNA-DNA 二重らせんを形成し，その外側に残りの DNA が巻き付いた構造をとることが明らかとされており，その高い可能性が注目されている．しかし，PNA は，細胞内タンパク質との非特異的吸着や水溶性に比較的乏しいなどの問題もあり，その誘導体も数多く開発されている．

b. ペプチドリボ核酸

ペプチド核酸をはじめとするほとんどの核酸アナログは，ターゲットとなる DNA・RNA と結合することにより，単純に遺伝子の発現を抑制するものであり，その抑制の程度を制御することはできない．ペプチドリボ核酸 (PRNA : peptide ribonucleic acid) は，DNA・RNA への結合制御を目的として開発された核酸アナログであり，空間的・時間的に遺伝子発現を外部からコントロールすることを可能とするものである[9]．図 8.5.5 に示す γ-PRNA は，その糖の cis-1,2-ジオールが水溶液中においてホウ酸類と可逆的にエステルを形成する．このホウ酸エステル形成による糖部のコンフォメーション変化に伴う塩基部分の anti-syn 配向変化により，ターゲットとなる DNA・RNA への結合制御を行うことが可能となる．すなわち，ホウ酸を添加・除去することにより，ターゲット DNA・RNA への結合と解離の制御が可能となり，相補鎖認識能を外部からコントロールできるようになる．

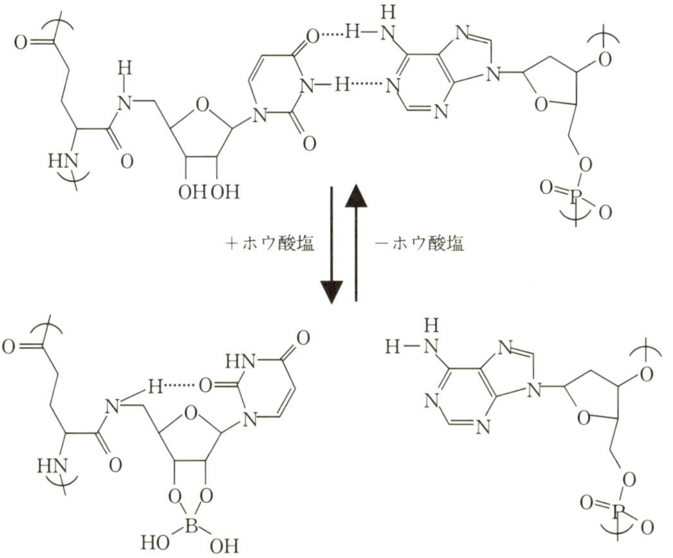

図 8.5.5 ペプチドリボ核酸の作用機構
ホウ酸塩の添加と除去により，塩基対の結合と解離の制御が可能である．

c. 人工 DNA

化学合成により核酸アナログを作製するアプローチの一方で，DNA が有する性質をうまく利用することにより，従来，実現不可能であったような構造を作製するというアプローチも行われている．その一例として，DNA の二重らせん構造を利用して，金属イオンを意図的に整列させたものがある[10]．これは，両端にグアニン・シトシンをもつ DNA 鎖の間に，平面性二座金属配位子であるヒドロキシピリドン塩基を導入することにより，この DNA 鎖が 2 本鎖を形成する際，銅イオン (Cu^{2+}) を仲介しながら 2 本鎖を形成し，結果として銅イオンを DNA 二重らせん軸上に積み上げた人工 DNA が形成されるというものである．このようにして配列された銅イオンは，d 不対電子を介して相互作用して磁性鎖としての性質を示すことから，分子磁石としての応用や，また，絶縁体の内側に金属が一直線に配列した構造から，電子移動媒体としての応用が期待されている．

d. タンパク質工学

生物の生命活動を支える多種多様なタンパク質分子は，30 億年以上もの年月にわたり個々の生物の生存に有利かどうかで自然選択されてきた，いわば生物の進化の産物である．20 種類のアミノ酸の組合せによってこれらのタンパク質分子がつくり出されることを考えると，地球上に生存する約 180 万種の生物は，理論的には $\Sigma 20^n$ 種のポリペプチド・タンパク質を使用可能であるが，実際には，大腸菌では 3500 種程

度，ヒトでは10万種程度のタンパク質を利用しているにすぎない．タンパク質工学 (protein engineering) は，これら以外のタンパク質，すなわち生物がつくっていないタンパク質，あるいは，生物はつくっているが未知のタンパク質を人為的につくり出すことを前提としている．したがって，天然のタンパク質の一部に変異を組み込むことにより構造活性相関を解明するといった基礎的研究から，望みの機能を付加したタンパク質を医薬品や機能材料として利用する応用的研究まで，幅広い分野を含んでいる．

タンパク質工学においては，目的タンパク質を産生する細胞から cDNA をクローニングもしくは合成し，変異させたいタンパク質中のアミノ酸に対応する遺伝子に，部位特異的に変異を導入して変異型遺伝子を作製し，大腸菌などの宿主の発現系，もしくは，大腸菌抽出液などを用いた無細胞発現系を利用して目的とするタンパク質を得る．ただ，この部位特異的変異の導入によるアミノ酸残基の欠失・置換は，天然のタンパク質生合成系において用いられている 20 種類のアミノ酸に限定されてしまう．20 種類の天然型アミノ酸のみでは，互いの構造上の差異が大きすぎて，アミノ酸欠失・置換の効果の精密な検討は困難である．そこで，人工遺伝暗号系を用いることにより，非天然型のアミノ酸をタンパク質に導入し，よりきめ細やかで系統的な研究を行う試みもなされている[11]．　　　　　　　　　　　　　〔加地範匡・馬場嘉信〕

文　　献

1) V. Renugopalakrishnan, A. V. Lakshminarayanan and V. Sasisekharan : Stereochemistry of nucleic acids and polynucleotides, III. Electronic charge distribution, *Biopolymers*, **10**, pp. 1159-1167 (1971)
2) C. R. Cantor and P. R. Schimmel : Biophysical Chemistry, Part I, p. 262, W. H. Freeman and Company, San Francisco (1980)
3) A. R. Fersht : *Trends Biochem. Sci.*, **12**, pp. 301-305 (1987)
4) C. J. Murphy, M. R. Arkin, Y. Jenkins, N. D. Ghatlia, S. H. Bossmann, N. J. Turro and J. K. Barton : *Science.*, **262**, pp. 1025-1029 (1993)
5) 川合知二監修：図解ナノテクノロジーのすべて，pp. 152-155, 工業調査会 (2001)
6) J. Choi, Y. Nam, B. Kong, W. Lee, K. Park and M. Fujihira : *J. Biotechnol.*, **94**, pp. 225-233 (2002)
7) K. Wise, N. Gillespie, J. Stuart, M. Krebs and R. Birge : *Trends Biotechnol.*, **20**, pp. 387-394 (2002)
8) P. E. Nielsen, M. Egholm, R. H. Berg and O. Buchardt : *Science*, **254**, pp. 1497-1500 (1991)
9) T. Wada, N. Minamimoto, Y. Inaki and Y. Inoue : *J. Am. Chem. Soc.*, **122**, pp. 6900-6910 (2000)
10) K. Tanaka, A. Tengeiji, T. Kato, N. Toyama and M. Shionoya : *Science*, **299**, pp. 1212-1213 (2003)
11) T. Kohno, D. Kohda, M. Haruki, S. Yokoyama and T. Miyazawa : *J. Biol. Chem.*, **265**, pp. 6931-6935 (1990)

9

熱電デバイス

9.1 ペルチエ素子と冷却ユニット

9.1.1 ペルチエ素子の用途と特徴

ペルチエ素子は冷媒を用いない電子冷却素子で，小型，電流制御が可能であるという特徴を生かして，光通信用レーザダイオードやCCDの温度調節などの局所的な精密温度制御に利用されている．また，素子自体は可動部分をもたないため，騒音，振動がほとんどない冷却システムを構築することが可能で，この利点を生かして病院やホテル向けの小型冷蔵庫やワインセラーなどの商品への応用も近年盛んに行われている．

9.1.2 ペルチエ素子の原理

p形，および，n形の熱電半導体を電極を介して図9.1.1のようにΠ型形状に接

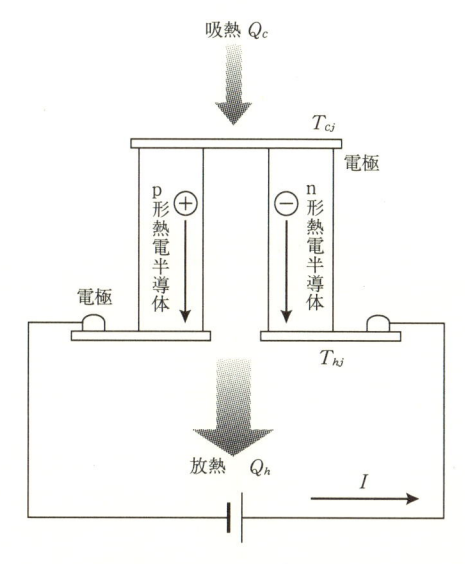

図9.1.1 ペルチエ素子の原理

続する.このΠ型素子のn形側の端子がプラスとなるよう直流電流を流すと，上部電極と各熱電半導体の接合界面でペルチエ効果によって吸収された熱エネルギーは，各半導体内でホール，電子の移動とともに下方に運ばれ，この熱エネルギーに消費電力を加えた熱量が下部電極との接合界面で放出される．この結果，上部電極は，熱の吸収により冷却される．流す電流の向きを逆にすると，熱の流れも逆向きとなり，下部電極では吸熱が，上部電極では放熱が起こる．

9.1.3 ペルチエモジュールの構造

pn 一対のΠ型素子では吸収できる熱量が小さいため，ペルチエモジュールは，図9.1.2 に示すようにΠ型素子が，数個〜100 数十個電気的には直列に接続された構造となっている．熱電半導体と電極の接合には，はんだが用いられる．金属電極が露出したままだと金属製の冷却対象や熱交換器に直接接触させることができない．このため汎用モジュールでは，あらかじめ電極が接合されたセラミック基板で熱電半導体を上下から挟み込む構造となっている．このセラミック基板は，絶縁目的のほか，モジュールの機械的強度補強の意味合いもある．基板には，熱伝導性の良いアルミナや窒化アルミが用いられる．

ペルチエ素子は冷却動作時には吸熱側基板が熱収縮し，放熱側基板は熱膨張するため，素子接合部にはせん断応力がかかりモジュール損傷の要因となる．吸熱側のセラミック基板がないハーフスケルトン構造，両側のセラミック基板がないスケルトン構造のペルチエモジュールは，この熱応力が緩和されるため，信頼性が高い．このモジュールを金属製熱交換器に密着させる際は，別途絶縁層を挟む必要がある．

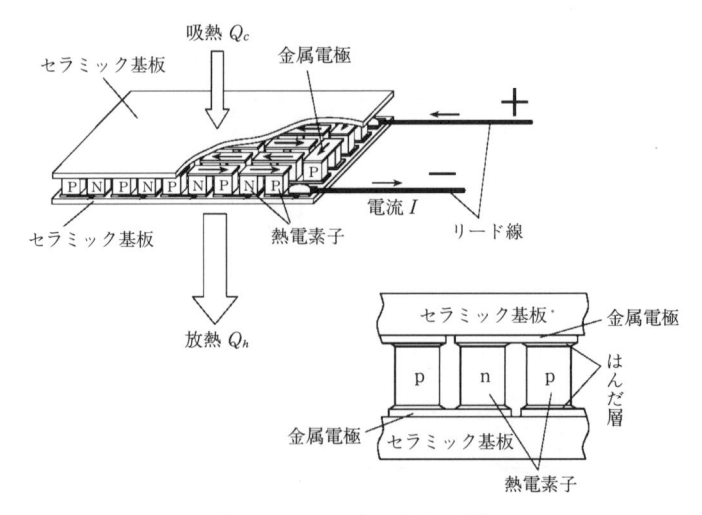

図 9.1.2 ペルチエ素子の構造

9.1.4 ペルチエ素子の基本式[1,2)]

pn一対からなる Π 形素子の吸熱量と放熱量は，次式で表される．

吸熱量

$$Q_c = \alpha I T_{cj} - \frac{1}{2} I^2 R - K \Delta T_j \tag{9.1.1}$$

放熱量

$$Q_h = \alpha I T_{hj} + \frac{1}{2} I^2 R - K \Delta T_j \tag{9.1.2}$$

ここで，T_{hj}, T_{cj} は熱電半導体と電極の接合部の温度，ΔT_j は接合部の温度差，α, R, K はそれぞれ，素子の相対熱電能，電気抵抗，熱コンダクタンス，I は素子に流れる電流値である．第1項はペルチエ効果によって発生する吸発熱量，第2項は素子内で発生するジュール発熱量，第3項は熱伝導により高温側接合部から低温側接合部へ流れる熱量である．α, R, K の温度依存性は，かなり大きいが，熱電半導体内の平均温度を $T_{ave} = (T_{hj} + T_{cj})/2$ とし，その温度における相対熱電能，電気抵抗，熱コンダクタンスを用いて計算を行ってもよい近似が得られる．

9.1.5 ペルチエ素子の諸特性[1,2)]

ペルチエ素子の特性を特徴づけるパラメータをいくつか示す．

a. 消費電力

冷却動作で消費される電力 P は，高温側から放出される熱量 Q_h から低温側で吸収される熱量 Q_c を差し引いたものに等しいので，

$$P = Q_h - Q_c = (\alpha \Delta T_j + RI) I \tag{9.1.3}$$

となる．

b. 最大温度差

素子の低温側電極が断熱状態 ($Q_c = 0$) の場合，T_{hj} が一定の条件で接合部の温度差 ΔT_j が最大となる (T_{cj} が最小値 $T_{cj\min}$ となる) 電流値は，式(9.1.1)において，$Q_c = 0$, T_{hj} を一定として，$d(\Delta T_j)/dI = 0$ から

$$I = \frac{\alpha T_{cj\min}}{R} \tag{9.1.4}$$

このときの温度差 ($\Delta T_{j\max} = T_{hj} - T_{cj\min}$) は

$$\Delta T_{j\max} = \frac{1}{2} \frac{\alpha^2}{R \cdot K} T_{cj}^2 \tag{9.1.5}$$

ここで

$$Z = \frac{\alpha^2}{R \cdot K} \tag{9.1.6}$$

とおくと

$$\Delta T_{j\max} = \frac{1}{2} Z T_{cj}^2 \tag{9.1.7}$$

この値は，素子が到達することのできる温度差の最大値である．なお，このときの電流値を最大電流値(I_{max})，素子に印可されている電圧

$$V = \alpha \Delta T_{j\max} + IR = \alpha(T_{hj} - T_{cj\min}) + \frac{\alpha T_{cj\min}}{R} \cdot R = \alpha \cdot T_{hj} \quad (9.1.8)$$

を最大電圧値(V_{max})という．

c. 成　績　係　数

消費電力 P に対する吸熱量 Q_c の割合を成績係数(coefficient of performance：COP)という．COPϕ は，

$$\phi = \frac{Q_c}{P} = \frac{\alpha T_{cj} I - (1/2) R I^2 - K \Delta T_j}{\alpha \Delta T_j I + R I^2} \quad (9.1.9)$$

で表される．T_{hj}, T_{cj} が与えられたとき，$T_j = (T_{hj} + T_{cj})/2$, $M = \sqrt{1 + ZT_j}$ とおくと $d\phi/dI = 0$ から得られる電流値

$$I = \frac{\alpha \Delta T_j}{R(M-1)} \quad (9.1.10)$$

のとき成績係数は最大となり，その値は

$$\phi_{\max} = \frac{T_{cj}}{\Delta T_j} \frac{M - T_{hj}/T_{cj}}{M + 1} \quad (9.1.11)$$

である．

d. 性　能　指　数

最大温度差，成績係数の最大値を示す式中には Z が含まれており，この値が大きいほどこれらの値も大きく，ペルチェ素子の性能が優れていることを示している．この Z のことを性能指数(figure of merit)という．

p 形および n 形熱電半導体の熱電能，電気伝導率，熱伝導率をそれぞれ α_p, α_n, σ_p, σ_n, κ_p, κ_n，断面積および長さを A_p, A_n, L_p, L_n とすると，素子の相対熱電能，電気抵抗，熱コンダクタンスはそれぞれ，

$$\alpha = \alpha_p + |\alpha_n| \quad (9.1.12)$$

$$R = \frac{L_p}{\sigma_p A_p} + \frac{L_n}{\sigma_n A_n} \quad (9.1.13)$$

$$K = \kappa_p \frac{A_p}{L_p} + \kappa_n \frac{A_n}{L_n} \quad (9.1.14)$$

と表される．

$$\frac{L_n A_p}{L_p A_n} = \sqrt{\frac{\sigma_n \kappa_n}{\sigma_p \kappa_p}} \quad (9.1.15)$$

の関係を満たすように，断面積，長さを決めると，Z の分母である RK が最小になり，最大の性能指数を得ることができる．このとき，素子の性能指数 Z は次式で表される．

$$Z = \frac{(\alpha_p + |\alpha_n|)^2}{(\sqrt{\kappa_p/\sigma_p} + \sqrt{\kappa_n/\sigma_n})^2} \quad (9.1.16)$$

このように，最適な形状を選べば，素子の性能指数は熱電材料がもつ固有の特性で

ある熱電能，電気伝導率，熱伝導率によって決まる．

$$Z = \frac{\alpha^2 \sigma}{\kappa} \tag{9.1.17}$$

を「熱電材料」の性能指数といい，この値が大きいほど素子の性能指数は大きくなる．

9.1.6 冷却ユニット

ペルチエモジュールとヒートシンク，フィンなどの熱交換器で構成された簡単な冷却システムを図9.1.3に示した．ペルチエモジュールは図に示したように，一般的にはねじで締め付けることにより熱交換器に固定される．このような構成の場合，ねじを締め付ける際の偏荷重によりモジュールを破壊する可能性があるほか，熱抵抗を低減するため強固に固定することによりモジュール厚み方向の変形が規制されると，熱応力の影響によりモジュール寿命が低下する．また，モジュールの吸熱側温度が露点温度以下になると，結露により電極の電触が引き起こされモジュールの損傷が発生する．モジュール周囲をシリコーンで防湿処理を施すことにより水分の浸入を低減することはできるが，長期的には不十分である．これらを解決するために，図9.1.4に示すような樹脂フレームで密閉した構造の冷却ユニットも商品化されている[3]．

式(9.1.1)，(9.1.2)は接合部温度 T_{hj}，T_{cj} を基準としたものであるが，実際の冷却

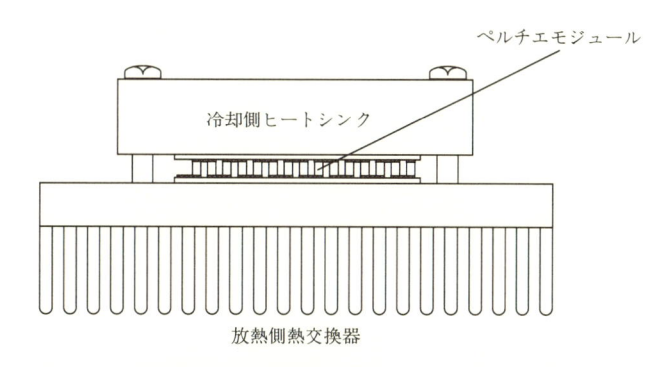

図9.1.3 一般的な冷却システム

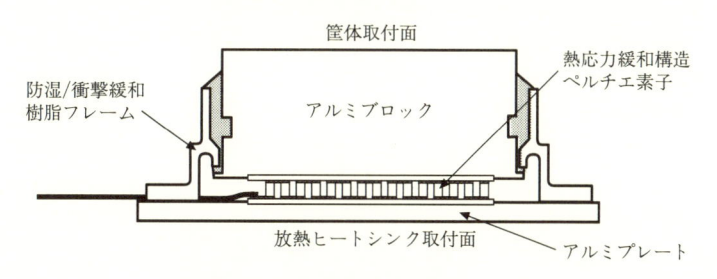

図9.1.4 密閉構造の冷却ユニット

システムでは，セラミック基板，熱伝導性グリースや接着剤などの密着層，熱交換器の熱抵抗が存在することにより，被冷却物とモジュールの低温側接合部温度，および，放熱媒体と高温側接合部温度は一致しない．これらの熱抵抗により発生する温度差は，冷却ユニットの冷却効率を大きく左右する．通常，冷却装置を設計する際，与えられる温度は，被冷却物や放熱媒体であり，接合部温度は未知数となる．この場合は，式 (9.1.1), (9.1.2) に，次の境界条件を与えることにより計算することが可能になる[4]．

$$Q_c = K_c(T_c - T_{cj}) \tag{9.1.18}$$

$$Q_h = K_h(T_{hj} - T_h) \tag{9.1.19}$$

ここで，T_c, T_h はそれぞれ被冷却物，放熱媒体の温度，K_c, K_h はそれぞれ吸熱側，放熱側の熱コンダクタンスである．

9.1.7 カスケードモジュール

1段のモジュールで得られる温度差の最大値は式 (9.1.5) で与えられる値であるが，モジュールを多段に重ねることにより，それ以上の温度差をつくり出すことができる．このように多段に積み重ねた構造をとったモジュールをカスケードモジュールという．下段のモジュールは上段のモジュールの放熱量 (=吸熱量+消費電力) をすべて吸熱し，さらに温度差を保つ必要があるため，上段モジュールの吸熱能力に対して，3～4倍の吸熱能力をもったモジュール仕様にする．

9.1.8 ペルチエ素子用熱電材料

ペルチエ素子には Bi-Te 系化合物半導体が用いられている．この材料は $(Bi, Sb)_2(Te, Se)_3$ で表される固溶体で，$Bi_2Te_3-Sb_2Te_3-Bi_2Se_3$ とも表現することができる．電気的には狭ギャップ半導体である．Bi-Te 系材料は 1950 年代後半に開発された材料であるが，現在においても室温付近の温度領域では，最も優れた熱電特性をもつ材料である．商業生産されている材料の性能指数は $2.7～3.0×10^{-3}/K$ である．

Bi_2Te_3 は空間群 $R\bar{3}m$ に属する菱面体で，図 9.1.5 に示す結晶構造をしている．結晶方位は六方晶系として記述されることが多い．Bi_2Te_3 の熱的特性，電気的特性には強い異方性がみられる．a 軸方向のキャリヤ移動度が高く，この方向の電気伝導率が高い．熱伝導率も a 軸方向のほうが高い値を示すが，電気伝導率の異方性のほうが強いため，a 軸方向で高い熱電特性が得られる．このため，高い熱電性能を得るためには，結晶配向をそろえることが重要になる．また，Bi_2Te_3 は c 面でへき開を生じやすい．図からわかるように Bi_2Te_3 の結合は…Te(1)-Bi-Te(2)-Bi-Te(1)-Te(1)-…と表されるが，このうち，Te(1)-Te(1) 間がファンデルワールス力で結合されていて，この間の結合力が弱いためである[2]．現在使われている Bi-Te 系熱電半導体の熱伝導率は 1.5 W/mK 程度でステンレスよりも1桁小さい．これは，構成元素が重金属であること，結晶構造が比較的複雑であること，固溶体であり Bi と Sb，および

性能低
c
↑

→ a
性能高

○ Te(1)
◯ Te(2)
● Bi

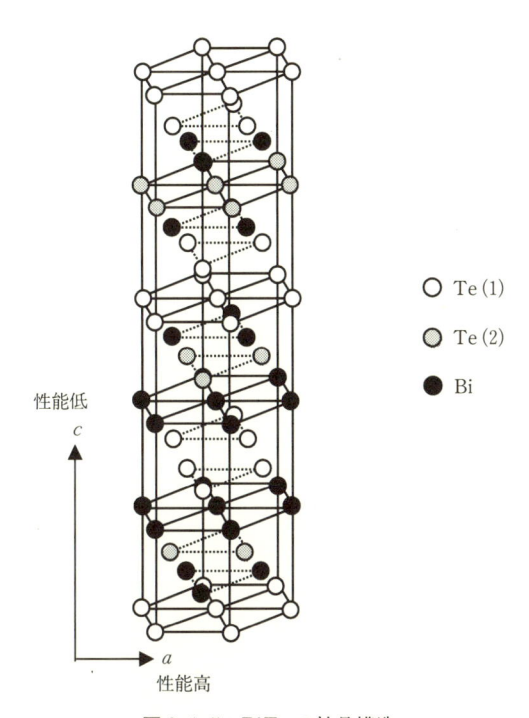

図 9.1.5 BiTe の結晶構造

Te と Se の配列が不規則なためフォノン散乱が大きいことなどによる.

n 形半導体としては Bi_2Te_3 を主成分とした固溶体が用いられる. 組成は $(Bi_xSb_{1-x})_2(Te_{1-y}Se_y)_3$ ($x=0.9\sim1.0$, $y=0.05\sim0.2$) で,キャリヤ濃度の制御には,SbI_3 などのハロゲン化物がドーパントとして添加されることが多い. 一方,p 形半導体は Sb_2Te_3 を主成分とした固溶体が用いられ,その組成は $(Bi_xSb_{1-x})_2(Te_{1-y}Se_y)_3$ ($x=0.2\sim0.3$, $y=0\sim0.05$) である. p 形半導体では,ドーパントを添加しないものは電気伝導率が高すぎるため,キャリヤ濃度を低くする制御を行う. 一般的には Te を 0.5~3 wt% 過剰に添加することにより電気伝導率の調整を行う. p 形,n 形ともに,電気伝導率が約 $1\times10^{-5}\ \Omega^{-1}\,m^{-1}$,ゼーベック係数の絶対値が約 200 μV/K となるようなキャリヤ濃度で最高の性能指数が得られる.

9.1.9 ペルチエ素子用熱電材料の製造方法

現在使用されている Bi-Te 系材料は,溶製材料と焼結材料に大きく分けられる. ペルチエ素子用材料としては溶製材料が先に商品化され,現在でも汎用モジュールの多くでは溶製材料が使用されている. すでに実用化されている,または,実用化されつつある製造方法について述べる.

a. 溶製材料

溶製材料の製造方法としては，ブリッジマン法やゾーンメルト法が用いられる．各原料金属を入れた石英アンプルを真空封止したのち，ロッキング炉を用いて溶融・攪拌を行う．これをブリッジマン炉やゾーンメルト炉を用いて一方向性凝固を行う．これらの方法で製造された結晶は，成長方向に a 軸がそろった多結晶体となり，成長方向の熱電特性が優れている．結晶方向をそろえやすいため，高い熱電性能が得られる．ゾーンメルト法を用いた多結晶体では $3.5 \times 10^{-3}/K$ を超える性能指数が得られている[5]．一方，得られた多結晶体の結晶粒は比較的大きくなり，成長方向に対して平行にへき開を生じやすく機械的強度が弱いため，切断加工時の歩留まりを低下させる要因となる．また，これらの方法ではわずかな偏析によるキャリヤ濃度の変化により，成長方向に熱電特性の分布を生じやすい．図9.1.6に Bi-Te の状態図を模式的に示したが，これからわかるように Bi_2Te_3 よりもやや Bi が過剰な組成で融点が極大値をとる．また Sb_2Te_3, Bi_2Se_3 も同様に Sb 過剰，Bi 過剰な組成で融点が極大値をとる．このため，一方向性凝固による結晶成長を行うと Bi 過剰な結晶が得られることになる．この結果，Te が液相部分に押し出されていくため偏析を生じる．成長速度，温度勾配を制御することにより偏析を少なくすることはできるが[1),2)]，それでも性能上使用できない領域が生じる．

b. 焼結材料

焼結材料の製造方法としては，冷間プレスした成型体を不活性ガス中，あるいは還元性ガス中で焼結する方法，ホットプレスやプラズマ焼結などの熱間プレスを用いる方法，また，冷間プレスした成型体を熱間押し出しする方法も焼結材料の一種と考えることができる．焼結原料としては，溶解後急冷して作製したインゴットを機械的に

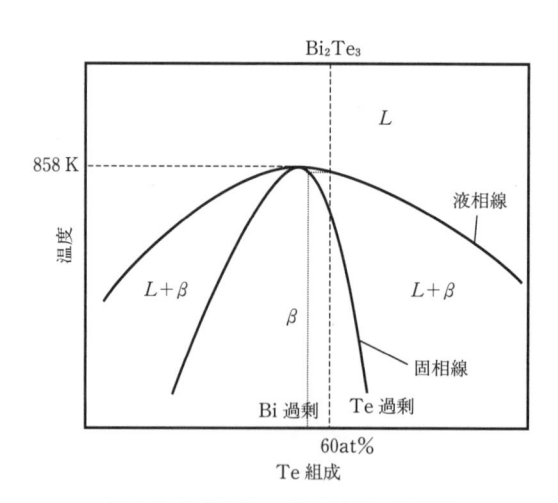

図 9.1.6 Bi-Te の融点近傍の状態図

粉砕して得られる粉体を用いるのが一般的である．焼結材料は溶製材料のようなへき開性がないため，加工時の歩留まりは溶製材料よりも高い．また，材料歩留まりも溶製材料に比べると高い．焼結材料の熱電特性は，従来，結晶方位をそろえることの困難さから溶製材料に比べると高い熱電特性を得るのが難しかったが，結晶粒の微細化により熱伝導率を低減する技術や，焼結体の結晶配向性を高める製造技術により，溶製材料に匹敵する熱電特性をもつ焼結材料も開発されている．前者としてはメカニカルアロイング法を用いて微細な粉体を作成し，これをパルス通電焼結法で焼結することにより，p 形材料で $3.4 \times 10^{-3}/K$ の性能指数が得られている[6]．後者として，Bi-Te 系材料を熱間で加圧することにより塑性変形させると，加圧方向に対して垂直方向にへき開面である c 面（{001} 面）がそろいやすいことを利用して，焼結材料に再度すえ込み鍛造[7]や押し出し加工[8]の処理を施すことで熱電特性を向上させることができる．また，液体急冷法により作製した急冷薄片は，厚み方向に a 軸が強く配向しているため，これを焼結原料として，薄片の厚み方向がそろうように焼結金型に充てんして薄片の配向性を崩さない条件で加圧焼結すると，結晶配向性が高く優れた熱電特性をもった焼結材料を作製することができる．〔東松　剛〕

文　献

1) 上村欣一，西田勲夫：熱電半導体とその応用，日刊工業新聞社 (1988)
2) 菅　義夫：熱電半導体，槇書店 (1966)
3) 酒井基弘，木谷文一：日経メカニカル，**489**, pp. 48-56 (1996)
4) 小川吉彦：熱電変換システム設計のための解析，森北出版 (1998)
5) M. H. Ettenberg, W. A. Jesser and F. D. Rosi : Proc. 15th Int. Conf. on Thermoelectrics, Pasadena, pp. 52-56, USA (1996)
6) 朴　容浩，橋本　等：金属，**72**, pp. 1073-1076 (2002)
7) 福田克史，佐藤泰徳，梶原　健：公開特許公報　特開平 10-178218 (1998)
8) Y. Iwausako, T. Aizawa, A. Yamamoto and T. Ohta : Proc. 19th Int. Conf. on Thermoelectrics, pp. 82-85, Cardiff, UK (2000)

9.2　熱電素子と排熱利用

9.2.1　排熱利用熱電発電

熱電変換の中でゼーベック効果を利用する熱電発電について，その熱源として排熱利用を考えた場合の固有の技術を概説する．

熱電発電の特徴として

① 温度域は高温排ガスなどの 2000 K 付近の高温から LNG 冷熱（液化天燃ガス）の蒸発熱の 100 K 付近など，広い範囲の熱源に対応した発電が可能であること．

② 発電出力は発電素子の集合体である熱電発電モジュールを基本要素として，それらを多数直並列することによって数百 kW〜数千 kW 以上の発電規模から，

素子を μm オーダにし，それらを集積して $10^{-9} \sim 10^{-6}$ W の微小出力(マイクロジェネレータ)まで幅広い対応が可能であること．
③ 熱電変換効率は，接合部(高温側と低温側)間の温度差と素子の物性値(ゼーベック係数(V/K)，導電率(S/m)，熱伝導率(W/mK))のみで決まり，寸法に依存しないので，発電規模による影響を受けないこと．
④ 太陽光と異なり熱荷体を操作できるので3次元にシステムを構成できるため，体積当たりの出力密度を大きくとることができること．
⑤ 可動部が少なく(本質的な変換部には可動部はない)．構造が単純(p形素子とn形素子を電極を介して接合するだけ)であるため高信頼性システムが可能で保守を不要にできること(宇宙探査機用電源には熱電発電システムが採用され，ボイジャー惑星間探査機のように30年以上無保守で発電した実績がある)．
⑥ 静穏性に優れていること．
⑦ 変動入力に対し応答が良く，定格以下の入力でも出力が0とはならないこと．
などをあげることができる．

このような特徴を有するエネルギー変換システムであるが，現状の熱電変換材料技術ではエネルギー変換効率をあまり大きくすることができないので，熱電発電の適用先としては熱電発電システムの特長の生きる分散エネルギー源が最適であると考えられている．小規模で多数分散し，変動しやすい熱源における発電システムとしては熱

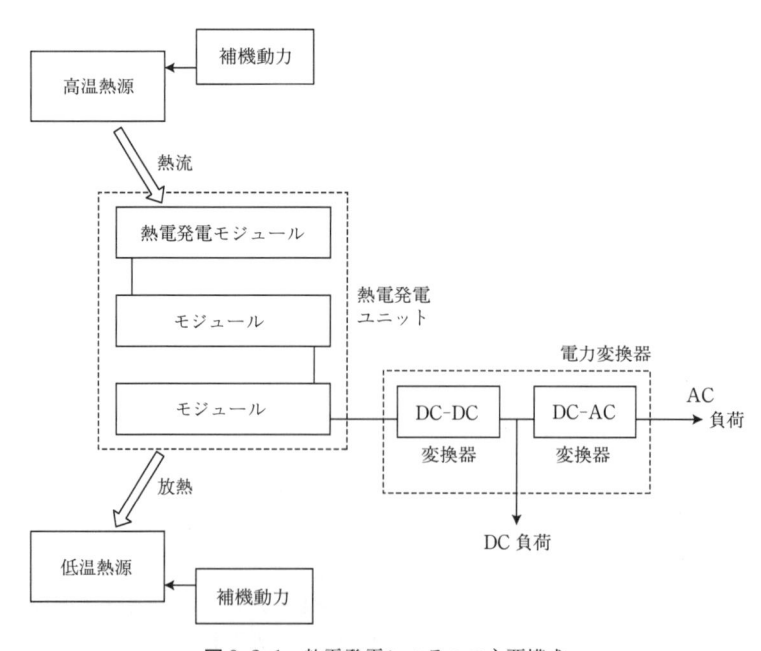

図 9.2.1 熱電発電システムの主要構成

9.2 熱電素子と排熱利用

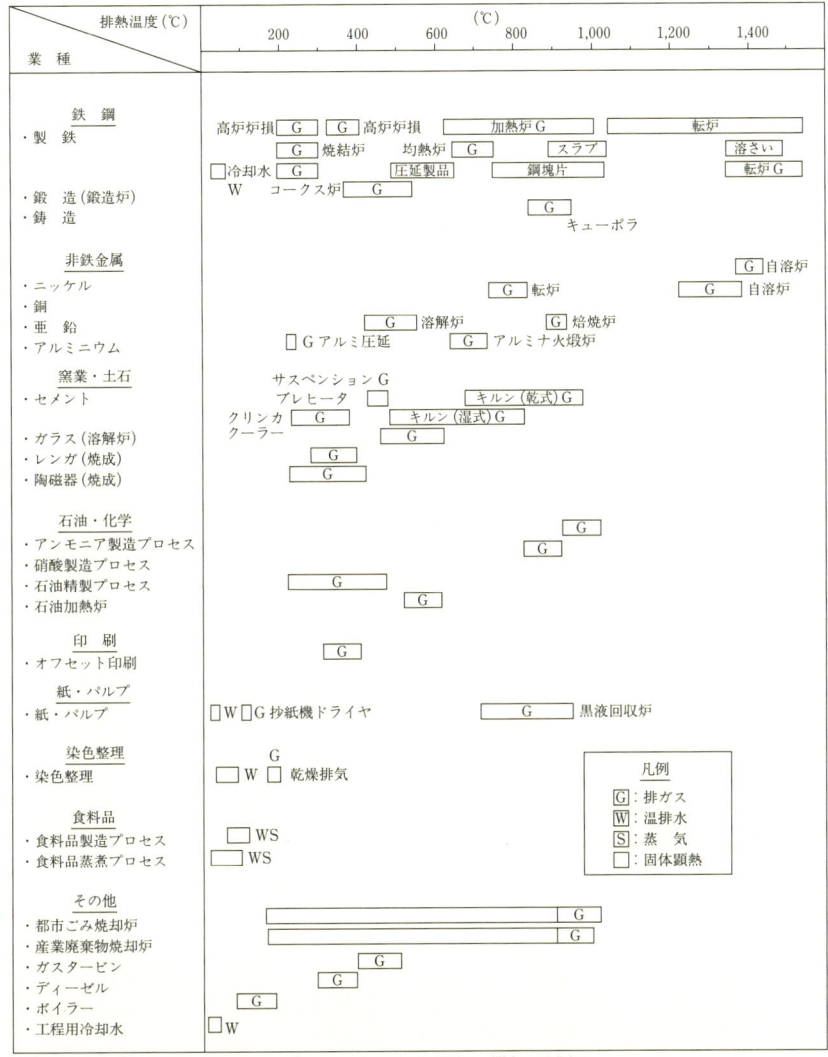

業種 \ 排熱温度(℃)	200	400	600	800	1,000	1,200	1,400

鉄鋼
・製鉄
　高炉炉損 G　　G 高炉炉損　　加熱炉 G　　　　　転炉
　　　　　　　G 焼結炉　均熱炉 G　スラブ　　　溶さい
　□冷却水　G　　圧延製品　鋼塊片　　　　　転炉 G
　W　□ コークス炉 G
・鍛造(鍛造炉)
・鋳造
　　　　　　　　　　　　キューポラ

非鉄金属
・ニッケル
・銅　　　　　　　　　　　　　　　　G 自溶炉
・亜鉛　　　　　　　　　　G 転炉　　　G 自溶炉
・アルミニウム
　　　　　　　G 溶解炉　　G 焙焼炉
　　　　□ G アルミ圧延　G アルミナ火燈炉

窯業・土石
・セメント
　　　サスペンション G
　　　プレヒータ □　　キルン(乾式) G
　クリンカ　G　　　キルン(湿式) G
　クーラー
・ガラス(溶解炉)
・レンガ(焼成)
・陶磁器(焼成)

石油・化学
・アンモニア製造プロセス
・硝酸製造プロセス　　　　　　　　　G
・石油精製プロセス　　　G
・石油加熱炉　　　　　　　　　G

印刷
・オフセット印刷　　　G

紙・パルプ
・紙・パルプ
　□ W □ G 抄紙機ドライヤ　　　　G 黒液回収炉

染色整理
・染色整理
　□ W　乾燥排気

食料品
・食料品製造プロセス　□ WS
・食料品蒸煮プロセス　□ WS

その他
・都市ごみ焼却炉　　　　　　　　　　　　　　G
・産業廃棄物焼却炉　　　　　　　　　　　　　G
・ガスタービン　　　　　　　G
・ディーゼル　　　　　　G
・ボイラー　　　　　　G
・工程用冷却水　□ W

凡例
G：排ガス
W：温排水
S：蒸気
□：固体顕熱

(資料) センチュリーリサーチ株式会社：「企業間エネルギー共同利用に関する研究」

図 9.2.2　産業用排熱

電発電はその特徴を十分発揮することによって，他との競合性をもつ可能性が高い．一方，近年革新的な材料技術の進展がみられ，低効率であるという欠点を打破できる見通しが出てきたため，熱電発電の適用分野が大きく開けてきている[1]．

熱電発電システムは図 9.2.1 のような主要構成機器を有している．高温熱源の熱荷体は，各種排熱にみられるようにガス(気体)が多いが，分類すれば ① 気体(燃焼排

ガス，蒸気など），② 液体（熱媒や水など），③ 固体，および ④ 混相体となる．

高温源から熱電発電モジュールには，なんらかの熱伝達手段により有効に熱を伝達することが必要である．熱源 $Q(\mathrm{W})$ は熱伝達係数 $U(\mathrm{W/m^2K})$ と伝熱面積 $A(\mathrm{m^2})$ と温度差 $\delta T(\mathrm{K})$ の積で与えられる．δT をできるだけ小さくすることが，システム効率向上のために必要である．熱伝達方式は従来の熱システムと同様に ① ふく射熱伝達，② 対流（自然対流，強制対流）および ③ 熱伝導（ヒートパイプを含む）の各方式があり，熱源の種類，質および量と利用側の環境条件から決定・選択される．

排熱熱源にはエネルギーシステムの中での分類のように産業用，民生用，運輸用の各エネルギー利用分野のすべての中から排出されており，熱電発電システムは「熱あるところ熱電あり」の言のごとく，あらゆる部門での熱源が対象となり得る．

産業用については図 9.2.2 に温度レベルとともに示した．運輸用では自動車，トラック，バスなどの化石燃料を用いた輸送手段からの排熱があり，特にガソリンエンジンの自動車からの排熱は温度も 650℃ 程度と高く，また利用側からも燃費向上と自動車内の電気エネルギー必要機器増大というニーズが高いため有望な市場である[2]．民生用には，業務用，家庭用の熱源が種々あり，コジェネレーションの中への熱電発電の組み込みは一つの有力な市場と想定されている．また，人体からの排熱（体温）と大気との温度差の利用も対象となり得る．

9.2.2 発電用熱電素子

熱電発電は一般には大電流-低電圧型電力源と考えられ，太陽電池とは対照的であるとされている．それは，単位温度差当たりの起電力がビスマス・テルル系素子で約 $0.2\,\mathrm{mV/K}$ であることから容易に推察できる．電圧を上げるためには素子は直列に接

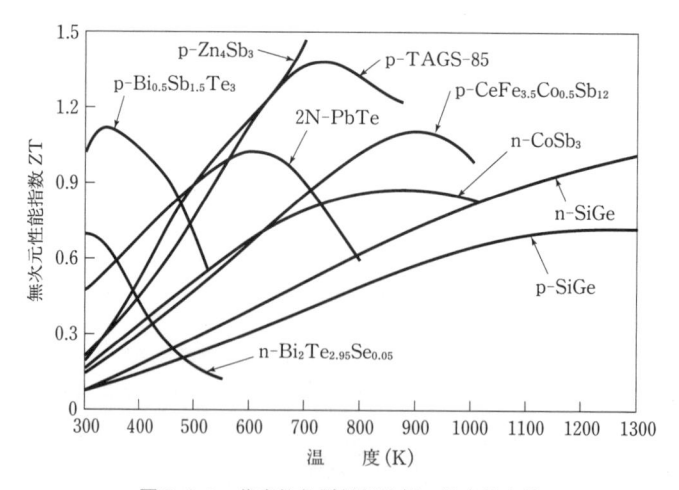

図 9.2.3 代表的熱電材料性能の温度依存性

9.2 熱電素子と排熱利用

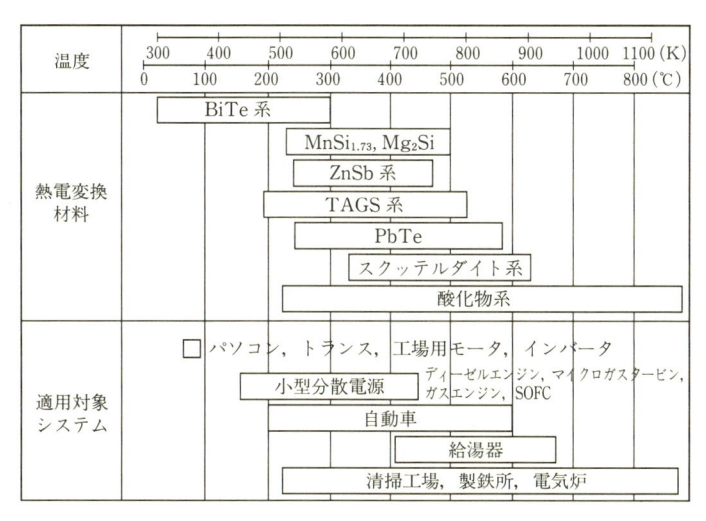

図 9.2.4 排熱利用システムと素子との温度対応

続され，100～200 対を一つにまとめてモジュールと称している．このような大電流型では通常バルク型素子が使われ，それに対して，微小電力を利用する場合には，マイクロジェネレータと呼ばれる薄膜型素子が用いられる．その特別な形として量子井戸効果熱電素子や超格子熱電素子があり，無次元性能指数 ZT が 1 をはるかに超える 2 以上になるものも実験室的に得られている[3,4]．

また，図 9.2.3 に現在の代表的な熱電材料性能の温度依存性を示した．熱電材料の性能は温度に敏感であり，かつ一つの素子材料の使用温度域が限定されるという特徴をもっていることがわかる[5]．すなわち，高温域用素子，中温域用素子，低温域(常温付近用)素子および極低温用素子というように分けることができる．

近年新しい熱電素子材料の開発が行われているが，素子材料の使用温度域と排熱利用熱電発電との対応を図 9.2.4 に示した．

9.2.3 排熱利用熱電発電モジュール
a. 熱取得と熱放出

熱電発電システムは図 9.2.1 に示されたように，必ず熱源からの熱取得部と熱モジュールを通過したあとの熱を放出する放熱部とがある．その基本的構成は図 9.2.5 に示す方式がある．図(a)はガス体による熱の移動のためのフィン付き型であり，図(b)は熱放出先が水冷で行うもので，電気絶縁を完全にとった形のものである．図(c)は低電圧型で絶縁耐圧が低ければ水への漏れ電流は無視できると考えられた構造である．また，図 9.2.6 にはカラム型，リニア型，平面型といった熱電素子あるいはモジュールと伝熱面-熱源との種々の関係を利用した構成法をまとめた．

(a) 空気・熱変換

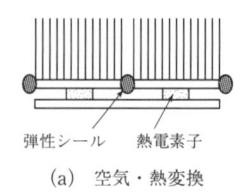

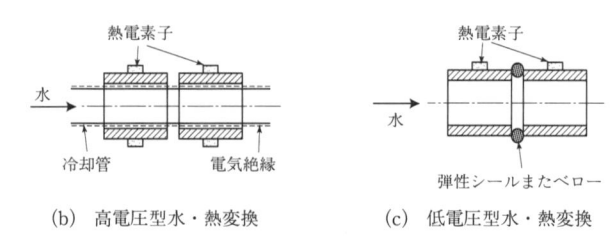

(b) 高電圧型水・熱変換 (c) 低電圧型水・熱変換

図 9.2.5　熱取得方式

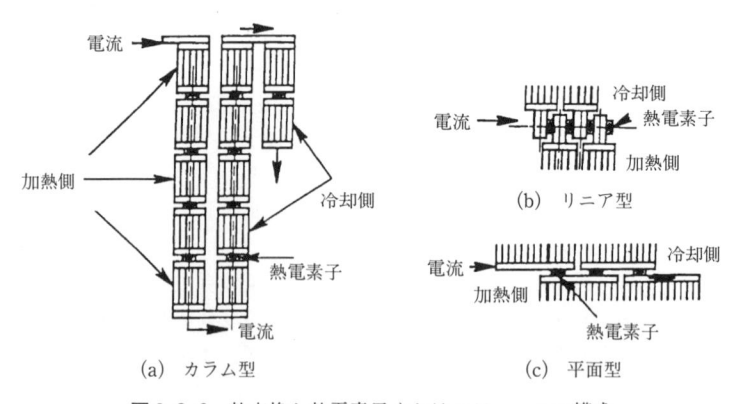

(a) カラム型　(b) リニア型　(c) 平面型

図 9.2.6　熱交換と熱電素子またはモジュールの構成

b. モジュール形式

　熱電モジュールは電極を介して p 形，n 形素子が直列に接続されているが，熱的には並列になっている．したがって，その上下面には高温源または低温源がくるが，それらとの接触の仕方からモジュールの形式が図 9.2.7 に示すように分類される[6]．熱電冷却モジュールでは，従来アルミナ基板上にメタライズされた電極に素子がはんだ付けされている場合が多く，絶縁基板でサンドイッチされた絶縁基板付きモジュールである．ただこの方式は，熱応力に弱いという欠点がある．特に熱電発電では，外部条件で熱の入力や変動幅が決まるため，熱応力の問題は大きい．したがって熱応力から完全というわけではないが，いくぶんフリーとなるスケルトン型が提案された．これは，図に示されるようにアルミナ絶縁基板をなくし，素子と電極のみからなるモ

9.2 熱電素子と排熱利用

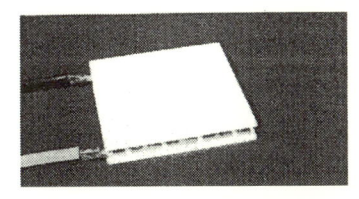

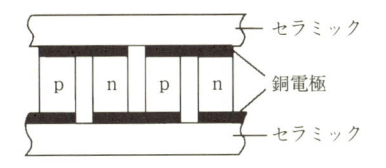

(a) セラミックタイプ

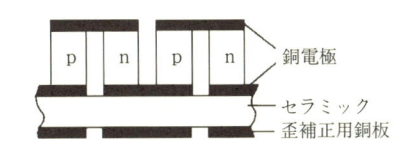

(b) ハーフスケルトンタイプ

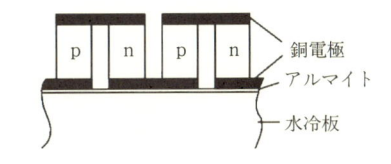

(c) スケルトンタイプ（水冷板付き）

図9.2.7 モジュール形式

ジュールであり，骨格のみという構造からこの名称が付けられている．スケルトン型の機械的保持力が小さいという欠点を減らすため，片側に絶縁基板を付けたハーフスケルトン型がある．また，近年モノリシック構造という視点から熱交換フィンと一体化した熱電モジュールの提案もされている．いかに接触熱抵抗を減少させ，かつ熱応力に強くなるかという視点から構成され，絶縁基板材料もアルミナに換わって，このような視点から窒化アルミ（AlN）やポリイミド有機基板などが選定をされている．

温度領域の広い熱源への対応方法には二つの方式がある．一つはセグメント型素子によるモジュールであり，二つ目はカスケード型モジュールである．前者は一つの素子内にその内部の温度配分に対応し，最適な熱電材料を配してそれを一つに接合したものでp形およびn形素子をつくり，それを集合させてモジュールとする方法である．図9.2.8は宇宙用としてジェット推進研究所（USA）で開発されている高温側温度975 K，低温側300 Kに適合するセグメント素子として合成された素子内の材料の配列と効率を示した例である．セグメント型は定常的に安定した熱源入力の場合には素子内に合理的な温度配分を実現させ，その温度域に適した材料を何種類も用いて構成して最高効率を達成することができる．この極限的な考えはFGM（傾斜機能材料）

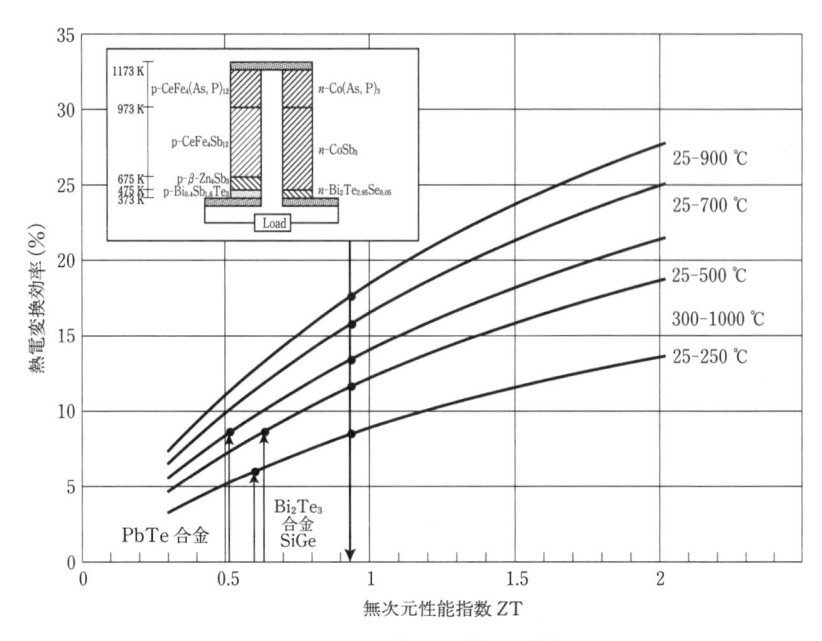

図9.2.8 セグメント素子と効率

素子と呼ばれる．
　カスケード型は通常は温度域を高温領域と低温領域の二つに分け，おのおのの領域で単独材料による素子によりモジュールを構成し，熱的に階段的に（つまりカスケードに）配して，広い温度域の熱源から効果的に出力を取り出そうというものである．カスケード型での低温域用には，現在最も性能が高いビスマス・テルル系材料によるモジュールが考えられており，その使用限界である270〜290℃を低温域用と高温域用との境界温度と設定している場合が多い．

9.2.4　都市廃棄物焼却熱利用熱電発電
a．エネルギーの量と質
　都市廃棄物としてわが国では平均的に一人当たり1日1kgが排出され，その約75％が焼却廃棄されている．自治体内の環境問題から排出量の低減化運動がなされているものの，あまり排出量は減少していない．日本国内では年間当たり5000万t以上が排出されている．この都市廃棄物1kg中に9600〜12000 kJのエネルギーが含まれている．これは，低質石炭（亜炭）の17100 kJより低いエネルギーではあるが，石油換算すると1年間当たり860万klと試算でき，十分国産エネルギー資源と考えることができる量である．ごみの質は年々変化し，エンタルピーは上昇傾向にある．国内には約1900程度の自治体の管理するごみ焼却炉があり，200 t/日処理量以上の大

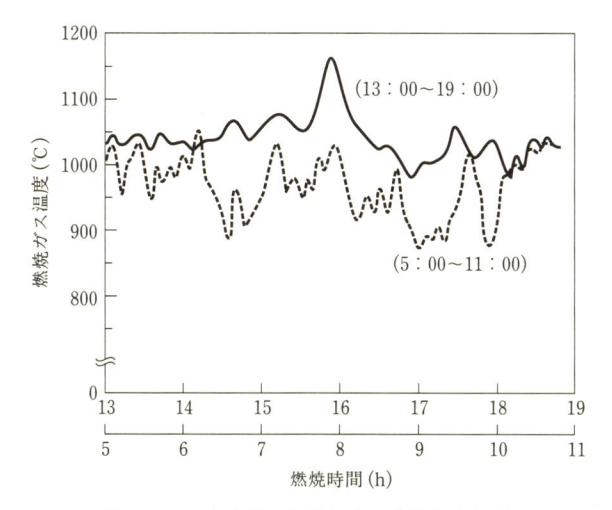

図 9.2.9 廃棄物・燃焼温度の時間的変化例

型設備では，ごみの焼却熱を用いてボイラから蒸気を発生させ蒸気発電を行って，すでに 55 万 kW 以上の発電を行っている．これより小さい中小規模システムでは，蒸気発電の効率が 10% 以下に低下するため，温水プールなどの温水利用などに用いられ発電用としては未利用である．

大規模設備においても燃焼温度が 850〜950℃程度と低いこともあり効率はほぼ 20%程度にとどまっており，熱電発電においても十分競合できる場であると考えられる．特に熱電発電は規模に効率があまり影響されないため，中小規模での利用に適しているといえる．エネルギーの質という観点からみると，1 kg 当たりのエネルギー量は平均 10000 kJ/kg と考えられ低質石炭の 75〜60%程度である．図 9.2.9 に示すように燃焼ガス温度は平均的には 850〜950℃であるが，時間的変動も激しく，最低 600℃前後，最高 1200℃近くになることもある．近年ダイオキシン対策上から高温安定燃焼化の方向に向かっており，熱電発電の利用の観点からは望ましい方向である．燃焼ガスの化学的特性は，原料が多種多様なものから構成されており，特に塩化ビニール系のものも含まれるため，化学的に活性な塩素化合物，窒素化合物時に加え硫化物も含まれている．これらは反応の激しい固有の温度域をもっているため，利用に際してはこの点に留意して温度利用を考えることが要求される．図 9.2.10 に 200 t/日処理の廃棄物焼却施設のエネルギーフローを示した．熱入力として 22375 kW で種々の損失などを差し引くと，約 11700 kW の熱量が利用可能であると推定される．入力の約 50%の熱量を熱利用，この場合には熱電発電システムに活用できると考えられる．システム効率 10.2%として総量が試算されており，石油換算として全体で 183.5 万 kl/年の省エネルギー効果があるとされている[7]．

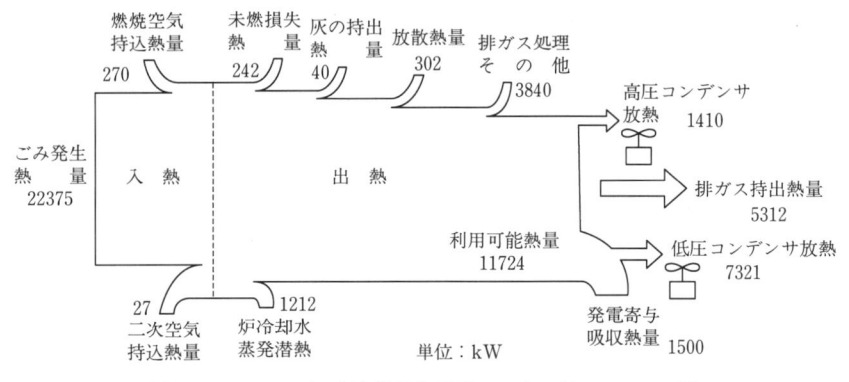

図 9.2.10　200 t/日廃棄物焼却施設のエネルギーフローの例

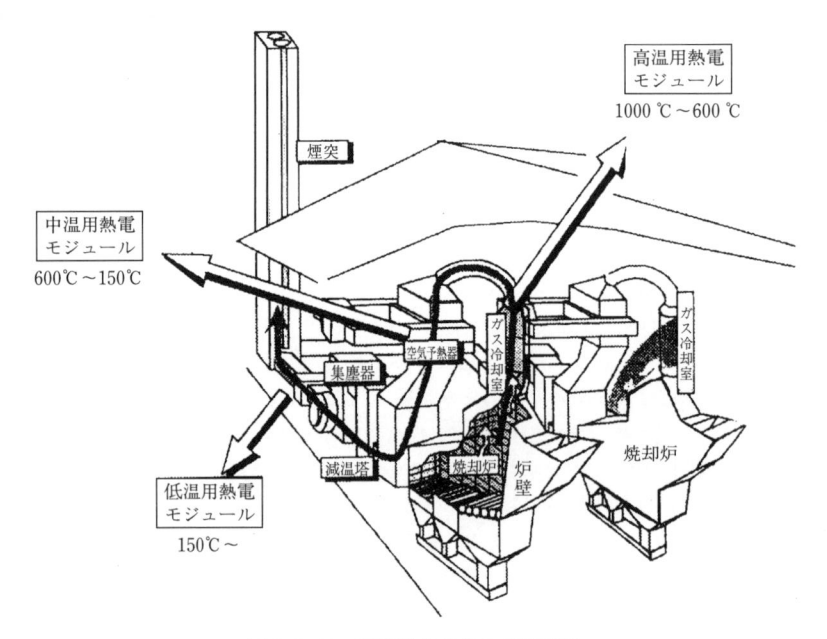

図 9.2.11　廃棄物焼却炉と熱電発電

b. 廃棄物燃焼熱利用熱電発電システム

　図 9.2.11 に示すように廃棄物焼却炉においては，廃棄物は燃焼室で燃焼され，ガス冷却室やボイラを経て，環境保全システムを通過したのち，煙突から排気される．この間温度レベルは 1000℃ から最終的に 130℃ 程度にまで低下させていくことになる．したがって図に示したように，各温度レベルで熱電発電を適用することができる．すなわち，炉室内での高温用(1000℃～600℃)，ガス冷却調温室での中温用

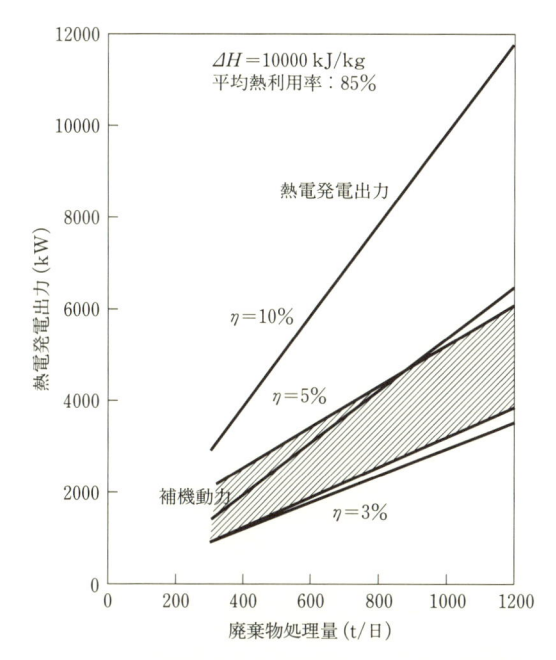

図9.2.12 熱電発電出力とごみ処理プラントの補機動力

(600～150℃)および煙突を直前での低温用(150～100℃)という各レベルでの発電が可能となる．そのため，各レベルで高性能を発揮する熱電発電素子・モジュールが必要となる．

燃焼ガスのエンタルピを10000 kJ/kgと仮定し，熱利用率を85%とすると図9.2.12に示すように廃棄物処理量に比例して熱電発電出力が得られる．パラメータとして熱電発電効率を3%，5%，10%にとってある．200 t/日処理プラント効率5%の場合，約1000 kWが概算される．この値は焼却プラントでの所内動力にほぼ匹敵する大きさであり，従来の買電による経費を節約することができる自立システム化が可能となることを示唆している．利用率を少し高目に設定したが，実用時には低下するにしても潜在的貢献度という点から一つ目安を与えることができる．図9.2.13に40 t/日処理という小規模での概念設計例を示した．

c. システムの方式

廃棄物焼却炉で発生する熱を熱電発電システムにどのように引き渡すかという観点から方式が分類される[8]．

1) 炉壁埋込型

焼却炉周囲の壁面に図9.2.14に示す例のように発電モジュールを壁面の一部として埋め込み，その背面を水冷却とする．熱は大部分はふく射伝熱により伝わる．炉壁

568　　　　　　　　　　　　9．熱電デバイス

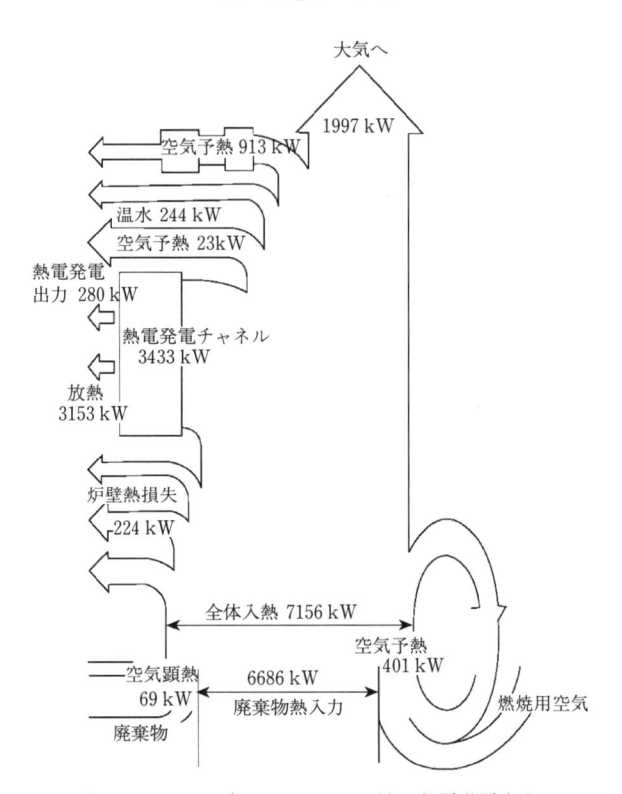

図 9.2.13 40 t/日システムにおける熱電発電出力

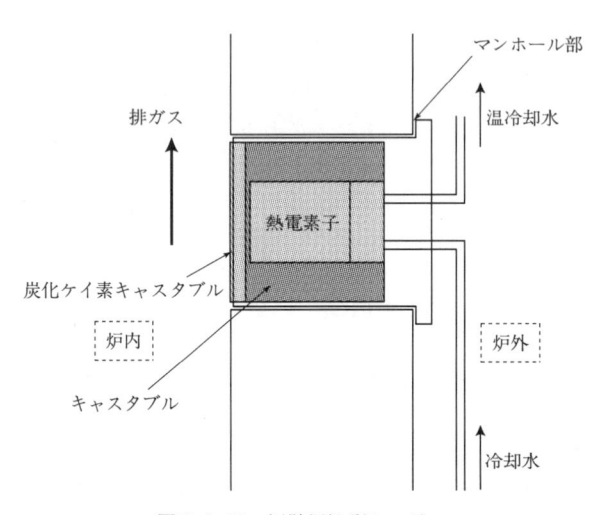

図 9.2.14 炉壁埋込型システム

面のススなどの燃焼残渣が付着することで伝熱性能が劣化し，性能が低下する．

2) 分　離　型

燃焼ガスの熱をなんらかの方法でほかの熱荷体に変換し，変換した後に熱電発電モジュールに熱を伝える方式で，熱源から切り離すという意味でこの名称を付ける．この方式は，① 作動流体(空気などのガス体または熱媒といった液体)に熱を移す場合と，② ヒートパイプにより熱流束を変換すると同時に場所的に分離する方式とがある．図 9.2.15 に例示として 500 W 級(実験用)ヒートパイプ方式のシステム概念を示した．

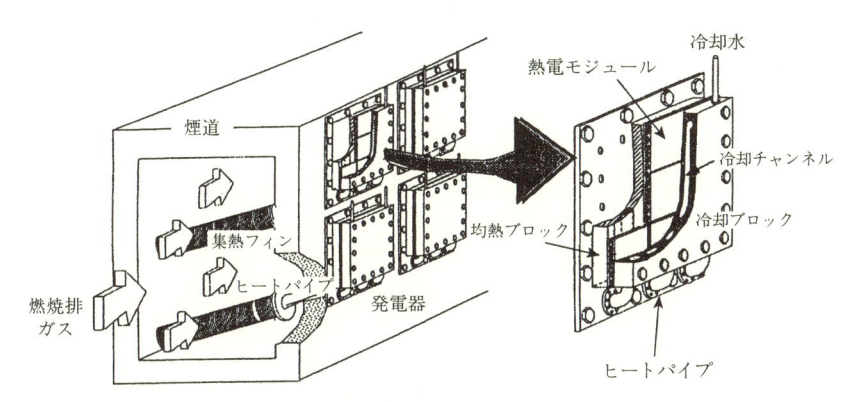

図 9.2.15　ヒートパイプ型システム

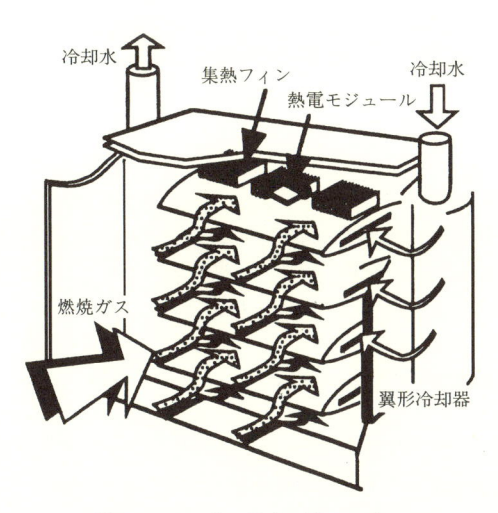

図 9.2.16　インライン型システム

3) インライン型

排ガス流中に図 9.2.16 に示すように熱電発電モジュールを挿入し，熱伝達を強制対流で行うことにより熱取得の割合を増大させようとする方式である．

発電出力の質という点からは，1) および 3) の方式は排ガス温度の変動が直接熱電発電モジュールに伝わるため電力の変動が激しいが，2) の方式では中間物質がバッファの役割をするので，安定な電力を得ていることが実験的にも検証されている．

9.2.5 自動車排熱利用熱電発電

a. 移動体の排熱利用

移動体の排熱利用は，自動車，トラック，バス，および建設や農業用作業車あるいはバイクのような小型のものも考えられる．軍用でも多くの移動体排熱は想定できる．化石燃料をその燃料としているため，排熱利用熱電発電の導入は地球環境問題，特に地球温暖化対策のための CO_2 の削減に貢献することおよび，移動体の近年の傾向として多くの電装品の導入による電子化が進んでいるため，内部での電気エネルギーの必要性が高まっている．この場合は，発電したものは自家消費となり移動体が活動しているときにのみ電力が必要であるということであり，排熱が出ているときのみ発電ができ，また排熱量に応じた発電が可能で応答性の早い熱電発電は，特性的には原理的に適した方法である．移動体の中でも数量的に多い乗用車の排熱利用熱電発電は，エネルギーシステムの中でのその量的貢献に大きい役割を果たす可能性を有している．乗用車を例にとると，1 台平均排熱量は約 10 kW である．これは 2000 cc クラスの車の出力は平均 17 kW で，駆動用として 40% が利用されるとして，残りを排熱量とした試算例である．年間走行時間は平均 500 h で総台数 6200 万台とすると総排出熱量は 3.1×10^5 GWh/年となる．トラックも含め移動体からの年間当たりの石油換算省エネルギー量は 570 万 kl/年となっている[7]．

平均的な自動車のエネルギーフローにおいて，燃料はエンジンにより走行用に，すなわちトルクとして 30% 変換される．通常そのうちの 2/3 程度が実際に車を走行させ，トルク動力の残りの 10% は発電機 (オルタネータ) を駆動させて電気エネルギーに効率約 50% で変換され，バッテリに蓄える．排出される熱 70% のうち 40% はエンジン周辺の冷却のために冷却水を循環させ，ラジエータにより大気へ放出され，残りの 30% は排ガスが担い，触媒を通って大気へ放出される．熱電発電としてはエンジン部の根本的構造を改変しないという前提では，この排ガスから電力に変換することになる．

b. 自動車排熱利用熱電発電システム

システムの概念としては図 9.2.17 に示す流れとなる．触媒とマフラーの間に熱電発電システムが入る．排ガスの熱を熱電発電モジュールに伝えるためには，排ガスからの強制対流熱伝達とエンジンから排気までの圧力損失との兼ね合いを十分考慮した熱交換器設計が必要となる．排ガスの熱流のうち，熱電発電に有効に用いられる割合

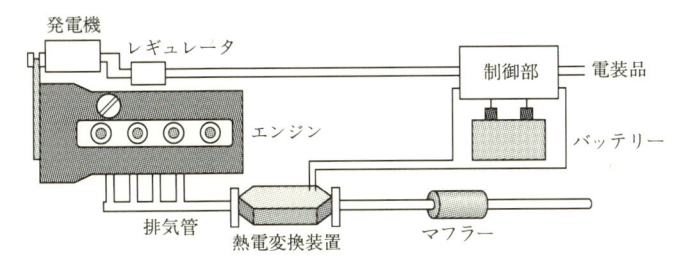

図9.2.17 自動車排熱利用熱電発電

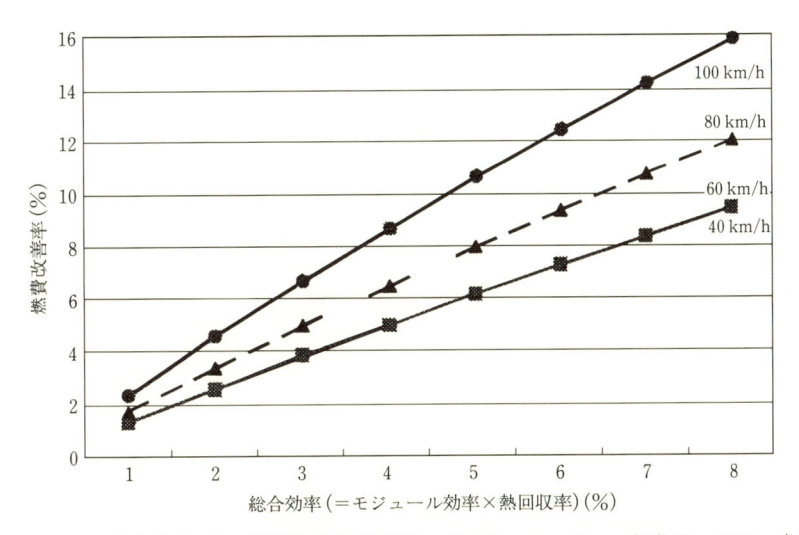

図9.2.18 熱電発電による燃費改善率（乗用車，ガソリンエンジン，車速40～100 km/h）

は約50％程度と考えられる．これは流路に沿って100％熱流を熱電側に流そうとすると排ガス温度が低下するため得られる有効な温度差が小さくなり，出力密度が減少するためである．熱回収方法としてはフィン付き熱交換器が想定される．冷却側は水冷ジャケットをもち，ラジエータにより大気へ放熱され水は循環利用される．水冷却により，熱伝達係数が大きいために熱電発電システム部としてのコンパクト化が達成されるが，ラジエータとしては熱電発電による放熱量増大により熱負荷が増大することは避けられず，その分ラジエータは大きくなる．

図9.2.18に熱電発電の総合効率（＝モジュール効率×熱回収率）を燃費改善率の関係を自動車の速度をパラメータとして示した[9]．熱回収率を50％とすると，燃費改善率を平均的に10％向上させるためには熱電発電モジュールの変換効率は14％以上が必要となることが明らかとなっており，研究開発の目標となる． 〔梶川武信〕

文　献

1) 梶川武信：電気学会論文誌 A, **124**, 3 (2004)
2) 高性能熱電変換デバイス調査専門委員会編：電気学会技術報告 890 (2002)
3) T. C. Harman, P. J. Taylor, M. P. Walsh and B. E. LaForge : *Science*, **297**, pp. 2229-2232 (2002)
4) R. Venkatasubramanian, E. Siivola, T. Colpitts and B. O'Quinn : *Nature*, **413**, pp. 597-602 (2001)
5) M. S. El-Genk, H. H. Saber, J. Sakamoto and T. Caillat : Proc. of ICT03, pp. 417-420 (2003)
6) 梶川武信ら編：熱電変換システム技術総覧, リアライズ社 (1995)
7) 坂田　亮ら編：熱電変換工学, リアライズ社 (2001)
8) T. Kajikawa and M. Niino : Proc. of 19th ICT, pp. 51-58 (2000)
9) 省エネルギーセンター：高効率熱電変換素子開発先導研究 (2002)

10

電気機械デバイス

10.1 MEMSマイクロプローブ

この節では，おもに走査型力顕微鏡[1]（atomic force microscope：AFM）と，そこから派生した技術に広く用いられているMEMSマイクロプローブについて概説する．

10.1.1 背　　景

走査型力顕微鏡は，G. Binnig, C. Quate, Ch. Gerber らによって，1985年ごろ発明された．この発明は，1980年台初頭に発明された走査型トンネル顕微鏡[2]（scanning tunneling microscope：STM）から派生したもので，探針の付いたカンチレバーの変位を計測して非導体試料の原子分解能観察を目指したものであった．そののち，安定した原子像が得られるまで10年近い歳月を要したが，近年，STMと並ぶ表面分析手法としてその重要度がさらに高まっている．一方，カンチレバーを用いた計測は，AFMの変位計測技術を応用して，加速度センサ，引張力測定，質量センサ，物質センサ，さらに，マニピュレーション，加工，データストレージなどへ発展している．

10.1.2　カンチレバー変位の計測手法

カンチレバーの変位や速度計測に用いられている手法を列挙する．

① 　トンネル電流による変位検出[2]
② 　ホモダイン光干渉計
③ 　ヘテロダイン光干渉計[3]
④ 　光ファイバ式ホモダイン干渉計[4]
⑤ 　光てこ変位計測[5]
⑥ 　二重光てこ変位計測[6]
⑦ 　ヘテロダインレーザドップラー計測[7]
⑧ 　ピエゾ抵抗検出，ピエゾ検出[8]
⑨ 　ナイフエッジ検出
⑩ 　静電検出
⑪ 　ファブリーペロー検出[9,10]
⑫ 　光ファイバ式ファブリペロー検出[11]

AFM のカンチレバー検出方法としては，光ファイバ式ホモダイン干渉計[4]と光てこ変位計測[5]がここ 10 年来主流である．良好に調整されたものでは，50 fm/sqrt (Hz) 程度が達成されている．近年，光学調整のいらない，ピエゾ抵抗式やピエゾ式カンチレバーなどの，いわゆる自己検出型カンチレバーが導入されつつあり，この方式でも原子分解能が確認されている．また，ミクロンオーダの微小カンチレバーで，200 MHz 程度までの高周波カンチレバーに適応して，ヘテロダインレーザドップラー計[7]が開発されている．この方式を用いた AFM では，速度を直接計測しているため，振幅が一定の場合，周波数が高いほど信号強度が高まり，信号対ノイズ比 (SN 比) が向上する．実際には，高周波対応のオペアンプのノイズフロアが高めになるなど，相反する要素があるが，2 MHz 程度で $0.5 \text{ fm}/\sqrt{\text{Hz}}$ のノイズレベルを実現している．H. Hug らの考案した光ファイバ式ファブリペロー干渉計[11]は，光ファイバの先端に，反射率を高めた凹レンズを配置し，ミクロンオーダのカンチレバーを数 $\text{fm}/\sqrt{\text{Hz}}$ のノイズフロアで計測可能としている．また，凹レンズ表面の光の出射角を 0 度とすることで，媒体の屈折率を気にせずに使用可能なプローブとしている．H. Yamada らは，従来の光てこ法を用いながらも，計測光量や迷光，LD のモードホップ，電気回路の見直しなどを通じ，$\text{fm}/\sqrt{\text{Hz}}$ オーダのノイズフロアを実現し，液中で原子分解能を確認している[39]．

10.1.3 カンチレバーの運動制御

カンチレバーを用いて計測を行う場合，カンチレバーの準静的な変位を測る方法と，振動を計測する方法がある．後者の場合，カンチレバーを自励もしくは外部発信器により振動させる必要がある．アクチュエータとして，以下の手法が用いられている．
① ピエゾ素子
② 電磁石と磁性カンチレバー
③ 光量変調による励振
④ 一定光量によるオートパラメトリック励振
⑤ 静電アクチュエータによる励振
⑥ 静電アクチュエータの光制御による励振

ピエゾ素子は AFM で最も広く用いられているカンチレバーアクチュエータである．通常厚み方向に伸びるピエゾ素子を用いてカンチレバーのたわみが励起される．せん断ピエゾ素子を用いると，カンチレバーのねじれを励起することも可能である[45]．

電磁石による励振は，力がカンチレバーに直接作用する点や，一定力と変調力の制御が電磁的に可能である点で有効である．液中 AFM への応用[69]や，カンチレバーにかかる力のゼロ位法への応用が見られる[47]．変調光による励振は，爆発性のある液体の粘性の遠隔計測に用いられたものを応用したものである．近年になり AFM への

10.1 MEMSマイクロプローブ

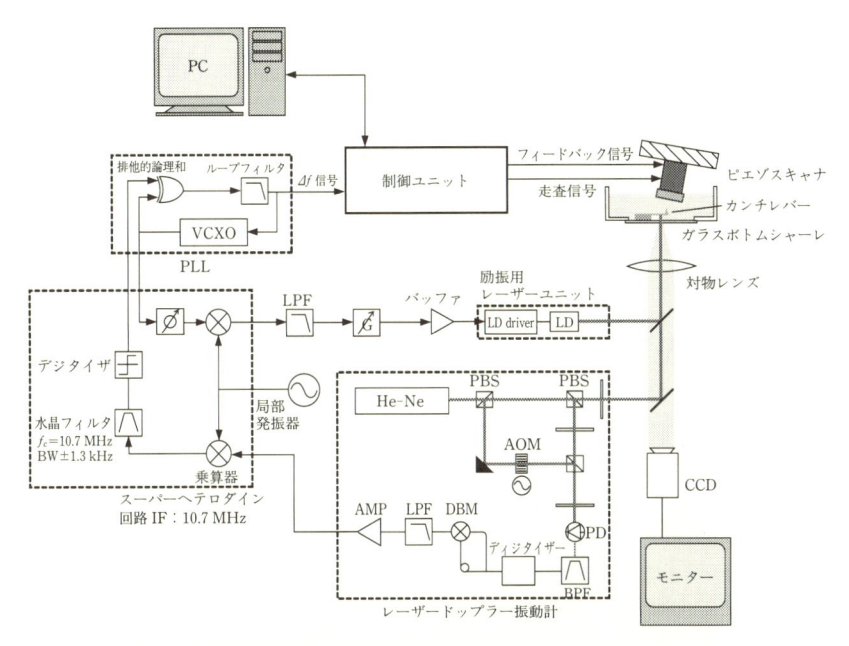

図10.1.1 光励振機能を有するヘテロダインレーザドップラー計[48)]

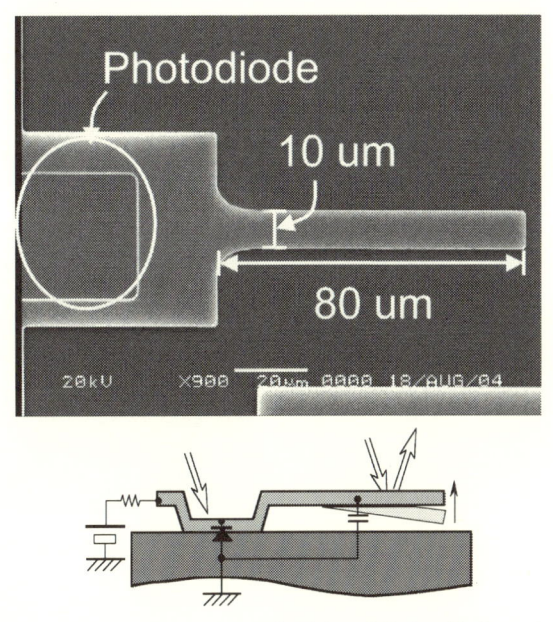

図10.1.2 光によりカンチレバーへの電圧印加を制御する静電アクチュエータ[44)]

応用が進められ[43]，カンチレバーに直接力が作用する点，カンチレバーの高次モードが容易に励振可能な点，100 MHz 以上で作動可能な点，光計測と同軸化が可能な点，液中での寄生振動がない点で有効な手段である (図 10.1.1)[48]．一定光によるオートパラメトリック励振は，カンチレバーがある光学面となる微小キャビティ長が励起光の波長とある関係を満たすときに振動が励起される効果を用いるものである．波長の異なる光を用いて，Q 値を上げたり，下げたりすることが可能である[46]．静電アクチュエータは，カンチレバーと基板のなす面に電圧を印加することにより準静的なたわみ制御と，振動励起を行うものである．カンチレバーと基板に励振電極を設置する必要があるが，カンチレバーの運動を直接電気的に制御できる利点がある．静電アクチュエータの光による制御は，カンチレバーの付け根にフォトダイオードを組み込み，その部分への光照射を用いてカンチレバーへの電圧印加のスイッチングを行うものである (図 10.1.2)．運動の光制御という点で，マルチカンチレバーへの応用や自励システムへの応用が期待される[44]．

10.1.4 MEMS マイクロプローブの例

AFM が高い実用性と追試性を確保したのは，S. Akamine, C. Quate らの実現したシリコンマイクロマシニング[12]により作製した探針付きカンチレバーに負うところが大きい．これにより，ディスポーザブルなカンチレバーを交換するだけで，鋭利な探針を用いた表面計測が可能となった．現在，単結晶シリコンや窒化シリコンを用いた探針付きカンチレバー，さらには，探針に穴の空いた走査型光近接場顕微鏡 (scanning near field optical microscope : SNOM) 用カンチレバーが実用化されている．特に，結晶性を応用することにより，3 次元構造物が高い精度で作製可能となっている[13,14]．

カンチレバーの力や質量の検出分解能は，原理的には固有振動数と Q 値の向上に

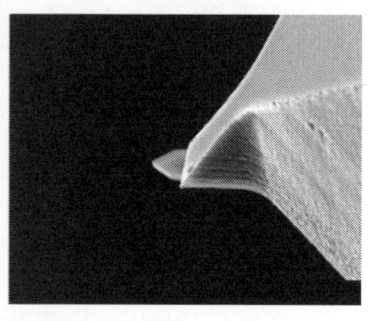

図 10.1.3 シリコン・シリコン接合によりカンチレバーとカンチレバーベースを接合したもの
長さ 10 ミクロン以下のカンチレバーをシリコン〈100〉面で支持し，支持部の尖端はシリコン〈111〉面と〈100〉面の交線で定義される[89]．

10.1 MEMSマイクロプローブ

伴って向上する．また，より低振幅での力勾配の計測には 1000 N/m オーダの比較的堅めのカンチレバーが有効である．これらの要求を満たすものとして，カンチレバーの小型化と高周波化が進められている．小さいものでは，長さが 1 μm 前後のものが実現されており，その素特性が報告されている (図 10.1.3)[15~26]．MEMS 加工技術を応用すると，カンチレバーや探針がアレー状に並んだ，マルチプローブを実現することも可能である．いままでに，5×5 のアレーによる撮像[27]，32×32 のアレーによるデータストレージ (ミリピード)[28]，100 万本のカンチレバー[29] (図 10.1.4)，88 本のカンチレバーによる物質検出 (ナノピアノ)[30] (図 10.1.5)，シルクスクリーニングのようなステンシルを用いたカンチレバーアレー[31] (図 10.1.6)，ファブリペローキャビティを有するカンチレバーアレー[32]，物質センサカンチレバーアレー (NOSE プロジェクト)[33]，カンチレバーを端面から突出機構を有するプロセス (図 10.1.7) が実現されている．また，探針付きカンチレバーを対向させたような構造を有する，ピンセット型マイクロプローブも実現されており，DNA の捕そくや，金ナノワイヤーの架橋引張りが報告されている (図 10.1.8)[34]．後者は，TEM 内でのその場実験を，装置の大きな改造なしに実現するものとして期待さ

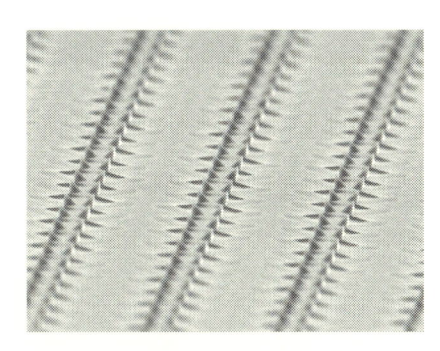

図 10.1.4 シリコンの KOH による異方性エッチングにより作製したカンチレバーアレー

1 cm² 当たり 100 万個以上作製可能である[29]．

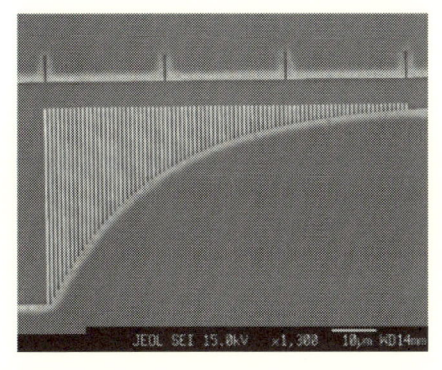

図 10.1.5 "ナノピアノ" 物質検出用カンチレバーアレー
固有振動数に勾配を持たせることにより，周波数によるアドレッシングが可能となる．真空中で ag オーダの質量分解能を有することが確認されている[30]．

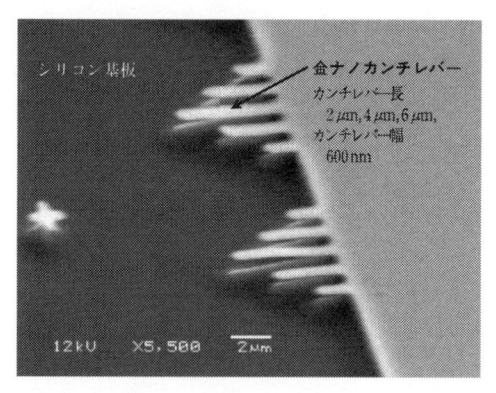

図 10.1.6 ステンシルを用いたカンチレバーの作製法

ステンシルが何度も使用できる点,蒸着する材料が選べる点が利点である.3次元構造物の上にさまざまな形のパターニングが可能である[31].

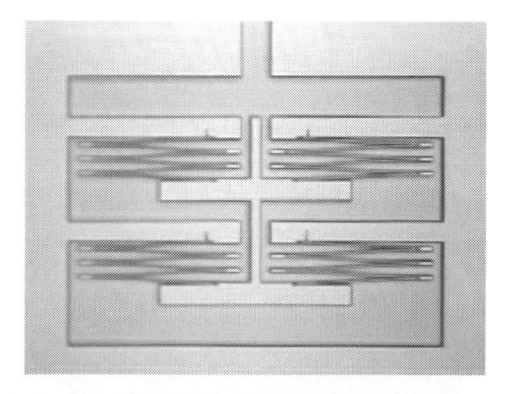

図 10.1.7 カンチレバーをカンチレバーベースから突出させる機構をフォトリソグラフィで組み込んだもの

酸化シリコン層をエッチングしたのち,乾燥させると自動的にカンチレバーが突出し,次にシリコン基板に固着する.950℃程度で保持することにより,シリコンカンチレバーとシリコン基板の固定が強固なものとなる.図は突出前のもの,カンチレバーは蛇腹が閉じる力で図上方に移動し,次に水の排除により基板に固着する[89].

れている.

10.1.5 最近の傾向

　MEMS加工技術の成熟に伴い,加工可能な構造物がかなり明らかになり,2,3か月で新しい構想に基づく構造物の実現が可能となってきた.また,力プローブ法に関

10.1 MEMSマイクロプローブ 579

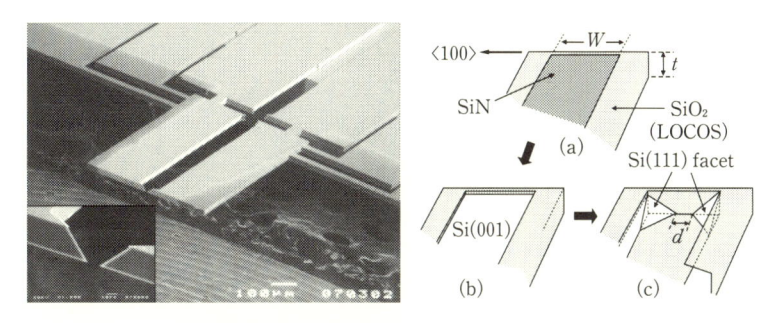

図10.1.8 マイクロプローブピンセット
シリコンの異方性エッチング特性も用いることにより，探針尖端が対向したものが作製可能である．探針間で物質を捕そくし，透過電子顕微鏡などで観察可能である．また，力計測も可能である[34]．

しては，発明から20年を経て，さまざまな環境での高分解能撮像や振動制御[38~44]が可能となった．与えられた環境で，意図した性能を得るための指針がかなり明確に把握されるに至っており，力プローブ法の広い分野への応用展開を促している．昨今のナノテクノロジー領域での研究の活性化に伴い，その場実験や，微小領域マルチプロービング，他の計測システムとの融合などの要求が高まっており，その解をMEMSプローブに求める傾向が強まってきている．

a. 小型化，高感度化，高速化

カンチレバーによる質量や力の分解能は，原理的にはその固有振動数とQ値の向上，ばね定数の低下によってもたらされる．実際の撮像においては，非線形な力の場の中で振動子を振動させることになるので，ある程度のばね定数が必要となる．あるコンプライアンスを保ったまま固有振動数を高めるには，小型化が有効である．最近は，小型ないし高固有振動数のカンチレバーを使用可能な装置で，5 MHz程度まで計測可能なシステムが市販されるに至った．カンチレバーとしては，市販品試作で1 MHzから10 MHz程度[35,36] (図10.1.9)，実験レベルの試作で1 MHz程度から100 MHz程度のものが多数実現されている[12~37]．AFMにおいては，超高真空，大気，液中の環境において，原子分解能が確認されており[39]，今後，絶縁体や細胞膜などの，撮像の難しいとされてきた試料の高分解能撮像が期待されている．堅く固有振動数の高いカンチレバーが有効である例として，市販のカンチレバーを2次たわみモード (1.6 MHz) で用いることにより，サブオングストローム振幅を用いた撮像が可能となっている (図10.1.10)[40]．また，同光学系を用いて，カンチレバーをねじれ自励させたところ，同様の結晶構造が撮像された．広帯域検出と低振幅撮像は基本的に両立の難しいものであるが，良好な信号対ノイズのマージンが得られる場合，どちらかを重視した設計が可能となる．Andoらの研究では，小型カンチレバーを液中で用いることにより，生体分子の高速撮像を実現している[41,68]．ほかに，ビデオレート以上

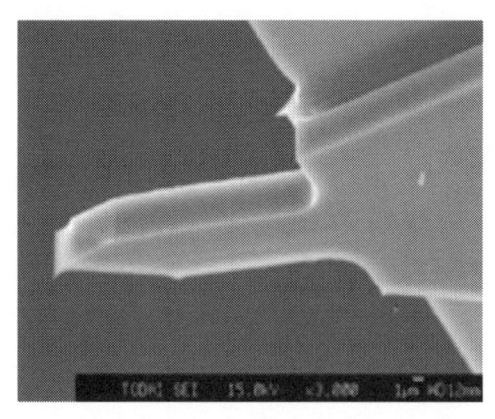

図 10.1.9 微小カンチレバーの試作品，固有振動数 10 MHz,液中固有振動数 8.25 MHz[36]，長さ約 18 μm.

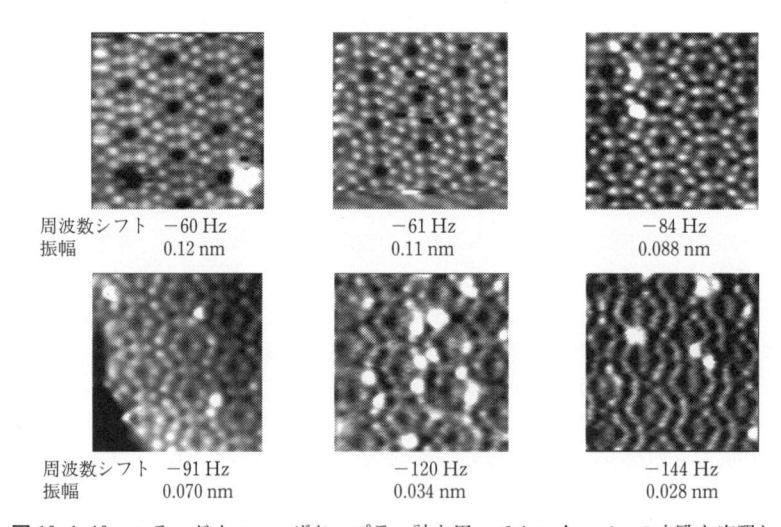

| 周波数シフト | −60 Hz | −61 Hz | −84 Hz |
| 振幅 | 0.12 nm | 0.11 nm | 0.088 nm |

| 周波数シフト | −91 Hz | −120 Hz | −144 Hz |
| 振幅 | 0.070 nm | 0.034 nm | 0.028 nm |

図 10.1.10 ヘテロダインレーザドップラー計を用いてカンチレバーの自励を実現し，サブオングストロームの振幅を用いて表面の場が計測可能であることを確認した（シリコン〈111〉7×7 表面[40]）

の撮像レートを目指した研究[42]や，xy ラスタスキャンに振動を用いた例，意図的にカンチレバーの Q 値を落として応答性を上げ，高速撮像を行った例があげられる．

b. 物質検出・質量検出

物質検出に関しては，スイス IBM のノーズプロジェクトが先駆的研究としてあげ

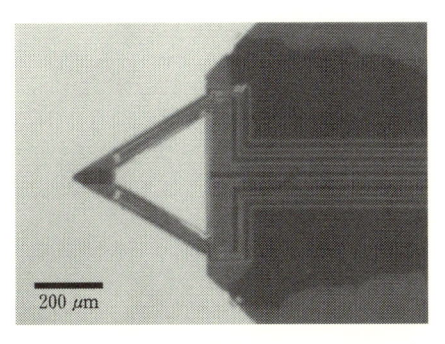

図10.1.11 自己検出型カンチレバー，空気中や液中で微小な質量の検出が可能である[52,53]

られる．これは，10本程度のカンチレバーに異なるコーティングを行い，光てこで反りを計測することによって物質検出を行うものである．飲料や香料のかぎ分け，DNAシーケンスがマッチするものの検出，カビなどの検出による食品産業や外食産業への応用が計画されている[33]．

質量検出としては，真空中や液中での報告がある．2005年には，CALTECHのRoukesのグループがゼノン原子30個分程度の質量分解能を達成したとの報告をしている．この研究では，高いヤング率を求めて，シリコンに代わってシリコンカーバイドが用いられている．ほかに，fgからag程度の質量検出分解能が多数報告されている．中には，金のナノ粒子をタグに用いて感度を向上させたものや，タグレスを目指したもの，自己検出型としたもの(図10.1.11)がある[45〜60]．

c．マルチカンチレバー，マルチ探針，機能化探針

AFMカンチレバーの発展形として，4端子計測を目的としたマルチプローブの報告がある．これは，4探針の先端をなるべく近接させ，微小試料の電気特性を計測することを目的としたものである．

スイスIBMの，P.Vettigerらによりミリピードプロジェクトという，カンチレバーアレーのデータストレージへの応用が始められている．このカンチレバーアレーは1000本程度のカンチレバーで，熱的にPETフィルムなどにピットを形成し，読み出しは探針と試料との熱抵抗の変化によりピットの有無を認識するものである．近く，SDチップ程度の大きさのリムーバブルメディアが実用化されるとのことである[28]．

探針先端に穴を有するものはカンチレバー式SNOMプローブとして用いられている．これに類するプローブでカー効果を測定する試みが報告されている．

カンチレバーをアレー状に配置したもので，流路中の細胞を捕そくし，その機械特性から細胞の健康状態を診断するシステムが実現されている．これにより，健康な赤血球とそうでないものを流路内で診断可能であるとの報告がある(図10.1.12)[38]．シ

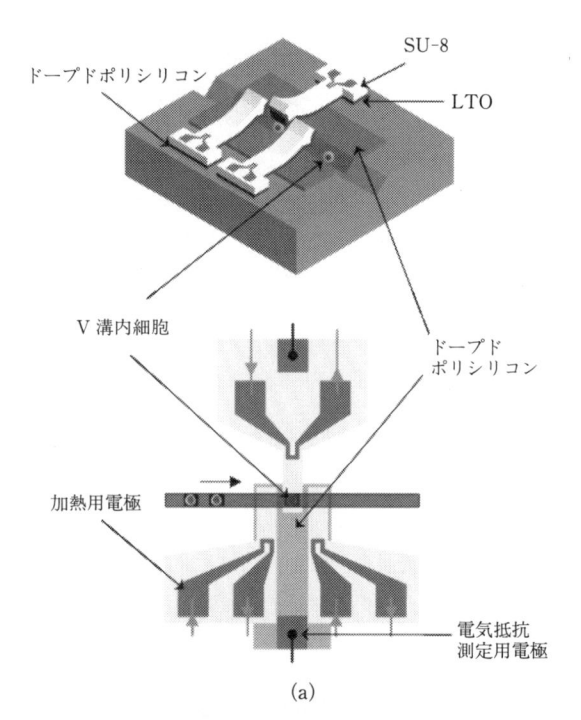

10. 電気機械デバイス

ドープドポリシコン
SU-8
LTO

V溝内細胞
ドープド
ポリシコン

加熱用電極

電気抵抗
測定用電極

(a)

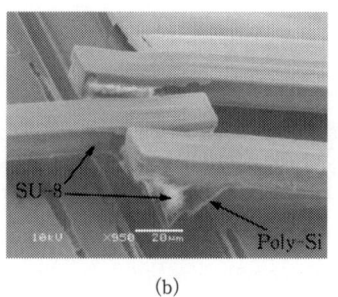

SU-8
Poly-Si

(b)

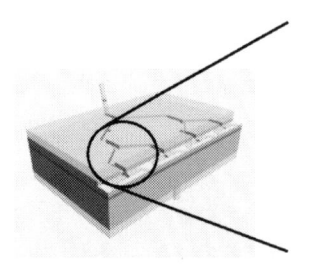

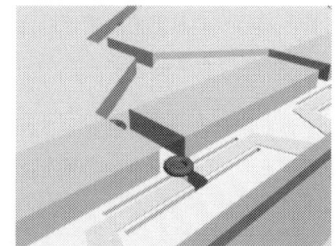

(c)

10.1 MEMSマイクロプローブ

(d)

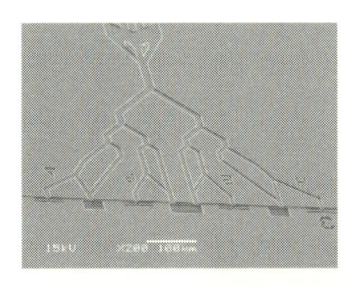

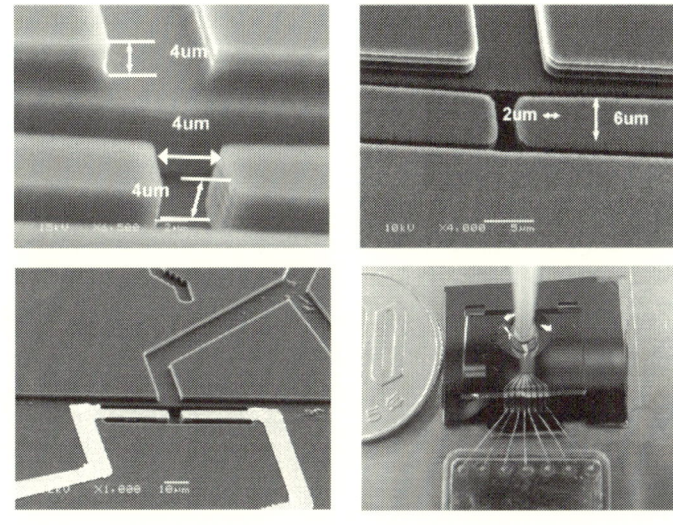

図 10.1.12 カンチレバーアレーによる赤血球の捕そくと，力学特性や電気特性の計測を行うマイクロ流路[38]

リコンが KOH に対して示す異方性を用いると，1 cm² 辺り 100 万本以上のカンチレバーを作製することが可能である．このように多数の探針がコンプライアントに支持されたものを用いると，① 同時多点リソグラフィ，② 低摩擦摺動，③ 無摩減摺動，④ 多点計測などが可能になる．

d.　そ　の　他

カンチレバーに静電力で瞬時に待避する機能を与え，カンチレバー先端に付着した試料表面の物質を TOF 法により組成分析する試みが行われている[78]．

ま　と　め

MEMS プローブやカンチレバーは，1980 年から 1990 年台にかけては，AFM カンチレバーや加速度計のようなごく単純なものを除いて，実用化されたものは少な

かった．また，当時発表されたものは，加工やシステム化のデモンストレーション的なものが多く，実際に加工や計測で新しい知見を与えるものは少なかった．近年になり，ツールとしての重要度を増すに至り，極微領域のプロービングに不可欠なものとなっている．今後のMEMSマイクロプローブの発展は，小型化，高速化，高感度化，多様化，多機能化，修飾を主たるベクトルとし，さらに，プローブ先端の材料や形状の原子レベルのコントロールを目指すものと期待される． 〔川 勝 英 樹〕

文　献

⟨STM・AFM 初期⟩
1) G. Binnig, C. F. Quate and Ch. Gerber : Atomic force microscope, *Phys. Rev. Lett*., p. 930 (1986)
2) G. Binnig, H. Rohrer, Ch. Gerber and E. Weibel : Surface studies by scanning tunneling microscopy, *Phys. Rev. Lett*., p. 57 (1982)

⟨各種カンチレバー計測法⟩
3) Y. Martin, C. C. Williams and H. K. Wickramasinghe : *J. Appl. Phys*., **61**, 4723 (1987)
4) D. Rugar, H. J. Mamin, R. Erlandsson, J. E. Stern and B. D. Terris : Force microscope using a fiber-optic displacement sensor, *Rev. Sci. Instrum*., p. 2337 (1988)
5) G. Meyer and N. M. Amer : Novel optical approach to atomic force microscopy, *Appl. Phys. Lett*., p. 1045 (1988)
6) H. Kawakatsu and T. Saito : Scanning force microscopy with two optical levers for detection of deformations of the cantilever, *J. Vac. Sci. Technol*., **B14**, pp. 872-876 (1996)
7) H. Kawakatsu, S. Kawai, D. Saya, M. Nagashio, D. Kobayashi, H. Toshiyoshi and H. Fujita : Towards atomic force microscopy up to 100 MHz, Review of scientific Instruments (June 2002)
8) piezo detection
9) D. W. Carr and H. G. Craighead : Fabrication of nanoelectromechanical systems in single crystal silicon using silicon on insulator substrates and electron beam lithography, *J. Vac. Sci. Technol*., **B15**, 6, pp. 2760-2763 (Nov-Dec. 1997)
10) R. L. Waters and M. E. Aklufi : *Appl. Phys. Lett*., **81**, 3320 (2002)
11) B. W. Hoogenboom, P. L. T. M. Frederix, J. L. Yang, S. Martin, Y. Pellmont, M. Steinacher, S. Zaech, E. Langenbach, H.-J. Heimbeck, A. Engel and H. J. Hug : A Fabry-Perot interferometer for micrometer-sized cantilevers, *Appl. Phys. Lett*., **86**, 074101 (2005)

⟨カンチレバーファブリケーション⟩
12) S. Akamine, R. C. Barrett and C. F. Quate : Improved atomic force microscope images using microcantilevers with sharp tips, *Appl. Phys. Lett*., **57**, p. 316 (1990)
13) G. Hashiguchi and H. Mimaura : New fabrication method and electrical characteristics of conical silicon field emitters, *Jpn. J. Appl. Phys*., **34**, p. 1493 (1995)
14) G. Hashiguchi and H. Mimaura : Fabrication of silicon quantum wires using separation by implanted oxygen wafer, *Jpn. J. Appl. Phys*., **33**, p. L1649 (1994)
15) H. Kawakatsu, D. Saya, H.-J. Guentherodt H. Hug and M. deLabachelerie : Feasibility studies on a nanometric oscillator fabricated by surface diffusion for use as a force detector in scanning force microscopy, *Jpn. J. Appl. Phys*., **6B**, p. 3954 (1999)
16) H. Kawakatsu, H. Toshiyoshi, D. Saya, K. Fukushima and H. Fujita : Strength measurement and calculations on silicon-based nanometric oscillators for scanning force microscopy operating in the gigahertz range, *Appl. Surf. Sci*., **157**, p. 320 (2000)

10.1 MEMSマイクロプローブ

17) H. Kawakatsu, D. Saya, K. Fukushima, H. Toshiyoshi and H. Fujita : Fabrication of a silicon based nanometric oscillator with a tip form mass for scanning force microscopy operating in the GHz range, *J. Vac. Sci. Technol. B*, p. 607 (2000)
18) H. Kawakatsu, H. Toshiyoshi, D. Saya and H. Fujita : A silicon based nanometric oscillator for scannig force microscopy operating in the 100 MHz range, *Jpn. J. Appl. Phys.*, **6B**, p. 3962 (1999)
19) D. Saya, K. Fukushima, H. Toshiyoshi, H. Fujita, G. Hashiguchi and H. Kawakatsu : Fabrication of silicon-based filiform-necked nanometric oscillators, *Jpn. J. Appl. Phys.*, **39**, p. 3793 (2000)
20) D. Saya, K. Fukushima, H. Toshiyoshi, G. Hashiguchi, H. Fujita and H. Kawakatsu : Fabrication of single-crystal Si cantilever array, *Sensors and Actuators*, **A95**, p. 281 (2002)
21) J. Yang, T. Ono and M. Esashi : Mechanical behavior of ultrathin microcantilever, *Sen. Actuat.*, **A82**, p. 102 (2000)
22) S. Hosaka, K. Etoh, K. Kikukawa and H. Koyanagi : Megahertz silicon AFM cantilever and high-speed readout in AFM-based recording, *J. Vac. Sci. Technol.*, **B18**, p. 94 (2000)
23) A. Chand, M. B. Viani, T. E. Schaffer and P. K. Hansma : Microfabricated small metal cantilevers with silicon tip for AFM, *J. Microelectromech. Syst.*, **9**, p. 112 (2000)
24) K. Fukushima, D. Saya and H. Kawakatsu : Developement of a Versatile Atomic Force Microscope within a Scanning Electron Microscope, *Jpn, J. Appl. Phys.*, **39**, p. 3747 (2000)
25) K. Fukushima, S. Kawai, D. Saya and H. Kawakatsu : Measurement of mechanical properties of three dimensional nanometric objects by an atomic force microscope incorporated in a scanning electron microscope, *Rev. Sci. Instrum.*, **73**, p. 2647 (2002)
26) J. L. Yang, M. Despont, U. Drechsler, B. W. Hoogenboom, P. L. T. M. Frederix, S. Martin, A. Engel, P. Vettiger and H. J. Hug : *Appl. Phys. Lett.*, **86**, 074101 (2005)
27) M. Lutwyche, C. Andreoli, G. Binnig, J. Brugger, U. Drechsler, W. Haeberle, H. Rohrer, H. Rothuizen, P. Vettiger, G. Yaralioglu and C. F. Quate : 5 by 52-D AFM cantilever arrays. A first step towards a terabit storage device, *Sens. Actuat.*, **A73**, p. 89 (1999)
28) M. Despont, J. Brugger, U. Drechsler, U. Duerig, W. Haeberle, M. Lutwyche, H. Rothuizen, R. Stutz, R. Widmer, G. Binnig, H. Rohrer and P. Vettiger : VLSI-NEMS chip for parallel AFM data storage, *Sens. Actuat.*, **A80**, p. 100 (2000)
29) H. Kawakatsu, D. Saya, A. Kato, K. Fukushima, H. Toshiyoshi and H. Fujita : Millions of cantilevers for atomic force microscopy, *Rev. Sci. Ins.*, **73**, p. 1188 (2002)
30) H. Hoshi and H. Kawakatsu : Nanopiano, an array of cantilevers for frequency multiplexed sequencial detection (not published).
31) G. M. Kim, S. Kawai, M. Nagashio, H. Kawakatsu and J. Brugger : Nanomechanical structures with 91 MHz resonance frequency fabricated by local deposition and dry etching, *J. Vac. Sci. Technol.*, **B22**, 1658 (2004)
32) G. Hashiguchi (unpublished)
33) M. K. Baller, H. P. Lang, J. Fritz, Ch. Gerber, J. K. Gimzewski, U. Drechsler, H. Rothuizen, M. Despont, P. Vettiger, F. M. Battiston, J. P. Ramseyer, P. Fornaro, E. Meyer and H. -J. Guentherodt : A cantilever array-based artificial nose, *Ultramicroscopy*, p. 1 (2000)
34) G. Hashiguchi, T. Goda, M. Hosogi, K. Hirano, N. Kaji, Y. Baba, K. Kakushima and H. Fujita : DNA manipulation and retrieval from an aqueous solution with micromachined nanotweezers, *Analytical Chemistry*, **75**, pp. 4347-4350 (2003)

35) Nanosensors
36) Olympus, Hachioji, Japan
37) A. Tixier-Mita, K. Nakamura, A. Laine, H. Kawakatsu and H. Fujita : Single cristal nano-resonators at 100 MHz fabricated by a simple batch process, 13th International Conference on Solid-State-Sensors, Actuators and Microsystems (TRANSDUCERS'2005), Seoul (June 5-9, 2005).

〈カンチレバー運動制御・撮像〉
38) Y. H. Cho, D. Collard, L. Buchaillot, F. Conseil and B. J. Kim : Fabrication and optimization of bimorph micro probes for the measurement of individual bio-cells, *Journal of Microsystem Technologies* (*MST*), in press (2005)
39) T. Fukuma, K. Kobayashi, K. Matsushige and H. Yamada : True molecular resolution in liquid by frequency-modulation atomic force microscopy, *Appl. Phys. Lett.*, **86**, 193108 (2005)
40) S. Kawai, S. Kitamura, D. Kobayashi, S. Meguro and H. Kawakatsu : An ultrasmall amplitude operation of dynamic force microscopy with second flexural mode, *Appl. Phys. Lett.*, **86**, 193107 (2005)
41) N. Kodera, H. Yamashita and T. Ando : Active damping of the scanner for high-speed atomic force microscopy, *Rev. Sci. Instrum.*, **76**, 053708 (2005)
42) M. J. Rosta, L. Crama, P. Schakel, E. van Tol, G. B. E. M. van Velzen-Williams, C. F. Overgauw, H. ter Horst, H. Dekker, B. Okhuijsen, M. Seynen, A. Vijftigschild, P. Han, A. J. Katan, K. Schoots, R. Schumm, W. van Loo, T. H. Oosterkamp and J. W. M. Frenken : Scanning probe microscopes go video rate and beyond, *Rev. Sci. Instrum.*, **76**, 053710 (2005)
43) N. Umeda and K. Itoh : Surface profiling using the photothermal displacement method, *Jpn. J. Appl. Phys.*, **229**, 7, pp. L1206-L1208 (Jul, 1990)
44) Y. Yamauchi, A. Higo, K. Kakushima, H. Fujita and H. Toshiyoshi : Optically assisted electrostatic actuation mechanism, IEEE/LEOS Int. Conf. on Optical MEMS and Their Applications (Optical MEMS2004), Takamatsu, Japan, pp. 164- 165 (Aug. 22-26, 2004)
45) T. Kawagishi, A. Kato, Y. Hoshi and H. Kawakatsu : Mapping of lateral vibrations of the tip in atomic force microscopy at the torsional resonance of the cantilever, *Ultramicroscopy*, **91**, pp. 37-48 (2002)
46) M. Zalalutdinov, A. Zehnder, A. Olkhovets, et al. : Autoparametric optical drive for micromechanical oscillators, *Appl. Phys. Lett.*, **79**, 5, pp. 695-697 (Jul. 30, 2001)
47) S. P. Jarvis, H. Yamada, S. L. Yamamoto, et al. : Direct mechanical measurement of interatomic potentials, *Nature*, **384**, 6606, pp. 247-249 (Nov. 21, 1996)
48) S. Nishida, T. Sakurada, D. Kobayashi and H. Kawakatsu : Atomic rosolution atomic force microscopy in liquid incorporating Doppler interferometry and photothermal excitation (not published)

〈カンチレバー質量センサ関係 (真空)〉
49) K. L. Ekinci, X. M. H. Huang and M. L. Roukes : Ultrasensitive nanoelectromechanical mass detection, *Appl Phys. Lett.*, **84**, 22, pp. 4469-4471 (May. 31, 2004)
50) B. Ilic, H. G. Craighead, S. Krylov, et al. : Attogram detection using nanoelectromechanical oscillators, *J. Appl. Phys.*, **95**, 7, pp. 3694-3703 (Apr. 1, 2004)
51) N. V. Lavrik and P. G. Datskos : Femtogram mass detection using photothermally actuated nanomechanical resonator, *Appl. Phys. Lett.*, **82**, 16, pp. 2697-2699 (Apr. 21, 2003)

〈カンチレバー質量センサ関係 (液中) &カンチレバーバイオセンサ，カンチレバー運動制御〉
52) H. Sone, H. Okano and S. Hosaka : Picogram mass sensor using piezoresistive

cantilever for biosensor, *Jpn. J. Appl. Phys.*, **143**, 7B, pp. 4663-4666 (Jul, 2004)
53) H. Sone, Y. Fujinuma and S. Hosaka : Picogram mass sensor using resonance frequency shift of cantilever, *Jpn. J. Appl. Phys.*, **143**, 6A, pp. 3648-3651 (Jun, 2004)
54) D. Saya, L. Nicu, M. Guirardel, et al. : Mechanical effect of gold nanoparticles labeling used for biochemical sensor applications : A multimode analysis by means of SiNx micromechanical cantilever and bridge mass detectors, *Rev. Sci. Instrum.*, **75**, 9, pp. 3010-3015 (Sep. 2004)
55) M. K. Baller, H. P. Lang, J. Fritz, et al. : A cantilever array-based artificial nose, *Ultramicroscopy*, **82**, 1-4, pp. 1-9 (Feb. 2000)
56) Y. Arntz, J. D. Seelig, H. P. Lang, et al. : Label-free protein assay based on a nanomechanical cantilever array, *Nanotechnology*, **14**, 1, pp. 86-90 (Jan. 2003)
57) A. M. Moulin, S. J. O'Shea and M. E. Welland : Microcantilever-based biosensors, *Ultramicroscopy*, **82**, 1-4, pp. 23-31 (Feb. 2000)
58) A. Doron, E. Joselevich, A. Schlittner, et al. : AFM characterization of the structure of Au-colloid monolayers and their chemical etching, *Thin Solid Films*, **340**, 1-2, pp. 183-188 (Feb. 26, 1999)
59) J. Tamayo, A. D. L. Humphris, A. M. Malloy, et al. : Chemical sensors and biosensors in liquid environment based on microcantilevers with amplified quality factor, *Ultramicroscopy*, **86**, 1-2, pp. 167-173 (Jan. 2001)
60) K. Fukuda, H. Irihama, T. Tsuji, et al. : Sharpening contact resonance spectra in UAFM using Q-control, *Surf. Sci.*, **532**, pp. 1145-1151 (Jun, 10. 2003)
61) M. Guirardel, L. Nicu, D. Saya, et al. : Detection of gold colloid adsorption at a solid/liquid interface using micromachined piezoelectric resonators, *Jpn. J. Appl. Phys.*, **243**, 1A-B, pp. L111-L114 (Jan. 15, 2004)
62) J. Tamayo, M. Alvarez and L. M. Lechuga : Digital tuning of the quality factor of micromechanical resonant biological detectors, *Sensor Actuat B-Chem*, **89**, 1-2, pp. 33-39 (Mar. 1, 2003)
63) J. Kaur, K. V. Singh, A. H. Schmid, et al. : Atomic force spectroscopy-based study of antibody pesticide interactions for characterization of immunosensor surface, *Biosens Bioelectron*, **20**, 2, pp. 284-293 (Sep. 15, 2004)
64) T. Yamada, R. Afrin, H. Arakawa, et al. : High sensitivity detection of protein molecules picked up on a probe of atomic force microscope based on the fluorescence detection by a total internal reflection fluorescence microscope, *FEBS LETT*, **569**, 1-3, pp. 59-64 (Jul. 2, 2004)
65) P. Belaubre, M. Guirardel, G. Garcia, et al. : Fabrication of biological microarrays using microcantilevers, *Appl. Phys. Lett.*, **82**, 18, pp. 3122-3124 (May. 5, 2003)

〈Q-enhancement control & 液中 AFM〉

66) J. Tamayo, A. D. L. Humphris, R. J. Owen, et al. : High-Q dynamic force microscopy in liquid and its application to living cells, *Biophys J.*, **81**, 1, pp. 526- 537 (Jul. 2001)
67) K. Kobayashi, H. Yamada, H. Itoh, et al. : Analog frequency modulation detector for dynamic force microscopy, *Rev. Sci. Instrum*, **72**, 12, pp. 4383-4387 (Dec. 2001)
68) T. Ando, N. Kodera, D. Maruyama, et al. : A high-speed atomic force microscope for studying biological macromolecules in action, *Jpn. J. Appl. Phys.*, **141**, 7B, pp. 4851-4856 (Jul. 2002)
69) T. Ando, N. Kodera, E. Takai, et al. : A high-speed atomic force microscope for studying biological macromolecules, *P. Natl. Acad. Sci. USA*, **98**, 22, pp. 12468- 12472 (Oct. 23 2001)
70) J. Tamayo : Energy dissipation in tapping-mode scanning force microscopy with low quality factors, *Appl. Phys. Lett.*, **75**, 22, pp. 3569-3571 (Nov. 29, 1999)

71) J. Mertz, O. Marti and J. Mlynek : Regulation of A Microcantilever Response by Force Feedback, *Appl. Phys. Lett.*, **62**, 19, pp. 2344-2346 (May. 10, 1993)
72) W. H. Han, S. M. Lindsay and T. W. Jing : A magnetically driven oscillating probe microscope for operation in liquids, *Appl. Phys. Lett.*, **69**, 26, pp. 4111-4113 (Dec. 23, 1996)
73) Y. Yang, H. Wang and D. A. Erie : Quantitative characterization of biomolecular assemblies and interactions using atomic force microscopy, *Methods*, **29**, 2, pp. 175-187 (Feb. 2003)
74) T. Naik, E. K. Longmire and S. C. Mantell : Dynamic response of a cantilever in liquid near a solid wall, *Sens. Actuat A-PHYS*, **102**, 3, pp. 240-254 (Jan. 1, 2003)
75) H. Holscher : Q-controlled dynamic force spectroscopy, *Surf. Sci.*, **515**, 2-3, pp. 517-522 (Sep. 1, 2002)
76) T. Okajima, H. Sekiguchi, H. Arakawa, et al. : Self-oscillation technique for AFM in liquids, *Appl. Surf. Sci.* **210**, 1-2, pp. 68-72 (Mar. 31, 2003)
77) C. Zhang, G. Xu and Q. Jiang : Characterization of the squeeze film damping effect on the quality factor of a microbeam resonator, *J. Micromech. Microeng.*, **14**, 10, pp. 1302-1306 (Oct. 2004)
78) D. Lee, A. Wetzel, R. Bennewitz, E. Meyer, M. Despont, P. Vettiger and C. Gerber : Switchable cantilever for a time-of-flight scanning force microscope, *Appl. Phys. Lett.*, **84**, 9, pp. 1558-1560 (Mar. 1, 2004)

〈その他手法，プロセス関係〉
79) 六車仁志：バイオセンサー入門，コロナ社 (0000)
80) C. Nylander, B. Liedberg and T. Lind : Gas-Detection by Means of Surface-plasmon Resonance, *Sens. Actuator*, **3**, 1, pp. 79-88 (1982)
81) Wu. Guanghua, et al. : *Nature Biotechnology*, **19**, pp. 856-860 (2001)
82) H. P. Lang, et al : *Analytica Chimica Acta*, **393**, pp. 59-65 (1999)
83) F. Schreiber : Structure and growth of self-assembling monolayers, *Progr. in surf. sci.*, **65**, pp. 151-256 (2000)
84) R. K. Smith, P. A. Lewis and P. S. Weiss : Patterning self-assembled monolayers, *Progr. in surf. sci.*, **75**, pp. 1-68 (2004)

〈**Self-assembled monolayer**〉
85) 近藤敏啓，魚崎浩平：自己組織化単分子層：構造規制界面の構築と固体表面への機能付与, *SOJIN News*, No. 91 (1999)
86) C. Nylander, B. Liedberg and T. Lind : Gas-Detection by Means of Surface-Plasmon Resonance, *Sens. Actuator*, **3**, 1, pp. 79-88 (1982)

〈**Process 関係 & その他**〉
87) S. I. Lai, H. Y. Lin and C. T. Hu : Effect of surface treatment on wafer direct bonding process, *Mater Chem Phys.*, **83**, 2-3, pp. 265-272 (Feb. 15, 2004)
88) Y. Iwasaki, T. Tobita, K. Kurihara, et al. : Imaging of electrochemical enzyme sensor on gold electrode using surface plasmon resonance, *Biosens Bioelectron*, **17**, 9, pp. 783-788 (Sep. 2002)
89) F. Rose, M. Hattori, D. Kobayashi, H. Toshiyoshi, H. Fujita and H. Kawakatsu : Application of Capillarity Forces and Stiction for Lateral Displacement, Alignment, Suspension and Locking of Self-Assembled Microcantilevers, *J. Micromech. Microengin* (2006)

10.2 光 MEMS

半導体プロセス技術を応用して微細な機械構造を製作し,それを微小光学分野に応用する光 MEMS(optical micro electro mechanical system)技術は長い研究開発の歴史をもっている.1982 年に発表された IBM の K. Petersen の有名なレビュー論文"Silicon as a mechanical material" の中にはすでに,シリコン製の微小な可動ミラーを用いて,簡単なドットマトリックス式のプロジェクション・ディスプレイに応用した例が報告されている[1].さらに数年さかのぼった 1975 年には,アルミとシリコン窒化膜製のミラーアレイを用いた大型のプロジェクション・ディスプレイを試作した例が Westinghouse 社と Philips 社から報告されている[2].また同時期に,Texas Instruments 社が可変ミラーデバイスの研究を開始し,今日のデジタル駆動型プロジェクション・ディスプレイ(DMD)へと発展した例は有名である[3].このように,MEMS 技術は微小光学との相性が良く,近年では光ファイバ通信用のスイッチや可変波長光源にも実用化されている[4,5].本節では,MEMS と光技術の整合性を検討し,最近の例を紹介しながら MEMS が微小光学分野に与える技術的インパクトについて論じる.

10.2.1 MEMS 技術と微小光学の整合性

MEMS 技術が微小光学用途に期待される理由として,まず製造コストの削減効果があげられる.従来の光学部品・装置の製造は手作業に頼るところが大きく,人件費などのコストを下げることが難しい.特に,はんだ付けで配線できる電気回路とは異なり,光学素子には厳密な光軸合わせ精度が要求される.ここで,MEMS 技術で微小光学素子を形成できればフォトリソグラフィの高精度で素子の形成と配置が可能になり,極力光軸合わせを排除した理想的な製造法を実現することができる.また,部品の小型化により,光学装置内部での実装密度が向上する.この点は,デバイスのア

図 10.2.1　1 cm 角のシリコンチップ上にシリコン表面マイクロマシニング技術で構成したマイクロ・オプティカルベンチ

レイ化が必要となる波長多重通信用の光学装置にとって重要である．また，デバイスの軽量化により耐振動特性が改善し，熱膨張による特性のドリフトが抑制される．これらの MEMS 的な特徴をよく表現した光 MEMS 構造を図 10.2.1 に示す[6]．この例は，CD などの光ピックアップヘッド機能を 1 cm 角のシリコンチップ上に実現したものである．多結晶シリコン薄膜を用いた表面マイクロマシニング技術により，レーザチップを保持する機構と，光を収束するフレネルレンズ，面内・面外に光を反射するためのミラーなどが 3 次元マイクロ構造により構成されている．多結晶シリコン薄膜から 3 次元マイクロ構造を製作する方法は文献[7]に詳しい．

10.2.2　MEMS による光学変調方式

材料固有の物性を外部から制御して光学変調を行うソリッドステート型の光学素子(たとえば熱屈折率効果や電気光学効果)とは異なり，MEMS 型の光学素子ではミラーやレンズ，回折格子，干渉計などの光学部品を微細化し，それらを機械的に駆動することで，大きな光学効果(偏向角，減衰量，波長選択など)を得ることができる．たとえば，直径 10 μm〜数 mm のミラーを静電駆動型のマイクロアクチュエータで角度制御して，光学的に数度以上の振れ角を発生することが可能である．また，小型のファブリ・ペロ干渉系を微細なミラーで構成し，その間隔を波長程度の位置精度で駆動して，特定波長の光の透過率を制御することもできる．また，波長程度のミラーを多数配列して回折格子を構成し，その回折角度や回折強度を制御することもできる．表 10.2.1 に，微小な光学部品の機械的駆動による空間光変調の原理と，その用途を示す．

10.2.3　MEMS 技術の応用例(分類と具体例)

a.　MEMS 応用プロジェクション型ディスプレイ

図 10.2.2 に米国テキサスインスツルメンツ社のプロジェクションディスプレイに用いられている MEMS 型のミラーデバイス DMD (digital mirror device) の構造模式図を示す[3,8]．1 辺 17 μm 程度のアルミ薄膜製のミラーがシリコン基板上に最大 1280×1024 個 (SXGA) 配置されている．ミラー下部の CMOS SRAM (static random access memory) を用いた静電駆動回路によって個々のミラーの角度(±10°)を時分割変調することで，ドットマトリックス状に投影した画像の階調を制御する．カラー画像の投影には，1 個の DMD チップと 3 色カラー回転フィルタを用いる最も簡単な構成から，3 個の DMD チップで生成した RGB 画像を複雑なプリズムにより同軸投影する方式など，用途によって複数の構成が実現されている．最近では，ディジタル画像の投影だけでなく，DMD を用いた光通信用のデバイスや，印刷装置，フォトリソグラフィ用のマスクレス露光装置などに展開されている[9]．

マイクロミラーを用いる方式以外にも，図 10.2.3 に示すような MEMS 型の可変回折格子を用いて画像を生成する方式が米国 Silicon Light Machines 社により開発

10.2 光MEMS

表10.2.1 MEMSによる光学変調方式とその応用

光変調方式	原理図	MEMSによる実現方法	応用例
反射		ミラーをアナログ/ディジタル的に回転駆動して，反射光の向きを制御する最も広く使われている方式，または，ミラー表面の曲率を制御して，反射光の波面を補正する．	光通信応用 ディスプレイ バーコードリーダ レーザプリンタ レーザ走査顕微鏡 位相(収差)補正
屈折		光軸に対してレンズを直角に駆動し，透過光の角度を制御する．あるいは，光軸と並行に駆動し焦点の位置を制御する．光導波路中の溝に屈折率整合液を注入する方式もある．	光軸調整・スキャナ 自動焦点 手ぶれ補正
遮へい		光路上に光を遮へいする部材を挿入し，光強度を制御する．	可変減衰器 ON/OFFスイッチ 光シャッタ・チョッパ
回折		機械的に可動な回折格子の個々の上下運動により，回折強度を制御する．または，格子周期を制御して，回折角度を変調する．あるいは，回折格子を回転させて，回折光の向きを制御する．	波長選択 可変減衰器 ディスプレイ
干渉		干渉計のキャビティ長を機械的に制御して，特定波長の透過/反射強度を制御する．	波長可変光源 波長選択型PD
偏光		光軸周りで偏光素子の角度を制御し，透過する偏光を選択する．	光通信応用
近接場光		光(導波路)表面近傍のエバネッセント領域に高屈折率材料を近接させ，光強度・位相を変調する．	光通信応用 光ストレージ(記録) 粒子・原子操作
散乱		ガラス表面などに物体を押し当て，全反射光を散乱光に変換する．	ディスプレイ 近接センサ

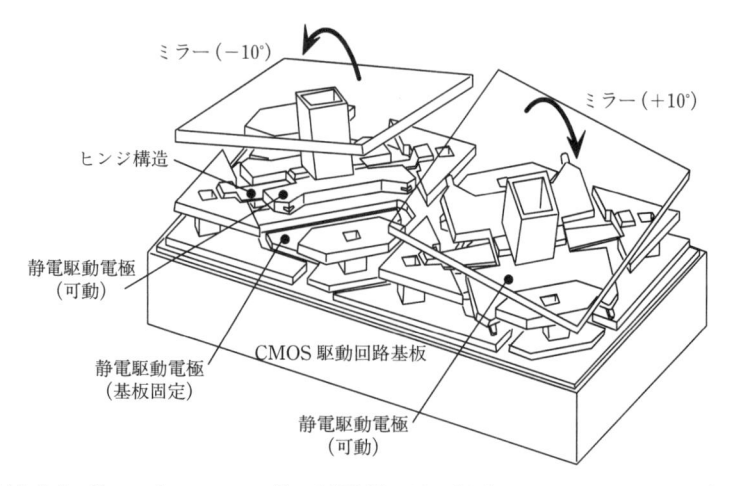

図10.2.2 Texas Instruments 社の MEMS ミラー型プロジェクションディスプレイ

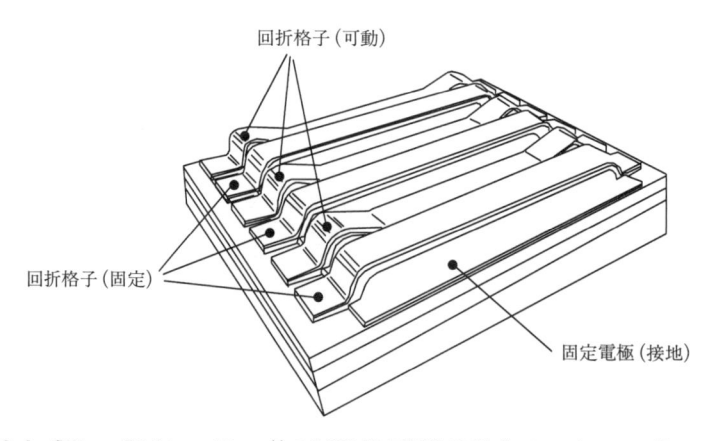

図10.2.3 Silicon Lightmachines 社の MEMS 回折格子型プロジェクションディスプレイ

されている[10]．シリコン窒化膜を金属コートした短冊型のブリッジ構造を1次元配置し，静電駆動により変調可能な回折格子を実現した．6個の短冊で1ピクセルを表し，短冊の沈み込み量によって回折光強度を変調し，画像の階調を制御するものである．DMDが2次元の画像を生成するのに対して，この方式ではまず1次元の線状の画像を生成し，それを別の光スキャナによって走引することにより2次元画像を実現する．

このように，個々のMEMSデバイスは比較的単純な動作をするが，それらが集合体となって協調動作することで，画像投映という質の異なる機能をもったデバイスとなる点が興味深い．MEMSは，量が質を変化させる技術であるといえる．

b. MEMS応用光通信デバイス

　MEMSの光学応用が急速に発展した一因は，従来の電気-光変換（EO），光-電気変換（OE）によるソリッドステート素子では実現が困難とされていた大規模光クロスコネクト（OXC：optical crossconnect）を米国Lucent社が世界に先駆けてMEMSデバイスとして開発したことによる[11]．現在では，入出力ポート数が数百～1000以上の大規模化も可能となっている[12,13]．

　図10.2.4に静電駆動による2次元光スキャナ[14]の例と，スキャナアレイを用いた3次元構成の光クロスコネクトの概念図を示す．多結晶シリコン薄膜（厚み1.5～3.5 μm）にクロム金薄膜を堆積したミラーが，細いねじりばね（幅2 μm，長さ200 μm，厚さ1.5 μm）によって支えられており，下部の4分割電極によって2自由度の回転駆動できるように，2重のジンバル構造になっている．このミラーに，入力光ファイバから出射した光をコリメータレンズで収束して入射すると，ミラーの回転によって反射光が2次元的に角度制御される．同様のモジュールが出力光ファイバ側にもあり，受光した光を出力光ファイバの光軸に合わせて結合させる．この方式により，任意の1入力ファイバと任意の1出力ファイバ間の光スイッチングが可能となる．

　ミラーの材料として，多結晶シリコンの薄膜（厚さ1～3 μm程度）を用いる表面マイクロマシニングによるものと，単結晶シリコンウエハから加工して製作するバルクマイクロマシニングによるものがそれぞれ開発されている．最近では，反射光の波面

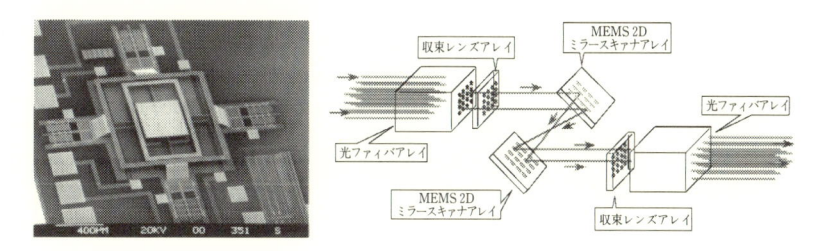

図10.2.4 MEMS型の2次元光スキャナを用いた3次元光スイッチング構成

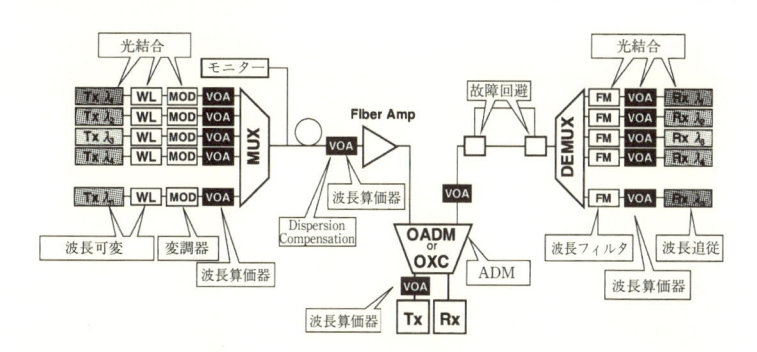

図10.2.5 波長多重光ファイバ通信網におけるMEMSデバイスの可能性

の位相ずれ（収差）を波長の1/20以下に抑えて挿入損失を低下するために，比較的厚いバルクミラーがよく用いられている．また，より低い電圧で大きなミラー角度を実現するために，図10.2.4に示した平行平板型の静電アクチュエータ以外にも縦型櫛歯構造と呼ばれる静電駆動方式も開発されている[15,16]．実用化されたシステムでは，ミラー個々の角度を検出して，フィードバック制御をかけている．

　光通信応用にMEMSデバイスが応用可能な箇所は，図10.2.5に示すように多岐にわたる．この図は，波長多重通光通信網の送信から受信に至る経路を簡単に表したものである．まず，左側の送信側には，異なる波長（通信用の赤外波長）を発振する光源として，ファブリ・ペロ共振器の外部ミラーを機械的に駆動する波長可変レーザダイオードが開発されている[17,18]．また，その発振波長をモニタして，外部共振器の位置制御にフィードバックをかけて発振波長を安定化する波長ロック（wavelength lock : WL）も可能である．さらに，同様の可変ファブリ・ペロ共振器を用いて，光信号の強度変調（modulator : MOD）を行うこともできる（ただし，その速度はMHz程度である）[19]．異なる波長の光を1本のファイバに合波する前に，それぞれの強度をそろえるための可変光減衰器（variable optical attenuator : VOA）を，MEMSミラーを用いて構成した例は多数報告されている[20~22]．同様の強度調調，波長選択機構は，受信側（図の右側）にも応用可能である．OXC以外にも，特定波長の光信号を伝送路に挿入し（Add），あるいは切り出す（Drop）機能をもったADM（add drop module）をMEMSのミラー列を用いて試作した例がある[23,24]．また，故障や保守点検の際にファイバ線路を切り替えるための2×2〜10×10程度の小型の光スイッチを，MEMSの可動ディジタルミラーを用いた比較的単純な構成で実現した例も多い[25,26]．このほかにも，光ファイバの分散（波長，偏波による伝搬速度の違いによる信号波形のひずみ）を補正するための可変ミラーデバイスなど，MEMSの特徴をうまく利用した新しいデバイスも試作されている[27]．さらに，MEMS的な可動機械部品はないが，石英系光導波路の交差部分に配置した溝の中で屈折率整合液を移動（もしくは泡を発生）させて，光の透過と全反射を制御する方式の光スイッチも実現されている[28,29]．

　いずれの例でも，MEMS方式の光デバイスは，光信号を電気信号に変換することなく光のままハンドリングするAll-Opticalを特徴としている．All-Optical型のMEMS型の光スイッチでは，ソリッドステート型のEO，OE変換を用いていないためにその帯域に制限されることなく，光ファイバの帯域全体を使うことができる．すなわち，ブロードバンド通信を安価に実現する手段として期待されている．

c. 光センサ

　一般的に，小型化によってセンサの特性が改善されることが多い．特に，受光した赤外光を熱に変換し，電気抵抗の変化として検出するボロメータ方式の赤外線センサ・イメージセンサでは，検出部分をMEMS技術を用いて小型化することで応答を高速化し，また，検出部分の周囲の基板をシリコンの異方性ウェットエッチングに

よって除去して熱的な絶縁を確保し，検出感度を向上した例がある[30]．ほかにも，光エンコーダを MEMS 技術を用いて飛躍的に小型化した例がある[31]．

おわりに

本節では，微小光学に MEMS 技術を応用した例を機械的な光変調方式とともに概説した．これらの例は，マクロな光学系でも用いられていたミラーやレンズ，回折格子プレートをその駆動機構とともに MEMS で小型化したものであり，変調・駆動原理としては従来の精密光学機器と同一である．一方，最近ではフォトニック結晶導波路上のエバネッセント光領域にサブミクロン寸法の高屈折率材料を近接させて光変調を行う，新しい光変調素子の研究も始まっている[32]．　　　　　　　〔年吉　洋〕

文　献

1) K. E. Petersen : Silicon as a Mechanical Material, *Proc. IEEE*, **70**, 5 (1982)
2) R. N. Thomas, et al. : *IEE Trans. ED*, **22** (1975)
3) L. J. Hornbeck : From cathode rays to digital micromirrors : A history pf electronic projection display technology, *Texas Instruments Technical Journal*, **15**, 3 (1998)
4) 藤田博之，年吉　洋：マイクロメカニカル光デバイス，応用物理，**69**，11，pp. 1274-1284 (2000)
5) H. Fujita and H. Toshiyoshi : Chap. 8, Micro-optical devices, Handbook of Microlithography, Micromachining, and Microfabrication, 1st Edition, P. Rai-Choudhury, ed., SPIE, Bellingham, Washington, USA, pp. 435-516 (1997)
6) Courtesy of Prof. Ming C. Wu, University of California Los Angeles
7) K. S. J. Pister, M. W. Judy, S. R. Burgett and R. S. Fearing : Microfabrited Hinges, *Sensors and Actuators*, **A33**, 3, pp. 249-256 (1992)
8) http://www.dlp.com/
9) D. Dudley, W. Duncan and J. Slaughter : Emerging Digital Micromirror Device (DMD) Application, *Proc. SPIE*, **4985** (2003)
10) D. T. Amm and R. W. Corrigan : Optical Performance of the Grating Light Valve Technology, SPIE Proceedings, EI3634-10, San Jose, CA (1999)
11) D. T. Neison, et al. : Fully Provisioned 112×112 Micro-Mechanical Optical Crossconnect with 35.8Tb/s Demonstrated Capacity, Proc. 25th Optical Fiber Comm. Conf (OFC2000), Bantimore, MD, Mar. 7-10, pp. PD12-1 (2000)
12) J. I. Dadap, P. B. Chu, I. Brener, C. Pu, C. D. Lee, K. Bergman, N. Bonadeo, T. Chau, M. Chou, R. Doran, R. Gibson, R. Harel, J. J. Johnson, S. S. Lee, S. Park, D. R. Peale, R. Rodriguez, D. Tong, M. Tsai, C. Wu, W. Zhong, E. L. Goldstein, L. Y. Lin and J. A. Walker : Modular MEMS-Based Optical Cross-Connect with Large Port-Count, *IEEE Photon. Tech. Lett*, **15**, 12, pp. 1773-1775 (2003)
13) J. Kim, C. J. Nuzman, B. Kumar, D. F. Lieuwen, J. S. Kraus, A. Weiss, C. P. Lichtenwalner, A. R. Papazian, R. E. Frahm, N. R. Basavanhally, D. A. Ramsey, V. A. Aksyuk, F. Pardo, M. E. Zsimon, V. Lifton, H. B. Chan, M. Haueis, A. Gasparyan, H. R. Shea, S. Arney, C. A. Bolle, P. R. Kolodner, R. Ryf, D. T. Neilson and J. V. Gates : 1100×1100 Port MEMS-Based Optical Crossconnect with 4-dB Maximum Loss, *IEEE Photon. Tech. Lett.*, **15**, 11, pp. 1537-1539 (2003)
14) H. Toshiyoshi, W. Piyawattanametha, C. T. Chan and M. C. Wu : Linearization of Electrostatically Actuated Surface Micromachined 2D Optical Scanner, *IEEE/*

15) V. Milanovic, S. Kwon and L. P. Lee: Monolithic vertical combdrive actuators for adaptive optics, Proc. IEEE/LEOS2002 Int. Conf. on Optical MEMS and Their Applications, Lugano, Switzerland, pp. 57-58 (2002) *ASME J. Microelectromech. Syst.*, **10**, pp. 205-214 (2001)
16) N. Kouma, O. Tsuboi, Y. Mizuno, H. Okuda, X. Mi, M. Iwaki, H. Soneda, S. Ueda and I. Sawaki: A Multi-step DRIE process for a 128×128 micromirror array, Proc. IEEE/LEOS 2003 Int. Conf. on Optical MEMS and Their Applications, Hawaii, USA, pp. 53-54 (2003)
17) Jill D. Berger and Doug Anthon: Widely tunable external cavity diode lasers and diffraction grating filters based on silicon MEMS actuators, OSA Annual Meeting (2003)
18) Connie J. Chang-Hasnain: Tunable VCSEL, *IEEE Journal of Selected Topics in Quantum Elec.*, **6**, 6, pp. 978-987 (2000)
19) J. A. Walker, K. W. Goossen, S. C. Arney, N. J. Frigo and P. P. Iannone.: A1.5 Mb/s operation of a MARS device for communications systems applications, *IEEE J. Light. Tech.*, **14**, p. 2382 (1996)
20) W. Noell, P.-A. Clerc, L. Dellmann, B. Guldimann, H.-P. Herzig, O. Manzardo, C. R. Marxer, K. J. Weible, R. Dandliker and N. de Rooij: Applications of SOI-based Optical MEMS, *IEEE Journal of Selected Topics in Quantum Electronics*, 8, 1, pp. 148-154 (2002)
21) K. Isamoto, K. Kato, A. Morosawa, C. Chong, H. Fujita and H. Toshiyoshi: A5- volt Operated MEMS Variable Optical Attenuator by SOI Bulk Micromachining, to be published in IEEE J. Selected Topics in Quantum Electronics (2004)
22) C.-H. Ji, Y. Yee, J. Choi and J.-U. Bu.: Electromagnetic Variable Optical Attenuator, IEEE/LEOS Int. Conf. on Optical MEMS, 20-23, Lugano, Swiss, pp. 49- 50 (Aug. 2002)
23) J. E. Ford, V. A. Aksyuk, D. J. Bishop and J. A. Waker: Wavelength Ad-Drop Switching using Tilting Micromirrors, *IEEE J. Lightwave Tech.*, **17**, 5, pp. 904-911 (1999)
24) J.-C. Tsai, S. Huang, D. Hah and M. C. Wu: Analog Micromirror Arrays with Orthogonal Scanning Directions for Wavelength-Selective 1×N2 Switches, Proc. 12th Int. Conf. on Solid-State Sensors, Actuators and Microsystems (TRANSDUCERS 2003), Boston Marriott Copley Place, Boston, MA, USA, June 8-12, 4D1. 4, pp. 1776-1779 (2003)
25) http://www.sercalo.com/
26) L. Y. Lin, E. L. Goldstein and R. W. Tkach: Free-Space Micromachined Optical Switches for Optical Networking, *IEEE J. Selected Topics in Quantum Electronics*, **5**, 1, pp. 4-9 (1999)
27) T. Sano, T. Iwashima, M. Katakyama, T. Kanie, M. Harumoto, M. Shigehara, H. Suganuma and M. Nishimura: Novel Mutichannel Tunable Chromatic Dispersion Compensator Based on MEMS and Diffraction Grating, *IEEE Photon. Tech. Lett.*, **15**, 8, pp. 1109-1110 (2003)
28) J. E. Fouquet, S. Venkatesh, M. Troll, D. Chen, H. F. Wong and P. W. Barth: A compact, scalable cross-connect switch using total internal reflection due to thermally-generated bubbles, Lasers and Electro-Optics Society Annual Meeting, 1998. LEOS '98. IEEE, **2**, 1-4 (1998)
29) M. Makihara, M. Sato, F. Shimokawa and Y. Nishida: Micromechanical Optical Switches Based on Thermocapillary Integrated in Waveguide Substrate, *IEEE J. Light. Tech.*, **17**, 1, pp. 14-18 (1999)
30) J. Choi, J. Yamaguchi, S. Morales, R. Horowitz, Y. Zhao and A. Majumdar: Design

and control of a thermal stabilizing system for a MEMS optomechanical uncooled infrared imaging camera, Sensors and Actuators, A1-4, pp. 132-142 (2003)
31) R. Sawada, E. Higurashi and Y. Jin : Hybrid Microlaser Encoder, *IEEE J. Light. Tech.* **21**, 3, pp. 815-820 (2003)
32) Y. Kanamori, K. Inoue, K. Horie and K. Hane : Photonic crystal switch b inserting nano-crystal defects using mems actuator, Proc. 2003, IEEE/LEOS Int. Conf on Optical MEMS, 18-21, Hawaii, USA, pp. 107-108 (2003)

10.3　MEMS高周波デバイス

10.3.1　MEMS高周波デバイスのアプリケーション

　MEMS高周波デバイスはRF MEMS (radio frequency micro electro mechanical systems) とも呼ばれており，おもに無線通信機器の高周波部品を想定して開発が進められている[1]．

　無線通信機器に使われる周波数は，数十Hz付近の可聴周波数 (audio frequency) 以上3THzの光周波数以下という広い帯域であり，国際電気通信条約 (ITC) に基づき各国ごとに使用用途や発信出力などが規定されている．なかでもGHz (ギガヘルツ) 帯と呼ばれるUHF (ultra high frequency : 0.3～3GHz) の後半からSHF (super high frequency : 3～30GHz) の高周波帯域は情報伝送レートが高く，直進性も若干弱いことから，機械機器を意識することなく「いつでもどこでも」欲しい情報が得られるユビキタス社会の無線周波数として国際的に割り当てが進められている．

　日本でもコードレス電話，PHS，携帯電話，無線LANなどの携帯無線機器にUHF帯が割り当てられ爆発的に普及しているが，その要因は高周波デバイスの技術革新とそれに伴う法整備，すなわち携帯電話の包括免許制度や省電力無線機器製造販売の免許申請制度が進められたことも要因のひとつである[2]．

　ここでいう高周波デバイスの技術革新とは，無線通信機器に使用される半導体デバイスの高周波化，小型化，低消費電力化，高性能化であり，これが情報伝送容量を飛躍的に高め，情報の圧縮復元技術ともあいまって，音声や文字の低容量情報伝送から静止画や動画の大容量情報伝送を可能にした．たとえばGaAs MESFETのようなMMIC (monolithic microwave IC) では電子移動度の高い化合物半導体を用いて，数GHzの高周波スイッチングデバイスを実現しており，無線携帯機器の送受信切替えスイッチなどの用途で搭載されている．

　しかし，より多くの情報を伝達したいという欲求はまだ端緒についたばかりである．そのためには，さらなる無線通信の技術革新が必要であり，SHFからミリ波 (30～300GHz) に至る高周波デバイスを小型に実現できる可能性をもったMEMS高周波デバイスが注目されている．それは次のような利点が考えられるからである[1),3),4)]．

　① 3次元微細構造や微細空間内に3次元伝送線路が形成できるため，高周波化や

広帯域化，小型化が期待できる．
② 3次元伝送線路をアクチュエータで可動することで，特性の可変化(variable)が期待できる．また，アクチュエータが微小であるため可動電力が非常に小さい．
③ Si 基板が使用可能で，既存半導体デバイスとのプロセス親和性が高いので，ベースバンド系の低周波信号処理に使われる LSI との整合性が良く，機能統合によるいっそうの小型化が期待できる．

また，一般的にあげられる課題は以下のとおりである．
① 伝送電力が小さい．
② 機械的応答速度が遅い．
③ 寿命などの信頼性技術や実装技術など，商用化に向けた周辺技術の確立が必要．

前述の利点を生かし上記課題を克服するように，多くのデバイスが開発されているが，その中から代表的な基本デバイスとして，スイッチ(switch)，移相器(phase shifter)，キャパシタ(capacitor)，レゾネータ(resonator)について詳述する．このほかにもインダクタ(inductor)，アンテナ(antenna)，伝送線路(transmission line)，発振器(oscillator)などがあるが，使われる材料については詳述するデバイスにほとんどが含まれている．

MEMS 高周波デバイスで商用化し汎用化しているのは，レゾネータの一つである FBAR(film bulk acoustic resonator)だが，今後続々と商品化されていくと考えられる．

10.3.2 MEMS 高周波スイッチ

MEMS 高周波スイッチは，平面伝送線路という高周波デバイスの最も基本的な構造と，可動伝送線路という最も MEMS らしいアクチュエータ(actuator)構造をもつ代表的な MEMS 高周波デバイスである．無線通信機器のアプリケーションとして送受信切替えスイッチがあげられる．無線通信機器には送信機と受信機が含まれるが，一つのアンテナを双方で時分割に使用するためのスイッチである．また，マルチモード携帯電話は，周波数の異なるキャリヤや国でも使える端末であるが，1台の中に無線通信機器を複数台入れているため，伝送帯域の広いスイッチングデバイスが必要となる．

スイッチに限らず MEMS アクチュエータの駆動原理は静電(electrostatic)，圧電(piezoelectric)，電磁(electromagnetic)，熱(thermal)，これらのハイブリッド(hybrid)などがある．一般に静電，圧電方式は駆動電力が小さいが電圧が高く，電磁，熱方式は電圧が低いが駆動電力が大きい傾向がある．ここではスイッチング原理で分け，接触型と容量型に大別して例示する．

10.3 MEMS 高周波デバイス

[図：接触型 MEMS 周波数スイッチの分解構造図]

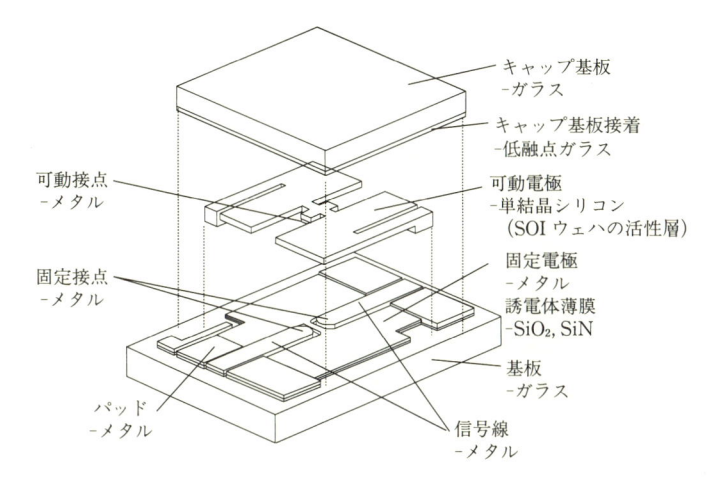

ラベル：
- キャップ基板 -ガラス
- キャップ基板接着 -低融点ガラス
- 可動接点 -メタル
- 可動電極 -単結晶シリコン (SOI ウェハの活性層)
- 固定接点 -メタル
- 固定電極 -メタル
- 誘電体薄膜 -SiO₂, SiN
- 基板 -ガラス
- パッド -メタル
- 信号線 -メタル

図 10.3.1 接触型 MEMS 周波数スイッチの構造

a. 接触型 MEMS 高周波スイッチ

バルクマイクロマシニング (bulk micromachining) 技術を用いた接触型 MEMS 高周波スイッチの構造例を図 10.3.1 に，プロセスを図 10.3.2 に示す[5]．ここでいう接触とは固定・可動接点が接触し，電気的に低抵抗で接続 (ohmic contact) することを意味する．

抵抗率の低い金などの信号線を形成したパイレックスガラスに，活性層 (device layer) に可動接点を設置した SOI ウェハを陽極接合 (anodic bonding) する．その後，アクチュエータとなる可動電極を型抜きし，部材汚染防止のキャップとしてパイレックスガラスを低融点ガラスで接着している．

駆動電圧を印加しないスイッチ OFF 時には，可動接点がばね力で信号線から離隔しており，入力側信号線路と出力信号線路が分離して信号伝送を行わない．駆動電圧を印加したスイッチ ON 時には，固定電極と可動電極間にばね力以上の静電引力を発生して電極を引き付け，可動接点が入出力信号線路上の固定接点と接触導通し，信号を伝送する．

アイソレーション (isolation)，インサーションロス (insertion loss) を向上させるための材料選択として，基板は Q 値を高くするため誘電率が低く誘電正接が小さいパイレックスガラスなどの材料を使う．パイレックスガラスではおよそ比誘電率 ε_r が 4.5，誘電正接 $\tan\delta$ が 0.01 なので，10 GHz を伝送するための線幅 100 μm，厚さ 2 μm のコプレーナ (co-planar) 線路は，インピーダンス 50 Ω，シリコン基板厚さ 500 μm とすると，配線材料によらず間隙 20 μm となる (図 10.3.3)．ただし，高周波信号のインサーションロスには抵抗成分も大きく影響を与えるため，MEMS では一般的に抵抗率の低い金，アルミ，銅などを伝送線路の材料として使う．厚さが μm

10. 電気機械デバイス

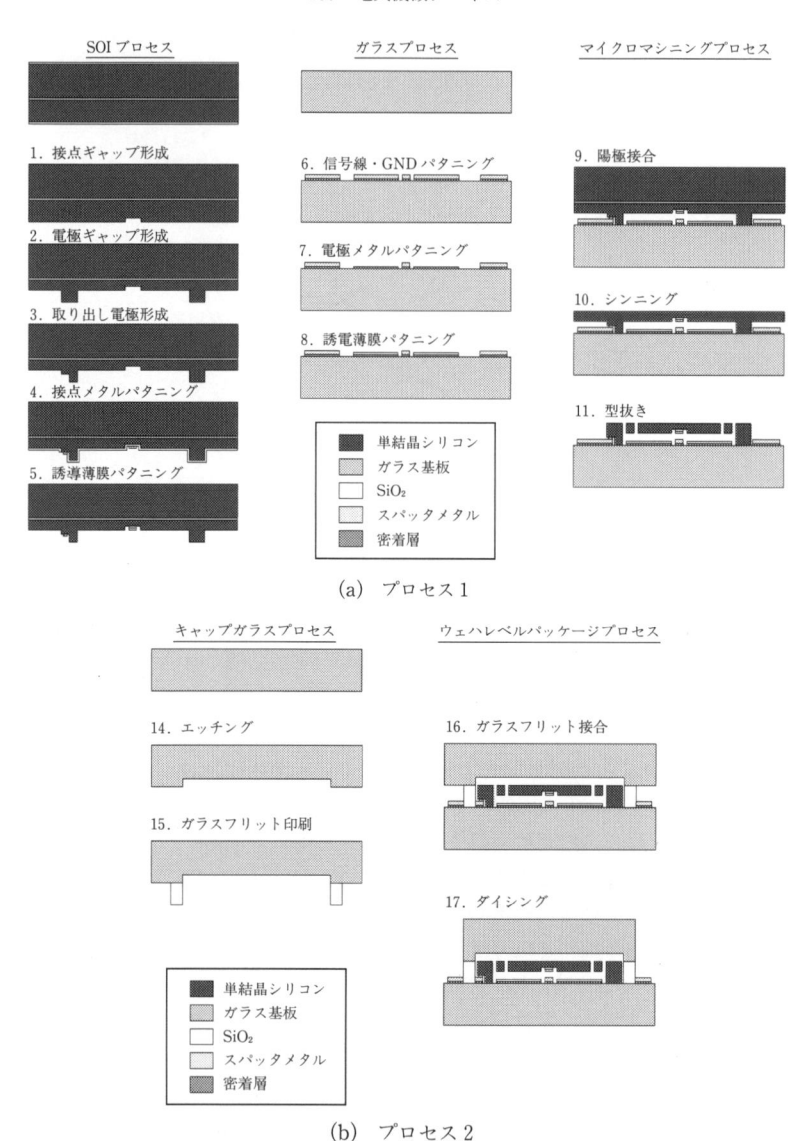

SOIプロセス
1. 接点ギャップ形成
2. 電極ギャップ形成
3. 取り出し電極形成
4. 接点メタルパタニング
5. 誘導薄膜パタニング

ガラスプロセス
6. 信号線・GNDパタニング
7. 電極メタルパタニング
8. 誘電薄膜パタニング

マイクロマシニングプロセス
9. 陽極接合
10. シンニング
11. 型抜き

凡例: 単結晶シリコン／ガラス基板／SiO_2／スパッタメタル／密着層

(a) プロセス1

キャップガラスプロセス
14. エッチング
15. ガラスフリット印刷

ウェハレベルパッケージプロセス
16. ガラスフリット接合
17. ダイシング

凡例: 単結晶シリコン／ガラス基板／SiO_2／スパッタメタル／密着層

(b) プロセス2

図10.3.2 接触型MEMS高周波スイッチ

レベルの金薄膜は，抵抗率 ρ を 40×10^6 S/m とすると表皮効果による表皮深さが 0.79 μm となる．よって，信号線路の厚さは表皮深さの2倍以上が望ましいため2 μm としている．

これをセラミックパッケージに実装した例を図10.3.4に示す．縦3.3mm，横5.6

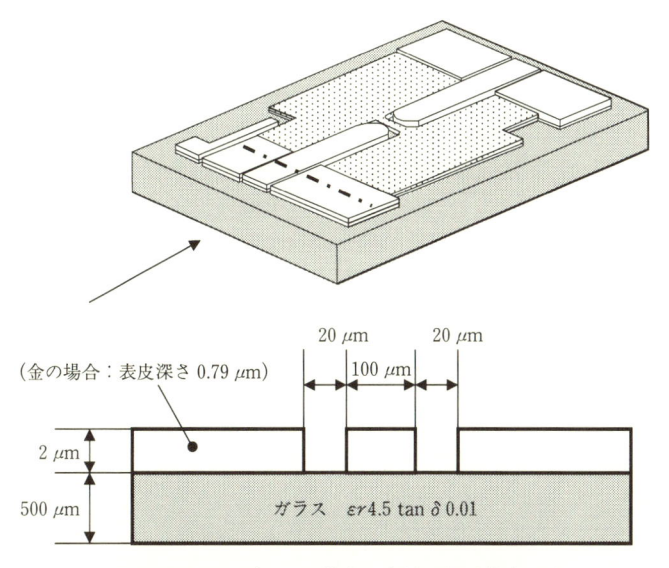

図 10.3.3 コプレーナ構造の高周波伝送線路設計

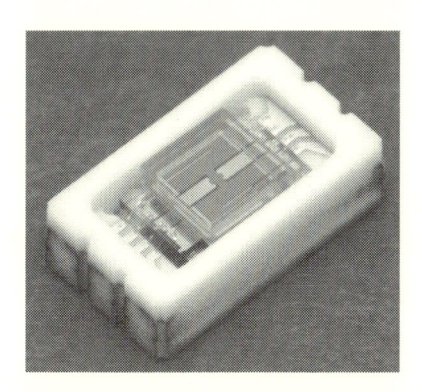

図 10.3.4 セラミックパッケージに実装した MEMS 高周波スイッチ（ふたを除く）

mm，高さ 1.4 mm の小型化を実現している．セラミックはおよそ誘電率 10，誘電正接 1×10^{-4} であるため，金配線のラインアンドスペースは，基板厚さ 200 μm，線幅 350 μm，線厚 20 μm の場合 170 μm となる．この構造例では，高周波特性の実測値として 10 GHz でアイソレーション 25 dB 以上，インサーションロス 1 dB 以下を得ている[5]．周波数が大きくなるほどアイソレーションが小さくなるため，ハイパスフィルタのような特性を示す．

b. 容量型 MEMS 高周波スイッチ

表面マイクロマシニング（surface micromachining）技術を用いた容量型 MEMS

高周波スイッチの構造例を図10.3.5に示す[6]．誘電薄膜を形成した基板（基板が誘電体の場合は誘電薄膜不要）に抵抗率の低いアルミや金，銅などの金属で信号線を形成する．高周波特性を向上させるため信号線の両側に一定距離だけ離したGNDを設置し，コプレーナ線路を形成するのは接触型と同様である．この信号線の一部を被覆するようにSiO（シリコン酸化膜）やSiN（シリコン窒化膜）の誘電体薄膜で絶縁し，その上部にGNDを橋渡すようにアルミや金などの低抵抗率金属でブリッジを形成する（図10.3.5）[6]．

導電薄膜（誘電体で覆う場合もある）
－アルミ，ニッケルなどのメタル，ポリシリコン

（誘電体薄膜）
－SiO_2, SiN

信号線
－金，白金，アルミニウム，銅などのメタル

犠牲層除去による間隙
－レジスト，メタルなど

（誘電体薄膜）
－SiO_2, SiN

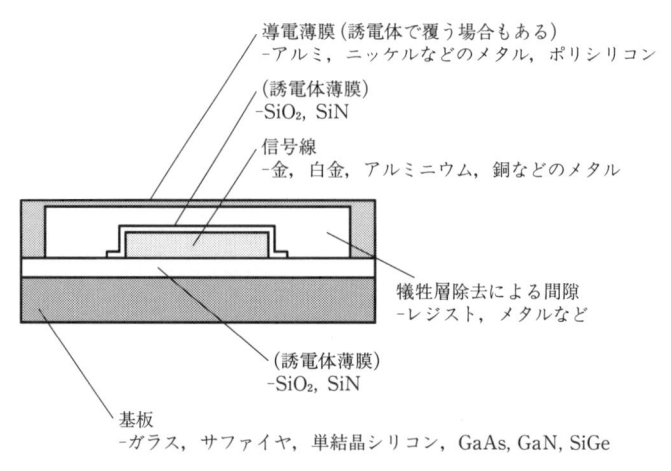

基板
－ガラス，サファイヤ，単結晶シリコン，GaAs, GaN, SiGe

図10.3.5 容量型MEMS高周波スイッチの構造

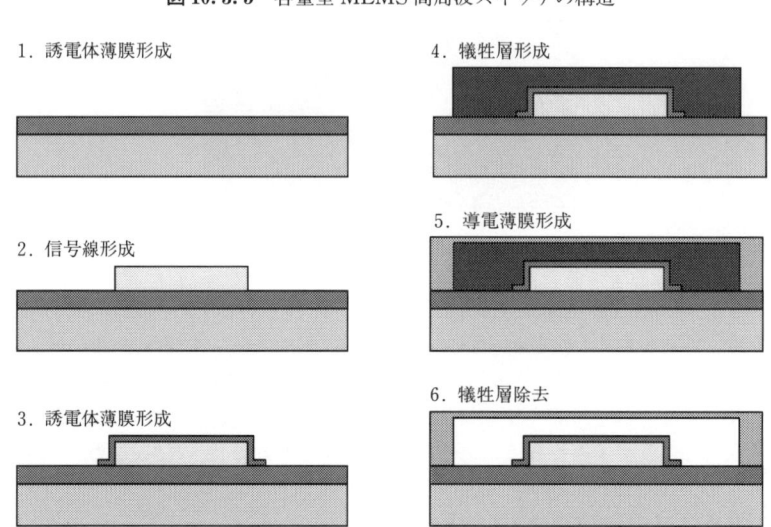

1. 誘電体薄膜形成
2. 信号線形成
3. 誘電体薄膜形成
4. 犠牲層形成
5. 導電薄膜形成
6. 犠牲層除去

図10.3.6 容量型MEMS高周波スイッチのプロセス

容量型MEMS高周波スイッチは，一般的に図10.3.6に示すような表面マイクロマシニング技術を用いて形成されることが多い．被覆した信号線に下地としてレジストなどで犠牲層を形成し，その上に金属を堆積させる．その後，あらかじめ空けておいたエッチングホールからレジストを除去し，ブリッジと信号線の間に間隙を形成する．

こうして形成されたブリッジを可動するため，直流電圧を高周波信号にバイアスし信号線との間に静電引力を発生する．実際にはブリッジの固有振動数より周波数の十分に低い信号ならばブリッジが駆動する．

バイアスしないときはブリッジがばね力によって信号線と離隔し，GNDとの静電容量が小さいため高周波信号を伝送（スイッチON）し，バイアスした場合は可動電極が信号線に引き付けられ静電容量が増加し，ローパスフィルタが形成され高周波信号を遮断（スイッチOFF）する．ローパスフィルタなので周波数が高いほどスイッチOFF時のアイソレーションが大きくなり，低い場合は静電容量成分の影響が少ないためアイソレーションが小さくなる．これは，接触型スイッチがハイパスフィルタのように振る舞うのと逆の高周波特性である．

c. MEMS高周波スイッチを利用した移相器

MEMS高周波スイッチは，前述の無線通信端末のモードや送受信切替えのほかに，移相器として位相変調器やフェーズドアレイアンテナなどの指向性アンテナへの応用が考えられる．

図10.3.7に4ビット移相器を示す[7,8]．180°，90°，45°，22.5°というように半波長

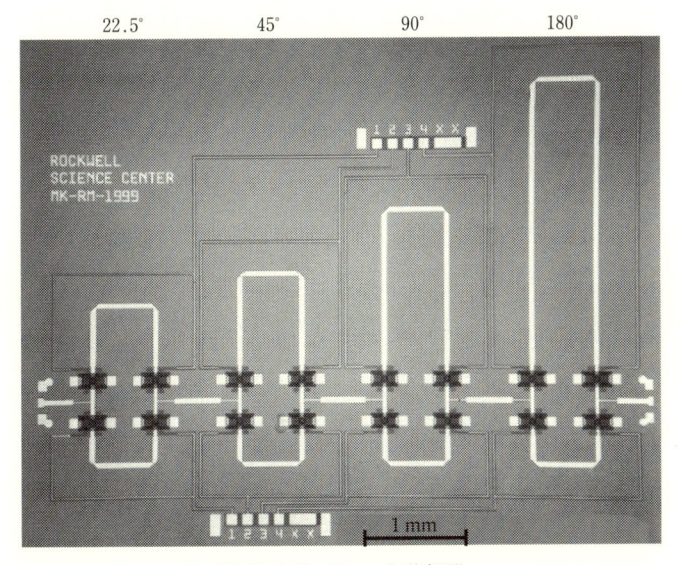

図10.3.7 4ビット移相器

180°の信号線を最大として，半分ずつ長さの異なる四つの信号線を MEMS 高周波スイッチで 16 通りに組み合わせてスイッチングすることで，0.0°から 337.5°まで 22.5°ステップで位相をシフトすることができる．このような移相器をフェーズドアレイアンテナの個々のアンテナ要素に一つずつ設置することで，アンテナを固定したまま，不連続な指向性を電気的に実現することができる．

10.3.3 MEMS 高周波キャパシタ

キャパシタは電気回路を構成するうえで非常に重要なデバイスである．高周波分野

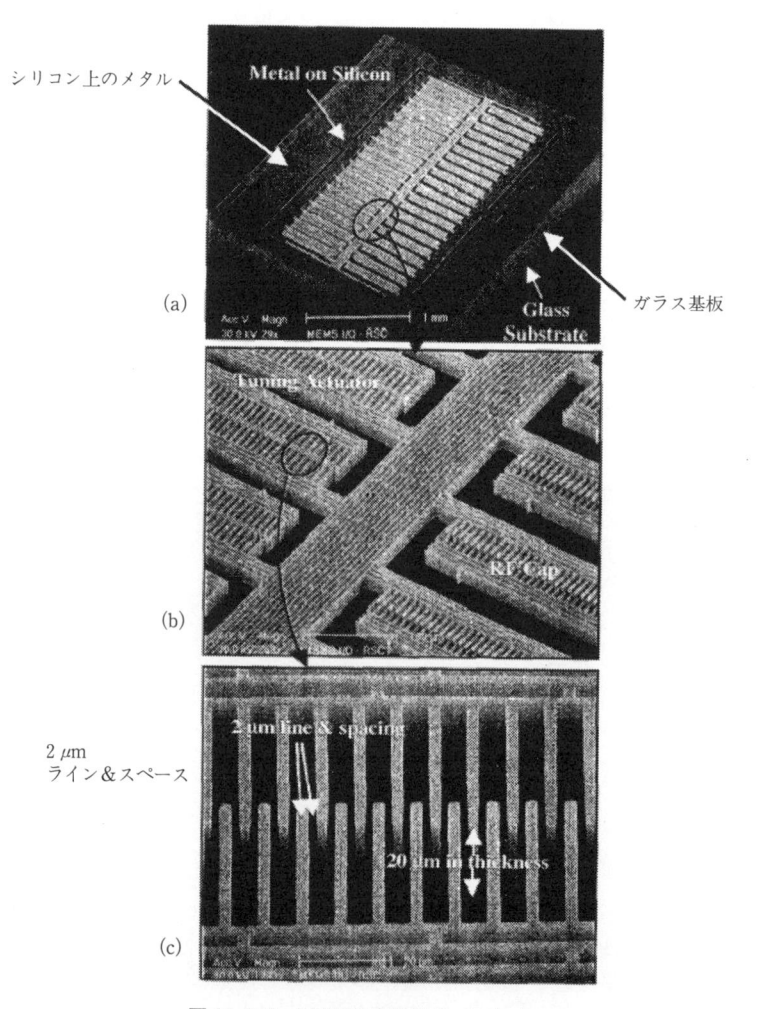

図 10.3.8 MEMS 高周波キャパシタ

でも発振，フィルタ，インピーダンス整合などさまざまな用途で使われている．また，市販デバイスのみならず，高周波基板の設計者自身が波長オーダの配線パターンを工夫することで，分布定数回路 (distributed constant circuit) を基板内につくり込んで高周波数特性を調整することなども含めて積極的に活用されている．このような高周波キャパシタに MEMS 技術を応用する理由は，小型，高い Q 値，可変性を実現できることである．具体的には MEMS 可変キャパシタやインダクタ (inductor) によって，可変フィルタや VCO (電圧制御発振子) の周波数制御部分，可変インピーダンスマッチング素子などのさまざまな素子を高 Q 値と高周波広帯域で実現することができる．

図 10.3.8 に櫛歯型の MEMS 高周波キャパシタの構造図を示す[9]．キャパシタでも，図 10.3.5 に例示したように可動方向が垂直な可変キャパシタも多く開発されて

(a)　支持基板 Si
　　　酸化膜 SiO_2
　　　活性層 Si ($20\,\mu m$)
　　　エポキシ
　　　ガラス基板

(b)　アルミ

(c)

(d)

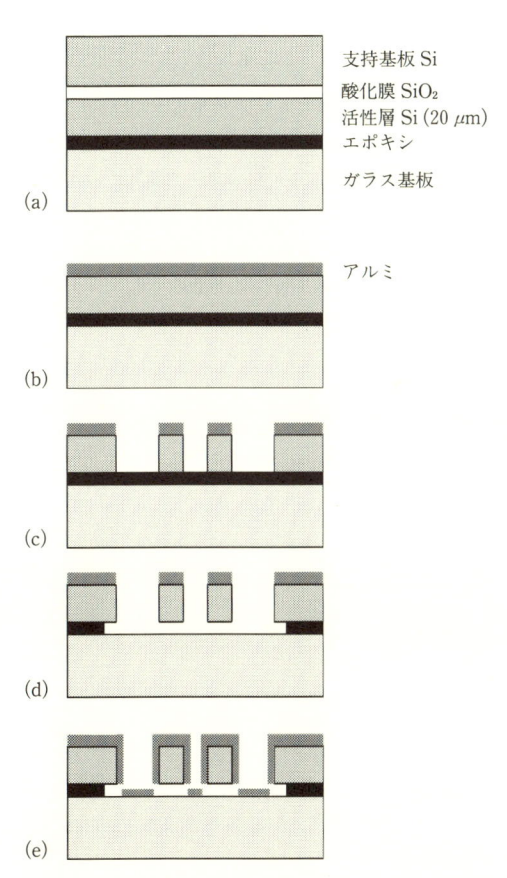

(e)

図 10.3.9 MEMS 高周波キャパシタのプロセス

いるが，この例では可動方向は水平方向である．動作原理は両者とも同様で，2枚の電極をもつ静電引力アクチュエータに駆動電圧を印加して，発生した静電引力で電極を引き寄せ，静電容量を変化させる．

図10.3.9にプロセスを示す．この例ではガラス基板にSOIウェハをエポキシ樹脂で接着し，支持基板(handle layer)と酸化膜(buried oxide)を除去し，活性層に2 μm のアルミを堆積し，これをマスクとしてボッシュプロセスを使ったICP (inductively coupled plasma)で高アスペクトに活性層をエッチングしくし歯をつくる．その後，くし歯の隙間からくし歯下部のエポキシを除去して可動できるようにする．最後に電気的応答性を向上させるためアルミを追加堆積する．このようにして作成したMEMS高周波キャパシタは0～5Vの電圧変化で6～1.6 pFの変化を得ている．

10.3.4 MEMS高周波レゾネータ

レゾネータは，テレビの映像信号処理回路のSAW (surface acoustic wave)デバイスや，衛星放送受信アンテナや無線送受信機のVCO，フィルタ，ディプレクサ，受信した高周波信号をコンバージョンダウンするためのリファレンス周波数発振部品など，重要な役割を果たしている．スーパーヘテロダイン方式では，比較的占有面積が大きいこれらの部品が数個使われており，最も小型化が望まれているデバイスの一つである．一方で，これらのフィルタが不要となるダイレクトコンバージョン方式の開発も進められているが，汎用化にはまだ至っていない．このような中，3次元微細構造による高Q値で小型高性能な高周波MEMSレゾネータの実用化が期待されて

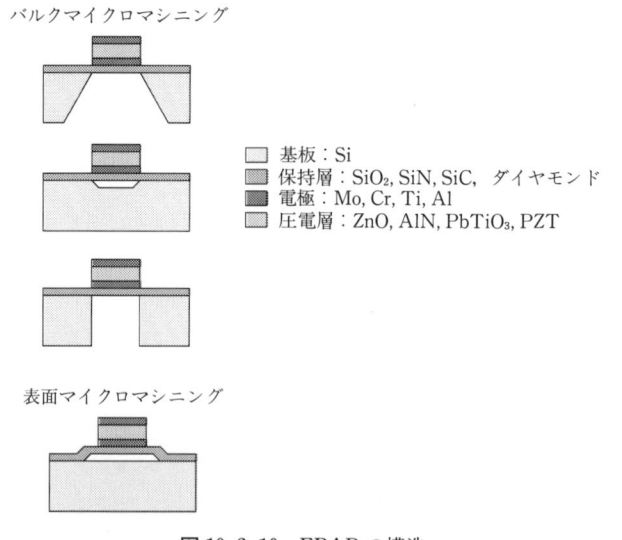

図10.3.10 FBARの構造

10.3 MEMS高周波デバイス

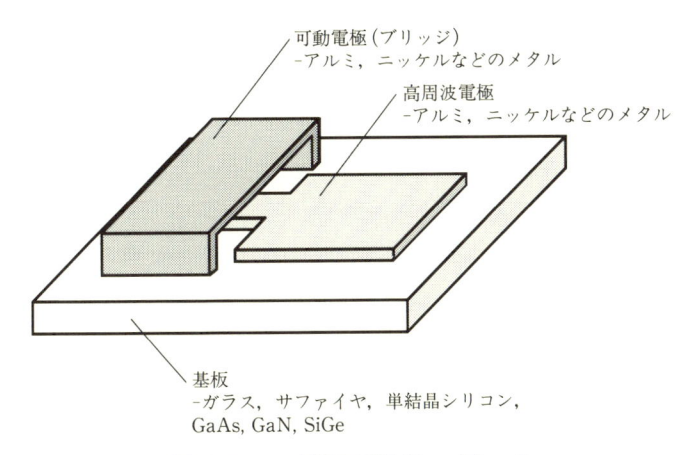

図10.3.11 高周波MEMSレゾネータ

（可動電極（ブリッジ）-アルミ，ニッケルなどのメタル／高周波電極-アルミ，ニッケルなどのメタル／基板-ガラス，サファイヤ，単結晶シリコン，GaAs, GaN, SiGe）

いる．

レゾネータの方式は2方式に大別される．一つはFBARのように圧電効果を利用した方式である[10]．圧電材料はSAWデバイスと同様にZnO, AlN, $PbTiO_3$, PZTなどを使う．多くの無線送受信機で使用されているデバイスだが，CMOSプロセスとの親和性に乏しいのが難点である．FBARの構造を図10.3.10に示す．MEMS技術を利用して圧電薄膜を支持する誘電薄膜をダイアフラム状に保持し，高Q値を実現している．

もう一つの方式は静電方式で，ブリッジ，円柱，球というさまざまな形状の導体の多次にわたる固有振動を利用したメカニカルレゾネータである．MEMS技術やナノテクノロジーによりμmレベルやnmレベルの導体構造を構成したり，電極間ギャップを数十nmレベルで実現することにより，数十GHzにわたる高周波広帯域で，Q値1000～10万の高性能レゾネータが開発されている．

図10.3.11に静電レゾネータの基本構造を示す[11]．ブリッジ構造の上部可動電極が印加された入力信号の周波数が共振周波数に近いほど所定インピーダンス（たとえば50Ω）に近づき，低dBで伝送される．また，ブリッジは静電アクチュエータになっているので，バイアス電圧を印加するとブリッジが下方に引き寄せられ，静電容量が増大し共振周波数が下がる．　〔佐々木　昌〕

文　献

1) 今仲行一：MEMS技術の高周波デバイスへの応用，表面技術，**54**, 10 (2003)
2) 電波法，総務省ホームページ，http://www.soumu.go.jp/joho tsusin/policyreports/japanese/laws/denpa/index.html など
3) Gabriel M. Rebeiz : RF MEMS, pp. 1-20, John Wiley & Sons (2002)
4) Vijay K. Varadan, K. J. Vinoy and K. A. Jose : RF MEMS and Their Applications,

pp. 109-127, John Wiley & Sons (2002)
5) T. Seki and M. Fujii : Large Force Electrostatic MEMS Relay for DC to 20GHz, IEEE MTT-S Microwave Symposium Workshop Notes (2002)
6) J. B. Muldavin and G. M. Rebeiz : 30 GHz Tuned MEMS Switches, IEEE International Microwave Symposium (1999)
7) M. Kim and J. B. Hacker, et al. : A DC-to-40GHz Four-Bit RF MEMS True-Time Delay Network, *IEEE Microwave and Wireless Components Letters*, **11**, 2 (2001)
8) G. M. Rebeitz : RF MEMS Switches : Status of the Technology, the 12th International Conference on Solid State Sensors, Actuators and Microsystems, Boston, Transducers (2003)
9) J. J. Yao and S. T. Park, et al. : Low Power/Low Voltage Electrostatic Actuator for RF MEMS Applications, Solid-State Sensor and Actuator Workshop (2000)
10) H. J. De Los Santos : RF MEMS Circuit Design for Wireless Communications, Artech House (2002)
11) M. Stickel, G. V. Eleftheriades and P. Kremer : A High-Q Micromachined Silicon Cavity Resonator at Ka-Band, *Electronics Letter*, **37**, 7, pp. 433-435 (2001)

10.4 圧電アクチュエータ

印加した電界により固体内部にひずみが発生する圧電材料を用いた電気機械変換器．直流電圧あるいは比較的低周波の電圧で駆動を行い，微少な変位を発生させて動作させるデバイスと，変換器の共振周波数である高周波駆動を行い，高出力化・高効率化が可能な超音波振動子の二つの系統がある．さまざまな材料が用いられ，さまざまな構造や駆動原理が考案され，実用化されている．

10.4.1 逆圧電効果と材料

圧電材料の逆圧電効果を利用して，電圧を印加することで機械的なひずみを発生させることができる．この機械的なひずみは，外力がなければ素子変形となり，外力により変形が妨げられていれば，素子の発生力となる．素子が発生するひずみの方向は，素子形状および分極方向と電界方向により決まる．

基本的なパターンは，図10.4.1に示す三つである．形状が軸方向に細長い(a)の素子では，分極方向と電界方向が軸方向であれば，軸方向の伸縮変位および力が発生

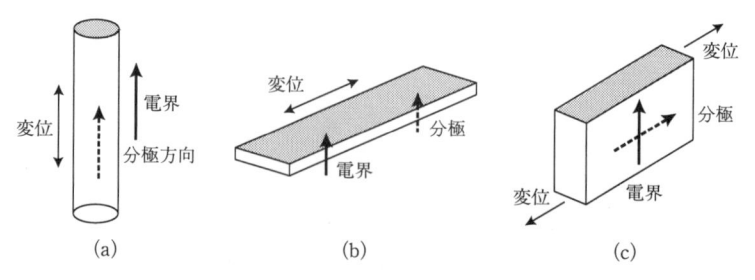

図10.4.1 圧電素子の分極と駆動電界に対する変位の方向

する．短冊状の素子形状 (b) で，厚み方向に分極と電界があると，これと直交する方向での長手方向の変位と力が発生する．分極と電界の方向が一致せず直交関係にある素子 (c) では，図に示すようなせん断方向の変位とせん断力が発生する．

これらの変位および発生力を利用すると，素子形状などを変化させることにより，さまざまな用途に適したアクチュエータを実現することが可能となる．たとえば，(c) に示した効果を利用すると，円柱形状の素子により，ねじり方向の力を発生するアクチュエータをつくることができる．

こういった素子に用いられる材料で，最も一般的なものがチタン酸ジルコン酸鉛 ($Pb(Zr, Ti)O_3$) である．多くの場合 PZT と呼ばれ，普通は焼結体のセラミックスである．同じ PZT と呼ばれる材料であっても，微量添加される Fe や Mn などの成分と添加量などにより，さまざまな特性の材料が出回っており，メーカーや型番により異なった特性をもっている．大きく分けると，ソフト系の材料とハード系の材料があり，用途により使い分けられている．

ソフト系の PZT は，直流電圧あるいは低周波数での駆動に適しており，変位量が大きくとれる代わりに，機械的 Q 値とキュリー点が低く，高周波での駆動には適していない．バイモルフ素子や積層型アクチュエータに用いられている．ハード系の PZT は，直流駆動時の変位量が小さいが，機械的 Q 値が 1500 前後と高く，キュリー点も 300℃程度と高いため，高周波での駆動に適している．超音波振動子には，ほとんどの場合ハード系の材料が用いられる．ハード系の PZT では，分極処理がしっかりと行われており，バイアス電圧をかけることなく，高い周波数（〜数十 MHz）の交流電圧（〜数百 V/mm）で駆動を行うことができる．

最近では，単結晶材料が用いられる場合もある．材料としては，PMN-PT ($Pb(Mg, Nb)O_3$-$PbTiO_3$) や PZN-PT ($Pb(Zr, Nb)O_3$) といったものが注目されている．PMN-PT や PZN-PT は PZT と比べて一桁程度変位量が大きいなど，注目すべき特性をもっている．また，弾性表面波デバイスなどに以前から使われているニオブ酸リチウム ($LiNbO_3$) やタンタル酸リチウム ($LiTaO_3$) もアクチュエータへの応用が考えられている．これらの材料は，PZT などのセラミックス材料にみられるヒステリシス特性がほとんどなく，振動特性も格段に優れている．

10.4.2 圧電アクチュエータ
a. バイモルフ素子

2 枚の薄い圧電素子を張り合わせて，それぞれ伸張・収縮させることで素子をたわませる動作を行うのがバイモルフアクチュエータである．さまざまな形状の素子が考えられるが，最も単純なものは図 10.4.2 (a) に示すような，片持ち梁の形状である．2 枚の圧電素子は，互いに分極方向が逆向きになるように張り合わされていて，中心部の電極を共通電極として，上下面の電極から電圧を印加する．すると，上下の素子で分極に対する電界の向きが逆向きとなるために，片方の素子が縮むときにもう一方

は伸びるために，素子全体は上下にたわむこととなる．図10.4.2 (b) に示すチューブ形状の素子も同じ原理で動作しており，この素子の場合は，先端部が2次元方向に変位するようになっている．

このアクチュエータは，先端部部での変位量が大きくとれる代わりに，発生力は小さい．たとえば，一つの圧電素子が長さ25 mm，厚さ0.2 mm，幅10 mmの素子を用いたアクチュエータでは，100 Vの駆動で300 μmの変位が得られ，目に見える程度の変位量が得られるが，発生力は0.17 Nしかない．

b. 積層型素子

薄い圧電素子を多数積層した構造をもち，すべての素子が同時に伸張あるいは収縮することで，大きな力と変位を比較的低い駆動電圧で実現しているのが積層型アクチュエータである．さまざまな寸法の素子がつくられており，2～10 mm角×5～20 mm（高さ）の素子が入手可能である．

一般に入手される素子の形状は，図10.4.3のようになっている．圧電材料と電極用金属の積層構造をしており，1層の厚さが100 μm程度である．この厚さを20 μm程度とすることも可能である．圧電材料と電極用金属材料は一体焼成されており，軸方向加重には強い．駆動用電極は1層おきに両側の電極に接続されている．この端子間に電圧を加えることで，積層素子内部には上下交互に電界がかかり，分極も交互になされていることから，同一方向の変位量あるいは力として取り出される．変位量は素子の実効的な長さ（積層部分の長さ）に比例し，発生力は断面積に比例する．変位特性および変位と発生力の特性を図10.4.4に示す．

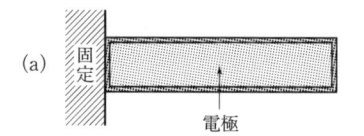

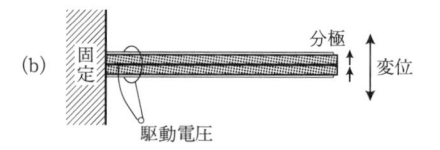

図10.4.2 バイモルフアクチュエータ

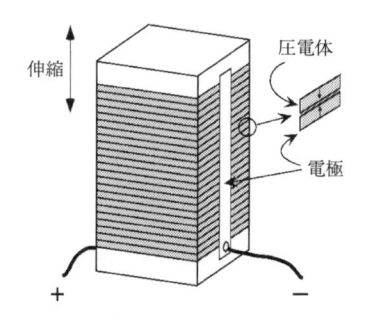

図10.4.3 積層型圧電アクチュエータ

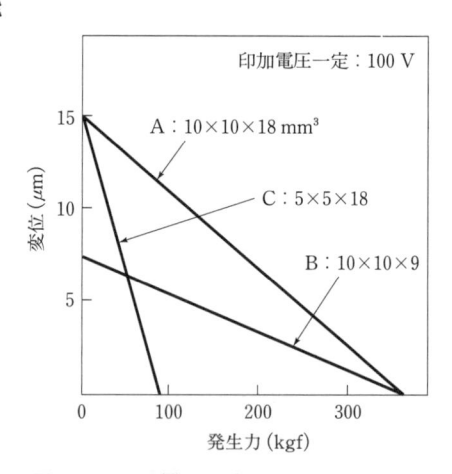

図10.4.4 積層型圧電アクチュエータの変位と発生力

10.4 圧電アクチュエータ

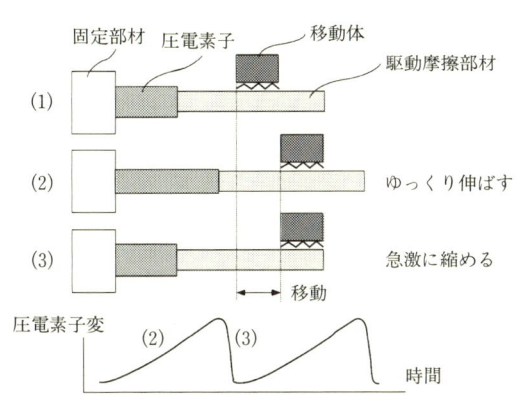

図10.4.5 スムーズインパクトアクチュエータの動作原理[1]

無負荷時の変位量は，実効長の1000分の1程度であり，高さ9 mmの素子で6 μm程度である．変位特性は駆動電圧にほぼ比例した特性であるが，ヒステリシスのために直線性は必ずしもよくない．これは，材料の特性に起因するものである．したがって，変位量を正確に制御するためには駆動電圧の制御のみによる開ループ制御では十分ではない．精密な位置決めでは，変位量を帰還する閉ループ制御とするのが一般的である．センサを省略する方法としては，変位量が駆動電荷量（駆動電流を積分した量）に比例することに着目して，開ループでの位置決めを可能とする技術も開発されている．また，クリープ特性をもつため，印加電圧を一定に保ったとしても時間とともに変位量は変化してしまうことにも注意しなければならない．

素子の最大発生力（変位量をゼロとした場合の力）は1 cm^{2}当たり3500 N程度と非常に大きい．発生力は変位量と関係していて，図10.4.5のような特性となっている．負荷の増大により，変位量は直線的に減少する特性であるから，ある負荷を与えて使用する場合には，このような特性を考慮して変位量を考える必要がある．たとえば，負荷を1200 Nとした場合には，駆動電圧100 Vに対して変位は約10 μmに減少してしまう．

一体構造の個体アクチュエータであるため，素子の応答性は優れている．たとえば，断面5 mm角・高さ9 mmの素子の場合，両端面自由の状態での共振周波数は約150 kHzである．したがって素子単体では，駆動方法さえ誤らなければ相当高速な応答が得られる．しかし，高速応答を実現するには，素子が大容量のコンデンサ（数μF）であることに注意する必要がある．仮に内部抵抗50 Ωの駆動電源を用意したとすると，電源そのものが高速であっても，内部抵抗と静電容量との関係で系の応答周波数は数百Hz程度に低下してしまっている．高速なステップ応答を実現するには，駆動波形を工夫するなり，低内部抵抗・大駆動電流な電源を用意するなどの必要がある．また，10 kHz以上といった高周波での連続的な駆動の場合には，駆動電圧が直

流での駆動最大電圧の10分の1以下の電圧に制限されてしまう．振動による損失の増大により，発熱量が大きくなるからである．また，普通はソフト系のPZTでつくられているので，より過酷な条件での使用には，ハード系の材料によりデバイスを作製するのがよい場合もある．

c. インパクト駆動[1]

圧電素子の急峻な伸縮と移動体の慣性および摩擦力を利用することで，圧電アクチュエータの欠点を克服して変位量の拡大を図ったのが，スムーズインパクト駆動機構(SIDM)という直進型アクチュエータである．超小型アクチュエータが実現できることから，携帯機器用の小型ズームカメラのレンズ駆動機構へも応用されている．

原理は圧電素子による微少変位と摩擦力・慣性力を巧みに利用したもので，圧電素子の駆動波形を切り替えることで前後どちらへも移動できる．原理は図10.4.5に示すように，圧電素子をゆっくり伸縮すると摩擦により移動体が保持され，急激に伸縮すると移動体の慣性により摩擦保持部で滑りが生ずることを利用している．また，図示した粗動と圧電素子への直流駆動電圧の制御による微動を組み合わせることで，高精度な位置決めも可能である．

実際のデバイスの例を図10.4.6に示す．基本的な特性は，たとえば図10.4.7に示すようになっている．負荷に応じて速度が低下していく関係にあり，圧電アクチュエータの変位量が負荷に応じて低下していく関係と類似している．移動速度としては10 mm/s程度であるが，非常に小さいことを考えると，十分高速な移動

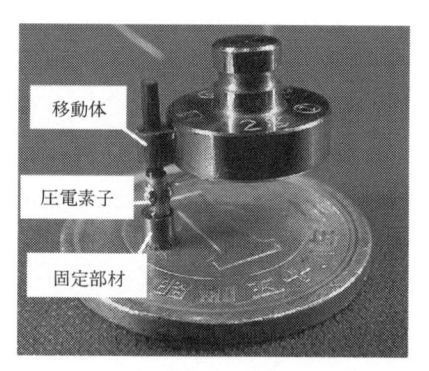

図10.4.6 スムーズインパクトアクチュエータの例[1]

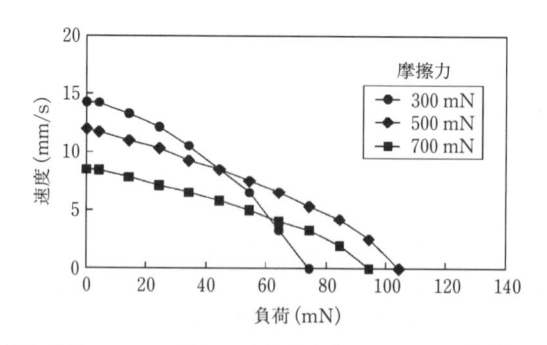

図10.4.7 スムーズインパクトアクチュエータの動作特性例[1]

が可能となっている．駆動電圧は 6 Vp-p である．自己保持力があるので，静止している状態では電力を消費しないのも利点である．

d. 超音波振動子

圧電素子を用いた電気機械変換素子の中で，その素子のもつ共振周波数で動作させるように設計されたものが超音波振動子である．高周波電力を同じ周波数の機械振動に変換する．動作周波数は 20 kHz 以上の可聴域外となるような高周波に設定されており，10 MHz 以上の非常に高い周波数となる場合もある．共振周波数は，素子の形状，振動モード，材料定数により，一意に決まる．

高周波で動作させることにより，電気機械変換効率の向上とパワー密度の増大を図ることができる．これらの利点により，アクチュエータとしての効率向上とパワー密度の増大を図ることが可能となる．超音波振動子としての変換効率，入力電力から機械出力への変換効率は，よく設計されたデバイスを適切な負荷条件で動作させた場合，98% 以上のきわめて高い効率で動作可能である．パワー密度に関しては，動作周波数が高いほど有利であるが，数十 kHz 程度のそれほど高くない周波数においても，20 W/cm^2 以上が可能であり，さらに向上が期待できる．この値は，おおむね 2 kW/kg 以上の値であり，変換器としてのパワー密度はきわめて高い．このような超音波振動子を駆動力源として動作するのが，超音波モータである．

e. 超音波モータ

超音波振動子を駆動力源としてもち，摩擦駆動により機械振動を一方向への駆動力へと変換し，回転あるいは直線運動を行うアクチュエータとして動作するのが超音波モータである．進行波あるいは振動モードの回転を利用した進行波型モータと，一つあるいは異なる二つの振動モードを用いる定在波型モータがある[2]．

例として進行波型モータの構成例および動作原理を図 10.4.8 および図 10.4.9 に示す．進行波の伝搬により，ステータ側の表面粒子が楕円軌跡を描いて運動する．波頭付近でみると，粒子の振動速度は波動と逆向きの成分が最大となっている．スライダとの接触部が波頭のあたりだけであると，摩擦力を介して直流的な駆動力として伝えられることがわかる．このようにして，弾性体中の振動が摩擦力を介してアクチュエータとしての運動へ変換される．このように，楕円振動軌跡をつくることで超音波振動を一方向への運動へ変換する．実際に一眼レフカメラのオートフォーカスレンズ

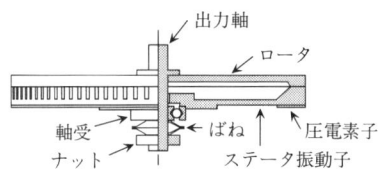

図 10.4.8 進行波型超音波モータの構造（回転型）

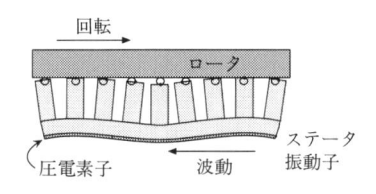

図 10.4.9 進行波型超音波モータの動作原理

図 10.4.10 進行波型超音波モータの例

駆動に用いられているモータの例を図10.4.10に示す．直径数mmから数cmの薄型回転モータが多く実用化され，カメラ，時計などの精密機器に導入が進んでいる．また，推力数N程度のリニア型モータの実用化も進んでいる．

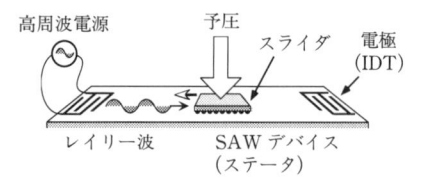

図 10.4.11 弾性表面波モータの原理

超音波モータの特長は，低速・高トルク（高推力）で非駆動時の保持力が大きいことである．これは，圧電振動子を駆動力源として摩擦駆動を行っていることに起因している．通常の応用では，ギヤなどの動力伝達機構を省くか，あるいは最小限の構成とすることが可能となる．したがって，高精度化，高速応答化，小型化，高静粛化が図られる可能性がある．直径1mm以下のマイクロモータから推力数十Nのリニアモータまで，さまざまなデバイスの開発が行われている．

f. 弾性表面波モータ[3]

通信用に開発された弾性表面波デバイスを超音波モータへ応用することが可能となりつつある．基本構造を図10.4.11に示す．デバイスの構成は，たとえば駆動周波数約10MHzでの場合，ステータが6cm×1.5cm×1mmのニオブ酸リチウム，スライダが4mm×4mmのシリコン素子で，いずれも表面マイクロマシニングのプロセスで作製される．このような素子により実現されたモータの駆動特性例を図10.4.12に示す．最高速度1.5m/sが得られており，小型・高速のリニアモータが実現可能である．推力も最大13Nが得られ，高速応答が実現可能である．微少移動特性にも優れ，ナノからサブナノステップでの駆動が実現されている．

駆動周波数を高くすることでデバイスのマイクロ化が図られる．たとえば，駆動周波数を50MHzとすると，ステータの寸法は10mm×3mm×0.25mmとすることができ，マイクロリニアモータとしての応用が期待できる． 〔黒澤 実〕

文 献

1) 吉田竜一，岡本泰弘：マクロ圧電アクチュエータ，精密工学会誌，**68**, 5, p.645 (2002)

(a) 過渡応答実測例

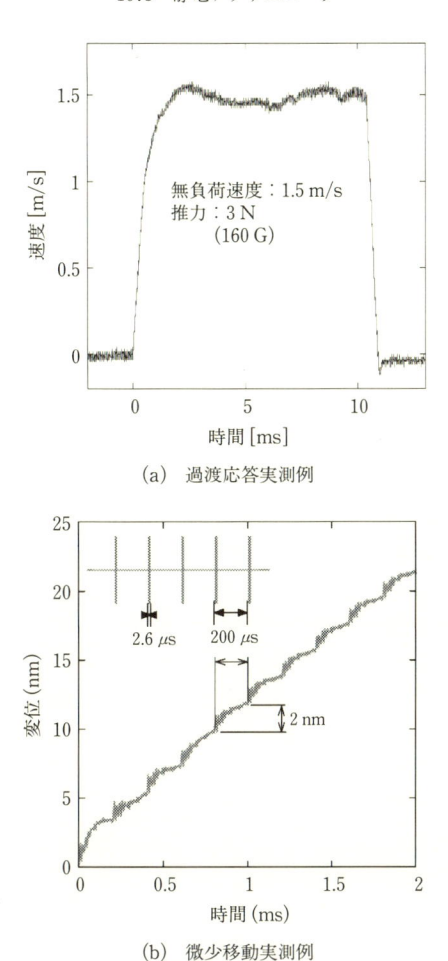

無負荷速度：1.5 m/s
推力：3 N
(160 G)

(b) 微少移動実測例

図 10.4.12 弾性表面波モータの実測例

2) S. Ueha and Y. Tomikawa : Ultrasonic motors, Oxford University Press (1993)
3) 黒澤 実：弾性表面波モータ, 日本ロボット学会誌, **21**, 7, pp. 40-43 (2003)

10.5 静電アクチュエータ

10.5.1 静電アクチュエータの駆動原理

通常の大きさの機械がおもに電磁型のアクチュエータを使うのに対し，MEMSでは静電型アクチュエータを使うことが多い．その理由は，① 電磁アクチュエータが磁性体やコイルの形成を必要とするのに対し，静電アクチュエータでは単純な形状

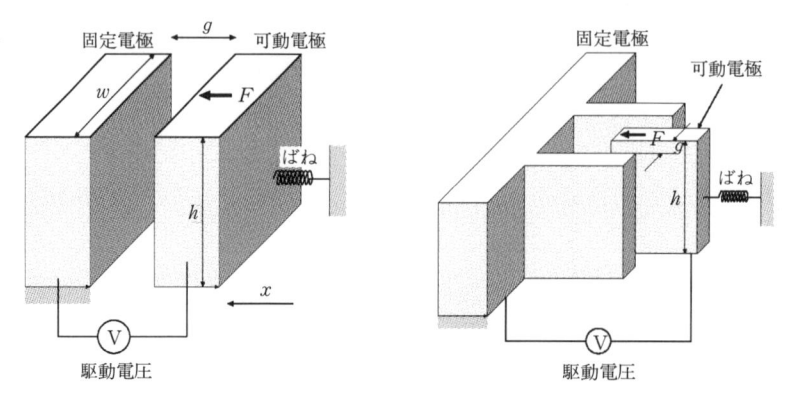

図 10.5.1 閉ギャップ型静電アクチュエータ　　**図 10.5.2** くし形静電アクチュエータ

で，またいかなる種類の導電体でも使うことができるので，加工プロセスが容易であること，② MEMS では狭ギャップが形成しやすいので，駆動電圧に対してより大きな電界強度（駆動電圧をギャップ長で割った値）をつくり出すことができ，通常のサイズのものに比べて相対的に駆動力が大きくできること，③ マイクロメートル程度のサイズでは，静電気力（サイズを $1/x$ にすると $1/x$ の力）は慣性力（サイズを $1/x$ にすると $1/x^3$ の力）よりも相対的に大きな力となり，結果的に負荷質量を高速で駆動できること，などがあげられる．微小サイズの静電アクチュエータのメリットに関する詳しい議論に関しては，文献 1 を参照されたい．MEMS で多く使われる静電アクチュエータには二つのタイプがある．一つは，「閉ギャップ (gap closing) 型」と呼ばれ，図 10.5.1 に示したように二つの並行平板に電位差をかけることにより，ギャップを閉じようとする方向に発生する力を利用するものである．

もう一つのタイプは，図 10.5.2 に示すようにギャップを一定に保ち，二つの並行平板をずらして配置したときに，ずれを小さくする方向に働く静電気力を利用したもので，その形状から通常「くし形 (comb-drive) アクチュエータ」と呼ばれる．

これらの二つのタイプの静電アクチュエータはそれぞれ長所と短所をもっているので，用途によって使い分ける．以下に，それぞれのタイプのアクチュエータについてその動作を詳しく説明する．

閉ギャップ型アクチュエータの発生力は次のように求められる．

ギャップ間に蓄えられる静電エネルギーは，

$$U = \frac{1}{2}CV^2 = \frac{\varepsilon hwV^2}{2(g-x)} \tag{10.5.1}$$

で表される．ここで，C は電極間に形成される静電容量，V は駆動電圧，ε はギャップ間の空間の誘電率，h は電極の高さ，w は電極の幅，g は初期ギャップ，x は変位である．発生力は，静電エネルギーを変位方向 x によって偏微分した値に等

しいので，

$$F=\frac{\partial U}{\partial x}=\frac{\varepsilon h w V^2}{2(g-x)^2} \tag{10.5.2}$$

となる．駆動力を大きくとるには電極の高さと幅を大きくし，初期ギャップを小さくすればよい．したがって，閉ギャップ型静電アクチュエータでは簡単な構造で比較的大きな発生力を得ることができる．しかし，この式からわかるように，この型のアクチュエータの短所は駆動力が変位の関数となるため，位置制御が困難となることである．駆動電圧を徐々に増加させると，変位 x が増加し，その結果ギャップ $(g-x)$ が減少し，より大きな駆動力を発生することになる．図のように単純なばねで可動電極を支持し，静的に変位を発生させる場合，変位 x が初期ギャップ g の 1/3 を超えると，静電気力の増加がばねの力に打ち勝ち，系が不安定となり，可動電極が固定電極に接触する．したがって，この型の静電アクチュエータの設計時には，初期ギャップが必要変位量の3倍以上になるように設定することが重要である．大きな変位量が必要とされるときには，初期ギャップを大きくとらねばならず，結果的に発生力が大きくとれないことがあるので注意が必要である．大きな変位量が必要なときには，以降で述べるくし形静電アクチュエータを使うことを検討すべきであろう．

くし形静電アクチュエータの駆動力は次のように求めることができる．

図 10.5.2 のような構成のアクチュエータでは，ギャップ間に蓄えられる静電エネルギーは，

$$U=\frac{1}{2}CV^2=\frac{1}{2}\frac{2\varepsilon h(l+x)}{g}V^2 \tag{10.5.3}$$

で表される．ここで，C は電極間に形成される静電容量，V は駆動電圧，ε はギャップ間の空間の誘電率，h は電極の高さ，l は電極の初期の重なり長さ，x は変位，g はギャップである．一つの可動電極の両側に静電容量が形成されるため，その値が 2 倍してあることに注意されたい．発生力は，静電エネルギーを変位によって偏微分した値に等しいので，

$$F=\frac{\partial U}{\partial x}=\frac{\varepsilon h V^2}{g} \tag{10.5.4}$$

となる．この型のアクチュエータでは発生力が変位 x によらないので，位置決めが行いやすく，またストロークも大きくとることができる．通常は，駆動力を大きくするため，電極をくし歯状に多数配置する．さらに駆動力を大きくするためには，電極の高さ h を大きくするかギャップ g を小さくする必要がある．高駆動力を得るためにサブミクロンのギャップを形成した研究も発表されている[2]．

くし形静電アクチュエータの設計時には，可動電極を支持しているばね構造に注意を払う必要がある．図 10.5.2 に示したように，可動電極と固定電極は閉ギャップ型のアクチュエータも同時に形成しており，駆動電圧をかけることによりギャップを閉じようとする方向に力を発生する．通常，可動電極は固定電極の間に両側に均等の

ギャップをもつように挿入されており，理想的にはギャップを閉じる方向に発生する力は0となるはずである．しかし，この位置は不安定な平衡点であり，静電気力によって発生する負の剛性が支持ばね構造の剛性より大きくなると，系が不安定になり，駆動電極が固定電極に引き寄せられ，電気的短絡を引き起こす．このような不安定を起こさないためには，支持ばね構造のギャップを閉じる方向の剛性 k_y が次の関係をみたしていることが必要である[2]．

$$k_y > \frac{2\varepsilon h l V^2}{g^3} \quad (10.5.5)$$

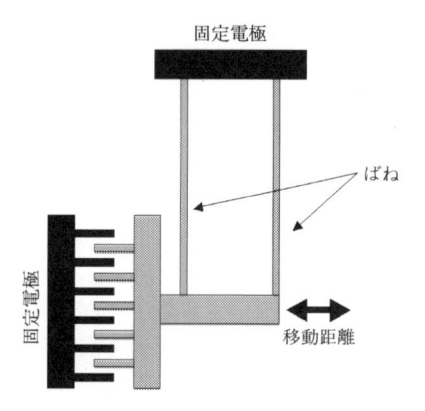

10.5.3 平行ばね型支持構造

ここで，l はくし形電極の重なり部分の幅である．ここで注意することは，不安定性はギャップ長 g の3乗に比例して悪化することである．狭ギャップのアクチュエータを設計するときには，特に支持ばね構造に工夫をする必要がある．

一方，ギャップに平行な方向は変位を発生する方向であるので，この方向の剛性はできるだけ低いことが望ましい．通常，このような剛性の異方性を実現するために，平行ばね型支持構造を使うことが多い．図10.5.3にこのばね構造の模式図を示す．図中黒く塗ってある部分が固定部，灰色の部分が可動部である．ばねは，2本の板ばね構造によって実現されている．2本の板ばねの長さを大きくとり，間隔を広げることにより剛性の異方性を高くすることができる．

最後に，閉ギャップ型アクチュエータとくし形アクチュエータの使い分けとしては，ごく大ざっぱには，必要変位量が約1ミクロン以下のときには閉ギャップ型，それ以上のときにはくし形アクチュエータを使うのが効率的のようである．

10.5.2 回転モータ

静電アクチュエータを工夫して，回転モータをつくることも可能である．回転モータでは，閉ギャップ型の静電アクチュエータを応用し，ワブルモータ構成としたものが最も安定して回転する．図10.5.4にその駆動原理を示す．

ワブルモータは，中心部に固定された円形の軸，その軸の周辺に微小なギャップをもって形成された回転子，その回転子のさらに外側に形成された固定電極群からなっている．固定電極は円周方向に分割されており，それぞれの電極に独立して電位をかけることができるようになっている．動作は次の通り：図中左側が初期状態であり，黒く塗られた電極に電位がかけられている．回転子は中心の軸を介して接地されているので，静電気引力によって電位のかかっている電極に引き寄せられる．次に，一つ時計回り方向の隣接する電極に電位をかける．すると，回転子はこの電極に引き寄せ

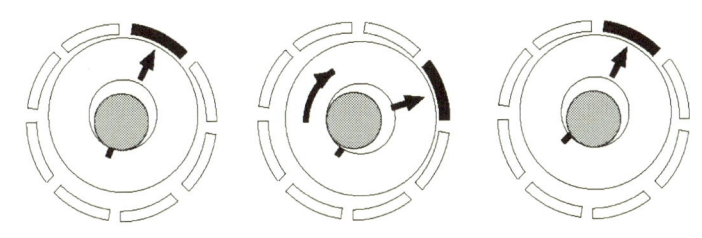

図 10.5.4 ワブルモータの駆動原理

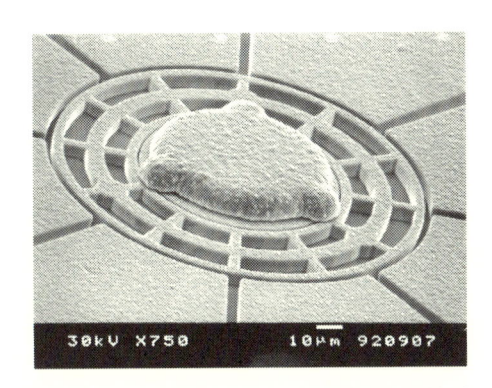

図 10.5.5 回転型ワブルモータの電子顕微鏡写真

られるが，このとき，回転子と中心軸の接触により回転子は微小に転がり回転する．これを順に繰り返していき，回転子を連続的に回転させる．最初の回転モータはMITのグループによって作成された[3]．これを改良して，より低電圧で，また長時間安定して回転するように工夫したモータの電子顕微鏡写真を図10.5.5に示す[4]．このモータは電気めっきにより形成されたニッケルによってつくられている．

10.5.3 静電アクチュエータの応用分野

静電アクチュエータの応用に関しては，ほかのMEMS (たとえばセンサ) に比べると大きく遅れているのが現状である．そのなかでも比較的応用が進んでいるのは光MEMSの分野であろう (本書の「10.2 光MEMS」参照)．このほかの分野では，ハードディスクのヘッド位置決め用アクチュエータとしての研究開発が進んでいる．詳しくは文献5を参照されたい．

〔平野敏樹〕

文　献

1) S. F. Bart, T. A. Lober, R. T. Howe, J. H. Lang and M. F. Schlecht : Design considerations for micromachined electric actuators, *Sensor and Actuators*, **14**, pp. 269-292 (1988)

2) T. Hirano, T. Furuhata, K. J. Gabriel and H. Fujita : Design, Fabrication and Operation of Sub-Micron Gap Comb-Drive Microactuators, *IEEE/ASME Journal of Micro Electro Mechanical Systems*, **1**, 1, pp. 52-59 (1992)
3) M. Mehregany, P. Nagarkar, S. D. Senturia and J. H. Lang : Operation of Microfabricated Harmonic and Ordinary Side-Drive Motors, Technical Digest, IEEE Micro Electromechanical Systems Workshop, Napa Valley, California, February 11-14, pp. 1-8 (1990)
4) T. Hirano, T. Furuhata and H. Fujita : Dry Releasing of Electroplated Rotational and Overhanging Structures, IEEE Micro Electro Mechanical Systems workshop, pp. 278-283 (Feb. 1993)
5) T. Hirano, L.-S. Fan, T. Semba, W. Y. Lee, J. Hong, S. Pattanaik, P. Webb, W.-H. Juan and S. Chan : High-bandwidth HDD tracking servo by a moving-slider microactuator, *IEEE Transactions on Magnetic*, **35**, 5, pp. 3670-3672 (1999)

10.6 形状記憶合金

「形状記憶合金」(shape memory alloy : SMA) は，実用に耐える特性を持つ TiNi 合金が米国海軍研究所で発見された1960年台から機能材料の旗手として注目され，最近では，各種の医療ツールやマイクロアクチュエータなどマイクロメカトロニクス分野への適用が進展している．本節では SMA の応用研究の基礎となる形状記憶効果の発現原理と，SMA アクチュエータを中心とした応用について説明する．

10.6.1 形状記憶効果

「形状記憶効果」(shape memory effect : 以降 SME と略す) とは，図10.6.1に示すように，事前にその材料に対して特定の形状を記憶させる処理を行っておけば，低温において外力によって変形を与えても，ある温度以上に加熱すると自発的に変形前の記憶形状に戻ってしまう現象をいう．このような現象は今日まで金属だけに限らず，高分子材料やセラミックなどにおいても発見されている．なかでも Ti-Ni や Cu-Al-Zn などの形状記憶合金は，上記のサイクルを1度だけではなく繰り返して起こすことが可能であり，形状回復時の発生力と回復ひずみ量が大きいため，アクチュエータなど広範に応用されている．

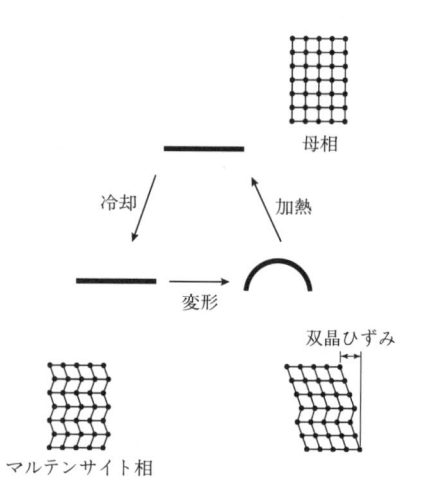

図 10.6.1 形状記憶効果の原理

10.6.2 形状記憶効果の発現原理と熱弾性型マルテンサイト変態

形状記憶効果は本質的には合金の固相間の相変態に起因した現象である．ただしSMAは，一般の金属にはない以下の特異な性質をもっている．

(1) 一般金属では拡散により相転移が進行するが，SMAでは無拡散的なマルテンサイト変態により結晶構造が転移する．そのため変態速度が大きく，また高温で安定な母層と低温で安定なマルテンサイト相との間の結晶界面の整合性も良好である．

(2) 一般金属の塑性変形は，転位の導入によるすべり変形に起因し，可塑性のない永久変形である．一方，SMAの変形はバリアントと呼ばれる兄弟晶間の双晶変形機構によって進行するため，可逆性が高く，かつ臨界降伏応力も一般金属に比べてきわめて低い．

上記(1), (2)の特性をもつ変態は「熱弾性型マルテンサイト変態」と呼ばれ，相変態時には可塑性が高い．そのためこの変態は温度によってだけではなく外部からの応力によっても進付させることができる．また，熱弾性型マルテンサイト変態は一次の相転移現象であるため変態ヒステリシスがある．

次に形状記憶効果(SME)の発現原理を簡単に説明する．マルテンサイト変態終了温度(Mf)以下の低い温度においてSMAは，ヤング率が小さくかつ見かけ上，臨界降伏応力も低いため変形が容易なマルテンサイト相状態になっている．たとえば図10.6.2に示すように，外部から力を加え，O点からA点までマルテンサイト相状態で変形された後，除荷するとB点のひずみ状態になる．その後昇温するにつれSMAは母相の変態開始温度As以上でもとの結晶構造の母相変態しながら，点Bから点Oに向かってひずみを開放開始し，変態終了温度Afで完全にもとの形状を回復するという動作を示す．

SMEを利用したアクチュエータの場合，点Aのひずみ拘束下で昇温すると，母相に変態するにつれ点Cまで回復応力が増大する．その後，ひずみの開放とともに点D→点Oのサイクルをたどる．また点Aの定荷重条件下母相まで昇温すると，外部に仕事をしながら点Dまでひずみを減少する．

以上のようにSMAは低温のマルテンサイト相でひずみを与えておけば，昇温による母相への変態時に外部に対して仕事をすることができる．これがSMAアクチュエータの基本原理である．

10.6.3 擬弾性効果とその他の特性

以上のSMEのほかにSMAには，「擬弾性効果」(pseudoelastisity：以降PEと記す)または「超弾性効果」(super elastisity：SE)と呼ばれる興味深い特性をもつ．これは母相状態のSMAに通常の金属の10倍以上ものひずみを加えても，除荷すれば即座にひずみはゼロになる見かけの弾性特性のことであり，大変形バネなどに応用できる有用な機能である．擬弾性の原理も熱弾性型マルテンサイト変態の可塑性に起因

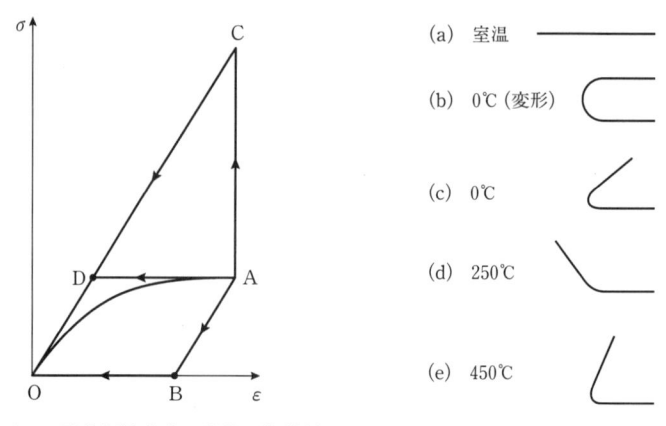

図10.6.2 形状記憶合金の形状回復特性　　**図10.6.3** 逆SMEの形状回復

している．この場合Af以上の温度にある母相SMAはMs温度以下に冷却されてマルテンサイト変態するのではなく，外力によってマルテンサイト相を誘起する．しかし外力を取り除けば，本来Af以上では熱力学的に不安定な応力誘起マルテンサイト相(SIM)は，再びひずみのない母相に変態する．このように相変態の可逆性が原因となって，弾性的な力学特性を生むものが擬弾性とよばれる現象である．

1980年以降，日本の材料研究者を中心とした基礎研究によりSMAの新特性が明らかになった．現在では，高温側の母相に記憶形状をもつ通常の「1方向性SME」だけでなく，SMAに各種の処理を施すことによって，高温側と低温側の両状態の形状記憶をもつ「2方向性SME」だけでなく，SMAに各種の処理を施すことによって，高温側と低温側の両状態の形状記憶をもつ「2方向性(可塑)SME」，アナログ的に回復形状を調節できる「全方位SME」，温度上昇につれて逆方向への形状回復が起こる「逆SME」(図10.6.3参照)などの多様なSMEが実現できるようになっている．

10.6.4　形状記憶合金の応用研究

1951年にはじめて形状記憶効果がAu-Cd合金において発見された．そして世界で最初のSMAの応用は，1958年のブリュッセル万国博に出展された物であり，同合金を用いた周期性重量物昇降機(cyclic weight lifting device)の原理モデルであった．その後，In-Tl合金などのSMAも発見されたが，材料が一般的でなく高価であり，また有害であることなどの理由から，SMEの現象解明と応用についてあまり関心をもたれなかった．

1965年になり，米国海軍研究所のF. E. Wangらにより，潜水艦用の高強度Ti合金研究過程で偶然Ni-Ti合金(エチノール)にSMEが発見され，きわめて優秀なSMAであり，比較的一般的な合金系であったことから，以後広く結晶学的研究が始まった．その結果，SMEの発現原理が明確になると同時に，数々の新しいSMA合

10.6 形状記憶合金

金が発見された.

応用研究については, 1969 年に W. J. Buehler らのより締付けピンへの応用が提案されて以来盛んになり, また Ti-Ni, Cu-Zn-Al などの形状記憶合金が実用化市販されるようになったことから, SMA は油圧送水管のカップリングなどの構造材や感熱デバイスなどの機能素子して, さらに自動車工業, 電子機器, 医療機器, 宇宙開発などの分野で応用が進められるようになり現在に至っている.

日本においても 1980 年台初頭から (株) 古河電工をはじめ数社から Ti 基および Cu 基 SMA が市販され容易に入手可能となり, SMA に多くの関心が集まり, 多方面への用途開発が進められてきた.

SMA の応用を原理レベルで分類すると下記のようになる.
(1) 形状回復だけの利用
(2) 形状回復と変態の利用
(3) 温度センサまたは温度感応型アクチュエータ
(4) サーボアクチュエータ
(5) エネルギー変換 (熱エネルギー → 機械エネルギー)
(6) 防振材料 (機械エネルギー → 熱エネルギー)
(7) 凝弾性 (超弾性) 効果の利用

(1) のように, 形状記憶効果の回復のみを利用するタイプの応用には, 集積回路のハンダ付けや締付けピンなどが試作検討されたが, 最近の最大の実用化は, 血管内ステントである. 血管を内部から拡張保持する重要な埋込みツールであり, 世界でも大きな市場をもっている.

(2) の変態時の回復応力を利用した応用例は多い. 過去最大の成功例である戦闘機のパイプ継手や凝血フィルタ, 脊椎矯正棒などの医療機器などがその例である.

(3) も構成部品の大幅な削減が計れるため実用化された例が多く, 通常 SMA バネとバイアスバネとを拮抗された方式で用いられる. エアコンの風向切替えフラップ機構, コーヒードリッパの感熱弁, 温室窓の自動開閉器などがある.

(4) は近年ロボット用アクチュエータやマイクロアクチュエータとして活発な研究が行われているものである. ワイヤー形状以外に薄板薄膜形状での利用がある. 薄膜形状にする手法としては, 機械的な圧延と, スパッタやレーザアブレーションなど原子レベルから積層する手法がある. 数十 μm 以上では前者が, 数 μm 以下の部品には後者が選択されている.

(5) の主要な例は低温度差発電を目的とする熱エンジンである. Banks のオフセットクランク型をはじめ, 斜板型, タービン型など種々のタイプのエンジンが試作されている. 1990 年以降には, 人工筋肉として簡単な SMA 熱エンジンが, 小学生向けの月刊科学誌の付録となっている. 最近ではトキコーポレーションからは, 本間らによる手の平サイズのロボットマニピュレータや羽ばたく蝶のディスプレイなどが科学トイとして市販されている.

(6)はSMAが熱弾性型マルテンサイトの内部双晶境界，または母相とマルテンサイト相間の境界の移動に伴う静履歴損失あるいは応力緩和効果をもつことを利用し，(5)とは逆に振動の弾性エネルギーを熱エネルギーに変換するものである．日本では杉本らによりMn-CuやCu基のSMAを中心に基礎的研究が進められてきた．

(7)はSMAのもつ超弾性特性を大変形バネに用いたものである．市販されているものには，歯列矯正用デンタルアーチワイヤー，めがねフレーム，伸びる釣り糸などがある．研究段階の応用では歩行ロボットの足先の接触センサなどがある．それぞれの詳細は文献などに詳しく記載されているためここでは省略する．

以上のように，SMAは長年数多くの応用が試みられているものの，試作レベルを脱却し実用化された装置は，携帯電話のアンテナ，血管拡張用のステント，めがねフレーム，釣り糸など，意外と少ないことは新素材一般の傾向でもある．

10.6.5 アクチュエータ応用

1980年以前のSMAの応用はカップリングのような機能性構造材や，サーモスタット的なセンサとアクチュエータを合わせもつ感熱デバイスなどが主体で，モータのようなサーボアクチュエータとしての応用研究はほとんど行われていなかった．

SMAの小型軽量化特性を生かし，サーボアクチュエータを構成する試みは1973年米国FOX-BORO社のペンレコーダのペン駆動ユニット[2]が最初のものとされている．これは駆動源のSMAワイヤを外部からニクロム線で過熱，自然冷却する形式のものであり，多くの可動部を省けることからコストの低減と信頼性の向上が可能となり，かなりの台数市販され実用化に成功した唯一の例と思われる．

1983年に本間，三輪らはこのペンレコーダにヒントを得，通電加熱PWM駆動方式のマイクロマニピュレータを試作し，SMAのサーボアクチュエータの応用可能性を実証した[3]．その後，同様の原理に基づく多自由度マニピュレータなどいくつかの

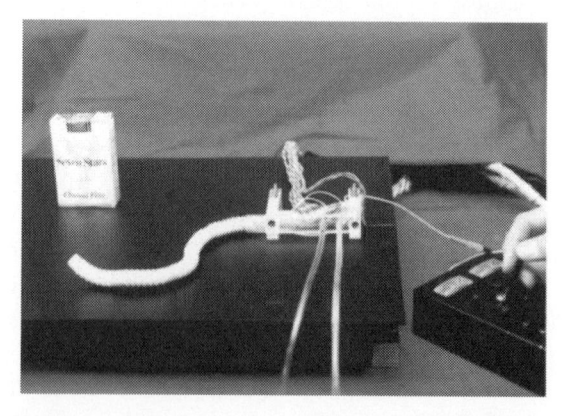

図10.6.4　SMAアクチュエータ駆動の世界初の能動内視鏡

試作が行われたが，市販レベルに達しているものは残念ながら少ない．今日まで戦闘機の油圧送水管のカップリング，サーモスタット的な能動感熱デバイス，最近では，SMAアクチュエータの機構が単純であることや応答性の点から，小型・マイクロアクチュエータに適することが再認識され，マイクログリッパ[4]，能動内視鏡[5]，能動カテーテル，マイクロバルブ[6]，マイクロポンプなど，マイクロサイズやミニチュメカトロニクス用のアクチュエータ応用の研究が世界中で積極的に進められている[7,8,9]．

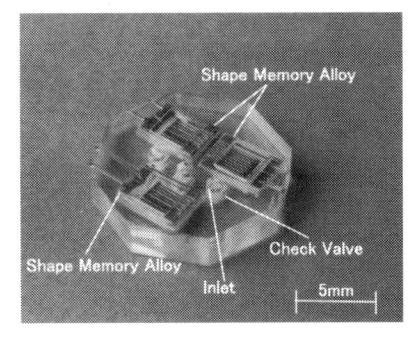

図10.6.5 3個のSMA駆動マイクロポンプを内蔵する化学ICチップ（生田）

SMAアクチュエータは伝達機構不要で，超小型化できる長所があるが，熱駆動に起因する応答速度の遅れや，低効率，繰返し疲労の短所もある．制御方式の研究に関しては，本間，三輪らのPWM駆動，栗林らのPID制御，生田らのSMAの抵抗値変化をリアルタイムにモニタ制御することで相変態を直接制御し，非線形性の補償と変位モニタを両立する手法，生田や橋本らによるSMAの剛性の直接制御など，日本から世界へ独占的ともいえるほど多くの研究成果が発信されてきた．

SMA材料に関しても，生田らは組成，記憶用の熱処理温度と材料特性の関係を詳細に明らかにし，今日のSMAの応用規格の基礎をつくった．これらは，サーボアクチュエータとして利用するためにロボット研究者が実施した物性研究であり，従来の金属材料研究では取り扱われていなかったテーマであった．SMAの理論モデルについても，1990年代に材料力学分野で盛んになる前に，1980年代に生田らにより，2相モデルやR相変態を含む3相モデルまで定式化と検証実験が行われた．これらは，応用を目的としたロボティクスが既存の基礎研究分野に新たな研究テーマを与えた好例である．

10.6.6 まとめと展望

形状記憶合金の材料学的基礎と応用開発の際に最小限必要な知識について解説した．今後多方面へ応用を考える際には，複雑な材料特性と原理を深く理解しておくことがきわめて重要となる．思いつきアイデアを脱却し，実用化商品化まで真剣に考える際には，文献末尾に紹介した最近の専門書を含む知識を吸収されることを薦める[10,11,12]．

〔生田幸士〕

文 献

1) 杉本孝一ほか：日本金属学会誌，**39**，503 (1975)

2) Technical Information, SPEC200 Nitinol Drive Unit T1220-160, December (FOXBORO) (1973)
3) 本間 大,三論敬之,井口信洋:形状記憶効果を利用したディジタルアクチュエータ,日本機会学会誌, **49**, 448, pp. 2163-2169 (1983)
4) K. Ikuta, D. C. Beard, S. Ho and H. Moiin : Direct stiffness and force control of a shape memory alloy actuator and application to miniacture gripper, ASME Winter Annual Meeting, San Francisco, USA, pp. 241-246 (1989)
5) 広瀬茂男,生田幸士,塚本雅弘:形状記憶合金アクチュエータの開発(材料の特性の計測と能動内視鏡の開発), 日本ロボット学会誌, **5**, 9, pp. 40-41 (1988)
6) J. D. Busch and A. D. Hibsib : Prototype miccrovalve actuator. Proc of IEEE Micro Electromechanical system International Workshop (MEMS-90), Napa, USA, pp. 40-41 (1990)
7) 生田幸士:形状記憶合金アクチュエータのマイクロメカニズムへの適用, 精密工学会誌, **54**, 9, pp. 34-39 (1988)
8) 舟久保熙康編:形状記憶合金, 産業図書 (1984)
9) 鈴木雄一:実用形状記憶合金, 工業調査会 (1987)
10) 田中喜久昭,戸伏壽昭,宮崎修一:形状記憶合金の機械的性質, 養賢堂 (1994)
11) 生田幸士ほか:ロボットフロンティア(岩波講座ロボット学4), 岩波書店 (2005)
12) 宮崎修一,佐久間俊雄,渋谷壽一編著:形状記憶合金の特性と応用展開, シーエムシー (2001)

11 電気化学デバイス

11.1 電池の電気化学

11.1.1 電気化学システム

電気化学デバイスは,エネルギー変換の立場から,電気エネルギーと化学エネルギーの直接的相互変換システムととらえることができ,電気化学システムとも呼ばれる.システムの主たる目的を,化学エネルギーから電気エネルギーへの変換とする場合を「電池」,電気エネルギーから化学エネルギーへの変換とする場合を「電解(電気分解)」と呼ぶ.

化学熱力学によると,定温定圧における化学反応の微小な進行に伴う化学反応系のギブズエネルギー変化 dG と,その化学反応系に出入りする正味の仕事 δW_{net}(いまの場合は電気的仕事) の間には次式が成立する.

$$-dG \geq -\delta W_{net} \tag{11.1.1}$$

式(11.1.1)は,定温定圧において自発的に進行するすべての化学反応系のギブズエネルギー変化を,原理的には電気エネルギーに変換し取り出しうることを表している.しかし,実際に電気エネルギーを取り出すには,電気化学システムを構成する必要がある.具体例として,25℃,1 atm において適当な触媒のもとで自発的に進行する水素と酸素の反応を考える.

$$H_2(g) + \frac{1}{2}O_2(g) \rightarrow H_2O(l) \tag{11.1.2}$$

この反応は,たとえば次のようにプロトンを含む酸化反応と還元反応に分割できる.

$$H_2(g) \rightarrow 2H^+(aq) + 2e^- \tag{11.1.3}$$

$$\frac{1}{2}O_2(g) + 2H^+(aq) + 2e^- \rightarrow H_2O(l) \tag{11.1.4}$$

酸化反応をアノード反応,還元反応をカソード反応と呼ぶ.酸溶液(電解質)を隔膜で二つの部分にわけ,それぞれに水素と酸素を吹き込むと,おのおのの部分で原理的には式(11.1.3)および式(11.1.4)の電気化学平衡が成立する.電気化学平衡は電気化学ポテンシャルで表現される.相 α 中の電荷 z_i をもつ物質 A_i の電気化学ポテンシャル $\tilde{\mu}_i^\alpha$ は次式で与えられる[1].

$$\tilde{\mu}_i{}^a = \mu_i{}^a + z_i F \phi^a \tag{11.1.5}$$

ここで，$\mu_i{}^a$ は相 α における物質 A_i の化学ポテンシャル，F はファラデー定数，ϕ^a は物質 A_i の存在する相 α の電位（内部電位）である．式 (11.1.3) および式 (11.1.4) の電気化学平衡の条件は，電気化学ポテンシャルを用いれば，次式のように表される．

$$\tilde{\mu}_{H_2}{}^g = 2\tilde{\mu}_{H^+}{}^{aq} + 2\tilde{\mu}_{e,a}{}^{aq} \tag{11.1.6}$$

$$\frac{1}{2}\tilde{\mu}_{O_2}{}^g + 2\tilde{\mu}_{H^+}{}^{aq} + 2\tilde{\mu}_{e,c}{}^{aq} = \tilde{\mu}_{H_2O}{}^l \tag{11.1.7}$$

ここで $\tilde{\mu}_{e,a}{}^{aq}$ および $\tilde{\mu}_{e,c}{}^{aq}$ は，それぞれアノード反応およびカソード反応に関与する電子の電気化学ポテンシャルを表す．次に水素，酸素を吹き込んでいる部分に白金板を浸漬させる．また，外部に電流を取り出すために，白金には電解質に接していない部分に導線を接続する．この電池は，次のような電気化学セル図で表される．

$$T|Pt(s)|H_2(g)|H_2O, \ H^+(aq)|O_2(g)|Pt(s)|T' \tag{11.1.8}$$

ここで T および T′ は白金に接続した，同じ化学組成からなる導線（金属相：通常は銅）を表す．式 (11.1.6) および式 (11.1.7) が成立している電解質に浸漬された白金内の電子の電気化学ポテンシャルをそれぞれ $\tilde{\mu}_{e,a}{}^{Pt}$ および $\tilde{\mu}_{e,c}{}^{Pt}$ とする．電子は電気化学ポテンシャルの高い相から低い相へ，それが等しくなるまで自発的に移動する．いまの場合，ごく微量の電荷移動により電気化学平衡が達成され，次式が成立する．

$$\tilde{\mu}_{e,a}{}^{aq} = \tilde{\mu}_{e,a}{}^{Pt} \tag{11.1.9}$$

$$\tilde{\mu}_{e,c}{}^{aq} = \tilde{\mu}_{e,c}{}^{Pt} \tag{11.1.10}$$

白金内の電子の電気化学ポテンシャルは，白金のフェルミ準位に等しい．したがって，電気化学系では白金のフェルミ準位が，界面における電極反応によって変化することになる．また，白金と接している導線 T および T′ 内の電子の電気化学ポテンシャルを $\tilde{\mu}_e{}^T$ および $\tilde{\mu}_e{}^{T'}$ とする．それらは，それぞれ接している白金内の電子の電気化学ポテンシャルに等しくなるので，次式が成立する．

$$\tilde{\mu}_e{}^T = \tilde{\mu}_{e,a}{}^{Pt} \tag{11.1.11}$$

$$\tilde{\mu}_e{}^{T'} = \tilde{\mu}_{e,c}{}^{Pt} \tag{11.1.12}$$

自発的に進行する反応を，アノード反応とカソード反応に分割した場合，アノード反応に関与する電子の電気化学ポテンシャルは，カソード反応に関与する電子の電気化学ポテンシャルよりも高い．したがって，それぞれの白金に接続された導線を外部で接続すると，電子はアノード側の導線からカソード側の導線へ自発的に移動する．電池が放電する場合，アノード反応が進行する電極を負極，カソード反応が進行する電極を正極と呼ぶ．この名称に従えば，放電電流は正極から負極へ外部回路を流れることになる．電子の移動に伴い，白金-電解質界面においてアノード反応とカソード反応が進行する．さらに定常的に電流を取り出す場合，電気的中性の原理から，電解質内をイオン（いまの場合はおもにプロトン）が移動する．

このように自発的に進行する化学反応から電気エネルギーを取り出すためには，その全反応をアノード反応とカソード反応に分け，それぞれを別の場所で進行させるこ

とが必要である．そのとき，外部に電気エネルギーを取り出すために，電子伝導体（電極）が必要であり，また電気的中性の原理により，イオン伝導体（電解質）が必要となる．この電極と電解質の界面において，イオンと電子が関与する電極反応が進行する．このように2本の電極とその間に介在する電解質が，電気化学システムの基本構成要素であり，必要に応じて隔膜が用いられる．これを一般化した電池図式で表すと次式となる．

$$T|M(1)|S(1)|S(2)|M(2)|T' \qquad (11.1.13)$$

ここでMは電子伝導体（電極），Sはイオン伝導体（電解質）である．実際には，この電気化学システムの基本構成要素に具体的な電池活物質や燃料を，実体をもつ相として組み合わせることにより，電池としてのデザインが決まる．一次電池や二次電池の場合は，電池内部に反応物である活物質を備えていることが多い．一方，燃料電池は外部から燃料と酸化剤を供給するシステムとなる．

11.1.2 ファラデーの法則と理論電気量

電気化学システム内を流れた電気量と，それに伴って変化する物質量の間の定量的関係はファラデー（Faraday）によって1833年に与えられた[2]．ファラデーは電気分解に対して法則を提出したが，電気化学システム一般に適用すると次のようである．

① 電極-電解質界面での反応に関与する物質A_iの物質量の変化は，電気化学システム内を流れる電気量に比例する．

② 比例係数は，界面での反応における物質A_iの化学量論係数ν_iと反応電子数z_iおよびファラデー定数Fのみで定まる．また，変化する質量はその比例係数と物質A_iの式量の積で与えられる．

一般に酸化還元反応は，反応に関与する物質をA_i，その化学量論係数をν_iとすると

$$0 = \sum_i \nu_i A_i \qquad (11.1.14)$$

と表される．この反応に伴う反応電子数をzとする．反応進行度をξ(mol)とすると，反応の微小量の進行$d\xi$(mol)と物質A_iの変化量dn_i(mol)および電子の反応量dn_e(mol)の間には次式が成立する．

$$d\xi = \frac{dn_i}{\nu_i} = \frac{dn_e}{z} \qquad (11.1.15)$$

ただし，電子の反応量は正とした．物質A_iの式量をM_i，反応に伴って変化する物質の質量をdw_i(g)，電気量をdQ(C)，電流をI(A/s)，反応時間をdt(s)として

$$dn_i = \frac{\nu_i}{zF} dQ \quad \text{あるいは} \quad dw_i = \frac{\nu_i M_i}{zF} I dt \qquad (11.1.16)$$

となる．これがファラデーの法則の数式的表現である．この法則は温度，濃度，圧力，電流値や電極，電解質とは無関係に成立する．表11.1.1に種々の電池活物質の単位電気量当たりの質量および体積を示した．単位の電気量を得るために必要な電池

表11.1.1　各種活物質の特性

負極活物質	反応電子数	単位電気量当たりの質量 (g/Ah)	単位電気量当たりの体積 (cm³/Ah)	正極活物質	反応電子数	単位電気量当たりの質量 (g/Ah)	単位電気量当たりの体積 (cm³/Ah)
$H_2\,(g)$	2	0.038	4.61×10^2	$O_2\,(g)$	4	0.298	2.28×10^2
$CH_4\,(g)$	8	0.075	1.14×10^2	$Cl_2\,(g)$	2	1.323	4.49×10^2
$CO\,(g)$	2	0.523	4.39×10^2	$SO_2\,(g)$	1	2.391	8.90×10^2
$CH_3OH\,(l)$	6	0.199	0.252	$Br_2\,(l)$	2	2.981	0.961
$Li\,(s)$	1	0.259	0.485	$I_2\,(s)$	2	4.735	1.023
$Al\,(s)$	3	0.336	0.124	$S\,(s)$	2	0.598	0.312
$Mg\,(s)$	2	0.453	0.261	$Ag_2O\,(s)$	2	4.323	0.599
$Na\,(s)$	1	0.858	0.886	$AgO\,(s)$	2	2.311	0.309
$Fe\,(s)$	2	1.042	0.133	$CuO\,(s)$	2	1.484	0.235
$Zn\,(s)$	2	1.220	0.171	$NiOOH\,(s)$	1	3.421	0.463
$Cd\,(s)$	2	2.097	0.242	$MnO_2\,(s)$	1	3.244	0.639
$Pb\,(s)$	2	3.865	0.341	$PbO_2\,(s)$	2	4.462	0.463
$MH\,(s)$	2	2.21	—	$FeS_2\,(s)$	4	1.119	0.223
$(Li)\,C_6\,(s)$	1	2.689	1.19	$Li_xCoO_2\,(s)$	0.5	7.313	—

活物質の質量は，反応電子数が大きいほど，また活物質の式量が小さいほど，小さくなる．水素，リチウムは式量が小さいので，またメタンやメタノール，アルミニウムは反応電子数が大きいので，単位電気量当たりの質量は小さい．一方，体積も重要な因子であるが，固体活物質の場合は式量よりも反応電子数が重要である．気体の場合は，常圧では体積が大きいので，高圧や液化，溶媒への溶解などの工夫により体積を減少させる必要がある．

11.1.3　理論起電力とネルンストの式

式 (11.1.8) で表されるセルに対するセルの電位差 ΔV は，左側の導線の内部電位 ϕ^T を基準とした，右側の導線の内部電位 $\phi^{T'}$ との差，すなわち

$$\Delta V = \phi^{T'} - \phi^T \tag{11.1.17}$$

と定義される．この定義は電気化学システム内の電流の有無によらず用いられる．特に，セルの外部回路を流れる電流値 I がゼロになるときの電位差をセルの起電力 E_{emf} という．すなわち，

$$E_{emf} = \lim_{I=0} \Delta V \tag{11.1.18}$$

$I=0$ のとき，電極反応は電気化学平衡にあるとみなすことができる．また，T および T' は同化学組成の金属であり，$\mu_e^{T'} = \mu_e^T$ が成立するので，

$$E_{emf} = \lim_{I=0} \Delta V = \lim_{I=0} (\phi^{T'} - \phi^T) = \frac{\tilde{\mu}_e^{T'} - \mu_e^{T'}}{-F} - \frac{\tilde{\mu}_e^T - \mu_e^T}{-F} = \frac{\tilde{\mu}_e^{T'} - \tilde{\mu}_e^T}{-F} = \frac{\tilde{\mu}_{e,c}^{aq} - \tilde{\mu}_{e,a}^{aq}}{-F} \tag{11.1.19}$$

11.1 電池の電気化学

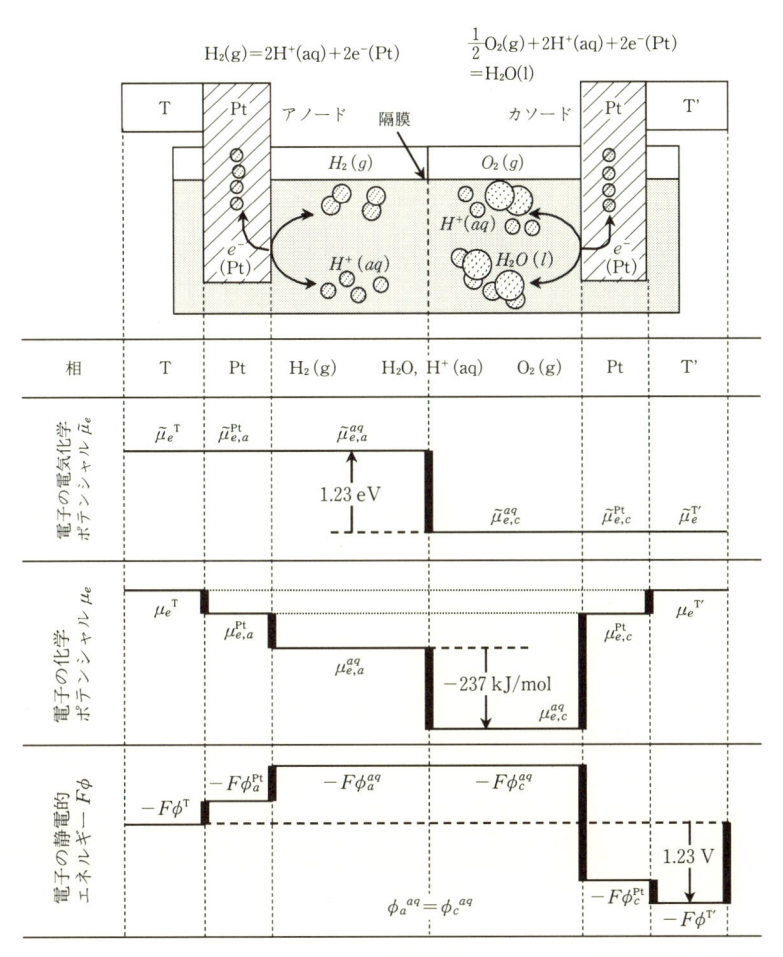

図 11.1.1 電池の各相における電子の電気化学ポテンシャル，化学ポテンシャルおよび静電的エネルギーの関係

すなわち，電池の起電力はアノード反応とカソード反応に関与する電子の電気化学ポテンシャルの差を反映する．このセルの各相における電子の電気化学ポテンシャル，化学ポテンシャル，静電的エネルギーの関係を模式的に図 11.1.1 に示した．
また，

$$\tilde{\mu}_e^{\mathrm{T}} = \frac{\tilde{\mu}_{\mathrm{H}_2}{}^g - 2\tilde{\mu}_{\mathrm{H}^+}{}^{aq}}{2} = \frac{\mu_{\mathrm{H}_2}{}^g - 2(\mu_{\mathrm{H}^+}{}^{aq} + F\phi_a{}^{aq})}{2} \tag{11.1.20}$$

$$\tilde{\mu}_e^{\mathrm{T}'} = \frac{\tilde{\mu}_{\mathrm{H}_2\mathrm{O}}{}^l - \{(1/2)\tilde{\mu}_{\mathrm{O}_2}{}^g + 2\tilde{\mu}_{\mathrm{H}^+}{}^{aq}\}}{2} = \frac{\mu_{\mathrm{H}_2\mathrm{O}}{}^l - (1/2)\mu_{\mathrm{O}_2}{}^g - 2(\mu_{\mathrm{H}^+}{}^{aq} + F\phi_c{}^{aq})}{2} \tag{11.1.21}$$

であるから，

$$E_{emf} = \frac{\mu_{H_2O}{}^l - (1/2)\mu_{O_2}{}^g - 2(\mu_{H^+}{}^{aq} + F\phi_c{}^{aq}) - \{\mu_{H_2}{}^g - 2(\mu_H{}^{aq} + F\phi_a{}^{aq})\}}{-2F}$$
$$= \frac{\mu_{H_2O}{}^l - (1/2)\mu_{O_2}{}^g - \mu_{H_2}{}^g + 2F(\phi_a{}^{aq} - \phi_c{}^{aq})}{-2F} \quad (11.1.22)$$

$\phi_a{}^{aq} - \phi_c{}^{aq}$ は液間電位差である．液間電位差がゼロの場合，上付き o で標準状態を表すと

$$E_{emf} = \frac{\mu_{H_2O}{}^l - (1/2)\mu_{O_2}{}^g - \mu_{H_2}{}^g}{-2F} - \frac{\mu_{H_2O}{}^{l,o} - (1/2)\mu_{O_2}{}^{g,o} - \mu_{H_2}{}^{g,o}}{-2F} - \frac{RT}{2F}\ln\frac{1}{P_{O_2}{}^{1/2} \cdot P_{H_2}}$$
$$= \frac{\Delta G^o}{-2F} - \frac{RT}{2F}\ln\frac{1}{P_{O_2}{}^{1/2} \cdot P_{H_2}} = E^o - \frac{RT}{2F}\ln\frac{1}{P_{O_2}{}^{1/2} \cdot P_{H_2}} \quad (11.1.23)$$

となる．これをネルンストの式と呼ぶ[3]．

一般に電池反応は，式 (11.1.14) で表される．このとき，

$$\Delta G \equiv \sum_i \nu_i \mu_i = -zFE \quad \text{かつ} \quad \Delta G^o \equiv \sum_i \nu_i \mu_i^o = -zFE^o \quad (11.1.24)$$

が成立する．ここで，z は反応電子数である．ネルンストの式は a_i を物質 A_i の活量として次式 (11.1.25) となる．

$$E = E^o - \frac{RT}{zF}\ln\prod_i a_i^{\nu_i} \quad (11.1.25)$$

電池によって得られる最大の電気エネルギーは，ファラデーの法則に基づく理論電気量と電池の理論起電力の積となる．エネルギー密度とは電池から取り出すことのできるエネルギー量を単位体積または単位質量当たりの値で表したものである．前者を体積エネルギー密度，後者を質量エネルギー密度(比エネルギー密度)と呼ぶ．体積エネルギー密度が大きいほど電池を小型化でき，質量エネルギー密度が大きいほど電池を軽量化できる．代表的な各種電池の特性を表 11.1.2 に示した[4]．表中，理論質量エネルギー密度は正極および負極活物質のみを考えた場合であり，電解質や空気は考慮していない．また，実用電池の質量エネルギー密度および体積エネルギー密度は，最適化された実際の単一セル放電時のセル電圧の中点の電圧を用いた場合の値である．個々の詳細については他稿で述べられる．

11.1.4 過電圧と電圧損失

電池の理論起電力は，電池の放電を可逆的に行わせた場合に取り出しうる，単位電荷当たりの最大の電気仕事となる．しかし，実際に電流を取り出すという操作は本質的に不可逆プロセスなので，取り出す仕事は必ず減少する．この減少分を過電圧と呼ぶ．過電圧は電池の電圧損失となる．過電圧の要因としては，電極界面での電荷移動反応律速に基づく活性化過電圧 η_{ct}，反応物や生成物の濃度変化に基づく濃度過電圧 η_c および電池のオーム損に起因する IR 降下 η_{IR} がある．よって，全過電圧 η は次式で表される．

$$\eta = \eta_{ct} + \eta_c + \eta_{IR} \quad (11.1.26)$$

表 11.1.2 各種電池の特性

電池名	負極活物質	電解質	正極活物質	電池反応	理論電圧 (V)	理論質量エネルギー密度 (Wh/kg)	公称電圧 (V)	実用電池 質量エネルギー密度 (Wh/kg)	実用電池 体積エネルギー密度 (Wh/l)
マンガン乾電池	Zn	NH_4Cl-$ZnCl_2$ または $ZnCl_2$	MnO_2	$Zn + 2MnO_2 \rightarrow ZnO + Mn_2O_3$	1.6	358	1.5	85	165
アルカリマンガン電池	Zn	KOH	MnO_2	$Zn + 2MnO_2 + 2H_2O \rightarrow 2MnOOH + Zn(OH)_2$	1.5	358	1.5	145	400
酸化銀電池	Zn	KOH	Ag_2O	$Zn + Ag_2O + H_2O \rightarrow Zn(OH)_2 + 2Ag$	1.6	288	1.55	135*	52*
亜鉛空気電池	Zn	KOH	Air	$Zn + (1/2)O_2 + H_2O \rightarrow Zn(OH)_2$	1.65	1353	1.4	370*	1300*
塩化チオニルリチウム電池	Li	$LiAlCl_4$	$SOCl_2$ (液体)	$4Li + 2SOCl_2 \rightarrow 4LiCl + S + SO_2$	3.65	1471	3.6	590	1100
二酸化マンガンリチウム電池	Li	$LiCF_3SO_3$ または $LiClO_4$	MnO_2	$Li + MnO_2 \rightarrow MnO_2^-(Li^+)$	3.5	1001	3.0	230	535
フッ化黒鉛リチウム電池	Li	$LiBF_4$	$(CF)_n$	$nLi + (CF)_n \rightarrow nLiF + nC$	3.1	2189	3.0	250	635
鉛蓄電池	Pb	H_2SO_4	PbO_2	$Pb + PbO_2 + 2H_2SO_4 \rightarrow 2PbSO_4 + 2H_2O$	2.1	252	2.0	35	70
ニッケルカドミウム電池	Cd	KOH	NiOOH	$Cd + 2NiOOH + 2H_2O \rightarrow 2Ni(OH)_2 + Cd(OH)_2$	1.35	314	1.2	35	100
ニッケル鉄電池	Fe	KOH	NiOOH	$Fe + 2NiOOH + 2H_2O \rightarrow 2Ni(OH)_2 + Fe(OH)_2$	1.40	314	1.3	30	55
ニッケル亜鉛電池	Zn	KOH	NiOOH	$Zn + 2NiOOH + 2H_2O \rightarrow Ni(OH)_2 + Zn(OH)_2$	1.77	372	1.6	60	120
亜鉛酸化銀電池	Zn	KOH	AgO	$Zn + 2AgO + H_2O \rightarrow Ag_2O + Zn(OH)_2$	1.83	524	1.55	105	180
亜鉛塩素電池	Zn	$ZnCl_2$ 水溶液	Cl_2	$Zn + Cl_2 \rightarrow ZnCl_2$	2.12	835	—	—	—
亜鉛臭素電池	Zn	$ZnBr_2$ 水溶液	Br_2	$Zn + Br_2 \rightarrow ZnBr_2$	1.85	572	1.6	70	60
ニッケル水素電池	H_2	KOH	NiOOH	$2NiOOH + H_2 \rightarrow 2Ni(OH)_2$	1.50	434	1.2	55	60
ニッケル水素化物電池	MH	KOH	NiOOH	$MH + NiOOH \rightarrow M + Ni(OH)_2$	1.35	244	1.2	35	100
リチウムイオン電池	Li_xC_6	$LiPF_6$ または $LiBF_4$	$Li(1-x)CoO_2$	$Li_xC_6 + Li(1-x)CoO_2 \rightarrow LiCoO_2 + C_6$	4.1	410	3.6	150	400
二酸化マンガンリチウム電池	Li	$LiClO_4$ または $LiCF_3SO_3$	MnO_2	$Li + MnO_2 \rightarrow MnO_2^-(Li^+)$	3.5	1001	3.0	120	265
水素酸素燃料電池	H_2	タイプによる	O_2	$H_2 + (1/2)O_2 \rightarrow 2H_2O$	1.23	3660	—	—	—
メタノール燃料電池	CH_3OH	タイプによる	O_2	$CH_3OH + (3/2)O_2 \rightarrow CO_2 + 2H_2O$	1.24	2480	—	—	—

* ボタン電池

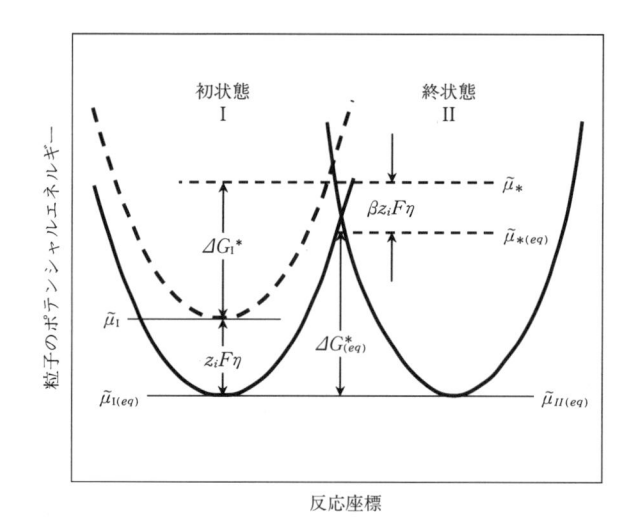

図 11.1.2 反応素過程の粒子のポテンシャルエネルギー曲線

　まず活性化過電圧 η_{ct} について，単一の電極反応を例にとり説明する．電極反応の場合，反応の活性化エネルギーは電極電位に依存して変化する．ここでは単純な反応素過程として，荷電数 z_i の荷電粒子 A_i が，電極相の初状態 I から電極/電解質界面を横切って電解質中の終状態 II へ移る過程を考える．この過程の電気化学平衡状態では，状態 I での粒子 A_i の電気化学ポテンシャル $\tilde{\mu}_{I(eq)}$ と状態 II での電気化学ポテンシャル $\tilde{\mu}_{II(eq)}$ が等しい．図 11.1.2 にこの反応過程における粒子のポテンシャルエネルギー曲線を示した．図 11.1.2 において，両状態のポテンシャルエネルギー曲線の交点の状態は，この素過程の活性化状態に対応する．活性化状態のポテンシャルエネルギーを $\tilde{\mu}_{*(eq)}$ とする．この反応が電気化学平衡にあるときの順方向の活性化エネルギー $\Delta G_{(eq)}^*$ は，活性化状態と状態 I のエネルギー差となる．

$$\Delta G_{(eq)}^* = \tilde{\mu}_{*(eq)} - \tilde{\mu}_{I(eq)} \tag{11.1.27}$$

　電極相の荷電粒子の電気化学ポテンシャルは，電極電位と線形関係にある．したがって，いま電極電位 E を平衡電位 E_{eq} から変化させると（この操作を分極と呼び，電極電位の平衡電位からの変化分が過電圧 η となる．したがって，$\eta = E - E_{eq}$ である），$\tilde{\mu}_{I(eq)}$ は $z_i F\eta$ 分変化する．すなわち，

$$\tilde{\mu}_I = \tilde{\mu}_{I(eq)} + z_i F\eta \tag{11.1.28}$$

ここで，$\tilde{\mu}_I$ は過電圧 η の状態 I における粒子 A_i の電気化学ポテンシャルである．この変化に伴って活性化状態のエネルギー $\tilde{\mu}_*$ も変化する．活性化状態のエネルギー変化は

$$\tilde{\mu}_* - \tilde{\mu}_{*(eq)} = \beta z_i F\eta \tag{11.1.29}$$

となる．β は Horiuti ら[5]によって導入された係数で対称因子 (symmetry factor) と

11.1 電池の電気化学

呼ばれ，$0<\beta<1$ の範囲にある．通常 $\beta=0.5$ がよく用いられる．過電圧 η の状態における順方向の反応の活性化エネルギーを ΔG_1^* とすると，活性化エネルギーの変化 $\delta\Delta G^*$ は，

$$\delta\Delta G^* = \Delta G_1^* - \Delta G_{(eq)}^* = (\tilde{\mu}_* - \tilde{\mu}_1) - (\tilde{\mu}_{*(eq)} - \tilde{\mu}_{1(eq)}) = -(\tilde{\mu}_1 - \tilde{\mu}_{1(eq)}) + (\tilde{\mu}_* - \tilde{\mu}_{*(eq)})$$
$$= -(1-\beta)z_i F\eta \tag{11.1.30}$$

となる．反応速度は活性化エネルギー ΔG^* のボルツマン因子に比例する．したがって，反応速度が反応物の表面濃度に比例するとし，順方向の反応がアノード反応であるとすると，単位電極面積当たりのアノード電流密度 i_a およびカソード電流密度 i_c はそれぞれ次式で表される．

$$i_a = z_i F k_a C_{Red} \exp\frac{-\Delta G^{*a}}{RT} \tag{11.1.31}$$

$$i_c = z_i F k_c C_{Ox} \exp\frac{-\Delta G^{*c}}{RT} \tag{11.1.32}$$

ここで k_a および k_c はアノード反応およびカソード反応の速度定数，ΔG^{*c} および ΔG^{*a} はカソード反応およびアノード反応の活性化エネルギー，C_{Red} および C_{Ox} は還元体および酸化体の表面濃度である．式 (11.1.30) より，

$$\Delta G^{*a} = \Delta G_{(eq)}^* - z_i(1-\beta)F\eta \tag{11.1.33}$$
$$\Delta G^{*c} = \Delta G_{(eq)}^* + z_i\beta F\eta \tag{11.1.34}$$

さらに電極電位の基準として標準状態における平衡電極電位 E^o を用いると，平衡電位のずれを ΔE_{eq} として

$$\Delta G^{*a} = \Delta G_{0(eq)}^{*a} - z_i(1-\beta)F(\eta + \Delta E_{eq}) \tag{11.1.35}$$
$$\Delta G^{*c} = \Delta G_{0(eq)}^{*c} + z_i\beta F(\eta + \Delta E_{eq}) \tag{11.1.36}$$

ただし

$$\Delta G_{0(eq)}^{*a} = \Delta G_{(eq)}^* + z_i(1-\beta)F\Delta E_{eq} \tag{11.1.37}$$
$$\Delta G_{0(eq)}^{*c} = \Delta G_{(eq)}^* - z_i\beta F\Delta E_{eq} \tag{11.1.38}$$

であり，

$$\Delta G_{0(eq)}^{*a} - \Delta G_{0(eq)}^{*c} = z_i F\Delta E_{eq} \tag{11.1.39}$$

の関係がある．$\Delta G_{0(eq)}^{*a}$ および $\Delta G_{0(eq)}^{*c}$ は，それぞれ表面濃度の標準状態からのずれによって生じる活性化エネルギーの変化分 $z_i(1-\beta)F\Delta E_{eq}$ および $-z_i\beta F\Delta E_{eq}$ を含む．ここで，ΔE_{eq} はネルンストの式より，

$$\Delta E_{eq} = E_{eq} - E^o = -\frac{RT}{z_i F}\ln\frac{C_{Red}}{C_{Ox}} \tag{11.1.40}$$

であるから，式 (11.1.35), (11.1.36), (11.1.40) を式 (11.1.31), (11.1.32) に代入して

$$i_a = z_i F k_a C_{Red} \exp\left\{\frac{-\Delta G_{0(eq)}^{*a} + z_i(1-\beta)F(\eta + \Delta E_{eq})}{RT}\right\}$$
$$= z_i F k_a (C_{Ox})^{1-\beta}(C_{Red})^\beta \exp\frac{-\Delta G_{0(eq)}^{*a}}{RT}\exp\frac{z_i(1-\beta)F\eta}{RT} \tag{11.1.41}$$

$$i_c = z_i F k_c C_{Ox} \exp\left\{\frac{-\Delta G_{0(eq)}{}^{*c} - z_i \beta F(\eta + \Delta E_{eq})}{RT}\right\}$$

$$= z_i F k_c (C_{Ox})^{1-\beta}(C_{Red})^{\beta} \exp\frac{-\Delta G_{0(eq)}{}^{*c}}{RT} \exp\frac{-z_i \beta F \eta}{RT} \qquad (11.1.42)$$

平衡電極電位 ($\eta=0$) における電流は交換電流密度と呼ばれ i_0 で表される．平衡状態ではアノード電流密度とカソード電流密度は等しいので，次式が成立する．

$$i_0 = z_i F k_a (C_{Ox})^{1-\beta}(C_{Red})^{\beta} \exp\frac{-\Delta G_{0(eq)}{}^{*a}}{RT} = z_i F k_c (C_{Ox})^{1-\beta}(C_{Red})^{\beta} \exp\frac{-\Delta G_{0(eq)}{}^{*c}}{RT}$$
$$(11.1.43)$$

したがって，アノードおよびカソード電流密度はそれぞれ次式で与えられる．

$$i_a = i_0 \exp\frac{z_i(1-\beta)F\eta}{RT} = i_0 \exp\frac{\alpha_a F \eta}{RT} \qquad (11.1.44)$$

$$i_c = i_0 \exp\frac{-z_i \beta F \eta}{RT} = i_0 \exp\frac{-\alpha_c F \eta}{RT} \qquad (11.1.45)$$

ここで，α_a および α_c は，それぞれアノード反応およびカソード反応の透過係数あるいは移動係数 (transfer coefficient) と呼ばれ，いまのような単純な反応素過程の場合 $\alpha_a = z_i(1-\beta)$，$\alpha_c = z_i \beta$ の関係がある．アノード電流を正とするので，反応に伴う電流密度はアノード電流密度 i_a とカソード電流密度 i_c の差で与えられる．すなわち，

$$i = i_a - i_c = i_0 \left(\exp\frac{\alpha_a F \eta}{RT} - \exp\frac{-\alpha_c F \eta}{RT}\right) \qquad (11.1.46)$$

これをバトラー-フォルマー (Butler-Volmer) の式と呼び，電極反応が活性化律速である場合の過電圧と電流の関係を表している[6]．これを図 11.1.3 に模式的に示した．電位を貴な方向に変化させると，反応が平衡から遠く離れ，アノード反応のみが進行しカソード反応が無視できるようになる．そのとき

$$i = i_a = i_0 \exp\frac{\alpha_a F \eta}{RT} \qquad (11.1.47)$$

すなわち，

$$\eta = \frac{-RT}{\alpha_a F} \ln i_0 + \frac{RT}{\alpha_a F} \ln i = -\frac{2.3\,RT}{\alpha_a F} \log i_0 + \frac{2.3\,RT}{\alpha_a F} \log i = a + b \log i \quad (11.1.48)$$

ただし

$$a = -\frac{2.3\,RT}{\alpha_a F} \log i_0 \quad \text{および} \quad b = \frac{2.3\,RT}{\alpha_a F} \qquad (11.1.49)$$

である．この式をターフェル (Tafel) の式と呼ぶ[7]．ターフェルの式で表される過電圧 η は，電荷移動過程が律速となる場合に，電極反応を一方向に電流密度 i に対応する速度で進行させるために必要な平衡電位からのずれである．これは，初状態Ⅰのポテンシャルエネルギーを変化させることにより，反応の活性化エネルギーを変化させており，これを活性化過電圧 η_{ct} と呼ぶ．

電極反応は界面で進行するので，反応物や生成物の界面への拡散が反応速度に影響

11.1 電池の電気化学

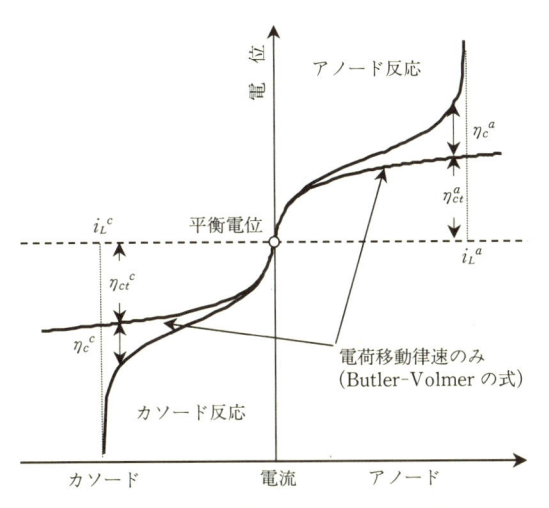

図11.1.3 単一電極反応の電流-電位曲線

を与えることがある．そのとき還元体および酸化体の表面濃度 C_{Red} および C_{Ox} は，電解質本体での還元体濃度 $C_{Red}{}^o$ および酸化体濃度 $C_{Ox}{}^o$ と異なる．電気化学平衡にあるとき C_{Red} および C_{Ox} は $C_{Red}{}^o$ および $C_{Ox}{}^o$ に等しいので，交換電流密度は

$$i_0 = z_i F k_a (C_{Ox}{}^o)^{1-\beta} (C_{Red}{}^o)^{\beta} \exp\frac{-\Delta G_{0(eq)}^{*a}}{RT} = z_i F k_c (C_{Ox}{}^o)^{1-\beta} (C_{Red}{}^o)^{\beta} \exp\frac{-\Delta G_{0(eq)}^{*c}}{RT} \tag{11.1.50}$$

となる．これを用いて，反応電流密度は

$$\begin{aligned}i &= i_a - i_c \\ &= z_i F k_a C_{Red}\left(\frac{C_{Ox}^o}{C_{Red}^o}\right)^{1-\beta}\exp\frac{-\Delta G_{0(eq)}^{*a}}{RT}\exp\frac{\alpha_a F\eta}{RT} - z_i F k_c C_{Ox}\left(\frac{C_{Red}^o}{C_{Ox}^o}\right)^{\beta}\exp\frac{-\Delta G_{0(eq)}^{*c}}{RT}\exp\frac{-\alpha_c F\eta}{RT} \\ &= i_0\left\{\left(\frac{C_{Red}}{C_{Red}^o}\right)\exp\frac{\alpha_a F\eta}{RT} - \left(\frac{C_{Ox}}{C_{Ox}^o}\right)\exp\frac{-\alpha_c F\eta}{RT}\right\} \end{aligned} \tag{11.1.51}$$

となる．式(11.1.51)は表面濃度 C_{Red} および C_{Ox} を含み実用的でない．そこで，実測できる量での表現を試みる．電解質本体から電極表面への物質拡散は，次のフィックの法則によって表される．

$$\frac{\partial C_i}{\partial t} = D\frac{\partial^2 C_i}{\partial x^2} \tag{11.1.52}$$

ここで，D は拡散定数，x は電極表面からの距離を表す．簡単のために電極界面電解質側に濃度勾配が一定となるネルンスト拡散層を考え，その還元体および酸化体の拡散に関する厚さをそれぞれ δ_{Red} および δ_{Ox} とする．また，還元体および酸化体の拡散層内の拡散定数をそれぞれ D_{Red} および D_{Ox} とし，定常状態を仮定すると，物質の拡散に伴うアノード電流密度 $i_{d,a}$ およびカソード電流密度 $i_{d,c}$ は次式となる．

$$i_{d,a} = \frac{z_i F D_{\text{Red}} (C_{\text{Red}}{}^o - C_{\text{Red}})}{\delta_{\text{Red}}} \quad (11.1.53)$$

$$i_{d,c} = \frac{z_i F D_{\text{Ox}} (C_{\text{Ox}}{}^o - C_{\text{Ox}})}{\delta_{\text{Ox}}} \quad (11.1.54)$$

ただし，界面での反応に伴う反応電子数を z_i とした．表面濃度がゼロの場合を限界拡散電流密度と呼び，それぞれ $i_{L,a}$ および $i_{L,c}$ とすると，

$$i_{L,a} = \frac{z_i F D_{\text{Red}} C_{\text{Red}}{}^o}{\delta_{\text{Red}}} \quad (11.1.55)$$

$$i_{L,c} = \frac{z_i F D_{\text{Ox}} C_{\text{Ox}}{}^o}{\delta_{\text{Ox}}} \quad (11.1.56)$$

であるから，

$$\frac{C_{\text{Red}}}{C_{\text{Red}}{}^o} = 1 - \frac{i}{i_{L,a}} \quad (11.1.57)$$

$$\frac{C_{\text{Ox}}}{C_{\text{Ox}}{}^o} = 1 - \frac{i}{i_{L,c}} \quad (11.1.58)$$

より，式 (11.1.51) に代入して，

$$i = i_0 \left\{ \left(1 - \frac{i}{i_{L,a}}\right) \exp \frac{\alpha_a F \eta}{RT} - \left(1 - \frac{i}{i_{L,c}}\right) \exp \frac{-\alpha_c F \eta}{RT} \right\} \quad (11.1.59)$$

が求められる．たとえば，アノード分極が十分に大きければカソード電流は無視できるので，

$$i = i_0 \left(1 - \frac{i}{i_{L,a}}\right) \exp \frac{\alpha_a F \eta}{RT} \quad (11.1.60)$$

すなわち

$$\eta = \frac{2.3RT}{\alpha_a F} \log \frac{i}{i_0} - \frac{2.3RT}{\alpha_a F} \log \left(1 - \frac{i}{i_{L,a}}\right) \quad (11.1.61)$$

を得る．上式第1項は活性化過電圧 $\eta_{ct}{}^a$ であり，第2項を濃度過電圧 $\eta_c{}^a$ と呼ぶ[8]．このように濃度過電圧は，電極反応が平衡から遠く離れた非平衡状態にあり逆反応が無視できる状況で，電極/電解質界面での反応物濃度が電解質本体よりも低下することによって減少する反応速度を，活性化エネルギーの変化によって補償するために必要な過電圧である．上式の第2項に従って，バトラー-フォルマーの式からずれることになる．この様子を模式的に図11.1.3に示した．

また，電極間のIR降下に基づく過電圧 η_{IR} は，電解質のオーム抵抗や電極界面に皮膜が生成する場合には皮膜のオーム抵抗，隔膜のオーム抵抗などが含まれる．電極間のこのような抵抗をまとめて R と表し，電池から取り出す全電流を I とすると，

$$\eta_{IR} = IR \quad (11.1.62)$$

ただし，電池の放電とともに生成物の蓄積などにより R は変化するので，実際には定数ではない．

電池反応では反応に関与する化学種およびその濃度も含めて，異なった電極反応を二つ用いる．また，一般にそれぞれの電極面積も異なる．そして相対的に平衡電位の

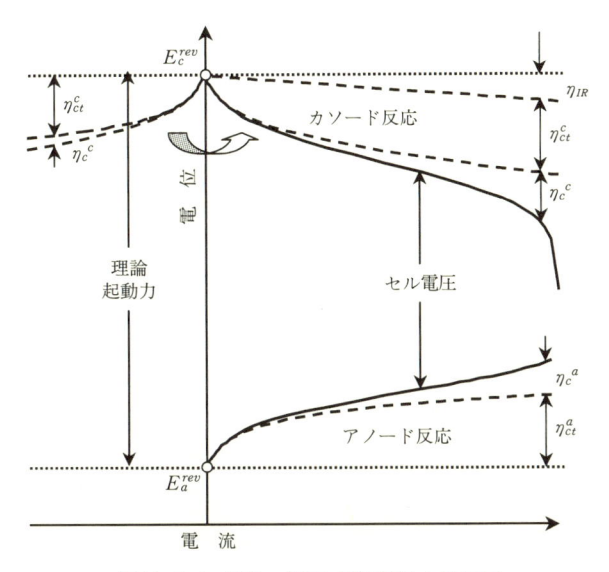

図 11.1.4 電池の電圧-電流特性と過電圧

高い反応をカソード，低い反応をアノードとして利用し放電させることになる．電池の起電力の低下はアノード反応の活性化過電圧 η_{ct}^a と濃度過電圧 η_c^a，およびカソード反応の活性化過電圧 η_{ct}^c と濃度過電圧 η_c^c，そして電極間の IR 降下 η_{IR} の和となる．これらをまとめると，電池の電圧と電流特性を表す一般式として，次式を得る．

$$\begin{aligned}
E &= (E_c^{rev} - \eta_{ct}^c - \eta_c^c) - (E_a^{rev} + \eta_{ct}^a + \eta_c^a) - \eta_{IR} \\
&= (E_c^{rev} - E_a^{rev}) - \left\{ \frac{2.3RT}{\alpha_c F} \log \frac{I/A_c}{i_0^c} - \frac{2.3RT}{\alpha_c F} \log\left(1 - \frac{I/A_c}{i_{L,c}}\right) \right\} \\
&\quad - \left\{ \frac{2.3RT}{\alpha_a F} \log \frac{I/A_a}{i_0^a} - \frac{2.3RT}{\alpha_a F} \log\left(1 - \frac{I/A_a}{i_{L,a}}\right) \right\} - IR \qquad (11.1.63)
\end{aligned}$$

ここで，A_a および A_c は，それぞれアノード電極面積およびカソード電極面積であり，流れる電流 I は正とした．$i_{L,a} > i_{L,c}$ の場合の式 (11.1.63) の関係を，模式的に図 11.1.4 に示した．　　　　　　　　　　　　　　　〔太田健一郎・石原顕光〕

文　献

1) E. A. Guggenheim : *J. Phys. Chem.*, **33**, 842 (1929)
2) M. Faraday : *Phil. Trans. Roy. Soc.*, **124**, 77 (1834)
3) W. Nernst : *Z. Physik. Chem.*, **4**, 129 (1899)
4) D. Linden and T. B. Reddy, eds. : Handbook of Batteries, 3rd ed., 1.12-1.13, McGraw-Hill, NY (2002)
5) J. Horiuchi and M. Polanyi : *Acta Physicochim.*, **2**, 505 (1935)
6) J. A. V. Butler : *Trans. Faraday Soc.*, **19**, 734 (1923/24)
7) J. Tafel : *Z. Physik. Chem.*, **50**, 641 (1905)

8) 佐藤教男：電極化学（下），p.35，日鉄技術情報センター (1994)

11.2 一 次 電 池

一次電池 (primary cell) とは充電できない電池である．充電できる電池を二次電池 (secondary cell) という．乾電池（一次電池）で鉛蓄電池（二次電池）を充電したため，一次電池と二次電池の呼称が生まれたとの説がある．広く普及している民生用一次電池には，乾電池，空気電池およびリチウム電池がある（表11.2.1）[1]．最近，携帯電子機器用小型二次電池の販売量が急増しているが，相変わらず一次電池の需要は大きく，2002年には約47億個の一次電池が販売されている（図11.2.1）[2]．一次電池の代

表 11.2.1 おもな市販一次電池

電池系	正極活物質	負極活物質	電解液	公称電圧 (V)	電池記号
マンガン乾電池 （ルクランシェ形）	MnO_2	Zn	NH_4Cl 水溶液	1.5	なし
マンガン乾電池 （塩化亜鉛形）	MnO_2	Zn	$ZnCl_2$ 水溶液	1.5	なし
アルカリマンガン乾電池	MnO_2	Zn	KOH 水溶液	1.5	L
ニッケル乾電池	$NiOOH(+MnO_2)$	Zn	KOH 水溶液	1.5	(Z) 未規格化
空気電池	O_2	Zn	KOH 水溶液	1.4	P
リチウム電池	$(CF)_n$	Li	$LiBF_4$-γ-ブチロラクトンなど	3.0	B
リチウム電池	MnO_2	Li	$LiClO_4$-プロピレンカーボネートなど	3.0	C
リチウム電池	$SOCl_2$	Li	$SOCl_2 + LiAlCl_4$	3.6	E

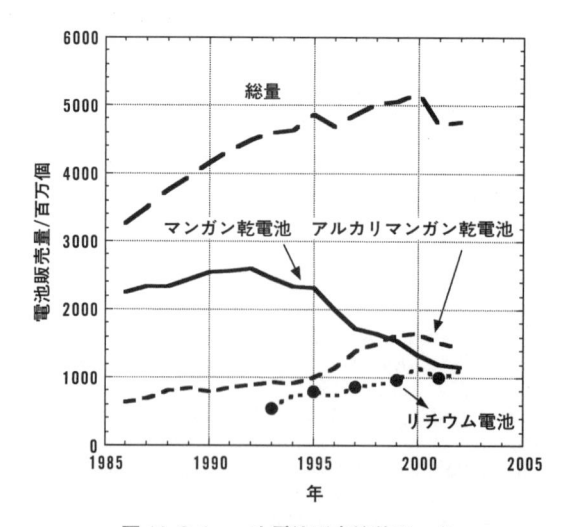

図 11.2.1 一次電池販売統計データ

11.2 一次電池

表 11.2.2 マンガン乾電池のサイズと表示

形状寸法記号			寸法	
IEC/JIS	通称(日本)	米国 ANSI	直径(mm)	高さ(mm)
R1	単5	N	12.0	30.2
R03	単4	AAA	10.5	44.5
R6	単3	AA	14.5	50.5
R14	単2	C	26.2	50.0
R20	単1	D	34.2	61.5

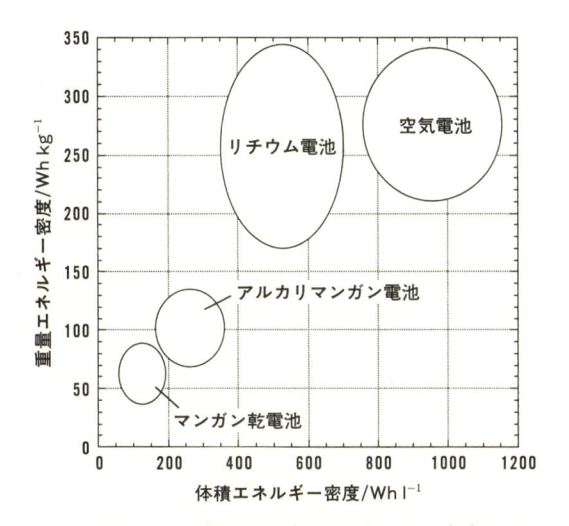

図 11.2.2 市販一次電池のエネルギー密度

表格であるマンガン乾電池は歴史が深く，生活必需品となっている．一次電池の利点は，入手が用意，安価で信頼性が高く充電せずに即使用可能なことである．携帯電話のような用途には，乾電池を使用すると毎日電池を交換しなくてはならず不向きである．しかし，携帯電話でも非常用乾電池パックがオプションで販売されている．一次電池の種類，形状，サイズの表記法は国際的に統一されている(表 11.2.1 および表 11.2.2)[2),3)]．たとえば，「CR2025」といえば，C は二酸化マンガンが正極(＋極)のリチウム電池で，R (round) は丸形を意味するため，直径 20 mm，厚さ 2.5 mm のコイン形電池であることがわかる．平形電池には F (flat) を使用する．図 11.2.2 に市販一次電池のエネルギー密度を示す．エネルギー密度値に幅があるのは電池サイズに幅があるためである．

以下に代表的な一次電池である乾電池，空気電池およびリチウム電池の特徴を述べる．

11.2.1 乾 電 池

乾電池は国際的に寸法が規格化されており，多くの国で入手可能という利便性がある．日本では大別して3種類の乾電池（マンガン乾電池，アルカリマンガン乾電池およびニッケル乾電池）が販売されている．以下にこれらの乾電池の特徴を述べる．

a. 乾電池の呼称とサイズ

日本では一般的に，乾電池は単3，単1など（単＋数字）で呼称されている．これは俗称であり，「単」は組電池（battery）ではなく一つの電池（単電池，unit cell）の意味で，大きさの順に1, 2, … と数字が与えられている．表11.2.2に工業製品としての電池の表示と通称名を示す．国際電気標準会議（IEC）規格では，たとえば単三はR6と表される．日本のJIS規格もIECに準拠している．

b. 乾電池の歴史

1868年にルクランシェ（Leclanché）によってマンガン乾電池の基本システムが提案された．そのときは，電解液が水溶液そのままで「湿電池」（wet cell）と称された．1888年にガスナー（Gassner）が石膏などで電解液保持の工夫を施し，水分はあっても漏れない電池とし「乾電池」（dry cell）の名称が与えられた．マンガン乾電池は，明治時代には日本でも商品化され，1931年ごろ，紙筒の電池がつくられて以降，技術的改良が進み，1980年には液漏れ補償付き乾電池が発売された．マンガン乾電池の歴史は液漏れ対策技術の歴史といってもよい．その後，1990年には水銀含有量ゼロ化を達成し，今日まで高性能化・高信頼化が進んでいる．その間にアルカリ乾電池が商品化され，2002年には新しい電池であるニッケル乾電池が販売開始された．乾電池は一次電池の全生産数の約50％を占め（2002年），玩具，リモコン，携帯ラジオ，各種ライトなどに広く使用されている．

1) マンガン乾電池

電池構成：$(-)\ Zn|NH_4Cl$ あるいは $ZnCl_2$ 水溶液$|MnO_2(+)$

マンガン乾電池は，負極活物質に亜鉛，正極活物質に二酸化マンガン（MnO_2），水溶液電解液を使用した公称電圧が1.5 Vの電池である．電解液によって大別して2種類の電池がある．一つは，NH_4Cl水溶液を主電解質に使用した電池（NH_4Cl形あるいはルクランシェ形）と$ZnCl_2$水溶液を主電解質に用いた電池（塩化亜鉛形）の2種類の電池がある．また，正極の二酸化マンガンは大別して天然二酸化マンガンと電解二酸化マンガン（EMD，$MnSO_4$の電解により作製）の2種類がある．$ZnCl_2$電解液と電解二酸化マンガン正極を組み合わせると最も高性能になる．円筒形乾電池の構造概略図を図11.2.3(a)に示す．負極である亜鉛金属は電池缶を兼ねている．正極はMnO_2粉末と導電性炭素粉末を電解液で練り固めた正極合剤である．正極合剤の中央には集電体としての炭素棒が挿入されている．正極と負極の間には，内部短絡防止のセパレータとしてゲル化剤を塗布したクラフト紙などが使用されており，缶底には底紙が介在されている（ペーパーラインド方式）．

i）NH_4Cl形マンガン乾電池　　NH_4Clを主電解質に使用し，天然二酸化マン

(a) マンガン乾電池 — 正極端子、炭素棒、正極合剤、セパレータ、負極亜鉛缶、樹脂チューブ、電池外装缶

(b) アルカリマンガン乾電池 — 正極端子、ゲル負極、セパレータ、正極合剤、電池外装缶

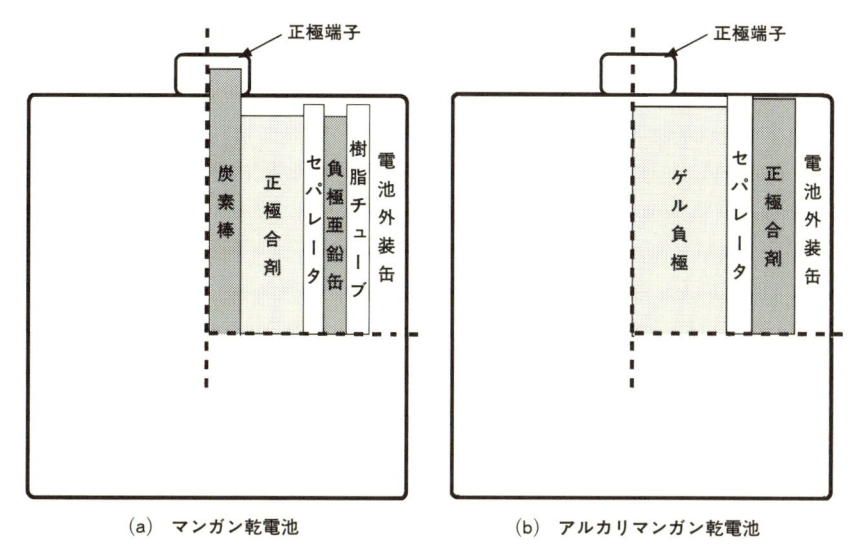

図11.2.3 乾電池構造概略図

ガンを正極に使用しているため安価な電池である．この電池の放電反応を式(11.2.1)に示す．二酸化マンガンは種々の結晶構造を示すものがある．放電が効率的であるγ-MnO_2が天然二酸化マンガンには70%程度含まれている．電池にした場合，MnO_2の利用率は30～40%といわれている．正極では水素イオン(H^+)がMnO_2の結晶内を拡散していく反応が起こり，Mn^{3+}とMn^{4+}の分布は均一になると考えられている．放電時にNH_4Clが消費されるため，たとえば飽和溶液で使用する．反応生成物である$Zn(NH_3)_2Cl_2$は錯塩結晶であり，正極表面を覆い電池の内部抵抗が上昇するため放電を阻害する．このため，高率(大電流)放電は不得意な電池である．温度の影響が大きく，NH_4Clが一価のイオンであるため凝固点降下が小さく低温放電には難がある．

$$2MnO_2 + 2NH_4Cl + Zn \longrightarrow 2MnOOH + Zn(NH_3)_2Cl_2 \qquad (11.2.1)$$

ⅱ) **塩化亜鉛タイプ**　放電特性を改善するために新たに開発されたマンガン乾電池が，主電解質に塩化亜鉛($ZnCl_2$)を使用し少量のNH_4Clと併用した電池である．$ZnCl_2$濃度は20～40%程度で放電特性の温度変化は少なく，$-20℃$でも放電可能である．また，亜鉛が二価のイオンであり凝固点降下も大きい．$ZnCl_2$と電解二酸化マンガンを組み合わせると高容量，強負荷連続放電可，耐漏液性の電池ができる．電解二酸化マンガンはγ-MnO_2の比率が増加し，電池全体のMnO_2利用率は60～70%といわれている．放電反応を式(11.2.2)に示す．正極反応はNH_4Cl形と同一である．負極反応で生成する$ZnCl_2 \cdot 4Zn(OH)_2$は，親水性コロイドで正極合剤内に均一に分散沈殿するため，あまり抵抗が上がらず高率連続放電が可能である．塩化亜鉛形電池で

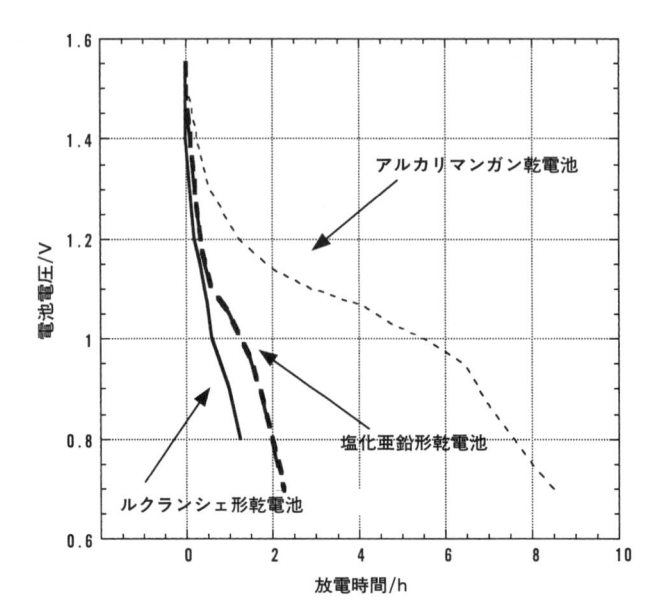

図11.2.4 各種乾電池の放電曲線

は放電反応で水が消費されるため液が漏れにくくなる．現在では水銀使用量はゼロで，液漏れ補償付き電池まで販売されている．図11.2.4に塩化亜鉛形とNH$_4$Cl形電池の放電特性の比較例を示す（3.9 Ω定抵抗放電）．試験条件はJISのマンガン乾電池試験方法の一例で，1日に1時間放電し23時間休止する操作を繰り返したときの放電電圧をつないだ放電曲線である．高負荷になるほど電池の性能差は大きくなる．

$$8MnO_2 + 8H_2O + ZnCl_2 + 4Zn \longrightarrow 8MnOOH + ZnCl_2 \cdot 4Zn(OH)_2 \quad (11.2.2)$$

2) **アルカリマンガン乾電池**

電池構成：(−) Zn|KOH水溶液|MnO$_2$(+)

アルカリマンガン乾電池は，マンガン乾電池と同様に正極活物質に二酸化マンガン，負極活物質に亜鉛を使用した公称電圧1.5 Vの電池である．しかし，電解液がアルカリ性のKOH水溶液であるため，アルカリ電池と呼称されている．放電反応を式(11.2.3)に示す．アルカリ濃度(pH)によって亜鉛は複雑な反応をするため，式(11.2.3)は一例である．電池用電解液には，最終放電生成物であるZnOを飽和させた8～11 M KOH水溶液が使用されることが多い．このような電解液組成を選ぶことにより，亜鉛負極の自然溶解（腐食）と水素ガス発生を抑制している．亜鉛の腐食を防ぐために，従来は亜鉛を水銀アマルガム化していたが，現在では環境保護のため水銀以外の合金化成分を開発し，水銀使用量ゼロ化を達成している．腐食防止効果がある鉛含有量ゼロ化も日本では達成している．

$$Zn+2MnO_2+2H_2O+2OH^- \longrightarrow Zn(OH)_4^{2-}+2MnOOH \qquad (11.2.3)$$

アルカリマンガン乾電池の商品化は乾電池よりはるかに新しく,1947年にアメリカのレイオバック社が商品化した.アルカリ電池の構造概略図を図11.2.3(b)に示す.乾電池と正負両極の配置が逆になっており,外側に正極,内側に負極が配置されている.正極には電解二酸化マンガンを使用する場合が多い.負極は微粉化した亜鉛粉末をカルボキシメチルセルロース(CMC)などの結着剤で電解液にゲル化分散させ,表面積が大きな電極を形成している.また,KOHは強電解質であるため電解液の導電率が高い.これらの技術により,アルカリ電池は乾電池に比較して大電流放電が可能でエネルギー密度が高く,低温放電特性に優れるという特徴を有する.放電電流値が大きくなればなるほど乾電池との性能差(放電持続時間の差)が大きくなる.乾電池が得意な使用用途は,電卓,時計,ラジオ,メモリバックアップなどの低電流放電領域であるが,アルカリ乾電池はもっと電流値が大きなヘッドホンステレオ,液晶TV,カメラ,ビデオカメラにも使用可能である.図11.2.4に放電曲線の例をあげた.アルカリ電池の使用量は年々増加し,1998年にはアルカリ電池販売量が乾電池を超えた.乾電池とアルカリ乾電池は販売価格も考慮し,使用用途別に使い分けるのが望ましい.

3) ニッケル乾電池

電池構成:(−) Zn|KOH 水溶液|NiOOH(+MnO$_2$)(+)

ニッケル乾電池(ニッケルマンガン乾電池とも称される)は2002年に販売開始された新しい乾電池である.公称電圧は1.5Vであるが,理論起電力(約1.7V)はマンガン乾電池より高い.アルカリマンガン乾電池と同様,負極活物質は亜鉛,電解液はKOH水溶液である.しかし,正極活物質はオキシ水酸化ニッケル(NiOOH)を使用しているためニッケル乾電池と称される.NiOOHは充電可能なニッケルカドミウム電池の正極活物質を応用したものである.放電反応を式(11.2.4)に示す.電池構造はアルカリマンガン乾電池と同様で,比較的安価な電池である.この電池はデジタルカメラからの要求に答えるために実用化された商品である.アリカリマンガン乾電池より,さらに大電流放電が可能である.小さい電流値ではアリカリマンガン乾電池と性能差はほとんどない.NiOOHは整然とした層状構造をしており,MnO$_2$に比較してプロトンの拡散抵抗が小さい.このため大電流がとれる.デジタルカメラ・モードでニッケル乾電池を使用した場合,アルカリ乾電池の約5倍の写真枚数が撮影可能との報告もある[3].商品化されている電池の正極には,NiOOHにMnO$_2$を混合した製品もある[4].この場合,ニッケルマンガン乾電池とも称される.MnO$_2$の混合は,コストのみならず過放電対策や保存特性(自己放電)の改善にも寄与すると考えられている[4].

$$2NiOOH+Zn+H_2O \longrightarrow 2Ni(OH)_2+ZnO \qquad (11.2.4)$$

11.2.2 空気電池

電池構成：$(-)$ Zn|KOH 水溶液|O_2(空気)$(+)$

　空気電池はほかのアルカリ電池と同様，負極活物質は亜鉛，電解液は KOH 水溶液である．しかし，正極活物質は空気中の酸素を使用するため空気電池と称される．公称電池電圧は 1.4 V である．電池反応を式(11.2.5)に示す．量販されているのはコイン形電池であり，主たる用途は補聴器用電源である．電池構造を図 11.2.5 に示す．電池の正極は空気極である．電池内で消費されるのは亜鉛のみで，放電容量は亜鉛の量で決定される．亜鉛のみを電池内に詰め込めるのでエネルギー密度は高い．正極は空気極，撥水膜，拡散紙から構成されている．空気極には，常温常圧で酸素の還元反応を円滑に進行させるため触媒層がある．酸素の還元反応は O_2H^- という反応中間体を経由する (式(11.2.6)を経て式(11.2.7))．この空気極の反応機構は，アルカリ電解液を使用した燃料電池の酸素極と同様の反応をする．空気電池の触媒は白金が高価であるため，コバルトフタロシアニンキレートやマンガン酸化物が使用されている．また，撥水膜の役割は重要である．撥水膜に要求される性質は，酸素を通し，電池から電解液が外に漏れないように，かつアルカリ性の電解液が中和されないように空気中から二酸化炭素が進入しない，水蒸気が混入し電解液組成を変化させることを防ぐ，という複数の条件をみたす必要がある．電池には市販品には外側にシール紙がある．電池購入後，この紙をはがすと放電反応が始まる．ただし，電圧が 1.4 V で平坦であるため電池残量(電池寿命)を知る目安がない状態で突然機器が使用できなくなる可能性があることは，今後さらに改良すべき課題の一つであろう．

$$\frac{1}{2}O_2 + Zn \longrightarrow ZnO \qquad (11.2.5)$$

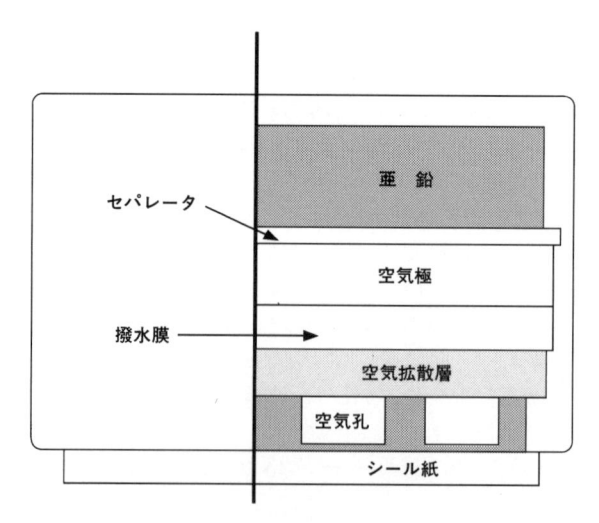

図 11.2.5　空気亜鉛電池の構造概略図

$$O_2 + H_2O + 2e^- \longrightarrow O_2H^- + OH^- \tag{11.2.6}$$

$$O_2H^- \longrightarrow OH^- + \frac{1}{2}O_2 \tag{11.2.7}$$

$$Zn + 2OH^- \longrightarrow ZnO + H_2O + 2e^- \tag{11.2.8}$$

11.2.3 リチウム電池

リチウム電池は，負極活物質にリチウム金属を使用した電池である．還元力が強く軽いリチウム金属(Li)を使用しているため，乾電池の2倍の3Vという高電圧を示すエネルギー密度が大きい電池である．水溶液電解液では3Vで分解してしまうため，イオン解離性のリチウム塩を極性有機溶媒に溶解させた電解液を使用している．リチウム塩としては$LiClO_4$や$LiBF_4$，CF_3SO_3Liなどが，有機溶媒としてはプロピレンカーボネート，1,2-ジメトキシエタン，γ-ブチロラクトンなどが用いられる．リチウム電池は軍需用あるいは宇宙用に開発が進み，1970年代初頭に民生用量産電池が実用化された．リチウム電池は水溶液系電池と比較して以下のような長所を有する．電圧が高い，重量エネルギー密度が大きい，作動温度範囲が広い（-20〜60℃で作動する），自己放電速度が小さく保存性に優れる．正極活物質にはMnO_2，フッ化黒鉛，$SOCl_2$などを使用したリチウム電池が市販されている．リチウム電池の放電曲線の例を図11.2.6に示す．

a. 二酸化マンガン・リチウム電池

電池構成：$(-)$ Li|LiX+有機溶媒|MnO_2 $(+)$

二酸化マンガン・リチウム電池は1976年に実用化された．二酸化マンガン(MnO_2)という安価な正極を使用しており，最も多く生産されているリチウム電池である．

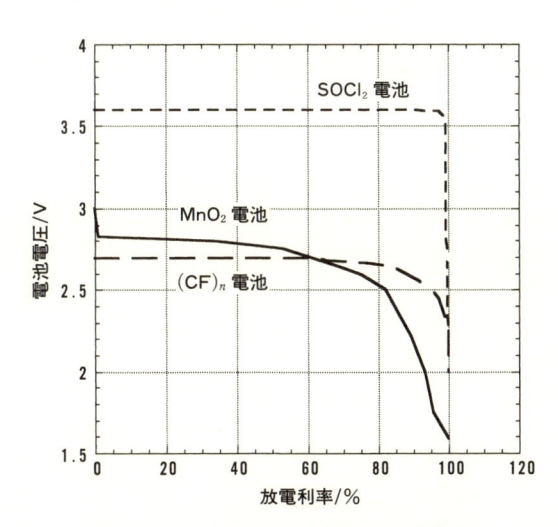

図11.2.6 各種リチウム電池の放電曲線

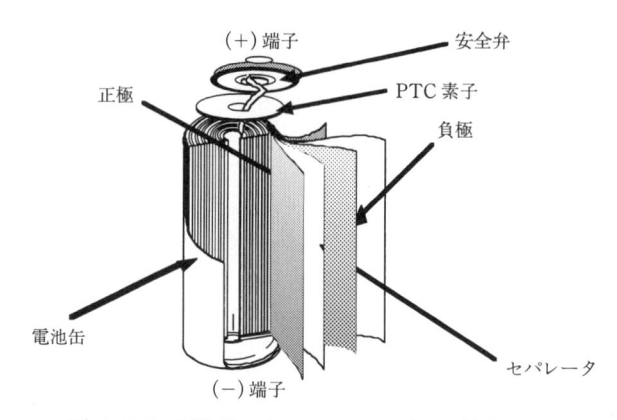

図11.2.7 円筒形リチウムマンガン電池の構造概略図

(labels: (＋)端子, 安全弁, PTC素子, 正極, 負極, 電池缶, セパレータ, (－)端子)

MnO_2 は 375〜400 ℃ で熱処理し脱水したものを用いている．公称電池電圧は 3 V である．電池反応を式 (11.2.9) に示す．放電時に MnO_2 の結晶構造中に Li が挿入される反応をする．円筒形やコイン形などの電池が市販されている．円筒形電池の正極には，MnO_2 に導電性助剤である黒鉛およびフッ素樹脂結着剤（バインダ）を混合しスラリー状にしたものを金属箔に塗布，乾燥し，シート状にしたものと，粉末成形したものがある．シート状電極を使用した電池は，自動焦点カメラ用に円筒形電池 (CR14500) 2 本を直列にした 6 V の電池パック (2CR5) が多く使用されている．この円筒形電池の構造概略図を図 11.2.7 に示す．シート状リチウムを使用した負極，セパレータおよび塗布正極を渦巻き状に電池缶に装てんしている．これは，有機溶媒電解液の抵抗が高く（水溶液に比較して 1〜2 桁高い），電極単位面積当たりの放電可能な電流値が小さいため，薄く面積が大きな電極を使用し，電池として大きな電流を取り出す工夫である．セパレータにはポリプロピレンやポリエチレンなどの微孔性薄膜を使用している．1989 年に電池内部短絡が原因で発熱事故があったため，「カメラ用リチウム電池の安全性評価のためのガイドライン（1991 年，電池工業会）」が作成された．内部圧力上昇時に破裂を防ぐ安全弁や，大電流を遮断する PTC 素子 (positive temperature coefficient of resistance，温度・電流ヒューズ) などの安全性対策が施されている．

$$Li + Mn(IV)O_2 \longrightarrow LiMn(III)O_2 \tag{11.2.9}$$

b．フッ化黒鉛・リチウム電池

電池構成：$(-)$ Li|LiX＋有機溶媒|$(CF)_n$ $(+)$

フッ化黒鉛 $((CF_x)_n)$ を正極活物質に使用したリチウム電池は，1971 年に松下電池工業が実用化した世界初の民生用量販リチウム電池である．電池記号は BR を使用している．電池電圧は 2.8 V で平坦である．二酸化マンガン・リチウム電池と比較して，フッ化黒鉛電池は放電電圧が若干低く高負荷性能が若干低いが，電圧平坦性と長

期作動・保存に信頼性があり，メモリバック電源などに使用されている．フッ化黒鉛はフッ素ガスと炭素との直接反応で得られる層間化合物の一種で化学式 $(CF_x)_n$ で表され，電池用には $x=1$ 付近の $(CF)_n$ が使用されている．電池反応を式(11.2.10)に示す．放電すると，$(CF)_n$ にリチウムが挿入された中間体を経て，最終的には放電生成物として炭素と LiF が生成する．導電性が高い炭素が生成するので，内部抵抗の上昇は抑制され放電電圧が安定している．円筒形電池のほか，コイン形，ピン形もある．電池構造は二酸化マンガン・リチウム電池と同様である．

$$n\mathrm{Li} + (\mathrm{CF})_n \longrightarrow (\mathrm{CFLi})_n \longrightarrow n\mathrm{LiF} + n\mathrm{C} \qquad (11.2.10)$$

c. 塩化チオニル・リチウム電池

電池構成：$(-)\,\mathrm{Li}|\mathrm{LiAlCl_4} + \mathrm{SOCl_2}|\mathrm{SOCl_2}, \mathrm{C}\,(+)$

塩化チオニル・リチウム電池は，軍用に1970年代に開発された．民生用電池は1980年代に実用化された．塩化チオニル($SOCl_2$)は液体正極であり(融点は$-104.5℃$，沸点は77℃)，電解液溶媒も兼ねている．$SOCl_2$の分解を防ぐため脱水して用いる．公称電圧は3.6 Vと高く，放電電圧は平坦である．液体正極を使用しているためエネルギー密度は非常に大きく，単3電池(2 Ah)で約1000 WH/lを示す．電池反応を式(11.2.11)に示す．液体である塩化チオニルがLi金属負極とつねに接触しているにもかかわらず自己放電が小さい理由は，Li負極上に生成するLiClが保護膜として機能するためである．電池の長期保存後は保護膜を破壊して放電するため，電圧が一瞬下がる現象が起こる．この電圧遅延現象を抑制するため，ポリ塩化ビニルのような添加剤が使用されている．この電池はメモリバックアップなどの用途に使用されている．

$$4\mathrm{Li} + 2\mathrm{SOCl_2} \longrightarrow 4\mathrm{LiCl} + \mathrm{SO_2} + \mathrm{S} \qquad (11.2.11)$$

〔蔦島真一〕

文　献

1) 電池便覧編集委員会編：電池便覧，第3版，丸善(2001)
2) 稲田国昭：電池の歴史と今後の可能性，電学誌，**123**, 6, p.358 (2003)
3) 前田睦宏：ニッケル乾電池，電気化学会電池技術委員会資料，15-6 (2003)
4) 山本賢太：ニッケル乾電池「ZR」の開発，スイッチング電源・バッテリーシステムシンポジウム予稿集，F6-2-1, 日本能率協会 (2003)

11.3 二 次 電 池

充電できる電池を二次電池といい，鉛蓄電池，ニッケル-カドミウム二次電池，ニッケル-水素二次電池，リチウムイオン電池がすでに実用化されている．また，研究開発段階の二次電池には，新材料を電極に用いたリチウムイオン電池や金属-空気二次電池，ナトリウム-硫黄電池，レドックスフロー電池などがある．ここでは，これらの二次電池のうち鉛蓄電池およびリチウムイオン電池，ナトリウム-硫黄電池，

レドックスフロー電池について紹介する．

11.3.1 鉛 蓄 電 池

鉛蓄電池は，1860年のフランスのプランテ(Planté)による発明以来140年を経過後も二次電池として多く用いられ，現在では通信用電源をはじめ，自動車のスタータ用や非常用電源(unit power supply：UPS)を中心にさまざまな用途で使用されている．また近年では，エネルギー効率面や環境・資源面から，電力貯蔵用や電気自動車用などに用いられている．これは，鉛蓄電池が長年の使用実績に基づく高い信頼性を有し，大電流放電が可能で，ほかの電池に比べて安価であるという特徴による．しかし，エネルギー密度は30〜40 Wh/kgで，ほかの二次電池に比べ低く，また充放電寿命も短い．図11.3.1に鉛蓄電池の放電曲線の一例を示す．

鉛蓄電池は電解液に硫酸水溶液を用い，充電すると，放電時に両電極面に生成した硫酸鉛($PbSO_4$)がしだいになくなり，正極では酸化鉛(PbO_2)が，負極では鉛(Pb)が生成する．充電時の電気化学反応は以下のとおりである．

$$\text{正極} \quad PbSO_4 + 2H_2O \longrightarrow PbO_2 + 4H^+ + SO_4^{2-} + 2e^- \tag{11.3.1}$$

$$\text{負極} \quad PbSO_4 + 2e^- \longrightarrow Pb + SO_4^{2-} \tag{11.3.2}$$

電池の全反応は

$$2PbSO_4 + 2H_2O \longrightarrow Pb + PbO_2 + 4H^+ + 2SO_4^{2-} \tag{11.3.3}$$

である．

ここではこのように簡単な反応として紹介したが，実際は$PbSO_4$からの電解液中へのPb^{2+}の溶出を含む複雑な反応が生じているものと考えられている．

放電は上記の電気化学反応が逆に進行し，正極のPbO_2が$PbSO_4$に，負極のPbが$PbSO_4$になる．

電気化学反応式から明らかなように，電解液中の硫酸($4H^+ + 2SO_4^{2-}$)は放電によ

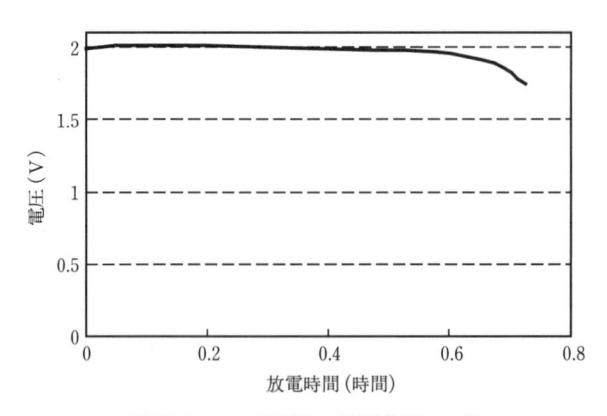

図11.3.1 鉛蓄電池の放電曲線の一例

り消費され，満充電時の電解液硫酸濃度が最も高く，放電の進行とともに硫酸濃度は低下する．硫酸水溶液の比重は水より大きいので，電解液の比重測定により電池の充電状況を知ることができる．

放電により両電極に生成する$PbSO_4$は電子伝導性およびイオン伝導性がほとんどなく，電極が$PbSO_4$の膜で覆われると電気化学反応の進行が妨げられる．つまり，放電が進行するにつれ両電極の$PbSO_4$が増加し，電池の内部抵抗が増加し，放電しにくくなる．このような理由で，鉛蓄電池は過放電に弱いので注意が必要である．

電圧は約2Vであり，ほかの水溶液系電解液を用いた二次電池に比べ高い．水溶液系電解液を用いた二次電池では一般に水の電気分解のため，電圧は約1.2V以上にはできないが，鉛蓄電池では正極のPbO_2および負極Pb上での酸素および水素発生の速度が遅いため，2Vという高い電圧が達成されている．

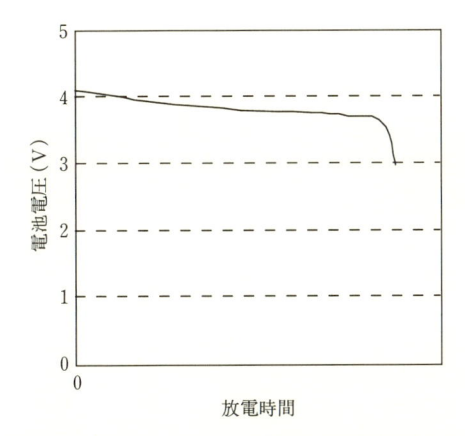

11.3.2 リチウムイオン電池

リチウムイオン電池は，携帯電話やノートパソコン，ビデオカメラ，デジタルカメラなどの携帯機器に広く使用されている．エネルギー密度は130〜140 Wh/kgで，実用化された二次電池のなかで最も大きい．しかしその反面，可燃性有機溶媒を電解液に用いているため，発火などの安全面での対策が必要で，過充電などを防止する保護回路と併せて使用されている．リチウムイオン電池の原形は，負極に金属リチウムを用いたリチウム二次電池であり，1987年にカナダの会社から販売された．しかし，この電池は1989年夏に安全面で事故が発生し，販売停止となった．安全性を改善した電池として，リチウムイオン電池の商品化報道が1990年2月に株式会社ソニー・エナジー・テックからあり，現在広く使用されるに至っている．図11.3.2にリチウムイオン電池の放電曲線の一例を示す．

図11.3.2 リチウムイオン電池の放電曲線の一例

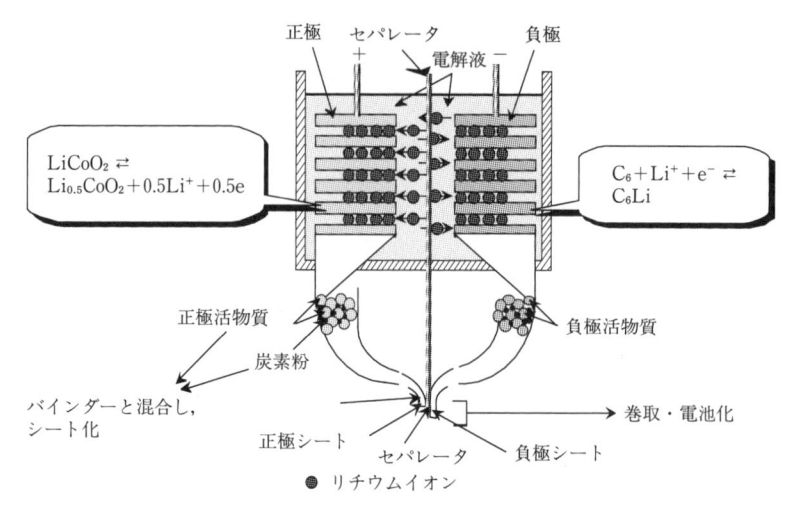

図 11.3.3 リチウムイオン電池の動作原理

　市販のリチウムイオン電池は，図 11.3.3 に示すように，正極活物質には $LiCoO_2$ が，負極活物質には炭素 (C_6) が使用されている．電解液には有機溶媒に $LiPF_6$ を溶かした溶液が用いられる．電解液中では $LiPF_6$ はイオンに解離し，Li^+ と PF_6^- とになる．このうち電気化学反応に必要なのは，Li^+ である．充電のときの反応は，正極と電解液の接する部分では次の電気化学反応が生じる．

$$LiCoO_2 \longrightarrow Li_{0.5}CoO_2 + 0.5Li^+ + 0.5\,e \qquad (11.3.4)$$

Li^+ は電解液中に溶け出し，電子 (e) は充電装置へ流れる．正極は $LiCoO_2$ から $Li_{0.5}CoO_2$ へと変化していく．$LiCoO_2$ からはもっと多くの Li を引き抜くことができるが，電位上昇による電解液の分解が起きたり，正極が分解しやすくなるため，実用上は式 (11.3.4) に示したように Li の引き抜き量は 0.5 Li にとどめてある．

　負極と電解液の接する部分では次の電気化学反応が生じる．

$$C_6 + Li^+ + e \longrightarrow LiC_6 \qquad (11.3.5)$$

Li^+ は電解液中から負極中に挿入され，電子 (e) は充電装置から流れ込む．負極は C_6 から LiC_6 へと変化していく．

　電池の全反応は

$$2LiCoO_2 + C_6 \longrightarrow 2Li_{0.5}CoO_2 + LiC_6 \qquad (11.3.6)$$

である．

　放電時には充電時と逆の反応が起こる．見方を変えると，リチウムイオン電池の作動機構は簡単で，Li^+ が正極と負極の間を行ったり来たりして，充電と放電が行われているといえる．

　実際の電池では，できるだけ小さな体積で電池を構成する必要があり，100〜200

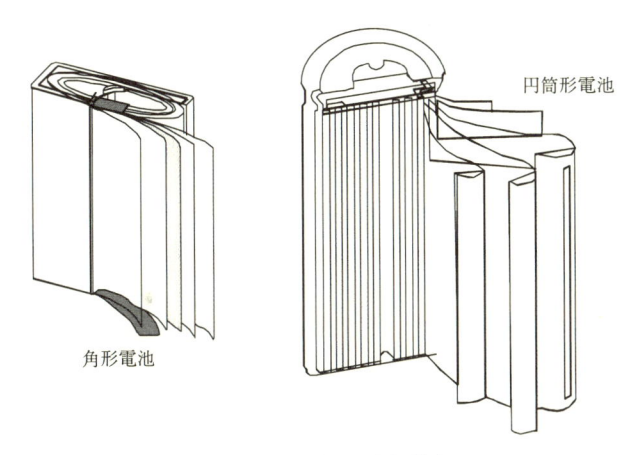

図11.3.4 電池の内部構造

μm ほどの薄い正極および負極をセパレータを介して円筒状あるいは角形に巻いて構成されている（図11.3.4）．セパレータは 100〜10 nm の小さな孔があいたポリエチレン製のシートで，厚みは 25 μm 程度である．正極と負極のショートを防ぐために用いられ，電解液が含浸されている．

リチウムイオン電池の電圧は高いので，水溶液の電解液を用いると電気分解が生じて使えない．そこで，先ほど述べた電気分解が生じない有機溶媒電解液が用いられる．しかしながら，負極の電位が非常に低いので，有機溶媒電解液といえども還元され分解する．しかし，電解液の還元生成物が負極表面に堆積し，保護膜を形成するため実質上分解しない．この保護膜は Li^+ イオンは通すが，電子は通さないため，電解液の還元分解が抑制されると考えられる．還元反応は保護膜により完全に抑制されるわけではなく，年のスケールでは，反応が進行する．反応が進行すると，先に説明したように LiC_6 から Li^+ が出ていくので放電が進行し，電池の容量が減少する（自己放電）ので問題である．また，Li^+ が消費されるので，充電しても容量は回復しない．また，保護膜形成により限られた量しか存在しない Li^+ が消費されるのも問題である（負極の不可逆容量の低減）．還元反応しやすい化合物を電解液に添加し，保護膜を変化させて還元反応を抑制したり，不可逆容量を低減する試みも盛んに研究されている．また，リチウムイオン電池の安全性にも保護膜は大きくかかわっている．

11.3.3 ナトリウム-硫黄電池

ナトリウム-硫黄電池（Na-S 電池）は，正極に硫黄（S）を，負極にナトリウム（Na）を用い，β アルミナで正極と負極を隔離した構造を有し，300℃程度の高温で作動する電池である．この電池は 1967 年に Ford 社の研究者により提案され，長い開発の歴史をもっている．高温作動型電池であるため，断熱容器とヒータが必要で，電池の

大型化が避けられない．そのため，携帯機器には使用されず，夜間の安い電力を貯蔵し昼間に使用する電力平準化（ロードレベリング）用の大容量電池として用いられる．単電池の電圧は約 2V であるため，多数の単電池を直列に接続して使用される．

Na-S 電池に用いる β アルミナは，Na イオン導電性を有し固体電解質として作用する．放電時には，高温で液体となっている負極の Na が消費され，正極で他硫化ナトリウム（Na_2S_x）が形成される．放電時の電気化学反応は以下のとおりである．

$$正極 \quad xS + 2Na^+ + 2e^- \longrightarrow Na_2S_x \quad\quad (11.3.7)$$

$$負極 \quad Na + 2e^- \longrightarrow Na^+ + e^- \quad\quad (11.3.8)$$

電池の全反応は

$$xS + 2Na \longrightarrow Na_2S_x \quad\quad (11.3.9)$$

である．

一般に Na_2S_x は液体であり，x はさまざまな値をとるが，式(11.3.7)の反応が進行して Na_2S_3 となると固体となるため，放電は Na_2S_3 が生成する前に停止する（$x >$ 3）．x の増加につれ電圧は 2.05 V から 1.8 V までなだらかに低下するため，放電終止電圧を規定することで Na_2S_3 の生成を防止することができる．

充電持には上記の電気化学反応が逆に進行し，正極の Na_2S_x が S になり，負極にNa が戻る．

図 11.3.5 に電池の構造の一例を示す．β アルミナは円筒状で内部に Na が，外部に S が充てんされている．

このように，正極および負極の物質は液体であるため，β アルミナによって隔てられているが，β アルミナにひびが入るなどの損傷が生じると，液体の Na_2S_x と Naが直接反応し大事故につながる危険性がある．そのため，β アルミナ管の内壁に安全

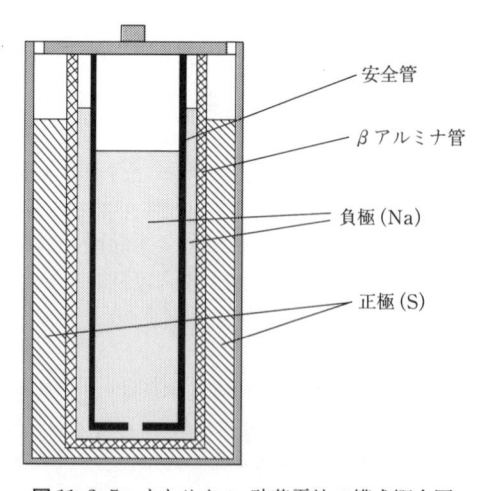

図 11.3.5 ナトリウム-硫黄電池の構成概念図

管を挿入し，多量の Na が一度に反応しないような工夫もされている (図 11.3.5).

11.3.4 レドックスフロー電池

レドックスフロー電池は，電気化学反応を起こす物質を電解液に溶解させ，これらを貯蔵タンクからポンプで電池の正極および負極を経由して循環させる構造の電池である．電解液中の物質が酸化還元されることからレドックスという名前が，また電解液を循環させることからフローという名前が付いている．大きなタンクとポンプが必要であるため，小型電池には適さず，大容量の電力平準化（ロードレベリング）用として用いられる．現在多くの研究実用化が行われているレドックスフロー電池は，バナジウムの酸化還元を用いた系であり，その起源は 1984 年の Kazacos の研究にさかのぼる．

この電池の原理を図 11.3.6 に示す．充電時には，正極タンクの硫酸水溶液中の V^{4+} がポンプで正極に流れ，V^{5+} になり正極タンクに戻る．これが連続して行われるため，しだいに正極タンクの硫酸水溶液中の V^{4+} は V^{5+} となる．同様に，負極タンク硫酸水溶液中の V^{3+} がポンプで負極に流れ，しだいに負極タンクの硫酸水溶液中の V^{3+} は V^{2+} となる．充電時の電気化学反応は以下のとおりである ($VOSO_4$ が V^{4+}，$(VO_2)_2SO_4$ が V^{5+}，$V_2(SO_4)_3$ が V^{3+}，VSO_4 が V^{2+} である)．

$$\text{正極} \quad 2VOSO_4 + 2H_2O \longrightarrow (VO_2)_2SO_4 + H_2SO_4 + 2H^+ + 2e^- \quad (11.3.10)$$

$$\text{負極} \quad V_2(SO_4)_3 + 2H^+ + 2e^- \longrightarrow 2VSO_4 + H_2SO_4 \quad (11.3.11)$$

電池の全反応は

$$2VOSO_4 + 2H_2O + V_2(SO_4)_3 \longrightarrow (VO_2)_2SO_4 + 2H_2SO_4 + 2VSO_4 \quad (11.3.12)$$

である．単電池の電圧は約 1.4 V であるため，図 11.3.6 では単電池の構成を示したが，実際は多数の単電池を直列に接続した構成になっている．

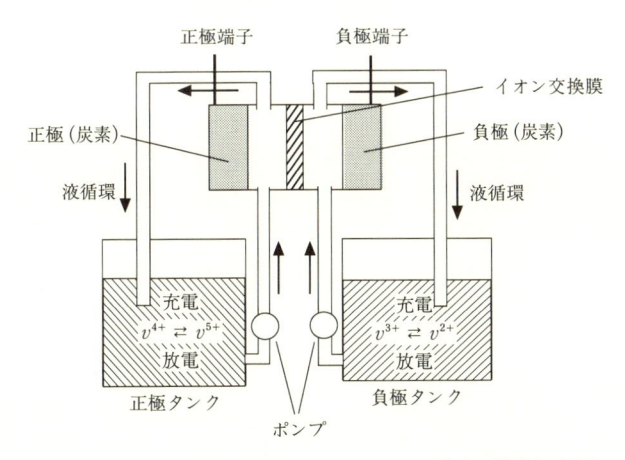

図 11.3.6 バナジウム系レドックスフロー電池の構成概念図

放電持には上記の電気化学反応が逆に進行し,正極タンクではV^{5+}がV^{4+}となり,負極タンクではV^{2+}はV^{3+}となる.

このようなバナジウム系レドックスフロー電池は,ポンプの運転で電力を必要とすることや設置面積が大きくなるという問題があるが,安価で安全性が高く今後が期待できる電池である.

〔山木準一〕

文　献

1) 電池便覧編集委員会編:電池便覧,第3版,丸善(2001)

11.4　燃　料　電　池

11.4.1　燃料電池総論

燃料電池では,天然ガスやメタノールなどの燃料をまず改質器で水素を主成分とするガスに改質し,それを燃料電池本体(セル)の燃料極(アノード,電池としては負極)に送る.もう一方の空気極(酸素極;カソード,電池としては正極)には,空気を送る.アノードで燃料の酸化が,カソードで空気中の酸素の還元が同時に進行し,外部に電気エネルギーを取り出すことができる.この電気エネルギーは直流なので,必要に応じてインバータにより交流に変換する.マイクロ燃料電池では水素の代わりにメタノールを直接の燃料として用いることがある.

水素を燃料とする場合の電池反応は,プロトン伝導性の電解質を用いた場合,次式で表される.

$$\text{燃料極(アノード,負極)}: H_2(g) \longrightarrow 2H^+(aq) + 2e^- \quad (11.4.1)$$

$$\text{酸素極(カソード,正極)}: \frac{1}{2}O_2(g) + 2H^+(aq) + 2e^- \longrightarrow H_2O(l) \quad (11.4.2)$$

$$\text{全反応}: H_2(g) + \frac{1}{2}O_2(g) \longrightarrow H_2O(l) \quad (11.4.3)$$

全反応は水素と酸素から水が生成する反応である.図11.4.1に101.3 kPa,25℃において,水が1モル生成する場合のエネルギー変化を示す.水の生成に伴う結合の組替えに基づくエネルギー変化(エンタルピー変化:ΔH^0) 286 kJのうち,237 kJが原理的に仕事として取り出しうるエネルギー(ギブズエネルギー変化:ΔG^0)であり,残り49 kJは粒子の集合状態の変化に伴うエネルギー変化(絶対温度×エントロピー変化:$T\Delta S^0$)で熱エネルギーとなる.従来の内燃機関では,燃料を燃焼させ化学エネルギーを熱エネルギーにいったん変換したのち,電気エネルギーを産出するので,カルノー効率の制約を受け,低温での作動はエネルギー変換効率の大きな低下を招く.それに対して,電池ではカルノー効率の制約を受けず,原理的にはΔG^0を直接,電気エネルギーとして取り出しうるため,低温での作動においても理論効率は下がらず,むしろ有利となる.たとえば,水素酸素燃料電池では,$\Delta G(T)^0/\Delta H^0$ (298 K)

で定義される理論発電効率は25℃で83%と高い値をもつ．これが高効率エネルギー変換システムとして燃料電池が期待される所以である．

炭素および水素の大気環境における安定化学種は，酸化状態の二酸化炭素および水であるから，種々の炭化水素は燃料電池の燃料となりうる．表11.4.1に燃料電池の燃料の候補となりうる物質の酸化反応と，101.3 kPa, 25℃における熱化学データおよび燃料電池で得られる理論起電力，理論効率を示す．いずれの燃料もセル電圧は1V程度であるが，電気エネルギーへの変換効率の多くは90%以上であり，室温のシステムとして，非常に高い値である．

各種燃料電池の性能比較を図11.4.2に示す．溶融炭酸塩形燃料電池MCFC，固体

$$H_2(g)\ 1\ mol + O_2(g)\frac{1}{2}\ mol$$

$\Delta H°$ −286 kJ 全エネルギー変化

$\Delta G°$ −237 kJ 仕事として取り出しうるエネルギー変化

$T\Delta S°$ −49 kJ 取り出せないエネルギー変化

$H_2O(l)\ 1\ mol$

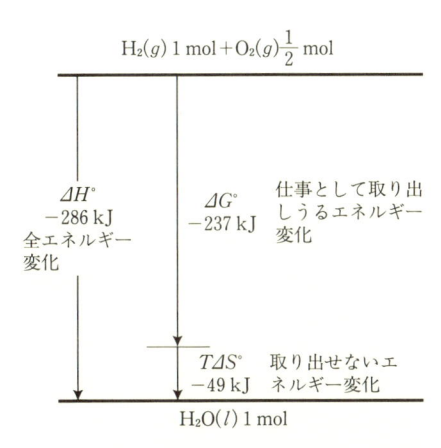

図11.4.1 反応に伴うエンタルピー変化，ギブズエネルギー変化，エントロピー変化の関係（数値は25℃の標準状態）

表11.4.1 各種燃料の酸化反応・理論標準起電力 U^0・理論効率（25℃）

燃料	酸化反応	ΔH^0 (kJ/mol)	ΔG^0 (kJ/mol)	U^0 (V)	理論効率 (%)
水素	$H_2(g) + \frac{1}{2}O_2(g) \rightarrow H_2O(l)$	−286	−237	1.23	83
メタン	$CH_4(g) + 2O_2(g) \rightarrow CO_2(g) + 2H_2O(l)$	−890	−817	1.06	92
一酸化炭素	$CO(g) + \frac{1}{2}O_2(g) \rightarrow CO_2(g)$	−283	−257	1.33	91
炭素（グラファイト）	$C(s) + O_2(g) \rightarrow CO_2(g)$	−394	−394	1.02	100
メタノール	$CH_3OH(l) + \frac{3}{2}O_2(g) \rightarrow CO_2(g) + 2H_2O(l)$	−727	−703	1.21	97
ヒドラジン	$N_2H_4(l) + O_2(g) \rightarrow N_2(g) + 2H_2O(l)$	−622	−623	1.61	100
アンモニア	$NH_3(g) + \frac{3}{4}O_2(g) \rightarrow \frac{3}{2}H_2O(l) + \frac{1}{2}N_2(g)$	−383	−339	1.17	89
ジメチルエーテル	$CH_3OCH_3(g) + 3O_2(g) \rightarrow 2CO_2(g) + 3H_2O(l)$	−1460	−1390	1.20	95

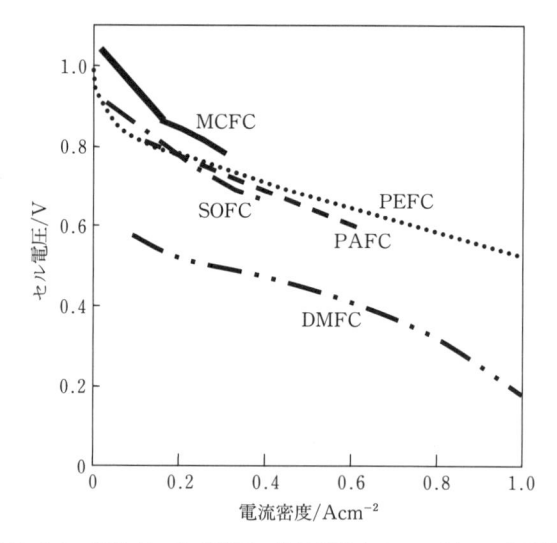

図 11.4.2 天然ガス改質模擬，燃料利用率 70～80％での各種燃料電池の性能比較（ただし，DMFC はメタノール-Air）

　高分子形燃料電池 PEFC，リン酸形燃料電池 PAFC，固体酸化物形燃料電池 SOFC については，それぞれの燃料電池システムに対応した天然ガス改質模擬条件，直接メタノール形燃料電池 DMFC についてはメタノール-空気での電流-電圧特性である．DMFC 以外の燃料電池については，発電効率の比較とみることができる．常温作動の PEFC，DMFC は，熱力学的には約 1.2 V の最も高い理論電圧をもつ．しかし，空気極の電位をみても常温では酸素還元反応の非可逆性に加え，特に DMFC については燃料のクロスオーバーにより酸素還元反応と燃料の酸化反応の混成電位となり，電位が下がる．理論電位 1.2 V に対し，PEFC で約 1 V 程度，DMFC では約 0.7 V 程度となっていると考えられる．PAFC, MCFC, SOFC についてはほぼ理論電圧を観測することができるが，PAFC では開路電圧時の高電位部分で材料の腐食が激しくなるため，システムの運用でこれを避けている．MCFC の開路電圧は約 1.05 V，SOFC は約 0.95 V である．

　それぞれの電流-電圧特性を比較すると，MCFC は高い電圧を示すが，比較的傾きが急で高電流密度では電圧が低下する．MCFC の現状の定格点 (0.15 A/cm^2) では，セル電圧が約 0.9 V と最も高く発電効率の高い燃料電池である．しかし，電解質板の厚さが約 1 mm と最も厚いため，イオン抵抗が大きく高電流密度，高出力密度の運転には工夫が必要である．SOFC の電解質は 30～40 μm と薄くすることができるが，熱力学的な開路電圧が低いため，燃料電池単体ではそれほど高い発電効率は得られない．一方，PAFC，PEFC などの低温型燃料電池は，低電流密度域での電圧低下が著しい．これは，電極/電解質界面での酸素還元反応の電荷移動過程における過電圧が

主と考えられる．これらの燃料電池，特に PEFC は電解質が薄くイオン抵抗が小さいため，高電流密度，高出力密度の運転が可能である．DMFC は改質器なしで直接発電を行う燃料電池であるため，改質器が不可欠の PEFC や PAFC と直接比較することはできないが，メタノールを製造する過程の効率損失も見逃すわけにはいかない．この燃料電池は，効率を追求するシステムよりも利便性を優先するシステムに向いていると考えられる．

11.4.2　リン酸形燃料電池 (phosphoric acid fuel cell：PAFC)

濃厚リン酸水溶液を電解質に用いる燃料電池で，200℃付近で運転される．電極反応はプロトン伝導性電解質を用いた場合の，式(11.4.1)および式(11.4.2)の反応である．PTFE (テフロン) で撥水性を付与したカーボン製多孔質支持層と多孔質触媒層からなるガス拡散構造をとる．触媒層は電極触媒としてカーボンブラック担体に白金に遷移金属が添加されたものを用い，PTFE バインダで結着させて撥水性をもったシートとする．電解質の濃厚リン酸は，炭化ケイ素微粒子を少量の PTFE で結着させたリン酸マトリックスに含浸させた電解質板が用いられる．電池構造体としては，高温の酸に接する部分では金属の使用ができないので，炭素系の黒鉛製セパレータがおもに用いられている．PAFC 単セルの電圧は 0.75 V 程度であるので，積層し燃料電池スタックとすることにより出力電圧を高めるとともに空間利用効率を上げている．燃料電池スタックはセパレータ，電極，電解質板，電極の順で順次積層されている[1]．

濃厚リン酸を用いているので 200℃ での運転が可能である．そのため電流密度も高くなり，300〜400 mA/cm² での運転が可能となっている[1]．現在の開発としては，数十 kW から 200 kW クラスが多く試験されている[2]．

11.4.3　溶融炭酸塩形燃料電池 (molten carbonate fuel cell：MCFC)

MCFC は電解質として炭酸リチウム (Li_2CO_3)，炭酸カリウム (K_2CO_3)，炭酸ナトリウム (Na_2CO_3) のアルカリ炭酸塩を用いる型の燃料電池である．図 11.4.3 に溶融炭酸塩形燃料電池 (MCFC) 本体の基本構成を示す．電解質板はリチウムアルミネートの多孔質板に電解質である溶融炭酸塩が含浸されており，電解質板の両側に，リチウムが数% ドープされた酸化ニッケル系の多孔質電極である空気極 (カソード) およびニッケル系の微粉末を還元雰囲気で焼結した多孔質電極である燃料極 (アノード) が配置されている．電極はステンレス製のセパレータに保持されており，電極へのガス供給および集電を行う．MCFC の電極反応は式(11.4.4)および式(11.4.5)である．空気極で酸素と二酸化炭素が反応し，炭酸イオンを生成する．

$$\frac{1}{2}O_2 + CO_2 + 2e^- \longrightarrow CO_3^{2-} \qquad (11.4.4)$$

炭酸イオンは電解質板内を移動し，燃料極で水素と反応して水と二酸化炭素を生成

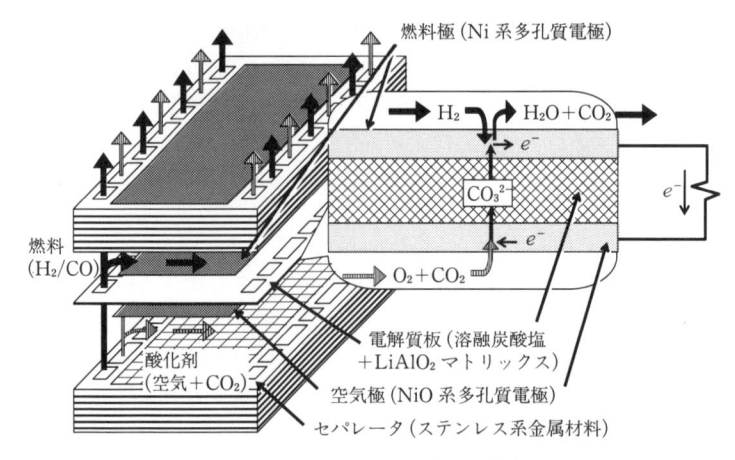

図 11.4.3 MCFC の原理と構成

する．

$$H_2 + CO_3^{2-} \longrightarrow H_2O + CO_2 + 2e^- \qquad (11.4.5)$$

式 (11.4.4), (11.4.5) の全反応は水素の燃焼反応となる．

$$H_2 + \frac{1}{2}O_2 \longrightarrow H_2O \qquad (11.4.6)$$

水素-酸素形燃料電池の電解質には，水素種あるいは酸素種がイオンとして伝導することが必要である．高温動作が可能な溶融塩のうち，酸素を含むアニオンをもつ例として硫酸塩，硝酸塩，炭酸塩などがあげられるが，硫酸塩や硝酸塩での式 (11.4.4) に相当する反応では硫黄酸化物や窒素酸化物が必要となる．天然ガス，石油，石炭などの1次エネルギーには炭素が含まれており，燃料電池システムの排ガスから炭酸ガスを供給することは容易である．また，硫黄酸化物や窒素酸化物と比較して環境負荷も低いことから，これらの溶融塩の中では炭酸塩が最適と考えられる．

Li_2CO_3, Na_2CO_3, K_2CO_3 の単塩の中では Li_2CO_3 の融点が 726℃ で最も低く，Na_2CO_3, K_2CO_3 の順で高くなる．混合塩では Li_2CO_3-Na_2CO_3, Li_2CO_3-K_2CO_3, Li_2CO_3-Na_2CO_3-K_2CO_3 で共晶組成が存在し，それぞれの融点は，496℃，488℃，397℃である[3),4)]．電解質の組成は融点，イオン伝導性，ガス溶解度，および電極をはじめ構成材料に対する腐食性などを考慮して選択される．おもに融点の観点から，2元系あるいは3元系共晶塩付近の組成が用いられることが多い．これまでは Li_2CO_3-K_2CO_3 がモル比で 62/38 で混合した2元系の炭酸塩が用いられていたが，1990年代後半より，Li/K よりもイオン伝導度が高く，カソードである NiO の溶出を抑える効果などから Li/Na 系の塩に移行している．

MCFC とほかの燃料電池を比較した場合，次のような特徴を有する．
① 燃料電池の中で最も高いセル電圧が得られ，最も高いエネルギー変換効率が期

待できる．
② 高温作動型（約650℃）のため，白金のような高価な貴金属触媒が不要である．
③ 排熱を利用したボトミングサイクルの利用により，電気エネルギーへの変換効率がさらに高まる．
④ 温度が高く，燃料の内部改質が可能で，廃熱を改質反応に有効利用しやすい．
⑤ 酸素極に供給された炭酸ガスが燃料極側に移動することを利用し，CO_2の濃縮ができる．
⑥ 高温作動のため，CO被毒の問題がないこと，電池内でシフト平衡$CO+H_2O=H_2+CO_2$が成立しているため，水素生成を通じて間接的にCOを燃料とすることができるため，石炭ガスをはじめ多種の燃料に対応できる．
⑦ 高温で材料の安定性に問題があるので，材料の耐久性が問題となる．

11.4.4 固体酸化物形燃料電池 (solid oxide fuel cell：SOFC)

酸素イオン伝導性のある安定化ジルコニアセラミックス電解質を用いる800〜1000℃で運転される超高温燃料電池である．ZrO_2の安定化材としてはイットリア(Y_2O_3)などが用いられる．アノードにはニッケル・ジルコニウムサーメット，カソードにはペロブスカイト型酸化物のランタンマンガナイトが用いられることが多い．MCFCと比較してもさらに高温動作のため，天然ガスなどの燃料を直接供給する内部改質を容易に行うことができる．ZrO_2はO^{2-}伝導体であるため

空気極上での反応は
$$1/2 O_2 + 2e^- \longrightarrow O^{2-} \qquad (11.4.7)$$

燃料極上での反応は
$$H_2 + O^{2-} \longrightarrow H_2O + 2e^- \qquad (11.4.8)$$

の反応となる．

大きく分けて平板型と円筒型がある．米国を中心として開発中の円筒型のものは高い出力密度が得られ，ガスタービンのトッピングサイクルとしての活用が期待されている．平板型の大きな課題は，高温での固相/固相界面での熱膨張率をはじめとする熱的性質を一致させることである．この点でのシール剤を含めて，適当な材料は見いだされていない．さらに，この程度の温度になると，金属材料は使いにくく，使用される材料の制約が強い．また，固体中でも物質移動が有限の早さで起こる温度であり，長時間での材料の変化は考えておかなくてはいけない点である[5]．

11.4.5 固体高分子形燃料電池 (polymer electrolyte fuel cell：PEFC)

米国で開発されたフッ素樹脂系のイオン交換膜であるナフィオンは，現在では食塩電解用のイオン交換膜としてなくてはならないものとなっているが，当初の開発はGemini計画の燃料電池用電解質をターゲットとして行われた．1965年のGeminiに搭載された燃料電池にはポリスチレンスルホン酸膜が採用されたが，より化学的，熱

的に安定な膜として，1966年DuPont社よりパーフルオロカーボンスルホン酸膜(商品名Nafion)として商用化された[6]．宇宙用は，その後開発の進んだアルカリ形燃料電池に取って代わられている．

1989年ごろにパーフルオロカーボンスルホン酸膜の一種であるDow膜を用いた燃料電池が，電流密度$1 A/cm^2$以上での運転が可能であることがわかり，常温で高出力の得られる燃料電池として脚光を浴びるようになった．このDow社製の膜は，Nafionと同様な構造をとっているが，側鎖が短く，イオン交換容量が大きい[7]．

PEFCの電極触媒層は炭素系の担体に白金触媒を分散させたものであり，高価な白金量を少なくして高出力を維持することが開発課題となっている．空気極の白金量が$0.2 mg/cm^2$で$0.6 W/cm^2$の出力が得られるようになっている[8]．

PEFCの電極反応はプロトン伝導性電解質を用いた場合の，式(11.4.1)および式(11.4.2)の反応である．ほかの燃料電池に対する利点をまとめると以下のようになる．

① 低温作動であるため起動，停止が容易であり，さらに理論電圧，理論変換効率が高い．構造材料についても選択の幅が広い．

② イオン交換膜は柔軟な固体電解質である．液相が存在しないのでセル構造の縦型など柔軟な設計が可能であり，シール材などの制約が少なく，組立てが容易である．

③ 高出力密度が得られる．イオン交換膜/電極界面では三相界面の制御により電流を多く取り出すことができる．自動車用燃料電池を考えたとき，当初はこの点も問題になると考えられていたが，現在では目標は達せられている．

この電池は優れた性質を有しているが，以下のような問題点もある．

① 水素(燃料)のクロスオーバー：水素がアノード側から電解質膜を透過してカソード側に到達するため(これを水素のクロスオーバーと呼ぶ)，カソードの電位が下がり，開回路電圧が低下する．

② カソード過電圧：セルの電圧降下のうち，特にカソード過電圧による寄与が大きい．カソード触媒として現在はPtが用いられているが，酸素還元反応をすみやかに進行させることはできない．

③ アノード過電圧：アノードにも触媒としてPtが用いられている．純水素を燃料とする場合は，アノード過電圧は問題にならない．しかし，燃料中にCOが混入する場合，COがPt表面に吸着し被覆するため，水素酸化触媒として働かなくなる(CO被毒と呼ぶ)．燃料の改質プロセスにおいて，COの生成は避けられず，改質燃料中のCO濃度を10 ppm以下まで低減させる必要がある．

④ 電解質抵抗と水分管理：現在用いられているパーフルオロスルホン酸系イオン交換膜は含水状態でのみ良好なプロトン伝導性を示すため，通常は加湿し，かつ水分管理を適切に行う必要がある．

⑤ コストおよび資源量：現状ではセパレータと電解質膜のコストが大きく，移動

用・定置用電源として既存のシステムとの競合が困難である.さらに,電極触媒としてPtを主体とする貴金属の利用もコスト増をもたらす.また,自動車への利用を考えた場合,その使用量はばく大であり,資源量が深刻な問題となる.

11.4.6 直接メタノール形燃料電池 (direct methanol fuel cell:DMFC)

多くの燃料電池の燃料は水素である.しかし,水素は体積エネルギー密度を高くすることが困難であり,水素脆性の問題などから貯蔵技術が十分に確立されていないことなどから,液体燃料で作動する燃料電池への要求は大きい.メタノールは各種燃料の中で水素の次に電気化学的に活性な物質であり,メタノールを直接電極で酸化するタイプを直接形メタノール燃料電池 (DMFC) と呼ぶ.DMFCは液体燃料を改質器なしで直接利用できる利点があり,電気自動車用電源やポータブル電源として期待されている.

メタノールの電気化学的な酸化反応は古くから研究されており,燃料極の活性が低く,また酸化反応の中間体による触媒の被毒により,電極活性が維持できないことが問題である.下記にDMFCの電極反応を示す.

空気極

$$\frac{3}{2}O_2 + 6H^+ + 6e^- \longrightarrow 3H_2O \tag{11.4.9}$$

燃料極

$$CH_3OH + H_2O \longrightarrow 6H^+ + CO_2 + 6e^- \tag{11.4.10}$$

式 (11.4.10) はメタノールが完全に酸化される反応であるが,中間生成物としてHCHOやHCOOHも生成する.また,電解質膜として用いられるパーフルオロカーボンスルホン酸膜をメタノールが透過して空気極の電極触媒上で燃焼して空気極の電位を下げるとともに,燃料が消費されるクロスオーバーも重要な課題である.

耐被毒性のメタノール酸化触媒としてPt-Ru系触媒などが開発され,メタノールのクロスオーバーの対策として,Nafion®中のメタノール透過度の評価[9]や,メタノール透過度の低い膜[10],メタノール透過度の低減と電極反応活性の向上を図る高温動作膜[11]の開発が進められている.

現状では加圧,100℃前後の運転条件において高い性能が得られている.メタノール-酸素系のDMFCでは,0.8 A/cm²負荷時に0.46 V (0.37 W/cm²),メタノール-空気系では0.8 A/cm²負荷時に0.32 V (0.26 W/cm²)程度の出力が報告されている[12].

11.4.7 アルカリ型燃料電池

アルカリ燃料電池 (alkaline fuel cell:AFC) はアルカリを電解質とした燃料電池であり,アポロ,スペースシャトルなどの宇宙の用途にはAFCが用いられている.

一般的に電解質として30〜35%の水酸化カリウム水溶液が用いられ,電極反応は以下のとおりである.

空気極

$$\frac{1}{2}O_2 + H_2O + 2e^- \longrightarrow 2OH^- \qquad (11.4.11)$$

燃料極

$$H_2 + 2OH^- \longrightarrow 2H_2O + 2e^- \qquad (11.4.12)$$

アルカリ水溶液を電解質に用いるため，常温作動型の燃料電池の中でも酸性溶液に比べて材料の選択が容易である．電極触媒として必ずしも白金を必要とせず，空気極には銀，水素極にはニッケル触媒などが用いられることから，最も低コスト化が容易な燃料電池である．スペースシャトル用のAFCは$470\,\text{mA/cm}^2$の負荷時に$0.86\,\text{V}$のセル電圧が得られており，常温作動においても高電圧，高出力密度が得られる．これは，アルカリ電解質が酸性電解質と比較して酸素還元反応が進みやすいため，過電圧が小さいことに起因する．大きな欠点としてはアルカリ電解質が二酸化炭素と反応すると炭酸塩となるので，空気極に空気を供給すると，電解質が劣化して性能が低下することにある[13]．　　　　　　　　　　　　　　　　　　　　　〔太田健一郎〕

文　献

1) 笛木和雄，高橋正雄監修：燃料電池設計技術，p.134，サイエンスフォーラム(1987)
2) 日本における燃料電池の開発2001，p.45，燃料電池開発情報センター(2001)
3) G. J. Janz and M. R. Lorenz : *J. Chem. Eng. Data*, **6**, 321 (1961)
4) 小島敏勝，宮崎義憲，柳田昌宏，谷本一美，奥山博信，児玉皓雄，棚瀬繁雄：電気化学，**59**, 247 (1973)
5) 笛木和雄，高橋正雄監修：燃料電池設計技術，p.212，サイエンスフォーラム(1987)
6) 笛木和雄，高橋正雄監修：燃料電池設計技術，p.100，サイエンスフォーラム(1987)
7) S. Savadogo : *J. New. Mat. Electrochem. Systems*, **1**, 47 (1998)
8) Fuel Cell Hand Book, 5th ed., U. S. Department of Energy, Office of Fossil Energy, National Energy Technology Laboratory, pp. 3-5 (2000)
9) X. Ren, T. E. Springer, T. A. Zawodzinski and S. Gottesfeld : *J. Electrochem. Soc.*, **147**, 446 (2000)
10) E. Peled, T. Duvdevani, A. Aharon and A. Melman : *J. Electrochem. Soc.*, **147**, 525 (2000).
11) C. Hasiotis, L. Qingfeng, V. Deimede, J. K. Kallitsis, C. G. Kontoyannis and N. J. Bjerrum : *J. Electrochem. Soc.*, **148**, A513 (2001)
12) Fuel Cell Hand Book, 5th ed., U. S. Department of Energy, Office of Fossil Energy, National Energy Technology Laboratory, pp. 3-12 (2000)
13) W. M. Vogel and J. T. Lundquist : *J. Electrochem Soc.*, **117**, 1512 (1970)

索　引

ア　行

Ir 錯体　477
ICP　606
アイソレーション　599
ITRS　259
IDT　514
IBAD 法　435
アインシュタインの関係　39, 42
アクセプタ　18, 461
アクセプタ準位　18
アクチュエータ応用　624
アステロイド曲線　407
圧延磁気異方性　74
圧電　607
圧電効果　458
圧電材料　610
圧電体　458
厚みすべり振動　498
圧力変調分光法　134
アノード反応　627
アポフェリチン　214
アモルファス　380
アモルファス合金　372, 389
アモルファス薄帯　384
アモルファスワイヤ　389
RSFQ 論理回路　450
RF MEMS　597
アルカリ形燃料電池　663
アルカリマンガン乾電池　642, 644
RKKY 相互作用　380
α ヘリックス　542
アレニウス型の関数　122
アロットプロット　151
安定化ジルコニア　512
アンバイポーラ拡散　94
アンプ共有　339

EIA　538
EL ディスプレイ　300
イオノフォア　519
イオン化不純物散乱　25, 91
イオン感応物質　516
イオンセンサ　515
イオン選択性電極　516
イオン注入　206
イオン伝導体　629
イオン導電性　512
イオン半径　129
イオンビーム改質　206
イオンビームミキシング　206
イオン分極　121
E-k 曲線　13
異種成長　186
異常ホール効果　154
移相器　603
位相整合　57
位置合わせ　212
1 塩基多型　527

一軸磁気異方性　374
1 軸性結晶　54
一次電池　640
一重項　63
一方向性異方性　376
一方向性凝固　556
イットリウム系線材　435
遺伝子診断　530
移動度　7, 10, 24, 252, 256
イメージインテンシファイアー　137, 333
インクジェット法　184, 479
インサーションロス　599
印刷法　183
インダクタ　605
インターライン転送型　332
インパクトイオン　334
インプレインスイッチングモード　495
インライン型　570

ヴィーデマン-フランツ則　92
ウエットプロセス　474
渦電流　119
宇宙用太陽電池　324
ウムクラップ過程　85, 86
埋め込みフォトダイオード　338

索引

エア・エアレス 180
エアスプレー法 179
エアレススプレー法 180
永久磁石材料 73
永久双極子能率 122
HIT 太陽電池 320
HEMT 242
HSQ 204
HOMO 63
H-会合体 64
HBT 246
AFM 220
液晶 304, 491
液晶ディスプレイ 305
液体イオン源 206
液体ヘリウム 117
SIL 403
SAW 606
SAW ガスセンサ 513
SAW 発振回路 514
SNOM 220
SnO_2 511
SFQ 集積回路 454
SFQ 論理ゲート 453
SMA アクチュエータ 625
SMD 499
SOI 260
SOS モデル 177
SQUID 顕微鏡 160
SQUID 磁力計 147
SCE 型 311
STM 220
STM-IETS 224
SPR 538
SPM 220
SPM 加工 220
s-偏光 47
X 線 MCD 160
X 線蛍光分析 169
X 線光電子分光 169
X 線トポグラフ 167

X 線反射率 165
XY アドレス式 328
エッチング 206
AT-CUT 498
ATP 合成酵素 509
NSOM 220
n 型素子 558
n 型半導体 17
n 値 233
Nb_3Sn 線材 433
Nb-Ti 線材 432
エネルギーギャップ 59
エネルギーバンド 59
エネルギーバンドモデル 33
エネルギーフロー 565
エネルギー密度 632, 650, 651
エバネッセント光 539
エバネッセント場 50
エピタキシー 178
エピタキシャル 186
エピタキシャル成長 187
FinFET 261
Fe 基ナノ結晶薄膜 381, 384
FET 459
FM 検出法 225
FGM 素子 563
FDTD 法 359
F ナンバー 330
エミッタ 237
エミッタクラウディング効果 247
エミッタ接地回路 240
エミッタ微分抵抗 249
MIS 型 311
MIS ダイオード 229, 234
MIS トランジスタ 242
MIM 型 310
MRI 438

MRAM 371, 377, 383, 405
MR ヘッド 395
MES-FET 242, 251
MEMS 高周波スイッチ 598
MEMS マイクロプローブ 573
MHEMT 255
MAMOS 402
MFM 159
MOS 構造 234
MOS トランジスタ 242, 256
MOCVD 法 324
MOD-FET 242
MOVPE 192
MCE 成長 190
MCD 413
MgB_2 線材 433
MBE 法 193, 324
LED 364
LNG 冷熱 557
LB 膜 195, 503
L 膜 194
LUMO 63
エレクトロリフレクタンス効果 138
塩化チオニル 649
円偏光放射光 160

凹版印刷 184
応力テンソル 106
応力誘起磁気異方性 74
オキシ水酸化ニッケル 645
オージェ電子分光法 165
オーソドックス理論 267
オーパル 361
オフセットグラビア法 181
オーミックな電流 39

索　引　　　　　　　　　　　　　667

オーム損　632
オームの法則　7, 10, 26, 37
音響フォノン散乱　25
音響フォノン変形ポテンシャル散乱　91
音響モード　81
オンデマンド型　185
温度計　118, 119
温度特性　295

カ　行

外因性半導体　17, 18, 22
会合体　64
開口率　330
階段接合　245
回転異方性　380
回転検光子法　156
回転モータ　618
外部量子効率　477
開放電圧　315
界面異方性　376
界面分極　121, 126
化学エネルギー　627, 656
化学(的)気相成長法　173, 202, 429
化学成長法　191
化学増幅型ネガレジスト　204
化学増幅型ポジレジスト　204
化学ポテンシャル　5
角運動量　67
核形成　178
角形比　393
拡散定数　232
拡散電流　28, 39, 231
拡散容量　251
核磁気共鳴　150
確率密度　285

確率密度分布　284
確率流密度　281, 283, 284, 285
化合物半導体　293
重ね精度　212
過剰雑音　334
カスケード型　564
カスケードモジュール　554
カソード反応　627
カソードルミネッセンス　166
画素内 A/D 変換　344
活性化過電圧　632, 636, 638
活性層　291
過電圧　632
カーテンコーティング　179
価電子帯　1
価電子帯不連続　250
荷電ソリトン　465
可動電極　617
可燃性ガス　512
カプセル内視鏡　351
可変回折格子　590
可変キャパシタ　605
可変減衰器　594
可変光フィルタ　296
カーボン系ガス　207
カーボンナノチューブ　272
ガラス転移温度　208, 209
カラーフィルタ　332
カラム A/D 変換　344
カラム型　561
カリックスアレン　204
Karlqvist の式　394
カールソンプロセス　485
感光体　485
干渉　279

干渉縞　288
干渉露光　361
間接遷移半導体　17
完全転送　333
完全導電性　417
カンチレバー　275, 528, 574
カンチレバーアレー　577
乾電池　640
感熱記録　481, 487
緩和時間近似　8, 87

機械的原子・分子操作　221
機械的微細加工　221
基質特異性　533
擬似的な熱平衡状態　35
寄生容量　261
気相成長　173
擬弾性効果　621
軌道各運動量　67
希土類-鉄族遷移金属アモルファス合金膜　398
キネシン　509
疑フェルミ準位　29, 39
基本単位格子　101
基本波発振　499
基本並進ベクトル　100
逆圧電効果　458, 608
逆オーパル　361
逆光電子分光　170
逆方向バイアス　231
逆方向飽和電流　232
ギャップエネルギー　426
ギャップパラメータ　425
キャピラリー電気泳動チップ　524
キャリヤ移動度　469
キャリヤ散乱　85
キャリヤによる熱伝導率　89

索引

キャリヤ濃度　116
キャリヤ輸送層　474
嗅覚しきい値　499
吸着　498
Q値　499
キュリー温度　151, 373, 399, 414
キュリー-ワイス則　414
境界条件　282
強磁性　68, 70
強磁性体　146
強誘電体　458
局在準位　170
局在プラズモン　297
局所電場　53
曲線因子　315, 471
極低温　117
巨視的電場　53
巨大磁気抵抗効果　380, 396
許容帯　1, 279
距離画像センサ　350
銀塩写真法　482
禁制帯　1, 11, 279, 292
近接昇華法　324
近接場光学顕微鏡　220
近接場光学手法　297
金属系超伝導体　444
金属系超伝導薄膜　430
金属リチウム　651
ギンツブルグ-ランダウコヒーレント長　423

空間電荷制限電流　36, 37, 39
空間電荷電界　32
空間電荷分極　121, 126
空間光変調　590
空間分解能　169
空気電池　640, 646
空帯　11

空乏状態　234
空乏層　231
空乏領域　231
クエンチ　119
くし形静電アクチュエータ　617
屈折と反射　47
屈折率　46
屈折率楕円体　54
クヌードセンセル　200
クーパー対　424
クラウジス-モソッティーの式　53
グラジュアルチャネル近似　252
クラスレート型化合物　100
クラッデイング法　410
グラニュラー　383
グラビアコーティング　181
クラマース-クローニッヒの関係　130
グルコース　533
グルコースオキシダーゼ　533
グルコースバイオセンサ　534
クレッチマン配置　539
グレッツェルセル　326
クロスインジェクション　524
クロスオーバー　663
クロスニコル法　155
クローニッヒ-ペニーモデル　278
クーロン引力　41
クーロンエネルギー　267
クーロンギャップ　266
クーロン振動　267
クーロンダイアモンド特性　270

クーロンブロッケード効果　265
クーロンブロッケード領域　267

蛍光　64, 514
形状記憶効果　620
形状記憶合金　620
形状磁気異方性　74, 373
形態・構造分析　163
形態不安定性　177
k空間　13
血液分析カートリッジ　529
結合距離　381
結合性軌道　62
結晶化温度　389
結晶系　101
結晶欠陥　167
結晶磁気異方性　72, 374
結晶磁気異方性定数　374
結晶シリコン太陽電池　317
結晶粒間の交換相互作用　381
KTCノイズ　337
ゲート　241
gate-all-around　262
ゲート長　257
ゲート電圧　267
ゲート容量　266
限界拡散電流　638
減磁界　394
原子間力顕微鏡　164, 220, 275
原子層エピタキシー法　191
原子分解能顕微鏡機能　222
原子分解能識別・判別機能

索 引

222
原子分解能操作機能 222
原子分子操作・組立 222
原子・分子の科学と技術の時代 225
元素分析 168

高アスペクトパターン 211
広域X線吸収微細構造解析 168
高移動度トランジスタ 251
高温作動型電池 653
高温超伝導体 445
光学遅延 158
光学遅延変調法 158
光学変調 590
光学補償複屈折モード 495
光学モード 81
交換電流密度 636
高感度マイクロ磁気センサ 389
高機能・超低消費電力メモリ 408
合金散乱 85
抗原 537
抗原-抗体反応 537
抗原特異性 537
交互積層型 462
交互積層法 197
交差指電極 514
格子 100
光子ショットノイズ 330
格子振動 59, 77
格子整合系 245
硬磁性材料 77
硬質磁性 383
格子定数 283
格子点 100

格子比熱 82
格子不整合系 187
合成法 173
剛性率 109
酵素 532
酵素固定化膜 534
酵素センサ 533
酵素標識 538
酵素免疫測定法 538
抗体 532, 537
高電子移動度トランジスタ 242
光電変換素子 470
孔版印刷 184
交番力磁力計 149
高分解能X線回折法 165
高分子発光材料 477
高分子分散液晶 489
光変調分光法 134
高誘電体材料 262
高誘電率材料 458
交流ジョセフソン効果 448
交流バイアス法 392
コーシーの式 53
固相成長 174
固体高分子形燃料電池 657, 661
固体酸化物形燃料電池 661
固体電解質 512
固定電極 617
コヒーレンス長 57
コプレーナ 599
固有ジョセフソン接合 452
コレクタ 237
コレクティング電圧 125
コレステリック液晶 493
コロナ帯電 485

サ 行

サイクロイド法 180
再結合電流 233
最大温度差 551
最大電圧値 552
最大電流値 552
最大発振周波数 250, 254
サイドゲート 275
差周波発生 55
雑音指数 254
サブストレイト型 323
サブスレッショルド係数 260
サブスレッショルド領域 346
サーマルヘッド 487
サーモトロピック液晶 305, 491
酸化・還元標識 527
酸化チタン細線 275
酸化物半導体 511
酸化膜狭窄構造 295
3次元造形法 185
3次元ナノ構造 206
3次元マイクロ構造 590
三斜晶 101
三重項 63
三重項励起子 475
残像 339
3段階法 325
サンドイッチ法 538
三方晶 101
散乱機構 25
散乱行列法 360
残留磁場 119

CIS太陽電池 325
J-会合体 64
JJマイクロプロセッサー 455

CNT 型 FED　308
GMR ヘッド　396
CMOS イメージセンサ　328
GL 理論　422
CO 被毒　662
磁化　146
紫外光硬化樹脂　208
磁界中冷却効果　74
磁化曲線　75, 76, 150, 154, 393
磁化測定　146
時間領域有限差分法　359
しきい値電圧　260
磁気異方性　70, 72, 150, 152, 373
磁気異方性エネルギー　373
磁気インピーダンス効果　388, 391
磁気円二色性　160
磁気記録　383
磁気光学カー効果　155
磁気光学効果　155
磁気交換相互作用　462
磁気センサ　387
色素増感(型)太陽電池　317, 471
色素膜　514
磁気弾性エネルギー　377
磁気超解像　402
磁気抵抗効果　154, 395
磁気電導現象　154
磁気天秤　149
磁気トルク　152
磁気付随現象　154
磁気分極　146
磁気ヘッド　380
磁気モーメント　69, 146
磁気ランダムアクセスメモリ　371

磁気力顕微鏡　159
磁区　75, 377
磁区拡大再生　402
磁区観察　159
磁区構造　76
磁区幅　379
自己形成量子ドット　298
自己検出型カンチレバー　581
自己集合　213, 214
自己集積化　216
自己集積化能　215
自己組織化　214
自己組織化膜　196, 505
自己放電　653
GCMC 法　501
脂質膜　499
CCD イメージセンサ　328
支持ばね構造　618
GC 法固定相　499
シースルー太陽電池　322
ジスルフィド結合　544
磁性材料　68
磁性流体　385
自然放出　62, 292
磁束量子　423
湿式太陽電池　325
質量エネルギー密度　632
質量負荷効果　498
自動車排熱利用　570
磁場侵入長　421
自発磁化　70, 146, 373
自発分極　458
磁場変調法　134
C-V 特性　236
磁壁　75, 377
磁壁エネルギー密度　379
磁壁ピニング　383
縞状磁区　380
島領域　266
弱結合解析　280

弱結合近似　281, 282, 283
遮断状態　272
シャピロステップ　449
斜方晶　101
周期性重量物昇降機　622
周期ポテンシャル　278
集束イオンビーム　206
集束イオンビーム励起反応　207
充電電流　120
周波数シフト　225
周波数変調検出法　225
充満帯　11
縮退　256
縮約エネルギー　425
受信用超伝導バンドパスフィルタ　442
シュードモルフィック　245, 254
腫瘍(癌)マーカ　530
シュレーディンガー方程式　2, 278
準安定合金　389
巡回型 A/D 変換器　345
準周期フォトニック結晶　363
純粋ずれ　105
順方向バイアス　231
蒸気圧　119
晶系　101
常磁性　70
少数キャリヤ　18
少数キャリヤ連続の方程式　30
脂溶性アニオン添加剤　518
状態分析　170
状態密度　4
状態密度有効質量　19
蒸着重合法　201
蒸着法　325, 429

索　引

焦電性　459
情報の記録　480
触針式表面粗さ計　164
触針法　164
ジョセフソン効果　447
ジョセフソンコンピュータ　452
ジョセフソン接合　446
ショットキー接合　229, 470
ショットキー電流　36, 40
シリコン微粒子　276
磁力計　146
C_{60}　463
磁歪現象　375
磁歪定数　377
真空紫外光電子分光　170
真空蒸着法　199, 201
真空のインピーダンス　47
深準位過渡分光　170
真性キャリヤ濃度　21
真性伝導　13
真性半導体　18, 19
振動試料型磁力計　146
振動偏光子法　155

水晶　173
水晶振動子ガスセンサ　498, 513
水素結合　542, 543
垂直記録方式　395
垂直磁気異方性　373, 379, 400
垂直磁気記録媒体　383
垂直操作　225
水熱　173
水平操作　225
スクッテルダイト型構造　100
スケーリング則　257
スケルトン型　562
スケルトン構造　550
スタッキング相互作用　542
ステップアンドリピート　204
ステップグレード法　188
ステンシル　578
ストークスシフト　64
ストライプ磁区構造　379
ストリークカメラ　141
ストレスモジュレータ　134
スネルの法則　47
スパイク状突起　385
スーパーストレイト型　321
スーパーツイストネマチックモード　495
スパッタリング法　163, 429
スーパープリズム　366
スピン　67, 70
スピンエレクトロニクス　380, 383
スピン角運動量　67
スピン・軌道相互作用　68
スピンコート法　194, 474
スピン状態密度　383
スピンデバイス　405
Spindt 型 FED　308
スピンバルブ構造　377
スピン分極率　383
スピン偏極走査型電子顕微鏡　159
スプレーコーティング　179
スムーズインパクト駆動機構　612
スメクチック液晶　494
sliding　225
スルフォン酸　478

スループット　205, 211
スレーター–ポーリング曲線　380
ずれ弾性率　109
ずれ変形　104

正孔　15
正孔電流　28
正常過程　85, 86
静水圧　109
成績係数　552
生体超分子　214
生体分子　532
成長誘導磁気異方性　74
静電　598
静電アクチュエータ　615
静電エネルギー　264
静電コーティング法　180
静電的相互作用　543
静電レゾネータ　607
性能指数　99, 552, 553
生物化学的酸素消費量　537
正方晶　101
整流特性　230
積層型アクチュエータ　610
積分型 A/D 変換器　344
セグメント型素子　563
絶縁基板付きモジュール　562
絶縁体　31, 457
絶縁抵抗　115
絶縁破壊電圧　457
接合型電界効果トランジスタ　242
接触抵抗　113, 115
絶対的識別・判別　224
ゼーベック係数　88, 94
ゼーベック効果　95, 557
セルフアッセンブリー

214
セルマイヤーの式　53
セルロース　499
セレン化法　325
遷移過程　62
遷移金属　68
遷移元素　68
線形感受率　55
線欠陥　364
センシング　497
センス部　274
潜像　482
選択スパッタリング　166
センダスト　372, 380

相関二重サンプリング処理　340
双極子相互作用　375
双極子分極　121
双極子モーメント　53
相互コンダクタンス　244, 249
走査型トンネル顕微鏡　203, 220, 573
走査型光近接場顕微鏡用カンチレバー　576
走査型プローブ顕微鏡　220
走査型レーザー顕微鏡　159
走査電子顕微鏡　165
走査トンネル顕微鏡　165
走査露光　361
層弾性圧縮率　111
増幅型画素デバイス　329
相補型インバータ　272
相補形MOS　244
速度オーバーシュート現象　27
束縛エネルギー　60
ソース　241

疎水性相互作用　544
ソース・ドレイン　257
組成傾斜　247
組成傾斜法　188
その場診断　529
ソフトコピー　481
ソフト磁性材料　77
ソフトリセット　337
ソフトリソグラフィ　208
ソリトン　465
ゾーンホールディング　81
ゾーンメルト法　556

タ 行

帯域溶融法　172
第1種超伝導体　419
ダイオキシン対策　565
ダイオード　229
大規模集積回路　256
対称因子　634
体心格子　101
対数応答方式　346
体積エネルギー密度　632
体積弾性率　110
ダイナミックレンジ　331
第2種超伝導体　419
ダイニン　509
耐放射線性　324
Time-of-Flight法　129
太陽光エネルギー　312
太陽電池　312
ダイレクタ　491
楕円率　157
多重トンネル接合容量　272
多重反射(繰り返し反射)干渉法　164
多数キャリヤ　18
多接合(タンデム)太陽電池　324

多層構造　283
多層膜　49
脱分極　120
縦型オーバーフロードレイン　333
縦磁気光学効果　159
縦モード　81
多波長集積光源　296
ターフェルの式　636
ダブルゲート　261
ダブルスリット干渉　277
単位格子　100
単一欠陥　363
単一磁区　383
単一磁区構造　378
単一磁束量子素子　453
単一電子・相補型インバータ　271
単一電子トランジスタ　265
単一電子メモリ　272, 275
単結晶シリコン太陽電池　317
単原子インデンテーション　225
単原子のスクラッチング　225
単斜晶　101
短縮表現　107
単純格子　101
単純ずれ　105
弾性コンプライアンス　107
弾性スティッフネス　105
弾性テンソル　105
弾性表面波デバイス　609, 614
弾性表面波モータ　614
短チャネル効果　260
短絡光電流密度　315

遅延制御 367
逐次比較器 345
蓄積状態 234
蓄積容量制御方式 347
チタンサファイアレーザーアンプシステム 137
チタン酸ジルコン酸鉛 609
窒化アルミ 563
中間相 491
中性ソリトン 465
鋳造(キャスト)法 321
中非熱平衡電子 286
超音波振動子 608
超音波モータ 613
超急冷法 384
超格子構造 167
超格子熱電素子 561
超常磁性 70, 385
超弾性効果 621
超伝導材料 428
超伝導電流 447
超伝導配線 438
超伝導バンドパスフィルタ 441
超伝導フィルタ 440
超伝導マグネット 117, 119, 443
超伝導量子干渉素子 147
超伝導量子干渉デバイス 449
超微細加工 203
直接遷移 293
直接遷移半導体 17
直接メタノール形燃料電池 658, 663
チョクラルスキー法 172
チョッパ型比較器 345

ツイストネマチックモード 495
ツイストボール 489
通常ホール効果 154
通電状態 272

DNA 506, 541
DNAシーケンシング 524
DNA測定 530
DNAチップ 525
DNAプローブ 525
DNAマイクロアレイ 525
DMD 590
TOF法 350
抵抗率 7, 457
定在波 279
定常応答測定系 500
底心格子 102
ディスコチック液晶 494
ディスプレイ 589, 590
低速イオン散乱分光 169
DWDD 402
ディップコーティング 179
DDS 531
TTF-TCNQ 461
定電圧源 114
定電流源 114
低分子系発光材料 476
低誘電率材料 457
ディレクタ 110
デオキシリボ核酸 506
テクスチャ構造 319
鉄族元素 68
デバイモデル 81
デポジション 206
デュロン-プティの法則 83
デュワー 117
テーラコーン 206
テーラーメード医療 531

$\Delta\Sigma$変調法 513
転位 245
電界効果移動度 469
電界効果トランジスタ 241, 469
電解重合法 198
電荷移動量 462
電界放射ディスプレイ 308
電荷計 275
電荷振り分け 350
電荷分離 516
電気泳動 524
電気エネルギー 627
電気化学検出方式DNAチップ 527
電気化学式ガスセンサ 512
電気化学システム 627
電気化学デバイス 627
電気化学反応 650, 651, 652, 654, 655
電気化学平衡 627
電気化学ポテンシャル 88, 627
電気感受率 45
電気機械変換効率 613
電気光学効果 55
電気抵抗 113
電気的原子・分子操作 221
電気的微細加工 221
電気伝導率 89, 94
電気二重層 126
電極分極 126
電傾効果 496
点欠陥 366
電子エネルギー損失分光 170
電子写真法 484
電子授受体 535

電子親和力 244
電子スピン共鳴 168
電子線ホログラフィー 159
電子伝導体 629
電子電流 28
電子の平均自由行程 169
電子波 277
電子波干渉パターン 287
電子波デバイス 276, 277
電子ビーム 203
電子ビームリソグラフィ 206
電子ビーム露光技術 204
電子プローブ微小部分析 169
電子分極 121
電子ペーパー 488, 489
転写 485
電子輸送 32
転送行列法 360
テンソル 103
電着コーティング 183
伝導帯 1
伝導帯不連続 250
デンドリマー 477
電場変調分光法 138
電流増幅率 240
電流伝送率 239
電流密度 7, 88
電流利得遮断周波数 250, 254

等エネルギー面 3
透過確率 285
透過型近接場顕微鏡 159
透過係数 48
透過電子顕微鏡 165
透過率 48
導電性高分子 471
導電性ポリマー 459, 464
導電率 7
導電率有効質量 19
等方体 107
透明導電膜 324
独立電子近似 277
都市廃棄物 564
凸版印刷 183
トップダウン法 203, 213
ドナー 17, 461, 485, 487
ドナー準位 18
ドーピング 17
トムソン係数 97
トムソン効果 95, 97
トムソンの関係式 97
ドライエッチング 360
ドライプロセス 474
トラップ準位 36, 38
トランジスタ 229
トランスジューサ 497
トランスファー積分 460
ドリフト速度 7, 9, 24
ドリフト電流 28, 231
トルク測定 152
ドルーデモデル 7, 54
ドレイン 241
ドレイン電流 267
トンネル効果 43
トンネルスピンデバイス 405
トンネル接合 265
トンネル電流 43
トンネル容量 265

ナ 行

内蔵電位 231
内蔵電界 247
内部電位 628
長手記録 394
ナチュラルロールコーティング 181
ナトリウム-硫黄電池 653
ナトリウムイオン選択性電極 520
ナノインプリント 208
ナノエレクトロニクス 257
ナノギャップ電極 528
ナノ空間 207
ナノクリスタル効果 382
ナノ結晶 381, 384
ナノ磁性微粒子 385
ナノドットフローティングゲート型メモリ 216
ナノバイオエレクトロニクス 527
ナノピアノ 577
ナノピラー 527
ナノプロセス 203
ナノポア 528
鉛蓄電池 650
軟磁気特性 380
軟磁性材料 77
軟磁性薄膜 380

におい分子 498
ニオブ酸リチウム 609, 614
2次イオン質量分析法 166
2軸性結晶 54
2次元結晶化 217
2次元電子ガス 242, 252
二重スリット 287, 288
二重バリア 286
2重ヘテロ構造 292
二重露光方式 347
二段階成長法 188
ニッケル乾電池 645
ニッケルマンガン乾電池 645
2DEG 252

索　引

2流体理論　420

ねじれ　111
熱アシスト磁気記録　403
熱エネルギー　267, 656
熱回収　571
熱可塑性樹脂　209
熱型　351
熱荷体　559
熱起電力　114, 116
熱刺激電流　123
熱取得　561
熱接触　118
熱速度　24
熱弾性型マルテンサイト変態　621
熱的安定性　397
熱電効果　95
熱電子放出　34
熱電対　120
熱伝導率　118
　キャリヤによる――　89
熱電発電　97
熱電発電システム　558
熱電発電モジュール　557
熱電半導体　549
熱ナノインプリント　212
熱放出　561
熱揺らぎ　412
熱流密度　88
熱励起トンネリング　466
ネマチック液晶　491
ネール磁壁　377
ネルンスト拡散層　637
ネルンストの式　630, 632
燃費改善率　571

ノイズ　114, 115
ノイズキャンセル回路　340
能動画素数　328

濃度過電圧　632, 638
ノックオン　166

ハ行

バイアス磁化特性　377
バイアススパッタ　361
パイエルス転移　463
バイオナノプロセス　213, 216
バイオミネラリゼーション　216, 508
廃棄物焼却炉　566
配向金属基板法　436
配向秩序度　493
配向分極　126
排熱利用熱電発電　557
ハイブリダイゼーション　526
ハイブリッド太陽電池　323
バイポーラトランジスタ　237
バイポーラロン　465
バイモルフアクチュエータ　609
パウリの原理　68
バクテリオロドプシン　507
薄膜インダクタ　380
薄膜化技術　428
薄膜型素子　561
薄膜トランス　380
波長可変レーザ　296
波長チューニング　367
波長分割多重光通信システム　296
発光・作用スペクトル測定法　141
発光層　474
発光測定法　141

発光ダイオード　299
発生力　616
発電のエネルギー変換効率　98
発電用熱電素子　560
バッファ層　188
波動関数　283
ハードコピー　481
ハード磁性材料　77
ハードディスク　619
バトラー–フォルマーの式　636
ハードリセット　337
バナジウム　655
ハバードモデル　462
バビネソレイユ板　158
ハーフスケルトン型　563
ハーフスケルトン構造　550
パーフルオロカーボンスルホン酸膜　662
バブル磁区　379
パーマロイ　372, 380
パームセレクティビティ　518
波面　286, 287
バリアブルレンジホッピング　466
バリスティック（弾道的）な伝導　467
バルク型素子　561
バルク結晶　436
バルクマイクロマシニング　593, 599
パルスレーザ蒸着法　429
パルスレーザ成長法　191
ハロゲン化銀　482
反強磁性　70
半金属　383
反結合性軌道　62
反磁界　150, 373, 377, 394

反磁界係数 150
反磁性 67
反射確率 285
反射・吸収分光法 130
反射係数 48
反射防止膜 319
反射率 48
反転状態 236
反転層 236
バンド 1
半導体 10
半導体ガスセンサ 511
半導体反射鏡 295
半導体融着 361
半導体レーザ 291
バンド構造 12
バンドパスフィルタ 441
バンド理論 10
反応性イオンエッチング法 210, 321
半満帯 11

pin 接合 322
Bi-Te 系 554
PEM 158
BEDT-TTF 459
PHEMT 254
BSR 構造 319
BSF 構造 319
BSD 型 310
ピエゾ電気分極 255
pn 接合 229, 314
pn 接合ダイオード 230
PMMA 209
BOD 537
BOD センサ 537
p 型素子 558
p 型半導体 17
光インタコネクション 294
光 MEMS 589

光演算素子 55
光起電力 314
光起電力効果 314
光吸収係数 316
光クロスコネクト 593
光硬化樹脂 211
光硬化(UV)ナノインプリント 211, 212
光磁気記録 383, 398
光自己収束現象 55
光スイッチ 367
光スイッチング 593
光整流 55
光増幅 291
光第 2 高調波発生 56
光弾性変調器 158
光電荷生成層 487
光伝導 144
光伝導性 485
光電流 314
光導電性 470
光導波路 364
光ナノインプリント 208, 212
光の強度 47
光ファイバ 365
光ファイバ通信 291
光偏向方式 528
光マイクロマシン 296
光メモリ 55
引き上げ法 172
引き抜き法磁力計 147
非基本単位格子 101
非局所理論 421
微結晶シリコン太陽電池 322
飛行時間差 170
BCS 理論 424
BCF 理論 177
PC スラブ 359
微小角入射 X 線回折 165

微小管 509
微小カンチレバー 580
微小共振器 366
微小光学 589
ヒステリシス曲線 77
ヒステリシスループ 393
ビスマス系線材 434
ひずみ 245
ひずみ Si 256
ひずみ Si 技術 263
ひずみテンソル 103
微生物センサ 536
非接触 AFM 223
PZT 609
非線形感受率 55
非線形光学結晶 55
非線形光学効果 55
非弾性トンネル分光法 224
ビッター法 386
引張応力 256
PDMS 208
ヒートパイプ 569
非熱平衡電子 276, 277
非熱平衡電子波 277
非破壊分析 163
PBG 356
p-偏光 47
非放物線特性 283, 286
表面異方性 376
表面プラズモン 539
表面プラズモン共鳴 538
表面マイクロマシニング 593
非冷却 351
広がり 111
ピンチオフ 243

ファイバ 362
ファウラー–ノルドハイムの式 44

索引　677

ファセット成長　190
ファブリペロー共振器レーザ　293
ファラデー効果　155
ファラデーセル法　156
ファラデーの法則　629
ファンデルワールス相互作用　543
VLSI　257
VCSEL　364
フィックの法則　637
フィールド　204
フィルファクター　315
フェリシアン化カリウム　536
フェリ磁性体　72
フェリチン　214, 508
フェルミエネルギー　4
フェルミ準位　6, 628
フェルミ積分　91
フェルミ速度　4
フェルミーディラックの分布関数　5, 19, 34
フェルミ統計分布　38
フェロセン　536
フォトニック結晶　297, 355
フォトニックバンド　355, 356, 359
フォトニックバンドギャップ　355
フォトリソグラフィ　526
フォトルミネッセンス　166
フォノン　77
フォノン散乱機構　84
フォノン-フォノン散乱　85
不完全殻　67
複素誘電率　50
フッ化黒鉛　648

pushing　225
物理蒸着法　201
物理的成長法　191
浮遊拡散層　337
プライマー処理　194
プラズマCVD法　322
プラズマ重合法　202
プラズマ周波数　54
プラズマディスプレイパネル　306
プラズモン　539
ブラッグ反射　280
フラットパネルディスプレイ　299
フラットバンド状態　234
ブラベー格子　103
フランクの弾性定数　110
フランツ-ケルディッシュ効果　138
フーリエ変換　289
フーリエ変換赤外分光　170
ブリッジマン法　556
フリップフロップSFQ回路　453
ブリュアンゾーン　356
pulling　225
フルカラー有機ELディスプレイ　304
ブルースター角　49
プールフレンケル型伝導　43
フレンケル励起子　61
フローコーティング　179
ブロッホ型波動関数　283
ブロッホ関数　277, 278, 286
ブロッホ磁壁　377, 379
フローティングゲートメモリ　218
プローブ顕微鏡　159

分割比　273
分極　45, 120
分極率　53
分散関係　283
分散($E-k$)関係式　278
分散曲線　59
分散制御　367
分子エレクトロニクス　467
分子軌道　62
分子コンピューティング　507
分子性導体　459
分子線エピタキシー　173
分子線法　191, 193
分子動力学シミュレーション　178
分子ナノテクノロジー　467
分子認識材料　532
分子認識能　532
分析技術　160
粉体コーティング　181
分配係数　499
分布関数　83
分布帰還型　364
分布定数回路　605
粉末スプレー法　181
分離型　569

閉殻　67
閉ギャップ型アクチュエータ　616
平均確率密度　281, 283, 285
平衡形と成長形　176
平板印刷　184
平面型　561
平面波　46
平面波展開法　359
ヘキサゴナル構造　494

ベクトル走査　204
ベース　237
βアルミナ　654
βシート　542
ヘッド位置決め　619
ヘテロ接合　244
ヘテロ接合バイポーラトランジスタ　246
ヘテロpn接合　471
ペプチド核酸　546
ペプチドリボ核酸　546
ペルチ(ティ)エ効果　95, 550
ペルチエ素子　549
ペルティエ係数　88
偏光解析法　133, 165
変調ドープ形トランジスタ　242
変調ドープ構造　252

ポアソン比　109
ホイスラー合金　383
ポイントビーム露光　205
方向性配列　375
放電電流　120
放物線近似　282, 283, 285, 286
放物線特性　281
飽和磁化状態　393
保護膜　653
補償温度　400
ポストアニール法　431
ホットエレクトロン　26
ホッピング　33, 466
ホッピングモデル　33
ボトムアップ　213
ボトムアップナノテクノロジー　214
ホモエピタキシャル成長　186
ポーラスエッチング　360

ポーラロン　465
ポリアセチレン　459, 464
ポリアルキルチオフェン誘導体　477
ポリイミド有機基板　563
ポリジアセチレン　131
ポリジメチルシロキサン　208
ポリシラン　139
ポリシリコン微結晶　276
ポリパラフェニレンビニレン誘導体　477
ポリフルオレン　477
ポリペプチド　542
ポリマー基板　476
ポリマー分散型液晶　496
ポリメタクリル酸メチル　209
ホール角　116
ホール顕微鏡　160
ホール効果　115
ホール素子　119
ボルツマンの輸送方程式　8
ボルツマン方程式　83, 87
ホール抵抗率　154
ホール定数　116
ボロメータ　594
ボンド法　167

マ行

マイグレーション　186
マイクロ化学分析システム　522
マイクロカプセル　489
マイクロコンタクトプリンティング　197, 208
マイクロジェネレータ　558
マイクロバルブ　523

マイクロプローブピンセット　579
マイクロポンプ　523
マイクロマニピュレーション　362
マイクロミキサ　523
マイクロリニアモータ　614
マイクロ流体デバイス　530
マイクロレンズ　332
マイスナー効果　418
曲がり　111
膜厚　164
膜材　517
マグネタイト　383, 384, 386
マグヘマイト　385
膜溶媒　517
枕木磁壁構造　377
摩擦転写法　203
マスクレス描画　204
マチーセンの規則　7
マックスウェルの方程式　45
マンガン乾電池　641

ミオシンとアクチン繊維　509
ミキシング　163, 166
ミスフィット転移　187, 188
密閉型るつぼ　200
ミラー　589

無機アモルファス半導体　486
無機ELディスプレイ　300
無次元性能指数　99

メタモルフィック 246, 255
メタルゲート 263
メタル磁性粉 372
メディエータ 535
メモリノード 272
メモリバイアス 274
メモリ容量 272
免疫センサ 537
面記録密度 392
面心格子 101
面内(長手)磁気記録媒体 383
面発光半導体レーザ 294

モータタンパク質 508
モットー—ワニエ励起子 61
モノリシック構造 563
モールド 208, 209
漏れ磁場 119
漏れ電流 115, 120

ヤ 行

ヤング率 109

有機 EL 素子 301, 464
有機 EL ディスプレイ 301, 473
有機 EL ディスプレイ材料 479
有機感光体 470
有機金属気相成長(法) 173, 191, 192
有機トランジスタ 472
有機薄膜太陽電池 326
有機薄膜トランジスタ 467
有機半導体 467
有機分子線蒸着法 474

有効磁界 150
有効質量 12, 14, 281, 282, 283, 285
有効質量方程式 285, 286
有効状態密度 20, 21
有効ボーア磁子数 69
誘電正接 457
誘電体 31, 120, 457
誘電率 457
誘導起電力 147
誘導磁気異方性 73, 374
誘導放出 62, 292
輸送係数 88
輸送方程式 89
ユビキタス社会 387
UV-オゾン処理法 218
UV ナノインプリント 211
UV ナノインプリント用光硬化樹脂 212

溶解帯移動 172
陽極酸化 275, 360
溶融炭酸塩形燃料電池 657, 659
容量型 MEMS 高周波スイッチ 601, 603
容量検出型ガスセンサ 513
横モード 81
4 光波混合 55
4 端子法 113, 115
4 分の 1 波長板 157

ラ 行

ライトコーン 358
ライトライン 359
ラインエッジラフネス 212
ラザフォード後方散乱法 166
ラスター走査 204
ラフネス 177
ラメの定数 109
ラメラ構造 494
ラングミュアーブロジェット法 194, 503
ラングミュア膜 194

リオトロピック液晶 305, 494
リコンビナントフェリチン 217
リセットノイズ 337
リソグラフィ 206
リターデーション 158
リチウムイオン電池 651
リチウム電池 640, 647, 648
リチャードソンの式 35
立体ナノ構造形成 206
立方晶 101
リニア型 561
リニアグレード 188
リバースロールコーティング 181
リフトオフ 210
粒界 512
粒界散乱 85
粒界のパッシベーション 321
流動浸漬法 181
両極性拡散 94
量子井戸効果熱電素子 561
量子型 351
量子効果デバイス 276, 277
量子細線 297, 298
量子抵抗 267
量子ドット 297

良度指数　233
リライタブル記録　481, 488
臨界温度　417
臨海角　50
臨界磁界　418
臨界電流密度　419
臨界膜厚　245, 379
燐光　64
燐光材料　475, 477
リン酸形燃料電池　658, 659

励起子　61
冷却　97
冷却効率　98
冷凍機　117
レドックスフロー　655
レナードージョーンズポテンシャル　543
連続噴射型　184

ロックインアンプ　118
六方晶　101
ロードマップ　259
炉壁埋込型　567

ロールコーティング　181
ローレンツ数　91, 94
ローレンツ電子顕微鏡　159
ローレンツ電場　53
ロンドン方程式　420

ワ　行

和周波発生　55
ワトソン-クリック型　542
ワブルモータ　618

電子物性・材料の事典　　　　　定価は外函に表示

2006年9月30日　初版第1刷

編集者　森　　泉　　豊　　栄
　　　　岩　　本　　光　　正
　　　　小　　田　　俊　　理
　　　　山　　本　　　　　寛
　　　　川　　名　　明　　夫

発行者　朝　　倉　　邦　　造

発行所　株式会社　朝　倉　書　店
　　　　東京都新宿区新小川町6-29
　　　　郵便番号　162-8707
　　　　電　話　03（3260）0141
　　　　FAX　03（3260）0180
　　　　http://www.asakura.co.jp

〈検印省略〉

© 2006〈無断複写・転載を禁ず〉　　　中央印刷・渡辺製本

ISBN 4-254-22150-9　C 3555　　　　Printed in Japan

日本物理学会編

物　理　デ　ー　タ　事　典

13088-0　C3542　　　　B 5 判　600頁　本体25000円

物理の全領域を網羅したコンパクトで使いやすいデータ集。応用も重視し実験・測定には必携の書。〔内容〕単位・定数・標準／素粒子・宇宙線・宇宙論／原子核・原子・放射線／分子／古典物性（力学量，熱物性量，電磁気・光，燃焼，水，低温の窒素・酸素，高分子，液晶）／量子物性（結晶・格子，電荷と電子，超伝導，磁性，光，ヘリウム）／生物物理／地球物理・天文・プラズマ（地球と太陽系，元素組成，恒星，銀河と銀河団，プラズマ）／デバイス・機器（加速器，測定器，実験技術，光源）他

理科大 鈴木増雄・大学評価・学位授与機構 荒船次郎・東大 和達三樹編

物　理　学　大　事　典

13094-5　C3542　　　　B 5 判　896頁　本体36000円

物理学の基礎から最先端までを視野に，日本の関連研究者の総力をあげて1冊の本として体系的解説をなした金字塔。21世紀における現代物理学の課題と情報・エネルギーなど他領域への関連も含めて歴史的展開を追いながら明快に提起。〔内容〕力学／電磁気学／量子力学／熱・統計力学／連続体力学／相対性理論／場の理論／素粒子／原子核／原子・分子／固体／凝縮系／相転移／量子光学／高分子／流体・プラズマ／宇宙／非線形／情報と計算物理／生命／物質／エネルギーと環境

五十嵐伊勢美・江刺正喜・藤田博之編

マイクロオプトメカトロニクスハンドブック

21028-0　C3050　　　　A 5 判　520頁　本体24000円

本書はマイクロオプティクス・マイクロメカニクス・マイクロエレクトロニクスの技術融合を一冊に盛り込んだハンドブックである。第一線の技術者に実際に役立つよう配慮したほか，つとめて最新の理論の紹介や応用にもふれ，研究者の参考用にも適する。〔内容〕マイクロ光学の基礎／マイクロ力学の基礎／マイクロマシニング／マイクロオプティカルセンサ／マイクロメカニカルセンサ／マイクロアクチュエータ／マイクロオプティクス／マイクロオプトメカトロニクス技術とその応用

東大 大津元一・東大 荒川泰彦・東大 五神　真・日立製作所 橋詰富博・東大 平川一彦編

量　子　工　学　ハ　ン　ド　ブ　ッ　ク

21031-0　C3050　　　　A 5 判　996頁　本体35000円

ミクロの世界を支配する量子論は，科学から工学へと急発展している。本書は具体的な工学応用へ結び付く知識と情報を盛り込んだ，研究者・開発担当者必携のハンドブック。〔内容〕〈基礎〉量子現象／光と電磁波／光の場と物質／非線形光学／超伝導他〈材料〉半導体／超伝導／磁性／有機／表面〈デバイス・システム〉量子電子／半導体レーザ／非線形光／ソリトン／磁性／超伝導他〈計測・評価技術〉単一電子現象／SQUID／ホール効果／アトムオプティクス／他〈量子工学の将来〉

東工大 藤井信生・理科大 関根慶太郎・東工大 高木茂孝・理科大 兵庫　明編

電　子　回　路　ハ　ン　ド　ブ　ッ　ク

22147-9　C3055　　　　B 5 判　464頁　本体20000円

電子回路に関して，基礎から応用までを本格的かつ体系的に解説したわが国唯一の総合ハンドブック。大学・産業界の第一線研究者・技術者により執筆され，500余にのぼる豊富な回路図を掲載し，"芯のとおった"構成を実現。なお，本書はディジタル電子回路を念頭に入れつつも回路の基本となるアナログ電子回路をメインとした。〔内容〕I. 電子回路の基礎／II. 増幅回路設計／III. 応用回路／IV. アナログ集積回路／V. もう一歩進んだアナログ回路技術の基本

高橋　清・森泉豊栄・相澤益男・小林　彬・
藤定広幸・芳野俊彦・江刺正喜・戸川達男他編

セ ン サ の 事 典

20057-9 C3550　　　　A 5 判 672頁 本体26000円

最近の科学技術の開発には欠かせないセンサの役割，機能を，広範な分野にわたり解説。また最近の開発動向にも触れる。類書の多いなか，内容の斬新さと開発現場で即役立つことに主眼が置かれた本書は，センサの研究者，現場の技術者にとって必携の書と言える。〔内容〕センシング機構／新素材，微細加工とセンサ機能／量子効果とセンサ機能／光ファイバとセンサ機能／レーザセンサ／バイオセンサ／センサの信号処理とインテリジェント化／画像センシング／応用技術／可視化技術

鈴木敏正・伊藤良一・神谷武志編

先 端 材 料 ハ ン ド ブ ッ ク

20039-0 C3040　　　　A 5 判 960頁 本体38000円

多様な観点から項目を選び解説した好指針。〔内容〕材料基礎(セラミック，アモルファス，他)／超LSIとその材料(化合物半導体LSI，超伝導デバイス，他)／メモリ材料(磁気メモリ，光メモリ，他)／光エレクトロニクス(光半導体，光集積回路，光ファイバ，他)／センサ材料(半導体センサ，セラミックセンサ，他)／バイオ材料(医用関連，他)／エネルギー関連材料(太陽エネルギー関連，熱エネルギー関連，他)／新機能材料(超伝導材料，形状記憶合金，複合材料)／他

宮入裕夫・池上皓三・加藤晴久・加部和幸・
後藤卒土民・塩田一路・安田栄一編

複 合 材 料 の 事 典

20058-7 C3550　　　　A 5 判 672頁 本体23000円

スポーツから宇宙まで幅広く使われている複合材料について，基礎から素材・成形・加工・応用まで簡潔に解説した技術者の手引書。〔内容〕プラスチック系複合材料(FRPの理論，構成素材，成形・加工法，特性，応用，検査，エラストマー，タイヤコードの物性・特徴・改良とゴムの接着，成形・加工法，力学・機能特性)／金属系複合材料(素材，成形・加工法，特性，粒子分散合金，他)／セラミックス系複合材料(理論，素材，製造・加工法，物性，応用，C/C複合材料)／他

農工大 堀江一之・信州大 谷口彬雄編

光・電子機能有機材料ハンドブック

25236-6 C3058　　　　B 5 判 768頁 本体40000円

エレクトロニクス関連産業の発展と共に，有機材料は光ディスク，液晶，光ファイバー，写真，印刷，センサー，レジスト材料，発光材料その他に使われている。本書はこの分野の基礎理論，基礎技術，各種材料を系統的に整理して詳細に解説。〔内容〕基礎理論／基礎技術(物質調整，材料処理・加工技術，材料分析評価技術，光物性・電子物性の評価技術，他)／材料(光記録材料，表示材料，光学材料，感光性材料，光導電材料，導電性材料，誘電材料，センサー材料，他)／資料

東大 佐久間健人・前東大 相澤龍彦・
東京芸大 北田正弘編

マ テ リ ア ル の 事 典

24015-5 C3550　　　　A 5 判 692頁 本体24000円

従来の金属工学，無機・有機材料工学の分野が相互に関連を深めるとともに，それらの境界領域が重要となりつつある現状を踏まえ，材料学全体を広くカバーした総合事典。金属・機械系の研究者・技術者にとっても必備の書。〔内容〕工業用純鉄／FRP／形状記憶合金／セラミックス／耐熱鋼／太陽電池／電線・ケーブル／プリント基板／永久磁石／磁気記録材料／温度センサ／光ファイバ／触媒材料／耐酸性塗料／医用金属材料／抗菌材料／リサイクル材料(Al，毒性金属他)／他

東工大 岩本光正著
電子物性の基礎
—量子化学と物性論—
22771-X　C3354　　A5判　196頁　本体3500円

物質の電気的・磁気的性質の理解に不可欠な物質内電子の振舞を量子的視点からやさしく解説。〔内容〕物質の構造と量子力学／分子と化学結合／結晶とその構造／金属の電気伝導／πエ電子と電気伝導／半導体／σ電子と物性／誘電体／磁性体

静岡理工科大 志村史夫著
〈したしむ物理工学〉
したしむ電子物性
22767-1　C3355　　A5判　200頁　本体3800円

量子論的粒子である電子（エレクトロン）のはたらきの基本的な理論につき，数式を最小限にとどめ，視覚的・感覚的理解が得られるよう図を多用していねいに解説〔目次〕電子物性の基礎／導電性／誘電性と絶縁性／半導体物性／電子放出と発光

大貫惇睦・浅野　肇・上田和夫・佐藤英行・中村新男・高重正明・三宅和正・竹田精治著
物性物理学
13081-3　C3042　　A5判　232頁　本体4000円

物性科学，物性論の全体像を的確に把握し，その広がりと深さを平易に指し示した意欲的入門書。〔内容〕化学結合と結晶構造／格子振動と物性／金属電子論／半導体と光物性／誘電体／超伝導と超流動／磁性／ナノストラクチャーの世界

戸田盛和著
物理学30講シリーズ9
物性物理30講
13639-0　C3342　　A5判　240頁　本体3800円

〔内容〕水素分子／元素の周期律／分子性物質／ウィグナー分布関数／理想気体／自由電子気体／自由電子の磁性とホール効果／フォトン／スピン波／フェルミ振子とボース振子／低温の電気抵抗／近藤効果／超伝導／超伝導トンネル効果／他

前東大 守谷　亨著
物理の考え方1
磁性物理学
—局在と遍歴，電子相関，スピンゆらぎと超伝導—
13741-9　C3342　　A5判　164頁　本体3400円

磁性物理学の基礎的な枠組みを理解するには，電子相関を理解することが不可欠である。本書では，遍歴モデルに基づく磁性理論を中心にして，20世紀以降電子相関の問題がどのように理解されてきたかを，全9章にわたって簡潔に解説する。

前名大 赤崎　勇編
電気・電子材料
22017-0　C3054　　A5判　244頁　本体4300円

技術革新が進んでいる電気・電子材料について，半導体，誘電体および磁性体材料に焦点を絞り，基礎に重点をおき最新データにより解説した教科書。〔内容〕電気・電子材料の基礎物性／半導体材料／誘電・絶縁材料／磁性材料／材料評価技術

◆ 朝倉物性物理シリーズ ◆
川畑有郷・斯波弘行・鹿児島誠一 編集

東邦大 小野嘉之著
朝倉物性物理シリーズ1
金属絶縁体転移
13721-4　C3342　　A5判　224頁　本体4200円

計算過程などはできるだけ詳しく述べ，グリーン関数を付録で解説した。〔内容〕電子輸送理論の概略／パイエルス転移／整合と不整合／2次元，3次元におけるパイエルス転移／アンダーソン局在とは／局在-非局在転移／弱局在のミクロ理論

東大 勝本信吾著
朝倉物性物理シリーズ2
メゾスコピック系
13722-2　C3342　　A5判　212頁　本体4200円

基礎を親切に解説し興味深い問題を考える。〔内容〕メゾスコピック系とは／コヒーレントな伝導／量子閉じ込めと電気伝導／量子ホール効果／単電子トンネル／量子ドット／超伝導メゾスコピック系／量子コヒーレンス・デコヒーレンス

東大 家　泰弘著
朝倉物性物理シリーズ5
超伝導
13725-7　C3342　　A5判　224頁　本体4200円

超伝導に関する基礎理論から応用分野までを解説。〔目次〕超伝導現象の基礎／超伝導の現象論／超伝導の微視的理論／位相と干渉／渦糸系の物理／高温超伝導体特有の性質／メゾスコピック超伝導現象／不均一な超伝導／エキゾチック超伝導体

上記価格（税別）は2006年9月現在